W0215087

Walz

BLICKPUNKT PHYSIK

Schroedel

Walz
BLICKPUNKT PHYSIK

Herausgegeben von
Professor Adolf Walz

Bearbeitet von
Dieter Cieplik
Willi Loges
Andreas Petermann
Bernd Trambauer
Peter Kiebler
Ute Magiera
Burkhard Schmitt
Adolf Walz

Beratung durch
Werner Frey
Otto Kracht

Unter Mitwirkung der Verlagsredaktion

Fotos
Detlev van Eupen
Michael Frühsorge
Hans Tegen
Bernd Trambauer

Illustrationen
Karola Niehoff-Lücke
Volkmar Rinke
Günter Schlierf
Guido Wandrey

Titelbild
Glasfaserbüschel, das von unten mit weißem Licht beleuchtet wird. (Schroedel-Archiv)

CHLORFREI
Gedruckt auf Papier, das nicht mit Chlor gebleicht wurde. Bei der Produktion entstehen keine chlorkohlenwasserstoffhaltigen Abwässer.

ISBN 3-507-76132-7

Druck A$^{9\ 8\ 7\ 6\ 5}$/Jahr 06 05 04 03 2002

Alle Drucke der Serie A sind im Unterricht parallel verwendbar, da bis auf die Behebung von Druckfehlern unverändert. Die letzte Zahl bezeichnet das Jahr dieses Druckes.

Satz/Repro: More*Media* GmbH, Dortmund
Druck: Universitätsdruckerei H. Stürtz AG, Würzburg

Eigenschaften von Körpern

Licht und Bild

Licht und Farbe

Inhaltsübersicht

Wärme und Energienutzung

Stromkreis und Energie

Messungen im und am Stromkreis

Elektrische Leistung und Energiehaushalt

Induktion und Energieversorgung

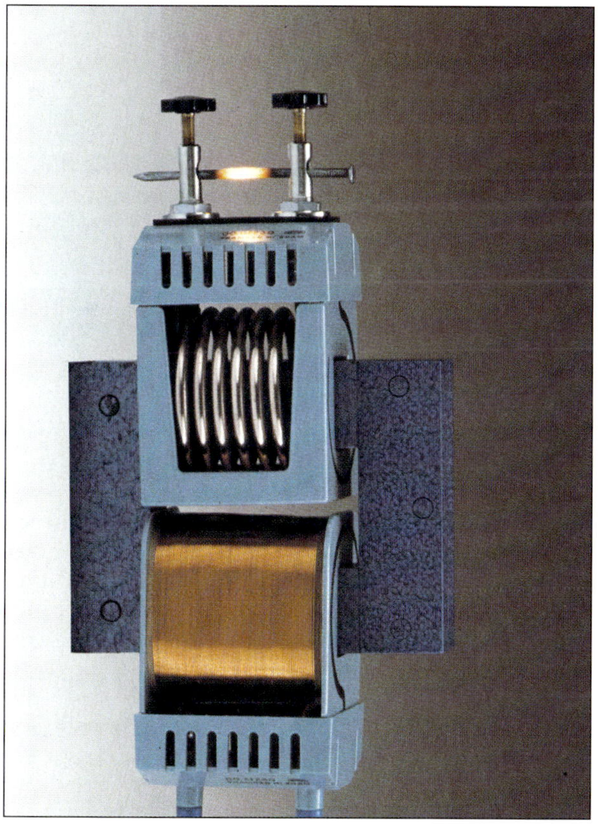

Röhren- und Halbleiterelektronik

Kräfte und ihre Wirkungen

Arbeit – Energie – Leistung

Bewegte Körper und ihre Energie

Radioaktivität und Kernenergie

Projekte

Schwimmen und Tauchen

Fliegen

Anhang

Eigenschaften von Körpern

Weg, Zeit, Geschwindigkeit

Michael und Thomas wollen mithilfe ihrer Wettkampfkarten vom letzten Sportfest herausfinden, wer schneller laufen kann. Michael lief 75 m in 12,5 Sekunden. Da Thomas ein Jahr älter ist, musste er am 100 m-Lauf teilnehmen. Seine Zeit wurde mit 14,3 Sekunden gestoppt. Aus den Angaben „75 m in 12,5 Sekunden" bzw. „100 m in 14,3 Sekunden" können wir nicht unmittelbar ablesen, wer von beiden besser spurtet. Folgende Überlegung hilft uns weiter:

1
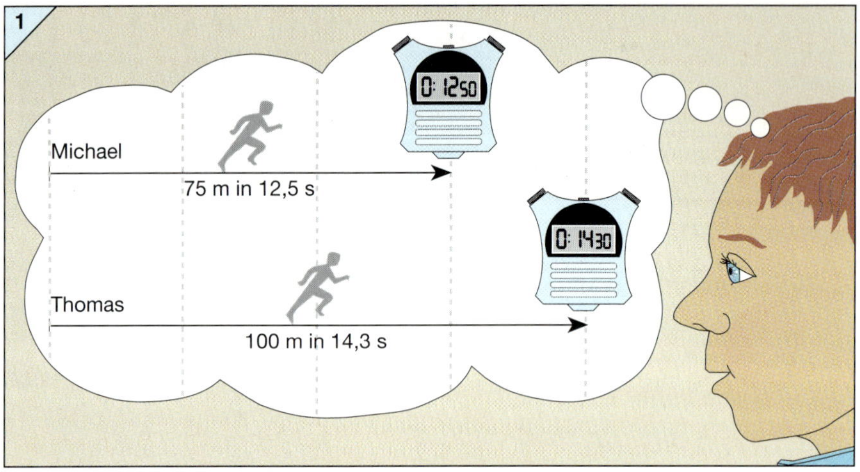

Wenn zwei die gleiche Strecke laufen, ist ohne Zweifel derjenige der Schnellere, der die kürzere Zeit benötigt. Wenn dagegen zwei die gleiche Zeit laufen, ist derjenige schneller, der weiter kommt. Leider trifft keine der Bedingungen in unserem Fall zu. Wenn wir trotzdem ein Urteil fällen wollen, müssen wir die Angaben auf den Wettkampfkarten entweder auf gleiche Wege oder auf gleiche Zeiten umrechnen. Zwei Verfahren bieten sich an:

1. **Berechnen der Laufzeit für gleiche Wege:** Am besten berechnen wir hierzu, wie lange Michael und wie lange Thomas für 1 Meter jeweils brauchen:
   Michael benötigt 12,5 Sekunden für 75 Meter; das sind 12,5 : 75 Sekunden für 1 Meter.
   Wert für den Vergleich: **0,17 Sekunden je Meter;**
   Thomas benötigt 14,3 Sekunden für 100 Meter; das sind 14,3 : 100 Sekunden für 1 Meter.
   Wert für den Vergleich: **0,14 Sekunden je Meter;**
   Thomas ist der Schnellere, da er für einen Meter weniger Zeit benötigt.

2. **Berechnen des Weges für gleiche Zeiten:** Am besten berechnen wir hierfür, wie weit Michael und wie weit Thomas in 1 Sekunde gekommen sind:
   Michael legt 75 Meter in 12,5 Sekunden zurück; das sind 75 : 12,5 Meter in 1 Sekunde.
   Wert für den Vergleich: **6 Meter je Sekunde;**
   Thomas schafft 100 Meter in 14,3 Sekunden; das sind 100 : 14,3 Meter in 1 Sekunde.
   Wert für den Vergleich: **7 Meter je Sekunde.**
   Wie zu erwarten ist auch nach diesem Vergleich Thomas der Schnellere, denn sein Weg je Sekunde ist größer.

Mit jedem der beiden Verfahren können wir also eindeutig ermitteln, wer der schnellere Läufer ist. Die Zahlenwerte sagen uns sogar, *wie schnell* jeder laufen kann:
Thomas läuft 7 Meter je Sekunde, Michael 6 Meter je Sekunde;
Thomas benötigt 0,14 Sekunden je Meter, Michael 0,17 Sekunden je Meter.

A1 Wie können Michael und Thomas herausfinden, wer der schnellere Läufer ist? Welche Beziehung zwischen zurückgelegtem Weg und benötigter Zeit kann man finden, mit der sich die Frage nach dem schnelleren Läufer eindeutig beantworten lässt?

2	1. Bewegung	2. Bewegung
Zeit	120 s	15 s
Weg	250 m	30 m

A2 In der Tabelle stehen Messwerte für die Bewegung von zwei Fußgängern. Stelle fest, wer von beiden schneller geht, indem du
a) die Zeit für einen Meter,
b) die Strecke je Sekunde berechnest.

3

V3 Lege auf dem Schulhof eine gerade Strecke von 50 m fest. Bestimme die Zeit, die ein Mitschüler zum Durchfahren dieser 50 m mit „fliegendem Start" braucht. Notiere die Werte. Berechne seine Geschwindigkeit. Wiederhole mit anderen Mitschülern.
Woran erkennst du den schnellsten und den langsamsten Fahrer?

Einheiten der Geschwindigkeit

Der Tacho eines Fahrrades oder Autos zeigt die Geschwindigkeit in $\frac{km}{h}$ (Kilometer je Stunde) an, nicht in $\frac{m}{s}$. Sicher gibt es einen Zusammenhang zwischen den Einheiten $\frac{m}{s}$ und $\frac{km}{h}$. So finden wir ihn:

Ein Radfahrer soll stetig eine Stunde lang mit der Geschwindigkeit $5\,\frac{m}{s}$ fahren. Er legt also in einer Sekunde 5 m zurück, in einer Stunde (= 3 600 s) folglich 5 m · 36 000 = 18 000 m = 18 km. Seine Geschwindigkeit beträgt also
$v = s/t = 18\,km : 1\,h = 18\,\frac{km}{h}$. Daraus folgt:
$5\,\frac{m}{s} = 18\,\frac{km}{h}$ oder
$1\,\frac{m}{s} = \frac{18}{5}\,\frac{km}{h} = 3{,}6\,\frac{km}{h}$

Ein Radfahrer, dessen Tacho $36\,\frac{km}{h}$ anzeigt (36 000 m in 3 600 s), hat die Geschwindigkeit
$36\,000\,m : 3\,600\,s = 10\,\frac{m}{s}$. Es gilt also:
$36\,\frac{km}{h} = 10\,\frac{m}{s}$ oder
$1\,\frac{km}{h} = \frac{10}{36}\,\frac{m}{s} = \frac{1}{3{,}6}\,\frac{m}{s}$.

Damit haben wir die Zusammenhänge:
$\mathbf{1\,\frac{m}{s} = 3{,}6\,\frac{km}{h}}$ $\quad$ $\mathbf{1\,\frac{km}{h} = \frac{1}{3{,}6}\,\frac{m}{s}}$

A4 Ein Fußgänger legt in 40 Minuten einen Weg von 4 800 m zurück. Berechne seine Geschwindigkeit in $\frac{m}{s}$ und in $\frac{km}{h}$.

Die Geschwindigkeit

Wenn Thomas schneller läuft als Michael, schreibt man ihm die größere **Geschwindigkeit** zu. Mit der Verknüpfung von „schnell“ und „große Geschwindigkeit“ ist eindeutig das Verfahren 2 „Berechnung des Weges für gleiche Zeiten“ zur Ermittlung der Größe der Geschwindigkeit ausgewählt. Denn nur bei diesem Verfahren wird dem schnelleren Läufer auch der größere Zahlenwert zugeordnet. Die Größe der Geschwindigkeit wird folglich angegeben durch die Zahl der je Sekunde zurückgelegten Meter.
Wollen wir also die Geschwindigkeit eines Körpers bestimmen, müssen wir den zurückgelegten Weg und die dafür benötigte Zeit messen. Die Zahl der Meter je Sekunde, also den Wert der Geschwindigkeit erhalten wir daraus, indem wir anschließend den Weg durch die Zeit teilen.

$$\text{Geschwindigkeit} = \frac{\text{Weg}}{\text{Zeit}}; \quad v = \frac{s}{t}$$

Beispiel: Ein Radfahrer legt in 9 Sekunden eine Strecke von 45 m zurück. Berechnen wir die Geschwindigkeit des Radlers:
$v = s/t = 45\,m : 9\,s = 5\,\frac{m}{s}$.
Legt ein anderer Radfahrer eine Strecke von 56 m in 8 Sekunden zurück, so hat er eine Geschwindigkeit von
$v = s/t = 56\,m : 8\,s = 7\,\frac{m}{s}$.

Du siehst, dass die Zahlenwerte dividiert werden und der Quotient der Einheiten „Meter“ und „Sekunde“ als **Einheit der Geschwindigkeit $\frac{m}{s}$** stehen bleibt.

Moderne Fahrrad-Tachometer

Sie zeigen normalerweise die Geschwindigkeit an, mit der du gerade fährst (die sogenannte Momentangeschwindigkeit) und die Strecke, die du seit dem Start zurückgelegt hast (TRP), oder die Zeit, die du schon unterwegs bist. Ein Tastendruck bringt die Durchschnittsgeschwindigkeit (AVS) für die soeben gemachte Fahrt zum Vorschein: Gesamtweg dividiert durch Gesamtzeit.

Der Tacho besteht aus Sensor, Anzeige und Rechner. Rechner und Anzeige sind in einem Gehäuse zusammengefasst und am Lenker angebracht.

Der Sensor besteht aus zwei Teilen: einem Magneten und einem Magnetschalter. Der Magnet wird an der Speiche eines Rades angebracht, der Sensor an der Gabel. Dreht sich das Rad, so kommt der Magnet (Abbildung rechts) bei jeder Umdrehung einmal am Magnetschalter vorbei. Jetzt wird ein Stromstoß an den Rechner gegeben.

Eine im Rechner stets mitlaufende Stoppuhr misst die Zeit zwischen zwei Stromstößen. Dann wird die in dieser Zeit zurückgelegte Strecke, also der Radumfang, durch die so gemessene Zeit geteilt und das Ergebnis in $\frac{km}{h}$ angezeigt. (Deshalb muss bei der ersten Inbetriebnahme des Tachos der Radumfang in den Rechner eingegeben werden.)

Gleichförmige Bewegung

Trittst du auf ebener Straße gleichmäßig in die Pedale deines Fahrrades, so zeigt der Tacho stets, dass die Geschwindigkeit gleich bleibt und z. B. 12 $\frac{km}{h}$ beträgt. Man sagt dann, die Bewegung sei **gleichförmig.** Wie läuft sie ab? Um das herauszufinden, stellen wir eine gleichförmige Bewegung mit einer Modelleisenbahn nach und messen Wege und Zeiten im Sekundentakt.

Wir entnehmen den Messwerten (Tab. 5, Bewegung 1), dass in jeder Sekunde ein Weg von 10 cm zurückgelegt wird (Zeile 1).
Fährt die Modellbahn schneller, weil der Fahrtregler höher gestellt wurde, so ergeben sich die Messwerte von Bewegung 2: In jeweils 1 Sekunde werden jetzt 12,5 cm durchfahren. Die Wegstücke je Sekunde sind jetzt länger, jedoch wie zuvor alle untereinander gleich.
Berechnen wir aus zueinander gehörigen Messwerten (also 10 cm und 1 s, 20 cm und 2 s usw.) jeweils die Geschwindigkeit $v = s/t$. Wir stellen fest, dass sich für Bewegung 1 immer derselbe Wert ergibt, nämlich 10 $\frac{cm}{s}$ (dritte Zeile in Tab. 5). Das gilt auch für Bewegung 2; deren Geschwindigkeit hat jedoch einen anderen Wert: 12,5 $\frac{cm}{s}$. Wir können also festhalten:

Bei gleichförmigen Bewegungen nehmen Weg und Zeit im gleichen Maße zu; die Geschwindigkeit $v = \frac{s}{t}$ ist konstant.

Ungleichförmige Bewegungen

Gleichförmige Bewegungen sind selten; nur Züge fahren über längere Strecken wirklich mit gleich bleibender Geschwindigkeit. Die meisten Fahrzeuge werden während ihrer Bewegung schneller oder langsamer. Dabei ändert sich ihre Geschwindigkeit. Betrachten wir zwei Beispiele:

1. Du stehst mit deinem Fahrrad auf einer Anhöhe und willst eine steile Straße hinabfahren. Nach dem Lösen der Bremsen beginnt das Rad erst langsam, dann immer schneller zu rollen. Die Bäume am Straßenrand, die in etwa gleichem Abstand stehen, huschen schneller und schneller an dir vorbei: Für gleiche Wege werden also immer kürzere Zeiten benötigt, d. h. die Geschwindigkeit des Fahrrades nimmt zu. (Das zeigt auch der Tacho.) Eine derartige Bewegung nennen wir **beschleunigt.**

2. Rollt das Rad anschließend einen Hang hinauf – ohne dass du in die Pedale trittst –, wird es immer langsamer und kommt schließlich zum Stillstand: In gleichen Zeiten werden nun immer kürzere Wege zurückgelegt, d. h. die Geschwindigkeit nimmt ab (was auch hier der Tacho bestätigt). Derartige Bewegungen nennen wir **verzögert.**

Bei einer beschleunigten Bewegung nimmt die Geschwindigkeit zu, bei einer verzögerten ab.

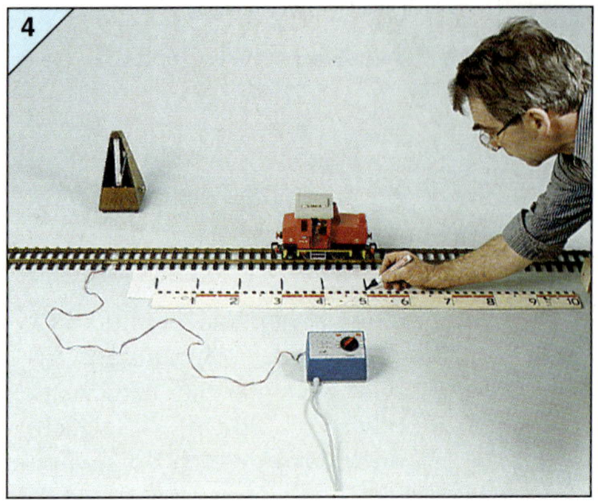
4

V5 Wähle eine mittlere Einstellung am Fahrtregler einer elektrischen Eisenbahn. Setze die Lok vor der Startmarke auf. Markiere nach jeweils einem Metronomschlag (1 Sekunde) den Ort des Vorderrades.
Wiederhole den Versuch mit einer anderen Einstellung des Fahrtreglers.
Fertige ein Messprotokoll entsprechend Tab. 5 an.

5	Bewegung 1			
Weg s Zeit t s/t	10 cm 1 s	20 cm 2 s	30 cm 3 s	40 cm 4 s
	Bewegung 2			
Weg s Zeit t s/t	12,5 cm 1 s	25 cm 2 s	37,5 cm 3 s	50 cm 4 s

A6 Welche Regelmäßigkeit kannst du aus den Messprotokollen der beiden Bewegungen herauslesen?
Berechne die Geschwindigkeit nach 1, 2, 3 und 4 Sekunden und trage die Werte ein.

A7 Wie unterscheidet sich eine gleichförmige Bewegung mit einer hohen Geschwindigkeit von der mit einer kleinen Geschwindigkeit?

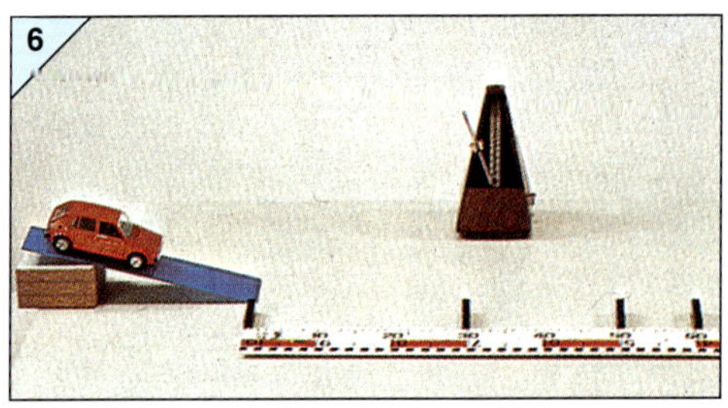
6

V8 Lass ein Modellauto (Experimentierwagen) ein geneigtes Brett hinunterrollen.
a) Welche Arten von Bewegung beobachtest du auf dem Brett und später auf dem Tisch?
b) Woran erkennst du die jeweilige Bewegungsart?

Momentan- und Durchschnittsgeschwindigkeit

Auf der Strecke von Unterdorf nach Oberdorf geht es bergauf und bergab. Nur hin und wieder kommt eine längere ebene Teilstrecke. Deshalb ist die Geschwindigkeit eines Radfahrers, der diese Strecke fährt, an unterschiedlichen Orten auch unterschiedlich groß.

Hat der Radfahrer einen Tacho, kann er die Größe der Geschwindigkeit in jedem Moment der Fahrt ablesen. Man nennt sie **Momentangeschwindigkeit.** Einige Werte sind in der folgenden Abbildung dem jeweiligen Ort zugeordnet.

Wir können auch für diese Bewegung den ganzen zurückgelegten Weg durch die insgesamt benötigte Zeit teilen. Natürlich errechnen wir so eine Geschwindigkeit. Aber welche Bedeutung kann dieser Wert haben?

Er erhält nur dann einen Sinn, wenn wir ihn als *mittlere Geschwindigkeit* oder **Durchschnittsgeschwindigkeit** $\overline{v}$ (sprich *v* quer) deuten. Wir tun dabei so, als würde unser Radfahrer die gesamte Strecke gleich bleibend mit genau dieser Geschwindigkeit durchfahren.

Unser Radfahrer hat die 36 km lange Strecke von Unterdorf nach Oberdorf in 2 Stunden und 45 Minuten bewältigt. Nach der Fahrt zeigt der Fahrrad-Tacho eine Durchschnittsgeschwindigkeit von $13\,\frac{\text{km}}{\text{h}}$ an. Überprüfen wir diese Angabe:

$\overline{v} = s/t = 36\,\text{km} : 2{,}75\,\text{h} = 13{,}1\,\frac{\text{km}}{\text{h}}$.

Die Messung der Durchschnittsgeschwindigkeit mithilfe des Fahrrad-Tachos wird also von der Rechnung bestätigt.

AUFGABEN UND ZUSAMMENFASSUNG

1. Ordne Bewegungen von bekannten Körpern (z. B. Radfahrer, Schnecke, laufender Hund, fallender Stein) in eine Tabelle mit den Spalten „gleichförmige Bewegung“, „beschleunigte Bewegung“, „verzögerte Bewegung“ ein.

2. Was kennzeichnet eine gleichförmige, eine beschleunigte oder eine verzögerte Bewegung?

3. Wie stellst du auch ohne Tacho fest, ob eine Bewegung gleichförmig ist?

4. In welchen Einheiten werden Geschwindigkeiten angegeben? Was sagen sie dir?

5. Rechne um
in $\frac{\text{km}}{\text{h}}$: $16\,\frac{\text{m}}{\text{s}}$; $40\,\frac{\text{m}}{\text{s}}$; $0{,}3\,\frac{\text{m}}{\text{s}}$;
in $\frac{\text{m}}{\text{s}}$: $108\,\frac{\text{km}}{\text{h}}$; $50\,\frac{\text{km}}{\text{h}}$; $8\,000\,\frac{\text{km}}{\text{h}}$.

6. Eine Rangierlok legt in 3 Minuten 900 m zurück, muss dann 2 Minuten an einem Signal halten und benötigt 4 Minuten für weitere 720 m. Wie groß ist die Durchschnittsgeschwindigkeit
a) vor, während und nach dem Halt;
b) auf der gesamten Strecke?

7. Wirf ein Stück Holz in einen Bach. Beschreibe die beobachtete Bewegung. Bestimme die Durchschnittsgeschwindigkeit des Holzes für unterschiedlich lange Strecken. Was stellst du fest? Erkläre.

8. In 9 Sekunden fährt ein Moped eine Strecke von 100 m. Berechne die Geschwindigkeit in $\frac{\text{m}}{\text{s}}$ und $\frac{\text{km}}{\text{h}}$.

9. Du sollst die Geschwindigkeit der Lokomotive einer Modelleisenbahn bei verschiedenen Einstellungen des Fahrtreglers ermitteln.
a) Lege fest, wie du vorgehen willst.
b) Fertige jeweils Messprotokolle an.
c) Berechne die Geschwindigkeiten in $\frac{\text{m}}{\text{s}}$.

10. Was versteht man unter Momentan- bzw. Durchschnittsgeschwindigkeit?

Bewegung und Geschwindigkeit

Wenn man die Geschwindigkeit eines Körpers ermitteln will, muss man den zurückgelegten Weg und die dafür benötigte Zeit messen. Der Quotient *s/t* liefert dann den Wert der Geschwindigkeit
$v = s/t$.

Bei Bewegungen, die nicht gleichförmig sind, erhält man mit dieser Rechnung die Durchschnittsgeschwindigkeit $\overline{v}$.

Ein Körper bewegt sich
– *gleichförmig*, wenn seine Geschwindigkeit gleich bleibt;
– *beschleunigt*, wenn seine Geschwindigkeit zunimmt;
– *verzögert*, wenn seine Geschwindigkeit abnimmt.

Alle Gegenstände bestehen aus Teilchen

Wir kennen feste Gegenstände (z. B. Eisennägel, Steinbrocken), flüssige (z. B. Wasser in einem Becher) und gasförmige (z. B. die Luft in einem Ballon). Die Einteilung in „fest“, „flüssig“ oder „gasförmig“ geschieht nach einem einfachen Test: anfassen oder darauf drücken. Gibt ein Gegenstand nicht nach, behält er also seine Form, dann bezeichnet man ihn als *Festkörper*. Das Wasser in einem Becherglas gibt nach oder nimmt, wenn man es in ein anders geformtes Gefäß umgießt, eine andere, nämlich die Form des zweiten Gefäßes an; das ist typisch für *Flüssigkeiten*. Das *Gas* Luft entweicht von selbst aus dem Ballon, in den es eingesperrt war. Dass sich Festkörper, Flüssigkeiten und Gase so unterschiedlich verhalten, muss am inneren Gefüge der Gegenstände liegen. Können wir etwas darüber herausfinden?

Eigentlich wenig! Denn wir können Wasser in so winzige Tröpfchen zerspritzen und von Eisen so winzige Körnchen abschleifen, dass diese nur noch unter dem Mikroskop sichtbar sind. Aber kann dieses Teilen bis in alle Ewigkeit fortgehen? Überlegen wir, was „Ja“ als Antwort bedeutet und was „Nein“:

Ja: Wir können das Zerkleinern immer weiter fortsetzen, ohne je zu einem Ende zu kommen. Das führt zum **Kontinuum-Modell:** Stoffe füllen Gegenstände gleichmäßig aus.

Nein: Beim Zerkleinern ist irgendwann Schluss, denn es gibt kleinste Teilchen, die unzerstörbar sind. Dieser Gedanke führt zum **Teilchen-Modell** vom Aufbau der Stoffe.

Beide Modelle wurden vor mehr als 2000 Jahren von griechischen Philosophen entwickelt. Eine Entscheidung, welche Theorie richtig war, konnten nur raffinierte Experimente bringen. Erst zu Beginn des 20. Jahrhunderts war man sicher, dass das Teilchen-Modell zutrifft. Man stellte sogar fest, dass es mehrere Arten von kleinsten Teilchen gibt, u. a. *Atome, Moleküle* und *Ionen*. Was es mit diesen auf sich hat, lernst du im Chemieunterricht; für uns ist diese Unterscheidung zunächst nicht wichtig. Wir reden deshalb nur von **kleinsten Teilchen** oder von **Mikroteilchen.**

Alle Körper bestehen aus Mikroteilchen (kleinsten Teilchen).

Zwei Modelle für den inneren Aufbau

Über den Aufbau von Dingen oder Gegenständen haben sich schon vor mehr als 2000 Jahren griechische Denker die Köpfe zerbrochen. Da sie die heute möglichen Experimente nicht machen konnten, mussten sie Beobachtungen von alltäglichen Vorgängen auf das verborgene Innere übertragen. Sie kamen dabei zu zwei verschiedenen Vorstellungen:

1. Die einen behaupteten, dass alle Körper aus winzigen Bauteilen bestehen wie ein Haus aus Steinen oder ein Sandhaufen aus Sandkörnern. Diese winzigen Bausteine nannten sie **Atome** (von griech. atomos = unteilbar).
2. Die anderen meinten, dass die Gegenstände ganz gleichmäßig von Stoff ausgefüllt sind, so wie es beim Wasser zu sein scheint. Bei ihm kann man selbst aus einem ganz kleinen Tropfen immer wieder zwei noch kleinere machen. Dieses Unterteilen sollte immer weiter durchführbar sein – ohne dass man je zu einem Ende kommt.

Wie groß sind die kleinsten Teilchen eigentlich?

Wenn du etwas Zucker in Tee gibst und umrührst, ist nach kurzer Zeit vom Zucker nichts mehr zu sehen. Er ist aber nicht verschwunden, denn der Tee schmeckt an jeder Stelle des Gefäßes gleich süß.

Es bleibt nur eine *Erklärung:* Bei der Auflösung des Zuckers wird dieser in seine Mikroteilchen zerlegt. Diese vermischen sich mit den Mikroteilchen des Teewassers. Zucker- und Wasserteilchen sind unvorstellbar klein – selbst mit dem besten Mikroskop der Welt hat man keine Chance, sie zu sehen.

Eine Ahnung davon, wie klein Mikroteilchen sind, vermitteln dir vielleicht folgende Vergleiche:

1. Im Punkt nach diesem Satz befinden sich so viele Atome, dass – würde man sie unter allen lebenden Menschen auf der Welt verteilen – jeder (Mann, Frau, Kind) $\frac{1}{2}$ Million Atome zugeteilt bekäme.
2. Könnten wir die Teilchen in einem Fingerhut voll Wasser auf Stecknadelkopfgröße vergrößern, dann würde der entstehende Haufen Stecknadelköpfe Deutschland etwa 300 m hoch bedecken.

V1 a) Schlage einen dicken Nagel mit einem Hammer in ein Stück Holz.
b) Tauche einen Nagel in Wasser und lass ihn los.
c) Was schließt du aus deinen Beobachtungen über den Zusammenhalt der Mikroteilchen jeweils?

V2 Lehrerversuch (nur im Abzug): Man tropft etwas Brom in einen Standzylinder, der dann sofort mit Glas abgedeckt wird. Was beobachtest du?
Was geschieht, wenn der Deckel abgenommen wird?
Was schließt du aus den Beobachtungen?

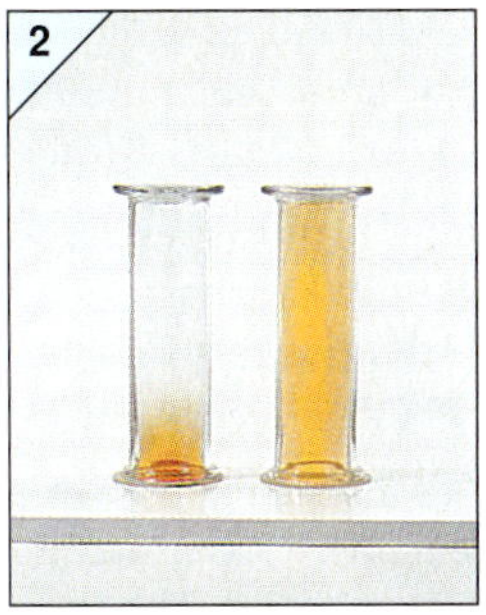

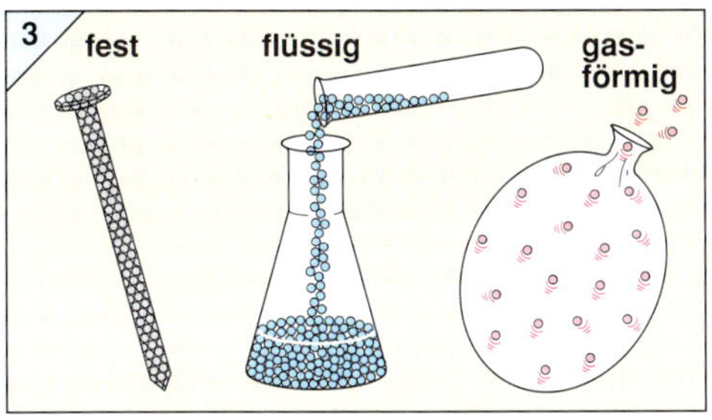

A3 Beschreibe anhand von Abb. 3, wie die Mikroteilchen in Festkörpern, Flüssigkeiten und Gasen angeordnet sind.
Welche Eigenschaften eines Eisennagels, von Wasser in einem Glas und von Luft in einem Ballon kannst du damit erklären?

Wie sind die Mikroteilchen angeordnet?

Feste Gegenstände ändern ihre Gestalt nicht von selbst; sie lassen sich nur mit großem Kraftaufwand verformen. Einen Eisennagel von 5 mm Durchmesser z. B. kannst du kaum noch biegen, in einen Stein kannst du keine Delle hineindrücken. Auch das Teilen dieser Gegenstände ist sehr schwierig. Beim Stein hilft nur das Zertrümmern mit einem Hammer, beim Eisennagel eine Feile. Aus solchen Beobachtungen und weiteren Experimenten haben Physiker zweierlei geschlossen: In festen Gegenständen, **Festkörper** genannt, sitzen die Mikroteilchen immer an ganz bestimmten Plätzen und halten sehr fest zusammen.

Flüssigkeiten müssen anders aufgebaut sein. Denn in eine Flüssigkeit kannst du ohne weiteres einen Finger eintauchen; du kannst in ihr durch Rühren auch Wirbel erzeugen oder einen Teil der Flüssigkeit in ein anderes Gefäß umgießen.
Erklärung der Physiker: Die Teilchen von Flüssigkeiten halten nicht sehr fest zusammen, sondern sind leicht gegeneinander verschiebbar. (Eine Vorstellung davon bekommst du, wenn du in einem Gefäß rührst, das mit kleinen Kügelchen gefüllt ist.)

Gase müssen sich wieder ganz anders verhalten: Das können wir aus dem Versuch nach Bild 2 schließen: Das flüssige Brom, das als Tropfen in den Standzylinder fällt, verschwindet im Laufe der Zeit. Es entsteht ein braunes Gas, das den Standzylinder langsam von unten nach oben füllt. Dabei vermischt es sich von selbst mit der Luft, die ursprünglich den Zylinder allein gefüllt hat.
Erklärung der Physiker: In Gasen bewegen sich die Teilchen dauernd und völlig unabhängig voneinander, ähnlich wie die Mücken in einem Schwarm; sie brauchen für ihre dauernde Bewegung keine Einwirkung von außen. Deshalb füllen Gase auch Behälter oder Gegenstände, in denen sie eingeschlossen sind, immer vollständig und gleichmäßig aus.

In Festkörpern sitzen die Teilchen auf bestimmten Plätzen fest. In Flüssigkeiten können sie leicht gegeneinander verschoben werden. In Gasen bewegen sich die Teilchen dauernd und unabhängig voneinander.

AUFGABEN UND ZUSAMMENFASSUNG

1. Löse ein Stück Würfelzucker in Wasser auf. Beschreibe, was geschieht. Wie kannst du herausfinden, ob der Zucker noch da ist?

2. Nenne je zwei Beobachtungen, welche die Vorstellung nahe legen, dass Festkörper, Flüssigkeiten und Gase aus Mikroteilchen bestehen.

3. Beschreibe mithilfe der Mikroteilchen, wie sich der Festkörper Eis von der Flüssigkeit Wasser unterscheidet.

4. Welche Beobachtungen beweisen, dass sich die Mikroteilchen in Festkörpern anders verhalten als in Flüssigkeiten und in Gasen wieder anders?

5. Pumpe einen Fahrradschlauch auf, wenn das Ventil ganz unten ist. Wie fühlt sich der Schlauch an verschiedenen Stellen an? Was schließt du daraus für das Verhalten der Luftteilchen?

Mikroteilchen

Alle festen, flüssigen und gasförmigen Gegenstände bestehen aus einzelnen, winzigen Teilchen, den Mikroteilchen.

In Festkörpern sitzen die Mikroteilchen an bestimmten Plätzen fest; in Flüssigkeiten kann man sie gegeneinander verschieben; in Gasen bewegen sie sich frei.

Wie viel Raum nehmen Körper ein?

Den Raum, den ein Gegenstand oder ein Lebewesen einnimmt, bezeichnen wir als sein **Volumen.** Eine Maus z. B. hat ein kleines Volumen, ein Elefant ein großes; er beansprucht viel mehr Raum als das Mäuschen. Die Ausdrücke „groß" und „klein" reichen aber oft nicht aus. Wie können wir Volumen genauer angeben?
Bekanntlich werden Volumen in der Einheit cm^3 oder m^3 angegeben. 1 cm^3 ist das Volumen eines Quaders von 1 cm Kantenlänge, 1 m^3 das eines Quaders mit 1 m Seitenlänge. Wenn wir das Volumen der Maus oder des Elefanten genau angeben wollen, müssten wir herausfinden, wie oft die Einheitswürfel 1 cm^3 oder 1 m^3 in die Tiere hineinpassen. Das ist bei den beiden Tieren und vielen anderen Dingen nicht so ohne weiteres zu machen.

Es geht einfach, wenn die Gegenstände die Form eines Quaders haben. Bei dem in Abb. 1 gezeigten Paket können wir zum Beispiel abzählen, dass 15 der 1 cm^3-Einheitswürfel in der Höhe übereinander passen, 25 in der Breite nebeneinander und 40 in der Länge hintereinander. Insgesamt gehen also $15 \times 25 \times 40$ der 1 cm^3-Würfel in das Paket. Es hat das Volumen 15 000 cm^3.
Um das Volumen von Quadern zu bestimmen, müssen wir also nur Länge l, Breite b und Höhe h messen und dann multiplizieren:

$V = 40\,cm \cdot 25\,cm \cdot 15\,cm = 15\,000\,cm^3$.

Als Einheit des Volumens haben wir **Kubikzentimeter (cm^3)** verwendet. Für große Gegenstände nimmt man **Kubikmeter (m^3)**, für Flüssigkeiten und Gase **Liter (l).** Wie man die Einheiten ineinander umrechnen kann, zeigt die Tabelle rechts.

Volumen eines Quaders = Länge · Breite · Höhe; $V = l \cdot b \cdot h$

Die Einheiten darf man nicht vergessen!

Wir haben uns bei der Berechnung des Quadervolumens die Schreibarbeit erleichtert und Buchstaben für physikalische Größen verwendet: V stand für Volumen, l für Länge, b für Breite, h für Höhe. (Unter „Größen" verstehen die Physiker Eigenschaften von Körpern, die sie messen können.) Mithilfe der vereinbarten Buchstaben konnten wir die Vorschrift für die Volumenberechnung in einer übersichtlichen Formel darstellen: $V = l \cdot b \cdot h$.
Für jede physikalische Größe gibt es ein eigenes Zeichen. Für die Zeit haben wir z. B. t verwendet, für den zurückgelegten Weg s, für die Geschwindigkeit $v = s/t$. Damit man die Zeichen für die Größen (z. B. s für Weg) nicht mit Einheitenzeichen (z. B. s für Sekunde) verwechselt, werden sie schräg gedruckt.

Eine physikalische Größe ist nur dann vollständig, wenn sowohl Zahlenwert als auch Einheit angegeben sind. In der Größenangabe „$v = 40\,\frac{km}{h}$" ist 40 der Zahlenwert und $\frac{km}{h}$ die Einheit. Die Aussage „Ich bin mit dem Fahrrad 40 gefahren." sagt zunächst gar nichts über die Schnelligkeit aus. Denn „$40\,\frac{m}{s}$" wären $144\,\frac{km}{h}$ – unvorstellbar! „$40\,\frac{cm}{s}$" dagegen entsprechen $1{,}4\,\frac{km}{h}$ – Schneckentempo! Also: Bei Größenangaben oder Rechnungen die Einheiten auf keinen Fall weglassen!

1

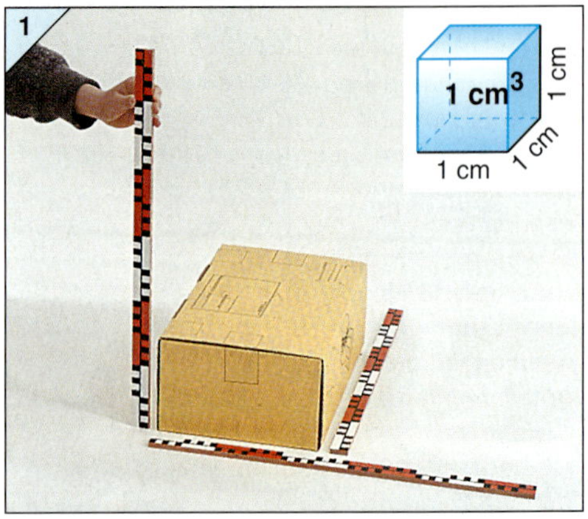

V1 Miss die Länge, die Breite und die Höhe eines Paketes. Welches Volumen hat es?

A2 Bestimme das Volumen eines Stapels aus 5 Physikbüchern, des Klassenschranks, des Schulzimmers und der Schulsporthalle. Was ist zu tun?

A3 Berechne das Volumen des Rasens auf einem Fußballplatz. Es ist ein Quader mit der Länge 105 m, der Breite 55 m und der Höhe 4 cm. Gib das Ergebnis in m^3 an.
Was musst du tun, bevor du die Zahlenwerte miteinander multiplizieren darfst?

Volumeneinheiten

1 m^3	(Kubikmeter)	= 1000 dm^3
1 dm^3	(Kubikdezimeter)	= 1000 cm^3
1 cm^3	(Kubikzentimeter)	= 1000 mm^3
1 mm^3	(Kubikmillimeter)	
1 l	(Liter) = 1 dm^3	= 1000 ml
1 ml	(Milliliter)	= 1 cm^3

Was versteht man unter Körpern?

Im täglichen Leben versteht man unter einem Körper in erster Linie den menschlichen Körper oder den eines Tieres. Von Physikern wurde die Bedeutung des Wortes erweitert. Sie sagen „Körper", wenn sie irgendein Ding meinen, das einen bestimmten Raum einnimmt. Z. B. sind Steine, Tische, Luftballons oder Trinkbecher für sie Körper. Aber auch die in einem Ballon eingeschlossene Luft ist für sie ein Körper, ebenso das Wasser in einem Trinkbecher. Kein Körper dagegen ist „die Luft draußen" oder „das Wasser, das vom Himmel regnet", denn da kann man keine Ränder oder Begrenzungen angeben.

V4 Fülle ein Überlaufgefäß nach Abb. 2 mit Wasser. Tauche dann nacheinander Gegenstände mit unterschiedlichen Formen, z. B. Steine, Schlüssel, Zahnpastatuben usw. ganz ein. Wie groß ist ihr Volumen? Wie bestimmst du es?

2
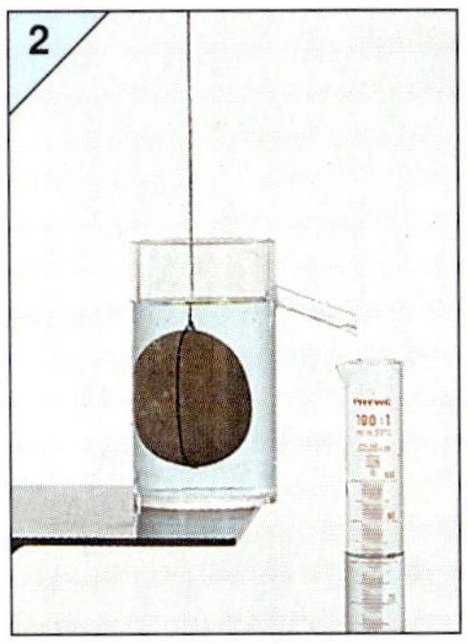

V5 Überprüfe die Richtigkeit der Volumenbestimmung durch die „Verdrängungs-Methode“, indem du Quader eintauchst, deren Volumen du kennst.

3

V6 Versieh eine große Glocke aus Kunststoff durch literweises Einfüllen von Wasser mit einer Liter-Skala. (Glocke dabei auf den Kopf stellen!) Tauche sie dann mit der Öffnung zur Seite ganz unter Wasser und richte sie auf. Ziehe die Glocke dann so weit nach oben, dass du einen Schlauch oder ein gebogenes Glasrohr in die Öffnung bringen kannst. Atme tief ein, blase alle Luft aus deiner Lunge ins Glas. Wie viele Liter sind es?

Volumenmessung unregelmäßig geformter Körper

Leider sind die meisten Körper keine Quader. Für sie können wir nicht abzählen, wie viele cm^3- oder m^3-Würfel in ihr Volumen hineinpassen; auch eine Formel zur Berechnung können wir nicht aufstellen. Was lässt sich tun, wenn wir das Volumen eines Kieselsteins oder eines Schlüssels trotzdem bestimmen wollen?

Folgende Beobachtung bringt uns weiter: Wenn man sich in die Badewanne legt, steigt der Wasserstand. Denn wenn der Körper ins Wasser eintaucht, verdrängt er Wasser und zwar genau mit dem Volumen, das er selbst hat. Diese **Wasserverdrängung** benutzen wir, um das Volumen beliebig geformter Körper zu bestimmen:

Wir füllen einen Messzylinder etwa zur Hälfte mit Wasser und lesen das Wasservolumen ab. Dann tauchen wir den Körper ganz unter und notieren danach das neue Volumen (Körper + Wasser). Anschließend subtrahieren wir beide Messwerte; die Differenz ist das Volumen des eingetauchten Körpers.

Ohne Rechnerei kommen wir aus, wenn wir – wie in Bild 2 – den Körper ganz in ein bis zum Auslauf gefülltes, so genanntes **Überlaufgefäß** eintauchen. Wieder verdrängt er so viel Wasser, wie seinem eigenen Volumen entspricht. Das verdrängte Wasser läuft in einen leeren Messzylinder. An dessen Skala können wir sein Volumen und damit auch das des eingetauchten Körpers sofort ablesen.

Volumenmessung von Gasen: Wir möchten zum Beispiel wissen, wie viel Luft wir mit jedem Atemzug aus- und einatmen. Ein sehr geschicktes Messverfahren zeigt Abb. 3: Ein Aquarium und eine Plastik-Glocke (ca. 7 l) sind mit Wasser gefüllt. Bläst du nun deine Atemluft durch ein Glasrohr oder einen Schlauch in das Messgefäß, so steigt die Luft in der Glocke nach oben und drückt das in ihr enthaltene Wasser zum Teil unten hinaus. Das ausgeatmete Luftvolumen kannst du mit Hilfe der Skala an der Wandung der Glocke ablesen.

AUFGABEN UND ZUSAMMENFASSUNG

1. Wie berechnet man das Volumen eines Quaders?

2. Eine Garage ist 6 m lang, 3 m breit und 2 m hoch. Wie groß ist ihr Volumen? Wie viele Liter Luft enthält die Garage?

3. Warum darf das Ergebnis einer Messung nicht allein durch eine Zahl angegeben werden?

4. Beschreibe, wie du das Volumen von Körpern bestimmen kannst, die keine Quader sind.
Worauf beruht dieses Messverfahren?

5. Beschreibe, wie man das Volumen von Flüssigkeiten messen könnte.

6. Denke dir eine Versuchsanordnung aus, mit der du messen kannst, wie viel Luft ein Luftballon enthält.

7. Bestimme mit der Wasser-Verdrängungs-Methode das Volumen einer luftgefüllten Flasche. Tauche dazu einmal die Flasche verschlossen unter, das zweite Mal geöffnet, wodurch die enthaltene Luft entweichen kann. Welches Volumen bestimmst du jeweils?

Volumen

Das Volumen von Quadern kann man aus Länge, Breite und Höhe berechnen. Es gilt:
$V = l \cdot b \cdot h$.

Das Volumen von Körpern, die keine Quader sind, und von Gasen kann durch Verdrängen von Wasser bestimmt werden.
Das Volumen von Flüssigkeiten ermittelt man direkt durch Einfüllen in Messgefäße.

Was ist schwerer, Holz oder Eisen?

Es ist doch seltsam, dass der Athlet in Bild 1 seine Kugel nicht hochheben kann, das Kind aber eine gleich große Kugel mühelos! Als Grund vermutest du richtig, dass die beiden Kugeln zwar gleiche Form und gleiche Größe haben, aber aus unterschiedlichen Stoffen bestehen: Die eine ist aus Eisen, die andere aus Holz.

Im Alltag sagen wir, Holz sei „leichter" als Eisen. Diese Aussage ist aber nur dann richtig, wenn wir Gegenstände vergleichen, die auch gleiches Volumen haben. Denn bedenke: Obwohl eine Stativstange aus Eisen ist, ist sie doch leichter als ein Balken aus Holz. Wir müssen also klären, wie Gewicht und Volumen eines Körpers zusammenhängen. Dabei gibt es ein Problem:

Wie groß das Gewicht eines Gegenstandes ist, stellen wir mit einer Waage fest. Dazu legen wir den Gegenstand auf die Waagschale und lesen ab, wie viel Gramm (g) oder Kilogramm (kg) er hat. Allerdings verbindet man mit den g- oder kg-Angaben sehr unterschiedliche Vorstellungen: Beim Einkaufen sind das für uns Stoffmengen. Beim Gewichtheben meinen wir damit die Schwere der Hantel, d. h. wie sehr diese nach unten zieht. Beim Sport denken wir an die Widersetzlichkeit der Kugel gegen das „Weg-Gestoßen-Werden", also an ihre Trägheit.

Alle diese Vorstellungen sind gleichberechtigt. Um keine vorzuziehen, sagen die Physiker, wir hätten auf der Waage die **Masse** des Körpers bestimmt. Der Begriff *Masse* ersetzt dabei den Alltagsbegriff *Gewicht*. Wir werden das in diesem Buch auch tun.

Jeder Körper hat eine bestimmte Masse. Sie wird in Gramm oder Kilogramm angegeben.

1

A1 Welche Gründe könnte es haben, dass das Kind seine Kugel hochheben kann, der Athlet dagegen seine nicht?

Masseneinheiten

1 t = 1 000 kg = 1 Mio. g
1 kg = 1 000 g
1 g = 1 000 mg (Milligramm)

A2 An welche Körpereigenschaften denkst du, wenn du folgende Sätze hörst: „Ein Sack Kartoffeln wiegt 20 kg, eine Tüte nur 5 kg."; „Heute abend wiege ich 40 kg, heute morgen waren es nur 38 kg."?

Masse zeigt sich auf zweierlei Weise

Die Masse eines Körpers ändert sich nicht, solange zum Körper nichts hinzugefügt oder von ihm weggenommen wird. Nimmst du zum Beispiel zwei Hände voll Schnee und machst daraus einen zunächst lockeren Schneeball, dann hat dieser eine Masse von sagen wir 50 g. Diese Masse hat der Schneeball auch dann noch, wenn du ihn zusammen drückst und dadurch sein Volumen verkleinerst. Auch Erwärmen oder Abkühlen ändert die Masse eines Körpers nicht. Selbst in der Schwerelosigkeit des Weltraumes bleibt die Masse eines Körpers so groß wie auf der Erde. Deshalb sagen die Physiker: *„Die Masse ist eine unveränderliche Eigenschaft eines jeden Körpers."*

1. Körper sind wegen ihrer Masse schwer
Vor etwa 300 Jahren hat man herausgefunden, dass sich alle Körper gegenseitig anziehen. Bei den Körpern, mit denen wir normalerweise zu tun haben, sind diese Anziehungskräfte so winzig, dass sie nicht auffallen. Bemerkbar werden sie erst dann, wenn einer der Körper eine sehr große Masse hat. Das trifft z. B. für die Erde zu. Ihre Masse ist so riesig, dass sie alle Körper auf ihrer Oberfläche und in ihrer Umgebung mit erheblicher Kraft zu sich hin zieht. Deshalb drücken wir mit unseren Füßen auf den Boden; deshalb versinkt ein Stein im Wasser; deshalb fallen hochgehobene Gegenstände nach unten, wenn sie losgelassen werden. Erst die Anziehung durch die Erde macht Körper schwer.

2. Körper sind wegen ihrer Masse träge
Je größer die Masse eines Körpers ist, desto schwieriger ist es, ihn in Bewegung zu versetzen oder ihn zu stoppen, wenn er sich schon bewegt. Deshalb fällt es dir leicht, einen Tennisball mit einer Masse von 50 g weit zu werfen; bei einer 4 kg-Kugel erfordert das „In-Bewegung-Setzen" schon deutlich mehr Kraftaufwand. Umgekehrt ist es leicht, einen Tennisball zu fangen, also bis zum Stillstand abzustoppen. Aber ein rollendes Auto aufzuhalten gelingt dir wohl kaum. Offensichtlich widersetzt sich jeder Körper den Änderungen seines Bewegungszustandes. Er ist *träge*.
Die Beispiele zeigen, dass die Tätigkeit und die Schwere von der Masse der Körper abhängen.

2

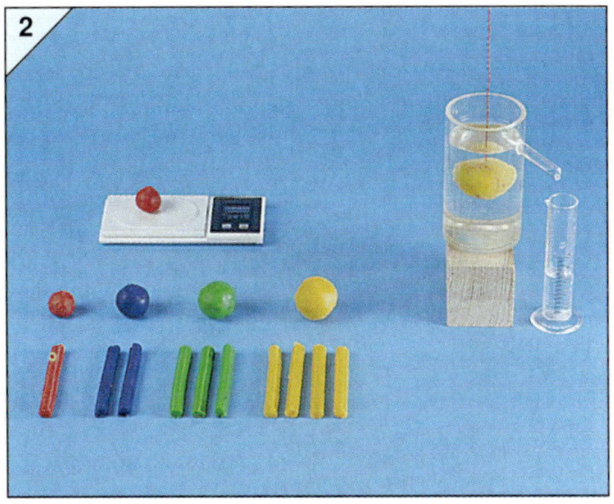

V3 Forme 4 Kugeln aus Plastilin. Kugel ① besteht aus einer Stange, Kugel ② aus 2, Kugel ③ aus 3 und Kugel ④ aus 4 Stangen. Bestimme die Kugelmassen mit einer Waage und die Volumen nach der Überlaufmethode. Trage zusammengehörige Werte in eine Tabelle ein.
Teile für jede Kugel die Zahl für die Masse durch die Zahl für das Volumen.
Was fällt dir auf? Was sagt dieser Wert?

3	Masse *m*	Volumen *V*
Kugel ①	9 g	4 cm^3
Kugel ②	18 g	8 cm^3
Kugel ③	27 g	12 cm^3
Kugel ④	36 g	16 cm^3

A4 Bilde für alle Kugeln die Quotienten *m*/*V*. Was fällt dir auf? Was schließt du daraus?

V5 Bestimme für Gegenstände aus unterschiedlichen Materialien Masse und Volumen. Trage deine Messergebnisse in eine Tabelle ähnlich Tab. 3 ein.
Berechne jeweils die Dichte.

4 Stoff	Dichte	Stoff	Dichte
Gold	19,3 $\frac{g}{cm^3}$	Holz	≈0,7 $\frac{g}{cm^3}$
Blei	11,3 $\frac{g}{cm^3}$	Kork	0,2 $\frac{g}{cm^3}$
Kupfer	8,9 $\frac{g}{cm^3}$	Styropor	≈0,04 $\frac{g}{cm^3}$
Eisen	≈7,5 $\frac{g}{cm^3}$	Wasser	1 $\frac{g}{cm^3}$
Aluminium	2,7 $\frac{g}{cm^3}$	Spiritus	0,8 $\frac{g}{cm^3}$
Glas	2,5 $\frac{g}{cm^3}$	Benzin	0,65 $\frac{g}{cm^3}$
Beton	1,8–2,2 $\frac{g}{cm^3}$	Salatöl	0,9 $\frac{g}{cm^3}$

A6 Was bedeutet die Aussage „Die Dichte von Blei beträgt 11,3 $\frac{g}{cm^3}$"?

A7 Eine Eisenkugel zum Kugelstoßen hat die Masse 4 kg und ein Volumen von 530 cm^3; eine gleich große Holzkugel wiegt 370 g. Berechne jeweils die Dichte. Vergleiche deinen Wert mit dem entsprechenden Wert in Tab. 4.

Die Dichte eines Stoffes

Wir können jetzt zwar in Gramm oder in Kilogramm angeben, welche Masse eine Holz- oder eine Eisenkugel hat. Aber die Antwort auf die Frage „Was ist schwerer, Holz oder Eisen?" können wir immer noch nicht geben. Denn wir haben einen entscheidenden Punkt bislang nicht in unsere Überlegungen einbezogen: das Volumen der betreffenden Körper.

In Bild 2 siehst du vier Kugeln, die aus einer, zwei, drei bzw. vier Stangen Plastilin geformt wurden. Aus Tab. 3 kannst du die Massen und die Volumen der verschiedenen Kugeln ablesen. Vergleichen wir zusammengehörende Masse- bzw. Volumen-Werte miteinander, so erkennen wir: Die Kugel mit der größeren Masse hat auch das größere Volumen. Gleiches würden wir feststellen, wenn wir Körper untersucht hätten, die aus anderen Stoffen bestehen. *Für Körper aus dem gleichen Stoff* gilt deshalb:
Je größer das Volumen ist, desto größer ist auch die Masse.

Aus Tab. 3 können wir aber noch mehr herauslesen: Von Kugel ① zu Kugel ② nimmt das Volumen um 4 cm^3 und die Masse um 9 g zu. Die Zunahme ist gleich für den Schritt von Kugel ② zu Kugel ③ und für den von Kugel ③ zu Kugel ④. Jeder Schritt entspricht also dem Hinzufügen von 4 cm^3 Plastilin, die jeweils 9 g Masse haben. Wenn wir den Quotienten

$$\frac{9\,g}{4\,cm^3} = 2{,}25\,\frac{g}{cm^3}$$

bilden, erhalten wir deshalb die Masse je cm^3 des verwendeten Plastilins. Dieser Wert sagt uns, wie dicht das Plastilin gepackt ist, und heißt daher **Dichte**. Das Symbol dafür ist ρ (Rho).

$$\text{Dichte} = \frac{\text{Masse}}{\text{Volumen}}; \quad \rho = \frac{m}{V}$$

Bestimmen wir die Dichte für Körper aus anderen Materialien, z. B. aus Eisen, Messing, Blei, Holz, so ergeben sich die Dichte-Werte von Tab. 4. Wie bei den Plastilinkugeln sagt uns der Wert „11,3 $\frac{g}{cm^3}$" für Blei, dass sich in 1 cm^3 Blei die Masse $m = 11{,}3$ g befindet. Die Zahlenwerte der Dichte sind für unterschiedliche Materialien verschieden, aber für Gegenstände aus dem gleichen Material immer gleich. Die Dichte kennzeichnet also einen Stoff.

Bei Eisen hat die Dichte einen großen Wert (≈7,5 $\frac{g}{cm^3}$), bei Holz einen kleinen (≈ 0,7 $\frac{g}{cm^3}$). Hätten wir zwei gleich große Kugeln aus Holz und Eisen, so hätte die eiserne viel mehr Masse als die hölzerne. In Eisen ist die Masse also *dichter* gepackt als in Holz.

Du siehst, dass die Frage „Was ist schwerer, Holz oder Eisen?" falsch gestellt war; sie lässt sich gar nicht beantworten. Richtig wäre „Was ist dichter?". Darauf sind zwei Antworten möglich:
- Gleich große Körper aus Eisen haben eine größere Masse als solche aus Holz.
- Eisen hat eine größere Dichte als Holz.

Messbecher

Jeder Messbecher, den man in der Küche verwendet, hat eine cm^3-Einteilung und eine ml-Skala. So lässt sich das Volumen jeder Füllung bestimmen und in Milliliter oder cm^3 angeben – gleichgültig ob es sich im Flüssigkeiten oder um körnige Stoffe handelt.

Auf dem Foto rechts siehst du, dass es noch weitere Skalen gibt. Auf ihnen kann man ablesen, wie viele Gramm (also welche Masse) des jeweiligen Nahrungsmittels eingefüllt sind. Die Skalen sind unterschiedlich, weil die Nahrungsmittel verschiedene Dichten haben. Nehmen wir z. B. Mehl und Zucker: Mehl hat die Dichte $0{,}6\,\frac{g}{cm^3}$. In $1\,cm^3$ sind also 0,6 g Mehl enthalten, in $100\,cm^3$ folglich 60 g, in $500\,cm^3$ daher 300 g. Bei Zucker (mit der Dichte $1{,}1\,\frac{g}{cm^3}$) enthält $1\,cm^3$ etwa 1,1 g. $500\,cm^3$ folglich 550 g. In $500\,cm^3$ passen also etwa 300 g Mehl, aber 550 g Zucker. Deshalb ist die Skala für Zucker viel enger als die für Mehl.

Rechenbeispiele

1. Aus welchem Stoff besteht dieser Körper?

Wenn wir nicht wissen, aus welchem Material ein Körper besteht, können wir seine Dichte bestimmen. Diesen Wert können wir mit Tabellenwerten vergleichen und so das Material herausfinden.

Dazu messen wir wie in V3 seine Masse und mit der Überlaufmethode sein Volumen. Die Messungen ergeben z. B. die Masse $m = 445\,g$ und das Volumen $V = 50\,cm^3$. Aus den Messwerten berechnen wir die Dichte:

$$\rho = \frac{m}{V} = \frac{445\,g}{50\,cm^3} = 8{,}9\,\frac{g}{cm^3}$$

Nun vergleichen wir mit Tab. 4. Dort ist die Dichte $8{,}9\,\frac{g}{cm^3}$ für Kupfer angegeben. Der Gegenstand besteht also wahrscheinlich aus Kupfer.

2. Schummelei beim Sportfest!

Bernd möchte beim Kugelstoßen endlich einmal gewinnen. Er überlegt, statt mit einer Kugel aus Eisen mit einer völlig gleich aussehenden Aluminiumkugel anzutreten. Welchen Vorteil hätte er davon?

Rechnen wir nach: Die Eisenkugel wiegt 4 kg und hat ein Volumen von $530\,cm^3$. Aluminium hat die Dichte $2{,}7\,\frac{g}{cm^3}$; also wiegt jeder cm^3 Aluminium 2,7 g. Die Kugel mit $530\,cm^3$ hat dann die Masse

$$2{,}7\,g \cdot 530 = 1\,431\,g \approx 1{,}4\,kg.$$

Die Alukugel ist also nicht einmal halb so schwer wie die Wettkampf-Kugel. Ein Sieg wäre leicht möglich.

AUFGABEN UND ZUSAMMENFASSUNG

1. In welcher Einheit wird die Masse von Körpern gemessen?
Welche Eigenschaften eines Körpers sind von seiner Masse abhängig?

2. Zwei angeblich goldene Ringe sind gleich groß und sehen gleich aus, haben aber verschiedene Masse. Woran kann das liegen?

3. Ein Metallwürfel von 1 cm Kantenlänge hat eine Masse von 2,7 g. Wie groß ist seine Dichte? Welches Metall könnte es sein?

4. Wie kannst du die Dichte von Wasser bestimmen, wenn du über einen Messbecher und eine Waage verfügst?

5. Welche Masse hat ein Eisenwürfel von 20 cm Kantenlänge? (Denke daran, dass bei einem Würfel Länge, Breite und Höhe gleich sind.)

6. Glaubst du, du könntest einen Styroporwürfel mit einem Volumen von $1\,m^3$ tragen? Berechne seine Masse. (Hinweis: Lies dir vorher noch einmal Rechenbeispiel 2 durch.)

Masse und Dichte

Jeder Körper hat eine Masse. Sie ist überall gleich.
Massen werden mit Waagen gemessen und in Gramm (g) oder Kilogram (kg) angegeben.

Jeder Stoff hat eine ganz bestimmte Dichte ρ. Man errechnet sie aus Masse m und Volumen V nach der Formel $\rho = m/V$.

Licht und Bild

Licht ist immer unterwegs

Am Tag scheint die Sonne und macht so viel Licht, dass wir lesen, schreiben, basteln, Fußball spielen oder auch Rad fahren können. Selbst wenn Wolken am Himmel sind, kommt noch genügend Licht bei uns an. Nachts dagegen sind wir auf andere Lichtspender angewiesen. Wenn das schwache Mondlicht nicht ausreicht, benutzen wir Lampen verschiedenster Art:
- Wachs- und Stearinkerzen;
- Öl- und Petroleumlampen;
- Gasleuchten;
- elektrisch betriebene Glühlampen und Leuchtröhren.

Da diese Lampen ihre ganze Umgebung erhellen, also mit Licht versorgen, nennt man sie **Lichtquellen.** Das Wort ,,Quelle" meint dabei, dass Licht in ihnen gemacht wird und von ihnen wegströmt, meist nach allen Seiten. Dabei kann es auch auf einen Empfänger treffen wie in Abb. 2.

Licht wird in Lichtquellen erzeugt und von ihnen ausgesandt.

Ein Versuch nach Abb. 3 bestätigt dies: Hält man ein Hindernis zwischen Lichtquelle (Lichtsender) und Beobachter (mit Lichtempfänger ,,Auge"), dann wird für den Beobachter im gleichen Augenblick die Lichtquelle unsichtbar; also muss die **Lichtströmung** zu ihm unterbrochen worden sein. Jetzt ist das Buch oder die Hand Lichtempfänger, nicht mehr das Auge. Wenn das Hindernis entfernt wird, strömt das Licht sofort wieder ins Auge.

Bei einer Taschenlampe oder einem Autoscheinwerfer strömt das erzeugte Licht nicht nach allen Seiten weg. Es wird durch Spiegel in einen engen Kanal gelenkt, sozusagen gebündelt. Der Lichtstrom in diesem Kanal ist stärker als ohne die Bündelung.

A1 In Bild 1 sind verschiedene Lichtquellen zu sehen. Schreibe ihre Namen auf und ergänze die Liste durch weitere Lichtquellen.

V2 Zünde im verdunkelten Raum eine Kerze an. Beschreibe, wohin überall Licht von der Kerze strömt.

V3 Halte ein Buch oder die Hand zwischen dein Auge und die Kerze. Warum ,,verschwindet" sie? Warum ist sie wieder zu sehen, wenn du das Hindernis entfernst?

A4 Beschreibe mit den Worten ,,Lichtquelle", ,,Lichtströmung" und ,,Lichtempfänger" die Situation von Abb. 3.

A5 Beschreibe die Strömung des Lichts in Abb. 2. Was geschieht wohl, wenn kein Empfänger im Lichtstrom steht?

Zwei Arten von Lichtquellen

Lichtquellen wie Sonne und Blitz nennt man *natürliche Lichtquellen*, ebenso den Ampelfisch im Bild oben oder ein Glühwürmchen.
Leuchten, die vom Menschen zu Beleuchtungszwecken erfunden worden sind, heißen dagegen *künstliche Lichtquellen*.

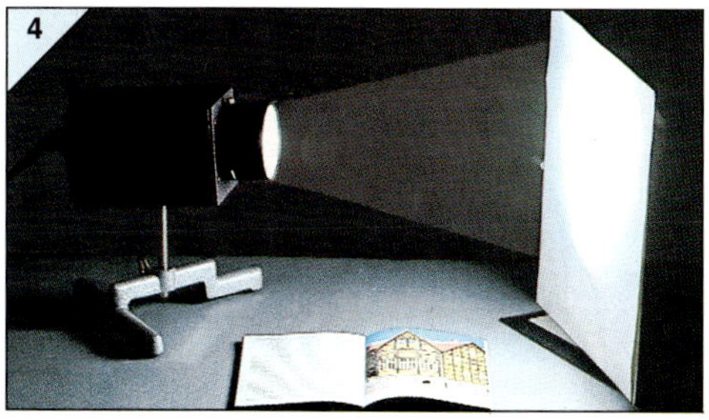

V6 Halte nacheinander einen weißen, einen grauen und einen schwarzen Karton vor die Experimentierleuchte. Nimm danach Klarglas- bzw. Milchglasscheiben. Beschreibe, was du jeweils siehst.
Schüttele nun einen Kreidelappen über der gesamten Anordnung aus. Beschreibe, wie das Licht vor und nach dem Auftreffen auf die verschiedenen Flächen weiterströmt.

V7 Lege nun ein Buch vor die Kartons bzw. die Glasscheiben und wiederhole V6.
In welchem Fall kannst du die Schrift am besten lesen? Erkläre und begründe.

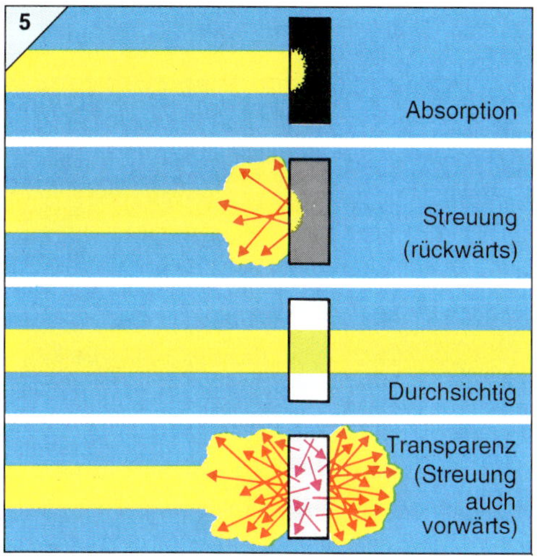

A8 Betrachte Abb. 5. Was geschieht mit Licht, wenn es auf verschiedenartige Flächen trifft?

Absorption, Streuung, Transparenz

In der Dämmerung können wir helle Gegenstände viel besser erkennen als dunkle. Wie kommt das? Das Licht von der Sonne bestrahlt doch die hellen und die dunklen Körper gleichermaßen. Wir wollen das näher untersuchen.

Richtet man den Lichtstrom einer Experimentierleuchte im dunklen Raum auf eine Wand, kann man nur den Lichtfleck auf der Wand sehen. Hält man vor die Wand einen schwarzen Karton aus Pappe, ist das Licht gänzlich verschwunden. Die schwarze Fläche hat das auffallende Licht verschluckt. Der Physiker spricht von **Absorption** des Lichts. (Durch die Absorption des Lichts wird der Karton etwas wärmer).

Beim Bestrahlen einer hellen Wand sieht man nicht nur dort einen Lichtfleck, wo das Licht die Wand trifft. Auch der Fußboden und Gegenstände davor (z.B. ein dort liegendes Buch), werden sichtbar, obwohl sie nicht direkt vom Licht der Lampe getroffen werden. Wir können daraus schließen, dass das Licht von der Wand zurückgeworfen wird; es strömt dabei in alle möglichen Richtungen. Man sagt, das Licht wird **gestreut.**

Ein Körper mit grauer Oberfläche absorbiert einen Teil des auffallenden Lichtes, den Rest streut er zurück. Der jeweilige Anteil hängt von der Farbe der Oberfläche ab. Ein dunkelgrauer Körper streut sehr viel weniger Licht zurück als ein hellgrauer.

> Körper mit schwarzer Oberfläche absorbieren auffallendes Licht; Körper mit heller Oberfläche streuen es.

Es gibt auch Körper, durch die Licht hindurchgeht, z.B. Glasscheiben. Sie werden **lichtdurchlässig** genannt. Aber Fensterglas beeinflusst Licht anders als Milchglas:
- Licht, das auf eine klare Glasscheibe fällt, geht fast ungestört durch das Glas; man sagt, die Scheibe ist *durchsichtig*. Klarglas beeinflusst also einen Lichtstrom wenig oder gar nicht.
- Milchglas nimmt das einfallende Licht auf und streut es nach vorn und nach hinten, und zwar in alle möglichen Richtungen. Man sagt, die Milchglasscheibe ist *durchscheinend* (transparent). Auch Wolken sind durchscheinend.

Bedingungen für das Sehen

Ein Buch, das wir in den Lichtstrom einer Lampe halten, streut das auftreffende Licht. Ein Teil des Streulichts gelangt in unser Auge. Wir sehen das Buch nur wegen dieses Streulicht-Anteils.
Wenn wir das Buch wegnehmen, sehen wir nichts vom Licht, das das Buch sichtbar gemacht hat. Erst wenn man Kreidestaub in die Lichtströmung bringt, kann man erkennen, dass dort wirklich Licht ist. *Licht ist also nur wahrnehmbar, wenn es ins Auge gelangt; Licht, das an uns vorbeiströmt, können wir nicht sehen.*

Was geschieht in Lichtquellen?

Eine Petroleum- oder Öllampe verlischt, wenn der Brennstoff alle ist. Auch ein Gaslicht ist auf dauernde Brennstoff-Zufuhr angewiesen. Bei elektrischen Lampen geht ohne „Strom" nichts. Wir sehen an diesen Beispielen, dass Licht nur mit *Aufwand* erzeugt werden kann. Es ist sogar so, dass dieser Aufwand umso größer ist, je mehr und je länger Licht erzeugt wird. Worin besteht er?

Öl kann nicht entscheidend sein, sonst ginge es nicht mit Gas oder „Strom". Öl, Gas und „Strom" setzen in den Lichtquellen nur Vorgänge in Gang, bei denen Licht entsteht und weggeht; Öl und Gas verbrauchen sich dabei allerdings; das ist der Aufwand. Worin der Aufwand bei der Erzeugung von Licht in einer Glühlampe besteht, sollen uns einige Versuche erläutern. Nach Abb. 7 und 8 kann man Licht elektrisch erzeugen, indem man
- eine Fahrrad-Lichtmaschine antreibt, an die eine Lampe angeschlossen ist;
- die Lampe an eine Flachbatterie anschließt;
- zum Betrieb der Lampe eine „Solar-Batterie" benutzt.

In der Solar-Batterie macht Licht zunächst „Strom", danach macht „Strom" in der Glühlampe wieder Licht. In der elektrischen Leitung strömt bestimmt kein Licht. Also muss es etwas geben, was vom Licht in die Solar-Batterie eingespeist wird, von dort in die Leitung geht, zur Lampe strömt und dort wieder in Licht verwandelt wird. Dieses unsichtbare Etwas heißt **Energie.** Energie hat, wie die folgende Abbildung zeigt, mehrere Gesichter: Sie kommt in Form von *Licht* zur Solar-Batterie, strömt von dort als *elektrische Energie* (meist „Strom" genannt) zur Lampe und von dort in Form von Licht wieder in den Raum.

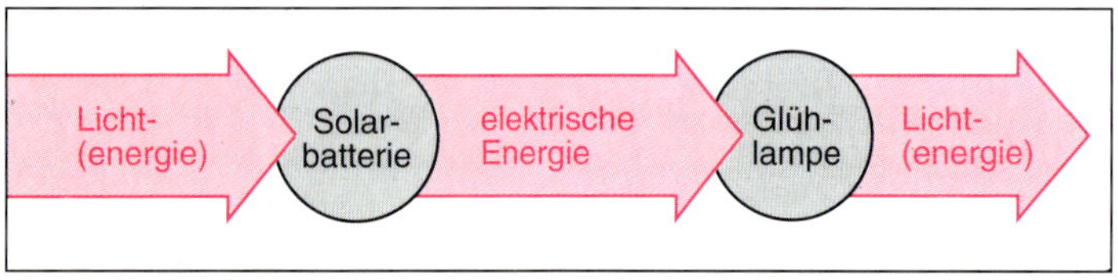

Mit dieser Vorstellung können wir auch die Lichterzeugung mit Fahrrad-Lichtmaschine oder Batterie sinnvoll erklären. Beide Anordnungen unterscheiden sich von unserem Solar-Batterie-Experiment ja nur durch die Art, wie die elektrische Energie gewonnen wird: bei der Fahrrad-Lichtmaschine durch Arbeit mit Muskelkraft („mechanisch"), bei der Flachbatterie durch „Zerfressen" von Metall („chemisch"). Im ersten Fall führen wir *mechanische Energie* zu, im zweiten *chemische Energie.*

Nun sind auch Kerze, Öl- und Gaslampen kein Problem mehr: Sie alle wandeln in der Flamme chemische Energie direkt in Lichtenergie um, die in den Raum strömt. Man kann also sagen:

> Licht wird von Lichtquellen abgestrahlt. Es ist Energie „unterwegs".

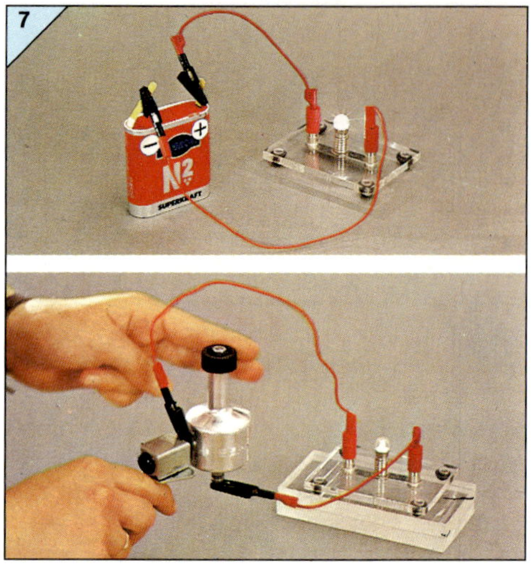

V9 Betreibe eine 1,5 V-Glühlampe einmal mit einer Fahrrad-Lichtmaschine und einmal mit einer Baby-Zelle.
Was ist zu tun, damit Licht erzeugt wird?

A10 Worin besteht in Abb. 7 jeweils der Aufwand, der getrieben werden muss, damit die Lampe Licht aussenden kann?

V13 Schließe an eine „Solar-Batterie" eine 1,5 V-Glühlampe an. Halte die Solar-Batterie senkrecht in den Lichtstrom der Sonne oder einer 250 W-Lampe. Worin besteht jetzt der Aufwand für die Lichtabgabe des Lämpchens?

A14 Beschreibe, welche Vorgänge in dem Versuch nach Abb. 8 ablaufen.
Beschreibe auch, wie sich die ursprüngliche Lichtenergie in den beiden „Stationen" Solar-Batterie und Lampe umwandelt.

A15 Welche Formen von Energie sind in den hier abgebildeten Versuchen aufgetreten?

Anmerkung: Das Wort **Strom** ist in diesem Buch immer in Anführungszeichen gesetzt, wenn es für **elektrische Energie** steht – wie in der Umgangssprache üblich.

Aus Licht wird „Strom"

Solar-Batterien bieten die Möglichkeit, z. B. auf Berghütten Elektrogeräte mit Sonnenlicht (also mit Energie von der Sonne) zu betreiben – unabhängig vom elektrischen Versorgungsnetz. Solange die Sonne scheint, können Funkgeräte, Radios, Fernseher oder Kaffeemaschinen betrieben werden. Wenn Wolken aufziehen oder die Nacht hereinbricht, geht allerdings nichts mehr.

Die Abbildung rechts zeigt, dass Abhilfe möglich ist: Erst wird in der Solar-Batterie aus Sonnenlicht elektrische Energie („Strom") gemacht; diese wird im Akku in Form von chemischer Energie (wie in jeder Batterie) gespeichert. Die Energie kann dem Akku dann – völlig unabhängig vom Sonnenlicht – wieder als elektrische Energie entnommen werden.

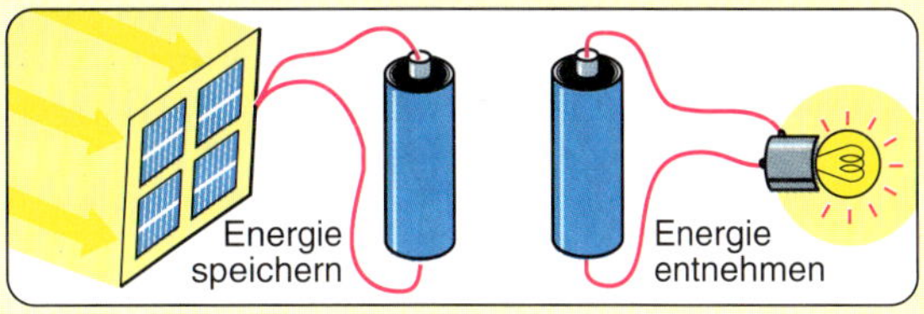

Derartige Solar-Anlagen verwendet man immer, wenn man vom elektrischen Versorgungsnetz unabhängig sein möchte. Beispiele dafür sind Berghütten, Wochenendhäuser oder Segelyachten. Ganz wichtig ist diese Art der „Stromerzeugung" für Satelliten, die ja jahrelang die Erde umkreisen und dabei Telefongespräche von Kontinent zu Kontinent oder Fernsehübertragungen ermöglichen. Dazu ist natürlich sehr viel Energie nötig. Die Solar-Batterien sind zu großen „Sonnenpaddeln" zusammengefasst, deren Fläche meist mehrere Quadratmeter misst.

AUFGABEN UND ZUSAMMENFASSUNG

1. Welche Lichtquellen kennst du? Ordne sie nach „natürlichen" und „künstlichen".

2. Welche Bedingungen müssen erfüllt sein, damit wir einen Gegenstand in einem dunklen Zimmer sehen können? Erkläre im Einzelnen.

3. Was geschieht mit Licht, das auf einen weißen, einen schwarzen, einen grauen Karton fällt?

4. Wieso ist ein Mensch mit dunkler Kleidung nachts auf der Straße schlechter zu erkennen als einer mit heller Kleidung?
Wie sollte demnach ein Fußgänger nachts gekleidet sein?

5. Warum sieht man den Lichtkegel von Autoscheinwerfern von der Seite nur bei Nebel, nicht aber in klaren Nächten? Erkläre genau.

6. Erläutere anhand von Abb. 5, wann ein Körper Licht zurückwirft, verschluckt oder durchlässt.

7. Erkläre die Begriffe „Absorption", „Streuung", „Transparenz". Nenne Beispiele von Körpern, die transparent sind, und solche, bei denen das Licht absorbiert oder gestreut wird.

8. Zähle Lichtquellen auf. Welche Art Energie wird jeweils zu Licht gemacht?

9. Welchen Vorgang stellt folgendes Bild dar? Beschreibe ihn in der Umgangs- und in der Fachsprache.

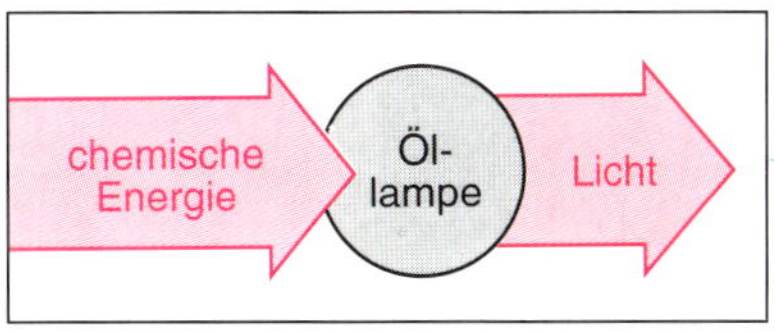

Licht und Lichtquellen

Licht wird in Lichtquellen erzeugt und strömt nach allen Seiten weg, solange es nicht durch Gegenstände behindert wird.

Undurchsichtige Körper absorbieren und streuen Licht. Bei dunklen Körpern überwiegt die Absorption, bei hellen die Streuung.
Durchsichtige Körper beeinflussen den auftreffenden Lichtstrom nicht; durchscheinende (transparente) verteilen ihn nach vorne und hinten in alle möglichen Richtungen.

Licht ist eine besondere Form von Energie.

Sehen und gesehen werden im Verkehr

Sehen im Verkehr

Tagsüber braucht man nur die Augen aufzumachen. Alle Gegenstände auf und neben der Straße streuen das von der Sonne kommende Licht ins Auge; der Fahrer kann sie sehen und sich darauf einstellen. Nachts aber scheint die Sonne nicht und das Mondlicht ist meist zu schwach; man muss also die Fahrbahn beleuchten. Dazu gibt es zwei Möglichkeiten: entweder Laternen am Straßenrand oder Scheinwerfer am Fahrzeug.

Lichtquellen haben im Verkehr – auch am Tag – noch andere Bedeutungen: Sie regeln und warnen. Da sind einmal die **Ampeln,** offiziell „Lichtsignalanlagen" genannt. Damit ist ihre Aufgabe umfassend beschrieben: Sie sollen den Verkehrsteilnehmern Signale oder Zeichen geben und so den Verkehr, z. B. an Kreuzungen, regeln. Sicher kennst du auch die Bedeutung der *Blink-* und *Bremsleuchten* am Auto: Der Nachfolger soll wissen, dass der Fahrer vorne abbiegen oder bremsen will; nur mit diesem Wissen kann er sein Verhalten entsprechend einstellen.

Als Warn- und Gebots-Lichtzeichen kennst du das *Blaulicht* an Polizei-, Kranken- und Feuerwehrwagen. Seine Bedeutung hat man international vereinbart: Jeder Verkehrsteilnehmer (Fußgänger, Radfahrer und Autofahrer) muss Platz machen. *Gelbe Blinklampen* sollen vor Gefahren warnen. Man findet sie an Fahrzeugen, die Autos abschleppen, oder an Baustellen.

Gesehen werden

Sehen und gesehen werden ist das wichtigste Gebot im Verkehr! Schon so mancher Fußgänger hat sich im Krankenhaus gefragt, welcher Fehler zu seinem Unfall geführt hat. Am Tage kann es ja nur so gewesen sein, dass irgendjemand nicht aufgepasst hat.
Aber nachts? War er als Verkehrsteilnehmer wirklich gut zu sehen, hat er also genügend Licht zu den anderen Verkehrsteilnehmern geschickt?

Am besten wäre, Fußgänger würden nachts auf einer unbeleuchteten Straße eine Lampe tragen, die Licht rundum aussendet. Für Fußgängergruppen, Marschkolonnen o. Ä. ist das vorgeschrieben. Sie müssen vorne eine weiß leuchtende und hinten eine rot leuchtende Lampe mitführen. Wer alleine unterwegs ist, kann sich sichtbar machen, indem er etwas an seiner Kleidung befestigt, das auffallendes Licht zurückstreut. Das tun z. B. die weiß leuchtenden Figuren, die man sich auf den Rükken hängen kann. Aus solchem Material werden auch die Streifen gemacht, die an Schultaschen angebracht sind; es gibt sie auch zum Anheften an die Kleidung.

Wer keine derartigen Leuchtstreifen mag, sollte möglichst helle Kleidung tragen. Ist man dunkel gekleidet, sollte man wenigstens eine weiße Plastiktüte in der Hand tragen; die Tüte streut das Licht eines Autoscheinwerfers gerade noch ausreichend zurück.

Die Fahrrad-Beleuchtung

„Sehen und gesehen werden“ – darauf muss die Fahrradbeleuchtung ausgelegt sein. Ein verkehrssicheres Rad braucht also eigene Lichtquellen und Teile, die das auffallende Licht von Scheinwerfern zurückwerfen. Der Radfahrer muss in der Dunkelheit von vorn, von hinten und von beiden Seiten gut gesehen werden können.

Als eigene Lichtquellen gibt es am Fahrrad den **Scheinwerfer,** der sein Licht nach vorn wirft, und das **Rücklicht,** das nach hinten strahlt. Der Scheinwerfer muss weißes Licht abgeben, das Rücklicht rotes. Ein vorsichtiger Radler rüstet sein Rad zusätzlich mit einer *Standlichtanlage* mit Batterie aus. Diese wird durch eine Elektronik eingeschaltet, wenn das Licht beim langsamen Fahren zu schwach wird oder im Stand erlischt.

Falls das eigene Licht doch einmal ausfällt oder der Radler sein Rad schiebt, muss er dennoch erkennbar bleiben. Deshalb sind für vorn und hinten rechteckige *Rückstrahler* vorgeschrieben. Die vorderen sind so gebaut, dass sie auftreffendes weißes Licht weiß zurückwerfen; die hinteren machen aus auftreffendem weißem Licht rotes und werfen es zurück. An der Farbe des zurückgeworfenen Lichts kann ein Autofahrer dann die Bewegungsrichtung des Radlers gut erkennen. Zusätzlich müssen die Pedale vorne und hinten mit gelblichen Rückstrahlern belegt sein. Wenn diese sich bewegen, erkennt man also gleich, dass der Radler fährt.

Durch die gelben *Speichenstrahler* lässt sich bei Nacht ein Radfahrer auch von der Seite erkennen. Je zwei für Vorder- und Hinterrad sind Vorschrift. Zusätzlichen Schutz bieten Reifen, deren Seitenflächen weiß sind. Besonders vorsichtige Radler benutzen zusätzlich Leuchtstreifen, die sie um Arme und Beine wickeln.

Gegen „aufdringliche“ Autofahrer hilft ein herausklappbarer *Abstandshalter*. Der ist zwar nicht vorgeschrieben, zwingt aber den Autofahrer bei Tag und Nacht zum notwendigen Abstand beim Überholen.

Sicherheitsregeln

Alle diese vorgeschriebenen oder zusätzlich angebrachten Teile dienen deiner Sicherheit im Straßenverkehr. Sie nützen aber gar nichts, wenn sie aus Bequemlichkeit nicht benutzt werden oder nicht funktionieren.

- Du musst deine Lichtanlage in Ordnung halten und einschalten – auch bei Dämmerung oder auf einer beleuchteten Straße – selbst wenn das Treten schwerer wird! Vorsichtshalber solltest du immer eine Glühlampe für vorn und hinten als Ersatz in der Satteltasche mitführen.
- Du musst Front- bzw. Rücklicht und Reflektoren immer sauber halten. Denn ein verschmutztes Glas verschluckt Licht.

Also denke immer daran: Du gefährdest dich, wenn du deine Lichtanlage vernachlässigst. Aber genauso gefährlich kannst du als Radler für Autofahrer sein, wenn du mit deinem Rad nicht erkennbar bist.

Deswegen: Achte auf dich und sei fair gegen die anderen im Straßenverkehr!

Wie strömt Licht?

Wenn du überlegst, auf welchem Weg Licht von einer Lampe zu beleuchteten Körpern strömt, kommen dir zwei Möglichkeiten in den Sinn: Entweder läuft das Licht auf verschlungenen Pfaden oder geradlinig (Abb. 1). Wie aber strömt es nun?

Eine Glühlampe in einem sonst dunklen Raum gibt einen ersten Hinweis. Wird sie angeschaltet, erscheint der Raum rund um die Lampe hell. Licht strömt also von der Lampe nach allen Seiten. Ob das auf geraden oder verschlungenen Pfaden geschieht, erkennst du, wenn du die Glühlampe mit einer Kappe aus Aluminiumfolie überziehst, in die viele kleine Löcher gestochen wurden. Streust du nun um die Lampe Kreidestaub, erkennst du *gerade* verlaufende „Lichtstachel" im Raum. Daran siehst du, dass Licht geradlinig von der Lampe weg in den Raum strömt, solange ihm kein Hindernis im Wege steht.

Licht strömt geradlinig von einer Lampe nach allen Seiten.

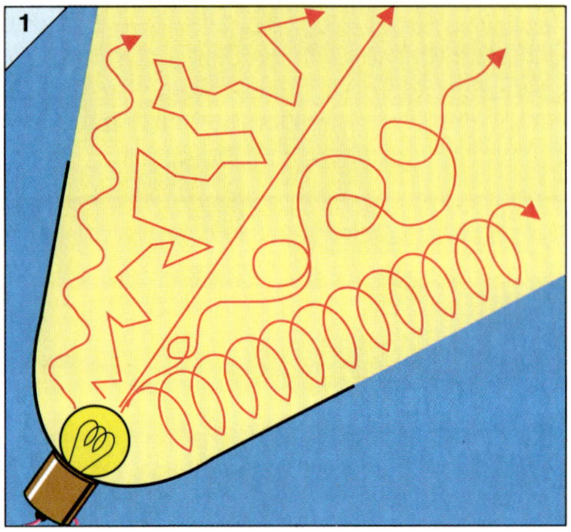

A1 Betrachte die verschiedenen Pfade, auf denen sich Licht bewegen könnte. Beschreibe sie.
Welchen Weg nimmt Licht tatsächlich? Versuche, aus deiner Erfahrung zu begründen.

Vom Lichtkegel zum Lichtstrahl

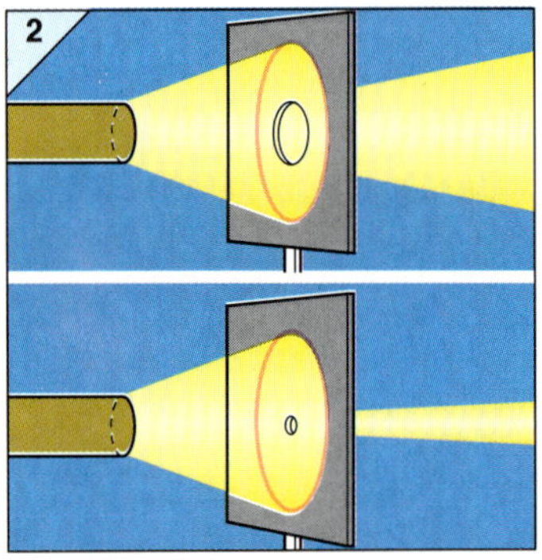

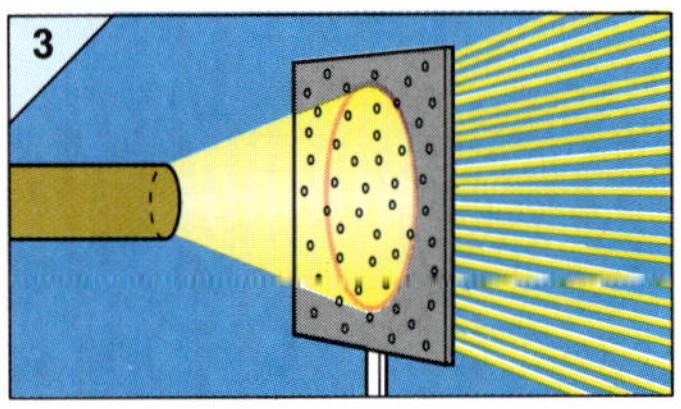

Stellt man einen Karton mit einem Loch (eine Blende) vor eine Lampe und streut Kreide in den Raum, sieht man, dass Licht in Form eines *Lichtkegels* von der Lampe wegströmt. Wählt man ein kleineres Loch, wird auch der Lichtkegel enger. Aber die Ränder bleiben stets gerade. Das ist ein Hinweis dafür, dass Licht auch im Inneren eines Lichtkegels auf geraden Wegen strömt.
Ganz klar sieht man diese Geradlinigkeit von Licht, wenn man eine Blende mit vielen kleinen Löchern in einen dicken Lichtkegel hält: Unabhängig davon, wo die Löcher in der Blende sind, kommt das Licht so aus ihnen heraus, als ob es schnurgerade von der Lampe gekommen wäre; genauso schnurgerade geht es auch hinter den Löchern weiter.

Die Überlegung zur Einengung eines Lichtkegels (Abb. 2) hat Folgen: Mit Lochblenden, deren Öffnung man verkleinern kann, lassen sich recht enge Lichtkegel erzeugen. Setzt man das Einengen in Gedanken immer weiter fort, kommt man schließlich zu einem extrem dünnen Lichtkegel, in dem Licht praktisch nur in einer Richtung strömt. Solche extrem dünnen Lichtkegel nennt man in der Physik **Lichtstrahl.** Durch Zeichnen von (einigen wenigen) Lichtstrahlen kennzeichnen wir zukünftig die Strömungsrichtung von Licht in Bildern.

V2 Überziehe eine Glühlampe mit einer dünnen Aluminiumfolie und stich viele kleine Löcher hinein.
Schalte die Lampe ein und streue Kreidestaub um die Lampe.
Beschreibe deine Beobachtung. Was schließt du daraus?

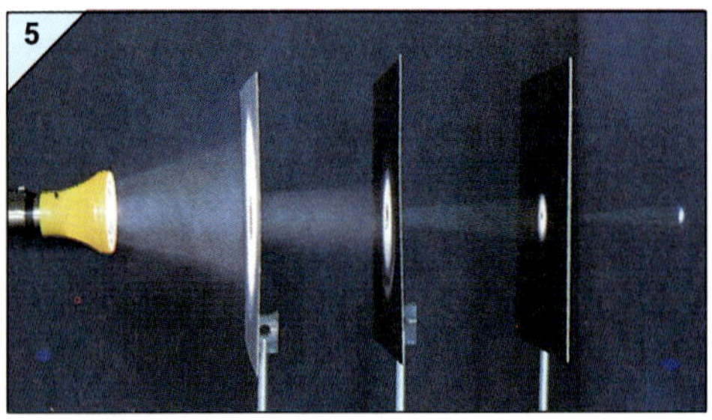

V3 Stelle im Lichtkegel einer Experimentierleuchte einige Blenden hintereinander auf, deren Löcher immer kleiner werden. Streue Kreidestaub in den Lichtweg. Beschreibe die Ränder der Lichtkegel und die Kegel selbst. Ist der letzte, hinterste Kegel ein Lichtstrahl?

6

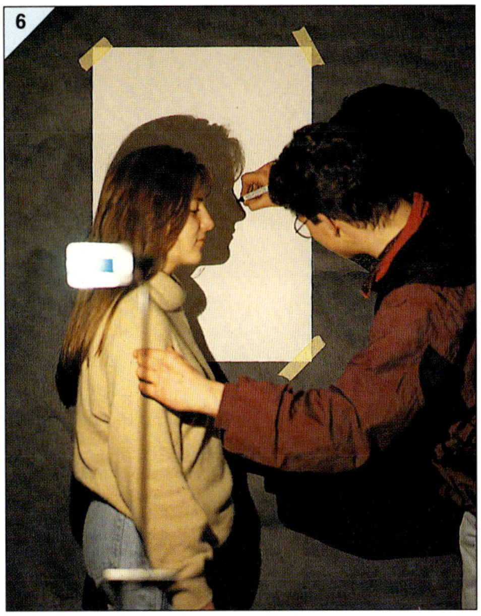

A4 Beschreibe, wie hier der Schüler den Schatten seiner Mitschülerin auf das Papier bekommt.

7

V5 Baue obigen Versuch mit Lampe, Holzklotz und Schirm nach.
Wie kommt die Schattenfläche auf dem Schirm zustande? Erkläre.

V6 Halte ein Blatt Papier in den Raum zwischen Holzklotz und Schirm. Verschiebe es hin und her, auch auf und ab.
Beschreibe, wo noch Schatten und wo schon Licht ist. Erkläre damit den Ausdruck „Schattenraum".

V7 Verschiebe den Holzklotz zwischen Lampe und Schirm. Beschreibe, wie sich Schattenraum und Schattenfläche verändern.

A8 Auf Bild 8 sind zwei Stellungen des Schirms gezeichnet, außerdem Begrenzungslinien. Beschreibe, was du dem Bild alles über Schatten entnehmen kannst.

Wie entstehen Schatten?

Wie kannst du am schnellsten und einfachsten das Profil eines Mitschülers zeichnen? Auf dem Bild nebenan siehst du es. Der Mitschüler setzt sich zwischen eine starke Lichtquelle (z. B. einen Diaprojektor) und eine Wand. Auf dieser erscheint dann das Schattenbild des Schülers. Seine Umrisse sind vollständig und genau abgebildet. Jetzt brauchst du nur noch ein Blatt Papier an die Wand zu heften, dann kannst du die Umrisse ganz leicht nachzeichnen. Wie entstehen solche Schattenbilder?

Schatten entstehen, wenn Licht von einer Lichtquelle auf einen lichtundurchlässigen Körper fällt. Sie liegen, von der Lichtquelle aus betrachtet, immer hinter dem Körper. Der Versuch nach Abb. 7 zeigt das sehr deutlich: Hinter dem Holzklotz sehen wir auf dem Tisch und auf dem Schirm ein Schattenbild des Körpers. Es ist als dunkle Fläche zu erkennen.
Hält man zwischen den Klotz und den Schirm ein Stück Papier, kann man sehen, dass nirgends in den ganzen Raum zwischen Klotz und Schirm Licht gelangt. Das Hindernis „Klotz" erzeugt also hinter sich einen *Schattenraum*. Ein Schattenbild ist nur zu erkennen, wenn eine helle Fläche (z. B. ein Schirm) so im Schattenraum steht, dass ihre Ränder über den Schattenraum hinausragen. Es ist üblich, diesen Schattenraum als „Schatten des Hindernisses" zu bezeichnen.

Schatten entstehen an der lichtabgewandten Seite von undurchsichtigen Körpern.

Die *Form des Schattenraumes* und die *Umrisse der Schattenfläche* hängen von der Form des Hindernisses ab. Weil sich das Licht von der Lichtquelle aus geradlinig ausbreitet, sind die Begrenzungsflächen des Schattenraumes weder eingedellt noch ausgebeult. Es lassen sich überall „Randgeraden" von der Lichtquelle über die Außenbegrenzung des Körpers bis zum Auffangschirm ziehen.
Die *Größe* des Schattenraums ist veränderlich. Je näher ein Körper an der Lichtquelle steht, desto größer ist sein Schattenraum. Stellt man einen Schirm in den Schattenraum, wird die nicht bestrahlte Fläche (also die Schattenfläche) größer, wenn man den Schirm vom Körper wegschiebt.

8

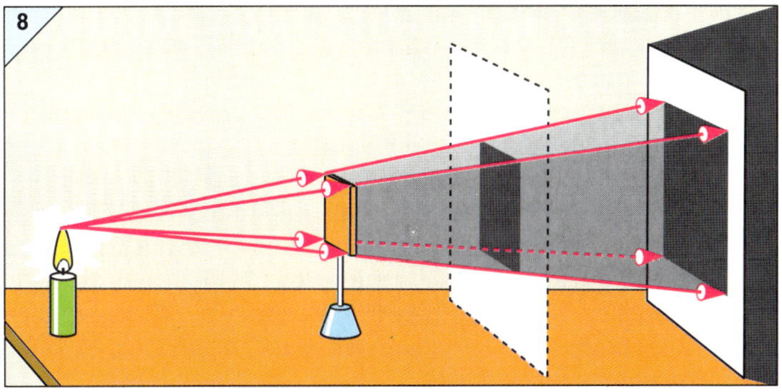

Kernschatten und Halbschatten

Beim abendlichen Gang entlang einer Straße wirfst du unterschiedlich große Schatten, je nachdem wie weit du von einer Laterne entfernt bist. Das ist jetzt verständlich. Warum aber gibt es gelegentlich mehrere Schatten?

In Abb. 9 ist die Situation mit zwei Lampen nachgestellt. Jede Lampe beleuchtet den Schirm und den Klotz, der davor steht. Hinter dem Klotz gibt es also auch zwei Schattenräume. Nur gelangt von jeder Lampe Licht am Klotz vorbei in den anderen Schattenraum. Das ist leicht zu erkennen, wenn man die Lampen nacheinander einzeln einschaltet. Weil in den Schattenraum, der zu Lampe 1 gehört, Licht von Lampe 2 fällt, ist dieser Schatten nicht so dunkel wie bei einer Lampe allein; er wird aufgehellt. (Gleiches gilt für den Schattenraum von Lampe 2.) Man nennt solche Schattenräume oder -flächen deshalb **Halbschatten.** Unmittelbar hinter dem Klotz gibt es einen Raum, in den weder von der einen noch von der anderen Lampe Licht gelangt. Er ist dunkler als die daneben liegenden Halbschatten und gegen diese scharf abgegrenzt (Abb. 10). Diesen gänzlich lichtlosen Raum nennt man **Kernschatten.** Er wird größer, wenn man die Lampen enger zusammenschiebt.

Schattenfreie Beleuchtung

Stehen mehrere Lampen nebeneinander vor einem lichtundurchlässigen Körper, dann wirft er pro Lampe einen Schatten. Gleichzeitig aber wird der Schattenraum jeder Lampe vom Licht mehrerer anderer aufgehellt. Einen Kernschatten kann es daher nur unmittelbar hinter dem Körper geben. Die Halbschatten werden umso mehr aufgehellt, je mehr Lampen nebeneinander stehen. Sehr viele Lampen in Reihe bilden ein leuchtendes Band. Dieses kann man durch eine ausgedehnte Lichtquelle, z. B. eine Leuchtstoffröhre, ersetzen. Diese erzeugt ebenfalls helle, weiche Schatten.

Das ist das Prinzip der **schattenfreien Beleuchtung,** die für Arbeitsräume wichtig ist. Sie lässt sich folgendermaßen erreichen:

1. Man umgibt eine kleine Glühlampe mit einer großen Milchglaskugel und verteilt mehrere solcher Leuchtkugeln über den ganzen Raum.
2. Man bringt an der Decke des Raumes mehrere Lichtbänder aus Leuchtstoffröhren an.
3. Man strahlt eine weiß gestrichene Zimmerdecke durch eine oder mehrere Lampen von unten an. Die Decke wirkt infolge der Streuung des Lichts dann wie eine große, ausgedehnte Lichtquelle (indirekte Beleuchtung).

Gleichmäßig ausgeleuchtete Räume haben aber auch einen Nachteil: Weil kaum Schatten entstehen, kann man Körper oder Gegenstände schlecht räumlich erkennen. Denn ihre linken und rechten Flächen sind etwa gleich hell. Wenn die Flächen auch noch gleichfarbig sind, verschwinden die Kanten völlig, die Flächen gehen ineinander über.

V9 Beleuchte einen Holzklotz mit zwei gleichen Lampen, die gleichen Abstand vom Schirm haben. Schalte zunächst jede Lampe einzeln ein.
Beschreibe die entstehenden Schatten.
Schalte dann beide Lampen ein, verschiebe sie aufeinander zu und voneinander weg und beobachte die Schatten.
Beschreibe, wie sich die Schatten verändern.

V10 Schiebe die Lampen so dicht zusammen, dass sich Schatten wie in Abb. 10 bilden.
Beschreibe und benenne die entstandenen Schattenräume.
Erkläre deine Beobachtung.

V11 Ersetze die einzelnen Lampen durch eine Leuchtstoffröhre und beschreibe die entstehenden Schatten.

A12 Erläutere den Begriff „schattenfreie Beleuchtung".
Wie ist euer Klassenraum ausgeleuchtet? Beschreibe.

Wie schnell ist Licht?

Bis weit in das 16. Jahrhundert hinein war man der Überzeugung, dass Licht keine Zeit braucht, um von der Sonne auf die Erde oder von einer Lampe ins Auge zu gelangen. Aber dann, vor etwa 400 Jahren, zweifelte der Italiener GALILEO GALILEI (1564–1642) daran und untersuchte diese Frage: Er postierte zwei Leute mit Laternen auf Bergen, die einige Kilometer voneinander entfernt waren. Anfänglich waren die Laternen abgedeckt. Der erste Helfer nahm seine Abdeckung weg, schickte also ein Lichtsignal zum anderen Berg. Sobald der dortige Helfer das Lichtsignal wahrnahm, gab auch er seine Laterne frei, schickte also ein Lichtsignal zurück. Wenn das Licht für den Hin- und Rückweg Zeit braucht, müsste diese Zeit vergehen zwischen dem Aussenden des ersten Signals und der Ankunft des zweiten. Aber GALILEI konnte mit dieser einfachen Methode keinen Unterschied feststellen, der darauf schließen ließ, dass Licht für seinen Weg Zeit braucht.

Heute lässt sich die Lichtgeschwindigkeit mit elektronischen Messinstrumenten bestimmen. Man hat damit herausgefunden, dass Licht in Vakuum und Luft in einer Sekunde 300000 km zurücklegt; in Wasser und in Glas ist es langsamer (230000 bzw. 200000 km je Sekunde). Wenn man Licht rund um die Erde schicken könnte, käme es in 1 s etwa siebenmal am Ausgangsort wieder vorbei.
Damit wird klar, warum GALILEI die Lichtgeschwindigkeit nicht messen konnte: Waren die Berge, auf denen die beiden Helfer postiert waren, etwa 15 km voneinander entfernt, musste das Licht also eine Strecke von 30 km zurücklegen. Wenn es für 300000 km 1 Sekunde braucht, dann benötigt es für 30 km (das ist der zehntausendste Teil von 300000 km) nur eine Zehntausendstel Sekunde! Wer kann das messen!

Da man die Lichtgeschwindigkeit genau kennt, lässt sich heute die Entfernung des Mondes von der Erde messen. Dazu sendet man mit einer starken Lichtquelle (Laser) Lichtblitze von der Erde auf den Mond. Sie werden von einem Spiegel reflektiert, den Astronauten dort 1969 aufgestellt haben. Aus der Zeit vom Aussenden der Lichtblitze bis zu ihrem Wiedereintreffen auf der Erde und der Lichtgeschwindigkeit lässt sich die Entfernung genau bestimmen: Das Licht braucht 2,52 s für den Hin- und Rückweg, also 1,26 s für die einfache Entfernung; folglich ist der Mond rund 380 000 km von der Erde entfernt.

Unter Benutzung der Lichtlaufzeit kann man astronomische Entfernungen in kleineren Zahlen angeben. Man benutzt die Lichtsekunde, die einer Entfernung von 300 000 km entspricht. Der Mond ist demnach 1,26 Lichtsekunden von uns entfernt, die Sonne 8 Lichtminuten. Die Entfernung zu Sternen gibt man in Lichtjahren an: Licht kommt in einem Jahr 9,46 Billionen km weit (1 Billion ist eine 1 mit 12 Nullen). Der unserem Sonnensystem am nächsten stehende Stern α-Centauri (nur auf der Südhalbkugel zu sehen) ist 4,3 Lichtjahre entfernt, der Sirius 9 Lichtjahre.

AUFGABEN UND ZUSAMMENFASSUNG

1. Beschreibe, wie man nachweisen kann, dass Licht geradlinig von der Quelle wegströmt.

2. Was versteht man unter „Lichtkegel", was unter „Lichtstrahl"?

3. Licht fällt von einer Glühlampe durch eine rechteckige Öffnung (Schlitzblende). Welche Form hat der Lichtkegel dahinter? Zeichne den Lichtfleck, der auf einem senkrecht stehenden Schirm aufgefangen werden könnte.

4. Was versteht man unter „Schattenfläche" bzw. „Schattenraum"?

5. Halte einen Teller in den Lichtkegel eines Diaprojektors und betrachte den Schatten. Drehe den Teller in verschiedene Stellungen. Wie ändert sich der Schatten auf einem Schirm?

6. Was muss man tun, um einen Raum schattenfrei auszuleuchten?

7. Konstruiere den Schatten, der durch einen 2 cm breiten Klotz mit einer Lampe erzeugt wird, die 4 cm vom Klotz entfernt steht. Der Schatten soll auch auf einem 10 cm vom Klotz entfernten Schirm aufgefangen werden. Zeichne die Anordnung von oben gesehen. Wie breit ist die Schattenfläche auf dem Schirm?

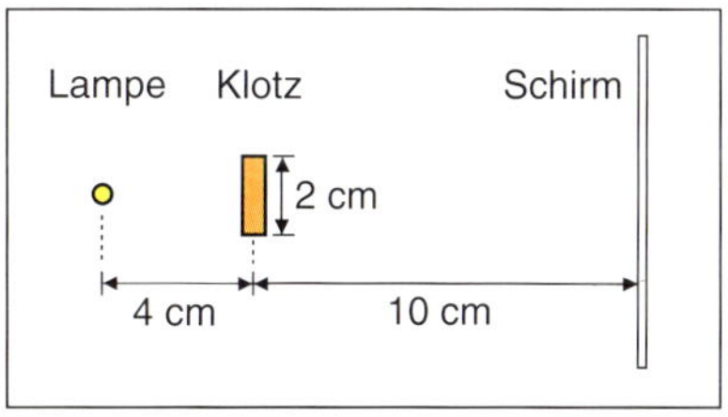

8. Zeichne wie in Aufgabe 7 die Schatten, die von zwei nebeneinander stehenden Lampen erzeugt werden. Wähle verschiedene Abstände der Lampen voneinander.

Licht unterwegs

Licht strömt von einer Lichtquelle weg nach allen Seiten, wenn es nicht behindert wird.
Durch Lochblenden kann man unterschiedlich weite Lichtkegel erzeugen. Sehr enge Lichtkegel, in denen das Licht in einer Richtung strömt, heißen Lichtstrahlen.

Schatten

Hinter undurchsichtigen Körpern entsteht ein lichtloser Raum, der Schattenraum. Auf einem Schirm darin entsteht eine Schattenfläche.
Im Licht nur einer Lampe wirft ein Gegenstand auch nur einen Schatten; im Licht mehrerer Lampen entstehen mehrere: Je nach Abstand der Lampen zueinander gibt es Halb- und Kernschatten.

Sonnen- und Mondfinsternisse

Erde und Mond sind zwei lichtundurchlässige Himmelskörper. Beide werden von der Sonne bestrahlt. Folglich müsste auch von beiden im Weltraum ein Schatten festzustellen sein. Auf der Erde erleben wir den Schatten jeden Tag einmal. Immer, wenn wir uns durch die Drehung der Erde um sich selbst im Schatten der Erde befinden, ist für uns *Nacht*. Auf der Seite der Erde, auf die Sonnenlicht fällt, herrscht *Tag*.

Sonnen- und Mondfinsternisse kommen dadurch zustande, dass der Mond bei seinem Umlauf in den Schattenraum der Erde tritt. Der Schatten des Mondes wiederum fällt bei geeigneter Stellung auf die Erde: Sonnenfinsternis. Die Schattenräume von Erde und Mond im Weltraum sind Kegel, wie die folgende Abbildung zeigt.

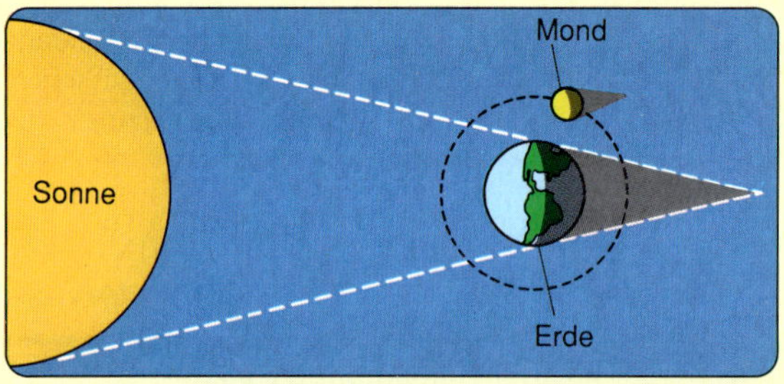

Steht der Mond so zwischen Sonne und Erde, dass die drei Mittelpunkte auf einer Geraden liegen, so sieht ein Beobachter im Weltraum, wie der Schatten des Mondes die Erde trifft (große Abbildung unten). Der Schatten hat einen Durchmesser von etwa 300 km. Deshalb kann eine **Sonnenfinsternis** immer nur auf einem Teil der Erde, z. B. nur in Mitteleuropa, beobachtet werden.

Menschen auf der Erde, die sich im Kernschatten des Mondes befinden, erleben eine *totale* Sonnenfinsternis, wie sie in der Bildleiste oben fotografiert ist: Von rechts schiebt sich ein im Bild nicht sichtbarer Körper vor die Sonne, natürlich der Mond. Wenig später ist schon ein größerer Teil der Sonne verdeckt und bald ist nur noch eine schmale Sichel zu sehen. Bei totaler Verdeckung der Sonne bleibt von ihr nur noch ein schmaler Saum, die Korona, übrig.

Bei einer **Mondfinsternis** läuft der Mond durch den Schattenraum, den die Erde im Sonnenlicht erzeugt. Die Mondfinsternis heißt *total*, wenn der Mond ganz in den Kernschatten eintaucht; er wird dann für kurze Zeit völlig verfinstert. Eine *partielle* Finsternis entsteht, wenn der Mond nur teilweise in den Kernschattenbereich eindringt; er wird nur noch teilweise beleuchtet. Der sichtbare Rest erscheint uns Erdbewohnern sichelförmig.

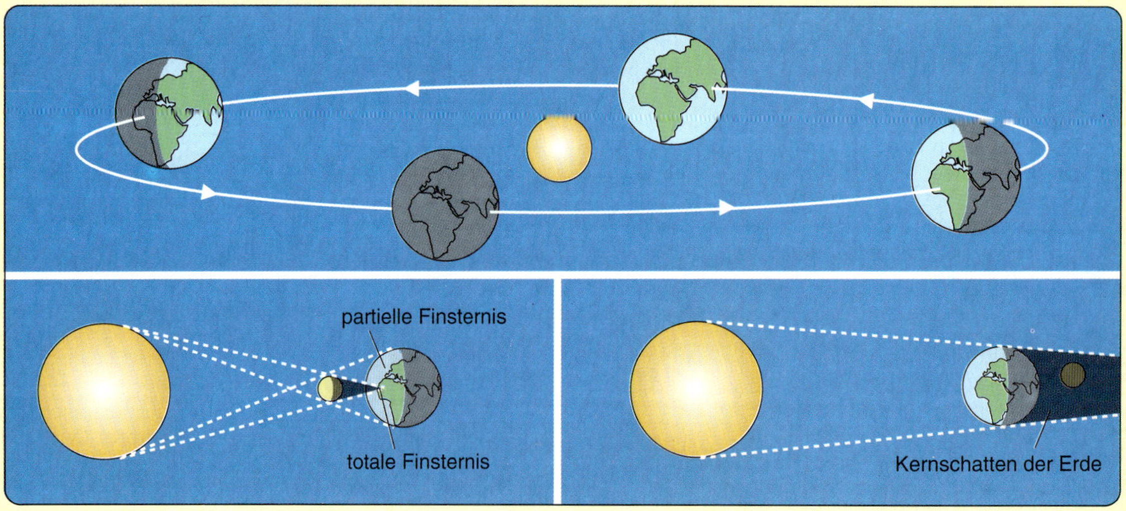

Mondphasen

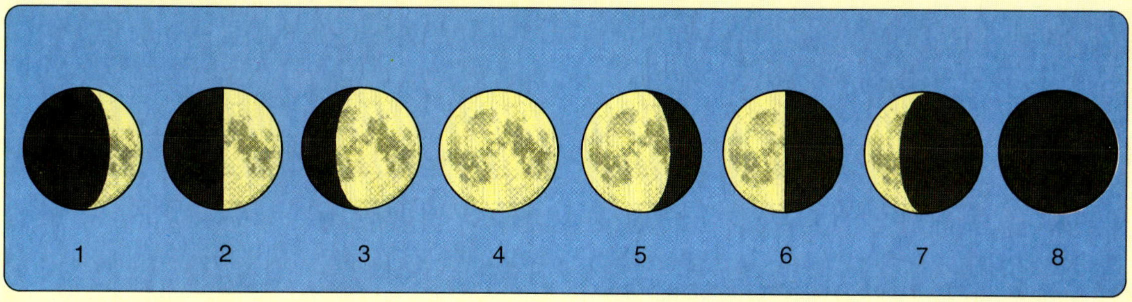

Auch in der Nacht ist der ganze Weltraum um die Erde vom Sonnenlicht durchflutet. Wir nehmen es nur nicht wahr, weil es nicht in unser Auge gelangt. Trifft das Licht aber auf den Mond, kann der es in unser Auge lenken: Wir sehen ihn als hell leuchtenden Himmelskörper; manchmal sorgt er für so viel Helligkeit, dass man nachts Zeitung lesen kann.

Warum nicht immer eine volle Kreisfläche des Mondes zu sehen ist, erklärt der rechts fotografierte Versuch: Eine weiße Kugel wird von einer Lampe beleuchtet; lässt man die Kugel auf einem Kreis (der „Mondbahn") um den Beobachter herumlaufen, wird der für sein Auge sichtbare Teil der Kugel nicht immer voll beleuchtet. Das beleuchtete Stück nimmt zu oder ab – je nach der Stellung, die die Kugel auf ihrer Kreisbahn zum Beobachter hat.

Betrachtet man von der Erde aus den Mond, so ist man in der gleichen Situation wie das Kind auf dem Foto rechts: Der Mond wird von der Sonne bestrahlt wie die weiße Kugel von der Lampe; wie die Kugel bewegt sich der Mond um den Beobachter herum – allerdings viel langsamer; der Mond braucht für einen Umlauf 28 Tage. Die (nicht maßstabsgetreue) Zeichnung zeigt die Verhältnisse bei Erde und Mond:

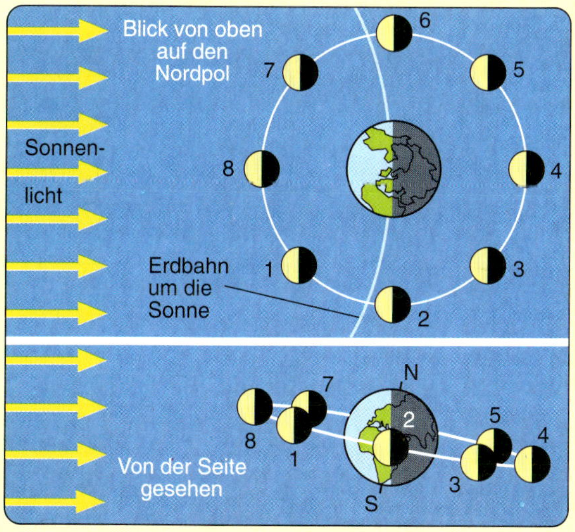

Die Sonne beleuchtet immer nur eine Hälfte des Mondes, die andere liegt in seinem eigenen Schatten. Kann die beleuchtete Hälfte des Mondes infolge seiner Stellung das ganze Licht zur Erde schicken (Position 4), sehen wir die ganze Mondscheibe. Dann ist für uns **Vollmond.**

Kann nur ein Teil des Mondes Licht zur Erde senden, sehen wir auch nur diesen Anteil. Dann ist für uns z. B. **Halbmond** (Position 2 oder 6). Die Grenze zwischen Mondtag und Mondnacht sehen wir auf der Erde als die Linie, die aus der vollen Mondscheibe die uns allen bekannte Mondsichel ausschneidet.

Während einer gewissen Zeit entschwindet der Mond bei Nacht unseren Blicken ganz: Er hat sich auf die Tagseite der Erde verzogen und wendet der Erde seine Nachtseite zu. Diese Stellung heißt **Neumond.**

Bei Vollmond steht der Mond also, bezogen auf die Sonne, hinter der Erde, es müsste demnach Mondfinsternis herrschen. Das ist aber nur gelegentlich der Fall, weil die Ebene der Mondbahn gegenüber der Erdbahn leicht (um 5°) geneigt ist. Deshalb findet nicht bei jedem Vollmond eine Mondfinsternis und nicht bei jedem Neumond eine Sonnenfinsternis statt. Darum sind Finsternisse so selten und erregen so viel Aufsehen.

An der Stellung des Mondes bei seinen verschiedenen Gestalten sieht man, dass die Mondphasen keine Finsternisse sind. Sie beruhen ja darauf, dass verschieden große Flächen des Mondes das Licht zur Erde schicken. Aus der Stellung des Mondes ergibt sich auch, dass Vollmond nur nachts und Neumond nur am Tage auftreten können.

Montag, 3. Stunde, Physikunterricht bei Herrn XYZ: Die Sonne scheint durch das Fenster. Jan und Christine versuchen, das von draußen kommende Sonnenlicht so umzulenken, dass es auf die Glatze ihres Lehrers trifft. Dazu müssen sie den Spiegel nur geschickt halten. Wie sich Licht bei dieser Spielerei verhält, wollen wir nun untersuchen.

Fällt ein enges Lichtbündel flach auf einen Spiegel, so verlässt es diesen auch wieder flach. Lassen wir das Lichtbündel steil auf die Spiegelfläche fallen, geht es steil wieder weg. Mit der Anordnung nach Abb. 2 finden wir sogar noch Genaueres heraus. Dort fällt das Lichtbündel (ein Lichtstrahl) unter einem bestimmten Winkel, dem *Einfallswinkel*, auf den Spiegel. Von diesem wird es unter einem gleich großen Winkel, dem *Reflexionswinkel*, zurückgeworfen. Diese Aussage gilt für kleine und große Einfallswinkel.
Zur Festlegung der Winkel benutzt man das Lot im Auftreffpunkt des Lichtbündels, also eine Senkrechte auf die Spiegelfläche dort. Die Winkel werden jeweils zwischen dem Lichtbündel (Lichtstrahl) und dem Lot im Auftreffpunkt gemessen. Senkrecht auftreffendes Licht hat also einen Einfallswinkel von 0° und einen Reflexionswinkel von 0°. Es geht dorthin zurück, woher es kam.

Abb. 3 zeigt, dass das einfallende und das reflektierte Bündel eine Glasplatte streifen. Diese steht senkrecht auf dem Spiegel. Einfallende Strahlen, reflektierte Strahlen und Einfallslot liegen damit in der Glasplatten-Ebene. Licht wird also nicht „zur Seite“ gelenkt, wenn es reflektiert wird.

Reflexionsgesetz: Einfallende Strahlen, Einfallslot und reflektierte Strahlen liegen in einer Ebene.
Einfallswinkel und Reflexionswinkel sind gleich groß.

Streuung

Ein Spiegel hat eine glatte Oberfläche. Unterteilen wir sie in Gedanken in viele kleine Spiegelchen. Jeder dieser Minispiegel reflektiert dann einen Lichtstrahl aus einem ankommenden Bündel. Da alle Minispiegel gleich ausgerichtet sind, wird das ganze Bündel in eine bestimmte Richtung umgelenkt.

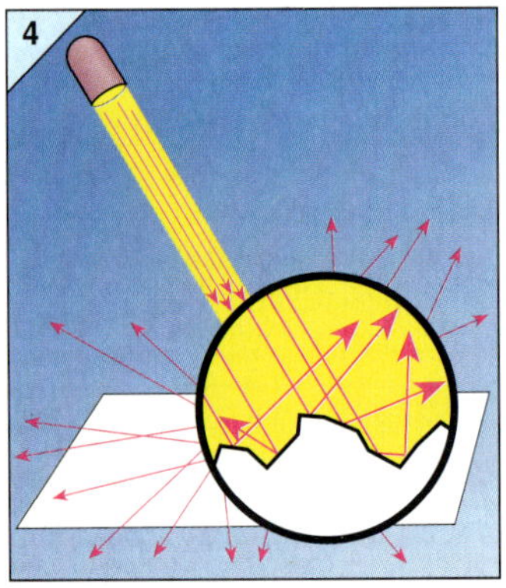

Anders bei einer rauhen Fläche: Auch sie können wir uns aus Minispiegeln zusammengesetzt denken, die in diesem Fall allerdings unterschiedliche Orientierung haben. Trifft hier Licht aus einer Richtung auf, gehen die von den Minispiegeln reflektierten Strahlen in die verschiedensten Richtungen. Das ankommende Licht wird gestreut (im Raum verteilt).

A1 Warum trifft nur der rechte Schüler den Kopf des Lehrers?

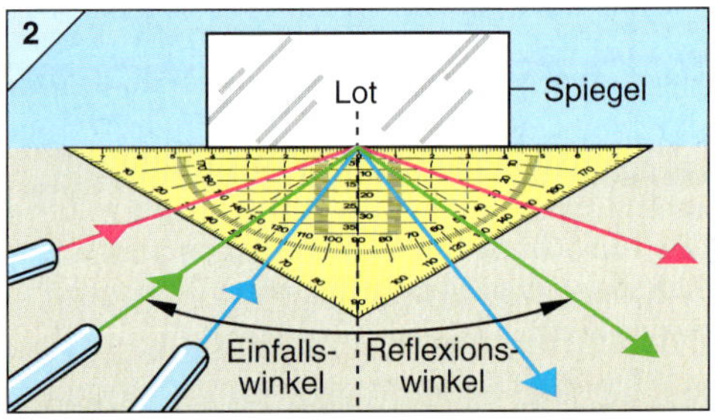

V2 Lass ein dünnes Lichtbündel aus der Experimentierleuchte streifend am Winkelmesser entlang auf einen Spiegel fallen und miss den Einfalls- sowie den Reflexionswinkel.
Verändere den Einfallswinkel mehrmals, miss jeweils den zugehörigen Reflexionswinkel und stelle die gemessenen Winkel in einer Tabelle zusammen.
Formuliere deine Erkenntnis in einem Satz.

V3 Lass ein Lichtbündel schräg von oben längs einer senkrecht stehenden (geteilten und zusammengeklebten) Glasscheibe auf einen Spiegel fallen, der auf dem Tisch liegt. Drehe die eine Hälfte der Glasscheibe etwas aus dem Strahlengang. Wird sie noch vom reflektierten Bündel getroffen?
Formuliere deine Erkenntnis in einem Satz.

5

V4 Stelle eine Kerze vor eine sauber geputzte Glasscheibe. Hinter die Scheibe kommt im gleichen Abstand ein Becherglas mit Wasser, in dem wie im Bild eine zweite Kerze steht. Entzünde die Kerze vor dem Spiegel. Erkläre, warum die Kerze unter Wasser plötzlich eine Flamme zeigt.

V5 Stelle zwei Kerzen in verschiedenen Entfernungen vor einem (senkrecht stehenden) Spiegel auf und lege zwei Maßstäbe von den Kerzen zum Spiegel. Richte sie so aus, dass sie Kerze und Spiegelkerze verbinden.
a) Wie groß ist der Abstand Kerze – Spiegel, wie groß der Abstand Spiegel – Spiegelkerze? Miss mit einem Lineal die Höhe von Kerze und Spiegelkerze. Vergleiche jeweils.
b) Bewege eine der Kerzen vor dem Spiegel hin und her, vor und zurück und beobachte, wie sich das Spiegelbild bewegt. Berichte.

V6 Schneide aus einem Stück Pappe ein großes F. Färbe es vorne rot und hinten grün. Stelle den Buchstaben
a) wie in Abb. 6 mit der schmalen Kante vor den Spiegel und bewege ihn hin und her;
b) wie in Abb. 7 mit der grünen Fläche vor den Spiegel und bewege ihn vor und zurück;
c) wie in Abb. 8 mit dem Fuß auf den Spiegel und bewege ihn auf und ab.
Beschreibe jeweils, was du beobachtest. Fasse es in einem Satz zusammen.

Spiegelbilder

Karin und Albert spielen vor einem Spiegel. Karin macht Bewegungen, Albert soll die Bewegungen, die er im Spiegel sieht, beschreiben. Sie stellen fest: Wenn Karin nach oben springt, tut das auch die „Spiegelkarin". Geht Karin nach rechts, folgt ihr das Spiegelbild nach rechts. Geht sie nach links, folgt es ihr nach links. Nähert sich Karin dem Spiegel, kommt ihr die „Spiegelkarin" entgegen, bis beide zusammenstoßen.

An welchem Ort befindet sich jeweils die „Spiegelkarin" und wie groß ist sie? Ein Versuch wie in Abb. 4 zeigt es uns: Das Spiegelbild sehen wir immer genauso weit hinter dem Spiegel, wie der Gegenstand davor aufgestellt ist. Die Verbindungslinie Gegenstand – Bild steht senkrecht auf der Spiegelfläche; das Spiegelbild ist genauso groß wie der Gegenstand. Diese Erkenntnisse lassen sich mit dem Begriff „Symmetrie" kurz formulieren:

Gegenstand und Spiegelbild liegen symmetrisch zueinander. Die Spiegelebene ist Symmetrieebene.

Verkehrte Welt

Betrachten wir das „F" und sein Spiegelbild in der Bildleiste unten: In Bild 6 zeigen die Arme des F nach rechts, im Spiegel nach links. *Der Spiegel vertauscht links und rechts.*
In Bild 7 steht der Buchstabe vor dem Spiegel. Im Spiegel sieht man die Rückseite des F (sie wurde dazu eigens grün angemalt). *Der Spiegel vertauscht vorne und hinten.*
Bild 8 zeigt den Spiegel auf dem Tisch, der Buchstabe steht darauf. Nun *vertauscht der Spiegel oben und unten.*
Das alles ist verwirrend. Wenn wir jedoch in allen drei Bildern jeweils entsprechende Punkte von Gegenstand und Spiegelbild verbinden, lassen sich die drei Aussagen in Einklang bringen:

Ein Spiegel vertauscht immer vorn und hinten, bezogen auf die Spiegelfläche.

6

7
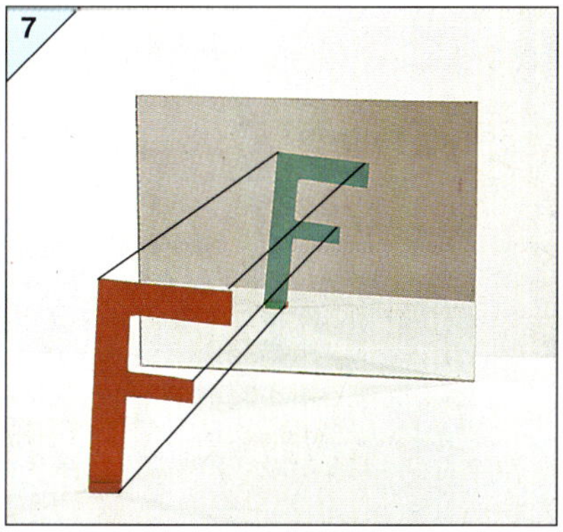

8
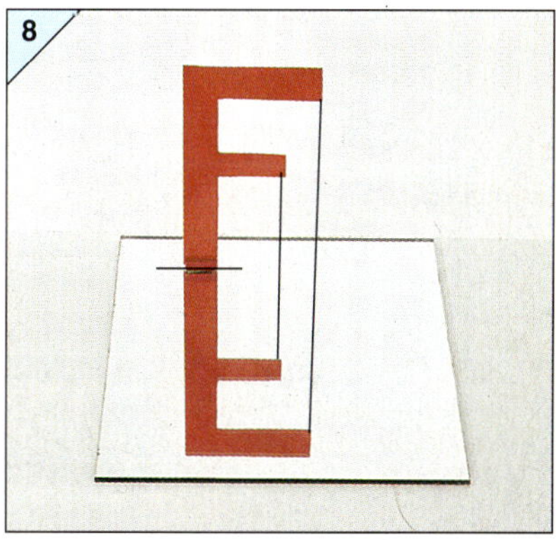

Wie kommt das Spiegelbild zustande?

Wir sehen einen Gegenstand immer dann, wenn Licht von ihm in unser Auge gelangt. Steht beispielsweise eine Kerze vor einem Spiegel, so gibt es zwei Wege für das Licht:

1. Das Licht gelangt direkt von der Kerze ins Auge. Wir sehen sie unmittelbar.
2. Das Licht fällt indirekt ins Auge, nämlich über den Spiegel. Dann sehen wir die Kerze als Spiegelbild. Dieses ist der echten Kerze täuschend ähnlich. Wie kommt es zustande?

Jeder Punkt der Kerze sendet Licht aus. Etwas davon kommt nach der Reflexion am Spiegel in unser Auge. In Abb. 9 sehen wir zwei solche das Auge treffende Lichtbündel. Eines kommt von der Flammenspitze, das andere vom Kerzenfuß. Das Auge sucht den Ursprung der beiden Bündel jeweils in der Richtung, aus der sie zu kommen scheinen, nämlich in deren geradliniger Verlängerung hinter dem Spiegel: Genau dort ist die Spitze der „verlängerten" Lichtkegel. Gleiches gilt für Licht, das von allen anderen Punkten der Kerze über den Spiegel ins Auge kommt. Deshalb glauben wir, die Kerze ein zweites Mal hinter dem Spiegel zu sehen. Was wir aber sehen, ist nur ihr Spiegelbild.

Wenn wir dieses Spiegelbild sehen, wird das Auge über den tatsächlichen Ursprung des Lichts getäuscht, denn es nimmt den Knick der Strahlen am Spiegel nicht wahr. Die Täuschung wird nur bemerkt, wenn wir gleichzeitig den Gegenstand oder den Rand des Spiegels sehen.

Bild 9 zeigt außerdem, dass Kerze und Spiegelbild symmetrisch bezüglich des Spiegels stehen (eine Folge des Reflexionsgesetzes). Daher hat die Spiegelkerze den gleichen Abstand zur Spiegelfläche wie die echte Kerze.

9

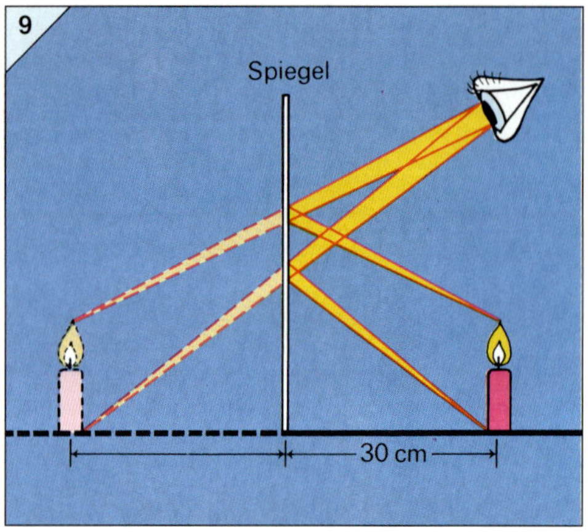

A7 Begründe, warum ein Mensch die Kerze hinter dem Spiegel zu sehen glaubt.

Reflexion im Photonenbild

Photonen fliegen auf geraden Bahnen von der Lichtquelle weg. Treffen sie unter einem bestimmten Winkel auf einen Spiegel, prallen sie wie Billardkugeln ab. Dabei befolgen sie das Reflexionsgesetz: Einfallswinkel = Ausfallswinkel. Ihr Weg in der neuen Richtung ist danach geradlinig.

Treffen Photonen auf eine rauhe Fläche, ergeht es den einzelnen wie bei der Reflexion. Weil die Flächenstückchen, auf die sie treffen, aber zueinander geneigt sind, gehen sie danach in verschiedene Richtungen weg – Licht wird gestreut.

Störende Reflexion

Glasscheiben lassen nicht alles auffallende Licht hindurch. Einen geringen Teil absorbieren sie, einen weiteren kleinen Teil reflektieren sie. Dieser beträgt ungefähr 4 %, wenn das Licht senkrecht auf die Glasfläche fällt. Der reflektierte Anteil ist umso größer, je schräger das Licht die Oberfläche trifft. Deshalb spiegeln sich Gegenstände in Fenstern oder an Wasserflächen besser, wenn man flach auf diese Flächen blickt. Das ist besonders unangenehm, wenn man die Auslagen in einem Schaufenster von der Seite betrachten will.

Genauso nachteilig wirken sich Glasscheiben vor aufgehängten Bildern aus. Hier wird Abhilfe geschaffen, indem die Oberfläche des Glases durch Ätzen rau gemacht wird. Nun wird auffallendes Licht gestreut und nicht wie zuvor reflektiert. Es gibt kein zusätzliches Spiegelbild im Glas mehr.

Brillengläser werden „vergütet"; das bedeutet, dass ihre Glasoberfläche mit einer hauchdünnen Metallschicht bedampft wird, die die Reflexion verhindert. Dem Träger einer solchen Brille kann man ungehindert ins Auge blicken.

Spiegel im Verkehr

Der Rückspiegel am Fahrrad dient ebenso wie der am Auto dazu, den Verkehr hinter dem Fahrzeug zu beobachten. Das ist beim Ausscheren aus der Spur und beim Abbiegen wichtig: Kollisionsgefahr.

An unübersichtlichen Stellen wie Ausfahrten, Straßenkreuzungen usw. kann man über Verkehrsspiegel „um die Ecke" sehen.

Rückstrahler

Um Fahrzeuge auch im Dunkeln erkennen zu können, sind auffällige „Rückstrahler" vorgeschrieben. Diese sind so gebaut, dass sie auffallendes Licht stets in die Richtung umlenken, aus der es kommt.
Auch die „Katzenaugen" an den Begrenzungspfählen am Straßenrand oder reflektierende „Teddys" für Fußgänger machen dies.

Die Rückstrahler bestehen aus vielen, nebeneinander liegenden „Tripelspiegeln". Das sind drei Spiegel, die zueinander senkrecht stehen. Sie reflektieren auftreffendes Licht nacheinander und zwar so, dass ankommende und weggehende Lichtbündel zueinander parallel sind.

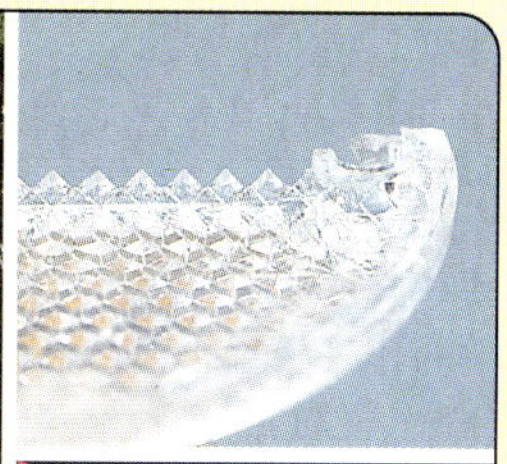

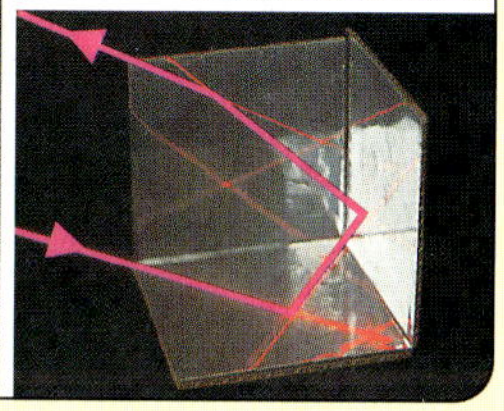

AUFGABEN UND ZUSAMMENFASSUNG

1. Das Reflexionsgesetz macht zwei Aussagen. Welche?

2. Stelle den Lichtweg aus Abb. 3 mit Trinkhalmen nach: Befestige diese auf der Tischplatte (= Spiegel) mit Plastilin und setze einen Halm als Lot ein. Wo sind Einfallswinkel und Reflexionswinkel in diesem „Reflexions"-Modell? Ändere einen Winkel; wie ändert sich der andere?

3. Ist ein Spiegelbild auch vorhanden, wenn der Beobachter die Augen schließt? Begründe.

4. Wie liegen Gegenstände und Spiegelbild zueinander?
Zeichne ein Lineal, das schräg vor einem Spiegel liegt, und sein Spiegelbild in Draufsicht.

5. Ist das Spiegelbild ein zuverlässiges Abbild eines Menschen? Denke an einen Einarmigen, der vor einem Spiegel steht.

6. Erkläre anhand der Abbildung, wieso ein Spiegel nicht bis zum Boden reichen muss, damit du deine Füße darin sehen kannst.
Ermittle zeichnerisch, wie hoch ein Spiegel aufgehängt und wie groß er sein muss, damit sich eine 1,80 m große Person mit 1,70 m Augenhöhe ganz darin sehen kann (Maßstab 1 : 20).

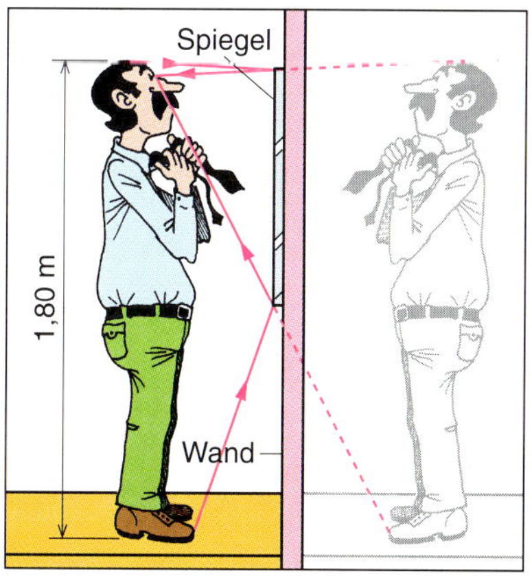

Reflexion

Spiegelnde Flächen lenken auffallendes Licht in eine Vorzugsrichtung, sie reflektieren es. Dabei gilt das Reflexionsgesetz:
Einfallswinkel = Reflexionswinkel.

Einfallender Strahl, reflektierter Strahl und Lot liegen in einer Ebene.

Spiegelbild

Ein Spiegelbild kommt zustande, wenn Licht von einem Gegenstand über einen Spiegel in unser Auge gelangt. Gegenstand und Bild liegen symmetrisch bezüglich der Spiegelebene zueinander. Sie sind gleich groß und gleich weit vom Spiegel entfernt.

Beim Spiegelbild wird immer vorn und hinten bezüglich der Spiegelfläche vertauscht.

In Taschenlampen, Fahrrad- und Autoscheinwerfern befinden sich Glühlampen. Ihr Licht wird vom Scheinwerfer gebündelt und nach vorn geworfen. Wie kommt das? Öffnest du einen Fahrradscheinwerfer, siehst du ein gewölbtes, verspiegeltes Blech, einen **Hohlspiegel.** In dessen Mitte sitzt die Glühlampe. Der Hohlspiegel bündelt das Licht und lenkt es nach vorn um. Untersuchen wir, wie er das tut.

Dazu stellen wir eine Glühlampe mit kleinem Glühfaden wie in Abb. 1 mitten vor einen Scheinwerferspiegel. Durch Verschieben der Lampe können wir erreichen, dass auf einem gegenüberliegenden Schirm ein scharf begrenzter Lichtfleck entsteht. Offensichtlich wird das Licht der Lampe vom Hohlspiegel so reflektiert, dass es als verhältnismäßig enges Bündel nach vorn austritt.

Warum dazu nicht ein ebener Spiegel genügt, erkennst du anhand von Abb. 2. Dort fällt das durch eine Schlitzblende in Strahlen unterteilte Licht einer Experimentierleuchte auf einen blanken Metallstreifen. Dieser reflektiert das auseinander strebende Licht (das *divergente* Lichtbündel), macht aber das Bündel nicht enger. Ist der Streifen jedoch zur Lampe hin gebogen, wird das Lichtbündel enger. Man kann den Streifen so weit krümmen, dass das Licht im reflektierten Bündel nahezu parallel ist oder sogar zusammenläuft (*konvergent* wird). Auf die gleiche Weise wird das aus der Lampe austretende Licht im Scheinwerfer gebündelt.

Der Brennspiegel

Der Verlauf der Strahlen (der Strahlengang) im Hohlspiegel lässt sich umkehren: Fällt wie in Abb. 3 ein Parallel-Lichtbündel senkrecht auf die Mitte des gekrümmten Metallbandes (den Hohlspiegel), dann wird es so reflektiert, dass es in einem Punkt zwischen Lampe und Hohlspiegel zusammenläuft. Dieser Punkt heißt **Brennpunkt** des Hohlspiegels. Seine Entfernung bis zum Spiegel ist dessen Brennweite. Je stärker der Spiegel gekrümmt ist, desto kleiner ist sie. Die Brennweite kennzeichnet den Hohlspiegel.

> Hohlspiegel machen divergente Lichtbündel enger (konvergent). Senkrecht auf ihre Mitte treffendes Parallellicht vereinigen sie im Brennpunkt.

Hältst du dir einen Hohlspiegel (z. B. einen Kosmetikspiegel) dicht vor das Gesicht, so siehst du Teile davon stark vergrößert. Das Spiegelbild erscheint, wie beim ebenen Spiegel, dahinter. Dort ist aber nichts; wir werden getäuscht, weil wir die Lichtumlenkung an der Spiegelfläche nicht wahrnehmen. Bilder, die auf solchen Täuschungen beruhen, heißen **virtuelle Bilder.** Das beobachtete Hohlspiegelbild ist also ein virtuelles Bild.

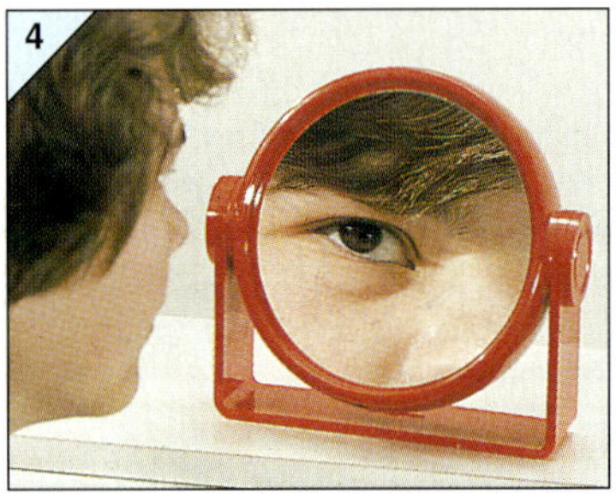
4

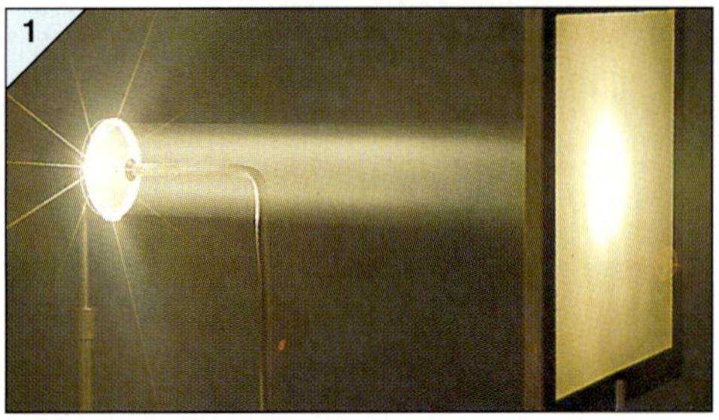
1

V1 Stelle eine Glühlampe in die Achse des Hohlspiegels eines Fahrradscheinwerfers. Verschiebe sie so lange, bis auf dem Schirm ein Lichtfleck erscheint, der etwa so groß ist wie der Spiegel. Streue Kreidestaub in den Lichtgang und beschreibe den Lichtweg.

2

V2 Lass das Licht einer Experimentierleuchte durch eine Schlitzblende streifend auf weißes Papier fallen. Schiebe die Lampe im Gehäuse ganz nach vorn. Halte in den Lichtweg einen blanken Metallstreifen.
Krümme den Streifen in Richtung Lampe. Beobachte und beschreibe.

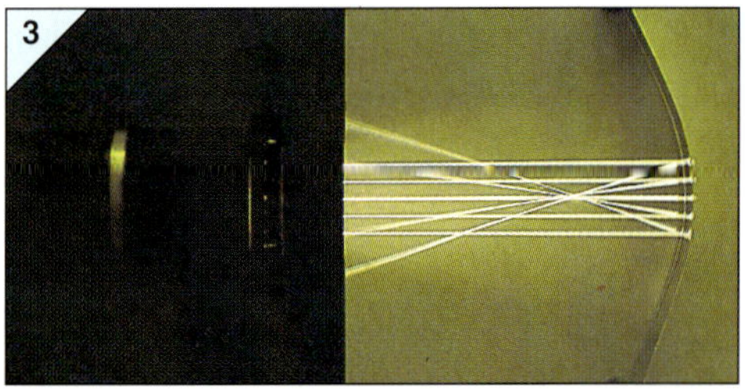
3

V3 Setze vor die Experimentierleuchte einen Kondensor mit Schlitzblende und stelle damit ein Parallel-Lichtbündel her. Lass dieses streifend auf das Papier fallen. Halte den Metallstreifen in den Lichtgang und krümme ihn. Beschreibe.
Krümme den Metallstreifen verschieden stark. Wie verlagert sich der Brennpunkt?

V4 Halte einen Kosmetikspiegel dicht vor deine Augen. Beschreibe dein Spiegelbild.

V5 Betrachte dich in einem nach außen gewölbten Spiegel. Beschreibe das Spiegelbild. Schiebe den Spiegel vom Gesicht weg. Beschreibe deine Beobachtung.

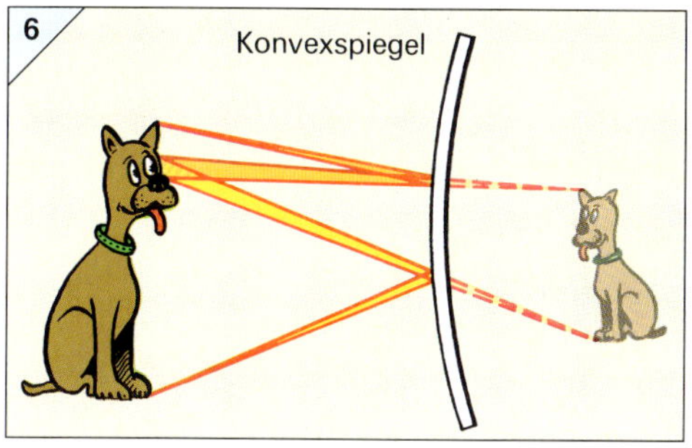

A6 Beschreibe, wie das verkleinerte Bild im Wölbspiegel entsteht.
Fertige eine entsprechende Skizze (keine Konstruktion) für das Spiegelbild in einem Hohlspiegel an.

Bilder an nach außen gewöbten Spiegeln

Nicht nur im Kosmetikspiegel, auch in der Radkappe eines Autos oder in einer Christbaumkugel kannst du dich sehen. Denn auch deren außen verspiegelte, gekrümmten Flächen reflektieren Licht. Solche nach außen gekrümmten Spiegel heißen **Wölbspiegel.**

Du siehst dich in einem Wölbspiegel immer aufrecht und verkleinert (Abb. 5). Wenn du dich vom Spiegel entfernst, wird das Bild noch kleiner. Auch die Bilder am Wölbspiegel beruhen auf Augentäuschung, sind also virtuell.

Wie das Bild bei gewölbten Spiegeln entsteht, zeigt Abb. 6: Licht, das vom Hund ausgeht, wird am Spiegel reflektiert und trifft dann ins Auge. Greifen wir uns zwei Punkte heraus, z. B. Ohr und Pfote. Die von diesen Punkten ausgehenden Lichtbündel sind divergent, die Lichtstrahlen laufen auseinander, treffen auf den Spiegel und werden an jeder Stelle nach dem Reflexionsgesetz umgelenkt.
Das Auge ortet den Bildpunkt in der geradlinigen Verlängerung der ins Auge gelangenden Strahlen. Weil es den Knick nicht wahrnimmt, liegen die Bilder immer hinter dem Spiegel. Die Krümmung bei einem Hohlspiegel ist entgegengesetzt zu der am Wölbspiegel, deshalb sieht man im ersten Fall ein vergrößertes, im zweiten Fall ein verkleinertes virtuelles Bild.

Die (nach innen gekrümmten) Kosmetikspiegel sowie die nach außen gekrümmten Spiegel sind Teile von Kugelflächen. Wie stark die Spiegel im Einzelfall vergrößern oder verkleinern, hängt vom Radius der Kugel ab, aus der man sie sich ausgeschnitten denken kann, dem so genannten Krümmungsradius.

AUFGABEN UND ZUSAMMENFASSUNG

1. Zeichne eine Taschenlampe mit Hohlspiegel. Wie etwa verlaufen die Lichtstrahlen?

2. Erkläre die Begriffe „Brennpunkt“ und „Brennweite“ bei einem Hohlspiegel. Wie verschiebt sich der Brennpunkt, wenn der Spiegel stärker gewölbt ist? Wie, wenn er flacher ist?

3. Wie könntest du den Brennpunkt des „Hohlspiegels“ Suppenlöffel finden? Wie groß ist die Brennweite?

4. Mit einem großen Hohlspiegel, auf den Sonnenlicht fällt, kann man Würstchen braten. Er konzentriert mit dem Sonnenlicht auch die Wärme. Wie muss der Spiegel im Sonnenlicht stehen? Wo muss die Bratpfanne hin? Zeichne.

5. Warum benutzt man als Kosmetikspiegel einen Hohlspiegel und nicht einen Wölbspiegel?

6. Wölbspiegel setzt man an Straßeneinmündungen und in großen Geschäftsräumen ein. Begründe.

Gekrümmte Spiegel

Mit einem Hohlspiegel kann man Licht, das von einer Lampe kommt, bündeln. Er findet Anwendung in Scheinwerfern und in der Taschenlampe.

Durch Verändern des Abstands Lampe – Hohlspiegel wird das reflektierte Lichtbündel enger oder weiter.

Fällt paralleles Licht auf die Mitte eines Hohlspiegels, so wird es im Brennpunkt gesammelt. Die Brennweite ist umso kleiner, je stärker der Spiegel gekrümmt ist.

In Hohlspiegeln sieht man vergrößerte, in Wölbspiegeln verkleinerte Bilder von Gegenständen, die davorstehen.

Scheinwerfer

Warum Hohlspiegel in Scheinwerfern?

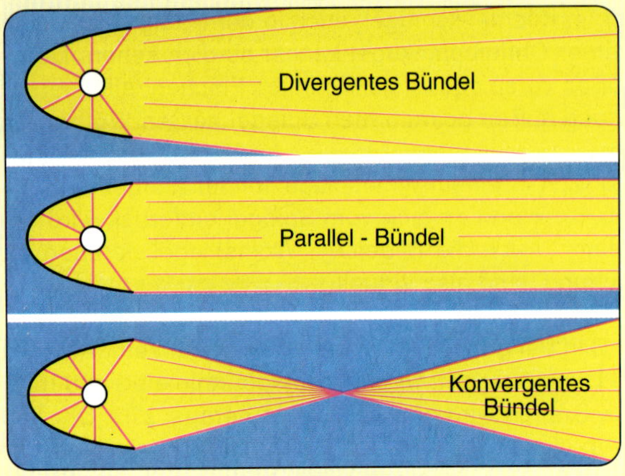

Eine nackte Glühlampe vorn am Fahrrad ist völlig unzureichend zur Fahrbahnbeleuchtung. Warum?

Das Licht verdünnt sich umso mehr, je weiter es in den Raum hinausläuft. Auf ferne Gegenstände fällt weit weniger davon als auf nahe. Sollen auch diese besser beleuchtet werden, muss alles Licht, das in die falsche Richtung geht, umgelenkt und gebündelt werden.

Dazu kommt die Lampe in einen wie eine Schale geformten Spiegel, einen Hohlspiegel. Der Hohlspiegel ist in der Lage, Licht von einer punktförmigen Lichtquelle so zu bündeln, dass es als wenig divergentes, als Parallellichtbündel oder als konvergentes Lichtbündel aus der Spiegelöffnung austritt. Diese drei Bündelungsfälle kann man bei manchen Taschenlampen durch Verschieben von Spiegel und Lampe gegeneinander einstellen.

Der Autoscheinwerfer

Der Scheinwerfer schickt sein Licht weit voraus auf die Straße. Dabei darf ein entgegenkommender Autofahrer nicht geblendet werden. Ein Widerspruch in sich. Um ihn zu entschärfen, gibt es zwei Möglichkeiten:
- Man benutzt zwei verschiedene Scheinwerfer; einen, der das Licht weit voraus wirft und dabei blendet *(Fernlicht),* und einen zweiten, der das Licht leicht schräg nach unten rechts auf die Straße wirft *(Fahrlicht).*
- Man baut in eine Lampe zwei Wendeln ein, die mit demselben Spiegel arbeiten und je nach Bedarf eingeschaltet werden (früher *Biluxlampe,* heute H4-Lampe).

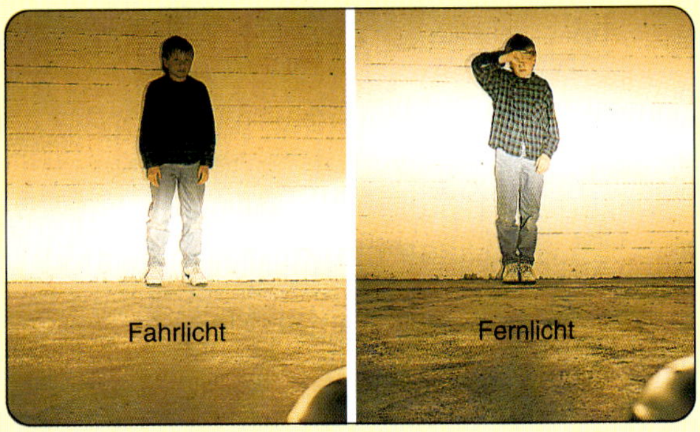

Bilux- oder H4-Lampen
Bei diesen Lampen sitzt die Wendel für das Fernlicht so vor dem Spiegel, dass das ausfallende Lichtbündel konvergent ist und auf eine Stelle zuläuft, die etwa 0,8 m vor dem Scheinwerfer („Einstellpunkt") liegt. Danach strebt das Licht wieder auseinander (Fernlicht). Das austretende Licht beleuchtet dann die Straße zwischen 10 m bis 100 m voraus.
Beim „Abblenden" (Umschalten auf Fahrlicht) wird nun der zweite Glühfaden eingeschaltet. Er liegt etwas weiter vom Spiegel weg. Unter diesem Glühfaden befindet sich ein Schiffchen aus Blech. Dieses schirmt das Licht so ab, dass zunächst nichts nach unten und nach der Reflexion nichts nach oben geht.

Das geriffelte Glas vor dem Scheinwerfer sorgt dafür, dass etwas Licht gestreut und auch die Fahrbahn unmittelbar vor dem Fahrzeug beleuchtet wird.

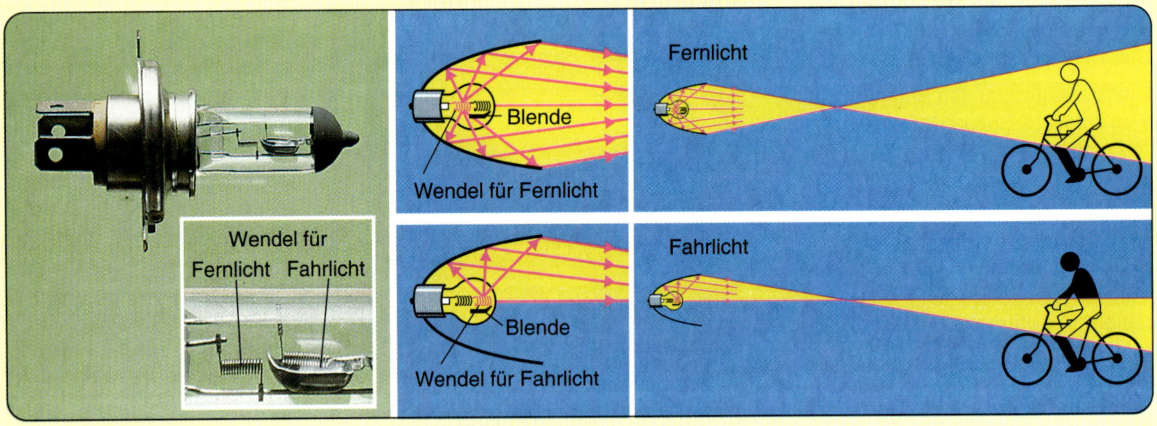

Das „Blinklicht“

Die blauen Lampen der Einsatzfahrzeuge von Polizei-, Kranken- oder Feuerwehrwagen und die gelben Lampen der Hilfsfahrzeuge sind so genannte *Rundumleuchten.* Sie blinken ständig. Allerdings befindet sich in der Leuchte keine Blinklampe, die ein- und ausgeschaltet wird, sondern eine, die dauernd Licht gibt. Diese Lampe bewegt sich zusammen mit einem Hohlspiegel, der das Lampenlicht wie ein Scheinwerfer gebündelt in eine bestimmte Richtung lenkt, im Kreis herum. Jeder Beobachter mit festem Standort wird vom Strahl nur einmal je Drehung erreicht. Dann sieht er die Lampe kurz aufblitzen. Erst nach einer vollen Umdrehung kommt der nächste Blitz.

Auf die gleiche Weise arbeiten die Leuchtfeuer von Leuchttürmen oder von Bojen, die in Hafeneinfahrten im Wasser schwimmen. Auch hier läuft ein Spiegel um eine helle Lichtquelle und sendet die „Lichtfinger“ weit aufs Meer hinaus. Durch unterschiedliche Umlaufgeschwindigkeit der Spiegel erhält man die „Kennung“ des Leuchtfeuers, also die Anzahl der „Blitze“ je Minute. Werden zwei Spiegel nebeneinander angeordnet, folgen zwei Lichtblitze in kurzem Abstand aufeinander und danach eine längere Pause. Die Kennung ist verändert.

Gebäudescheinwerfer

Sehenswerte Gebäude werden abends oft in breiter Front angestrahlt. Die dafür benutzten Gebäudescheinwerfer enthalten einen Spiegel, der wie ein Trog geformt ist. Inmitten seiner Wölbung ist eine lang gestreckte Halogenlampe angebracht. Das Licht wird hier nicht in Kegelform, sondern in Form eines Pyramidenstumpfes gebündelt. Es erzeugt somit nicht einen Kreis als Leuchtfleck, sondern einen breiten Streifen. Ähnliche Scheinwerfer verwendet man auf Sportplätzen für das so genannte *Flutlicht* (Bild rechts).

Solarkraftwerk

Bei dem rechts abgebildeten Solarkraftwerk wird die von der Sonne kommende Licht- und Wärmestrahlung von vielen Spiegeln so umgelenkt, dass alles auf einen etwa 1 m^2 großen Fleck auf der Hinterseite des Turmes konzentriert wird. An dieser Stelle befindet sich ein wassergefüllter Metallkessel. Durch die Energiezufuhr verdampft Wasser. Den Dampf leitet man nach unten in eine Dampfturbine. Diese treibt einen Generator an und erzeugt elektrische Energie, sozusagen umsonst aus Sonnenenergie.

Damit die Anlage optimal arbeitet, werden die Spiegel dem Stand der Sonne nachgeführt. So kann den ganzen Tag über die Sonnenstrahlung empfangen werden.

Warum ist das Paddel geknickt?

Du hast bestimmt schon einmal auf eine Wasseroberfläche geblickt und dabei bemerkt, dass ins Wasser tauchende Gegenstände – wie das Paddel in Bild 1 – geknickt sind. Wenn du das Wasser bewegst, erscheinen die unter Wasser liegenden Teile verzerrt und die Knickstellen bewegen sich mit den Wellen mit. Da das Paddel in Wirklichkeit ganz bleibt, muss die Erscheinung wohl auf einer optischen Täuschung beruhen.

Betrachte die Situation in Abb. 2. Dort siehst du einen Bleistift, der an der Grenze zwischen Luft und Wasser einen Knick hat. Der Knick ist natürlich eine Täuschung. Sie kommt dadurch zustande, dass das Licht, mit dem wir die Unterwasserhälfte des Stiftes sehen, aus dem Wasser kommt. Um die Täuschung zu verstehen, müssen wir untersuchen, wie Lichtbündel verlaufen, die vom Wasser in Luft übergehen. Abb. 3 zeigt den Versuchsaufbau. Das Licht fällt von links im Wasser geradlinig auf den Spiegel, wird reflektiert und durchdringt dann die Grenzfläche Wasser–Luft. Beim Übergang von Wasser in Luft wird das Lichtbündel aus seiner ursprünglichen Richtung abgeknickt. Man nennt dies **Brechung** des Lichts.
Eine Richtungsänderung des Lichts erfolgt nur am Spiegel (Reflexion) und an der Grenze zwischen Wasser und Luft; im Wasser selbst verläuft das Lichtbündel geradlinig.

A1 Woran könnte es liegen, dass wir das Paddel geknickt sehen? Warum ist der Knick gerade an der Eintauchstelle?

V2 Halte einen Bleistift schräg in ein mit Wasser gefülltes Glas. Beschreibe, wie die Teile des Bleistifts über Wasser und unter Wasser zueinander liegen.

Brechung beim Übergang Wasser → Luft

Im Versuch nach Abb. 3 lässt sich der Winkel α, unter dem das Lichtbündel im Wasser auf die Grenzfläche trifft, verändern. Die Winkel werden, wie bei der Reflexion, zwischen Lichtbündel und Lot gemessen. Der Verlauf der Lichtbündel zeigt, dass die Brechung vom *Lot weg* erfolgt. Deshalb ist der Brechungswinkel β immer größer als der Einfallswinkel α. Nur wenn Licht senkrecht auf die Oberfläche trifft, findet keine Brechung statt.

Beim Übergang vom Wasser in Luft wird Licht, das schräg einfällt, vom Einfallslot weg gebrochen.

Damit können wir den Knick im Paddel und im Bleistift erklären: Betrachten wir dazu einen Bleistift, der sich halb im Wasser befindet. Licht vom Bleistiftteil unter Wasser kann nur durch die Wasseroberfläche ins Auge gelangen. Dabei wird es an der Wasseroberfläche vom Lot weg gebrochen. Das Auge erkennt diese Brechung nicht, es nimmt ja nur das einfallende Licht wahr. Deshalb verlegt es die Bleistiftspitze dorthin, woher das Lichtbündel (geradlinig) zu kommen scheint. Dieser Punkt liegt, wie Bild 4 zeigt, höher als der wahre Ort. Entsprechendes gilt für alle Punkte, die zwischen Bleistiftspitze und Wasseroberfläche liegen. Von den Teilen des Bleistifts über dem Wasser dagegen kommt Licht ohne Brechung ins Auge. Diese Teile sehen wir wie gewohnt. Der Knick an der Grenzfläche kommt somit durch eine Täuschung unseres Auges über den Verlauf des Lichts zustande. Unter Wasser sehen wir eigentlich nicht den Bleistift, sondern ein „Brechungsbild" von ihm.

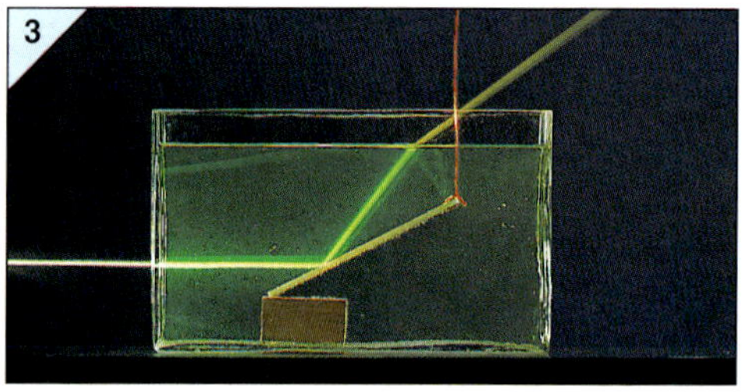

V3 Richte ein dünnes Lichtbündel durch die Seitenwand des Beckens auf den Spiegel im schwach gefärbten Wasser. Streue etwas Kreidestaub vor die Lampe und in den Raum über dem Wasser. Beschreibe den Weg des Lichts im Wasser und in der Luft.
Verändere die Richtung des Lichtbündels, das von innen auf die Wasseroberfläche fällt, durch Bewegen des Spiegels. Wie verändert sich der Brechungswinkel, wenn der Einfallswinkel größer wird?
Fasse deine Beobachtungen zusammen.

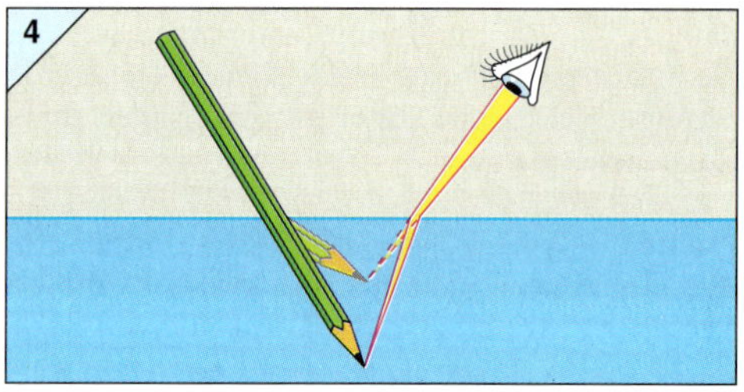

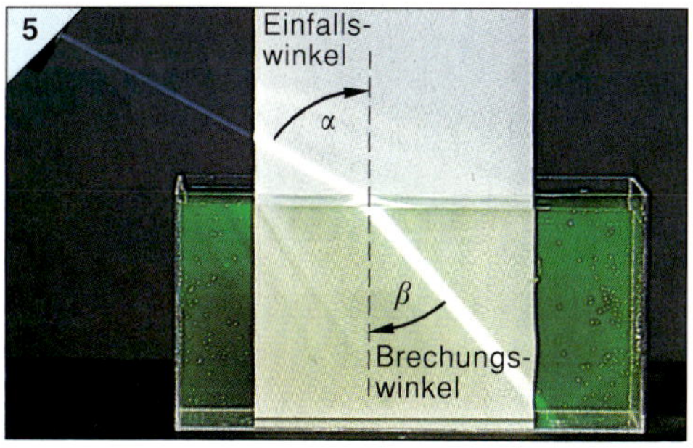

V4 Richte ein dünnes Lichtbündel schräg von oben auf die Oberfläche von schwach gefärbtem Wasser. Streue etwas Kreidestaub vor die Lampe und beschreibe den Weg des Lichts von der Lampe bis zum Boden des Beckens. Verändere den Einfallswinkel des Lichts durch Bewegen der Lampe und betrachte den Brechungswinkel.
Beschreibe deine Beobachtung.

V5 Lege einen Spiegel auf den Boden des Beckens. Richte das einfallende Lichtbündel so, dass es den Spiegel trifft.
Mache den Lichtgang in Luft durch Kreidestaub sichtbar und beschreibe ihn.
Ändere den Einfallswinkel an der Wasseroberfläche und miss wieder. Was ändert sich am Verlauf der Lichtbündel?

A6 Beschreibe, wie sich hier die Lichtbündel an der Wasseroberfläche verhalten. Folgen sie dem Brechungsgesetz?
Welches Bündel wird total reflektiert?

Brechung beim Übergang Luft → Wasser

Wie verhält sich Licht, wenn es aus Luft in Wasser eintritt? Ein Versuch nach Abb. 5 zeigt, dass auch hierbei Brechung auftritt. Ändert man den *Einfallswinkel* α, so ändert sich auch der *Brechungswinkel* β. Jetzt ist stets der Brechungswinkel β kleiner als der Einfallswinkel α. Die Winkel werden wieder zwischen Lichtstrahl und Lot gemessen. Da stets $\beta < \alpha$ gilt, wird jetzt das Licht zum *Lot hin* gebrochen.

> Beim Übergang von Luft nach Wasser wird schräg einfallendes Licht zum Einfallslot hin gebrochen.

Wenn du genau beobachtest, stellst du zusätzlich fest, dass ein Teil des Lichtbündels, das auf die Wasseroberfläche trifft, wie an einem Spiegel reflektiert wird. Dabei gilt wie dort das Reflexionsgesetz. Je flacher das Licht auf die Wasseroberfläche fällt, desto kräftiger ist der reflektierte Anteil. Umso schwächer muss dann der ins Wasser gelangende (gebrochene) Teil sein.
Wegen dieser Reflexion des Lichts an der Wasseroberfläche kann man häufig Gegenstände „im Wasser“ gespiegelt sehen.

Jedes Lichtbündel, das nicht senkrecht auf die Grenzfläche zwischen Luft und Wasser auftrifft, wird gebrochen. Dabei ist es gleichgültig, ob das Licht aus Wasser in Luft eintritt oder umgekehrt. Bei Betrachtung der jeweiligen Einfalls- und Brechungswinkel in Abb. 6 fällt auf, dass der Lichtverlauf symmetrisch ist: Der Einfallswinkel links entspricht dem Brechungswinkel rechts. Das bedeutet, dass bei der Brechung der Lichtgang umkehrbar ist.

Jetzt können wir das **Brechungsgesetz** formulieren

> Je flacher Licht auf die Grenzfläche zwischen Luft und Wasser fällt, desto stärker ist die Brechung.
> Bei senkrechtem Einfall findet keine Brechung statt.

Totalreflexion

Wenn Licht aus Wasser wie in Bild 7 in Luft übergeht, tritt manchmal eine Besonderheit auf. Zwar werden wie erwartet Lichtbündel, die senkrecht aus dem Wasser kommen, nicht gebrochen. Auch dass der Brechungswinkel größer wird, wenn der Einfallswinkel wächst, ist nichts Neues. Allerdings gibt es einen Winkel α, ab dem kein Licht mehr durch die Wasseroberfläche in die Luft gelangt. Ist α größer, wird das gesamte Licht an der Wasseroberfläche vollständig nach innen reflektiert. Man spricht von **Totalreflexion**.

> Licht, das aus dem Wasser kommend flach genug auf dessen Oberfläche trifft, wird total reflektiert. Es tritt kein Licht in die Luft aus.

Brechung an Glasoberflächen

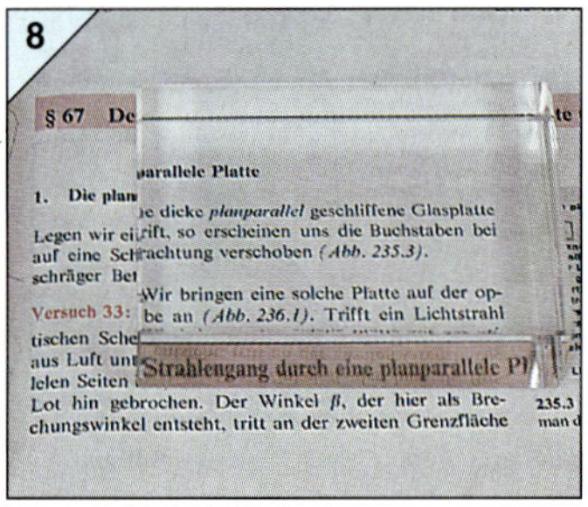

Wenn du ein kleines Stück einer dicken Glasplatte auf beschriebenes Papier legst, erscheint die Schrift darunter verschoben. Vermutlich deshalb, weil das Licht, das vom Papier ins Auge kommt, beim Durchgang durch das Glas abgelenkt wird. Wie die Ablenkung erfolgt, zeigt Abb. 9.

Dort fällt ein Lichtbündel schräg auf ein Glasstück mit parallelen Begrenzungsflächen, eine *planparallele Platte*. Es wird zunächst beim Übergang von Luft ins Glas zum Lot hin gebrochen. Im Glas verläuft es wieder geradlinig, bis es auf die zweite Begrenzungsfläche trifft. Dort wird es erneut gebrochen und dabei um den gleichen Winkel abgelenkt, diesmal aber vom Lot weg. Es geht jetzt wieder in der ursprünglichen Richtung weiter, nur ein wenig parallel versetzt.

Sind die beiden Grenzflächen eines Glaskörpers gegeneinander geneigt, erhält man ein *Prisma* (Abb. 10). Ein Lichtbündel, das schräg auf die erste Prismenfläche fällt, wird gebrochen, wenn es ins Glas eintritt. Es geht im Prisma geradlinig weiter, bis es auf die zweite Grenzfläche trifft. Hier wird es (Eintritt in Luft!) ein zweites Mal gebrochen. Die Brechung erfolgt beim Übergang Luft–Glas zum Lot hin, beim Übergang Glas–Luft vom Lot weg. Da die Grenzflächen gegeneinander geneigt sind, gibt es insgesamt eine Ablenkung zur breiteren Fläche des Prismas hin.

V7 Richte ein schmales Lichtbündel schräg auf eine planparallele Platte, die du auf eine optische Scheibe klemmst.
Ändere den Einfallswinkel, lasse das Licht auch senkrecht auf die Platte fallen.
Vergleiche das auftreffende Lichtbündel mit dem austretenden. Berichte im Einzelnen.

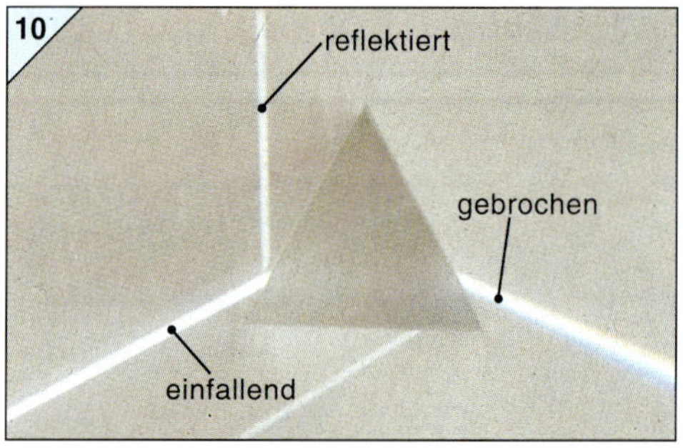

V8 Befestige ein Prisma auf der optischen Scheibe. Richte ein schmales Lichtbündel schräg auf eine Fläche. Verfolge den Lauf des Lichtstrahls im und hinter dem Prisma.
Verändere den Einfallswinkel. Berichte.

Brechung täuscht uns über die Wassertiefe

Steht eine Leiter im Wasser, so sehen wir, dass die Sprossen im Wasser einen kleineren Abstand haben als die außen. Ihr Abstand ist umso kleiner, je flacher wir durch die Wasseroberfläche blicken. Ursache: Brechung wie beim geknickten Bleistift.

Die Verkürzung tritt auch ein, wenn wir senkrecht ins Wasser schauen. Alles, was unter Wasser ist, erscheint dann für unser Auge gehoben. Eigentlich gibt es aber doch bei senkrechtem Blick keine Brechung. Dass wir trotzdem eine Verkürzung bemerken, liegt daran, dass nur der mittlere Strahl des ins Auge fallenden Lichtbündels nicht gebrochen wird. Die Randstrahlen rechts und links davon gehen nach außen weg, sie werden gebrochen, weil sie schräg auf die Wasseroberfläche treffen. Unser Auge glaubt, das Licht kommt von einem höher liegenden Punkt. Wegen dieser Täuschung ist ein Bach oder ein Teich immer tiefer, als man meint, und ein Fisch schwimmt immer tiefer, als man glaubt.

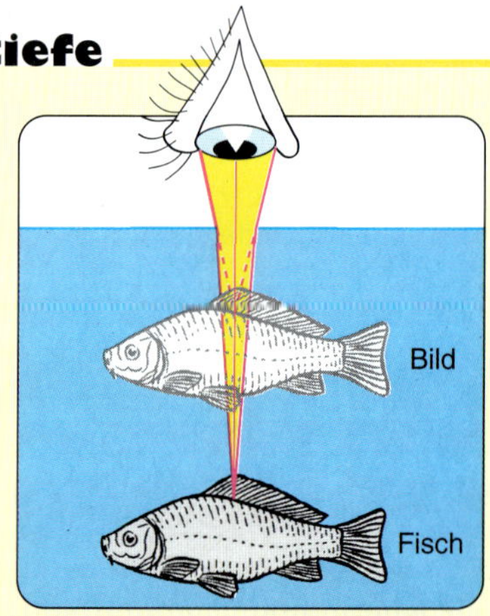

Die Glasscheibe einer Taucherbrille schafft vor dem Auge eine künstliche Wasseroberfläche. Ein Taucher sieht wegen der Lichtbrechung beim Übergang Wasser–Luft alle Entfernungen verkürzt.

Lichtleiter: Eine Anwendung der Totalreflexion

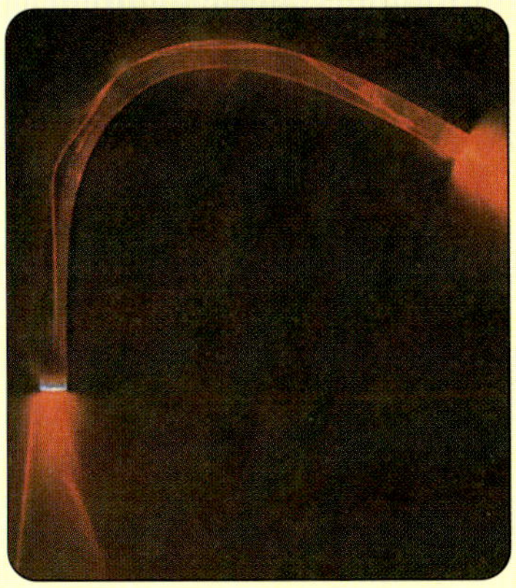

Ein *Lichtleitkabel* besteht aus sehr dünnen *Glasfasern*. Diese sind biegsam und können Licht, das einmal in sie eingetreten ist, fast verlustlos zum anderen Ende weiterleiten. Das Licht kann den Leiter nicht verlassen, weil es an den Wänden immer wieder total reflektiert wird. Erst am Ende des Leiters kommt es aus der Stirnfläche heraus, weil es dort fast senkrecht auftrifft.

Anwendung findet das Lichtleitkabel bei der **Informationsübertragung** und in der **Medizin**.

Die Kupferkabel der Telefonleitungen werden heute zunehmend durch Glasfaserkabel ersetzt. Über diese kann man nicht nur telefonieren, sondern jede Art von Informationen übertragen. Beim **Telefonieren** wird der Schall im Mikrofon des Handapparates zunächst in elektrische Impulse umgesetzt und danach in Lichtimpulse. Das die Sprache tragende Licht bewegt sich durch den Lichtleiter zum Empfänger. Dort werden die Lichtimpulse zunächst wieder in elektrische Impulse umgewandelt. Aus diesen macht der Telefonhörer dann wieder Schall, also hörbare Sprache.
Entscheidend an dieser Art Übertragung ist, dass sich über Glasfasern bedeutend mehr Informationen in gleicher Zeit übermitteln lassen als über gleich dicke Kupferkabel.

Bei der **Endoskopie** wird ein dünnes Kabel (Ø etwa 10 mm) z. B. durch die Speiseröhre in den Magen eingeführt. Durch zwei Glasfaserbündel wird Licht in den Magen geleitet und von den Magenwänden reflektiert. Das reflektierte Licht geht durch ein anderes Glasfaserbündel zurück, sodass der Arzt den Magen von innen betrachten kann.

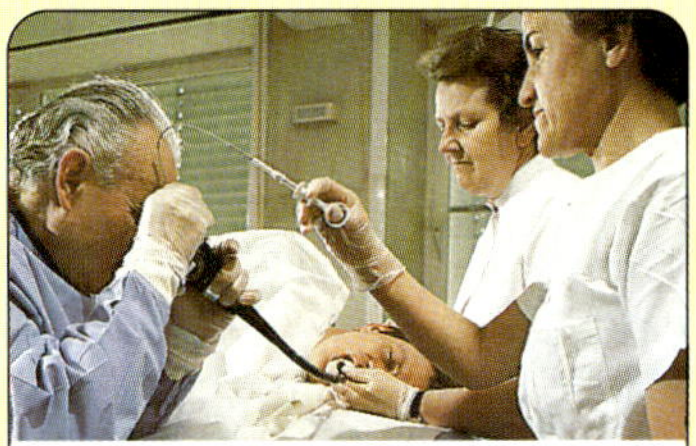

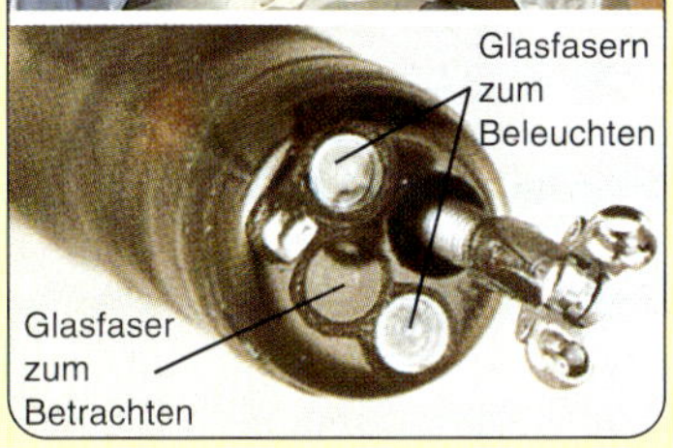

AUFGABEN UND ZUSAMMENFASSUNG

1. Wie wird Licht beim Übergang Luft–Wasser und wie beim Übergang Wasser–Luft gebrochen? Zeichne.

2. Lege eine Münze in eine Tasse und stelle dich so, dass sie gerade vom Rand verdeckt wird. Fülle langsam Wasser ein und beobachte. Erkläre deine Beobachtung.

3. Warum sehen wir einen Knick im Verlauf eines Stocks, der in Wasser eintaucht?

4. Wie geht ein Lichtstrahl durch eine planparallele Platte bzw. durch ein Prisma? Zeichne für verschiedene Einfallswinkel. Zeichne auch die reflektierten Bündel mit.

5. Beschreibe den Verlauf des Lichtbündels bei der Brechung an der planparallelen Platte. Denke auch an senkrechten Auffall.

6. Was bedeutet Totalreflexion? Wann tritt sie auf? Erkläre anhand von Abb. 7.

7. Warum sieht man in dicken Glasscheiben manchmal zwei dicht nebeneinander liegende Spiegelbilder?

8. Erkläre, wieso man den schräg von unten fotografierten Fisch im Aquarium zweimal sieht.

Brechung

Beim Durchgang durch eine Wasseroberfläche oder durch eine Glasscheibe ändert sich die Richtung des Lichts. Diese Brechung erfolgt beim Übergang Luft–Wasser bzw. Luft–Glas *zum Lot hin,* beim Übergang Wasser–Luft bzw. Glas–Luft *vom Lot weg.*

Der *Brechungswinkel* ist umso größer, je flacher das Licht auf die Grenzfläche fällt. Bei senkrechtem Einfall erfolgt keine Brechung.
Wegen der Brechung erscheinen Gegenstände im Wasser gehoben.

Totalreflexion

Mit jeder Lichtbrechung ist Reflexion verbunden. Wenn Licht aus Wasser oder Glas auf die Grenzfläche zu Luft flach auftrifft, erfolgt Totalreflexion; dabei wird alles Licht reflektiert.

Ein Stück Glas „sammelt“ Licht

In Abb. 1 siehst du ein *„Brennglas“*. Du hast sicher auch schon einmal ein solches ins Sonnenlicht gehalten und (von der Sonne aus gesehen) hinter der Linse ein Stück Papier damit entzündet. Das gelingt freilich nur dann, wenn du den Punkt hinter dem linsenförmigen Glaskörper findest, in dem das Sonnenlicht gesammelt wird. Diese Eigenschaft „Licht Sammeln“ gibt dem Glas seinen Namen: **Sammellinse.**

Mit der Anordnung in Abb. 2 untersuchen wir genauer, was die Sammellinse mit auffallendem Licht macht. Dort sendet eine Lampe *divergentes* Licht aus (erzeugt also ein kegelförmiges, auseinander strebendes Lichtbündel). Dieses fällt streifend an einem weißen Papier entlang auf die Linse.

1. Wenn die Lampe in großer Entfernung vor der Linse steht, bricht diese das Licht so, dass es dahinter nahezu auf einen Punkt zuläuft. (Die Linse macht also aus einem divergenten ein *konvergentes* Lichtbündel). Man nennt diesen Punkt **Bildpunkt** der Lichtquelle. (Warum, lernst du später verstehen.)
   Schieben wir die Lampe näher an die Linse heran, bleibt das Lichtbündel dahinter zunächst konvergent, der Bildpunkt aber wandert von der Linse weg.
2. Rücken wir die Lampe noch näher zur Linse, gibt es eine Stelle, bei der hinter der Linse die Randstrahlen und alle Strahlen im Lichtbündel zueinander parallel verlaufen. Wir haben ein *Parallellichtbündel* erzeugt.
3. Steht die Lampe noch näher an der Linse, gibt es keinen Bildpunkt mehr. Das jetzt sehr stark divergente Lichtbündel vor der Linse ist hinter ihr aber weniger divergent.

Eine Sammellinse macht divergentes Licht konvergent, in einem Sonderfall auch parallel.

Der Brennpunkt

Die Sonne ist eine Lichtquelle, die sehr weit von uns weg ist. Lichtstrahlen, die von der Sonne kommen, sind deshalb nahezu parallel zueinander. Ein Parallellichtbündel können wir mit einer Experimentierleuchte nachstellen, wenn wir im richtigen Abstand vor die Lampe eine Sammellinse setzen, einen *Kondensor.* Das divergente Licht der Lampe wird durch den Kondensor parallel gemacht und fällt als Parallellichtbündel senkrecht auf die Linse, wie Sonnenlicht auf ein Brennglas (Abb. 4).

Der durch die Mitte der Linse gehende Teil des Lichtbündels läuft ungebrochen weiter. Die auf den oberen Teil der Linse fallenden Strahlen werden nach unten, die im unteren Teil auftreffenden nach oben hin gebrochen. Die Linse ist so geschliffen, dass alle zuvor parallelen Strahlen des Lichtbündels dahinter in einen Punkt zusammenlaufen. Dieser Punkt heißt **Brennpunkt.**

Parallellicht, das senkrecht auf eine Linse fällt, wird im Brennpunkt vereinigt.

V1 Besorge dir eine Linse (z. B. eine Lupe) und versuche, mithilfe von Sonnenlicht Papier zu entzünden.

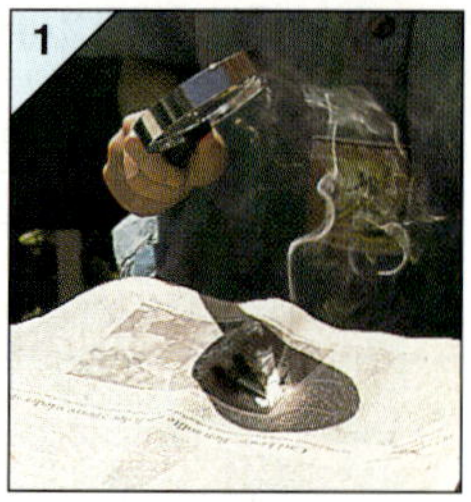

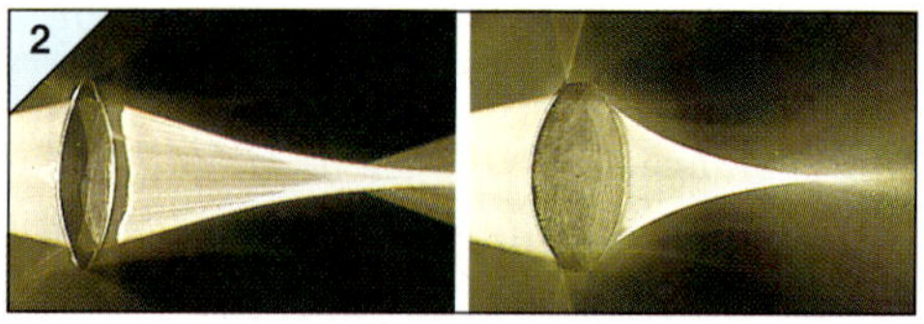

V2 Lege eine linsenförmig gekrümmte Glasscheibe auf weißes Papier. Lass divergentes Licht darauffallen. Beschreibe und zeichne den Verlauf des Lichtbündels.
Verändere mehrmals den Abstand der Lampe zur Linse. Zeichne für jeden Fall die Lichtbündel und vergleiche jeweils die Abstände Lichtquelle–Linse und Linse–Bildpunkt miteinander.

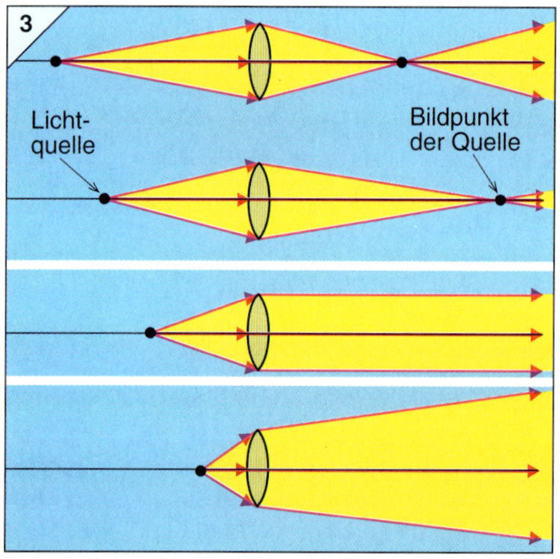

A3 Beschreibe die Lage von Lichtquelle und ihrem Bildpunkt, also das Ergebnis von V2, anhand der Grafik.

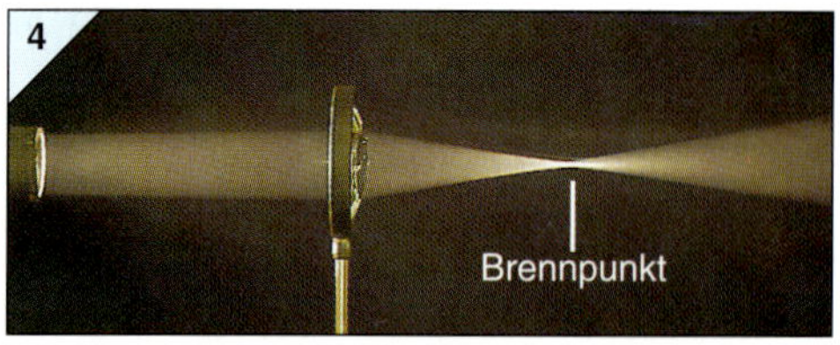

V4 Lass ein Parallellichtbündel längs der optischen Achse auf eine Linse fallen. Beschreibe den Verlauf des Lichtbündels und vergleiche mit Abb. 3, dritter Fall.

Zerstreuungslinsen

Es gibt auch Glaskörper, die in der Mitte dünner sind als am Rand. Sie beeinflussen einfallendes Licht anders als Sammellinsen: Fällt ein paralleles oder divergentes Lichtbündel auf eine solche Linse, so weitet sie dieses auf (Abb. rechts). Einen Brennpunkt gibt es nicht. Licht wird also nicht konzentriert, sondern zerstreut. Man spricht von *Zerstreuungslinsen,* obwohl solche Glaskörper nicht mehr die Form einer Linse haben.

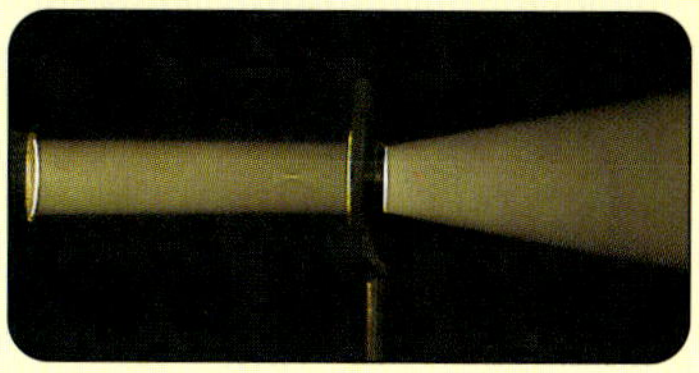

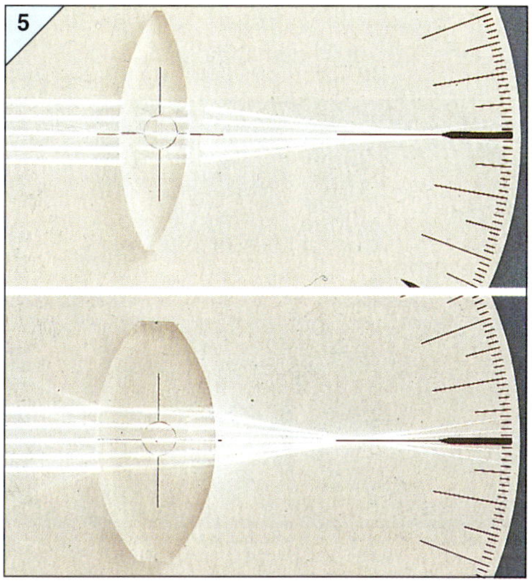

V5 Wiederhole V4 und miss die Brennweite der Linse. Ersetze die Linse durch eine stärker oder schwächer gekrümmte. Miss wieder die Brennweite.

A6 Zeichne die Lichtbündel aus V4 und V5 auf ein Blatt Papier. Formuliere die Ergebnisse aus diesen Versuchen in einem Merksatz, der die Begriffe „Brennweite" und „Linsenkrümmung" enthält.

Linsenwölbung und Brennweite

Wir haben bei der Brechung gesehen, dass der Einfallswinkel maßgebend dafür ist, wie stark Licht aus seiner ursprünglichen Richtung abgelenkt wird. In Abb. 5 fällt Licht parallel zur optischen Achse auf zwei verschieden stark gekrümmte Linsen. Für vergleichbare Lichtbündel ist bei der stark gekrümmten Linse der Einfallswinkel größer als bei der weniger stark gekrümmten. Deshalb ist auch die Ablenkung größer. Die Brechung an der hinteren Linsenfläche verstärkt diese Ablenkung jeweils. Das haben wir beim Prisma nachgewiesen. Die Folge: Der Brennpunkt liegt bei stärkerer Krümmung näher an der Linse.

Wenn man die Lage des Brennpunktes kennt, weiß man im Prinzip, wie eine Linse Licht bricht, wie konvergent sie es macht. Die Entfernung Brennpunkt–Linsenmitte, **Brennweite** der Linse genannt, ist die wichtigste Kenngröße einer Linse.

Der Abstand Brennpunkt–Linsenmitte heißt Brennweite. Je stärker die Linsenkrümmung ist, desto kürzer ist sie.

Eine Linse knickt einfallende Lichtstrahlen umso mehr, je kleiner ihre Brennweite ist. Man sagt dann, ihr **Brechwert** sei groß. Der Optiker gibt die Größe des Brechwerts durch den Kehrwert der Brennweite an; für ihn kennzeichnet dieser Wert eine Linse. Eine Linse mit 0,2 m Brennweite hat den Brechwert $\frac{1}{0{,}2} = 5$.

AUFGABEN UND ZUSAMMENFASSUNG

1. Die Brennweite einer Sammellinse kannst du ermitteln, indem du sie in Sonnenlicht hältst. Wie gehst du vor?

2. Eine punktförmige Lichtquelle wandert aus großer Entfernung auf eine Sammellinse zu. Wie bewegt sich der Bildpunkt?
Wie ändern sich Konvergenz und Divergenz des einfallenden und ausfallenden Lichtbündels?

3. Woher kommen die Namen „Zerstreuungslinse" und „Sammellinse"?

4. Wie verlaufen Parallellichtbündel hinter einer Sammellinse und wie hinter einer Zerstreuungslinse?

5. Zeichne in folgende Skizze die Linse ein, ebenso das Licht hinter dem Bildpunkt rechts.

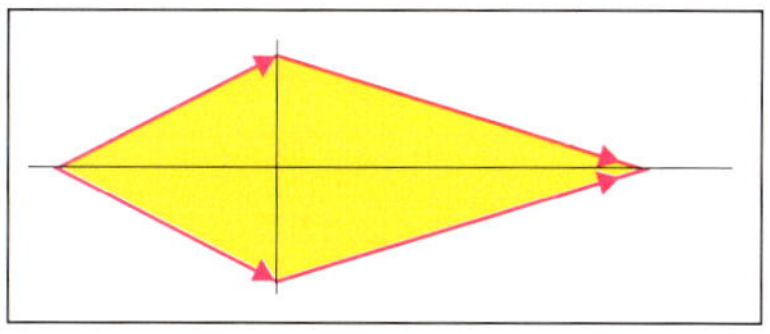

Sammellinsen

Sammellinsen vereinigen achsenparallel einfallendes Licht im Brennpunkt. Je stärker die Linse gekrümmt ist, desto kürzer ist ihre Brennweite (Abstand Brennpunkt–Linsenmitte).

Sammellinsen machen divergentes Licht nach der Brechung konvergenter.

Schon seit eh und je macht der Mensch Bilder von Tieren und Gegenständen seiner Umgebung. Am Anfang hat er sie gezeichnet und gemalt. Erst später lernte er, dass man mit optischen Mitteln naturgetreue Bilder machen kann. Man sprach vom „Zeichnen mit Licht"; das „Kunstwort" dafür ist *Fotografieren*. Die einfachste Vorrichtung dazu ist die **Lochkamera.** Sie besteht, wie Abb. 1 zeigt, aus einem geschlossenen Kasten, der in der Mitte der Stirnseite ein kleines Loch hat, eine *Blende*. Die Rückseite besteht aus Transparentpapier, das als Auffangschirm dient. Richtet man die Lochkamera auf helle Gegenstände, so sieht man auf dem Schirm ein Abbild von ihnen. Es ist farbig, etwas flau, ein wenig unscharf und steht kopf!

Um herauszufinden, wie ein Bild in der Lochkamera entsteht, ist in Abb. 2 die Situation nachgebaut. Allerdings hat die „Lochkamera" nur die Teile, die man unbedingt braucht, nämlich Lochblende und Schirm. Und so geht das Erzeugen von optischen Bildern: Die Kerzenflamme besteht aus vielen leuchtenden Rußteilchen; jedes sendet Licht nach allen Seiten aus. Durch das Loch geht nur ein Teil des Lichts; es entsteht hinter der Lochblende ein dünnes Bündel, das auf die Mattscheibe trifft. Dort erzeugt es einen kleinen Lichtfleck, der etwas größer ist als das Loch. Die Lichtflecke der verschiedenen Rußteilchen setzen sich auf der Mattscheibe zu einem Bild zusammen.
Die Grafik zeigt, dass sich die Lichtbündel im Loch (in der Blende) kreuzen. Deshalb sind beim Bild im Vergleich zum Original Oben und Unten sowie Rechts und Links vertauscht.

Eine Lochblende erzeugt auf einem Schirm dahinter auf dem Kopf stehende, seitenverkehrte Bilder.

Wovon hängen Bildhelligkeit und Bildgröße ab?

Bilder, die man mit der Lochkamera erhält, sind lichtschwach und unscharf. Die von einem Punkt des Gegenstandes ausgehenden Lichtbündel erzeugen auf dem Bildschirm ja einen Lichtfleck, der größer ist als das Loch. Das Bild setzt sich also nicht aus Punkten zusammen, sondern aus Flecken, die sich gegenseitig überlappen. Durch Verkleinern des Lochs kann man die Lichtflecke kleiner und das Bild schärfer machen; dadurch wird es jedoch dunkler, weil jetzt weniger Licht auf den Schirm gelangt. Vergrößert man das Loch, wird das Bild zwar heller, aber noch unschärfer.

Mithilfe einer Lochblende erhält man immer ein Bild auf dem Schirm. Die Größe des Bildes (die **Bildgröße**) hängt von zwei Bedingungen ab: Je größer der Abstand zwischen dem abzubildenden Gegenstand „Kerze" und Blende (die **Gegenstandsweite**) ist, desto kleiner wird das Bild. Je größer die Entfernung der Blende bis zum Schirm (die **Bildweite**) ist, desto größer wird es.

Bei der Lochkamera hängt die Bildgröße von der Gegenstandsweite und von der Bildweite ab.

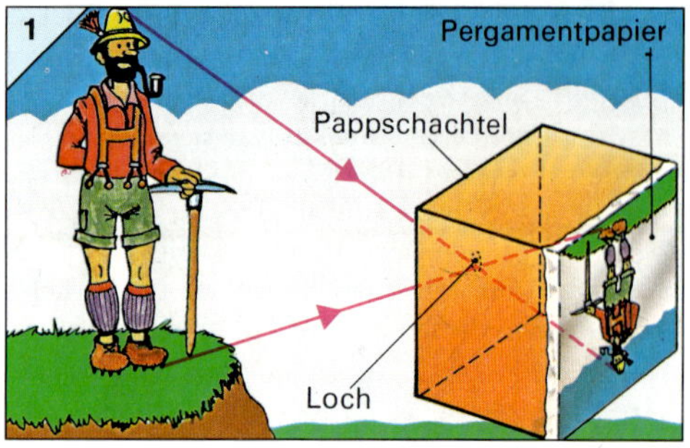

A1 Das Bild zeigt eine „Kamera". Beschreibe sie und versuche zu erklären, wie das Bild auf ihrer Rückseite zustande kommt.

V2 Stelle zwischen Kerze und Schirm eine Lochblende. Beschreibe das Bild.
Blase leicht von der Seite gegen die Flamme. Wie verhält sich das Bild?
Ersetze die Blende durch andere mit größerem und dann mit kleinerem Loch. Wie verändert sich das Bild?

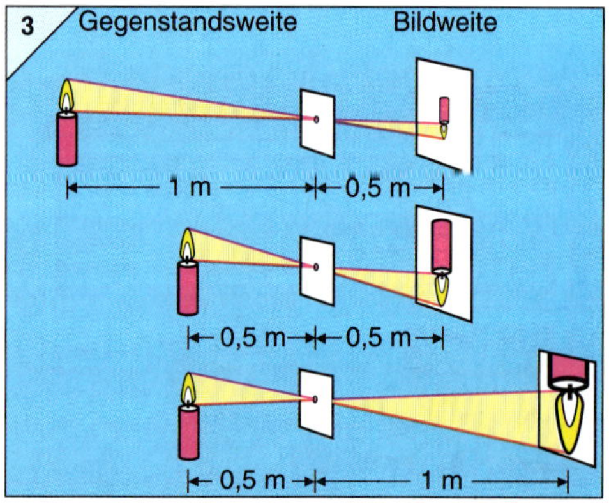

V3 Benutze wie in V2 eine Blende mittlerer Größe. Ändere die Gegenstandsweite. Wie verändert sich dadurch die Bildgröße?
Verändere dann die Bildweite und beobachte die Größe des Bildes.
Formuliere die gefundenen Zusammenhänge in einem „Je-desto-Satz".

Bau einer Lochkamera

Klebe einen Karton über einer Flasche zu einer Röhre zusammen. Wickle einen zweiten Bogen Karton darüber und klebe ihn zu einer zweiten Röhre zusammen. Beide Röhren sollten sich ineinander verschieben lassen.

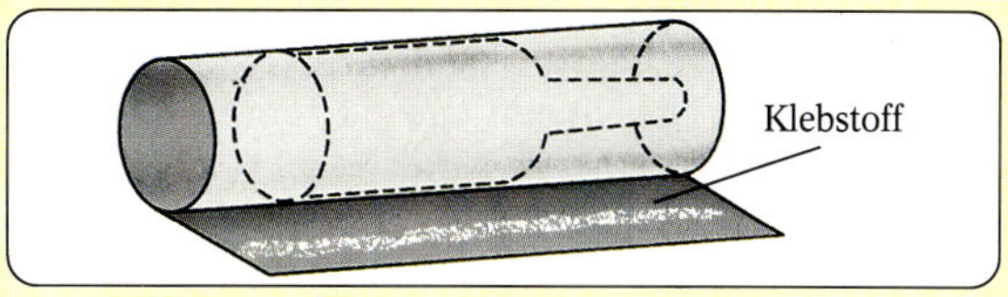

Die weitere Röhre wird mit einer Scheibe verschlossen, die ein Loch von 15 mm Durchmesser hat.

Ans Ende der engeren Röhre kleben wir eine Scheibe mit einem Ausschnitt, der mit Transparentpapier hinterklebt wird.

Auf die Scheibe mit dem Loch kleben wir die Halterung für den Streifen mit den Lochblenden. Die Halterung hat dazu vier Schlitze.

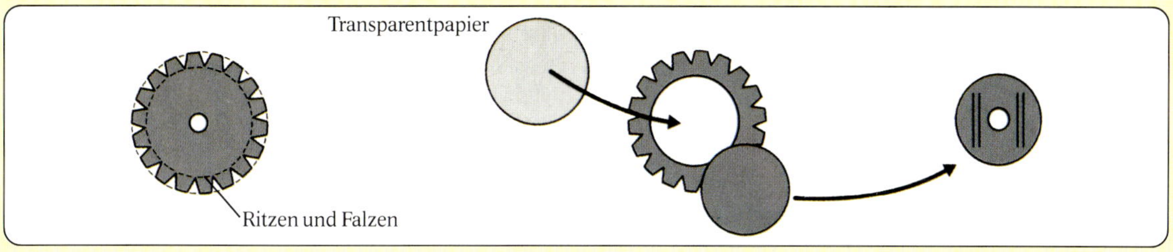

Der Streifen mit den Lochblenden ist 20 cm lang und 3 cm breit. Wir stanzen in ihn mit einer Lochzange 5 Löcher mit Durchmessern von 2 mm bis 6 mm.

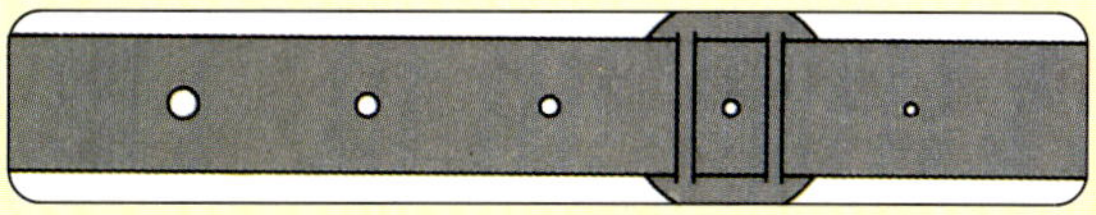

Die beiden Röhren werden so ineinander geschoben, dass die Mattscheibe innen ist. So werden wir beim Betrachten nicht durch seitlich einfallendes Licht geblendet.

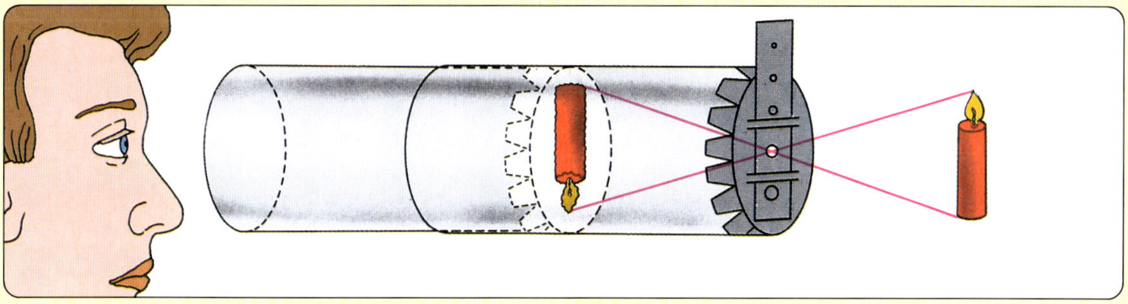

AUFGABEN UND ZUSAMMENFASSUNG

1. Bilde mithilfe einer Lochblende eine Kerzenflamme auf einen Schirm (ein Blatt Papier) ab. Beschreibe das Bild.
Entferne dann die Lochblende. Wer „macht" also das Bild?

2. Zeichne, wie bei einer Lochkamera das Bild eines Pfeils entsteht. Warum wird es unschärfer, wenn man das Loch vergrößert?

3. Wie ändert sich die Bildgröße bei der Lochkamera, wenn man den Gegenstand
a) näher an die Kamera heranbringt;
b) weiter von der Kamera entfernt?

4. Wovon hängt die Helligkeit des Bildes bei der Lochkamera ab? Was geschieht, wenn man das Loch vergrößert, um ein helleres Bild zu bekommen?

Bildentstehung

Mit einer Lochkamera kann man auf einfachste Weise optische Bilder erzeugen.

Das Bild des Gegenstandes wird durch Licht erzeugt, das von ihm ausgeht und durch ein Loch fällt. Das Bild steht auf dem Kopf und ist seitenverkehrt.

Wir fotografieren mit unserer Lochkamera

Unsere gebastelte Lochkamera ist ungeeignet zum Fotografieren. Man kann damit nur Gegenstände beobachten. Um bleibende Bilder zu bekommen, braucht man eine Kamera mit abgeschlossenem, gegen Lichteinfall gesichertem Gehäuse, das nur zum Belichten geöffnet wird.

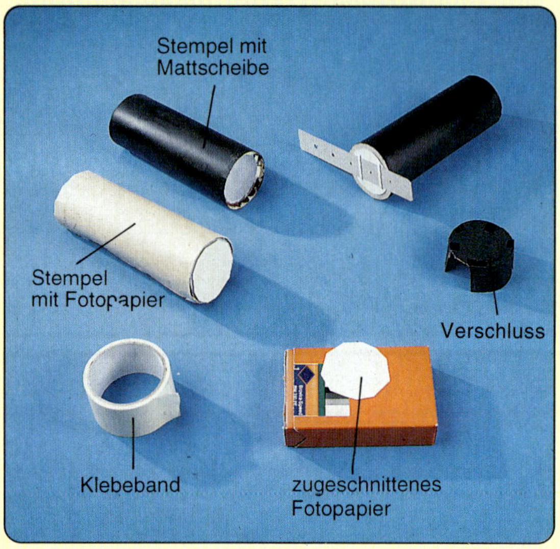

Zum Fotografieren müssen wir also die Kamera umbauen: Wir ersetzen den Stempel mit der Mattscheibe durch einen zweiten, gleich großen, auf dessen Stirnseite Fotopapier aufgeklebt werden kann. Das Fotopapier wird im Dunkeln zurechtgeschnitten und mit doppelseitigem Klebeband auf den Stempel geklebt.

Die andere Seite der Kamera muss mit einem lichtdichten Verschluss versehen werden. Diesen basteln wir aus Pappe als Deckel, der auf das äußere Rohr passt. Zum Fotografieren wird dann der Deckel von der Kamera abgenommen. Wichtig ist, dass die Kamera während der Aufnahme ruhig gehalten wird, sonst verwackelt das Bild. Man muss sie dazu irgendwo fest einspannen oder auflegen.

Vor dem Belichten muss man den Stempel mit der Mattscheibe einführen, damit die Kamera genau auf das Motiv gerichtet werden kann. Den Mattscheiben-Stempel wechselt man dann aus gegen den Stempel mit dem Fotopapier. Wichtig dabei ist, dass der Stempel mit dem Fotopapier im Dunklen eingeschoben wird, da sonst das lichtempfindliche Papier schon vor der Aufnahme belichtet wird. Man muss also zwischen Dunkelkammer und Aufnahmeort hin- und herlaufen oder ein großes, lichtundurchlässiges Tuch bereithalten, unter dem man die Lochkamera „laden“ und umbauen kann.

Das Belichten

Wie lange die Kamera geöffnet auf das Motiv gehalten werden muss, damit man richtig belichtete Bilder erhält, kann man nur ausprobieren. Die Belichtungszeit hängt nämlich von verschiedenen Umständen ab: Je heller der Gegenstand ist, desto mehr Licht fällt in die Kamera, desto kürzer kann also die Belichtungszeit sein. Auch die Größe des Aufnahme-Lochs ist entscheidend: Je größer nämlich die Blendenöffnung ist, desto mehr Licht fällt auf das Fotopapier.

Um die richtige Belichtung des Films herauszufinden, macht man am besten eine so genannte Belichtungsreihe: Nachdem die Kamera ruhig gelagert wurde und das Objekt auf der Mattscheibe gesichtet ist, schiebt man den Stempel mit dem Fotopapier ein. Bei einer festen Blende (Lochdurchmesser 2 mm) werden jetzt nacheinander Aufnahmen mit verschiedenen Belichtungszeiten gemacht, am besten zwischen 20 und 60 Sekunden im Abstand von 10 Sekunden. Das Fotopapier im Rohr sollte vom Loch einen Abstand von etwa 10 cm haben.

Natürlich muss für jede Aufnahme der Belichtungsreihe ein neues Fotopapier verwendet werden!

Die gleiche Belichtungsreihe führt man dann mit der nächstgrößeren Blende durch. Der Abstand Fotopapier–Loch sollte beibehalten werden.

Achtung: Bei allen Belichtungsreihen immer die Zeiten und Bildweiten auf das Bild schreiben! Man braucht diese Angaben ja für spätere Aufnahmen.

Im Fotolabor

Das mit der Kamera belichtete Fotopapier muss im Fotolabor behandelt werden, ehe man es sich im Tageslicht ansehen kann. Um die einzelnen Vorgänge im Labor verstehen zu können, machen wir erst ein **Fotogramm** und verfolgen dabei die einzelnen Schritte. (Wenn man das in der Lochkamera belichtete Fotopapier bei Dunkelkammerbeleuchtung aus der Kamera nimmt, kann man es so behandeln wie das Fotogramm.)

Bei *Dunkelkammerbeleuchtung* werden auf ein offenes Blatt Fotopapier (Achtung: Filmschicht nach oben!) mehrere lichtundurchlässige, möglichst flache Gegenstände gelegt, z. B. Schlüssel, Kettchen, Büroklammern o. Ä. (Dunkelkammerbeleuchtung ist gelbgrünes Licht von einer Speziallampe, das dem Fotopapier nicht schadet.) Das Fotopapier wird dann für kurze Zeit mit dem Licht einer Schreibtischlampe belichtet. (Das entspricht dem Fotografieren mit der Lochkamera.) Danach muss das Bild vier Bäder durchlaufen, bis es fertig ist.

Entwickeln: Zunächst muss das belichtete Fotopapier bei Dunkelkammerbeleuchtung in einem *Entwicklerbad* behandelt werden. In einer Wanne mit Entwickler-Lösung wird es leicht geschaukelt, damit alle Stellen gleichmäßig benetzt werden. Langsam sieht man dann das Bild „kommen". Auch das jetzt sichtbare, also entwickelte Bild darf noch nicht im vollen Licht betrachtet werden, denn es würde sofort vollkommen schwarz – nichts wäre mehr zu sehen.

Wässern: Neben dem Entwicklerbad steht eine Schale mit klarem Wasser. Dahinein bringt man jetzt das Bild – aber mit einer Zange und nachdem man es hat abtropfen lassen! Auch die Wasserschale muss etwa 1 Minute lang geschaukelt werden.

Fixieren: Das *Fixierbad* dient dazu, das Bild lichtunempfindlich zu machen. Man greift das Bild im Wasserbad mit einer zweiten Zange und lässt es in die dritte Schale mit Fixierlösung gleiten. Hierin sollte es 2 bis 3 Minuten bewegt werden.

Wässern: Damit das Bild später nicht braun wird, muss nach dem Fixieren die Fixierlösung vom Bild abgewaschen werden. Diese letzte Wässerung geschieht am besten im Waschbecken unter fließendem Wasser, etwa 1 bis 2 Minuten lang.

Trocknen: Zum Trocknen hängt man das Bild mit einer Klammer auf eine Leine. Nach etwa zwei Stunden ist es fertig.

Man achte bei der Arbeit darauf, dass weder Entwicklerflüssigkeit unverdünnt ins Fixierbad gerät, noch dass Fixierflüssigkeit ins Entwicklerbad getragen wird. Auch auf der Kleidung haben Spritzer beider Lösungen unangenehme Folgen!

Positiv und Negativ

Unsere fertig entwickelten Bilder sind so genannte *Negative*. Bei ihnen sind Hell und Dunkel vertauscht. Das kommt so: Von dunklen oder schwarzen Stellen des Gegenstandes kommt wenig oder gar kein Licht auf das Fotopapier; dort wird es nicht geschwärzt. Umgekehrt werden alle Stellen des Fotopapiers schwarz, die vom Licht, das von hellen Stellen des Gegenstandes kommt, getroffen werden.

Ein *Positiv*, also ein Bild, bei dem hell–dunkel wieder richtig ist, erhält man folgendermaßen: Das entwickelte Bild, das mit der Lochkamera gemacht wurde, wird bei Dunkelkammerbeleuchtung auf ein nicht belichtetes Fotopapier gelegt. Dabei muss die Bildseite des Fotos auf die Schichtseite des Fotopapiers gelegt werden („Schicht auf Schicht"). Durch das Bild hindurch belichtet man dann das Fotopapier, das anschließend entwickelt wird.

Beim Belichten lassen die im ersten Bild dunklen Stellen kein Licht durch, geben also auf dem Fotopapier helle Bereiche; die hellen Stellen des Bildes lassen viel oder alles Licht durch, machen also die entsprechenden Teile des Papiers dunkel – man erhält also ein Positiv; leider sind bei ihm die Seiten vertauscht.

Wir haben früher bereits mit einer Lochkamera fotografiert. Das ist ein lichtdichter Kasten mit einem kleinen Loch. Stehen vor dem Kasten hell beleuchtete Dinge, fällt Licht von ihnen durch das Loch ins Kasteninnere und zeichnet auf die Rückwand Bilder. Leider sind diese Bilder entweder unscharf (bei großem Loch) oder sehr lichtschwach (bei kleinem Loch). Wenn wir aber in ein großes Kameraloch eine geeignete Sammellinse setzen (Abb. 1 zeigt das in offenem Aufbau), dann erhalten wir ein sowohl helles als auch scharfes Bild. Abb. 2 zeigt, wie das Bild entsteht:
Von jedem Punkt der Kerze fällt divergentes Licht auf die Linse; diese vereinigt es zu einem Bildpunkt auf dem Schirm. In Abb. 2 ist dies für die Flammenspitze und den Flammenfußpunkt gezeichnet. Die Bildpunkte sind nach Lage, Farbe und Helligkeit so angeordnet, dass ein auffangbares, also *reelles* Bild der Kerze entsteht. Dieses steht auf dem Kopf und ist seitenverkehrt, denn alle Lichtbündel kreuzen sich in der Linse, genau wie früher in der Öffnung der Lochkamera.

Sammellinsen können auffangbare (reelle), umgekehrte Bilder von Gegenständen erzeugen.

Schieben wir den Schirm etwas auf die Linse zu bzw. von ihr weg, ohne dabei Kerze und Linse zu bewegen, wird das Bild unscharf. Statt der einzelnen Bildpunkte fängt der Schirm jetzt kreisförmige Querschnitte der kegelförmigen Lichtbündel auf. Diese überdecken sich, das Bild wird unscharf gezeichnet. Durch Neigen oder Drehen des Schirms kann man weiter feststellen, dass das Bild nur in einer ganz bestimmten Ebene, der *Bildebene,* scharf ist.

Wovon hängt die Bildgröße ab?

Wie ändert sich die Bildgröße, wenn die Gegenstandsweite *g* (Entfernung Linse–Gegenstand) kleiner wird? Abb. 3 zeigt die Zusammenhänge: Liegt der Gegenstand weit weg, entsteht auf dem Schirm ein kleines Bild. Rückt der Gegenstand näher an die Linse heran, wird das Bild größer. Man muss allerdings gleichzeitig den Schirm von der Linse wegschieben, also die Bildweite *b* größer machen. Dabei gibt es aber eine Grenze: Steht der Gegenstand im Brennpunkt der Linse oder noch näher, gibt es kein Bild.

3
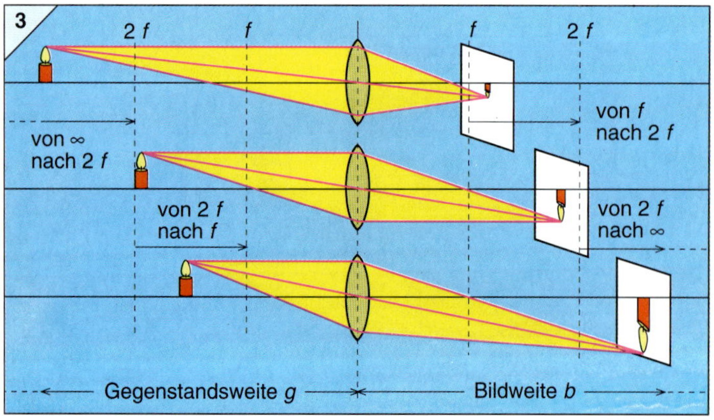

1

V1 Baue obige Versuchsanordnung auf. Verschiebe zunächst die Linse zwischen Kerze und Schirm, bis du ein scharfes Bild der Kerzenflamme auf dem Schirm erhältst. (Wenn es nicht gelingt, musst du den Abstand Kerze–Schirm vergrößern.)
Betrachte das Bild auf dem Schirm und beschreibe seine Lage im Vergleich zur Kerze.

V2 Schiebe ein Blatt Papier von links vor die Kerze. Beobachte und beschreibe, welche Bildteile verdeckt werden.

2
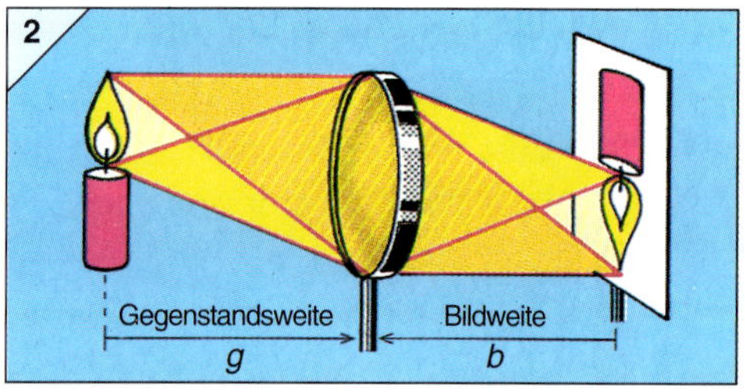

A3 Zeichne obigen Aufbau auf ein Blatt Papier und zeige, wieso das Kerzenbild auf dem Kopf steht.
Bleibt das auch so, wenn du die Entfernung Kerze–Linse in der Zeichnung vergrößerst?

V4 Verändere in V1 die Gegenstandsweite und verschiebe den Schirm, bis du ein scharfes Bild hast.
Miss jeweils *g*, *b* und die Bildgröße *B* und trage die Werte in eine Tabelle ein.

4 Gegenstandsgröße $G = 8$ cm

Gegenstandsweite *g*	30 cm	20 cm	15 cm
Bildweite *b*	15 cm	20 cm	30 cm
Bildgröße *B*	4 cm	8 cm	16 cm

A5 Vergleiche zusammengehörige Werte von Gegenstandsweite und Bildweite. Wie hängen sie voneinander ab? Gibt es eine Je-desto-Beziehung? Nenne sie.

A6 Wie ändert sich die Bildgröße, wenn die Gegenstandsweite vergrößert wird? (Je-desto-Beziehung angeben.)

Bildkonstruktion

Ausgezeichnete Strahlen

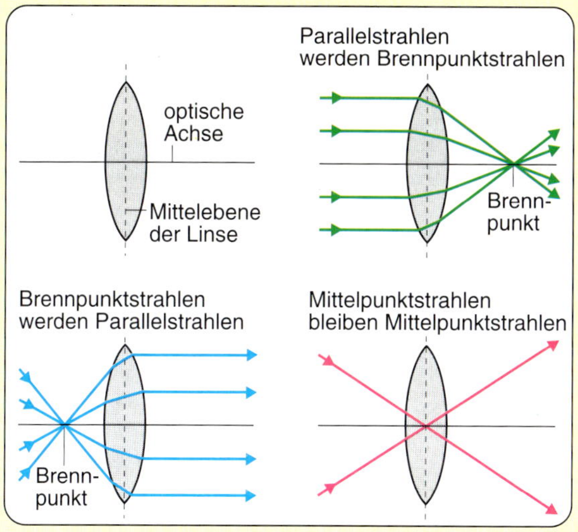

Den Weg des Lichts (der Photonen) zeichnet man oft als dünne Linien in ein Lichtbündel ein und nennt diese dann Lichtstrahlen.

Lichtstrahlen, die auf eine Linse fallen, werden von dieser gebrochen. Wie sie weiterlaufen, wissen wir bis jetzt nur von drei Gruppen dieser Strahlen (unsere Experimente zeigten dies):

1. Strahlen, die parallel zur optischen Achse auf die Linse zulaufen **(Parallelstrahlen),** werden so gebrochen, dass sie durch den Brennpunkt der Linse gehen.

2. Strahlen, die vor der Brechung durch den vorderen Brennpunkt der Linse laufen **(Brennpunktstrahlen),** verlaufen nach der Brechung parallel zur optischen Achse.

3. Strahlen, die auf den Mittelpunkt der Linse zulaufen **(Mittelpunktstrahlen),** gehen unabgelenkt durch die Linse hindurch.

Geometrische Konstruktion von Bildpunkten

Der Bildpunkt, der zu einem Gegenstandspunkt gehört, lässt sich mithilfe zweier verschiedener ausgezeichneter Strahlen konstruieren, wenn man Gegenstandsweite und Brennweite der Linse kennt:

1. Zeichne den von der Spitze des Gegenstandes ausgehenden Parallelstrahl bis zur Mitte der Linse. Er wird hinter der Linse zum Brennpunktstrahl.

2. Zeichne den von der Spitze ausgehenden Mittelpunktstrahl. Er geht ungebrochen durch die Linse hindurch.

3. Zeichne den von der Spitze kommenden Brennpunktstrahl bis zur Linsenmitte. Er wird Parallelstrahl.

Die drei Strahlen auf der Bildseite schneiden sich im gesuchten Bildpunkt. Deshalb genügen zur Konstruktion zwei davon.

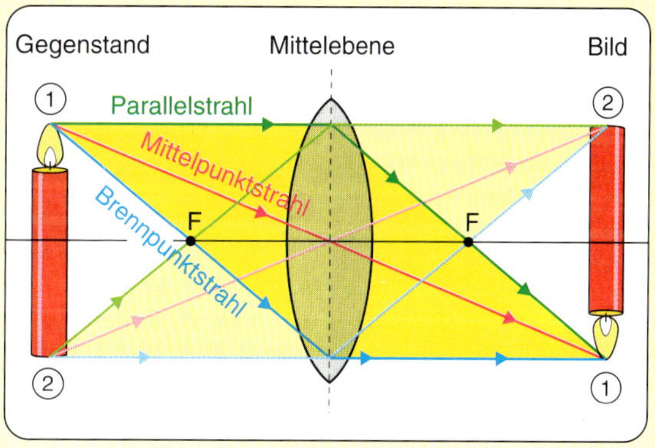

Zeichnest du den Bildpunkt für einen zweiten Gegenstandspunkt senkrecht unter dem ersten, so liegt der zweite Bildpunkt senkrecht über dem ersten Bildpunkt. Was im Gegenstand senkrecht zur Achse ist, bleibt es auch im Bild.

Der Abbildungsmaßstab

In der nebenstehenden Zeichnung ist das Bild *B* eines Gegenstandes *G* mithilfe zweier ausgezeichneter Strahlen konstruiert. Optische Achse und Mittelpunktstrahl bilden mit *G* und *B* zwei ähnliche Dreiecke. Nach dem „Strahlensatz" der Mathematik erkennt man:
$B/G = b/g = A$ (*A* ist der Abbildungsmaßstab.)

Für $g < b$ ist $A > 1$, das Bild ist größer als der Gegenstand (das ist der Fall beim Diaprojektor).
Für $g > b$ ist $A < 1$, das Bild ist kleiner als der Gegenstand (das ist der Fall beim Fotoapparat).

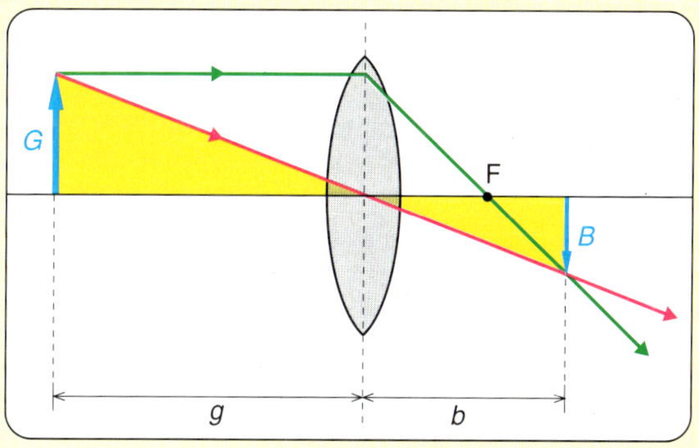

Projektoren sind Bildwerfer

Mit Projektoren lassen sich vielen Zuschauern gleichzeitig Fotos oder Darstellungen auf durchsichtigen Vorlagen (Folien oder Diapositiven – kurz Dias) zeigen, weil diese vergrößert auf einer Leinwand abgebildet werden.

5
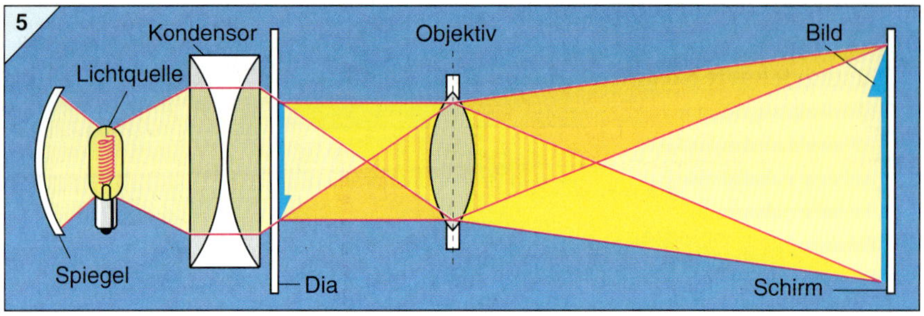

Im **Diaprojektor** fällt ein Teil des Lichts einer Lampe nach vorn auf eine Sammellinse, den Kondensor. Das nach hinten abgestrahlte Licht der Lampe wird von einem Hohlspiegel gebündelt und nach vorn in den Kondensor gelenkt. Dieser hat die Aufgabe, das ankommende Licht durch das Dia auf die Linse zu leiten, die das Bild macht (Abb. 5). Diese Linse heißt *Objektiv*. Das Objektiv bildet das Dia vergrößert auf der Leinwand ab. Wie bei jedem Linsenbild sind rechts und links sowie oben und unten vertauscht. Das Dia muss also entsprechend gedreht eingesetzt werden.

6
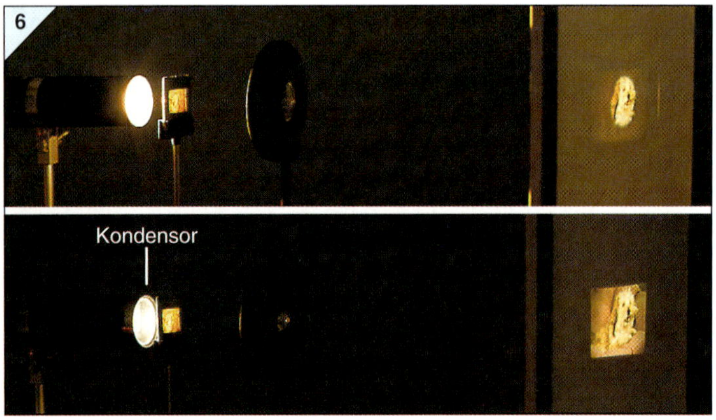

A7 Beschreibe die Aufgabe der einzelnen Teile eines Diaprojektors, beginnend mit der Lampe.

V8 Baue ein offenes Diaskop wie in Bild 6 auf. Fertige ein „Dia“, indem du eine Folie (5 cm x 5 cm) bemalst. Benütze eine Experimentierleuchte ohne Kondensor und bilde deine Vorlage auf den Schirm scharf ab. Vergleiche Bild und „Dia“ hinsichtlich Größe und Lage. Berichte.

V9 Setze nun den Kondensor in die Leuchte ein und verschiebe die Lampe darin so, dass alles Licht, das von der Lampe kommt, durch das Dia geht und die Linse durchsetzt. Was ändert sich dadurch am Schirmbild? Welche Aufgabe erfüllt der Kondensor?

V10 Wie musst du den Aufbau von V8 verändern, damit du ein größeres Bild bekommst?

A11 Bild 7 zeigt oben einen Tageslicht-Projektor. Beschreibe die Aufgabe der einzelnen Bauteile, beginnend mit der Lampe. Wodurch unterscheiden sich Diaprojektor und Tageslichtprojektor?

Beim **Tageslicht-Projektor** (Abb. 7 oben) ist die Vorlage recht groß und liegt waagerecht. Sie wird von einer Lampe darunter beleuchtet. Licht, das von der Lampe nach unten weggeht, wird von einem Hohlspiegel für die Ausleuchtung der Folie „gerettet“. Als Kondensor dient eine geriffelte Glasplatte, die *Fresnellinse*. Sie bündelt das Licht der Lampe so, dass es durch die Vorlage unmittelbar darüber ins Objektiv gelangt. Dieses erzeugt das Bild. Damit es nicht an die Decke fällt, sondern an die Wand, lenkt ein ebener Spiegel den Strahlengang um.

Das **Episkop** in Bild 7 unten erlaubt, Papierbilder (Fotos oder gedruckte Bilder aus einem Buch) zu projizieren. Diese werden von mehreren Lampen angeleuchtet und streuen das Licht nach oben. Ein ebener Spiegel lenkt das Streulicht durch das Objektiv. Da bei der Streuung Licht verloren geht, sind Episkopbilder wesentlich lichtschwächer als Diabilder.

7
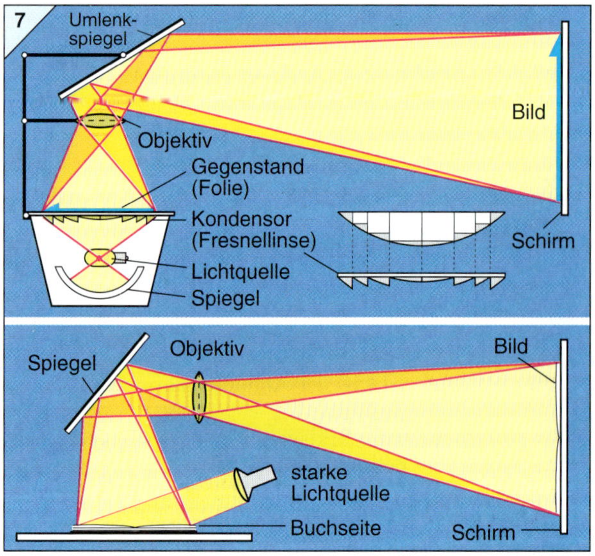

Film-Projektoren

Damit können wir „bewegte Bilder" betrachten. Bewegungen im Film sehen wir allerdings nur, weil das Auge betrogen wird: Beim Vorführen eines Films werden üblicherweise 24 Bilder je Sekunde projiziert. Das sind einzelne Bilder, die exakt an der gleichen Stelle der Leinwand entstehen, aber nacheinander verschiedene Phasen einer Bewegung zeigen. Unser Auge kann nur bis zu 16 Bilder je Sekunde einzeln erkennen und hält jeden Lichteindruck $\frac{1}{10}$ s lang fest. Durch diese Nachwirkung gehen die Bilder ineinander über und täuschen uns einen fließenden Bewegungsablauf vor.

Ein Filmprojektor ist also nichts anderes als ein Diaskop für „bewegliche Bilder". Vor seinem Kondensor wird ein Filmband vorbeigeführt, auf dem viele Dias dicht hintereinander liegen. Die einzelnen Dias müssen während ihrer Projektion stillstehen, damit sie scharf abgebildet werden können. Deshalb muss der Film ruckweise transportiert werden. Während des Bildwechsels wird die Objektivöffnung durch eine rotierende Blende abgedeckt. Befindet sich das nächste Dia vor dem Objektiv, gibt die Blende die Öffnung wieder frei.

Aufgenommen wird ein Film mit einer Filmkamera. Das ist ein Fotoapparat, der Bilder schnell hintereinander machen kann. Auch hier muss bei der Aufnahme der Lichteinfall unterbrochen werden, während der Film transportiert wird.

Wenn man von Vorgängen 24 Bilder in der Sekunde aufnimmt und im Kino ebenso wiedergibt, so laufen

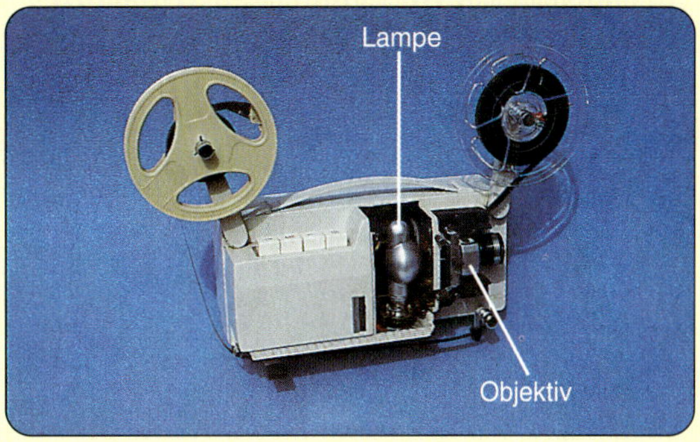

diese genauso schnell ab wie in der Wirklichkeit. Macht man aber doppelt so viel Aufnahmen in der Sekunde und spielt diese dann mit normaler Geschwindigkeit ab, so haben wir den Eindruck, dass die Bewegung halb so schnell abläuft. Solche Abläufe in *Zeitlupe* hast du im Kino bei Sportübertragungen schon oft gesehen, z. B. wenn ein Pferd über ein Hindernis springt. Man kann heute schon mehrere tausend Bilder je Sekunde herstellen.

Die Einzelbilder auf einem Film können auch in größeren Zeitabständen aufgenommen (z. B. im Minutenabstand) und dann im normalen Tempo projiziert werden. Ein Vorgang läuft dann sechzigmal schneller ab, in *Zeitraffung*. Das Aufblühen der „Königin der Nacht", einer Orchidee, die nur während einer Nacht blüht. kann man sich dann im gerafften Ablauf innerhalb einer Minute ansehen.

AUFGABEN UND ZUSAMMENFASSUNG

1. Eine Linse bildet einen Pfeil ab. Zeichne die Anordnung. Ergänze durch einige Lichtbündel, die zeigen, wie das Bild entsteht. Warum ist es trotz der großen Linsenfläche scharf, wenn der Schirm am richtigen Ort steht?

2. Eine punktförmige Lichtquelle wandert auf der optischen Achse aus der Ferne auf eine Sammellinse (Brennweite 10 cm) zu. Wie bewegt sich ihr Bildpunkt?
Zeichne für verschiedene Stellungen der Lichtquelle zur Linse (Maßstab 1 cm ≙ 10 cm).

3. Von einer Linse soll zuerst ein naher, dann ein entfernter Gegenstand abgebildet werden. Muss man die Linse auf den Gegenstand zu oder von ihm weg schieben?

4. Verschiebe hinter einer Linse ein Blatt Papier so lange, bis ein weit entferntes Haus scharf abgebildet wird. Warum ist der Abstand Linse–Bild (fast) gleich der Brennweite?

5. In welchen Bereichen hinter der Linse befindet sich das Bild bei der Abbildung durch eine Sammellinse, wenn der Gegenstand
a) weiter von der Linse entfernt ist als die doppelte Brennweite ($g > 2f$);
b) innerhalb der doppelten Brennweite steht ($g < 2f$, aber $g > f$)?

6. Wo befindet sich der Gegenstand, wenn bei der Abbildung durch eine Sammellinse das Bild
a) im Abstand der Brennweite;
b) im Abstand der doppelten Brennweite ($b = 2f$) steht?

Abbildung durch Linsen

Das von einem Punkt kommende Licht geht nach der Linse wieder durch einen Punkt, den Bildpunkt. Linsen liefern scharfe Bilder nur bei einem bestimmten Abstand zwischen Gegenstand und Bildebene. Größe und Lage des Bildes hängen ab von Größe und Lage des Gegenstandes bezüglich der Linse: Je näher der Gegenstand an der Linse liegt, desto größer ist das Bild.

Projektoren

Dia- und Tageslicht-Projektoren erzeugen große, helle Bilder von durchsichtigen Vorlagen. Ihre wichtigsten Bauteile sind Lampe, Kondensor und Objektiv.

Konstruktion der Bilder an Sammellinsen

Mit den drei „ausgezeichneten Strahlen“ lassen sich Ort und Größe von Bildern konstruieren, die mithilfe von Sammellinsen erzeugt werden. Bildweite und Bildgröße lassen sich dann „auf dem Papier“ ermitteln. Man muss also keinen Versuch aufbauen und messen, wenn man wissen will,

– ob sich das Ablichten eines Kirchturms mit einem Fotoapparat lohnt (siehe Bild 1);

– ob man in einem kleinen Zimmer mit einem Diaprojektor ein Dia vernünftig groß an der Wand abbilden kann (siehe Bild 4);

– ob mit einer Linse von 40 cm Brennweite (Brillenglas) eine Abbildung auf dem 1,20 m langen Schülertisch möglich ist.

Die drei Fragen zwingen uns, Abbildungsfälle zu untersuchen, bei denen der Gegenstand verschiedene Abstände von der Linse hat. Dabei ist es sinnvoll, die Gegenstandsweite g immer als Vielfaches der Brennweite f anzugeben. Gemessen wird immer längs der optischen Achse von der Mitte der Linse aus. Bis zu dieser „Mittelebene“ zeichnet man die Strahlen und tut so, als ob das Licht nur dort einmal gebrochen wird. Das vereinfacht die Konstruktion, ohne zu falschen Ergebnissen zu führen.

Fall 1: Der Gegenstand liegt weit vor der Linse.

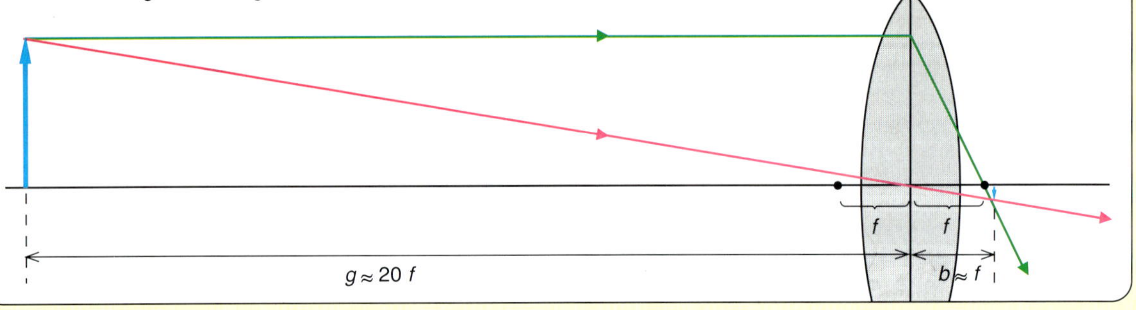

Fall 2: Der Gegenstand befindet sich fünf "Brennweiten" vor der Linse.

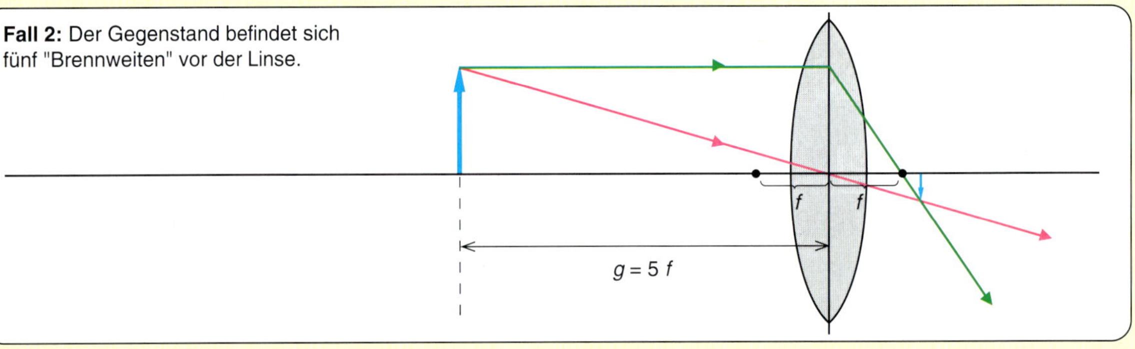

Fall 3: Der Gegenstand steht genau zwei Brennweiten vor der Linse.

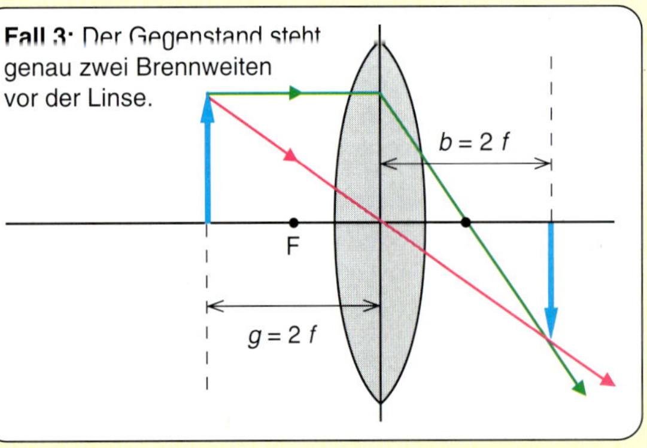

Dieser Sonderfall wird gelegentlich 1:1-Abbildung genannt.

Fall 4: Der Gegenstand ist innerhalb der doppelten und der einfachen Brennweite.

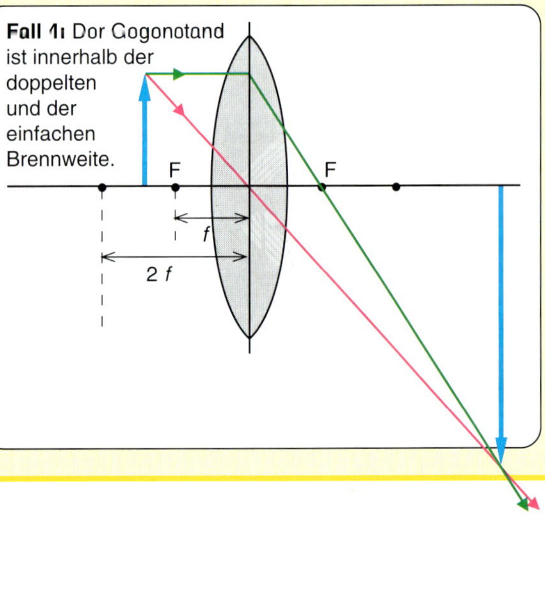

Fall 5: Der Gegenstand steht im Brennpunkt.

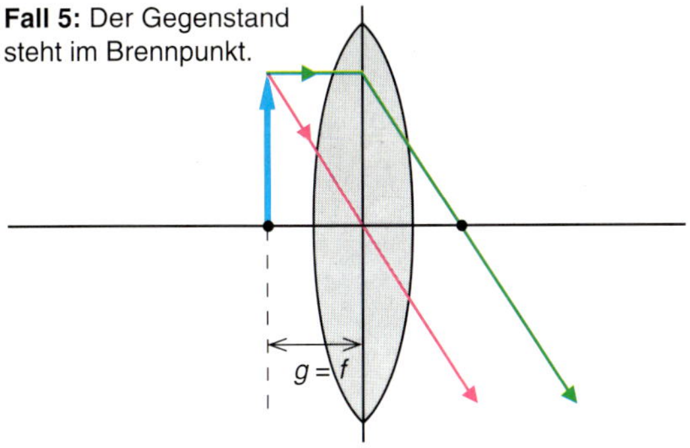

Fall 6: Der Gegenstand ist nah an der Linse innerhalb der einfachen Brennweite.

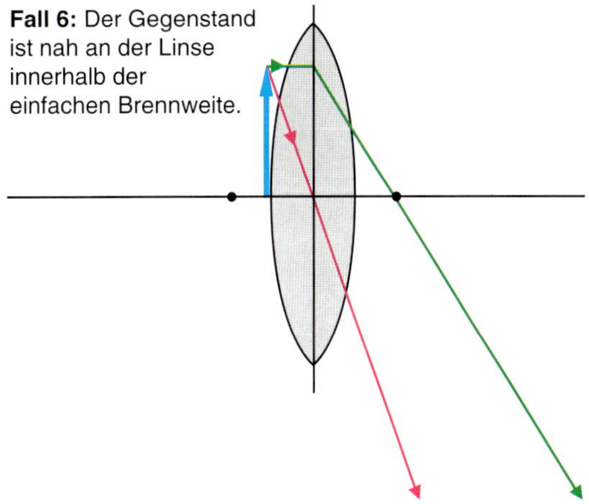

Bei diesem Sonderfall können zur Konstruktion nur noch zwei „Strahlen“, der achsenparallele Strahl und der Mittelpunktstrahl benutzt werden, denn Brennpunktstrahlen gibt es hier nicht. Die beiden Strahlen laufen hinter der Linse parallel zueinander, schneiden sich also nicht. Folglich gibt es auch keinen Bildpunkt und demnach auch kein Bild mehr.

Auch hier finden wir keinen Bildpunkt, denn hinter der Linse laufen die Strahlen auseinander. Wie zuvor kann die Linse den Gegenstand nicht mehr abbilden.

Alle Konstruktionsergebnisse lassen sich übersichtlich in einer Tabelle zusammenfassen:

Fall	g	b	B	Bemerkung
1	$g >> 2f$	$f < b < 2f$	$B < G$	Für $g \to \infty$ wird $b \approx f$ (Dieser Fall tritt ein ab $g \approx 20f$)
2	$g > 2f$	$f < b < 2f$	$B < G$	Bild wird größer
3	$g = 2f$	$b = 2f$	$G = B$	1:1-Abbildung
4	$f < g < 2f$	$b > 2f$	$B > G$	Bild größer als Gegenstand
5	$g = f$			kein Bild
6	$g < f$			kein Bild

Lässt sich das Bild auch konstruieren, wenn der Gegenstand nicht auf der optischen Achse steht?

Die Konstruktion verläuft so wie bei allen anderen Bildern. Man muss aber die Bildpunkte für beide Enden des "Gegenstandes" konstruieren.

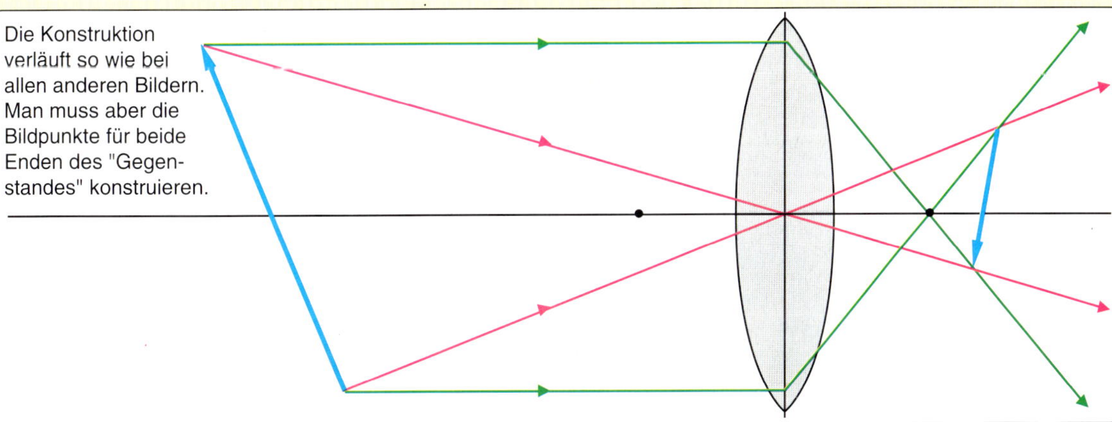

Das Auge wird von einer weißen, festen Haut, der Lederhaut, geschützt. Diese geht vorn in die stark gewölbte, durchsichtige **Hornhaut** über. In der dahinter liegenden Regenbogenhaut, der *Iris*, befindet sich ein Loch, das Licht ins Auge lässt, die **Pupille.** Hinter der Pupille sitzt die **Augenlinse.** Diese bildet zusammen mit der gekrümmten *Hornhaut* die Gegenstände auf die Augenrückwand ab, die von der **Netzhaut** bedeckt ist.

Die Netzhaut enthält Millionen von Stäbchen und Zäpfchen, in denen feine Verästelungen des *Sehnervs* enden. Mit den *Zäpfchen* sehen wir Farben. Sie sind jedoch nicht sehr lichtempfindlich. Bei schwacher Beleuchtung treten die farbuntüchtigen, aber sehr lichtempfindlichen *Stäbchen* in Aktion. Deshalb sehen wir in der Dämmerung alle Gegenstände nur grau.
Vom Bild auf der Netzhaut registrieren die einzelnen Stäbchen und Zäpfchen die Helligkeitswerte. Diese enthalten Informationen über die Helligkeit der einzelnen Bildpunkte, die über den Sehnerv ins Gehirn geleitet und dort zur Wahrnehmung des Gegenstandes verarbeitet werden.
Die Intensität des einfallenden Lichts, also der Lichtstrom, wird durch die Pupille geregelt. Bei schwachem Licht wird diese größer. Wenn grelles Licht einfällt, verengt sie sich schlagartig.

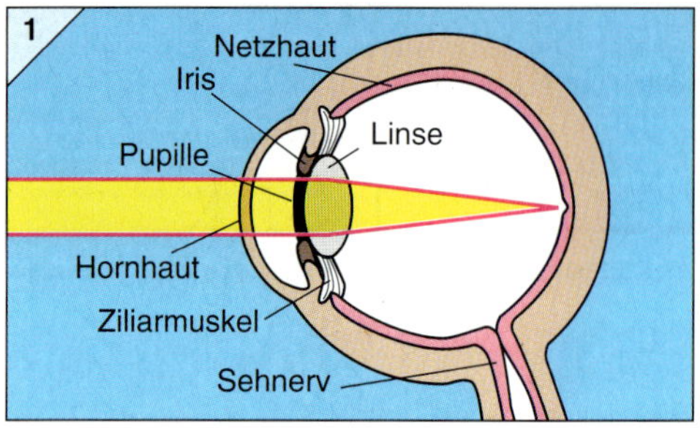

A1 Betrachte die Grafik und schreibe der Reihe nach die „Einzelteile" des Auges auf. Welche Aufgabe haben sie jeweils?

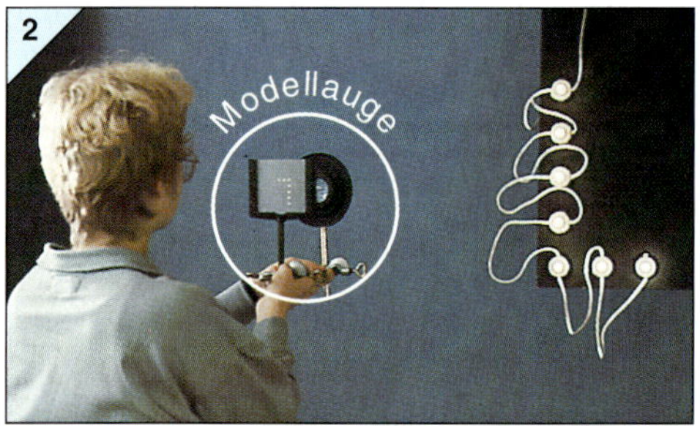

V2 Baue aus einer Sammellinse (20 cm Brennweite) und aus einer Mattscheibe als „Netzhaut" ein *Modellauge* auf. Verschiebe die Linse, bis das einige Meter entfernte Glühlampen-L scharf abgebildet wird.
Gehe nun mit dem ganzen Modellauge etwa auf 1 m an das „L" heran. Warum wird dessen Bild nun unscharf?
Ersetze nun die 20 cm-Linse durch eine mit 15 cm Brennweite, ohne den Abstand Mattscheibe – Linse zu verändern. Warum wird das Bild des „L" jetzt schärfer?
Wie nah musst du an die Glühlampen herangehen, damit das „L" ganz scharf wird?

A3 In V2 hast du die Akkomodation des Auges nachvollzogen. Erkläre, was Akkomodation bedeutet. Wodurch ist sie erfolgt?

A4 Erkläre, wie es in Abb. 3 zur Akkomodation kommt.

A5 Wieso kann das Akkomodieren in V2 nicht wie im Auge mit ein und derselben Linse durchgeführt werden?

Das Auge passt sich der Gegenstandsweite an

Licht fällt von den Gegenständen, die wir sehen, durch die Pupille ins Auge. Es wird so gebrochen, dass auf der Netzhaut scharfe Bilder entstehen. Diese stehen wie bei jeder Linsenabbildung auf dem Kopf und sind seitenverkehrt. (Durch das Zusammenspiel unseres Tastsinns mit den Augen haben wir als Kinder gelernt, die Gegenstände aufrecht zu „sehen".) Im Auge ist der Abstand Linse–Netzhaut, die Bildweite, unveränderlich. Wir dürften deshalb eigentlich Gegenstände nur dann scharf sehen, wenn sie einen bestimmten Abstand vom Auge haben.
Das ist aber nicht so, weil das Auge eine Entfernungseinstellung vornimmt. Du merkst das, wenn du gleichzeitig einen Finger vor deinem Gesicht und Schrift auf der entfernten Wandtafel betrachtest. Nur eines von beiden kannst du fixieren und scharf sehen. Das andere ist jeweils unscharf. Diese Entfernungsanpassung nennt man **Akkomodation.** Dazu verformt der ringförmige Ziliarmuskel die Linse so, dass sich deren Brennweite ändert.

Ein gesundes Auge kann entfernte Gegenstände im entspannten Zustand der Linse auf der Netzhaut abbilden. Die Bildpunkte naher Gegenstände würden bei dieser Einstellung hinter der Netzhaut entstehen; das Bild auf der Netzhaut wird daher unscharf. Um das zu vermeiden, wird die Linse bei der Akkomodation durch den Ziliarmuskel so lange gekrümmt, bis die Bildpunkte auf der Netzhaut liegen. Das geschieht ohne unser Zutun.

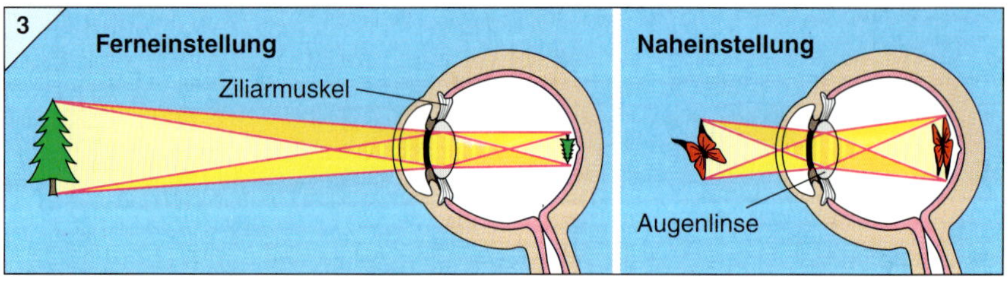

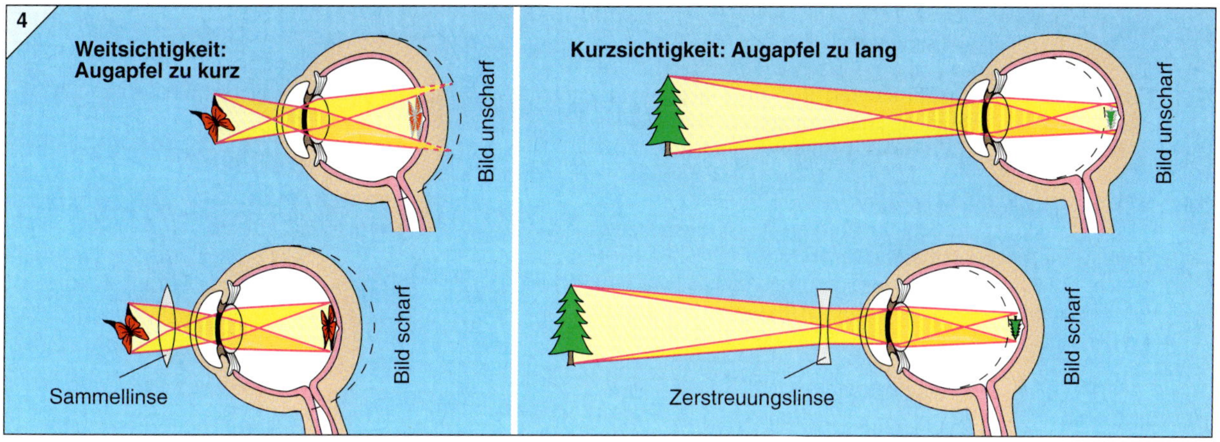

V6 Baue das „Modellauge“ (Abb. 2) erneut auf. Stelle zunächst den Fall „Gegenstand sehr weit weg, Bild in der Brennebene der Linse“ her.
Simuliere sodann ein weitsichtiges Auge, indem du den Schirm etwas zur Linse heranschiebst. Was passiert mit dem Bild? Korrigiere den Augenfehler mithilfe einer zweiten schwachen Sammellinse, die du vor die erste stellst.

V7 Stelle mit dem „Modellauge“ ein kurzsichtiges Auge nach, indem du nach Abbilden des weit entfernten Gegenstandes auf dem Schirm diesen von der Linse wegrückst.
Durch Heranfahren des Gegenstandes an die „Augenlinse“ kannst du feststellen, dass auch Kurzsichtige nahe Gegenstände scharf erkennen können.
Bringe den Gegenstand wieder „ins Unendliche“. Versuche nun, den Gegenstand wieder scharf abzubilden, indem du eine Zerstreuungslinse passender Brennweite vor die Sammellinse stellst. Hast du jetzt wieder ein „normalsichtiges“ Auge? Wie stellst du das fest?

Warum tragen manche Leute Brillen?

Brillen sind nötig, wenn entweder die Brechkraft der Linse nicht der Länge des Augapfels (Bildweite) entspricht (angeborene Kurz- oder Weitsichtigkeit), oder wenn sich die Augenlinse nicht mehr so krümmen lässt, wie es für die Akkomodation nötig wäre (Alterssichtigkeit).

Bei **Weitsichtigen** ist der Augapfel, gemessen an seiner Brechkraft, zu kurz. Deshalb muss die Augenlinse schon beim Betrachten ferner Gegenstände maximal gekrümmt werden. Für das Sehen naher Gegenstände bleibt dann kein Akkomodationsspielraum mehr. Eine Brille mit Sammellinse erhöht die Brechkraft, das Auge wird wieder normalsichtig.
Kurzsichtige können nur nahe Gegenstände scharf sehen; ferne sind verschwommen. Grund: Der Augapfel ist zu lang. Bereits beim Sehen naher Gegenstände hat die Augenlinse ihre flachste Form. Man setzt in der Brille eine Zerstreuungslinse vor, die die Brechkraft des Auges verringert, sie also wieder normal macht.
Bei der **Alterssichtigkeit** werden nach wie vor ferne Gegenstände scharf gesehen (bei entspannter Augenlinse). Nahe Gegenstände sieht der alte Mensch aber unscharf, weil der Ziliarmuskel die Linse nicht mehr so stark krümmen kann wie in der Jugend. Eine Sammellinse als Nahbrille (Lesebrille) ist nötig.

AUFGABEN UND ZUSAMMENFASSUNG

1. Zähle die für das Sehen wichtigen Teile des menschlichen Auges auf und beschreibe ihre Bedeutung.

2. Wie wird im Auge der Lichteinfall geregelt?

3. Warum muss sich die Pupille bei grellem Licht schlagartig zuziehen? Warum darf sie sich bei Dämmerung langsam öffnen?

4. Was bedeutet „Akkomodation“ beim Sehen?

5. Was geht im Auge vor, wenn du einmal entfernte Gegenstände, dann nahe Gegenstände sehen willst?

6. Welche Lage hat das Netzhautbild im Vergleich zu dem Gegenstand? Was kannst du über seine Größe sagen?

7. Wie werden die Augenfehler „Kurzsichtigkeit“ bzw. „Weitsichtigkeit“ behoben?

Auge

Beim normalsichtigen Auge wird von Hornhaut und Linse ein scharfes, umgekehrtes Bild auf der Netzhaut entworfen. Die Scharfeinstellung besorgt die Linse durch Verändern ihrer Krümmung.

Weitsichtigkeit kann durch eine Sammellinse, Kurzsichtigkeit durch eine Zerstreuungslinse korrigiert werden.

Der Fotoapparat

Der Fotoapparat dient dazu, Dinge mit Hilfe von Licht, das sie aussenden, auf einem Film festzuhalten. Damit es gute Bilder gibt, muss die richtige Lichtmenge auf den Film fallen. Es darf nicht zu viel, aber auch nicht zu wenig sein. Deshalb braucht eine Kamera ein lichtdichtes Gehäuse, in das die Linse eingesetzt ist, und hinter der Linse einen *Verschluss*. Dieser darf sich nur auf „Befehl" öffnen und nur so lange, dass gerade die richtige Lichtmenge hindurchfällt. Ein Zentralverschluss besteht aus dünnen Blechsegmenten und öffnet sich von innen nach außen. Ein Schlitzverschluss ist aus schwarzem Tuch und wird zur Seite weggezogen. Die Öffnungszeit lässt sich einstellen.

Das Bild des Gegenstands, des Objekts, wird beim Fotografieren vom *Objektiv* auf dem Film erzeugt. Dieses besteht meist aus mehreren Linsen, die zusammen eine bestimmte Brennweite haben. Es hat zum Film einen bestimmten Abstand, die Bildweite. Zur scharfen Abbildung muss die Bildweite der Gegenstandsweite angepasst werden. Dazu muss die Entfernung zum Objekt gemessen (oder abgeschätzt) und an der Kamera eingestellt werden. Die Anpassung geschieht beim Verschieben des Objektivs durch Drehen in einem Gewinde gegenüber dem Film. Bei einer Spiegelreflexkamera kannst du auf einer Mattscheibe im Sucher feststellen, ob das Bild scharf ist.

Ein sehr wichtiges Bauteil am Fotoapparat ist die *Blende*. Auch sie dient dem Regulieren der einfallenden Lichtmenge. Bei einfachen Apparaten ist sie ein Loch in einem Blechstreifen unmittelbar hinter der Linse. Einstellbare Blenden nennt man Irisblenden. Sie bestehen wie der Verschluss aus Blechlamellen, die sich gegeneinander bewegen lassen und so ein kleines oder großes Loch freigeben.

Vergleich Auge – Fotoapparat

Der Fotoapparat ähnelt in Aufbau und Arbeitsweise unserem Auge. Dem Film entspricht die Netzhaut. Sie ist lichtempfindlich wie dieser und kann auch überbelichtet werden. Um das zu verhindern, wird die Lichtmenge beim Fotoapparat mit Verschluss und Blende geregelt. Beim Auge schützt die Pupille vor zu viel Licht. Der Vorteil der Netzhaut liegt darin, dass sie unterschiedliche Helligkeit wahrnehmen kann; wir können auch noch bei Dämmerung sehen. Der Film hingegen hat nur eine bestimmte Empfindlichkeit. Der Nachteil der Netzhaut ist, dass wir Bilder nicht für längere Zeit festhalten können. Da sind wir auf unser Gedächtnis angewiesen. Die Abbildung der Objekte wird immer mit einer Linse gemacht. Weil das Auge aber die Bildweite nicht verstellen kann, muss hier die Brennweite der Linse durch Ändern der Krümmung verändert werden. Der Vorteil unserer Augenlinse aber liegt darin, dass wir keine Entfernungsmessung und -einstellung vornehmen müssen. Das besorgen Auge und Gehirn für uns.

Kameratypen

Fotoapparate unterscheiden sich im Aufbau, in der Anwendungsart und natürlich auch im Preis. Drei Typen sind grundsätzlich zu unterscheiden:

Vollautomatische Kameras wählen mithilfe einer eingebauten Elektronik alle notwendigen Einstellungen selbst. Die Kamera hat einen Lichtmesser. Dessen Messwerte werden von einem Kleinstcomputer in elektrische Signale umgesetzt. Diese steuern einen Elektromotor, der Objektiv, Blende und Verschluss bewegt. Allerdings ist der Fotograf auf die von der Kamera gewählten Einstellungen angewiesen und kann selbst fast nichts verändern.

Die *Box* hat ein festes Objektiv, einen Verschluss und den Film. Mit ihr kann man nur Gegenstände fotografieren, die weiter als 1,5 m entfernt sind.

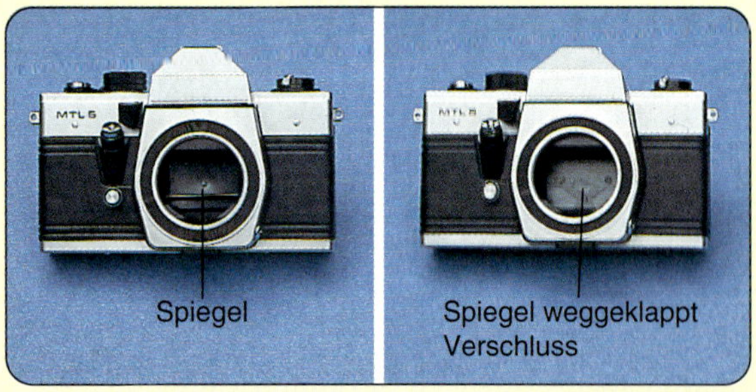

Die *Spiegelreflexkamera* lässt den Blick auf den Gegenstand durch das Objektiv zu, der Fotograf sieht also genau das gleiche wie die Kamera. Beim Auslösen klappt ein Spiegel vor dem Film nach unten, der Verschluss wird geöffnet. Das Objektiv ist verschiebbar. Die Entfernung zum Film lässt sich also von Hand einstellen. Auch Belichtungszeit und Blende kann man wählen.

Auf die richtige Einstellung kommt es an!

Die Belichtung

Ohne Licht kann kein Bild entstehen; zu wenig Licht ergibt ein unterbelichtetes, zu viel Licht ein überbelichtetes Bild. Du musst beim Fotografieren deshalb dafür sorgen, dass gerade die richtige Lichtmenge einfällt. Das kannst du zum einen durch Verändern der Verschlusszeit, zum anderen durch Verändern der Blendenöffnung tun. Die am Einstellring angegebenen Verschlusszeiten sind die Nenner von Brüchen. Die Zahl 1000 bedeutet $\frac{1}{1000}$ s. Eine längere Verschlusszeit als $\frac{1}{30}$ s solltest du vermeiden, wenn du die Kamera in der Hand hältst, weil das Bild sonst verwackelt wird. Du musst natürlich auch berücksichtigen, ob das Objekt steht oder sich bewegt. Bei schnell bewegten Objekten solltest du eine möglichst kleine Belichtungszeit wählen, weil der Gegenstand auf dem Bild sonst „verschmiert" erscheint.

Auch mit der Blende kannst du die einfallende Lichtmenge beeinflussen. Eine kleine Blende lässt weniger Licht in die Kamera als eine große. Eine große Zahl bedeutet kleine Blendenöffnung. Bei der Einstellung „Blende 16" fällt weniger Licht ein als bei „Blende 8". Die Blendenöffnungen sind so gewählt, dass von einer Zahl zur nächstgrößeren der Lichtstrom halbiert wird. Die Blendenzahlen können ebenfalls auf dem Objektivring eingestellt werden.

Die Schärfentiefe

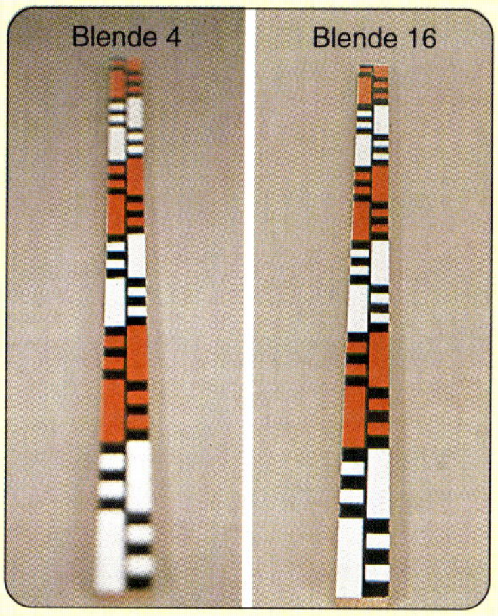

Wenn du ein Bild an einer Wand fotografieren willst, lässt sich die Entfernung genau messen und einstellen. Welche Entfernung aber sollst du nehmen, wenn du eine Landschaft aufs Bild bannen möchtest? Ist es besser, auf die Blumen im Vordergrund oder auf die Berge im Hintergrund einzustellen? In solchen Fällen wählst du am besten den Abstand eines in der Mitte stehenden Objekts. Das Objektiv bildet dann meist auch davor und dahinter stehende Gegenstände so scharf ab, dass beim Betrachten die Unschärfe nicht auffällt. Die Differenz der größten und kleinsten Entfernung von Gegenständen, die gerade noch scharfe Fotos liefern, heißt *Schärfentiefe*.

Mithilfe der Blende lässt sich die Schärfentiefe beeinflussen. Bei einer großen Blendenöffnung ist die Schärfentiefe gering. Es werden also bei kleiner Blendenzahl nur Gegenstände scharf abgebildet, die unmittelbar vor und hinter dem Objekt stehen, auf dessen Entfernung eingestellt wurde. Eine kleine Blendenöffnung (große Blendenzahl) erweitert die Schärfentiefe erheblich. Die Schärfentiefe lässt sich auf der Objektivfassung am Schärfentiefering ablesen. (Der hat dafür gesonderte Markierungen.)

Beispiel: Im Bild oben ist die Entfernungseinstellung 5 m bei Blende 8, Schärfentiefe von 3 m bis 20 m.

Der Film

Bei jeder Kamera wird das Bild des Objekts auf dem Film erzeugt. Dieser besteht aus nicht brennbarem Kunststoff, auf den eine lichtempfindliche Schicht aufgebracht ist. Diese Schicht enthält Silberbromid, das fein verteilt in Form kleiner Körnchen in Gelatine eingebettet ist. Beim Belichten wandelt sich ein Teil des Siberbromids in Silber um; beim Entwickeln des Films bildet sich dort, wo belichtet worden ist, ein schwarzer Silberniederschlag, man erhält ein *Negativ*. Dieses ist dort schwarz, wo viel Licht angekommen ist, und hell an den Stellen, auf die kein Licht gefallen ist. Aus dem Negativ wird durch nochmaliges Belichten eines Fotopapiers dann das Papierfoto (das *Positiv*).

Du kannst Filme verschiedener *Empfindlichkeit* kaufen. Die Empfindlichkeit wird als DIN- oder als ASA-Wert angegeben. Die üblicherweise bei Tageslicht verwendeten Filme haben die Empfindlichkeit 21 DIN (= 100 ASA). Der rechts oben fotografierte Film hat 400 ASA; er ist 16-mal lichtempfindlicher als der linke. Bei gleicher Einstellung von Blende und Belichtungszeit wird daher eine Aufnahme mit ihm viel dunkler; die Einzelheiten werden „überbelichtet". Erst wenn sehr wenig Licht vom Gegenstand auf den Film gelangt, wird alles wieder richtig. Daher eignet sich dieser Film für Aufnahmen in der Dämmerung oder für Innenräume.

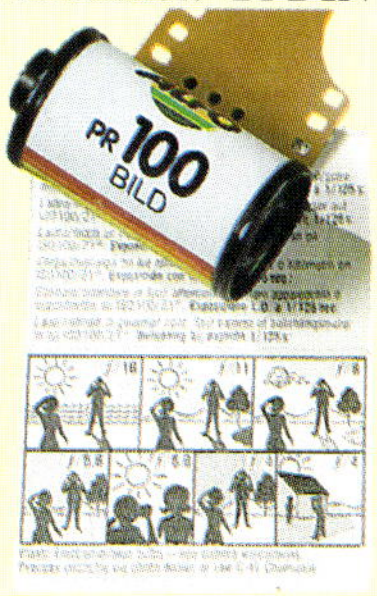

Die Filmempfindlichkeit muss bei fast allen Kameras eingestellt werden, am besten gleich nach dem Einlegen des Films. Die Einstellung von Blende und Belichtungszeit erledigt die Belichtungsautomatik oder der Fotograf „von Hand".

Du hast sicher schon einmal von einem Turm oder einem Hochhaus nach unten geblickt: Autos und Spaziergänger sehen alle sehr klein und niedlich aus. Ähnliches kannst du auf einer sehr langen, geraden Straße beobachten, bei der auf beiden Seiten Bäume stehen. Die Bäume weit hinten kommen dir viel kleiner vor als der unmittelbar vor dir, obwohl alle etwa gleich groß sind.

Woran das liegt, zeigt Abb. 2. Das Netzhautbild der nahen Pappel ist größer als das einer fernen, gleich hohen. Weil bei einem großen Netzhautbild mehr Sehzellen getroffen werden als bei einem kleinen, erscheint uns die Pappel, die näher am Auge ist, größer als die entfernte.

Die *Größe des Netzhautbildes* finden wir, indem wir von den äußersten Punkten des Gegenstandes die Mittelpunktstrahlen (die Geraden durch den Mittelpunkt der Linse) durch die Augenlinse ziehen. Der Winkel zwischen diesen Strahlen heißt **Sehwinkel.** Je kleiner der Sehwinkel ist, desto kleiner ist das Netzhautbild; umso kleiner erscheint uns folglich der Gegenstand. Auch beim Blick von einem hohen Turm ist der Sehwinkel, unter dem wir Häuser, Autos und Personen sehen, sehr klein. Daher erscheinen uns diese so winzig.

Der Sehwinkel hängt ab von der Entfernung eines Gegenstandes zum Auge. Er gibt an, wie groß uns der Gegenstand erscheint.

Änderung des Sehwinkels

Stehst du dicht vor einer Plakatwand, so kannst du bestimmte Einzelheiten (z. B. die farbigen Punkte, aus denen Gesichter zusammengesetzt sind) sehr gut erkennen, weil das Licht von diesen Punkten viele Sehzellen trifft. Der Sehwinkel, unter dem du einen Punkt siehst, ist also groß. Das ganze Plakat und seine Aussage jedoch werden erst dann deutlich, wenn du dich davon entfernst. Dabei werden der Sehwinkel und das Netzhautbild kleiner. Du erkennst weniger Feinheiten, gewinnst aber dafür ein großes Blickfeld.

Willst du die Blüten eines Rosenstrauches genauer betrachten, so gehst du nahe heran. Dann wird der Sehwinkel größer. Der ganze Rosenstrauch aber passt nicht mehr auf die Netzhaut. Dafür füllen Einzelheiten (z. B. Blütenstengel und Blattläuse) das Bild. Jetzt trifft das von einer Blattlaus ausgehende Licht unter großem Sehwinkel viele Sehzellen.

Bei beiden obigen Beispielen wird die *Sehwinkelveränderung* bewirkt, indem die Entfernung des Auges zum Gegenstand (durch Annähern oder Weggehen) verändert wird. Man kann den Sehwinkel aber auch bei fester Entfernung verändern, indem man **optische Geräte** benutzt. Der Sehwinkel wird z. B. verkleinert mithilfe einer Zerstreuungslinse beim Blick durch einen Türspion; er wird vergrößert beim Blick durch ein Fernrohr.

A1 Wieso erscheinen die Gegenstände auf diesem Bild so klein? Wo stand der Fotograf vermutlich? Wo müsste er stehen, damit Leute und Autos auf der Straße größer würden?

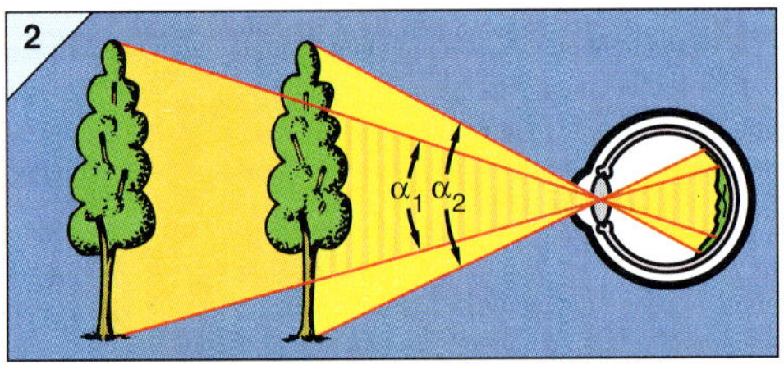

A2 Zeichne für 3 verschiedene Entfernungen zwischen Gegenstand und Auge den Sehwinkel und das Netzhautbild wie in der Skizze oben. Wie ändern sich Sehwinkel und Netzhautbild mit der Entfernung?

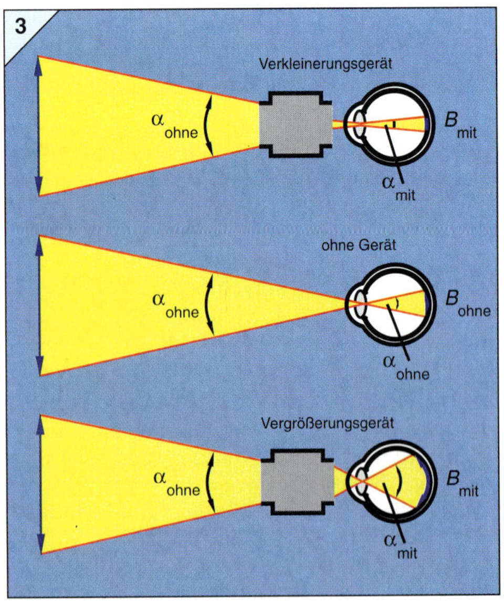

A3 Erläutere die Sehwinkelveränderung. Gib je ein Beispiel für ein Vergrößerungsgerät und ein Verkleinerungsgerät.

V4 Stelle eine kurzbrennweitige Sammellinse als Lupe vor einen mit Millimeterpapier beklebten Karton (Abstand gleich Brennweite). 25 cm hinter die Linse kommt ein zweiter, ebenfalls mit Millimeterpapier beklebter Schirm. Blicke mit dem rechten Auge an der Lupe vorbei auf den großen Schirm, mit dem linken durch die Lupe auf den kleinen Karton. Zähle, wie viele Kästchen das rechte Auge in einem Kästchen in der Lupe sieht. Wievielfach vergrößert also die Lupe?

V5 Wähle eine andere Sammellinse und wiederhole V4. Vergleiche Vergrößerungen und Brennweiten der Linsen.
Welche Linse vergrößert stärker?

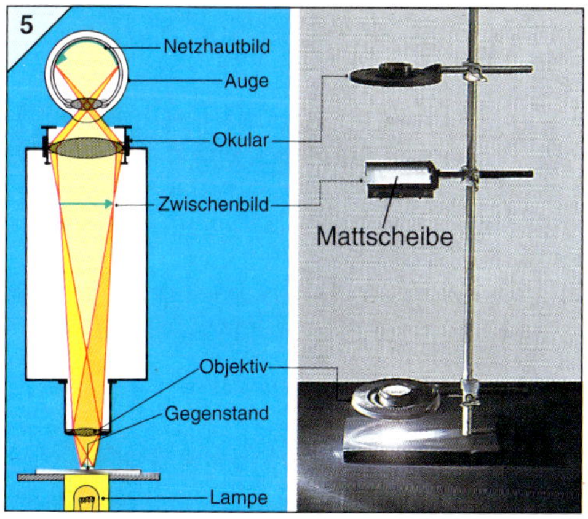

V6 Baue nach der Anordnung rechts ein Mikroskop auf. Lege unten eine Briefmarke auf den Stativfuß und beleuchte sie mit einer Lampe. Bilde mit der Objektivlinse ($f = 5$ cm) die Schrift zunächst scharf auf einer Mattscheibe ab. Betrachte dieses Zwischenbild mit der Lupe ($f = 10$ cm) von oben. Entferne den Schirm. Berichte.

A7 Verfolge den Strahlengang im Mikroskop in Abb. 5. Erkläre, warum sowohl das Objektiv als auch das Okular eine Vergrößerung bewirken. Wieso ist das wahrgenommene Bild gegenüber dem Objekt seitenverkehrt?

Die Lupe

Wenn du von einem Gegenstand möglichst viele Einzelheiten erkennen willst, bringst du ihn nahe ans Auge. Dabei entsteht, wie wir wissen, ein großes Netzhautbild von ihm. Die Annäherung hat aber eine Grenze: Die Schrift in einem Buch verschwimmt, wenn wir es 10 cm vor das Auge bringen. Denn nun kann sich die Augenlinse nicht mehr so stark krümmen, wie sie es tun müsste, damit ein scharfes Bild der Schrift auf der Netzhaut entsteht. Die Unschärfe lässt sich beseitigen, wenn man die Brechkraft des Auges durch eine Sammellinse unterstützt. So angewandt nennt man die Sammellinse **Lupe.**

Erfahrungsgemäß können junge Menschen Gegenstände noch scharf sehen, die wenigstens 10 cm vom Auge entfernt sind. Beim Älterwerden vergrößert sich diese „*Nahpunkt*"-Entfernung. Ab 25 cm sieht praktisch jeder Normalsichtige scharf. Diese Entfernung heißt daher *deutliche Sehweite*.

Mit einer Lupe (einer Sammellinse mit kurzer Brennweite) können wir die Nahpunktgrenze überwinden. Die Lupe muss dann so gehalten werden, dass sich der Gegenstand in Brennweitenentfernung befindet. Eine Lupe mit $f = 5$ cm muss deshalb 5 cm vor den Gegenstand gehalten werden, sie vergrößert dann fünffach; das Netzhautbild wird fünfmal größer als ohne Lupe.

Die **Vergrößerung** V bei der Lupe errechnet man, indem man die deutliche Sehweite (25 cm) durch die Brennweite der Lupe teilt. Eine Lupe mit $f = 10$ cm vergrößert $25:10 = 2{,}5$-fach, eine mit $f = 2$ cm vergrößert $25:2 = 12{,}5$-fach. Je kleiner die Brennweite der Lupe ist, desto mehr vergrößert sie.

Das Mikroskop

Das Mikroskop vergrößert den Sehwinkel weit mehr als eine Lupe. Es hat dazu zwei Sammellinsen mit kleiner Brennweite. Die dem Gegenstand (Objekt) zugewandte Linse heißt *Objektiv*, die dem Auge zugewandte *Okular*. Das Objektiv bildet den Gegenstand ab, mit dem Okular als Lupe wird dieses Zwischenbild betrachtet. Daher ist das Netzhautbild seitenverkehrt und steht auf dem Kopf.

Wie die Vergrößerung durch ein Mikroskop zustandekommt, zeigt Abb. 5: Das Objektiv erzeugt zunächst vom Objekt ein vergrößertes Zwischenbild. Dieses könnte man auf einem Schirm auffangen und betrachten. Man kann es aber auch mit einer Lupe direkt anschauen. Diese vergrößert dann den Sehwinkel zusätzlich. Die *Gesamtvergrößerung* beim Mikroskop ist das Produkt aus der Vergrößerung von Objektiv und Okular. Die Werte dafür sind auf den Linsenfassungen aufgeprägt.

Beispiel: Das Objektiv trägt die Angabe 1:25; das heißt, es vergrößert 25-fach. Das Okular hat die Angabe x6. Als Gesamtvergrößerung ergibt sich $V = 6 \times 25 = 150$.

Fernrohre

Wenn man weit entfernte Gegenstände sehen und Einzelheiten erkennen will, benutzt man Fernrohre. Mit ihrer Hilfe entsteht auf der Netzhaut ein größeres Bild als im unbewaffneten Auge. Von fernen Gegenständen auf der Erde oder am Himmel, auf die wir ein Fernrohr richten, sehen wir dann mehr Einzelheiten.

Astronomisches Fernrohr: Bei ihm erzeugt das Objektiv, eine Sammellinse mit großer Brennweite, ein Zwischenbild vom Gegenstand (siehe obere Abbildung auf Seite 65). Das Zwischenbild wird mit einer Lupe, dem Okular betrachtet. Mit dieser Anordnung erhält man ein Netzhautbild, das gegenüber dem Gegenstand seitenverkehrt ist und auf dem Kopf steht. Die Bildumkehrung stört wenig, wenn man mit dem Fernrohr (wie sein Name andeutet) den Himmel betrachtet. Für Erdbeobachtungen ist die Bildumkehrung lästig. Man benutzt besser das Galileische Fernrohr.

Galileisches Fernrohr: Sein Aufbau ist im dritten Teilbild der oberen Abbildung auf Seite 65 gezeigt. Das Objektiv ist wieder eine Sammellinse, die den Gegenstand abbildet. Allerdings wird hier kein Zwischenbild erzeugt. Vielmehr fallen die Lichtbündel durch eine Zerstreuungslinse als Okular und durch die Augenlinse auf die Netzhaut. Die Zerstreuungslinse ist so gewählt, dass sie die Wirkung der Augenlinse weitgehend aufhebt. Deshalb erzeugt das Objektiv das Bild direkt auf der Netzhaut. Da es eine größere Brennweite hat als die Augenlinse, ist das Bild größer.
Die Orientierung des Bildes auf der Netzhaut ist bei diesem Fernrohr gleich wie bei der Betrachtung des Gegenstandes mit bloßem Auge. Daher erscheinen uns die Gegenstände aufrecht und seitenrichtig – gerade recht für ein Theaterglas.

> Astronomisches und Galileisches Fernrohr zeigen uns entfernte Gegenstände vergrößert. Beide sind Geräte zur Sehwinkelvergrößerung.

6

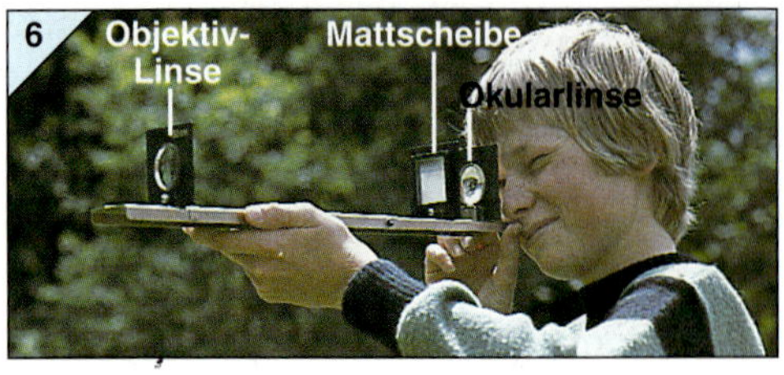

V8 Baue dieses Fernrohr auf. Die vordere Sammellinse (das Objektiv) hat 40 cm Brennweite, die hintere (das Okular) 10 cm oder 5 cm. Zwischen den Linsen steht eine Mattscheibe (Abstand der Linsen davon jeweils etwa gleich der Brennweite).
Bilde einen entfernten Gegenstand (Baum) durch Verschieben der Objektivlinse scharf auf der Mattscheibe ab. Betrachte dann dieses „Zwischenbild“ durch die Okularlinse und verschiebe diese, bis du das Zwischenbild scharf siehst. Nimm dann die Mattscheibe weg. Was verändert sich?
Schätze ab, wievielmal größer du den Gegenstand beim Blick mit Fernrohr im Vergleich zum Blick mit bloßem Auge siehst.

V9 Ersetze die Okularlinse in V8 durch eine Zerstreuungslinse (Brechwert –5 bis –10). Verschiebe sie, bis du den entfernten Gegenstand wieder scharf siehst. Welche Orientierung hat er?
Schätze ab, wie groß die erreichte Vergrößerung mit diesem Galileischen Fernrohr ist.

A10 Beschreibe für beide Fernrohrtypen anhand der oberen Abbildung auf Seite 65 den Verlauf der Lichtbündel, die von Ober- bzw. Unterkante eines entfernten Gegenstandes kommen (orange bzw. gelb gezeichnet).

AUFGABEN UND ZUSAMMENFASSUNG

1. Was versteht man unter dem Sehwinkel? Wann ist er beim Betrachten eines Gegenstandes klein, wann ist er groß?

2. Halte eine Untertasse mit ausgestrecktem Arm vor das Auge. Versuche, sie mit einer Münze zur Deckung zu bringen. In welchem Abstand vom Auge musst du beide halten?
Zeichne im Maßstab 1 : 3. Wie groß ist der jeweilige Sehwinkel?

3. Welche Linse vergrößert mehr, wenn man sie als Lupe benutzt: eine mit $f = 40$ mm, eine mit $f = 30$ mm oder eine mit $f = 20$ mm? Begründe.

4. Am Objektiv eines Mikroskops steht 1 : 48, auf dem Okular x12. Berechne die Vergrößerung.

5. Erkläre anhand der oberen Abbildung auf Seite 65, warum beim Blick durch ein astronomisches Fernrohr die Gegenstände seitenverkehrt und auf dem Kopf stehend erscheinen, beim Blick durch ein Galileisches aber nicht.

6. Vergleiche anhand der oberen Abbildung auf Seite 65, wie groß jeweils die Netzhautbilder sind. Wie kommt es bei beiden Fernrohren zur Sehwinkelvergrößerung gegenüber dem Auge?

Sehwinkel; optische Geräte

Der Sehwinkel liegt zwischen den Strahlen, die von den äußersten Gegenstandspunkten ins Auge kommen. Je größer er ist, desto größer erscheint der Gegenstand.

Die **Lupe** ist eine Sammellinse mit kleiner Brennweite. Sie unterstützt die Augenlinse beim Betrachten sehr kleiner Gegenstände.
Beim **Mikroskop** erreicht man hohe Vergrößerungen, indem man ein stark vergrößertes Zwischenbild mit einer Lupe (Okular) betrachtet.
Fernrohre dienen dazu, entfernte Gegenstände groß abzubilden.

So kommt es zur Sehwinkelvergrößerung

In der folgenden Abbildung ist jeweils der Strahlengang für die Beobachtung ferner Gegenstände gezeichnet, wenn sie das Auge allein, das Auge durch ein astronomisches Fernrohr und das Auge durch ein Galileisches Fernrohr sieht. Eingezeichnet sind jeweils Lichtbündel, die von dem fernen Gegenstand (z. B. von Spitze und Wurzel eines Baumes) kommen.

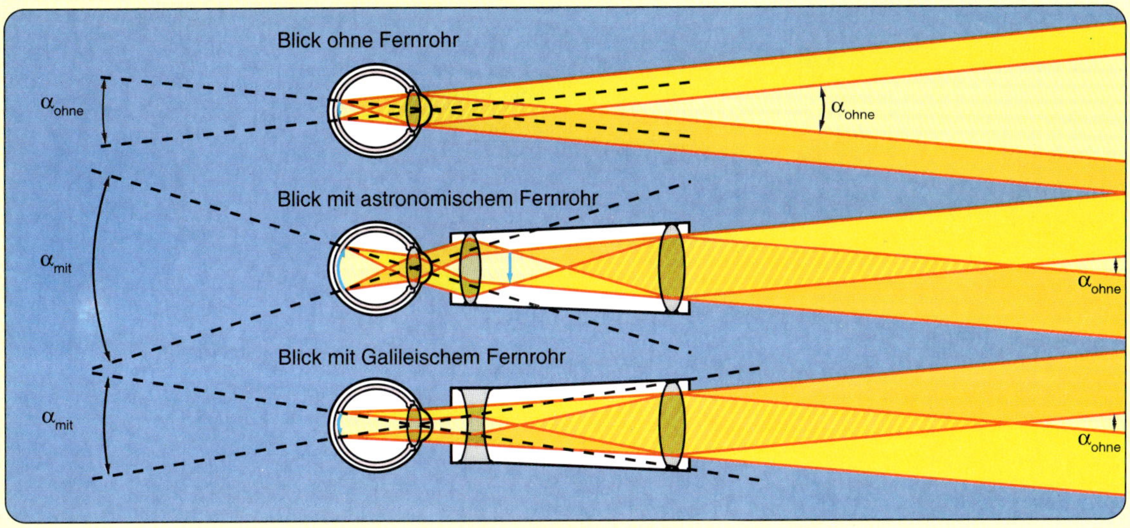

Spiegelteleskope

Diese Art von Fernrohren wird vorwiegend zur Beobachtung von Himmelskörpern benutzt. Ein Hohlspiegel mit großem Durchmesser und großer Brennweite erzeugt ein auffangbares (reelles) Bild einer Himmelsgegend. An den Ort, wo dieses Bild entsteht, bringt man entweder eine Fotoplatte oder einen elektronischen Bildempfänger. Die große Spiegelfläche sorgt dafür, dass viel von dem spärlichen Licht der Himmelskörper eingefangen wird, weshalb man auch noch sehr lichtschwache Objekte beobachten kann. Wegen der großen Brennweite wird das Bild verhältnismäßig groß. Deshalb werden auch feine Strukturen des Objekts noch getrennt und damit sichtbar.

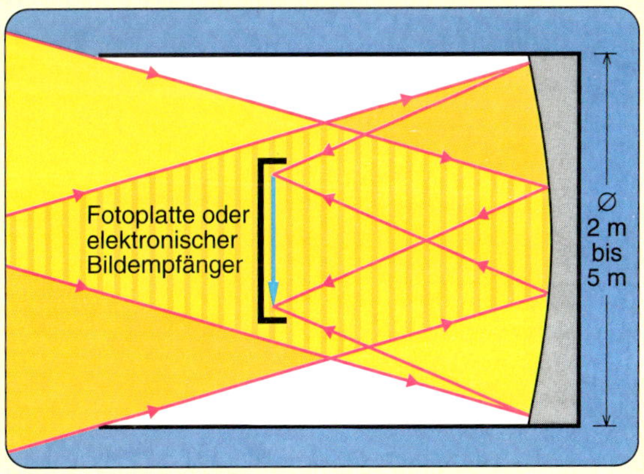

Feldstecher (Prismengläser)

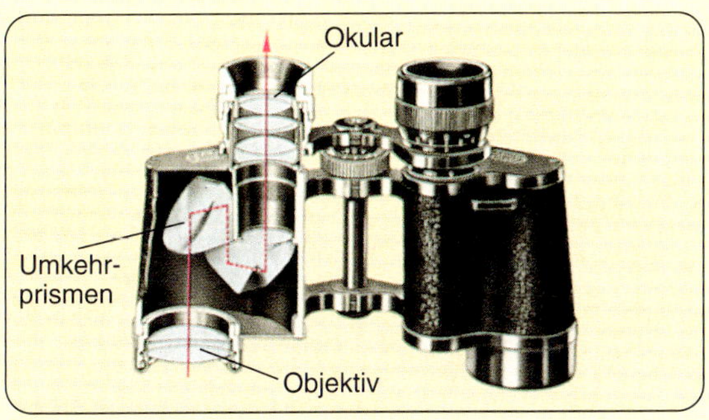

Ein Prismenglas funktioniert wie ein astronomisches Fernrohr. Außer den beiden Sammellinsen enthält es aber noch zwei gleichschenklig-rechtwinklige Prismen. In diesen wird das Licht jeweils zweimal totalreflektiert. Bei der ersten Reflexion erfolgt eine Vertauschung von Rechts und Links, bei der zweiten eine von Oben und Unten. Das Zwischenbild liegt deshalb aufrecht und seitenrichtig und wird vom Auge durch das Okular in der gleichen Lage gesehen wie der Gegenstand. Durch die viermalige Reflexion wird bei gleichem Lichtweg das Rohr kürzer, das Glas also handlicher.
Ein Feldstecher hat zwei Prismenrohre. Da die Objekte also immer mit beiden Augen betrachtet werden, sieht man sie „räumlich".

Mikroskop – selbst gebaut

Mithilfe eines Mikroskops wollen wir einen kleines Objekt vergrößert sehen, z. B. die Blüte einer Blume. Das Instrument enthält zwei Sammellinsen kurzer Brennweite (jeweils kleiner als 5 cm). Die stärkere davon dient als *Objektiv*. Mit ihm erzeugen wir ein vergrößertes Bild des Objekts.

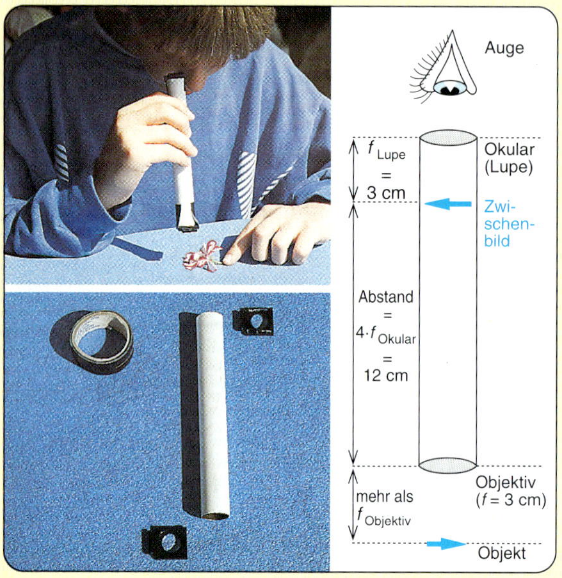

Die etwas schwächere Linse dient als Lupe. Mit ihr betrachten wir das Bild des Objekts. Dies erhöht die Vergrößerung nochmals. Weil die Lupe dabei dicht vor das Auge (lat. oculus) kommt, heißt sie *Okular*. Beide Linsen werden an den Enden eines lichtdichten Rohres angebracht. Der Gegenstand, den wir vergrößert sehen wollen, kommt vor das Objektiv und zwar in einem Abstand, der etwas größer ist als dessen Brennweite.

Die Vergrößerung durch das Objektiv geben wir durch die Bildweite vor:

Bildweite	Vergrößerung	
$2 \cdot f_{Objektiv}$	1-fach	$V = \frac{\text{Bildweite } b}{f_{Objektiv}} - 1$
$3 \cdot f_{Objektiv}$	2-fach	
$4 \cdot f_{Objektiv}$	3-fach	
$5 \cdot f_{Objektiv}$	4-fach	

Die Vergrößerung durch das Okular ist durch dessen Brennweite festgelegt:

f_{Okular}	Vergrößerung	
5 cm	4-fach	$V = \frac{20\,\text{cm}}{f_{Okular}}$
4 cm	5-fach	
3 cm	ca. 7-fach	
	(20 cm ist die deutliche Sehweite)	

Bau des Mikroskops

Zum Bau des Mikroskops in unserem Foto wurden zwei gleiche Linsen mit jeweils 3 cm Brennweite und 1,5 cm Durchmesser verwendet. Diese erhält man im Briefmarkenhandel oder beim Optiker fertig gefasst in „Aufsetzlupen" (Bild rechts). Man kann die Linse zusammen mit ihrer etwa quadratischen Fassung der Halterung entnehmen, ohne diese zu zerstören.

Wir wollen mit zwei solchen 3 cm-Linsen ein Mikroskop mit 21-facher Vergrößerung bauen (Objektiv 3-fach, Lupe 7-fach). Die Objektivlinse muss dann das Zwischenbild in der vierfachen Brennweite entwerfen, also 12 cm oberhalb davon. Dieses Bild muss in der Brennebene der Lupe liegen, also 3 cm unter dieser. Objektiv und Okular haben daher einen Abstand von 12 cm + 3 cm = 15 cm.

Wir besorgen uns ein Kunststoff- oder Metallrohr mit 2 cm Durchmesser und schneiden es auf eine Länge von 15 cm zu (Schnittkanten senkrecht zur Rohrachse). Damit die Rohrinnenwände nicht spiegeln, schieben wir ein passend aufgerolltes Blatt aus mattschwarzem Papier so ins Rohr, dass es an dessen Innenwand anliegt. Die beiden Linsen belassen wir in ihren rechteckigen Fassungen, setzen sie mittig auf je ein Rohrende und befestigen sie mit selbst klebendem Gewebeband. Nun ist das Mikroskop fertig.

Andere Sammellinsen (Durchmesser größer 1 cm) sind ebenfalls brauchbar, wenn deren Brennweite in den obengenannten Bereichen liegt. Die Rohrweite wird passend zu den Linsendurchmessern gewählt. Die Rohrlänge wird entsprechend der gewünschten Vergrößerung und der Brennweiten berechnet. Sie darf von der Rechnung um etwa 1 cm abweichen.

Handhabung: Wir spannen das selbst gefertigte Mikroskop mit einer Klemme in ein Stativ. Das Objektiv ist dabei etwa 4 cm oberhalb der Grundplatte. Auf die Grundplatte kommt ein weißes Blatt Papier, darauf ein kleiner Gegenstand, z. B. eine Fliege. Die muss hell beleuchtet sein, also im Sonnenlicht oder im Licht einer Lampe liegen. Blicke nun durchs Okular auf die Fliege. Bewege das Rohr dabei auf und ab, bis ein Detail scharf ist, z. B ein Fühler. Wenn du nun das Auge vom Okular etwas entfernst (ca. 2 cm), wird der sichtbare Ausschnitt größer. Die Augenpupille muss dabei aber in der Rohrachse bleiben.

Fernrohr – selbst gebaut

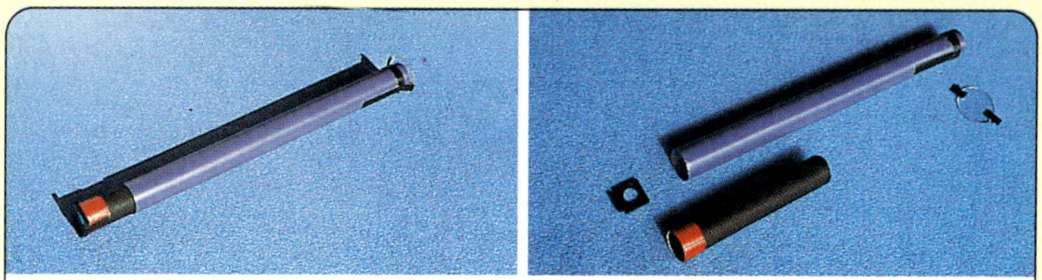

Mit einem Fernrohr will man ferne Gegenstände vergrößert sehen, z. B. eine Kirchturmuhr. Man möchte die Uhr sozusagen ans Auge heranholen. Dazu wird mit einer Sammellinse (dem Objektiv) ein Bild der Uhr erzeugt. Dieses „Zwischen"bild fängt man aber nicht auf wie beim Fotoapparat, sondern betrachtet es wie beim Mikroskop mit einer Lupe. Wie dort kommen abbildende Linse (Objektiv) und Lupe (Okular) an je ein Ende eines lichtdichten Rohres.

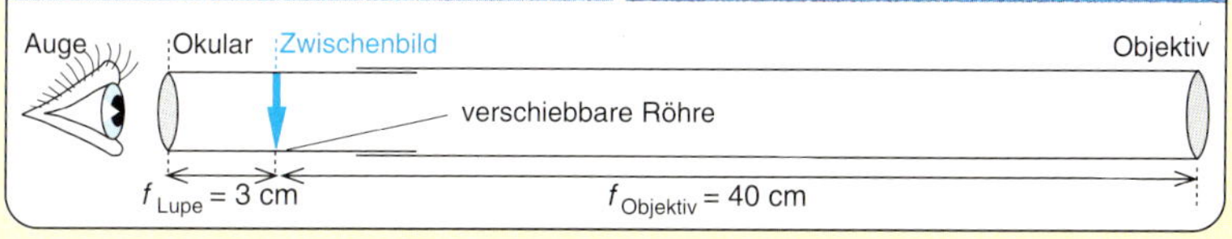

Wenn wir zwei Linsen mit gleicher Brennweite nehmen, bekommen wir allerdings keine Vergrößerung. Die gibt es nur, wenn die Brennweite des Objektivs größer ist als die des Okulars. Der Zusammenhang zwischen Brennweite (*f*) und Vergrößerung ist einfach:

$f_{Objektiv}$	Vergrößerung	
$1 \cdot f_{Okular}$	1-fach	
$2 \cdot f_{Okular}$	2-fach	$V = \frac{f_{Objektiv}}{f_{Okular}}$
:	:	
$10 \cdot f_{Okular}$	10-fach	

Bau des Fernrohrs

Für unser Selbstbau-Fernrohr nehmen wir als Okular die Linse einer Aufsetzlupe. Sie hat 3 cm Brennweite. Als Objektiv benutzen wir eine Linse mit 20, 30 oder 40 cm Brennweite. Das ist das 7-, 10- und 13-fache der Okularbrennweite und bringt damit 7-, 10- oder13-fache Vergrößerung. Der Linsendurchmesser soll 3–4 cm betragen. Wenn die Linse kleiner ist, fasst sie zu wenig Licht. Man kann auch Brillengläser verwenden (Brechwert +5, +3, oder +2,5; jedoch ohne Zylinder- oder Prismenschliff).

Das Bild ferner Gegenstände entsteht etwa im Abstand einer Brennweite hinter dem Objektiv, also 20, 30 oder 40 cm von der Linse entfernt. Damit wir es mit dem Okular vergrößert sehen können, muss dieses etwa 3 cm hinter dem Bild angebracht werden. Es muss aber im Gegensatz zum Okular beim Mikroskop verschiebbar sein, denn nur dann können wir im Fernrohr Bilder verschieden ferner Gegenstände scharf stellen.

Wir besorgen uns ein etwa 3 cm oder 4 cm weites Metall- oder Kunststoffrohr und längen es auf Objektivbrennweite ab, also auf 20, 30 oder 40 cm. Das Rohr kleiden wir innen mit zusammengerolltem, mattschwarzem Papier aus, damit es nicht spiegelt. Aus 10 cm breitem, mattschwarzem Papier wickeln wir dann ein zweites steifes Rohr, das sich in der Röhre verschieben lässt. Es bekommt am herausstehenden Ende einen Ring aus selbst klebendem Gewebeband. Die Objektivlinse wird mit Gewebebandstreifen am freien Rohrende befestigt (Bild oben). Die in Kunststoff gefasste Okularlupe setzen wir lichtdicht ans Ende des schwarzen Papierrohrs (Klebeband). Nun ist das Fernrohr fertig.

Handhabung: Richte das Rohr auf ein fernes Objekt. Verschiebe die Okular-Röhre, bis du ein scharfes Bild siehst. Wenn du nun dein Auge etwas vom Okular entfernst, aber in der Rohrachse belässt, wird der sichtbare Ausschnitt größer.

Brennweite von Linsen bestimmen

Man nimmt die Linse in die eine, ein Blatt Papier in die andere Hand und versucht, den Horizont oder ein fernes Gebäude mit der Linse auf dem Papier abzubilden. Wenn das Bild scharf ist, ist der Abstand Linse–Papier gleich der Brennweite.

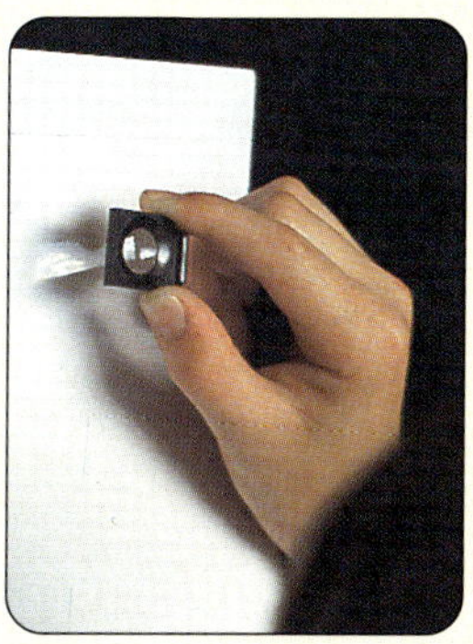

Ungefasste Linsen haltern

Hat man ungefasste Linsen, die kleiner sind als der Rohrdurchmesser des Instruments, dann schneidet man sich eine Pappscheibe zurecht, die die Rohröffnung vollständig bedeckt. In sie kommt mittig ein Loch, 2 mm kleiner als die Linse.

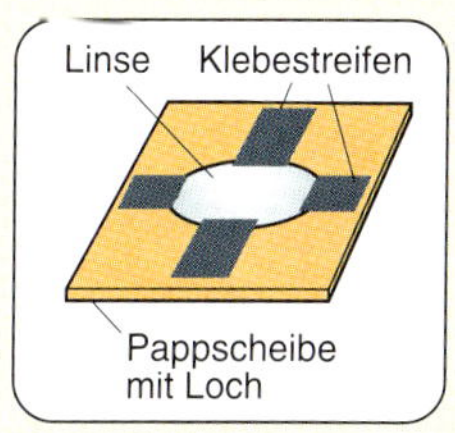

Diese Pappscheibe wird auf ein Ende der Röhre aufgeklebt. Danach wird die zugehörige Linse zentral auf das Loch gelegt und mit kurzen Gewebebandstreifen befestigt.

Licht macht Bilder

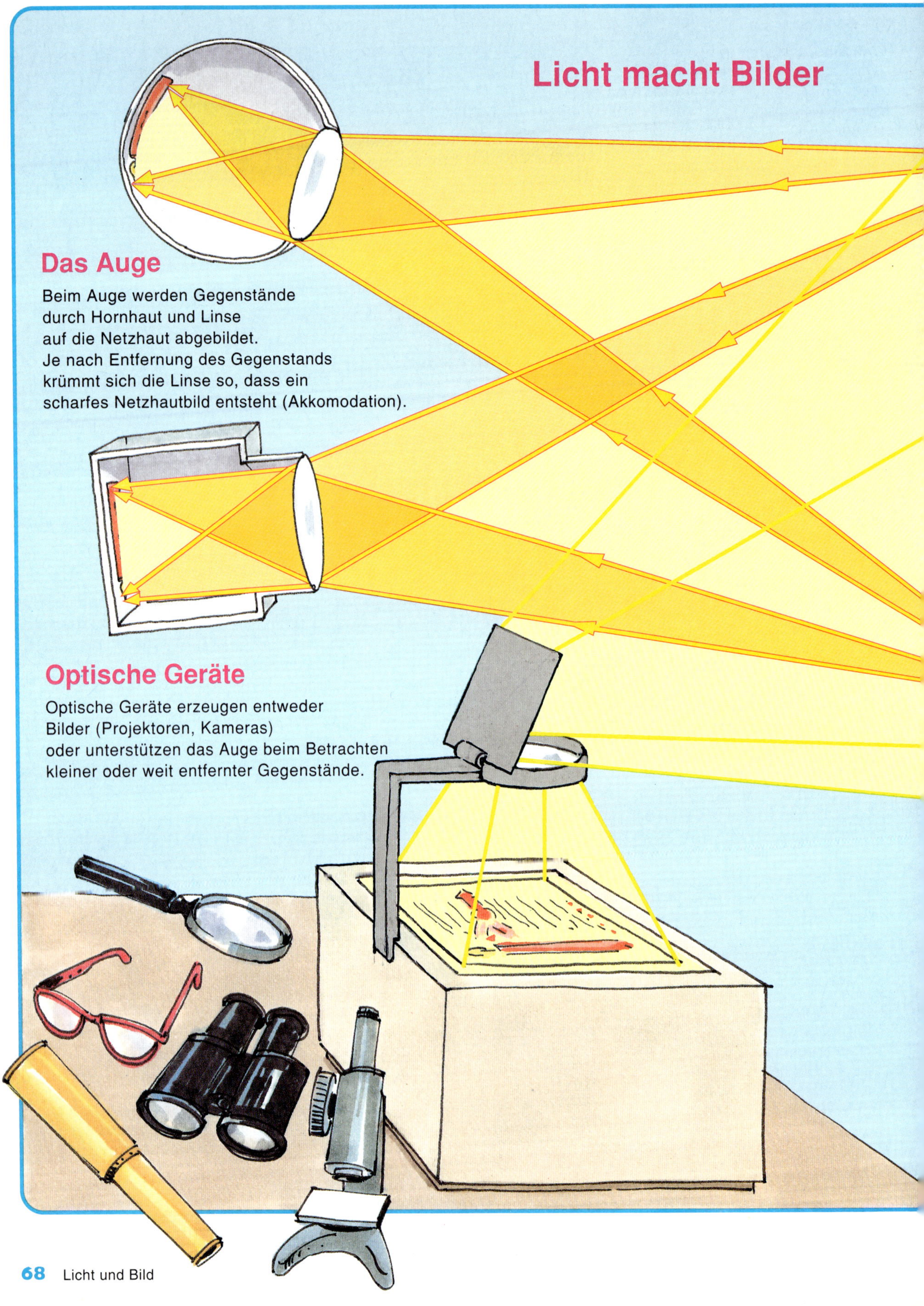

Das Auge

Beim Auge werden Gegenstände durch Hornhaut und Linse auf die Netzhaut abgebildet. Je nach Entfernung des Gegenstands krümmt sich die Linse so, dass ein scharfes Netzhautbild entsteht (Akkomodation).

Optische Geräte

Optische Geräte erzeugen entweder Bilder (Projektoren, Kameras) oder unterstützen das Auge beim Betrachten kleiner oder weit entfernter Gegenstände.

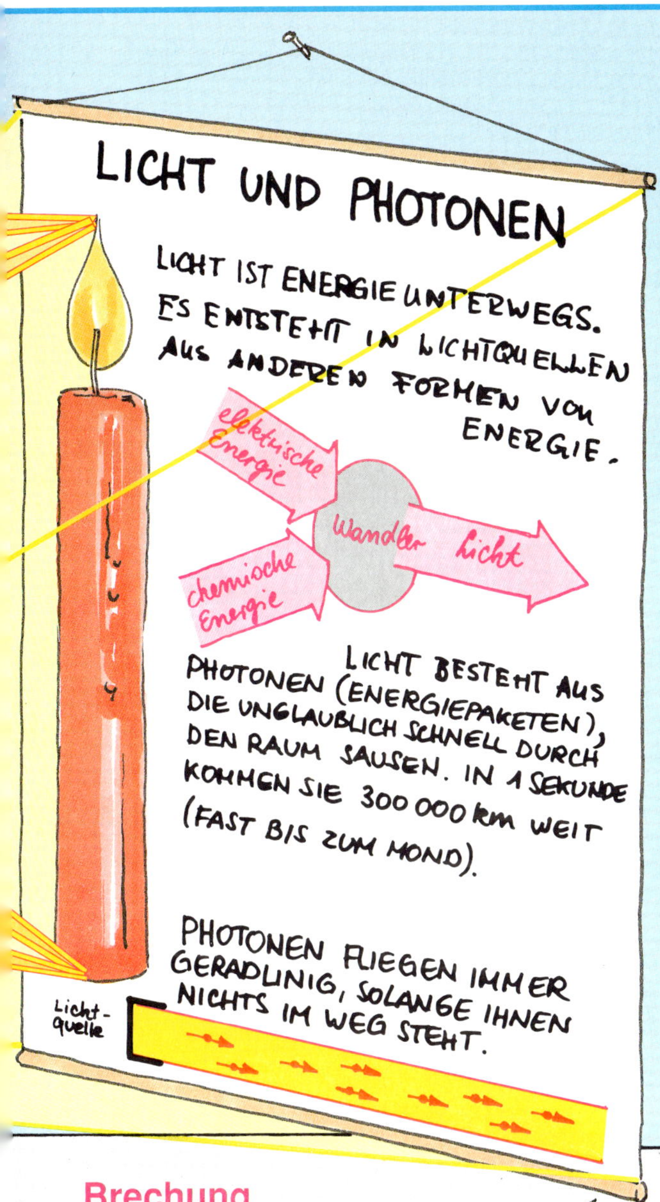

Reflexion

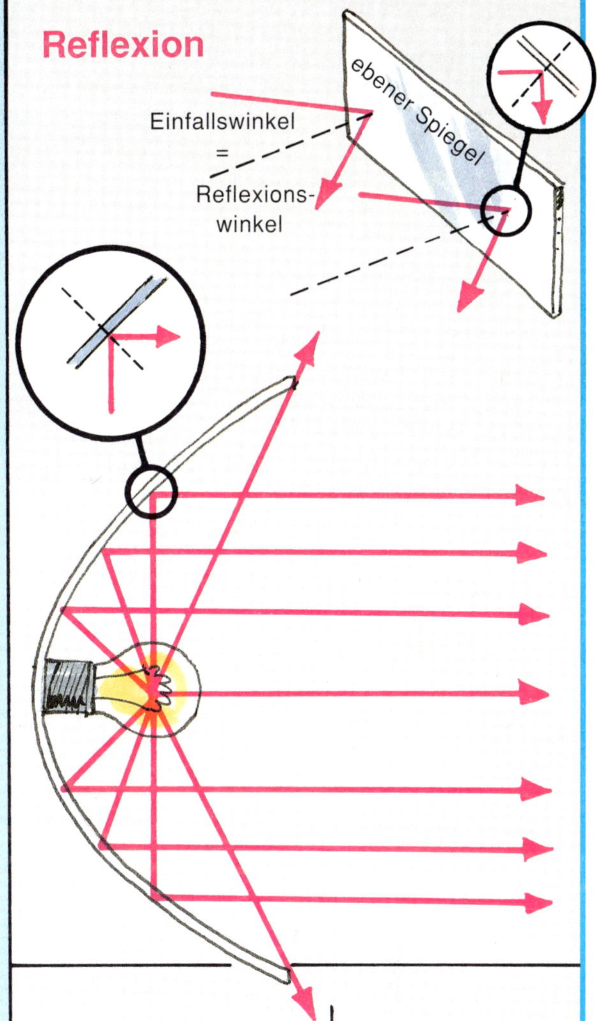

Brechung

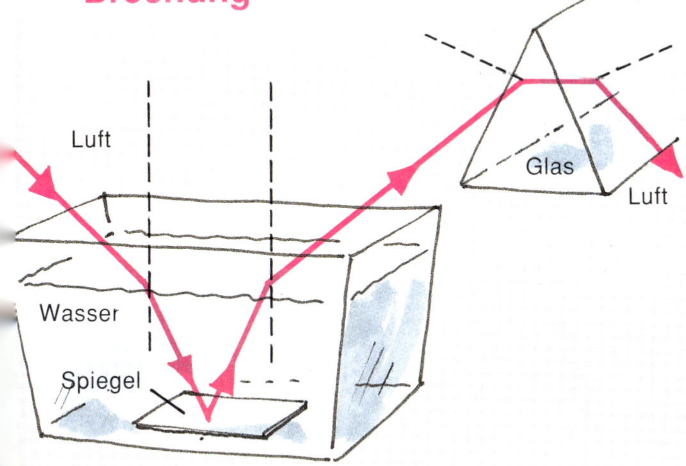

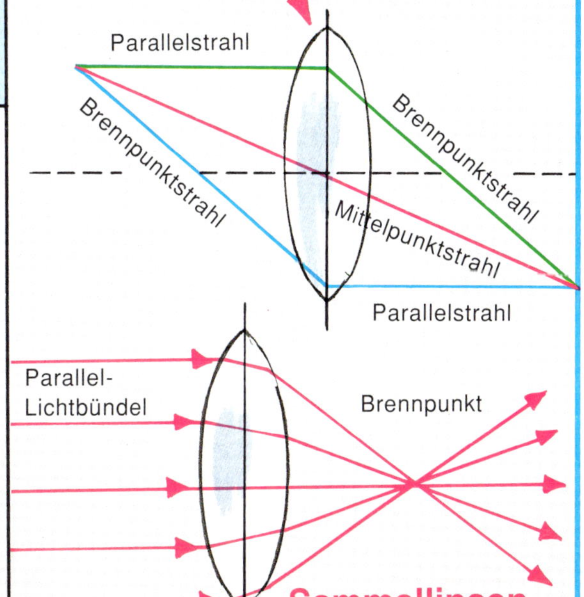

Sammellinsen

1. Beschreibe den Weg, den das Licht nimmt, wenn du am Tag im Schatten eines Hauses ein Buch liest.
Warum siehst du die schwarzen Buchstaben? Die senden doch kein Licht ins Auge!

2. Beschreibe den Weg des Lichts, wenn du bei Vollmond auf freiem Feld ein Reh siehst.

3. Wieso lässt sich sagen, dass Licht eine bestimmte Form von Energie ist?

4. Beschreibe, auf welchem Weg Photonen in dein Auge kommen:
a) von einer Kerze, die du siehst;
b) wenn du eine Kerze durch eine Milchglasscheibe betrachtest;
c) wenn du dir einen Film ansiehst;
d) wenn dir bei Nebel ein Auto mit Scheinwerfern entgegenkommt;
e) wenn eine schwarz gekleidete Schauspielerin allein vor einem schwarzen Vorhang spielt.

5. Mache einen Fettfleck auf ein Blatt weißes Papier und betrachte ihn einmal im auffallenden Licht, einmal im Gegenlicht. Erkläre deine Beobachtungen.

6. Stelle drei gleich hohe Kerzen im Abstand von je 3 cm nebeneinander, davor hochkant eine Streichholzschachtel, ein Lineal o. Ä. im Abstand von 12 cm. Fange die Schatten auf einem weißen Blatt Papier auf, das du senkrecht zum Tisch hältst. Verschiebe das Papier zur Lichtquelle hin und davon weg.
Zeichne mindestens 2 verschiedene Stellungen des Schirms von oben gesehen.
Benenne Kern- und Halbschatten.

7. Ein schmales Lichtbündel fällt unter dem Winkel von 15° auf einen ebenen Spiegel. Dann wird der Spiegel um 12° gedreht. Um welchen Winkel dreht sich jetzt das reflektierte Lichtbündel?
Zeichne vor und nach der Drehung.

8. Das olympische Feuer wird alle vier Jahre in Griechenland im Freien ohne technische Hilfsmittel wie Streichhölzer oder Feuerzeuge entzündet. Beschreibe, wie die Schauspielerinnen wohl vorgehen.

9. Warum benutzt man nach außen gekrümmte Spiegel als Verkehrsspiegel, aber nicht als Kosmetikspiegel?

10. Zeichne die folgende Skizze ab. Wo muss das Auge sein, damit du die Lampe im Spiegel siehst? Vervollständige den Verlauf des Lichts.

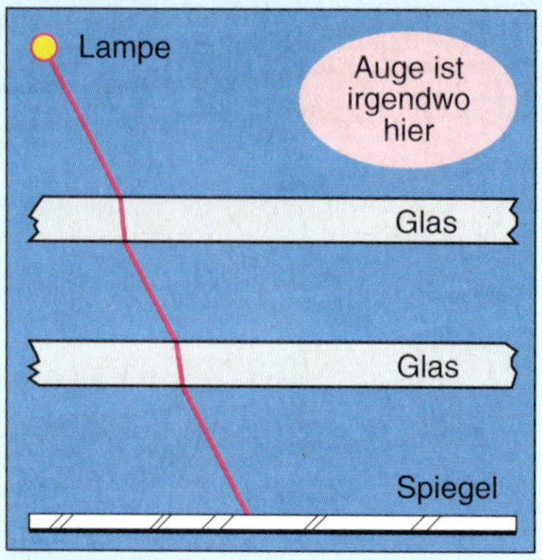

11. Verschließe das Auslaufrohr eines Glastrichters und tauche ihn umgekehrt in Wasser.
Beobachte und erkläre.
Was ist zu sehen, wenn du Wasser in den Trichter strömen lässt?
Begründe deine Beobachtung.

12. Wie lässt sich auf einfache Art entscheiden, ob eine (in einer Fassung befindliche) Linse eine Sammellinse oder eine Zerstreuungslinse ist?
Wie kann man die Brennweite einer Sammellinse mithilfe von Sonnenlicht bestimmen?

13. Zeichne in der Grafik rechts in die grauen Kästen die Spiegel oder Glaskörper ein, die sich im Strahlengang befinden könnten.

14. Wie wirkt sich Altersweitsichtigkeit aus, wenn schon beim Kind der Augapfel zu lang war?

15. Was versteht man unter Sehwinkel? Zeichne ein Beispiel.

16. Welche Bedeutung haben optische Geräte in Bezug auf den Sehwinkel?
Liegt beim Projizieren von Dias eine Sehwinkelvergrößerung vor? Begründe.

17. Wieso benutzt man beim Bau eines Fernrohres eine langbrennweitige Linse und beim Bau eines Mikroskops eine kurzbrennweitige als Objektiv? Zeichne jeweils mit Strahlengang.

18. Mikroskop und astronomisches Fernrohr enthalten beide zwei Sammellinsen. Wieso lassen sich der Sternenhimmel nicht mit einem Mikroskop und eine Laus nicht mit einem Fernrohr betrachten?

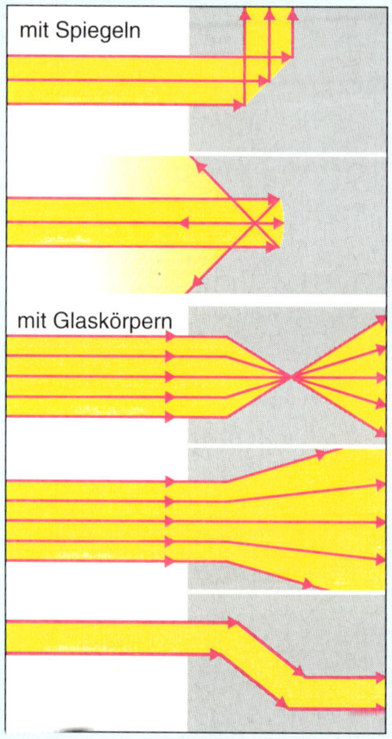

Licht und Farbe

Wenn auf Glasfiguren wie in Abb. 1 weißes Licht fällt, kannst du manchmal auf einem weißen Tischtuch darunter farbige Streifen erkennen, vor allem blaue und rote. Wie kommen diese Farben zustande? Es gibt zwei Möglichkeiten: Entweder verändern die Glaskörper das auffallende weiße Licht oder die Farben sind im weißen Licht enthalten und der Körper wählt einige davon aus. Wenn wir herausfinden wollen, welche der beiden Vermutungen zutrifft, sollten wir die Situation entsprechend Bild 2 nachstellen:

Dort fällt weißes Licht auf ein kantiges Prisma und danach auf einen Schirm. Dabei geschieht zweierlei:

1. Das Licht wird aus seiner ursprünglichen Richtung abgelenkt. Das verstehen wir, denn ein Lichtbündel wird ja beim Eintritt in jeden und beim Austritt aus jedem Glaskörper gebrochen.
2. Das ursprünglich weiße Bild der Lampenwendel wird in ein farbiges Band aufgefächert. Das ist neu!

Das farbige Band nennt man **Spektrum**. Es besteht aus vielen farbigen Bildern des Glühfadens. Wir erkennen die Farben Rot, Orange, Gelb, Grün, Blau, Violett und alle Übergänge dazwischen. Diese Farben werden *Spektralfarben* genannt. Der rote Anteil im Bündel wird am wenigsten, der violette am weitesten abgelenkt. Bei Prismen aus anderen Glassorten oder aus Kunststoffen ist nur die Breite der Auffächerung, also die Größe der Ablenkung anders; die Farben und ihre Anordnung im Spektrum bleiben immer gleich. Das passt gut zu unserer Vermutung, dass weißes Licht aus farbigen Anteilen zusammengesetzt ist.

Spektrum von Glühlampen und Sonnenlicht

Weißes Licht

Dass weißes Licht tatsächlich aus farbigen Anteilen besteht, kann man durch Vereinigen der Spektralfarben beweisen:

1. Wir lassen das Licht, das aus dem Prisma herauskommt, über einen drehbaren Spiegel auf eine Mattscheibe fallen. Erwartungsgemäß sehen wir dort das Spektrum. Wenn wir den Drehspiegel hin- und herschwenken, verschwinden die Farben in der Mitte des Spektrums; nur die Ränder bleiben farbig. Offensichtlich sieht unser Auge dort Weiß, wo alle Farbanteile beim Wackeln vorbeikommen.
2. Vereinigen wir in V4 mit einer Sammellinse alles Licht, das das Prisma verlässt, dann sehen wir auf dem Schirm einen weißen Fleck (das weiße Bild der Vorderfläche des Prismas).

> Weißes Licht besteht aus den farbigen Anteilen Rot, Orange, Gelb, Grün, Blau und Violett.

A1 Betrachte die Farben hinter den Figuren. Wo hast du schon ähnliche Farbspiele gesehen? Wie könnten die Farben entstehen?

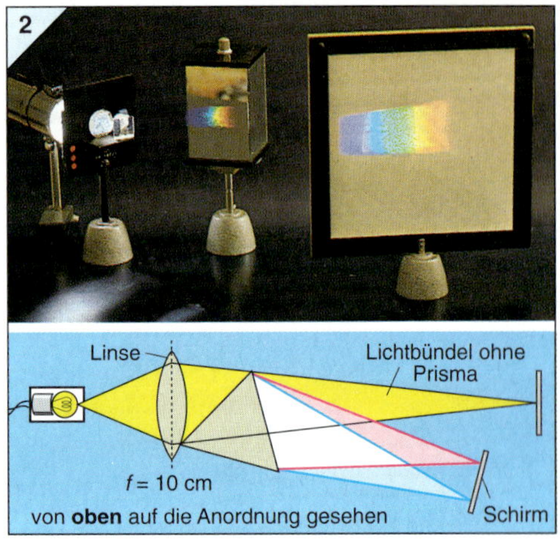

V2 Bilde wie oben gezeigt, den Glühfaden einer Lampe senkrecht stehend auf einem Schirm ab. Stelle dann wie gezeichnet ein Prisma hinter die Linse und versetze den Schirm, bis du darauf ein farbiges Band siehst. Nenne die Farben und ihre Reihenfolge.

V3 Entferne in V2 kurzzeitig die Linse, dann das Prisma und beobachte jeweils das Schirmbild. Welche Aufgabe hat die Linse, welche das Prisma?

V4 Stelle einen Drehspiegel in den Strahlengang von V2 und schwenke ihn hin und her. Was siehst du auf dem Schirm?

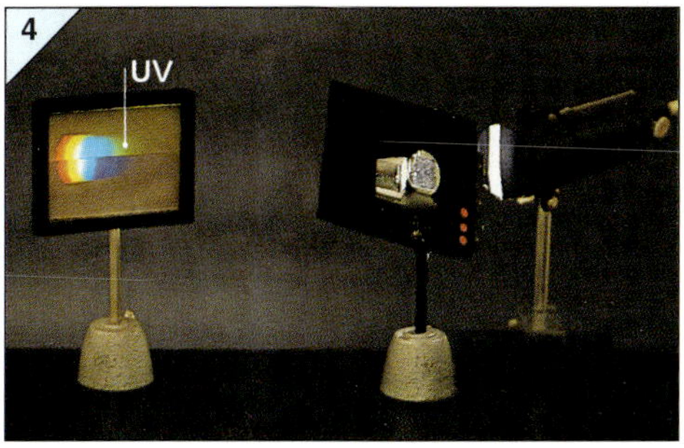

V5 Baue obigen Versuch auf (wie V2), lass das Spektrum im dunklen Raum auf einen Schirm fallen, dessen obere Hälfte mit Zinksulfid beschichtet ist. Lege eine etwa 20 % höhere Spannung an die Lampe als angegeben. (Lampe nach drei Minuten ausschalten!) Beschreibe, was auf dem Papier, was auf dem Zinksulfid zu sehen ist. Achte besonders auf die Ränder.

V6 Halte ein berußtes Thermometer mit $\frac{1}{10}$-Grad-Einteilung weit neben den roten Teil des Spektrums und fahre dann sehr langsam auf das sichtbare Spektrum zu. Beobachte das Thermometer und berichte.
Was schließt du aus deinen Beobachtungen?

Unsichtbares Licht

Das Spektrum endet für unser Auge bei Rot und Violett. Mit physikalischen Methoden lässt sich jedoch auch jenseits von Rot und Violett „Licht“ nachweisen.

Ultraviolett: Im dunklen Raum wird in die obere Hälfte des Spektrums ein Zinksulfidschirm gehalten. Der Schirm leuchtet auch jenseits des Violetten. Dorthin muss Energie von der Lampe gelangen. Ihr Licht muss demnach neben den Farben einen unsichtbaren Anteil enthalten, der vom Prisma stärker abgelenkt wird als Violett. Dieser Anteil heißt *ultraviolettes Licht* (abgekürzt: UV-Licht; ultra = jenseits).

UV-Licht ist umso intensiver, je heißer die Lichtquelle ist. Sonnenlicht enthält 25 % UV-Licht. Es gibt auch Speziallampen, die weit mehr UV-Licht erzeugen als Glühlampen: Solche sind in Höhensonnen oder in Sonnenbänken eingebaut.

Infrarot: Auch jenseits vom Rot des sichtbaren Spektrums gibt es „Licht“. Ein in diesen Bereich gehaltenes Thermometer mit berußtem Messfühler zeigt, dass dessen Temperatur steigt. Energie wird dem Thermometer, für uns unsichtbar, von der Lampe zugestrahlt. Man nennt diesen Strahlungsanteil *infrarotes Licht* (kurz IR; infra = unterhalb von).

Infrarotlicht ist Wärmestrahlung. Deshalb kann auch unsere Haut IR-Licht wahrnehmen. Infrarotes Licht wird von der Heizwendel der Glühlampe schon abgegeben, ehe diese glüht. Ebenso strahlt ein heißer Ofen oder ein Bügeleisen IR-Licht ab. Der wichtigste Spender von IR-Licht ist wieder die Sonne; ihr Licht enthält 25 % IR-Anteile.

Infrarotes und ultraviolettes Licht verhalten sich wie sichtbares Licht, können also auch wie dieses reflektiert und absorbiert werden. Letzteres merken wir bei der Bestrahlung unserer Haut und am geschwärzten Thermometer.

Farbige Photonen?

Es gibt viele verschiedene Arten von Photonen. Jede Sorte erzeugt eine bestimmte Farbempfindung im Auge. „Rote“ Photonen sind Energiepakete mit wenig Energie, „blaue“ dagegen mit viel Energie. Ein Prisma lenkt die energiereicheren Photonen, die den Eindruck Violett hervorrufen, am stärksten ab; die energieärmeren, also diejenigen, die den Eindruck Rot erzeugen, werden am wenigsten aus ihrer Richtung gebracht.

Photonen, die das UV-Licht ausmachen, sind sehr energiereich, sie landen im Spektrum jenseits des violetten Teils. Photonen dagegen, die das IR-Licht ausmachen, haben noch weniger Energie als die an sich schon energiearmen „roten“ Photonen.

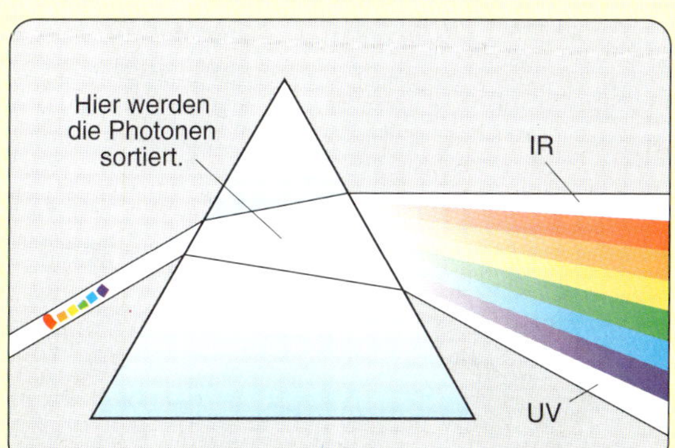

Was bewirken ultraviolettes und infrarotes Licht?

Das Sonnenlicht enthält einen großen Anteil sehr energiereichen UV-Lichts. Die Lebewesen auf der Erde werden gegen die starke UV-Strahlung durch die Ozonschicht in etwa 24 km Höhe geschützt. Dieses Ozon (O_3) absorbiert den größten Teil der UV-Strahlung. Auch die Luft filtert UV-Licht, umso mehr, je dicker die durchlaufenen Schichten sind. Deshalb ist der UV-Anteil auf der Erde sehr viel schwächer als außerhalb der Atmosphäre.

Die Photonen von UV-Licht können in den Zellen unserer Haut Veränderungen hervorrufen, je energiereicher sie sind, desto mehr. UV-Licht regt Farbpigmente der äußeren Zellen an, sich umzuwandeln; dabei werden wir braun. Ferner bildet sich durch die UV-Strahlung Vitamin D. Wenn zu viel UV-Licht auf die Haut fällt, kann es großen Schaden anrichten: Es verursacht Sonnenbrand und Hautkrebs. Es kann auch zur Netzhautablösung beim Auge und folglich zu schweren Sehstörungen führen.

Am Meer oder im Hochgebirge ist die UV-Strahlung intensiver als im Flachland. Deshalb sollte man sich dort nicht lange der Bestrahlung aussetzen. Zumindest muss man sich beim „Sonnen" eincremen und die Augen mit einer UV-Licht absorbierenden Brille schützen.

Leider sind wir Menschen dabei, die uns schützende Ozonschicht zu zerstören. Ozon (O_3) wird durch Schadstoffe in der Luft (Chlorkohlenwasserstoffe u. a.) abgebaut. Dadurch nimmt die Konzentration von O_3 ab und mehr UV-Licht kann bis zu uns auf den Erdboden vordringen. Daher spricht man vom **„Ozonloch"**.

Ozon wird durch Treibgase aus Sprayflaschen und durch Kühlmittel aus Kühlschränken zerstört, wenn die Gase beim Sprühen oder beim Verschrotten der Kühlschränke in die Luft entweichen. Neuerdings verwendet man als Treib- oder Kühlmittel Gase, die das Ozon nicht angreifen.

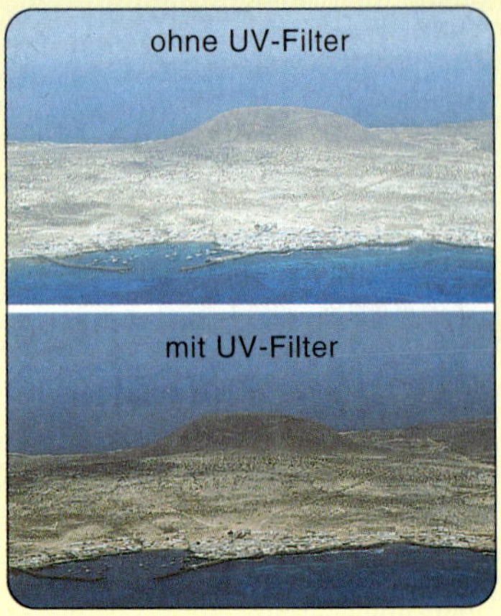

Beim Fotografieren ist UV-Licht störend, es lässt die Bilder „milchig" und „blaustichig" erscheinen, weil es die blauen Farben auf dem Film hervorhebt. Deshalb sollte man beim Fotografieren am Meer oder im Hochgebirge vor das Objektiv ein UV-Filter setzen, also ein Glas, das UV-Licht nicht durchlässt. Manche Fotoapparate haben Objektive, deren Glas UV-Licht absorbiert.

Anwendung von Infrarotlicht

IR-Strahlung wird in Technik und Medizin eingesetzt. Hier einige Beispiele:

Maßvoll verwendet hat IR-Licht für uns heilende Wirkung, weil es tief in das Gewebe eindringt: Es hemmt Entzündungen, fördert die Durchblutung der Haut und schafft Linderung bei Muskelverspannungen. Zu viel IR-Bestrahlung ist allerdings für die Haut gefährlich.

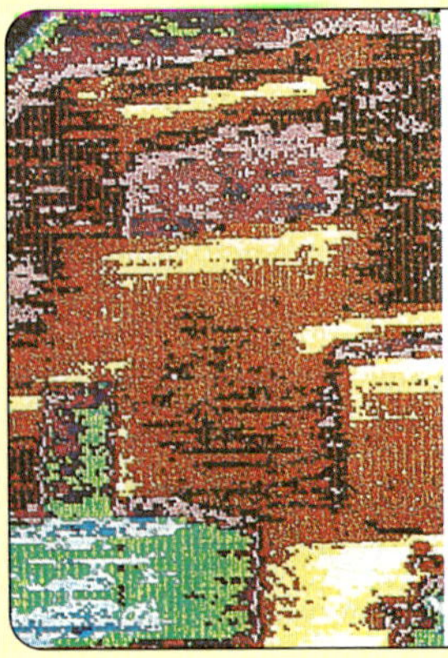

Eine weitere Anwendung von IR-Licht liegt in der „Gefriertrocknung" von Lebensmitteln oder Blutplasma. Das Gut wird ganz schnell gefroren und im Hochvakuum mithilfe von IR-Strahlung getrocknet. Dabei geht das enthaltene Wasser aus Eis gleich in Wasserdampf über, der abgesaugt wird. Dadurch können Bakterien, die sich im Wasser bilden würden, in den Lebensmitteln oder im Blutplasma erst gar keinen Schaden anrichten.

IR-Fotografie: Da alle Körper Wärme, also IR-Strahlung aussenden, kann mit geeignetem Filmmaterial sogar nachts fotografiert werden. So lassen sich z. B. Aufnahmen von lichtscheuen Tieren machen.

Wenn man ein Haus mit IR-Filmmaterial fotografiert, kann man „Wärmelecks" feststellen. Durch die verschieden starke Intensität der abgestrahlten Wärme wird der Film unterschiedlich geschwärzt. Setzt man solche Bilder dann mithilfe eines Computers in Farbbilder um, kann man sehen, wo das Haus schlecht gegen Wärmeabgabe gedämmt ist.

Auch Waldschäden werden mit IR-Licht aufgespürt. Die Wärmeabstrahlung von grünen bzw. braunen Blättern oder Nadeln ist nämlich – abhängig von der Farbe – unterschiedlich.

Regenbogen

Wenn nach einem heftigen Regenschauer wieder die Sonne scheint, kannst du gelegentlich einen farbenprächtigen Regenbogen sehen. Es gibt auch „selbstgemachte" Regenbogen. Sie können entstehen, wenn du bei Sonnenschein den Garten sprengst und dabei mit dem Rücken zur Sonne stehst.

Wenn wir einen Regenbogen sehen, ist immer Wasser in feinen Tropfen in der Luft und stets kommt das Sonnenlicht von hinten. Das Sonnenlicht wird von der Regenwand in unser Auge gelenkt. Da Farben entstehen, muss Brechung im Spiel sein.

Das Sonnenlicht trifft auf die Wassertropfen und wird von diesen reflektiert oder gebrochen, wie es im Bild unten gezeigt ist. Für den Regenbogen ist das im Bild hervorgehobene Lichtbündel zuständig. Es trifft im oberen Teil des Tropfens auf, wird zunächst gebrochen und dabei in Spektralfarben zerlegt. Die farbigen Teilbündel werden daraufhin an der Rückwand des Tropfens teilweise reflektiert. Beim Austritt in die Luft werden sie noch einmal gebrochen und gelangen schließlich in unser Auge.

Das geschieht natürlich an sehr vielen Tropfen gleichzeitig. Alle Tropfen, die der Beobachter in derselben Farbe sieht, liegen in einem bestimmten Winkel zur Richtung Sonne–Auge–Regenwand. Unter diesem Winkel entsteht ein gekrümmtes Band der betreffenden Farbe. Die einzelnen Bänder setzen den Regenbogen zusammen. Bei günstigem Sonnenstand kann man einen vollständigen Kreis als Regenbogen sehen, z. B. beim Rasensprengen.

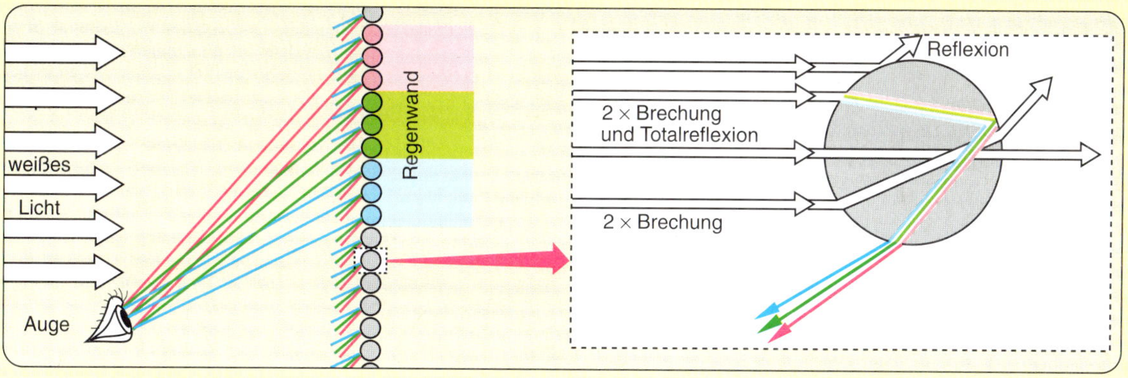

AUFGABEN UND ZUSAMMENFASSUNG

1. Was geschieht mit weißem Licht, wenn es durch ein Prisma fällt? Erkläre Ablenkung und Auffächerung.

2. Beschreibe einen Versuch zur Erzeugung eines Spektrums. Welche Geräte braucht man dazu? Warum?

3. Zähle die sechs Spektralfarben in der richtigen Reihenfolge auf.

4. Welche Farbe des Spektrums wird bei der Brechung am wenigsten, welche am meisten abgelenkt?

5. Zeichne ins Bild rechts ein, wie weißes Licht im Prisma in Farben zerlegt wird.

6. Mit einer Linse lassen sich Spektralfarben auf einem Schirm zu Weiß vereinigen. Was folgt daraus?

7. Wie kann man UV- bzw. IR-Licht im Versuch nachweisen? Wieso sind dazu physikalische Hilfsmittel nötig?

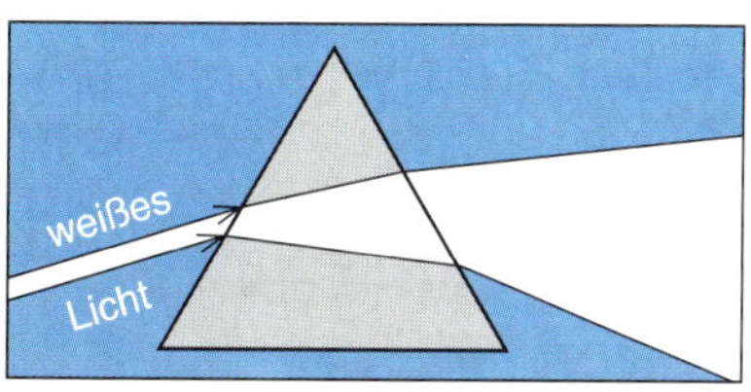

Spektrum

Weißes Licht kann durch ein Prisma in die Farben Rot, Orange, Gelb, Grün, Blau und Violett zerlegt werden. Die Farben sind schon im weißen Licht enthalten. Sie ergeben Weiß, wenn sie auf einem Schirm zusammentreffen.

Sonnenlicht und Licht von Glühlampen enthalten unsichtbare Anteile, die sich an das farbige Spektrum anschließen: ultraviolettes und infrarotes Licht.

Betrachtet man den Bildschirm eines Farbfernsehers aus der Nähe, löst sich jeder Bildpunkt in nur drei Farben – Rot, Grün und Blau – auf. Geht man weiter weg vom Schirm, sieht man die Stelle wieder weiß. Wie geschieht das?

A1 Betrachte den Bildschirm eines angeschalteten Farbfernsehgerätes aus der Nähe. Welche Farben kannst du erkennen? Zeichne einen Teil des Bildschirms auf.

Die Farbaddition

Richten wir drei farbige Lichtbündel, ein rotes, ein grünes und ein blaues, auf eine Leinwand, dann sehen wir drei unterschiedliche Farbflecke. Lassen wir aber den roten Lichtfleck teilweise auf den grünen fallen, erhalten wir dort, wo sich die beiden Flecke überlagern, eine gelben Fleck. Fällt Grün auf Blau, ergibt sich Türkis (Cyan); bei Blau und Rot zusammen zeigt sich Purpur (Magenta). Bei Überlagerung aller drei Lichtflecke bekommen wir wieder Weiß. Man spricht von *Farbaddition.*

Die einzelnen Farbflecke bedecken gleichzeitig eine Stelle der Leinwand. Von dort streuen sie das Mischlicht auf mehrere Zapfen der Netzhaut. Die farbigen Lichter sind also für das Auge vermischt, zu einem anderen Farbeindruck addiert.

Wenn man nahe am Fenster steht, sieht man rote, grüne und blaue Farbflecken. Geht man weiter weg, senden mehrere unterschiedliche Farbflecke gleichzeitig ihr Licht auf eine kleine Stelle der Netzhaut. Die Zellen können die Farben nicht mehr trennen, man sieht die Mischfarben Gelb, Türkis, Purpur oder Weiß.

Fällt Licht verschiedener Farbe gleichzeitig auf eine Stelle eines weißen Schirms oder auf die Netzhaut des Auges, ergibt sich eine Mischfarbe: Farbaddition.

V2 Beleuchte mit drei Experimentierlampen einen Schirm. Setze vor die Lampen je eine rote, grüne und blaue Glasscheibe und davor eine Sammellinse. Bilde damit die Farbscheiben ab. Richte jeweils zwei Lampen so, dass sich je zwei Lichtflecke überdecken. Notiere die Farben der Lichter und die dazugehörige neue Farbe. Lass alle drei Lichtflecke auf eine Stelle fallen. Welche Farbe ergibt sich?

V3 Die Helligkeit der drei Leuchten in V2 lässt sich regeln, indem sie mit verschiedenen Spannungen (2 V, 4 V, 6 V, 8 V) betrieben werden. Wiederhole die einzelnen Teilversuche aus V2 mit verschiedenen Helligkeiten. Notiere die Ergebnisse.

Wir kennen aber nicht nur ein einziges Grün, sondern viele verschieden Abstufungen davon. Auch das lässt sich nachstellen: Regelt man die Intensität der drei Lampen verschieden und lässt die farbigen Lichter wieder auf eine Stelle der Leinwand fallen, kann man die verschiedensten Abstufungen der einzelnen Farben durch Addition bekommen.

Pointilismus

Die Farbaddition wurde schon im 19. Jahrhundert von französischen Malern für Gemälde genutzt. Sie wussten oder erfuhren von den Physikern etwas über die Zerlegung des Lichts in Spektralfarben und wollten mit diesen „reinen Farben" Bilder auf die Leinwand bringen. Sie erhofften sich davon neue Farbwirkungen und somit andere Sinneseindrücke. Ihre Technik war einfach:
Sie setzten mit dem Pinsel Farbflecke und Striche nur aus Spektralfarben nebeneinander. Da der Betrachter das Bild immer aus einer gewissen Entfernung ansieht, überlagern sich die farbigen Lichter, die von den spektralen Farbflecken ausgehen, im Auge; sie werden zum gewünschten Farbton addiert. Die gleiche Technik der Farbaddition wird ja auch beim Farbfernsehen angewandt.
Die Bezeichnung dieser Maltechnik kommt aus dem Französischen (Point = Punkt).

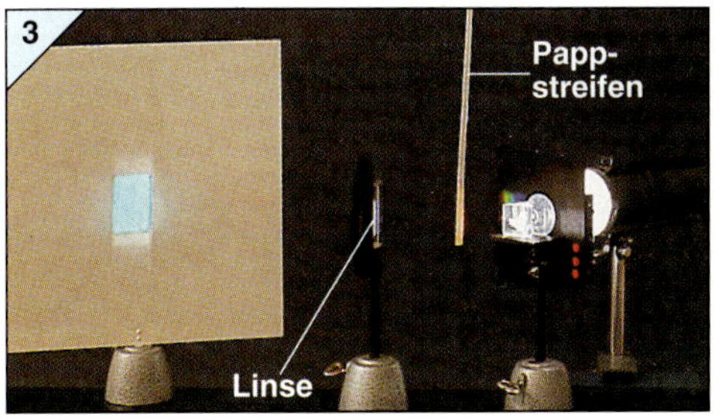

V4 Erzeuge ein Spektrum entsprechend V2. Blende aus diesem mithilfe eines schmalen Pappstreifens eine Spektralfarbe aus. Vereinige das restliche Licht mithilfe einer Sammellinse auf einem Schirm. Blende danach auch andere Farben aus. Notiere, welche Farben zueinander gehören.

V5 Bestücke zwei Leuchten mit Farbgläsern, die zueinander komplementäre Farben haben (z. B. rot-grün, blau-gelb). Richte die beiden farbigen Lichtbündel auf dieselbe Stelle eines Schirms. Beobachte.

V6 Schneide aus weißem Karton eine kreisförmige Scheibe (Radius ungefähr 8 cm) aus und unterteile sie in 6 gleiche Sektoren. Bemale die Sektoren mit den Farben aus dem Spektrum aus Abb. 4. Stecke die Scheibe in ihrem Mittelpunkt auf eine Stecknadel und lass sie rotieren. Beobachte und berichte.

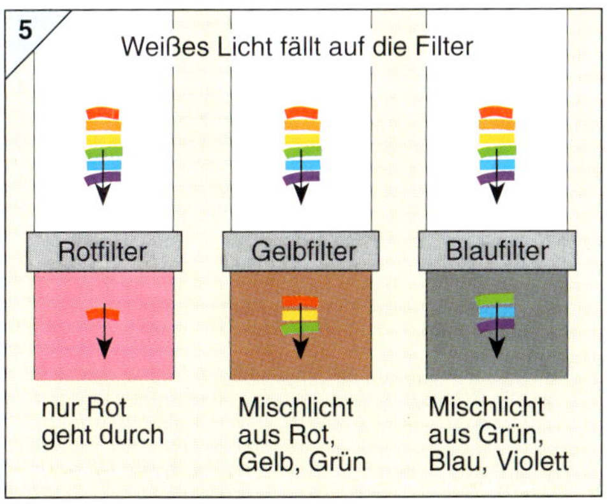

V7 Baue V2 erneut auf. Setze vor die Leuchte verschiedene Farbfilter. Ist das durch das Filter gehende Licht eine Spektral- oder eine Mischfarbe?

Beachte: Das weiße Licht und das Mischlicht besteht natürlich nicht aus farbigen Lichtstreifen. Das Streifenschema sagt uns nur, aus welchen Farbanteilen die Mischung besteht.

Komplementärfarben

Blenden wir, z. B. mit einem Pappstreifen, aus dem Spektrum Rot aus und vereinigen die anderen fünf farbigen Lichtbündel, sehen wir als *Mischfarbe* Grün (Abb. 3). Dieses ist also durch Farbaddition aus den verbleibenden farbigen Lichtern entstanden.
Gibt man zu dieser Mischfarbe Grün wieder Rot, indem man den Pappstreifen wieder wegnimmt, erhält man Weiß. Farbige Lichtanteile, die sich gegenseitig zu Weiß ergänzen, heißen *Komplementärfarben.*

Komplementärfarben ergänzen sich zu Weiß.

Die Addition einer aus dem Spektrum ausgeblendeten Farbe und der dazugehörigen Komplementärfarbe als Mischfarbe ergibt stets Weiß. Es gibt also mindestens sechs Komplementärfarbenpaare. Abb. 4 gibt eine Übersicht.

Unser Auge ist nicht in der Lage, z. B. die Spektralfarbe Rot von der Mischfarbe Rot (Spektrum minus Grün) zu unterscheiden. Wenn man wissen will, ob eine Farbe zusammengesetzt oder spektralrein ist, muss man sie auf ihre Zusammensetzung hin entsprechend V7 untersuchen. Dabei wird ein mischfarbiges Licht in weitere farbige Lichtanteile zerlegt, eine Spektralfarbe kann aber nicht weiter zerlegt werden.

Farbfilter

Durchsichtige, farbige Körper, z. B. Gläser, absorbieren bestimmte farbige Lichter. Man nennt solche Gläser Farbfilter. Wenn ein Filter nur eine Spektralfarbe aus dem Spektrum durchlässt, alle anderen also verschluckt, wird es spektralrein genannt. Die meisten Farbgläser lassen jedoch mehrere Anteile des Spektrums durch. Wir haben hinter ihnen Mischfarben (Abb. 5).

Auch farbige Folien z. B. für den Tageslichtprojektor sind Farbfilter. Sie absorbieren einen Teil des auffallenden weißen Lichts, also bestimmte farbige Lichter. Das durchgelassene farbige Licht fällt auf die Leinwand und wird von ihr ins Auge gestreut. Weil jetzt verschiedene farbige Lichter auf dieselbe Stelle der Netzhaut treffen, werden sie zu einer neuen Farbe addiert. Das Gleiche geschieht bei Farbdias oder beim Farbfilm: Jede Stelle des Bildes ist ein Farbfilter, das nur ganz bestimmte farbige Lichter durchlässt.

Wie kommen die Farben von Gegenständen zustande?

Die Sonne sendet weißes Licht aus. Eine Tanne, die wir in ihrem Licht sehen, erscheint uns aber grün; einen Marienkäfer sehen wir im Sonnenlicht rot und einen Maikäfer braun. Wie kommt das?

Wir lassen wie in Abb. 6 einen Teil eines Spektrums auf einen roten Karton fallen. Er erscheint nur im roten Bereich (und im angrenzenden Orange) des Spektrums rot, sonst schwarz. Die Kartonoberfläche streut also nur rotes Licht zurück. Die anderen farbigen Lichter des Spektrums werden vom Karton verschluckt (absorbiert).
Körper verschlucken an ihrer Oberfläche bestimmte farbige Lichter des Spektrums. Sie streuen Licht derjenigen Farbe als Mischfarbe zurück, in der wir die Oberfläche der Körper im Sonnenlicht sehen.

> Die Farbe, in der uns ein Körper im weißen Sonnenlicht erscheint, heißt **Körperfarbe.**

Wie Körperfarben entstehen, erkennst du in Abb. 7: Der linke Körper verschluckt vom weißen Licht alle farbigen Anteile außer Grün. Er wirft also nur Grün zurück, folglich sieht man ihn in dieser Farbe. Der mittlere Körper wirft Blau und Violett zurück, sieht also türkis aus. Der rechte Körper wirft nur Rot zurück.

Der rote Körper in Abb. 7 streut spektralreines Rot zurück. Er absorbiert also alle anderen Farben des Spektrums. Wenn er aber nur Grün verschluckt, schickt er Rot als Mischfarbe zurück, also alle Spektralfarben ohne Grün. Unser Auge kann aber nicht zwischen spektralfarbigem und mischfarbigem Licht unterscheiden. Folglich ist unser Farbeindruck immer der gleiche, nämlich Rot.

6

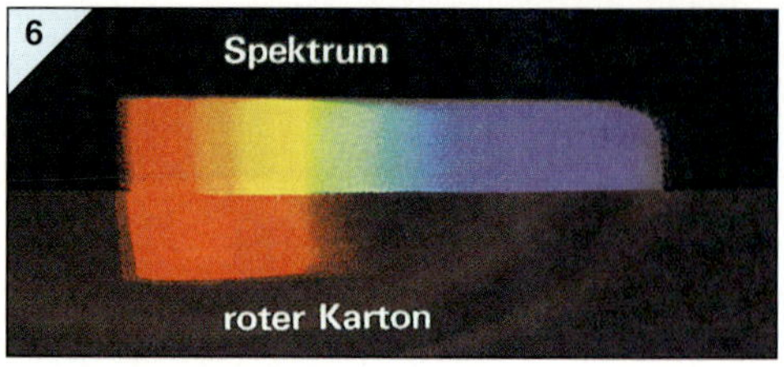

V8 Halte einen roten Karton von unten halb in ein Spektrum. Berichte, welches farbige Licht der Karton zurückstreut. Wo bleiben die anderen Farben des Spektrums?

V9 Wiederhole V8 mit Kartons anderer Farben. Welche Farben des Spektrums lassen sich jeweils auf dem Karton erkennen?

V10 Lass rotes Licht nacheinander auf Körper mit verschiedenen Körperfarben fallen (z. B. Pullover, Jacken, Bucheinbände usw.). Berichte über deine Farbeindrücke.

7

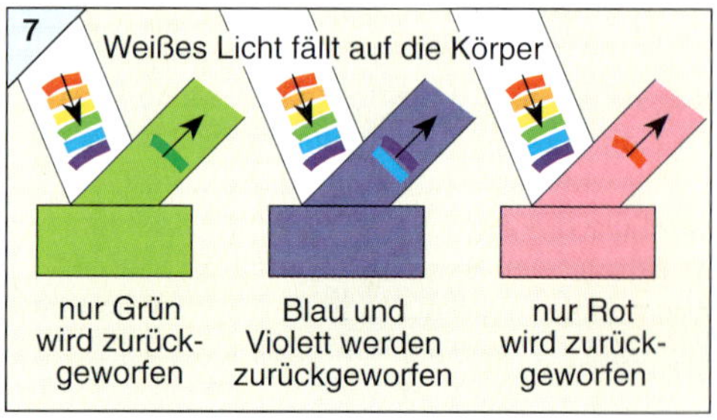

A11 Versuche zu erklären, wie die Farbeindrücke aus V1 zustandekommen.

Farbverfremdung

Wir haben als Kind die Namen der Farben „gelernt", unsere Eltern haben sie uns genannt. Dabei befanden sich die Körper meist im Sonnenlicht; darin werden die Farben also „definiert".

Viele Lichtquellen erzeugen Licht, das nicht alle Teile des Spektrums enthält, trotzdem aber so abgestimmt ist, dass es für unser Auge weiß erscheint. Das trifft z. B. für Leuchtstoffröhren zu. In ihrem Licht erscheint weißes Papier zwar weiß, farbige Kleidung kann aber oft ganz anders aussehen als im Tageslicht. Fehlen z. B. Rot und Grün im Spektrum einer solchen Lampe, erscheinen uns die restlichen Farben zusammen trotzdem weiß. Fällt dieses Licht aber auf einen roten Körper, der Spektralrot zurückwirft, ist der Körper schwarz.

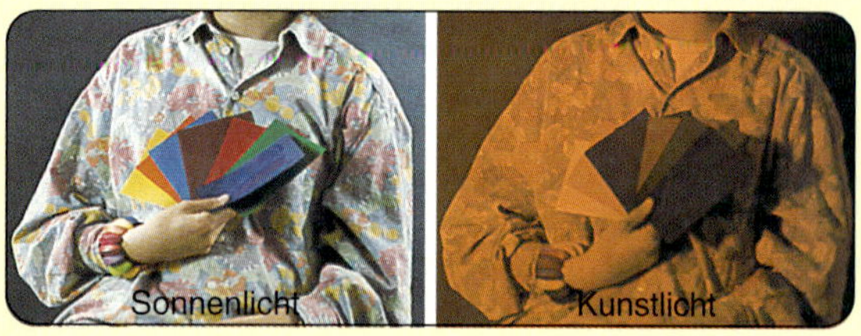

Weiß – Schwarz

Körper, die uns weiß erscheinen, müssen alle Farben des Spektrums zurückwerfen. Wie sieht ein Körper aus, der alle Farben verschluckt? Dieser sendet kein Licht aus, er hat folglich auch keine Farbe; eine solchen Körper nennen wir schwarz. Wie kann man aber einen schwarzen Körper sehen? Er ist nur zu sehen im Kontrast mit der Umgebung. Ein Körper, der von allen Spektralfarben einen gleich großen Anteil verschluckt und den Rest zurückwirft, erscheint uns grau. Je mehr Licht verschluckt wird, desto dunkler ist das Grau.

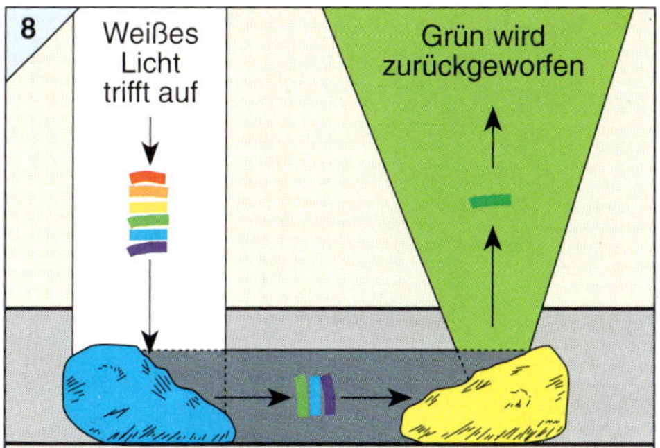

A12 Erkläre anhand obiger Abbildung, wie aus dem weißen Licht Grün geworden ist. Warum spricht man von Farbsubtraktion?

A13 Ab welcher Entfernung vom Bild rechts hast du den „richtigen" Farbeindruck?

A14 Betrachte verschiedene Bereiche im Bild rechts mit einer Lupe. Aus welchen Farben ist das Bild zusammengesetzt?

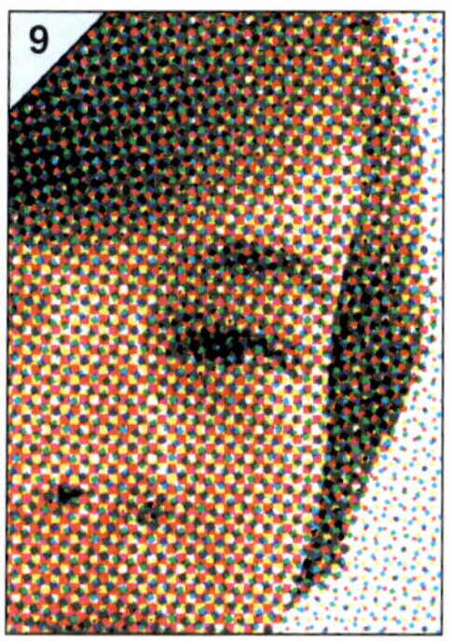

Mischung von Farbstoffen

Beim Bestrahlen einer weißen Leinwand mit grünem und rotem Licht ergibt sich bei Überlappung durch Farbaddition Gelb. Mit dem Tuschkasten aber erhält man beim Mischen von z. B. gelber und blauer Farbe Grün. Das Grün kann also nicht durch Farbaddition zustande gekommen sein. Hier passiert etwas anderes.

Die blauen Farbkörnchen absorbieren Licht vom roten Ende des Spektrums, die gelben dagegen Licht vom blauen Ende. Nach Streuung an den Körnchen bleibt schließlich Grün übrig, das dann vom weißen Papier unten zurückgeworfen wird (Abb. 8). Da hierbei einzelne Farben aus dem Spektrum nacheinander weggenommen werden, spricht man von **Farbsubtraktion.**

Das Gleiche passiert auch, wenn man weißes Licht durch mehrere Farbfilter fallen lässt. Jedes Filter nimmt einen bestimmten Teil des Spektrums aus dem Weiß weg. Hinter den Filtern bleibt also nur Licht der Farbe übrig, das von keinem Filter verschluckt wurde.

Auch der **Farbendruck,** in dem alle Bilder dieses Buches hergestellt sind, wirkt durch die Farbsubtraktion. Dazu werden drei jeweils einfarbige Bilder (gelb, rot und blau) ein und derselben Vorlage übereinander gedruckt. Mit einer Lupe kann man im farbigen Bild die Farbpunkte sehen. Zusätzlich wird noch das Bild in schwarz gedruckt, was man für die Schrift und für Schattierungen braucht. Diese Art des Druckes nennt man in der Fachsprache „Vierfarben-Druck."

AUFGABEN UND ZUSAMMENFASSUNG

1. Was versteht man unter Farbaddition?

2. Aus welchen Grundfarben werden beim Farbfernseher alle anderen Farbtöne gemischt?

3. Was sind Komplementärfarben? Nenne einige.

4. Kann man mit bloßem Auge erkennen, ob eine vorliegende Farbe spektralrein ist oder nicht?

5. Versuche, den Begriff „Körperfarbe" genau zu definieren. Erkläre, wie Körperfarben zustande kommen.

6. In welcher Farbe wirft ein grünes Blatt bei Sonnenschein Licht zurück, in welcher ein blauer Pullover?

7. Warum betrachten Käufer in einem Textilgeschäft die Kleidung, die sie kaufen wollen, gern im Tageslicht?

8. Ist Schwarz eine Farbe? Diskutiere.

9. In welchen Farben lässt ein Rotfilter Licht durch, welches Licht verschluckt es?

10. Beschreibe, wieso auf der Glasscheibe unten nur eine Farbe zu sehen ist, obwohl die Lampe weißes Licht aussendet.

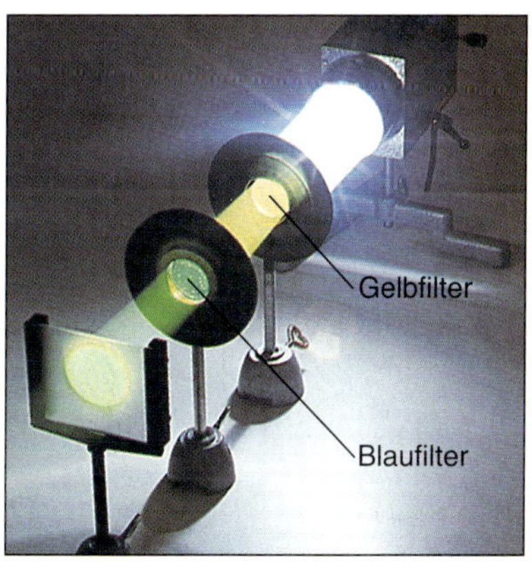

Mischung von Farben

Durch Überlagerung von verschiedenfarbigen Lichtern erhält man neue Farben. Aus den Farben Rot, Grün und Blau entsteht durch Farbaddition Weiß.
Blendet man Licht einer Farbe aus dem Spektrum aus und vereinigt den Rest, erhält man die Komplementärfarben. Je zwei Lichter in Komplementärfarben ergänzen sich zu Weiß.

Die Oberflächen von Körpern sehen wir im weißen Licht im Licht der Farbe, die der Körper zurückwirft. Den anderen Teil des Spektrums absorbiert er.
Auch durchsichtige Körper verschlucken einen Teil des Spektrums, einen anderen Teil lassen sie durch (Farbfilter, Farbgläser, Farbfolien).

Wie entsteht Licht?

Aus dem Chemieunterricht weißt du, wie ein Atom aufgebaut ist: Es besteht aus einem Kern und Elektronen, die in großem Abstand um den Kern herumschwirren. Das Atom hält zusammen, weil der Kern elektrisch positiv und die Elektronen negativ geladen sind.

Durch Energie, die von außen in ein Atom „einfällt", kann ein Elektron auf eine Stelle, die vom Kern weiter wegliegt, „gehoben" werden. Das entspricht z. B. dem Hochheben eines Steines. Der bekommt Höhenenergie, weil man beim Hochheben gegen die Anziehungskraft der Erde arbeitet. Im Atom wird das Elektron gegen die elektrische Anziehungskraft des positiven Kerns „hochgehoben", man sagt auch, „auf ein höheres Niveau gehoben". Das Atom hat dadurch Energie gespeichert. Die Herstellung dieses Zustandes nennt man **„Anregung"**. Über die Möglichkeiten, ein Atom anzuregen, werden wir gleich im Einzelnen sprechen.

Ein auf ein solch höheres Niveau gehobenes Elektron kann dort nicht beliebig lang bleiben, sondern es springt auf seine angestammte Stelle zurück. Damit wird die vorher aufgenommene Energie wieder frei und vom Atom in Form eines Photons abgestrahlt (Abb. unten). Solche „Lichtquellen" wollen wir hier betrachten.

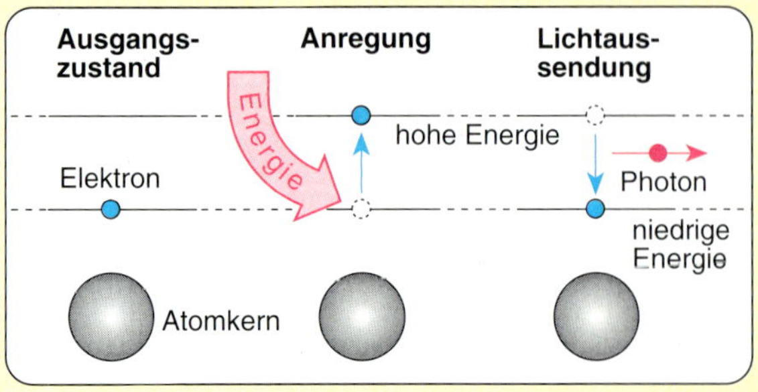

Wie werden Atome angeregt?

Ein Atom kann durch thermische Stöße, durch Elektronenstöße oder durch auftreffende Photonen in einen angeregten Zustand versetzt werden.

■ **Thermische Stöße:** In einem Draht schwingen die Atome um ihre Ruhelage. Wird der Draht von außen erhitzt, geraten die Atome in heftigere Bewegung und können dabei zusammenstoßen. Dadurch wird auf ein Nachbaratom Energie übergeben und ein Elektron kann „hochgehoben" werden. Nach relativ kurzer Zeit springt das Elektron an seine alte Stelle zurück; das Atom gibt die Energie als Photon ab.

Je stärker der Draht erhitzt wird, desto größer ist die Schwingungsenergie der Atome. Folglich können die Elektronen auch auf verschiedene Niveaus gebracht werden. Nach dem Zurückspringen ist die abgestrahlte Energie unterschiedlich groß. Deshalb gibt es beim glühenden Draht die Abstufungen von Rotglut (wenig energiereiche Photonen) über Gelbglut bis zur Weißglut (sehr energiereiche Photonen).

■ **Elektronenstöße:** In einer Fernsehröhre werden Elektronen elektrisch beschleunigt. Sie prallen mit hoher Energie auf eine mit Chemikalien (Leuchtstoff) belegte Fläche auf dem Bildschirm. Dabei geben sie den Atomen dieser Schicht Energie ab und regen diese an. Die Elektronen der Leuchtstoff-Atome werden „hochgehoben", springen zurück, geben die aufgenommene Energie als Photonen ab und der Bildschirm leuchtet.

■ **Photonenstöße:** Du kennst „Leuchtfarben". Dabei handelt es sich um chemische Stoffe, die einfallendes Licht aufnehmen können. Die Photonen prallen auf die Atome dieser Stoffe und regen sie an. Die aufgenommene Energie wird dann zum größten Teil sofort wieder als Licht abgegeben.

Fluoreszenz

Bei der Anregung eines Atoms durch ein Photon muss das Atom nicht alle aufgenommene Energie auch wieder in Form eines Photons loswerden. Es kann auch zwei energetisch passende Photonen aussenden als Licht kleinerer Energie. So kann z. B. (für uns unsichtbar) ultraviolettes Licht in Wärme und sichtbares Licht „umgewandelt" werden. Man spricht deshalb bei diesen Leuchtstoffen gelegentlich von „Lichttransformatoren". Wenn die Lichtumwandlung sofort geschieht, spricht man von **Fluoreszenz.**
Beispiele: Schreibstifte, T-Shirts, Kunststoff-Streifen in Leuchtfarben an der Kleidung oder an Schultaschen.

Auch Briefmarken werden mit bestimmten Mustern aus fluoreszierendem Stoff markiert. Dadurch kann ein Lese-Automat erkennen, ob ein Brief richtig frankiert wurde.

Banknoten und Schecks sind mit fluoreszierenden Nummern bedruckt. So kann ein Kassierer mithilfe einer UV-Lampe sofort erkennen, ob die Banknote oder der Scheck echt ist.

Farbe in Malerei und Grafik

Sicherlich haben sich alle Maler und Graphiker Gedanken um die Wirkung ihrer Bilder und Zeichnungen gemacht. Neben dem Motiv der Darstellung spielen Farben eine entscheidende Rolle bei dem Eindruck, den der Betrachter gewinnt. Während der Physiker Farben und ihre Entstehung untersucht, ist für den Künstler die Wirkung auf den Menschen entscheidend.

Schon NEWTON hat versucht, „Ordnung" in die Farben zu bekommen, indem er die Spektralfarben zu einem **Farbenkreis** zusammenfügte. Den Übergang zwischen Violett und Rot erhielt er durch Farbaddition von diesen beiden Farben, er bekam Purpur. Je nachdem, ob man bei der Addition das Rot oder das Violett intensiver macht, erhält man immer wieder andere Purpurtöne. Entsprechend lässt sich durch Addition anderer farbiger Lichter, deren Farben auf dem Farbenkreis nahe aneinander liegen, eine dazwischen liegende Farbe erzeugen, z. B. durch Gelb und Rot Braun. So erhält man also zwölf Farben. Bringt man Licht aus im dargestellten Farbenkreis gegenüberliegenden Farben zusammen, erhält man Weiß. Dabei ist es gleichgültig, ob es sich um spektralreines Licht oder Mischlicht handelt.

Grundfarben – Mischfarben

Überlegungen, wie sie schon NEWTON zu den Farben angestellt hatte, haben natürlich noch heute in der Kunst Bedeutung. Dabei unterscheidet man streng zwischen Farben, die sich nicht ermischen lassen, und Mischfarben. Die ersteren werden **Grundfarben** genannt. Es sind *Gelb, Magenta* und *Cyan.* Mit diesen Farben ist auch das vorliegende Buch gedruckt.

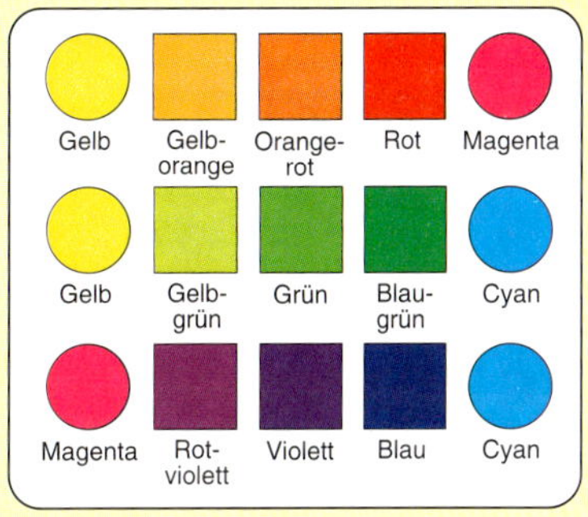

Daraus lassen sich nun durch Mischen von jeweils zwei Grundfarben **Mischfarben** erzielen. Nehmen wir z. B. Gelb und Magentarot, wie in der oberen Zeile der rechten Abbildung. Die Farbstärke der linken Farbe nimmt nach rechts hin ab, die der rechten Farbe zu. Gehst du von Gelb über Magentarot, von dort in der unteren Zeile zu Cyanblau und in der mittleren Zeile von dort nach links, bist du wieder bei Gelb. Ordnet man diese zwölf Farben in einem „Zwölfer-Farbkreis" an, erhält man gegenüberliegend Komplementärfarben, wie im Newtonschen Farbenkreis.

Bunt und Unbunt

Alle jetzt besprochenen Farben werden in der Kunst als „bunte Farben" bezeichnet. Es gibt aber auch „unbunte Farben": das sind Weiß, Schwarz und Grau. Durch das Mischen mit Weiß lassen sich alle Farben *aufhellen.* Dazugeben von Schwarz macht die Farben *dunkler.*

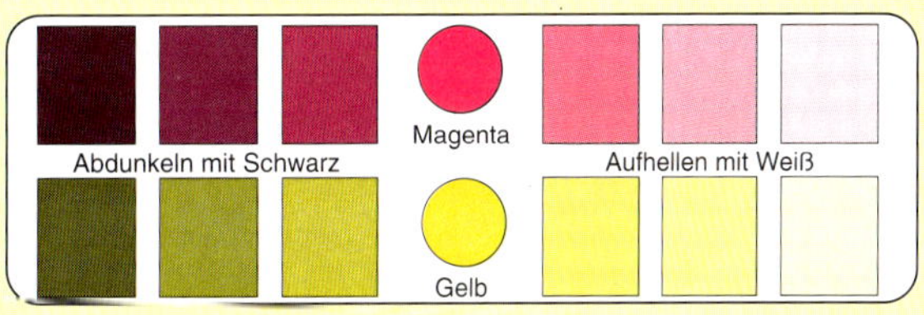

Kalt – Warm

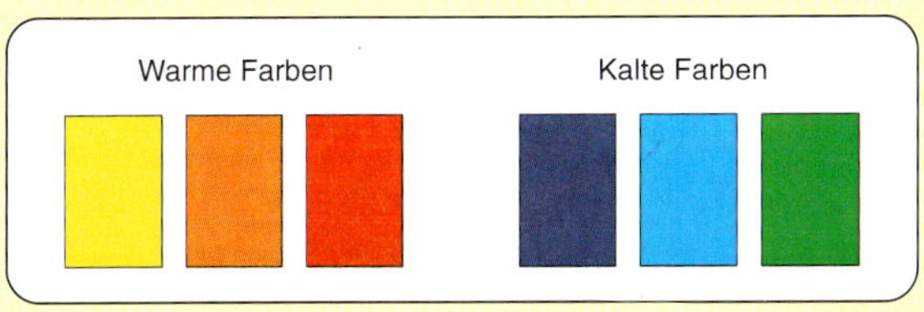

Bis jetzt haben wir über das Ermischen von Farben gesprochen. Wie aber wirken die Farben auf uns? Natürlich hat jeder ein eigenes Farbempfinden. Es gibt aber doch einen Eindruck, den wir alle gemeinsam haben: Wir sprechen von *warmen* und *kalten Farben.* Farben wie Gelb, Rot oder Braun werden mit Sonne oder Feuer in Zusammenhang gebracht, deshalb empfinden wir sie als warm. Dagegen wirken Blau oder Grün, die an Wasser oder Eis denken lassen, auf uns kalt.

Werden Farbanteile aus weißem Licht ausgefiltert, so verbleibt die Komplementärfarbe.

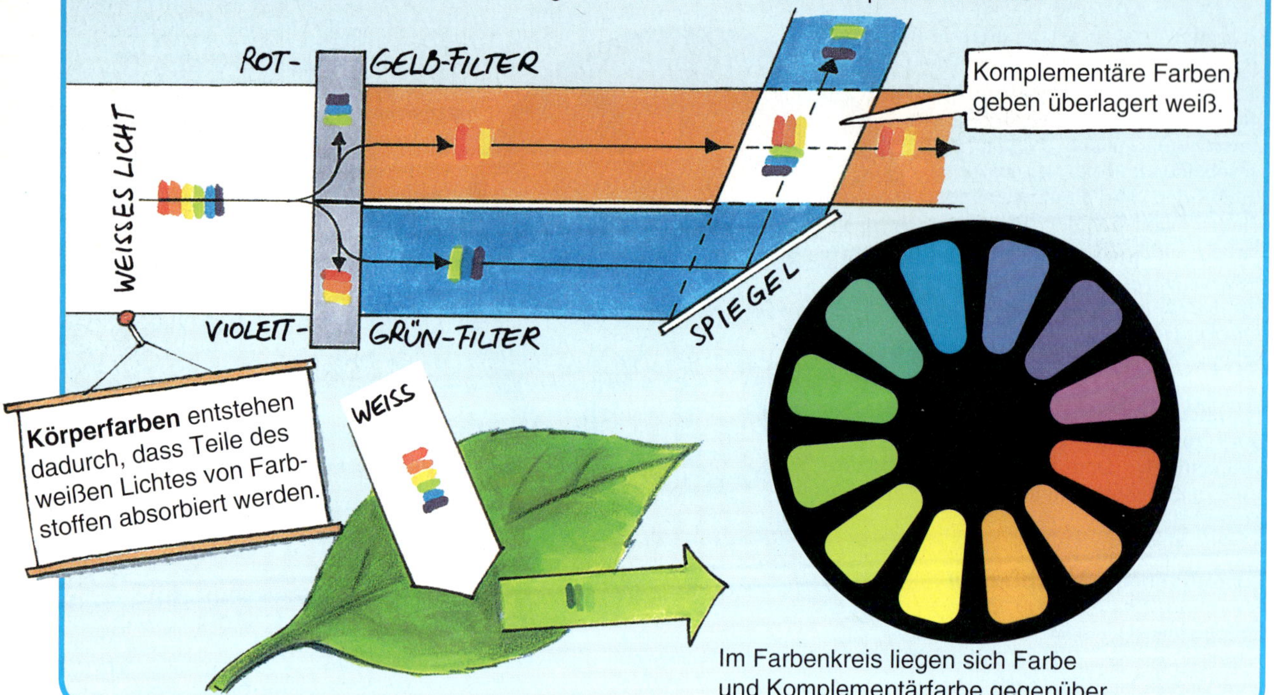

Im Farbenkreis liegen sich Farbe und Komplementärfarbe gegenüber.

TESTE DEIN WISSEN

1. Konstruiere das Bild eines 3 cm hohen Gegenstandes, der in 6 cm Entfernung von einer Linse mit $f = 3$ cm Brennweite senkrecht auf der optischen Achse steht.

2. Wieso ist in einer Experimentierleuchte die Lampe verschiebbar? Wo muss die Lampe im Gehäuse stehen, damit man a) ein divergentes, b) ein konvergentes, c) ein paralleles Lichtbündel erhält?

3. Ein leuchtender Punkt befindet sich 2 cm über der optischen Achse und 9,5 cm vor einer Linse ($f = 5$ cm). Konstruiere den Bildpunkt.

4. Auf eine Sammellinse fällt ein achsenparalleles Lichtbündel mit kreisförmigem Querschnitt mit dem Durchmesser *d*. Hinter der Linse wird ein Schirm so weit verschoben, bis auf ihm eine kreisrunde Scheibe mit demselben Durchmesser *d* erscheint. Aus dem Abstand Linse–Schirm kann man die Brennweite der Linse ermitteln. Wie?

5. Ein Gegenstand steht 20 cm vor einer Sammellinse, 60 cm hinter ihr entsteht sein Bild. Welche Brennweite hat die Linse?

6. Welche Beziehung muss zwischen Gegenstandsweite und Brennweite einer Linse bestehen, wenn das Bild doppelt so groß ist wie der Gegenstand?

7. Eine Sammellinse mit der Brennweite 4,5 cm soll von einem 2 cm hohen Gegenstand ein 3 cm großes Bild erzeugen. Ermittle sowohl durch Zeichnung als auch durch Rechnung die Gegenstands- und die Bildweite.

8. Eine Projektionswand ist 2 m von einem Diaprojektor entfernt. Um welche Strecke muss man das Objektiv ($f = 90$ mm) verschieben, wenn die Projektionswand auf 4 m Entfernung verschoben wird?

9. Beschreibe und skizziere einen Versuch, mit dem weißes Licht in Farben zerlegt werden kann.

10. Bei einer Sammellinse ergibt sich für Rot eine andere Lage des Brennpunktes als für Blau. Welcher liegt näher an der Linse?

11. Nenne technische, medizinische und biologische Anwendungen für IR- und UV-Licht.

12. Sechs Spektralfarben können mit einer Sammellinse zu weiß vereinigt werden. Nenne die Farben, die bei der Vereinigung entstehen, wenn jeweils eine der Spektralfarben ausgeblendet wird.

13. Die farbigen Lichtbündel Rot und Grün ergeben addiert einmal Weiß, einmal Gelb. Woraus besteht rotes und grünes Licht, wenn Weiß bzw. wenn Gelb entsteht?

14. Wie kommen die Farben zustande, wenn weißes Licht a) auf ein farbiges, gemaltes Bild, b) durch ein Dia fällt?

15. In welcher Farbe erscheint ein weißer Kittel, wenn man ihn a) mit Rot, b) mit Grün, c) mit Rot und Grün gleichzeitig beleuchtet?

16. Zähle Situationen auf, bei denen Farbaddition, und solche, bei denen Farbsubtraktion eine Rolle spielen und erkläre sie.

Wärme und Energienutzung

Wie misst man Temperaturen?

Bevor eine Mutter ihr Baby badet, taucht sie eine Hand ins Badewasser. Sie prüft, ob das Wasser die richtige **Temperatur** hat, also nicht zu heiß oder zu kalt ist. Das ist möglich, weil sich in unserer Haut winzige Fühlpunkte befinden, die unsere Temperaturempfindung hervorrufen. Die Fühlpunkte sagen uns, ob das, was wir gerade anfassen, siedend heiß, heiß, lauwarm, kalt oder eiskalt ist. Die Wortliste „siedend heiß" bis „eiskalt" können wir als *Temperaturskala* unserer Umgangssprache auffassen. Sie lässt sich durch Einfügen zusätzlicher Ausdrücke noch verfeinern.

Zum Prüfen von Temperaturen mit der Hand gehört einige Erfahrung, denn unser Temperatursinn lässt sich täuschen. Bild 1 zeigt ein Beispiel: Gaby taucht gleichzeitig die rechte Hand in kaltes und die linke in heißes Wasser; nach kurzer Zeit bringt sie beide Hände zugleich in lauwarmes Wasser. Die linke Hand empfindet nun das laue Wasser wesentlich wärmer als die rechte; die rechte findet es kälter als die linke. Gaby bzw. ihr Temperatursinn lässt sich also täuschen. Diese Täuschung tritt ein, weil beide Hände vorher verschiedene Temperatur-Erfahrungen hatten. Die Mutter muss also beim Prüfen des Badewassers berücksichtigen, an welche Temperatur ihre Hände gerade „gewöhnt" sind.

Thermometer: Um die Unzuverlässigkeit unseres Temperatursinns zu umgehen und um zu einer feiner unterteilten Temperaturskala zu kommen, wurden Temperaturmessgeräte erfunden, so genannte *Thermometer.* Das Thermometer in Bild 2 hat eine Skala mit vielen Teilstrichen. Neben jedem zehnten Strich steht eine Zahl. Dicht über der Skala befindet sich ein dünnes Röhrchen, in dem eine farbige Flüssigkeit hin- und herlaufen kann, wenn der Messfühler links am Röhrchen heißer oder kälter wird. Am rechten Ende des Flüssigkeitsfadens lesen wir die Temperatur in **Grad** ab; im Fall der Abb. 2 sind es 29 Grad.

1

V1 Fülle drei Schüsseln mit Wasser: eine mit heißem, eine mit lauwarmem und eine mit kaltem. Tauche eine Hand in die heiße Schüssel, die andere gleichzeitig in die kalte. Kurze Zeit später kommen beide Hände in das laue Wasser. Beschreibe, was du jeweils empfindest.
Woher rührt wohl der verwirrende Eindruck?

V2 Miss mit einem Thermometer die Temperatur von sehr heißem und sehr kaltem Wasser. Beschreibe, wie sich der Flüssigkeitsfaden verhält. – Wann und wo liest du ab? Warte 10 Minuten und miss erneut. Warum liest du jetzt andere Werte ab?

2

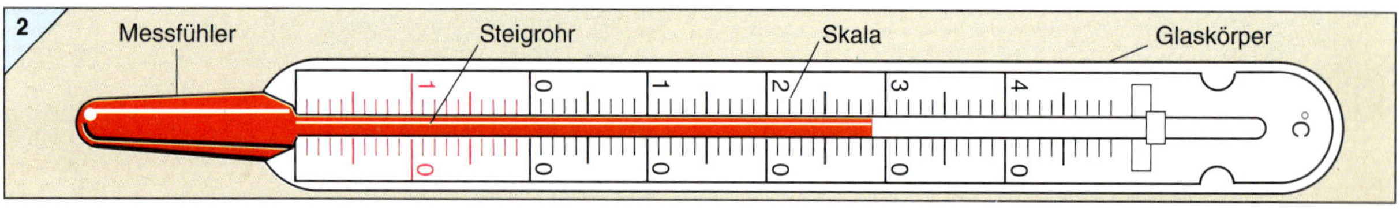

Achtung bei der Temperaturmessung!

Hält man ein Thermometer in heißes Wasser, so steigt die Flüssigkeitssäule im Thermometerrohr langsam hoch und bleibt schließlich stehen. Ihr Ende hält z.B. bei 85 Grad. Dies ist die Temperatur des Wassers.

Kommt das Thermometer danach in kaltes Wasser, so sinkt die Flüssigkeit im Rohr ab; sie hält beispielsweise bei 12 Grad an.

Dies zeigt uns, dass man bei Temperaturmessungen immer warten muss, bis sich die Flüssigkeitssäule im Thermometerrohr nicht mehr bewegt.

Nimmt man das Thermometer zum Ablesen aus dem Wasser heraus, muss man sich mit dem Ablesen sputen: Denn der Flüssigkeitsfaden ist längst unterwegs, um die Lufttemperatur anzuzeigen.

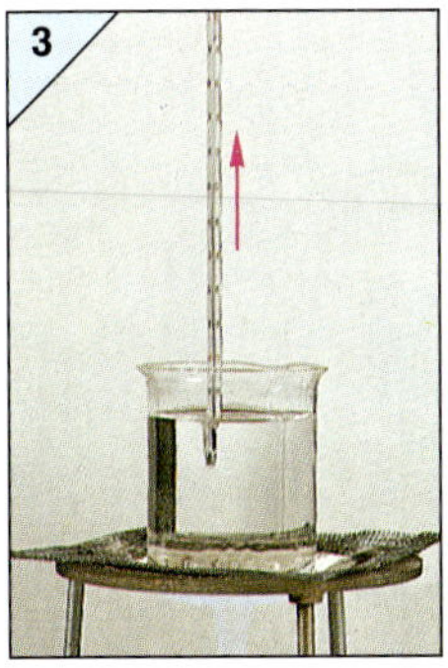

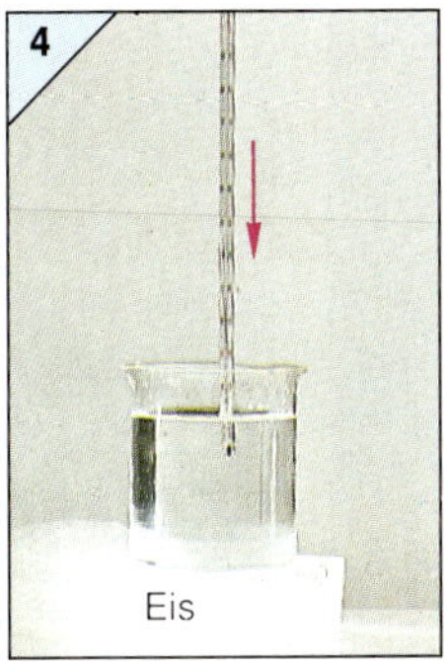

V3 Erwärme wie in Bild 3 Wasser mit einem Brenner.
Beschreibe, wie sich die Temperatur ändert. Was ist der Grund dafür?

V4 Setze danach das Glasgefäß mit dem Wasser entsprechend Bild 4 auf einen Eisblock.
Notiere, wie sich jetzt im Laufe der Zeit die Temperatur ändert. Begründe.

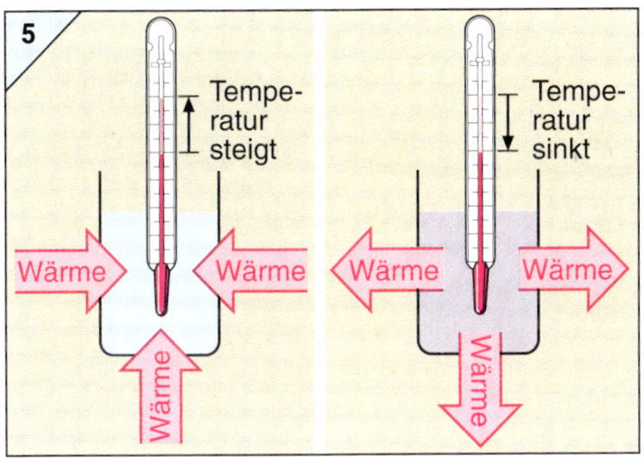

A5 Beschreibe anhand der beiden Bilder, was geschehen muss, damit die Temperatur von Wasser steigt, und was, damit sie sinkt.

A6 Zähle alle Wärmequellen auf, die du kennst.

A7 Was meint man mit dem Wort „Wärme", was mit dem Wort „Temperatur"?

Geht Wärme nur von heiß nach kalt?

Wärme geht von selbst immer nur vom wärmeren zum kälteren Körper über. Eine Wärmequelle muss daher immer heißer sein als das, was erhitzt wird.

Umgekehrt muss man beim Kühlschrank dafür sorgen, dass der Innenraum immer kälter ist als die Küche. Das Kühlaggregat macht das automatisch. Nur so können die Speisen die Wärme, die sie mitbringen, abgeben und sich selbst dadurch abkühlen.

Woher kommt und wohin geht Wärme?

Wenn wir heißes Wasser für Kaffee brauchen, nehmen wir kaltes und stellen es auf eine elektrische Kochplatte oder über eine Gasflamme. – Wasser in einem Teich wird warm, wenn die Sonne lang genug darauf scheint. Dann können wir baden. – Beim Grillen verbrennen wir Holzkohle unter den Würstchen. Die Würstchen werden von der Glut erhitzt und fein gebraten. – Menschen (oder Tiere), die sich in einem kleinen Raum aufhalten, heizen die Luft darin merklich auf.

Wir können die dargestellten Situationen folgendermaßen verstehen. Es gibt Geräte und Dinge, in denen Wärme erzeugt wird: Die elektrische Heizplatte, die Gasflamme, die Sonne, die glimmende Holzkohle, die Menschen. Wir nennen dies alles **Wärmequellen,** weil in ihnen Wärme entsteht und dann abgegeben wird. Die Abgabe erfolgt in unseren Beispielen an das Kaffeewasser, an das Wasser im Teich, an die Würstchen und an die Luft. Auch Öfen, offene Feuer, Glühlampen und laufende Motoren sind Wärmequellen. Für alle gilt:

In Wärmequellen wird Wärme erzeugt und danach an Dinge in ihrer Umgebung abgegeben.

Wärmeaufnahme und Wärmeabgabe

Wenn ein Glas Wasser vom Gasbrenner in Bild 3 Wärme aufnimmt, wird das Wasser langsam heiß. Seine Temperatur steigt, während es sich die Wärme „einverleibt". Diese Wärme wird dabei sozusagen im Wasser gespeichert.

Man kann dem heißen Wasser auch Wärme abnehmen: Dazu setzt man das Glas auf Eis (Abb. 4). Das kalte Eis entzieht dem Glas Wärme. Gleichzeitig sinkt die Temperatur des Wassers. Man erreicht mühelos den Wert vor dem Aufsetzen auf die Flamme. Dem Wasser wird jetzt die gespeicherte Wärme wieder entzogen. Abkühlen ist also die Umkehrung von Erwärmen.

Jeder Gegenstand ist somit ein **Wärmespeicher.** Die beim Erhitzen aufgenommene Wärme parkt in ihm, bis das Abkühlen beginnt; dann läuft sie langsam wieder aus ihm heraus. Bedenke aber: Ein Topf voll Wasser kann mehr Wärme speichern als ein voller Zahnputzbecher, auch wenn die Temperatur gleich ist. Deshalb kann man Wärme nicht mit dem Thermometer messen und in Grad angeben, denn Temperatur und Wärme sind verschiedene Dinge. Beachte deshalb immer:
Man redet von **Wärme,** wenn man das meint, was ankommt und weggeht. Mit **Temperatur** dagegen bezeichnet man das, was man am Körper erfühlt oder mit Thermometern in Grad misst.

Führt man einem Gegenstand Wärme zu, so steigt dessen Temperatur, entzieht man ihm Wärme, so sinkt sie.

Wärme unter dem Energie-Gesichtspunkt

Beim **Zersägen eines Metallrohrs** (Bild 6) wird sowohl das Sägeblatt als auch das Rohr an der Schnittstelle heiß. Dort reiben zwei Gegenstände aneinander. Das hemmt die Bewegung. Wir müssen arbeiten, um die Hemmung zu überwinden. Für den Aufwand „Arbeit" bekommen wir dann die Wärme. Man sagt, sie wird *mechanisch* erzeugt.

Im **Gasbrenner** (Bild 7) verbrennt Butangas wie im Lagerfeuer Holz und im Ofen Öl. Die Erzeugung von Wärme wird hier durch den Verbrauch von Brennstoff erkauft. Da die Verbrennung ein chemischer Vorgang ist, wird hier Wärme *chemisch* erzeugt.

Die Wärme, die ein **Heizstrahler** (Bild 8) oder ein **Tauchsieder** (Bild 9) liefert, ist *elektrisch* erzeugt. Wir bekommen sie, indem wir elektrische Energie aus der Steckdose beziehen.

Wir sehen, dass ohne Aufwand in Bezug auf Wärmeerzeugung nichts geht. Der Versuch nach Bild 11 zeigt aber, dass mehr hinter der Sache steckt: Denn dort ist Wärme ihrerseits der Aufwand für das Betreiben eines Kleinmotors, der hier eine Pappscheibe in Drehung hält, obwohl sie von der Luft ständig gebremst wird (Luftwiderstand). Betrachten wir die Energieverhältnisse genauer:

Energie ist bei diesem Vorgang zunächst im Brennstoff Kerzenwachs gespeichert. Sie wird in der Kerzenflamme freigesetzt und erscheint dort als Wärme. Das Thermoelement verwandelt einen Teil dieser Wärme in elektrische Energie. Diese wird vom Elektronenstrom zum Motor transportiert und taucht dort in der Bewegung der Achse kurz als mechanische Energie auf. Durch die Reibung der rotierenden Scheibe an der Luft wird die mechanische Energie wieder in Wärme verwandelt. Diese vielen Umwandlungen lassen nur einen Schluss zu:

> Wärme ist eine spezielle Form von Energie.

V8 Schalte einen Tauchsieder ein, der in einem Becherglas mit Wasser steht. Wohin geht die Wärme? Wodurch entsteht sie?

V9 Der Bohrer einer elektrischen Bohrmaschine wird auf harten Stein gesetzt und eine Zeit lang laufen gelassen. Beschreibe, was du siehst und was du fühlst, wenn du die Maschine abschaltest und den Bohrer berührst.

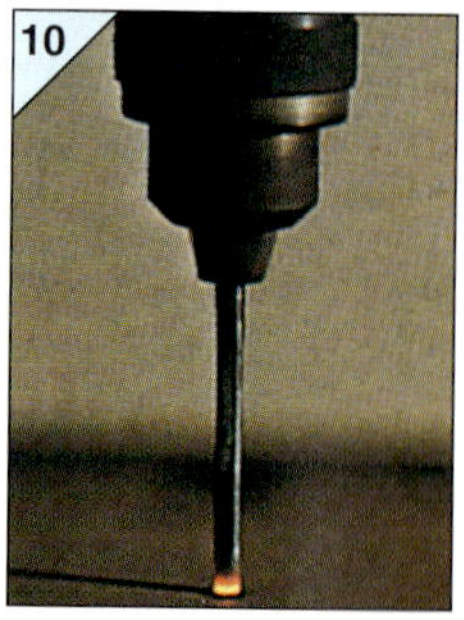

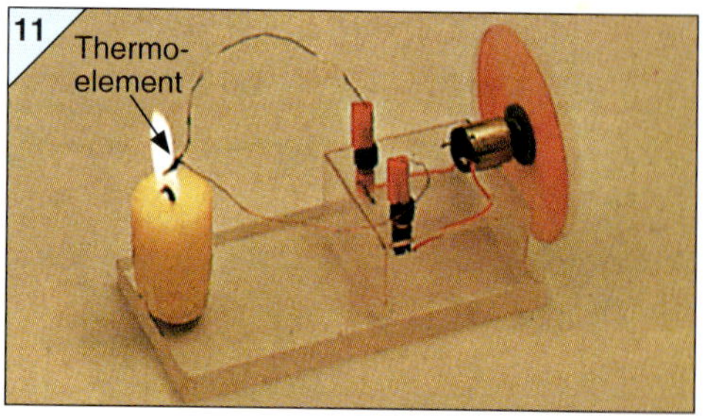

V10 Schließe ein Thermoelement (das ist ein Kupferdraht, der mit einem Konstantandraht verknotet ist) an einen Kleinmotor an. Erhitze die Verknüpfungsstelle auf Rotglut.
Was ist zu beobachten?

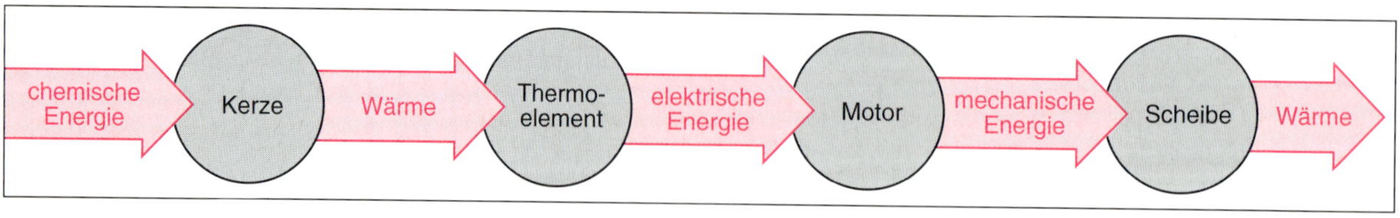

Der Mensch, ein ganz spezieller Ofen

Wärme wird in Joule gemessen

Wir wissen, dass Temperaturen in °C gemessen werden. Was aber benutzen wir als Einheit für die Wärme? Kennen wir sie schon?
Ohne Zweifel! Denn wir haben soeben herausgestellt, dass Wärme eine Form von Energie ist. Deshalb müssen wir beim Angeben von „Wärmemengen" die uns schon bekannte Energieeinheit benutzen: das Joule. Es ist, wenn man Energie in Form von Wärme betrachtet, eine kleine Einheit. Oft benutzt man Tausender- und Millionenpakete davon:

1 kJ = 1 000 J (kJ sprich Kilodschuul)
1 MJ = 1 000 000 J (MJ sprich Megadschuul)

Wenn es im Winter kalt ist, rücken wir oft eng zusammen und wärmen uns gegenseitig. Denn du gibst im Sitzen in jeder Sekunde etwa 50 Joule Wärme ab. Eine Klasse mit 25 Schülern schafft deshalb insgesamt 1 250 Joule in der Sekunde – das ist etwas mehr, als ein elektrischer Heizlüfter auf Stufe 1 bringt. Kein Wunder, dass es im Sommer im Klassenzimmer ungemütlich warm wird, wenn die Fenster nicht geöffnet werden.

Wo brennt die Flamme im Ofen „Mensch" und welcher Brennstoff wird verheizt? Der Brennstoff ist **Zucker,** den das Blut in jede Zelle des Körpers bringt. Er wird dort chemisch umgewandelt wie das Gas in einer Brennerflamme, allerdings viel gemächlicher und natürlich ohne offene Flamme! Deshalb ist die Zelltemperatur auch nur 37 °C. Als **Abfallstoffe** entstehen bei dieser Umsetzung wie in der Gasflamme Wasser (H_2O) und Kohlenstoffdioxid (CO_2). Beide werden vom Blut mitgenommen. Das Wasser wird mit dem Harn ausgeschieden, das Kohlenstoffdioxid über die Lunge. Der Brennstoff Zucker steckt natürlich in unserer Nahrung. Manchmal ist er in ihr direkt enthalten. Vorwiegend besteht das, was wir essen, aber aus Substanzen, die unser Stoffwechselsystem (Magen und Darm) in Zucker umwandeln kann, wenigstens teilweise.

Die Tabelle zeigt, wie viele Joule frei werden, wenn 1 g verschiedener Nährstoffe in Zucker umgewandelt und in den Körperzellen still verbrannt wird. Man nennt dies den **Nährwert** der jeweiligen Stoffe. Bei Zucker sind es 17 kJ = 17 000 J. Die reichen beim Herumsitzen 17 000 : 50 ≈ 340 Sekunden oder knapp 6 Minuten zum Leben. Wenn du deinen täglichen Energiebedarf kennst, kannst du leicht selbst ausrechnen, wie du dir eine abwechslungsreiche Speisenkarte zusammenstellen kannst, die deinen Energiebedarf deckt. Bedenke aber: Beim Herumtollen, Holzhacken, Sporttreiben usw. steigen der Energiebedarf und die Wärmeproduktion erheblich. Deshalb kommst du dabei auch ins Schwitzen.

Der **Heizwert** der Brennstoffe, der in der Tabelle zusätzlich aufgeführt ist, sagt, wie viel Wärme erzeugt wird, wenn 1 kg oder 1 m³ des betreffenden Stoffes mit heißer Flamme verbrennt.

Nahrungsmittel	Nährwert	Brennstoff	Heizwert
1 g Zucker	17 kJ	1 kg Öl	40 MJ
1 g Brot	10 kJ	1 kg Benzin	44 MJ
1 g Fleisch	7 kJ	1 kg Spiritus	23 MJ
1 g Wurst	10 kJ	1 kg Kohle	30 MJ
1 g Butter	32 kJ	1 kg Holz	19 MJ
1 g Käse	15 kJ	1 m³ Erdgas	32 MJ
1 g Kartoffeln	4 kJ	1 m³ Propangas	47 MJ

AUFGABEN UND ZUSAMMENFASSUNG

1. Nenne weitere Worte wie „warm" und „kalt", mit denen man Temperaturen beschreibt. Ordne sie zu einer Skala.

2. Welchen Sinn hat ein Thermometer? Könnte man auch ohne die Skala daran Temperaturen messen?

3. Wie geht man vor, wenn man die Temperatur von Wasser misst? Wo ist der „Zeiger" beim Flüssigkeitsthermometer?

4. Ein Kochtopf voll Wasser steht auf der Herdplatte. Erkläre mit den Worten „Wärme" und „Temperatur", was nach dem Anschalten der Herdplatte geschieht.

5. Was ist allen Wärmequellen gemeinsam?

6. In welcher Richtung strömt Wärme, wenn sie die Temperatur eines Körpers erhöht? Wie ist die Richtung bei Temperaturerniedrigung?

7. Was geschieht, wenn man die Temperatur eines Körpers misst, die niedriger ist als die des Thermometerfühlers? In welcher Richtung strömt Wärme?

8. Bremse ein Fahrrad mit der Rücktrittbremse aus voller Fahrt hart ab und fasse sofort an die Nabe. Was spürst du? Wie kommt es dazu?

9. Schlage einen Nagel in einen Holzklotz und ziehe ihn mit einer Zange wieder heraus. Warum fühlt sich der Nagel warm an?

Temperatur und Wärme

Bei Wärmezufuhr erhöht sich die Temperatur von Körpern, bei Wärmeentzug sinkt sie. Temperaturen werden mit Thermometern gemessen und in Grad angegeben.
In Wärmequellen wird Wärme erzeugt und an andere Körper oder an die Umgebung abgegeben. Dadurch steigt deren Temperatur.

Wärme ist Energie

Wärme entsteht bei Reibungsvorgängen, bei Verbrennungsvorgängen und bei manchen elektrischen Vorgängen. Sie ist eine bestimmte Form von Energie.

Gefrier- und Siedetemperatur von Wasser

Alex will für das Abendessen Kartoffeln kochen; er gibt die Kartoffeln in einen Topf mit Wasser, stellt den Topf auf den Herd und schaltet die Platte auf Stufe 3. Plötzlich klingelt das Telefon – seine Freundin Steffi ruft an. Nach 10 Minuten kommt Alex zurück und staunt nicht schlecht: Die Kartoffeln sind zwar noch da, aber die Hälfte des Wassers ist weg. Wo ist es geblieben?

Stellen wir die Situation im Versuch nach: Wir erwärmen Wasser in einem Becherglas und lesen in gleichen Zeitabständen die Temperatur ab (Abb. 1). Da man sich so viele Messwerte schlecht merken kann, tragen wir sie in eine Tabelle ein. In dieser stehen die Minuten in einer Zeile nebeneinander, die dazugehörenden Temperaturen in einer zweiten Zeile darunter:

V1 Erwärme Wasser in einem Becherglas auf einer Gasflamme unter dauerndem Rühren. Miss die Wassertemperatur alle 30 Sekunden und trage die erhaltenen Temperatur- und Zeitwerte in eine Tabelle ein.

1

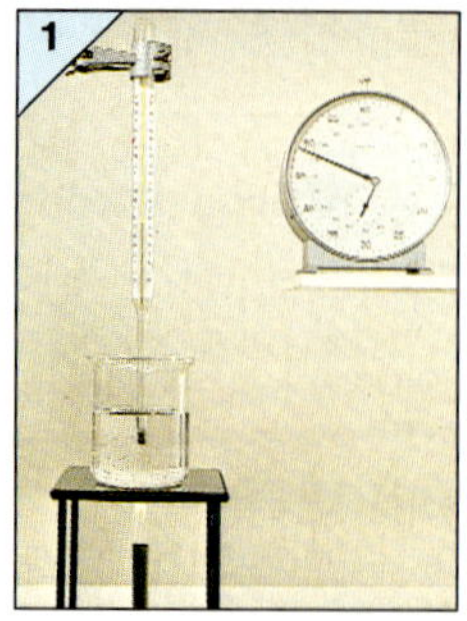

A2 Erstelle aus den Tabellenwerten ein Zeit-Temperatur-Diagramm wie in Abb. 2.

Zeit in Minuten	0	1	2	3	4	5	6	7	8	9	10	11	12	13	14
Temparatur in Grad	30	40	54	69	78	84	90	94	97	99	100	100	100	100	100

Wenn man die Tabelle studiert, erkennt man Folgendes:

1. Die Temperatur des Wassers steigt während der Wärmezufuhr von 30 Grad auf 100 Grad.
2. Wenn 100 Grad erreicht sind, ändert sich die Wassertemperatur nicht mehr – obwohl immer noch Wärme zugeführt wird.
3. Die Temperatursteigerungen in jeweils 1 Minute sind zu Beginn der Messung (zwischen 30 und 60 Grad) deutlich größer (rund 10 Grad) als im Bereich um 90 Grad (nur 4 Grad).

2

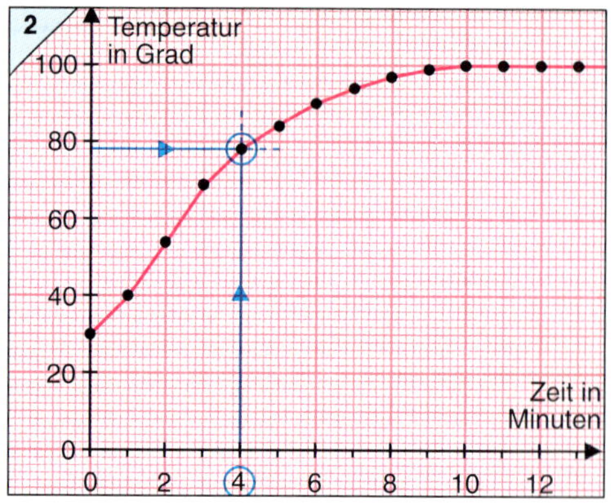

A3 Studiere das aus V1 erhaltene Zeit-Temperatur-Diagramm. Beschreibe es.
Was kannst du daraus für die Temperatur des Wassers bei ständiger Wärmezufuhr ablesen?
Was passiert im Wasser bei der Temperatur, bei der die Temperatur-Linie waagerecht verläuft?

All das wird auf einen Blick erkennbar, wenn man die Zeit- und die Temperaturwerte der Tabelle bildhaft darstellt und wie in Abb. 2 einander zuordnet: Auf der Rechtsachse wird die Zeitskala in Minuten aufgetragen, auf der Hochachse die Temperaturskala in Grad. Für einen Messwert (z. B. 4 min; 78 Grad) sucht man dann erst den Zeitwert auf der Zeitskala (4 min) und geht jetzt senkrecht nach oben, bis man an die waagerechte Linie für den Temperaturwert (78 Grad) kommt. Dort macht man einen Punkt. Ebenso verfährt man mit allen anderen Messwerten. Hat man alle eingetragen, verbindet man die Punkte miteinander. Man erhält eine Linie, die gerade und krumme Abschnitte hat. Ein derartiges Schaubild nennt man **Zeit-Temperatur-Diagramm.**

Nun müssen wir die Beobachtungen, die wir bei dem Versuch gemacht haben, mit dem Zeit-Temperatur-Diagramm zusammenbringen:

Im Versuch führen wir dem Wasser in gleichen Zeitabständen immer gleich viel Wärme zu; die Brennerflamme wird ja nicht verändert. Deshalb steigt die Wassertemperatur zunächst auch gleichmäßig an. Dieser Anstieg verlangsamt sich ab etwa 80 Grad, die Temperatur-Linie wird krumm; man braucht jetzt mehr Wärme, um die Temperatur um eine bestimmte Gradzahl zu erhöhen. Ab 100 Grad ändert sich die Wassertemperatur gar nicht mehr, die Temperatur-Linie läuft parallel zur Rechtsachse und ist gerade. In diesem Bereich führt Wärmezufuhr offensichtlich nicht mehr zu Temperaturänderungen.

A4 Hier siedet Wasser in einem Becherglas und verdampft dabei. Welche Temperatur hat das Wasser?
Wohin geht der Wasserdampf?
Die Glasscheibe ist zunächst kalt. An ihr bilden sich Wassertropfen. Wieso?
Woher kommt das Wasser?

3

V5 Fülle ein großes Reagenzglas mit Wasser und stelle es in eine Kältemischung (Abb. 4). Lies die Temperatur alle 30 Sekunden ab und trage die Messwerte in eine Tabelle ein. Zeichne das Zeit-Temperatur-Diagramm (wie Abb. 5).

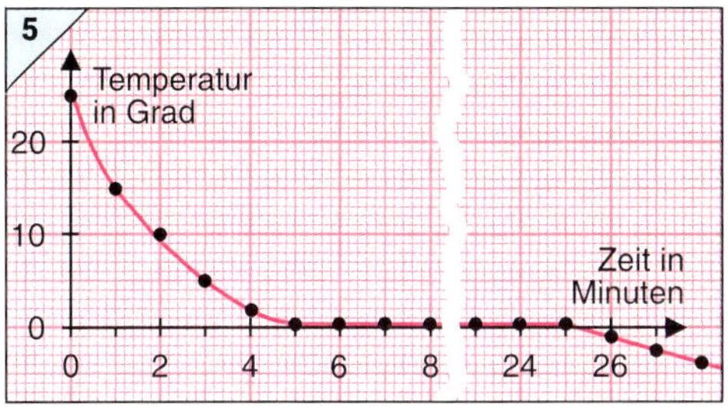

A6 Vergleiche dieses Zeit-Temperatur-Diagramm mit deinem eigenen. Was ist gleich, was verschieden?
Welche Vorgänge laufen im abfallenden Linienteil ab, welche im waagerechten?

A7 Was geschieht bei der Siedetemperatur, was bei der Gefriertemperatur mit Wasser? Welche Temperaturen sind das?

Anmerkung: Das Flacherwerden der Kurve in Abb. 2 zeigt, dass auch schon unterhalb der Siedetemperatur etwas passiert: Wasser, das sich an der Oberfläche befindet, verdampft bereits, während sich das Wasser im Innern noch aufheizt. Man nennt diesen Vorgang **Verdunsten.**

V8 Fülle ein Becherglas mit Wasser und einer Handvoll zerstoßenem Eis und miss die Temperatur der Mischung unter dauerndem Rühren. Erwärme das Becherglas dann mit einem Gasbrenner und miss alle 60 Sekunden die Temperatur. Notiere die Werte und zeichne das Zeit-Temperatur-Diagramm.

A9 Welche Vorgänge liefen im Glas ab, während die Temperatur gleich geblieben ist; welche, während sie angestiegen ist?

Sieden und Gefrieren

Im Versuch nach Abb. 1 könnte der Wärmeverbrauch bei 100 Grad damit zusammenhängen, dass im Wasser Blasen entstehen, die aufsteigen, an der Oberfläche zerplatzen und verschwinden, wobei der Wasserstand langsam abnimmt. Offensichtlich wird die zugeführte Wärme dazu verwendet, Wasser in Dampf zu verwandeln. Der Wasserdampf ist das, was in den Blasen aufsteigt und beim Platzen unsichtbar in die Luft entweicht. Wenn das geschieht, sagt man, das Wasser *siedet.*
Die **Siedetemperatur** (der *Siedepunkt*) von Wasser beträgt also 100 Grad. Bei dieser Temperatur geht flüssiges Wasser in das Gas Wasserdampf über, es *verdampft.*

In Abb. 4 wird Wasser abgekühlt. Wenn man dabei mit der Wassertemperatur sehr tief kommen will, braucht man ein Glas mit *Kältemischung.* Die besteht aus etwas Wasser, zerstoßenem Eis und viel Kochsalz. In dieser Mischung herrscht tiefster Winter! Stellt man ein großes, wassergefülltes Reagenzglas in die Kältemischung, kann man ein Zeit-Temperatur-Diagramm für das Abkühlen von Wasser aufnehmen (Abb. 5) – wie vorher für das Erwärmen. Dieses Diagramm zeigt uns Folgendes:
Zunächst sinkt die Wassertemperatur, weil Wärme an die Kältemischung abgegeben wird. Dann aber wird es wieder interessant: Wenn 0 Grad erreicht ist, bleibt die Wassertemperatur längere Zeit unverändert, obwohl weiterhin Wärme in die Kältemischung abfließt. Gleichzeitig wird aus dem Wasser im Reagenzglas Eis. Offensichtlich muss Wärme abgeführt werden, wenn Wasser vom flüssigen in den festen Zustand übergehen soll. Erst wenn alles Wasser gefroren ist, sinkt die Temperatur des Eises unter die 0 Grad-Marke.
Weil Wasser bei 0 Grad *gefriert (erstarrt),* nennt man diese Temperatur die **Gefriertemperatur** (den *Gefrierpunkt*) von Wasser.

Wasser verdampft bei 100 Grad und gefriert bei 0 Grad.

Schmelzen und Kondensieren

Jeder weiß, dass Eis schmelzen kann und dabei wieder zu Wasser wird. Was beim **Schmelzen** im Hinblick auf Temperatur und Wärme geschieht, kann man leicht nachprüfen (Abb. 6): Eine Wasser-Eis-Mischung in einem Becherglas hat die Temperatur 0 Grad. Auch wenn man Wärme zuführt, zeigt das Thermometer noch lange nahezu 0 Grad. Erst wenn alles Eis geschmolzen ist, steigt die Temperatur wieder an.
Eis schmilzt also bei der gleichen Temperatur, bei der Wasser gefriert, bei 0 Grad.

Auch Wasserdampf in der Luft kann wieder flüssig werden. Denn wie wäre sonst zu erklären, dass beim Kochen (Sieden von Wasser) der Wasserstand im Kochtopf abnimmt, während gleichzeitig die Fensterscheiben der Küche beschlagen! Diese Rückbildung von Wasserdampf zu Wasser heißt **Kondensieren** (Bild 3).

Wie kommt man zur Thermometer-Skala?

Wir haben bis jetzt Thermometer kennen gelernt, die mit Flüssigkeiten gefüllt waren (z. B. Quecksilber oder Alkohol), und mit ihnen auch Temperaturen in Grad gemessen. Was wir noch nicht wissen ist, wie man eigentlich zur Thermometer-Skala kommt. Man kann ja schließlich nicht einfach irgendwelche Zahlen neben das Steigrohr schreiben und dann Temperaturen ablesen.

Die Skala muss eine ganz wesentliche Bedingung erfüllen: Sie muss so „gemacht" sein, dass – gleichgültig, wer das Thermometer gebaut oder erdacht hat – bei der Messung gleicher Temperaturen immer auch die gleichen Gradangaben abgelesen werden. Wir wollen sehen, wie man das schafft.

Dazu benutzen wir eine Thermometerröhre ohne Skala und Glashülle, aber mit einem angehefteten Blatt Papier, das die Skala aufnehmen soll (Abb. 7). Mit diesem ,,Thermometer" kannst du zwar feststellen, ob sich die Temperatur von Wasser erhöht oder ob sie sinkt, genau angeben kannst du sie aber nicht. Es fehlt ja noch die Skala. Die bekommen wir so:

Wir stecken das Thermometerröhrchen in eine Mischung aus Wasser und zerstoßenem Eis. Wenn die Flüssigkeit im Röhrchen sich nicht mehr bewegt, markieren wir diesen Stand auf dem Papierstreifen. Dies ist der *untere Fixpunkt* der zukünftigen Skala. Anschließend tauchen wir die Röhre in ein Gefäß mit siedendem Wasser und markieren wie zuvor den neuen Stand der Flüssigkeit. Damit erhalten wir den *oberen Fixpunkt*.

Unabhängig davon, wie dick oder wie lang die Thermometerröhre ist und mit welcher Flüssigkeit sie gefüllt wurde, gibt es diese beiden Fixpunkte immer. Wenn die Thermometerflüssigkeit am unteren Fixpunkt steht, weiß man, dass der Messfühler die Temperatur von schmelzendem Eis (also 0 Grad) hat; steht sie am oberen, hat der Fühler die Temperatur von siedendem Wasser (100 Grad).

Die Celsius-Skala

Den Abstand zwischen den beiden Fixpunkten kann man jetzt – wie es schon vor etwa 250 Jahren der Schwede Anders Celsius vorgeschlagen hat – auf dem Papierstreifen in 100 gleiche Teile unterteilen. Wir haben damit an unserem Thermometer eine *Celsiusskala* angebracht. Zu Ehren von Celsius nennt man den Temperaturschritt zwischen zwei benachbarten Strichen auf der 100-teiligen Skala „1 Grad Celsius" und schreibt ihn kurz so: 1 °C. Zukünftig werden wir statt des Wortes ,,Grad" immer ,,°C" schreiben. Sagen darfst du weiterhin ,,Grad", wenn du ,,Grad Celsius" meinst.

> Thermometer werden mithilfe der Gefriertemperatur (0 °C) und der Siedetemperatur (100 °C) von Wasser geeicht.

V10 Markiere auf einer Thermometerröhre die Fixpunkte auf dem Röhrenglas und auf dem dahinter angebrachten Papierstreifen. Ziehe den Streifen ab und unterteile den Abstand zwischen 0 Grad und 100 Grad in 10 gleiche Teile, nach Möglichkeit jeden Abschnitt noch einmal in 10 gleiche Teile. Verlängere die Skala ein Stück weiter nach oben und unten. Schreibe die Zehnerzahlen an.
Stecke dann den Papierstreifen wieder passgerecht auf.

V11 Halte dein mit Skala versehenes Thermometer in Wasser mit verschiedenen Temperaturen und auch in eine Kältemischung. Notiere die Temperaturwerte.
Wiederhole die Messungen jeweils mit einem handelsüblichen Thermometer. Überprüfe die Güte deiner Skala.

Minus-Temperaturen

Mit unserem Eigenbau-Thermometer können wir die Temperatur in einer Kühltruhe noch nicht messen, denn dort liegen die Werte unter 0 °C. Ebensowenig könnten wir die Temperatur von siedendem Fritierfett feststellen, die weit über 100 °C liegt. Denn unsere Eigenbau-Skala hört ja bei den Fixpunkten auf.

Damit man höhere oder tiefere Temperaturen messen kann, setzt man die Einteilung auf der Skala oberhalb von 100 °C fort, zählt also einfach weiter.
Unter 0 °C verfährt man entsprechend. Vor die Gradangaben kommt aber ein Minuszeichen, damit man 3 °C über Null von 3 °C unter Null (–3 °C) unterscheiden kann; man erhält so –1 °C, –2 °C usw., also Minusgrade.

A12 Wie muss man vorgehen, um Temperaturunterschiede oberhalb von 0 °C auszurechnen?
Wie, wenn eine Temperatur über 0 °C liegt und die andere unter 0 °C?

> *Anmerkung:* Die Siedetemperatur von Wasser liegt nur dann genau bei 100 °C, wenn ein bestimmter Barometerstand (Luftdruck) vorliegt. Da dieser bei schlechtem Wetter und mit zunehmender Höhenlage des Ortes abnimmt, messen wir meist etwas kleinere Werte als die „theoretischen" 100 °C.

Rechenbeispiele für Temperaturunterschiede

1. Wasser gefriert bei 0 °C und siedet bei 100 °C. Dazwischen liegen 100 Grad; man sagt, die Temperaturdifferenz beträgt 100 Grad.
Solche Differenzen lassen sich leicht errechnen:
100 °C–0 °C = 100 Grad
Die Temperaturdifferenz zwischen 19 °C und 76 °C beträgt
76 °C–19 °C = 57 Grad.

2. Wie groß ist die Differenz zwischen der Lufttemperatur im Winter (–10 °C) und deiner Körpertemperatur (36 °C)?
Wir rechnen jetzt in zwei Schritten:
Von –10 °C bis 0 °C sind es 10 Grad;
von 0 ° C bis 36 °C sind es 36 Grad,
zusammen also 10 Grad + 36 Grad = 46 Grad.

3. Wie groß ist die Differenz zwischen der Temperatur des kältesten Tages im Jahr (–20 °C) und der des heißesten Tages (38 °C)?
Auch jetzt muss man wie zuvor zur Berechnung die Werte unter 0 °C zu denen über 0 °C hinzuzählen. Also
20 °C + 38 °C = 58 Grad.

4. Um wie viel Grad wird es wärmer, wenn das Thermometer im Winter von –19 °C auf –5 °C steigt?
Wenn man das ausrechnen will, muss man nur die kleinere Gradzahl von der größeren abziehen – ohne Berücksichtigung des Minuszeichens:
19 °C–5 °C = 14 Grad.

AUFGABEN UND ZUSAMMENFASSUNG

1. Wie hoch sind Schmelz- und Siedetemperatur von Wasser?

2. Was geschieht mit Eis bei der Schmelz-, was mit Wasser bei der Siedetemperatur, wenn man jeweils weiter Wärme zuführt?

3. Was passiert mit Wasser bei der Gefriertemperatur, wenn man Wärme entzieht?

4. In welchen Zuständen kann Wasser vorkommen? Wie heißen die Übergänge zwischen den Zuständen?

5. Gibt es Wasser mit der Temperatur –20 °C oder 130 °C? Begründe deine Antwort.

6. Warum eignet sich Wasser nicht als Füllung für Thermometer, die Temperaturen unter 0 °C messen sollen?

7. Beschreibe, wie man die Skala eines Thermometers erstellt.

8. Welche Vorgänge benutzt man zum Auffinden der Fixpunkte eines Thermometers? Bei welchen Temperaturen laufen diese Vorgänge ab?

9. Betrachte verschiedene Thermometer. Wie weit reicht die Skala jeweils?

10. Wie groß ist die Temperaturdifferenz zwischen 38 °C und 74 °C; zwischen 20 °C und 274 °C; zwischen –10 °C und –38 °C; zwischen –20 °C und +50 °C?

11. Fülle ein großes Becherglas mit Eiswürfeln, die gerade am Schmelzen sind. Gib etwas Wasser zu. Miss die Temperatur dieser Mischung.
Gib dann mehrmals 100 g-Portionen Kochsalz dazu, rühre jeweils kräftig um und miss die Temperaturen. Wie tief kommst du? Bei welcher Zusammensetzung der Mischung ist die Temperatur am niedrigsten?

Eis – Wasser – Wasserdampf

Wasser kommt vor als festes Eis, als flüssiges Wasser und als gasförmiger Wasserdampf.

Der Übergang der Flüssigkeit Wasser in Dampf heißt Verdampfen, der von Dampf in Flüssigkeit Kondensieren. Beide finden bei 100 °C statt. Der Übergang von Eis in flüssiges Wasser heißt Schmelzen, die Umkehrung (Flüssigkeit → Eis) Gefrieren. Beide Übergänge treten bei 0 °C auf.

Thermometereichung

Ein Thermometer kann mithilfe des Gefrierpunktes (0 °C) und des Siedepunktes (100 °C) von Wasser geeicht werden.

Je heißer, desto größer

Zwei Schülerinnen denken über eine Behauptung nach, die eine Mutter aufgestellt hat: „Wenn ihr einen Eisentopf randvoll mit Wasser füllt und den Topf stark erwärmt, läuft das Wasser über!"
Sie stellen einige Vermutungen über die möglichen Gründe an:
- Wenn nur der Topf kleiner wird, läuft Wasser über.
- Wenn nur der Topf größer wird, sinkt der Wasserstand.
- Wenn sich nur das Volumen des Wassers vergrößert, läuft Wasser über.
- Wenn sich nur das Volumen des Wassers verringert, sinkt der Wasserstand.

Was trifft von alledem zu? Um das entscheiden zu können, untersuchen wir zunächst, wie sich Wasser bei Temperaturerhöhung verhält. Auf den Topf kommen wir später zurück.

Erwärmen wir vorsichtig Wasser in einem randvollen Gefäß, können wir sehen, dass sich die Wasseroberfläche mehr und mehr nach oben wölbt. Wir schließen daraus, dass sich das Volumen des Wassers vergrößert. Diese Ausdehnung lässt sich besser beobachten, wenn man die Anordnung von Abb. 1 rechts benutzt. Dort ist der Kolben mit einem durchbohrten Stopfen verschlossen, in dem ein dünnes Glasrohr steckt. Jetzt bewirkt schon eine geringe Ausdehnung der Flüssigkeit im Glas ein deutliches Ansteigen des Wasserstandes im Rohr. Das Ergebnis ist eindeutig:

> Je höher die Temperatur von Wasser ist, desto größer ist sein Volumen.

Vergrößert sich das Volumen anderer Flüssigkeiten beim Erwärmen ebenfalls? Um das herauszufinden, füllen wir drei gleiche Stehkolben wie in Abb. 2 mit verschiedenen Flüssigkeiten und erwärmen sie in einem Wasserbad. Wir stellen fest:

1. Alle Flüssigkeitsspiegel steigen langsam hoch. Das Volumen aller drei Flüssigkeiten wächst also bei Temperaturerhöhung.
2. Die Volumenvergrößerung ist vom Stoff abhängig: Wasser dehnt sich weniger aus als Glykol, Spiritus dagegen mehr.
3. Kühlen sich die Flüssigkeiten wieder auf die Ausgangstemperatur ab, so haben alle wieder ihr ursprüngliches Volumen.

Flüssigkeitsthermometer

Ein Kolben mit Rohr wie in Abb. 1 rechts ist im Prinzip schon ein Thermometer; ihm fehlt nur noch die Skala. Auch ein richtiges *Flüssigkeitsthermometer* hat ein sehr dünnes, enges Glasröhrchen und unten einen kugelförmig erweiterten Behälter, den *Messfühler.* Abgelesen wird auf einer *Skala* neben dem Röhrchen.

Taucht das Thermometer z. B. in heißes Wasser, nimmt die Flüssigkeit im Messfühler Wärme auf, dehnt sich aus und steigt im dünnen Röhrchen hoch. Bringt man den Messfühler mit kaltem Wasser in Kontakt, dann kühlt er sich ab, weil die Thermometerflüssigkeit ja Wärme abgibt. Sie zieht sich zusammen; der Flüssigkeitsspiegel im Röhrchen sinkt. Deshalb ist der Flüssigkeitsstand ein Maß für die Temperatur.

1

V1 Fülle einen Stehkolben randvoll mit Wasser und erwärme ihn.
Beobachte die Wasseroberfläche.

V2 Verschließe den wassergefüllten Kolben durch einen Stopfen mit Glasrohr (Abb. 1 rechts). Drücke den Stopfen so weit ein, dass das Wasser knapp oberhalb des Stopfens steht. Vorsicht beim Eindrücken – Bruchgefahr!!
Beschreibe, was beim Erwärmen und beim Abkühlen geschieht.

2

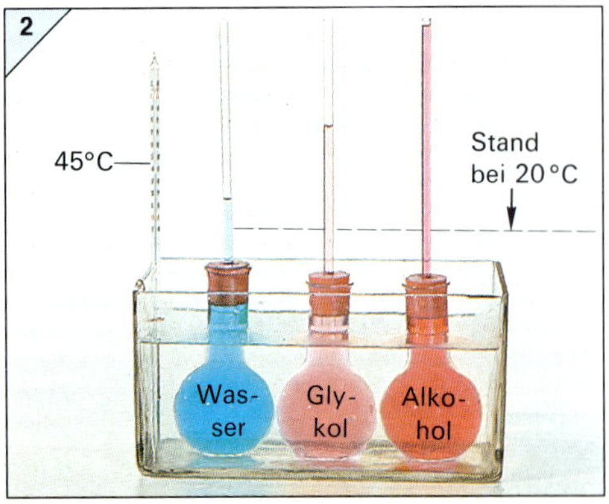

V3 Fülle drei kleine Stehkolben randvoll mit drei verschiedenen Flüssigkeiten (z. B. mit Tinte gefärbtes Wasser, Frostschutzmittel (Glykol), Salatöl, Spiritus). Verschließe die Kolben wie in V2 mit Stopfen und Glasrohr (Vorsicht!); ziehe oder drücke an den Stopfen, bis alle Flüssigkeiten gleich hoch stehen. Stelle die Kolben dann in heißes Wasser.
Beobachte und beschreibe.

A4 Warum ist es zweckmäßig, in V3 die drei Kolben in das gleiche Wasserbad zu stellen?

A5 Wie würden sich die Skalen von sonst baugleichen Thermometern unterscheiden, wenn man sie einmal mit Wasser, einmal mit Spiritus füllen würde?

V6 Fülle je ein Medizinfläschchen mit Schraubverschluss randvoll mit abgekochtem Wasser und geschmolzenem Stearin; verschließe sie fest.
Lege die Fläschchen in das Gefrierfach eines Kühlschranks. Betrachte nach einiger Zeit die Flaschen. Beschreibe.

V7 Fülle ein großes Reagenzglas randvoll mit flüssigem Stearin, ein zweites mit abgekochtem Wasser. Stelle beide ins Gefrierfach. Betrachte die Oberflächen, wenn beide Flüssigkeiten erstarrt sind. Berichte.

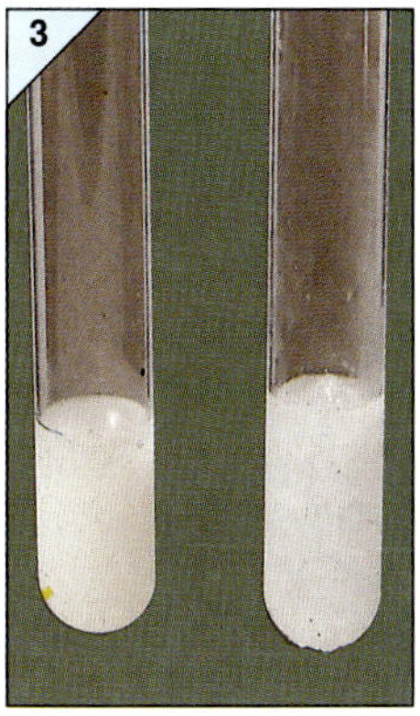
3

V8 Lass kleine Stearinstückchen in den Stearinsee einer brennenden Kerze fallen. Gib Eiswürfel in ein Gefäß mit Wasser. Erkläre das unterschiedliche Verhalten.

V9 Miss die Temperatur einer Eis-Wasser-Mischung in einem Becherglas einmal ganz oben, dann ganz unten (hier nicht rühren!). Was stellst du fest?

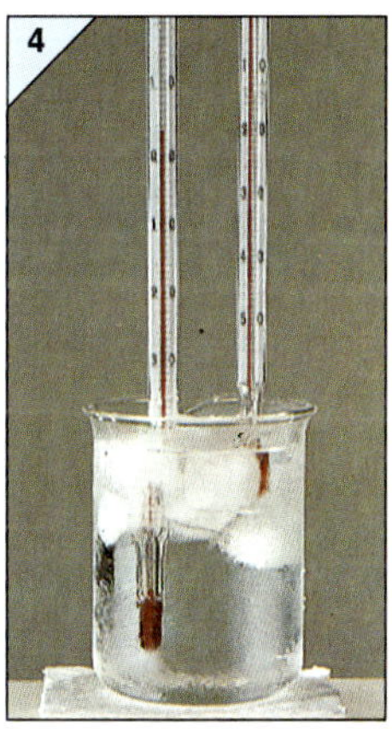
4

5

A10 Im Winter hat das Wasser eines Teiches nicht überall die gleiche Temperatur. Welche Auswirkungen hat das?

Wasser verhält sich anders!

Wenn im Winter die Temperatur der Luft auf 0 °C absinkt, eilen viele Leute in ihren Garten, um freiliegende Wasserleitungen zu entleeren. Sie befürchten, dass die Leitung einfriert und dabei platzt. Wie kommt das? Wir haben doch gelernt, dass sich Flüssigkeiten zusammenziehen, wenn ihre Temperatur sinkt.

Um dahinter zu kommen, müssen wir untersuchen, wie sich Flüssigkeiten (z. B. Wasser und geschmolzenes Stearin) beim Erstarren verhalten: Im Gefrierschrank platzt das Fläschchen mit Wasser; das mit Stearin bleibt heil. Allerdings ist es nicht mehr ganz voll – obwohl keine Flüssigkeit ausgelaufen ist. Stearin verhält sich also wie erwartet – sein Volumen verringert sich beim Gefrieren. Wasser benimmt sich regelwidrig – sein Volumen vergrößert sich beim Abkühlen. Man spricht von der **Anomalie** des Wassers.

Die Anomalie des Wassers kann man leicht beobachten: Lässt man Stearin und Wasser in einem offenen Gefäß erstarren, so zeigt das erstarrte Stearin an der Oberfläche eine trichterförmige Eindellung; das Eis dagegen hat sich nach oben gewölbt. Wenn man diese Volumenvergrößerung von Eis beim Gefrieren genauer untersucht, findet man: Eis hat bei 0 °C ein um $^{1}/_{10}$ größeres Volumen als das Wasser, aus dem es entstanden ist, braucht also mehr Platz. Deshalb ist das wassergefüllte Glasfläschchen im Gefrierfach geplatzt und deshalb zerreißen bei starkem Frost Wasserleitungen, wenn sie vorher nicht entleert wurden.

Die Volumenvergrößerung von Wasser beim Erstarren hat noch weitere erstaunliche Folgen:

- Während festes Stearin in geschmolzenem untergeht, schwimmt Eis auf Wasser. Wie Stearin verhalten sich auch festes Blei in einer Bleischmelze und festes Fett in geschmolzenem. Wasser macht auch hier eine Ausnahme: Festes Wasser, also Eis, schwimmt auf flüssigem.
- Landwirte pflügen im Herbst den Boden in groben Schollen um; wenn das Wasser in den Schollen gefriert, zerkrümeln diese.
- Autofahrer mögen die Sprengkraft des Wassers allerdings nicht so gerne; denn wenn Wasser unter die Straßendecke dringt und dort gefriert, wird diese zerstört: „Frostaufbruch".

Misst man wie in Abb. 4 die Temperaturverteilung in einem Eis-Wasser-Gemisch, dann stellt man fest: Oben in der Flüssigkeit beträgt die Temperatur 0 °C (dort schmilzt ja das auf dem Wasser schwimmende Eis); weiter unten aber hat das Wasser 4 °C!
Diese eigenartige Temperaturschichtung gibt es nur bei Wasser – eine weitere Besonderheit (Anomalie). Sie führt dazu, dass in einem Teich Wasser zuerst an der Oberfläche gefriert. Diese Eisschicht schirmt dann das darunter liegende Wasser gegen weitere Wärmeabgabe ab. Deshalb gefrieren Teiche oder Seen ab einer bestimmten Wassertiefe nicht mehr bis zum Grund; ganz unten hat das Wasser eine Temperatur von 4 °C – Fische und Pflanzen haben immer noch Wasser zum Leben.

Ausdehnung fester Körper

Flüssigkeiten dehnen sich aus, wenn man ihre Temperatur erhöht. Das haben wir eindeutig festgestellt. Nicht untersucht haben wir, wie sich der Eisentopf beim Erwärmen verhält, ob er also größer oder kleiner wird oder sich gar nicht verändert. Beobachtungen an festen Gegenständen, die großen Temperaturänderungen ausgesetzt sind (Töpfe, Herdplatten, Schürhaken, Grillroste o. Ä.), scheinen zu bestätigen, dass sich bei Erwärmung nichts tut.

Ein Versuch nach Abb. 6 zeigt aber, dass die Vermutung „keine Veränderung bei Temperaturerhöhung" vorschnell war: Ein Draht, den man zwischen zwei Klemmen straff eingespannt hat, wird bei Erwärmung länger und biegt sich zur Seite: Eisen dehnt sich also aus, wenn seine Temperatur steigt. Beim Abkühlen wird der Draht wieder kürzer.
Wenn man Drähte aus Kupfer oder Messing einspannt und erhitzt, macht man dieselbe Feststellung: Auch sie dehnen sich bei Erwärmung aus und ziehen sich bei Abkühlung zusammen.

Wenn die Drähte durch Erwärmung länger werden, könnten sie doch dabei auch dicker werden. An einem Draht kann man das nicht beobachten. Deshalb probieren wir es mit einer Eisenkugel, die in kaltem Zustand gerade in einen Eisenring passt. Wenn sie heiß ist, geht sie nicht mehr durch den Ring (Abb. 7). Erst wenn sie sich abgekühlt hat, passt sie wieder durch.

Die hier beobachtete Volumenvergrößerung lässt sich durch weitere Versuche nicht nur bei anderen Metallen feststellen, sondern auch z. B. bei Beton und Glas. Daraus können wir schließen:

> Feste Körper dehnen sich bei Erwärmung aus; dabei vergrößern sich Länge, Fläche und Volumen. Bei Abkühlung ziehen sie sich wieder zusammen.

Nun lässt sich die anfangs gestellte Frage nach dem überlaufenden Wassertopf beantworten: Sowohl der Eisentopf als auch das Wasser darin dehnen sich beim Erwärmen aus. Da sich aber Wasser bei gleicher Erwärmung mehr ausdehnt als Eisen, muss es überlaufen.

8

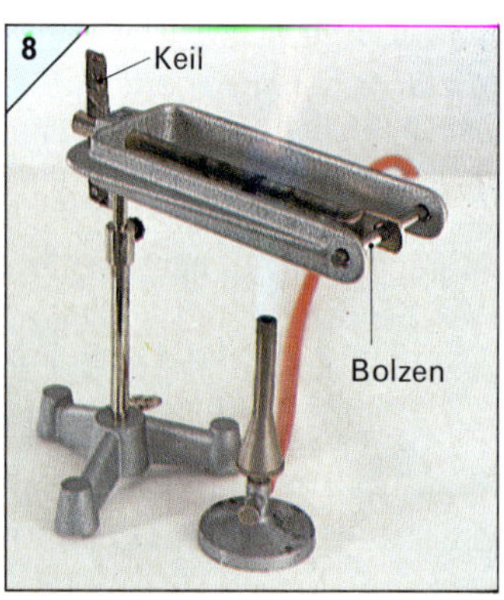

Der Versuch mit dem Bolzensprenger nach Abb. 8 zeigt, dass sehr große Kräfte auftreten, wenn die Ausdehnung bei Erwärmung oder die Schrumpfung bei Abkühlung unmöglich sind. Deshalb muss man bei vielen technischen Geräten Vorsichtsmaßnahmen ergreifen, wenn sie starken Temperaturschwankungen ausgesetzt sind.

6

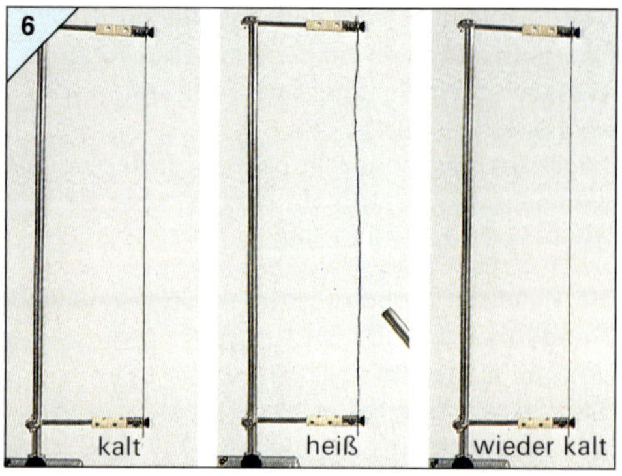

V11 Spanne einen Eisendraht straff zwischen zwei Klemmen und erhitze ihn mit einem Bunsenbrenner – möglichst auf seiner gesamten Länge. Was beobachtest du? Wie verhält sich der Draht, wenn er sich abkühlt?

7

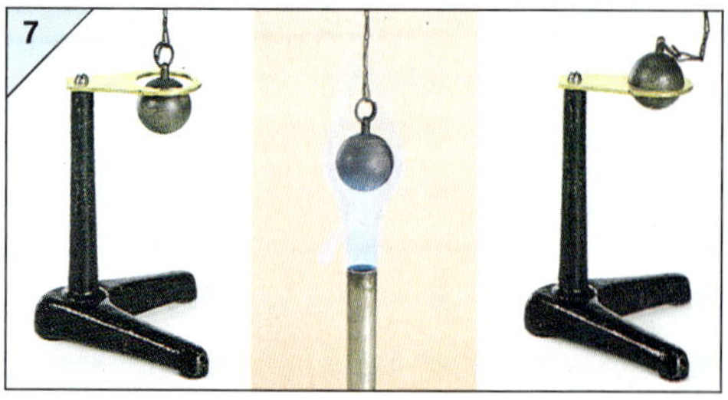

V12 Lehrerversuch: Man zeige als Vorversuch, dass die Eisenkugel gut durch die Öffnung der Eisenplatte passt.
Dann erhitzt man die Kugel mit einem Bunsenbrenner und legt sie auf das Loch der Platte.
Anschließend wird die Kugel mit Wasser abgekühlt.

A13 Was beobachtest du bei V12? Beschreibe genau.
Was schließt du aus deinen Beobachtungen?

V14 Lehrerversuch: Man erhitze die Mittelstange eines Bolzensprengapparates (Abb. 8). Anschließend kann sie mit Wasser abgekühlt werden. (Vorsicht vor herumfliegenden Bolzenteilen!)
Was ist zu beobachten?

A15 Warum muss die Mittelstange des Apparates aus V14 während des Erhitzens durch den Keil immer wieder stramm gezogen werden? Was passiert mit der Stange beim Abkühlen? Warum bricht der Bolzen?

A16 Warum müssen Heizungsrohre, die durch eine Wand in das Nachbarzimmer gehen, mit Plastikschläuchen umhüllt sein? Denke an V14.

V17 Spanne einen Bimetallstreifen einseitig ein und erwärme ihn mit einer Kerzenflamme. Beobachte und beschreibe.

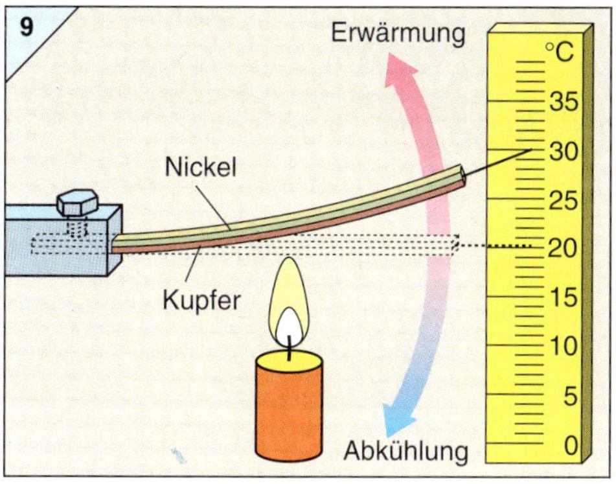

A18 Begründe, warum sich der Bimetall-Streifen beim Erwärmen nach oben und beim Abkühlen nach unten krümmt.
Warum macht die Skala die Anordnung zu einem Thermometer?

V19 Schneide aus Papier, das mit Aluminiumfolie belegt ist (z. B. aus einer Schokoladenpackung), einen Streifen von 10 cm Länge und 1 cm Breite. Halte ihn an einem Ende fest und erwärme ihn vorsichtig. Beschreibe. Wickle den Streifen zu einer Spirale auf und erwärme wieder. Wie verhält er sich jetzt?

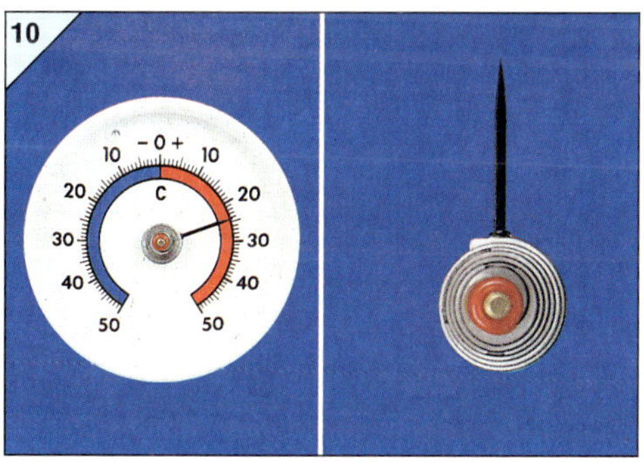

A20 Beschreibe, wie dieses Thermometer arbeitet.

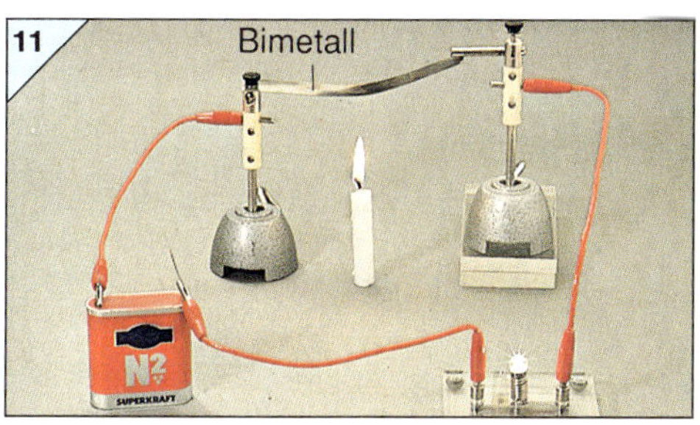

V21 Baue diesen Feuermelder auf. Erkläre seine Wirkungsweise.

Der Bimetallstreifen

Verschiedene Metalle dehnen sich bei gleicher Temperaturerhöhung unterschiedlich stark aus. Das macht man sich in der Technik in vielerlei Hinsicht zunutze. Bimetallstreifen z. B. bestehen aus Kupfer- und Nickelblechstreifen, die bei ihrer Herstellung fest aufeinander gewalzt werden. Erwärmt man einen solchen Streifen, so biegt er sich so, dass die Nickelseite innen ist. Kupfer dehnt sich offensichtlich stärker aus als Nickel; und da die zwei Metalle fest miteinander verbunden sind, krümmt sich der Bimetallstreifen zum Nickel hin (Abb. 9). Die Längenänderung ist umso größer, je höher die Temperatur wird; deshalb ist der Streifen bei höherer Temperatur stärker gekrümmt. Bei Abkühlung geht die Krümmung zurück. Wenn man unter Zimmertemperatur abkühlt, biegt sich der Streifen zum Kupfer hin.

Dieses Verhalten von Bimetallstreifen lässt sich zur Herstellung von Thermometern verwenden. Abb. 9 zeigt den Aufbau eines **Bimetallthermometers.** Die käuflichen sind etwas geschickter gebaut (Abb. 10): Ein Bimetallband ist zu einer Spirale aufgewickelt. Das eine Ende sitzt in der Mitte fest, das andere ist an einem Zeiger befestigt, der über einer Skala spielt. Die Bimetallschnecke dreht sich bei Temperaturerhöhung auf und wickelt sich nach innen zusammen, wenn die Temperatur sinkt.

Bimetallschalter

Wenn man den Bimetallstreifen in einen elektrischen Stromkreis einbaut, kann man ihn als selbsttätigen Schalter benutzen. Entweder schließt der Streifen bei Erwärmung den Stromkreis oder er öffnet ihn, je nach Anschluss. In Abb. 11 ist der Streifen so eingebaut, dass er den Strom bei einer bestimmten Temperatur einschaltet. Wird dadurch eine Alarmglocke, ein Summer oder eine Lampe betätigt, dient die Anlage z. B. als *Feuermelder.* Mit dieser Schaltung lässt sich gleichzeitig eine Sprinkleranlage (eine selbsttätige Löschanlage) betätigen, die das Feuer mit Wasser löscht. Solche Anlagen sind in allen Kaufhäusern, in Restaurants, in Kinos oder in großen Passagierschiffen eingebaut; allerdings werden sie heute anders gesteuert.

Schaltet man den Streifen so, dass er bei Erwärmung den Strom ausschaltet, lässt sich z. B. der Brenner einer Ölheizung abschalten, wenn eine gewählte Temperatur des Heizungswassers erreicht ist.

Mit einem Bimetallschalter kann auch die Temperatur in einem Wohnraum geregelt werden. Der Schalter heißt dann **Thermostat.** Wenn die Temperatur bis zu einem bestimmten Wert (z. B. 18 °C) absinkt, schaltet der Thermostat die Heizung ein. Sobald eine eingestellte Temperatur (z. B. 21 °C) im Raum erreicht ist, wird die Heizung wieder abgeschaltet. Der Thermostat hält also die Raumtemperatur auf etwa gleicher Höhe. Auch der Thermostat in einem Bügeleisen sorgt für eine nahezu gleich bleibende Temperatur der Bügeleisen-Sohle.

Ausdehnung von Gasen

Vergrößern auch Gase bei Erwärmung ihr Volumen? Das lässt sich am einfachsten mit Luft zeigen. Man benutzt ein Reagenzglas, das mit einem durchbohrten Stopfen verschlossen ist; durch den Stopfen führt man ein dünnes Glasrohr. Ein Wassertropfen im Rohr schließt eine bestimmte Menge Luft im Glas ein. Erwärmt man das Glas leicht, steigt der Wassertropfen nach oben, weil die Luft ihn wegschiebt. Lässt man das Glas abkühlen, wandert der Tropfen wieder nach unten. Luft dehnt sich also bei Erwärmung aus und zieht sich bei Abkühlung wieder zusammen.

Gibt es keinen Unterschied zu dem Verhalten von Wasser? Eine baugleiche Versuchsanordnung, aber mit Wasser gefüllt (Abb. 12), zeigt deutlich, dass Wasser den Anzeigetropfen kaum steigen lässt. Luft dehnt sich bei gleicher Erwärmung also viel stärker aus als Wasser. Weitere Versuche haben ergeben:

1. Alle Gase dehnen sich bei Erwärmung aus.
2. Bei der Ausdehnung verhalten sich alle Gase gleich, die Zunahme des Volumens ist von der Art des Gases unabhängig.
3. Gase dehnen sich bei gleicher Erwärmung etwa zehnmal so stark aus wie Flüssigkeiten.

Mithilfe der Ausdehnung der Luft bei Erwärmung kann man eingedrückte Tischtennisbälle wieder ausbeulen: Man gibt sie in heißes Wasser, wodurch die Luft im Ball stark erhitzt wird und sich ausdehnt. Sie drückt die Delle aus dem Ball.

12

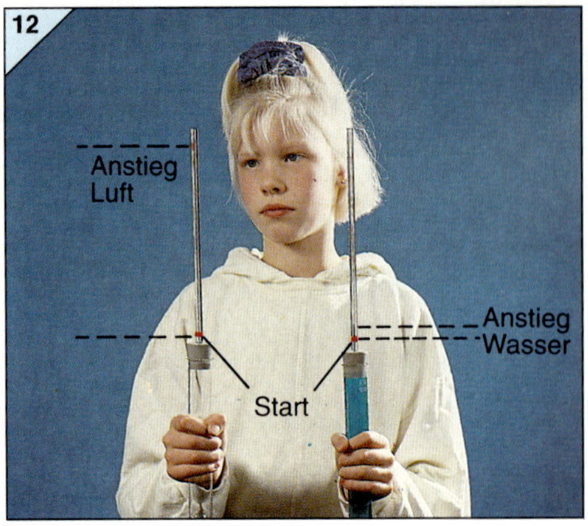

V22 Stelle zwei gleich große Reagenzgläser bereit, dazu je einen durchbohrten Stopfen, durch den du jeweils ein gleich weites Glasrohr gesteckt hast.
Gib in das eine Glasrohr unten einen Tropfen gefärbtes Wasser, ehe du den Stopfen auf das Glas mit Luft steckst. Fülle das zweite Reagenzglas randvoll mit Wasser und verschließe es mit dem zweiten Stopfen.
Umschließe beide Reagenzgläser fest mit deinen Händen und beobachte.
Beschreibe deine Beobachtung.
Was passiert, wenn sich die Gläser wieder abkühlen?

AUFGABEN UND ZUSAMMENFASSUNG

1. Beschreibe einen Versuch, mit dem man die Ausdehnung verschiedener Flüssigkeiten bei Erwärmung vergleichen kann. Wie muss man den Versuch abändern, um Flüssigkeiten und Gase vergleichen zu können?

2. Wovon hängt die Größe der Volumenänderung bei den Versuchen mit Flüssigkeiten und Luft ab?

3. Beschreibe, wie ein Flüssigkeitsthermometer arbeitet.

4. Gib Beispiele für Vorgänge, die auf die Anomalie des Wassers zurückzuführen sind?

5. Wenn man heißes Wasser bis zum Rand in eine Plastikflasche füllt, sinkt nach einiger Zeit der Wasserspiegel. Erkläre.

6. Beschreibe, wie man die Ausdehnung beim Erwärmen eines Drahtes und einer Stahlkugel nachweisen kann.

7. Beschreibe im Einzelnen, was beim Erwärmen bzw. Abkühlen des Bolzensprengapparates geschieht.

8. Erkläre, warum ein dickes Glas zerspringt, wenn man heißen Tee einfüllt. Denke daran, dass das Glas innen schnell heiß wird.
Was passiert, wenn ein heißes Glas durch kaltes Wasser „abgeschreckt" wird? Erkläre.

9. Woraus besteht ein Bimetallstreifen? Wie krümmt er sich bei Abkühlung, wie bei Erwärmung?
Wieso kann man das zur Temperaturmessung nutzen?

10. Schneide aus dicker Pappe zwei gleich lange, gleich breite Streifen (20 cm lang, 2 cm breit) aus. Lege sie genau übereinander und halte den Doppelstreifen an einem Ende fest. Wie verschieben sich die freien Enden der Pappstreifen, wenn du sie immer stärker biegst? Wie müsste sich der äußere Streifen verändern, wenn die Enden immer aufeinander liegen sollen? Was hat das mit einem Bimetallstreifen zu tun?

Ausdehnung bei Erwärmung

Flüssigkeiten, Festkörper und Gase dehnen sich beim Erwärmen aus und ziehen sich beim Abkühlen zusammen: Gase mehr als Flüssigkeiten, diese mehr als Festkörper.

Verschiedene Stoffe vergrößern ihr Volumen bei gleicher Temperaturänderung unterschiedlich; nur Gase dehnen sich allesamt gleich stark aus.

Die Ausdehnung von Flüssigkeiten nutzt man bei Thermometern aus.

Bimetall

Bimetallstreifen krümmen sich bei Erwärmung. Sie können als Messfühler in Thermometern und als temperaturabhängige Schalter in Stromkreisen eingesetzt werden.

Volumenänderung in Alltag und Technik

Damit große Betonplatten bei Temperaturänderung nicht brechen, unterteilt man sie und lässt zwischen den Teilen Dehnungsfugen, in die hinein sich der Beton ausdehnen kann. Die Fugen kann man auf Straßen und in großen Gebäuden sehen. Sie werden mit Asphalt ausgegossen oder mit Gummi ausgefüllt.

Auch Brücken dehnen sich bei Erwärmung aus. Damit sie nicht reißen, sind viele Brücken nur auf einer Seite fest gelagert; auf der anderen Seite liegen sie auf Rollen. Auf der Fahrbahn entsteht so ein Spalt als Dehnfuge. Diese ist mit eisernen Kämmen oder Blechplatten abgedeckt; die Brücke kann sich bewegen.

Lange Rohrleitungen biegt man an vielen Stellen zu einem Bogen. Dieser kann unten enger oder weiter werden, ohne dass die Rohre brechen. Wenn sich die Temperatur der geraden Rohre ändert, werden sie länger oder kürzer. Weil der Bogen aber enger oder weiter wird, wird das Rohr nicht beschädigt.

Wenn man Zentralheizungen abstellt, werden die Rohre kälter und folglich auch kürzer. Sie rucken geräuschvoll in der Wand. Abhilfe gegen das Knacken und Scheuern in der Wand schafft eine Ummantelung der Rohre aus Kunststoff.

Eisenbahnräder müssen fest mit ihrer Achse verbunden sein. Man erwärmt das Mittelloch des Rades stark, schiebt die kalte Achse hinein und kühlt das Rad dann ab. Man sagt, das Rad wird „aufgeschrumpft". Die Abbildung links zeigt, wie der Spurkranz (die Lauffläche) eines Eisenbahnrades auf das eigentliche Rad aufgeschrumpft wird: Der Spurkranz unten wird durch einen ringförmigen Gasbrenner heiß gemacht und dehnt sich aus. Jetzt kann das kalte Rad von oben hineingesetzt werden. Nach dem Abkühlen des Spurkranzes ist er bombenfest mit Rad und Achse verbunden.

Probleme mit der Wärmedehnung treten vor allem dann auf, wenn Bauteile aus Stoffen, die sich verschieden ausdehnen, fest miteinander verbunden werden müssen.

– Beispiel 1: Fenster*glas* soll in einen *Aluminium*rahmen fest eingefügt werden. Wenn es kalt wird, zieht sich Aluminium stärker zusammen als Glas. Wenn es heiß wird, übertrifft die Ausdehnung von Aluminium die von Glas. Abhilfe: Man bettet das Glas mit einer elastischen Dichtung in den Rahmen ein, sodass sich Glas oder Aluminium gegeneinander bewegen können.

– Beispiel 2: Stahlbeton besteht aus *Stahl*teilen in *Beton*. Glücklicherweise dehnen sich der Beton und die darin eingelegten Stahlstränge oder Gitter fast gleich aus, wenn sie erwärmt werden. Besondere Maßnahmen sind also nicht nötig.

– Beispiel 3: Bei Glühlampen sind die Zuleitungsdrähte aus *Metall* durch einen *Glas*kolben geführt. Der Kolben muss allerdings luftdicht abgeschlossen bleiben, auch wenn er heiß wird und sich ausdehnt. Deshalb macht man die Zuführungsdrähte aus einem besonderen Material, das sich gerade so ausdehnt wie das Glas des Kolbens. Nur dann bleibt der Kolben dicht und springt nicht.

Wie stark dehnen sich Metallrohre?

Du weißt, dass sich Bauwerke und technische Einrichtungen, z. B. Brücken und Rohrleitungen, ausdehnen, wenn man sie erwärmt, und zusammenziehen, wenn man sie abkühlt.
Ingenieure müssen schon bei der Planung ihrer Vorhaben wissen, wie groß die Ausdehnung der verwendeten Materialien in Abhängigkeit von der Temperatur ist. Wir wollen nachvollziehen, wie man das herausfinden kann und benutzen dazu das Gerät in der Abb. rechts: ein sogenanntes *Dilatometer*.
Dort ist ein Metallrohr an einem Ende fest eingespannt. Am anderen Ende liegt es auf einem beweglichen Steg mit einem Zeiger. Jede Längenänderung des Rohres kippt den Steg ein wenig und wird von der Spitze des Zeigers vergrößert angezeigt.

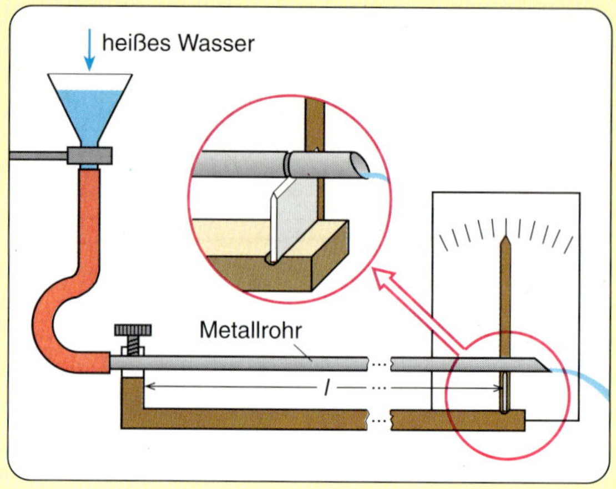

Man schickt zunächst Eiswasser (0 °C) durch ein 1 m langes Eisenrohr und stellt den Zeiger auf null. Dann leitet man nacheinander Wasser mit Temperaturen von 20 °C, 40 °C, 60 °C, 80 °C und 100 °C durch das Rohr und ermittelt jeweils die dabei eintretende Längenzunahme. Die Messwerte trägt man als Punkte in folgendes Schaubild ein.

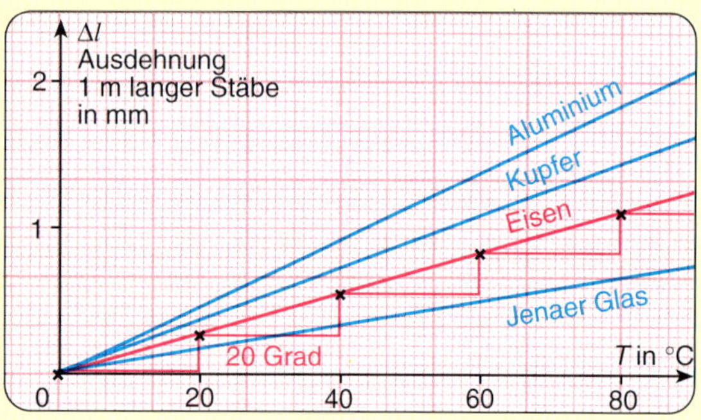

Wenn man die Messpunkte verbindet, erhält man eine Ursprungsgerade. Diese sagt uns, dass sich für gleiche Temperaturdifferenzen ΔT von jeweils 20 Grad, gleiche Längenzunahmen Δl ergeben. D. h., die Längenzunahme ist proportional zur Temperaturerhöhung: $\Delta l \sim \Delta T$.

Nehmen wir gleich lange Rohre aus anderem Material und wiederholen jeweils die Versuche, erhalten wir Punkte, die ebenfalls auf Geraden liegen. Allerdings sind diese steiler oder flacher als die von Eisen. D. h., dass die so genannte **thermische Ausdehnung** vom Material abhängig ist.

Nimmt man bei weiteren Versuchen Rohre mit 50 cm Länge, so zeigt sich, dass die Verlängerung Δl bei gleicher Temperaturerhöhung hier nur halb so groß ist wie bei einem 1 m-Rohr. Die Ausdehnung ist also auch von der ursprünglichen Rohrlänge l_0 abhängig: $\Delta l \sim l_0$.

Die beiden Proportionaltitäten $\Delta l \sim \Delta T$ und $\Delta l \sim l_0$ erlauben es uns, einen Kennwert für die Ausdehnung eines Rohres aus einem bestimmten Material zu finden. Er heißt **Längenausdehnungskonstante** α. Um α zu ermitteln, teilt man den Wert Δl durch die zugehörige Temperaturerhöhung ΔT und die ursprüngliche Rohrlänge l_0:
$\alpha = \Delta l / (\Delta T \cdot l_0)$

Für Kupfer findest du z. B. aus dem Diagramm
$\alpha = \frac{1\,\text{mm}}{60\,\text{Grad} \cdot 1\,\text{m}} = 0{,}017\,\frac{\text{mm}}{\text{Grad} \cdot \text{m}}$

Dieser Wert sagt uns, dass sich ein 1 m langer Kupfergegenstand bei $\Delta T = 1$ Grad um 0,017 mm verlängert.

Die α-Werte für wichtige Stoffe kannst du der folgenden Tabelle entnehmen.

Stoff	α	Stoff	α
Eisen	$0{,}013\,\frac{\text{mm}}{\text{Grad} \cdot \text{m}}$	Normalglas	$0{,}009\,\frac{\text{mm}}{\text{Grad} \cdot \text{m}}$
Kupfer	$0{,}017\,\frac{\text{mm}}{\text{Grad} \cdot \text{m}}$	Jenaer Glas	$0{,}005\,\frac{\text{mm}}{\text{Grad} \cdot \text{m}}$
Messing	$0{,}019\,\frac{\text{mm}}{\text{Grad} \cdot \text{m}}$	Quarzglas	$0{,}0005\,\frac{\text{mm}}{\text{Grad} \cdot \text{m}}$
Aluminium	$0{,}024\,\frac{\text{mm}}{\text{Grad} \cdot \text{m}}$	Beton	$0{,}013\,\frac{\text{mm}}{\text{Grad} \cdot \text{m}}$

Berechnungsbeispiel

Ingenieure entnehmen zur Planung die Längenausdehnungskonstante α aus Tabellen. Zur Berechnung von Δl muß die Formel für α umgestellt werden. Man erhält:
$\Delta l = \alpha \cdot l_0 \cdot \Delta T$.

Ein Kupferrohr, das für eine Heizung unter Putz verlegt werden soll, hat eine Länge von $l_0 = 4{,}50$ m. Heizungswasser wird gewöhnlich von 20 °C auf 80 °C erwärmt.

Für die Rohrverlängerung ergibt sich
$\Delta l = 0{,}017\,\frac{\text{mm}}{\text{m} \cdot \text{Grad}} \cdot 4{,}50\,\text{m} \cdot 60\,\text{Grad}$
$\Delta l \approx 4$ mm.
So viel Spiel muss das Rohr in der Wand haben.

Thermometer

Flüssigkeitsthermometer

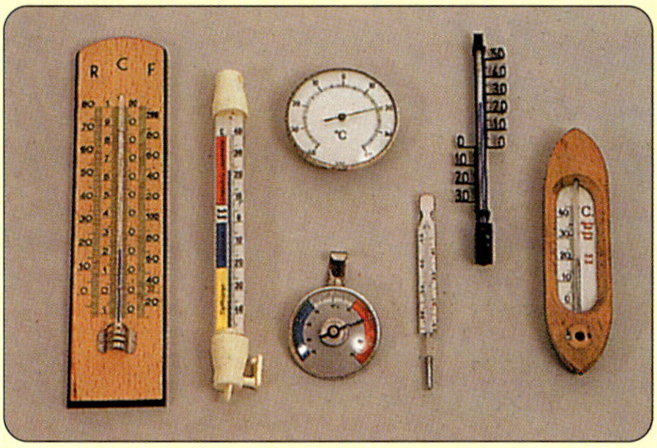

Die Thermometer, die wir bisher in unseren Versuchen benutzt haben, sind allesamt Flüssigkeitsthermometer. Sie haben ihren Namen daher, dass Messfühler und Steigrohr mit einer farbigen Flüssigkeit gefüllt sind. Neben Quecksilber verwendet man auch Alkohol, Toluol oder Pentan. Die Füllung hängt davon ab, in welchen Bereichen gemessen werden soll: Mit Quecksilberthermometern lassen sich z. B. Temperaturen von –35 °C bis +600 °C messen; Thermometer mit Pentan reichen von –200 °C bis +100 °C.

Alle Flüssigkeitsthermometer sind *Berührungsthermometer:* Man muss ihre Messfühler mit dem Körper, dessen Temperatur gemessen werden soll, in Kontakt bringen und warten, bis sich die Temperaturen jeweils angeglichen haben.

Auf dem **Minimum-Maximum-Thermometer** links lassen sich die höchste Temperatur (das Maximum) und die niedrigste Temperatur (das Minimum) eines Tages ablesen. Denn die Flüssigkeit im **U** bewegt sich bei Temperaturänderungen im Rohr und schiebt kleine Markierungsstäbchen vor sich her.

Das **Fieberthermometer** ist ein reines Maximumthermometer. Bei ihm ist das Glasröhrchen unterhalb der Skala so stark verengt, dass dort der Flüssigkeitsfaden bei Abkühlung reißt; er kann sich nicht aus dem Röhrchen in das Vorratsgefäß zurückziehen. Die Anzeige bleibt auf dem höchsten Temperaturwert, dem Maximum, stehen. Vor einer erneuten Messung muss die Messflüssigkeit aus dem Röhrchen durch Schütteln in das Vorratsgefäß zurückgebracht werden.

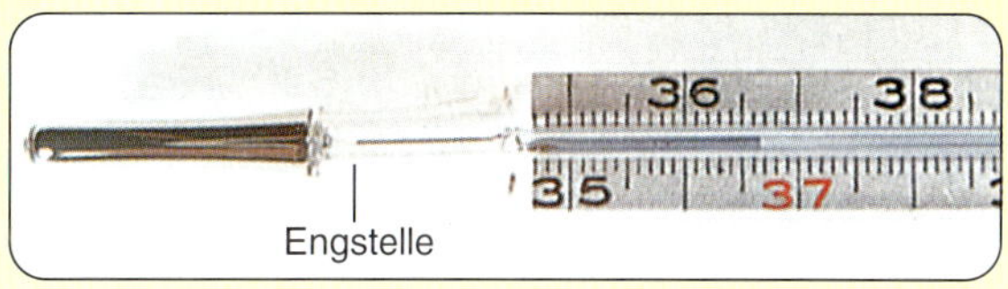

Spezialthermometer

Thermofarben: Es gibt Stoffe, die bei bestimmten Temperaturen plötzlich ihre Farbe ändern, z. B. von Gelb nach Rot. Bringt man einen solchen Stoff auf einen Gegenstand und erwärmt diesen, dann zeigt die Farbänderung an, dass der Gegenstand die Umschlagtemperatur erreicht hat. Farbstifte für verschiedene *Umschlagtemperaturen* kann man kaufen.

Flüssigkristallthermometer enthalten eine Flüssigkeit, in der viele winzige Kristalle schwimmen. Wegen dieser Kristalle ist die Flüssigkeit normalerweise undurchsichtig. Bei einer bestimmten Temperatur aber ordnen sich die Kristalle so um, dass die Flüssigkeit durchsichtig wird. Diese Temperatur ist je nach Zusammensetzung der Flüssigkeit höher oder tiefer. Ein Thermometer mit solchen Kristallen hat auf einem Streifen nebeneinander eine Zahlenreihe für die Temperaturangabe. Darüber liegen die „Flüssigkristalle" so angeordnet, dass bei zunehmender Temperatur nach rechts immer mehr Zahlen sichtbar werden. Die höchste davon enspricht der Lufttemperatur.

Elektronische Thermometer besitzen einen Messfühler aus Metall, der je nach Temperatur unterschiedliche elektrische Signale an das Anzeigegerät sendet. Weil die Verbindung zwischen Messfühler und Anzeigegerät fast beliebig lang gemacht werden kann, eignen sich solche Thermometer zur Fernmessung (Körpertemperatur bei Kranken, Kühlwasser beim Auto). Diese Thermometer gibt es mit Messbereichen bis zu 1200 °C. *Digitalthermometer* sind elektronische Thermometer. Sie haben ihren Namen daher, dass die Anzeige nicht auf einer üblichen Skala erfolgt, sondern in einem Sichtfenster mit Ziffern (= digits). Bei elektronischen Fieberthermometern wird der Höchstwert der Temperatur in der Anzeige festgehalten.

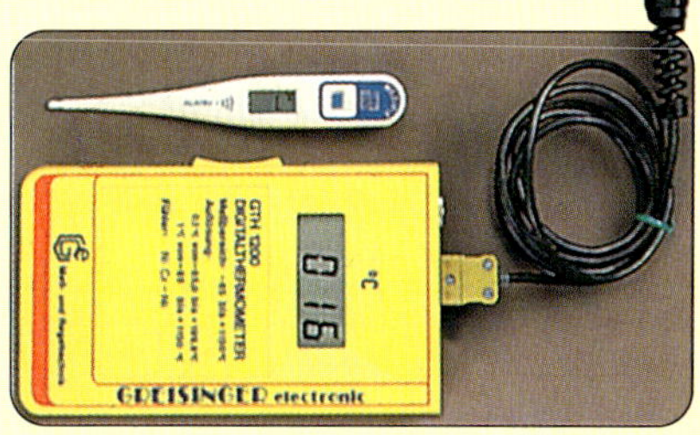

Drei Arten von Wärmetransport

In Bild 1 trocknet sich Juliane die Haare; dazu benützt sie einen Fön: In einem Heizdraht wird Wärme erzeugt, die der Luftstrom dann an die Haare bringt. Das nennt man **Wärmemitführung.**

Warum werden das Wasser und die Kartoffeln im Topf (Abb. 2) warm? In der Herdplatte wird Wärme elektrisch produziert. Sie geht dann in den Boden des Topfes. Der gibt sie weiter an das Wasser im Topf und dieses wieder an die Kartoffeln. Man spricht von **Wärmeleitung.**

Am Strand (Abb. 3) fühlen sich die Menschen so wohl, weil die Sonne ihnen Wärme spendet. Nichts ist im Wege zwischen der Sonne und der Erde; die Wärme kann – wie Licht – ungehindert an den Strand gelangen. Diese Art des Wärmetransports heißt **Wärmestrahlung.**

V1 Baue den Versuch rechts auf und setze die Heizung in Gang. Schalte dann die Pumpe ein und beobachte die Temperatur des Wassers im oberen Gefäß. Beschreibe, wie die Wärme erzeugt und in das rechte Gefäß transportiert wird.

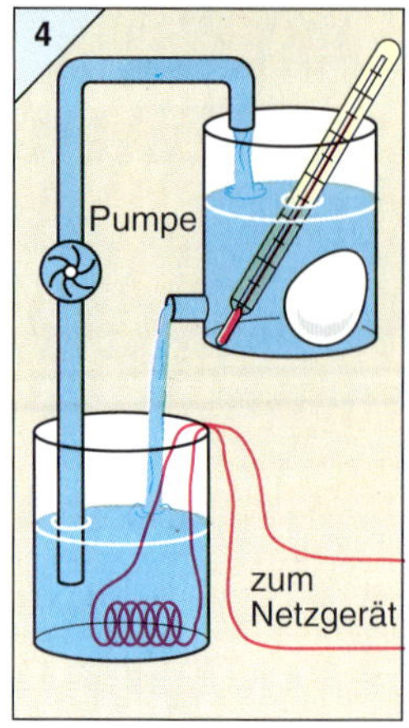

Wärmemitführung

Im Versuch nach Abb. 4 geschieht Folgendes: Wasser wird im unteren Becherglas durch „Strom“ erhitzt. Die Pumpe sorgt dafür, dass das nun heiße Wasser in das zweite Gefäß rechts oben kommt; dort kann es dann die zuvor aufgenommene Wärme an das Ei abgeben; abgekühlt strömt das Wasser wieder ins untere Gefäß zurück. Das Wasser strömt bei diesem ,,Eierkochen'' im Kreis; dabei wird von ihm Wärme von unten (Heizspirale) nach oben (Ei) mitgenommen.

Auch beim Heizen eines Zimmers wird Wärme durch Mitführung transportiert. Ein Ofen oder ein Heizkörper gibt Wärme an die Luft in seiner Nähe ab; die Luft erwärmt sich dadurch. Die warme Luft steigt nach oben, strömt an der Decke entlang ins Zimmer und nimmt dabei natürlich die aufgenommene Wärme mit. Alles, was mit der strömenden warmen Luft in Berührung kommt, bekommt etwas von dieser Wärme ab: die Wände, die Möbel und die Personen im Zimmer. Die Luft wird durch diese Wärmeabgabe kühler und sinkt nach unten. Am Boden strömt sie zurück zum Heizkörper, wo sie erneut Wärme aufnimmt – ihr Kreislauf beginnt von vorne. Das Bild oben auf der nächsten Seite zeigt ihn.

> Wärmemitführung bedeutet: Eine Flüssigkeit oder die Luft nehmen an einer Stelle Wärme auf, strömen selbst an einen anderen Ort und geben dort die Wärme wieder ab.

V2 Fülle einen Rundkolben halb mit Wasser und wirf kleine Papierschnitzel hinein. Wenn diese auf den Boden gelangt sind, erwärme das Wasser mit einer Kerzenflamme.
Was beobachtest du? Erkläre.

> **Wärmetransport ist „Energie unterwegs“**
>
> Da Wärme eine besondere Art von Energie ist, wird bei Wärmemitführung, Wärmeleitung oder Wärmestrahlung auch Energie von einem Ort zu einem anderen transportiert. Bei Mitführung und Leitung braucht die Energie dazu einen *Träger;* bei der Wärmestrahlung geht es ohne Träger – wie bei Licht.
> Jede Art von Wärmetransport ist also immer auch ein **Energiestrom.**

Die Zentralheizung

Das Wasser für alle Heizkörper wird im Keller an einer einzigen, zentralen Stelle erhitzt. Eine Pumpe presst es dann durch das Steigrohr nach oben. Dabei nimmt es die vom Brenner aufgenommene Wärme mit und bringt sie zu allen Heizkörpern. Dort gibt das Wasser Wärme ab; sie geht durch das Heizkörpermetall hindurch in die Luft über. Das abgekühlte Wasser strömt zum Heizkessel zurück, wird wieder erwärmt und beginnt den nächsten Kreislauf.

Die warme Luft in der Umgebung der Heizkörper steigt auf, wobei sie die Wärme mitnimmt; so entsteht ein Luftkreislauf im Raum, der das ganze Zimmer erwärmt.

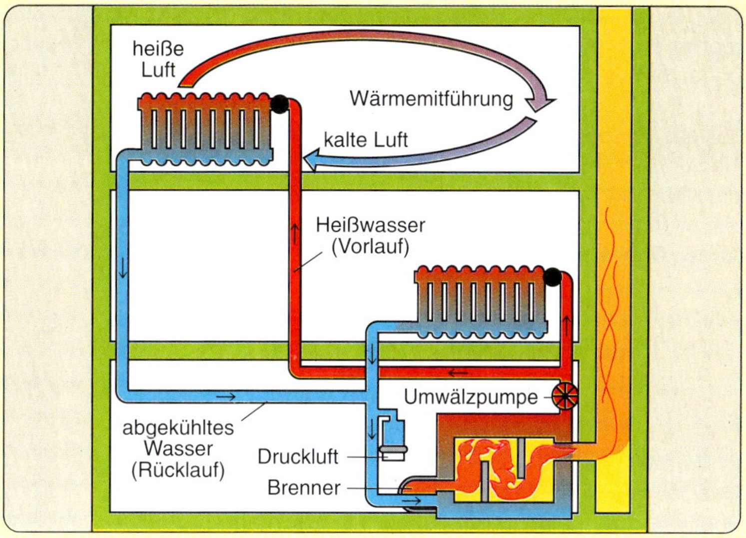

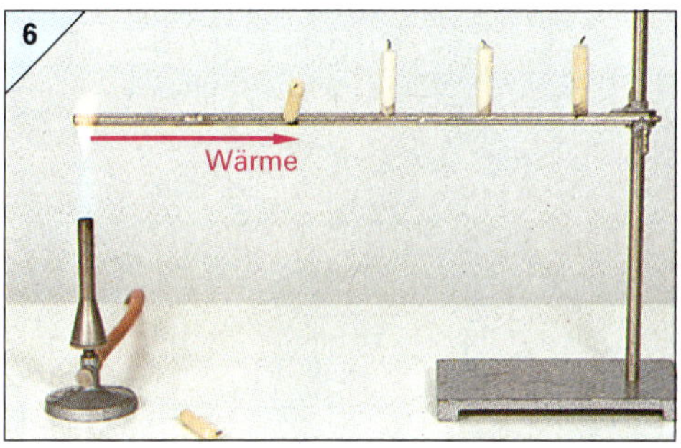

V3 Spanne eine 50 cm lange Stativstange ein und bestücke sie wie im Bild mit einigen Kerzen. Erhitze die Stange am freien Ende. Beobachte und beschreibe.

V4 Vier Schüler halten gleich lange Stäbe aus unterschiedlichem Material (z. B. Eisen, Kupfer, Glas, Aluminium oder Messing) in eine Flamme.
In welcher Reihenfolge müssen die Stäbe losgelassen werden? Welcher Stoff leitet also am besten, welcher am schlechtesten?

Wärmeleitung

Wenn du wie in Abb. 6 einen Eisenstab an einem Ende erhitzt, kriecht die Wärme von diesem heißen Ende der Stange zum kalten. Sie wird dabei stets von einem Teil der Stange an den benachbarten Teil weitergegeben. Die Stange selbst bewegt sich dabei nicht von der Stelle, auch nicht das Metall darin – nur Wärme wandert.

Ebenso wie in Eisen wird Wärme auch in anderen festen Stoffen geleitet, allerdings unterschiedlich gut. Versuche wie V4 zeigen: Kupfer leitet Wärme gut, Eisen schlechter, Holz, Kunststoff oder Glas fast nicht. Das ist der Grund dafür, dass Kochtöpfe Eisenböden und Kunststoffgriffe haben: Der Eisenboden leitet die Wärme schnell und vollständig von der Herdplatte ins Kochgut; die Kunststoffgriffe dagegen verhindern die Wärmeleitung – daher können wir die Töpfe trotz des heißen Inhalts anfassen.

Bei Wärmeleitung kriecht Wärme in einem Körper von heiß nach kalt. Dabei bewegt sich das Material im Körper nicht. Metalle leiten Wärme gut; Holz, Glas und Kunststoffe sind schlechte Wärmeleiter.

Wärmeleitung in Gasen: Luft und andere Gase leiten Wärme auch, aber sehr viel schlechter als feste Stoffe. Wenn man den Wärmetransport durch Luftströmungen, also durch Mitführung, unterbindet, hat man einen sehr guten Wärmeschutz erreicht. Das ist der Fall in Gasbetonsteinen und Schaumstoffen: Sie enthalten sehr viel Luft, die in kleinen Bläschen eingeschlossen ist. Da Luft Wärme schlecht leitet und sie selbst nicht strömen kann, ist all das gegen Wärmeverlust nach außen geschützt, was man damit umgibt.

Wärmestrahlung

Wenn du vor einem sehr heißen Ofen oder einem Kaminfeuer sitzt, merkst du, wie dir Wärme „entgegenspringt". Hältst du aber die Hände vor das Gesicht, wird es sofort merklich kühler. Ähnliches kannst du feststellen, wenn du nach Abb. 8 eine Hand oder das Gesicht vor den Wärmestrahler hältst und dann ein Buch zwischen den Strahler und dich bringst. In allen Fällen wird Wärme von einer Wärmequelle zu dir transportiert; dieser Wärmetransport wird sofort unterbrochen, wenn ein Hindernis zwischen dir und der Quelle steht. Wie wird hier Wärme übertragen?

Die Luft zwischen Ofen und Gesicht bzw. zwischen Strahler und Hand hat sich sicher nicht erwärmt. Denn sonst würdest du ja die Wärme am Gesicht oder an der Hand noch kurze Zeit spüren, selbst wenn du einen Gegenstand als Hindernis dazwischen stellst. Wärmeleitung und Wärmemitführung scheiden demnach für den Wärmetransport aus. Die Wärmeübertragung vom Ofen zum Gesicht bzw. vom Strahler zur Hand geschieht also ohne Vermittlung durch ein Material; sie wird *Wärmestrahlung* genannt.

Wärmestrahlung ist die Ausbreitung von Wärme ohne ein übertragendes Material.

Die Sonne ist eine riesige Wärmequelle weit weg von uns im leeren Weltraum. Zwischen ihr und der Erde ist nichts, was Wärme leiten oder mitführen könnte. Wenn wir aber in der Sonne sitzen, spüren wir unmittelbar, dass Wärme bei uns ankommt. Dieser Wärmezustrom versiegt sofort, wenn die Sonne durch Wolken oder einen Sonnenschirm verdeckt wird. Der Wärmetransport von der Sonne zur Erde erfolgt also allein durch *Wärmestrahlung.* Diese Strahlung erwärmt Erdboden, Seen und Meere und auch die Luft. Ohne die Sonnenstrahlung wäre die Erde längst ein lebloser Eisklotz.

Wärmeaufnahme und -abgabe

Wo bleibt die Wärme, wenn wir ein Buch in die Strahlung halten? Die dem Strahler zugewandte Buchseite wird warm. Allerdings ist die Wärmeaufnahme von der Oberfläche des bestrahlten Körpers abhängig: Eine schwarze Oberfläche verschluckt den größten Teil der auftreffenden Wärme, der Körper selbst wird warm; weiße Flächen dagegen streuen den größten Anteil der ankommenden Wärme zurück, der Körper erwärmt sich nur wenig.

Wärmestrahlung kann man umlenken; das zeigt der Versuch nach Abb. 9. Dort schickt man die Wärmestrahlung mithilfe des weißen Kartons gewissermaßen „um die Ecke". Die unmittelbare Bestrahlung des Wärmeanzeigers (Thermoskops) verhindert ein Buch, das zwischen Strahler und Thermoskop steht. Lässt man die Wärmestrahlung dagegen auf eine schwarze Platte fallen, geht von dort fast nichts zum Thermoskop weiter.

V5 Erhitze ein Stück Kupferblech über einem Bunsenbrenner. Halte das Blech dann in der Luft zunächst waagerecht. Was spürst du über dem Blech, was unterhalb?
Halte das Blech dann senkrecht und deine Hand seitlich davon. Was spürst du jetzt? Beschreibe, auf welche Weise die Wärme jeweils an deine Hand kommt.

8

V6 Halte deine Hand vor einen eingeschalteten Wärmestrahler. Stelle dann ein Buch zwischen Strahler und Hand. Was spürst du?

A7 Begründe, warum die Wärme in V6 nicht durch Leitung oder Mitführung an deine Hand gelangt sein kann.

9
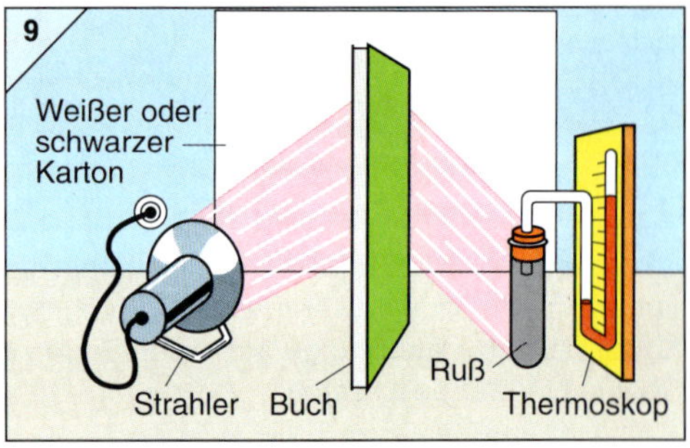

V8 Baue nach obiger Abbildung einen „Wärmestrahlungsanzeiger", genannt Thermoskop. (Am Steigen oder Sinken der Flüssigkeit in dem gebogenen Glasrohr kann man erkennen, ob dem Gerät Wärme zu- oder von ihm abgeführt wird.) Probiere das Gerät aus, indem du den Glaskolben anfasst.

V9 Bestrahle das (berußte) Thermoskop mit einem Wärmestrahler (oder einer 250 Watt-Glühlampe). Beschreibe deine Beobachtung. Halte dann ein Buch zwischen Strahler und Thermoskop. Was geschieht?

V10 Stelle wie in Abb. 9 seitlich zum Buch einen weißen Karton auf. Richte ihn so aus, dass das Thermoskop Wärme empfängt. Ersetze den weißen Karton in gleicher Stellung durch einen schwarzen. Berichte.

Wärmedämmung in der Natur

Wenn es draußen kalt ist, brauchen Säugetiere und Vögel einen Schutz gegen Wärmeverlust. Dieser muss verhindern, dass ihr Körper zu viel Wärme an die Umgebungsluft abgibt. Sie bauen sich deshalb Nester und Höhlen; Haustiere schützt der Mensch durch Hütten oder Ställe. Trotzdem müssen viele Tiere zur Nahrungssuche ihren Bau verlassen. Dann dienen ihnen ein dickes Fell, ein Pelz oder ein Federkleid als Schutz.

Ein Winterpelz besteht aus sehr vielen feinen Haaren, die im Herbst zusätzlich wachsen (Unterwolle) und im Frühjahr wieder ausfallen. Das Wintergefieder hat zusätzlich viele feine, luftige Flaumfedern, die ebenfalls im Frühjahr ausfallen („Mauser"). Im Pelz oder in den Federn kann deshalb sehr viel schlecht Wärme leitende Luft festgehalten werden: Wärmeabgabe durch Leitung und Strömung wird verhindert. Der Vogel im Bild rechts ist nicht dick; er hat sich nur aufgeplustert, d.h. die Federn aufgestellt, um die dämmende Luftschicht zwischen Körper und Außenluft zu vergrößern.

Wir Menschen sind von der Natur nicht so gut bedacht wie Pelztiere oder Vögel. Wir müssen uns durch Kleidung vor Wärmeabgabe schützen, machen also den Tieren durch Kleidung nach, was uns die Natur vorenthalten hat. Kleidung besteht aus Material, das an sich ein schlechter Wärmeleiter ist. Außerdem sind die Kleidungsstoffe so gewebt oder gestrickt, dass möglichst viel Luft in den Maschen festgehalten wird. Dadurch ist die Wärmeabgabe bei kalter Witterung gering.

Unsere „Behausungen" sind eigentlich nichts anderes als Höhlen oder Nester: Decken und Wände verhindern das Wegströmen oder Weggeblasen-Werden von warmer, geheizter Luft. (Denke an Eskimos, die in Iglus in der arktischen Kälte wohnen; zur Heizung reicht die in den Körpern der Bewohner erzeugte Wärme aus). Benutzt man für die Wände Material, das Wärme schlecht von innen nach außen leitet, z.B. Holz, Hohlblocksteine oder Schaumbeton, so spart man Brennstoff, denn die erzeugte Wärme fließt durch diese Materialien nur langsam ab.

Die Thermosflasche

Sie ist ein Musterbeispiel für gute Wärmedämmung. Denn bei ihr sind alle drei Arten des Wärmetransports unterbunden:
Die Flasche selbst besteht aus einem doppelwandigen Glasgefäß, das zum Schutz gegen Zerstörung von einer Blech- oder Kunststoffhülle umgeben ist. Die Wände des Glaskörpers sind innen verspiegelt; dadurch wird Wärmestrahlung weitestgehend verhindert: Wärme kann weder von innen nach außen noch von außen nach innen. Aus dem Raum zwischen den Glaswänden hat man so weit wie möglich die Luft herausgepumpt; also sind dort auch Wärmeleitung und -strömung ausgeschaltet. Die Einfüllöffnung verschließt man mit einem Korken, der Wärme ebenfalls schlecht leitet.

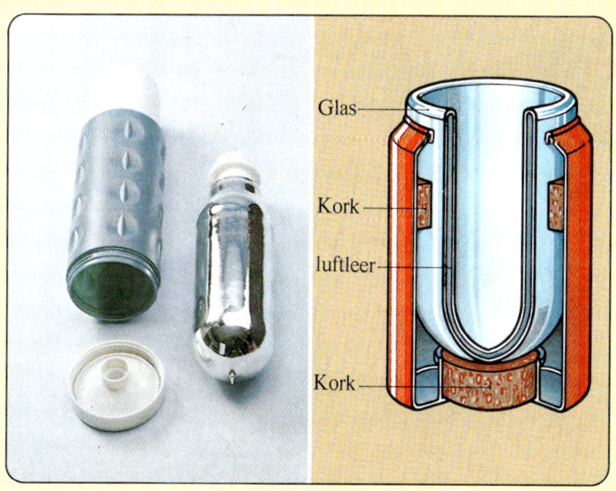

Wärmehaushalt der Erde

Leben auf der Erde ist nur möglich, wenn die Temperatur an der Oberfläche nicht zu hoch und nicht zu niedrig ist. Läge sie überall bei 50 °C (wie in der Sahara tagsüber), wäre die Erde ein fast lebloser Wüstenplanet. Herrschten Temperaturen wie in den Polarregionen, wäre die Erde eine riesige Eiswüste – ohne viel Leben.
Nur bei einer durchschnittlichen Temperatur von etwa 15 °C (über die ganze Erde gemittelt!) haben sich im Laufe von 5 Milliarden Jahren Pflanzen, Tiere und Menschen so entwickelt, wie wir sie kennen. Wie kommt es zu dieser gleich bleibenden Temperatur?

Eigentlich erwartet man doch, dass die Temperatur der Erde immer höher wird, weil ihr die Sonne Tag für Tag Energie zustrahlt. Die Erde müsste schließlich zu glühen beginnen; selbst Gestein würde schmelzen.

Wenn dagegen die Sonne – aus welchem Grund auch immer – schlagartig verlöschen würde, müsste die Erde laufend Wärme in den Weltraum abstrahlen und daher immer kälter werden. Innerhalb von wenigen Monaten würde sie sich dann in einen Eisplaneten verwandeln.

Die gleich bleibende Temperatur stellt sich deshalb ein, weil die Erde insgesamt genau so viel Wärme abstrahlt, wie sie von der Sonne bekommt. Wärmezustrom und Wärmeabstrom sind gleich; man sagt, der Wärmehaushalt der Erde sei im Gleichgewicht. Schauen wir uns an, wie dieses Gleichgewicht zustande kommt:

– Die von der Sonne kommende Wärmestrahlung trifft zunächst auf die Lufthülle der Erde. Von den Wolken wird sofort ein erheblicher Teil (fast $^1/_3$) der Strahlung reflektiert und rundum wieder in den Weltraum geschickt.

– Ein kleiner Teil (etwa $^1/_5$) der ankommenden Sonnenwärme bleibt in der Lufthülle stecken.

– Nur knapp die Hälfte kommt am Erdboden an.

Was passiert am Erdboden?

– Ein Teil ($^1/_5$) der ankommenden Strahlung wird sofort wieder in den Weltraum geschickt.
– Ein etwa gleich großer Teil wird zum Verdunsten von Wasser aus Meeren und Pflanzen benötigt; dieses Wasser gelangt in die Atmosphäre.
– Der Rest der eingestrahlten Sonnenenergie wird vom Erdboden und dem Wasser der Ozeane aufgenommen; dadurch steigt deren Temperatur.

Erdboden und Ozeane ihrerseits geben dann Wärme an die Luft ab, deren Temperatur dadurch ebenfalls steigt – die Temperaturen von Boden, Wasser und Luft gleichen sich an. Insgesamt ergibt sich so die Durchschnittstemperatur der Erdoberfläche von 15 °C.

Nur ein ganz geringer Anteil der zugestrahlten Sonnenenergie wird zum Wachstum der Pflanzen benötigt; sie speichern Sonnenenergie. Von der in den Pflanzen enthaltenen Energie leben dann Tiere und Menschen.

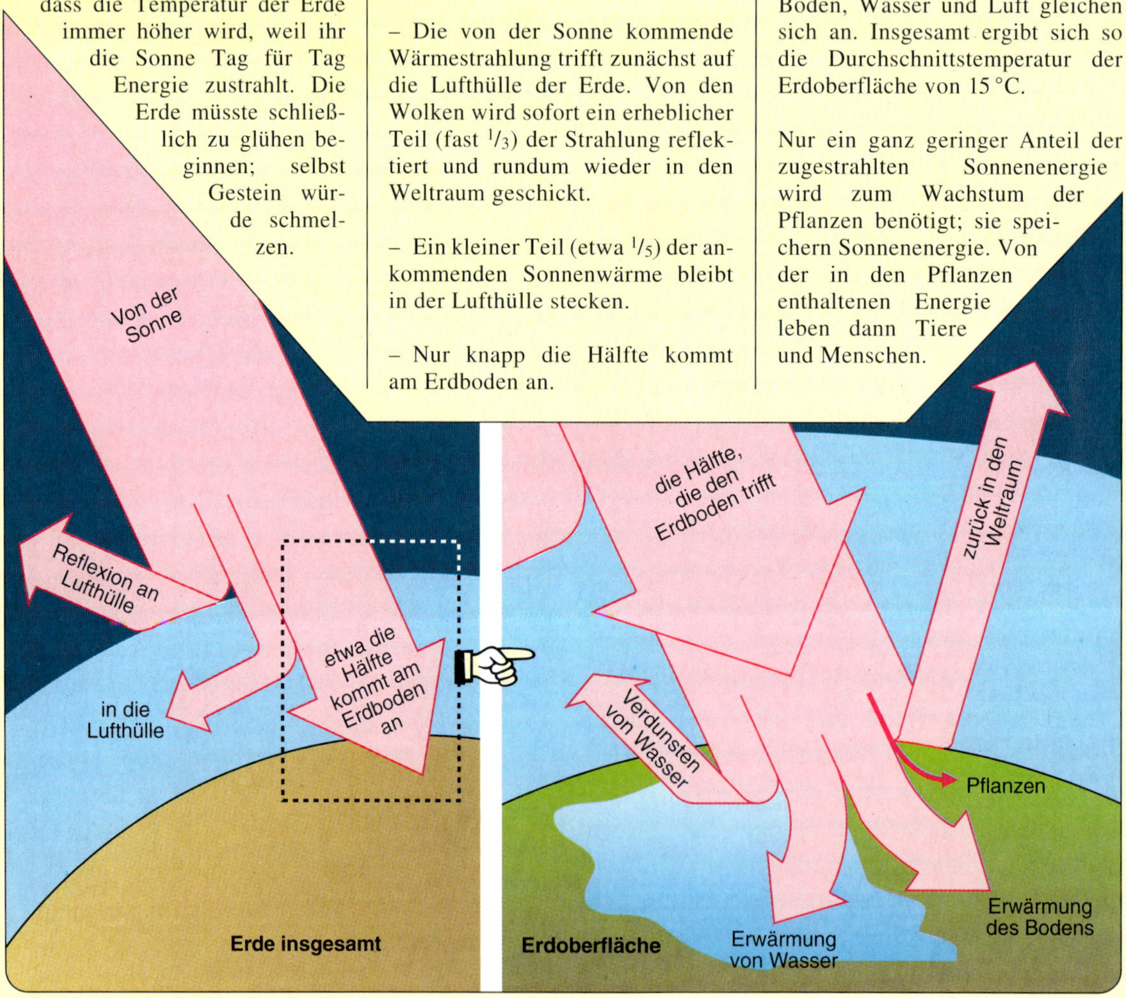

Wärmespeicher

Der Treibhauseffekt

Die Atmosphäre bildet einen Schirm um die Erde, der einen großen Teil der zugestrahlten Sonnenenergie unmittelbar reflektiert. Dieser Schirm sorgt umgekehrt aber auch dafür, dass die unter ihm liegende Erde nicht alle zugestrahlte Wärme wieder in den Weltraum zurückstrahlt. Nur deshalb beträgt die Durchschnittstemperatur 15 °C; ohne diesen Schirm wären es −18 °C!

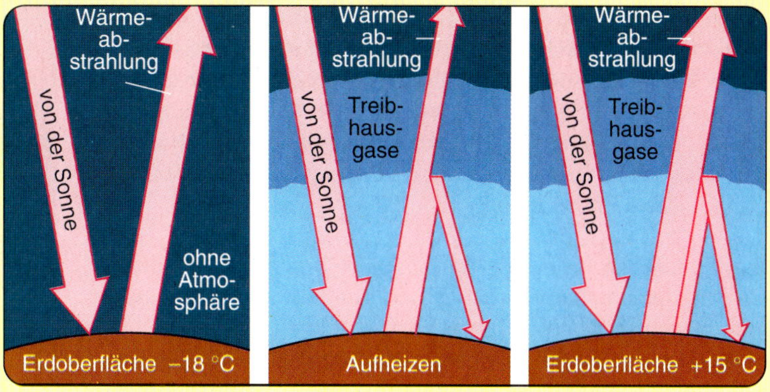

Die Schirmwirkung entsteht so: In der Lufthülle sind Gase enthalten, welche die von Erdboden und Ozeanen kommende Wärmestrahlung nicht ins Weltall durchlassen, sondern wieder zur Erde zurückschicken. Sie wirken wie die Glasscheiben eines Treibhauses, welche die ankommende Sonnenstrahlung herein-, aber die weggehende Wärmestrahlung nicht hinauslassen. Man spricht deshalb von **Treibhausgasen.** Zu diesen gehören Kohlenstoffdioxid und Stickstoffoxide (beide entstehen bei Verbrennungsvorgängen), Methan (aus Rindermägen und Erdgasfeldern), Fluor-Chlor-Kohlenwasserstoffe (kurz FCKWs; noch Kühlmittel in Kühlschränken oder Treibgase in Spraydosen).

Infolge des Treibhauseffekts wird die Temperatur an der Erdoberfläche umso höher, je mehr Treibhausgase in die Atmosphäre gelangen. Wir Menschen sind zur Zeit dabei, den bereits vorhandenen Treibhausgasen immer weitere hinzuzufügen: Sie kommen aus den Kaminen unserer Heizungen, aus den Auspuffrohren unserer Autos und aus den Schornsteinen von Industrie- und Kraftwerksanlagen.
Man befürchtet, dass sich bei einer weiteren Zunahme der Treibhausgase die mittlere Temperatur der Erde erhöht. Das hätte dramatische Folgen: Abschmelzen von Gletscher- oder Polareis und Ansteigen des Meeresspiegels, also Überschwemmungen in den Küstenregionen; Ausbreitung von Wüsten und Trockengebieten mit einer drastischen Verkleinerung der nutzbaren Ackerflächen; Absterben von Wäldern; Auftreten verheerender Stürme und vieles andere mehr.

AUFGABEN UND ZUSAMMENFASSUNG

1. Was versteht man unter „Wärmeleitung", „Wärmemitführung", „Wärmestrahlung"?
Gib je ein Beispiel und erkläre, wie jeweils die Wärme von Ort zu Ort kommt.

2. Beschreibe, wie eine Zentralheizung arbeitet.

3. Was bedeutet „Wärmedämmung"? Wie kann sie erreicht werden? Nenne Beispiele für Dämmstoffe.

4. Zerschneide eine Styroporplatte und betrachte die Schnittstelle genau. Versuche zu erklären, wie die Wärmedämmung wohl funktioniert.

5. Erkläre, wie die links fotografierte „Weihnachtspyramide" funktioniert.

6. Heizt sich im Sommer der Innenraum eines schwarzen oder eines weißen Autos schneller auf? Begründe.

Wärmetransport

Bei Wärmeleitung wird Wärme im Innern von Körpern von einer Stelle zur benachbarten weitergegeben, ohne dass die Teile des Körpers dabei wandern.
Bei Wärmemitführung bewegt sich Wärme „Huckepack" mit einer Flüssigkeit oder einem Gas.
Bei Wärmestrahlung kommt Wärme von einer Stelle zu einer anderen, ohne dass ein Stoff zur Übertragung vorhanden sein muss.

Die von einem Gegenstand abgestrahlte Wärme wird von dunklen Flächen aufgenommen; diese erwärmen sich dabei.
Helle und glänzende Flächen streuen fast alle zugestrahlte Wärme zurück.

Wir kennen feste Stoffe (z. B. Eisen und Holz), Flüssigkeiten (z. B. Wasser und Öl) und Gase (wie z. B. Luft.) Weshalb sich diese in ihrem Verhalten so sehr unterscheiden, können wir nur verstehen, wenn wir uns näher mit ihrem *inneren Aufbau* beschäftigen. Leider können wir den nicht sehen, auch nicht mit den besten Mikroskopen. Deshalb müssen wir etwas spekulieren und danach versuchen, diese Spekulationen durch Experimente zu bestätigen oder zu widerlegen. Spekuliert haben vor mehr als 2 000 Jahren schon griechische Philosophen:

– Die einen meinten, dass alle Stoffe aus winzig kleinen Bausteinen bestehen, wie ein Sandhaufen aus Sandkörnchen. Diese Bausteine sollten unteilbar sein. Sie nannten sie deshalb Atome (griechisch atomos: unteilbar).
– Andere lehnten diese Teilchenvorstellung ab. Sie meinten, Materie sei „kontinuierlich" aufgebaut, sodass auch das kleinste Tröpfchen oder Körnchen davon immer weiter teilbar wäre.

Keine der beiden Vorstellungen konnte damals widerlegt oder bestätigt werden. Dies gelang erst vor 100 Jahren, als die Existenz von winzigen Materiebausteinen experimentell nachgewiesen wurde. Man fand heraus, dass es mehrere Arten gibt. Für die einen hat man den Namen *Atome* beibehalten, andere sind z. B. *Ionen* und *Moleküle*. Für die folgenden Überlegungen ist diese feine Unterscheidung unwichtig. Wir benutzen deshalb den Sammelnamen **Mikroteilchen** (von mikro = klein, winzig) und stellen uns vor, sie hätten Kugelform.

Festkörper und Flüssigkeiten

In **Festkörpern** liegen die Mikroteilchen dicht an dicht. Jedes wird von den umgebenden anderen Teilchen an seinem Platz festgehalten. Die Kräfte, mit denen sie einander halten, sind von Stoff zu Stoff verschieden groß. Daher gibt es sehr harte Stoffe (z. B. Glas, Stein) und sehr weiche (z. B. Graphit, Knetmasse, Wachs). Üben wir von außen Kräfte auf einen Festkörper aus, so werden die Teilchen geringfügig gegeneinander verschoben. Der Körper verformt sich.

In **Flüssigkeiten** liegen die Mikroteilchen ebenfalls dicht an dicht. Sie lassen sich gegeneinander verschieben, wobei sie die Plätze tauschen. Deshalb lassen sich Flüssigkeiten gießen, nehmen jede Gefäßform an, weichen beim Eintauchen fester Körper aus und haben waagerechte Oberflächen. Auch in Flüssigkeiten üben die Mikroteilchen Kräfte aufeinander aus. Deshalb zerfließt z. B. Wasser nicht einfach, sondern bildet Tropfen. Da die Kräfte klein sind, können die Teilchen aneinander gleiten. Sie sind leicht verschiebbar. Auf ein Mikroteilchen an der Wasseroberfläche jedoch werden diese Kräfte nur von darunter liegenden Teilchen ausgeübt; das ergibt insgesamt eine Kraft nach innen. Ein Teilchen kann deshalb die Flüssigkeit nicht verlassen. Es ist unter der Oberfläche „gefangen".

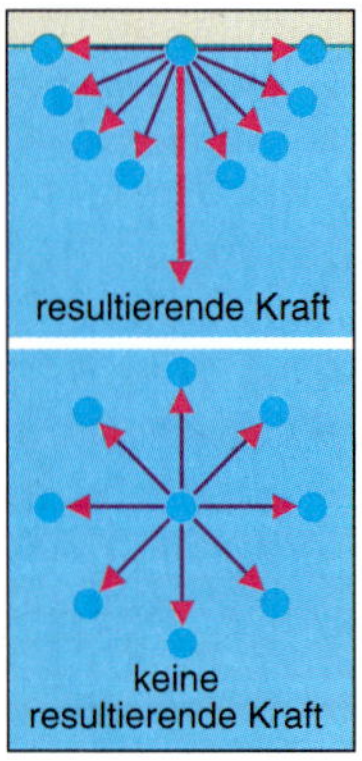

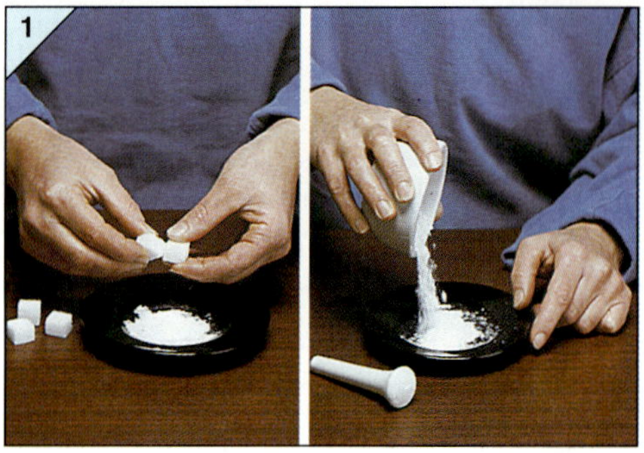
1

V1 Zerreibe ein Stück Würfelzucker zwischen den Fingern. Gib den zerriebenen Zucker in eine Reibschale und zerkleinere ihn mit einem Mörser weiter. Betrachte den entstandenen „Puderzucker" mit Lupe oder Mikroskop. Was hat sich geändert?

V2 Verreibe einen Öltropfen zwischen den Fingern. Betrachte ihn mit Lupe oder Mikroskop. Beschreibe.

A3 Welche Vorstellung über das innere Gefüge von Materie wird jeweils durch V1 bzw. V2 unterstützt?

2

A4 Kugelmodell für Festkörper (aus miteinander verklebten Styroporkugeln): Erkläre, warum sich die Form nicht ändert, wenn man mäßig von oben darauf drückt.

3

A5 Kugelmodell für Flüssigkeiten: Schüttele das Gefäß. Warum bildet sich immer wieder eine waagerechte Oberfläche aus? Warum kannst du einen Bleistift in die Kugel-„Flüssigkeit" eintauchen?

V6 Fülle ein Glas mit Wasser und warte, bis sich das Wasser beruhigt hat. Bringe dann einen Tropfen Tinte sanft in die Mitte der Wasseroberfläche. Was geschieht unmittelbar danach?
Wo ist die Tinte 5 Minuten später, wo nach einigen Stunden?

A7 Erkäre, warum in Bild 4 der Tintentropfen nach unten sinkt und warum sich nach kurzer Zeit ein stark gefärbter Bodensatz bildet. Warum verteilt sich in den folgenden Stunden die Tinte gleichmäßig im Glas?

V8 Verrühre etwas Aluminiumstaub mit Wasser, dem du vorher etwas Spülmittel zugesetzt hast. Beleuchte die Flüssigkeit von der Seite mit einer starken Lampe. Wie verhalten sich die Alu-Flitterchen?

A9 So könnte der Weg eines Aluminium-Teilchens aussehen, wenn man ihn längere Zeit verfolgt. Warum wohl kommt das Teilchen auch nach Tagen nicht zur Ruhe?

Mikroteilchen sind nie in Ruhe!

Die Bilder 2 und 3 legen die Vorstellung nahe, dass die Mikroteilchen immer ruhig nebeneinander liegen. Die Beobachtung der Tinte in Abb. 4 aber zeigt, dass es auch im Inneren ruhender Flüssigkeiten Bewegung geben muss.

Der Tintentropfen sinkt im Wasser nach unten. Am Boden angelangt, verläuft er zu einer dünnen blauen Schicht, wohl weil Tinte schwerer ist als Wasser. Die Tintenteilchen schieben offensichtlich die leicht beweglichen Wasserteilchen weg und bilden eine waagerechte Tintenoberfläche aus. Unerklärbar im Teilchenbild aber ist die Beobachtung, dass sich die Tinte in den folgenden Stunden gleichmäßig im Wasser verteilt und dabei sogar wieder bis zur Wasseroberfläche hochsteigt.

Den Grund für die Verteilung der Tinte im ganzen Wasser finden wir durch V8. Dort wurde etwas Aluminium-Pulver in Wasser verrührt. Im Lichtbündel, das von der Seite einfällt, sehen wir ein flimmerndes Leuchten.
Die Aluminiumflitterchen reflektieren Licht in unser Auge. Es sind immer nur kurze Lichtblitze zu sehen, die von den verschiedensten Stellen kommen. Dies zeigt, dass sich die Flitterchen bewegen und zwar unregelmäßig. Die Bewegung kommt sicher nicht vom Umrühren des Wassers, denn sie besteht auch dann noch, wenn das Wasser tagelang ruhig gestanden hat.

Die Vermutung, dass die Mikroteilchen des Wassers nicht in Ruhe sind, sondern sich dauernd gegeneinander verschieben, umeinander herumzappeln und zusammenstoßen, bringt Licht in die Angelegenheit. Trifft sie zu, dann werden die großen Alu-Flitterchen dauernd von ungemein vielen Wasser-Mikroteilchen aus allen möglichen Richtungen gestoßen. Das führt zu kleinen Zitterbewegungen und ergibt die beobachteten Lichtblitze.

Wissenschaftler haben diese Vermutung durch Experimente vielfach bestätigt und außerdem herausgefunden, dass auch in einem Festkörper die Mikroteilchen dauernd zappeln. Allerdings können sie ihre Plätze nicht tauschen; sie können nur hin und her schwingen.

Die Mikroteilchen von Festkörpern und Flüssigkeiten bewegen sich dauernd, die von Flüssigkeiten auch noch regellos.

Diffusion

Jetzt verstehen wir, warum sich die Tinte nach Stunden gleichmäßig im Wasser verteilt hat. Den Tintenteilchen ergeht es wie den Alu-Flitterchen: Sie werden von den Wasserteilchen herumgestoßen und kommen deshalb im Lauf der Zeit überall hin. Eine solche selbständige Ausbreitung eines Stoffes (hier von Tinte) in einen anderen hinein (hier in Wasser) allein aufgrund der Zappelbewegung der Mikroteilchen heißt **Diffusion.**

Teilchenbewegung und Temperatur

Wir wissen jetzt, dass sich die Mikroteilchen in einem Gefäß mit Wasser dauernd bewegen. Was geschieht wohl, wenn die Teilchen schneller werden? Um das herauszufinden, müssen wir sie irgendwie beschleunigen. Am einfachsten geht das mit einem Quirl. Wenn er läuft, stoßen seine beiden „Besen" ja dauernd gegen die Flüssigkeitsteilchen und machen die getroffenen schneller. Diese schnellen Teilchen stoßen ihrerseits auf langsamere, die durch die Stöße ebenfalls an Geschwindigkeit zulegen. Insgesamt wird das Gewimmel heftiger. Wenn wir den Quirl nach einigen Minuten ausschalten, beruhigt sich die Flüssigkeit schnell. Sie sieht danach genauso aus wie zuvor. Hat das Quirlen also nichts bewirkt?

Doch: Mit einem empfindlichen Thermometer können wir feststellen, dass sich die Temperatur erhöht hat. Sie wird noch höher, wenn der Quirl länger läuft. Dann werden die Teilchen noch schneller.

> Je höher die Temperatur einer Flüssigkeit ist, desto schneller bewegen sich deren Teilchen.

Thermische Energie

Betrachten wir unseren Quirlversuch unter dem Energiegesichtspunkt: Wenn die Mikroteilchen herumwimmeln, besitzen sie Bewegungsenergie. Läuft der Quirl, so macht er die Teilchen schneller. Sie gewinnen Bewegungsenergie. Die Energie, die insgesamt in der Wimmelbewegung aller Mikroteilchen steckt, hat zugenommen. Wir erkennen das an der Temperaturerhöhung. Wegen dieses Zusammenhangs von Energie und Temperatur nennen wir die gesamte kinetische Energie, die in den Teilchen eines Körpers steckt, die **thermische Energie** dieses Körpers. Es gilt also:

> Wenn man die thermische Energie eines Körpers vergrößert, steigt seine Temperatur.

V10 Gibt etwa $\frac{1}{2}$ l Wasser in ein Becherglas. Miss die Temperatur mit einem Thermometer mit $\frac{1}{10}$ Grad-Teilung. Rühre die Flüssigkeit mit einem Quirl etwa 5 Minuten lang um und miss erneut die Temperatur. Woher kommt der Temperaturanstieg?

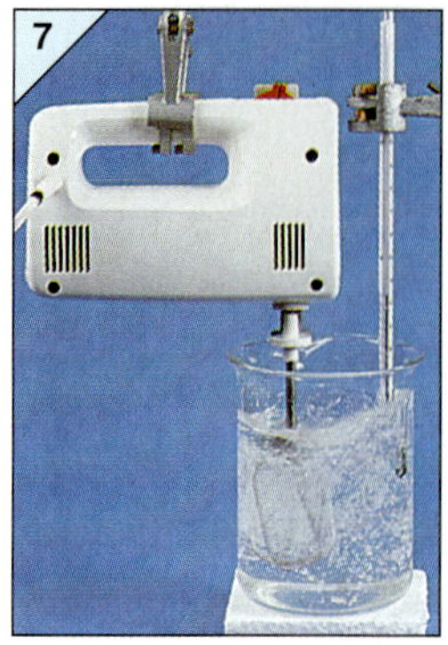

7

A11 Beschreibe, was im Bereich der Mikroteilchen geschieht, solange in V10 die Temperatur steigt.
Welche Energieumwandlungen finden statt?

A12 Ein Topf mit Wasser steht auf einem Gaskocher. Beschreibe im Mikrobild, was beim Wärmeübergang Flamme → Wasser geschieht.

> **Wie schnell sind Mikroteilchen?**
>
> Bei Wasser mit Zimmertemperatur zappeln die meisten Mikroteilchen mit Geschwindigkeiten um 500 $\frac{m}{s}$ durcheinander. Es gibt aber auch viel schnellere und viel langsamere Teilchen. Die Geschwindigkeit der Teilchen ist also nicht einheitlich. Gleiches gilt natürlich auch für ihre Bewegungsenergie.
>
> Führen wir dem Wasser Wärme zu, so steigt die Durchschnittsgeschwindigkeit der Teilchen an, ebenso ihre durchschnittliche Bewegungsenergie. Nach wie vor gibt es aber langsame und schnelle Teilchen. Die Zahl der schnellen ist jetzt größer, die der langsameren kleiner. Das stärkere Teilchengetrommel wird auf die Messflüssigkeit in einem Thermometer übertragen: Es zeigt eine höhere Temperatur an.

Wärmeleitung im Mikrobild

Wenn wir Wasser heiß machen wollen, setzen wir es in einem Topf auf eine Gasflamme. Dann geht Wärme durch das Metall des Topfbodens ins Wasser, erhöht dessen Temperatur und auch dessen thermische Energie. Im Bereich der Mikroteilchen geht dabei Folgendes vor:

Die Mikroteilchen der Gasflamme sind sehr schnell (hohe Temperatur). Sie stoßen auf die langsameren Teilchen der Gefäßwand (noch kalt) und erhöhen dabei deren Geschwindigkeit. Die Temperatur der Wand steigt; die Teilchen darin werden schneller. Auf der anderen Seite der Wand stoßen nun die sehr schnellen Metallteilchen ihrerseits auf Wasserteilchen im Topf und bringen diese ebenfalls auf höhere Geschwindigkeit: Die Temperatur und die thermische Energie des Wassers werden größer.

> Bei Wärmeleitung wird Bewegungsenergie von Mikroteilchen zu Mikroteilchen weitergegeben: Wärme ist als Bewegungsenergie unterwegs.

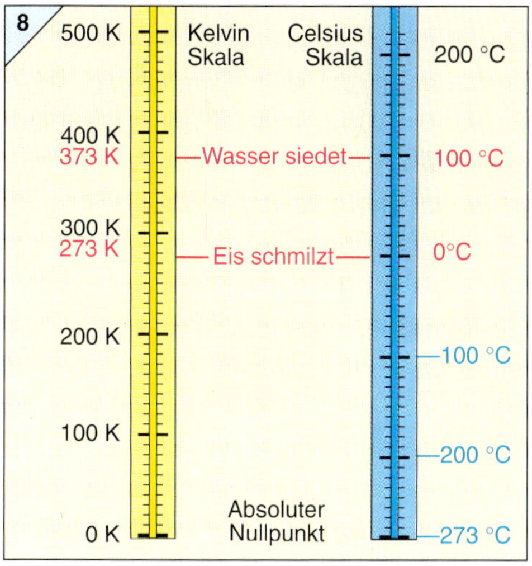

A13 Vergleiche beide Temperaturskalen. Entwirf eine Formel für die Umrechnung von °C-Angaben in K-Werte und umgekehrt.

A14 Warum ist die Kelvinskala nach unten begrenzt, nach oben aber nicht?

Anmerkung: Weil es zwei verschiedene Temperaturskalen gibt, werden auch zwei verschiedene Formelzeichen für die Temperatur verwendet: T für die Angabe in Kelvin, t für die Angabe in Grad Celsius. Temperaturdifferenzen ΔT oder Δt wollen wir in Zukunft immer in Kelvin angeben.

Was bewirkt Wärmeabgabe?

Wenn durch Zufuhr von Wärme die Temperatur eines Körpers steigt und sich dadurch seine Mikroteilchen immer schneller bewegen, was geschieht dann bei Wärmeabgabe? Klar: Die Mikroteilchen des kälter werdenden Körpers bewegen sich immer langsamer. Denn durch die Wärmeabgabe wird seine thermische Energie geringer und das ist ja die Bewegungsenergie aller Teilchen zusammengenommen. Beliebig viel Energie aber lässt sich nicht abführen, weil nämlich die Mikroteilchen irgendwann zur Ruhe kommen. Dann hat der Körper keine thermische Energie mehr und somit auch die niedrigst mögliche Temperatur erreicht, den **absoluten Temperatur-Nullpunkt.** Er liegt bei –273 °C.

Dieser Temperatur-Nullpunkt wird in der Wissenschaft als Nullpunkt einer Temperaturskala benutzt, der so genannten **Kelvin-Skala.** Die Kelvin-Gradschritte sind gleich groß wie die Celsius-Gradschritte. Bestimmt man den Gefrierpunkt von Wasser (0 °C) mit einem in Kelvin geeichten Thermometer, so findet man 273 K. Siedet das Wasser, dann zeigt das Kelvin-Thermometer 373 K. Zimmertemperaturen liegen bei knapp 300 K. Negative Kelvin-Temperaturen gibt es nicht!

1 Kelvin (= 1 Kelvin-Gradschritt) ist die **Temperatureinheit** der Physik. Wir verwenden sie zukünftig immer, wenn wir Temperaturdifferenzen angeben. Für die Angabe von Temperaturpunkten benutzen wir bequemlichkeitshalber weiterhin das °C.

Beispiele:
Temperaturunterschied zwischen 78 °C und 53 °C ist 25 K;
Temperaturabnahme von 15 °C auf –20 °C ist 35 K;
Temperaturunterschied zwischen –100 °C und +100 °C ist 200 K.

AUFGABEN UND ZUSAMMENFASSUNG

1. Beschreibe den Unterschied zwischen festen und flüssigen Körpern im Mikroteilchen-Bild.

2. Warum kann man Eis nur mit großer Kraft in zwei Stücke schneiden, in Wasser aber leicht eindringen? Erkläre im Mikrobild.

3. Welche Beobachtungen beweisen, dass Honig eine Flüssigkeit ist?

4. Gib Beispiele für harte und für weiche Stoffe. Wie verhalten sie sich jeweils, wenn du darauf drückst und loslässt? Erkläre im Mikrobild.

5. Was versteht man unter Diffusion? Beschreibe die Diffusion von Tinte in Wasser. Erkläre sie im Mikrobild.

6. Wenn du bei V8 genau beobachtest, bemerkst du, dass große Alu-Flitterchen weniger stark zittern als kleine. Warum wohl?

7. Beschreibe im Mikrobild, was beim Übergang von Wärme von einer heißen Kerzenflamme in einen Becher mit kaltem Wasser geschieht.

8. Was versteht man unter „thermischer Energie"? Wie groß ist sie am absoluten Nullpunkt? Begründe deine Antwort.

9. Erkläre den Ausdruck „absoluter Nullpunkt".

10. Was unterscheidet die Celsius- von der Kelvin-Skala? Was ist bei beiden gleich?

11. Rechne um in Kelvin:
0 °C; 25 °C; 100 °C; –20 °C;
Rechne um in °C:
300 K; 478 K; 100 K;

Materie im Mikrobild

Alle Materie ist aus Mikroteilchen (Atomen, Ionen und Molekülen) aufgebaut. Sie befinden sich in ständiger Wimmelbewegung:
In Festkörpern sitzen die Teilchen an festen Plätzen, in Flüssigkeiten können sie sich gegeneinander verschieben.
Infolge der Wimmelbewegung der Teilchen können sich Flüssigkeiten durch Diffusion vermischen.

Wird einem Körper Wärme zugeführt, so erhöht sich seine thermische Energie (die kinetische Energie aller seiner Mikroteilchen). Das hat zur Folge, dass seine Temperatur steigt.

Warum ist Luft allgegenwärtig?

Gase, wie z. B. Luft, sind weit weniger dicht als Festkörper oder Flüssigkeiten. Du merkst das daran, dass du fast ohne Behinderung durch Luft hindurchlaufen kannst, durch Wasser aber nicht. Die Mikroteilchen im Gas liegen offensichtlich nicht so dicht aneinander wie in einer Flüssigkeit: In einem Fingerhut Wasser (1 cm^3) befinden sich beispielsweise etwa 2000-mal so viel Mikroteilchen wie in 1 m^3 Luft. Entsprechend viel größer sind die Abstände zwischen den Luftteilchen (1000-mal so groß). Da kann man kaum erwarten, dass sie einander mit großen Kräften festhalten – vielmehr sollten sie frei im Raum herumschwirren, bis sie aufeinander oder auf die Wände treffen.

Dem Fläschchen in Bild 1 entweicht gasförmiges Parfüm, das sich rasch im ganzen Klassenraum verbreitet. Die Diffusion des Parfüms in Luft läuft im Gegensatz zu der von Tinte in Wasser sehr schnell ab. Dies zeigt, dass die Parfüm-Teilchen in Bewegung sind und sich dabei unter die Luftteilchen mischen. Wegen der großen Entfernung voneinander legen sie beträchtliche Strecken zwischen den Zusammenstößen zurück. Sie kommen dabei in jeden Winkel des Raums, weil beim Stoß immer auch die Bewegungsrichtung geändert wird.

In Gasen bewegen sich Mikroteilchen unabhängig voneinander und besetzen deshalb jeden verfügbaren Raum.

Gase drücken gegen Wände

Wenn du einen Luftballon aufbläst, ist er nach wenigen Atemstößen prall gefüllt. Die hineingeblasene Luft hat sich gleichmäßig in ihm verteilt. An einem Finger, mit dem du gegen die Ballonhülle drückst, spürst du eine Gegenkraft. Woher kommt sie?

Die elastische Ballonhülle übt sie nicht aus, denn die drückt nicht nach außen, sondern zieht nach innen. (Deshalb fällt dir das Aufpusten schwerer, wenn der Ballon größer ist). Also kommt nur die eingeblasene Luft als Verursacher der Kraft infrage: Die Luftteilchen im Ballon stoßen bei ihrer Wimmelbewegung nicht nur gegeneinander, sondern auch von innen gegen die Hülle. Dieses dauernde Getrommel der Mikroteilchen bewirkt die Kraft auf deinen Finger. Es sorgt auch dafür, dass die Eindellung wieder nach außen gedrückt wird, wenn du den Finger wegnimmst.

Wenn du den Fingertest hinten, oben, unten, rechts und links am Ballon wiederholst, spürst du jeweils dasselbe: Die Luft darin drückt überall von innen nach außen, immer senkrecht auf die Hülleninnenseite vor deiner Fingerkuppe und immer gleich stark. Man sagt, sie übt **Druckkräfte** auf die Hülle aus. Diese Druckkräfte kommen durch die Bewegung der Mikroteilchen zustande. Da sie überall gleich groß sind, müssen wir annehmen, dass in jeder Sekunde auf jeden cm^2 Wand von innen gleich viele Teilchen trommeln. Ist dies der Fall, sagt man, die eingeschlossene Luft befindet sich in einem *Druckzustand* oder kürzer: Im Gas herrscht **Druck.**

V1 Eine Schülerin öffnet hinten im Klassenzimmer ein Parfümfläschchen. Jeder Schüler zeigt auf, wenn er das Parfüm riecht. Beobachte, in welcher Reihenfolge deine Mitschüler aufzeigen. Was schließt du aus deiner Beobachtung?

A2 Vergleiche die Diffusion von Tinte in Wasser mit der von Parfüm in Luft. Warum geht die Diffusion von Gasen in Luft viel schneller vor sich als die von Tinte in Wasser?

V3 Blase einen zunächst schlaffen Luftballon auf, bis er halbwegs prall ist, und verschließe ihn. Drücke an verschiedenen Stellen aus verschiedenen Richtungen mit einem Finger auf ihn. Was spürst du?

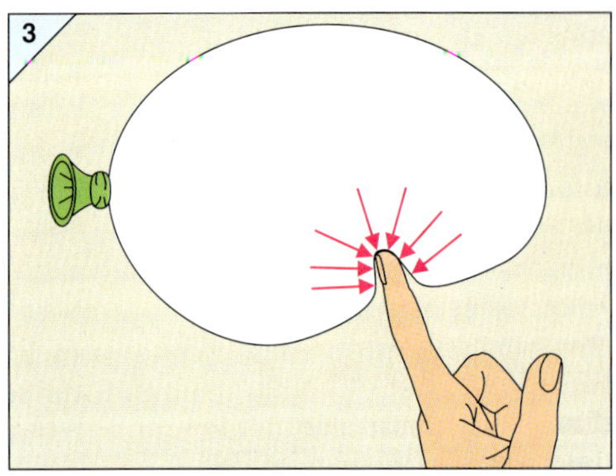

A4 Wer übt die Kraft auf deinen Finger aus, wenn du in V3 in den Luftballon hineindrückst? Welche Richtung hat sie jeweils?

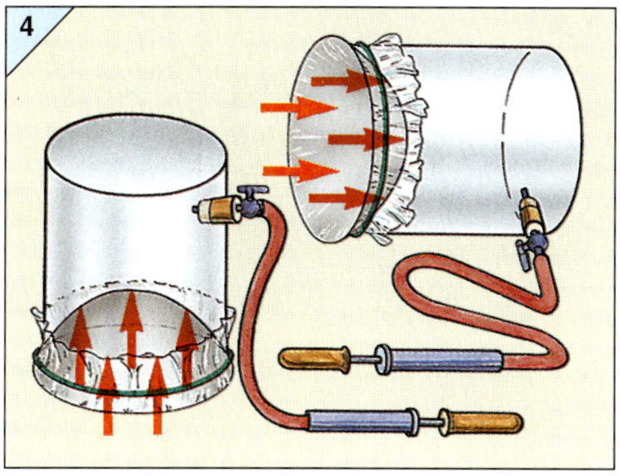

V5 Ein „Spezial-Einmachglas“ hat eine Bohrung, in der ein Gummistopfen mit Hahn steckt. Spanne Zellophan luftdicht über die Glasöffnung. Pumpe Luft heraus und schließe den Hahn. Beobachte, was mit der Zellophanhaut geschieht.
Drehe das Glas in verschiedene Richtungen und stelle es auch auf den Kopf. Was ändert sich? Erkläre.

A6 Was schließt du daraus, dass in V5 das Zellophan stets gleich stark nach innen gewölbt wird?

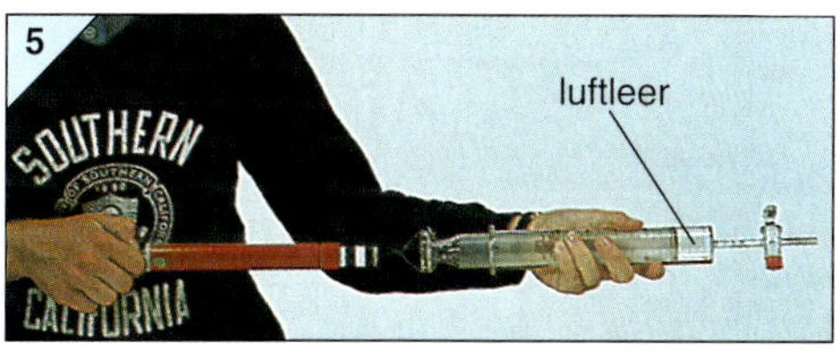

V7 Schiebe den Kolben einer Glasspritze ganz in den Zylinder hinein und verschließe die Spritze. Ziehe den Kolben mit einem Kraftmesser bis zur Mittellage heraus. Wie groß ist die Zugkraft?
Miss nun noch die Kolbenfläche und errechne, wie viel Kraft auf 1 cm^2 kommt.

Der Luftdruck

Wir sind umgeben von Luft. Also prasseln laufend Mikroteilchen auf alle Körper, die sich in ihr befinden. Wie sich das auswirkt, zeigt der Versuch in Bild 4: Wird die Luft aus dem Einmachglas herausgepumpt, so wölbt sich die Zellophanhaut nach innen, egal in welche Richtung die Öffnung gerade gehalten wird. Innen ist die Luft weggepumpt, deshalb kann nur noch die Außenluft Druckkräfte auf die Haut ausüben. Diese spannen die Haut straff und bringen sie unter Umständen mit lautem Knall zum Platzen. Wir erkennen:

> Luft drückt immer senkrecht auf die Flächen, die ihr im Wege sind: von oben, von der Seite und von unten.

Nun interessiert natürlich, wie stark die Mikroteilchen auf eine Fläche trommeln. Sicher ist die Gesamtdruckkraft umso größer, je größer die Fläche ist, die an die Luft grenzt. Kennzeichnend für den „Druckzustand“ im Gas wäre deshalb die Kraft, die auf 1 cm^2 des im Gas befindlichen Körpers einwirkt.

Diese Belastung einer Fläche durch die Luft können wir ermitteln: Dazu ziehen wir mit einem Kraftmesser einen Kolben aus einer luftdicht verschlossenen Glasspritze heraus, sodass vor dem Kolben ein fast luftleerer Raum entsteht. Unsere Zugkraft muss nun die Kraft ersetzen, die die Luft zuvor auf die vordere Kolbenfläche ausgeübt hat. Nur dann besteht weiterhin Gleichgewicht mit der Druckkraft der Luft am hinteren Kolbenende. Wir benötigen dazu bei einer Kolbenfläche von 8 cm^2 etwa 80 N. Das sind je cm^2 Fläche 80 N : 8 = 10 N. Der Wert $10 \frac{N}{cm^2}$ kennzeichnet den Druckzustand in der Luft; man nennt ihn deshalb **Luftdruck.**

> Der Luftdruck beträgt etwa $10 \frac{N}{cm^2} = 1$ bar.

Druckeinheiten
$10 \frac{N}{cm^2} = 1$ bar; $1 \frac{N}{m^2} = 1$ Pa (Pascal)
1 bar = 1 000 mbar = 100 000 Pa = 100 kPa (Größe des Luftdrucks)

AUFGABEN UND ZUSAMMENFASSUNG

1. Warum breitet sich der Duft von Parfüm schnell im Raum aus?

2. Wie groß ist der Luftdruck?
Was bewirkt er?
Wie kommt er zustande?

3. Wie stark drückt die Luft auf eine 1 m^2 große Fensterscheibe?
Warum zerbricht sie nicht?

4. Die roten Pfeile im rechten Bild sind Kraftpfeile. Bei welchem Glas lässt sich der Deckel abheben? Erkläre im Mikrobild.

5. Wie kannst du einen Fingerhut an die Zungenspitze hängen?
Welche Kraft hält ihn fest?

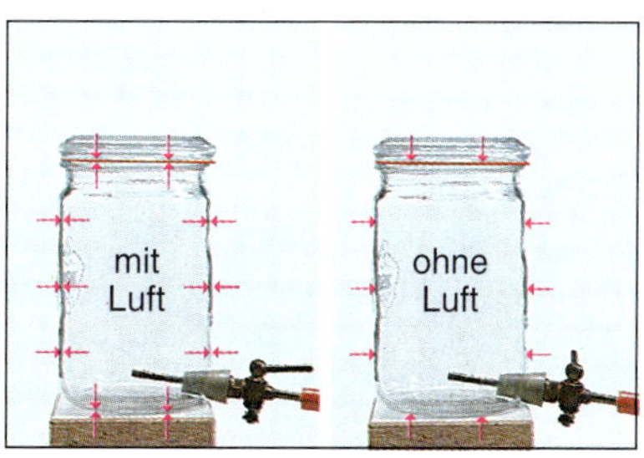

Druck in Gasen; Luftdruck

Infolge ihrer thermischen Bewegung trommeln die Mikroteilchen eines Gases dauernd auf jede Fläche, die das Gas begrenzt. Das führt zu Druckkräften, die senkrecht auf die Begrenzungsflächen wirken.

Man sagt deshalb, Gase stehen unter Druck. Ist das Gas Luft, spricht man vom Luftdruck.

Druck und Volumen eines Gases

Die großen Pressgasflaschen im nebenstehenden Bild haben ein Volumen von ca. 20 l, das sind 20 dm^3. Man kann aber einer gefüllten Flasche wesentlich mehr Gas entnehmen, nämlich etwa 3 m^3. Ein Widerspruch?

Das Gas in den Flaschen steht „unter Druck“. Oft sind es 150 bar. Es sieht so aus, als ob bei diesem Druck dieselbe Gasmenge ein viel kleineres Volumen beansprucht als beim üblichen Luftdruck. Dem müssen wir nachgehen.

Dazu benutzen wir das Gerät nach Abb. 2. In der einseitig zugeschmolzenen Glasröhre ist durch das Kügelchen ein Luftvolumen von z. B. $V_1 = 10\,cm^3$ eingeschlossen. Der Luftdruck rechts und links vom Kügelchen beträgt 1 bar. Das ist der normale Luftdruck. Mit der angesetzten Glasspritze können wir den Druck erhöhen oder erniedrigen. Der Druck wird vom angeschlossenen Luftdruckmesser angezeigt. Die Größe des Volumens lässt sich an der Verschiebung des Kügelchens ablesen. Dabei ergeben sich z. B. folgende Messwerte:

Druck p	0,5 bar	1 bar	1,5	1,75	2 bar
Volumen V	20 cm^3	10 cm^3	6,7 cm^3	5,7 cm^3	5 cm^3

Beim Vergleich der Druck- und Volumenwerte sehen wir, dass unsere Vermutung richtig war:

> Das Volumen eines Gases wird kleiner, wenn der Druck steigt und größer, wenn er sinkt.

Das Boyle-Mariotte-Gesetz

Übertragen wir die Werte der Tabelle in ein p-V-Diagramm, so erhalten wir einen Graphen wie in Abb. 3. Sein Verlauf deutet auf eine umgekehrte Proportionalität zwischen p und V des Gases hin. Beim Multiplizieren zusammengehöriger Messwerte zeigt sich tatsächlich, dass das Produkt aus Druck p und Volumen V jeweils gleich ist:

> $p_1 \cdot V_1 = p_2 \cdot V_2$

Dieses Gesetz fanden die Physiker Robert Boyle (1627–1691) und Edme Mariotte (1620–1684) in den Jahren 1667 und 1676 unabhängig voneinander. Man nennt es deshalb das Boyle-Mariotte-Gesetz.

Nun können wir den eingangs vermuteten Widerspruch auflösen: Beim Ausströmen des Gases aus einer Stahlflasche entspannt sich dieses vom Druck 150 bar auf den Luftdruck 1 bar, also im Verhältnis 150:1. Das Volumen vergrößert sich entsprechend dem obigen Gesetz im Verhältnis 1:150.
Aus 20 l Druckgas werden also $150 \cdot 20\,l = 3000\,l = 3\,m^3$ Gas bei normalem Luftdruck.

A1 Die abgebildeten großen Gasflaschen haben einen Rauminhalt von 20 l. Lässt man das Gas aus der voll gefüllten Flasche ausströmen, nimmt es einen Raum vom 3 m^3 ein. Wie ist das möglich? Welche Bedeutung haben die Ventile?

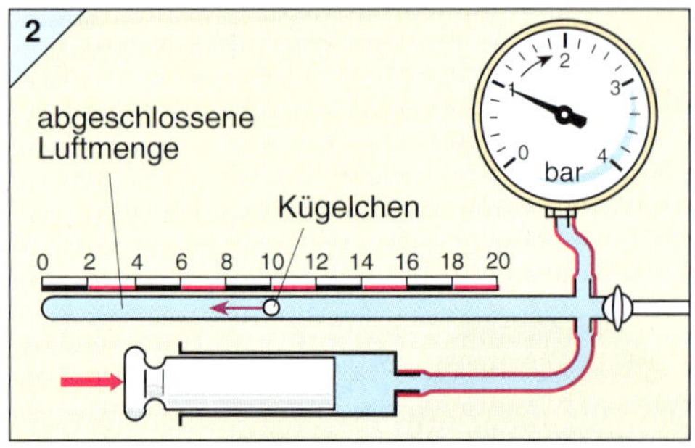

V2 Stelle mithilfe des Kügelchens im abgeschlossenen Teil des Glasröhrchens links ein Volumen von 10 cm^3 her, der Absperrhahn ist offen. Das Röhrchen hat einen Querschnitt von 1 cm^2.
Schließe den Hahn und verändere mit der Glasspritze den Druck. Wie ändert sich das durch das Kügelchen eingeschlossene Volumen? Erstelle eine Tabelle und trage die Messwerte in folgendes Diagramm ein.

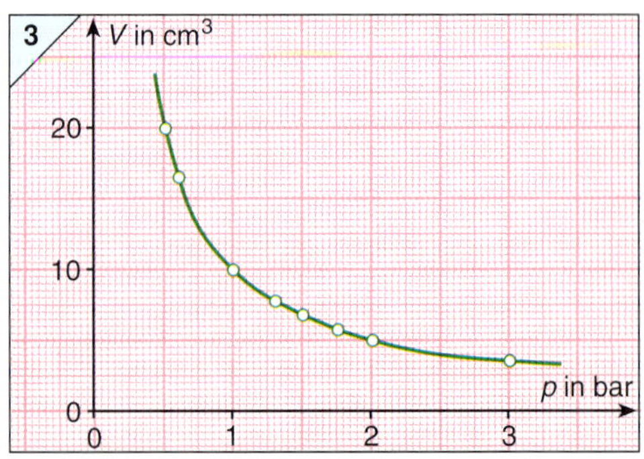

A3 Multipliziere die hier aufgetragenen, zusammengehörigen Werte von p und V miteinander. Vergleiche die Produktwerte. Versuche, das Ergebnis als Gleichung zu schreiben.

Temperatur und Gasdruck

Wir wissen, dass Luftteilchen infolge ihrer thermischen Energie dauernd in Bewegung sind, in einem aufgeblasenen Luftballon trommeln sie ständig senkrecht auf die Gummihaut. Diesen Zustand der eingeschlossenen Luft nannten wir Druckzustand und sagten: Im Gas herrscht Druck. Nach diesen Überlegungen müsste dann auch der Druck im Gas steigen, wenn die Mikroteilchen schneller sind. Schnellerwerden der Teilchen bedeutet aber eine Temperaturerhöhung. Also erwarten wir bei höherer Temperatur des eingeschlossenen Gases auch einen höheren Druck.

Diese Erwartung lässt sich mit einem Versuch nach Abb. 4 erhärten. Dort ist ein Luftdruckmessgerät an einen luftgefüllten Erlenmeyerkolben angeschlossen. Wird die Luft im Kolben erwärmt, steigt der Druck. Unsere Vermutung wird also bestätigt:

Beim Erwärmen von eingesperrten Gasen erhöht sich der Druck im Gas, beim Abkühlen sinkt er.

4

V4 Verschließe einen luftgefüllten Erlenmeyerkolben mit einem durchbohrten Stopfen und verbinde ihn durch einen Schlauch mit einem Luftdruckmesser. Erwärme die Luft im Kolben langsam und beobachte den Zeiger des Messgerätes.
Lass die Luft anschließend abkühlen und beobachte wieder. Berichte.

Überdruck

Einen Fahrradreifen musst du aufpumpen, ehe du mit dem Rad fahren kannst. Aber auch im platten Reifen ist noch Luft, ihr Druck ist allerdings nur so groß wie der Luftdruck außerhalb des Schlauches. Diesen haben wir bereits gegenüber dem luftleeren Raum gemessen. Es ist ein sogenannter **absoluter Druck.**
Beim Aufpumpen des Reifens kommt es nur darauf an, wie groß der Innendruck gegenüber dem äußeren Luftdruck ist. Diese Druckdifferenz heißt **Überdruck.** Hierbei wirken also im Inneren des aufgepumpten Reifens größere Kräfte gegen den Mantel als von außen.

Beträgt der Überdruck in einem Autoreifen z. B. 2,5 bar, so ist der absolute Druck darin 3,5 bar, also 2,5 bar Überdruck und 1 bar Luftdruck.

Mit einem Druckmessgerät, wie es an Tankstellen üblicherweise verwendet wird, lässt sich der Überdruck im Reifen messen.

AUFGABEN UND ZUSAMMENFASSUNG

1. Wie ändert sich der Druck in einem geschlossenen Gefäß beim Komprimieren (Zusammendrücken) und beim Entspannen eines Gases?

2. In einer abgeschlossenen Gasmenge wird der Druck verdoppelt, verdreifacht, verzehnfacht. Wie ändert sich dabei jeweils das Volumen?

3. Ein Autoreifen habe ein Volumen von 60 l. Er wird auf einen Überdruck von 3,5 bar entsprechend 4,5 bar absolut aufgepumpt. Wie viel Luft muss der Kompressor fördern?

4. Erkläre deine Beobachtung aus V4 mithilfe des Teilchenbildes.

5. Was passiert in einem Fahrradreifen, wenn
a) Luft eingepumpt wird,
b) das Rad in der Sonne steht.
Beschreibe mit dem Teilchenbild.

6. Eine am Strand bei 40 °C prall aufgepumpte Luftmatratze wird auf dem Wasser (20 °C) schlapp. Erkläre.

Boyle-Mariotte-Gesetz

Wenn der Druck in einem eingeschlossenen Gas vergrößert wird, nimmt das Volumen dabei ab. Es gilt das Boyle-Mariotte-Gesetz:
$p_1 \cdot V_1 = p_2 \cdot V_2$

Druck und Temperatur

Wenn Gase erwärmt werden, wird die Wimmelbewegung der Gasteilchen heftiger. Deshalb steigt der Gasdruck.

Wärmezufuhr ändert das innere Gefüge

Wenn wir festen, flüssigen und gasförmigen Körpern Wärme zuführen, erhöhen sich Temperatur und thermische Energie, weil die Wimmelbewegung der Mikroteilchen verstärkt wird. Das haben wir genau untersucht. Nun wissen wir aber längst, dass Wärmezufuhr auch Änderungen im inneren Gefüge von Körpern bewirken kann:

- Beim **Schmelzen** wird der Festkörper Eis zur Flüssigkeit Wasser.
- Beim **Erstarren** wird aus Flüssigkeit ein Festkörper.
- Beim **Sieden** wird die Flüssigkeit Wasser zum Gas Wasserdampf.
- Beim **Kondensieren** wird aus Gas eine Flüssigkeit.

Was geschieht dabei mit den Mikroteilchen?

Schmelzen im Mikrobild

Der Versuch nach Bild 1 zeigt, was geschieht, wenn wir festem, sehr kaltem Eis Wärme zuführen: Zunächst steigt die Eistemperatur von z. B. –15 °C auf 0 °C. Danach schmilzt das Eis und wird zu Wasser. Dabei bleibt die Temperatur im Gefäß bei 0 °C stehen, obwohl wir weiterhin Wärme (also Energie) zuführen. Erst wenn alles Eis geschmolzen ist, steigt die Temperatur wieder.

Im Mikrobild lässt sich das so verstehen: In Eis schwingen die Teilchen um ihre Ruhelage. Wird Wärme zugeführt, so werden diese Schwingbewegungen heftiger. Weil die zugeführte Wärme die Bewegung der Teilchen verstärkt, steigt auch die Temperatur des Körpers. Bei 0 °C wird schließlich das Schwingen so stark, dass die Teilchen einander nicht mehr an Ort und Stelle halten können. Das Eis zerläuft. Jetzt wird die zugeführte Wärme zum „Knacken" der Bindungen zwischen benachbarten Mikroteilchen gebraucht; für eine Verstärkung der thermischen Bewegung bleibt nichts übrig. Daher ist die Temperatur konstant. Wenn alle Bindungen gelöst sind, ist aus dem Festkörper eine Flüssigkeit geworden.

Schmelzen unter dem Gesichtspunkt „Energie": In V1 wird dem Eis Energie in Form von Wärme zugeführt. Das verstärkt die Wimmelbewegung der Mikroteilchen im Eisblock, ihre Bewegungsenergie nimmt zu. Die thermische Energie im Eisblock wird dadurch insgesamt größer. Während des Schmelzens tritt etwas Neues auf: Die zugeführte Energie wird nicht mehr in Bewegungsenergie der Mikroteilchen verwandelt, sondern für das Umwandeln von Eis in Wasser. Da Energie nicht einfach verschwinden kann, muss sie danach im Wasser stecken. Weil sie der Zustandsänderung dient, nennen wir sie **Zustands-Änderungs-Energie** (kurz **ZÄE).**

In der Flüssigkeit stecken nach dem Schmelzen also zwei Energieanteile: die thermische Energie und eine Zustandsänderungsenergie. Die beiden Anteile ergeben zusammen die so genannte **innere Energie** des Körpers.

Innere Energie = Thermische Energie
+ Zustandsänderungsenergie.

V1 Fülle ein Becherglas mit zerstoßenen Eisstücken von etwa –15 °C und stelle einen Gasbrenner mit kleiner Flamme unter. Miss die Temperatur im Glas von Minute zu Minute, bis alles Eis geschmolzen ist und das Wasser 10 °C hat. (Umrühren!) Trage die Werte in eine Tabelle ein und erstelle danach ein Zeit-Temperatur-Diagramm.

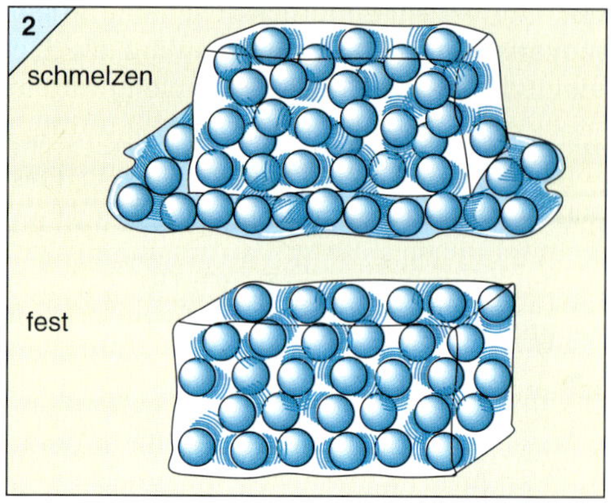

A2 Beschreibe anhand von Bild 2, was in V1 geschehen ist.

A3 Was wird aus der Energie, die in V1 von der Flamme ins Eis-Wasser-Gemisch geht? Warum ist es sinnvoll, eine „Zustands-Änderungs-Energie" einzuführen?

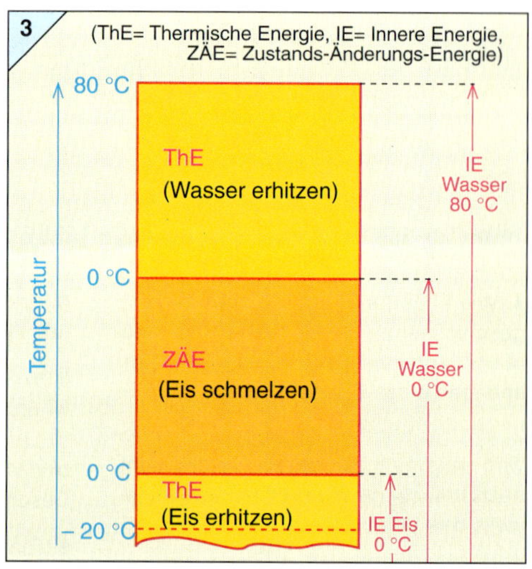

A4 Bild 3 zeigt die Anteile der inneren Energie von Eis bzw. Wasser zwischen –20 °C und +80 °C. Beschreibe mit Energiebegriffen anhand des Bildes, was in V1 geschieht.

V5 Fülle ein Becherglas mit ungefähr so viel Wasser von Zimmertemperatur, wie in V1 entstanden ist. Erwärme es mit einem Gasbrenner. Miss von Minute zu Minute die Temperatur, bis ein Teil des Wassers verdampft ist, und erstelle aus den Messwerten ein Zeit-Temperatur-Diagramm.
Beobachte, was im Wasser kurz vor und während des Siedens geschieht.

4

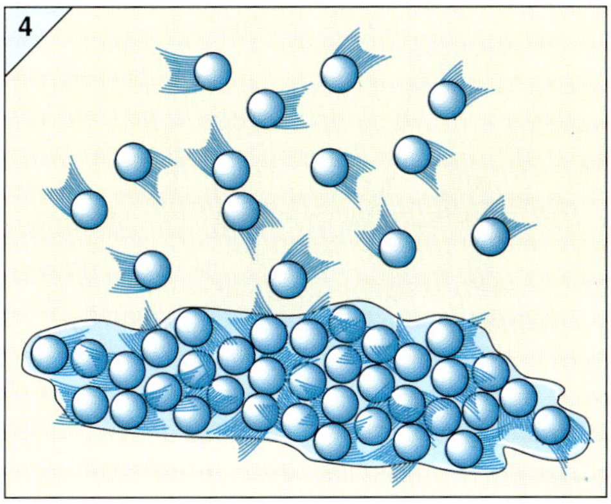

A6 Beschreibe anhand von Bild 4 die Änderungen im inneren Gefüge von Wasser beim Sieden.

A7 Überlege, in welchen Abschnitten von V5 die zugeführte Wärme in thermische Energie übergeht und in welchen in Zustandsänderungsenergie.

Verdampfen im Mikrobild

Führen wir in V1 dem aus Eis entstandenen Wasser weiterhin ständig Wärme zu, so steigt die Temperatur langsam auf ca. 100 °C an. Die zugeführte Wärme geht dabei ausschließlich in thermische Energie der Flüssigkeit über. Beim dann folgenden Stopp des Temperaturanstiegs wird aus Wasser das Gas Wasserdampf. Die während dieser Zeit zugeführte Wärme wird beim Übergang flüssig → gasförmig verbraucht. Sie steckt danach als weitere Zustandsänderungsenergie in dem entstandenen Gas. Die innere Energie des Gases hat deshalb drei Anteile:
thermische Energie + ZÄE-Schmelzen + ZÄE-Verdampfen.

Im Mikrobild lautet die Beschreibung folgendermaßen: Wird einer Flüssigkeit Wärme zugeführt, so verstärkt sich die thermische Bewegung der Mikroteilchen, die Flüssigkeit wird heißer. An der Oberfläche gelingt es sehr schnellen Teilchen, den Anziehungskräften ihrer Umgebung zu entkommen. Es bildet sich Gas über der Flüssigkeit *(Verdunsten).* Bei höheren Temperaturen gibt es mehr schnelle Teilchen; es verdunstet mehr Flüssigkeit. Schließlich zappeln die Teilchen so heftig, dass sie auch innerhalb der Flüssigkeit andere wegstoßen und sich so mehr Platz schaffen: In der Flüssigkeit entstehen Gasblasen, sie *siedet.*

Wenn ein Mikroteilchen die Flüssigkeit verlässt (beim Verdunsten nach oben; beim Sieden in eine Gasblase hinein), muss es beim Durchdringen der Oberfläche die Anziehungskräfte der anderen Teilchen überwinden; dabei wird Arbeit verrichtet. Die Energie dafür muss von der Wärmequelle, die das Verdampfen aufrechterhält, nachgeliefert werden.

Beim Verdampfen entschwindet Energie

Beim Sieden von Wasser entsteht gasförmiger Wasserdampf. Wenn das Gefäß oben offen ist, vermischt sich dieser Dampf mit der Umgebungsluft. Deshalb lässt sich die innere Energie, die der Dampf hat, nicht mehr „orten". Dies gelingt uns nur, wenn wir die Vermischung von Wasserdampf und umgebender Luft verhindern. Dazu brauchen wir nur das Becherglas mit einer Plastikhaube luftdicht abzuschließen. Dann wissen wir genau, wo sich die innere Energie befindet: im Gefäß und im Plastikbeutel.

Führen wir den Versuch durch, dann sehen wir, dass sich der Beutel aufbläht. Die Volumenvergrößerung des Gases bewirkt ein *Energieleck:* Denn aus jedem cm^3 Wasser entstehen $1\,700\,cm^3$ Dampf. Dieser Dampf schiebt 1,7 l Umgebungsluft beiseite und zwar gegen die Druckkraft, welche diese Luft auf die Plastikhülle ausübt. Das kostet Energie: Die wird von der Wärmequelle zusätzlich aufgebracht und geht beim Aufblähen in die Außenluft über.

innere Energie	=	thermische Energie	+	ZÄE (Verdampfen)	−	Ausdehnungsarbeit Dampf

Beachte: Die Ausdehnungsarbeit muss mit und ohne Plastiksack verrichtet werden. Der Sack hilft uns nur, das Problem zu verstehen.

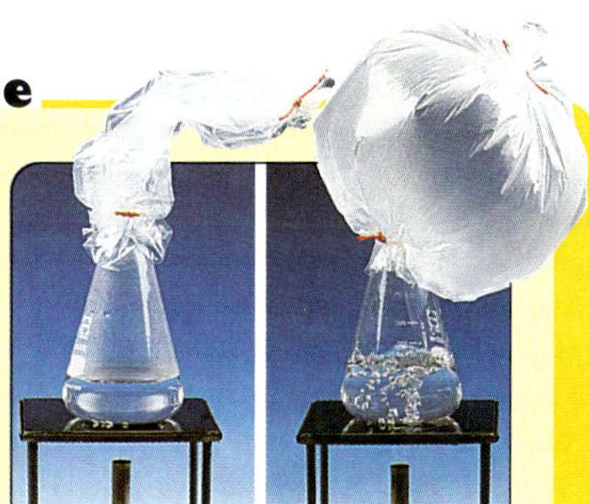

Fülle einen Erlenmeyerkolben halb voll Wasser. Schneide aus Bratfolie ein 30 cm langes Stück ab und verschnüre das eine Ende möglichst luftdicht. Stülpe diese Plastikhaube locker über den Kolbenhals und befestige sie möglichst luftdicht mit einem Gummiring. Bringe das Wasser mit mittlerer Brennerflamme zum Sieden.

Kondensieren und Erstarren im Mikrobild

Wenn aus Wasserdampf flüssiges Wasser wird (Kondensieren) und aus flüssigem Wasser festes Eis (Erstarren), dann laufen vermutlich dieselben Vorgänge ab wie beim Sieden und Schmelzen, nur in umgekehrter Richtung:

Kondensieren: Mikroteilchen aus dem Gas treffen auf die Oberfläche von Tröpfchen. Dabei werden sie von den Anziehungskräften an den Oberflächen beschleunigt, gewinnen also Energie. Diese wird an die Mikroteilchen der kühleren Tröpfchen abgegeben und erhöht deren thermische Energie. Das Teilchen aus dem Gas hat seinen Energieüberschuss verloren, es bleibt in der Flüssigkeit.

Erstarren: Wird der Flüssigkeit Wärme entzogen, so nimmt die Energie der Mikroteilchen ab, d. h. sie bewegen sich langsamer. Schließlich werden sie so langsam, dass die Bindungskräfte wieder wirksam werden und die Teilchen sich gegenseitig auf bestimmten Plätzen festhalten.

Zustandsänderungsenergie wird zurückgegeben!

Wenn diese Vorstellungen richtig sind, müssen wir beim Kondensieren von Wasserdampf die Zustandsänderungsenergie ZÄE-Verdampfen wieder zurückbekommen. Sie muss als Wärme abfließen, ebenso die ZÄE-Schmelzen beim Erstarren. Mit V8 können wir das für das Kondensieren nachprüfen:
Einer 100 °C heißen Dampfblase wird vom kalten Wasser Wärme entzogen, deshalb kondensiert sie sofort zu einem 100 °C heißen Wassertröpfchen. Nach einiger Zeit ist das Wasser im Becherglas ebenfalls 100 °C heiß. Der Wasserspiegel ist wegen des Kondensierens um etwa $\frac{1}{7}$ gestiegen. Diese verhältnismäßig geringe Kondenswassermenge von 100 °C hat sich im Becherglas mit dem Wasser von Zimmertemperatur gemischt. Sie hätte dessen Temperatur nie auf 100 °C erhöhen können, sondern bestenfalls auf etwa 40 °C. Es bleibt nur eines: Die Energie, die die thermische Energie des Kühlwassers vergrößert, ist die ZÄE-Verdampfen des heißen Wasserdampfes.

Entsprechend kann beim Erstarren aus einer Flüssigkeit erst dann ein fester Körper werden, wenn ihr die ZÄE-Schmelzen entzogen wird.

5

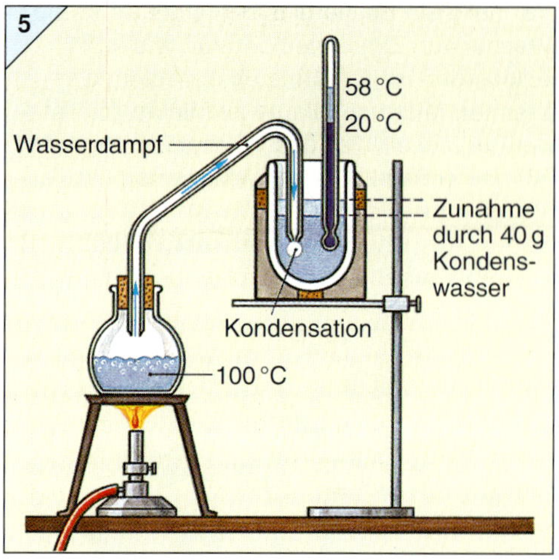

V8 Lehrerversuch: Ein Stehkolben wird halb voll Wasser gefüllt, mit einem durchbohrten Stopfen verschlossen und das Wasser darin zum Sieden gebracht. Der entstehende Wasserdampf wird in ein Becherglas mit 200 g Wasser von Zimmertemperatur geleitet. Beobachte den Wasserstand im Becherglas und prüfe von Zeit zu Zeit die Wassertemperatur.
Welche Temperatur hat das Wasser, wenn die Gasblasen zur Wasseroberfläche hochsteigen?

V9 Fülle ein Becherglas mit gleich viel Wasser von Raumtemperatur wie in V8. Gib dann so viel siedendes Wasser dazu, wie in V9 durch das Kondensieren entstanden ist. Welche Mischtemperatur stellt sich ein?

A10 In V8 hat 100 °C heißer Wasserdampf, der zu etwa 30 g Wasser von höchstens 100 °C kondensiert ist, 200 g Wasser von Zimmertemperatur auf 100 °C gebracht.
In V9 dagegen hat die Mischung der gleichen 100 °C heißen Wassermenge mit ebenfalls 200 g Wasser von Zimmertemperatur knapp 30 °C ergeben.
Warum ist die Temperatur im ersten Fall höher? Woher kommt die zusätzliche Energie?

Thermische Energie aus mechanischer Arbeit

Wenn du ein dickes Metallrohr auseinander sägst, werden innerhalb von kürzester Zeit sowohl Rohr als auch Sägeblatt heiß: Die Mikroteilchen der Säge ziehen die Mikroteilchen des Rohres ein Stück weit mit sich. Dann reißt der Kontakt ab. Die Mikroteilchen von Rohr und Säge zappeln nun heftiger, was sich auf die Nachbarteilchen überträgt. Die Energie, die du mechanisch beim Sägen in das Rohr hineinsteckst, verwandelt sich in kinetische Energie der Mikroteilchen und damit in thermische Energie von Rohr und Sägeblatt.

Kalt schmieden: Wenn du einen Nagel auf einem Amboss oder Stein durch mehrere Hammerschläge platt klopfst, wird er heiß. Die thermische und damit auch die innere Energie des Nagels ist auf Kosten der kinetischen Energie des Hammers vergrößert worden.

Mechanische und thermische Energie im Wechsel

Durch Hin- und Herbewegen eines Kolbens in einer Glasspritze kann das Volumen der eingesperrten Luft verkleinert und vergrößert werden (Luft wird dabei komprimiert bzw. entspannt). Die sich ergebenden Temperaturänderungen der Luft können mit einem empfindlichen elektronischen Thermometer gemessen werden. Der Wechsel von mechanischer und thermischer Energie läuft in 4 Phasen ab, die sich beliebig oft wiederholen lassen.

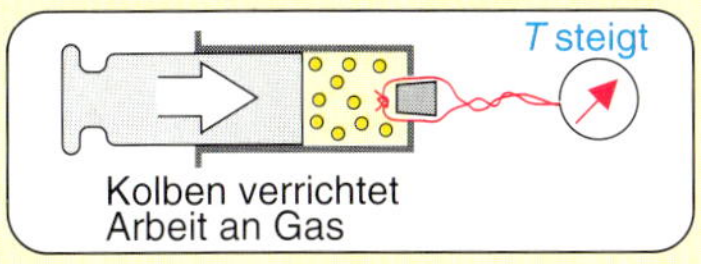

Der Kolben wird mit Kraft in den Zylinder hineingeschoben. Das Gas darin wird komprimiert, seine Temperatur steigt.

Mechanische Energie (Kraft x Weg) wird von außen in das „System“ eingespeist. Sie wird zu thermischer Energie des Gases.

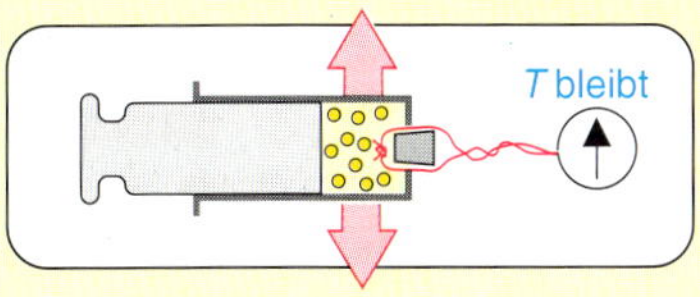

Der Kolben wird festgehalten. Durch Wärmeabgabe an die Umgebungsluft kommt das Gas wieder auf Ausgangstemperatur.

Thermische Energie des Gases wird zu thermischer Energie der Umgebungsluft (Wärmeübergang).

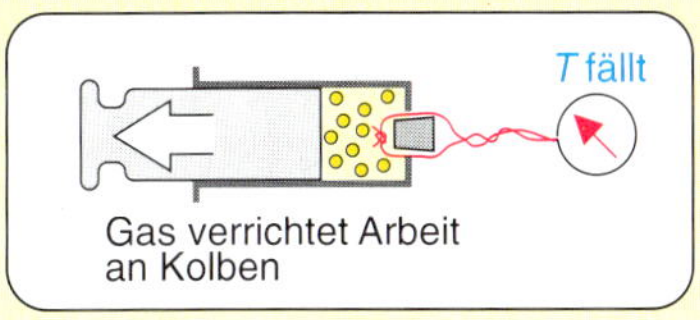

Der Kolben wird losgelassen und schnellt nach vorne; er verdrängt dabei Luft gegen deren Druckkräfte auf ihn. Das Gas entspannt sich dabei von selbst. Seine Temperatur sinkt unter die Ausgangstemperatur.

Thermische Energie des Gases wird beim Verdrängen der Luft in mechanische Energie verwandelt, die von der Umgebungsluft aufgenommen wird. Sie geht dem „System“ verloren.

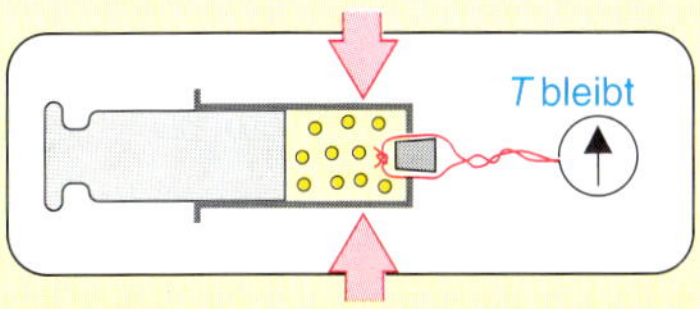

Der Kolben bleibt in seiner Stellung. Durch Wärmezufuhr aus der Umgebungsluft steigt die Gastemperatur wieder auf ihren Ausgangswert.

Thermische Energie der Umgebungsluft wird zu thermischer Energie des Gases (Wärmeübergang).

Einen entsprechenden Vorgang kennst du aus dem Alltag: Bei der **Fahrradpumpe** wird wie in Phase 1 Luft komprimiert, ihre Temperatur steigt. Die heiße Luft gelangt durch das Ventil in den Reifen und kühlt sich durch Wärmeabgabe ab. Beim Zurückziehen des Kolbens wird die Pumpe mit kalter Umgebungsluft gefüllt. Dann beginnt alles von vorne.

AUFGABEN UND ZUSAMMENFASSUNG

1. Beschreibe, wie sich die Mikroteilchen beim Schmelzen bzw. Verdampfen verhalten. Wozu wird jeweils die zugeführte Energie gebraucht?

2. a) Warum müssen Gase Wärme abgeben, ehe sie kondensieren? Beschreibe im Mikrobild.
b) Beschreibe auch für den Übergang fest → flüssig.

3. Zum Verdampfen einer Flüssigkeit ist Energie nötig. Beschreibe einen Versuch, der nachweist, dass diese Energie nicht verschwindet, sondern in dem entstehenden Gas steckt und beim Kondensieren wieder frei wird.

4. Warum muss beim Erwärmen eines Körpers Arbeit an den Mikroteilchen verrichtet werden?

5. Aus welchen Anteilen besteht die innere Energie eines Festkörpers? Wie ändern sich ihre Größe und ihre Zusammensetzung beim Schmelzen? Was geschieht mit der inneren Energie, wenn die Flüssigkeit zunächst erwärmt wird und schließlich siedet?

6. Beschreibe den Schmelzvorgang mit den Begriffen „Wärmezufuhr“, „thermische Energie“, „Zustandsänderungsenergie“ und „innere Energie“.

7. Wiederhole Aufgabe 6 für das Verdampfen.

8. Wird ein Werkzeug an einer rotierenden Schleifscheibe geschärft, so fliegen kleine Teilchen als Funken davon. Wodurch wurden sie heiß?

Innere Energie

Wird einem Körper Energie zugeführt, ändert sich seine Temperatur oder sein inneres Gefüge:
Bei Temperaturerhöhung geht die zugeführte Energie über in kinetische Energie der Mikroteilchen, die thermische Energie des Körpers wird erhöht.
Bei Änderungen des inneren Gefüges wird die zugeführte Energie zum Aufbrechen von Bindungen benötigt. Sie steckt danach als Zustandsänderungsenergie im Körper.

Die innere Energie setzt sich zusammen aus thermischer Energie und Zustandsänderungsenergien.

Was kostet heißes Wasser für ein Wannenbad?

Duschbad oder Vollbad? Vater bittet Julia, nur noch zu duschen. Er behauptet, ein Wannenbad sei wesentlich teurer als ein Duschbad. Julia will das nachprüfen. Sie beginnt mit den Überlegungen für das Wannenbad und hat notiert, was sie wissen muss.

1. Wasserkosten
a) Wie viel Wasser läuft für ein Bad in die Wanne?
b) Wie teuer ist die Wannenfüllung einschließlich Abwassergebühr?

2. Energiekosten
a) Wie viel Energie in Form von Wärme wird gebraucht, um das Badewasser von Leitungstemperatur (etwa 10 °C) auf angenehme 35 °C zu bringen?
b) Wie viel kostet diese Energie, wenn mit Erdgas geheizt wird?

3. Gesamtkosten
Wasser- und Gaskosten zusammen ergeben den Preis für ein Wannenbad.

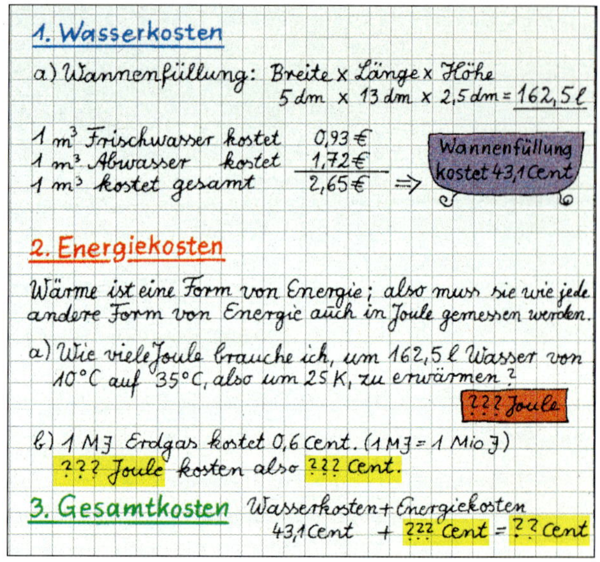
1. Wasserkosten
a) Wannenfüllung: Breite x Länge x Höhe
5 dm x 13 dm x 2,5 dm = 162,5 l
1 m³ Frischwasser kostet 0,93 €
1 m³ Abwasser kostet 1,72 €
1 m³ kostet gesamt 2,65 € ⇒ Wannenfüllung kostet 43,1 Cent
2. Energiekosten
Wärme ist eine Form von Energie; also muss sie wie jede andere Form von Energie auch in Joule gemessen werden.
a) Wie viele Joule brauche ich, um 162,5 l Wasser von 10 °C auf 35 °C, also um 25 K, zu erwärmen?
??? Joule
b) 1 MJ Erdgas kostet 0,6 Cent. (1 MJ = 1 Mio J)
??? Joule kosten also ??? Cent.
3. Gesamtkosten Wasserkosten + Energiekosten
43,1 Cent + ??? Cent = ?? Cent

Enttäuscht stellt Julia fest, dass sie nicht weiterkommt, weil
- sie weder in ihrem Physikbuch noch in einem Lexikon Tabellen findet, die ihr sagen, wie viele Joule an Wärme nötig sind, um 160 l Wasser um 25 K zu erwärmen.
- vom Gaszähler m^3 angezeigt werden und nicht Joule und auch in der Abrechnung der Stadtwerke die Energieeinheit Joule nicht vorkommt.

Ihre Physiklehrerin weiß Rat: „Was du wissen willst, ist doch ein Spezialfall: 160 l, Badetemperatur 35 °C. Dein kleiner Bruder Dieter braucht weniger, aber wärmeres Wasser; Dein Opa füllt die Wanne vollständig, aber 32 °C reichen ihm. Wenn du nur weißt, wie viele Joule nötig sind, um 1 l Wasser um 1 K zu erwärmen, hast du diese Spezialfälle im Griff: Denn dann kannst du von 1 l auf die ganze Wassermenge in der Wanne und von 1 K auf jede gewünschte Temperaturerhöhung hochrechnen."

„Nun komm' ich weiter!", ruft Julia. Sie hat sich daran erinnert, dass zu Hause ein Tauchsieder liegt, mit dem sich bequem 1 l Wasser heiß machen lässt. Auf dem Typenschild steht „600 W", er wandelt also in jeder Sekunde 600 J elektrische Energie in Wärme um. Also los! 1 l Wasser abmessen und in einen Teekessel füllen, Thermometer rein, Tauchsieder rein, einschalten und stoppen, wie lange es dauert, bis die Wassertemperatur um 1 K steigt. Leider ergeben sich bei drei Messungen, die Julia vorsichtshalber macht, recht verschiedene Zeiten. Das wird besser, wenn sie die Zeit für eine Temperaturerhöhung um 10 K bestimmt und dann auf 1 K zurückrechnet. Sie findet Folgendes: Für 10 K braucht sie 67 Sekunden, für 1 K also 6,7 Sekunden. 6,7 Sekunden Tauchsieden entsprechen $6{,}7 \times 600\,\frac{W}{s} = 4020\,J \approx 4\,kJ$. Ein etwas genauerer Wert steht im Physikbuch:

Um die Temperatur von 1 l (= 1 kg) Wasser um 1 K zu erhöhen, sind etwa 4,2 kJ an Energie nötig.

A1 Mache eine Aufstellung entsprechend Abb. 1 für die Badewanne bei dir zu Hause. Benutze dazu die neueste Wasser- und Gasabrechnung.

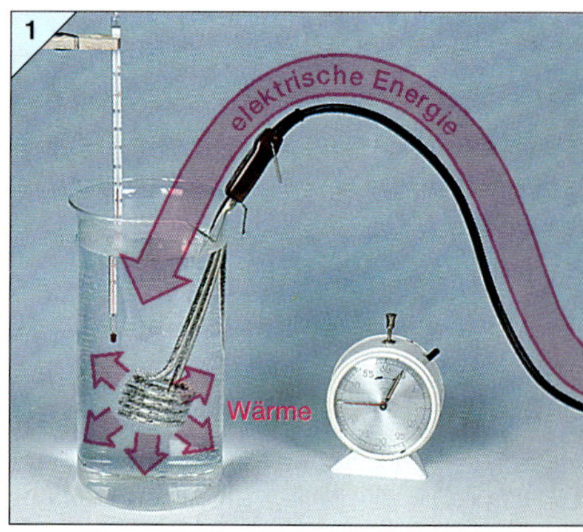

V2 Erhitze mit einem 600 W-Tauchsieder 1 l Leitungswasser um 10 K. Miss die dazu nötige Zeit. (Umrühren nicht vergessen!)
Errechne aus Zeit und Wattzahl die insgesamt zugeführte elektrische Energie.
Errechne daraus, wie viele Joule nötig sind, um 1 l Wasser um 1 K zu erwärmen.

A3 Berechne, wie viel Wärme für ein Babybad (50 l Wasser, Badetemperatur 37 °C) und für ein Kaltbad (190 l; 32 °C) nötig sind.

Anmerkung: Stadtwerke berechnen die abgegebene Energie nicht in kJ oder in MJ, sondern in kWh (Kilowattstunden). Es gilt:
1 kWh = 3,6 MJ = 3,6 Mio J

2

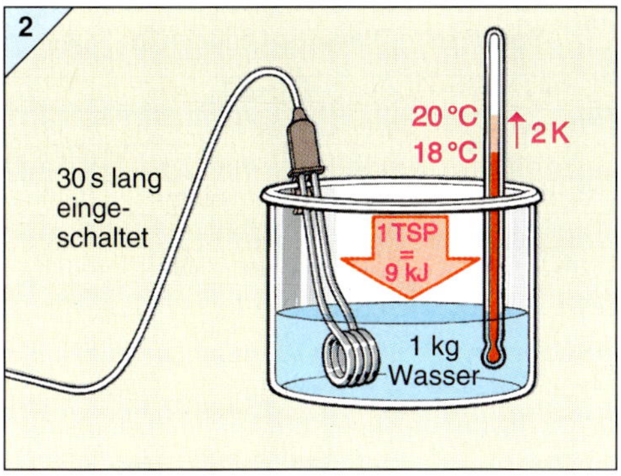

V4 Fülle ein Becherglas mit 1 l (1 kg) Wasser, miss die Wassertemperatur und erwärme es dann 30 s lang mit einem 300 W-Tauchsieder. Du führst dem Wasser dabei 30 · 300 J = 9000 J = 9 kJ Wärme zu, unsere frei gewählte Tauch-Sieder-Portion 1 TSP. Miss die Wassertemperatur nach Umrühren. Wiederhole durch Zuführen einer zweiten und einer dritten TSP Wärme. Errechne jeweils die Temperaturdifferenzen und trage sie in eine Tabelle entsprechend Tab. 3 ein. Was sagen die Werte aus?

V5 Führe zuerst 1 kg, dann 2 kg und schließlich 3 kg Wasser 1 TSP Wärme zu. Ermittle wie in V4 jeweils die Temperaturerhöhungen (nach Umrühren!). Ergänze deine Tabelle.

V6 Ergänze deine eigene Tabelle durch weitere Messungen entsprechend Zeile 2 und Zeile 3 sowie Spalte 3 und 4 von Tab. 3.

3

Zugeführte Wärme Q	Temperaturerhöhungen von 1 kg Wasser	2 kg Wasser	3 kg Wasser
9 kJ	2 K	1 K	0,7 K
18 kJ	4 K	2 K	1,4 K
27 kJ	6 K	3 K	2,0 K

A7 Trage die Werte aus Tab. 3 als Punkte in ein Diagramm ein (Rechtsachse Q in kJ, Hochachse T in K). Liegen die Punkte der einzelnen Tabellenzeilen auf einer Geraden durch den Ursprung (Punkt 0;0)? Zeichne diese Geraden. Was sagen sie dir?

1 Tauchsiederportion Wärme

Tauchsieder wandeln elektrische Energie in Wärme um. Energie wird in J gemessen, also auch Wärme.
Da unser Tauchsieder eine Leistung von 300 W hat, gibt er in 1 s jeweils 300 J Wärme ab, in 30 s folglich 30 · 300 J = 9000 J = 9 kJ. Das ist eine für unsere Versuche bequeme Portion (1 TSP).

Um das Wannenbad mit einem Duschbad vergleichen zu können, muss Julia jetzt nur noch einsetzen:
1. Wannenbad: 163 l = 163 kg Wasser sollen um 25 K erwärmt werden. Also:
Wasserkosten: 43,1 Cent
Energiekosten:
a) Energiemenge: 163 · 25 · 4,2 kJ = 17 115 kJ ≈ 17 MJ.
b) Energiekosten: 17 · 0,6 Cent = 10,2 Cent ≈ 10 Cent
Gesamtkosten: 53 Cent.
2. Duschbad: Für 5 min duschen laufen 60 l Wasser durch die Brause, die wie das Wannenwasser um 25 K erwärmt wurden.
Wasserkosten 60 l : 1 000 l · 2,65 € ≈ 16 Cent
Energiekosten:
a) Energiemenge: 60 · 25 · 4,2 kJ = 6 300 kJ = 6,3 MJ
b) Kosten: 6,3 · 0,6 Cent = 3,8 Cent
Gesamtkosten: 20 Cent
Ergebnis: Vater hatte Recht: Ein Wannenbad kostet etwa dreimal so viel wie eine gründliche Dusche.

Eine Formel für Julias Problem

Um die Temperatur von 1 l Wasser um 1 K zu erwärmen, sind 4,2 kJ nötig. Mit diesem Wert hat Julia auf 160 l Wasser und 35 K umgerechnet. Diese Rechnung darf aber nur gemacht werden, wenn zur Erwärmung von 2 l, 4 l, 6 l Wasser um jeweils die gleiche Temperaturdifferenz 2-mal, 4-mal, 6-mal so viel Wärme zugeführt werden muss wie für 1 l. Ähnliches gilt für den Zusammenhang von Temperaturerhöhung und Wärmezufuhr bei gleicher Wassermenge. Wir dürfen also nur hochrechnen, wenn die zugeführte Wärme Q (in J) sowohl proportional der Wassermenge m (in kg), als auch der Temperaturerhöhung ΔT (in K) ist.
Gelten diese Proportionalitäten wirklich? Zur Überprüfung benutzen wir einen 300 W-Tauchsieder, der 9 kJ Wärme abgibt, wenn er 30 s lang eingeschaltet ist. Diese 9 kJ wollen wir eine *Tauch-Sieder-Portion* (1 TSP) Wärme nennen.

1. **$Q \sim \Delta T$:** Wir führen 1 kg Wasser zunächst 1 TSP Wärme zu, dann eine weitere, schließlich eine dritte und messen jeweils ΔT. Jede TSP erhöht die Wassertemperatur um 2 K. Also: *Bei gleicher Wassermenge sind zugeführte Wärme und Temperaturerhöhung proportional.*
2. **$Q \sim m$:** Wir bestimmen, wie viele TSP wir 1 kg, 2 kg, 3 kg Wasser zuführen müssen, um die Temperatur um jeweils 2 K zu erhöhen: Für die doppelte Menge Wasser sind 2 TSP nötig, für die dreifache 3 TSP. Also: *Bei gleicher Temperaturdifferenz ist die zugeführte Wärme proportional zur Wassermenge.*

Julias Hochrechnung war also erlaubt. – Wir können die beiden Proportionalitäten sogar zu einer zusammenfassen: $Q \approx m \cdot \Delta T$. Bei Proportionalität sind zusammengehörende Wertepaare quotientengleich, deshalb gilt: $\frac{Q}{m \cdot \Delta T}$ = konstant. Die Konstante wird c genannt. Wie groß sie ist, finden wir durch Einsetzen zusammengehöriger Messwerte:

$$c = \frac{Q}{m \cdot \Delta T} = \frac{18\,\text{kJ}}{2\,\text{kg} \cdot 2\,\text{K}} = 4{,}5\,\frac{\text{kJ}}{\text{kg} \cdot \text{K}}$$

Spezifische Wärmen

Wenn wir die Messversuche nicht mit Wasser, sondern mit anderen Stoffen (z. B. mit Glycerin) machen, erhalten wir für *c* jeweils einen anderen Wert; für Glycerin etwa 2,5 $\frac{kJ}{kg \cdot K}$. Der Wert von *c* ist für den betreffenden Stoff kennzeichnend oder spezifisch. Deshalb heißt *c* *spezifische Wärmekapazität* oder kurz **spezifische Wärme** (übersetzt: stoffbezogene Wärmeaufnahmefähigkeit). In Tabelle 4 ist *c* für einige Stoffe angegeben. Du findest auch den von Julia gesuchten Wert hier exakt zu 4,19 $\frac{kJ}{kg \cdot K}$. Die Zahlenwerte sagen, wie viele Joule an Wärme 1 kg des betreffenden Stoffes zugeführt werden müssen, um seine Temperatur um 1 K zu erhöhen.

Die Gleichung $c = \frac{Q}{m \cdot \Delta T}$ kann man in drei andere Gleichungen umformen, mit denen wir bei drei bekannten Größen jeweils die vierte errechnen können:

$$c = \frac{Q}{m \cdot \Delta T} \quad \Leftrightarrow \quad Q = c \cdot m \cdot \Delta T \quad \Leftrightarrow \quad m = \frac{Q}{c \cdot \Delta T} \quad \Leftrightarrow \quad \Delta T = \frac{Q}{c \cdot m}$$

Rechenbeispiele:

1. Durch Lüften im Winter ist die Luft in einem Zimmer (40 m^3 entsprechend 48 kg) auf 5 °C abgekühlt. Wie viel Wärme braucht man, um die Luft wieder auf 20 °C aufzuheizen? Laut Tab. 5 beträgt $c_{Luft} = 1 \frac{kJ}{kg \cdot K}$. In obige Formel eingesetzt, ergibt sich: $Q = 1 \frac{kJ}{kg \cdot K} \cdot 48\,kg \cdot 15\,K = 720\,kJ$.

2. Auf welche Temperatur lassen sich 100 l Wasser von 15 °C durch Wärmezufuhr von 6 300 kJ bringen?
$\Delta T = 6\,300\,kJ : (4{,}2 \frac{kJ}{kg \cdot K} \cdot 100\,kg) = 15\,K$, Wassertemperatur 30 °C.

3. Ein Nachtstrom-Speicherofen mit einem Speicherkern aus Stein soll in einer Nacht 40 MJ = 40 000 kJ Wärme speichern. Welche Masse muss der Stein haben, wenn er nicht heißer als 320 °C werden darf? Die Temperatur beträgt am Abend 20 °C.
$m = 40\,000\,kJ : (0{,}84 \frac{kJ}{kg \cdot K} \cdot 300\,K) \approx 160\,kg$.

4 Spezifische Wärme *c* (Angabe in $\frac{kJ}{kg \cdot K}$)

Stoff	*c*	Stoff	*c*
Wasser	4,19	Eis	2,09
Glyzerin	2,43	Eisen	0,45
Alkohol	2,43	Aluminium	0,90
Quecksilber	0,14	Kupfer	0,38
Luft	1,00	Stein, Glas	0,84
Asphalt	0,92	Sand	0,84

A8 Um die spezifische Wärme von Glycerin (Frostschutzmittel) zu bestimmen, werden 300 g davon mit einem 300 W-Tauchsieder 1 min lang erhitzt. (Man führt also 18 kJ Wärme zu.) Die Glycerin-Temperatur steigt um 24 K. Wie groß ist die spezifische Wärme von Glycerin?
Vergleiche mit dem Tabellenwert.

A9 Ein kupferner Lötkolben, dessen Spitze die Masse $m = 0{,}01\,kg$ hat, soll von Raumtemperatur (20 °C) auf 280 °C erwärmt werden. Wie viel Wärme ist dazu nötig?

Anmerkung: Die Wärme, die zur Temperaturerhöhung von 1 kg Wasser um 1 K erforderlich ist, beträgt 4,2 kJ. Diese „Portion" Wärme wurde früher als *Wärmeeinheit* benutzt. Man nannte sie **1 Kilokalorie (1 kcal).**
In alten Tabellen stehen noch manchmal Angaben in kcal. Man kann sie in die gesetzlich vorgeschriebenen kJ-Werte umrechnen durch Multiplikation mit 4,2:

1 kcal = 4,2 kJ oder 1 kJ = 0,238 kcal.

AUFGABEN UND ZUSAMMENFASSUNG

1. Julia hat bei ihren Überlegungen angenommen, dass zugeführte Wärme in Joule gemessen wird. Was hat sie dabei wohl gedacht?

2. Wie viele Joule muss man 3 kg Wasser zuführen, um dessen Temperatur um 20 K zu steigern?

3. Ein Badeboiler fasst 80 l Wasser. Es soll von 12 °C auf 62 °C erwärmt werden. Wie viele Joule sind nötig?

4. Bei der Verbrennung liefert 1 m^3 Erdgas ca. 35 000 kJ. Wie viel Wasser kann damit von 20 °C auf 80 °C erhitzt werden?

5. Was versteht man unter spezifischer Wärme? Wie heißt ihre Einheit?

6. Wie viel Wärme ist nötig, um die Luft in einem Klassenzimmer (300 kg) von 12 °C auf 23 °C zu erwärmen?
Wie viel Wasser von 20 °C könnte damit zum Sieden gebracht werden?

7. Die Sonne strahlt im Sommer mittags in 1 s auf jeden m^2 Boden etwa 0,9 kJ Wärme ein. Wie groß ist die Temperaturerhöhung in 10 min bei 10 kg Wasser, 10 kg Sand, 10 kg Asphalt pro m^2?

8. Um nachts keine kalten Füße zu bekommen, legten sich die Leute früher einen im Backofen erhitzten Ziegelstein (m = 2 kg) ins Bett. Nimm an, er wurde auf 80 °C erwärmt. Wie viel Wärme kann er abgeben, wenn er sich auf 20 °C abkühlt?

Erwärmung von Körpern

Wie viel Energie (= Wärme) einem Körper zur Temperaturerhöhung zugeführt werden muss, hängt ab von der Masse *m* des Körpers, der gewünschten Temperaturdifferenz ΔT und vom Stoff, aus dem der Körper besteht. Allgemein gilt:

$Q = c \cdot m \cdot \Delta T$.

Die spezifische Wärme gibt für den betreffenden Stoff an, wie viele Joule gebraucht werden, um 1 kg um 1 K zu erwärmen. Für Wasser beträgt sie

$c_{Wasser} = 4{,}2 \frac{kJ}{kg \cdot K}$

Temperaturänderungen beim Mischen

Für ein Vollbad in der Wanne nimmt man am liebsten Wasser, das etwa Körpertemperatur hat. Da der Badeofen nur Heißwasser liefert, gibt man kaltes aus der Leitung zu, bis die Temperatur stimmt. Offensichtlich findet beim Mischen der heißen und kalten Flüssigkeit ein Ausgleich statt, bei dem sich eine mittlere Temperatur einstellt.

Wenn wir 1 kg Wasser von 20 °C mit 1 kg Wasser von 40 °C vermischen wie im oberen Bildteil, kommen wir dahinter, was geschieht. Da die Mischungstemperatur genau in der Mitte bei 30 °C liegt, hat wohl das heiße Wasser beim Absinken seiner Temperatur um 10 K gerade so viel Wärme verloren wie das kalte beim Ansteigen seiner Temperatur um 10 K gewonnen hat: Jeweils $Q = c \cdot m \cdot \Delta T = 4{,}2 \cdot 1 \cdot 10\,\text{kJ} = 42\,\text{kJ}$, weil ja jeweils 1 kg Flüssigkeit beteiligt war.

Diese Verlust- und Gewinnrechnung stimmt auch bei *ungleichen Wassermengen*. Das zeigt der Versuch im unteren Bildteil. Dort ist $\Delta T_{ab} = 80\,°C - 30\,°C = 50\,K$ und $\Delta T_{auf} = 30\,°C - 20\,°C = 10\,K$. Abgegebene und aufgenommene Wärmemengen sind auch hier gleich:

$$Q_{ab} = 4{,}2 \cdot 1 \cdot 50\,\text{kJ} = 210\,\text{kJ};$$
$$Q_{auf} = 4{,}2 \cdot 5 \cdot 10\,\text{kJ} = 210\,\text{kJ}.$$

Wir sehen, daß beim **Mischen** immer $\mathbf{Q_{ab} = Q_{auf}}$ ist.

Zum **Errechnen der Mischtemperatur** müssen wir in die Gleichung $Q_{ab} = Q_{auf}$ für die beiden Misch„körper" 1 und 2 die Werte einsetzen, die man jeweils durch Multiplizieren von m, c und ΔT gewinnt. Das ergibt

$$c_1 \cdot m_1 \cdot \Delta T_1 = c_2 \cdot m_2 \cdot \Delta T_2$$

Da wir die ΔT's nicht kennen, ersetzen wir ΔT_1 durch $(t_1 - t_m)$ und ΔT_2 durch $(t_m - t_2)$. Dabei sind t_m die Misch-, t_1 die hohe und t_2 die niedere Temperatur.
Die **Mischungsgleichung** lautet damit:

$$\mathbf{c_1 \cdot m_1 \cdot (t_1 - t_m) = c_2 \cdot m_2 \cdot (t_m - t_2).}$$

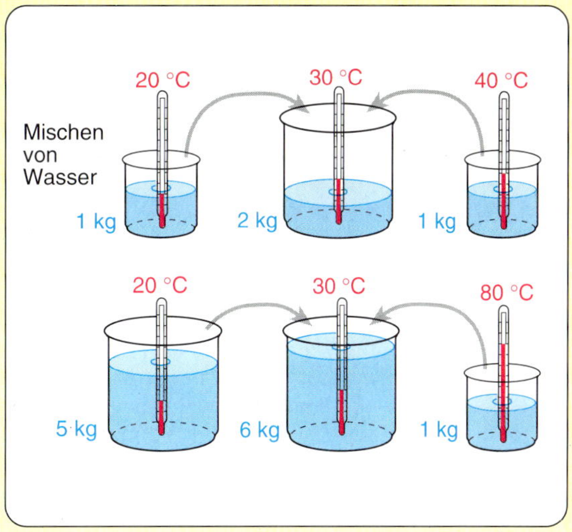

So errechnet man t_m beim Wassermischen:

Beim Mischen von **Wasser**körpern vereinfacht sich die Mischungsgleichung, da $c_1 = c_2$ ist. Sie wird zu

$$m_1 \cdot (t_1 - t_m) = m_2 \cdot (t_m - t_2).$$

Durch Umstellungen folgt daraus für t_m:

$$m_1 \cdot t_1 - m_1 \cdot t_m = m_2 \cdot t_m - m_2 \cdot t_2$$
$$-m_1 \cdot t_m - m_2 \cdot t_m = -m_1 \cdot t_1 - m_2 \cdot t_2$$
$$m_1 \cdot t_m + m_2 \cdot t_m = m_1 \cdot t_1 + m_2 \cdot t_2$$
$$t_m \cdot (m_1 + m_2) = m_1 \cdot t_1 + m_2 \cdot t_2$$

$$t_m = \frac{m_1 \cdot t_1 + m_2 \cdot t_2}{m_1 + m_2}$$

Einsetzen der Werte aus dem Bild bestätigt die Versuchsergebnisse.

$$t_m = \frac{1\,\text{kg} \cdot 80\,°C + 5\,\text{kg} \cdot 20\,°C}{1\,\text{kg} + 5\,\text{kg}} = \frac{(80 + 100)\text{kg} \cdot °C}{6\,\text{kg}} = 30\,°C$$

Die „Mischung" von Eisen und Wasser!

Ein 100 °C heißes Eisenstück mit 200 g Masse wird in ein Gefäß geworfen, das 200 g Wasser von 20 °C enthält. Welche Mischtemperatur t_m stellt sich ein?
Um diese zu finden, setzen wir in die *Mischungsgleichung* $c_1 \cdot m_1 \cdot (t_1 - t_m) = c_2 \cdot m_2 \cdot (t_m - t_2)$ folgende Werte ein:
$m_1 = 0{,}2\,\text{kg}$, $c_1 = 0{,}45\,\frac{\text{kJ}}{\text{kg} \cdot \text{K}}$ und $t_1 = 100\,°C$ für Eisen;
$m_2 = 0{,}2\,\text{kg}$, $c_2 = 4{,}2\,\frac{\text{kJ}}{\text{kg} \cdot \text{K}}$ und $t_2 = 20\,°C$ für Wasser.

$$0{,}45\,\frac{\text{kJ}}{\text{kg} \cdot \text{K}} \cdot 0{,}2\,\text{kg} \cdot (100 - t_m)\,\text{K} = 4{,}2\,\frac{\text{kJ}}{\text{kg} \cdot \text{K}} \cdot 0{,}2\,\text{kg} \cdot (t_m - 20)\,\text{K}$$

Diese Gleichung lösen wir nach t_m auf, der Übersicht halber ohne Mitschreiben der Einheiten:

$$0{,}45 \cdot (100 - t_m) = 4{,}2 \cdot (t_m - 20)$$
$$45 - 0{,}45 \cdot t_m = 4{,}2 \cdot t_m - 84$$
$$4{,}2 \cdot t_m + 0{,}45 \cdot t_m = 45 + 84$$
$$4{,}65 \cdot t_m = 129$$
$$t_m = \frac{129}{4{,}65} = 27{,}7\,°C$$

Eisen und Wasser im Gefäß haben am Ende etwa 28 °C.

Bestimmung der Flammentemperatur

Wir erhitzen ein kleines Eisenstückchen ($c_1 = 0{,}45\,\frac{\text{kJ}}{\text{kg} \cdot \text{K}}$; $m_1 = 5\,\text{g}$) in einer Gasflamme und lassen es dann in Wasser fallen ($c_2 = 4{,}2\,\frac{\text{kJ}}{\text{kg} \cdot \text{K}}$; $m_2 = 0{,}1\,\text{kg}$; $t_2 = 20\,°C$). Die Temperatur des Wassers steigt auf 24 °C. Durch Einsetzen der Werte in die Mischungsgleichung

$$c_1 \cdot m_1 \cdot (t_1 - t_m) = c_2 \cdot m_2 \cdot (t_m - t_2)$$

können wir die ursprüngliche Temperatur t_1 des Eisenstückchens berechnen:

$$0{,}45 \cdot 0{,}005 \cdot (t_1 - 24) = 4{,}2 \cdot 0{,}1 \cdot 4$$
$$0{,}00225 \cdot t_1 - 0{,}054 = 1{,}68$$
$$0{,}00225 \cdot t_1 = 1{,}734$$
$$t_1 = 771\,°C$$

So heiß war das glühende Eisen. Mindestens so heiß muß auch die Gasflamme gewesen sein.

Wärmedämmung von Wohnhäusern

Im Winter und in den Übergangszeiten müssen bei uns Wohn- und Geschäftsräume geheizt werden, üblicherweise auf etwa 20 °C. Diese Temperatur muss bis zum Abend aufrechterhalten werden. Dazu wird dem Raum über Heizkörper oder Öfen ständig Wärme zugeführt und zwar gerade so viel, wie jeweils durch Wände, Decken, Fußböden und Fenster nach außen entweicht. Dieser Wärmebedarf ist naturgemäß umso größer, je kälter es draußen ist. Der Temperaturunterschied zwischen Zimmer- und Außenluft kann bei uns bis auf 50 K anwachsen. (Innentemperatur 20 °C, Außentemperatur –30 °C). Je höher diese Temperaturdifferenz ist, desto größer ist der Wärmeabfluss von innen nach außen. Da man an den Temperaturen nichts ändern kann, muss durch vernünftiges Bauen dafür gesorgt werden, dass der Wärmeabfluss trotzdem klein bleibt. Folgende Maßnahmen helfen:

- **Verringern der Wärmeableitung über Wände, Decken und Fußböden:** Dazu müssen diese aus schlecht Wärme leitenden Materialien sein, also z. B. aus Hohlblocksteinen bzw. Klinkern aus porösem Material. Oder es werden so genannte Verbundwände gebaut, die neben den tragenden Holz- oder Steinstrukturen noch Luft-, Styropor- und Steinwolleschichten enthalten. In einem fertigen Haus kann man innen Schaumstofftapeten an die Wände kleben.

- **Einbau von speziellen Wärmeschutz-Fenstern,** die den Wärmeabfluss hemmen. Das sind z. B. Fenster mit Doppel- oder Dreifachscheiben. Auf jeden Fall aber müssen die Fenster dicht schließen, damit keine warme Luft entweichen kann. Notfalls sollten Fugen mit zusätzlichen Gummistreifen abgedichtet werden.

- Natürlich ist der Wärmeabfluss bei einzeln stehenden Häusern größer als in Wohnblöcken. Dort haben viele Wohnungen gemeinsame Wände und die Decke der Wohnung im Untergeschoss ist Fußboden der Wohnung darüber. Deshalb ist die Außenwandfläche, durch die letztlich die Wärme weggeht, im Verhältnis zum gesamten Wohnraum kleiner. Wohnungen in Mehrfamilienhäusern oder Wohnblöcken brauchen deshalb weniger Heizenergie als solche in Einfamilienhäusern.

Was die Gestaltung der Wände anbelangt, gibt es zum Glück für Bauherren eine Größe, die unsere Überlegungen weithin in einen Zahlenwert packt, den **Wärmedurchgangswert,** kurz **k-Wert** genannt. Er ist in Tabellen zu finden und berücksichtigt Wanddicke, Wandmaterialien und deren Wärmeleitfähigkeit. Der k-Wert sagt uns, wie viel Wärme je m^2 bei einer Temperaturdifferenz von 1 K weggeht. Seine Einheit ist $\frac{W}{m^2 \cdot K} = \frac{J}{m^2 \cdot s \cdot K}$. Aus der Tabelle rechts oben kannst du einige Werte entnehmen. Für eine Wand, die ja aus dem

Wand aus	k-Wert in $\frac{W}{m^2 \cdot K}$
20 cm Beton	40
20 cm Leichtbeton	2,5
20 cm Gasbeton	1,2
20 cm Vollziegel	1,8
20 cm Kalksandstein	3,5
2 cm Gipsputz	17
4 cm Mineralfaser	0,9
Einfachfenster	5,8
Doppelfenster	3,0
Dreifachfenster	2,1

Innenputz, dem Mauerwerk, einer Wärmedämmschicht und der Außenverkleidung besteht, müssen die einzelnen k-Werte nach einer komplizierten Formel zu einem Gesamt-k-Wert für die betreffende Wand errechnet werden.

Beispiel: Stell dir vor, ein Zimmer habe eine Außenwandfläche von 18 m², die Wand habe keine Fenster und sei aus 1,5 cm Gipsputz, 24 cm Kalksandstein, 4 cm Mineralfasern, 2 cm Luftschicht und 3 cm Außenklinker aufgebaut. Ihr k-Wert errechnet sich zu $0{,}633\,\frac{W}{m^2 \cdot K}$. Die Wand verliert also bei einer Temperaturdifferenz von 1 K zwischen innen und außen in jeder Sekunde $18 \cdot 0{,}633\,J = 11{,}4\,J$. Wenn du bei einer Außentemperatur von 1 °C im Zimmer eine Temperatur von 20 °C aufrechterhalten willst, ist dieser Wärmeverlust $(20 - 1) = 19$-mal so groß, also $11{,}4 \cdot 19\,J \approx 216\,J$ je Sekunde. Den ganzen Tag über (14 Stunden) verliert das Zimmer die Wärme $14 \cdot 3600 \cdot 216\,J \approx 11\,MJ$. Dieser Wärmebetrag (Energiebetrag) muss, wenn du nicht frieren willst, von der Heizung ersetzt werden.

Mögliche Baumaßnahmen

Die nebenstehende Abbildung zeigt, wo am Haus am meisten Wärme verloren geht und wie viel Prozent das von der insgesamt zum Heizen eingesetzten Energie jeweils sind. Durch Wärmedämmung lässt sich das Abfließen von Wärme nach draußen verringern, wie die rechte Seite des Bildes andeutet. Die „Außenhaut" eines Hauses sollte der Bauherr aus einem Material mit möglichst kleinem k-Wert erstellen lassen. Dann werden die Wärmeverluste nach außen über das Dach, die Wände und durch den Keller klein gehalten.

Zudem sollten die Fenster wenigsten zwei Glasscheiben haben (Verbund-, Doppel- oder Isolierglasfenster). Dadurch kommt ein schlecht leitendes Luftpolster zwischen die warme Zimmerluft und die kalte Außenluft.

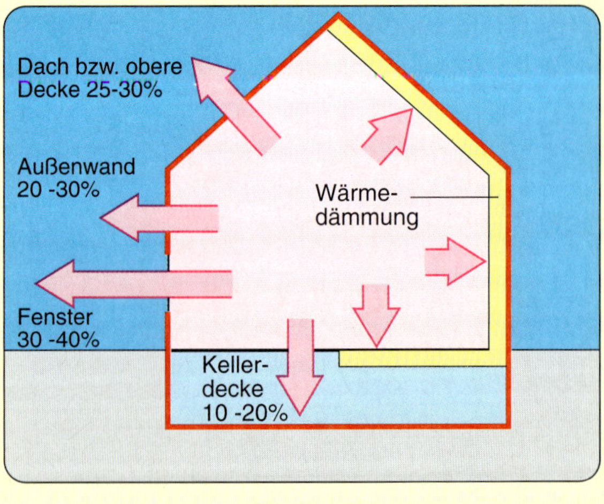

Wie heizt man sinnvoll?

Die Heizung einer Wohnung verschlingt eine Menge Geld. Wer diese Kosten vermindern will, muss
1. wissen, wie der Wärmefluss aus einer Wohnung von der Beschaffenheit des Gebäudes abhängt, in dem sie liegt. (Worauf es dabei ankommt, steht auf der Seite links.) Dieses Wissen könnte eine Mietentscheidung beeinflussen oder zu Wärmedämmungsmaßnahmen ermutigen.
2. wissen, dass man durch kluges Verhalten den Aufwand an Heizenergie erheblich vermindern kann und damit natürlich auch die Heizkosten.
3. wissen, wie eine Heizkostenrechnung in allen Einzelheiten aussieht, und diese auch verstehen können. Daraus kann man ableiten, wo man sparen kann.
4. die einzelnen Heizsysteme hinsichtlich ihrer Effektivität und Umweltverträglichkeit vergleichen können.

Richtiges Verhalten spart Heizkosten

In einem fertigen Haus oder in einer Wohnung kannst du gegen Energieverlust nicht mehr viel machen. Aber du kannst sehr wohl durch sinnvolles Verhalten Energie sparen:

1. Richtige Raumtemperatur: Bei etwa 20 °C Raumtemperatur fühlen sich die meisten Menschen wohl. Man sollte deshalb immer die Raum- bzw. Heizkörperthermostate oder die Regelknöpfe an den Öfen so einstellen, dass sie diese Temperatur halten. Macht man die Temperatur höher, steigt auch die Differenz gegenüber der Außentemperatur. Dann geht mehr Wärme nach außen. Diese muss der Ofen nachliefern. Außerdem ist man immer versucht, überheizte Zimmer zu oft zu lüften. Schon warme Luft darin wird durch kalte ersetzt, die der Ofen erwärmen muss. Dabei ist allerdings zu bedenken, dass sich nicht jeder Mensch bei derselben Raumtemperatur wohl fühlt. Das *Behaglichkeitsempfinden* eines Menschen hängt von vielen Faktoren ab, z. B. von Alter, Geschlecht, Gesundheitszustand usw. Außerdem wird es von der Luftfeuchtigkeit im Raum und von der Temperatur der Wände innen beeinflusst. Diese sollte nicht wesentlich tiefer als die Lufttemperatur liegen, was sich bei kleinem k-Wert von selbst ergibt.

2. Unbenutzte Räume sollten gar nicht beheizt werden. Denn dann ist die Temperaturdifferenz von Innen zu Außen geringer als bei beheizten Räumen, und dadurch fließt weniger Wärme nach außen ab. Die Türen zu unbeheizten Räumen müssen selbstverständlich geschlossen bleiben.

3. Sinnvolles Lüften: Beim Lüften eines Raumes ersetzen wir die „verbrauchte" Raumluft durch neue. Dazu sollten die Fenster nur für einige Minuten weit geöffnet werden („Stoßbelüftung"). Das ist für den Luftaustausch wirksamer, als wenn das Fenster die ganze Zeit gekippt ist, und spart außerdem Heizenergie. Gleiches gilt auch für deinen Klassenraum.

4. Wartung der Heizanlage: Die Heizanlage muss einwandfrei arbeiten. Nur dann nämlich nutzt sie die Energie im Brennstoff so, dass möglichst viel davon in Wärme umgesetzt wird und in die Wohnräume gelangt. Sie wird deshalb vom Schornsteinfeger jährlich ein- oder zweimal überprüft. Er misst die Abgaswerte und kann aus ihnen den Zustand der Heizanlage abschätzen. Werden Mängel festgestellt, muss die Anlage vom Fachmann gewartet und – wenn nötig – repariert werden.

Die Brennstoffkosten

Wie viel Geld der Brennstoff in einer Heizperiode (einem Jahr) kostet, lässt sich im Prinzip vorab ausrechnen. Dazu muss man wissen,
- wie viel Wärme im Jahr durch die Wände nach außen entweicht;
- wie viele Joule an Energie in einer Brennstoffeinheit stecken, z. B. in 1 m³ Gas, in 1 kg Kohle oder in 1 kg Öl. Man nennt dies den **Heizwert.**

Wir können leider den Wärmeverlust über ein Jahr nicht errechnen, denn das würde umfangreiche Erkundigungen erfordern. Aber bei den Energieversorgungsunternehmen gibt es Unterlagen darüber. Betrachten wir ein *Beispiel:*

	Steinkohle	Heizöl	Erdgas
Preis je kg bzw. m^3	0,34 €	0,37 €	0,28 €
Heizwert je kg oder m^3	33 MJ	41 MJ	32 MJ
1 MJ kostet	≈ 1 Cent	≈ 0,9 Cent	≈ 0,87 Cent
60 000 MJ kosten	≈ 600 €	≈ 540 €	≈ 522 €
1 Megajoule (MJ) = 1 000 000 Joule (J)			

In einem Mehrfamilienhaus mit einer Gesamtwohnfläche von z. B. 3 700 m² betrug der Verbrauch in einem Jahr 86 000 m³ Erdgas. Die Wärme, die beim Verbrennen dieser Gasmenge frei wird, beträgt bei einem Heizwert von $32\,\frac{\text{MJ}}{\text{m}^3}$ (siehe Tabelle unten) 2 752 000 MJ. Daraus ergibt sich ein Wert von knapp 745 MJ je m² Wohnfläche. Der Energiebedarf einer Wohnung mit 80 m² liegt somit im Durchschnitt bei 60 000 MJ jährlich (aufgerundet).

(Der Wärmebedarf für die Wohnung ist in Wirklichkeit etwas geringer, da die Heizanlage wegen der Schornsteinabgase einen Teil der freigesetzten Wärme nicht in die Wohnungen bringt, sondern über den Schornstein direkt nach außen pustet. Bei 95% Wirkungsgrad der Anlage sind das 5 %, bei der 80 m² Wohnung also 3 000 MJ, die man leider mitbezahlen muss.)

Mit dem Wert 60 000 MJ lässt sich anhand von Heizwert- und Preistabellen überschlagen, ob das Heizen mit anderen Brennstoffen billiger wäre. In der letzten Tabellenzeile stehen diese Vergleichswerte. Würde die Wohnung elektrisch beheizt, ergäben sich Kosten von rund 1800 €, wenn 1 kWh „Strom" 0,11 € kostet.

Wie viel Wärme braucht Eis zum Schmelzen?

Eine Erdbeerbowle soll möglichst den ganzen Abend über kühl bleiben. Deshalb werden ihr Eiswürfel zugegeben. Die Mini-Eisberge im Glas senken die Temperatur des Getränkes auf nahezu 0 °C ab, indem sie schmelzen. Die Temperatur bleibt auf diesem Wert, bis alles Eis verschwunden ist, obwohl die Umgebungsluft dauernd Wärme an das Getränk abgibt. Die zugeführte Wärme wird zum Schmelzen des Eises gebraucht, dient also nicht zur Temperaturerhöhung. Das wissen wir schon. Was wir nicht wissen ist, wie viele Joule an Wärme nötig sind, um ein Stück Eis zu Wasser zu machen, wie groß also dessen **Schmelzwärme** ist.

Die Schmelzwärme wird gemessen

Um die Schmelzwärme von einem Eisstück zu messen, frieren wir einen 300 W-Tauchsieder in einem Becherglas mit etwa 1 Liter Wasser ein (Abb. 2) und warten nach Entnahme aus dem Gefrierschrank, bis sich der Eisblock im Gefäß drehen lässt. Er hat dann ungefähr 0 °C. Nun schalten wir den Tauchsieder 5 min lang ein. In dieser Zeit gibt er 90 kJ Wärme ab. Ein Teil des Eises schmilzt; wir erhalten etwa 280 g Schmelzwasser. Die Schmelzwärme von 280 g Eis beträgt somit 90 kJ.

Aus diesen Werten können wir die Wärme berechnen, die zum Schmelzen von 1 kg Eis nötig ist, die so genannte **spezifische Schmelzwärme:** 90 kJ Wärme erfordert das Schmelzen von 280 g Eis. Um 1 kg Eis in Wasser zu verwandeln, sind 90 000 J : 0,280 kg ≈ 320 kJ nötig. Genaue Messungen ergeben den Wert 336 $\frac{kJ}{kg}$.

Eis schmilzt, wenn ihm Wärme zugeführt wird. Für jeweils 1 kg ist die Schmelzwärme 336 kJ nötig.

Zustandsänderungsenergie beim Schmelzen

Betrachten wir den Vorgang in Versuch 2 nun unter dem Energiegesichtspunkt. Wir führen dem Eisblock Energie in Form von Wärme zu, die wir elektrisch erzeugen. Beginnt das Eis zu schmelzen, geht Wasser vom festen Zustand in den flüssigen Zustand über. Die zugeführte Energie versteckt sich als Zustandsänderungsenergie im Wasser, ohne dass sich die Temperatur erhöht. Deshalb hat das Wasser nach dem Schmelzen immer noch 0 °C, wie zuvor das Eis.

Erst wenn alles Eis zu Wasser geworden ist und wir weiter Wärme (also Energie) zuführen, fängt die Säule des Thermometers im Schmelzwasser an zu klettern: Die Bewegung der unsichtbaren Wasserteilchen wird wegen der Energiezufuhr schneller, ihre Bewegungsenergie erhöht sich. Die zugeführte Energie wird zu thermischer Energie, was wir wie immer an der Temperaturerhöhung erkennen. Dieser Vorgang läuft so lange ab, bis 100 °C erreicht sind. Bei dieser Temperatur hat flüssiges Wasser seine größtmögliche innere Energie.

V1 Fülle in zwei Bechergläser je 100 g Wasser von 20 °C. Gib in den ersten Becher zusätzlich 20 g zerstoßenes Eis, rühre um. Gib in den zweiten zusätzlich 20 g Wasser von 0 °C (Eiswasser), das du aus einem Gefäß mit schmelzendem Eis bekommst. Miss die Temperatur in beiden Bechern, nachdem das Eis geschmolzen ist. Begründe, warum sie nicht gleich sind.

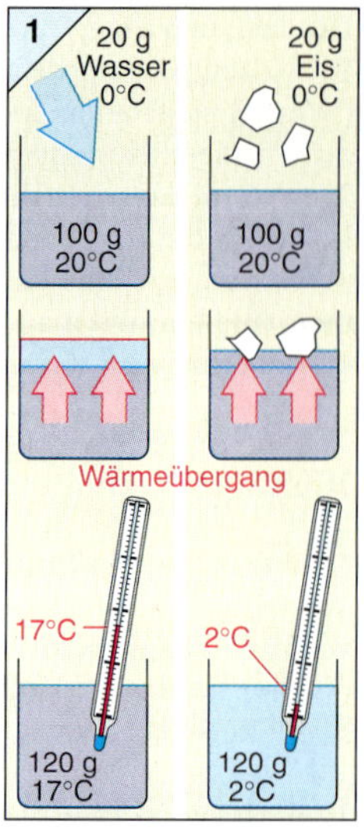

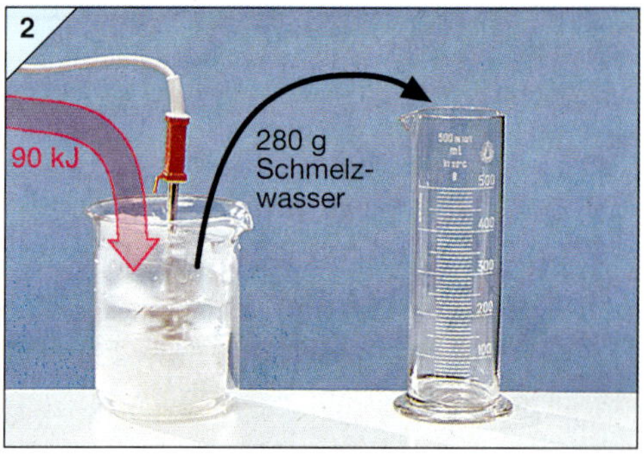

V2 Ein Reisetauchsieder (300 W) wird in einem Becherglas in 1 kg Wasser eingefroren. Dieses wird kurz vor dem Versuch dem Gefrierfach entnommen und stehen gelassen, bis das Eis 0 °C hat und sich von der Wand löst. (Hat sich schon Schmelzwasser gebildet, sollte es abgegossen werden.) Schalte nun den Tauchsieder 5 min lang ein. Miss danach die Menge des Schmelzwassers mit einem Messbecher ab. Warum sagt der Messwert, wie viel Eis geschmolzen ist?

A3 Der Tauchsieder aus V2 hat in 5 Minuten 90 000 J Wärme produziert. Berechne, wie viel Wärme man gebraucht hätte, um 1 kg Eis zu schmelzen (die spezifische Schmelzwärme).

A4 Einem Eisklotz wird so lange Wärme zugeführt, bis er vollständig geschmolzen ist, und anschließend dem Schmelzwasser, bis es 50 °C erreicht hat.
Beschreibe im Mikrobild, was in den einzelnen Phasen „Erwärmen", „Schmelzen" und „Erwärmen" geschieht.
In welcher Form steckt die zugeführte Energie (Wärme) jeweils im Körper?

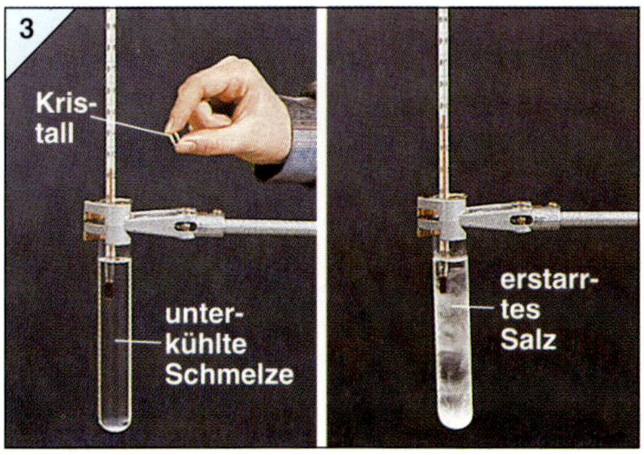

V5 Fülle ein sauberes Reagenzglas zur Hälfte mit Fixiersalz (aus dem Fotolabor) und erwärme es in einem Becherglas mit heißem Wasser. Miss die Temperatur, wenn das Salz schmilzt.
Nimm dann das Reagenzglas vorsichtig aus dem Wasserbad und lass es an der Luft erkalten (Abb. 3). Beobachte das Thermometer. Wirf einen Kristall Fixiersalz in die Schmelze, nachdem deren Temperatur auf etwa 25 °C gesunken ist. Was passiert mit dem Fixiersalz? Wie ändert sich dessen Temperatur?

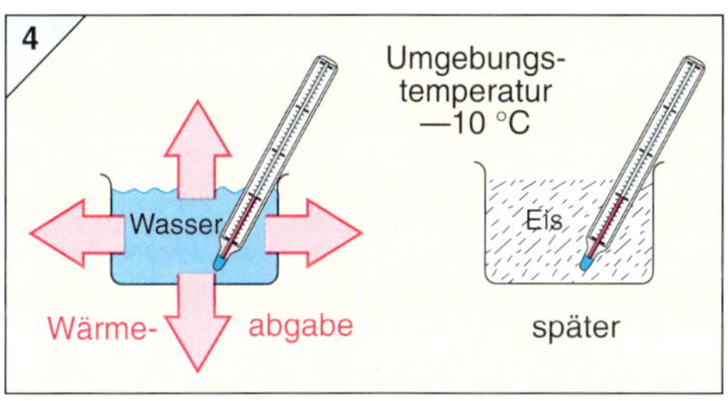

A6 Betrachte den in Bild 4 dargestellten Vorgang „Wasser gefriert". Was nimmt jeweils Wärme auf, was gibt sie ab?
Warum ist am Gefrierpunkt mehr Wärme zu entziehen als beim Abkühlen des Wassers?

A7 Begründe, warum die Schmelze aus V5, wenn ihre Temperatur unterhalb der Schmelztemperatur liegt, eine „unterkühlte Flüssigkeit" genannt wird.

Erstarrungswärme

Wenn beim Schmelzen eines festen Stoffes Energie in ihm versteckt wird, müssten wir diese eigentlich beim Erstarren einer Flüssigkeit wegen der Energieerhaltung vollständig wieder zurückbekommen. Diese Vermutung lässt sich überprüfen:

Wir bringen Fixiersalz in einem Reagenzglas zum Schmelzen und lassen anschließend die Schmelze abkühlen. Erstaunlicherweise kühlt sich die Flüssigkeit bis weit unter den Schmelzpunkt ab. Deshalb spricht man von einer *unterkühlten Flüssigkeit*. Werfen wir dann einen kleinen (festen) Fixiersalzkristall in die unterkühlte Schmelze, erstarrt die Flüssigkeit schlagartig. Dabei schnellt die Temperatur hoch, obwohl gar keine Wärme zugeführt wurde!
Es bleibt nur eine Erklärung: Zum Schmelzen musste Wärme zugeführt werden, die dann als Zustandsänderungsenergie im geschmolzenen Fixiersalz steckt. Beim Abkühlen der Schmelze wird dieser von der Umgebungsluft Wärme entzogen. Dabei nimmt die thermische Energie der Flüssigkeit ab. Die Zustandsänderungsenergie verbleibt aber in der Schmelze. Erst wenn sich Kristalle bilden, also feste Substanz, wird sei frei. Sie geht als so genannte **Erstarrungswärme** in die umgebende Flüssigkeit und erhöht deren thermische Energie. Da der Erstarrungsvorgang sehr schnell abläuft, schnellt die Temperatur des Fixiersalzes schlagartig auf den Schmelzpunkt hoch. Für weiteres Erstarren von flüssigem Fixiersalz besteht danach kein Anlass mehr.

> Beim Erstarren einer Flüssigkeit muss Wärme entzogen werden, bei Wasser 336 kJ je kg. Diese Erstarrungswärme ist genauso groß wie die Schmelzwärme.

Land- und Seeklima: Wenn im Winter unsere Gewässer zufrieren, wird die beim Erstarren entstehende Wärme an die Luft darüber abgegeben. Deren Temperatur sinkt also nicht so schnell ab wie die der Luft über Land. Schmilzt im Frühjahr die Eisdecke wieder, so wird die dazu notwendige Schmelzwärme der darüber liegenden Luft entzogen. Auch bei intensiver Sonnenstrahlung kann deren Temperatur nur langsam steigen. Seen, Meere und Ozeane sorgen also dafür, dass der Temperaturunterschied zwischen Winter und Sommer nicht so schroff ist (*Seeklima*) wie in wasserarmen Gegenden (*Landklima*).

Frostschutz im Obst- und Weinbau

Wenn in Frostnächten die jungen Triebe zu erfrieren drohen, werden sie mit Wasser besprengt. Die Temperatur des Wassers auf den Trieben sinkt nach kurzer Zeit auf 0 °C, weil die Luft kälter ist. Danach gefriert das Wasser langsam, die Triebe werden von Eis eingehüllt. Die kalte Luft nimmt dabei die Erstarrungswärme auf. Solange die Eisschicht noch von Wasser umgeben ist, hat sie nur 0 °C. Während dieser Zeit können deshalb auch die Triebe nicht erfrieren.

Verdampfungswärme

Bei 100 °C siedet Wasser; dabei geht Wasser im Inneren der Flüssigkeit vom flüssigen in den gasförmigen Zustand über, wie jedermann am Aufsteigen der Dampfblasen sieht. Wird weiter Wärme zugeführt, gibt es zwar mehr Dampf, aber die Temperatur bleibt gleich, weil zum Verdampfen Wärme nötig ist, die so genannte **Verdampfungswärme.**

Aus Erfahrung wissen wir, dass es lange dauert, bis beim Sieden ein nennenswerter Anteil des Wassers verschwunden ist. Wir müssen deshalb mit einer verhältnismäßig großen Verdampfungswärme rechnen – gemessen an der, die wir für das Heißmachen brauchen. So lässt sie sich ermitteln:
Ein 1 000 W-Tauchsieder steht eingeschaltet in schon siedendem Wasser. Mit einer Waage stellen wir fest, wie viel Wasser er in 3 min in Dampf verwandelt. Dies sind 70 g, wozu das Gerät 180 kJ abgeben muss. Aus den beiden Werten lässt sich die Verdampfungswärme berechnen:
Um 0,070 kg Wasser zu verdampfen, sind 180 kJ nötig. Für 1 kg werden folglich 180 kJ : 0,070 = 2 570 kJ gebraucht. Dieser auf 1 kg bezogene Wert heißt **spezifische Verdampfungswärme.**

Zum Verdampfen einer Flüssigkeit ist Wärme nötig. Die Verdampfungswärme beträgt für 1 kg Wasser ca. 2 260 kJ.

Kondensationswärme

Dem Wasser wird am Siedepunkt Wärme zugeführt, die Temperatur aber erhöht sich nicht. Vielmehr wird die zugeführte Energie zum Verdampfen des Wassers gebraucht. Sie steckt dann als Zustandsänderungsenergie im Wasserdampf. Beim **Kondensieren** des Dampfes entsteht wieder Wasser. Die Zustandsänderung „Verdampfen" wird rückgängig gemacht. Wird dabei die Zustandsänderungsenergie wieder frei?

Wir überprüfen diese Annahme, indem Wasserdampf in ein Gefäß mit kaltem Wasser geleitet wird. Wir sehen, dass die Dampfblasen verschwinden und der Wasserspiegel steigt. Der Dampf kondensiert also. Gleichzeitig steigt die Temperatur des zuvor kalten Wassers und erreicht schließlich 100 °C. Diese Temperaturerhöhung zeigt, dass Wärme frei geworden ist. Genaue Messungen bestätigen, dass die **Kondensationswärme** genauso groß ist wie die Verdampfungswärme.

Kondensiert Wasserdampf, so wird Wärme frei. Diese Kondensationswärme ist gleich der Verdampfungswärme.

Wenn unsere Haut mit Wasserdampf in Berührung kommt, kondensiert dieser und gibt dabei die verhältnismäßig große Kondensationswärme ab. Deshalb kann schon wenig Dampf schwere Verbrennungen hervorrufen.

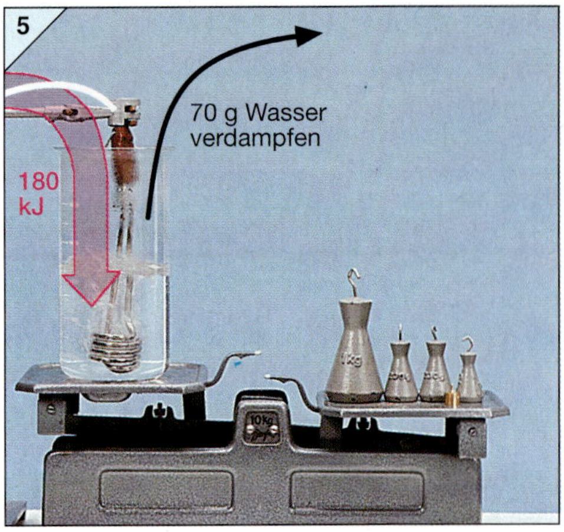

V8 Lehrerversuch: Man stellt ein hohes Becherglas mit 1 l Wasser auf eine Tafelwaage und bringt das Wasser mit einem Tauchsieder (1 000 W) zum Sieden. Die Waage wird fast ins Gleichgewicht gebracht; man belässt aber ca. 5 g Übergewicht des Becherglases. Das Wasser siedet weiter und verdampft. Von dem Augenblick an, in dem die Waage im Gleichgewicht ist, lässt man den Tauchsieder noch 3 min weiter heizen. Dann schaltet man ab und bringt die Waage durch Auflegen von Wägestücken wieder ins Gleichgewicht und bestimmt damit die Masse des verdampften Wassers.

A9 Berechne, wie viel Wärme zum Verdampfen von 1 kg Wasser gebraucht wird, wenn 70 g Wasser durch Zufuhr von 180 kJ verdampfen.

V10 Lehrerversuch: Man verschließt einen Kolben mit einem durchbohrten Stopfen und bringt Wasser darin zum Sieden. Den Wasserdampf leitet man in ein Becherglas mit 50 g Wasser von Zimmertemperatur.
Beobachte den Wasserstand im Becherglas und begründe, warum das Wasser dort auf 100 °C kommt.

Espresso-Maschine

Espressomaschinen arbeiten mit der Wärme, die beim Kondensieren von Wasser frei wird. In der Maschine wird Wasserdampf erzeugt, der durch kaltes Wasser strömt. Der Dampf kondensiert und gibt dabei so viel Wärme ab, dass das Wasser über 90 °C heiß wird, gerade richtig zum Bereiten heißer Getränke.

Rechnen wir aus, wie viel Wasserdampf nötig ist, um für ein Glas Tee (100 ml) das Wasser von 15 °C auf beispielsweise 92 °C zu bringen:

Um 100 g Wasser um 77 K zu erwärmen, braucht man

$Q = 4{,}2\,\frac{\text{kJ}}{\text{kg}\cdot\text{K}} \cdot 0{,}1\,\text{kg} \cdot 77\,\text{K} = 32{,}34\,\text{kJ}.$

Die Verdampfungs- bzw. Kondensationswärme von Wasser beträgt 2 260 kJ je kg. Um 32 kJ Wärme zu erhalten, müssen also

$32\,\text{kJ} : 2\,260\,\frac{\text{kJ}}{\text{kg}} = 0{,}014\,\text{kg}$

Dampf kondensieren. Das ergibt 14 g Wasser.

Der Vorteil dieser Methode liegt darin, dass Kakao oder Tee in sehr kurzer Zeit trinkfertig werden, wenn in der Maschine Dampf bereitsteht. Die Wärme für das Erhitzen der Getränke wurde vorher beim langsamen Verdampfen als Zustandsänderungsenergie dem Dampf übergeben. Sie kann jetzt schnell freigesetzt werden.

AUFGABEN UND ZUSAMMENFASSUNG

1. Schreibe in die grauen Pfeile der folgenden Abbildung die Namen der Vorgänge, die jeweils ablaufen. Ergänze das Bild dann mit den zugehörigen Temperaturwerten sowie den Namen der zu- und abgeführten Energiebeträge und deren Größe in $\frac{\text{J}}{\text{kg}}$.

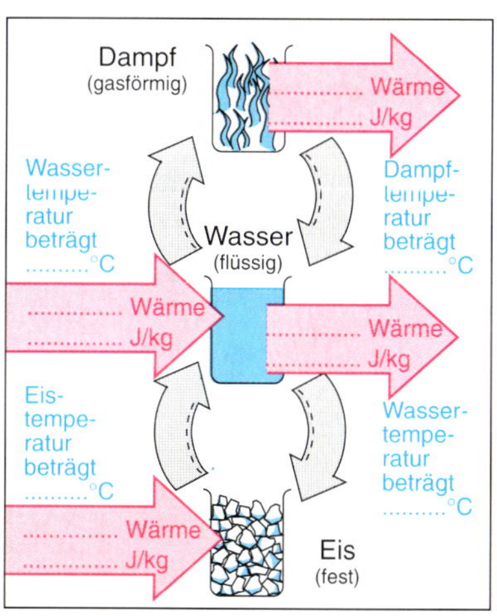

2. Was versteht man unter spezifischer Verdampfungswärme, was unter Kondensationswärme?

3. Vergleiche die Verdampfungs- und Kondensationswärme von Wasser mit dessen spezifischer Wärme.

4. Auf einer Herdplatte steht ein Topf mit 1 l Wasser. Dieses wird in 1 min von 20 °C auf 100 °C erwärmt. Wie lange dauert es dann noch, bis das ganze Wasser schließlich verdampft ist, wenn die Wärmezufuhr gleich bleibt?

5. Es sollen 5 kg Eis von 0 °C geschmolzen werden. Wie viel Wärme muss zugeführt werden?

6. Warum verschwindet ein Schneehaufen nicht sofort, wenn er mit Luft von 10 °C in Berührung kommt? Warum schmilzt er schneller, wenn die warme Luft über ihn hinwegbläst?

7. Wie groß ist die Wärme, die von 30 g Wasserdampf beim Kondensieren abgegeben wird?

Umwandlungswärmen von Wasser

Zum Überführen von Eis in Wasser wird Schmelzwärme gebraucht. Beim Gefrieren von Wasser wird diese Wärme als Erstarrungswärme wieder frei.

Die spezifische Schmelzwärme für Wasser beträgt ca. 340 $\frac{\text{kJ}}{\text{kg}}$.

Zum Verdampfen von Wasser wird ebenfalls Wärme gebraucht. Diese wird beim Kondensieren des Dampfes wieder frei. Verdampfungs- und Kondensationswärme sind gleich.

Die spezifische Verdampfungswärme von Wasser ist deutlich (etwa siebenmal) größer als die Schmelzwärme. Sie beträgt ungefähr 2260 $\frac{\text{kJ}}{\text{kg}}$.

Sonnenlicht macht Wasser heiß

Die Umwandlung von Licht in Wärme lässt sich technisch in so genannten **Sonnenkollektoren** verwirklichen.

Das Dach eines Hauses wird mit Rohrschlangen belegt, durch die Wasser gepumpt wird. Die Rohre sind schwarz gefärbt; sie verschlucken dadurch Sonnenstrahlung und wandeln sie vollständig in Wärme um, die ins Wasser geht. Dessen Temperatur erhöht sich. Das nun warme oder heiße Wasser kann zum Waschen, Baden oder Spülen verwendet werden. Man kann es auch durch die Heizkörper schicken und so mit Sonnenenergie heizen.

Am meisten Energie wird eingesammelt, wenn die Sonne senkrecht auf die Kollektorflächen scheint. Deswegen werden die Kollektorflächen möglichst so ausgerichtet, dass sie mittags direkt auf die im Süden stehende Sonne zeigen. Aber auch dann sind noch sehr große Flächen nötig, um ein Einfamilienhaus zu beheizen. Damit die Heizkörper nachts nicht kalt bleiben, wird tagsüber erwärmtes Wasser in gut isolierte Vorratstanks gepumpt. Diese versorgen dann nachts die Heizkörper mit Warmwasser.

Energiesparhäuser

Auch ohne den Zwischenträger Wasser lässt sich Sonnenwärme erfolgreich ins Haus bringen, selbst im kältesten Winter. *Energiesparhäuser* werden auf den der Sonne zugewandten Flächen außen mit einem lichtdurchlässigen Dämmstoff aus Kunststoff oder Glas verkleidet. Die Hauswand selbst ist schwarz. Das Licht durchdringt die durchlässige Schicht, wird von der Wand absorbiert und dabei in Wärme umgewandelt. Die lichtdurchlässige Dämmschicht lässt nur wenig Wärme nach außen weg. Diese durchdringt vielmehr die Hauswand. Die Innenwände werden oder bleiben warm und können sogar die Luft im Inneren des Hauses aufheizen. Natürlich hat so ein Haus gut isolierte Fenster und Dächer, damit dort nicht zu viel Wärme entweichen kann.

Die sonnenabgewandten Flächen auf der Nordseite des Hauses sind besonders gut wärmegedämmt. Dort gibt es nur wenige Fenster, die so klein wie möglich sind. Weil diese Häuser einen sehr viel niedrigeren Energiebedarf im Laufe eines Jahres haben als „normale" Häuser, bezeichnet man sie als **Niedrigenergie-Häuser.**

An kalten, kurzen „sonnenarmen" Wintertagen kann die Sonne auch hier nicht die insgesamt benötigte Heizenergie liefern. Deshalb muss eine Zusatzheizung vorgesehen und eingeschaltet werden.
Im Sommer dagegen kann die Sonneneinstrahlung so stark sein, dass sich das ganze Haus unangenehm aufheizen würde. Das verhindern Rollos an der Südseite, die die Sonnenstrahlung aussperren.

Ergänzt werden die Energiespar- oder Niedrigenergie-Häuser meist durch auf dem Dach angebrachte Sonnenkollektoren zur Warmwasserbereitung und durch Solarzellen, mit denen elektrische Energie für die Elektrogeräte erzeugt wird.

Das CO_2-Problem

Fast die gesamte, technisch erzeugte Wärme auf der Welt kommt aus Kohle, Gas und Öl, den so genannten **fossilen Brennstoffen**. Mit ihnen werden die meisten Heizungen und Kraftwerke, alle Stahlwerke sowie alle Motoren in Kraftfahrzeugen, Schiffen und Flugzeugen betrieben.

Die drei Energieträger Kohle, Öl und Gas müssen verbrannt werden, damit die darin enthaltene Energie als Wärme frei wird. Dabei reagieren sie mit dem Sauerstoff der Luft, wobei zwei neue Stoffe entstehen: Wasser (H_2O) und Kohlenstoffdioxid (CO_2). Wenn die Wärme abgeführt ist, sind das nur noch Abfallstoffe, die über Schornsteine und Auspuffrohre in die Luft gelangen. Zusätzlich entstehen (gemessen am CO_2-Ausstoß) kleine Mengen für Pflanzen und Tiere schädlicher Stoffe, darunter SO_2, NO_2 und HCl. Wie groß die Mengen an CO_2 und H_2O sind, die bei der Verbrennung von Kohle, Erdgas (Methan) und Benzin jeweils entstehen, findest du im Bild rechts. Um z. B. 1 kg Öl vollständig zu verbrennen, sind 3,5 kg Sauerstoff nötig; als „Abfall" entstehen 3,1 kg Kohlenstoffdioxid und 1,4 kg (1,4 l) Wasser. Beide Stoffe sind für Menschen, Tiere und Pflanzen unschädlich. Jedoch trägt das CO_2, das vollständig in die Erdatmosphäre gelangt, zum so genannten Treibhauseffekt bei, der das Erdklima verändert.

Allein in Deutschland wurden im Jahre 1993 rund 280 Mio t Kohle, 76 Mrd m^3 Erdgas und etwa 127 Mio t Erdöl verbrannt. Insgesamt entstanden dabei rund 900 Mio t CO_2.

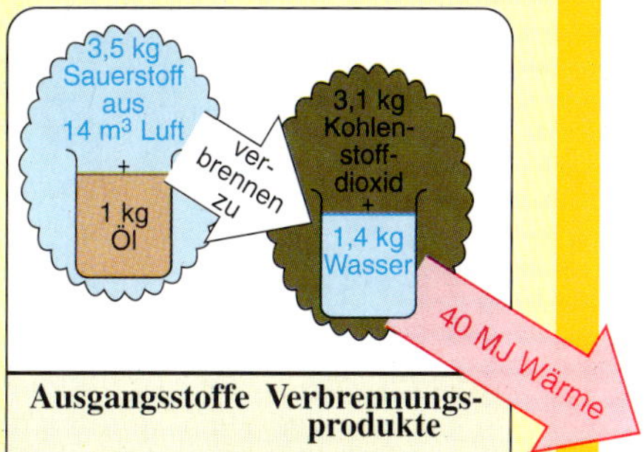

Ausgangsstoffe			Verbrennungsprodukte		
Brennstoff	Sauerstoff		Kohlenstoffdioxid		Wasser
Kohle					
C +	O_2	→	CO_2		—
1 kg	2,7 kg		3,7 kg		
Erdgas					
CH_4 +	$2\,O_2$	→	CO_2	+	$2\,H_2O$
1 kg	4,0 kg		2,8 kg		2,2 kg
Benzin					
C_7H_{16} +	$11\,O_2$	→	$7\,CO_2$	+	$8\,H_2O$
1 kg	3,5 kg		3,1 kg		1,4 kg
Öl					
$C_{11}H_{24}$ +	$17\,O_2$	→	$11\,CO_2$	+	$12\,H_2O$
1 kg	3,5 kg		3,1 kg		1,4 kg

Der gestörte CO_2-Kreislauf

Im Bild unten ist links der natürliche Kohlenstoffkreislauf dargestellt. Pflanzen nehmen Kohlenstoffdioxid aus der Luft auf und machen daraus mit Wasser alle Stoffe, die sie zum Wachsen brauchen. Die pflanzlichen Stoffe werden von Mikroorganismen, Tieren und Menschen mit der Nahrung aufgenommen und im Körper still verbrannt. Dabei entsteht wieder CO_2, das Menschen und Tiere beim Atmen an die Luft abgeben. Der biologische Kohlenstoffkreislauf schließt sich dabei.

Auf der rechten Seite des Bildes erkennst du einen zweiten Kreislauf, den zwischen dem gasförmigen CO_2 in der Luft und dem im Kalkgestein und im Ozeanwasser gebundenen.

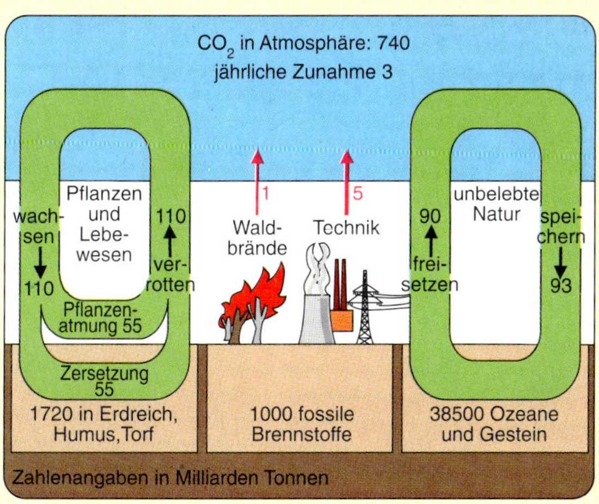

In diese Kreisläufe greift der Mensch heute mit Industrieanlagen und Energie fressender Technik verstärkt ein: Durch Verbrennung von Öl, Kohle und Gas wird zusätzliches CO_2 in großen Mengen freigesetzt. Einen Teil davon kann das Meerwasser noch aufnehmen, der andere Teil aber geht in die Atmosphäre und bleibt dort.

Die Zunahme von CO_2 in der Atmosphäre bewirkt den **Treibhauseffekt.** Denn CO_2-Gas lässt zwar die Sonnenstrahlung fast ungestört zur Erde durch. Es verschluckt aber (wie die Glasscheiben eines Treibhauses) die Wärmestrahlung, die vom Erdboden in den Weltraum gehen will. Dabei heizt es sich selber auf. Je mehr CO_2 in der Atmosphäre vorhanden ist, desto mehr Wärme bleibt auf der Erde. Die Folge: Die Temperatur an der Erdoberfläche erhöht sich. Es kommt zu Klimaänderungen.

Durch diesen Treibhauseffekt hat die mittlere Temperatur auf der Erde in den letzten Jahrzehnten um ca. 0,6 K zugenommen. Man erwartet, dass sie in den kommenden Jahrzehnten weiter steigt, unter Umständen um einige Grade. Die Folgen wären schauderhaft: Abschmelzen der Eiskappen an den Polen und damit Steigen des Meeresspiegels um einige Meter, eine Verschiebung der subtropischen Trockenzonen nach Norden und die Zunahme von zerstörerischen Wirbelstürmen.

Es gibt nur eine Abhilfe: In den Industrieländern muss umgehend der CO_2-Ausstoß um mindestens zwei Drittel gesenkt werden. Auch ist das Abholzen der Wälder in den Tropenzonen zu stoppen. Denn Pflanzenwuchs beseitigt CO_2 aus der Luft.

Die Strahlung der Sonne

Im Bild links ist ein sogenannter **Sonnenherd** abgebildet. Er ist so ins Sonnenlicht gestellt, dass die Strahlung der Sonne voll auf einen Spiegel fällt, der sie auf den Boden einer Bratpfanne reflektiert. Dort wird die Strahlung in einem schwarzen Belag absorbiert. Die von ihr mitgebrachte Energie geht danach als Wärme ins Metall der Pfanne. Dieses wird so heiß, wie es sich für eine Bratpfanne gehört.

Die von der Sonne dauernd zugeführte Energie entspricht somit etwa der einer 1 kW-Kochplatte. Allerdings kommt diese Energie nur an, wenn die Sonne scheint. Wie entsteht die Strahlung, was haben wir uns darunter vorzustellen und wie groß ist der Energiestrom darin?

Die Entstehung der Strahlung

Die Sonne ist ein riesengroßer, sehr heißer Gasball, vorwiegend aus Wasserstoff. 150 Millionen Kilometer von uns entfernt, schwebt er frei im Weltraum. Die Sonnenoberfläche ist etwa 6 000 °C heiß.

Infolge dieser hohen Temperatur „wimmeln" die Wasserstoffatome sehr schnell herum: Sie sind etwa 5-mal so schnell wie die Moleküle in der Erdluft und 20-mal so energiereich. Deshalb stoßen sie sehr häufig mit großer Wucht aufeinander.

Bei diesen Stößen werden Photonen erzeugt, die einen Teil der thermischen Energie des Gases mit Lichtgeschwindigkeit wegtragen, hinaus in den Weltraum und zur Erde. Wenn die Strahlung dort absorbiert wird, wird die in den Photonen gebundene Energie wieder frei.

Wir messen die Energie der Sonnenstrahlung

Wenn wir wissen wollen, wie viel Energie in der Sonnenstrahlung transportiert wird, müssen wir deren Photonen auf eine geschwärzte Aluminiumscheibe fallen lassen. Dort werden diese vernichtet und hinterlassen mitgebrachte Energie in Form von Wärme, weshalb die Temperatur der Scheibe steigt. Den Anstieg können wir mithilfe eines elektronischen Thermometers verfolgen. Wir richten dazu das Rohr im Bild rechts auf die Sonne, deckt die Öffnung links oben lichtdicht ab und wartet, bis Temperaturgleichheit zwischen Scheibe und Umgebung besteht. Jetzt nehmen wir den Deckel weg und starten gleichzeitig eine Uhr. Wir notieren, wie die Temperatur mit der Zeit hochklettert und erstellen ein Diagramm.

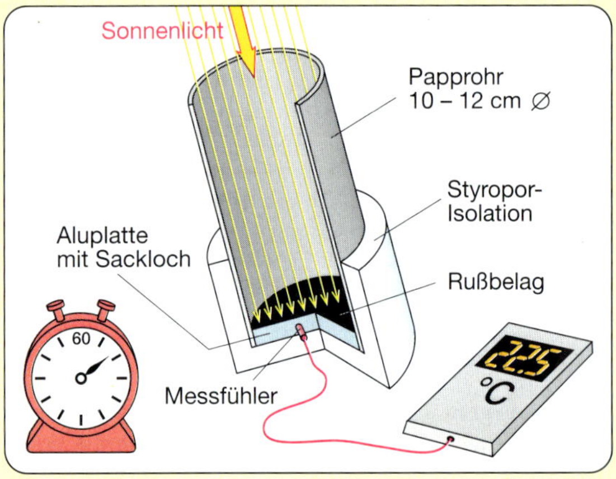

Ändert sich beispielsweise die Temperatur in der zweiten Messminute um 1,4 K, so hat die 0,5 kg schwere Aluscheibe in einer Minute entsprechend der Gleichung $W = c_{Al} \cdot m \cdot \Delta T$ die Wärme

$W = 0{,}9\,\frac{\text{kJ}}{(\text{kg}\cdot\text{K})} \cdot 0{,}5\,\text{kg} \cdot 1{,}4\,\text{K}$

$W = 0{,}63\,\text{kJ} = 630\,\text{J}$ aufgenommen.

Die hat die Sonne auf $100\,\text{cm}^2$ eingestrahlt. Die je Sekunde und Quadratmeter ankommende Energie, **die Bestrahlungsstärke,** hat somit die Größe

$$E = \frac{630\,\text{J}}{(0{,}01\,\text{m}^2 \cdot 60\,\text{s})} = 1\,050\,\frac{\text{J}}{\text{m}^2 \cdot \text{s}}.$$

Das gilt bei klarem Himmel ohne Wolken um die Mittagszeit. Die Sonnenstrahlung reicht somit zum Spiegeleierbraten nur aus, wenn der Spiegel $1\,\text{m}^2$ Fläche hat und wenn die Sonne hoch steht.

Die Werte in der Grafik nebenan zeigen uns, welche Energieströme wir im Weltraum und bei anderen Wetterbedingungen zu erwarten haben. Man erkennt sofort, dass schon bei mäßig bedecktem Himmel mit einem Sonnenherd nicht mehr gebraten werden kann.

Wärmespeicher

Die Sonne strahlt uns – wie du auf der vorhergehenden Seite entnehmen kannst – sehr viel Wärme zu. Wie lässt sich die Wärme sinnvoll ausnutzen? Wir wollen uns ja nicht nur sonnen!

Wie viel Energie liefern Sonnenkollektoren?

Als technische Nutzung der Sonnenwärme kennst du bereits die *„Sonnenkollektoren"*. Auf dem Dach eines Hauses liegen Rohre oder doppelwandige Platten, durch die Wasser hindurchgepumpt wird. Die Rohre und Platten sind schwarz gefärbt. Sie nehmen die eingestrahlte Sonnenwärme auf und diese erhöht die Temperatur des durchströmenden Wassers. Wie gut ist die Ausnutzung der Sonnenenergie durch diese technische Einrichtung? Wir wollen die Frage an einem Beispiel untersuchen:

Die *Bestrahlungsstärke* beträgt bei senkrechtem Sonnenlichteinfall $1\,\frac{\text{kJ}}{\text{m}^2\cdot s}$. Wir können aber für unsere Berechnung nur einen Durchschnittswert für die Strahlung benutzen, weil wir das Dach ja nicht mit der Sonne drehen können: Nehmen wir für unser Beispiel also an, die Sonne scheine an einem klaren Tag 5 Stunden lang mit $400\,\frac{\text{W}}{\text{m}^2}$, das Hausdach sei nach Süden ausgerichtet und habe eine Kollektorfläche von $20\,\text{m}^2$. Wie viel Brauchwasser können wir mit der eingestrahlten Energie von 20 °C auf 80 °C erwärmen? Im rechten Kasten findest du dazu die Beispielrechnung.

Die Rechnung ergibt, dass mit der eingefangenen Sonnenstrahlung etwa 570 l Wasser auf 80 °C erwärmt werden können. Damit könnte eine Person an einem Tag sicher auskommen zum Duschen, Baden oder Heizen. Wenn mehrere Personen zu versorgen sind, müsste die Kollektorfläche entsprechend vergrößert werden.

Beispielrechnung

Hier die einzelnen Überlegungen zur Rechnung:

$1\,\text{m}^2$ bestrahlter Fläche bekommt $400\,\text{W} = 400\,\frac{\text{J}}{\text{s}}$
$20\,\text{m}^2$ bestrahlter Fläche bekommen $8\,000\,\frac{\text{J}}{\text{s}}$
In 1 s erhalten wir also auf $20\,\text{m}^2$ etwa 8 kJ Energie,
in 5 Stunden (= 18 000 s)
$18\,000 \cdot 8\,\text{kJ} = 144\,000\,\text{kJ}$.

Erinnere dich an die Formel zur Berechnung der Erwärmung von Wasser:
$Q = 4{,}2\,\frac{\text{kJ}}{(\text{kg}\cdot\text{K})} \cdot m \cdot \Delta T$
Damit können wir die Menge des zu erwärmenden Wassers berechnen:
$m = \frac{Q}{4{,}2\cdot\Delta T}\,\text{kg}$
$m = \frac{144\,000}{4{,}2\cdot 60}\,\text{kg} = 571\,\text{kg}$

Fernheizung

Über weite Strecken lässt sich Wärme mit aufgeheiztem Wasser oder Wasserdampf in Rohren zur *Fernheizung* transportieren. Dazu wird Wärme in einem Heizkraftwerk aus dem Turbinenkreislauf „ausgekoppelt". Der Wasserdampf, der den Turbinensatz verlässt, wird einem Wärmetauscher zugeführt (Bild). Hier übergibt er Wärme an einen Wasserkreislauf. Der Wasserdampf kondensiert, das Wasser der Fernheizung wird aufgewärmt. Mit einer Temperatur zwischen 80 °C und 120 °C wird es zum Verbraucher gepumpt. Im geschlossenen Kreislauf könnte es in die Heizkörper strömen. Weil aber oft undichte Stellen vorhanden sind, baut man in jedes Haus einen weiteren Wärmetauscher. So kann man auch warmes Wasser zum Duschen oder Kochen nutzen.

Ein Heizkraftwerk, in dem neben der Erzeugung elektrischer Energie Wärme ausgekoppelt wird, steht sinnvoll in unmittelbarer Nähe zum Verbraucher der Wärme. Es werden Großabnehmer wie Verwaltungsgebäude und auch Privathaushalte mit Wärme versorgt.

Der *Nachteil* solcher Anlagen besteht darin, dass gut wärmegedämmte Rohre über weite Strecken verlegt werden müssen mit Vor- und Rücklauf.
Der *Vorteil* für den Verbraucher ist der, dass er sich nicht um eine Heizung zu kümmern braucht und keinen Kellerraum für Heizungsanlage und Brennstoff haben muss. Vor allem wird aber die Umwelt geschont, denn Heizkraftwerke sind heute mit sehr guten Filtersystemen in den Abgasreinigungsanlagen ausgestattet, private Heizungsanlagen dagegen nicht.

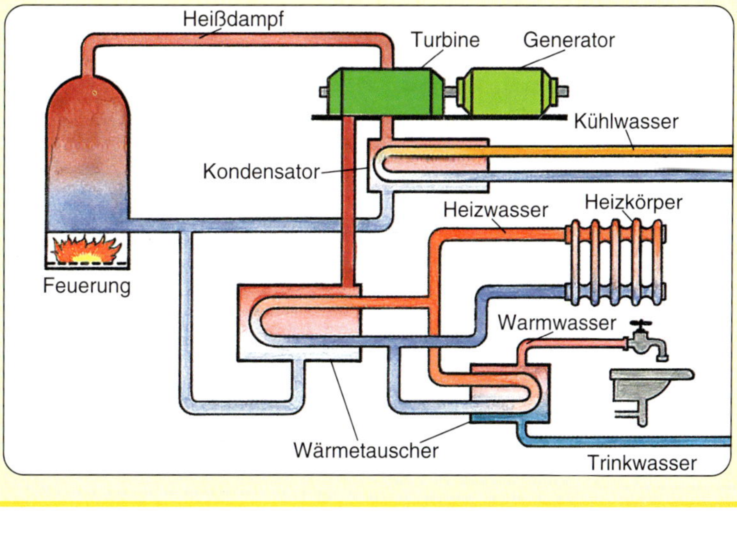

Wie funktioniert ein Kühlschrank?

Jeder Kühlschrank hat ein wärmeisoliertes Gehäuse. Seine Aufgabe ist es, Speisen kühl zu machen und kühl zu halten. Deshalb wird dem Innenraum des Schrankes und dem Kühlgut darin Wärme entzogen. Dabei muss Wärme vom Kühlraum mit 5 °C in die Küche mit 20 °C gebracht werden – also vom Kalten zum Warmen! Zwei Versuche zeigen, wie dieser „verkehrte" Wärmeübergang erzwungen werden kann.

Sieden unter vermindertem Druck

Wir pumpen aus einem Gefäß, das Ether enthält (Abb. 1) mithilfe einer Wasserstrahlpumpe Etherdampf ab. Sofort steigen in der Flüssigkeit Gasblasen auf, sie beginnt zu *sieden*. Das abgepumpte Gas wird durch neu verdampften Ether ersetzt. Die Verdampfungswärme, die zur Zustandsänderung nötig ist, wird der Flüssigkeit entzogen. Deren thermische Energie vermindert sich und damit auch ihre Temperatur. Wir kommen mühelos auf –20 °C.

Dieses *Verdampfen eines Kühlmittels unter vermindertem Druck* mit gleichzeitiger Abkühlung wird immer dann benutzt, wenn Temperaturen unterhalb der Umgebungstemperatur erreicht werden sollen.

> Wird der Druck über einer Flüssigkeit stark verringert, so beginnt sie zu sieden. Dabei sinkt ihre Temperatur.

Kondensieren unter erhöhtem Druck

Der Etherversuch lässt sich umkehren: Man füllt den Glaszylinder einer Pumpe mit Butangas (anstelle von Etherdampf). Dann drückt man den Kolben in den Zylinder hinein. Der schiebt die herumschwirrenden Gasteilchen zusammen. Im Gas erhöhen sich Druck und Temperatur (wie beim Aufpumpen eines Fahrradreifens mit der Handpumpe). Gleichzeitig bilden sich an der kalten Glaswand winzige Tröpfchen aus flüssigem Butan. Das Butangas kondensiert dort, weil es die Kondensationswärme an das kalte Glas abgeben kann und damit die ZÄE-Verdampfen loswird, die es einst beim Entstehen aus Butanflüssigkeit erhalten hat.

> Wird ein Gas stark zusammengepresst (komprimiert), so wird es flüssig und gibt Wärme ab.

In einem Kühlschrank muss der **Wärmetransport von Kalt nach Warm** erfolgen. Das schafft man nur durch Kombinieren von „Sieden unter vermindertem Druck" und „Verdampfen unter erhöhtem Druck": Die Wärme wird von einer kalten Flüssigkeit aufgenommen, die siedet, weil Dampf über ihr abgepumpt wird. Dieser führt die ZÄE-Verdampfen mit sich fort. An einem wärmeren Ort wird der Dampf durch Komprimieren verflüssigt. Er gibt dann die mitgebrachte Energie bei relativ hoher Temperatur ab. Mit diesem Verfahren lässt sich Wärme z. B. von einer Stelle mit –20 °C zu einer Stelle mit +30 °C „pumpen".

V1 Lehrerversuch: Man füllt in ein großes Reagenzglas mit Schlauchanschluss etwas Ether und verschließt es mit einem Stopfen, durch den ein Thermometer gesteckt ist. Aus dem Glas wird Etherdampf mittels einer Wasserstrahlpumpe abgesaugt.

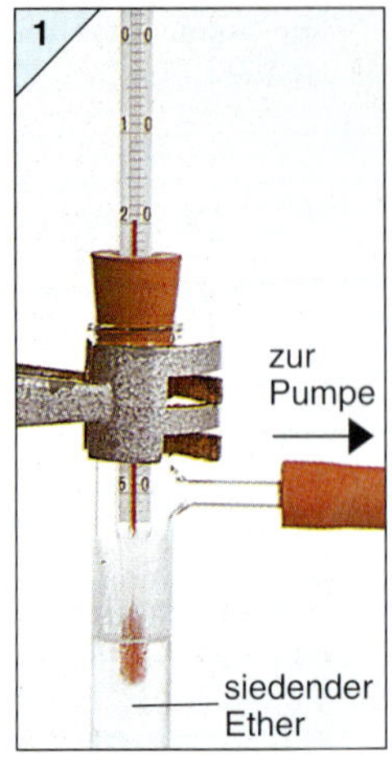

A2 Beschreibe, was du bei V1 beobachten kannst.

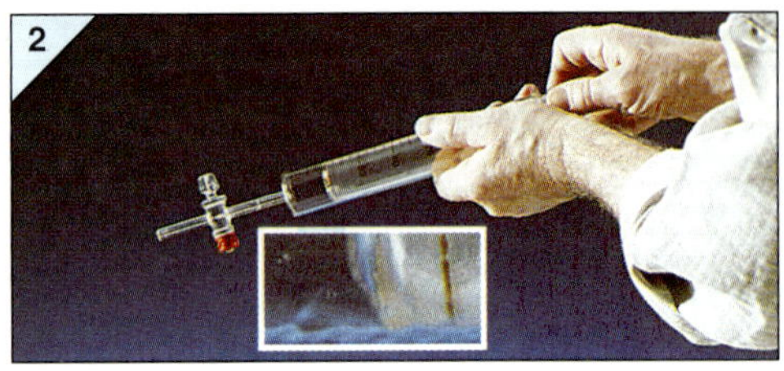

V3 Lehrerversuch: Man fülle den Glaszylinder mit Butangas. Dann drückt man den Stempel der Pumpe hinein.
Betrachte während der Kompression die Glaswand unterhalb des Kolbens.

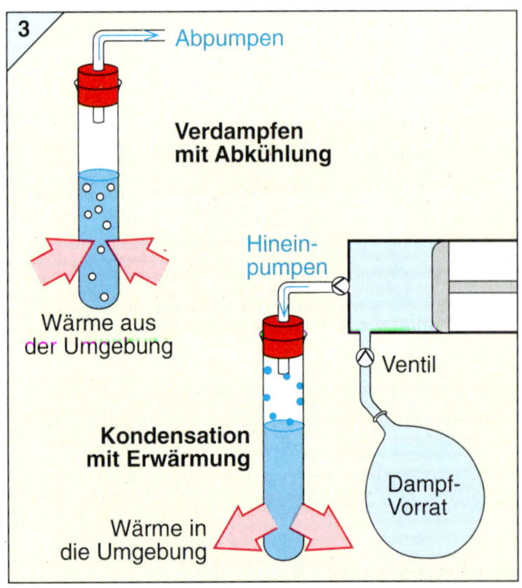

A4 Im oberen Teilbild verdampft Flüssigkeit (wie in V1). Wieso nimmt die Flüssigkeit Wärme aus der Umgebung auf?
Im unteren Teilbild wird Gas verflüssigt (wie in V3). Wieso wird Wärme an die Umgebung abgegeben?
Welcher Anteil der inneren Energie ist dies?

Der Kompressorkühlschrank

Wenn du Nahrungsmittel in einen Kühlschrank bringst, haben diese zunächst Zimmertemperatur. Beim Öffnen der Kühlschranktür wird zudem etwas Luft im Kühlraum durch warme Luft aus der Küche ersetzt. Damit im Kühlraum danach die Temperatur wieder auf +5 °C sinkt und auch erhalten bleibt, muss diesem Raum immer wieder Wärme entzogen werden. Den physikalischen Hintergrund des Verfahrens (Sieden unter vermindertem und Kondensieren und erhöhtem Druck) kennst du schon. Wie aber wird das technisch gemacht?

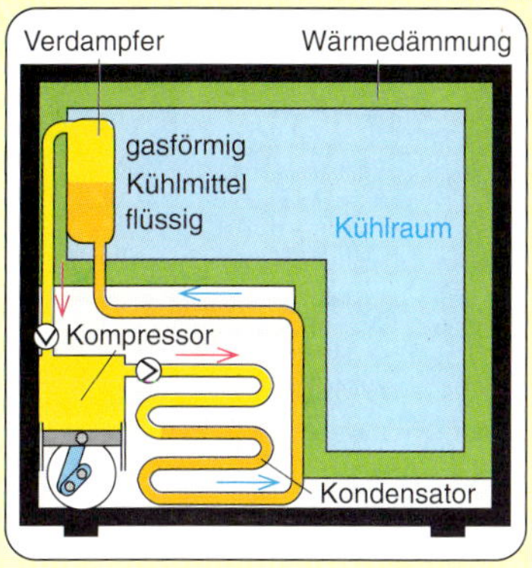

Im Verdampfer eines Kompressorkühlschranks befindet sich ein flüssiges Kühlmittel, darüber dessen Dampf. Der Kompressor ist eine Pumpe. Er saugt den Dampf ab und vermindert dadurch den Druck über der Flüssigkeit. Diese beginnt zu verdampfen und entzieht die dazu notwendige Wärme zunächst sich selbst und dann dem Kühlraum und den Nahrungsmitteln darin.

Der Dampf wird vom Kompressor in den Kühler gepresst und dort verdichtet (komprimiert). Dadurch wird aus dem Dampf wieder Flüssigkeit. Er kondensiert und gibt dabei die frei werdende Kondensationswärme an die Zimmerluft ab.

Das Kühlmittel nimmt also beim Verdampfen Wärme bei niedriger Temperatur der Luft im Innenraum des Kühlschrankes auf. Diese wird zur Zustandsänderung Flüssigkeit → Gas gebraucht und als Zustandsänderungsenergie im Gas gespeichert. Das gasförmige Kühlmittel transportiert diese Energie als Teil seiner inneren Energie zum Kondensator. Dort wird sie bei der Verflüssigung in thermische Energie zurückverwandelt und als Wärme an die Küchenluft abgegeben. Die elektrische Energie, mit der die Pumpe betrieben wird, ermöglicht den Energietransport von innen nach außen gegen das Temperaturgefälle. Das flüssige Kühlmittel strömt anschließend durch ein enges Kapillarrohr oder ein Ventil zur Verdampferschlange im Kühlraum zurück. Der Kreislauf beginnt von neuem.

Weil das Kühlmittel älterer Kühlschränke umweltschädigend ist, muss ein unbrauchbarer Kühlschrank dieser Art besonders entsorgt werden: Das Kühlmittel muss zunächst entnommen, aufbewahrt und später wieder verwertet werden. Danach können die Metallteile und die Kunststoffisolierung getrennt und eingeschmolzen werden.

Verdunsten im Mikrobild

Wenn Wasser, Spiritus oder Alkohol verdunsten (Abb. 4), zeigt ein Thermometer, dass ihre Temperaturen absinken. Wie kommt das?

Die Teilchen einer Flüssigkeit befinden sich in ständiger Bewegung. Dabei sind aber nicht alle gleich schnell. Ihre kinetische Energie ist verschieden groß. Ein Thermometer misst die Energie vieler Teilchen gleichzeitig. Die angezeigte Temperatur entspricht somit dem Durchschnittswert.
An ihrer Oberfläche grenzt die Flüssigkeit an Luft. Sehr schnelle Teilchen können vom Innern kommend diese Oberfläche durchstoßen. Sie bilden darüber eine Dampfschicht, die bei Luftbewegungen weggeführt wird. Passiert das längere Zeit, so befinden sich danach in der Flüssigkeit nur noch langsamere, energieärmere Teilchen. Ihre durchschnittliche kinetische Energie ist kleiner als zuvor und damit auch die Temperatur der Flüssigkeit. Das merkst du sofort, wenn deine Haut feucht ist und ein Windzug für schnelle Verdunstung der Wasserschicht darauf sorgt.

Diese „Verdunstungskälte" nutzt der Zahnarzt bei kleinen Operationen: Er spritzt eine schnell verdunstende Flüssigkeit auf die betreffende Stelle im Mund, die „vereist" und so schmerzunempfindlich wird.

4

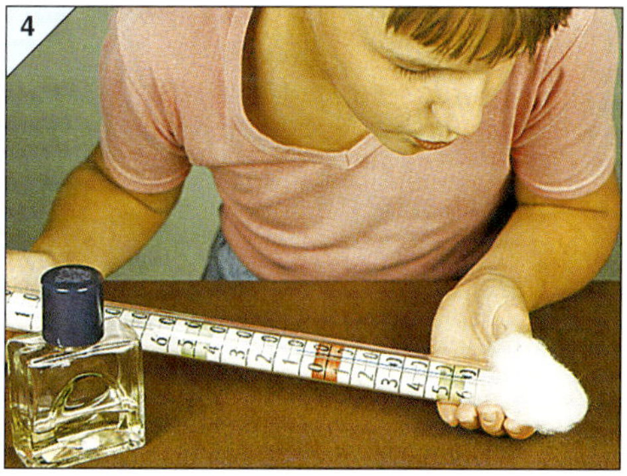

V5 Umwickle ein Thermometer mit Watte und tränke es nacheinander mit Wasser, Brennspiritus und Rasierwasser. Beobachte und berichte.

> *Anmerkung:* Vollständig verdunsten kann eine Flüssigkeit nur aus offenen Gefäßen. In einem geschlossenen Gefäß wird die Zahl der Teilchen im Gasraum schnell so groß, dass jedes, das die Flüssigkeit noch verlässt, nach kurzem Aufenthalt im Gas wieder zurückkehrt.

Wie arbeitet ein Schnellkochtopf?

Mit einem Schnellkochtopf lassen sich Speisen schneller garen als in einem normalen Kochtopf. Unter einem Sieb wird darin Wasser zum Sieden gebracht. Der entstehende Dampf füllt und heizt den Topfraum darüber. Weil der Topfdeckel fest auf dem Topf sitzt, kann der Wasserdampf nicht entweichen und kommt unter Druck. Das ändert offensichtlich die Bedingungen für das Garen. Wir untersuchen sie mit dem in Bild 5 gezeigten Schnellkochtopf, der mit einem Druckmessgerät (Manometer), einem Thermometer und einem Sicherheitsventil versehen ist. Wenn wir in den Topf Wasser geben, diesen dicht verschließen, das Wasser zum Sieden bringen und dann weiterheizen, steigen die Temperatur- und Druckwerte miteinander an. Das kommt so:

1. Wenn das Wasser siedet, wird bei geöffnetem Topf die von der Heizung zugeführte Wärme mit dem entweichenden Dampf abgeführt. Deshalb bleibt die Wassertemperatur konstant.
2. Bei geschlossenem Deckel sammelt sich der Dampf oberhalb der Flüssigkeit an und wird immer dichter. Der Druck darin steigt.
3. Infolge des hohen Drucks wird es immer schwieriger für die Flüssigkeitsteilchen, das Wasser beiseite zu schieben und Dampfblasen zu bilden. Sie müssen dafür im Durchschnitt schneller sein als zuvor bei niedrigerem Druck. Das aber heißt, dass im Wasser höhere Temperaturen herrschen müssen.
4. Die höhere Temperatur stellt sich von selbst ein, weil die von der Heizplatte zugeführte Wärme nicht mehr vom entweichendem Dampf abgeführt werden kann. Es folgt:

Mit dem Druck über einer Flüssigkeit steigt auch deren Siedetemperatur.

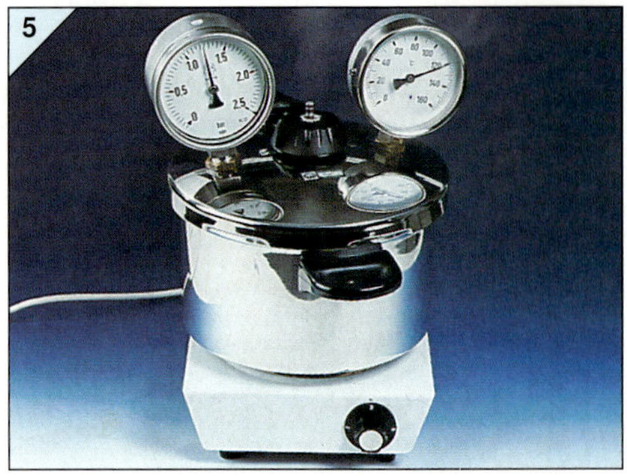

V6 Fülle den Schnellkochtopf mit etwas Wasser und bringe dieses zum Sieden. (Sieden erkennst du daran, dass Wasserdampf austritt.) Verschließe dann das Ventil und lies Druck und zugehörige Siedetemperatur ab. Erhöhe den Druck durch Drehen an der Einstellung des Sicherheitsventils stufenweise. Notiere die zusammengehörigen Werte von Druck und Temperatur.

A7 Erstelle für V6 ein Temperatur-Druck-Diagramm.
Diskutiere den Zusammenhang.

Hinweis: Steigt der Druck in einem Dampfdrucktopf zu stark an, so öffnet sich das Sicherheitsventil und heißer Wasserdampf wird abgelassen. Mit ihm entweicht natürlich auch Energie, die zuvor in Form von Wärme zugeführt wurde.

Flüssiggas

Wenn keine Gasleitung oder kein elektrischer Anschluss vorhanden ist, kocht oder heizt man mit Propangas. Dieses wird in Stahlflaschen als so genanntes **Flüssiggas** geliefert. Der Inhalt einer solchen „Gasflasche" ist teilweise flüssig, teilweise gasförmig. Deshalb hört man es beim Schütteln der Flasche gluckern. Gas befindet sich immer im oberen Teil, Flüssigkeit im unteren. Wenn man das Ventil einer aufrecht stehenden Flasche öffnet, strömt deshalb Propangas aus. Stellt man die Flasche aber auf den Kopf und öffnet das Ventil, so fließt Propanflüssigkeit aus.

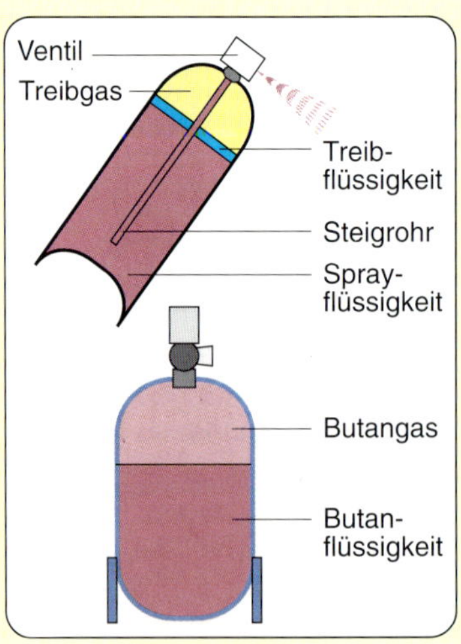

Gas wird daher einer Flasche mit Ventil immer oben entnommen. Weil sich durch die Entnahme der Druck über der Flüssigkeit vermindert, beginnt diese sofort zu sieden. Es entsteht neues Gas, welches das entnommene ersetzt. Das lässt sich fortsetzen, bis die Flasche leer ist.

Spraydosen enthalten umweltfreundliches „Treibgas" (z. B. Butan) zum Teil in flüssiger Form, zum Teil als Gas. Gibst du das Ventil frei, wird die Sprayflüssigkeit infolge des Überdrucks herausgeschleudert. Der Druck sinkt, wird aber durch Sieden der Treibflüssigkeit wiederhergestellt.

Wärmepumpe

Wenn man den Verdampfer aus einem Kühlschrank in den Garten stellen würde und den Kondensator im Haus beließe, hätte man eine Wärmepumpe. Ihre Arbeitsweise lässt sich der Abbildung entnehmen. Du erkennst drei geschlossene Kreisläufe:

- den Grundwasserkreislauf,
- den Kreislauf des Kühlmittels über Verdampfer, Kompressor und Kondensator,
- den Heizungskreislauf im Haus.

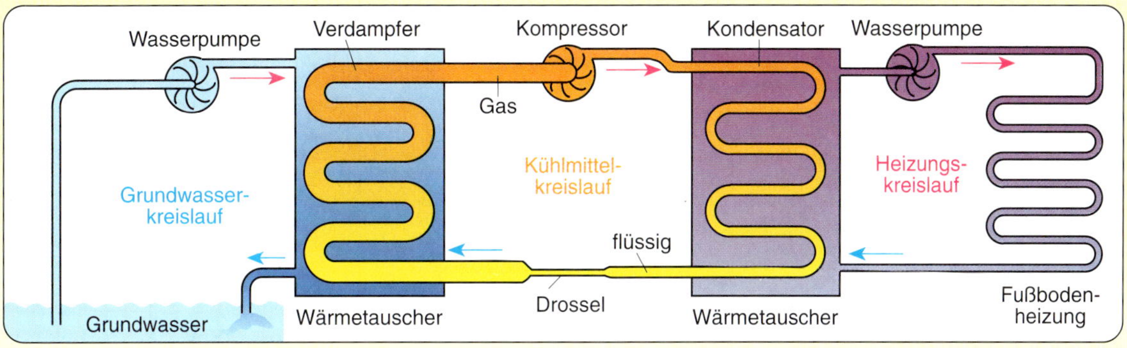

Im Bild wird links Grundwasser von z. B. „nur" 10 °C durch einen Wärmetauscher gepumpt. Darin gibt es einen Teil seiner thermischen Energie an das Kältemittel im Rohr des *Verdampfers* ab. Dieses verdampft dabei und speichert die zugeführte Wärme als Zustandsänderungsenergie. Das abgekühlte Grundwasser läuft in den Boden zurück.

Eine Pumpe, der *Kompressor*, saugt den Kühlmitteldampf aus dem Verdampfer ab und presst ihn unter hohem Druck in den Kondensator. Er wird flüssig (kondensiert). Dabei gibt er die Zustandsänderungsenergie, die er beim Verdampfen vom Grundwasser erhalten hat, im rechten Wärmetauscher an das Heizungswasser ab. Das „Kühlmittel" strömt danach flüssig durch die Drossel zurück in den linken Wärmetauscher.

Das hierbei beispielsweise auf 50 °C erwärmte Heizungswasser wird nun mittels einer weiteren Pumpe durch die Röhren der Fußbodenheizung gepumpt. Von dort gelangt es kalt wieder in den Wärmetauscher zurück.

Den Wärmetransport aus dem kühlen Erdreich in die warme Stube bekommt man natürlich nicht umsonst. In der Zeichnung erkennst du drei Pumpen, die elektrisch angetrieben werden. Messungen haben gezeigt, dass mit 300 J elektrischer Energie dem Erdreich etwa 700 J Wärme zu entziehen sind. Da auch die elektrische Energie für die Pumpen in den Heizkreislauf gelangt, bekommt man für 300 J zu bezahlende elektrische Energie insgesamt 1000 J Heizwärme.

AUFGABEN UND ZUSAMMENFASSUNG

1. Welche zusätzliche Angabe muss man sinnvollerweise machen, wenn man die Siedetemperatur von Wasser mit 100 °C angibt?

2. Warum messen wir im Flachland bei der Bestimmung der Siedetemperatur von Wasser fast nie 100 °C, sondern meist 95 °C bis 98 °C?

3. Das Garen von Speisen ist von der Wassertemperatur abhängig. Was folgt daraus z. B. für das Kochen von Kartoffeln in offenen Töpfen im Hochgebirge, wo der Luftdruck wesentlich geringer ist als auf dem flachen Land?

4. Welchen Vorteil hat das Garen von Speisen im Schnellkochtopf?

5. Erkläre den Unterschied zwischen Verdampfen (am Siedepunkt) und Verdunsten (unterhalb davon).

6. Woher kommt die zum Verdampfen nötige Energie am Siedepunkt, woher die zum Verdunsten? Gib Beispiele.

7. Warum friert man, wenn man in nassen Kleidern in Zugluft steht, oder wenn man nach dem Baden das Abtrocknen vergisst?

8. Manche Leute betupfen sich zur „Erfrischung" mit Parfüm. Wieso wird ihnen dadurch kühler?

9. Erkläre im Mikrobild, warum beim Verdunsten einer Flüssigkeit deren Temperatur sinkt.

Dampfdruck beim Sieden

Verrringert man den Druck über einer Flüssigkeit (z. B. durch Abpumpen von Dampf), so sinkt ihre Siedetemperatur. Erhöht man den Druck, so steigt sie.

Unterhalb der Siedetemperatur kann eine Flüssigkeit verdunsten, wenn sie eine offene Oberfläche hat. Dabei sinkt ihre Temperatur.

Wie arbeitet ein Automotor?

Ein Automotor wird mit Brennstoff hoher Energie betrieben, mit Benzin oder Dieselöl. Bisher haben wir beim Verbrennen irgendeines Energieträgers immer Wärme bekommen.
Bei einem Auto tritt das Problem auf: Wie bekommt man aus chemischer Energie durch Verbrennung letztlich Bewegungsenergie? Zur Klärung dieser Frage müssen wir zunächst einmal die Arbeitsweise des Motors untersuchen.

Das Prinzip der Energieumwandlung zeigt der Versuch mit der Papprӧhre in Bild 1. In ihr werden ein paar Tropfen verdampftes Benzin zur *Explosion* gebracht. Die Verschlusskappe wird fortgeschleudert, an ihr wird also Arbeit verrichtet.

Es gibt Motoren, die nach diesem Prinzip arbeiten. Sie heißen **Verbrennungsmotoren.** Bei ihnen drücken die Verbrennungsgase einen *Kolben* in einem *Zylinder* mit erheblicher Kraft vor sich her. Die Bewegung des Kolbens wird über die *Pleuelstange* auf eine *Kurbelwelle* übertragen. Damit wird aus der Auf- und Abbewegung eine Kreisbewegung, die auf die Räder des Autos übertragen werden kann.
Die heißen Verbrennungsgase verrichten am Kolben des Motors Arbeit – wie an der Verschlusskappe der Verbrennungsröhre. Diese Arbeit wird beim Auto über das Getriebe auf die Räder übertragen. Damit haben wir aus Wärme mechanische Energie erhalten.

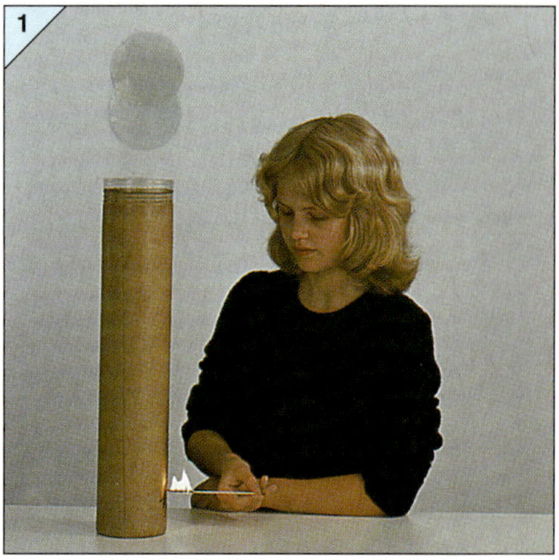
1

V1 Bringe in eine einseitig geschlossene, etwa 60 cm lange Papprӧhre einen Korkstopfen und träufele einige Tropfen Benzin ein. Verschließe das Rohr mit einer leicht sitzenden Kappe. Schüttele das Rohr, damit sich das verdampfte Benzin mit der Luft mischt. Entzünde das Gemisch durch ein kleines Loch an der Seite mit Hilfe eines langen glimmenden Holzstabes (Vorsicht!).

A2 Beschreibe die Energieumsetzung, die bei V1 abläuft.

Der Viertakt-Otto-Motor

Die Kurbelwelle eines Verbrennungsmotors dreht sich 4000-mal in einer Minute. Das bedeutet, das Schieben des Kolbens im Zylinder des Motors muss ungefähr 30-mal in einer Sekunde erfolgen. Dieses Problem hat NIKOLAUS AUGUST OTTO (1832–1891) mit seinem Vier-Takt-Prinzip gelöst:

1. Takt – Ansaugen: Zu Beginn des 1. Taktes öffnet sich das Einlassventil. Während sich der Kolben nach unten bewegt, saugt er ein Benzin–Luft–Gemisch in den Zylinder. Dieses wird im *Vergaser* erzeugt.
2. Takt – Komprimieren: Wenn sich der Kolben an seinem tiefsten Punkt befindet, schließt sich das *Einlassventil.* Der Kolben gleitet nach oben und presst das Gemisch zusammen (er komprimiert das Gas). Dabei erhitzt es sich auf etwa 200 °C; es entsteht ein Druck von 8 bar.
3. Takt – Arbeiten: Ist der Kolben im höchsten Punkt, dann wird an der *Zündkerze* elektrisch ein Funke erzeugt. Das Gemisch entzündet sich und verbrennt. Durch die Verbrennung steigt der Druck jetzt auf ca. 50 bar und die Temperatur beträgt etwa 1500 °C. Deshalb wird der Kolben mit großer Kraft nach unten gedrückt. Die Verbrennungsgase dehnen sich aus und kühlen sich ab: Wärme wird in mechanische Energie verwandelt.
4. Takt – Ausstoßen: Das *Auslassventil* öffnet sich: Der Kolben gleitet nach oben und schiebt die Verbrennungsgase aus dem Zylinder in den *Auspuff.* Dann schließt sich das Auslassventil, das Einlassventil öffnet sich wieder und der ganze Vorgang beginnt von neuem.

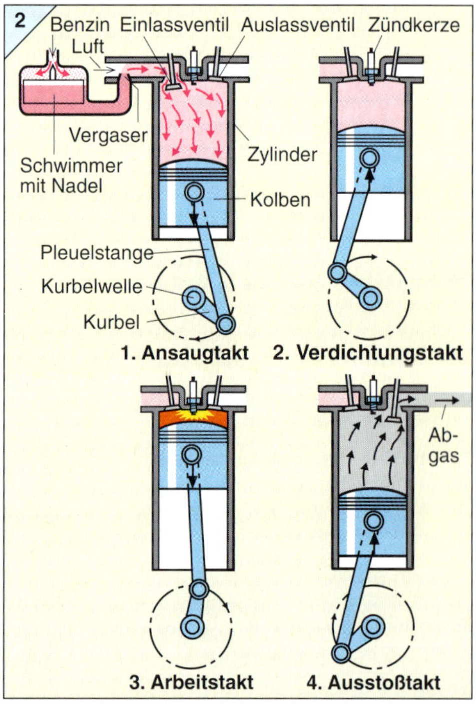

A3 Beschreibe die vier Takte des Ottomotors. Bei welchem Takt wird die thermische Energie in mechanische Energie umgesetzt?

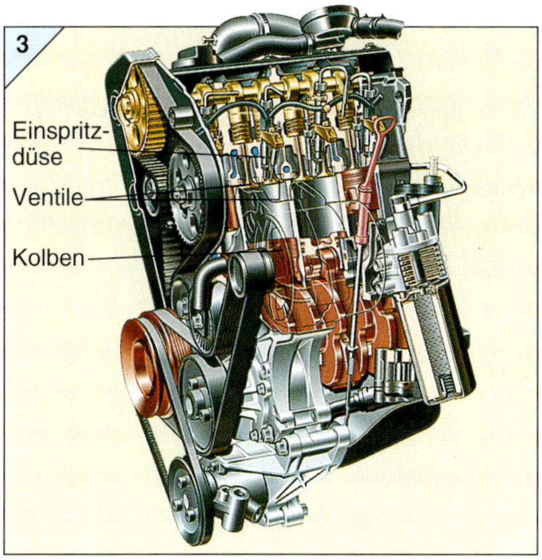

A4 Hier ist ein Dieselmotor mit 4 Zylinder abgebildet. Warum nimmt man 4 kleinere und nicht nur einen größeren Zylinder? Das wäre doch einfacher und billiger!

Der Dieselmotor

Er ist ebenfalls ein Viertakt-Motor. Im Gegensatz zum Ottomotor saugt er reine Luft an. Diese wird durch den Kolben sehr stark zusammengedrückt (*verdichtet*), sehr viel mehr als das Gasgemisch beim Benzin-Motor. Zu Beginn des Arbeitstaktes erreicht die Luft wegen des hohen Drucks eine Temperatur von etwa 600 °C. In diese heiße Luft wird durch eine *Hochdruckpumpe* Brennstoff fein zerstäubt eingespritzt. Bei hoher Temperatur entzündet sich das Kraftstoff–Luft–Gemisch von selbst und verbrennt. Die Verbrennungsgase haben dann einen weit höheren Druck und treiben den Kolben nach unten.
Die Einspritzpumpe macht den komplizierten Vergaser überflüssig; wegen der Selbstzündung entfällt auch das Zündsystem.

Die hohe Temperatur zu Beginn des Arbeitstaktes lässt es zu, dass der Dieselmotor die im Kraftstoff enthaltene Energie besser als der Ottomotor ausnutzen kann. Wegen des hohen Druckes der Arbeitsgase muss er aber auch sehr stabil gebaut sein; deshalb ist er viel schwerer als ein Ottomotor.

Wärmekraftmaschinen

Die ersten Maschinen, die Wärme in mechanische Arbeit umsetzten, waren die Dampfmaschinen. Deren Erfindung und Einführung in die Fabriken war von so großer Bedeutung für die Herstellung von Waren und deren Transport, dass man von einer „industriellen Revolution“ spricht.

Die erste Dampfmaschine wurde um 1690 von DENIS PAPIN (1647–1712), einem Mathematik- und Physikprofessor in Marburg konstruiert. Seine Idee ist jedoch lange nicht weiterverfolgt worden. Erst 1711 baute der Engländer THOMAS NEWCOMEN wieder eine solche Maschine. Sie wurde im 18. Jahrhundert in mehreren hundert Exemplaren zur Entwässerung der englischen Kohlengruben verwendet. Diese Maschinen arbeiteten sehr langsam, der Kolben bewegte sich in jeder Minute nur fünf- bis zehnmal auf und ab. Eine wesentliche Verbesserung gelang dem Engländer JAMES WATT (1736–1819). Seine Idee war, den Dampf von einem Schieber abwechselnd auf die rechte und linke Seite eines Kolbens leiten zu lassen. Der bewegt sich dadurch hin und her. Der Dampf, der durch Ausdehnung (Entspannung) den Kolben antreibt, entweicht dann ins Freie.

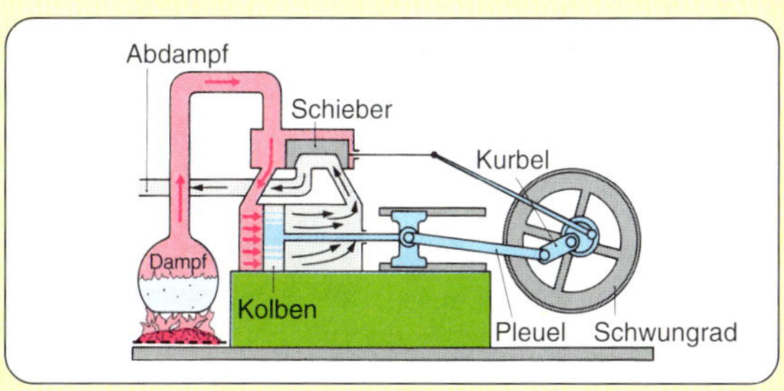

Eine solche Dampfmaschine wurde 1807 erstmals von FULTON in ein Schiff eingebaut. Sie trieb mithilfe von Schaufelrädern an der Seite das Schiff an. Damit lösten die *Dampfer* die Segelschiffe ab. Kurz danach gelang es RICHARD TREVITHICK für die Fortbewegung von Menschen und Gütern, Dampfmaschinen in Eisenbahnwagen einzubauen. Diese *Dampflokomotiven* waren für die Straße zu schwer, sie mussten daher auf Schienen fahren. In Deutschland fuhr die erste Eisenbahn 1835 von Nürnberg nach Fürth (Abb. oben).

Für den Straßenverkehr waren leichtere Motoren nötig. Die Konstruktion solcher kleineren, aber leistungsstarken Motoren gelang NIKOLAUS AUGUST OTTO (1832–1891). Diese Motoren liefen allerdings noch sehr langsam. Den ersten schnell laufenden Motor konstruierte um 1890 GOTTLIEB DAIMLER (1834–1900). Er löste die für ein Automobil wichtigen Probleme wie Entwicklung elektrischer Zündung und Vergaser zusammen mit KARL BENZ (1844–1929). Die Erfindung des Brennstoff sparenden Dieselmotors gelang RUDOLF DIESEL (1858–1913) um 1895.

Dampfturbinen

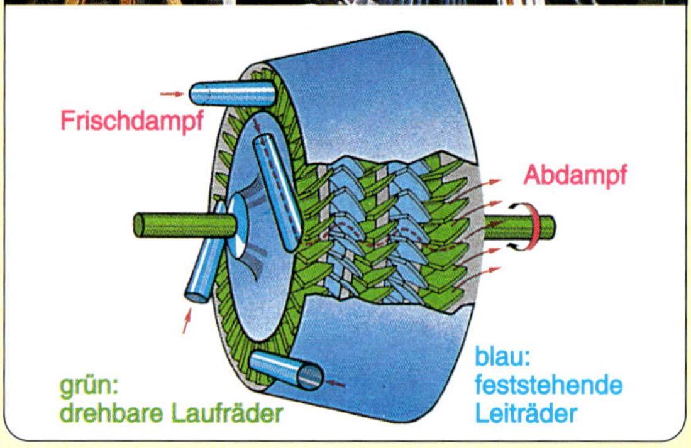

Sie werden in allen Wärmekraftwerken eingesetzt. In der Kesselanlage wird Wasser verdampft. Der Dampf wird dann auf über 540 °C erhitzt. Er strömt in der Turbine gegen die schräg gestellten Schaufeln eines *Laufrades,* drückt diese seitlich weg und versetzt das Laufrad in Drehung. Wenn der heiße Dampf gegen die Schaufeln trifft, gibt er einen Teil der Energie ab. Weil der inzwischen etwas kühlere Dampf noch Energie enthält, liegt hinter dem ersten Laufradsatz ein zweiter mit größeren Schaufeln, dahinter schließlich ein dritter, der noch größer ist. Die Räder werden deshalb immer größer gewählt, weil der abgekühlte Dampf mehr Platz braucht. Damit der Dampf immer in der richtigen Richtung auf die Laufräder strömt, wird er durch feststehende Leiträder (Bild rechts unten) umgelenkt. Schließlich verlässt der Dampf die Turbine mit einer Temperatur von ca. 30 °C und geringem Druck und hat die ihm im Kessel mitgegebene thermische Energie fast vollständig an die Laufräder abgegeben.

Auf derselben Achse wie die Schaufelräder der Turbine sitzt auch der Läufer des Generators. Er dreht sich mit den Laufrädern mit. Dabei nimmt er mechanische Energie auf und wandelt sie mithilfe der Induktion in elektrische Energie um.

Strahltriebwerke

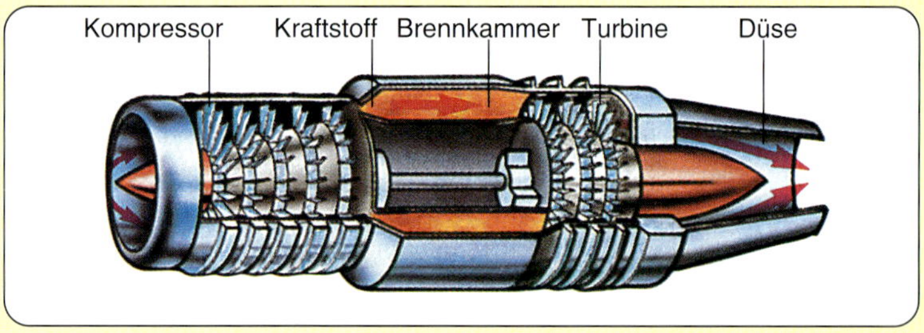

Diese haben große Bedeutung für Düsenflugzeuge. Wie du weißt, haben solche Flugzeuge keine Propeller, die sie vorwärts ziehen. Sie werden vielmehr von Strahltriebwerken angeschoben. (Zur Erklärung ist unten der Versuch mit dem Fön beschrieben.)

In einem Strahltriebwerk saugt ein Kompressor durch die vordere Öffnung Luft an, verdichtet sie und presst sie in die Brennkammern (Bild oben). Dort wird Kraftstoff eingespritzt. Er verbrennt. Die entstehende Mischung aus heißen Verbrennungsgasen und Luft tritt mit großer Geschwindigkeit aus den Brennkammern aus. Die dahinter liegende Turbine treibt (mit wenig Energie) den Kompressor an. Nach der Turbine strömen die Verbrennungsgase mit noch großer Geschwindigkeit durch die Düse aus. Dabei entsteht die **Rückstoßkraft,** welche das Flugzeug nach vorn treibt.

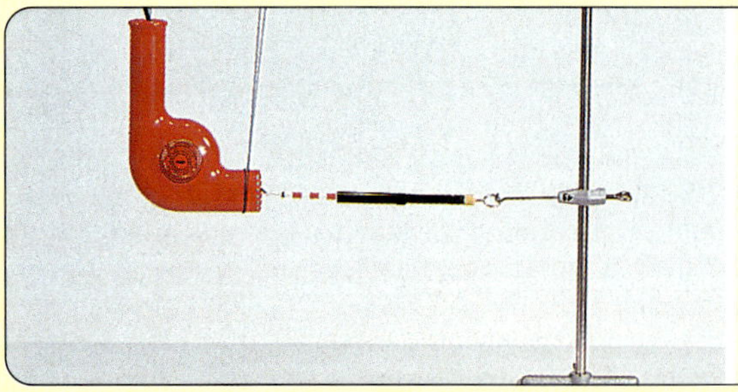

Die Arbeitsweise des Strahltriebwerks lässt sich an einem aufgehängten Fön erkennen, wenn dieser Luft ausstößt. Er wird dabei entgegen der Richtung seines Luftstroms bewegt. Im abgebildeten Versuchsaufbau in der Abb. links lässt sich die Rückstoßkraft am Kraftmesser direkt ablesen.
Da ein Flugzeug nicht fest aufgehängt ist, kann es sich entsprechend der nach rückwärts ausgestoßenen Gase nach vorne bewegen.

Wirkungsgrad

Verbrennungsmotoren wandeln die bei der Verbrennung entstehende Wärme in mechanische Energie um. Diese Umwandlung gelingt leider nur recht unvollkommen. Der größte Teil der Wärme entschwindet ungenutzt durch den Auspuff. Auch Verluste durch Wärmeleitung und -strahlung und durch die Lagerreibung lassen sich nicht vermeiden. Immer wird nur ein Teil der zugeführten Energie in Nutzenergie umgewandelt.
In Physik und Technik interessiert man sich besonders für das Verhältnis von Nutzenergie zur vorher mit großem Aufwand hineingesteckten Energie. Dieses Verhältnis bezeichnet man als den **Wirkungsgrad** einer Maschine. Er wird meist in % angegeben.

$$\text{Wirkungsgrad } \eta = \frac{\text{nutzbare Energie}}{\text{zugeführte Energie}} \cdot 100\%$$

Maschine	Wirkungsgrad
Dampfturbine	25 – 35%
Viertakt-Vergaser-Motor	20 – 28%
Zweitakt-Vergaser-Motor	18%
Viertakt-Diesel-Motor	25 – 30%
Schiffsdiesel	35 – 42%
Elektromotor	75 – 95%

Der Wirkungsgrad wird groß, wenn man einer Maschine die Energie bei möglichst hoher Temperatur zuführt und den nicht umgewandelten Teil, die Abwärme, bei möglichst niedriger Temperatur entlässt.
Aus der Tabelle ersiehst du, dass der Wirkungsgrad für Motoren außer beim Elektromotor unter 40% liegt. Bei Verbrennungsmotoren ergibt sich dieser niedrige Wert, weil die Temperatur der Abgase sehr hoch liegt. Bei Dampfmaschinen ist der Wirkungsgrad schlecht, weil die erreichbare Temperatur des Heißdampfes nicht höher als etwa 500 °C sein kann.

Energieumwandlung und Umwelt

Infolge des schlechten Wirkungsgrades beim Auto von 30% und beim Kraftwerk von 50% geht ein sehr großer Teil der insgesamt hineingesteckten Energie als Wärme in die Luft bzw. ins Kühlwasser. Dieser Teil ist entwertet.

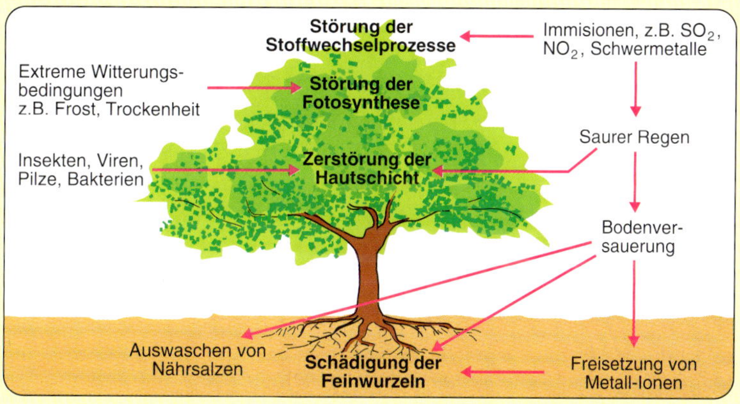

Noch schlimmer als das Aufheizen der Umgebung ist die Abgabe chemischer Schadstoffe beim Erzeugen von Wärme. Bei jeder Verbrennung entstehen Rauchgase, die Staubteilchen enthalten.
Weiterhin reagieren die in der Luft enthaltenen Gase Sauerstoff und Stickstoff bei der hohen Verbrennungstemperatur zu Stickstoffmonoxid (NO) und Stickstoffdioxid (NO_2). Aus beiden bildet sich in der Atmosphäre Salpetersäure. Diese wiederum ergibt den „Sauren Regen". Er greift die Schutzschicht der Blätter unserer Pflanzen und Bäume an und wäscht wichtige Nährsalze aus dem Boden. Bäume, die jahrelang solchen Angriffen ausgesetzt sind, können Frost, Trockenheit und Schädlingsbefall nicht lange widerstehen und sterben ab.

AUFGABEN UND ZUSAMMENFASSUNG

1. Nach welchem Prinzip arbeitet der Verbrennungsmotor?

2. Beschreibe die Arbeitsweise eines Viertakt-Ottomotors.

3. Welche Aufgabe hat der Vergaser im Ottomotor?

4. Beschreibe die Arbeitsweise eines Dieselmotors.

5. Welche Vorteile hat der Dieselmotor gegenüber dem Ottomotor? Warum baut man nicht nur Kraftwagen mit Dieselmotoren?

6. Welche Energieumwandlungen laufen im Verbrennungsmotor ab?

7. Was versteht man unter dem Wirkungsgrad bei Motoren?

Verbrennungsmotoren

In diesen Wärmekraftmaschinen wird ein Gas in einem geschlossenen Raum erwärmt. Es dehnt sich aus und übt auf einen Kolben eine Kraft aus. Dabei wird chemische Energie der Brennstoffe in Wärme und dann in mechanische Energie umgewandelt.

Ein Wärmekraftwerk

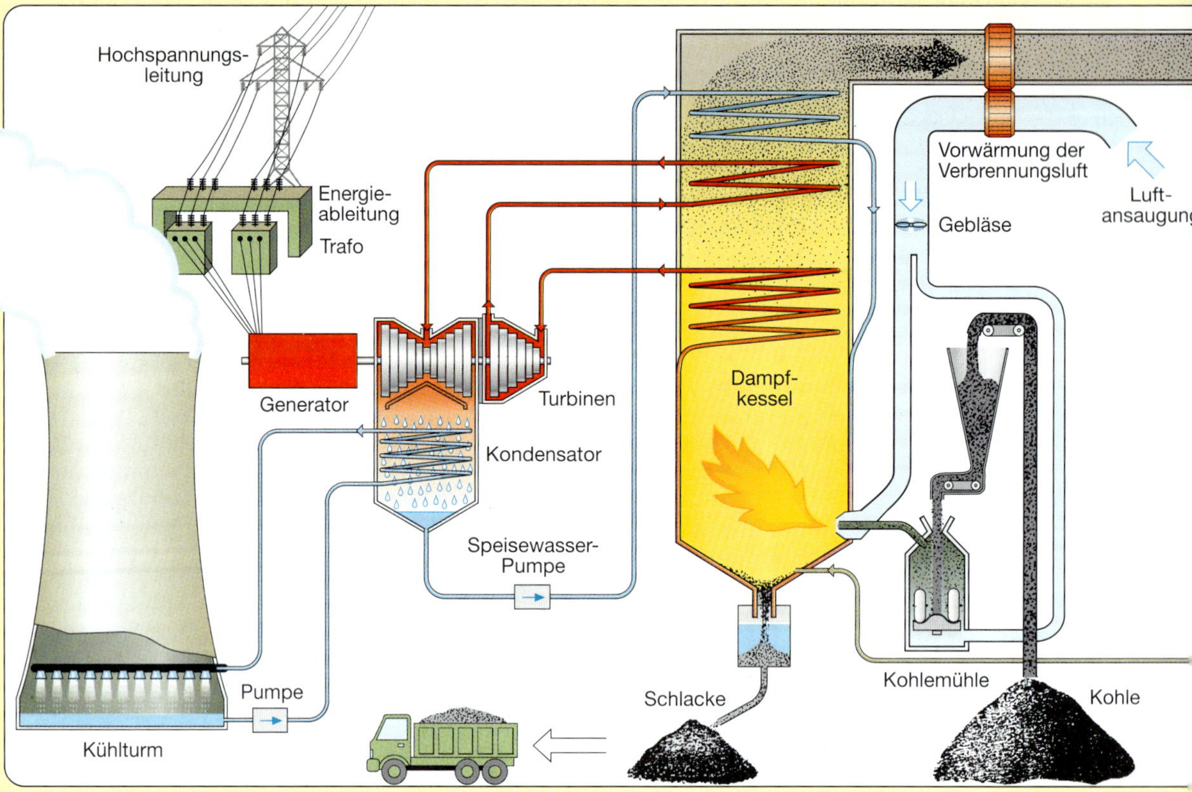

Alle Kraftwerke, die Wasserdampf zur Erzeugung elektrischer Energie nutzen, nennt man *Wärmekraftwerke*. Ein Typ davon ist das **Kohlekraftwerk,** das hier betrachtet werden soll.

In der *Feuerungsanlage* wird Kohlenstaub verbrannt. Dazu wird zunächst die angelieferte Kohle in den *Kohlemühlen* zu feinem Kohlenstaub zermahlen. Dieser Staub wird getrocknet und dann in den Ofen eingeblasen. Die bei der Verbrennung entstehenden *Rauchgase* haben eine Temperatur von ca. 1600 °C.

Oberhalb der Feuerungsanlage befindet sich ein eng gewundenes *Rohrsystem*, in dem Wasser („*Speisewasser*") fließt. Die Rohre werden von den heißen Rauchgasen umströmt, sodass das Wasser darin verdampft. Der entstehende Frischdampf kommt auf Temperaturen um 530 °C und unter sehr hohen Druck. Er wird in die *Turbine* geleitet, die den *Generator* dreht. Bei diesen Vorgängen wird die thermische Energie des Dampfes über die Zwischenstufe „mechanische Energie" in elektrische Energie umgesetzt.

Im *Kondensator* wird dem Abdampf, der von der Turbine kommt, durch Wärmetausch weiter Wärme entzogen. Er kondensiert deshalb zu Wasser, das von einer Pumpe über eine Vorwärmanlage mit hohem Druck als *Speisewasser* in den Kessel zurückgepumpt wird.

Für die Kondensation des Abdampfes ist verhältnismäßig viel *Kühlwasser* nötig. Große Pumpen befördern das erwärmte Kühlwasser – es wird im Kondensator von etwa 20 °C auf rund 35 °C erwärmt – in einen *Kühlturm*. Dort wird es versprüht und gibt Wärme an die aufsteigende Luft ab. Dabei verdunstet ein Teil des Kühlwassers. Dieser muss ersetzt werden, z. B. aus einem Fluss.

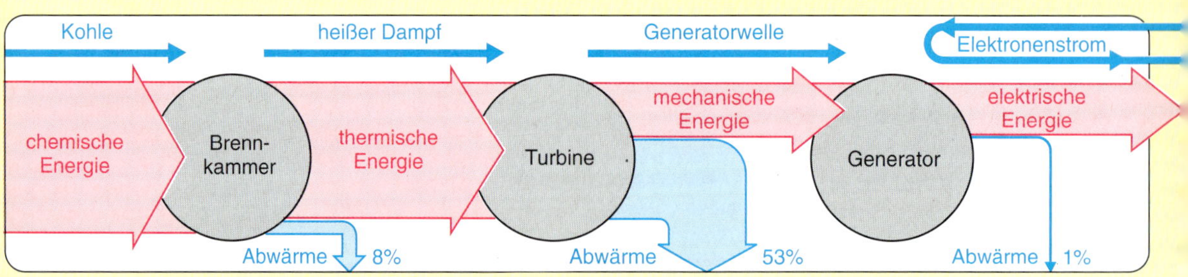

Saubere Luft aus Kraftwerken

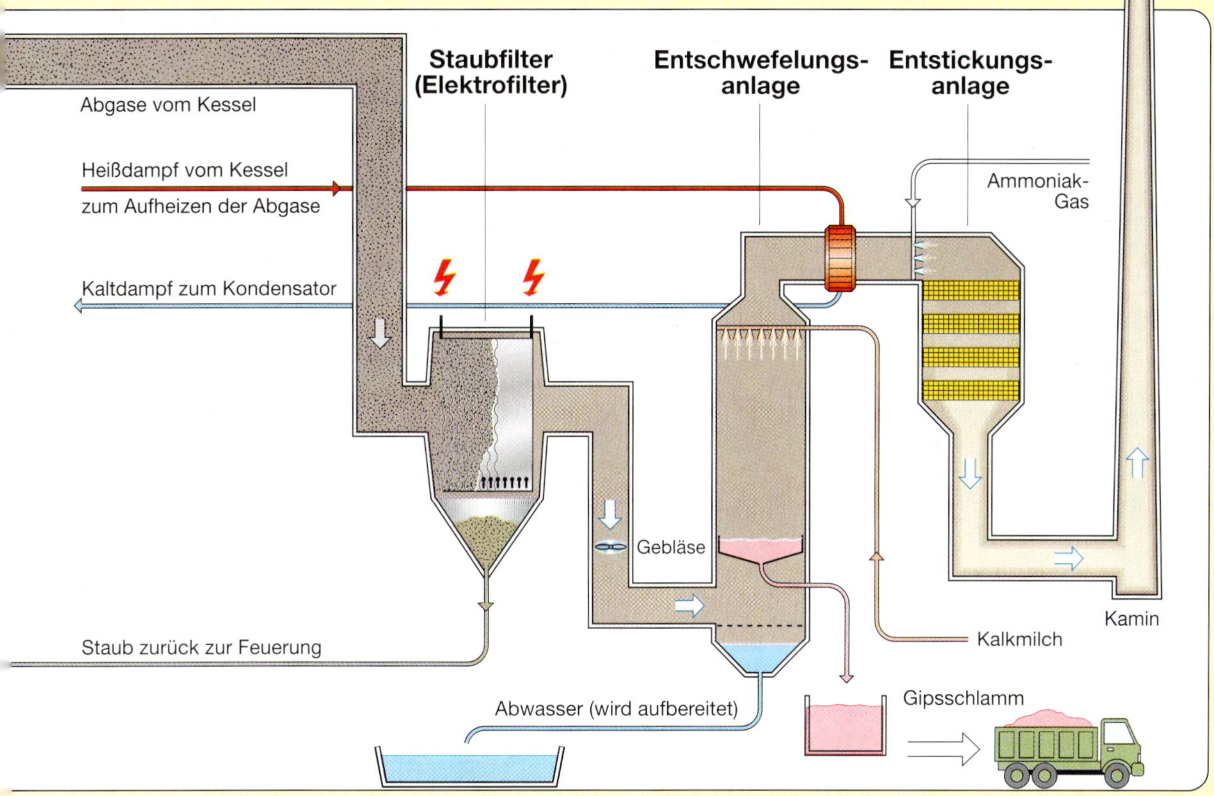

Zum Schutz der Umwelt gibt es heute in Deutschland strenge Gesetze. Sie verlangen von den Kraftwerksbetreibern, dass die bei der Verbrennung von Kohle, Öl oder Gas entstehenden Rauchgase gereinigt werden. Für diese **Rauchgasreinigung** ist ein großer baulicher und finanzieller Aufwand erforderlich. Denn die Rauchgase durchströmen nacheinander einen Staubfilter, eine Entschwefelungsanlage und eine Entstickungsanlage, ehe sie dann gereinigt den Schornstein verlassen.

Der **Staubfilter** (*Elektrofilter*) besteht aus zwei großen, geerdeten Metallplatten, zwischen denen Metalldrähte gespannt sind. Zwischen Drähten und Platten liegen ca. 50 kV Gleichspannung. Von den Drähten werden die Staub- und Rußteilchen im Rauchgas negativ geladen. Deshalb werden sie von den positiv geladenen Platten angezogen und festgehalten. Durch Hämmer, die gegen die Platten schlagen, wird die Staubschicht abgelöst. Der Staub wird dann in die Brennkammer zurückgeführt. Dort wird er in die Schlacke, die beim Verbrennen der Kohle entsteht, eingeschmolzen. Die Schlacke lässt sich z. B. beim Straßenbau verwenden.

In Kohle ist immer Schwefel enthalten, der bei der Verbrennung zu gasförmigem Schwefeldioxid wird. Wenn dieses Gas in die Luft gelangt, verursacht es den sauren Regen, ist also für das Waldsterben mitverantwortlich. In **Entschwefelungsanlagen** lassen sich etwa 90% des Schwefeldioxids entfernen. Dazu wird Kalkmilch in die Rauchgase eingespritzt. Dabei entsteht Calciumsulfit. Dieses wird durch eingeblasene Luft zu Calciumsulfat oxidiert. Das Endprodukt ist Gips, der verkauft werden kann.

Bei den sehr hohen Temperaturen in der Brennkammer reagieren Stickstoff und Sauerstoff aus der Luft zu gasförmigen, giftigen Stickstoffoxiden. In der **Entstickungsanlage** werden diese durch Zugabe von Ammoniakgas in harmlosen Stickstoff und Wasser verwandelt.

In einem Kraftwerk kann man Druck und Temperatur des Dampfes so hoch treiben, wie es die Festigkeit des Materials zulässt, das für Rohre und Turbinen benutzt wird. Zurzeit gelten etwa 550 °C und 200 bar als Obergrenzen. Mit Dampf derartiger „Qualität" erreicht man einen (Turbinen-)*Wirkungsgrad* von über 50%. Ein nicht geringer Teil der erzeugten elektrischen Energie dient dem Betrieb zahlreicher Hilfsanlagen im Kraftwerk. So benötigt es z. B. für den Wasserkreislauf sehr leistungsfähige Pumpen. Berücksichtigt man diesen Eigen-Energiebedarf und die Wärme, die über Schornstein und Kühlwasser zwangsläufig verloren geht, so erreichen moderne Kraftwerke einen Wirkungsgrad von etwa 40%.
Wird jedoch die noch im Abdampf der Turbine steckende Wärme in ein Fernheizsystem übertragen, das Wohnungen oder Büroräume beheizt, dann steigt der Gesamtwirkungsgrad auf über 80%. Man spricht in diesem Fall von **Kraft-Wärme-Kopplung.**

Temperatur, Wärme

Wärme wird abgegeben

Wärme wird zugeführt

Am kalten Topfdeckel kondensiert Wasserdampf. Dabei werden je kg Dampf 2260 kJ Wärme abgegeben.

Bei 100 °C (= 373 K) siedet das Wasser im Topf und verdampft. Die Herdplatte muss dafür je kg Wasser 2260 kJ Wärme liefern.

Um die Temperatur von 1 kg Wasser um 1 K zu steigern, müssen 4,2 kJ Wärme zugeführt werden.

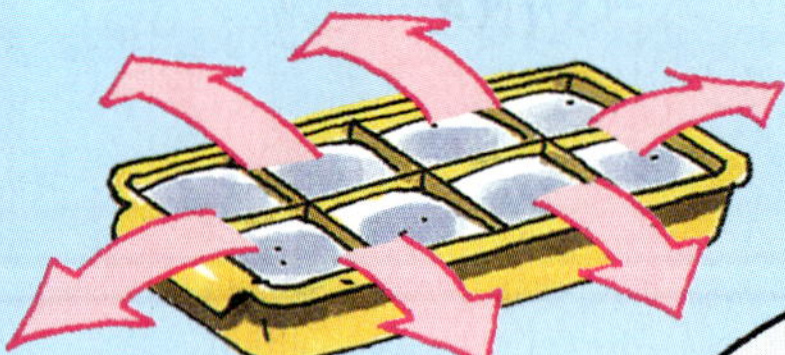

Bei 0 °C (=273 K) gefriert das Wasser in der Eisschale. Der Kühlschrank muss dazu jedem kg Wasser 336 kJ Wärme entziehen.

Bei 0 °C (= 273 K) schmelzen die Eiswürfel im Glas. Die nötige Schmelzwärme (336 kJ/kg) liefert der Saft, der sich abkühlt.

Die Celsius-Skala wird durch die Temperaturen von gefrierendem Wasser (0 °C) und siedendem Wasser (100 °C) festgelegt.
Bei der Kelvin-Skala gibt es keine negativen Temperaturen. Ihr Nullpunkt (0 K) entspricht –273 °C.

Wärmetransport

Wärme kann durch Mitführung, Leitung oder Strahlung von einem Körper zu einem anderen übergehen.

Da Wärme eine Form von Energie ist, ist jeder Wärmeübergang ein Energiestrom.

Der Wärmeübergang läuft – ohne äußeren Zwang – immer nur in einer Richtung ab: von warm nach kalt.

und Energie

ZÄE Verdampfen ZÄE Schmelzen thermische Energie	innere Energie von Wasserdampf mit 100 °C

*ZÄE = Zustands-Änderungs-Energie

…asser ist ver…mpft, Wasser…mpf ist ent…nden.

…rme → **Verdampfen**

ZÄE Schmelzen thermische Energie	innere Energie von Wasser mit 100 °C

…sser…nperatur …höher.

…rme → **Erhitzen**

ZÄE Schmelzen thermische Energie	innere Energie von Wasser mit 0 °C

… ist ge…molzen, …ser ist …standen.

…rme → **Schmelzen**

thermische Energie	innere Energie von Eis mit 0 °C

Körper im Mikrobild

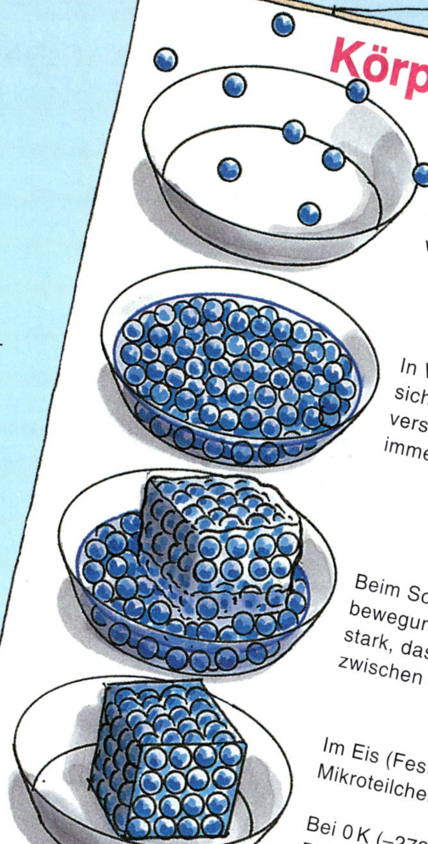

Im Wasserdampf (Gas) bewegen sich die Mikroteilchen völlig unabhängig voneinander.

In Wasser (Flüssigkeit) können sich die Teilchen gegeneinander verschieben, halten sich aber immer noch gegenseitig fest.

Beim Schmelzen ist die Zappelbewegung der Mikroteilchen so stark, dass die Bindungen zwischen ihnen aufbrechen.

Im Eis (Festkörper) sitzen die Mikroteilchen an festen Plätzen.

Bei 0 K (−273 °C) sind sie in Ruhe. Bei höheren Temperaturen schwingen sie um diese Ruhelage hin und her.

Wärmequellen sind Energiewandler

Heizwert:
Bei der Verbrennung von 1 kg oder 1 m^3 eines Stoffes werden XXX MJ Wärme frei.
Beispiel: 1 kg Kohle liefert 32 MJ Wärme; 1 m^3 Butangas 124 MJ.

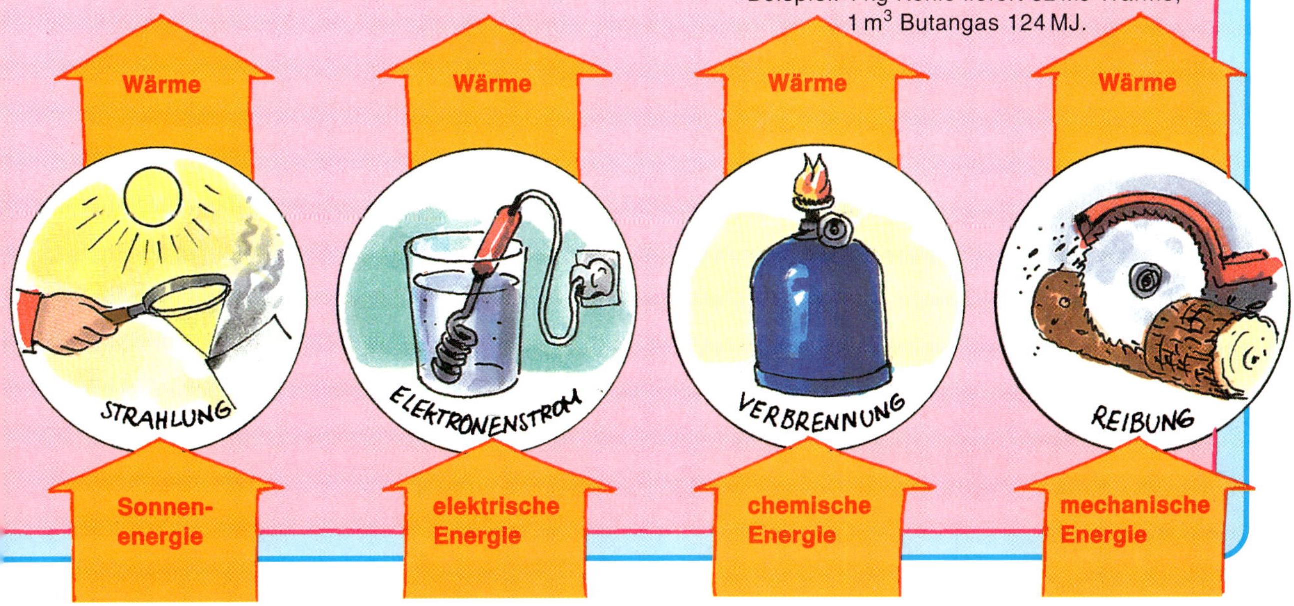

1. Beschreibe mit den Begriffen „Wärmequelle", „Wärme" und „Wärmeübergang", wie in einem Topf mit Wasser die Temperatur erhöht werden kann.

2. Wodurch unterscheiden sich Eis, Wasser und Wasserdampf im Teilchenbild?

3. Wird die innere Energie gleichmäßig größer, wenn 1 l Wasser bei gleich bleibender Wärmezufuhr aus dem festen in den gasförmigen Zustand übergeführt wird?

4. Was versteht man unter „thermischer Energie", „Zustandsänderungsenergie" und „Innerer Energie"? Wie setzt sich die innere Energie von Wasserdampf zusammen?

5. Beschreibe den Zusammenhang zwischen der Temperatur und der Teilchenbewegung bei einem Gas. Unterscheidet sich der Zusammenhang zwischen diesen beiden Größen bei Festkörpern und Flüssigkeiten von dem bei Gasen?

6. Schreibe die Temperaturdifferenz als Gleichung in den Angaben Celsius und Kelvin: Wasser wird von $t_1 = 13\,°C$ zum Sieden ($t_2 = 100\,°C$) gebracht. Wie lauten die Gleichungen allgemein, wenn Temperaturangaben
a) aus °C in K;
b) aus K in °C
umgerechnet werden sollen?

7. Begründe, dass zwei Thermometer bis auf die Skala baugleich sein können, obwohl das eine Temperaturangaben in °C macht, das andere in K.

8. Wie groß ist die Kraft, mit der die Luft bei normalem Luftdruck von 1 000 mbar auf deinen Kopf (225 cm^2) drückt? Wird die Kraft größer oder kleiner, wenn du auf einen Berg steigst?

9. Beschreibe einen Versuch, der beweist, dass sich die Temperatur eines Körpers (z. B. Wasser) zu bestimmten Zeiten nicht ändert, obwohl laufend Wärme zugeführt wird.
Zeichne den entsprechenden Graphen dazu. Benenne die Stellen der Temperaturkonstanz und gib an, was dort im Körper passiert.

10. Was kannst du alles aus der folgenden Darstellung entnehmen? Es handelt sich um Messergebnisse von drei Versuchen zur Erwärmung bestimmter Wassermengen.

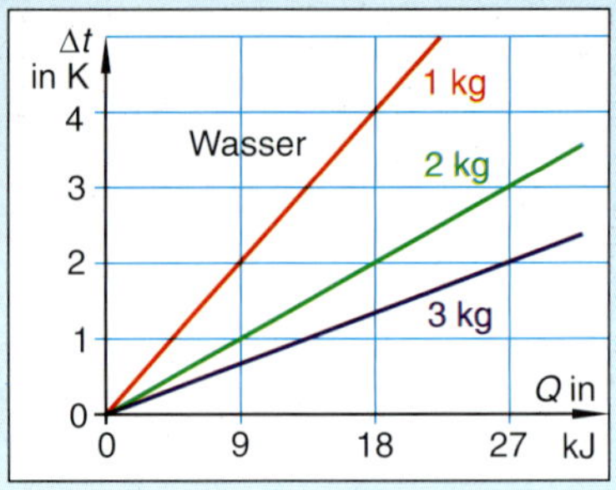

11. Die Gleichung $Q = c \cdot m \cdot \Delta t$ sagt, wovon die zugeführte Wärme abhängt. Erläutere diese Abhängigkeit, indem du jeweils in Gedanken eine der drei Größen veränderst, die anderen beiden aber gleich lässt.

12. Wie viel Wärme ist nötig, um die Luft in einem Klassenraum (300 kg) von 12 °C auf 21 °C zu erwärmen?

13. In einem Zimmer müssen die Heizkörper 25 MJ Wärme je h abgeben. Wie viel kg Wasser müssen stündlich durch die Heizung fließen, wenn die Vorlauftemperatur 60 °C und die Rücklauftemperatur 30 °C betragen?

14. Mit einem Tauchsieder von 300 W Leistung werden in 5 min 280 g Eis geschmolzen. Berechne die Schmelzwärme für 1 kg Eis.

15. Hätte es Vorteile, eine Heizung statt mit warmem Wasser mit Glycerin ($c_{Glyc} = 2{,}43\,\frac{kJ}{kg \cdot K}$) zu betreiben? Denke an Wärmeaufnahme, Wärmeabgabe, Wärmetransport.

16. Warum führt Wärmezufuhr während des Schmelzens nicht zu einer Temperaturerhöhung des Stoffes und Wärmeentzug beim Erstarren nicht zu einer Temperaturerniedrigung?

17. Studiere die folgende Tabelle. Vergleiche die Schmelztemperaturen miteinander.
Für welche Menge eines Stoffes ist die Schmelzwärme angegeben?
Wie groß sind jeweils die Erstarrungstemperaturen für die angegebenen Stoffe?

Stoff	$t_{Schmelz}$	$Q_{Schmelz}$
Quecksilber	−39 °C	12,5 $\frac{kJ}{kg}$
Blei	327 °C	25 $\frac{kJ}{kg}$
Kupfer	1 084 °C	205 $\frac{kJ}{kg}$
Naphthalin	80 °C	148 $\frac{kJ}{kg}$
Eisen	1 535 °C	268 $\frac{kJ}{kg}$
Eis; Wasser	0 °C	336 $\frac{kJ}{kg}$
Aluminium	659 °C	402 $\frac{kJ}{kg}$
Fixiersalz	48 °C	94 $\frac{kJ}{kg}$

18. Wie viel Wärme wird bei den einzelnen Stoffen der unteren Tabelle der mittleren Spalte beim Erstarren von 1 kg frei? Um wie viele Kelvin ließe sich damit jeweils 1 kg Wasser von 0 °C erwärmen? Warum kann man mit der beim Erstarren von Quecksilber und beim Erstarren von Eis frei werdende Wärme die Temperatur von Wasser nicht erhöhen?

19. Studiere die folgende Tabelle. Welcher Stoff hat die kleinste, welcher die größte Verdampfungswärme? Sind die Stoffe bei Zimmertemperatur fest, flüssig oder gasförmig? Mit welchem Stoff ließe sich beim Kondensieren von 1 kg am meisten Wärme freisetzen?

Stoff	t_{Siede}	$Q_{Verdampf}$
Stickstoff	−196 °C	200 $\frac{kJ}{kg}$
Propan	−45 °C	427 $\frac{kJ}{kg}$
Äther	35 °C	844 $\frac{kJ}{kg}$
Alkohol	78 °C	858 $\frac{kJ}{kg}$
Benzol	80 °C	395 $\frac{kJ}{kg}$
Wasser	100 °C	2 258 $\frac{kJ}{kg}$
Quecksilber	357 °C	284 $\frac{kJ}{kg}$
Schwefel	444 °C	294 $\frac{kJ}{kg}$
Zink	910 °C	4 184 $\frac{kJ}{kg}$
Eisen	3 000 °C	6 317 $\frac{kJ}{kg}$

20. Jeweils 2,5 kg der Stoffe aus obiger Tabelle kondensieren. Wie viel Wärme wird dabei frei?

21. Um Marmelade einzudicken, lässt man sie oft bei vermindertem Druck sieden. Welchen Vorteil hat dieses Verfahren?

22. Der Wirkungsgrad von Wärmekraftmaschinen lässt sich mit folgender Formel angeben: $\eta = (T_1 - T_2)/T_1$
T_1 ist dabei die Temperatur der Arbeitssubstanz zu Beginn der Arbeitsphase (Verbrennungstemperatur), T_2 die Temperatur an deren Ende (Auspufftemperatur). Die Temperaturwerte T_x sind dabei in K einzusetzen.
a) Zeige durch Einsetzen einiger Temperaturwerte (100 K, 300 K, 600 K) in die Formel, dass für einen hohen Wirkungsgrad T_1 möglichst groß und T_2 möglichst klein sein sollte.
b) Wie groß müsste T_2 bei $T_1 = 1\,200$ K sein, wenn der Wirkungsgrad 1 erreicht werden soll, wie groß bei $T_1 = 500$ K?

23. Bei einem Automotor ist T_1 etwa 1 200 K, T_2 etwa 900 K. Wie groß ist somit der Wirkungsgrad? Wie ließe er sich erhöhen?

Stromkreis
und
Energie

Elektrische Anlagen und ihre Teile

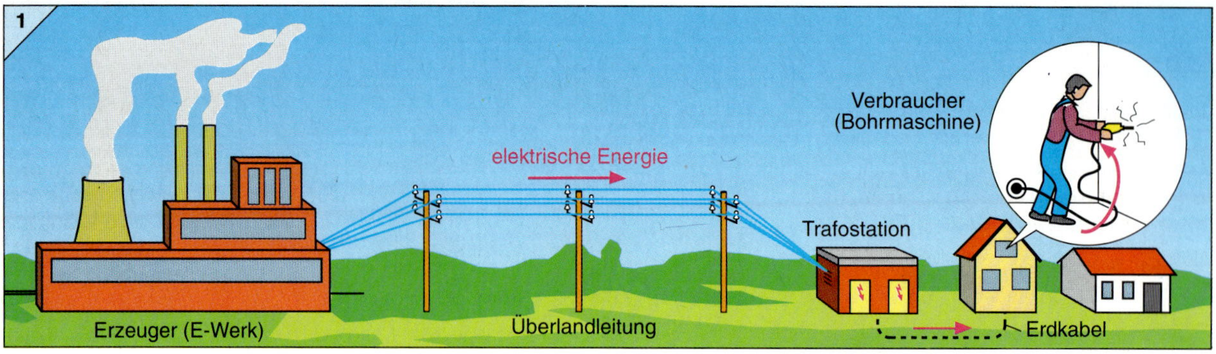

Jeden Tag benutzen wir elektrische Geräte: Lampen, Radios, Kaffeemaschinen, Kochplatten, Toaster, elektrische Bohrmaschinen, Sägen usw. Diese arbeiten nur, wenn sie mit dem elektrischen Versorgungsnetz verbunden sind. Bei tragbaren Geräten wird diese Verbindung durch Einstöpseln des Anschlusssteckers in eine Steckdose hergestellt. Umgangssprachlich sagt man dazu: Ohne „Strom" aus der Dose geht nichts.

Fachleute benutzen anstelle des Wortes „Strom" den Ausdruck **elektrische Energie.** Damit wir diese immer zur Verfügung haben, hat man ein Wegenetz für elektrische Energie geschaffen, das unser Land überdeckt, das Energieversorgungsnetz. Es ähnelt unserem Verkehrsnetz. Seine „Straßen" sind elektrische Leitungen, die von Mast zu Mast führen oder Kabel, die unterirdisch verlegt sind. Umspannwerke von Fußballfeldgröße und Trafostationen in Land und Stadt sind die Knoten des Netzes. Ganz am Ende der Verbindungen, sozusagen an den Feldwegen, liegen unsere Häuser, Werkstätten und Fabriken.

An vielen Punkten des Energieversorgungsnetzes befinden sich **Elektrizitätswerke** (Kraftwerke, E-Werke). Manche davon benötigen zu ihrem Betrieb fließendes Wasser, Wind oder Sonnenschein. Andere benutzen Kohle oder Öl als Betriebsstoff; Kernkraftwerke benötigen Uran. – Kohle, Öl, fließendes Wasser, Wind und Uran sind so genannte *Energieträger.* Das E-Werk nimmt diesen Trägern Energie ab und macht daraus elektrische Energie. Überlandleitungen bringen die *elektrische Energie* dann in Städte und Dörfer. Dort wird sie mithilfe von Freileitungen oder Erdkabeln an Fabriken, Werkstätten und Wohnhäuser verteilt. Endstationen für die Energie sind *Elektrogeräte* und *elektrisch betriebene Maschinen.*

E-Werke erzeugen elektrische Energie. Diese strömt über die Leitungen des Versorgungsnetzes in Wohnungen, Werkstätten und Fabriken.

Koch- und Heizgeräte machen aus elektrischer Energie Wärme, **Glühlampen** Licht. In einer elektrischen Säge wird das Sägeblatt von einem **Elektromotor** bewegt. Der Motor arbeitet für uns. Er holt dazu elektrische Energie aus dem Netz. Ohne den Motor und ohne elektrische Energie müssten wir die Arbeit selbst verrichten.

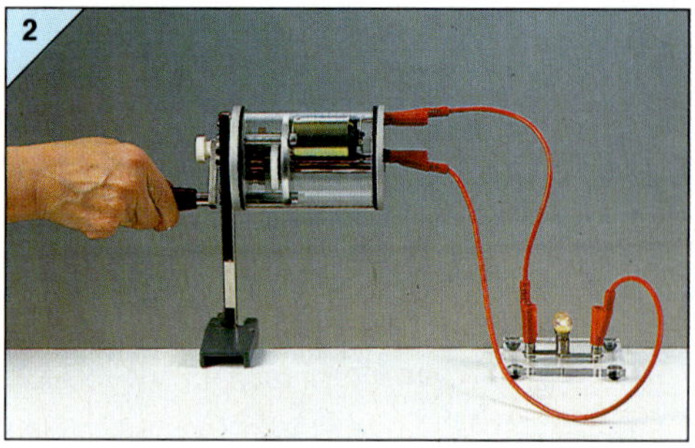

V1 Im Bild ist ein Kleinkraftwerk für Handbetrieb gezeigt. Drehe an der Kurbel. Schalte dabei die Lampe ein (Festschrauben) und aus (Lockern). In welchem Fall ist die Kurbelei anstrengender?

A2 Beim Kurbeln gibst du Energie in die Anlage ein. Wohin strömt diese Energie? Was bewirkt sie?

A3 Warum muss man sich beim Kurbeln weit weniger anstrengen, wenn die Lampe ausgeschaltet ist?

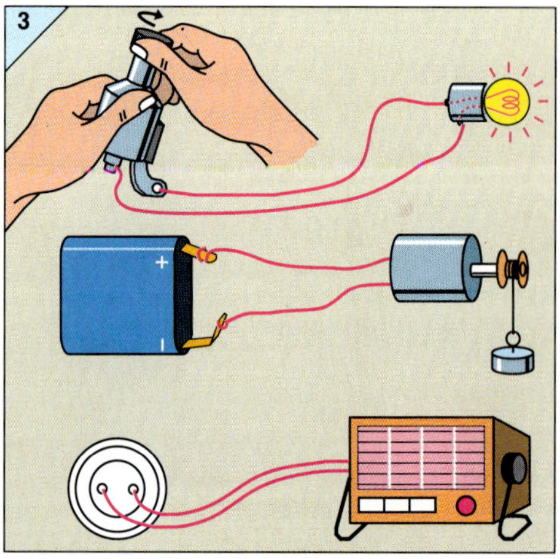

A4 Beschreibe, woher die Energie in diesen Bildern kommt, wohin sie strömt und was sie bewirkt.

V5 Schalte eine Taschenlampe ein und aus. Erkläre, woher die Energie für das Licht kommt.

A6 Zeichne die elektrisch wichtigen Teile der abgebildeten Taschenlampe auf ein Blatt Papier. Achte dabei auf richtige Verbindung von Batterie, Schalter und Glühlampe.
Welche Aufgabe erfüllt jedes Teil?
Warum spricht man wohl von einer Doppelleitung zwischen Batterie und Lampe? Was wird von dieser geleitet?

V7 Betätige den Schalter bei geöffnetem Lampengehäuse. Was geschieht, wenn man von AUS auf EIN schaltet, was im umgekehrten Fall?
Was ist der Grund für die Unterbrechung des Energiestroms?

5
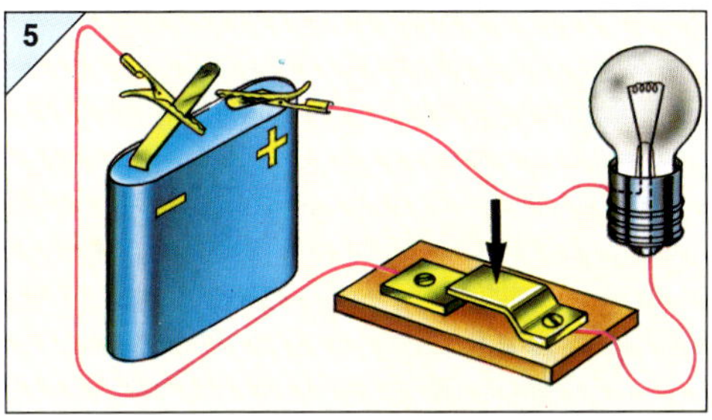

V8 Baue die Taschenlampe mit den hier abgebildeten Teilen nach. Verfolge die lückenlose Rundumverbindung. Was geschieht, wenn man sie am Schalter unterbricht und wieder schließt?
Funktioniert der Schalter auch, wenn man ihn in die zweite Verbindung zwischen Lampe und Batterie bringt?

Schaltbilder und Schaltzeichen

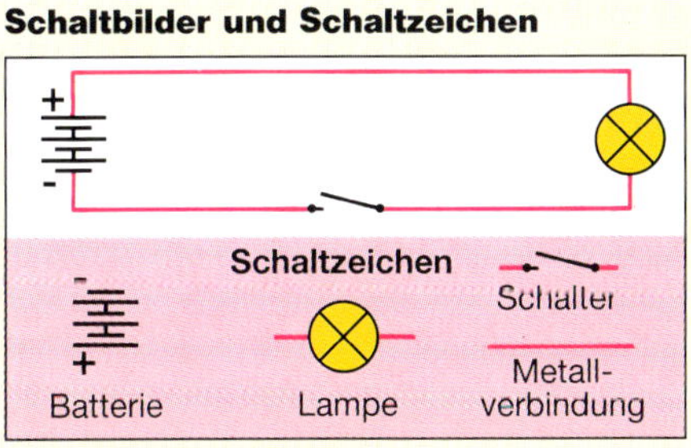

Hier ist die Verbindung der Taschenlampenteile vereinfacht dargestellt. Anstelle der Bilder von Bauteilen werden sogenannte **Schaltzeichen** benutzt. Sie ergeben dann das **Schaltbild** der Anlage.

A9 Zeichne das Schaltbild ab und überprüfe, ob die Lage der Bauteile mit der in Bild 5 übereinstimmt.

4

Die Taschenlampe gibt Licht ohne Netzanschluss

Wozu unser elektrisches Leitungsnetz dient, wissen wir nun: In ihm wird Energie in unsichtbarer, elektrischer Form vom Ort der Erzeugung (dem E-Werk) zu den Verbrauchern befördert. Wie dieser Energietransport zustande kommt, findest du heraus, wenn du das Innere einer Taschenlampe genau ansiehst. Sie enthält folgende Teile: Eine Batterie, eine Glühlampe, einen Schalter und Blechstücke oder Drähte, die diese Bauteile miteinander verbinden.

Die *Batterie* liefert elektrische Energie, sie ist also die **Energiequelle.** Die *Glühlampe* nimmt die Energie auf, die von der Quelle kommt, und verbraucht sie bei der Erzeugung von Licht und Wärme. Sie ist **Energieverbraucher.** Weil man oft für elektrische Energie das Wort „Strom" benutzt, spricht man auch von *Stromquelle* (Stromerzeuger) und *Stromverbraucher.*

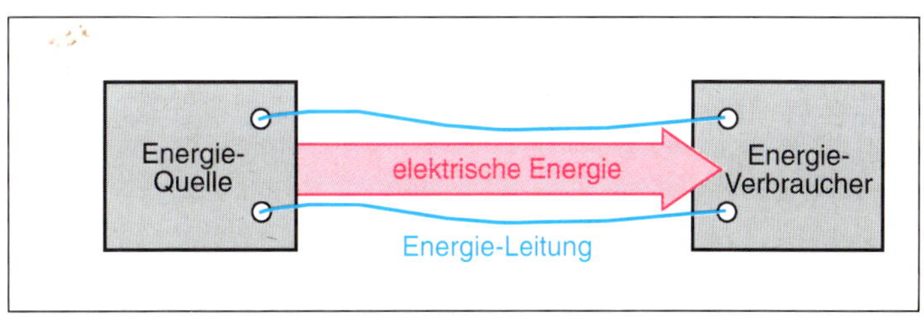

Die *Blechstreifen* können nur eine Aufgabe haben: Sie leiten den Energiestrom von der Batterie zur Lampe. Eigentlich erwarten wir hier nur eine einzige Verbindung. Erstaunlicherweise besteht die **Energieleitung** aber aus 2 Bahnen, nämlich aus 2 Blechstreifen oder 2 Drähten. Die beiden Bahnen verbinden zwei Anschlusspunkte an der Batterie mit den zwei Anschlusspunkten an der Lampe (Bild 5). Der **Schalter** liegt in einer der Leitungsbahnen. Betätigt man ihn, so geht die Lampe an oder aus. In der Schalterstellung AUS ist in der Bahn eine Lücke, der Energiestrom ist unterbrochen. Umschalten auf EIN beseitigt die Lücke. Der Energiestrom kommt wieder in Gang.

Doppelleitungen

Die Verbindung von Elektrogeräten (Stromverbrauchern) mit den Energiequellen (Stromquellen) geschieht in den meisten Fällen durch eine Doppelleitung. Damit man diese anschließen kann, haben Quellen fast immer zwei Buchsen, zwei Klemmen oder zwei Metallflächen. Die Verbrauchergeräte sind häufig mit zwei Steckerstiften versehen oder haben wie die Quellen zwei Klemmen aus Metall oder zwei Buchsen.

Die Versuche entsprechend Bild 7 beweisen, dass die Anschlusspunkte am Erzeuger und am Verbraucher durch eine Doppelleitung paarweise miteinander verbunden sein müssen, wenn die Lampe leuchten soll: Ein Draht ist vom Quellenanschluss Q1 zum Verbraucheranschluss V1 zu führen, ein zweiter von Q2 nach V2. Auch die Verbindung Q1–V2 und V1–Q2 bringt Erfolg. In beiden Fällen besteht eine Rundumverbindung durch Quelle und Verbraucher hindurch, ein **Stromkreis.**

Verbindet man an einer Quelle den Anschlusspunkt Q1 direkt mit dem Punkt Q2, so findet natürlich keine Energieübertragung zum Verbrauchergerät statt. Eine solche Verbindung heißt **Kurzschluss.** Eine Batterie wird bei Kurzschluss rasch unbrauchbar. Verbindet man die Drähte der Doppelleitung von Q nach V an den Klemmen des Verbrauchers, so kommt dies einem Kurzschluss gleich. Die elektrische Energie wird jetzt in den Leitungsdrähten in Wärme verwandelt. Diese kommen dabei unter Umständen zum Glühen und können sogar Brände entfachen.

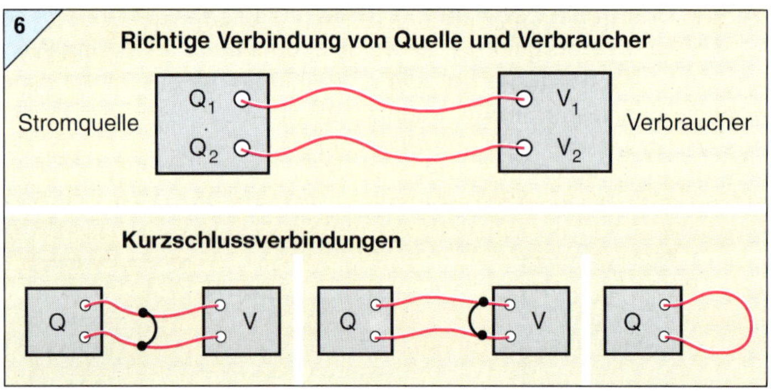

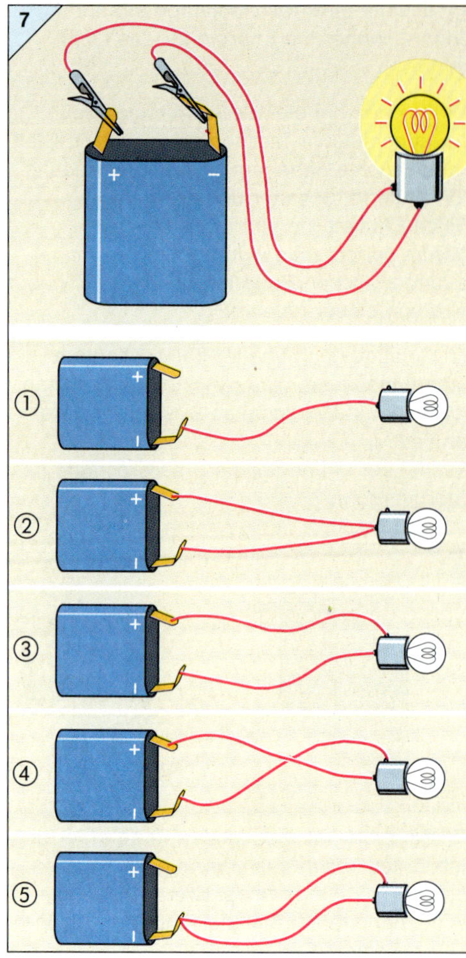

V10 Verbinde wie in den Bildern die Anschlussstreifen einer Taschenlampenbatterie kurzzeitig mit Kontaktpunkt und Gewinde eines Glühlämpchens.
Wann leuchtet das Lämpchen?
Wann geschieht nichts?
Wann besteht Kurzschluss?
Erstelle eine Tabelle mit den Versuchsnummern und deinen Antworten.

Die Steckdose als Energiequelle

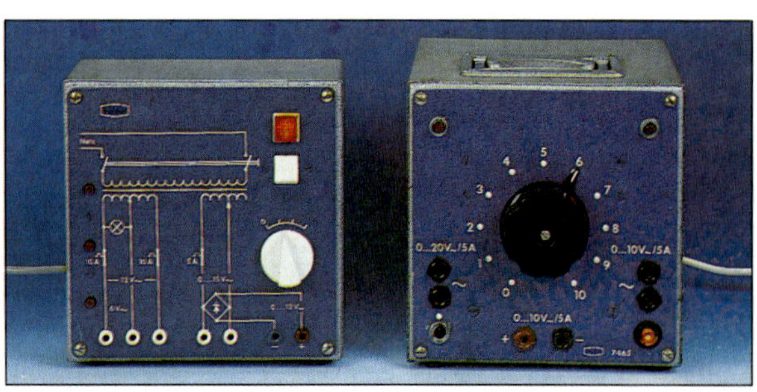

Mit elektrischer Energie aus der Steckdose darf man nicht experimentieren. Das ist zu gefährlich. Man umgeht die Gefahr, indem man ein sogenanntes Netzgerät zwischenschaltet wie im Bild links. Es hat meist wie eine Batterie zwei Anschlusspunkte (Buchsen), an denen man Energie zapfen kann. Oft lässt sich an einem Drehknopf der Energiestrom verändern. Die Energie wird nicht einem Energiespeicher im Gerät entnommen, sondern kommt aus dem elektrischen Versorgungsnetz, also letztlich von einem E-Werk.

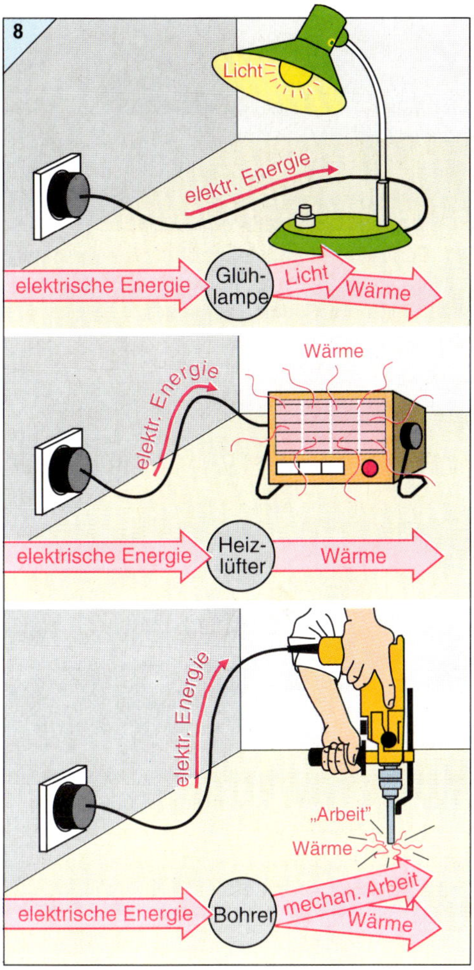

Elektrische Energie

Versuche mit Licht und Wärme haben uns längst gezeigt, dass bei allen physikalischen Vorgängen **Energie** die wesentliche Rolle spielt. Bei elektrischen Vorgängen tritt eine neue Form von Energie auf, *elektrische Energie.* Auch sie ist immer unterwegs, und zwar unsichtbar in eigens dafür erstellten Leitungen.

Elektrische Energie benötigt man zum Betrieb von Elektrogeräten. Folgendes geschieht dabei:

1. Es wird Wärme erzeugt, wie in Kochplatten und Heizlüftern.
2. Es wird Licht erzeugt, wie in Leuchtröhren und Glühlampen. Dabei entsteht allerdings neben Licht auch Wärme. Die Wärme ist in diesem Fall ein nicht gewolltes Abfallprodukt.
3. Zufuhr elektrischer Energie befähigt Elektromotoren, für uns zu arbeiten. Dabei wird elektrische in mechanische Energie umgewandelt. Dies geschieht z.B. in elektrisch betriebenen Kreissägen, Bohrmaschinen und Mixern.

Energieentwertung

Die eingesetzte elektrische Energie geht im Verbrauchergerät nicht verloren. Sie wird dort jeweils in eine andere Form verwandelt, z.B. in Licht und Wärme. Leider kann man aber mit der Wärme, die beim Sägen und Bohren zwangsweise entsteht, nichts mehr anfangen. Sie geht als „Abfall-Energie" in die Umgebung und ist damit wertlos, denn sie lässt sich nicht mehr in nutzbare Formen von Energie zurückverwandeln. Man sagt, dieser Teil der ursprünglich eingesetzten Energie sei „entwertet" worden.

AUFGABEN UND ZUSAMMENFASSUNG

1. Zeichne die Teile einer Beleuchtungsanlage auf. Benenne die Teile. Zeichne mit breitem rotem Pfeil ein, von wo nach wo Energie strömt.

2. Wozu wird elektrische Energie benötigt? Gib Beispiele.

3. Liste einige Erzeuger elektrischer Energie und einige Energieverbraucher auf.

4. Zeichne das Schaltbild für eine Taschenlampe im eingeschalteten und im ausgeschalteten Zustand.

5. Zeichne auf, welche fehlerhaften Verbindungen zwischen einer Lampe und einer Batterie zu Kurzschluss führen.
Was geschieht mit der Energie, die der Batterie bei Kurzschluss entnommen wird?

6. Dies sind die Schaltzeichen für Motor, Fahrrad-Lichtmaschine und Schalter.

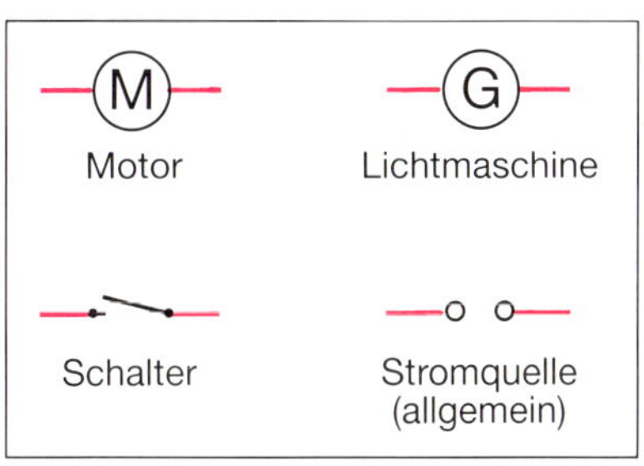

Zeichne das Schaltbild für die Fälle „Motor an Batterie" und „Lichtmaschine an Lampe".

7. Füge in die gezeichneten Stromkreise jeweils einen Schalter ein. Überlege genau, wo er hingehört.

Energiestrom in elektrischen Anlagen

Elektrische Anlagen bestehen aus Energiequelle, Energieverbraucher und Doppelleitung. Längs der Leitung strömt Energie von der Quelle zum Verbraucher.

Kurzschluss entsteht, wenn sich die Drähte der Doppelleitung berühren oder wenn sie durch Metallgegenstände verbunden sind. Elektrische Energie wird dabei in Wärme umgewandelt. Oft ergibt sich daraus Brandgefahr, weil sich Leitungsdrähte bei Kurzschluss sehr stark erhitzen können.

Elektrizität strömt im Kreis, elektrische Energie geradeaus!

Von ihrer Arbeitsweise her haben wir nun die Taschenlampe verstanden: Energie strömt von der Batterie zur Lampe; dort entsteht Licht. Nun gilt es herauszufinden, warum man eine Doppelleitung für die Energieversorgung der Lampe braucht. Müsste man nicht mit einer Einfachleitung auskommen, wie bei der Versorgung unserer Wohnungen mit Wasser oder Gas? Folgendes wissen wir schon:

1. Das Licht geht nur an, wenn eine lückenlose Metallverbindung von der einen Batteriezunge durch das Lämpchen hindurch zur anderen Zunge besteht. Wie die Verbindung im Lämpchen geführt ist, zeigt Bild 2.
2. Wenn wir diese Verbindung irgendwo unterbrechen, erlischt das Lämpchen.
3. Weil auch das Innere der Batterie wie eine Metallverbindung wirkt, haben wir im EIN-Zustand der Anlage eine lückenlose Rundumverbindung – einen „Kreis" aus Metall.

Was in diesem Kreis geschieht, sehen wir den Drähten nicht an. Wenn wir sie ans Ohr halten, ist nicht das geringste Geräusch aus dem Drahtinneren zu hören. Wir brauchen also ein Gerät, das uns anzeigt, ob in den Drähten etwas vor sich geht und – wenn ja – was. Ein Kleinmotor kann uns weiterhelfen. Er wird in gleicher Lage einmal in die obere Bahn der Doppelleitung geschaltet, danach in die untere. Oben dreht sich der Motor im Uhrzeigersinn, unten dagegen. Das ist überraschend. Es sieht so aus, als ob im oberen Draht etwas in Richtung auf die Lampe zuströmt, unten davon weg. Unser Motor wäre dann ein Anzeiger für eine Strömung. Was aber strömt hier?

Der elektrische Stromkreis

Die Physiker haben diese Strömung genauestens untersucht. Sie haben herausgefunden, dass in Metall eine feine, unsichtbare, bewegliche Substanz enthalten ist; man nennt sie **Elektrizität.** Diese Elektrizität wird in der Batterie in Bewegung gesetzt wie Wasser in einer Pumpe. Sie strömt – von den Drähten geleitet – im Kreis herum. Ihr Strömen bewirkt, dass das Lämpchen leuchtet. Die Stationen, die beim Strömen durchlaufen werden, sind Batteriezunge ⊖ → obere Leitungsbahn → Lampenwendel → untere Leitungsbahn → Batteriezunge ⊕. Das Ganze heißt **elektrischer Stromkreis.**

Wenn der Stromkreis geschlossen ist (also alle Verbindungen hergestellt sind), fließt Elektrizität rundum. Sie nimmt dabei in der Batterie Energie auf und gibt sie in der Glühlampe ab. In einer elektrischen Anlage gibt es also zwei Ströme, die man keinesfalls miteinander verwechseln darf: den **Energiestrom** von der Quelle zum Verbraucher und den **Elektrizitätsstrom,** der rundum läuft.

> Im elektrischen Stromkreis wird Elektrizität im Kreis bewegt. Sie trägt dabei Energie von der Quelle zum Verbraucher.

1

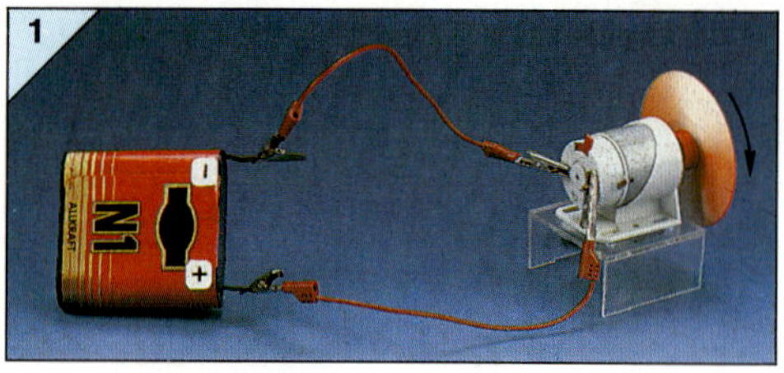

V1 Schließe einen Kleinmotor an eine Batterie an; vertausche dann die Anschlüsse. Wie dreht sich die Scheibe jeweils? Versuche, deine Beobachtung zu begründen.

2

V2 Baue die Versuchsanordnung wie im Bild oben auf, zunächst ohne Motor. Die Lampe muss leuchten. Unterbrich dann die obere Bahn der Doppelleitung und füge an der Trennstelle den abgebildeten Kleinmotor ein. Wie dreht sich die Achse? Versetze dann den Motor in die untere Bahn. Ändert sich die Drehrichtung? Was schließt du aus deinen Beobachtungen?

3

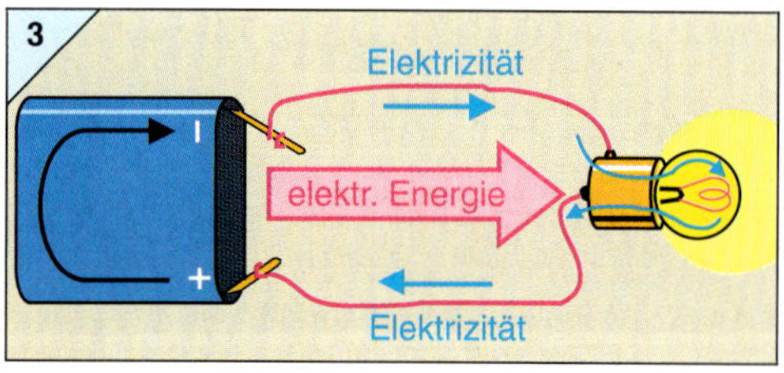

A3 Hier ist dargestellt, wie sich die Elektrizität bewegt. Verfolge die Rundumströmung. Wo strömt die Elektrizität in Lampe und Batterie hinein, wo kommt sie wieder heraus? Warum heißt das Ganze Stromkreis?

> *Anmerkung:* Energie- und Elektrizitätsströme muss man streng unterscheiden. Beim Wort „Strom" allein sind Missverständnisse möglich. Deshalb verwenden wir meist die Begriffe „Elektrizitätsstrom" und „Energiestrom".

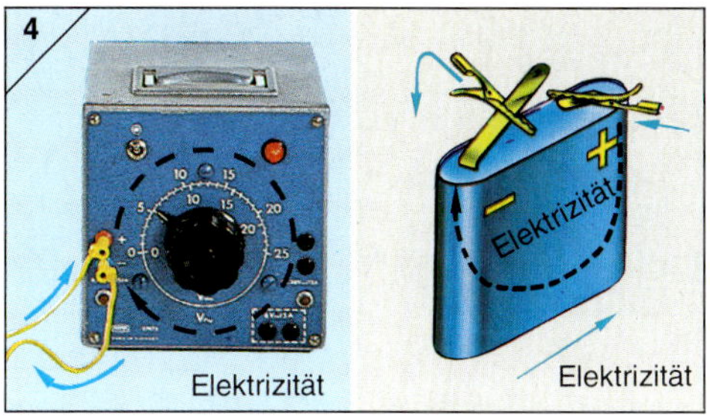

A4 Hier ist dargestellt, wie eine Batterie die Elektrizität in einem Stromkreis bewegt. Wo fließt die Elektrizität von ⊖ nach ⊕, wo von ⊕ nach ⊖?

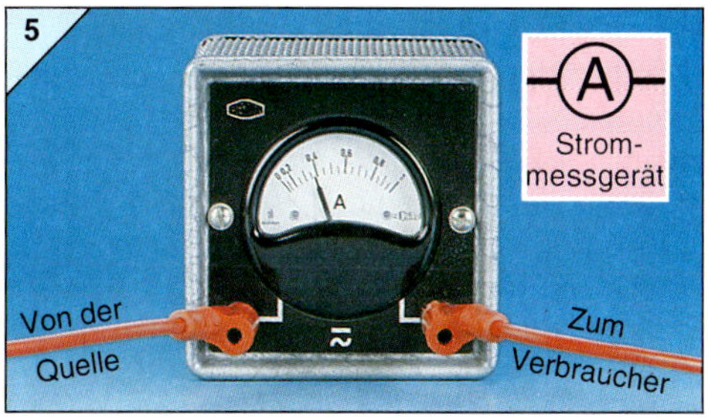

A5 Betrachte dieses Strommessgerät genau. Wie viel Anschlüsse hat es? Was muss man tun, um es in einen Stromkreis einzufügen?

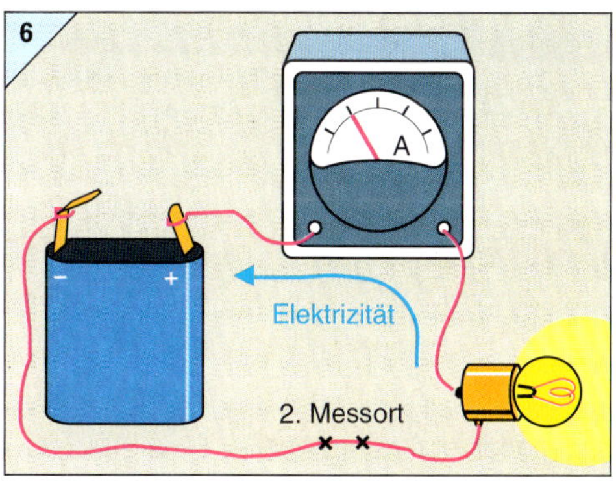

V6 Schalte das Messinstrument so wie dargestellt in den einfachen Stromkreis aus Batterie und Lämpchen. Versetze es dann an die eingezeichnete Stelle, schließe aber am alten Platz den Stromkreis wieder.
Wie groß ist der Strom jeweils? Notiere und begründe.

Anmerkung: Strommessgeräte geben die Größe von Elektrizitätsströmen in Ampere an (Abkürzungsbuchstabe A). Wir werden später mehr über die Bedeutung der Einheit Ampere erfahren. Hier wollen wir nur Ströme vergleichen.

Pluspol ⊕ und Minuspol ⊖ an Geräten

4,5 V-Batterien haben eine kurze und eine lange Metallzunge, an die die Bauteile des Stromkreises angeschlossen werden können. Die lange Zunge ist mit Minus ⊖, die kurze mit Plus ⊕ gekennzeichnet. Die Zeichen ⊕ und ⊖ findet man auch auf anderen Batterien und an den Anschlußbuchsen von Netzgeräten; bei diesen hat die Plusbuchse oft einen roten, die Minusbuchse einen blauen oder schwarzen Rand.

Die Plus- und Minuszeichen (bzw. die Farben) kennzeichnen die Richtung, in der Elektrizität von der Batterie im Stromkreis herumgeschoben wird: Sie quillt immer am Ort des Minuszeichens, dem **Minuspol,** aus der Quelle heraus und wird am Ort des Pluszeichens, dem **Pluspol,** eingesaugt. Da die Elekrizität im Kreis strömt, muss sie innerhalb der Batterie von ⊕ nach ⊖ fließen.

Wird Elektrizität verbraucht?

Wie groß Elektrizitätsströme sind, können wir bisher nicht beurteilen. Allenfalls gibt uns das mehr oder weniger helle Leuchten eines Lämpchens oder in V2 das mehr oder weniger schnelle Rotieren der Pappscheibe auf einer Motorachse einen Hinweis. Die dreht sich in der oberen Bahn der Doppelleitung gerade so schnell wie in der unteren. Heißt das, dass unten genauso viel Elektrizität strömt wie oben, dass also Elektrizität nicht verbraucht wird? Um das zu entscheiden, müssten wir die Ströme messen.

Im nebenstehenden Bild ist ein **Strommessgerät** (kurz: **Strommesser**) fotografiert. Es hat zwei Anschlussbuchsen und einen Zeiger, der über eine Skala wandern kann. Wenn wir einen Elektrizitätsstrom messen wollen, müssen wir die Elektrizität durch das Instrument leiten. In Bild 6 wird hierzu einfach der Stromkreis zwischen Lämpchen und Batterie aufgetrennt; an der Trennstelle fügt man das Gerät ein. Der Zeiger schlägt aus und zeigt in Ampere (sprich Ampäär) an, wie viel Elektrizität in jedem Augenblick durch das Instrument strömt.

In Bild 6 wird beispielsweise gerade ein 0,3 Ampere großer Elektrizitätsstrom gemessen. Der durchfließt sowohl das Lämpchen als auch die Batterie und ist dementsprechend in der Zuleitung zum Lämpchen gerade so groß wie in der Rückleitung. Das können wir nachweisen, indem wir das Messgerät von der Zu- in die Rückleitung verlegen. Der Zeiger bewegt sich bei der zweiten Messung allerdings in die falsche Richtung, also nach links. Klar warum: Der Elektrizitätsstrom unten läuft entgegengesetzt wie oben. Erst wenn wir am Messgerät die Anschlussleitungen vertauschen, zeigt das Gerät wieder richtig an; man sieht sofort:

> Der Elektrizitätsstrom hat an jeder Stelle in einem Stromkreis die gleiche Größe.

Batterie: Antrieb im Elektrizitätskreislauf

In der Taschenlampe bringt die Rundumströmung der Elektrizität unsichtbar Energie von der Batterie zur Lampe. Das funktioniert auch, wenn wir Stromkreise mit mehreren Lampen und mit mehreren Batterien haben (Abb. 8 und 9). Allerdings stellt man bei Versuchen fest, dass man mit zwei Batterien größere Elektrizitätsströme durch ein Lämpchen treiben kann als mit einer allein. Man erkennt das am sehr hellen Leuchten. – Betreibt man dagegen zwei Lämpchen mit einer Batterie, so tritt das Umgekehrte ein: Beide leuchten deutlich schwächer; der Elektrizitätsstrom ist geringer.

Wenn wir annehmen, dass Elektrizität in der Batterie vom ⊕-Ende zum ⊖-Ende geschoben wird, werden die Beobachtungen verständlich. Der Gesamtantrieb wird größer, wenn wir zwei Batterien so hintereinander hängen, dass sie die Elektrizität in die gleiche Richtung schieben. Das hellere Leuchten des Lämpchens zeigt, dass dann sowohl der Elektrizitäts- als auch der Energiestrom größer sind.

Batterien verschiedenen Typs erteilen der Elektrizität unterschiedlich großen Antrieb. Wie groß er ist, wird als **Voltzahl** aufgedruckt (abgekürzt mit V). Eine 1,5 V-Batterie schiebt Elektrizität relativ schwach im Kreis herum. Bei einer 3 V-Batterie ist der Antrieb doppelt, bei einer 4,5 V-Batterie dreimal so groß. Die 230 V-Steckdose (mit E-Werk dahinter) ist noch wirksamer: Sie ersetzt 152 Batterien mit 1,5 V.

> Die Voltzahl von Batterien gibt an, wie sehr die Elektrizität darin angetrieben wird.

Lampen hemmen die Elektrizitätsströmung. Deshalb wird deren Helligkeit kleiner, wenn man zwei Lampen hintereinander in den Stromkreis legt. Weil die Elektrizität jetzt zwei Lampen durchqueren muss, erfährt sie eine größere **Hemmung.** Lampen sind also Elektrizitätshemmer.

Im *Wechselspiel* zwischen *Antrieb* in der Batterie und *Hemmung* in den Lampen kommt im Stromkreis ein Elektrizitätsstrom bestimmter Größe zustande. Erhöht man den Antrieb, so wird der Strom größer; vergrößert man die Hemmung, so wird er kleiner.

7

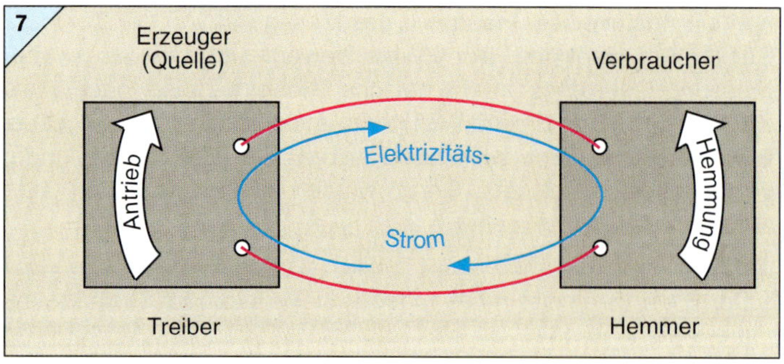

8

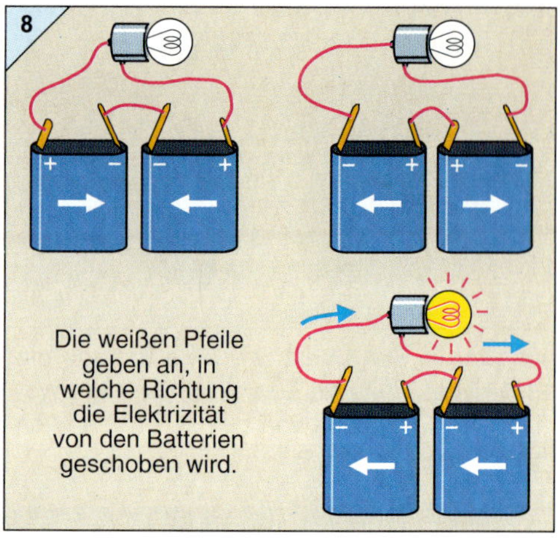

V7 Füge in einen Stromkreis mit Lämpchen zunächst eine Batterie, danach zwei ein. Beobachte das Lämpchen, wenn du die beiden Batterien so einbringst, daß einmal die langen Zungen, einmal die kurzen und einmal eine lange und eine kurze verbunden werden. Was bedeuten die Pfeile an den Batterien?

9

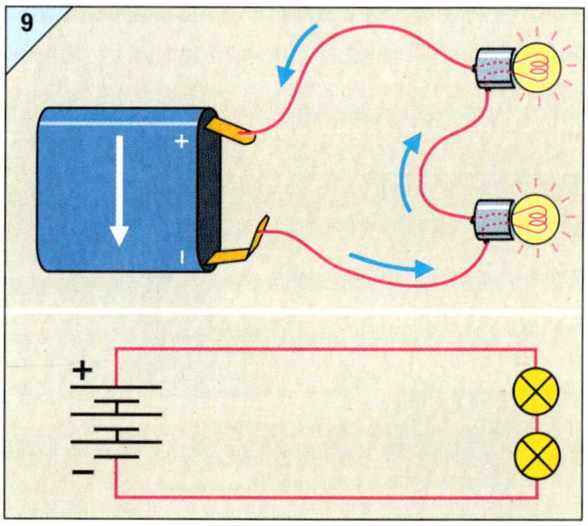

V8 Wir benützen nun zwei gleichartige Lämpchen und eine Batterie. Füge zunächst nur eines in den Stromkreis ein, dann das zweite so, dass der Elektrizitätsstrom durch beide geht.
Wie leuchten sie jeweils? Wie verändert sich der Strom?

Spannung

Physiker und Techniker reden nicht vom Antrieb, der der Elektrizität erteilt wird, sondern von der Spannung der Quelle, meinen aber damit dasselbe.

SPANNUNG = 5 V
heißt somit:
ANTRIEB DER ELEKTRIZITÄT = 5 V

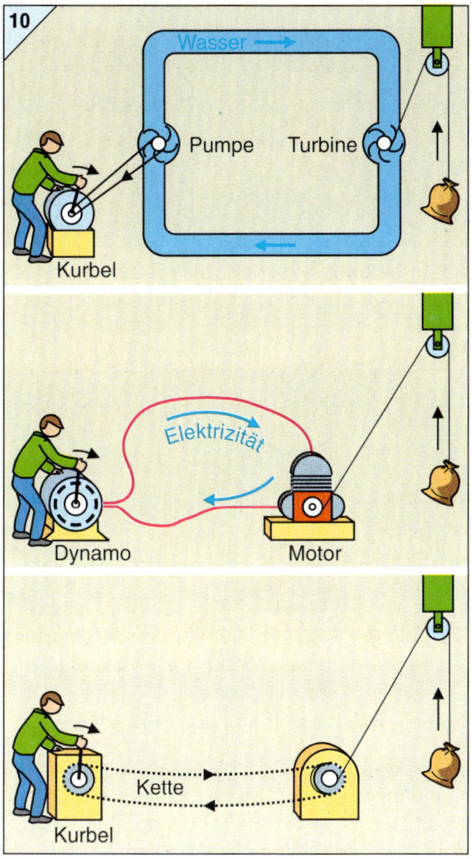

Wasser- und Elektrizitätskreislauf

In Abb. 10 sind oben eine Energieübertragung mit Wasser, in der Mitte eine elektrische Energieübertragung und unten eine mechanische Energieübertragung dargestellt. Links in den Bildern wird das, was sich bewegt (Wasser im oberen, Elektrizität im mittleren und eine Kette im unteren Bild), angetrieben, rechts dagegen wird die Bewegung jeweils gehemmt. Folgendes geschieht:

Wasseranlage:
Das strömende Wasser hebt mit Hilfe einer Turbine einen schweren Gegenstand hoch und arbeitet dabei. Die Energie, die es dazu braucht, stammt von dem Arbeiter, der die Wasserpumpe antreibt. Eigentlich ist es dieser Arbeiter, der die Last hebt. Das Wasser verbindet die Anlagenteile. Es überträgt Energie, solange es rundum läuft.

Elektrische Anlage:
Die strömende Elektrizität treibt rechts einen Elektromotor an, der ein Säckchen Sand hochhebt. Die Elektrizität arbeitet dabei. Die Energie, die dazu nötig ist, muss der Arbeiter abgeben, der links am Kleingenerator kurbelt. Er ist es, der die Last hebt. Die Elektrizität bildet die ,,Kette", welche die Räder links und rechts unsichtbar verbindet und Energie überträgt, solange sie rundum strömt.

Bei dem **Kettengetriebe** ist ganz klar, wer arbeitet, und durch wen die Energie übertragen wird.

AUFGABEN UND ZUSAMMENFASSUNG

1. Eine Glühlampe ist an ein Netzgerät angeschlossen. Zeichne das Schaltbild der Anlage. Versieh die drei wesentlichen Teile mit Namen. Markiere den Weg der Elektrizität mit blauen Pfeilen. Zeichne zusätzlich breite rote Pfeile ein, die die Energieströmung darstellen.

2. Vergleiche Elektrizitäts- und Wasserstromkreis in Abb. 10. Welche Bauteile und Vorgänge entsprechen sich? Stelle sie in einer Liste einander gegenüber.

3. Verfolge in Abb. 1, 3, 7 und 9 den Weg der Elektrizität. Gibt es jeweils einen Kreislauf? Welche ,,Stationen" werden dabei angelaufen?

4. Schreibe auf, was in der Quelle (z. B. in einer Batterie) und im Verbraucher (z. B. in einem Lämpchen) mit der Elektrizität geschieht.

5. Erkläre, was eine hohe und was eine niedrige Voltzahl bedeuten. Wofür ist die Voltzahl ein ,,Maß"?

6. Innerhalb einer Flachbatterie wird Elektrizität von der kurzen zur langen Zunge geschoben. Schalte eine 4 V-Lampe an die Batterie an. Wie hell leuchtet das Lämpchen? Wiederhole mit einer zweiten Batterie. Leuchtet das Lämpchen so hell wie zuvor?

7. Zeichne das Schaltbild für den Fall, dass zwei Batterien und ein Lämpchen in einem Stromkreis liegen. Die Batterien sollen die Elektrizität dabei in die gleiche Richtung treiben. Mache den Versuch. Was ergibt sich? Begründe.

8. Was geschieht, wenn zwei Batterien die Elektrizität entgegengesetzt schieben? Was musst du tun, um dies nachzuprüfen?

Der elektrische Stromkreis

Stromquelle und Verbraucher elektrischer Energie liegen in einem Kreis. In diesem strömt Elektrizität rundum. Man nennt ihn daher Stromkreis.

Der Elektrizitätsstrom wird beim Rundumlauf in der Quelle angetrieben und im Verbraucher gehemmt. Bei größerem Antrieb ist er größer, bei größerer Hemmung kleiner. Ein Maß für den Antrieb ist die Voltzahl der Quelle.

Der Elektrizitätsstrom nimmt in der Quelle Energie auf und trägt sie zum Verbraucher. Jeder Elektrizitätsstrom ist deshalb von einem Energiestrom begleitet.

Leiter und Nichtleiter

In Bild 1 ist links ein einfacher Stromkreis aus Batterie, Lämpchen und zwei Metalldrähten aufgebaut. Alles stimmt. Das Lämpchen leuchtet deshalb auch. Rechts ist derselbe Versuchsaufbau noch einmal. Hier geht nichts, obwohl man auch bei genauestem Hinsehen keinen Unterschied erkennt. Der Trick ist, dass die beiden Metalldrähte durch zwei gleich dicke Nylon„drähte" ersetzt sind. Du siehst daran, dass man für die Verbindung von Quelle und Verbraucher nicht jedes Material nehmen kann.

Wenn du einen Elektriker fragst, welche Stoffe sich für Verbindungen in Stromkreisen eignen, sagt er, dass Verbindungsdrähte *leiten* müssen, und dass sie das tun, wenn sie aus Metall sind. Mit „leiten" meint er dabei zweierlei:

1. In den Drähten muss Elektrizität vorhanden sein;
2. Die Elektrizität muss auch strömen können, also möglichst so beweglich sein, wie eine Flüssigkeit in einem Rohr.

Nur wenn beides zutrifft, kann eine Batterie in Metallen Elektrizität in Bewegung setzen.

Welches Material leitet

Bei unseren bisherigen Versuchen haben wir einfach unterstellt, dass Metalle leiten, alle anderen Stoffe nicht. Nun müssen wir überprüfen, ob diese Annahme zutrifft. Wie man Gegenstände auf ihre Leitfähigkeit hin untersuchen kann, zeigt Abb. 2; wie man Flüssigkeiten untersucht, ist in Abb. 3 dargestellt.

Versuche mit Gegenständen aus den verschiedensten festen Stoffen ergeben, dass nur Metalle und Kohle (Graphit) leiten. Man nennt diese Stoffe **Leiter.** Alle übrigen festen Stoffe sind sogenannte **Nichtleiter (Isolatoren).** Hierzu gehören Glas, Keramik, Gummi und alle Kunststoffe.

Eine besondere Rolle als Isolator spielt die Luft, in der wir leben. Da sie nicht leitet, sind wir und alle Dinge dauernd isoliert. Würde Luft leiten, wären beispielsweise die Zungen einer Batterie immer kurzgeschlossen; die Batterie wäre schon eine Stunde nach ihrer Produktion wieder „entladen", d.h. (energie-)leer.

> Leiter für Elektrizität sind alle Metalle. Zu den Nichtleitern gehören Luft, Glas, Porzellan und alle Kunststoffe.

Wenn man untersucht, ob auch **Flüssigkeiten** Elektrizität leiten, kommt folgendes zutage:
- *Benzin und Öle* (Dieselöl, Schmieröl, Speiseöl) leiten nicht.
- *Wasser:* Reines Wasser leitet schlecht. Gibt man aber lösliche Salze, irgendeine Säure oder z.B. Seifenlauge hinzu, so erhöht sich die Leitfähigkeit beträchtlich.
- *Leitungswasser* und auch Wasser in Pfützen, Teichen, Seen, Bächen und Flüssen enthält immer gelöste Stoffe. Es gehört deshalb zu den Leitern.
- *Meerwasser* leitet wegen seines Salzgehaltes recht gut.

A1 In beiden Teilbildern sind Batterie und Lämpchen in Ordnung. Warum leuchtet das rechte Lämpchen nicht?

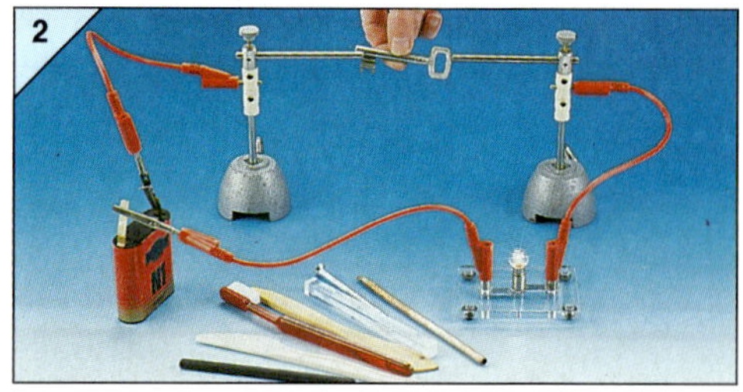

A2 Suche in diesem Aufbau den Stromkreis! Er hat eine Lücke. Warum kann man durch Überbrücken der Lücke testen, welche Stoffe leiten? Wie muss man dabei vorgehen?

V3 Teste mit der Anordnung in Bild 2 Gegenstände aus Kupfer, Eisen, Aluminium, Glas, Holz, Gummi, Porzellan, Kunststoffen und Kohle auf elektrische Leitfähigkeit.
Fertige eine Liste der untersuchten Stoffe entsprechend Tabelle 4.

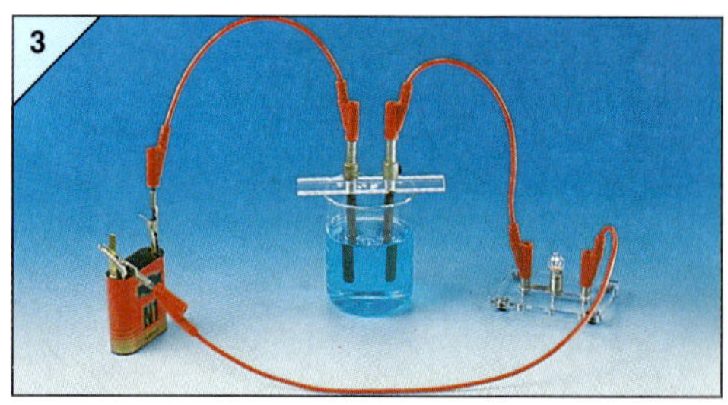

A4 Erkläre, wie man mit dieser Anordnung testen kann, ob Flüssigkeiten leiten.

V5 Teste, ob Salatöl, destilliertes Wasser, Leitungs-, Salz- und Essigwasser leiten.

4

Nichtleiter	Leiter
Luft	Metalle (Kupfer, Eisen, Aluminium, Zinn usw.)
Porzellan	Kohle
Glas	Leitungswasser
Kunststoff	Salzwasser
Holz	Seifenlauge
Papier	feuchte Erde
Öl, Benzin	

Elektro-Installation

Installationsmaterial

Wenn man elektrische Geräte benutzt, muss man sie meist mit weit entfernten Stromquellen verbinden. Wie wir wissen, geschieht dies mit Hilfe von zwei Drähten, die dicht beieinander in Kabeln oder Kunststoffrohren laufen. Das Metall der beiden Drähte darf sich nicht berühren, denn das wäre ein Kurzschluss. Deshalb isoliert man die Drähte durch Umhüllen mit Kunststoff. Zum Verbinden von Drahtleitung und Gerät benutzt man Klemmen, Stecker und Buchsen aus Metall. Diese Verbindungsteile sind ebenfalls durch Kunststoff isoliert.

Schalter

Schalter werden für die unterschiedlichsten Aufgaben benötigt. Unten sind die drei wichtigsten Schaltertypen abgebildet. Mit dem *Kippschalter* kann man den Stromkreis für dauernd schließen oder unterbrechen. Ihn kennst du vor allem als „Lichtschalter". Der *Druckschalter* schließt den Stromkreis nur, wenn gerade jemand darauf drückt. Er eignet sich als Klingelknopf und als Auslöser beim Öffnen von Türen. Mit einem *Umschalter* kann man durch eine Schaltbewegung einen Stromkreis ein- und den anderen ausschalten: Fernlicht-Fahrlicht-Umschaltung beim Auto.

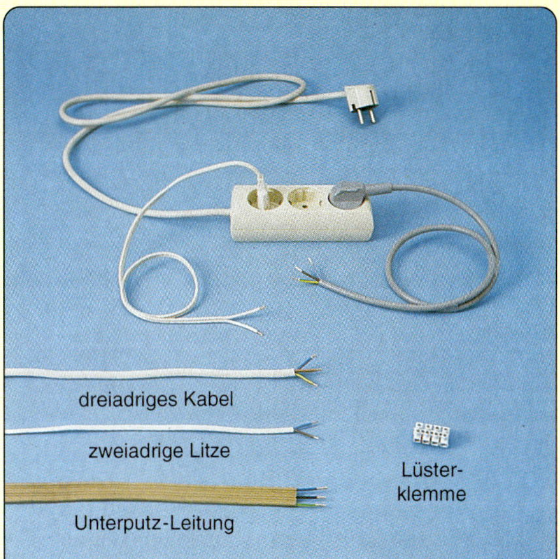

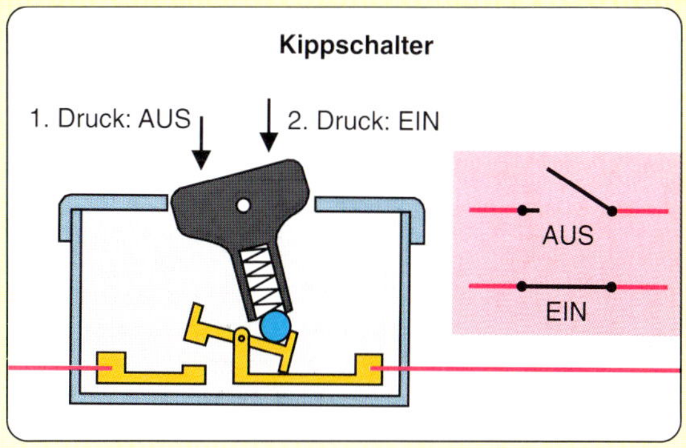

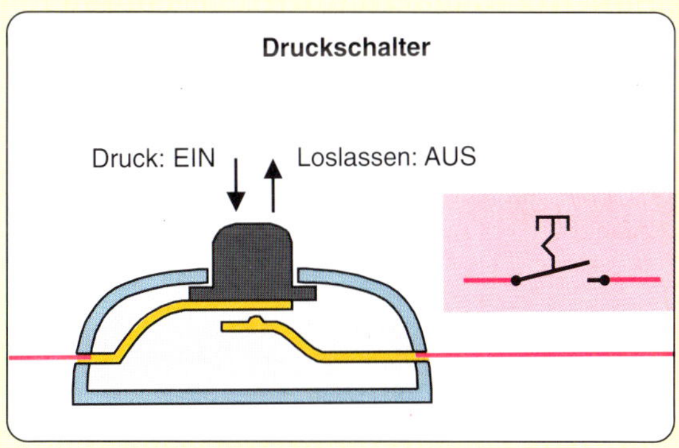

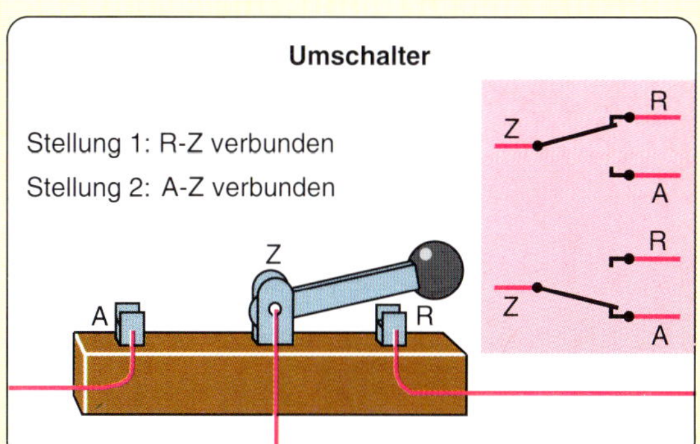

Leitfähigkeit von Boden, Erde und Mauerwerk

Füllt man den Topf in Abb. 5 mit feinem, trockenem Sand, dann stellt man fest, dass der nicht leitet. Gleiches gilt für trockene Blumenerde. Sobald man aber die Erde feucht oder nass macht, zeigt sich, dass sie leitet – und zwar umso besser, je feuchter sie ist. Das kommt daher, dass Erde immer Stoffe enthält, die sich in Wasser lösen. Auch Mauerwerk enthält immer etwas Feuchtigkeit. Deshalb leiten Steinwände und nackte Steinböden in Wohnungen ebenfalls. Dass Erde und Häuser Leiter sind, muss bedacht werden, wenn man elektrische Anlagen gefahrensicher installieren will.

Die Leitfähigkeit von Wasser, Erde und Mauerwerk wird wichtig, wenn wir uns später die Frage stellen, welche Gefahren beim Umgang mit elektrischen Geräten und bei Experimenten auftreten. Schon jetzt verstehen wir aber, dass Wasser in Elektrogeräten Kurzschlüsse hervorruft, welche die Geräte beschädigen oder zerstören können.

Gefahr durch Strom, weil der Mensch leitet!

Wenn eine Versuchsperson nach Abb. 6 Teil eines Stromkreises wird, gibt es einen Strom in diesem Kreis: Der menschliche Körper leitet also Elektrizität. Sie fließt von der einen Hand durch den Körper zur anderen. Dieser Strom ist umso größer, je größer die Berührflächen sind und je besser der Kontakt zum übrigen Stromkreis an der Ein- und Austrittsstelle der Elektrizität ist.

Wiederholt man den Versuch mit höheren Voltzahlen (aber immer unter 24 V!!), dann stellt man fest, dass der Elektrizitätsstrom immer größer wird. Bei den 230 V unserer Netzstromkreise besteht Lebensgefahr. Besonders gefährdet ist man also, wenn die Kontake zwischen Körper und Metalleitern gut sind und wenn die Voltzahl hoch ist.

Wenn der Mensch einen Stromkreis schließt, kommt es zu einem Elektrizitätsstrom im Körper. Dieser Strom bringt Gefahr für Gesundheit und Leben.

So verhält man sich richtig

- Schülerexperimente darf man keinesfalls mit mehr als 24 V durchführen und Spielzeuge mit höchstens 24 V betreiben.
- Blanke Leitungen der Hausinstallation dürfen keinesfalls berührt werden.
- Stellt man an einem Gerät Isolationsschäden fest, so darf man es nicht mehr benutzen. Es sollte sofort zur Reparatur gegeben werden.
- Elektrogeräte nie mit nassen Händen, barfüßig oder auf feuchtem Boden stehend bedienen.

5

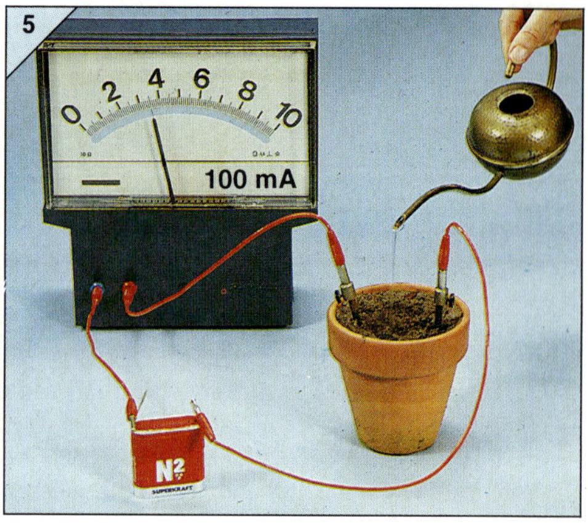

V6 Fülle trockene Erde in ein Gefäß und begieße sie mit Wasser. Beobachte, was geschieht.

6

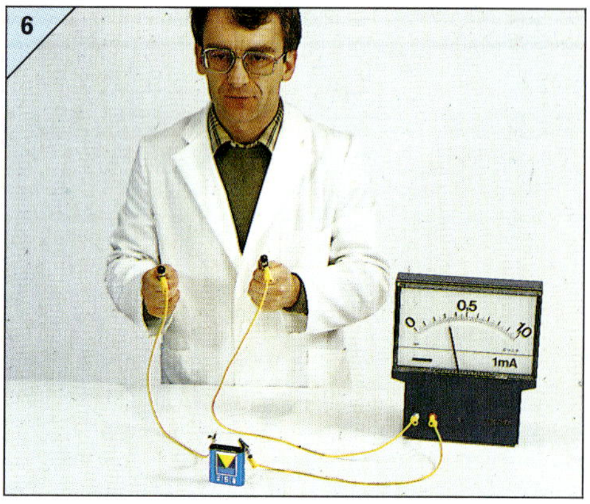

V7 Lehrerversuch: Der Lehrer begibt sich wie im Bild als Versuchsperson in einen Stromkreis aus Taschenlampenbatterie, Mensch, Strommesser und „Handgriffen". Wie weit schlägt der Zeiger aus, wenn er
– die beiden Metallstäbe mit den Kuppen seiner beiden Daumen berührt?
– die Stäbe fest in beide Hände nimmt?
– die Hände auch noch anfeuchtet?
Erkläre deine Beobachtungen.

A8 Am Ausschlagen des Zeigers in Abb. 6 erkennst du, dass der menschliche Körper leitet. Beschreibe, welchen Weg die Elektrizität im Körper nimmt.
Warum geht der Zeiger auf null, wenn man einen Handgriff loslässt?

V9 Lehrerversuch: Der Lehrer berührt die Kontakte mit trockenen Händen. Die Elektrizität wird zunächst mit einer Taschenlampenbatterie (4,5 V) angetrieben, danach mit zwei (9 V) und schließlich mit drei Batterien (13,5 V). Was zeigt das Strommessgerät? Was folgt daraus?

Woher kommt die Gefahr durch Strom?

Würde man die Versuche in Bild 6 mit beiden Füßen oder mit einer Hand und einem Fuß als Kontaktstelle wiederholen, so kämen ebenfalls Ströme zustande. Es gäbe sie auch dann, wenn sich zwischen Haut und Stromkreis-Metall feuchte, verschwitzte Schuhe befänden. Man sieht, dass Elektrizität auf verschiedenen Wegen durch unseren Körper strömen kann.

Immer wird dabei der Stromkreis über das Blut hergestellt, das in unseren Adern fließt. Denn Blut ist ein hervorragender Leiter, ähnlich wie Salzwasser. Die Adern unseres Körpers stellen dementsprechend ein weit verzweigtes Leiternetz durch den ganzen Körper dar. In diesem Netz erzeugt der Elektrizitätsstrom Wärme und Giftstoffe. Beides ist gesundheitsschädlich.

Wenn die Ströme groß sind und längere Zeit fließen, wird der Körper mit diesen Einwirkungen nicht mehr fertig. Es kommt zu Funktionsstörungen, die unter Umständen lange anhalten und ärztlich behandelt werden müssen.

Keine Versuche mit mehr als 24 V!

*

Keine Experimente an der Steckdose!

*

Vorsicht vor Hochspannungsleitungen!

Wenn der Strom auf seinem Weg vom Eintritts-Kontakt zum Austritts-Kontakt über das Herz läuft, kann dies zu unregelmäßigem Puls oder gar zum Herzstillstand führen. In Muskeln entstehen Krämpfe, die so stark sein können, dass man angefasste Gegenstände nicht mehr loslassen kann oder dass Knochen brechen. Man kommt so aus der Gefahrensituation nicht mehr heraus.

Die Größe des Elektrizitätsstroms im Körper wird durch die Feuchtigkeit der Haut bestimmt. Trockene Haut isoliert verhältnismäßig gut, allerdings nur bei niedrigen Spannungen. Bei hohen Spannungen leitet auch trockene Haut, was zu großen Strömen durch den Körper führt. Wenn diese Ströme nicht augenblicklich unterbrochen werden, besteht höchste Gefahr! Die entstehende Wärme hat in solchen Fällen sogar zur Verkohlung von Gliedmaßen geführt. Die Warnungen vor Hochspannungsanlagen und vor Experimenten mit höheren Spannungen sind also sehr wohl begründet.

AUFGABEN UND ZUSAMMENFASSUNG

1. Wodurch unterscheiden sich Leiter und Isolatoren?

2. Wie prüft man, ob ein fester Stoff Leiter oder Isolator ist? Zeichne das Schaltbild des Teststromkreises!

3. Nenne die wichtigsten leitenden Stoffe. Welches sind die wichtigsten Nichtleiter (Isolatoren)?

4. Erkläre, was ein Kurzschluss ist und wie man ihn in Kabeln und Installationsrohren verhindert, wo die beiden Bahnen einer Leitung dicht beieinander liegen.

5. Was verhindert den Kurzschluss in Bild 1 oben?

6. Warum sind elektrische Leitungen mit Kunststoff umhüllt? Warum sind sie selbst aus Kupfer oder Aluminium?

7. Warum würde leitende Luft alle elektrischen Anlagen funktionsunfähig machen?

8. Beschreibe einen Versuch, mit dem man nachweisen kann, dass feuchte Erde leitet, trockene aber nicht.

9. Eine Person fasst mit dem Zeigefinger der einen Hand an die Pluszunge einer Taschenlampenbatterie, mit dem Zeigefinger der anderen an die Minuszunge. Zeichne den Stromkreis.
Durch welche Körperteile fließt die Elektrizität?

10. Erläutere die Verhaltensregeln auf Seite 102 und begründe sie.

11. Von welchen Umständen hängt in V7 und V9 die Größe des Stroms durch den Körper ab?
Wann ist der Strom groß, wann klein?

Leiter und Isolatoren

Elektrische Leiter sind Stoffe, in denen Elektrizität beweglich ist. Zu den Leitern gehören alle Metalle, Kohle, Wasser und Erde.
Wichtige Nichtleiter (Isolatoren) sind Luft, Glas, Keramik, Gummi und alle Kunststoffe.

Gefahr durch Strom

Kommt ein Mensch in einen Stromkreis, so fließt Elektrizität durch seinen Körper, weil Fleisch und Blut leiten. Dies ist schädlich. Deshalb darf man beim Experimentieren und Spielen keine Geräte mit Voltzahlen über 24 V verwenden und keine blanken Leitungen des Versorgungsnetzes berühren.

Die Fahrradbeleuchtung besteht aus zwei Stromkreisen!

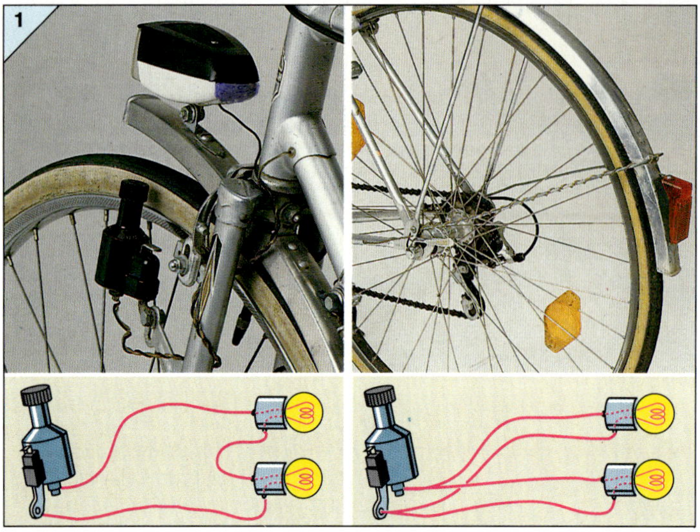

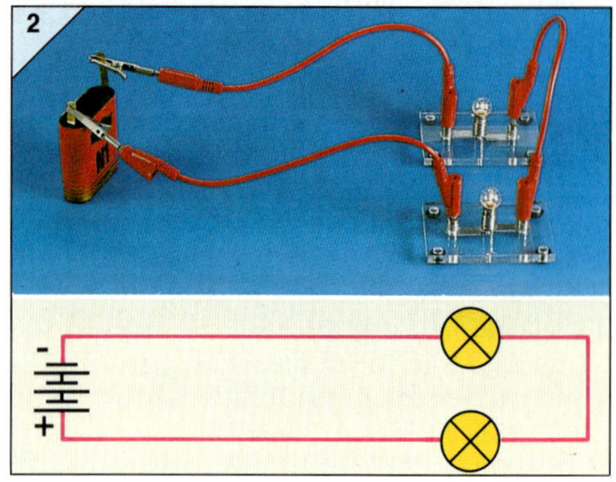

V1 Baue eine Hintereinanderschaltung (Reihenschaltung) mit Experimentiermaterial auf. Nimm zwei gleiche 3 V-Lämpchen. Was geschieht, wenn man eine der beiden Lampen in der Fassung lockert?
Liste die „Stationen" auf, die die Elektrizität bei ihrem Kreislauf durchströmt.

Jedes Fahrrad muss zwei Lampen haben, den Scheinwerfer vorn und das Rücklicht hinten. Das Licht wird in beiden von Glühlämpchen erzeugt, die von der Lichtmaschine mit elektrischer Energie versorgt werden. Wie schließt man nun zwei Lampen an eine Quelle an? Zwei Möglichkeiten gibt es:

1. **Hintereinanderschaltung**
   Man schaltet wie in dem kleinen Bild oben links in Abb. 1 die Lampen so, dass die Elektrizität zuerst die eine Lampe und danach die andere durchfließt, schön der Reihe nach. Man nennt diese Hintereinanderschaltung daher auch oft *Reihenschaltung*. Dabei gibt es aber einen Nachteil: Ist ein Lämpchen kaputt oder sitzt es zu locker in der Fassung, dann leuchtet auch das andere nicht mehr. Der Stromkreis ist ja dann unterbrochen.
2. **Nebeneinanderschaltung**
   Entsprechend dem kleinen Bild oben rechts in Abb. 1 kann man jedes Lämpchen auch für sich gesondert an die Lichtmaschine anklemmen. Wir haben dann zwei Stromkreise nebeneinander mit einem gemeinsamen Stück. Von der Lichtmaschine werden jetzt zwei Elektronenströme angetrieben. Sie kommen gemeinsam aus der Maschine heraus, teilen sich aber an den Anschlusspunkten in zwei eigenständige Ströme auf. Lockert man eine Lampe, so versiegt nur der Strom durch sie; sie verlischt. Die andere Lampe aber leuchtet weiter, denn sie liegt ja in einem eigenen, nicht unterbrochenen Stromkreis.

Wenn wir die Fahrradbeleuchtung entsprechend Bild 3 testen, stellen wir fest, dass Nebeneinanderschaltung vorliegt: Die Lampen lassen sich unabhängig voneinander aus- und einschalten. Vom Anschlusspunkt der Lichtmaschine führt zu jeder Lampe ein gesonderter Draht, die Hinleitung für die Elektrizität. Allerdings suchen wir den zweiten Anschlusspunkt und die Rückleitung vergebens. Durch Ausprobieren bekommen wir aber heraus, dass der Metallrahmen als zweite Leitung und das Metallgehäuse der Lichtmaschine als zweiter Anschlusspunkt dienen.

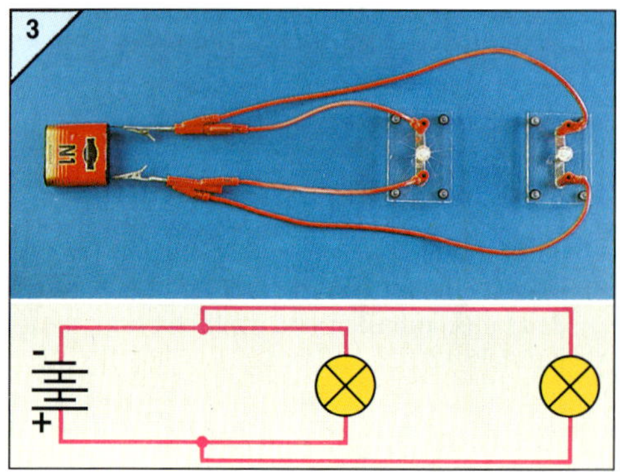

V2 Baue diese Nebeneinanderschaltung mit 4,5 V-Lämpchen auf. Lockere die Lämpchen einzeln. Begründe, warum sie auch einzeln leuchten.
Liste auf, welche „Stationen" der Strom durch Lampe 1 durchläuft. Wiederhole für Lampe 2.

V3 Bocke ein Fahrrad so auf, dass sich das Vorderrad drehen lässt. Setze die Lichtmaschine in Betrieb. Leuchten beide Lampen? Teste durch Lockern der Lampen, ob sie auch einzeln leuchten.

V4 Suche nach der zweiten Leitung bei der Fahrradbeleuchtung: Löse den Scheinwerfer vollständig vom Rahmen, lass aber die isolierte Verbindungsleitung daran. Leuchtet die Lampe darin jetzt auch, wenn die Lichtmaschine läuft?
Wiederhole mit dem Rücklicht (wenn möglich). Begründe, warum nur der Metallrahmen des Rades als Rückleitung für die Elektrizität infrage kommt.

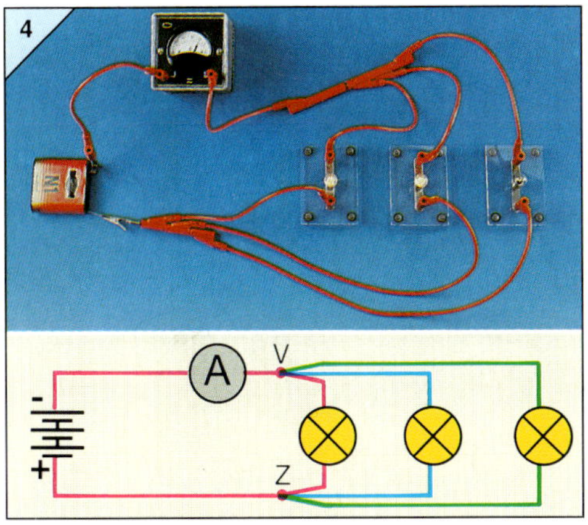

V5 Baue diese Nebeneinanderschaltung von Lampen nach. Prüfe, ob die Lampen unabhängig voneinander betrieben werden können. Wo verzweigt sich der Elektrizitätsstrom jeweils, wo vereinigen sich Zweigströme? Wie weit schlägt der Zeiger des Messgerätes aus, wenn keine Lampe leuchtet, und wie weit, wenn es eine, zwei oder drei tun? Wann ist also der Strom aus der Batterie am größten? Begründe.

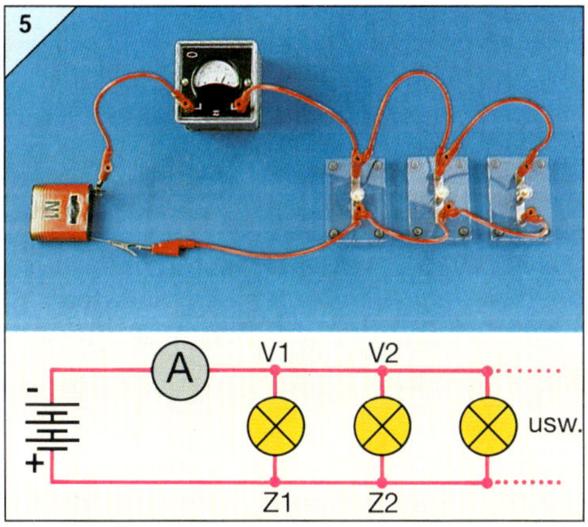

V6 Ändere den Aufbau von V5 entsprechend diesem Bild ab. Nun gibt es zwei Verzweigungs- und zwei Vereinigungspunkte. Überlege, ob die Lampen immer noch unabhängig voneinander ein- und ausgeschaltet werden können. Leuchten sie auch immer gleich?

Nebeneinanderschaltung von Geräten (Parallelschaltung)

In Bild 4 sind drei Lämpchen nebeneinander an eine Batterie angeschlossen. Nur die Lampen leuchten, die fest in den Fassungen sitzen, also ihren Stromkreis schließen. Die Helligkeit einer Lampe wird durch Ein- oder Ausschalten der anderen nicht verändert. Ein zwischen Batterie und Verzweigungspunkt (V) geschaltetes Strommessgerät bestätigt, dass mit Zuschalten jeder weiteren Lampe die Elektrizitätsströmung in der Batterie größer wird. Versuchen wir, das zu begreifen:
Jede Lampe ist unmittelbar mit den Batterieklemmen verbunden: Die Elektrizität wird deshalb mit 4,5 Volt durch jede Lampe hindurchgetrieben – ganz so, als ob die Batterie für jede allein da wäre. Für zwei Lämpchen wird von der Batterie ein doppelt so großer Strom verlangt, bei drei Lämpchen ein dreimal so großer. Am Verzweigungspunkt V teilt sich der Batteriestrom in die Zweigströme auf. Am Vereinigungspunkt Z fließen diese Ströme wieder zusammen.

Weil man in Schaltbildern die Leitungen zu den Verbrauchern zueinander parallel zeichnen kann, nennt man die Nebeneinanderschaltung meist **Parallelschaltung.**

> Bei Parallelschaltung entsteht in jedem Teilstromkreis ein Elektrizitätsstrom. Die Teilströme durchfließen gemeinsam die Quelle.

Die Verzweigung zu den drei Lampen muss nicht immer an einem Punkt erfolgen, ebenso wenig die Vereinigung. Ändert man nämlich die Schaltung von Bild 4 entsprechend Bild 5 um, ändert sich am Verhalten der Lampen nichts. Das Schaltbild ist übersichtlicher, die Sache mit den Verzweigungen komplizierter:
An den Punkten V1 und V2 teilt sich jetzt der Elektrizitätsstrom jeweils; an den Punkten Z1 und Z2 vereinigen sich Teilströme wieder. Links von jedem Verzweigungs- und Vereinigungspunkt ist der Strom somit immer größer als rechts davon. Durch die Batterie gehen die drei Ströme gemeinsam. Sie muss sie gleichzeitig antreiben.

Beim Verlegen von Leitungen (Installation) geht man oft in dieser Weise vor. Man zieht eine Doppelleitung bis zum entferntesten Gerät (Lampe 3). Dazwischen kann man beliebig viele Verbraucher in Parallelschaltung anklemmen. Das spart Draht und Geld.

Wo sind Schalter sinnvoll?

Bei einer Parallelschaltung mit drei Zweigen wie in Bild 5 sind vier Schalter sinnvoll: Der Schalter ganz links schaltet alle Lämpchen gleichzeitig aus oder ein. Er wird daher **Hauptschalter** genannt. Die Schalter in den Zweigen wirken nur auf die zugehörige Lampe; es sind **Einzelgeräteschalter.**

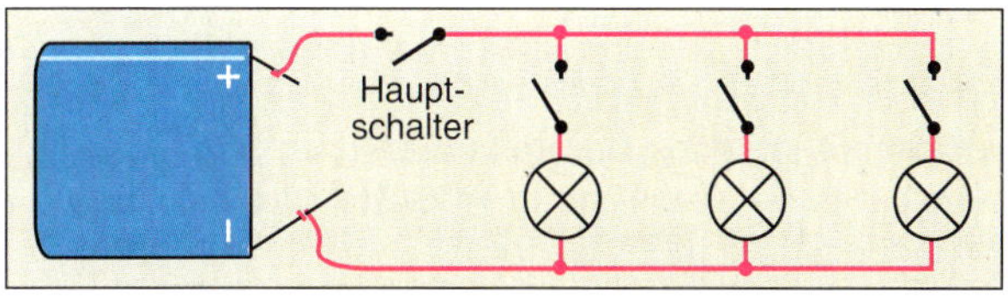

Reihenschaltung von Lampen

Bei der Weihnachtsbaumbeleuchtung verbindet man 15 Lampen so, dass sie in ein und demselben Stromkreis liegen (Abb. 6). Die Elektrizität durchfließt die Lampen dann nacheinander. Dabei gibt sie in jedem Einzelgerät nur einen Teil der verfügbaren Energie ab. Der Antrieb, der aus der Steckdose heraus der Elektrizität erteilt wird, verteilt sich auf die Lämpchen. Jede ist deshalb laut Aufschrift für 16 Volt gebaut. Die Steckdose muss also das Fünfzehnfache dieses Antriebs aufbringen, nämlich $15 \cdot 16\,V = 240\,V$.

Was bei dieser Reihenschaltung im Einzelnen geschieht, können wir an einem Nachbau der Weihnachtsbaumbeleuchtung entsprechend Bild 7 untersuchen. Dort liegen drei Lämpchen in einem unverzweigten Stromkreis. Wenn wir eines lockern, also den Kreis unterbrechen, gehen alle aus. Jede der Lampen benötigt 2,5 V, alle drei also zusammen 7,5 V. Da die Batterie nur 4,5 V hat, leuchten die Lämpchen schwach. Mit zwei Batterien im Kreis, die die Elektrizität in gleicher Richtung schieben, gäbe es übermäßig viel Licht.

Messen wir während des Betriebs den Strom einmal vor, dann jeweils zwischen und schließlich nach den Lampen, so stellen wir fest, dass er überall gleich groß ist: Im einzig vorhandenen Stromkreis kann die Elektrizität nur rundum laufen, sie kann nirgendwohin ausweichen. An jeder Stelle im Stromkreis, also in der Batterie, in den Lämpchen, in jedem Stück Draht fließt daher gleich viel Elektrizität.

Reihenschaltung: Es gibt einen einzigen Stromkreis, in dem die Bauteile aneinander angeschlossen sind. In diesem Kreis ist der Elektrizitätsstrom überall gleich groß.

6

A7 Verfolge im Bild den Weg, den die Elektrizität nehmen kann. Durch welche Bauteile strömt sie?

7

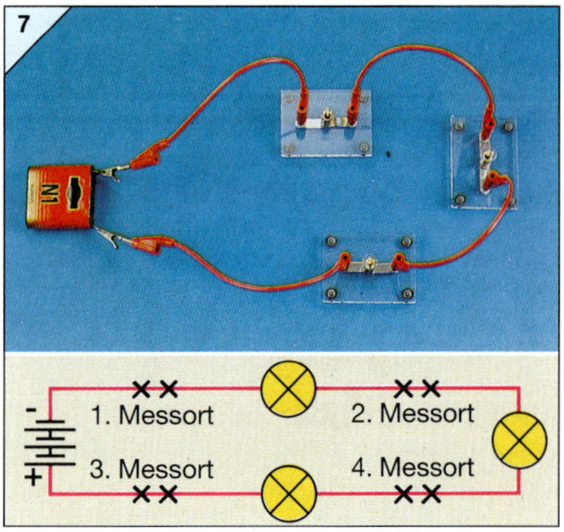

V8 Baue diese Anordnung mit Flachbatterie und Kleinlampen nach. Nimm drei gleiche 2,5 V-Lämpchen. Warum gehen alle Lampen aus, wenn man eine lockert? Erkläre.
Trenne jeweils an den bezeichneten Stellen den Stromkreis auf und schalte ein Strommessgerät ein. Vergleiche die Werte.

Die Wechselschaltung

Betritt man nachts einen langen Flur, möchte man das Licht anschalten. Verlässt man ihn am anderen Ende, möchte man es ausschalten. Wenn man von der anderen Seite den Flur betritt, soll alles genauso ablaufen. Eine Schaltung, die das leistet, lässt sich mit zwei Umschaltern aufbauen. In Bild 8 ist gezeigt, wie sie miteinander und mit der Lampe verbunden werden müssen. Die Schaltung heißt Wechselschaltung.

Achtung! Ein Schalter, der ein Gerät einschaltet, liegt in Reihe mit diesem. Im EIN-Zustand verbindet er das Gerät mit der Quelle wie ein Stück Draht. Auch im AUS-Zustand sind die beiden Schalterkontakte mit den Buchsen der Steckdose verbunden – die eine direkt, die andere über das Gerät: Wir haben am Schalter 230 Volt.
Deshalb ist jedes Herumhantieren an Schaltern gefährlich – selbst dann, wenn sie in AUS-Stellung sind und die Drähte keinen Strom mehr führen!

8

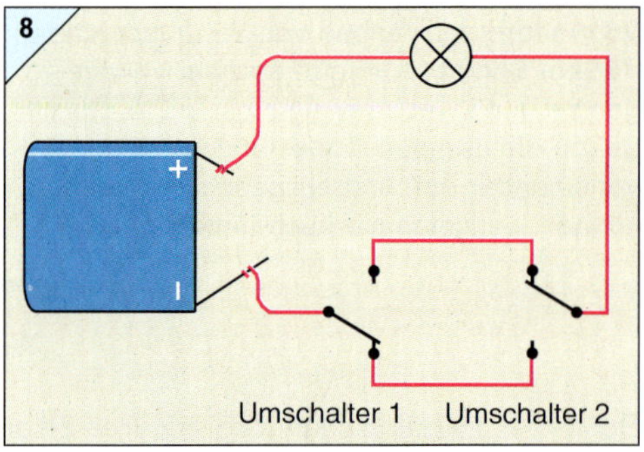

V9 Baue die Anordnung auf. Was geschieht jeweils, wenn man die Schalter in beliebiger Reihenfolge umlegt?
Wie läuft die Elektrizität jeweils, wenn das Lämpchen leuchtet?

Energieströme bei Parallel- und Reihenschaltung

Parallel- und Reihenschaltung versteht man am besten, wenn man verfolgt, wie Elektrizität rundum läuft. Bei der Parallelschaltung sind dabei mehrere Stromkreise gemeinsam an eine Batterie angeschlossen. Bei der Reihenschaltung dagegen finden wir nur einen Stromkreis, in dem die Batterie und alle Verbraucher liegen.

In beiden Kreisen wird elektrische Energie in der Batterie auf chemischem Wege erzeugt und an die Glühlampen übergeben. Dort wird sie dann in Wärme und Licht umgewandelt. Da wir jeweils nur eine Batterie, aber mehrere Lampen haben, muss sich der Energiestrom aufteilen. Es fällt nicht allzu schwer, Energiestrompfeile in die Schaltungen einzuzeichnen (blau). Diese beginnen natürlich immer an der Batterie.

Parallelschaltung

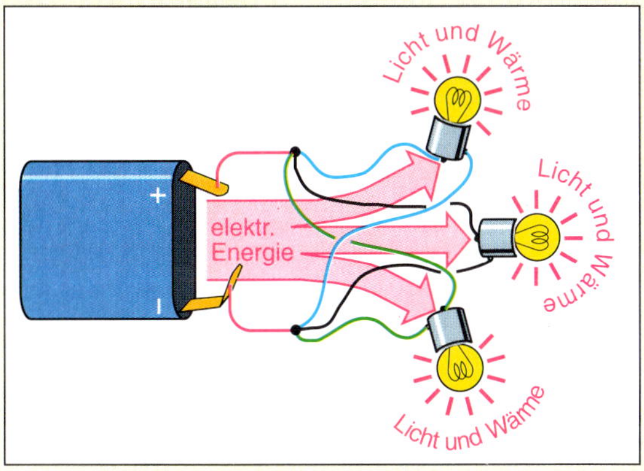

Bei der *Parallelschaltung* teilt sich der Energiestrom schon sehr früh auf, in unserem Bild nahe der Batterie. Die Teilströme folgen den Einzelstromkreisen, wie wir es gewohnt sind.

Reihenschaltung

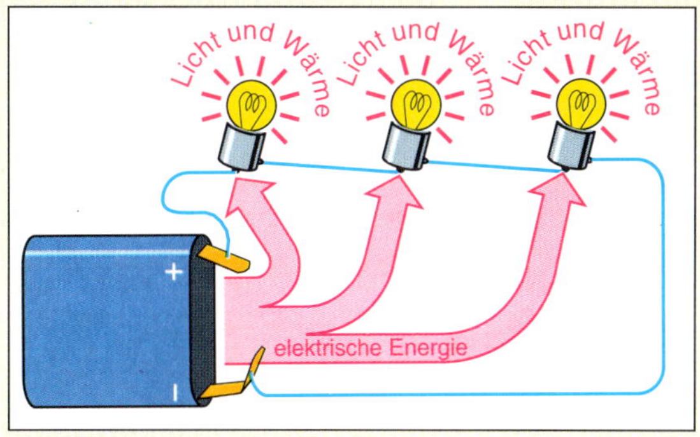

Bei der *Reihenschaltung* geschieht die Aufteilung der Energie mehr im Verborgenen. Die Batterie schiebt die Elektrizität im Stromkreis herum; dabei wird elektrische Energie zu den Lampen transportiert. In den Lampen wird diese dann in Wärme und Licht verwandelt.

AUFGABEN UND ZUSAMMENFASSUNG

1. Bei der Fahrradbeleuchtung ist jeweils eine der Leitungen zu den Lampen leicht zu finden. Wo ist die zweite versteckt?
Zeichne das Schaltbild.

2. Zeichne 4 Lampen in Parallelschaltung auf. Kennzeichne den gemeinsamen Teil der Stromkreise und die Zweige. Verfolge den Weg der Elektrizität.
Welche Drähte führen den größten Strom. Warum?

3. Zeichne vier Glühlampen an einer Batterie in Reihenschaltung auf.

4. Man misst den Strom bei der Reihenschaltung in Aufgabe 3 zwischen den Lampen und der Batterie und danach zwischen den einzelnen Lampen. Erkläre, warum alle Messungen das gleiche Ergebnis haben.

5. Warum wird bei Parallelschaltung jedes Gerät mit der gleichen Voltzahl betrieben?

6. Warum sind Lampen bei Parallelschaltung unabhängig voneinander ein- und auszuschalten, warum aber bei der Reihenschaltung nicht? Erläutere anhand der Schaltbilder.

7. Beschreibe, wie die Energie bei der Parallelschaltung fließt.

8. Beschreibe, wie sich der Energiestrom bei der Reihenschaltung aufteilt.

9. Zeichne das Schaltbild einer Wechselschaltung. Erläutere ihren Sinn und stelle dar, wie sie arbeitet.

10. Woran erkennt man, dass sich der Energiestrom sowohl bei der Parallel- als auch bei der Reihenschaltung zweier Lampen aufteilt? Zeichne.

Parallelschaltung

Parallel geschaltete Geräte sind direkt mit den Klemmen der Stromquelle verbunden. Jedes erhält seinen „eigenen" Elektrizitätsstrom, allerdings durchfließen die Einzelströme die Quelle gemeinsam. Erst danach verzweigen sie sich.

Reihenschaltung

Die Bauteile im Stromkreis werden nacheinander von der Elektrizität durchströmt. Der Elektrizitätsstrom hat dabei überall im Stromkreis die gleiche Größe. Die Energieabgabe erfolgt stufenweise.

Die Versorgung unserer Wohnungen mit elektrischer Energie

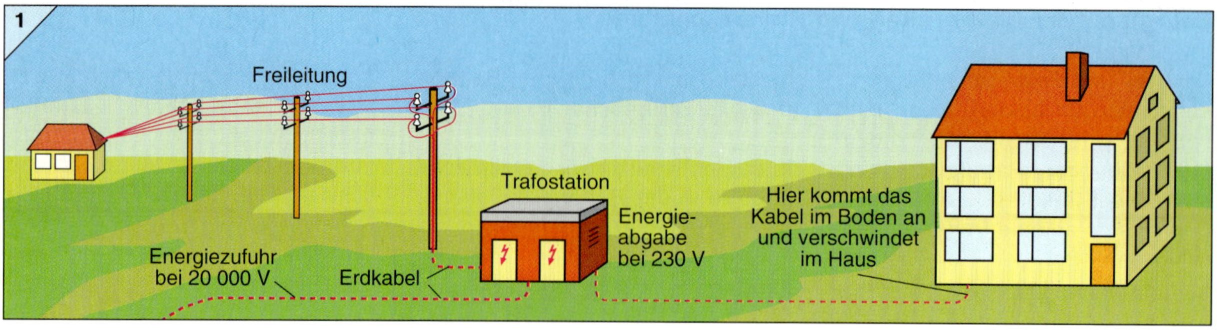

Unsere Häuser werden heutzutage fast alle mit Wasser, Gas und elektrischer Energie („Strom") aus „öffentlichen Netzen" versorgt. Wie das gemacht wird, ist kein großes Geheimnis:

Wasserversorgung: In jedes Haus führt unterirdisch ein Trinkwasserrohr. Es verzweigt sich nach der Wasseruhr in mehrere Leitungen, die zu den einzelnen „Zapfstellen" führen und meist mit einem Hahn versehen sind. Beispiele für Zapfstellen sind Spülbecken, Waschbecken, Badewanne, Spülkasten im WC, Waschmaschine, Spülmaschine. Wenn das klar sprudelnde Wasser seinen Zweck erfüllt hat, muss es wieder weg. Ein Abwasserrohr nimmt das Schmutzwasser auf und leitet es zur Kanalisation.

Gasversorgung: Gas kommt wie Wasser normalerweise über Röhren ins Haus. Es durchströmt den Gasmesser und geht dann zum Heizkessel, zu Einzelöfen, zum Warmwasserbereiter oder zum Herd. In allen Geräten wird es verbrannt; dabei entsteht die Wärme, die man haben will. Die unnützen Abgase leitet man im Schornstein oder über Wandöffnungen nach außen. In der Küche muss man ein Fenster öffnen oder einen Lüfter anstellen, damit die ungesunden Abgase der Herdflamme nicht die Luft vergiften, sondern abziehen können.

Versorgung mit elektrischer Energie: Elektrische Energie kommt entweder über *Freileitungen* oder über *Erdkabel* ins Haus. Freileitungen führen hoch über die Dächer und enden an Isolatoren an der Hauswand oder an einem Dachständer. Von Wand oder Dach geht dann ein Kabel zum Übergabekasten in das Haus. Nach dem Kasten geht die elektrische Leitung durch das Energiemessgerät, den „Zähler". Erst danach verzweigt sie sich zu den einzelnen Verbrauchergeräten im Haus.
Wie von Gasherden möchte man auch von elektrischen Herdplatten Wärme haben. Möglichst ohne Umstände soll die Wärme in aufgesetzte Töpfe oder Pfannen gelangen. Dem Gasherd wird dazu Gas zugeführt, das bei seiner Verbrennung Energie als Wärme freisetzt. Die elektrische Herdplatte dagegen wird von Elektrizität durchströmt. Diese kommt in einer Bahn des elektrischen Stromkreises an, gibt in der Platte die mitgebrachte Energie in Form von Wärme ab und geht danach in der zweiten Bahn sofort an den Energielieferanten zurück. Wegen dieses Kreislaufs der Elektrizität haben wir kein „elektrisches Abfallproblem". Dies gilt für alle Elektrogeräte.

A1 Vergleiche die Versorgung einer Wohnung mit Gas, Wasser bzw. „Strom" miteinander. Was kommt an, was geht weg, was bleibt im Haus? Inwiefern macht die Wasserversorgung eine Ausnahme?

A2 Ermittle, welche Häuser in der Nähe deiner Wohnung über Freileitungen ans elektrische Versorgungsnetz angeschlossen sind.

A3 In so einem Kasten kommt „Strom" in Häusern an. Warum geht das aus dem Kasten kommende Kabel erst zum Energiemessgerät „Zähler"? Warum darf es sich erst danach verzweigen?
Warum erfolgt auch die Verzweigung der Gas- und Wasserleitungen erst nach Wasseruhr und Gasuhr?

Die Trafostation

Freileitungen oder Erdkabel beginnen immer in einer Trafostation. Dort steht ein *Transformator*. Er nimmt Energie aus dem Überlandnetz bei hoher Spannung auf (20000 V) und übergibt sie bei niedriger Spannung (230 V) an die Haushalte über Freileitungen oder Erdkabel. Da man drei Stromkreise mit einer gemeinsamen Rückleitung benützt, sind die Leitungen jeweils vieradrig. In diesem Buch wollen wir uns aber nur mit einem dieser Stromkreise befassen. Für den braucht man nur eine Zweifachleitung.

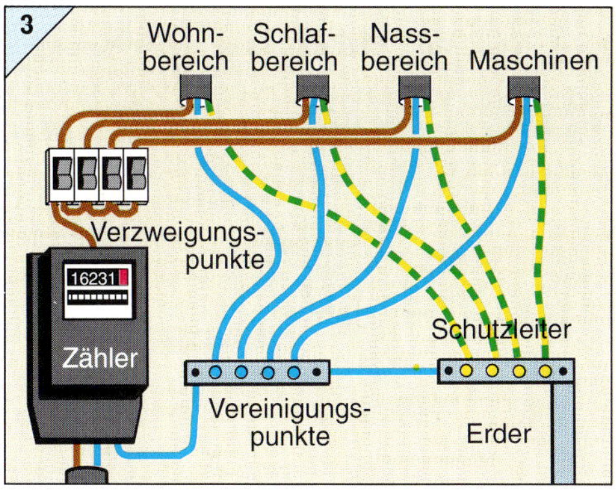

A4 So sieht die Hausverteilung aus. Woher kommen die braune und die mittlere blaue Ader unter dem Zähler? Wo sind die Verzweigungs-, wo die Vereinigungspunkte für die abgehenden vier Stromkreise?

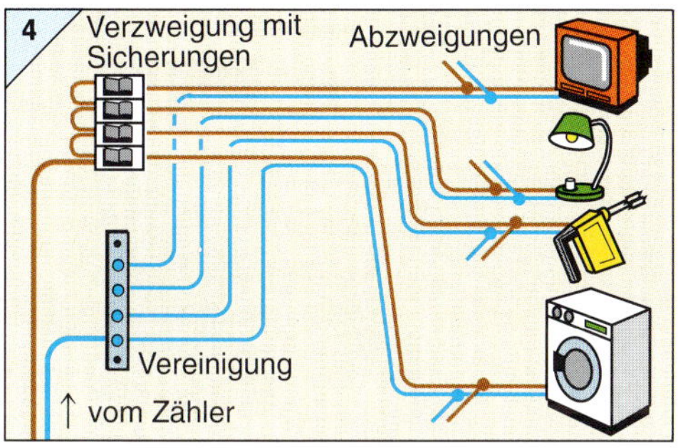

A5 So etwa muss man sich die Verteilung vorstellen (ohne Schutzleiter). Die vier Leitungen sind zu Einzelgeräten geführt. Da wir viel mehr Geräte benutzen, muss es in der Wohnung zusätzlich Abzweigungen geben. Sie liegen meist in abgedeckten Plastikdosen „unter Putz". Suche bei dir zu Hause nach solchen Abzweigdosen.

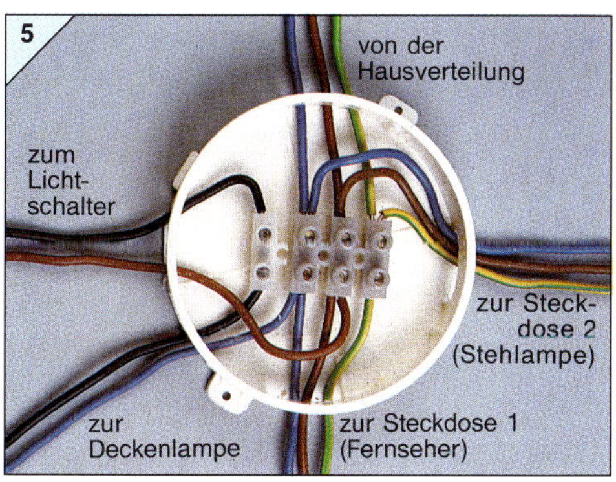

A6 So verzweigt sich die von der Hausverteilung kommende Dreifachleitung in einem Wohnzimmer. Beschreibe den Stromkreis der Deckenlampe einschließlich Lichtschalter. Beginne mit der blauen Ader.

Hausverteilung in Parallelschaltung

Die meisten Häuser sind heute über vier Drähte (eine Vierdrahtleitung) an das elektrische Versorgungsnetz angeschlossen. Diese verlaufen, wie Bild 1 zeigt, manchmal oberirdisch für alle sichtbar; oft sind die Drähte auch unterirdisch als Kabel verlegt. Nur noch ganz selten sieht man Häuser, zu denen eine Zweidrahtleitung führt. Da Installationen mit vier Drähten kompliziert sind, wollen wir uns im Folgenden auf Installationen mit zwei Drähten beschränken. Denn auch daran können wir lernen, was wir über elektrische Hausanschlüsse wissen müssen.

In einem „Zweidrahthaus" geht vom Hausanschlusskasten ein Kabel mit zwei Drähten, die auch Adern genannt werden, zum Zähler. Dieser misst die ankommende elektrische Energie. Erst nach dem Zähler wird die Energie (der „Strom") auf die einzelnen Geräte und Lampen im Haus verteilt. Ganz sicher handelt es sich dabei um Parallelschaltung, denn wir können alles, was angeschlossen ist, unabhängig voneinander ein- und ausschalten.

Die Verteilung der elektrischen Energie im Haus geschieht entsprechend Bild 4: Vom **Zähler** kommt ein Kabel mit zwei Adern. Die braune Ader führt zu der ersten Sicherung und von dort schrittweise weiter zu den drei anderen. Hier ist der **Verzweigungspunkt** der Hausinstallation. Oberhalb der Sicherungen, die die Stromkreise vor Kurzschluss und Überlastung bewahren, verschwinden vier braunumhüllte Drähte in Kunststoffrohren. Diese Rohre führen unter dem Putz zu den einzelnen Wohnbereichen: zu den Wohnzimmern, in den Schlafbereich, in den Nassbereich (Küche, WC und Bad) und zu den Haushaltsmaschinen (Wasch- und Spülmaschine). Aus jedem Rohr kommt ein zweiter, blauumhüllter Draht zurück. Alle vier blauen Adern enden an einer Metallschiene, dem **Vereinigungspunkt** der Wohnungsinstallation. An diese Schiene ist auch der blaue Draht aus dem Zähler angeklemmt.

Der Elektrizitätsstrom geht in den braunen Adern jeweils zu den Lampen und Geräten hin. In den blauen Adern kommt er zurück. Der braune Draht aus dem Zähler ist also Zuleitung für die Elektrizität ins Haus, der blaue die Rückleitung.

Von der Schiene, an der alle blauen Adern enden, führt ein breites Metallband, der *Erder,* nach unten. Es geht durch die Mauer nach außen und umrundet im Erdreich das Haus. Über die Schiene sind somit alle blauen Adern mit der Erde verbunden. Man sagt, sie sind *geerdet.*

Der grüngelbe Draht, der von der Metallschiene kommt und wie der blaue in den Rohren verschwindet, heißt *Schutzleiter.* Der Schutzleiter hat wie die blaue Ader direkte Verbindung zur Erde und zum Gebäude. Aber im Gegensatz zur blauen Ader führt der Schutzleiter auch dann keinen Strom, wenn Geräte eingeschaltet sind; er ist für den Betrieb der Geräte eigentlich entbehrlich. Man braucht ihn aber für Schutzmaßnahmen, die wir später kennen lernen werden.

Hochspannungsleitungen nicht berühren!

Der Junge im nebenstehenden Bild ist mit einer blanken Oberleitung in Berührung gekommen, von der die E-Loks der Bundesbahn ihre Energie zapfen. Die Elektrizität darin wird im Bahnstrom-E-Werk mit 15000 Volt in die Leitung gepumpt, dem 65fachen der Steckdosenspannung. Was genau hat zur Verletzung des Jungen geführt?

Das Berühren des Leitungsdrahts allein kann es nicht gewesen sein. Denn dann müssten auch Vögel, die sich auf Drähte von Hochspannungsleitungen setzen, tot herabfallen – was aber nie passiert. Es ist aber doch zu einem Elektrizitätsstrom durch den Körper des Jungen gekommen. Der leitet ja, und die Haut schützt ihn bei so hohen Spannungen nicht. Wie aber wird hier der Stromkreis geschlossen?

Der Bahnstromkreis: E-Loks werden mit elektrischer Energie betrieben. Dazu müssen sie in einem Stromkreis liegen. Die Elektrizität fließt hierbei über die Oberleitung zu und über den Abnehmerbügel auf der Lokomotive in deren Motoren. Eigentlich erwarten wir für die Rückleitung einen zweiten Bügel und einen zweiten Oberleitungsdraht. Die benötigt man aber nicht. Man benutzt hier nämlich die Schienen als Rückleitung. Der Stromkreis wird somit von Oberleitung, „Stromabnehmerbügel", Leitungen in der Lokomotive, ihren Rädern und dem Schienenstrang gebildet. Dies ist in Bild 7 dargestellt. Links im Bild ist die Stromquelle hinzuzudenken.

Ein Mensch schließt – wie die Lokomotive – den Stromkreis, wenn er die Oberleitung berührt und gleichzeitig Kontakt mit den Schienen hat. Das war sicher der Fall bei dem Jungen auf dem (eisernen) Kohlenwagen, der über seine Räder Kontakt mit den Schienen hat. Damit ist der Unfallhergang geklärt.

Erdschluss

Die Schienen der Bahn sind in der Erde verlegt. Da die Erde leitet, gibt es auch einen Unfall, wenn jemand neben dem Gleis auf der Erde steht und mit der Oberleitung verbunden wird, z.B. durch die feuchte Schnur eines Drachens (Bild 8). Da der Stromkreis jetzt durch den Erdboden geschlossen wird, spricht man von einem Unfall durch **Erdschluss.**

> Unfälle durch Erdschluss entstehen, wenn man eine stromführende Leitung berührt und guten Kontakt zur Erde hat.

Achtung! Die Hochspannungsleitungen des elektrischen Versorgungsnetzes übertragen elektrische Energie mit 20000 V, mit 110000 V, mit 220000 V oder gar mit 380000 V. Jeder Kontakt mit den Leitungen ist wegen des auftretenden Erdschlusses tödlich – selbst dann, wenn der Kontakt nicht direkt durch Berühren, sondern indirekt z.B. über eine Drachenschnur erfolgt.

6 **Tödlicher Stromschlag beim Spielen**

Bei dem Versuch, seinen in die Eisenbahn-Oberleitung geratenen Drachen zu bergen, erlitt ein 14-jähriger Junge tödliche Verletzungen. Der Junge war auf einen eisernen Kohlenwagen geklettert und dann mit der Leitung in Berührung gekommen.

A7 Lies die Zeitungsmeldung und betrachte die Abbildung. Beschreibe, wie hier ein Stromkreis geschlossen worden sein könnte.

7

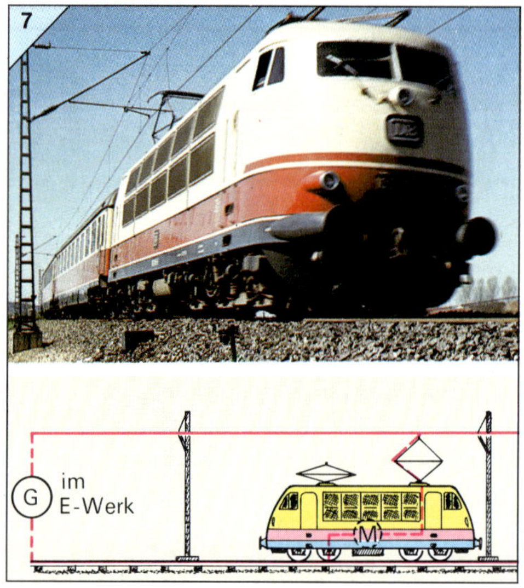

A8 So wird eine E-Lok mit elektrischer Energie versorgt. Wo ist der zugehörige Stromkreis? Verfolge und beschreibe ihn.

8

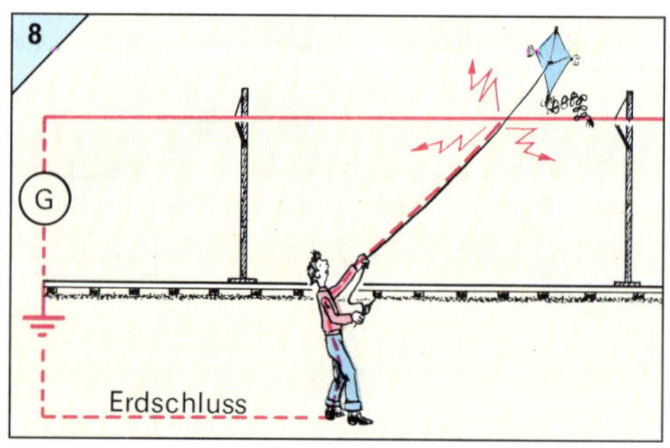

A9 Verfolge den Stromkreis in Bild 8. Was alles liegt darin?
Warum spricht man von Erdschluss? Warum besteht Gefahr für Leib und Leben?

9

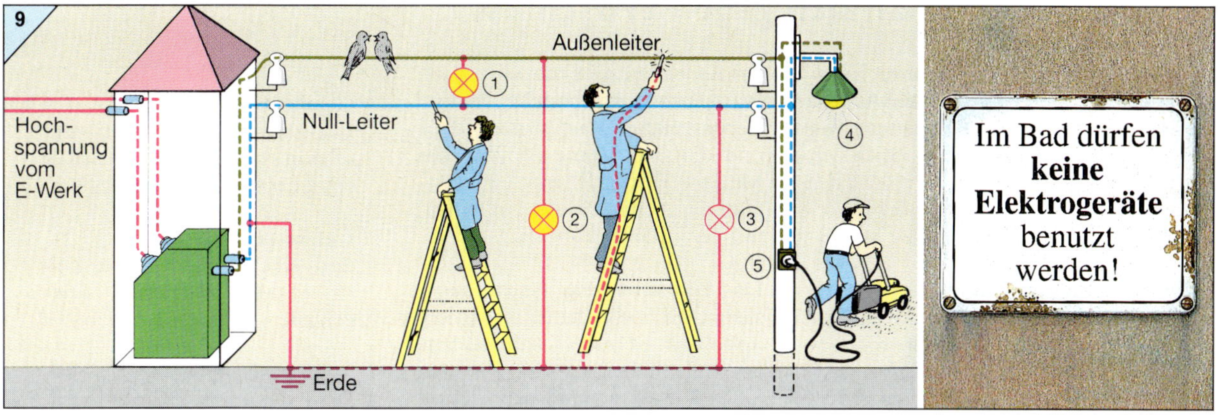

10

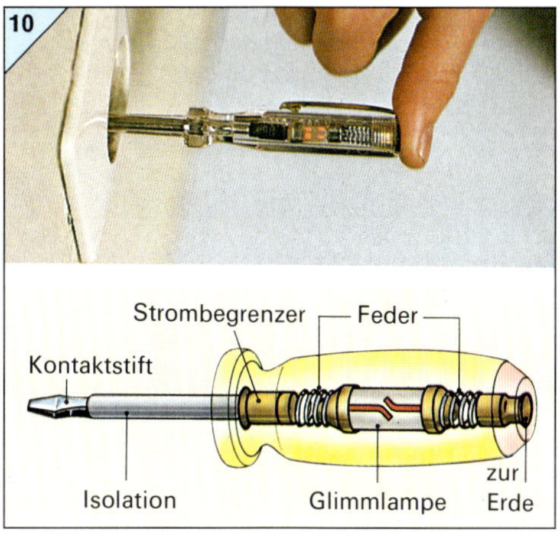

V10 Lehrerversuch: Man prüft beide Buchsen einer Steckdose. Leuchtet die Lampe an beiden? Leuchtet sie auch, wenn man den Daumen vom Metallkontakt abhebt?

A11 Den Stromkreis zu V10 findest du in Bild 9. Verfolge ihn und nenne die Stationen.

A12 Welche Geräte in Bild 9 liegen im Normalstromkreis, welche im Erdschlusskreis?

Normalstromkreis: Haushaltsgeräte und Lampen legt man zwischen Null-Leiter und Außenleiter (wie Lampe ① und ④ in Bild 9). Sie sind dann zueinander parallel geschaltet. Auch die Steckdose ⑤ liegt parallel zu den Lampen. Die Elektrizität fließt in einem Draht zu, im anderen ab.

Erdschlußkreis: In einem Erdschlusskreis wird Lampe ② betrieben. Die Elektrizität läuft vom Transformator über die Außenleitung zur Lampe und durch diese hindurch zur Erde. Über die Erde, den Erder und den Null-Leiter wird sie zum Trafo zurückgeführt.

Die Erdung des Netzes und ihre Folgen

Nicht nur das Berühren von Hochspannungsleitungen ist gefährlich. Es besteht auch beim 230 V-Netz in unseren Häusern Gefahr, wenn man eine blanke Leitung berührt, oder wenn ein Gerät schadhaft ist. Darauf soll das Warnschild im Bild rechts oben hinweisen, das in einem Schwimmbad aufgenommen wurde. Der Grund für die Warnung ist Erdschlussgefahr. Wie kommt es dazu und wo leben wir gefährlich?

Im Bild oben ist in einfacher Form dargestellt, wie ein elektrisches Versorgungsnetz geschaltet ist: Der Transformator drückt über den braunen Draht Elektrizität zum „Verbraucher" Lampe und saugt sie über den blauen Draht wieder ab. Dieser Draht ist in der Trafostation geerdet, das heißt zusätzlich mit dem Erdreich verbunden. Er wird dadurch zum **Null-Leiter.** Der braunumhüllte Draht, über den die Elektrizität ankommt, heißt im Gegensatz dazu **Außenleiter.**

Im Wechselstromnetz unterscheidet man Außenleiter und Null-Leiter. Der Null-Leiter ist geerdet.

Die Lampe ① in Bild 9 und auch das Gerät, das an die Steckdose angeschlossen ist, werden über Zuleitung (Außenleiter) und Rückleitung (Null-Leiter) von Elektrizität durchflossen. Die Lampe ② daneben liegt in einem Erdschlusskreis, in diesem Fall absichtlich. Eine solche Schaltung funktioniert zwar, ist aber verboten.

Auch der Elektriker in Bild 9 schließt mit seinem Prüfgerät einen Erdschlusskreis. Der hat folgende Stationen: braunumhüllter Außenleiter (von der Trafostation kommend) → Prüfgerätespitze → Prüfgerät → Körper des Elektrikers → Fußboden und Mauerwerk des Gebäudes → Erde → Fundamenterder (Metallband ums Haus) → Null-Leiterverteiler und blauumhüllte Null-Leiterader (zum Trafo gehend). Dem Elektriker geschieht nichts, denn in das Prüfgerät ist ein Strom-Begrenzer eingebaut. Dieser sorgt dafür, dass die Elektrizitätsströme sehr klein bleiben. Deshalb bemerkt ein Mensch, der das Prüfgerät so benutzt, nichts von den Strömen, eine Gefahr für Leib und Leben ist ausgeschlossen.

Wie sichert man sich gegen Erdschluss?

Wegen der Erdung unserer Hausinstallation liegt zwischen Außenleiter und Erde eine Spannung von 230 V. Jede Person, die absichtlich oder unabsichtlich Außenleiter und Erde durch ihren Körper verbindet, ist deshalb höchst gefährdet.

Erdschlussgefahr besteht immer dann, wenn die Isolation von Geräten schadhaft geworden ist oder wenn sich Feuchtigkeit auf diesen niedergeschlagen hat. Denn dann hat das Gerätegehäuse oder der Handgriff unter Umständen Verbindung mit dem Außenleiter. Kommt dazu noch guter Kontakt des Benutzers zur Erde wie z. B. im Wannenbad, so besteht höchste Lebensgefahr. Denn Wasser leitet, und die Badewanne ist über das Mauerwerk des Hauses und auch über die Abflussleitung gut leitend mit der Erde verbunden.

Das Bild unten zeigt einen Tauchsieder mit schadhafter Isolation. So etwas ist nie auszuschließen, vor allem bei älteren Geräten nicht. Würde jemand den Stecker in die Dose stecken und das Metall des Tauchsieders berühren, dann wäre es um ihn geschehen! Um das zu verhindern, hat man Schutzeinrichtungen ersonnen.

Gefahrensituationen:
Benutzen von Geräten mit schadhafter Isolation, Einschalten eines feuchten Gerätes

Gefahrenorte:
Bad, Küche, Waschküche, Keller, Stall, Werkstatt, Freigelände

Schutzmaßnahmen:
Schutzisolierung (Kapselung in Isolierstoffen)
Schutzerdung (Erden aller berührbaren Metallteile über das Schutzkontaktsystem)

Schutzerdung

Geräte mit Metalloberflächen wie Waschmaschinen, Herde und Wasserkocher werden geerdet. Man verbindet dazu alle berührbaren Metallteile über eine zusätzliche Leitung mit der Erde, die man **Schutzleiter** nennt. Dieser ist grüngelb ummantelt und zusammen mit Außenleiter (braun oder schwarz) und Null-Leiter (blau) zu jeder Steckdose geführt.

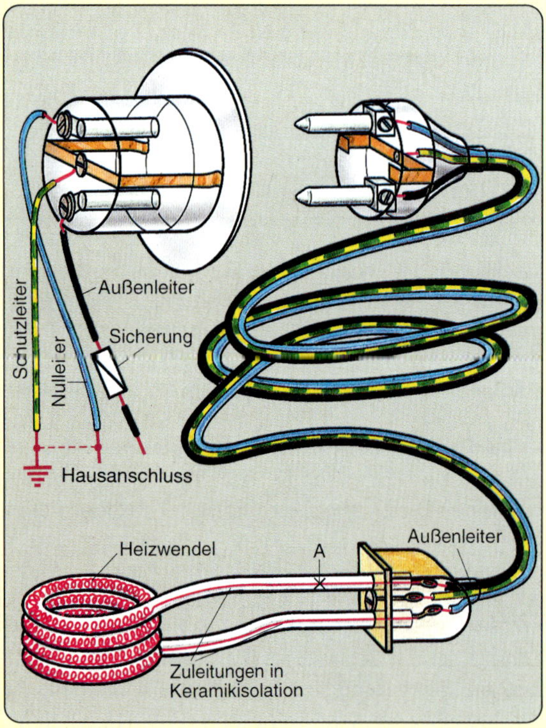

Jedes Anschlusskabel enthält neben der Doppelleitung für die Energiezufuhr auch den Schutzleiter. Dieser ist einerseits mit den Metallteilen des Geräts verbunden, andererseits über den **Schutzkontakt** (Schuko) der Steckdosen mit der Erde (Bild links):

Wenn an der Stelle A der rot gezeichnete Draht ans Hüllrohr des Tauchsieders stößt, würde der Benutzer beim gleichzeitigen Berühren von Hüllrohr und Wasserleitung die Verbindung zwischen Außenleiter und Erde herstellen. Ohne Schutzleiter wäre er in Lebensgefahr. Durch den Schutzleiter wird aber in dem Augenblick, in dem der Stecker in die Steckdose gesteckt wird, folgender Stromkreis geschlossen:

Außenleiter → schadhafte Stelle → Hüllrohr → Schutzleiter des Kabels → Schutzkontakte von Stecker und Steckdose → Schutzleiter der Hausinstallation → Erde → Trafo in der Verteilerstation.

Der Elektrizitätsstrom wird in diesem Kreis so groß, dass die Sicherung den Außenleiter vom Netz trennt. Dann besteht keine Gefahr mehr.

Schutzisolierung

Man kapselt das Elektrogerät vollständig in Kunststoff ein. Da Kunststoff nicht leitet, kann bei Defekten kein Stromkreis über das Gehäuse geschlossen werden. Beispiele für diese Art Schutz sind Radios, Fernseher, Telefon, die meisten Küchenmaschinen. Die Hersteller solcher Geräte achten darauf, dass alle Metallteile, die vom Geräteinnern nach außen führen, durch Kunststoffstücke unterbrochen sind. Solche Geräte können mit Stecker ohne Schutzkontakt (sogenannte **Euro-Stecker**) ans Netz angeschlossen werden.

Sicherheit durch „denkende" Schalter

Besondere Probleme erfordern immer besondere Lösungen: Im Bild rechts mäht ein Mann den Rasen mit einem Elektromäher, der über ein langes Kabel am Netz hängt. Was ist, wenn die Messer dieses Kabel zerhacken?

Nehmen wir an, es wird zuerst der Schutzleiter abgesäbelt, dann der Null-Leiter; schließlich bleibt der Messerbalken in Kontakt mit dem Außenleiter hängen. Nun hat das Messer und alles Metall im Motor eine Spannung von 230 V gegen Erde. Der Mähmann steht direkt auf dem Boden, vielleicht mit etwas feuchten Schuhen. Er hat beide Hände am „Griff". Der ist (absichtlich) mit Kunststoff überzogen, daher besteht noch keine Gefahr. Was aber, wenn er sich bückt und unter dem Rasenmäher nachschauen will, warum nichts mehr geht? Er muss zum Kippen das Metallgehäuse anfassen und ist damit in einem Erdschlusskreis. Nun besteht für ihn Lebensgefahr!

Sicher ist diese Geschichte eine seltene Verquickung von üblen Umständen. Aber bei den vielen Geräten, die im Freien benutzt werden, sind solche Situationen gar nicht so selten.
Deshalb hat man nach etwas gesucht, das auch noch Sicherheit schafft, wenn der grün-gelbe Schutzleiter unterbrochen ist. Diese bietet der Fehlerstrom-Schutzschalter.

Fehlerstrom-Schutzschalter, kurz FSS

Zuleitung (Außenleiter) und Rückleitung (Null-Leiter) sind beide durch diese Art Schutzschalter geführt. Dort wird geprüft, wie groß in jedem der beiden Leiter die Stromstärke gerade ist. Unterscheiden sich die Werte durch mehr als 10 mA, so trennt ein Schalter sofort beide Adern vom Netz.

Der FS-Schalter erkennt also, wann ein Teil des Stroms nicht die normale Rückleitung nimmt, sondern zur Erde abfließt und dabei eventuell einen Menschen gefährdet. Dann schaltet er sicherheitshalber sofort ab. Die Schaltschwelle 10 mA ist gewählt, weil bei dieser Stromstärke eine Gefährdung ausgeschlossen ist.

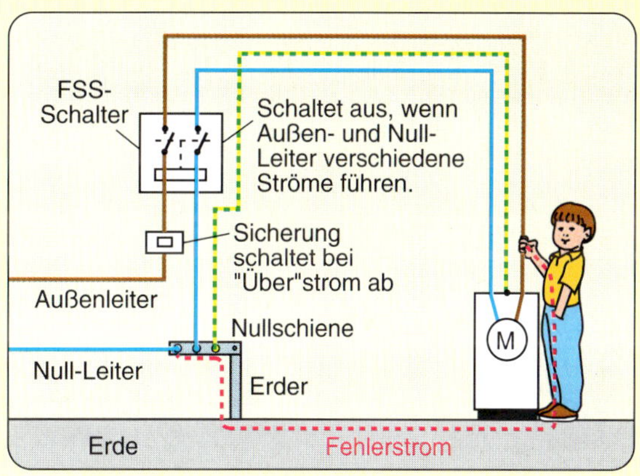

AUFGABEN UND ZUSAMMENFASSUNG

1. Vergleiche die Gas- und die Wasserversorgung eines Hauses mit der Energieversorgung auf elektrischem Wege. Was strömt jeweils zu, was weg? Was dient jeweils als Entsorgungskanal?

2. Wie und wo wird im Haus elektrische Energie gemessen? Wo ist die erste Verteilerstelle?

3. Wenn man durch Erdschluss einen Stromkreis schließt, ist man in großer Gefahr. Beschreibe und zeichne, wie das beim Drachen steigen lassen passieren kann.

4. Warum darf man Hochspannungsleitungen nicht berühren?

5. Wie z. B. kann es in einer Wohnung zu einem Erdschluss kommen? Wie verläuft dabei der Erdschlusskreis?

6. In welchen Räumen ist die Erdschlussgefahr am größten. Begründe mit deinem Wissen über die Leitfähigkeit von Materialien.

7. Wie heißen die beiden Adern bei Netzleitungen, die den Stromkreis bilden? Welche Farben haben sie?

Hausanschluss ans Netz

Beim 230 Volt-Netz unterscheidet man zwischen Außenleiter (braun oder schwarz umhüllt) und Null-Leiter (blau umhüllt). Der Null-Leiter ist mit der Erde verbunden. Deshalb führt eine Person Strom, die Außenleiter und Erde verbindet: Erdschluss.

Elektrogeräte, die mit 230 V arbeiten, sind entweder schutzisoliert oder durch Schutzleiter gesichert.

Was Elektrizitätsströme bewirken

Elektrische Energie aus dem Versorgungsnetz wird in Elektrogeräten in andere Formen von Energie umgewandelt. Eine Gruppe von Geräten erzeugt für uns Wärme (Kochplatte, Fön); Geräte mit Elektromotor helfen uns bei der Handarbeit (Teigrührer, Elektrosäge); alle Lampen spenden Licht; Geräte für die Informationsübertragung erzeugen Schall (Radio, Walkman) oder Bilder (Fernseher).

Geräte, die Wärme erzeugen

Am **Toaster** sieht man am besten, worauf es bei der Wärmeerzeugung ankommt. Wenn du bei eingeschaltetem Gerät durch den Schlitz blickst, durch den die Brotscheiben hineingesteckt werden, siehst du auf beiden Seiten glühende Drähte. Beim Auseinandernehmen eines Gerätes findet man nichts weiter als Glühdrähte, Zuleitungen und einen etwas komplizierten Schalter. Wir schließen daraus, dass zur Erzeugung von Wärme auf elektrischem Weg nur dünne Drähte aus geeignetem Material gebraucht werden. Die Drähte werden während des Betriebs von Elektrizität durchströmt, dabei entsteht die Wärme. Ein Versuch nach Bild 3 beweist es.

Was man in einer Kochplatte, in Heizstäben von Badezimmerstrahlern, in Grilleinrichtungen und elektrischen Öfen vorfindet, ist im Bild oben aufgezeichnet. Die Arbeitsweise dieser Geräte erklärt sich von selbst, wenn wir unsere Erkenntnisse am Brotröster zu Hilfe nehmen: Sie enthalten Heizdrähte, die in einem 230 Volt-Stromkreis liegen. Vom Elektrizitätsstrom darin wird elektrische Energie herbeigebracht, die im Heizdraht in Wärme verwandelt wird. Der Draht gibt die Wärme danach an die Umgebung ab.

Drähte, die von Elektrizität durchflossen werden, verwandeln elektrische Energie in Wärme. Man nennt das auch die Wärmewirkung des Elektrizitätsstroms.

A1 Blicke durch den Broteingabeschlitz eines eingeschalteten Toasters. Beschreibe, was du siehst.
Ziehe den Stecker. Was passiert jetzt?

V2 Nimm einen unbrauchbaren Toaster auseinander. Welches sind seine wichtigen elektrischen Teile? Wo entsteht wohl die Wärme?
Wie ist der Stromkreis im Gerät geschlossen? Wie ist der Schalter konstruiert?

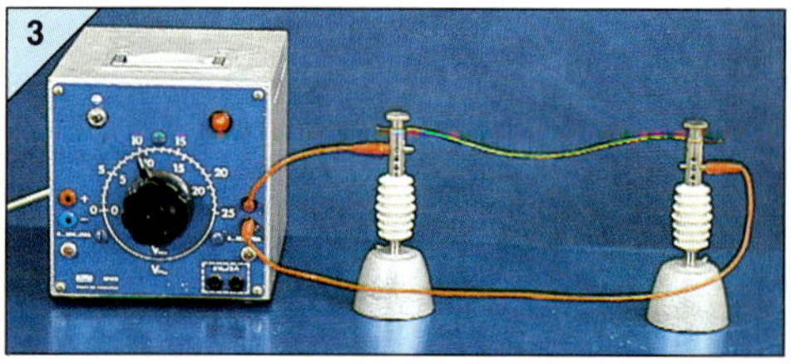

V3 Baue den Versuch entsprechend Bild 3 auf. Der Draht besteht aus dem Material Konstantan, ist etwa 0,5 m lang und 0,2 mm dick. Unter ihm liegt eine feuerfeste Platte. Erhöhe behutsam den Antrieb für die Elektrizität am Stellknopf des Netzgeräts. Beobachte den Draht genau.
Liste auf, was mit zunehmender Voltzahl geschieht. Warum geht der Draht schließlich kaputt?

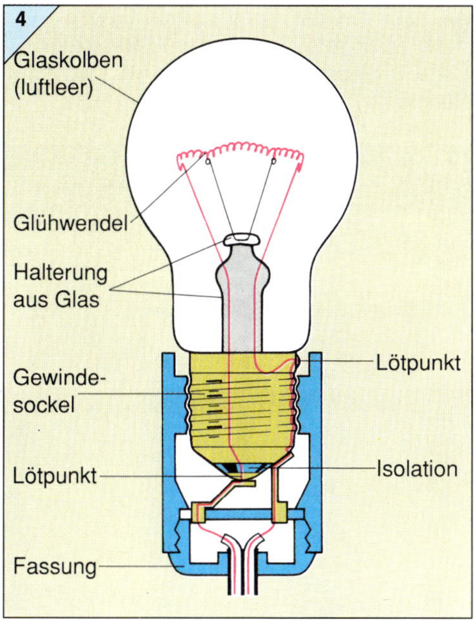

A4 Betrachte eine Glühlampe mit klarem Glaskolben. Welche Funktion haben wohl die Teile darin? Wo wird das Licht erzeugt?

V5 Umwickle den Glaskolben einer Glühlampe mit einem Lappen. Zerbrich den Kolben vorsichtig durch Einklemmen in Schraubstock oder Schraubzwinge. Fasse mit jeweils einer Hand oder Pinzette die Enden des Glühdrahts und ziehe ihn auseinander.
Zerbrich nun auf gleiche Weise das Glas einer Kleinglühlampe. Die Wendel muss intakt bleiben. Schließe sie im „nackten" Zustand an eine Batterie an. Was geschieht?

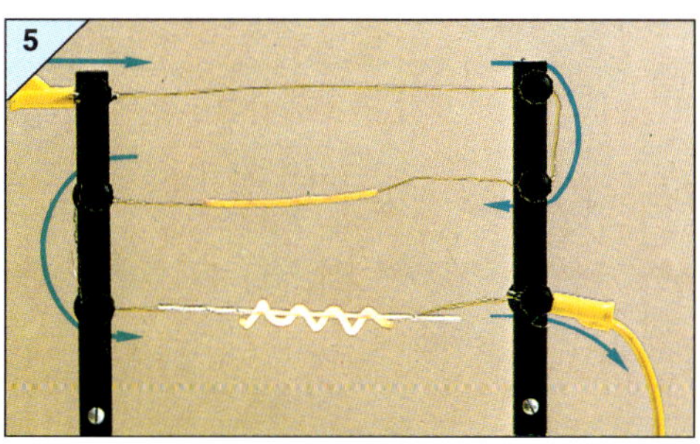

V6 Baue diese Versuchsanordnung auf. Du musst dazu eine Einfach- und eine Doppelwendel aus Spezialdraht herstellen (Konstantan mit 0,2 mm Durchmesser; benutze als Wickelkern eine Stricknadel). Erhöhe langsam die Spannung am Netzgerät.
Notiere der Reihe nach, was du beobachtest.

V7 Schließe entsprechend Bild 6 eine Leuchtdiode an eine Batterie an (langes Bein der Diode an ⊕). Wird die Diode heiß?

Geräte, die Licht erzeugen

Glühlampen: Der innere Aufbau einer Glühlampe ist im nebenstehenden Bild dargestellt. Wenn sie eingeschaltet ist, fließt durch einen dünnen Draht im Lampeninnern Elektrizität. Der Draht wird bis zur Weißglut erhitzt und gibt deshalb Licht ab. Beim Herstellen von Lampen ist einiges zu bedenken:

- Der glühende Draht muss feuersicher verpackt werden. Deshalb kommt er in einen Glaskolben. Dieser darf keine Luft enthalten, da der Glühfaden bei der hohen Temperatur (2500 °C) sofort verbrennen würde. Man pumpt den Glaskolben deshalb luftleer oder füllt ihn mit einem Gas, in dem Metall nicht brennen kann (Stickstoff oder Xenon).
- Wenn man den Glühfaden wendelt, entsteht mehr Licht. Das zeigt Abb. 5. Dort glüht der gerade Draht nicht, die Einfachwendel mäßig, die Doppelwendel dagegen hell. Der Grund ist leicht einzusehen: Die eng nebeneinander liegenden Drahtstücke heizen sich gegenseitig auf; bei gleicher Wärmeerzeugung wird dadurch die Drahttemperatur höher. Der Draht glüht heller. Allerdings setzen auch die besten Glühlampen von der elektrisch zugeführten Energie nur einen kleinen Teil in Licht um; ungefähr zwanzig- bis dreißigmal so viel wird zu Wärme.

Leuchtstofflampen: In Leuchtstofflampen wird Quecksilberdampf elektrisch zum Leuchten angeregt. Dabei entsteht großenteils unsichtbares „Licht". Dieses wird im Leuchtstoffbelag, der innen auf das Glas der Röhre aufgebracht ist, in sichtbares Licht der gewünschten Farbe umgewandelt. Die Umwandlung bewirkt, dass jetzt etwa ein Fünftel der zugeführten Energie in Licht verwandelt wird. Das ist fünfmal so viel wie bei Glühlampen. *Energiesparlampen* arbeiten ebenfalls nach diesem Prinzip. Sie können so klein gebaut werden, dass sie 230 V-Glühlampen fast überall ersetzen können.

Leuchtdioden (LED): Ein winziger Kristall ist in einem durchsichtigen Plastikgehäuse untergebracht. Er wird elektrisch zum Leuchten angeregt. Die Energieumsetzung ist besser und die Lebensdauer länger als bei Glühlämpchen. Leuchtdioden eignen sich hervorragend als Anzeigelämpchen: EIN/AUS- und Kanalnummernanzeige in Fernsehgeräten.

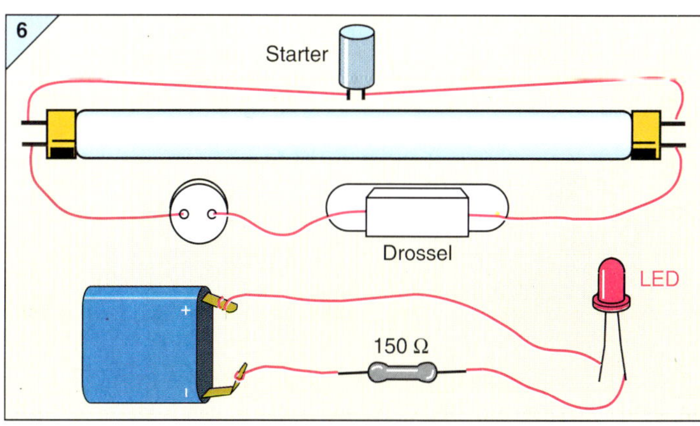

Elektromotoren arbeiten für uns

Betrachten wir nun motorbetriebene Elektrogeräte, z.B. eine Kreissäge. Beim Gebrauch dieses Geräts wird die Säge zunächst in Bewegung gesetzt und dann die Bewegung gegen den Widerstand des Holzes aufrechterhalten. Sägen ist eine mechanische Arbeit, sogar eine sehr „harte". Sie wird mit Hilfe der dem Motor zuströmenden elektrischen Energie vollbracht.

Da das Sägen ein mechanischer Vorgang ist, sagt man, der Motor verwandle in seinem Innern elektrische Energie in **mechanische Energie.** Die mechanische Energie läuft in der Motorachse dann zum Sägeblatt, wo sie beim Sägen erneut verwandelt wird und zwar fast vollständig in Wärme.

Ein Versuch entsprechend Bild 7 zeigt uns, dass der Motor den Energiestrom selbst regelt: Muss er gerade viel arbeiten, also viel mechanische Energie erzeugen, zieht er einen großen Elektrizitäts- und Energiestrom aus dem Netz. Im Leerlauf sind beide Ströme sehr klein. An der Motorwelle wird ja jetzt keine mechanische Energie mehr abgenommen.

Elektromotoren verwandeln elektrische Energie in mechanische Energie.

Generatoren

Wärme und Licht spendende Elektrogeräte sind ebenso wie die Elektromotoren Energieverbraucher. Sie sind nutzlos, wenn sie nicht mit einem Energiespender (einem Erzeuger elektrischer Energie) verbunden werden. Einer der wichtigsten Erzeuger elektrischer Energie ist der mechanisch betriebene **Generator.** Er ist im Prinzip ein umgedrehter Motor: Seiner Welle wird mechanische Energie zugeführt, wodurch sie in Drehung versetzt wird. Bei großen Generatoren geschieht dies durch eine Wasserturbine, eine Dampfturbine oder einen Dieselmotor. Mechanische Energie wird dabei im Generator in elektrische Energie verwandelt, die über eine Doppelleitung einem Verbraucher zugeführt werden kann. Bild 8 zeigt im Kleinen, wie das Ganze funktioniert.

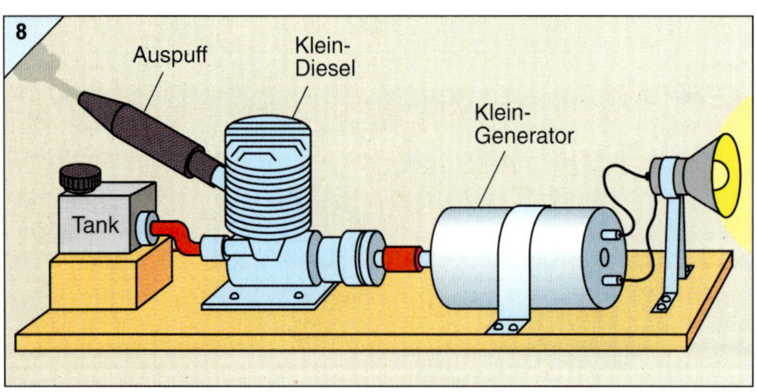

A8 Zähle Geräte auf, die durch Elektromotoren angetrieben werden. Was ist der Vorteil dieser Art von Motoren, was wohl ihr Nachteil?

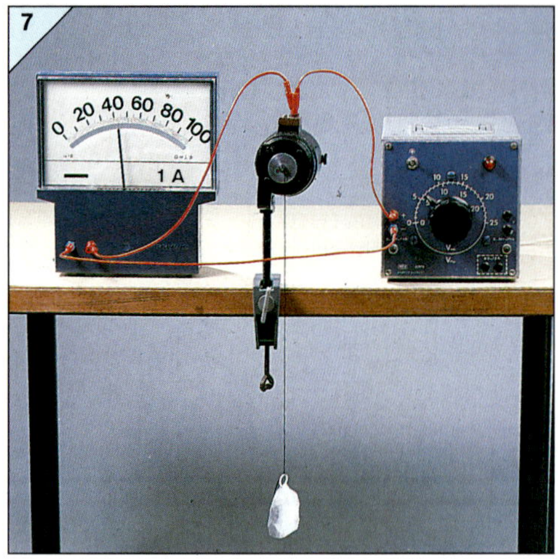

V9 Baue diese Versuchsanordnung auf. Lass den Motor zunächst leer laufen. Hänge dann ein Säckchen mit Sand an die Schnur. Notiere die Größe des Elektrizitätsstroms im Leerlauf und bei Belastung.
Erkläre, warum die Ströme unterschiedlich groß sind.

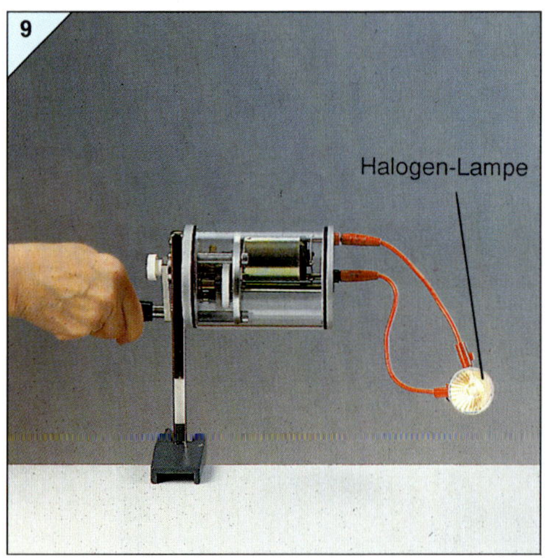

V10 Baue die Anordnung auf. Bringe den Generator bei eingeschalteter Lampe auf Touren. Lass, während du kurbelst, von einem Helfer den Stromkreis unterbrechen. Berichte und erkläre, was geschieht.

A11 Auch ein Generator nimmt offensichtlich von dem, der an ihm arbeitet, nur so viel Energie auf, wie er elektrisch abgeben kann. Vergleiche dieses Verhalten mit dem des Motors.

Stromquellen, die chemisch arbeiten

Die „Wegwerf"-Batterie

Wenn wir elektrisch betriebene Geräte mit uns herumtragen wollen, z. B. einen Walkman oder ein Transistorradio, nehmen wir meist Batterien. Ist ihr Energievorrat aufgebraucht, sind sie zu nichts mehr nütze; sie werden weggeworfen.

Jede Batterie besteht aus mehreren *Zellen*. Im Innern jeder Zelle wird Elektrizität angetrieben. Wenn sie im Kreis herum strömen kann, nimmt sie dabei in der Batterie Energie auf und gibt sie im angeschlossenen Gerät wieder ab. – Der Preis dafür: In der Batterie wird Metall zersetzt. Ist es weg, versiegen Elektrizitäts- und Energiestrom – man braucht eine neue Batterie. Sinnvollerweise gibt man die alte an Sammelstellen ab, die dafür sorgen, dass das Material wiederverwertet wird.

Energie aus Batterien ist rund 2000-mal so teuer wie Energie aus der Steckdose. Man sollte Batterien daher nur dort einsetzen, wo es unbedingt nötig ist.

Stromquellen, die sich wieder aufladen lassen

Ein **Akkumulator** (Akku) ist eine Spezial-Batterie, die man nach der „Erschöpfung" wieder laden kann. Mit Hilfe eines speziellen Lade-Gerätes wird dabei im Akku durch Zufuhr von „Energie aus der Steckdose" der ursprüngliche energievolle Zustand wiederhergestellt. Das geht etwa 1000-mal.

Die Energiekosten sinken gegenüber Wegwerfbatterien beträchtlich. Die Belastung für die Umwelt ist wesentlich kleiner, besonders dann, wenn man auch den Akku an seinem Lebensende zur Rückgewinnung des Metalls darin bei speziellen Sammelstellen abgibt.

AUFGABEN UND ZUSAMMENFASSUNG

1. Liste wenigstens 6 elektrische Geräte auf, in denen Wärme erzeugt wird.

2. Beschreibe genau, wo diese Wärme erzeugt wird und welcher Vorgang dafür verantwortlich ist.

3. Was unterscheidet eine Glühlampe von einem einfachen Wärmeerzeuger? Worauf kommt es bei ihr vor allem an?

4. Wie verhindert man bei Glühlampen das Verbrennen des Leuchtfadens?

5. Auf welche Weise sorgt man bei Glühlampen dafür, dass mit möglichst geringem Zustrom an Energie möglichst viel Licht erzeugt wird?

6. Wozu setzt man Elektromotoren ein? Gib Beispiele und erläutere, was der Elektromotor jeweils tut.

7. Welche Energieumsetzungen finden in Bild 8 statt? Was geschieht letztlich mit der im Kraftstoff steckenden Energie?

8. Was ist der Vorteil, wenn man ein Gerät anstatt mit „Wegwerf"-Batterien mit einem Akku betreibt? Gibt es auch Nachteile?

9. Was ist der „Aufwand" für die Energie, die aus einer Batterie kommt?

10. Was heißt vom Energiestandpunkt aus „einen Akku laden", was „ihn entladen"?

11. Vergleiche die Energieumwandlungen in einem Elektromotor und in einem Generator miteinander. Zeichne jeweils das Energiefluss-Diagramm.

12. Welchen Vorteil haben LED-Anzeigen im Vergleich zu Glühlämpchen?

Elektrogeräte

Wärmeerzeuger enthalten einen geeignet bemessenen Draht. In diesem entsteht Wärme, wenn Elektrizität strömt.
In *Glühlampen* glüht ein gewendelter Draht sehr hell. Die Wendelung vermindert den Energieaufwand.
Elektromotoren können Arbeit verrichten, wenn man elektrische Energie zuführt.

Generatoren und Batterien

Beides sind elektrische Energiequellen. Sie werden durch mechanische bzw. chemische Vorgänge betrieben.

Quellen

Batterie, Fahrraddynamo oder Netzgerät liefern elektrische Energie. Es sind Energiequellen.

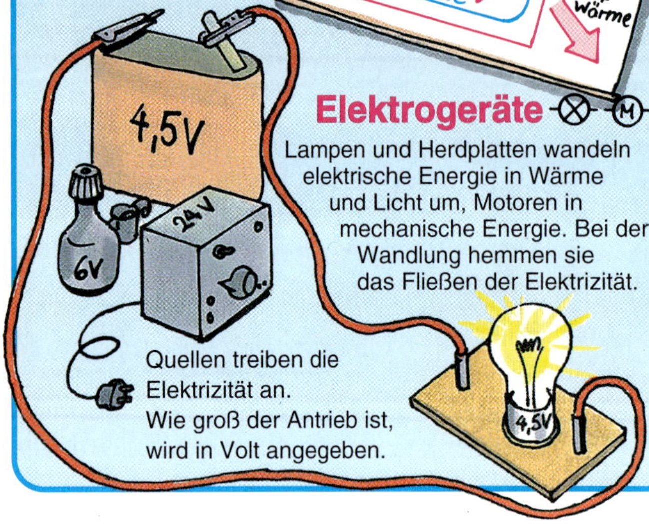

Quellen treiben die Elektrizität an. Wie groß der Antrieb ist, wird in Volt angegeben.

Elektrogeräte

Lampen und Herdplatten wandeln elektrische Energie in Wärme und Licht um, Motoren in mechanische Energie. Bei der Wandlung hemmen sie das Fließen der Elektrizität.

Keine Versuche mit mehr als 24 V!

Auch der menschliche Körper kann Teil eines Stromkreises werden.

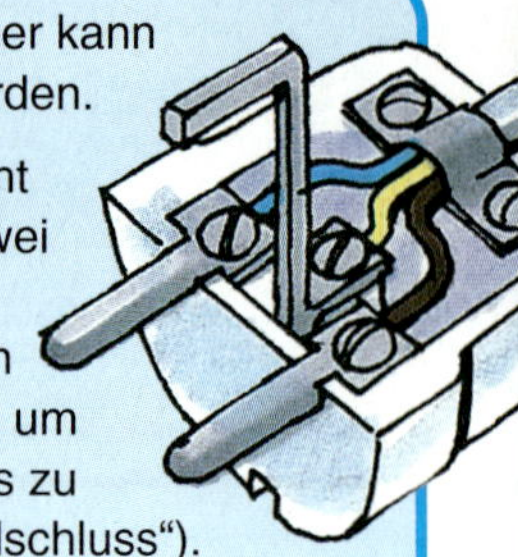

Besondere Gefahr besteht am Netz, weil eine der zwei Leitungen geerdet ist. Dann reicht das Berühren der anderen Leitung aus, um einen Stromkreis zu schließen („Erdschluss").

Vor Erdschluss durch defekte Geräte schützen Schutzkontakte (Schuko-System) und Schutzisolation.

STROMKREIS UND ENERGIE

1. Zeichne eine elektrische Anlage mit Erzeuger (Stromquelle), Doppelleitung und Verbraucher. Zeichne den Energie- und den Elektrizitätsstrom mit verschiedenen Farben ein und beschrifte deine Zeichnung.

2. Warum heißt eine solche Anlage auch „elektrischer Stromkreis"? Was kreist hier?

3. Warum ist für den, der elektrische Geräte benutzt, der rundumlaufende Elektrizitätsstrom eher uninteressant? Worauf kommt es ihm an? Was meint er, wenn er von „Strom" redet? Erläutere am Beispiel einer Handbohrmaschine, die an eine Steckdose angeschlossen ist.

4. Mit zwei Umschaltern kann man nach folgendem Bild eine Flurbeleuchtung bauen:

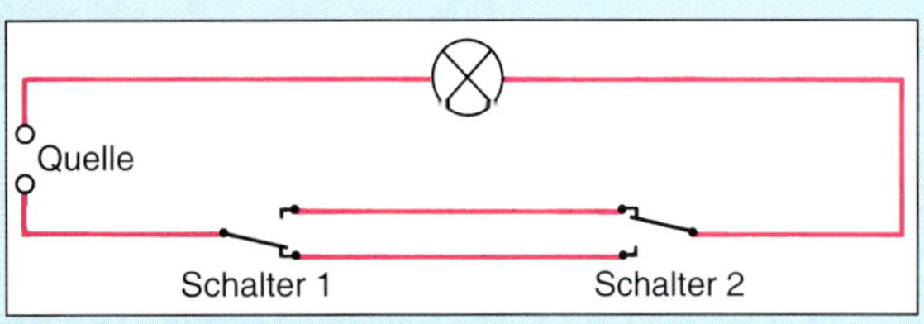

a) Zeichne die Schaltung viermal ab, aber so, dass die Schalter jeweils eine andere Stellung haben. Zeichne ein, in welchen Bildern die Lampe leuchtet. Fahre mit einem blauen Stift den Weg der Elektrizität in diesen Bildern nach.
b) Was geschieht in den vier Bildern jeweils, wenn man einen beliebigen Schalter umlegt? Was, wenn man zuerst die Stellung des ersten Schalters und danach die des zweiten ändert?

5. Hier berühren drei Personen elektrische Leitungen:

a) Welche Person ist wohl ungefährdet?
b) Welche ist Teil eines „normalen" Stromkreises wie eine Lampe?
c) Welche ist Teil eines Erdschlusskreises?
d) Markiere die beiden geschlossenen Stromkreise rot.

6. Im Bild unten ist ein Energiestrom dargestellt. Um welche Form von Energie handelt es sich jeweils? Wo wird Energie gespeichert? In welcher Form?

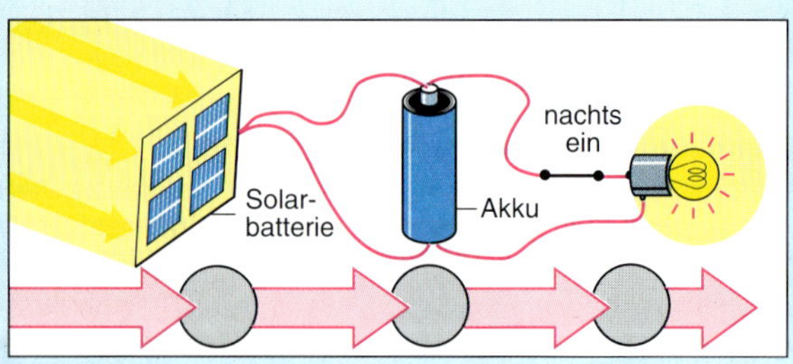

Messungen im und am Stromkreis

Wenn du über einen Teppichboden gehst und danach eine Türklinke anfasst, kommt es gelegentlich zu einem kurzen Schmerz in den Fingern, der dich zusammenzucken lässt. Gleiches geschieht manchmal, wenn du aus einem Auto aussteigst. Man sagt, man hätte einen „elektrischen Schlag" bekommen.
Der Schlag ist meist von einem Fünkchen begleitet. Dieses siehst du natürlich nur, wenn es dunkel ist. Funken kannst du auch sehen, wenn du frisch gewaschene, trockene Haare mit einem Kunststoffkamm bei Dunkelheit vor einem Spiegel kämmst. Das leise Knistern, das du zusätzlich hörst, wird von den Funken erzeugt. Knistern hörst du es auch, wenn du einen Wollpullover ausziehst.

Elektrische Ladung (Elektrizität)

In Abb. 1 wurde eine Kunststoff-Folie mit einem Wolltuch gerieben und danach mit einer Glimmlampe abgetastet. Diese leuchtet kurz auf, wenn man sie der Folie nähert, allerdings in jedem Bereich der Folie nur einmal. Es sieht so aus, als ob nach dem innigen Berühren von Wolle und Kunststoff auf den Folien etwas unsichtbar zurückbleibt, das aber wieder weg möchte und über die Glimmlampe auch weggeht. In dieser Vermutung steckt ein wahrer Kern:

Nach innigem Kontakt von Reibzeug und Kunststoff befindet sich auf der Folienoberfläche **Elektrizität**. Man sagt dann, die Folie sei *elektrisch geladen* oder sie trage nun eine **elektrische Ladung**. Wenn wir die Folie mit der Glimmlampe berühren, fließt Ladung (Elektrizität) schlagartig weg; die Glimmlampe blitzt auf. Da es ein zweites Mal an der gleichen Stelle nicht mehr blitzt, ist die Folie im Berührbereich nun ungeladen.

Positive und negative Ladung

Der Versuch nach Bild 2 zeigt noch mehr: Berührt man den mit Wolle geriebenen Kunststoffstab, so leuchtet das dem Stab zugewandte Ende der Glimmlampe („Nahblitz"). Bei dem mit Watte geriebenen Plexiglasstab leuchtet dagegen das abgewandte Ende („Fernblitz").

Offensichtlich gibt es zwei Sorten elektrischer Ladung (Elektrizität). Üblicherweise wird die eine Art mit dem Zeichen ⊕ gekennzeichnet, die andere mit dem Zeichen ⊖. Dann kann man sagen, der eine Stab trägt *positive*, der andere *negative Ladung*.

Es gibt **positive** und **negative elektrische Ladung** (Elektrizität). Dementsprechend unterscheiden wir positiv geladene, negativ geladene und ungeladene Körper.

Nun erklären sich auch unsere Erlebnisse: Wenn du über einen Teppich gehst oder auf Autopolstern herumrutschst, lädst du dich elektrisch auf. Die Entladung erfolgt meist beim Anfassen von Metallgegenständen.

A1 Berichte über Erlebnisse, bei denen wie links beschrieben leichte Schocks, Knistern oder Funkenbildung zu beobachten waren.

1

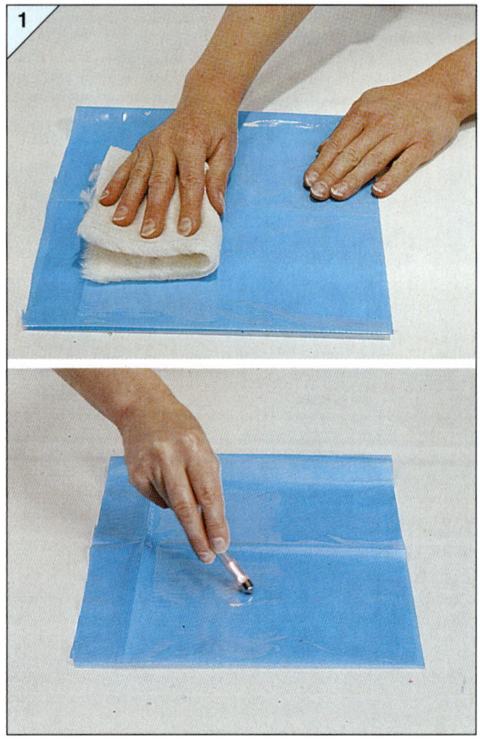

V2 Lege eine Kunststoff-Folie auf den Tisch und reibe sie mit einem Wolltuch. Hebe die Folie ab und berühre sie an verschiedenen Stellen mit einer Glimmlampe.
Berichte.

V3 Wiederhole V2 mit einer Plexiglasplatte (Reibzeug: mit einer Spur Benzin befeuchtete Polierwatte). Welches Ende der Glimmlampe leuchtet jeweils bei V2, welches bei V3? Versuche eine Erklärung.

2

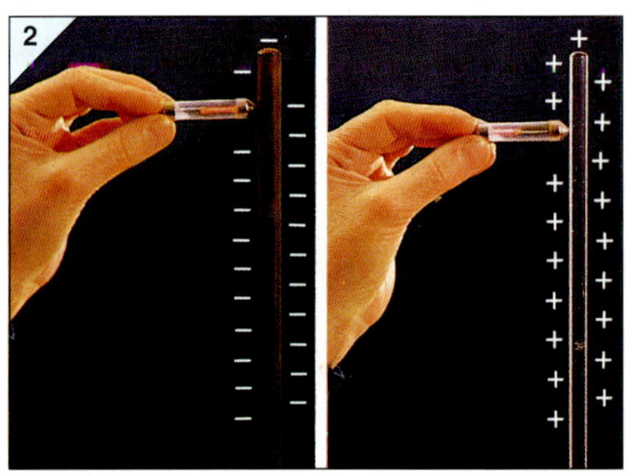

V4 Hier werden ein Kunststoffstab und ein Plexiglasstab auf elektrische Ladung geprüft. Wo gibt es einen Nah-, wo einen Fernblitz?

4

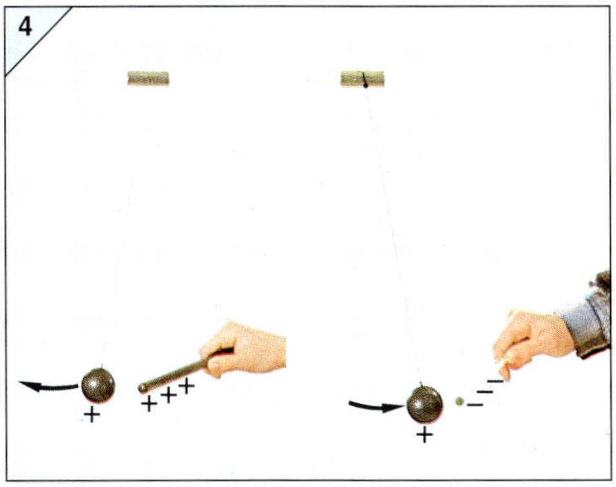

V5 Berühre mit einem geladenen Kunststoffstab einen Tischtennisball, der mit Grafit überzogen und an einem langen Perlonfaden aufgehängt ist. Was beobachtest du? Versuche eine Erklärung.
Wiederhole mit dem geladenen Plexiglasstab.

V6 Prüfe auch, wie die negativ geladene Kunststoff-Folie auf einen positiv geladenen Tischtennisball einwirkt.
Wiederhole mit positiver Plexiglasplatte und negativem Ball.

Das Elektroskop

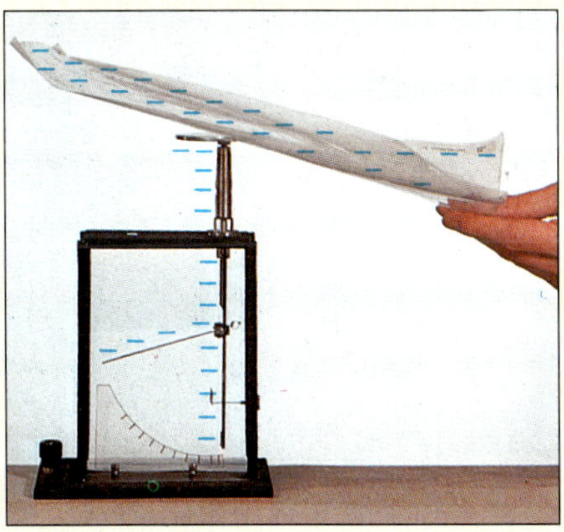

Wenn man dem Kopf dieses Elektroskops negative Ladung zuführt, wird sowohl der senkrechte Stab als auch das Blättchen negativ aufgeladen. Beide stoßen sich ab. Das Blättchen spreizt sich nach links. Der Apparat ist ein Nachweisgerät für elektrische Ladungen.

A7 Wenn man die Kugel in Bild 3 nicht isoliert aufstellt, kann man sie nicht elektrisch aufladen. Warum?

Übertragung von Elektrizität

Man kann die elektrische Ladung von Kunststoff-Folien oder Plexiglas-Stäben auf isoliert aufgestellte Metallkörper übertragen, z. B. auf Kugeln wie im Bild 3. Man muss dazu jeden Oberflächenbezirk der Platte mit der Kugel in Kontakt bringen, die Ladung also sozusagen abstreifen. Von der Kugel lässt sich dann die Ladung „auf einen Hub“ mit der Glimmlampe abnehmen und nachweisen. Dabei zeigt die Lampe auch die Art der Ladung an: Nahblitz an der Berührstelle bei ⊖-Ladung, Fernblitz an der Hand bei ⊕-Ladung. Offensichtlich ist elektrische Ladung (Elektrizität) auf Isolatoren (Kunststoff) unbeweglich, auf Leitern (Metall) beweglich.

3

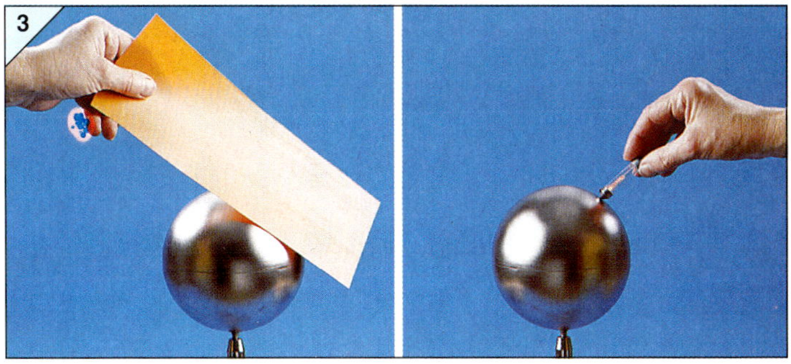

Elektrische Kräfte

Die Funkenbildung können wir nun erklären. Du hast aber sicher bemerkt, dass beim Kämmen Haare und Kamm und in Bild 1 Folie und Reibzeug aneinander haften. Woher rühren diese anziehenden Kräfte? Wir erfahren Genaueres darüber, wenn wir V5 und V6 durchführen.

Sie zeigen, dass elektrisch geladene Gegenstände Kräfte aufeinander ausüben. Sind Stab und Ball gleichartig geladen, ⊕⊕ oder ⊖⊖, so weicht der Ball dem Stab aus. Beide Körper stoßen einander ab. Wenn sie dagegen entgegengesetzt geladen sind, ⊕⊖ oder ⊖⊕, bewegt sich der Ball auf den Stab zu; beide ziehen sich an. Wir haben das **elektrische Kraftgesetz** gefunden:

Elektrisch gleichartig geladene Körper stoßen einander ab, elektrisch ungleichartig geladene ziehen einander an.

Nun verstehen wir, warum ein Teil der Elektrizität von einer geladenen, aber isolierenden Folie wegströmt, wenn man eine Glimmlampe nähert: Die Teilladungen auf der Oberfläche sind gleichartig und stoßen sich heftig ab. Sie schaffen wegen dieser elektrischen Kräfte den Sprung über zentimeterlange Luftzwischenräume. Deshalb leuchtet die Glimmlampe in V2 schon vor dem Berühren der Folie und deshalb wird auch ein mehrere Zentimeter großer Bereich entladen, obwohl sich Elektrizität (Ladung) auf der isolierenden Folie nicht bewegen kann. Dies zeigt auch, dass sich Ladung beliebig unterteilen lässt.

Wie werden aus ungeladenen Körpern geladene?

Wir können geladene Körper erzeugen, indem wir verschiedene Isolatoren aneinander reiben und danach Körper und Reibzeug trennen. Dabei kommt es allerdings nicht auf das Reiben, sondern auf den engen Kontakt zwischen den Oberflächen an. Was geschieht nun während der Berührung und was beim Trennen?

Wir wissen bereits, dass Reibzeug und geriebener Körper leicht aneinander haften: Die Haare am Kamm, das Tuch auf der Kunststoff-Folie, ein Stück Papier auf einer Plastikfolie, ein Stück Styropor an der Wand. Das gibt den entscheidenden Hinweis:
Die beiden Reibpartner scheinen entgegengesetzt geladen zurückzubleiben und sich deshalb anzuziehen. Das heißt aber, dass wir eine Art Ladung niemals allein erzeugen können, sondern immer nur beide ⊕ und ⊖ gleichzeitig; eine Art auf dem geriebenen Gegenstand, die andere auf dem Reibzeug.

V8 und V9 zeigen, dass hierbei sogar genauso viel ⊕-Elektrizität wie ⊖-Elektrizität entsteht. Denn wenn dort das Kunststoffstück im Elektroskopbecher ist, ergibt das den gleichen Ausschlag wie beim Fellstück.

> Positive und negative Ladung können nur gleichzeitig und in gleicher Menge entstehen.

Neutralisation

Sind in V9 aneinander geriebenes Kunststoff- und Fellstück gleichzeitig im Becher, zeigt das Elektroskop keinen Ausschlag. Der Becher trägt keine Ladung. Offensichtlich heben sich die Wirkungen beider Art Elektrizität auf, wenn sie in gleicher Menge auf demselben Körper vorhanden sind. Man nennt diesen Vorgang **Neutralisation**. (Damit wird klar, warum als Kennung für die Art der Ladung Plus- und Minuszeichen gewählt wurden.)

> Gleiche Mengen positiver und negativer Ladung auf einem Körper neutralisieren sich. Der Körper erscheint ungeladen.

Nun liegt ein weiterer Gedanke nahe: Wenn Neutralisation möglich ist, könnte es sein, dass elektrische Ladung bei unseren Versuchen gar nicht erzeugt wird, sondern schon vorhanden ist. Wir müssen dazu nur annehmen, dass sich in jedem Gegenstand und in jedem Stoff immer gleich viel negative und positive Ladung befinden. Wir könnten nichts davon merken, weil sich alle elektrischen Wirkungen nach außen aufheben (neutralisieren). Geladene Körper erzeugen hieße dann, positive und negative Ladung trennen. Diese Ladungstrennung erfolgt beim Berühren und anschließendem Auseinanderziehen zweier Isolatoren von selbst.

> In ungeladenen (neutralen) Körpern befindet sich gleich viel positive wie negative Elektrizität.

V8 Lade unseren „Pendelball" aus V5 durch Berühren mit einer zuvor geriebenen Kunststoff-Folie auf. Nähere dem Ball dann das Tuch, mit dem du die Folie gerieben hast. Was beobachtest du?

5
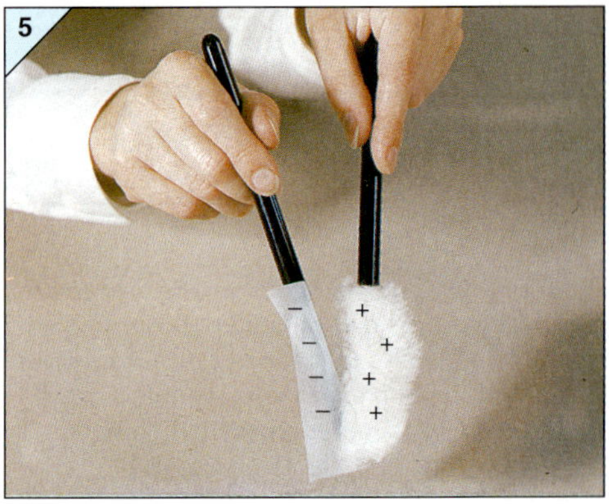

V9 Versieh ein Elektroskop wie in Bild 6 mit einem Becher. Reibe nun ein Stück isoliert gehaltenes Fell an einem Stück Kunststoff. Zeige, dass sowohl Fell als auch Kunststoff geladen sind, indem du die beiden Gegenstände je für sich in den Becher gibst, diesen aber zuvor jeweils entlädst.
Warum wohl sind beide Ausschläge gleich groß?

V10 Entlade Stab und Fell durch kurzes Eintauchen in die warme Luft oberhalb einer Flamme. Zeige zunächst, dass Stab und Fell nun ungeladen sind. Reibe beide aneinander. Stelle fest, ob sie geladen sind, indem du sie dem Elektroskop näherst. Bringe dann beide Gegenstände gemeinsam in den Becher.
Warum gibt es jetzt keinen Ausschlag?

6
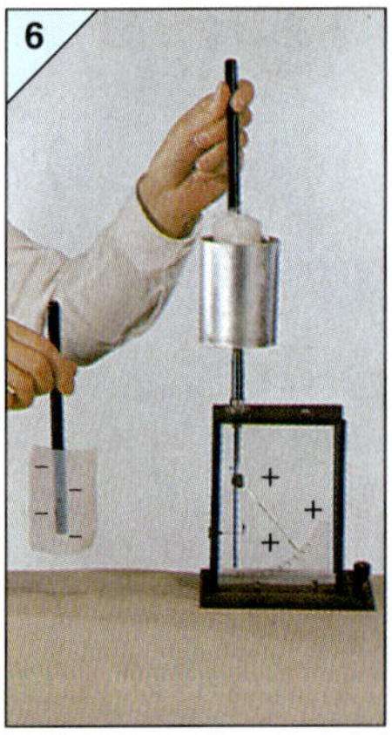

> *Anmerkung:* Metallkörper leiten. Will man auf ihnen elektrische Ladung ansammeln, muss man sie isoliert aufstellen wie in Bild 3. Berührt man den geladenen Metallkörper mit der Glimmlampe, so fließt die angesammelte Elektrizität auf einen Schlag ab. Deshalb gibt es bei einem zweiten Berühren an anderer Stelle keinen Lichtblitz mehr.

Was ist Elektrizität eigentlich?

Elektrizität im Atom

Fast alle Vorgänge in elektrischen Anlagen laufen für uns unsichtbar ab. Das Einzige, was wir beobachten können, sind Wirkungen der Elektrizität, die mit der Energieaufnahme in der Quelle (Drehen der Fahrradlichtmaschine, Zersetzen von Zink in einer Batteriezelle) oder mit der Energieabgabe im Verbraucher (Drehen eines Motors oder Warmwerden einer Heizplatte) zusammenhängen. Die eigentlich elektrischen Vorgänge bleiben uns verborgen.

Um diese Vorgänge aufklären zu können, müssten wir wissen, woher elektrische Ladungen überhaupt kommen und wie sie transportiert werden. Hier die Antwort der Physiker:

Jedes Stück Materie, also jeder Gegenstand, besteht aus unermesslich vielen, sehr sehr kleinen Teilchen, den **Atomen**. Um 1900 hat man herausgefunden, dass diese Atome zwei Arten elektrisch geladener Bausteine enthalten: einen *positiv geladenen* **Kern** und mehrere *negativ geladene* **Elektronen**. (Die Elektronen sind die kleinsten „Ladungseinheiten".)
Der Kern des Atoms ist das ruhende Zentrum wie die Sonne im Planetensystem. Er wird umschwärmt von einem Pulk von Elektronen, die wegen der elektrischen Anziehungskräfte an den Kern gebunden sind. Die am lockersten gebundenen Elektronen im Pulk können dem Atom entrissen werden. Zurück bleiben dann ein positiv geladener Atomrumpf und ein „freies" Elektron.

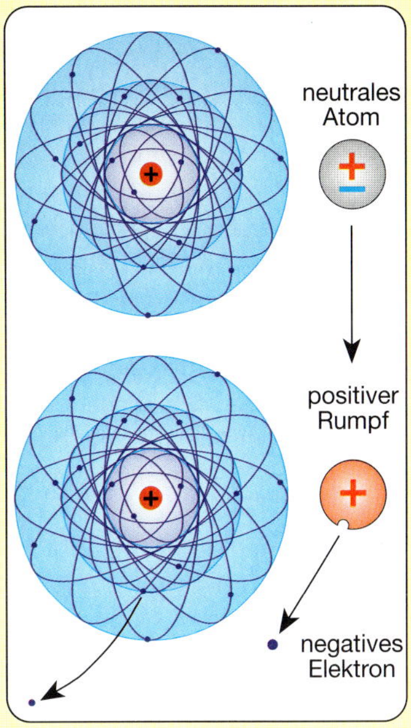

Das Verhalten von Elektronen

Wenn **Isolatoren** wie Kunststoff-Folie und Wolltuch in engen Kontakt gebracht werden, entreißt der Kunststoff den Oberflächenatomen der Wolle Elektronen. Die übergegangenen Elektronen belegen die Kunststoffoberfläche und machen den Körper negativ, er hat nun *Elektronenüberschuss*.
Die Wolle ist danach natürlich positiv aufgeladen. Den Atomen an der Oberfläche fehlen ja nun Elektronen. Deshalb überwiegt die positive Kernladung. Das Wolltuch hat *Elektronenmangel*.

Der Elektronenübergang erfolgt, weil die Atome an der Oberfläche des Kunststoffes gierig nach Elektronen sind, gieriger als die der Wolle. Am meisten Elektronen gehen natürlich über, wenn man eine wenig elektronengierige Substanz mit einer extrem gierigen zusammenbringt. – Wenn wir über einen Teppichboden gehen, entreißt unser Schuhwerk diesem Elektronen. Wir sind danach negativ aufgeladen, der Boden positiv. Der Ausgleich der getrennten Ladungen erfolgt z. B. beim Berühren der Türklinke.

In **Metallen** ist die Situation völlig anders. Wenn aus Kupferatomen ein massiver Kupferdraht wird, gibt jedes Atom eines seiner 29 Elektronen frei. Die vielen freigegebenen Elektronen erfüllen den Kupferdraht gleichmäßig wie eine *Flüssigkeit*. Verlassen können sie das Kupferstück nur dort, wo es von einem anderen Leiter berührt wird; dann treten die Elektronen in den anderen Leiter über (z. B. von der Batteriezunge in einen Draht) und strömen durch diesen hindurch.
Da die Elektronen-„Flüssigkeit" nicht zusammengedrückt werden kann, sind Elektronenströme in einem Metallstück nur möglich, wenn an jeder Stelle des Leiters nach der einen Seite (z. B. nach links) gerade so viele Elektronen weggehen, wie von der anderen Seite (von rechts) hinzukommen. Das bedeutet letztlich, dass wir einen geschlossenen Stromkreis benötigen (z. B. einen Drahtring). Nur so ist die Bedingung „gleich viele rein wie raus" erfüllt.

Eventuelle Anhäufungen von Elektronen auf der Leiteroberfläche, wie bei unseren Metallkugeln, spielen – gemessen an der Zahl der strömenden Elektronen – nur eine Nebenrolle.

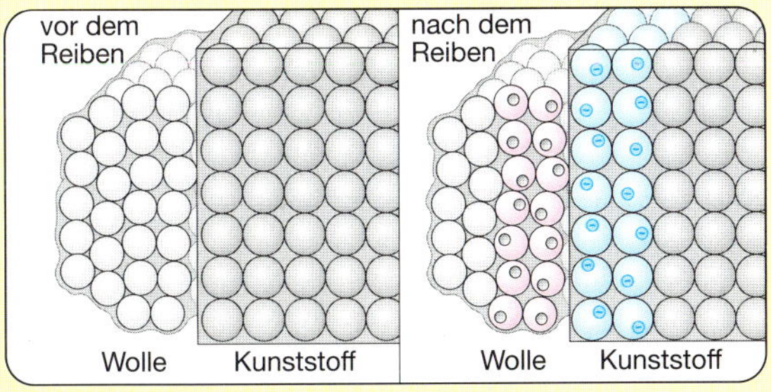

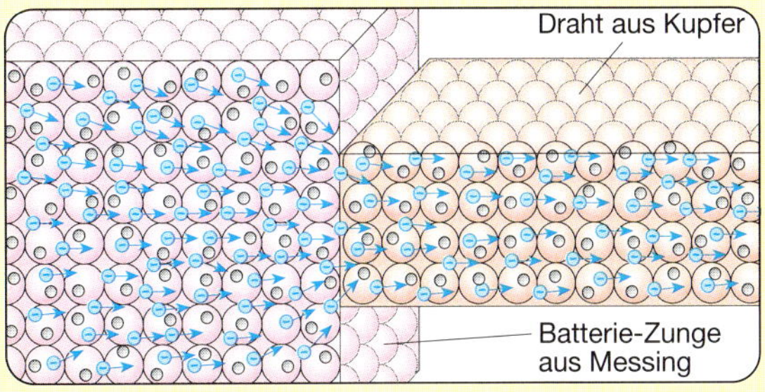

Ladungstrennung durch elektrische Kräfte

In Bild 7 sind links zwei Kugeln fotografiert, die neutral sind. Sie enthalten, wie wir schon wissen, jeweils gleich viel positive und negative Ladung. Dies ist durch die Plus- und Minuszeichen dargestellt. Nähert man den Kugeln entsprechend dem Bild eine negativ geladene Folie, so gehen wegen der Abstoßung (negativ geladene) Elektronen von der nahen auf die ferne Kugel über. Die nahe Kugel hat danach Elektronenmangel. Sie ist also positiv geladen. Die ferne Kugel hat Elektronenüberschuss, sie ist negativ. Diese Art Ladungstrennung heißt **Influenz**. Schiebt man die Kugeln nun auseinander, so bleiben sie geladen, auch wenn man die Folie mit der negativen Ladung wegnimmt.

V11 Führe den Influenzversuch in der Reihenfolge aus, die in Bild 7 dargestellt ist: Folie durch Reiben laden, an die sich berührenden Kugeln nahe heranbringen, Kugeln trennen, nachweisen der Ladungen auf den Kugeln mit Glimmlampe.
Erkläre, was bei jedem einzelnen Schritt geschieht.

V12 Kontrollversuch: Nach dem Trennen der Kugeln die Folie wegnehmen, Kugeln wieder zur Berührung bringen, Glimmlampentest. Sind beide Kugeln nun ungeladen? Wenn ja, warum?

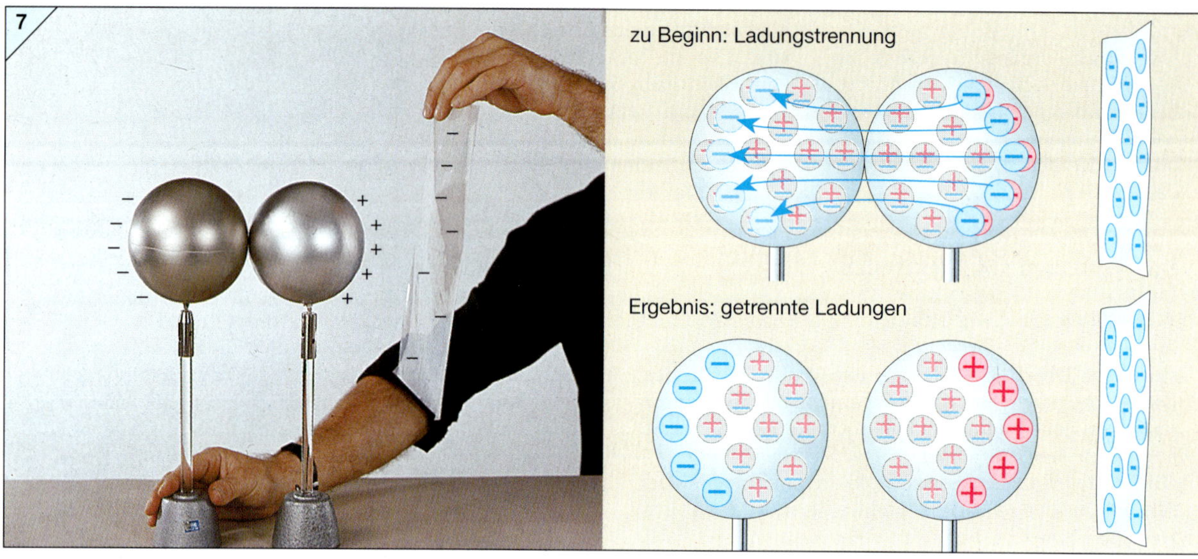

AUFGABEN UND ZUSAMMENFASSUNG

1. Beschreibe, was man unter einem elektrisch geladenen Körper versteht.

2. Welche Arten von elektrischen Ladungen gibt es?

3. Welche Möglichkeiten gibt es, um Körper elektrisch zu laden?

4. Wie lautet das elektrische Kraftgesetz? Gib Beispiele sowohl für die Anziehung als auch für die Abstoßung.

5. Erkläre, wie es durch Aufladung unseres Körpers zu leichten elektrischen Schlägen kommen kann. Gib Beispiele.

6. Was passiert an der Oberfläche einer Kunststoff-Folie, wenn man sie mit einem Wolltuch in Kontakt bringt und dieses dann entfernt?

7. Beschreibe die Ladungstrennung durch elektrische Kräfte (Influenz) im Einzelnen.

8. Welches Ende einer Glimmlampe leuchtet auf, wenn man einen negativ geladenen Gegenstand berührt? Welches leuchtet auf beim Kontakt mit einem positiven Körper?

9. Warum gibt es nur einen kurzen Lichtblitz und kein Dauerleuchten, wenn man mit einer Glimmlampe einen geladenen Metallkörper berührt?

10. Warum kann man im Gegensatz zu einem geladenen Metallkörper an einer Kunststoff-Folie mehrere Lichtblitze erhalten, warum nicht beliebig viele?

11. Beschreibe, wie man sich das Innere geladener Körper vorstellen muss. Unterscheide dabei zwischen isolierenden Körpern und zwischen Metall-Leitern.

Geladene Körper

Körper können positiv ⊕ oder negativ ⊖ elektrisch geladen oder aber neutral sein.

Neutrale (ungeladene) Körper

Nicht geladene Körper nennt man neutral. Auch sie enthalten Elektrizität, jedoch gleiche Mengen beiderlei Vorzeichens. Die positiven und negativen Ladungen (Atomrümpfe und Elektronen) auf einem neutralen Körper gleichen sich aus; der Körper erscheint nach außen ungeladen, er ist neutral.

Elektrisches Kraftgesetz

Gleiche Ladungen stoßen einander ab, ungleiche ziehen einander an.

Gewitter und Blitze

Gewitter sind eindrucksvolle Erscheinungen: Wolken, die sich hoch auftürmen, oft verbunden mit orkanartigen Winden. Großtropfiger Regen und manchmal recht große Hagelkörner fallen aus diesen Wolken und werden von den Winden umhergeschleudert. Am eindrucksvollsten aber sind Blitze und der sie begleitende Donner. Wie kommen sie zustande?

Im Prinzip haben wir schon alles beobachtet: Der Funke, der vom Kamm aufs Haar überspringt, entspricht dem Blitz; das Knistern, das wir hören, dem Donner. Beide sind harmlos. Blitze dagegen können schwere Schäden anrichten, während der Donner uns nur erschreckt. Das liegt daran, dass im Blitz ungeheuer viel Energie umgesetzt wird.

Die Energie selbst kommt von der Sonne. Sie erwärmt die Erde und die unmittelbar darüber liegende Luft. Diese steigt hoch und nimmt Wasser als unsichtbaren Dampf mit. Das Wasser wurde dem Erdboden und Gewässern durch Verdunstung entzogen. Wenn die Luft aufsteigt, kühlt sie ab. Ist sie so kalt, dass das Wasser in Tröpfchen an der Unterkante der Wolke auszufallen beginnt, kommt die Aufwärtsbewegung erst recht in Gang. Die Luft fährt wie ein Fahrstuhl hoch, mit Geschwindigkeiten im Zentrum, denen selbst modernste Flugzeuge nicht standhalten können. Dabei werden Wassertröpfchen mitgerissen. Sie vereinigen sich zu großen Tropfen. Diese werden teilweise durch den Wind wieder aufgesplittert. Dabei tritt Ladungstrennung ein: Kleine Bruchstücke laden sich positiv, große negativ auf. Die kleinen nimmt der Aufwind mit nach oben, die großen fallen im Wind langsam nach unten. Der Oberteil der Wolke lädt sich positiv, der Unterteil negativ auf. Es sind Millionen Volt, die zwischen den beiden Wolkenschichten liegen.

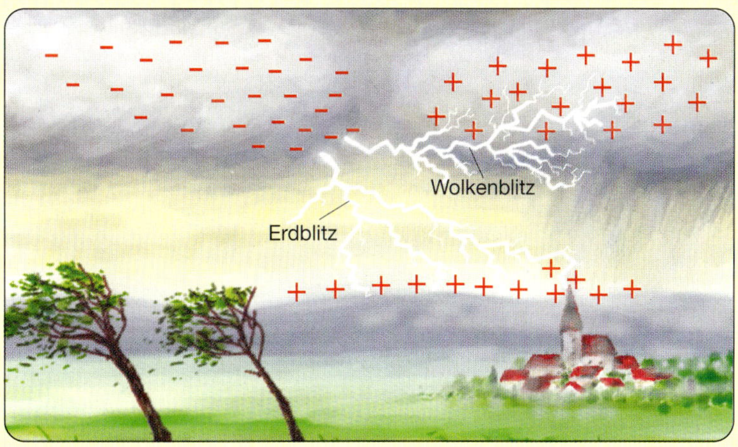

Wolkenblitze

Zwischen entgegengesetzt geladenen Wolkenteilen bilden sich leitende Kanäle aus. Über diese erfolgt der Ladungsausgleich als Blitz innerhalb von Bruchteilen einer Sekunde. Die Elektrizitäts-Ströme im Kanal sind millionenfach größer als die in unseren Haushaltgeräten. Der Kanal erhitzt sich deshalb auf einige tausend Grad und leuchtet kurzzeitig auf. Wir beobachten einen Blitz von Wolke zu Wolke. Wird die untere Wolke vom Wind verweht und hochgewirbelt, so zucken die Blitze quer über den Himmel.
In Blitzkanälen wird die Luft sehr heiß, ähnlich wie Pulvergase beim Platzen eines Feuerwerkskörpers. Die schlagartige Ausdehnung infolge der Hitze erzeugt einen harten Knall. Da der Kanal meist sehr lang ist, braucht der Schall von den einzelnen Kanalabschnitten zu unserem Ohr verschieden lange. Von ferne ist er auch leiser. Das führt zum Donnerrollen. Nur bei nahen Blitzen hören wir einen scharfen Schlag.

Erdblitze

Die Unterseite von Gewitterwolken ist negativ geladen. Wegen der elektrischen Kräfte, die sie auf die leitende Erde ausübt, werden unter der Wolke Elektronen im Erdboden abgestoßen, die Erde wird an dieser Stelle positiv. Die Wolken- und die Erdladung können sich als Blitz ausgleichen, der oft gewaltige Schäden anrichtet:

1. In einem Baum, der getroffen wird, verdampft der Saft. Der Stamm splittert und bricht an der heißesten Stelle.
2. Brennbares Material in Häusern oder Scheunen wird oft durch die Wärmeentwicklung entzündet.
3. Auch Menschen werden durch die Wärmeentwicklung getötet oder verletzt, wenn sie in den Blitzkanal kommen. In Häusern und Autos ist man davor weitgehend sicher.

Warum sträuben sich hier die Haare?

Im Bild steht eine junge Frau auf einem Isolierschemel. Sie wird vom Bandgenerator daneben negativ aufgeladen. Elektrische Kräfte bewirken, dass sich ihre Haare sträuben. Diese werden vom Kopf abgestoßen, weil sie ebenfalls etwas negativ geworden sind.
Wie weit wirken diese elektrischen Kräfte in den Raum hinaus? Und wie verändert sich ihre Richtung bei diesem Ausgreifen? Ein Experiment zeigt es uns.

Der **Bandgenerator** ist eine „Influenz"-Maschine. Am unteren Bandende werden durch Influenz einem Metallkamm Elektronen entrissen und auf ein laufendes Band gesprüht. Es trägt sie zu einer Kugel aus Metall, dem Maschinenkopf. Der Kopf trägt danach negative Ladung, der Maschinenfuß und die mit ihm leitende verbundenen Dinge die zugehörige positive.

Das elektrische Feld

Bringt man entsprechend dem Bild unten auf den negativen Kopf eines Bandgenerators kleine Watteflöckchen, so werden diese gleichnamig geladen und fliegen dann auf gekrümmten Bahnen zu einer positiven Kugel, die mit dem Generatorfuß leitend verbunden ist. Ohne Zweifel wird die Bewegung durch elektrische Kräfte (Anziehung und Abstoßung) bewirkt. Die gekrümmte Bahn beweist, dass sich die Kraftrichtung von Ort zu Ort ändert. – Am positiven Pol geben die Flöckchen ihre negative Ladung ab und werden sofort danach positiv aufgeladen. Dies dreht die Kraftrichtung um. Deshalb kehren die Flöckchen auf ähnlichen Bahnen zum Minuspol zurück. Danach wiederholt sich das Spiel.

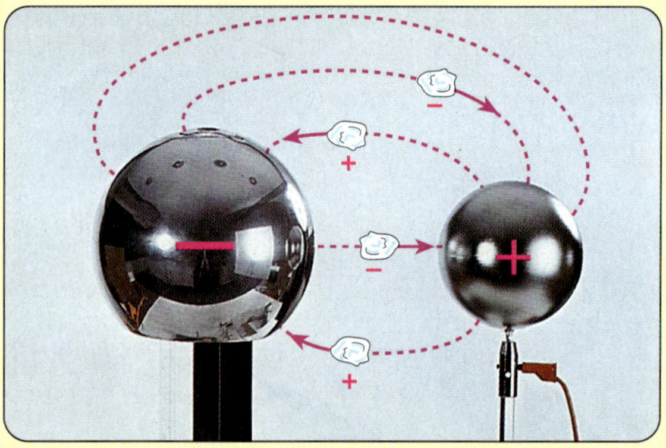

Wenn wir einen entfernten Gegenstand mechanisch in Bewegung setzen wollen, brauchen wir zur Übertragung unserer Kräfte Seile zum Ziehen oder Stangen zum Schieben. Hier sehen wir nichts dergleichen. Um die Kräfte auf die Watteflocken trotzdem erklären zu können, nimmt man Folgendes an: Die elektrischen Ladungen auf den Kugeln im Bild verändern den Raum um sich herum. Den so veränderten Raum bezeichnet man als **elektrisches Feld**. Alle elektrisch geladenen Körper, die man in dieses Feld bringt, erfahren dort Kräfte.

Die Bewegung unserer Watteflöckchen zeigt nun, dass die Kräfte im Feld längs bestimmter Linien wirken, den so genannten **Feldlinien.** Dabei erkennen wir, dass diese Linien immer an einem der beiden felderzeugenden Körper beginnen und am entgegengesetzt geladenen enden.
Man ist übereingekommen, die Linien mit Pfeilen zu versehen, die von Plus nach Minus zeigen. Positive Körper bewegen sich dann in Pfeilrichtung, negative entgegen.
Da die Watteflöckchen an jeder Stelle der Kugeln im Bild starten können, kann man im Prinzip beliebig viele Feldlinien zeichnen. Der Übersicht halber begnügt man sich mit nur wenigen.

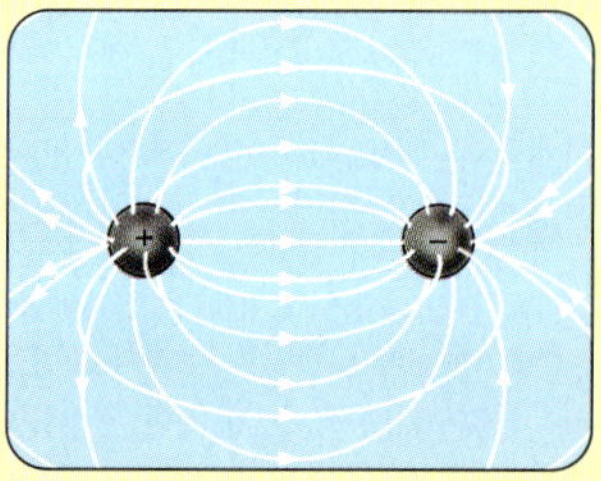

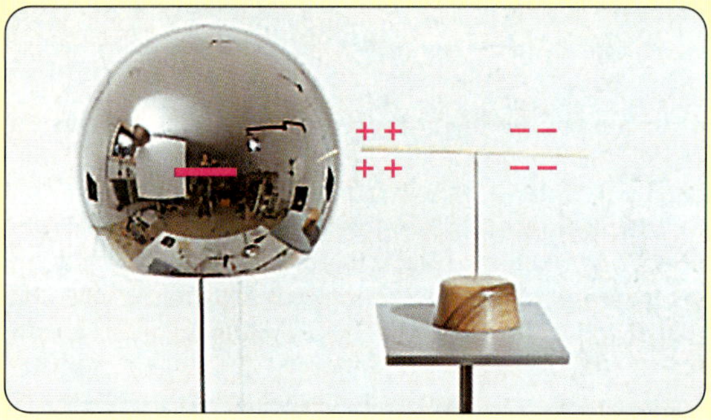

Kräfte auf ungeladene Körper

Im Foto links siehst du ein ungeladenes, leicht bewegliches Strohhalmstück im Feld einer geladenen Kugel. Durch Influenz werden im Strohhalm zunächst Elektronen verschoben. Das der Kugel nähere Halmende wird positiv, das andere negativ.
Das funktioniert, weil Stroh ein wenig leitet. Wenn der Halm zunächst etwas schräg steht, drehen ihn die jetzt auf seine Enden wirkenden Kräfte in die Feldlinienrichtung.

Die Darstellung elektrischer Felder

Wenn wir dem Bandgeneratorkopf eine Platte gegenüberstellen, bewegen sich die Watteflöckchen auf anderen Bahnen. Das heißt aber, dass der Verlauf der Feldlinien von der Form der Körper abhängt, die das Feld erzeugen. Mit einem einfachen Verfahren kann man die Linien sichtbar machen, allerdings nur zwischen flachen, scheibenförmigen Körpern: Man gießt eine dünne Schicht Rizinusöl, in dem etwas Grieß verrührt wurde, in eine flache Glasschale. In die Ölschicht werden die Metallscheiben eingetaucht, in deren Umgebung man das Feld untersuchen will. Die Scheiben werden nach Wunsch positiv oder negativ geladen. Danach ordnen sich die Grießkörner längs der Feldlinien im neu entstandenen Feld an und zeigen uns dessen Struktur.

Felder zwischen ungleich geladenen Scheiben

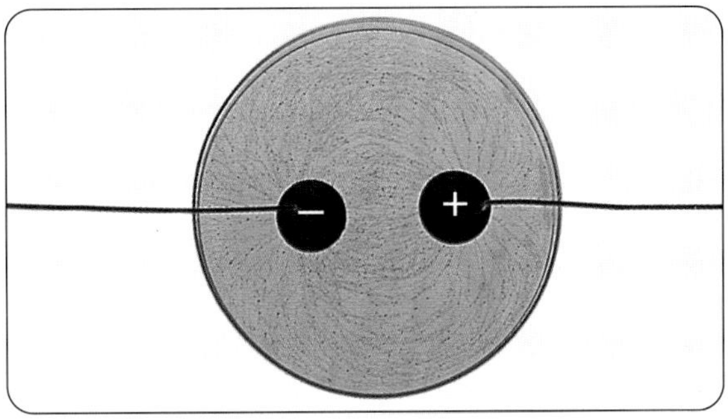

Man verbindet eine Scheibe mit dem Kopf, die andere mit dem Fuß eines Bandgenerators. Eine ist dann negativ, die andere positiv geladen. Die Grießkörner ordnen sich entsprechend dem Bild rechts zu Bögen, die die beiden geladenen Scheiben verbinden und jeweils an den Scheibenrändern enden. In der Schale kann man deshalb nun auf einen Blick die Struktur des Feldes erkennen, das sich zwischen ungleichnamig geladenen Scheiben aufbaut. Ein ähnliches Feld bildet sich zwischen Steckdosenpolen und Batteriepolen aus.

Die Räumlichkeit der Felder

Was wir in unserer Schale sehen, sind ebene Gebilde. Elektrische Kräfte in der Nähe der Scheiben gibt es jedoch nicht nur in der dünnen Rizinusöl-Schicht sondern auch darüber und darunter. Wenn man sich viele gleichartige Ölschichten übereinander gestapelt vorstellt, erhält man ein etwas zutreffenderes Bild. Das räumliche **Feld zwischen geladenen Kugeln,** das wir mithilfe von Watteflöckchen untersucht haben, entsteht in unserem Geist jedoch erst dann, wenn wir das in der Schale erschaute Grießkörnerbild um die Symmetrielinie durch die beiden Scheibenmittelpunkte aus der Zeichenebene heraus drehen und zwar Schritt für Schritt und uns bei jedem Schritt vergegenwärtigen, wie im Raum nun die Feldlinien verlaufen.

Felder zwischen gleich geladenen Scheiben

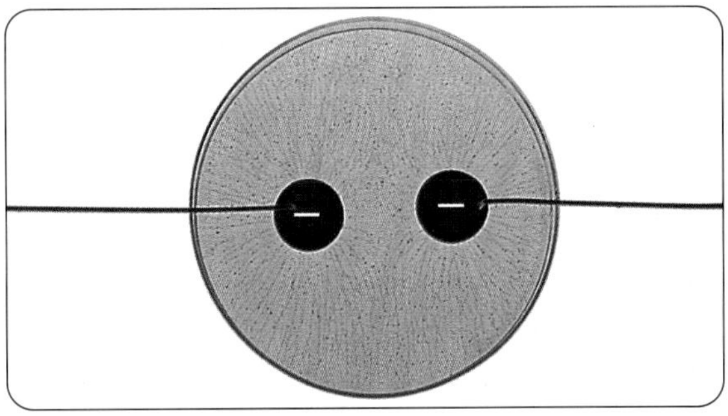

Wenn wir beide Scheiben mit dem Generatorkopf verbinden, laden sie sich negativ auf. Die Anordnung der Grießkörner zeigt dann, dass sie sich nun nicht mehr vom einen zum anderen geladenen Körper schwingen, sondern sich voneinander abspreizen und zu beiden Seiten der Mittellinie nach oben und unten laufen. Ein negativer Prüfkörper würde sich entlang der Linien an den Schalenrand bewegen. Kein geladenes Objekt kann durch die elektrischen Kräfte von der rechten in die linke Hälfte der Anordnung transportiert werden.

Feld zwischen ungleich geladenen Streifen

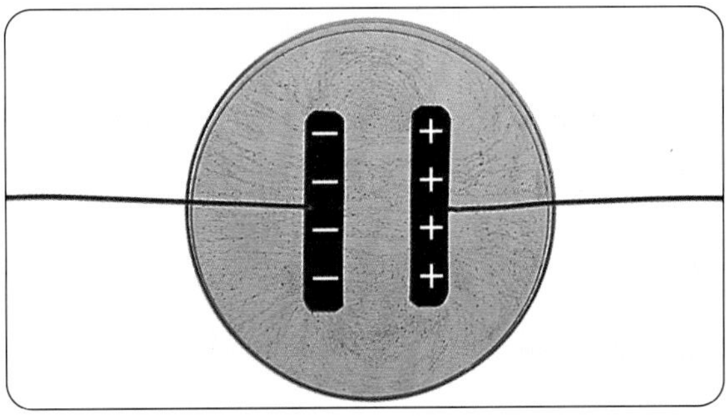

Dieses Feld weist zwischen den Streifen zueinander parallele Feldlinien auf. Schichtet man in Gedanken Bilder dieser Art übereinander, so ergibt sich der Feldverlauf um und zwischen **parallelen Platten.**
In einem Feld mit *parallelen Feldlinien* ist die Kraft auf einen geladenen Körper überall konstant. *Zusammenlaufende Feldlinien* dagegen signalisieren uns, dass die Kraft von Ort zu Ort zunimmt, *auseinander laufende Feldlinien* zeigen, dass sie abnimmt.

Mithilfe geriebener Platten und Folien, isolierter Blechkörper und Glimmlampen haben wir viel Wissenswertes über elektrische Ladungen herausbekommen. Sind diese Erkenntnisse mit dem vereinbar, was wir bereits über den Stromkreis wissen? Der Zusammenhang zwischen *Ladung von Körpern* und *Strom in Drähten* wird deutlich, wenn man Versuche mit einem Hochspannungsnetzgerät durchführt (Abb. 1).

Dieses Hochspannungsgerät hat (wie die Batterie) einen Plus- und einen Minusanschluss. Wir unterstellen daher, dass es das Gleiche tut, nämlich Elektronen im Innern von Plus nach Minus befördern. Allerdings ist der Antrieb, den die Elektronen erfahren, etwa tausendmal größer. Daher geschieht Folgendes:

Elektronenverschiebungen im Stromkreis

Ein isolierter Blechgegenstand (z. B. eine Kugel), der einen Augenblick lang den Minuspol berührt, ist danach negativ geladen. Deshalb gibt es beim Glimmlampentest einen Nahblitz. Wir schließen daraus, dass auf der Kugel überschüssige Elektronen sitzen, die vom Minuspol stammen. – Berührt dagegen die Metallkugel den Pluspol, so ist sie danach positiv geladen (Fernblitz). Das heißt, dass am Pluspol Elektronen fehlen. Diese wurden beim Berühren von der Metallkugel abgesaugt.

Führen wir nun die isolierte Kugel als „Löffel" vom Minuspol zum Pluspol, dann zurück usw. Sie nimmt dabei jeweils am Minuspol Elektronen auf und gibt sie am Pluspol ab. (In die Zuleitungen zu den „Polen" eingeschaltete Glimmlampen zeigen jeweils den erwarteten Stromstoß an.) Die Elektronen werden von uns mit der Metallkugel von Minus nach Plus „gelöffelt", in der Hochspannungsquelle aber von Plus nach Minus zurückgeschoben. Es besteht ein Kreislauf.

> In einer Stromquelle werden Elektronen vom Pluspol zum Minuspol geschoben. Im äußeren Stromkreis bewegen sie sich vom Minuspol zum Pluspol.

Dauerströme

Weil Elektronen negativ sind, sich gegenseitig abstoßen und von positv geladenen Körpern angezogen werden, benötigen wir den Löffel nicht unbedingt. Wir können sozusagen das „Fährschiff" Metallkugel durch eine Brücke aus Metall ersetzen. Dann haben wir nicht mehr einzelne Stromstöße, sondern einen Dauerstrom. Die Elektronen werden an der Minusseite gleichmäßig herausgepumpt und fließen ebenso gleichmäßig über den Draht zum Pluspol. Dort werden sie in die Quelle hineingesaugt, sobald sie ankommen.

Da die Elektronenbewegung hier immer in der gleichen Richtung erfolgt, sprechen wir von **Gleichstrom.**

1

V1 Lehrerversuch: Man berührt mit einem isolierten Metallkörper (z. B. einer Kugel) den Minuspol ⊖ eines Hochspannungsnetzgerätes und testet mit der Glimmlampe.
Beobachte, welche Ladung die Kugel trägt.
Nun wiederholt man am Pluspol ⊕.
Was schließt du aus den Ergebnissen?

2
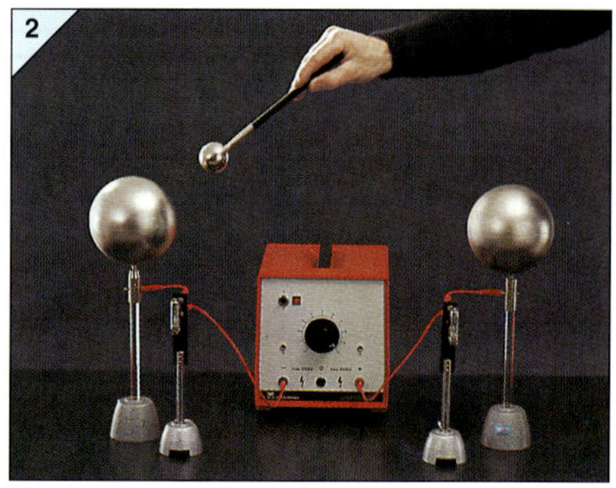

V2 Lehrerversuch: Nun werden zwei isolierte Metallkugeln über Glimmlampen mit je einem Pol des Hochspannungsgeräts verbunden. Mit einem dritten isolierten Metallkörper (dem „Löffel") übernimmt man Ladung an der negativen Kugel und trägt sie portionsweise zur positiven. Beobachte die Glimmlampen.

A3 Überlege, wie das „Löffeln" in V2 funktioniert, wenn die ungeladene Kugel („Löffel") am Pluspol geladen und am Minuspol entladen wird. Was ist in diesem Fall anders?

3
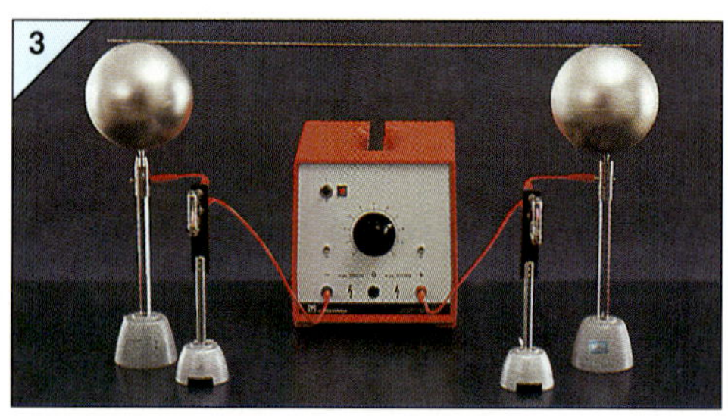

V4 Lehrerversuch: Man überbrückt nunmehr die Lücke zwischen den Kugeln mit einem Draht oder Stativstab. Beobachte.

A5 Was kannst du aus dem Verhalten der beiden Glimmlampen in Abb. 3 schließen?

A6 In Bild 4 sind ein Batteriestromkreis mit zwei Lämpchen und unser Hochspannungsstromkreis mit zwei Glimmlampen dargestellt. Welche Teile der beiden Anlagen entsprechen einander?
Beschreibe, wie sich die Elektronen in beiden Anlagen bewegen. Warum sagt man statt „Stromquelle" oft salopp „Elektronenpumpe"?

4

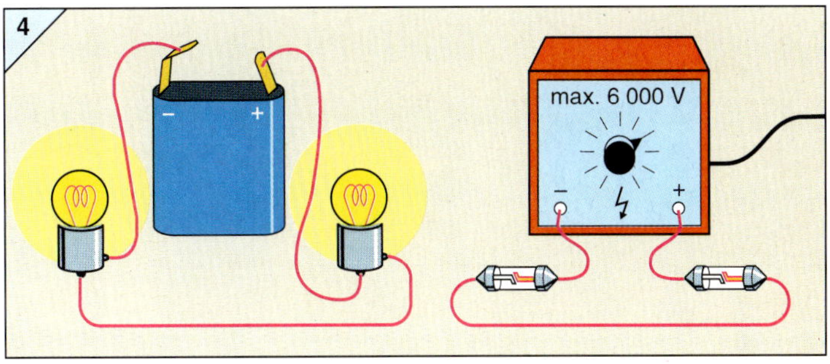

Batterien

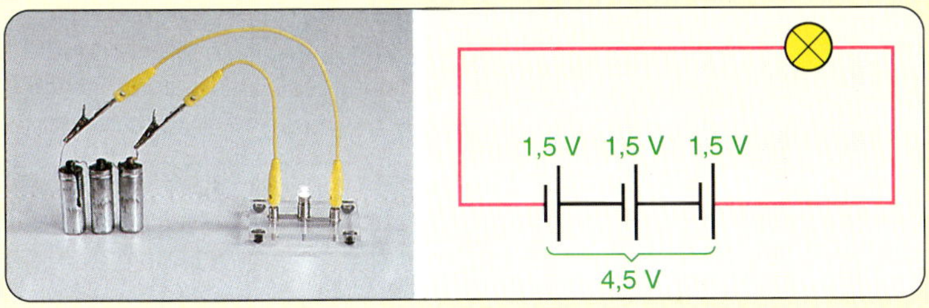

Batterien treiben Elektronen im Stromkreis rundum und geben ihnen dabei Energie mit. Im Bild erkennst du, dass eine Flachbatterie aus 3 Zellen besteht. Diese sind so miteinander verbunden, dass sie die Elektronen im gleichen Sinn schieben. Jede Zelle ist gut für 1,5 V, die ganze Batterie also für 4,5 V.

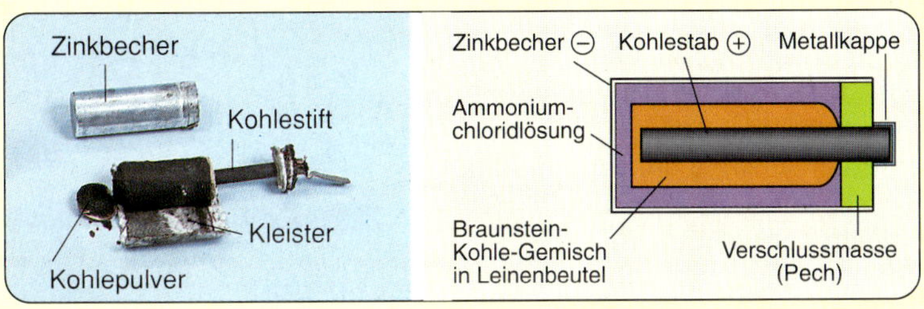

Eine Zelle besteht aus einem Zinkbecher, in dem mittig ein Kohlestift steckt, der von einem porösen Kohle-Braunstein-Körper umgeben ist. „Batterieschmiere" (Ammoniumchlorid-Lösung) füllt die Zwischenräume und die Poren im Braunsteinkörper.

Beim Gebrauch entnehmen wir der Batterie Energie. Dies hat zur Folge, dass die Batterieschmiere den Zinkbecher zersetzt. Der Zersetzungsvorgang schiebt die Elektronen an und liefert dabei Energie in den Stromkreis. Die Elektronen werden dabei am Zinkbecher (dem ⊖-Pol) herausgedrückt und am Kohlestift (dem ⊕-Pol) eingesaugt. – Wenn das Zink verbraucht ist, sagt man, die Batterie ist (energie)leer. Sie kann keine Elektronen mehr im Kreis herumtreiben und damit auch keine Energie mehr liefern.
Wenn der Zinkbecher zersetzt ist, läuft der Rest der Schmiere aus und zerstört meist das Gerät. Daher müssen Batterien rechtzeitig ausgetauscht werden. Für hochempfindliche, teure Geräte (z. B. Walkman) sollte man auslaufsichere Zellen verwenden.

Energie aus Batterien ist teuer. Sie kostet ungefähr das 2000-fache im Vergleich zu elektrischer Energie aus der Steckdose. Außerdem sind die Stoffe, die jede Batterie enthält, umweltschädlich, vor allem das Zink und Spurenstoffe, die der Schmiere zugegeben sind. Gebrauchte Batterien gehören daher nicht in den Hausmüll; sie sollten beim Kauf neuer Batterien im Laden oder an besonderen Sammelstellen abgeben werden.

5

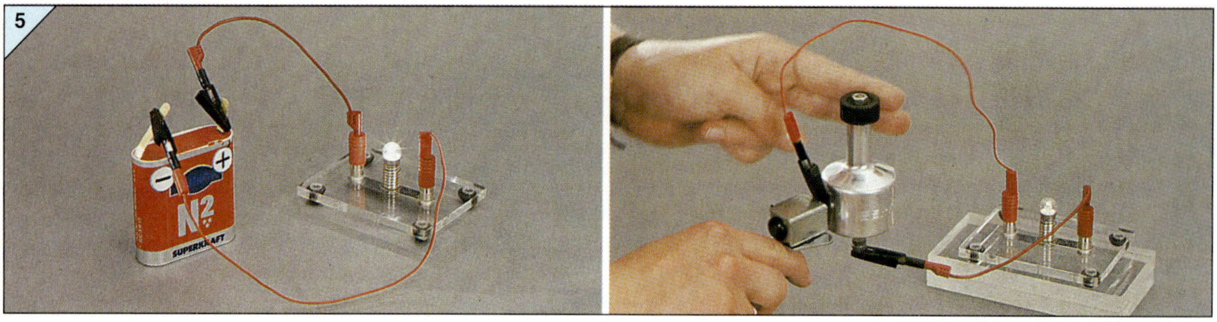

Wechselströme

Die Beleuchtungsanlage am Fahrrad arbeitet normalerweise nicht mit Batterien. Die Lampen werden hier von einer Lichtmaschine gespeist, die von einem Reifen über ein Rändelrad angetrieben wird. Worin liegt der Unterschied?

Wir finden ihn, wenn wir an die Fahrradlichtmaschine eine geeignete Glühlampe anschließen und das Rändelrad langsam in einer Richtung drehen: Die Lampe blitzt dabei in kurzen Abständen auf; offensichtlich gibt es im Stromkreis nur kurze Stromstöße.

Wenn wir anstelle der Lampe einen Kleinmotor in den Stromkreis bringen, zeigt sich, dass aufeinander folgende Stromstöße jeweils entgegengesetzte Richtung haben. Wir erkennen das daran, dass sich die Motorachse nicht mehr in einer Richtung dreht, sondern abwechselnd ein Stückchen linksherum, dann ein Stückchen rechtsherum. Wenn wir schnell drehen, zittert die Achse nur noch hin und her.

Im Stromkreis der Lichtmaschine folgen also Stromstöße wechselnder Richtung aufeinander. Die Elektronen im Draht pendeln nur noch hin und her. In Abb. 7 sind einige Phasen des Vorgangs dargestellt. Aus nahe liegenden Gründen nennt man einen Strom dieser Art **Wechselstrom**. Der stetige Elektronenfluss in einer Richtung, wie wir ihn in Batteriestromkreisen haben, heißt dagegen **Gleichstrom**.

> Bei Wechselströmen ändert sich die Richtung der Elektronenströmung in kurzen Zeitabständen.

Man bezeichnet nun einen Hin- und Hergang der Elektronen als Periode des Wechselstroms. Die Zahl der Perioden je Sekunde heißt **Frequenz**. Wir kamen bei der Lichtmaschine allenfalls auf 10 bis 20 Perioden je Sekunde. Da man 1 Periode je Sekunde auch 1 Hertz (Hz) nennt, ist die Frequenz z. B. 12 Hz. Bei der Frequenz 12 Hz strömen die Elektronen 12-mal in eine Richtung und 12-mal in Gegenrichtung; insgesamt gibt es also 24 Stromrichtungs-Wechsel.

V7 Schließe ein Glühlämpchen an eine Taschenlampenbatterie an. Ersetze dann die Batterie durch eine Fahrradlichtmaschine. Drehe am Rändelrädchen entsprechend Abb. 5 einmal langsam und danach schnell immer in der gleichen Richtung. Beobachte die Glühlampe. Gibt es einen Unterschied zum Gleichstrombetrieb? Welchen?

6

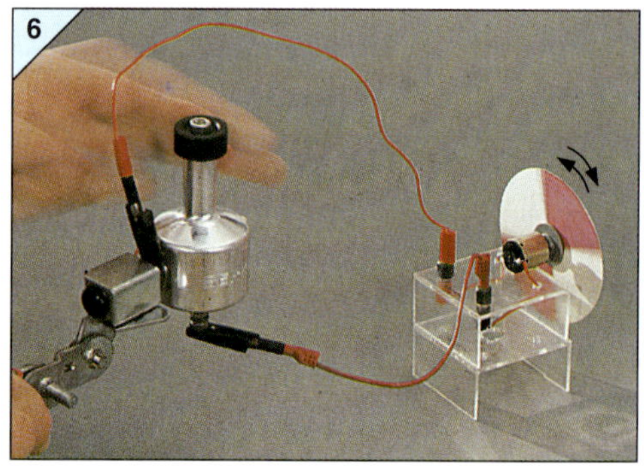

V8 Ersetze die Glühlampe durch einen Kleinmotor, auf dessen Achse eine Pappscheibe aufgesetzt ist. Drehe erneut einmal langsam, danach schnell am Rändelrädchen.
Warum kann man hier eine Aussage über die Richtung der Elektronenbewegung machen? Warum ist dies bei der Glühlampe nicht möglich?

A9 Wie bewegen sich die Elektronen in der Lichtmaschine, in den Drahtverbindungen und im Lämpchen in den Teilbildern von Abb. 7 jeweils?

7

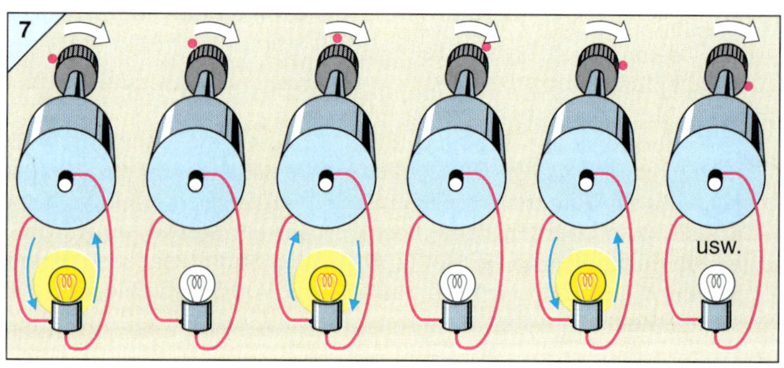

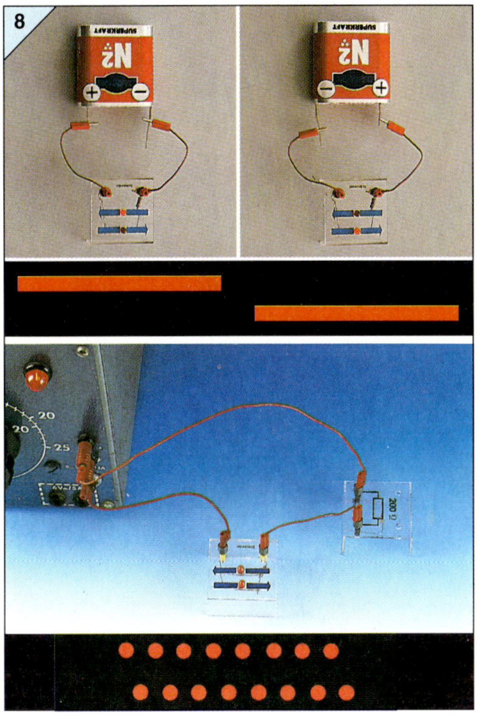

8

V10 Verbinde die Anschlüsse des abgebildeten Polsuchgeräts einmal mit einer Batterie (einschließlich Poltausch), danach über ein Netzgerät mit der Steckdose. Bewege das Polsuchgerät rasch hin und her.
Wie viele Lichtwechsel gibt es während einer Hinbewegung? Wie lange dauert diese?

Netzwechselstrom

Dass unser Versorgungsnetz mit Wechselströmen betrieben wird, weiß jeder. Wie aber kann man das nachweisen? Die Lampen flackern nicht, und die Achsen der am Netz betriebenen Elektromotoren drehen sich immer in derselben Richtung. Allerdings: Unser Kleinmotor läuft an einem Wechselstromnetzgerät, das 4 V liefern kann, überhaupt nicht. Nur die Achse zittert leicht. Das deutet darauf hin, dass viele Wechsel in einer Sekunde erfolgen.

Dies kann man mithilfe des in Abb. 8 fotografierten Polsuchgeräts zeigen. Schließt man es an ein Netzgerät an, das 6 V Wechselspannung liefert, leuchtet sowohl die Leuchtdiode für den positiven als auch die für den negativen Pol. Bewegt man das angeschlossene Gerät schnell hin und her, so sieht man aber deutlich, dass die Dioden abwechselnd blinken. Der Beweis für Wechselstrom und auch für die schnellen Wechsel ist erbracht.

Unser Versorgungsnetz arbeitet mit Wechselstrom.
Die Frequenz ist 50 Hertz (50 Hz).

Zunächst könnte man glauben, dass die **Energieübertragung mit Wechselstrom** nicht funktioniert. Die Elektronen schwingen ja nur noch hin und her und und gelangen deshalb von der Quelle gar nicht zum Elektrogerät. Nun sind aber die Elektronen in den Drähten durch elektrische Kräfte aneinander gekettet. Infolge dieser Kopplung bilden sie eine umlaufende Kette. Diese Kette nimmt Energie in der Quelle auf und gibt sie im Elektrogerät ab. (Auch bei einem Fahrrad mit Freilauf kannst du ja durch Hin- und Herbewegung der Pedale das Gefährt vorwärts treiben).

AUFGABEN UND ZUSAMMENFASSUNG

1. Was geschieht mit den Elektronen, wenn man einen Metallkörper mit dem Minuspol oder mit dem Pluspol einer Quelle in Kontakt bringt? Wie ist der Körper danach jeweils geladen? Wie kann man ihn wieder entladen?

2. Beschreibe den Versuch, in dem wir Elektronen über eine Lücke im Stromkreis „gelöffelt“ haben. Wodurch unterscheidet sich dieser Stromkreis von dem einer Taschenlampe?

3. Manchmal sagt man, am Minuspol herrsche Elektronenüberschuss, am Pluspol Elektronenmangel. Erkläre, was damit gemeint ist.

4. Beschreibe, wie sich Elektronen in einem Gleich- und wie in einem Wechselstromkreis bewegen.

5. Wie verhält sich eine Glühlampe, wie ein Motor in einem Wechselstromkreis sehr kleiner Frequenz?

6. Wie groß ist die Netzfrequenz? Ermittle den Wert durch Nachsehen auf einem Haushaltszähler.

7. Hier ist ein Wasser-Wechselstromkreis gezeichnet. Beschreibe, wie er arbeitet.

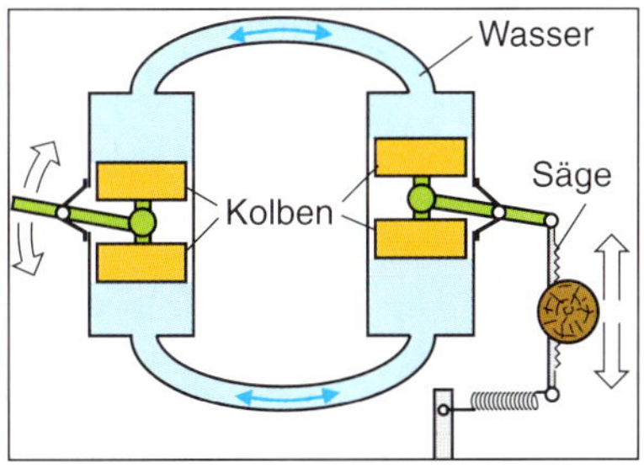

Funktion der Stromquelle

Eine Stromquelle verschiebt in ihrem Inneren Elektronen vom Plus- zum Minuspol. Deshalb herrscht am Minuspol Elektronenüberschuss und am Pluspol Elektronenmangel. Im äußeren Stromkreis bewegen sich die Elektronen selbsttätig von Minus nach Plus.

Wechselstrom

Bei Wechselstrom pendeln die Elektronen hin und her.
Einen Hin- und Hergang nennt man Periode. Die Zahl der Perioden je Sekunde heißt Frequenz. Sie beträgt in unserem Wechselstromnetz 50 Hertz.

Elektronenströme werden beurteilt und gemessen

In elektrischen Gleichstromkreisen fließen Elektronen rundum. Ob der Elektronenstrom groß oder klein ist, kann man z. B. an der Lichtabgabe von Lämpchen erkennen, die sich im Stromkreis befinden. Dieses Verfahren lässt allerdings nur grobe Aussagen zu. Für exakte Vergleiche benötigt man **Strommessgeräte** (kurz: Strommesser). Was messen diese?

Elektronenströme in Drähten verhalten sich in mancher Hinsicht ähnlich wie Wasserströme in Rohrleitungen und Schläuchen. Überlegen wir deshalb zunächst, wie man den Wasserstrom messen kann, der aus einem Wasserhahn austritt. So ginge es: Wir stellen einen 10-ℓ-Eimer unter und messen die Zeit, die vergeht, bis er voll ist. Aus Wassermenge (10 ℓ) und Zeit (z. B. 20 s) können wir dann errechnen, wie viel Liter je Sekunde ausströmen: $\frac{10\,\ell}{20\,\mathrm{s}} = 0{,}5\,\frac{\ell}{\mathrm{s}}$. Der Wert *0,5 Liter je Sekunde* ist ein geeignetes Maß für die Größe des Wasserstroms, also für die Wasser-**Stromstärke.**

Beachte:

1. Gleiche Stromstärke in diesem Sinn kann man erhalten mit einem dünnen Strahl, in dem Wasser schnell fließt, oder mit einem dicken, in dem es langsam ist. Die Strömungsgeschwindigkeit allein ist also kein Maß für die Stromstärke.
2. Die Stromstärke, die wir beim Ausströmen aus dem Hahn feststellen, muss genauso groß sein wie die Stromstärke an jeder beliebigen Stelle der Zuleitung. Es geht nicht, dass in einem Rohr oder Schlauch mehr Wasser je Sekunde zu- als wegfließt.
3. Um die Wasserstromstärke in einem Rohr zu messen, müssen wir das Rohr auftrennen und einen Wasserzähler einfügen. Er zeigt, wie viel Liter geflossen sind. Messen wir die Zeit für das Fließen, so können wir die Stromstärke errechnen.

Messung elektrischer Ströme

Bei der Messung elektrischer Ströme kann man im Prinzip genauso vorgehen. Anstelle der Wasseruhr muss man allerdings einen Elektronenzähler in den Stromkreis einfügen. Mit diesem und einer Uhr können wir die Zahl der Elektronen feststellen, die den Zähler je Sekunde durchströmen.

Die Verwendung von Elektronenzähler und Uhr ist unpraktisch. Es ist einfacher, Messgeräte zu verwenden, die mithilfe der magnetischen Wirkung elektrischer Ströme arbeiten und Zeiger haben.

Je größer die Zahl der Elektronen ist, die eine in die Leitung gedachte Scheibe in einer Sekunde durchfluten, desto größer ist die Stromstärke. Bei 1 A strömen in jeder Sekunde 6 000 000 000 000 000 000 = 6 Trillionen Elektronen durch die Scheibe.

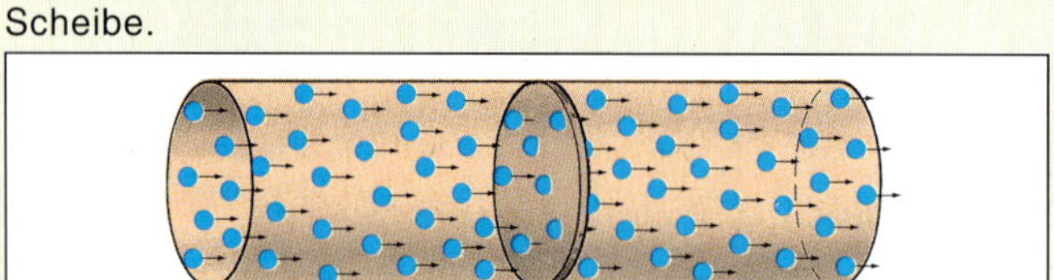

V1 Miss die Wasserstromstärke mithilfe von Eimer und Stoppuhr – einmal an einem Hahn, der ganz aufgedreht ist, und einmal mit halb geöffnetem Hahn. Wie viel Liter je Sekunde strömen jeweils aus?

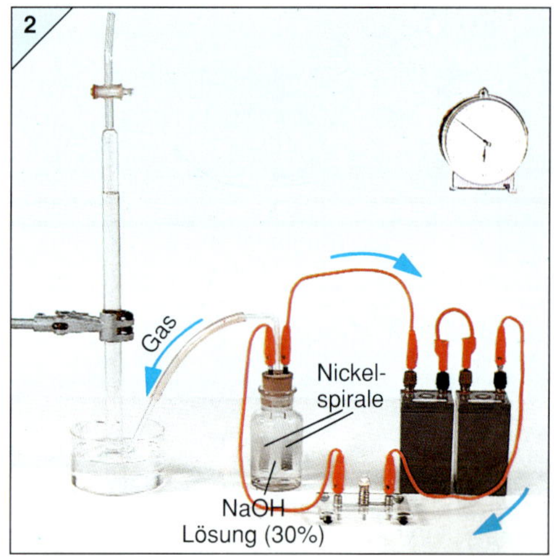

V2 Elektronenzähler: Immer wenn in dieser Zelle 1 cm^3 Gas entstanden ist, wurde sie zuvor von etwa 30 Trillionen Elektronen durchflossen. Miss, wie viel Elektronen je Sekunde strömen, wenn eine „schwache" Lampe (4 V/0,1 A) im Stromkreis liegt.
Wiederhole mit einer „starken" Lampe (4 V/0,3 A). Lass den Versuch jeweils einige Zeit laufen. Lies dann die Gasmenge in cm^3 ab, multipliziere mit 30 Trillionen und teile durch die gebrauchte Zeit.

V3 Schalte anstelle der Zersetzungszelle in V2 ein Strommessgerät ein. Vergleiche die 2 Messwerte für die „schwache" und für die „starke" Lampe.

4

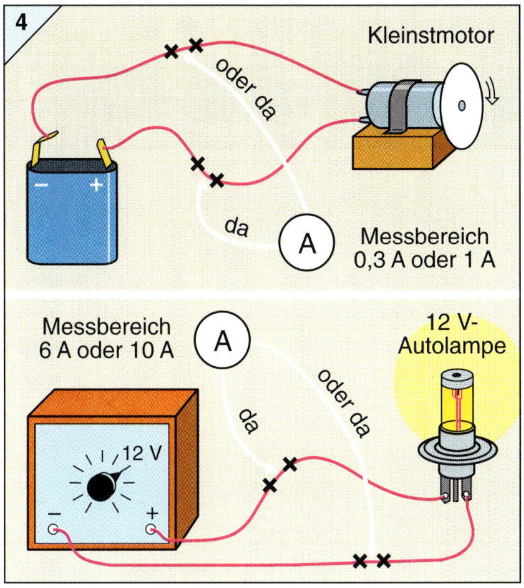

V4 Miss entsprechend Abb. 4 die Stromstärke in verschiedenen Stromkreisen: Auftrennen des Kreises, Einfügen des Instruments, Ablesen und Notieren der Werte. Vergleiche mit Tabelle 6.

5

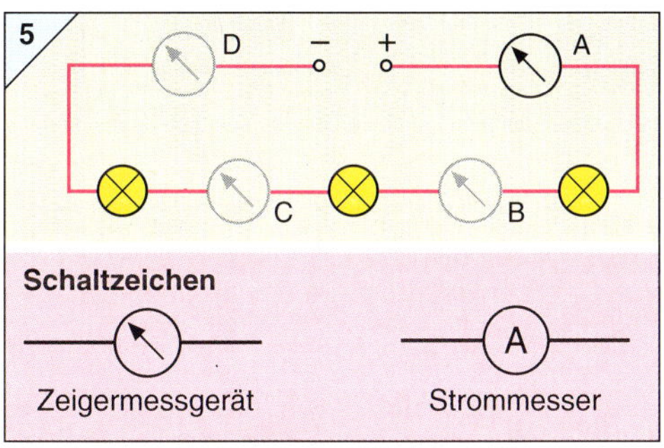

V5 Schalte den Strommesser jeweils an den gezeichneten Stellen in diesen Stromkreis ein. Vergleiche die Messwerte miteinander. Was sagen sie aus? Erkläre.

6 Gerät	Stromstärke
Glimmlampe	0,1 bis 3 mA
Taschenlampen-Birnen	0,07 bis 0,6 A
Haushalt-Glühlampen	0,1 bis 0,6 A
Heizkissen	0,3 A
Bügeleisen, Tauchsieder	2 bis 5 A
Elektro-Ofen, Kochplatten	5 bis 10 A
Straßenbahnmotoren	etwa 150 A
E-Lok	1000 A
Blitze	etwa 1 Mio. A

A6 Studiere die Tabelle. Vergleiche die Stromstärke im Bügeleisen mit der in der E-Lok und mit der in der Glimmlampe. Um welchen Faktor unterscheiden sie sich jeweils?

Die Stromstärke-Einheit Ampere

Die Zahl der Elektronen, die eine bestimmte Stelle im Stromkreis durchströmen, ist sehr groß. Auch wenn wir nur kurze Zeitspannen betrachten, sind es Trillionen. Die großen Zahlen sind unpraktisch. Man fasst daher immer 6 Trillionen Elektronen zu einem „Elektronenpaket“ zusammen und gibt an, wie viele solcher Pakete die Messstelle je Sekunde passieren. Die Einheit *Pakete je Sekunde* bekommt den Namen **Ampere (A).** Alle Strommessgeräte sind dementsprechend in Ampere geeicht.

Bei ihrem Kreislauf werden Elektronen weder verbraucht noch erzeugt. Das heißt aber, dass der Strom an jeder Stelle des Stromkreises gleich groß ist: im Erzeuger, in jedem der beiden Drähte und im Verbraucher. Messungen entsprechend Abb. 5 zeigen dies.

> Elektrische Ströme werden in Ampere (A) gemessen.
> Im unverzweigten Stromkreis ist die Stromstärke an jeder Stelle gleich groß.

Um auch sehr kleine und sehr große Amperewerte mit handlichen Zahlen in den Griff zu bekommen, hat man „Vornamen“ zur Einheit Ampere eingeführt, die folgende Bedeutung haben:

$1\ \text{kA} = 1000\ \text{A}$ (Kiloampere)

$1\ \text{mA} = \frac{1}{1000}\ \text{A}$ (Milliampere)

$1\ \mu\text{A} = \frac{1}{1000000}\ \text{A}$ (Mikroampere)

Zum Messverfahren: Wenn man Ströme misst, muss das Messgerät immer so im Weg des Stroms liegen, dass es von allen Elektronen durchströmt wird. Oft muss man deshalb schon vorhandene Stromkreise auftrennen und das Messgerät einfügen. Auf diese Weise kann man Strommessungen an unterschiedlichen Verbrauchergeräten durchführen. Sie zeigen, dass die Ströme durch die einzelnen Geräte auch dann verschieden sind, wenn sie an der gleichen Quelle betrieben werden. Tabelle 6 gibt Beispiele auch von Verbrauchern, an denen wir in der Schule nicht messen können.

Der Ladungsstrom

Zur Erzielung von Stromwirkungen kommt es auf die elektrische Ladung an, welche die Elektronen in jeder Sekunde durch die Leitung tragen.

Die elektrische Ladung wird in Coulomb (C) gemessen.

1 Coulomb (sprich: Kuloo) ist die Ladung, die 1 Elektronenpaket (= 6 Trillionen Elektronen) trägt. Das Coulomb entspricht somit der Literangabe bei Wasser, die Zahl der Elektronen der Zahl der Wassermoleküle (15 Quadrillionen je Liter). Die Stromstärkeangabe „1 Coulomb je Sekunde“ ist identisch mit der Angabe „1 Ampere“.

Strommessgeräte

Im Labor, bei Gerätereparaturen und bei Installationsproblemen muss man Ströme messen, deren Werte weit auseinander liegen. Im Versorgungskabel eines Fernsehgeräts ist etwa ein Strom von 1 A zu erwarten. 1 µA dagegen (also ein millionstel Ampere) muss man ungefähr messen, um einen Transistor im Geräteinnern zu prüfen. Den millionsten Teil des Skalenausschlags eines 1 A-Instruments kann man nicht ablesen. Ein 1 µA-Instrument wird dagegen durch 1 A zerstört. Man sollte zwei Instrumente haben, für weitere Aufgaben sogar noch mehr.

Dies wird teuer und umständlich. Man hat daher Geräte konstruiert, bei denen der gewünschte Messbereich mit einem Schalter vorgewählt werden kann. Auch die Stromart (Gleich- oder Wechselstrom) lässt sich vom Benutzer einstellen (siehe Bild rechts).

Strommessgeräte mit Zeiger

Zeigermessgeräte werden normalerweise vom Messstrom selbst betrieben. Dies begrenzt den kleinsten Anzeigebereich auf etwa 1 mA bei Gleichstrom und 3 mA bei Wechselstrom. Bei Geräten mit elektronischem Verstärker entfällt diese Beschränkung. Der Preis liegt dann höher. Außerdem muss man das Gerät durch eine Batterie mit Energie versorgen, denn ohne diese arbeitet der Verstärker nicht.

Digital anzeigende Messgeräte

Neuerdings werden zunehmend Strom- und Spannungsmesser mit Ziffernanzeige angeboten und eingesetzt. Ihr Preis liegt – obwohl ein Verstärker für winzig kleine Messwerte eingebaut ist – weit unter dem für Zeigergeräte mit gleichen Messbereichen. Ein solches Gerät zeigt in einem Fenster den Messwert meist drei- oder vierstellig an. Es hat wie das Mehrbereichsmessgerät mit Zeiger einen Schalter zur Bereichswahl und eine Möglichkeit, das Gerät auf Gleichstrom- oder Wechselstrommessung einzustellen.

Vorteile: Kein Umrechnen der Anzeige, da der Wert mit Dezimalpunkt an der richtigen Stelle angezeigt wird. Dies erlaubt große Ablesesicherheit. – Auch sehr kleine Stromstärkewerte sind messbar. Beim Standardinstrument steht die letzte Ziffer im kleinsten Strom-Messbereich (2 mA) für 0,001 mA = 1 µA und im kleinsten Spannungs-Messbereich (200 mV) für 1 mV = 0,001 V. Diese Werte sind bei Zeigermessgeräten nicht zu erreichen.

Nachteile: Man benötigt immer eine Batterie für die Ziffernanzeige und den Messverstärker, meist einen 9 V-Block. Bei nicht gleich bleibenden, sondern schwankenden Messgrößen ist das Gerät nicht zu gebrauchen, da sich die Anzeige nicht mehr auf einen festen Wert einstellen kann; die Ziffern „laufen“.

Kapazität von Batterien

Batterien treiben Elektronen im Stromkreis rundum. Die Größe des Elektronen-Antriebs (der Spannung) ist auf jeder Batterie in Volt angegeben. Leider gibt es auf dem Gerät keine Angaben darüber, wie lange die Batterie funktionsfähig ist. Das hat seinen Grund:

Bei großem Elektronenstrom (viel Ampere) ist der Energievorrat in der Batterie schneller erschöpft als bei kleinem Strom. Die Nutzungsdauer hängt dementsprechend davon ab, was man anschließt. Man kann beispielsweise mit einer Taschenlampenbatterie eine hell leuchtende Lampe (Stromstärke 0,5 A) etwa 1 Stunde lang, eine schwächer leuchtende Lampe (Stromstärke 0,1 A) etwa 5 Stunden lang betreiben.

Die Betriebsdauer kann man aus der so genannten **Batterie-Kapazität** errechnen. Angaben über die Kapazität in Amperestunden (Ah) findet man in Datenblättern, Prospekten und in nebenstehender Tabelle. Der Kapazitätswert 1 Ah sagt uns, dass wir ein Gerät mit einem Strom von 1 A etwa 1 Stunde lang betreiben können, eins mit 0,1 A dafür 10 Stunden lang (0,1 A · 10 h) und eins mit 2 A eine halbe Stunde lang (2 A · 0,5 h). Wir sehen also:

Betriebszeit = Kapazität : Stromstärke

Batterietyp	Spannung	Kapazität	max. Strom
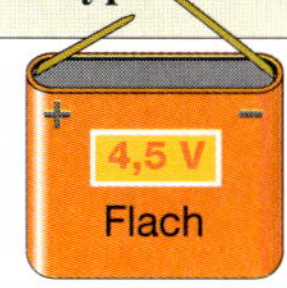	4,5 V	1,5 Ah	2 A
	3 V	0,4 Ah	1,5 A
	1,5 V	5 Ah	5 A
	1,5 V	0,6 Ah	2 A
	9 V	0,25 Ah	0,4 A

AUFGABEN UND ZUSAMMENFASSUNG

1. Erkläre, wodurch sich große und kleine Ströme unterscheiden:
a) im Fall einer Wasserströmung;
b) im elektrischen Stromkreis.

2. Warum ist die Stromstärke an jeder Stelle eines unverzweigten Stromkreises gleich?

3. Warum darf man nicht von „Stromverbrauch" reden, wenn man mit „Strom" die Elektronenströmung meint?

4. Du hast einen geschlossenen Stromkreis aus Batterie und Glühlampe. Beschreibe Schritt für Schritt, wie du vorgehen musst, um die Stromstärke zu messen.

5. Rechne um in A:
20 mA; 110 mA; 980 mA; 2,3 mA; 0,9 mA.

6. Rechne um in mA:
0,4 A; 0,005 A; 0,067 A; 0,888 A.

7. Diskutiere, wie groß der Strom im gezeichneten Stromkreis an den Stellen B, C, D und E ist, wenn bei A ein Strom mit 0,75 A gemessen wurde.

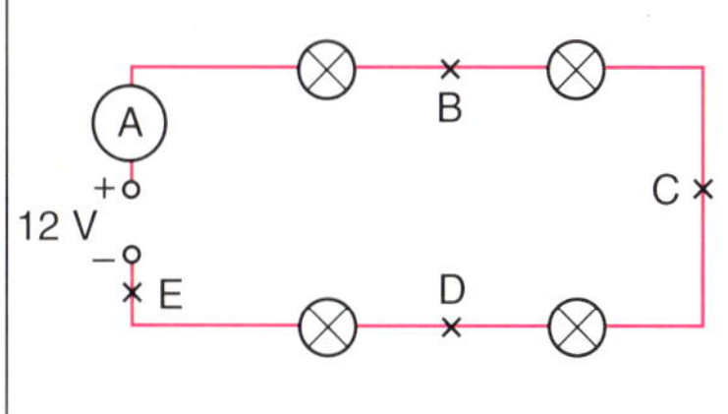

8. Warum sind im folgenden Bild an den drei Messstellen nicht die gleichen Stromstärkewerte zu erwarten?

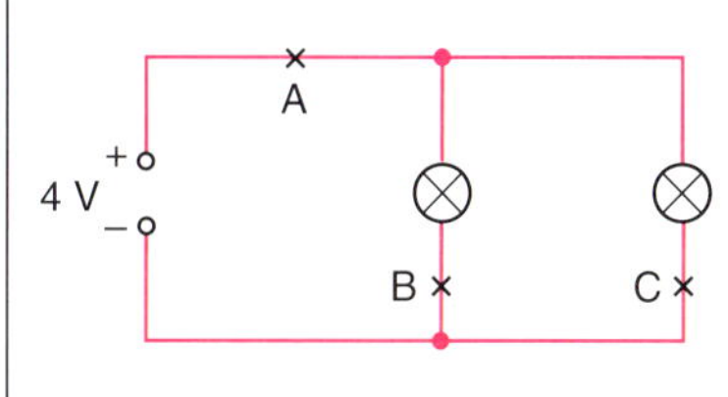

Stromstärke und ihre Messung

Die Größe von Elektronenströmen wird gemessen, indem man den Stromkreis auftrennt und an der Trennstelle ein Strommessgerät einschaltet. Am Messgerät liest man die Stromstärke in Ampere (A) ab.
Amperebruchteile werden häufig durch die Vorsätze m (Milli-) und µ (Mikro-) gekennzeichnet.

An jeder Stelle eines unverzweigten Stromkreises ist die Stromstärke gleich groß. Es genügt, sie an einer Stelle zu messen.

Vorsicht beim Benutzen der Begriffe „Stromerzeugung" und „Stromverbrauch"! Sie beziehen sich auf den Energie-, nicht auf den Elektronenstrom.

Wie hängen Spannung und Strom zusammen?

Wenn elektrische Geräte einwandfrei arbeiten sollen, müssen sie an die richtige Betriebsspannung angeschlossen werden. Kleinglühlampen benötigen beispielsweise 4 Volt, Transistorradios 9 Volt und Haushaltgeräte 230 Volt. Wenn die Geräte eingeschaltet sind, liegen sie in einem Stromkreis. In diesem treibt die Quelle Elektronen rundum. Die Größe des Elektronenstroms können wir jeweils durch Einfügen eines Strommessers feststellen und in Ampere (A) angeben.
Wir wollen nun zweierlei herausfinden: erstens, wie die Stromstärke jeweils von der Spannung (Voltzahl) abhängt, und zweitens, ob in verschiedenen Geräten, die mit gleicher Spannung betrieben werden (z.B. Glühlampen, Toaster, Herdplatte), die Ströme jeweils gleich groß sind. Falls die Ströme nicht gleich sind, müssen wir den Grund dafür suchen.

Bei früheren Untersuchungen haben wir erkannt, dass die Stromstärke mit der Spannung ansteigt. Lampen leuchten ja heller, wenn sie statt mit 2 V mit 4 V betrieben werden. Auch dass trotz gleicher Spannung in verschiedenen Lampen Ströme unterschiedlicher Größe zustande kommen, ist uns bekannt. Nun wollen wir den Zusammenhang genauer untersuchen. Dazu eignet sich die Anordnung in Abb. 2.

Ein aufschlussreiches Experiment

Als Quellen nehmen wir Batterien, z.B. Akkus mit je 2 V Spannung. Wenn 4 Volt benötigt werden, lassen wir zwei Quellen die Elektronen in der gleichen Richtung schieben, wenn wir 6 V haben wollen, nehmen wir drei. Verbraucher im Stromkreis ist ein Heizdraht. Er ist nicht gewendelt, sondern gerade ausgespannt. Der Versuch läuft in drei Stufen ab:

1. Der Draht ist 0,5 m lang. Nacheinander werden 0 V, 2 V, 4 V, 8 V, 10 V und 12 V Spannung angelegt und die zugehörigen Stromstärken gemessen.
2. Wir verdoppeln die Drahtlänge auf 1,0 m und messen wie zuvor die Stromstärken bei verschiedenen Spannungen.
3. Wir machen den Draht 1,5 m (= 3 · 0,5 m) lang und wiederholen die Messungen.

Die Messwerte einer solchen Versuchsreihe sind in Tabelle 3 zusammengestellt. Sie sind sehr aufschlussreich:
- Wie zu erwarten, gibt es jeweils bei 0 V keinen Strom.
- Kennen wir die Stromstärke bei 2 V, so können wir die bei 4 V durch Verdoppeln, die bei 6 V durch Verdreifachen errechnen usw. Dies gilt in allen Spalten der Tabelle, also für jede Drahtlänge.
- Bei doppelt so langem Draht sind die Stromstärkewerte gerade halb so groß. Bei dreimal so langem Draht sinken sie auf $\frac{1}{3}$.

In Drähten steigt die Stromstärke im gleichen Maße wie die Spannung. Je länger aber der Draht ist, desto kleiner sind die Stromstärkewerte.

1

A1 In welchem Stromkreis zeigt die Lampe den größeren Strom? Wievielmal größer ist er wohl?

2

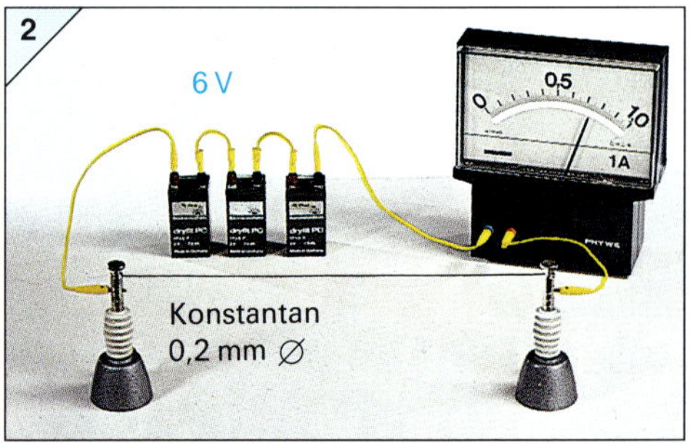

V2 Baue den Versuch entsprechend dem Bild auf. Der Draht sei 1 m lang. (Material: Konstantan oder WM 50 mit 0,2 mm ∅).
Miss und notiere jeweils die Stromstärke, wenn 2, 4, 6 und 8 Volt im Kreis liegen. Wiederhole mit 1,5 m und 0,5 m Draht.

3

	Stromstärke bei Drahtlängen von		
Spannung	0,5 m	1 m	1,5 m
0 V	0,00 A	0,00 A	0,00 A
2 V	0,25 A	0,12 A	0,08 A
4 V	0,50 A	0,25 A	0,17 A
6 V	0,75 A	0,37 A	0,25 A
8 V	1,00 A	0,50 A	0,33 A
10 V	1,25 A	0,62 A	0,41 A
12 V	1,50 A	0,75 A	0,50 A
14 V	1,75 A	0,87 A	0,59 A
16 V	2,00 A	1,00 A	0,67 A

A3 Um welchen Betrag steigt die Stromstärke jeweils in den Spalten, um welchen jeweils in den Zeilen? Begründe.

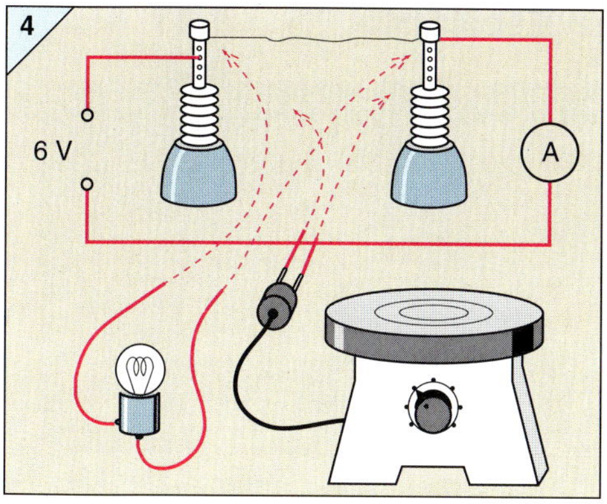

V4 Bestimme so den Widerstand von 1 m Konstantan-Draht mit 0,1 mm ∅, den Widerstand einer Kochplatte auf allen Stufen, sowie den einer 6 V-Glühlampe durch Anlegen von 2 V und 6 V.
Errechne die Widerstandswerte in Ohm (Ω).

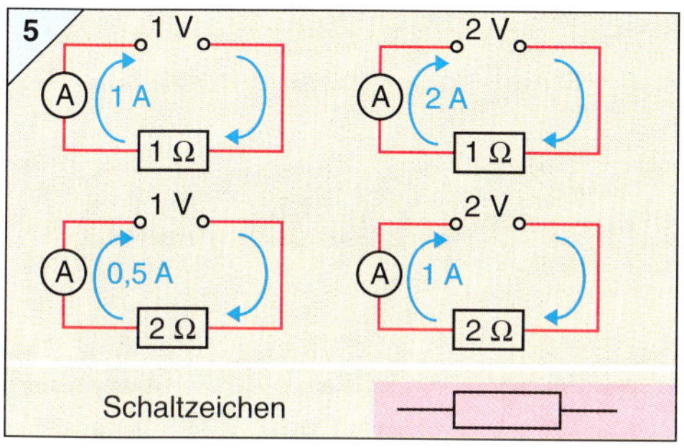

A5 Betrachte diese vier Stromkreise. Warum sind rechts die Stromstärkewerte jeweils doppelt so groß wie links und die unten halb so groß wie oben?

Georg Simon Ohm wurde 1789 in Erlangen als Sohn eines Schlossermeisters geboren. Er studierte mit Unterbrechungen Mathematik, Physik und Philosophie. Dann war er Dozent an verschiedenen Universitäten. Er starb 1854 als Professor der Universität München.

G. S. Ohm fand die auf dieser Seite dargestellten Zusammenhänge vor etwa 150 Jahren. Da es damals weder geeignete Stromquellen noch Strommessgeräte zu kaufen gab, musste er alle Bauteile selbst herstellen. Die Genauigkeit seiner Ergebnisse ist deshalb bewundernswürdig. Zu Recht wurde später die Widerstandseinheit nach ihm benannt.

Der elektrische Widerstand

Werten wir nun Tabelle 3 aus! Es scheint so, als ob man in einem Stromkreis für Volt Ampere bekommt: Doppelt so viel Volt bringen dabei doppelt so viel Ampere, dreimal so viel Volt dreimal so viel Ampere usw. Wie viel Volt man aber für 1 Ampere braucht, ist von Draht zu Draht verschieden:

1. Der 0,5 m lange Draht braucht 8 V je Ampere (Zeile 5 in Tab. 3).
2. Der 1 m lange Draht will mehr – 16 V je Ampere.
3. Der 1,5 m lange Draht schließlich verlangt 24 V je Ampere. Ein Wert, der in unserer Tabelle nicht vorkommt, den wir aber durch Rechnen erhalten. Wenn nur 12 Volt zur Verfügung stehen, kann man allerdings gerade noch 0,5 A messen.

Man ermittelt die (V je A)-Werte, indem man bei einem beliebigen Messwertpaar den Voltwert durch den Amperewert teilt. Alle an ein und demselben Draht gemessenen Wertepaare liefern bei dieser Rechnung denselben (V je A)-Wert.

Hier einige *Beispiele:*
Draht mit 0,5 m Länge:
$$8\,V : 1\,A = 4\,V : 0{,}5\,A = 2\,V : 0{,}25\,A = 8\tfrac{V}{A}$$
Draht mit 1 m Länge:
$$12\,V : 0{,}75\,A = 8\,V : 0{,}5\,A = 4\,V : 0{,}25\,A = 16\tfrac{V}{A}$$
Draht mit 1,5 m Länge:
$$6\,V : 0{,}25\,A = 12\,V : 0{,}5\,A = 16\,V : 0{,}67\,A = 24\tfrac{V}{A}$$

Die Angaben $8\frac{V}{A}$; $16\frac{V}{A}$; $24\frac{V}{A}$ sind offensichtlich in elektrischer Hinsicht für die Drähte kennzeichnend. Je größer der $\frac{V}{A}$-Wert, desto kleiner der Strom, den eine Quelle bestimmter Spannung hervorrufen kann. Der Wert gibt somit an, wie sehr die Elektronen beim Fließen gehemmt werden. Man spricht daher, wenn man vom $\frac{V}{A}$-Wert redet, auch vom **Widerstandswert** des Drahtes oder kurz vom **Widerstand.**

Will man den Widerstandswert eines Drahts oder Bauteils wissen, so bringt man das Teil in einen Stromkreis, misst Spannung und Stromstärke und dividiert:

Widerstand = Spannung : Stromstärke

Die Widerstandseinheit

Bei Rechnungen mit obiger Formel ergibt sich für den Widerstandswert die Einheit $\frac{V}{A}$. Man ist der Kürze halber übereingekommen, für die Widerstandseinheit $\frac{V}{A}$ den Namen **Ohm** zu benutzen und ihn durch das Zeichen Ω abzukürzen (Ω = Omega ist ein Buchstabe im griechischen Alphabet). Unser 1 m langer Draht hat also den Widerstand
$$16\,V : 1\,A = 16\tfrac{V}{A} = 16\text{ Ohm} = 16\,\Omega.$$

Einheiten: **1 Ohm = 1 Ω = 1 $\frac{V}{A}$**

1 Kilo-Ohm = 1 kΩ = 1000 $\frac{V}{A}$ 1 Milli-Ohm = 1 mΩ = $\frac{1}{1000}\frac{V}{A}$

1 Mega-Ohm = 1 MΩ = 1 Mio. $\frac{V}{A}$ 1 Mikro-Ohm = 1 μΩ = $\frac{1}{1000000}\frac{V}{A}$

Ein Froschschenkel an der Wiege der Elektrik

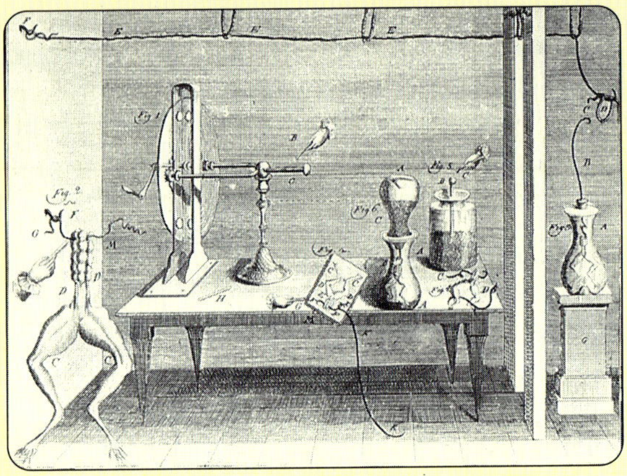

Der italienische Arzt **Luigi Galvani** (1737–1798) beobachtete im Jahr 1791 zufällig, dass ein Froschschenkel, der zum Trocknen am Balkongeländer aufgehängt war, immer dann zusammenzuckte, wenn ein Blitz niederging. Da schon in damaliger Zeit der Blitz als elektrische Erscheinung erkannt war, vermutete Galvani, dass es sich um einen klaren Fall „tierischer Elektrizität“ handelt. Von der war in der damaligen Medizinwissenschaft viel die Rede. Aber obwohl er viele trickreiche Versuche anstellte, konnte er den Sachverhalt nicht aufklären.

Das gelang seinem Landsmann **Alessandro Volta** (1745–1827). Der erkannte, dass die elektrischen Phänomene, die Galvani beobachtet hatte, durch Kontakt zwischen Metall und Salzlösungen zustande kommen. (Der Froschschenkel ist nur Anzeigegerät). Aufgrund dieser Erkenntnis konstruierte er die erste brauchbare Batteriezelle aus Kupfer und Zink, die etwa die Spannung 1 Volt hat.

Auf diese Zelle geht die Spannungseinheit 1 Volt zurück, die deshalb Voltas Namen trägt. (Inzwischen wurde aus messtechnischen Gründen das Volt anders festgelegt. Man hat dabei die historisch überkommene Größe „1 Volt = Spannung des Volta-Elements“ etwa erhalten.)

Erst mit der Erfindung der Voltazelle kamen die Forschungen über den elektrischen Stromkreis richtig in Gang, also etwa ab 1800.

Alessandro Volta
wurde 1745 in Como (Italien) geboren. Schon früh interessierte er sich für Naturwissenschaften, speziell für elektrische Phänomene.
Volta war einer der bedeutendsten und anerkanntesten Wissenschaftler um 1800. Er starb 1827 in Como.

Die Entwicklung der Stromkreisvorstellung

Im Jahre 1824 entdeckte **H. Christian Oersted** (1777–1851) in Kopenhagen, dass ein elektrischer Strom eine Magnetnadel ablenkt. Man muss dazu einen Draht über der Nadel ausspannen und an eine Batterie anschließen. Damals nahm man noch an, dass eine Batteriezelle zwei Substanzen in den Verbraucherdraht schickt, die dort miteinander in Konflikt kommen und reagieren, also Wärme erzeugen (wie im Schweißbrenner das Brenngas „Azetylen“ und der Sauerstoff). Dass der „elektrische Konflikt im Kreise stattfindet“, wie sich Oersted ausdrückte, kam **André Maria Ampere** in Paris zu Ohren.

Dieser entwarf eigene Experimente und führte sie durch. Innerhalb von Monaten entwickelte er dann die Kreislauf-Vorstellung als übergreifendes Konzept, fand die Stromabhängigkeit der magnetischen Wirkung und schuf den ersten Strommesser auf magnetischer Grundlage. Zu Recht trägt daher die Stromstärkeeinheit seinen Namen. Die Forschungen Amperes befruchteten die Entwicklung der Elektrik und der Elektrotechnik ungemein.

André Marie Ampere
wurde 1775 in Lyon (Frankreich) geboren. Er war ein sehr vielseitig interessierter Physiker: Er entwickelte nicht nur die Stromkreis-Vorstellung, sondern trug auch Wesentliches zur Theorie des Elektromagnetismus und zur Theorie der Wärme bei.
Ampere war zunächst Physiklehrer an einer Schule, dann Uni-Professor. Er starb 1836 in Marseille.

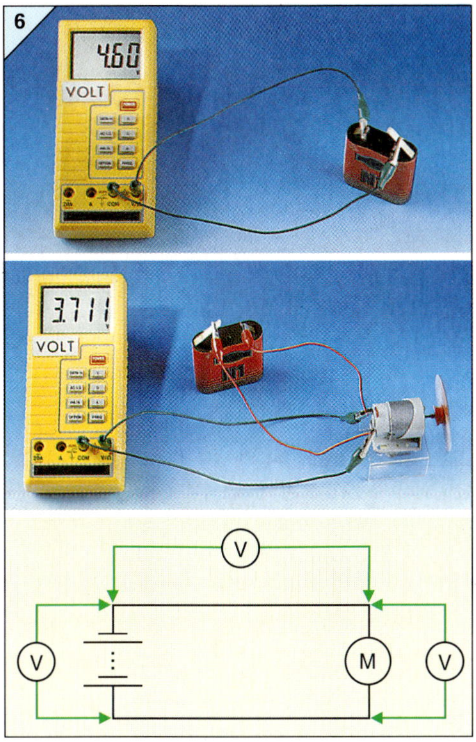

V6 Schalte einen Spannungsmesser mit Messbereich 10 Volt an den im Schaltbild gekennzeichneten Stellen des Stromkreises ein. Notiere die Messwerte. Was sagen sie aus?

Spannungsmessung

Bisher haben wir die Größe der Spannung dadurch ermittelt, dass wir die Batteriezellen abgezählt haben, die im Stromkreis lagen. Deren Zahl wurde dann mit der Zellenspannung multipliziert. Oft haben wir auch mit den Werten gearbeitet, die auf den Quellen angegeben waren.

Bei Experimenten benutzt man häufig einstellbare Stromversorgungsgeräte mit Netzanschluss. In vielen Fällen muss man aber ganz genau wissen, welche Spannung eingestellt ist. Dazu benötigt man **Spannungsmessgeräte** (kurz: Spannungsmesser). Diese sollten mehrere Bereiche haben, damit sowohl Spannungen zwischen 1 Volt und 10 Volt, 10 Volt und 30 Volt und Spannungen in der Nähe von 230 Volt mit ausreichender Genauigkeit gemessen werden können. Meistens sind die Spannungsmessbereiche zusätzlich in einem Mehrbereichs-Strommesser untergebracht. Das ergibt dann ein so genanntes **Vielfach-Messgerät.**

Wenn man die Spannung einer Batterie exakt ermitteln möchte, geht man folgendermaßen vor: Man schaltet den Spannungsmesser auf den passenden Bereich und verbindet die beiden Messgerätebuchsen mit den Anschlüssen der Quelle. Auf der Skala unterhalb des Zeigers lässt sich dann der Wert der Batteriespannung ablesen. Eventuell muss man noch einen Skalenfaktor berücksichtigen, also u. U. den Anzeigewert mit 10 oder 100 multiplizieren. Beim Anschluss des Instruments ist auf richtige Polung zu achten: ⊕-Klemme des Instruments an ⊕-Pol der Quelle, ⊖-Klemme an ⊖-Pol.

AUFGABEN UND ZUSAMMENFASSUNG

1. Warum steigt deiner Meinung nach die Stromstärke in einem Stromkreis, wenn man die Spannung vergrößert?

2. Erstelle eine Tabelle für den Zusammenhang von Spannung und Stromstärke in einem Fahrrad-Lämpchen. Im Draht kommt bei 4 V ein Strom von 0,2 A zustande.

3. Was versteht man unter dem Widerstand eines Drahts?

4. Errechne den Widerstand eines Heizdrahts, wenn in ihm bei 16 V Spannung ein Strom von 3,2 A zustande kommt.

5. Wie groß ist der Widerstandswert der Drähte in folgender Tabelle?

Spannung	2 V	7 V	12 V	24 V	230 V
Strom	0,1 A	2,8 A	60 A	0,1 A	4,0 A
Widerstand					

6. Wie muss man einen Spannungsmesser anschließen, wenn man die Spannung einer Batteriezelle messen will? Wie wird ein Strommesser in den Stromkreis eingebaut, der den Strom durch ein Lämpchen misst, das an diese Batterie angeschlossen ist? Zeichne ein Schaltbild, in dem sowohl Spannungsmesser als auch Strommesser gleichzeitig arbeiten.

7. Eine Kochplatte ist an 230 V Spannung angeschlossen. Der Elektronenstrom ist 4,1 A groß. Wie groß ist der Widerstand der Platte? Welche Stromstärke ergibt sich beim Anschluss der Platte an 12 V?

8. Schließe ein Spannungsmessgerät mit Messbereich 30 V an ein Netzgerät an. Drehe am Stellknopf des Netzgeräts von null ausgehend hoch und beobachte den Instrumentenzeiger. Welcher Vorteil eines solchen Netzgeräts wird hier demonstriert?

Zusammenhang von Spannung und Strom

In einem Heizdraht steigt die Stromstärke mit der Spannung verhältnisgleich an:
halbe Spannung → halber Strom,
doppelte Spannung → doppelter Strom usw.

Der Quotient Spannung : Strom, gemessen in $\frac{V}{A}$, charakterisiert dabei den Draht. Der $\frac{V}{A}$-Wert heißt Widerstand.
1 $\frac{V}{A}$ nennt man 1 Ω (Ohm).

Spannungsmessung

Das Messgerät muss mit den Punkten im Stromkreis verbunden werden, zwischen denen man die Spannung ermitteln will.

Das ohmsche Gesetz – mathematisch aufbereitet

Den Zusammenhang zwischen Strom und Spannung an Heizdrähten haben wir bei unseren Versuchen in einer Tabelle festgehalten. Sie ist rechts noch einmal abgedruckt. Aus ihr konnten wir Folgendes herauslesen:
In einem Draht ändert sich die Stromstärke im gleichen Maße wie die Spannung, die am Draht anliegt. Strom und Spannung sind proportional (verhältnisgleich). Damit ist auch der Quotient aus den Werten von Spannung und Strom immer gleich groß. Wir nannten ihn **Widerstand** und erhielten bei der Division die Einheit $\frac{V}{A}$, die wir in Ω (Ohm) umbenannten.

1	Stromstärke bei Drahtlängen von		
Spannung	0,5 m	1 m	1,5 m
0 V	0,00 A	0,00 A	0,00 A
2 V	0,25 A	0,12 A	0,08 A
4 V	0,50 A	0,25 A	0,17 A
6 V	0,75 A	0,37 A	0,25 A
8 V	1,00 A	0,50 A	0,33 A
10 V	1,25 A	0,62 A	0,41 A
12 V	1,50 A	0,75 A	0,50 A
14 V	1,75 A	0,87 A	0,59 A
16 V	2,00 A	1,00 A	0,67 A

A1 Überprüfe, ob in dieser Tabelle der Quotient Spannung : Stromstärke für ein und denselben Draht (∅ = 0,2 mm) immer gleich ist. Um wie viel weichen die Quotienten voneinander ab?
Was ist wohl der richtige Widerstandswert von jedem Draht?

Schaubilder (Diagramme)

Man muss eine ganze Menge Denkarbeit aufwenden, um so eine Tabelle zu verstehen und mit ihrer Hilfe nicht gemessene Wertepaare zu finden. Gibt es keine einfachere Darstellung?

Betrachte Abb. 2! Dort ist ein Achsenkreuz gezeichnet. Auf der waagerechten Achse sind Spannungswerte abgetragen, wobei ein 5 mm-Kästchen für jeweils 1 Volt steht. Die senkrechte Achse erhält eine Teilung für Stromstärkewerte. Ein Kästchen steht hier für 0,1 A. In das Achsenkreuz kann man nun Punkte für zusammengehörige Spannungs- und Stromwerte aus Tabelle 1 eintragen. Es entsteht für jeden der Drähte eine Punktereihe.

2

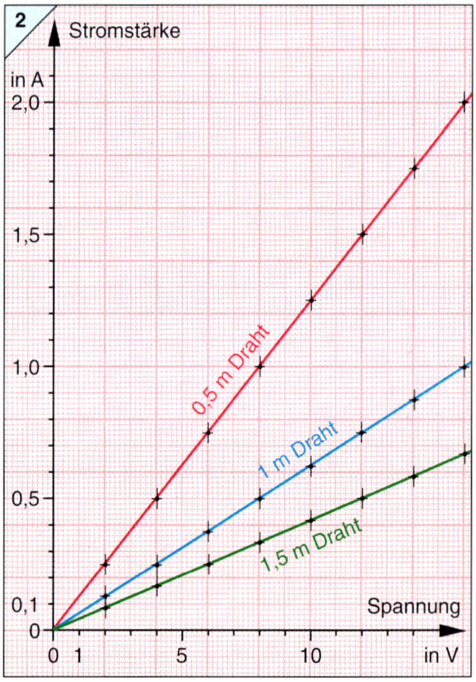

Die drei Punktreihen liegen jede für sich auf einer Geraden, die durch den Nullpunkt (0 V/0 A) geht. Eine solche Gerade heißt **Kennlinie** des betreffenden Drahts. Hier zeigen uns die Kennlinien, dass der Strom jeweils im gleichen Maße wie die Spannung steigt, und dass er null ist, wenn wir die Spannung null haben (keine Quelle im Stromkreis). Wir erkennen auch, dass der Strom im kürzesten Draht mit zunehmender Spannung stärker ansteigt als in den längeren.

Mühelos können wir mithilfe des Diagramms auch die Ströme ermitteln, die zu Spannungen gehören, die zwischen unseren Messwerten liegen. Durch Verlängern der geraden Kennlinie nach rechts kommen wir zu Aussagen über Wertepaare, die im Versuch nicht erreichbar sind. Wir gehen davon aus, dass diese Werte gegebenenfalls auch gemessen werden. Ganz sicher können wir natürlich erst sein, wenn das Experiment gemacht ist.

A2 Welche Stromstärke ist in Draht II (1 m lang) zu erwarten bei den Spannungen 5 V, 11 V und 16 V?
Welche Spannung braucht man für 0,4 A, 0,01 A, 1,2 A und 3,0 A?
Warum liegen die Messwerte für eine Tabellenspalte nahezu auf einer Geraden? Welcher Widerstandswert gehört zu jeder Geraden?

Wenn Messwerte auf einer Geraden liegen, vermutet man zu Recht eine Gesetzmäßigkeit im Hintergrund. Diese hat G. S. Ohm im Jahre 1826 entdeckt und formuliert. Sie heißt zu seinen Ehren **ohmsches Gesetz.** Wir können dieses Gesetz auf dreierlei Art formulieren:

Ohmsches Gesetz:
1. Spannung und Strom sind proportional.
2. Alle Quotienten aus Spannung und Strom sind gleich groß.
3. Die Messwerte liegen im Spannungs-Strom-Diagramm auf einer Geraden durch den Punkt (0 V/0 A).

A3 Zu welchem Widerstandswert gehört die steilste Gerade, zu welchem die, die am flachsten verläuft? Vergleiche!

3	Stromkreis I			
U	2 V	4 V	6 V	8 V
I	1 A	2 A	3 A	4 A
	Stromkreis II			
U	1 V	2 V	3 V	4 V
I	1,2 A	2,4 A	3,6 A	4,8 A

A4 Übertrage die Volt- und Amperewerte für die beiden Stromkreise in ein Schaubild mit folgenden Achsenteilungen:
Hochachse: $0{,}5\,\frac{A}{cm}$; Rechtsachse: $2\,\frac{V}{cm}$.
Verbinde die Punkte jeweils durch Geraden. Wie groß ist der Quotient Spannung : Strom für die beiden Messreihen?
Warum haben die Quotienten für Punkte auf derselben Geraden den gleichen Wert? Was sagt er aus?

4 Gerät	U	I	R
Herdplatte	230 V	5 A	?? Ω
Autolampe (H4)	12 V	?? A	2,4 Ω
Glühdraht	?? V	1,5 A	16 Ω
Glühlampe (15 W)	230 V	0,07 A	?? Ω
Tauchsieder (300 W)	230 V	1,3 A	?? Ω
Magnetschloss	12 V	?? A	10 Ω

A5 Errechne die fehlende dritte Größe.

A6 Zeichne Punkte für die Messwertpaare der Tabelle rechts in ein Diagramm ein. Lege dann eine Nullpunktsgerade so, dass alle Punkte einen möglichst kleinen Abstand von ihr haben.

5 U	I
0 V	0 A
2 V	0,45 A
4 V	0,80 A
6 V	1,10 A
8 V	1,35 A
10 V	1,75 A
12 V	2,10 A
14 V	2,80 A

A7 Erkläre, warum das Einzeichnen der Geraden sinnvoll ist, obwohl nicht alle Messpunkte auf ihr liegen.

Ohmsches Gesetz – dargestellt mit Algebra

Zum Zeichnen einer Spannungs-Strom-Geraden brauchen wir im Prinzip nur zwei Messpunkte. Den ersten kennen wir immer (0/0), den zweiten (z.B. 8 V/0,5 A) müssen wir messen. Zeichnen wir danach die Gerade durch die Punkte 0 V/0 A und 8 V/0,5 A in ein Schaubild ein, so lassen sich diesem alle Messwerte entnehmen, die wir erwarten dürfen. Wir haben das ohmsche Gesetz grafisch im Griff. Die Gerade sagt uns, dass Spannung und Stromstärke proportional sind.

Um eine Gleichung hierfür zu erhalten, ordnen wir den Größen Spannung und Stromstärke Buchstaben zu: U der Spannung, I der Stromstärke. (Diese Zeichen sind international vereinbart.) Die Buchstaben sollen dann jeweils für beliebige Werte der beiden Größen stehen. Wie in der Algebra üblich, schreiben wir z. B.: $U = 3\,V$ und $I = 0{,}75\,A$. – Wenn der Quotient aus Strom und Spannung für dasselbe Bauteil, z. B. einen Heizdraht, immer denselben Wert hat, kann man das Gesetz einfach schreiben:

Ohmsches Gesetz: U/I = Konstante

Der Wert der Konstanten ist, wie wir längst wissen, der Widerstand des Bauteils, gemessen in $\frac{V}{A}$ (= Ω). Es ist üblich, Widerstandswerten den Buchstaben R zuzuordnen (R von engl. resistance = Widerstand). Mit $U/I = R$ haben wir dann eine algebraische Gleichung für das ohmsche Gesetz. Sie beschreibt den Zusammenhang zwischen Spannung und Strom an einem Bauteil oder Gerät. Einfache Umformungen liefern für praktische Anwendungen zwei weitere Gleichungen. Mit den insgesamt drei Gleichungen lassen sich dann alle Anwendungsfälle bewältigen:

$U/I = R$ $\qquad U = I \cdot R$ $\qquad I = U/R$

Beispiele:

1. Errechnen der Konstanten R für 1 m-Draht in Tabelle 1:
$R = U/I = 4\,V : 0{,}25\,A = 16\,\Omega$
2. Errechnen der Spannung U, die man am selben Draht für $I = 0{,}5\,A$ braucht:
$U = I \cdot R = 1{,}5\,A \cdot 16\,\frac{V}{A} = 24\,V$
3. Errechnen des Stroms in diesem Draht bei U = 20 V:
$I = U/R = 20\,V/(16\,\frac{V}{A}) = 1{,}25\,A$

Messunsicherheiten

Jeder, der die Versuche mit unseren Drähten macht und dabei eigene Tabellenwerte ermittelt, stellt fest, dass die Messpunkte nicht exakt auf Geraden liegen. Das hat zwei Gründe:

1. Die Klemmenspannung von Batterien hängt etwas vom Entladezustand ab und auch etwas vom Strom, den man der Batterie gerade entnimmt. Sie ist deshalb nicht gleich dem aufgedruckten Wert.

2. Die Anzeige von Messgeräten ist nicht exakt. Man muss auch bei guten Geräten mit Abweichungen bis zu 2% rechnen. Bei Zeigerinstrumenten kommen noch Ablesefehler hinzu.

Gilt das ohmsche Gesetz uneingeschränkt?

Bisher haben wir den Zusammenhang zwischen Spannung und Strom an Drähten aus speziellen Metallkombinationen untersucht. Weder Kupfer noch Aluminium war in unserer Liste, auch nicht Wolfram, das für die Wendeln in Glühlampen verwendet wird. Die Frage, ob das ohmsche Gesetz für alle Metalle gilt, ist daher berechtigt.

Am leichtesten ist es, das Metall Wolfram in den Glühfäden von Glühlampen zu untersuchen. Dies kann entsprechend Bild 6 geschehen. Dort wird bei einer 18 V-Lampe die Spannung über eine stellbare Quelle von 0 V ausgehend in Schritten von 1 V bis zur Betriebsspannung erhöht. In der Tabelle darunter sind einige Messwerte beispielhaft aufgelistet. In einer eigenen Zeile ist dann für jedes Messwertpaar der Quotient *U/I* gebildet. Abb. 7 zeigt das zugehörige Schaubild.

Das Ergebnis ist eindeutig: Die Quotienten sind nicht konstant, die Messpunkte liegen nicht auf einer Geraden! Das heißt aber, dass für Glühlampen das ohmsche Gesetz nicht gilt! Wir dürfen nicht mit unseren Formeln rechnen. Wir müssen stattdessen mit der *U-I*-Kennlinie der Lampe arbeiten. Das machen Ingenieure und Techniker immer in solchen Fällen. Besonders bedeutsam ist das bei Halbleiterbauelementen; die Kennlinie einer Leuchtdiode zeigt Abb. 8.

Erwärmung stört das ohmsche Gesetz

Warum Spannung und Strom bei reinen Metallen nicht proportional sind, hat schon OHM herausgefunden: Die Erwärmung des Drahts verursacht die Abweichung. Je heißer der Draht wird, umso größer wird der Quotient $R = U/I$, also der Widerstand. (Hält man bei Wolfram z. B. durch Wasserkühlung die Temperatur immer gleich, so gilt die Beziehung U/I = Konstante immer.)

Man hat Metallmischungen gefunden, bei denen die Temperatur fast keinen Einfluss auf den Widerstand hat. Meist sind es Legierungen von Nickel und Kupfer. Diese Legierungen werden für Heizdrähte verwendet. Sie haben „Phantasie"-Namen wie Nickelin, Konstantan oder WM 50 (Widerstandsmaterial 50).

Einschaltstromstöße: Man kann der Glühlampenkennlinie entnehmen, dass der Kaltwiderstand nur $\frac{1}{10}$ des Widerstands im heißen Zustand ist. (Das sieht man an der Steilheit der gestrichelten Geraden in Abb. 7). Beim Einschalten der Lampe ist im ersten Augenblick der Strom 10-mal so groß wie im Dauerbetrieb. Dies muss man bei der Hausinstallation bedenken:
- Bei Haushalt-Glühlampen sind die Ströme so klein, dass der Einschaltstrom die Sicherung nicht zum Ansprechen bringt.
- Heizwicklungen in Kochplatten und Herden benötigen größere Ströme. Der zehnfache Wert beim Einschalten würde die Sicherung auslösen. Man nimmt für Heizdrähte daher *Material mit temperaturunabhängigem Widerstand.*

6

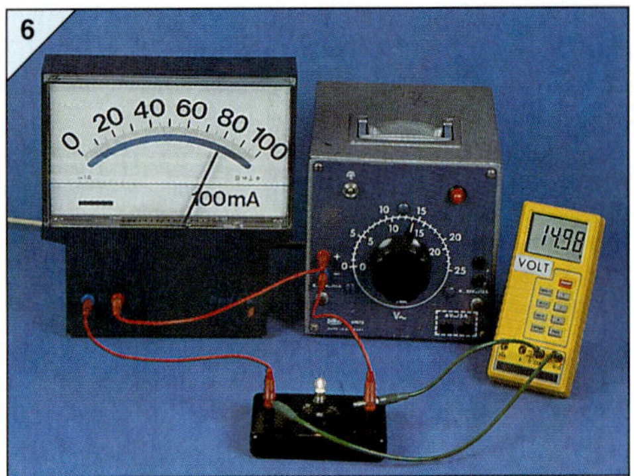

U	1 V	2 V	10 V	15 V
I	20 mA	25 mA	43 mA	55 mA
U/I	50 Ω	80 Ω	223 Ω	273 Ω

V8 Baue die Versuchsanordnung im Bild nach. Erhöhe dann die Spannung an der Quelle von 0 V ausgehend in Stufen von 1 V bis 18 V. Notiere die *U-I*-Wertepaare und zeichne ein Diagramm entsprechend Abb. 7.

7

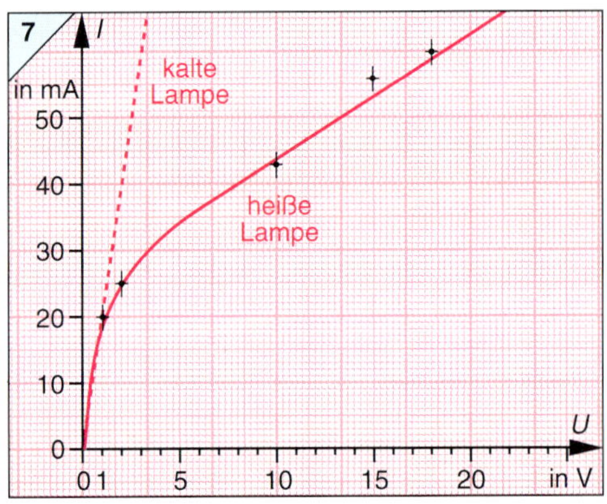

A9 Die Abbildung zeigt die Kennlinie einer Glühlampe. Sie hat einen steilen und einen flachen Teil. In welchem der beiden Teile ist die Drahtwendel heißer?
Wie groß ist der Wert für den Drahtwiderstand (das Verhältnis *U/I*) bei 2 V, wie groß bei 15 V?

A10 Worin besteht der Unterschied zwischen dieser Leuchtdiodenkennlinie und der Glühlampenkennlinie in Abb. 7? Beachte die Maßstäbe für Strom und Spannung!

8

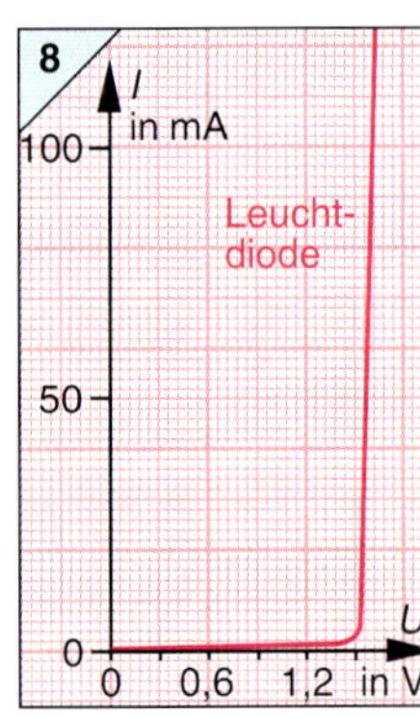

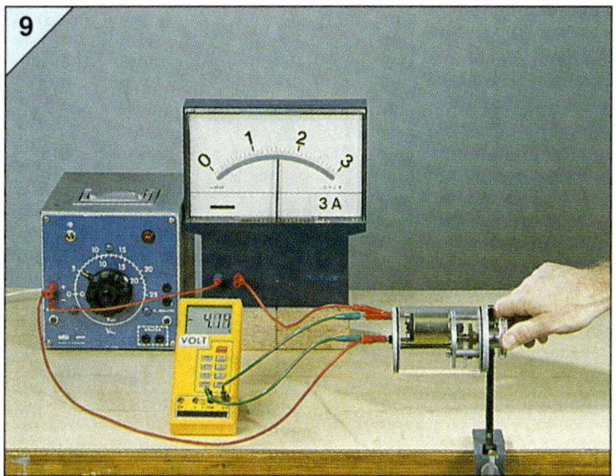

ohne Belastung				
U	2 V	4 V	6 V	8 V
I	0,43 A	0,5 A	0,55 A	0,58 A
mit Belastung				
U	1 V	2 V	4 V	6 V
I	0,9 A	1,2 A	1,6 A	1,8 A

V11 Baue die Versuchsanordnung entsprechend dem Bild auf. Erhöhe die Spannung ausgehend von 0 V um jeweils 0,5 V, bis die Motorbetriebsspannung erreicht ist. Miss jeweils die Stromstärke und notiere sie zusammen mit den Spannungswerten. Bremse nun den Motor an der Achse vorsichtig ab (Messgerät beobachten!). Wiederhole mit halber Betriebsspannung. Berichte.

Elektromotor und ohmsches Gesetz

Wenn man den Zusammenhang von Spannung und Strom bei Elektromotoren untersucht, erlebt man Überraschungen:

- Der Motor surrt bei Spannungserhöhung lauter, denn die Achse dreht sich schneller. Der Elektronenstrom steigt dabei zwar etwas an, aber längst nicht verhältnisgleich mit der Spannung – wie es nach dem ohmschen Gesetz zu erwarten wäre.
- Lassen wir die Spannung gleich und bremsen die Achse etwas, so schwillt der Strom mächtig an. Er erreicht leicht das Vielfache des Leerlaufstroms – ganz im Gegensatz zum ohmschen Verhalten.

Elektromotoren gehorchen also nicht dem ohmschen Gesetz. Die *U*-*I*-Kennlinie ist keine Gerade. Man kann den Zusammenhang von Strom und Spannung auch nicht durch eine einzige Kurve darstellen, sondern braucht vielmehr eine ganze Schar von Kennlinien, für jeden Belastungsfall eine.

Ein **Gleichstrom-Motor**, der nicht überlastet ist, verhält sich folgendermaßen:

1. Die *Drehfrequenz* (die Zahl der Umdrehungen je Minute) ist durch die Spannung bestimmt, die an den Motoranschlüssen anliegt. Spannung und Drehfrequenz sind sogar proportional: Doppelte Spannung gibt doppelte Frequenz usw.
2. Die *Stromstärke* im Motor stellt sich entsprechend der erforderlichen Drehkraft von selbst ein. Doppelte Drehkraft bedeutet doppelte Stromstärke usw. Im Leerlauf ist diese am kleinsten, weil nur die geringe Reibung in den Lagern und ein wenig Luftreibung überwunden werden müssen.

AUFGABEN UND ZUSAMMENFASSUNG

1. Zeichne ein Schaubild, in dem der Zusammenhang von Spannung an und Strom durch einen Heizdraht dargestellt ist, bei dem folgende Wertepaare gemessen wurden:

U	4 V	8 V	12 V	16 V
I	0,3 A	0,6 A	0,9 A	1,2 A

2. Zeichne ins Diagramm der Aufgabe 1 die Kennlinie für einen Heizdraht mit doppeltem Widerstand ein.

3. Wie errechnet man den Widerstand aus einem gemessenen *U*-*I*-Paar? Formuliere algebraisch und rechne für $U = 230\,V$ und $I = 1{,}8\,A$.

4. Löse die Gleichung $R = U/I$ durch algebraische Umformung nach *I* und *U* auf. Was sagen die drei entstehenden Gleichungen physikalisch aus?

5. Errechne mithilfe der vorgenannten Gleichungen den fehlenden Wert in der folgenden Tabelle:

Spannung	Strom	Widerstand
$U = 6\,V$	$I = 0{,}3\,A$	$R = ?$
$U = 230\,V$	$I = ?$	$R = 1000\,\Omega$
$U = ?$	$I = 2{,}2\,A$	$R = 90\,\Omega$
$U = 0{,}1\,V$	$I = 50\,A$	$R = ?$
$U = 230\,V$	$I = ?$	$R = 1\,\Omega$
$U = ?$	$I = 0{,}01\,A$	$R = 10000\,\Omega$

6. Woran erkennt man, dass das ohmsche Gesetz für Glühlampen nicht gilt? Erkläre. Wie groß sind die Abweichungen? Benutze die Kennlinie in Abb. 7.

7. Beschreibe ein Experiment, das es erlaubt, die Kennlinie einer Glühlampe und die Kennlinie einer Leuchtdiode auszumessen.

Ohmsches Gesetz

Wenn man für einen Heizdraht Messwerte für Spannung und Strom in ein Diagramm einträgt, liegen die Messpunkte auf einer Geraden. Es gilt das Gesetz:
$R = U/I =$ Konstante
R: Widerstand ($\frac{V}{A} = \Omega$)
U: Spannung (V)
I: Stromstärke (A)

Der Widerstand von Heizdrähten ist weithin unabhängig von der Temperatur.
Für reine Metalle gilt das nicht. Glühlampen haben deshalb im kalten Zustand nur $\frac{1}{10}$ des Widerstands wie im heißen.

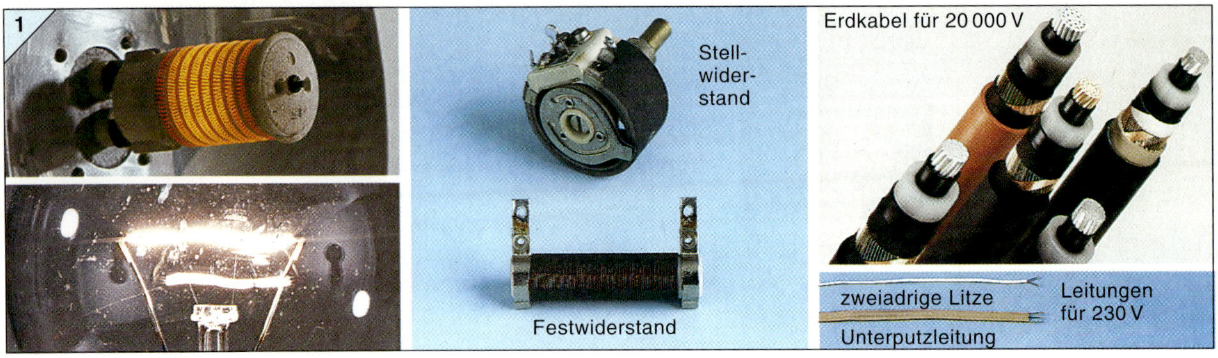

In Bild 1 siehst du Bauteile elektrischer Anlagen und Apparate mit verschiedenen Widerstandswerten und verschiedener Funktion:

1. **Widerstands-Heizelemente** dienen der Wärmeproduktion. Typische Beispiele dafür sind die beiden dargestellten Wendeln aus Metall. Ein Elektronenstrom darin erzeugt Wärme. Ist der Strom groß genug, so kommt die Wendel zum Glühen. Neben Wärme entsteht dann auch Licht.
2. Mit **Fest- und Stellwiderständen** lassen sich Ströme begrenzen, festlegen oder einstellen. Je größer ihr Widerstandswert gemacht wird, desto kleiner wird der Elektronenstrom im betreffenden Stromkreis.
3. **Leitungen** sollen der Elektronenströmung einen möglichst kleinen Widerstand bieten. In ihnen soll auch bei großen Strömen keine Wärme entstehen, denn jede Wärmeproduktion in Leitungen wäre Energieverschwendung.

Wovon hängt nun der Widerstandswert R solcher Bauteile ab?

Drahtgeometrie und Widerstand

Die Abhängikeit von der *Drahtlänge* haben wir schon untersucht: Je länger ein Draht ist, desto größer ist auch sein Widerstand. Der Widerstand wächst proportional zur Drahtlänge l an:

$2 \cdot l \sim 2 \cdot R$; $\quad 3 \cdot l \sim 3 \cdot R$; $\quad l:3 \sim R:3$

Wie der Widerstand von der *Drahtdicke* abhängt, zeigt der Versuch nach Abb. 2. Dort werden die Ströme in Drähten verglichen, die an der gleichen Spannung liegen. Im oberen Zweig (dünner Draht) ist die Stromstärke nur $\frac{1}{4}$ von der im unteren (doppelt dicker Draht). Wie erwartet hat der dünne Draht einen größeren Widerstand als der dicke. – Wider Erwarten wird aber die Stromstärke nicht gleich, wenn der dünne Draht doppelt genommen ist, sondern erst, wenn vier dünne Drähte gemeinsam im oberen Zweig ausgespannt sind:

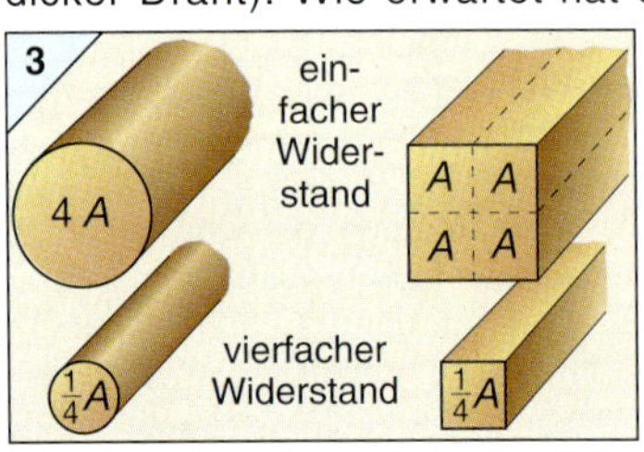

Der Drahtwiderstand vermindert sich also, wenn der *Drahtquerschnitt* wächst. Er ist diesem umgekehrt proportional:

$A \sim R$; $\quad A:2 \sim 2 \cdot R$; $\quad A:3 \sim 3 \cdot R$

$A \sim R$; $\quad 2 \cdot A \sim R:2$; $\quad 3 \cdot A \sim R:3$

A1 Du hast drei Drähte (1 m, 2 m und 3 m lang) aus gleichem Material und mit gleicher Dicke. Der erste hat 16 Ω. Wie viel Ohm haben der zweite und der dritte? Begründe.

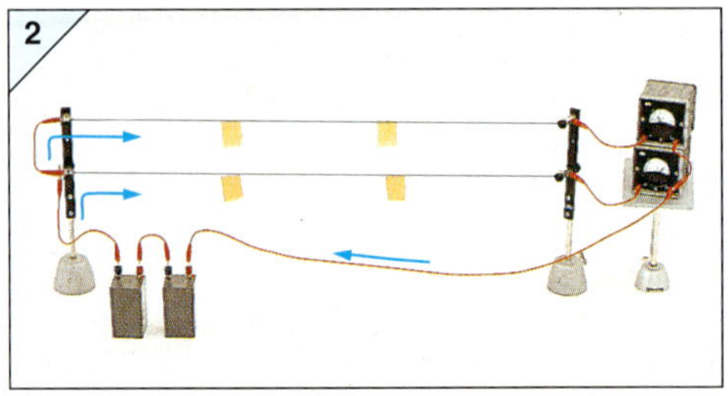

V2 Baue obige Anordnung mit jeweils 1 m langen Drähten auf. Vergleiche dann den Strom im 0,2 mm dicken Konstantandraht mit dem im doppelt so dicken darunter (0,4 mm ∅).
Ersetze den oberen Draht durch vier miteinander verdrillte Drähte gleicher Dicke.
Nimm oben wieder den ursprünglichen Draht. Verlängere aber den unteren zunächst auf das Zweifache, dann auf das Vierfache. Welche Stromstärke ergibt sich jeweils?
Begründe.

Was bedeutet „Widerstand"?

Das Wort Widerstand hat in der Elektrik drei Bedeutungen:

1. Es kennzeichnet den *Hemmvorgang* in Leitern („... bietet den Elektronen Widerstand").

2. Es ist der Name für die Größe R, also für den *Widerstandswert* (Englisch: resistance).

3. Es wird gebraucht für *Bauteile*, bei denen die Größe R die entscheidende Rolle spielt: Festwiderstand, Schiebewiderstand, Stellwiderstand (Englisch: resistor).

V3 Benutze die Anordnung in Abb. 2. Im oberen Zweig bleibt der Konstantandraht mit 0,2 mm ∅. In den unteren fügen wir kurzzeitig (nur antippen) einen gleich langen und gleich dicken Kupferdraht ein. Der Zeiger am Messinstrument schlägt vehement aus und zeigt mit dem übergroßen Strom einen sehr kleinen Widerstand an.
Verlängere nun den Kupferdraht so, dass sich die gleiche Stromstärke einstellt wie im oberen Zweig. Wie lang ist der Draht jetzt? Wievielmal kleiner ist also der „Widerstand" von Kupfer im Vergleich zu dem von Konstantan? Wiederhole mit Drähten aus Eisen.

A4 Warum wird wohl in Tabellen der *Artwiderstand* von Metallen als Widerstandswert eines 1 m langen Drahts mit 1 mm^2 Querschnitt angegeben?

Drahtmaterial und Widerstand

Das Material hat großen Einfluss auf den Widerstand eines Drahtes. Wenn kleine Widerstandswerte erwünscht sind, nimmt man reine Metalle (Kupfer, Aluminium). Wenn man größere Werte braucht, nimmt man Legierungen wie Konstantan und Nickelin.

Wir können die Materialabhängigkeit des Widerstands ebenfalls mit der Anordnung in Abb. 2 untersuchen. Um dort im unteren Zweig den gleichen Widerstand und damit auch die gleiche Stromstärke wie im oberen Zweig zu bekommen, benötigen wir anstelle von 1 m Konstantandraht 30 m Kupferdraht. (Dabei ist gleicher Querschnitt vorausgesetzt!) Kupfer leitet also 30-mal so gut wie Konstantan. Es hat einen 30-mal geringeren *Artwiderstand.*

Der Widerstand eines Drahtes hängt vom Drahtmaterial ab; er wächst mit der Länge und vermindert sich mit dem Querschnitt.

Die Widerstandsformel

Genaue Messungen bestätigen die Vermutungen, die unsere groben Vergleichsversuche ausgelöst haben:

1. Der Widerstand eines Leiters ist proportional zu seiner Länge:
   $R \sim l.$
2. Macht man den Querschnitt größer, so vermindert sich der Widerstand in gleichem Maße: Doppelter Querschnitt bedingt die Hälfte, dreifacher Querschnitt ein Drittel des ursprünglichen Widerstands. Widerstand und Querschnitt A sind umgekehrt proportional:
   $R \sim 1/A.$
3. Außerdem ist der Widerstand auch noch materialabhängig. In der folgenden Gleichung, die den Widerstand mit der Länge und dem Querschnitt kombiniert, muss deshalb noch ein Materialfaktor eingefügt werden. Man benutzt dafür das Zeichen ρ (griechisch rho = r) und nennt den Wert von ρ **Artwiderstand**. Großes ρ bedeutet, dass der Widerstand von Drähten mit gleichen Abmessungen größer ist als der von Drähten aus Material mit kleinem ρ.

Alle drei Proportionalitäten lassen sich zu einer Gleichung zusammenfassen:

$$\boldsymbol{R = \rho \cdot l/A}$$

Bei gleich bleibendem A und ρ ist somit der Widerstand proportional zur Länge, bei festgehaltenem ρ und l ist er umgekehrt proportional zu A. Der „Geometriequotient" l/A muss noch mit ρ multipliziert werden, damit sich der Widerstand in Ohm ergibt.

In der Technik misst man üblicherweise die Länge in m und den Querschnitt in mm^2. Damit alles in der Gleichung aufgeht, bekommt ρ die Einheit $\frac{\Omega \cdot mm^2}{m}$.

Material	ρ in $\frac{\Omega \cdot mm^2}{m}$
Silber	0,016
Kupfer	0,017
Gold	0,023
Aluminium	0,028
Eisen	0,1
Konstantan	0,5
WM 50	0,5
Kohle (Batteriestift)	6
Grafit	13

Widerstandsberechnungen

1. Selbst gewickelte Heizwendel aus WM 50, Draht 1 m lang, 0,2 mm ∅:
($A = \pi \cdot r^2 = 3{,}14 \cdot 0{,}1 \cdot 0{,}1\ mm^2 = 0{,}0314\ mm^2$).

$$\begin{aligned} R &= \rho \cdot l/A \\ &= 0{,}5\ \tfrac{\Omega \cdot mm^2}{m} \cdot 1{,}0\ m : 0{,}0314\ mm^2 \\ &\approx 16\ \Omega \end{aligned}$$

2. Installationsleitung 200 m lang aus Kupfer mit 2,5 mm^2 Querschnitt:

$$\begin{aligned} R &= \rho \cdot l/A \\ &= 0{,}017\ \tfrac{\Omega \cdot mm^2}{m} \cdot 200\ m : 2{,}5\ mm^2 \\ &= 1{,}36\ \Omega \end{aligned}$$

3. Hochspannungs-Leiterseil, 100 mm^2 Querschnitt, 100 km lang, aus Aluminium:

$$\begin{aligned} R &= \rho \cdot l/A \\ &= 0{,}028\ \tfrac{\Omega \cdot mm^2}{m} \cdot 100\,000\ m : 100\ mm^2 \\ &= 28\ \Omega \end{aligned}$$

Heizwicklungen

In einer Kochplatte gibt es bei Anschluss an 230 V einen Strom von knapp 6 A. Die Wärmeproduktion reicht dann zum Kochen und Braten. Das Heizelement in der Platte besitzt in diesem Fall den Widerstand $R = 40\frac{V}{A} = 40\,\Omega$. Stabile Kupferdrähte mit diesem Widerstand sind sehr lang. Sie lassen sich nicht in einer Kochplatte unterbringen. Deshalb hat man nach Metallen gesucht, die einen höheren Artwiderstand haben. Fündig wurde man bei Metall-Legierungen von Kupfer und Nickel.

Eine solche Legierung ist Konstantan. Sein Artwiderstand ist 30-mal so groß wie der von Kupfer. Das haben wir festgestellt. Es gibt weitere solche Legierungen mit ähnlich hohen Artwiderständen: Nickelin, Manganin (enthält zusätzlich Mangan), WM 50, WM 90. (WM steht für Widerstandsmaterial, die Zahl dahinter für den Artwiderstand.) Bei Heizwicklungen ist auch wichtig, dass sie im kalten und im glühenden Zustand etwa denselben Ohmwert haben: Wäre der bei unserem Heizdraht 10-mal kleiner, so wäre der Einschaltstrom 60 A. Alle Widerstandsmaterialien erfüllen diese Bedingung.

4

A5 Durch die Heizwendel dieser Kochplatte fließen bei Anschluss an 230 V etwa 9 A. Wie groß ist ihr Widerstand?
Vergleiche mit einer Haushaltlampe.

Leitungsdrähte

Sie sollen – anders als Heizwicklungen – möglichst wenig Widerstand haben. Man macht sie deshalb aus Kupfer oder Aluminium, so kurz wie möglich und so dick, wie man es sich wegen des Materialpreises und des Gewichts gerade noch leisten kann.

Festwiderstände werden in Mess- und Testgeräten und in allen elektronischen Schaltungen gebraucht. Fernseher, Radios und Computer enthalten sie dutzendweise. Sie müssen deshalb so klein wie möglich gemacht werden. Meist bestehen sie aus einem Porzellanröhrchen mit Metallkappen, an denen die Anschlussdrähte angebracht sind. Auf das Porzellan ist eine dünne Metall- oder Kohleschicht aufgebracht, die eine Verbindung mit mehr oder weniger Widerstand zwischen den Metallkappen herstellt: *Schichtwiderstände*. Durch Nuten in der Schicht werden die Elektronen gezwungen, um den Porzellankörper herumzuströmen, also einen viel längeren Weg zurückzulegen.
Widerstände für größere Ströme wickelt man entsprechend Bild 6 aus Draht, der zur Isolierung an seiner Oberfläche eine Oxidschicht hat. Als Wickelkörper dient ebenfalls ein Keramikzylinder. Metallkappen oder -schellen stellen den Kontakt zum Draht her.

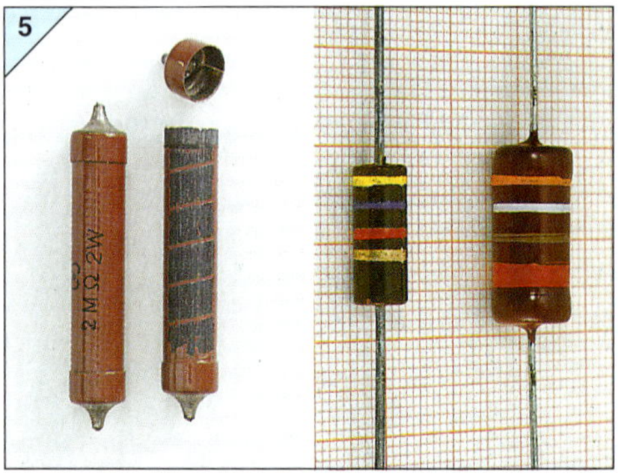
5

A6 Schichtwiderstände bestehen aus mit Metall bedampften Keramikkörpern. Die Nuten in der Metallschicht zwingen die Elektronenströmung zum Umlauf um den Zylinder.
Wie verändert sich der Widerstand, wenn die Spiralbahnen schmal und zahlreich werden?

Stellwiderstände: Der Widerstandswert dieser Bauteile kann von Hand eingestellt werden. Dazu haben Stellwiderstände entweder einen Drehknopf oder einen Schieber. Beim *Schiebewiderstand* ist der isolierte Widerstandsdraht auf einen Porzellankörper gewickelt. Über den Draht gleitet ein Schleifer. Damit er Kontakt mit den Windungen bekommt, ist die Isolierschicht längs der Gleitbahn abgeschliffen. Nur der Teil des Drahts, der zwischen Anfang und Gleiter liegt, ist im Stromkreis. Sein Widerstand ist abhängig von der Gleiterstellung.

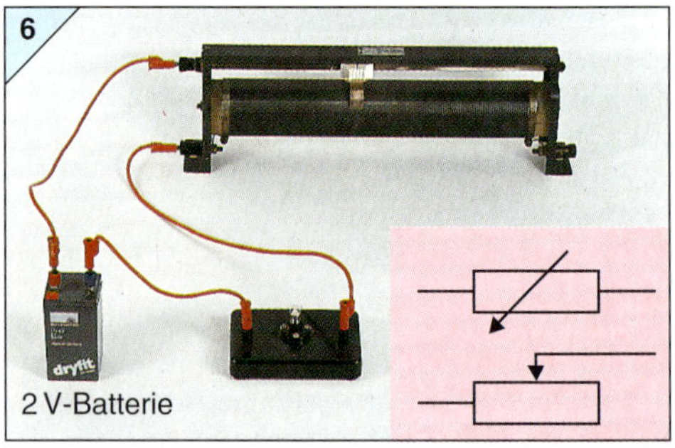
6

V7 Baue diese Versuchsanordnung auf: Lampe 2,5 V/0,1 A, Schiebewiderstand 100 Ω.
Wie groß ist der Strom bei Mittelstellung?
Warum kannst du ihn durch Verschieben des Gleiters vergrößern und verkleinern?

Supraleitung

Bei Drähten, die elektrische Bauteile miteinander verbinden, versucht man, den Widerstand möglichst klein zu halten. Man will ja darin keine Energieverluste. Am besten wäre Material, das überhaupt keinen Widerstand hat. Lange Zeit glaubte man, dass es solche Substanzen nicht gibt.

1911 wurde aber entdeckt, dass Blei bei –269 °C diese Eigenschaft bekommt. Man sagt, es wird supraleitend. Um 1930 gelang es, in einem supraleitenden Bleiring einen Elektronenstrom 2 Jahre lang rundum fließen zu lassen, ohne jeden Antrieb. Das Experiment musste abgebrochen werden, weil wegen eines Streiks die Kühlung ausfiel.

1988 wurde entdeckt, dass es auch Supraleiter bei höheren Temperaturen gibt. Derzeitiger Rekord (1993): –140 °C; Material Kupferoxid-Keramik mit eingebauten Ba-, Ca- und Hg-Atomen. Solche Stoffe, die bei Zimmertemperatur supraleitend wären, würden die Elektrotechnik, alle elektrischen Energieübertragungssysteme und die Elektronik revolutionieren. Besonders interessant sind Supraleiter in der Magnettechnik.

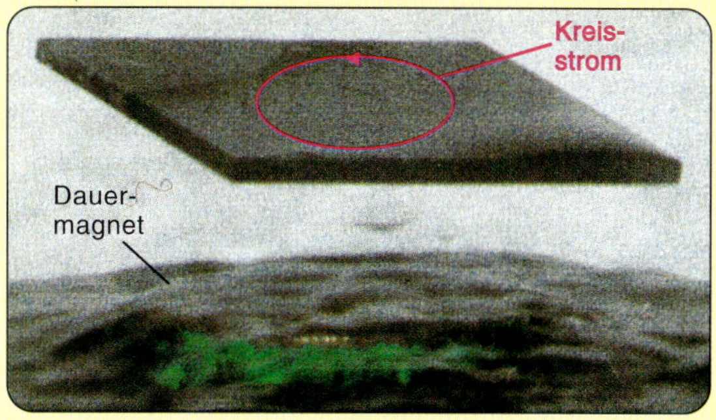

Im Bild schwebt eine supraleitende Scheibe über einem Magnet – ohne Kabelanschlüsse, ohne Haltedrähte, einfach so. Wie geht das? Nähert man die Scheibe von oben dem Magnet, so entsteht in ihr eine Elektronenströmung (wie gezeichnet). Die Platte wird zur Spule (mit einer Windung); sie ist ein Elektromagnet geworden, der sich von dem unteren Dauermagneten abstößt. Die Scheibe schwebt so lange über dem Magnet, wie sie supraleitend bleibt, so lange also ihre Temperatur unterhalb der von flüssigem Stickstoff (–196 °C) bleibt.

AUFGABEN UND ZUSAMMENFASSUNG

1. Welchen Einfluss haben Länge und Querschnitt jeweils auf den Widerstandswert eines Drahtes?

2. Welche Metalle leiten gut, welche weniger gut?

3. Welche Eigenschaften sollte Widerstandsmaterial haben?

4. Um einen Stoff hinsichtlich seiner Leitfähigkeit einordnen zu können, gibt man den Widerstandswert eines Drahtes aus diesem Stoff für 1 m Länge und 1 mm^2 Querschnitt an. In der Tabelle im Exkurs „Die Widerstandsformel" findest du solche Werte. Welchen Widerstandswert haben folgende Leiter:

a) 1 m Konstantandraht mit 2 mm^2 Querschnitt.

b) 1 m Konstantanband von 0,1 mm Dicke und 2 mm Breite.

c) 20 m Kupferleitung von 1,5 mm^2 Querschnitt (Hausinstallation).

d) Eine 10 mm dicke, 30 mm breite und 2,5 m lange Aluminiumschiene?

e) Ein eiserner Stativstab mit 1 cm^2 Querschnitt, der 1 m lang ist?

f) Ein Fernleitungsdraht aus Kupfer, der 100 km lang ist und einen Querschnitt von 200 mm^2 hat.

5. Wie groß ist der Artwiderstand eines idealen Isolators, wie groß der eines idealen Leiters (Supraleiters)?

6. Wie viel Ohm haben die abgebildeten Widerstände? Benutze zur Lösung die Farbcodetabelle. (Der äußerste Ring ist der erste; der 4. Ring ist für den Widerstandswert ohne Bedeutung.)

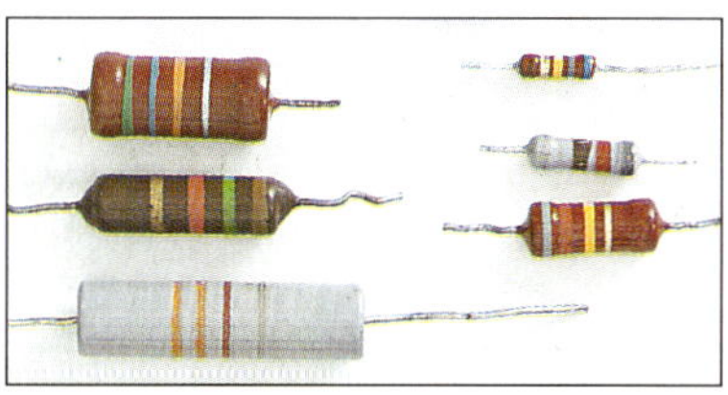

	1. Ring	2. Ring	3. Ring
schwarz	0	0	
braun	1	1	0
rot	2	2	00
orange	3	3	000
gelb	4	4	0 000
grün	5	5	00 000
blau	6	6	000 000
violett	7	7	usw.
grau	8	8	
weiß	9	9	

Widerstand von Drähten

Der Widerstand von Drähten wächst mit der Länge und vermindert sich mit zunehmendem Querschnitt.

Der **Artwiderstand** von leitendem Material wird durch die Angabe des Widerstandswertes von Drähten mit 1 m Länge und 1 mm^2 Querschnitt ausgedrückt.

Leitungsdrähte werden kurz und dick und aus gut leitendem Material wie Kupfer oder Aluminium gemacht.

Widerstandsdrähte macht man dünn und lang. Man nimmt dafür Material, das schlecht leitet (großer Artwiderstand).

Sicherungen

Wie entstehen Kurzschlüsse?

Im Bild ist der Fall eindeutig: Der Bohrer hat zuerst die Isolation der beiden unter Putz liegenden Leitungsdrähte zerfasert und dann die beiden Kupferdrähte leitend miteinander verbunden. Das ist der **Kurzschluss**. Im Stromkreis ist ein zusätzlicher Zweig mit sehr wenig Widerstand ($<< 1\,\Omega$) entstanden. Bei 230 V Spannung entstehen in diesem Zweig Ströme von einigen hundert Ampere. Da die Wohnungsinstallation nicht für so große Ströme ausgelegt ist, muss automatisch abgeschaltet werden. Das ist Aufgabe der Sicherungen, die in die Leitungen zu den Geräten eingefügt sind.

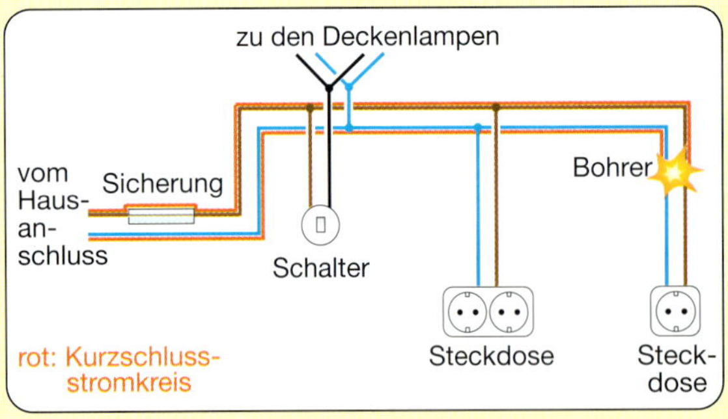

Weitere Ursachen für Kurzschlüsse: Durchgescheuerte Kabel an beweglichen Geräten, defekte Isolation infolge unsachgemäßer Behandlung oder Alterung.

Überlastung durch zu viele Verbraucher: Kurzschluss ist eine der Ursachen, bei der Sicherungen ansprechen müssen, Überlastung eine andere. Diese entsteht, wenn zu viele sehr leistungsstarke Elektrogeräte eingeschaltet werden. Im gemeinsamen Teil der Leitung steigt dadurch die Stromstärke immer mehr an. Hier sorgt dann die Sicherung dafür, dass bei 16 A Dauerstrom und darüber der Stromkreis nach einigen Minuten unterbrochen wird.

Wovor Sicherungen nicht schützen!

Gelegentlich kommt es vor, dass in einem Leitungszug Schwachstellen entstehen, z. B. weil in einer Leitung einige Litzendrähte gebrochen sind oder weil sich die Kontaktschraube gelockert hat, die Leitungen an Verbindungsstellen zusammenpresst. Die Stelle hat dann einen erhöhten Widerstand. Sie wird durch den Betriebsstrom von Geräten heiß, die Isolation verschmort. Nicht selten sind Brände die Folge. Sicherungen schützen vor solchen **Schmorbränden** nicht, denn sie schalten zu spät ab.

Tod durch Strom: Auch Menschen, die in den Stromkreis geraten, werden von den installierten Sicherungen nicht geschützt. Denn schon Ströme von 0,1 A können in kurzer Zeit tödlich sein. Die üblichen Sicherungsautomaten schalten ohne Verzögerung aber erst etwa beim 1000-fachen Wert ab, nämlich bei 100 A.

Schmelzsicherungen

Sicherungen in elektrischen Leitungen sollen das Anwachsen der Ströme auf unzulässig hohe Ampere-Werte verhindern. Sie müssen beim Erreichen einer bestimmten Amperezahl abschalten.
Am einfachsten zu verstehen ist die **Schmelzsicherung**. Sie besteht aus einem dünnen Draht, der in den Leitungszug eingefügt ist. Bei kleinen Strömen ist der Draht kalt, bei großen wird er in kurzer Zeit so heiß, dass er schmilzt und die Leitung unterbricht. Dann hört die Elektronenströmung auf. Wenn der Draht richtig bemessen ist, geschieht dies, ehe ein Bauteil Schaden nimmt oder anrichtet.

Beim Herstellen solcher Schmelzsicherungen ist natürlich einiges zu beachten: Da beim Durchschmelzen des Sicherungsdrahtes glühendes Metall verspritzt, muss man den Draht feuersicher kapseln. Dazu wird er bei Haushaltsicherungen in Porzellanpatronen eingeschlossen, bei Gerätesicherungen (Feinsicherungen) in Glasröhrchen. Zum Anschluss dienen Metallkappen an beiden Enden. Diese sind mit dem Amperewert beschriftet, bei dem die Sicherungen abschalten, und mit der maximal zulässigen Spannung.

Das Manipulieren an Sicherungen und Sicherungsfassungen ist verboten. Dieses Verbot gilt auch für das *Flicken von Sicherungen,* also das Einsetzen von neuen (dickeren) Drähten in die Patrone.

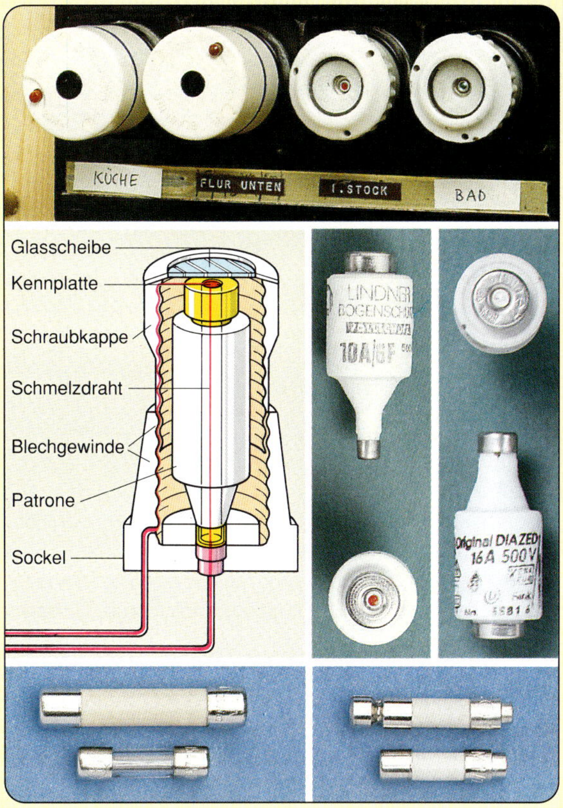

Automatische Sicherungen

Das Auswechseln von Sicherungen ist unbequem. Außerdem muss ein Vorrat an Patronen verfügbar sein. Deshalb werden heute in Wohnungen und Werkstätten fast immer Sicherungseinrichtungen verwendet, bei denen man die Stromkreisunterbrechung nach Beheben des Schadens rückgängig machen kann. Das geschieht durch Drücken eines Knopfs oder Umklappen eines Hebels. Wie solche Sicherungsautomaten arbeiten, zeigt das Bild unten links: Der Strom fließt durch eine Wendel, die um einen Bimetallstreifen gewickelt ist. Dieser besteht aus zwei miteinander verschweißten Metallen, z.B. Kupfer und Nickel. Überschreitet der Strom die Nennstromstärke längere Zeit, so heizt die Wendel den Streifen kräftig auf. Er biegt sich nach außen und gibt die Sperrklinke frei. Die Feder kann jetzt den Kontaktstift nach außen drücken und den Stromkreis unterbrechen. Als Zeichen der Unterbrechung ist nun der Drücker draußen. Bis der Schaden behoben ist, hat sich der Bimetallstreifen abgekühlt und zurückgebogen. Beim Einschieben des Drückers wird der EIN-Zustand wieder hergestellt.

Der Apparat hat noch einen Fehler. Bei sehr starken Strömen, z. B. bei einem Kurzschluss, spricht er zu spät an, meistens erst dann, wenn schon ein anderer Teil der Anlage Schaden genommen hat. Man bringt in das Gehäuse deshalb zusätzlich eine Magnetauslösung (grau) ein, die etwa beim zehnfachen Nennstrom innerhalb einer hundertstel Sekunde ausschaltet. Dazu wird der Bimetallstreifen, lange ehe er warm ist, vom Elektromagneten beiseite gezogen.

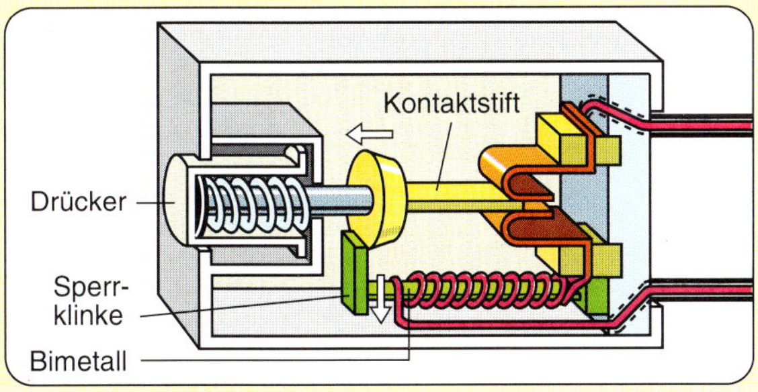

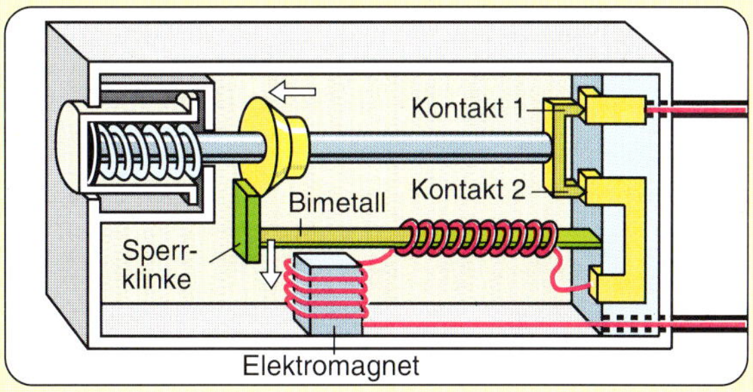

Eine Weihnachtsbaum-Beleuchtung besteht neben den Leitungen und Fassungen aus 10 Lampen mit 23 V Betriebsspannung. Sie wird an eine Netzsteckdose mit 230 V angeschlossen. Wenn wir eine der Lampen allein an 230 V anschließen, wird sie augenblicklich zerstört. Wenn wir alle 10 parallel anschließen, gehen alle 10 kaputt. Der Grund: Zehnfaches Überschreiten der Betriebsspannung bewirkt einen so großen Strom, dass sich der Glühdraht schlagartig aufheizt und explosionsartig verdampft.

Warum diese Explosion bei der Weihnachtsbaumbeleuchtung ausbleibt, finden wir heraus, wenn wir sie mit 4 V-Lämpchen nachbauen und genauer untersuchen. Die Lampen sind wie die am Baum in ein und denselben Stromkreis zu legen, also in Reihe zu schalten. Wenn die Betriebsspannung 20 V beträgt, leuchten sie richtig. Der Strom ist dann 0,1 A groß.

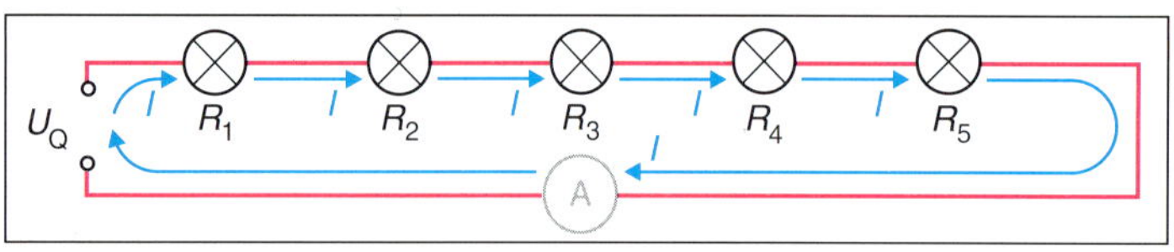

Widerstand bei der Reihenschaltung

Eine einzelne Lampe hat im Betrieb den Widerstand

$R = U/I = 4\,V : 0{,}1\,A = 40\,\Omega.$

Für die Reihenschaltung ergibt sich

$R_{Reihe} = U/I = 20\,V : 0{,}1\,A = 200\,\Omega.$

Das ist der 5-fache Widerstandswert einer einzigen Lampe. Das ist einleuchtend, denn der Glühdraht in 5 Lampen ist fünfmal so lang wie in einer. Dementsprechend müssen sich bei Reihenschaltung die Widerstände der einzelnen Bauteile addieren:

$$\boldsymbol{R_{Reihe} = R_1 + R_2 + R_3 + R_4 + R_5}$$

Wenn das richtig ist, muss man 4 Lampen durch einen Widerstand mit 160 Ω ersetzen können. Dann ist $R_{Reihe} = 160\,\Omega + 40\,\Omega = 200\,\Omega$ (Bild 3). Die Stromstärke ist nach wie vor 0,1 A, weshalb die verbleibende Lampe gleich hell wie zuvor leuchtet. Das neu eingefügte Bauteil heißt *Vorwiderstand* für diese Lampe.

A1 Untersuche eine Weihnachtsbaumbeleuchtung. Welche Betriebsspannung haben die Lampen? Wie ist die Leitung zwischen Netzstecker und Lampen geführt? Zeichne.
Was geschieht wohl, wenn man im eingeschalteten Zustand eine beliebige Lampe lockert?

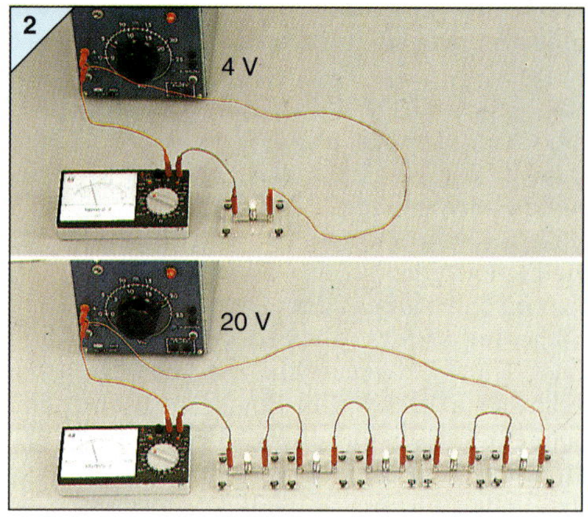

V2 Nimm 6 gleiche Lampen mit den Betriebsdaten 4 V/0,1 A. Eine davon wird direkt an 4 V angeschlossen. Sie dient zum Vergleich. Die fünf übrigen werden in Reihe gelegt.
Erhöhe die Spannung, bis jede der 5 Lampen gleich hell leuchtet wie die Vergleichslampe. Miss diese Spannung. Miss dann auch die Stromstärke in beiden Stromkreisen.

A3 Errechne den Widerstand der Einzellampe, dann den Widerstand der kompletten Reihenschaltung. Vergleiche.
Was sagen die Werte aus?

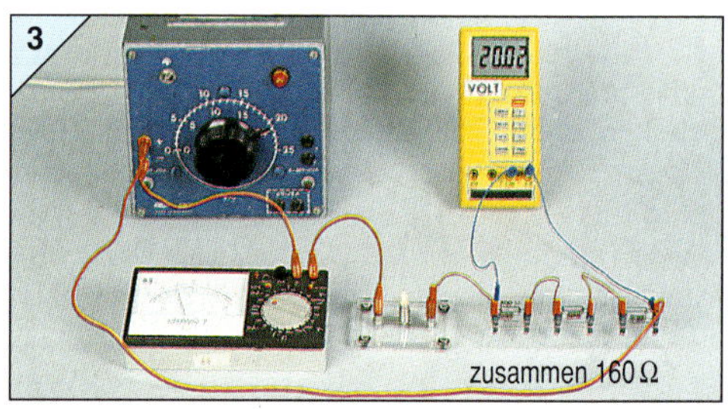

V4 Miss zunächst die Spannung an jeder Einzellampe der Reihenschaltung.
Nimm dann 4 Lämpchen aus der Schaltung von V2 heraus und ersetze sie durch einen Widerstand mit 160 Ω (käufliche Widerstände mit 100 Ω, 10 Ω und 47 Ω in Reihe).
Ändert sich am Leuchten des verbliebenen Lämpchen etwas?
Miss nun auch noch die Spannung am Widerstand und an der verbleibenden Lampe.

A5 Begründe, wie deiner Ansicht nach die Messergebnisse aus V4 zustande kommen.

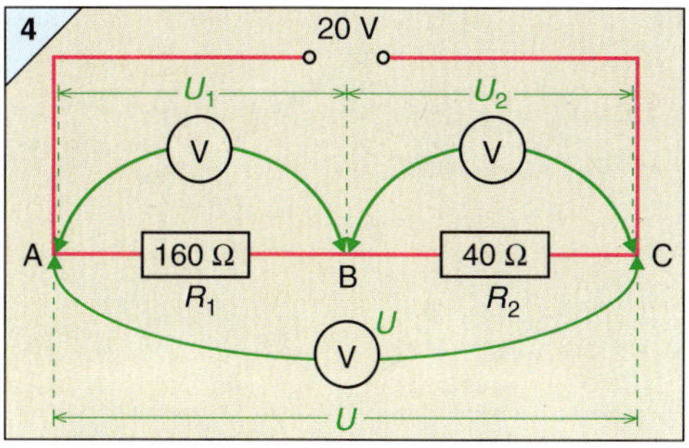

V6 Ersetze nun auch noch das letzte Lämpchen aus V4 durch einen „äquivalenten" Widerstand mit 40 Ω entsprechend obigem Bild.
a) Miss die Spannung an der Quelle und die an den beiden Widerständen.
b) Ändere die Spannung der Quelle und miss erneut.
c) Fertige eine Tabelle der Messwerte. Was sagt sie dir?

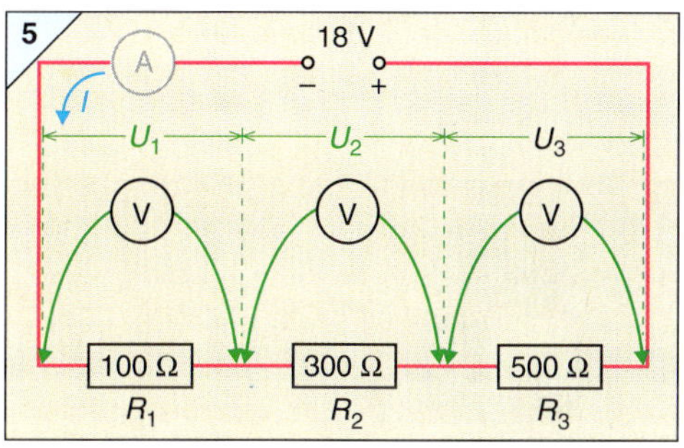

V7 Welche Spannungen liegen in dieser Schaltung vermutlich an den einzelnen Widerständen? Wie groß ist der Strom?
Baue die Schaltung auf und überprüfe.

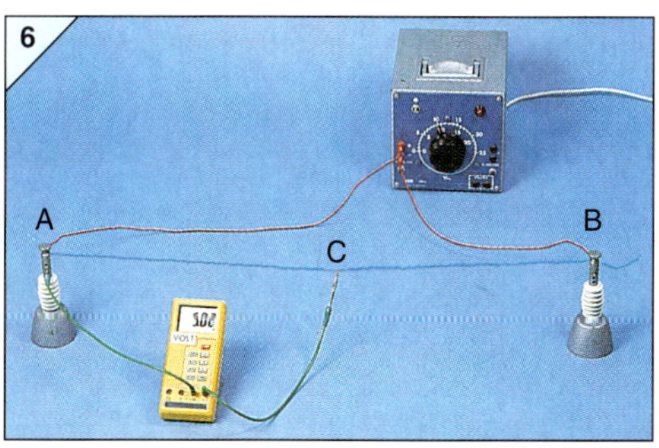

V8 Hier liegt ein 1 m langer Konstantandraht (0,2 mm ∅) an 12 V Spannung.
Miss die Teilspannung am Drahtstück AC,
a) wenn C und A zusammenfallen,
b) wenn C und B zusammenfallen,
c) wenn C in der Mitte liegt.
d) Welche Spannung liegt jeweils über dem ersten und welche über dem letzten Viertel des Drahtes? Fertige ein Tabelle an.

Spannungen bei Reihenschaltung

Bei der Lichterkette und in Versuchen entsprechend den Bildern 1 und 2 haben wir es geschafft, aus der jeweils verfügbaren Gesamtspannung (230 V bzw 20 V) die Lampenspannung (23 V bzw. 4 V) „abzuzapfen". Da mehrere Bauteile im gleichen Stromkreis liegen, muss sich der Antrieb der Quelle auf sie verteilen. Das heißt aber, dass an den Anschlüssen jedes Lämpchens ein Teil der Spannung gemessen werden kann, die insgesamt verfügbar ist. Wir erwarten in Abb. 2 an jedem Lämpchen 4 V.

Die Verteilung funktioniert auch, wenn die Widerstände verschiedene Werte haben. An dem mit dem größeren Widerstandswert liegt dann die größere Spannung. Die wird auch benötigt, wenn es den gleichen Strom darin geben soll wie in den Bauteilen mit den kleineren Widerstandswerten.

Bei der Reihenschaltung verteilt sich die verfügbare Spannung auf die einzelnen Bauteile. Es gilt:
$U = U_1 + U_2 + U_3 + \ldots$

Für die Spannungen an den einzelnen Widerständen gilt dabei:
$U_1 = I \cdot R_1$; $U_2 = I \cdot R_2$; $U_3 = I \cdot R_3$ usw.

Der Strom bei Reihenschaltung ist überall gleich. Er beträgt:
$I = U/R_{\text{Reihe}}$

Spannungsteilerschaltung

In Bild 6 haben wir im Prinzip die gleiche Schaltung vor uns wie in Bild 4. Durch Verschieben des Schleifers C können wir aber jetzt die Widerstandswerte von R_1 und R_2 ändern, allerdings nur so, dass die Summe gleich bleibt. Die Spannung zwischen A und C wächst von 0 V auf die Spannung U der Stromquelle an, wenn wir den Schleifer C von A nach B schieben. Wir können somit jede beliebige *Teilspannung* zwischen 0 V und U_{Quelle} einstellen.

Die meisten Stellglieder hinter den Drehknöpfen von Elektronikgeräten sind solche Spannungsteiler. Man nimmt allerdings selten Schleifdrähte, nur manchmal Schiebewiderstände und fast immer Drehwiderstände (Abb. 7). Das Fremdwort für Spannungsteiler ist Potentiometer (salopp: Poti).

Strom und Spannung bei Parallelschaltung

In Abb. 8 ist fotografiert, wie mehrere Halogen-Leuchten an ein 12 V-Netzgerät angeschlossen werden. Es werden Lampen mit 12 V Betriebsspannung verwendet. Entfernt man eine Lampe oder geht eine kaputt, so leuchten die übrigen weiter, im Gegensatz zur Lichterkette in Reihenschaltung. Wie du im Bild siehst, ist jede Lampe an zwei dicke Drähte angeklemmt. Zwischen diesen Drähten liegen 12 V, die ein Netzgerät bereitstellt.

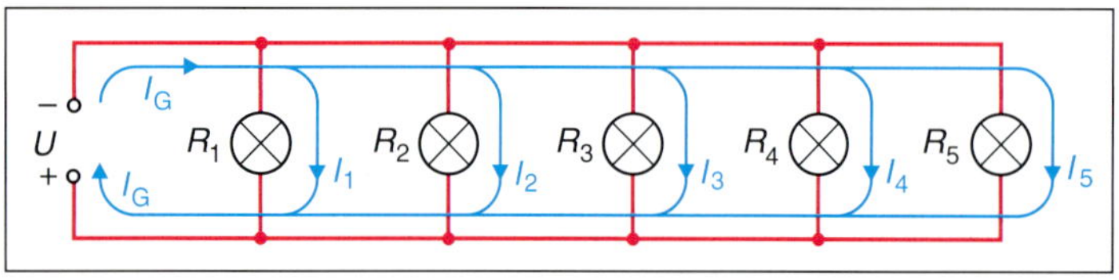

Man kann die Lampen als parallel liegende Stromkreis-Zweige zwischen die Anschlussdrähte zeichnen. Daher kommt der Name **Parallelschaltung.** Kennzeichnend für diese Schaltungsart sind die Verzweigungs- und Vereinigungspunkte für die Elektronenströmung. Die Quelle muss natürlich den Gesamtstrom treiben. Das ist in Bild 9 die Summe der 5 Lampenströme. Es gilt:

> Bei der Parallelschaltung addieren sich die Zweigströme zum Gesamtstrom:
> $I_{Gesamt} = I_1 + I_2 + I_3 + \ldots$

Die Zweigströme lassen sich mit dem ohmschen Gesetz berechnen: $I_1 = U/R_1$; $I_2 = U/R_2$; $I_3 = U/R_3$.

Der Ersatzwiderstand der Parallelschaltung

Wenn wir zwei parallel geschaltete Widerstände in einen Kasten bringen, kommen aus diesem Kasten zwei Drähte heraus. Der Kasten verhält sich wie ein einzelnes Widerstandsbauteil. Der Widerstandswert dieses Bauteils wird mit $R_{Parallel}$ bezeichnet. Er ist kleiner als jeder Einzelwiderstand im Kasten. Wir können ihn aus der anliegenden Spannung und dem Gesamtstrom errechnen, denn letzterer ist die Summe der beiden Einzelströme. Es gilt also:

> Ersatzwiderstand bei Parallelschaltung:
> $R_{Parallel} = U/I = U/(I_1+I_2+\ldots)$

Die Zweigströme muss man vor der Anwendung der Formel aus dem ohmschen Gesetz errechnen.

Beispiel (Werte für U, R_1, R_2 aus Abb. 10):
$I_1 = U/R_1 = 15\,V : 60\,\Omega = 0{,}25\,A$; $I_2 = U/R_2 = 15\,V : 30\,\Omega = 0{,}5\,A$;
$I_G = I_1 + I_2 = 0{,}25\,A + 0{,}5\,A = 0{,}75\,A$;
$R_G = U/I_G = 15\,V : 0{,}75\,A = 20\,\Omega$.

8
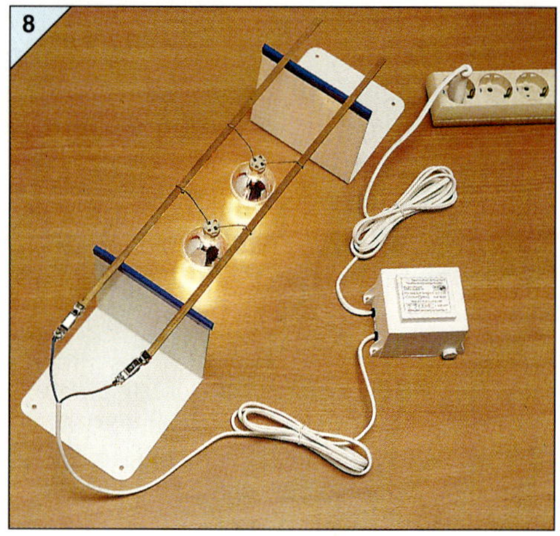

V9 Finde heraus, wie bei dieser Lichtanlage die Lampen mit dem 12 V-Netzgerät verbunden sind.
Setze dazu die Lichtanlage in Betrieb. Unterbrich dann die Verbindung einer oder mehrerer Lampen mit der Zuleitung. Erkläre, warum das Verhalten anders ist als bei der Reihenschaltung.

9
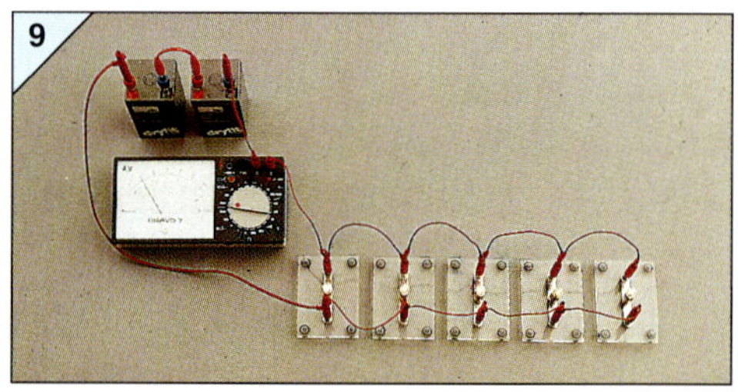

V10 Wir benutzen lauter gleiche Lampen und schalten sie wie in Bild 9 an 4 V an. Miss die Stromstärke, wenn
a) nur 1 Lampe leuchtet (alle andern lockern);
b) wenn 2, 3, 4 und 5 leuchten.
Notiere die Werte und erkläre.

10
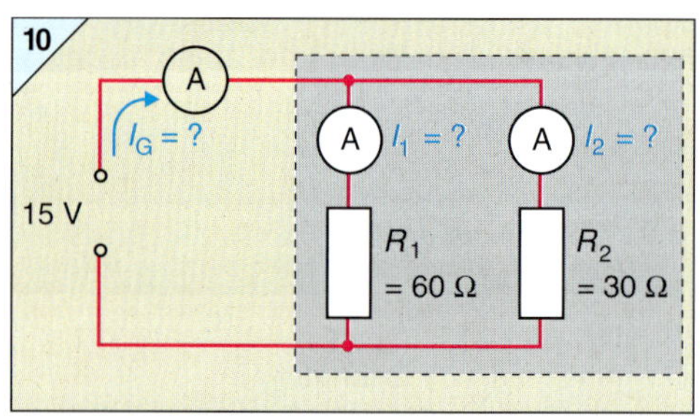

V11 Baue diese Schaltung mit einer Scheinwerferlampe und einer Rücklichtlampe vom Fahrrad auf. Miss den Strom durch die erste, den durch die zweite Lampe und den Strom durch die Quelle.
Notiere und erkläre die Ergebnisse.

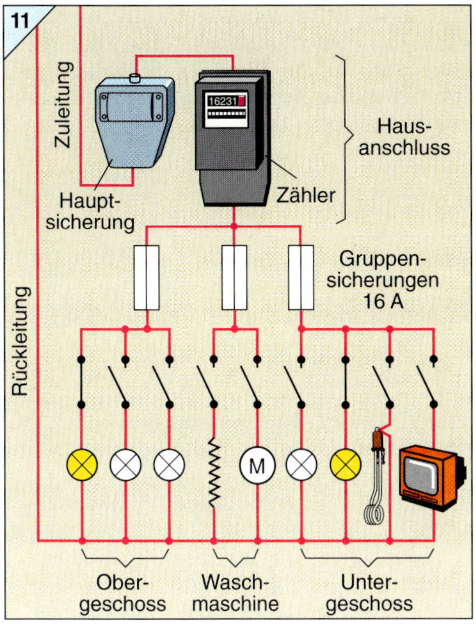

A12 Suche für jedes Einzelgerät in diesem Schaltbild den Stromkreis.
Welche Sicherung spricht an, wenn man in einem der Stromkreise einen Kurzschluss macht?

Parallelschaltung von Elektrogeräten

Elektrogeräte (Lampen, Kaffeemaschine, Waschmaschine, Fernseher, Herd usw.) schaltet man parallel an die zweiadrige (Haupt-)Leitung an, die vom Zähler kommt. Das hat den Vorteil, dass die Geräte ohne gegenseitige Störung aus- und eingeschaltet werden können.

Da $I_{Gesamt} = I_1 + I_2 + I_3 + ...$ ist, schwillt allerdings der Strom in der Hauptleitung mit jedem zugeschalteten Gerät an. Dies darf nicht zu beliebig hohen I-Werten führen, da sonst die Zuleitungen an der schwächsten Stelle heiß werden und Brandgefahr besteht. Der Strom muss begrenzt werden. Die Sicherungen, die dies bewirken, liegen in den Leitungen zu einzelnen Gerätegruppen (Bild 11). Wenn die höchstzulässige Stromstärke im betreffenden Leitungszug überschritten wird, spricht die Sicherung an und trennt die nachgeschalteten Geräte vom Netz. Dies geschieht auch bei Kurzschluss.

Die **Hauptsicherung** liegt in der Zuleitung vor jeder Verzweigung, meist gleich nach dem Eintritt der Versorgungsleitung ins Haus. Diese Sicherung begrenzt den ins Haus kommenden Elektronenstrom (und damit auch den Energiestrom) auf einen vom Versorgungsunternehmen vorgegebenen Wert. Sie befindet sich in einem verschlossenen und plombierten Kasten, der absichtliches Hantieren an der Sicherung verhindern soll.

AUFGABEN UND ZUSAMMENFASSUNG

1. Zeichne eine Reihenschaltung von 6 gleichen Lampen (Betriebswerte: 2,5 V/0,1 A). Die Schaltung liegt an einer Quelle mit 15 V. Wie groß ist der Strom? Welche Spannungen erhalten die Lampen?

2. Eine Weihnachtsbaumbeleuchtung enthält 17 gleiche Lampen. Welche Spannung liegt an jeder, wenn die Reihenschaltung mit 230 V gespeist wird?

3. Der Strom in den Glühfäden der Lichterkette in Aufgabe 2 beträgt 0,15 A. Welchen Widerstand hat jede Lampe?

4. Eine 4 V-Glühlampe mit 8 Ω Widerstand soll mit 12 V betrieben werden. Wie viel Ohm muss der Vorwiderstand haben? Wie viel Volt braucht er?

5. Zwei Widerstände mit 8 Ω und 16 Ω werden in Reihe geschaltet. Wie groß ist der Reihenwiderstand R_{Reihe}? Welchen Strom erhält man bei 12 V? Wie groß sind U_1 und U_2?

6. Wodurch unterscheiden sich Reihen- und Parallelschaltung?

7. Man schaltet immer mehr Widerstände parallel an eine Quelle. Wie ändert sich der Strom, wie der Ersatzwiderstand?

8. Berechne die Stromstärke in der Hauptleitung, wenn in den Zweigen folgende Ströme fließen: Kaffeemaschine 2,5 A; Radiogerät 0,2 A; Glühlampe 0,45 A; Energiesparlampe 0,07 A; Heißwasserspeicher 8 A.

9. Bei der Parallelschaltung erhalten alle Bauteile die gleiche Spannung. Welche Gleichung gilt für die Ströme?

10. Bei der Reihenschaltung besteht in allen Bauteilen derselbe Strom. Welche Gleichung gilt hier für die Spannungen?

11. Zwei Widerstände liegen parallel an 20 V. Der eine hat 2 000 Ω, der andere 10 Ω. Wie groß ist $R_{Parallel}$?

12. Wie groß ist der Gesamtwiderstand im Stromkreis, wenn man die gleichen Widerstände wie in Aufgabe 11 in Reihe schaltet?

Reihenschaltung

Die Bauteile liegen in ein und demselben Stromkreis und werden deshalb vom selben Strom durchflossen. Die Spannung teilt sich auf. Das Bauteil mit dem größten Widerstand erhält die größte Teilspannung. Es gilt allgemein:

$U_Q = U_1 + U_2 + U_3 + ...$
$R_G = R_1 + R_2 + R_3 + ...$
$I = U/R_G$; $U_x = I \cdot R_x$

Parallelschaltung

Die Bauteile liegen alle an der gleichen Spannung. Der Strom in der Stammleitung teilt sich auf. Das Bauteil mit dem kleinsten Widerstand zieht den größten Strom. Es gilt allgemein:

$I = I_1 + I_2 + I_3 + ...$
$I_x = U/R_x$
$R_{Ersatz} = U/I = U/(I_1 + I_2 + ...)$

Wie werden Strom und Spannung gemessen?

Wir haben uns auf den vorhergehenden Seiten mit Messgrößen, Maßeinheiten und mit Zusammenhängen zwischen den Messgrößen Stromstärke und Spannung befasst. Diese sind algebraisch formuliert worden. Hier soll zusammenfassend erläutert werden, worauf es bei der Mesung der beiden Größen mit Zeigerinstrumenten ankommt.

Bei Instrumenten mit Ziffernanzeige entfällt das mühselige Umrechnen von Skalenteilen in Messwerte. Es muss zum direkt abgelesenen Wert nur noch die Einheit (V, mA, A) hinzugefügt werden. Diese ist am Messbereichs-Wahlschalter angegeben.

Stromstärkemessung

Größe des Stroms (Stromstärke) Gerätesymbol Ⓐ
Formelzeichen I
Einheit: Ampere (**A**)

Schritte bei der Messung von Strömen (Stromstärkewerten):

1. Stromkreis haben oder schalten
2. An der Messstelle auftrennen
3. Am Messgerät den größtmöglichen Ampere-Messbereich einstellen und das Messgerät an der Messstelle einfügen.
4. Messbereich Schritt für Schritt zurückschalten, bis der Zeiger deutlich von der Nullmarke abrückt.
5. Anzeigewert in Skalenteilen ermitteln und notieren.
6. Den abgelesenen Wert mit dem Messbereichsfaktor malnehmen.
7. Endergebnis notieren.

Beispiel:
Instrument mit einer 30-teiligen Skala
Ablesung: 25 Skalenteile
Eingestellter Messbereich: 0,3 A
Ein Skalenteil entspricht somit $\frac{0{,}3}{30}$ A = 0,01 A
Messwert: 25 · 0,01 A = 0,25 A

Bedeutung des Messwerts: Die Messstelle wird in jeder Sekunde von sehr vielen Elektronen durchquert. Sie tragen zusammen die elektrische Ladung 0,25 Coulomb. Der Elektronenfluss ist dementsprechend
0,25 · 6 Trillionen Elektronen je Sekunde
= 1,5 Trillionen Elektronen je Sekunde

Prinzip-Schaltung Strommessung

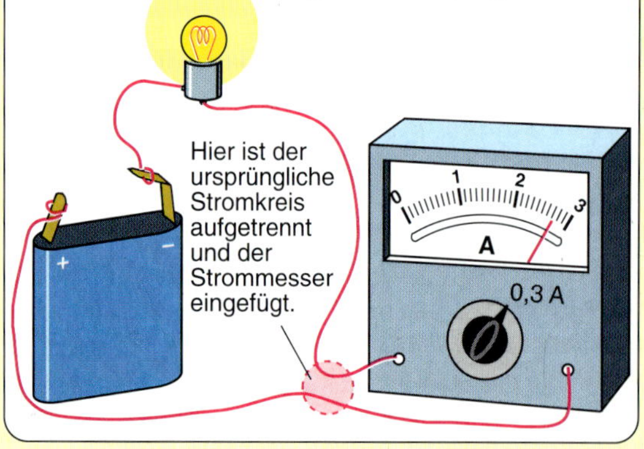

Spannungsmessung

Größe des Antriebs (Spannung) Gerätesymbol Ⓥ
Formelzeichen U
Einheit: Volt (**V**)

Schritte bei der Messung von Spannungen:

1. Die Punkte der elektrischen Anlage suchen, zwischen denen die Spannung gemessen werden soll.
2. Am Messgerät den größtmöglichen Volt-Messbereich einstellen.
3. Die Geräteanschlüsse mit den beiden gewählten Punkten verbinden.
4. Schritt für Schritt auf kleinere Messbereiche zurückschalten, bis der Zeiger deutlich von der Nullmarke abrückt.
5. Anzeigewert in Skalenteilen ermitteln und notieren.
6. Den abgelesenen Wert mit dem Messbereichsfaktor malnehmen und Ergebnis notieren.

Beispiel:
Instrument mit einer 100-teiligen Skala
Ablesung: 43 Skalenteile
Eingestellter Messbereich: 3 Volt
Ein Skalenteil entspricht somit $\frac{3}{100}$ V = 0,03 V
Messwert: 43 · 0,03 V = 1,29 V

Bedeutung des Messwerts: Die Elektronen erfahren den Antrieb 1,29 V, wenn sie den Stromkreisteil zwischen den Messpunkten durchlaufen. Dies ist der Anteil der Quellenspannung, der auf dieses Stromkreisstück entfällt.

Prinzip-Schaltung Spannungsmessung

Parallel- und Reihenschaltung – gerechnet

Parallelschaltung von Bauteilen

Bei der Parallelschaltung liegen alle Bauteile an derselben Spannung. Entsprechend dieser Spannung und dem Widerstand des Bauteils stellt sich der Strom in jedem Zweig der Schaltung ein:

$I_x = U/R_x.$

Die Einzelströme summieren sich zum Gesamtstrom

$I_{Par} = I_1 + I_2 + I_3.$

Aus dem Gesamtstrom lässt sich der Ersatzwiderstand der Parallelschaltung ausrechnen als

$R_{Par} = U/I_{Par}.$

Dies ist der Widerstand, den im Bild die Quelle „sieht“. Er kann die drei Bauteile ersetzen, ohne dass sich der Strom in der Stammleitung ändert.

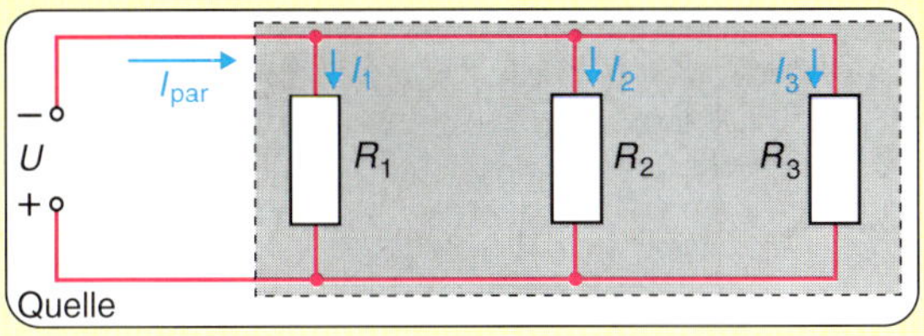

Musteraufgabe zur Parallelschaltung

Im Bild unten sind parallel geschaltet:

eine Autolampe (12 V/5 A): $R_1 = 2{,}4\ \Omega$
ein Festwiderstand: $R_2 = 100\ \Omega$
eine Heizwendel: $R_3 = 16\ \Omega$

Wir errechnen die nicht bekannten Größen, also die Einzelströme I_x, den Gesamtstrom I_{Par} und den Widerstand R_{Par}, den die Schaltung von der 12 V-Quelle aus „gesehen“ hat. (Es ist so zusagen der Widerstand des grauen Kastens im Bild oben.)

Lösung:

Einzelströme:

$I_1 = U/R_1 = 12\,\text{V} : 2{,}4\ \Omega = 5\,\text{A}$
$I_2 = U/R_2 = 12\,\text{V} : 100\ \Omega = 0{,}12\,\text{A}$
$I_3 = U/R_3 = 12\,\text{V} : 16\ \Omega = 0{,}75\,\text{A}$

Gesamtstrom:

$I_{Par} = I_1 + I_2 + I_3 = 5\,\text{A} + 0{,}12\,\text{A} + 0{,}75\,\text{A}$
$= 5{,}87\,\text{A}$

Widerstand der Gesamtschaltung: $1\,\frac{\text{V}}{\text{A}} = 1\,\Omega$

$R_{Par} = U/I_{Par} = 12\,\text{V} : 5{,}87\,\text{A} = 2{,}04\,\frac{\text{V}}{\text{A}}$
$= 2{,}04\ \Omega$

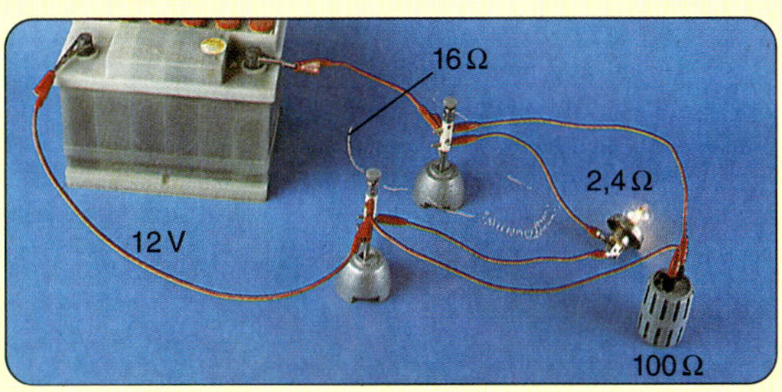

Reihenschaltung von Bauteilen

Hier liegen die Bauteile in ein und demselben Stromkreis. Die Spannung der Quelle verteilt sich auf die Einzelwiderstände. Wenn der Strom im Kreis bekannt ist, lässt sich dieser Anteil leicht errechnen:

$U_x = I \cdot R_x.$

Die Anteile summieren sich zur Gesamtspannung

$U_{Quelle} = U_1 + U_2 + U_3,$

die Widerstandswerte zum Reihenwiderstand

$R_{Reihe} = R_1 + R_2 + R_3.$

Mithilfe des ohmschen Gesetzes in der Form $I = U/R$ finden wir die Gleichung für I:

$I = U_{Quelle}/(R_1 + R_2 + R_3 = U/R_{Reihe}$

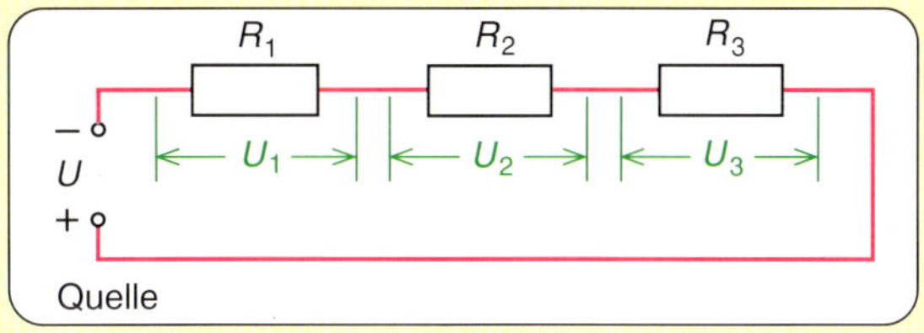

Musteraufgabe zur Reihenschaltung

Im Bild unten sind in Reihe geschaltet:

eine Lampe für 6 V/0,3 A: $R_1 = 20\ \Omega$
eine Lampe für 4 V/0,3 A: $R_2 = 13{,}3\ \Omega$
ein Festwiderstand: $R_3 = 10\ \Omega$

Wie groß ist der Reihenwiderstand der Schaltung? Welche Spannung muss man anlegen, damit ein Strom mit 0,3 A entsteht? Wie verteilt sich die Spannung auf die Bauteile?

Lösung:

Der Widerstand der Reihenschaltung beträgt

$R_{Reihe} = R_1 + R_2 + R_3$
$= 20\ \Omega + 13{,}3\ \Omega + 10\ \Omega$
$= 43{,}3\ \Omega$

Für den vorgesehenen Strom $I = 0{,}3$ A benötigen wir die Spannung:

$U = I \cdot R_{Reihe} = 0{,}3\,\text{A} \cdot 43{,}3\,\frac{\text{V}}{\text{A}} = 12{,}99\,\text{V} \approx 13\,\text{V}$

Davon entfallen auf die Bauteile:

$U_1 = I \cdot R_1 = 0{,}3\,\text{A} \cdot 20\ \Omega = 6\,\text{V}$
$U_2 = I \cdot R_2 = 0{,}3\,\text{A} \cdot 13{,}3\ \Omega = 4\,\text{V}$
$U_3 = I \cdot R_3 = 0{,}3\,\text{A} \cdot 10\ \Omega = 3\,\text{V}$

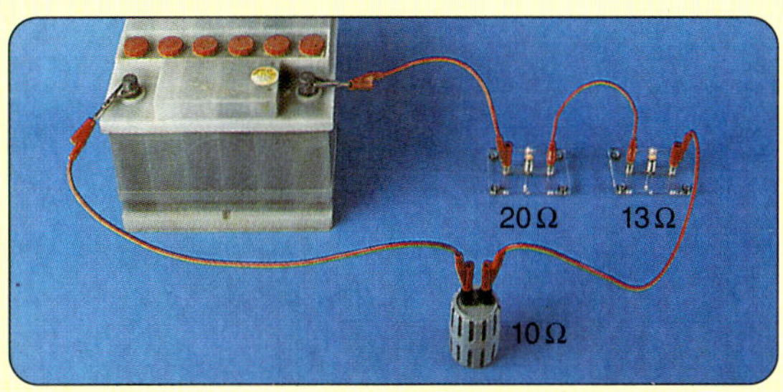

Elektrisch geladene Körper

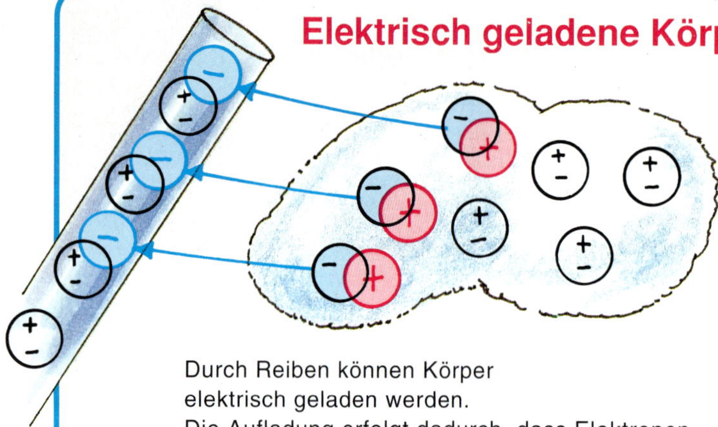

Durch Reiben können Körper elektrisch geladen werden.
Die Aufladung erfolgt dadurch, dass Elektronen beim Berühren verschiedener Stoffe von einem weggerissen (plus) und vom anderen aufgenommen werden (minus).

Elektrische Kräfte

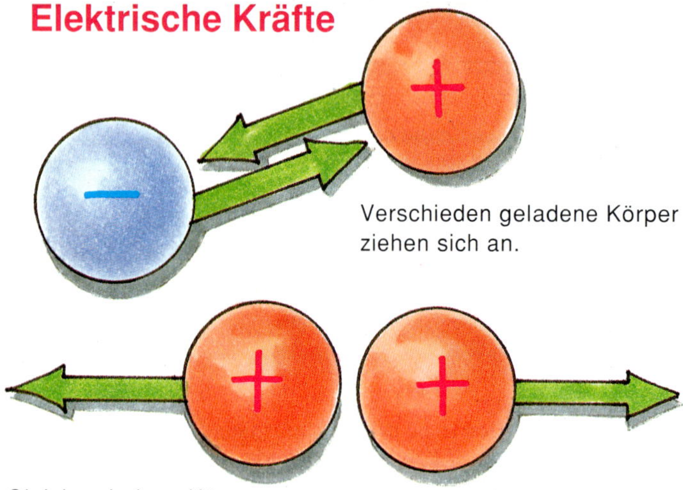

Verschieden geladene Körper ziehen sich an.

Gleich geladene Körper stoßen sich ab.

Leiter

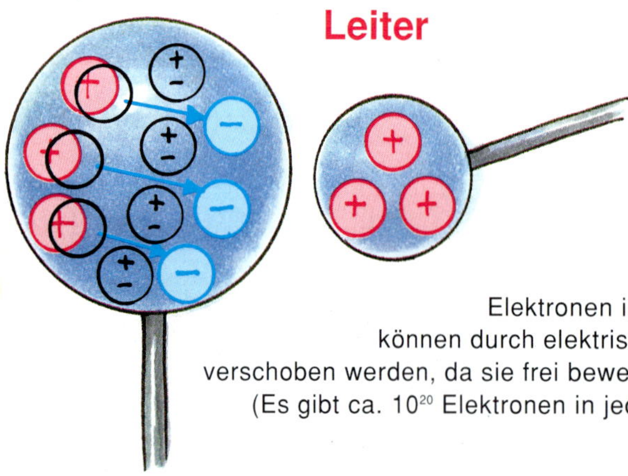

Elektronen in Metallen können durch elektrische Kräfte verschoben werden, da sie frei beweglich sind. (Es gibt ca. 10^{20} Elektronen in jedem mm^3!)

Spannung un

Die Größe des Elektronenantriebs heißt Spannung. Sie wird in der Einheit **Volt** angegeben.

In einer Stromquelle werden Elektronen vom Pluspol zum Minuspol geschoben.

Von der Stromquelle werden die Elektronen im Stromkreis vom Minuspol zum Pluspol getrieben.

tromstärke

e Stromstärke ist umso größer,
mehr Elektronen pro Sekunde
einer Stelle im Leiterkreis
rbeikommen.

e Stromstärke wird in **Ampere**
messen. 1 A entspricht 6 Trillionen
^{18}) Elektronen je Sekunde.

Im Verbraucher wird der Elektronenstrom gehemmt. Bei der Glühlampe bringen dabei die Elektronen den dünnen Glühdraht zum Leuchten.

In einem unverzweigten Stromkreis ist die Stromstärke an jeder Stelle gleich groß, da nirgendwo Elektronen verloren gehen und auch keine dazukommen.

Will man die Stromstärke messen, kann man das Messgerät an jeder beliebigen Stelle einfügen.

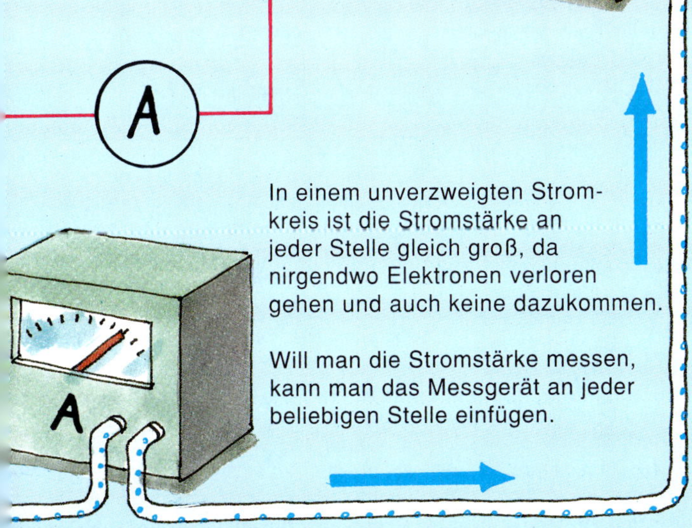

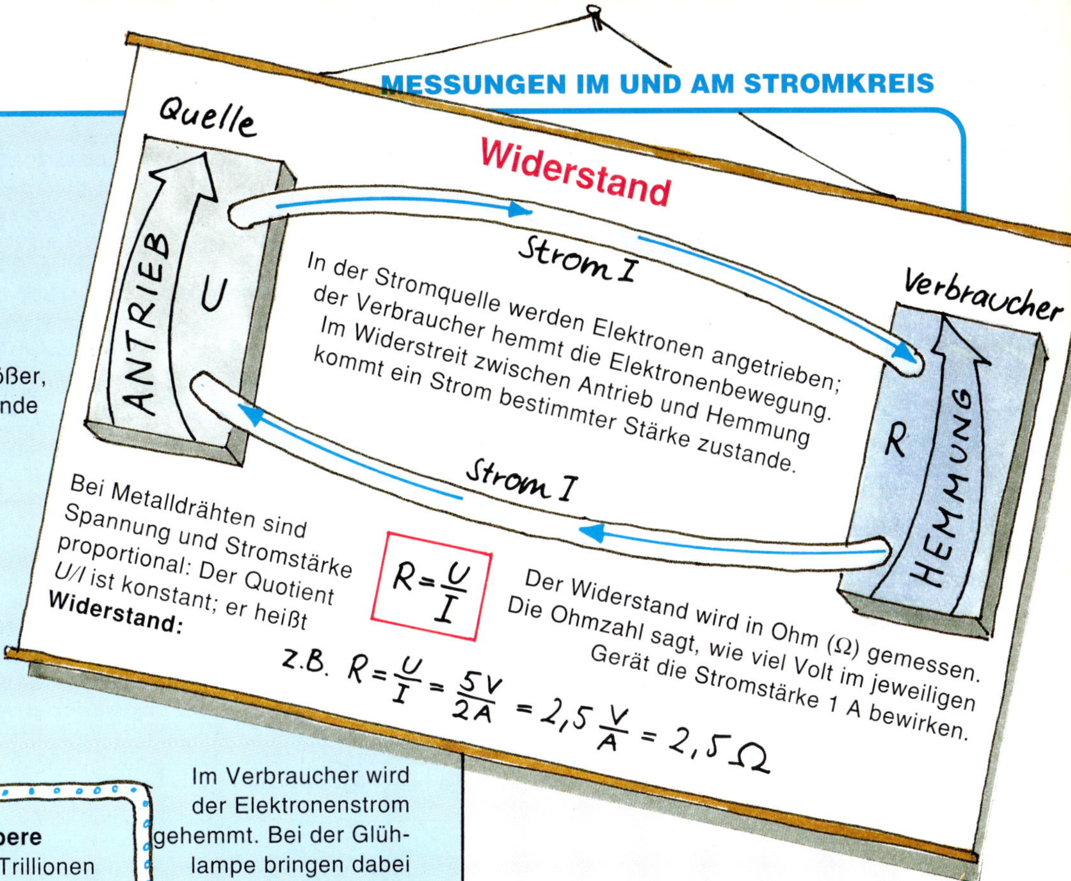

Mehrere Verbraucher

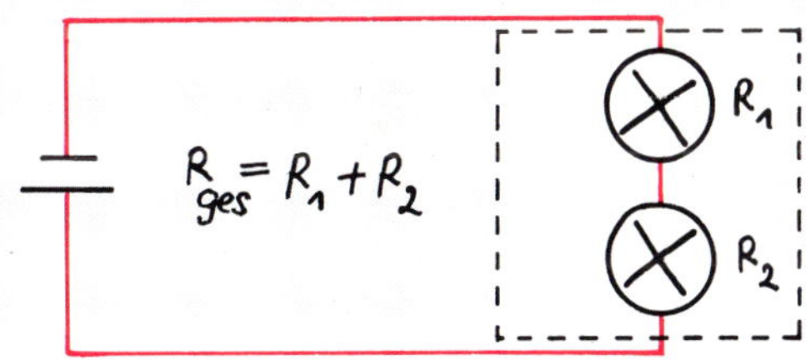

Bei der Reihenschaltung zweier Verbraucher ist der Gesamt-Widerstand größer als bei einem Verbraucher.

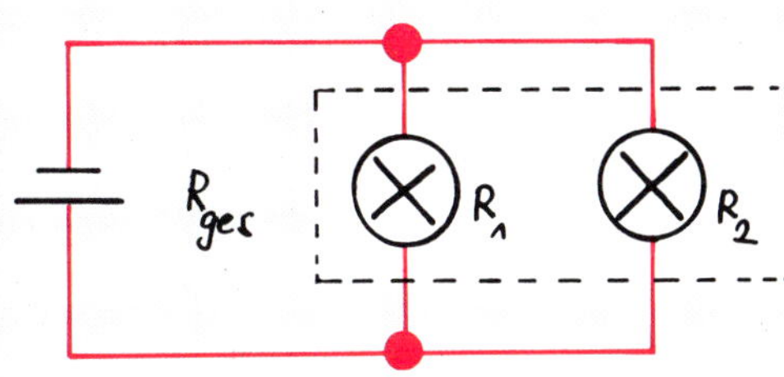

Bei der Parallelschaltung zweier Verbraucher ist der Gesamt-Widerstand kleiner als bei jedem der beiden allein.

1. Zeichne einen Stromkreis mit Erzeuger, Doppelleitung und Verbraucher. Bringe im Bild möglichst viel Information über die Vorgänge in der Anlage unter.

2. Für den, der elektrische Geräte benutzt, ist der Elektronenstrom recht uninteressant. Worauf kommt es ihm an? Erkläre in diesem Zusammenhang den Begriff „Energiestrom".

3. Im folgenden Bild sind Paare von geladenen Körpern gezeichnet. Sie stoßen sich entweder ab oder ziehen sich an. Zeichne die Bilder ab und versieh deine Zeichnung mit Pfeilen, die Auskunft über Anziehung und Abstoßung geben. Formuliere den Sachverhalt mit Worten.

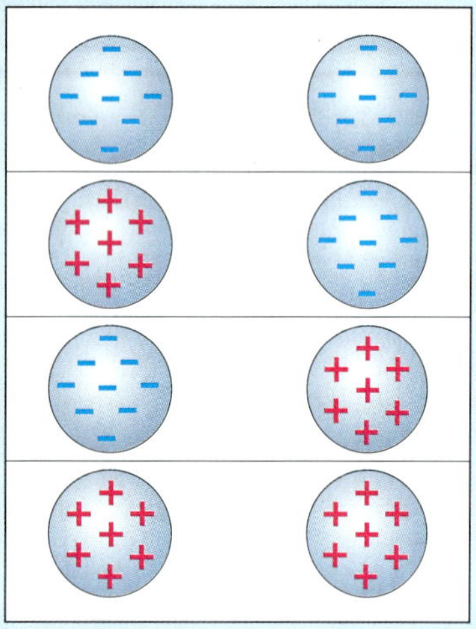

4. Im folgenden Bild sind zwei isoliert stehende Blechbüchsen gezeichnet. Was muss man prinzipiell tun, um die eine positiv und die andere negativ zu laden?
Benutze bei deiner Antwort die Vorstellung „Elektronenübergang"!

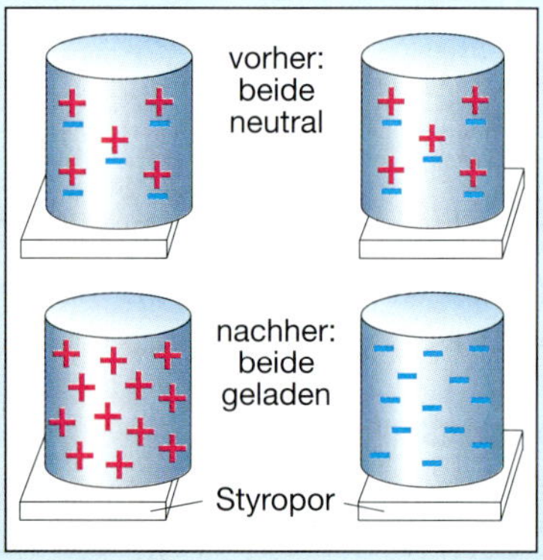

5. Jeder Körper besteht aus Atomen. Diese haben einen positiven Kern und eine Hülle um den Kern herum, in der negative Elektronen schwirren. Warum ist ein solches Atom als Ganzes elektrisch neutral, warum also merkt man nichts von seiner Ladung? Formuliere deine Antwort so, dass sie auch für Körper gilt, die sehr viele Atome enthalten.

6. Beschreibe einen Versuch, bei dem zwei Körper durch innige Berührung entgegengesetzt geladen werden. Zeichne.
Wie kann man die Ladung nachweisen?

7. Im Bild unten werden zwei Metallbüchsen durch elektrische Anziehung und Abstoßung entgegengesetzt geladen. Wie geschieht das? Warum stehen die Büchsen isoliert? Was muss man tun, um die Büchsen geladen zu halten? Wie weist man die Ladung nach?

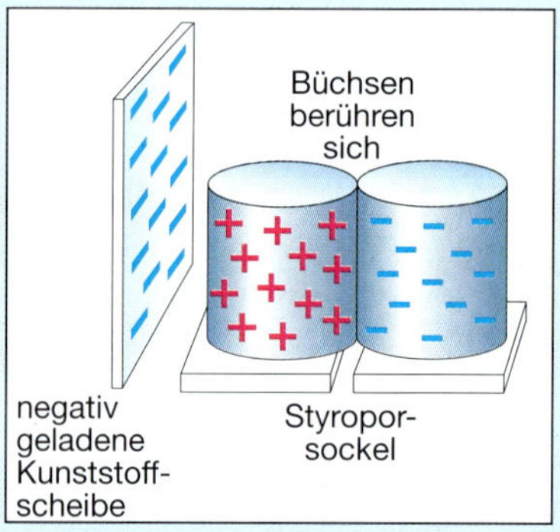

8. Wie verteilt sich die Spannung einer Batterie mit 8 Volt auf drei in Reihe geschaltete Widerstände mit 10 Ω, 23 Ω und 47 Ω? Wie groß ist der Strom im Kreis? Zeichne und rechne. Wie muss man jeweils das Spannungsmessgerät anklemmen, wenn man die Rechenergebnisse überprüfen will?

9. Wie groß ist der Strom durch die Batterie in Aufgabe 8, wenn man die drei Widerstände parallel zueinander an sie anklemmt? In welchem Bauteil gibt es den größten, in welchem den kleinsten Strom?

10. Wie groß ist der Widerstandswert, den das E-Werk in unserem Haus „sieht", wenn
a) keine Geräte in Betrieb sind?
b) drei Lampen mit einem Strom von je 0,4 A und der Fernseher (0,5 A) eingeschaltet sind?
c) Wenn wir einen Heizlüfter mit 9 A und den Herdbackofen (4 A) dazuschalten, sinkt dieser Widerstand ab. Auf welchen Wert?
(Anschluss aller Geräte an 230 V).

11. In Aufgabe 10 hat die Leitung zwischen Zähler und Anschlussstellen einen Widerstand von 0,1 Ω. Welche Spannung „kassiert" diese Leitung in den drei Fällen jeweils? Warum werden die Lampen etwas heller, wenn man den Herd ausschaltet?

12. Zeichne auf, wie man einen Drehwiderstand mit 50 Ω als Spannungsteiler an eine 10 V-Quelle anschaltet. Wo nimmt man die geteilte Spannung ab, wo also muss das Spannungsmessgerät angeklemmt werden?
Welche Spannung zeigt das Messgerät, wenn der Schleifer
a) am einen Widerstandsende Kontakt hat;
b) am anderen Ende steht;
c) in der Mitte steht?
Welche Stellung liefert 2 V, welche 4 V?

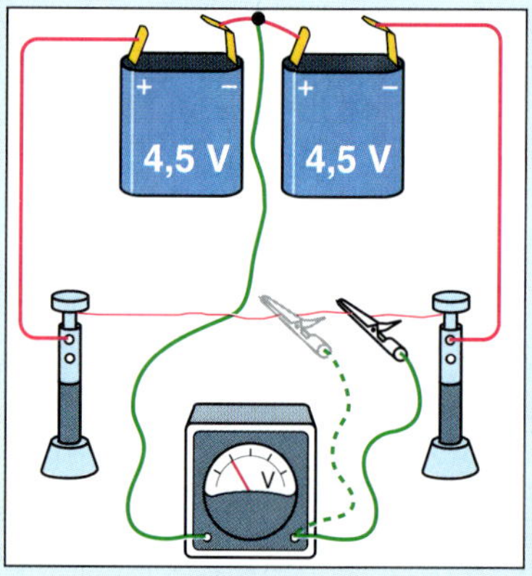

13. Welche Spannung misst man an der Spannungsteilerschaltung im Bild oben jeweils, wenn der Schleifer am linken Ende, in der Mitte und am rechten Ende des Widerstandsdrahts steht? Wie verändert sie sich beim kontinuierlichen Übergang von links nach rechts? Welche Vorteile hat diese Schaltung?
In welcher Richtung fließen die Elektronen durch das Messgerät, wenn man in der linken Hälfte des Drahts abgreift? Wie ist die Richtung, wenn man den Abgriff nach rechts verlegt?

Elektrische Leistung und Energiehaushalt

Wie groß ist der Energiestrom?

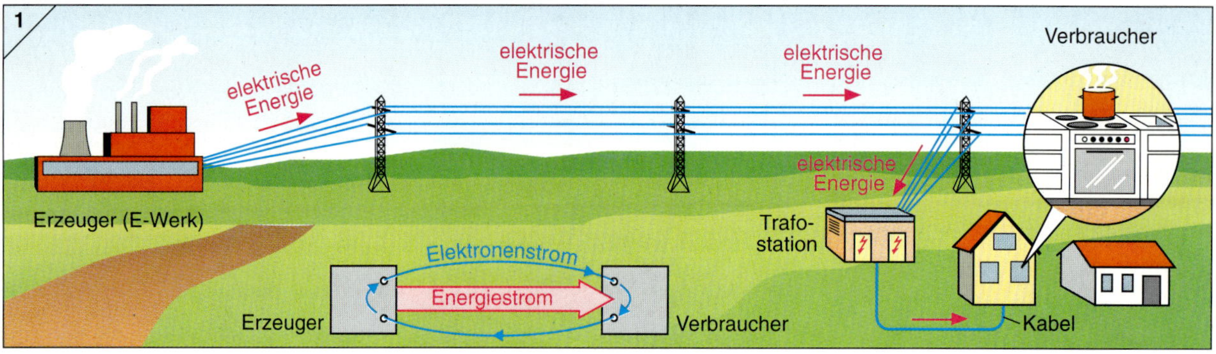

Elektrische Herde sind viel bequemer zu benutzen als Herde für Kohle und Holz. Beide dienen aber demselben Zweck: Wir wollen kochen, braten, garen und backen. Entscheidend dabei ist die Wärme, die der Herd abgibt. Beim Kohleherd müssen wir Feuer machen und immer wieder Holz oder Kohle nachlegen. Beim Elektroherd genügt eine Schalterdrehung. Danach strömt Wärme ohne weiteres Zutun in den Backofen oder in den Kochtopf.

Im Gegensatz zum Kohleherd (mit Brennstoffvorrat) ist ein Elektroherd allerdings allein nicht funktionsfähig. Er muss ans elektrische Versorgungsnetz angeschlossen werden. Der „Brennstoff", den wir dem Kohleherd in Form von Kohle zuführen, strömt beim E-Herd unsichtbar im Anschlusskabel herbei. Wir nennen ihn „Strom" oder besser *elektrische Energie*.

Bild 1 zeigt Näheres: Die elektrische Energie wird im Kraftwerk aus Wärme hergestellt, die z. B. beim Verbrennen von Kohle entsteht. Sie strömt dann in den Überland- und Ortsleitungen in unser Haus und wird im Elektroherd in Wärme verwandelt. Das Feuer, das sonst in den Kohleherden brennt, ist beim Elektroherd ins Kraftwerk verlegt; dessen Flammen sind so zusagen mithilfe elektrischer Leitungen in unsere Häuser „verlängert".

Elektronen bringen Energie herbei

Wie diese Verlängerung geschieht, wissen wir bereits: Die Leitungen zur Herdplatte sind wenigstens zweiadrig. In der einen Ader kommen Elektronen an, in der anderen gehen sie wieder weg. In der Quelle, also im Kraftwerk, ist diese Bewegung zum Kreis geschlossen. Dort „tankt" der **Elektronenstrom** stetig Energie auf, trägt sie in elektrischer Form zur Kochplatte, wo er sie ebenso stetig wieder abgibt. Wie groß der **Energiestrom** ist, der den Elektronenstrom begleitet, hängt von zwei Umständen ab:

1. Von der **Spannung:** Sie sagt uns, wie heftig die Elektronen auf dem Weg durch die Quelle angetrieben werden und damit auch, wie viel Energie dem einzelnen Elektron in der Quelle aufgepackt worden ist.
2. Von der **Stromstärke:** Sie gibt an, wie viel Elektronen je Sekunde den Herd durchlaufen und die getankte Energie abgeben können.

A1 Beschreibe genau, was man tun muss, um auf einem Kohleherd zu kochen. Wie bringt man den Herd wieder in den Zustand, in dem er vor dem Kochen war?
Vergleiche mit dem Suppekochen auf einem Elektroherd oder im Mikrowellengerät. Woher kommt hier die Wärme? Was ist der Vorteil beim Kochen mit elektrischer Energie? Gibt es auch Nachteile?

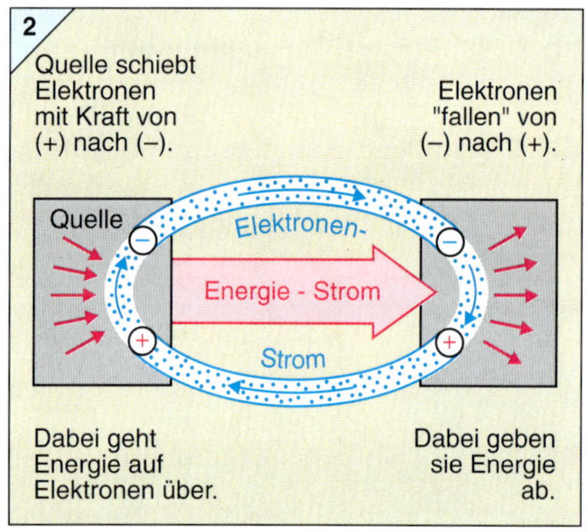

A2 In diesem Bild ist schematisch gezeigt, dass den Elektronen beim Anschieben in der Quelle Energie aufgeladen wird und dass sie diese im Verbrauchergerät wieder abgeben. Vergleiche mit folgendem Wasserkreislauf: Hochheben von Wasser durch eine Pumpe, Herabfallen des Wassers über ein Wasserrad, Zurückströmen zur Pumpe. Zeichne diesen Wasserkreislauf!

A3 Wenn du einen Haartrockner gebrauchst, strömt elektrische Energie von der Steckdose durch das Anschlusskabel ins Gerät. Warum muss man unterscheiden zwischen:
a) der insgesamt während einer Trocknung aus der Steckdose entnommenen Energie und
b) der je Sekunde zuströmenden Energie?
Welche der beiden Größen gibt den Energiestrom an?

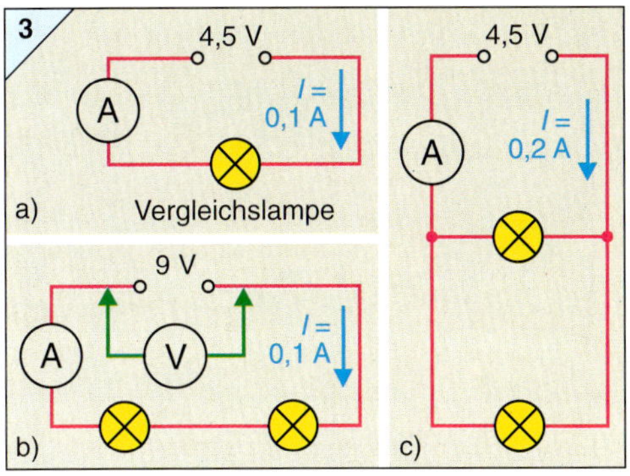

V4 Baue diese drei Schaltungen auf. Nimm dazu gleiche Lämpchen und 4,5 V-Batterien. Welche Spannung liegt jeweils an den Lampen(reihen)? Wie groß ist jeweils der Elektronenstrom in der Quelle?
Bei welcher der beiden Schaltungen b) und c) wird Verdopplung der Energieabgabe durch Spannungsvergrößerung, bei welcher durch Stromerhöhung hervorgerufen?

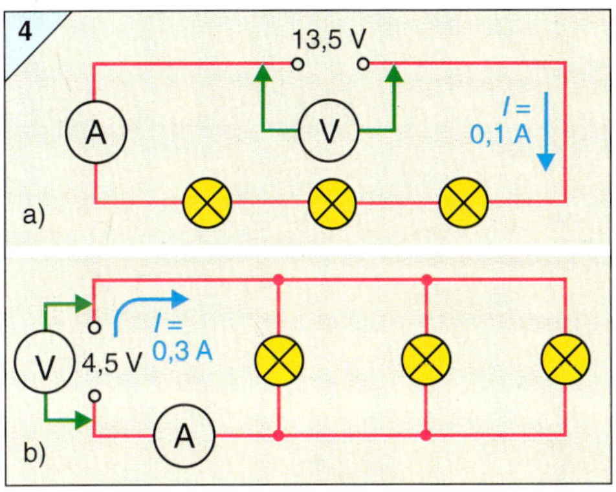

V5 Baue diese zwei Schaltungen auf. Ermittle jeweils die Spannung, die anliegt, und miss die Elektronenstromstärke in der Batterieleitung. Wie hängen diese Werte mit der Leistung der Lichtanlage zusammen?
Bilde die Produkte aus Stromstärke und Spannung und vergleiche sie.

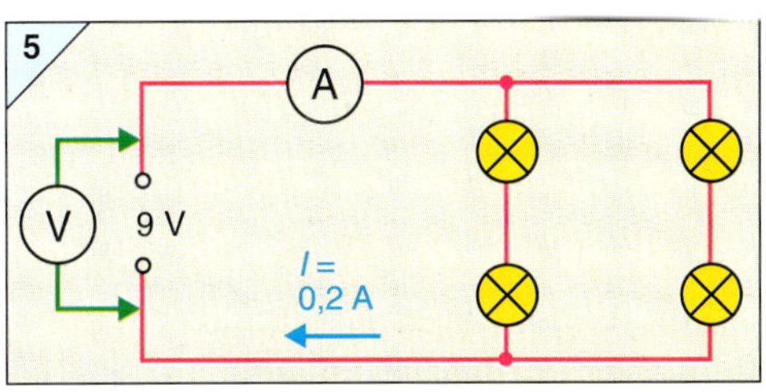

V6 Baue auch diesen Versuch auf. Erkläre, wie es infolge von Spannungs- und Stromverdopplung zum vierfachen Energiestrom aus der Batterie kommt.

Wie hängt die Energieströmung von Spannung und Stromstärke ab?

Solange eine Lampe leuchtet, nimmt sie elektrische Energie auf und gibt Licht und Wärme ab. Sie setzt dabei in jeder Sekunde einen bestimmten Energiebetrag um. Diese *Umwandlungsrate* müssen wir in Joule je Sekunde angeben, also in Watt (W). Je größer die Wattangabe ist, umso mehr „leistet" die Lampe. Man nennt die Wattangabe, also die Energie-Umwandlungsrate daher **Leistung** der Lampe.

Energie kann nicht erzeugt werden und auch nicht verloren gehen. Eine Leistungsangabe sagt uns deshalb immer auch, wie viel Energie je Sekunde über die Leitung zuströmt und in das betreffende Gerät hineinfließt. Sie macht also gleichzeitig eine Aussage über die Größe des Energiestroms in der Anschlussleitung.

Wie nun Spannung und Größe des **Elektronenstroms** mit der Leistung der Lampen zusammenhängen, können wir mit Versuchen entsprechend Bild 3 bis 5 testen. Wir müssen dabei darauf achten, dass immer *gleiche* Lampen genommen werden und dass diese immer *gleich hell* leuchten. Bei zwei Lampen ist dann die als Licht und Wärme wegströmende Energie immer doppelt so groß wie bei einer allein.

Die ersten beiden Versuche zeigen deutlich, dass sich die Verdopplung der Energieabgabe entweder durch Verdopplung der Spannung (von 4,5 V auf 9 V) oder durch Verdopplung der Stromstärke (von 0,1 A auf 0,2 A) erreichen lässt. Entsprechendes gilt für die dreifache Energieabgabe (Bild 4).
Verdoppeln wir Spannung und Stromstärke gleichzeitig (Abb. 5), so ist die Leistung vierfach. Der Grund ist klar: Die Leistung verdoppelt sich einmal, weil die Stromstärke verdoppelt wird, und ein zweites Mal, weil die Spannung doppelt so groß wie bei einer Lampe wird. Diese Zusammenhänge lassen sich mathematisch einfach formulieren:

Geräteleistung = Spannung · Stromstärke; $\boldsymbol{P = U \cdot I}$

Dabei bedeutet P die Geräteleistung, die immer so groß ist, wie der zufließende Energiestrom. U ist die Spannung, gemessen in Volt, und I die Elektronenstromstärke, gemessen in Ampere. Mit der Gleichung $P = U \cdot I$ erhalten wir für den Fall b) in Bild 3 beispielsweise:

$$P = 9\,\text{V} \cdot 0{,}1\,\text{A} = 0{,}9\,\text{V} \cdot \text{A} = 0{,}9\,\text{VA}.$$

Das Ergebnis 0,9 VA (sprich Voltampere) ist zwar eindeutig, sagt uns aber noch nichts. Es sollte unseren Überlegungen zufolge die Größe des in die Lampen fließenden Energiestroms sein. Da wir Energien in Joule messen und die Zeit in Sekunden, würden wir als Einheit für den Energiestrom $\frac{\text{J}}{\text{s}}$ oder Watt (W) erwarten. Was hat die Einheit Voltampere also mit der Einheit Watt zu tun?

Spannung als Energiegröße

Wir kommen vom errechneten Voltamperewert (VA) verblüffend einfach zur in Watt auszudrückenden Leistung der betreffenden Glühlampe: Die Einheit VA (Voltampere) darf einfach durch die Einheit W (Watt) ersetzt werden. Der elektrische Energiestrom zu den Lampen im Bild 3b) beträgt also

$$P = 9\,\text{V} \cdot 0{,}1\,\text{A} = 0{,}9\,\text{VA} = 0{,}9\,\text{W} = 0{,}9\,\tfrac{\text{J}}{\text{s}}.$$

Dieser Energiestrom wird in den Lampen in Licht und Wärme umgesetzt.

> In Gleichungen kann die Einheit Voltampere (VA) immer durch die Einheit Watt (W) ersetzt werden.

Begründung: Um jede Komplikation beim Rechnen zu vermeiden, hat man die Einheiten von Spannung und Strom so aufeinander abgestimmt, dass bei 1 Volt Quellenspannung und 1 Ampere Strom in jeder Sekunde genau die Energie 1 Joule in den Stromkreis „geschaufelt" wird. Der Energiestrom ist in diesem Fall 1 Watt = $1\,\frac{\text{J}}{\text{s}}$.
Wenn wir den Gedanken umkehren, folgt sofort:

> 1 Volt ist die Spannung, bei der der Elektronenstrom 1 Ampere den Energiestrom 1 Watt von der Quelle zum Verbraucher trägt: 1 V = $1\,\frac{\text{W}}{\text{A}}$.

Musteraufgaben

1. Durch die Lampe eines Autoscheinwerfers fließt bei 12 V Spannung ein Elektronenstrom von 5 A. Der Energiestrom von der Batterie zur Lampe und die Energieumsetzung darin (die Leistung) ist somit:

$$P = U \cdot I = 12\,\text{V} \cdot 5\,\text{A} = 60\,\text{VA} = 60\,\text{W}.$$

In jeder Sekunde strömt somit ein Energiebetrag von 60 Joule aus der Batterie in die Lampe. Diese Energie wird dort in Licht und Wärme verwandelt.

2. Auf einer Netzglühlampe finden wir meist Angaben über Betriebsspannung und Leistung, z. B. 230 V/60 W. Aus diesen Werten können wir durch Umstellung der Gleichung $P = U \cdot I$ zu $I = P/U$ die Stärke des Elektronenstroms in der Lampe errechnen:

$$I = P/U = 60\,\text{W} : 230\,\text{V} = 60\,\text{VA} : 230\,\text{V} = 0{,}26\,\text{A}.$$

Damit auch die Division der Einheiten aufgeht, wurde hier die Einheit W durch VA ersetzt.

3. Wenn Leistung und Strom bekannt sind, können wir auch die notwendige Spannung errechnen, denn aus $P = U \cdot I$ folgt für diesen Fall $U = P/I$. Eine Heizwicklung, die bei 2,5 A Strom 600 W an Energie abgeben soll, muss an die Spannung

$$U = P/I = 600\,\text{W} : 2{,}5\,\text{A} = 600\,\text{VA} : 2{,}5\,\text{A} = 240\,\text{V}$$

angeschlossen werden.

6

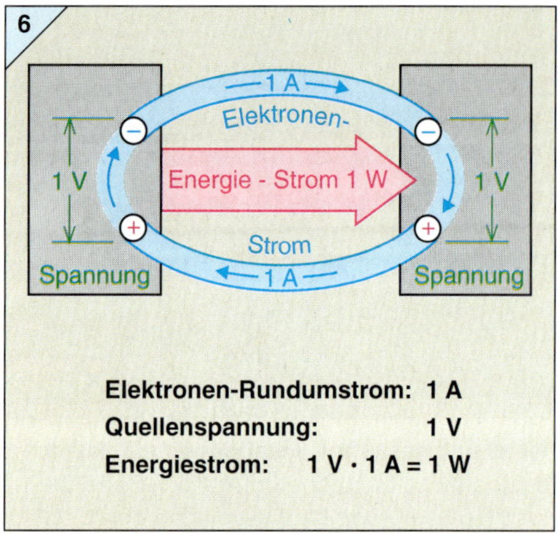

A7 Hier ist schematisch dargestellt, dass bei 1 Volt Spannung und dem Elektronenstrom 1 Ampere eine Energieströmung mit 1 Watt von der Quelle zum Verbrauchergerät geht.
Zeichne ähnliche Bilder
a) für 2 Volt Spannung und 1 Ampere Stromstärke,
b) für 1 Volt Spannung und 2 Ampere Stromstärke.

7

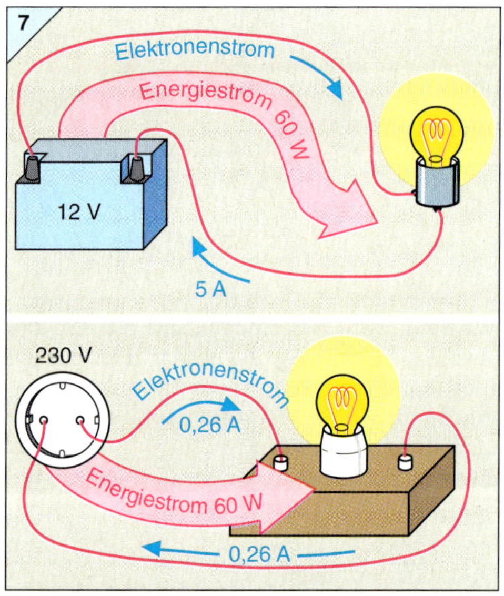

A8 Hier sind Energieströme zu einer 60 W-Autolampe und zu einer 60 W-Netzglühlampe bildlich dargestellt (Musteraufgabe 1 und 2). Erkläre, warum es trotz verschiedener Spannungen und Stromstärkewerte in beiden Fällen zum gleichen Energiestrom kommt.
Was sind die Vorteile der Energieübertragung bei hohen Spannungen? Welche Vorteile ergeben sich bei Energieübertragung mit großen Strömen. (Denke an Gefahren und an den Kupferverbrauch für Leitungen.)

8

A9 Betrachte dieses Typenschild. Was sagen die Zeichen?
Was bedeutet die Spannungs-, was die Leistungsangabe? Das Gerät ist doch keine Quelle!

9 Geräte für 230 Volt

Glühlampen	15 W	Bügeleisen	1 kW
	25 W	Herdplatte	2 kW
	40 W	Heizlüfter	2 kW
	60 W	Boiler	4–8 kW
	100 W	Wasch-maschine	2 kW
Tauch-sieder	300 W		
	600 W	Fahrrad-lampe (6 V)	3 W
	1000 W		

A10 Ordne die Geräte in dieser Tabelle nach Leistung und errechne für jedes die Größe des Elektronenstroms, der sich beim Anschluss an eine 230 V-Quelle ergibt. (Bei der Fahrradlampe natürlich 6 V verwenden!)

10 Kleinglühlampen

2,5 V	0,1 A	3,8 V	0,07 A
4 V	0,1 A	4 V	40 mA
12 V	0,1 A	6 V	0,5 A
18 V	0,1 A		

A11 Auf Kleinglühlampen ist häufig außer der Spannung nicht die Leistung, sondern die Stromstärke angegeben. Errechne für die Lampen in der oben stehenden Tabelle jeweils die Leistung in Joule je Sekunde, wenn sie mit der angegebenen Spannung betrieben werden.

Anmerkung: Die Spannung des Ortsverteilernetzes kann aus technischen Gründen nicht genau auf 230 V gehalten werden. Es gibt immer Abweichungen nach oben und unten. Aber es wird dafür gesorgt, dass die Netzspannung nicht unter 207 V fällt und 241 V nicht übersteigt. Alle käuflichen Elektrogeräte arbeiten in diesem Spannungsbereich einwandfrei.

Bei Haushalt-Elektrogeräten wie Glühlampen, Brotröstern, Herdplatten, Kaffeemaschinen, Fernsehgeräten finden wir auf den Typenschildern immer zwei für den Betrieb wichtige Angaben:
– Die **Anschlussspannung** in Volt. Das ist die Spannung, für die das Gerät gebaut ist. Bei geringerer Spannung arbeitet das Gerät nicht oder unbefriedigend, bei höherer wird es überlastet und geht kaputt.
– Die **Geräteleistung** in Watt ($= \frac{J}{s}$), also die Energie, die bei der Betriebsspannung im Gerät je Sekunde umgewandelt wird und deshalb auch in dieser Zeit elektrisch zugeführt wird.

Auch einige weitere Zeichen sind meist vorhanden:

~ hinter der Spannungsangabe bedeutet, dass das Gerät nur mit Wechselstrom betrieben werden darf;

⧈ sagt, dass das Gerät schutzisoliert ist. Die berührbaren Metallteile haben keine leitende Verbindung ins Geräteinnere;

ist das Kennzeichen für Geräte, die den Sicherheitsrichtlinien des „Verbands deutscher Elektriker“ (VDE) genügen.

Warum gibt es keine Ampereangaben auf Geräten?

Normalerweise befinden sich auf Typenschildern keine Ampere-Angaben. Offensichtlich interessiert die Größe des Elektronenstroms den Anwender nicht. Das Gerät muss ja immer so konstruiert sein, dass der richtige Elektronenstrom zustande kommt, wenn es an die vorgesehene Spannung angeschlossen wird, z. B. an die Steckdose. Die Geräteleistung dagegen, also die Wattangabe, ist bedeutsam für den, der ein Gerät kauft und benutzt: Wenn man eine Kochplatte mit 1 000 Watt hat, dauert es ja doppelt so lange, bis das Wasser für die Suppe siedet, als wenn man eine Platte mit 2 000 Watt benutzt. Dem Energiesparer sagt die Wattangabe außerdem, ob das Gerät ein Energiefresser oder ein Energiesparer ist. Er wird Geräte mit hoher Leistung besonders umsichtig benutzen.

Stromstärkewerte sind nötig, wenn man vorab wissen will, ob die Sicherung alle Geräte „verkraftet“, die man gleichzeitig einschalten will. In diesem Fall muss man mit der Gleichung $I = P/U$ den Strom für jedes Gerät ausrechnen und die Ströme addieren. (Es liegt ja Parallelschaltung vor.) Überschreitet der Gesamtstrom den Sicherungsnennwert (meist 16 A), dann muss man überlegen, auf welches Gerät man in diesem Stromkreis verzichten kann.

Beispiel: „Verkraftet“ eine 16 A-Sicherung den Betrieb folgender Geräte, die alle in einem für sich abgesicherten Zweig liegen?

4 Lampen mit 25 W	100 W	1 Lampe mit	100 W
Stereoanlage	500 W	Raumheizer	2000 W
Raumbefeuchter	200 W	Bügeleisen	1000 W
Aquarium (Lampe+Pumpe)	60 W		

Wo geht die Energie hin, die wir elektrisch nutzen?

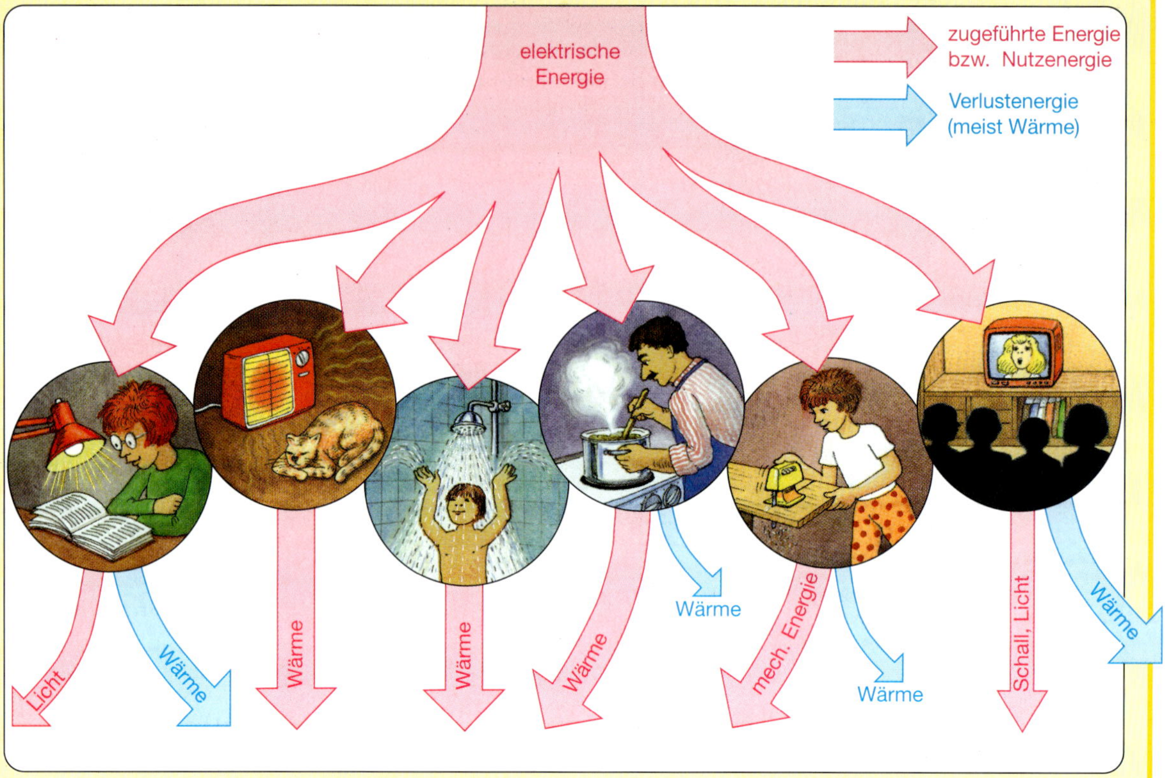

Dieses Bild zeigt, für welche Zwecke die von einer Familie aus dem elektrischen Versorgungsnetz bezogene Energie verwendet wird. Es ist auch gezeigt, was aus der zugeführten Energie letztlich wird, wobei jeweils zwischen Nutzenergie und Verlustenergie unterschieden wird. **Nutzenergie** ist das Umwandlungsprodukt, das wir bei einer bestimmten Anwendung haben wollen, z. B. Licht bei Lampen und Fernsehgerät. **Verlustenergie** ist das Umwandlungsprodukt, das so nebenher entsteht und unnütz ist, wie z. B. Wärme in Lampen, im Fernsehgerät und in der Musikanlage. Es ist ein Anliegen der Gerätehersteller, den Verlustenergiestrom möglichst klein zu machen. Ganz vermeiden aber lässt er sich nicht.

Der Wirkungsgrad

Auf der folgenden Seite untersuchen wir einen Kleinmotor hinsichtlich der Energieumsetzung. Dabei ermitteln wir die Größe des zufließenden Energiestroms, also die elektrische Aufnahmeleistung in Watt. Des Weiteren messen wir den Nutzenergiestrom, d. h. die (mechanische) Abgabeleistung des Motors. Sie ist kleiner als die aufgenommene elektrische Energie. Der Rest ist – wie beim Bild oben – unvermeidbare Wärme.

Aus den Messwerten können wir eine Zahl ableiten, die die Qualität des Motors hinsichtlich der Energieumsetzung charakterisiert:

elektrische Aufnahmeleistung	20 W
mechanische Abgabeleistung	12 W
Verhältnis:	12 W : 20 W = 0,6 = 60%

Man nennt die Zahl „0,6“ bzw. die Angabe 60% den **Wirkungsgrad** der Maschine. Sie sagt, dass 60% der zufließenden Energie in mechanische Nutzenergie verwandelt werden. Wegen der Energieerhaltung verschwinden dann 40% als Wärme in die Umgebung. Dies ist die Verlustenergie. Das folgende Energiestrombild stellt das anschaulich dar.

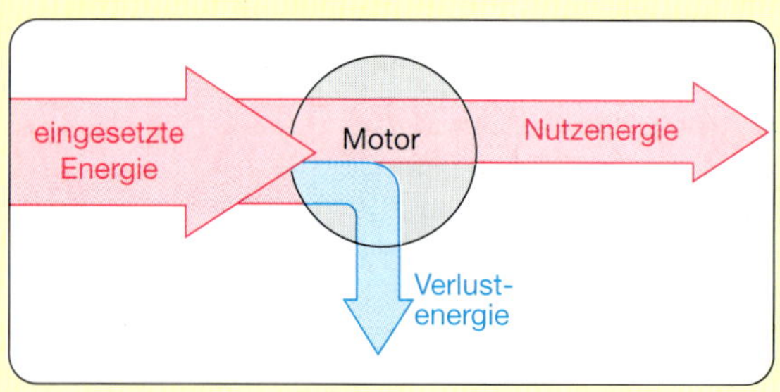

11
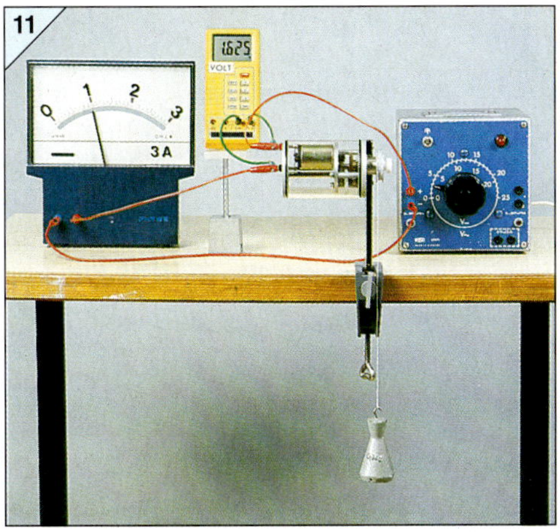

V12 Dieser Motor hebt ein Wägestück gegen die Gewichtskraft von 5 N etwa 1,5 m hoch. Baue die Anordnung auf.
a) Miss Spannung und Stromstärke am Motor und errechne die Größe des zufließenden Energiestroms.
b) Miss Gewichtskraft, Hubhöhe und Hubzeit und errechne die mechanische Leistung.
c) Vergleiche beide Werte. Wie viel % der zugeführten Energie geht verloren, wie viel wird genutzt?

Die Leistung von Elektromotoren

Ein Fahrstuhl ist eine feine Sache. Er erspart uns das Treppensteigen und ist besonders hilfreich, wenn wir schweres Gepäck haben. Ohne Aufzug müssen wir das Heben mit unseren Muskeln erledigen. Wir verbrauchen dafür etwas Energie aus unserer Nahrung. – Steigen wir dagegen in den Aufzug, wird die Hubarbeit von einem Elektromotor verrichtet. Der Elektromotor braucht dafür elektrische Energie aus dem Netz. In beiden Fällen erhalten wir als Gegenwert Höhenenergie. Ist die erhaltene Energie (Höhenenergie) genauso groß wie die eingesetzte elektrische Energie?

In Bild 11 wird das in einem einfachen Versuch überprüft. Ergebnis: Nur etwas mehr als die Hälfte der eingesetzten elektrischen Energie erscheint als Höhenenergie. Ein Teil des Restes wird in der Motorwicklung direkt in Wärme umgesetzt, ein anderer Teil geht durch Luftreibung und durch Reibung in den Lagern und am Seil verloren. Dieser Anteil wird letztlich ebenfalls zu Wärme.

Die Energieumsetzung im Motor des Aufzugs verläuft ähnlich wie in unserem Versuch. Man erreicht bei einer gut entworfenen Anlage allerdings einen höheren Anteil an Höhenenergie. Weniger Energie wird zu nutzloser Wärme gemacht und dabei **entwertet.** „Entwertet" heißt das deshalb, weil mit der anfallenden Wärme nichts mehr anzufangen ist.

AUFGABEN UND ZUSAMMENFASSUNG

1. In welcher Form wird bei einer Heizplatte die Energie eingegeben, in welcher Form kommt sie heraus? Wo treten hier Energieströme auf?

2. In welcher Einheit misst man Energie? Was wäre also eine geeignete Einheit zur Messung von Energieströmen? Denke daran, dass in gleich langen Zeitabschnitten jeweils gleich viel Energie fließt.

3. Was sagt die Wattangabe auf Typenschildern elektrischer Geräte aus? Erkläre mit der Energieumsetzung.

4. Errechne die Leistung aus folgenden Spannungs-Stromstärke-Paaren:
Glühlampe: 2,5 V/0,1 A; 4,5 V/0,3 A;
Glühdraht: 16 V/0,8 A; 230 V/2,1 A;
Motor: 12 V/0,35 A; 400 V/71 A;

5. Errechne die Elektronenstromstärke aus folgenden Watt- und Voltangaben:
Glühlampen: 230 V/60 W; 230 V/15 W; 230 V/250 W; Energiesparlampe 230 V/7 W; E-Lok 15 000 V/3 500 kW.

6. Von einem Motor wird aus dem Netz ein Energiestrom von 780 W aufgenommen. Mechanisch leistet das Gerät 620 W. Wie groß ist der Verlustenergiestrom?

7. Zeichne mit den Werten von Aufgabe 6 ein Energiestrom-Schaubild.

8. Wie viel Energie wird bei der Spannung 1 V je Sekunde umgesetzt, wenn die Stromstärke 1 A ist?
Wie groß ist der Energieumsatz bei 230 V und ebenfalls 1 A?

9. Die E-Loks der Bundesbahn werden mit 15 000 V versorgt. Wie groß ist der Elektronenstrom in der Oberleitung, wenn ein ICE-Triebkopf beim Anfahren die volle Leistung von 4 500 kW bringt.

Elektrische Leistung

Als elektrische Leistung von Geräten bezeichnet man die in einer Sekunde umgesetzte elektrische Energie. Sie wird in Watt (= Joule je Sekunde) angegeben und ist gleich groß wie der ankommende Energiestrom.

Die Größe der Leistung und damit auch die des Energiestroms kann man aus Spannung und Stromstärke errechnen mithilfe der Gleichung
$P = U \cdot I$.

Sind Leistung und Spannung bekannt, benutzt man die Gleichung
$I = P/U$
zur Berechnung des Elektronenstroms.

Zähler für elektrische Energie sind in jeder Wohnung montiert. Sie liegen ganz vorn in der vom E-Werk kommenden Leitung. Erst danach gehen die Leitungszweige in die Wohnräume ab. Das Gerät wird daher vom gesamten Energiestrom durchsetzt, der in der Wohnung gerade benötigt wird.

Jeder Zähler hat zwei Fenster. Hinter dem oberen liegt ein Zählwerk, hinter dem darunter liegenden erkennt man die Kante einer drehbaren Scheibe. Rotiert diese schnell, so ist der **Energiestrom** in der Wohnung groß; rotiert sie langsam, so ist er klein. Bei den meisten Zählern wird nach jeweils 15 Umdrehungen der Scheibe die rot markierte Dezimalziffer um eins weitergestellt. Nach 150 Umdrehungen rückt jeweils die Einerziffer im Zählwerk um eins vor. Dann, so können wir dem Typenschild entnehmen, ist eine Kilowattstunde (kWh) **Energie** in Elektrogeräte geflossen, die hinter dem Zähler liegen.

1

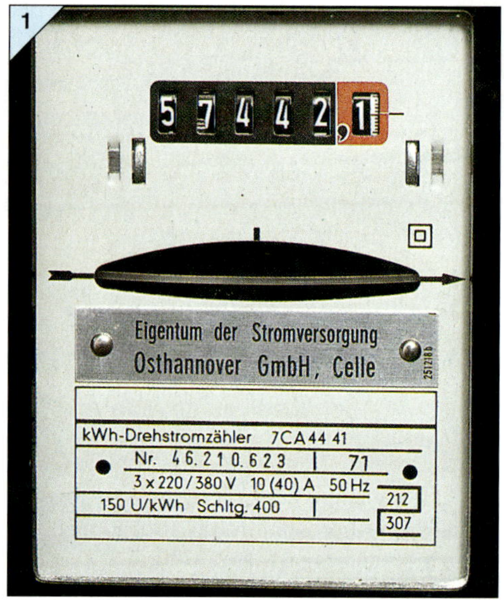

A1 Studiere das Typenschild dieses Zählers. Was zählt (misst) er für wen? Für welche Anschlussspannung ist er vorgesehen? Wie viele Umdrehungen der Zählscheibe entsprechen einer kWh (Kilowattstunde)?

Die Energieeinheit Kilowattstunde

Eigentlich erwarten wir auf dem Typenschild des Zählers Joule-Angaben, denn bisher haben wir Energien immer in Joule gemessen und Energieströme in der Einheit $1\,\frac{J}{s} = 1$ W (Watt). Warum ist bei der Einheit 1 kWh (Kilowattstunde) ein Energiestrom (kW) mit einer Zeit (h) multipliziert? – Wir kommen darauf, wenn wir Folgendes überlegen:
In ein Gerät strömt vom Netz her Energie. Je nach Leistung des Geräts (also je nach Energieumsetzungsrate) sind das viel oder wenig Joule je Sekunde (= Watt). Diese Größe allein sagt aber noch nichts über den Energieverbrauch überhaupt aus. Denn wenn das Gerät lange Zeit eingeschaltet ist, verbraucht es mehr Energie, als wenn es nur kurzzeitig arbeitet. Wenn wir den **Energiestrom** gemessen haben, müssen wir deshalb noch mit der Betriebszeit (Einschaltzeit) multiplizieren, um die in dieser Zeit zugeflossene **Energie** selbst zu ermitteln:

Zugeführte Energie = Energiestrom · Zeit
Umgesetzte Energie = Geräteleistung · Zeit
$\boldsymbol{W = P \cdot t}$

Beispiel: Eine Herdplatte sei auf Stufe III mit 2000 Watt 6 Minuten lang in Betrieb. Sie setzt dann die Energie

$$W = P \cdot t = 2\,000\,\tfrac{J}{s} \cdot 360\,s = 720\,000\,J$$

in Wärme um.
Man sieht sofort, dass die Joulezahlen bei üblichen Haushaltgeräten recht groß werden, selbst wenn die Geräte nur kurzzeitig benutzt werden. Wenn wir bei der Rechnung den Energiestrom in Kilowatt einsetzen und die Zeit in Stunden, wird das besser:

$$W = P \cdot t = 2\,kW \cdot 0{,}1\,h = 0{,}2\,kWh.$$

Wir bekommen jetzt bei *gleichem Energiebetrag* kleinere *Zahlenwerte*, weil wir die Einheit vergrößert haben. Denn

1 kWh = 1 000 W · 3 600 s = 3 600 000 Joule.

2

V2 Schließe eine Kochplatte an eine Steckdose unter Zwischenschaltung eines Zählers an. Stelle einen Topf mit Wasser auf.
Schalte dann die Kochplatte einige Zeit auf Stufe I (Energieumsetzung etwa 500 W), dann auf Stufe II (Energieumsetzung etwa 1 000 W), und schließlich auf Stufe III (Energieumsetzung etwa 2 000 W).
Beobachte dabei die sich drehende Scheibe und das Zählwerk. Was stellst du fest?
Was schließt du aus den Beobachtungen?

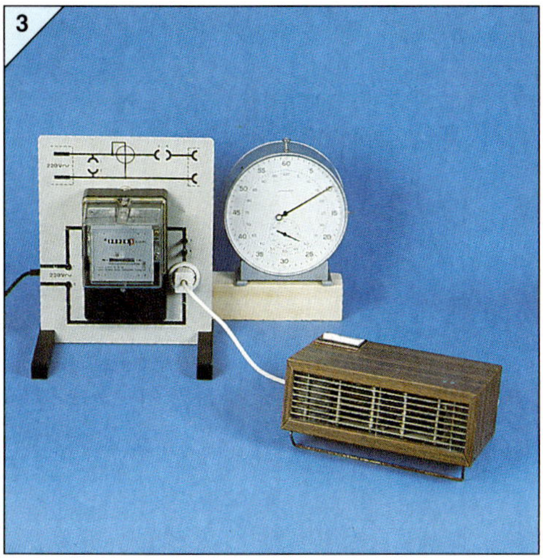

V3 Schließe einen Heizlüfter mit 2 kW über einen Zähler 30 Minuten lang ans Netz an. Beobachte die Zählscheibe und das Zählwerk. Wie viel kWh wurden verbraucht?
Errechne den Energieverbrauch auch nach der Gleichung $W = P \cdot t$ ($P = 2\,000$ W, $t = 0{,}5$ h).

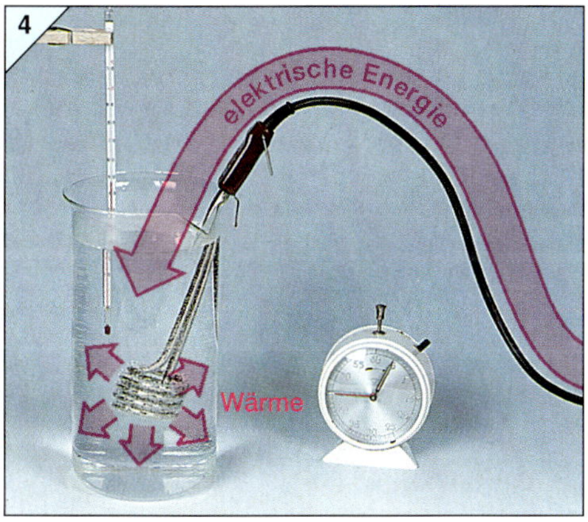

V4 Erhitze mit einem Tauchsieder 2 l Wasser von 20 °C auf 70 °C (Rühren nicht vergessen). Miss die Zeit, die du dazu brauchst.
Errechne aus der Wattzahl des Tauchsieders und der Zeit den elektrischen Energieverbrauch und bei einem kWh-Preis von 0,13 € die Kosten.

A5 Errechne mit den Werten von V4, wie viel Joule man braucht, um 1 Liter Wasser um 1 Grad zu erwärmen. Was kostet das?
Was kostet die elektrische Erwärmung von 250 l Badewasser (20 °C auf 40 °C)?
Was kostet das ganze Bad, wenn man für einen Kubikmeter Wasser 1,43 € bezahlen muss?

Was kostet elektrische Energie?

Die Erzeugung elektrischer Energie in Kraftwerken und auch deren Übertragung bis zum Verbraucher sind mit großem Aufwand verbunden. Den muss der Nutzer bezahlen. Die Energieversorgungsunternehmen verlangen deshalb heute (2002) für jede an Haushalte abgegebene Kilowattstunde ungefähr 0,13 €. Etwa alle zwölf Monate wird aufgrund von Zählerablesungen abgerechnet.
Da der Zähler nicht auf 0 zurückgestellt werden kann, wird der Zählerstand am Beginn und am Ende einer Ableseperiode ermittelt. Die Differenz der beiden Anzeigen ist gleich dem Energieverbrauch.

Beispiel:
In einem Vier-Personen-Haushalt war der Zählerstand

am 1.7.	57 442 kWh	(Dezimalstellen
am 1.5.	56 734 kWh	bleiben
Differenz	00 708 kWh	unberücksichtigt)

Es wurden im Mai und Juni zusammen also 708 kWh an elektrischer Energie bezogen. Bei einem kWh-Preis von 0,13 € macht die Energierechnung
$708 \cdot 0{,}13\ € = 92{,}04\ €$.

92,04 € ist der so genannte *Arbeitspreis*. Hierzu kommt noch ein *Grundbetrag* für die Energiebereitstellung. Beträgt er beispielsweise 11,50 €, so kommt der ganze Energiebezug auf
$92{,}04\ € + 11{,}50\ € = 103{,}54\ €$.

Viele Energieversorgungsunternehmen rechnen nur noch jährlich ab. Sie verlangen aber monatliche oder zweimonatliche Abschlagszahlungen. Am Jahresende wird dann der vorausbezahlte Betrag mit dem aus Zählerablesungen am Jahresanfang und Jahresende ermittelten Energiepreis verrechnet. Zwischenablesungen dienen allenfalls der Kontrolle. Beim Wechsel des Wohnungsinhabers sind sie natürlich unbedingt nötig.

Was kostet Kaffeewasser?

Durch einen Versuch entsprechend Abb. 4 können wir ermitteln, dass für die Erwärmung von 1 Liter (1 kg) Wasser um 1 Grad etwa die Energie 4 000 Joule nötig ist (genauer Wert: 4 187 J).
Um einen Liter kaltes Wasser zum Sieden zu bringen (Kaffeewasser), brauchen wir mehr Energie, nämlich das Achtzigfache (320 000 J), denn die Temperatur muss ja von 20 °C auf 100 °C gesteigert werden. Da 1 kWh bekanntlich 3 600 000 J hat, benötigen wir nicht ganz $\frac{1}{10}$ kWh aus dem Netz. Die Kosten sind erträglich: 1,3 Cent.

Bei größeren Wassermengen geht die elektrische Erwärmung mächtig ins Geld: Für einmal warm Duschen benötigt man etwa 40 l Wasser mit der Temperatur 40 °C. Überschlage selbst die Kosten, wenn in den Boiler Wasser mit 10 °C einläuft.

Elektrische Energie für Antriebe

Nach Bild 5 sollen 20 Kisten mit je 50 kg in das 11. Stockwerk (40 m) eines Hochhauses gebracht werden: Es steht ein Lastenaufzug zur Verfügung, der 2 Tonnen befördern kann. Er wiegt selbst 250 kg. Der Elektromotor hat einen Wirkungsgrad von 90%. Wie groß sind die Energiekosten für das Heben der Kisten?

Gehoben werden müssen 20 · 50 kg = 1 000 kg Kisten und 250 kg Aufzug, also insgesamt 1 250 kg. Die Gewichtskraft des beladenen Fahrkorbs ist somit

$$1\,250\,\text{kg} \cdot 10\,\frac{\text{N}}{\text{kg}} = 12\,500\,\text{N}.$$

Bei einer Hubhöhe von 40 m ist hierzu die Energie

$$W = F \cdot s = 12\,500\,\text{N} \cdot 40\,\text{m} = 500\,000\,\text{Nm} = 500\,000\,\text{J}$$

erforderlich. Der Elektromotor braucht wegen der Wärmeverluste 10% mehr, also 550 000 Joule. Das sind

$$(550\,000 : 3\,600\,000)\,\text{kWh} = 0{,}15\,\text{kWh}; \text{ die kosten}$$

$$0{,}15 \cdot 0{,}13\,€ = 0{,}0195\,€, \text{ also knapp 2 Cent.}$$

Die Energiekosten für den Transport sind also minimal. Wenn der Elektromotor durch eine Seilwinde mit Handkurbel ersetzt würde, könnte der Fahrstuhl von Hand hochgehievt werden. Da ein Arbeiter allerhöchstens 75 Joule je Sekunde erbringen kann, braucht dieser bei unermüdlicher Arbeit dazu etwa 2 Stunden. Schätze ab, was das kostet. Du wirst feststellen, dass elektrisch verrichtete Arbeit spottbillig ist.

Der Aufzug lässt sich technisch verbessern, indem man den Fahrkorb mit einem Gegengewicht versieht, das so schwer ist wie er selbst. Die Seile der Anlage laufen dann oben über ein Rad (feste Rolle). Das Gegengewicht geht immer abwärts, wenn der Korb aufwärts geht. Der Motor muss nur noch gegen die Reibung arbeiten, wenn er den leeren Fahrstuhl hebt. Man spart die Energie

$$W = F \cdot h = 2\,500\,\text{N} \cdot 40\,\text{m} = 100\,000\,\text{J}, \text{ also } \tfrac{1}{5}!$$

A6 Hier werden mit einem elektrischen Aufzug Lasten gehoben. Beschreibe, über welche Stationen aus elektrischer Energie schließlich Höhenenergie wird.

Batterie-„Strom“ ist sehr teuer!

Eine „dicke“ Monozelle kostet etwa 1,5 €. Mit ihr lässt sich ein Strom von 1 A ungefähr 2 Stunden lang durch ein Gerät treiben. Die Spannung ist 1,5 V. Was kostet also 1 kWh Batterie-Energie?

Die je Sekunde abgegebene Energie ist

$$P = U \cdot I = 1{,}5\,\text{V} \cdot 2\,\text{A} = 3\,\text{W}.$$

Da diese Energieabgabe 2 Stunden lang möglich ist, liefert die Zelle insgesamt

$$W = P \cdot t = 3\,\text{W} \cdot 2\,\text{h} = 6\,\text{Wh} = 0{,}006\,\text{kWh}.$$

Für 1,5 € ist das recht wenig. Das wird deutlich, wenn wir ausrechnen, was 1 kWh Batterieenergie kostet:

$$1{,}5\,€ : 0{,}006\,\text{kWh} = 250\,\frac{€}{\text{kWh}}!$$

Das ist etwa das Zweitausendfache des Preises, der für „Strom“ aus der Steckdose verlangt wird. In diesem Preis sind natürlich die Herstellungskosten der Batterie einschließlich der Energie, die bei der Herstellung aufgewendet wurde, und oft auch schon die Wegwerfkosten enthalten.

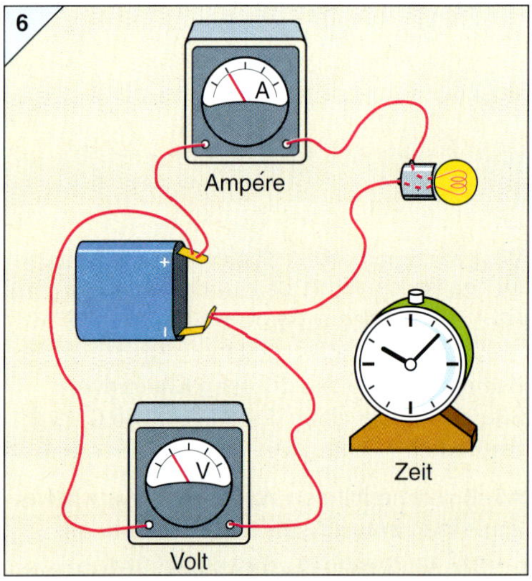

V7 Schalte an eine neue Taschenlampenbatterie ein Lämpchen an. Miss Spannung und Stromstärke und ermittle die Zeit bis zur Erschöpfung der Batterie.
Errechne dann die von der Batterie abgegebene Energie in Wh und kWh.
Was kostet also 1 kWh Batteriestrom?

7

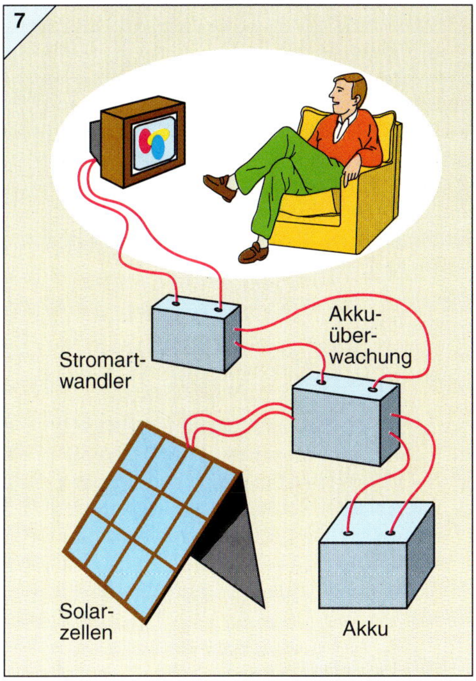

A8 Verfolge, welchen Weg die Energie in dieser Solaranlage nimmt. Kopiere das Bild und zeichne Energiepfeile ein.
Welchem Zweck dienen die Geräte zur Ladeüberwachung und Stromartwandlung?

Was kostet Solar-„Strom"?

In Bild 7 ist eine Solaranlage mit 1 m² Kollektorfläche aufgebaut. Bei vollem Sonnenschein speist sie in den Elektronen-Stromkreis 10 A bei einer Spannung von 16 V. Der verfügbare Energiestrom ist

$$P = 16\,\text{V} \cdot 10\,\text{A} = 160\,\tfrac{\text{J}}{\text{s}} = 160\,\text{W}.$$

Scheint die Sonne täglich 10 h, so liefert die Anlage die Energie

$$W = 1\,600\,\text{Wh} = 1{,}6\,\text{kWh}.$$

Der Wert dieser Energie liegt etwa bei 0,26 €, wenn man sie aus dem Versorgungsnetz bezieht. Eine Solaranlage liefert sie umsonst, wenn man von den (noch hohen) Anschaffungskosten absieht.

Bei Solaranlagen gibt es allerdings einige Probleme:

1. Nachts arbeitet die Anlage überhaupt nicht, und wenn tagsüber der Himmel bewölkt ist, leistet sie wesentlich weniger als errechnet. Wenn sie *immer* „Strom" liefern soll, muss ein Energiespeicher vorgesehen werden, z.B. ein Akku. Da Akkus Schaden nehmen, wenn sie überladen und wenn sie ganz entladen werden, d.h. energieleer gemacht sind, ist noch zusätzlich ein Ladeüberwachungsgerät nötig.
2. Da die Anlage nur Gleichstrom bei niedrigen Spannungen abgibt, lassen sich normale Elektrogeräte damit nicht betreiben. Man braucht entweder geeignete 12 V-Geräte oder man muss durch eine aufwendige Elektronik den Gleichstrom bei Niederspannung in Wechselstrom bei 230 V umwandeln. Erst dann kann man beispielsweise in einem solargespeisten Wochenendhaus einen 230 V-Fernseher betreiben.

AUFGABEN UND ZUSAMMENFASSUNG

1. In welchen Einheiten misst man den Energiestrom, in welchen die Energie selbst?

2. Welche Größe misst ein Zähler? In welcher Einheit gibt er das Messergebnis aus.

3. In der Elektrik benutzt man die Energieeinheiten Joule und kWh. Wie viel Joule hat eine kWh? Begründe.

4. Zum Erwärmen von 1 Liter Wasser um 1 Grad benötigt man etwa 4 000 J. Wie viel Energie braucht man, um eine Tasse Kaffee (60 °C, 150 m*l*) zu bereiten? Was kostet das bei $0{,}13\,\frac{€}{\text{kWh}}$.

5. Was kostet das Aufheizen eines Schwimmbeckens von 14 °C auf 21 °C, wenn das Becken 4 000 m³ Wasser fasst und elektrische Energie „aus der Steckdose" zum Heizen benutzt wird?

6. Eine Waschmaschine braucht für einen Waschgang 20 *l* heißes Wasser. Wie viel Energie muss man zuführen, um dieses für Kochwäsche (95 °C) hochzuheizen, wie viel bei Buntwäsche (60 °C)? Wie viel spart man, wenn man statt des Kochwäscheprogramms das für Buntwäsche benutzt? (Kaltwassertemperatur 10 °C).

7. Ein ICE fährt von München nach Hamburg in 8 h. Die durchschnittliche Motorenleistung ist 2 000 kW. Was kostet die Energie für die Fahrt, wenn die Bahn 6 Cent je kWh zahlen muss?

8. Du steigst im Gebirge in etwa 3 h auf einen Berg und überwindest dabei einen Höhenunterschied von 1 000 m. Dein Gewicht einschließlich Ausrüstung sei 65 kg. Wie viel Energie musst du aufwenden? Was ist der „elektrische" Gegenwert?

9. Ein tragbares Transistorradio hat eine Leistung von etwa 10 Watt. Was kostet das Radiohören täglich, wenn das Radio „rund um die Uhr" (also 24 h je Tag) eingeschaltet ist?
Wie teuer wäre der Batterie-Betrieb?

Elektrische Energie

Die elektrische Energie, die ein Gerät aufnimmt und umwandelt, hängt von der Geräteleistung und der Einschaltzeit ab. Es gilt
$W = P \cdot t$.

Als Einheit für elektrische Energie wird vor allem die Kilowattstunde benutzt (neben dem Joule), wobei gilt:
1 kWh = 3 600 000 J.

Beim Umsetzen in mechanische Energie ist elektrische Energie billig im Vergleich zu Handarbeit; beim Umsetzen in Wärme ist sie teuer, verglichen mit Wärme aus Heizungen.

Die „Strom“-Rechnung

Fast alle Energieversorgungsunternehmen (EVU) sind dazu übergegangen, sich das „Strom“-Entgelt durch Bankeinzug zahlen zu lassen. Zur Kostenersparnis wird der Zähler nur noch einmal im Jahr abgelesen, meist Ende Dezember. Im Januar des folgenden Jahres wird dann die Rechnung präsentiert. Um den „Strom“-Kunden nicht auf einmal mit dem Jahresbetrag zu belasten, verlangen sie das ganze Jahr über eine monatliche Pauschale, die vom Bankkonto des Kunden abgebucht wird. Die vorausgezahlten Beträge werden später verrechnet.
Sehen wir uns eine Jahresabrechnung an und verfolgen wir, wie man den Rechnungsbetrag ermittelt.

Bereich A:

Oben auf der Rechnung finden wir zunächst das Jahr, für das abgerechnet wird (2001), dann das Rechnungsdatum. Nicht fehlen darf natürlich die Anschrift des Energiebeziehers und seine Kundennummer (für den Computer des EVU).

Bereich B:

Hier kommt man zur Sache. Zunächst ist der Vorjahresverbrauch mit 6440 kWh angegeben und die Zahl der Tage (365), an denen der Kunde ans Netz angeschlossen war. Es folgt die Zählernummer. Die ist wichtig, wenn Zähler für einzelne Haushalte nebeneinander montiert sind. Dann folgt der Tag der Verbrauchsermittlung, also der Ablesetag des Zählers. Hier ist es der 31. 12. 01. Gleich dahinter kommen zwei sehr wichtige Angaben: Der alte Zählerstand (der vom Dezember 00, der auch auf der Jahresrechnung 00 zu finden sein muss) und der neue (der vom 31. 12. 01). Der Verbrauch errechnet sich als Differenz der beiden Zählerstände. Er ist in der nächsten Spalte zu **7874 kWh** angegeben. Nachprüfen ergibt, dass er stimmt: 17 765 – 09 891 = 7 874. Dann ist noch die Zahl der Verbrauchstage für 2001 vermerkt (365).

Bereich C:

Hier geht es ums Geld. In Spalte 9 sind zur Kontrolle noch einmal die drei Endziffern der Zählernummer angegeben, dann folgt die Angabe des Abrechnungszeitraums (1. 1. – 31. 12. 01), danach der Übertrag des Verbrauchs in kWh (7 874), sofort gefolgt vom Preis für 1 kWh (8,59 Cent). Die beiden Zahlen werden miteinander multipliziert. Das Ergebnis kommt als Arbeitspreis (= Energiepreis) in die nächste Spalte: 676,38 €. Man sollte meinen, das wären die Energiekosten.
Aber es wird noch ein Grundpreis (Bereitstellungspreis) hinzugerechnet. Er beträgt im Jahr 138,9 € und ist für den Kunden voll fällig, da er 365 Tage am Netz hing. Die Summe steht in Spalte 18; sie beträgt **815,28 €.**
Von dieser Summe werden zwei weitere Beträge abgeleitet: die „Ausgleichsabgabe“ (8,6% davon = 70,11 €) und die Mehrwertsteuer (16% von 885,39 € = 141,66 €). Beide Beträge werden zu den ausgewiesenen 815,28 € hinzugerechnet. Das ergibt dann die Endsumme von **1027,05 €.**
Damit ist die Rechnung aber noch nicht abgeschlossen.

Bereich D:

Hier ist zunächst die Jahresforderung für 2001, also das Ergebnis der vorigen Berechnung aufgeführt: 1027,05 €. Davon wird abgezogen, was Herr Loges bis zur Rechnungsstellung (8. 1. 01) vorgeleistet hat. Dieser Betrag (900,– €) wird von der Forderung abgezogen. Es verbleiben noch zu zahlende **127,05 €.** Zu diesen kommt die Abschlagszahlung für Januar von 95,– € hinzu, sodass vom Konto des Herrn Loges **222,05 €** abgebucht werden.

Bereich E:

Im Jahr 2002 müssen monatlich 95,– € Vorauszahlung ans EVU geleistet werden. Das ist etwa $\frac{1}{12}$ vom Gesamtbetrag für 2001.

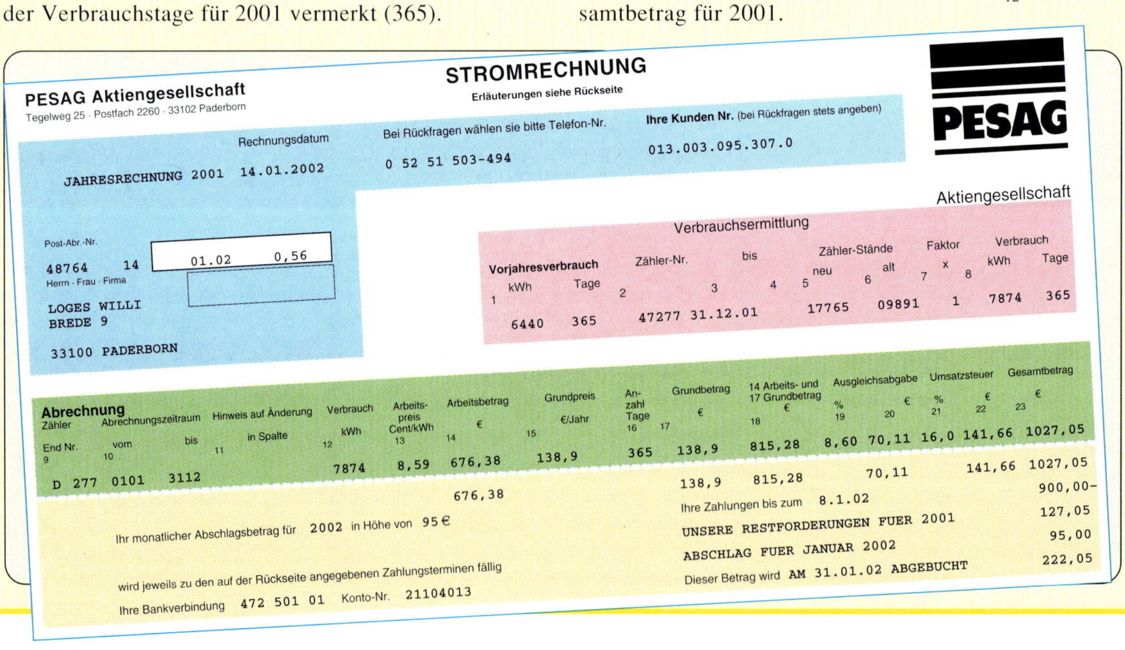
STROMRECHNUNG
Erläuterungen siehe Rückseite

PESAG Aktiengesellschaft
Tegelweg 25 · Postfach 2260 · 33102 Paderborn

PESAG
Aktiengesellschaft

JAHRESRECHNUNG 2001 — Rechnungsdatum 14.01.2002
Bei Rückfragen wählen sie bitte Telefon-Nr. 0 52 51 503-494
Ihre Kunden Nr. (bei Rückfragen stets angeben) 013.003.095.307.0

Post-Abr.-Nr. 48764 14 — 01.02 0,56
Herrn · Frau · Firma
LOGES WILLI
BREDE 9
33100 PADERBORN

Verbrauchsermittlung

Vorjahresverbrauch kWh (1)	Tage	Zähler-Nr. (2)	bis (3)	(4)	Zähler-Stände neu (5)	alt (6)	Faktor x (7)	Verbrauch kWh (8)	Tage
6440	365	47277	31.12.01		17765	09891	1	7874	365

Abrechnung

Zähler End Nr. (9)	Abrechnungszeitraum vom (10)	bis	Hinweis auf Änderung in Spalte (11)	Verbrauch kWh (12)	Arbeitspreis Cent/kWh (13)	Arbeitsbetrag € (14)	Grundpreis €/Jahr (15)	Anzahl Tage (16)	Grundbetrag € (17)	14 Arbeits- und 17 Grundbetrag € (18)	Ausgleichsabgabe % (19)	€ (20)	Umsatzsteuer % (21)	€ (22)	Gesamtbetrag € (23)
D 277	0101	3112		7874	8,59	676,38	138,9	365	138,9	815,28	8,60	70,11	16,0	141,66	1027,05
						676,38			138,9	815,28		70,11		141,66	1027,05

Ihre Zahlungen bis zum 8.1.02 — 900,00-
UNSERE RESTFORDERUNGEN FUER 2001 — 127,05
ABSCHLAG FUER JANUAR 2002 — 95,00
Dieser Betrag wird AM 31.01.02 ABGEBUCHT — 222,05

Ihr monatlicher Abschlagsbetrag für 2002 in Höhe von 95 €
wird jeweils zu den auf der Rückseite angegebenen Zahlungsterminen fällig
Ihre Bankverbindung 472 501 01 Konto-Nr. 21104013

Wie benutzt man Elektrogeräte richtig?

Elektrisches Heizen

Elektrisch heizen ist an sich Energieverschwendung, denn wegen der schlechten Energieumsetzung in Kraftwerken kommt weniger als die Hälfte der in Öl, Kohle oder Gas steckenden Energie beim Verbraucher an. Gute Heizanlagen im Haus schaffen dagegen mehr als 80% davon in Form von Wärme in die Wohnräume. Wo immer möglich sollte daher auf elektrische Heizungen verzichtet werden. Wenn sie benutzt werden, muss man dafür sorgen, dass die gewünschte Raumtemperatur durch möglichst wenig Kilowattstunden (kWh) aufrechterhalten wird. Das erreicht man

- durch gute Wärmeisolation von Böden, Wänden, Decken, Fenstern und Türen;
- durch nur kurzzeitiges Lüften;
- durch automatisches Aufrechterhalten möglichst niedriger Raumtemperatur mit einem Thermostaten.

Elektrisches Kochen

Hier lässt sich sparen, wenn man Folgendes beachtet:

- Töpfe und Heizplatten müssen zusammenpassen: Die Topfböden dürfen allenfalls etwas größer, aber keinesfalls kleiner sein als die Platten; nur so geht keine Wärme verloren.
- Wenn das Wasser beim Kartoffel-, Reis- oder Nudelkochen siedet, sollte die Wärmeerzeugung gedrosselt, also von der Anheiz- auf die Fortkochstufe geschaltet werden: Denn wenn die Siedetemperatur erreicht ist, wird Wasser nicht mehr heißer; für das Garwerden von Speisen kommt es aber ausschließlich auf die Temperatur an.
- Es sollte immer nur so viel Wasser erhitzt werden, wie wirklich gebraucht wird.

Elektrische Beleuchtung

Die Lampe mit der richtigen Leistung muss an den richtigen Platz: Kleine Leistung genügt für Durchgangsbereiche, also für Gänge und Treppenhäuser; große Lichtleistung brauchen wir am Arbeitsplatz.
Am Arbeitsplatz gilt: Je näher die Leuchte über dem Tisch hängt, desto geringere Leistung darf die Lampe darin haben. Man sollte also nicht einen ganzen Raum mit mehreren hundert Watt ausleuchten, nur weil man am Schreib- oder Nähtisch helles Licht braucht!
Sollen große Räume hell sein, z. B. Schulzimmer, so werden zweckmäßigerweise Leuchtstofflampen verwendet. Denn Glühlampen brauchen bei gleichem Lichtstrom fünfmal so viel elektrische Energie wie Leuchtstofflampen.

Einsatz von Energiesparlampen

Energiesparlampen geben bei gleicher Energiezufuhr etwa fünfmal so viel Licht ab wie Glühlampen. Diesen Vorteil haben sie mit Leuchtröhren gemeinsam. Jedoch lassen sie sich im Gegensatz zu diesen fast in jede schon vorhandene Leuchte einbauen.

Da ihr Preis zwanzigmal so hoch ist wie der von Glühlampen, lohnt ihr Einsatz vor allem dort, wo Licht lange Zeit ohne Unterbrechung gebraucht wird, z. B. in Arbeits- und Wohnräumen. In Kellern und Vorratsräumen, die nur kurzzeitig betreten werden müssen, sind sie fehl am Platze. Dort kann man Glühlampen verwenden – sofern man das Ausschalten nicht vergisst!

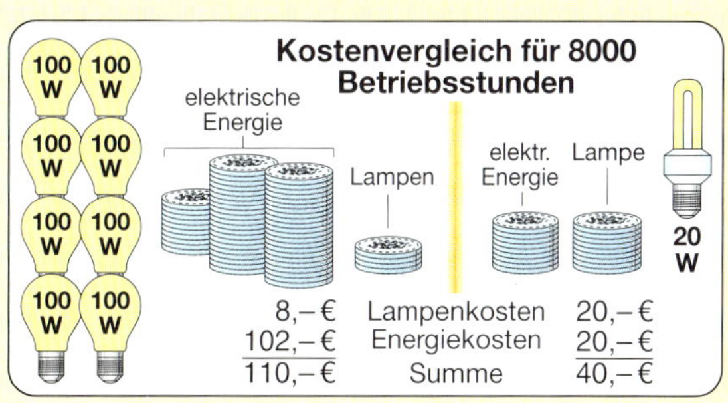

Regenerative Energien

Die Endlichkeit der fossilen Energieträger

Wir haben schon gesehen, dass die Erzeugung elektrischer Energie zum großen Teil auf der Verbrennung von Kohle, Öl und Erdgas einerseits und auf der Kernspaltung andererseits beruht. Dabei sind wir auch auf die Lasten eingegangen, die uns diese Verfahren aufbürden, vor allem dadurch, dass Schadstoffe in die Umwelt gelangen. Ein Problem haben wir allerdings dabei nicht angeschnitten: Wir haben nämlich immer so getan, als ob das Beschaffen von Kohle, Öl und Gas in so riesigen Mengen jetzt und in Zukunft problemlos möglich sei. Dem ist jedoch nicht so!

Zwar sind die Vorräte der fossilen Brennstoffe, die irgendwo im Boden der Erde schlummern, nicht genau bekannt. Sicher aber ist, dass sie beim heutigen Verbrauch irgendwann zur Neige gehen müssen. Bei Kohle rechnet man mit einigen hundert Jahren, bei Öl und bei Gas mit Zeiten zwischen 50–100 Jahren; die Abb. rechts zeigt die aktuellen Schätzungen. In die Vorhersagen ist natürlich einbezogen, dass es neben der Elektrizitätswirtschaft noch andere Großverbraucher und damit Anwärter auf das Energievermögen der Erde gibt. Die wichtigsten seien kurz genannt:

– **Kraftfahrzeuge** benötigen Kraftstoffe, die fast ausschließlich aus Öl hergestellt werden.
– Die **Hausbrandversorgung,** die vor allem mit Öl und Gas erfolgt.
– Die **Grundstoffindustrie,** die große Mengen Kohle, Öl und auch Gas für die Herstellung von Metallen (Hauptanteil Eisen und Stahl), Baustoffen (Zement, Gips) und Kunststoffen benötigt. Auch die „Veredlung“ von Naturstoffen (Holz zu Zellwolle und Papier) schlägt zu Buch.

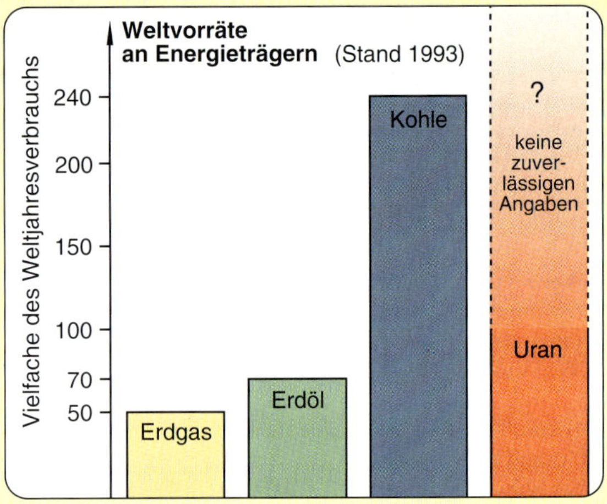

Auch die Energieträger Uran und Thorium für Kernkraftwerke sind nicht unerschöpflich. Eine Erschöpfungszeit lässt sich allerdings im Moment nicht abschätzen, da man nicht weiß, wie sich dieser Zweig unserer Energiewirtschaft entwickelt. Zur Zeit wird die Kernspaltung ausschließlich zur Erzeugung von elektrischer Energie eingesetzt. Vermutlich wird das noch lange so bleiben.

Was kann man tun, um das AUS bei der Energieversorgung möglichst hinauszuschieben in die Generation unserer Urururenkel oder noch weiter? Die Antwort ist schnell gegeben:
Man muss von Kohle, Öl, Gas und Uran zunehmend und schließlich ganz unabhängig werden. Gelänge das und könnten dabei auch noch die Umweltbelastungen verringert werden, wäre das ein Glück für uns und unsere Nachkommen! Aber was bietet sich da an?

Die Sonne, eine unerschöpfliche Energiequelle für die Menschheit!

Die Sonne strahlt der Erde in jeder Sekunde $7 \cdot 10^{17}$ J (knapp eine Trillion Joule) an Energie zu. Wir wären aller Energiesorgen ledig, wenn wir einen geringen Teil davon, nämlich etwa ein Hunderttausendstel, technisch nutzen könnten. Der Weltverbrauch an Energie beträgt nämlich nach Aussagen veröffentlichter Statistiken rund 10^{13} Joule je Sekunde, wobei auch Holz, Holzkohle und Pflanzen berücksichtigt sind.

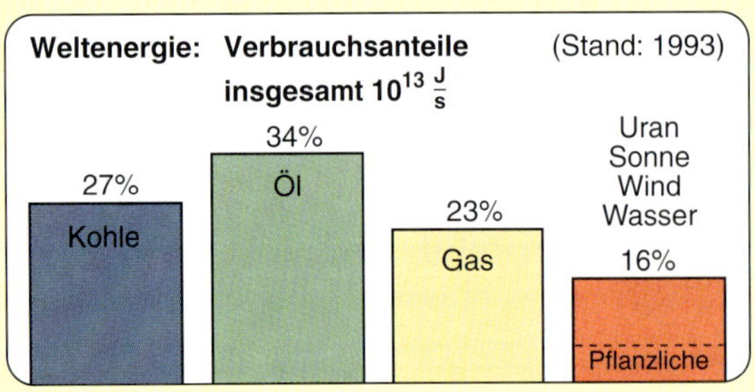

Wir wollen uns deshalb hier mit der technischen Nutzung der Sonnenstrahlung zur Erzeugung elektrischer Energie befassen. Diese ist einerseits möglich, wenn die Sonnenstrahlung direkt eingefangen und umgewandelt wird. Man kann aber auch über Umwege zur elektrischen Energie kommen.

Beispiele:
– Man speist Wasserkraftwerke mit Wasser aus Gebirgsseen, das die Sonne zuvor hochgehoben hat (Verdunstung und Wolkenbildung).
– Man lässt z.B. hohes Schilfgras auf großen Feldern wachsen, erntet das Gras jährlich ab und verfeuert es in den Kesseln von Kraftwerken.

In beiden Fällen wird die Energie von der Sonne übers Jahr wieder ersetzt; sie „wächst“ nach. Man spricht daher in diesem Zusammenhang von **nachwachsenden** Energien, Fachausdruck: **regenerative Energien.**

Wasser und Wind als Energieträger

Wasserkraftwerke

Auf der Erde verdunstet täglich eine große Menge Wasser aus Meeren, Flüssen und Seen unter dem Einfluss der Sonnenstrahlung. Irgendwann kondensiert der beim Verdunsten entstehende Wasserdampf wieder. Es bilden sich Wolken. Später fällt das Wasser dann als Regen oder Schnee auf die Erde, einiges davon in höher gelegenen Regionen, z.B. in Gebirgen. Dieses hochgehobene Wasser ist für den Energietechniker interessant, denn es enthält **Höhenenergie.** Er fängt es in Stauseen oder in den Staustufen von Flüssen auf und lässt es über die Schaufeln von Wasserturbinen elektrische Generatoren treiben. Insgesamt geht die Höhenenergie in elektrische Energie über.
Wir haben so über mehrere Stufen hinweg die Energiequelle Sonne angezapft. Da diese den Wasserkreislauf schon seit Jahrmillionen in Gang hält und das auch noch weitere Jahrmillionen tun wird, haben wir eine unerschöpfliche Energiequelle gefunden, die ohne jede Schadstoffabgabe arbeitet. Eine feine Sache und eine billige dazu, denn es fallen keine Brennstoffkosten an. Allerdings sind die Eingriffe in die Landschaft bei der Anlage von Stauseen beträchtlich.

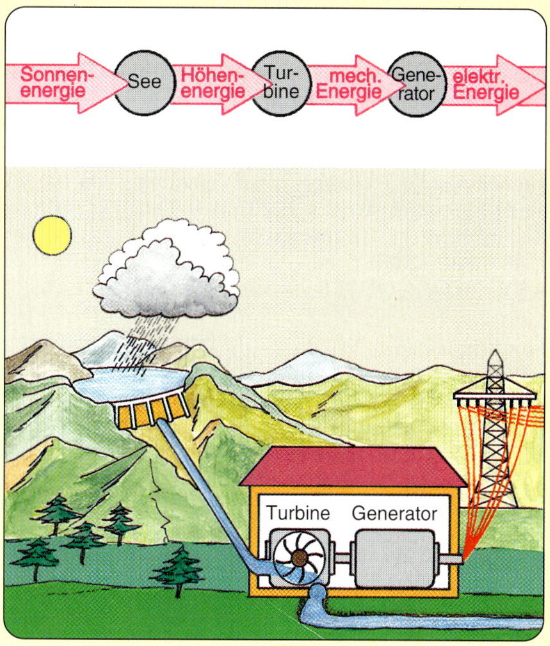

Leider kann man mit Wasserkraft den Energiehunger in Deutschland nicht stillen. Das Angebot an hochgehobenem Wasser ist zu knapp. Fast alle denkbaren Anlagen sind schon erstellt. Sie tragen etwa 5% zum Aufkommen an elektrischer Energie bei. Nur noch ein geringer Zuwachs ist möglich.

Windkraftwerke

Durch die Sonnenstrahlung wird nicht nur Wasser erwärmt, sondern auch Luft. Erfolgt diese Erwärmung nicht gleichmäßig, so gibt es riesige Luftbewegungen. In heißen Gebieten steigt warme Luft auf, in kalten strömt sie abwärts. Am Boden nehmen wir die Ausgleichsströmung zwischen beiden Gebieten wahr: *Wind.* Er ist bewegte Luft und enthält deshalb Energie – wie jeder bewegte Körper. Sie hat ihren Ursprung in der Sonnenstrahlung, die den Wind hat entstehen lassen.

Segelschiffe und Windmühlen nutzen die Energie des Windes aus. Aber auch zur Stromerzeugung kann der Wind herangezogen werden: Man muss doch nur in einer Windmühle das Mahlwerk durch einen Generator für elektrische Energie ersetzen. Wie mit heutiger Technik gebaute Windkraftwerke aussehen, zeigt das Bild links. Unübersehbar ist das Windrad mit seinen Flügeln, fast unscheinbar der „Strom"-Erzeuger.

Aber die „Strom"-Erzeugung mit Wind hat „Haken": Erstens weht er nicht immer, zweitens weht er verschieden stark und drittens gibt auch ein großes Windrad nur einen geringen Energiestrom ab.

Der hier abgebildete Windgenerator hat einen Rotor von 10 m Durchmesser. Er erzeugt maximal 20 000 Joule je Sekunde (20 kW) an elektrischer Energie. Im Jahr kommen bei Windgeschwindigkeiten von $5\,\frac{\text{m}}{\text{s}}$ etwa 30 000 kWh zusammen. Das reicht für vier Durchschnittshaushalte (siehe Stromrechnung). Um ein Kohlegroßkraftwerk zu ersetzen, bräuchte man 100 000 solcher Anlagen! Experten schätzen, dass in Deutschland Windenergie nur einen kleinen Beitrag zum Energieaufkommen leisten kann, vermutlich weniger als Wasserkraftwerke.

Da das Windangebot nicht so stetig ist wie das Wasserangebot in Stauseen und Flüssen, benötigt jede Energieversorgung mit Windkraftwerken entweder eine Speicheranlage für elektrische Energie, z.B. Akkus, oder einen zusätzlichen windunabhängigen Generator zur Stromerzeugung, z.B. einen Dieselgenerator. Dieser springt automatisch ein, wenn es keinen oder zu wenig Wind gibt. Ein Anschluss der Anlage ans öffentliche Versorgungsnetz ist besser. Dann wird zu Windzeiten die Energie ins Netz eingespeist, die man nicht selbst benötigt. Wenn kein Wind weht, holt man sich die Energie zurück.

Aus Sonnenstrahlung wird elektrische Energie

Strom direkt: Solarzellen

Die direkte Umwandlung von Sonnenstrahlung in elektrische Energie ist in **Solarzellen** möglich. Das sind dünne, zerbrechliche Platten aus speziell präpariertem Silicium. Wenn die volle Mittagssonne darauf scheint, können solche Zellen bei einer Spannung von 0,5 Volt einen Elektronenstrom von 20 mA je Quadratzentimeter Zellenfläche in Bewegung bringen. Bei 1 m^2 Fläche sind das 200 A mit einer Energieabgabe von 0,5 V · 200 A = 100 W; Brennstoffkosten gibt es nicht.

Für Kleinanlagen hat die Industrie **Solarmodule** entwickelt, die 17 V Spannung haben und etwa 3 A Strom geben, entsprechend 50 W Leistung (siehe Bild rechts). Höhere Spannung erreicht man durch Reihenschaltung von mehreren Modulen, höheren Strom durch Parallelschalten.

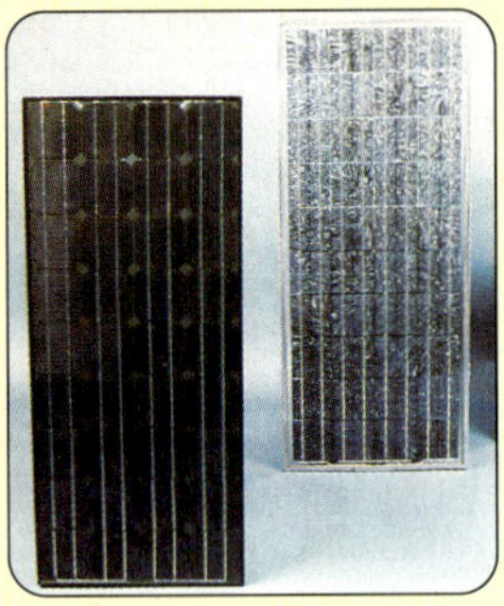

Die Spannung ist so gewählt, dass man 12 V-Akkus laden kann, denn für Gleichstrom mit 12 V gibt es viele nützliche Geräte zu kaufen, darunter auch Konverter, die aus Gleichstrom netzüblichen Wechselstrom (230 V) herstellen. Da viele Module zusammengeschaltet werden können, eignen sie sich zum Aufbau von Kleinanlagen jeder Art und Größe, z. B. für
– den Betrieb elektrischer Geräte in Wochenendhäusern, Segelbooten und Berghütten, die keinen Netzanschluss haben;
– die Erzeugung zusätzlicher Energie auf Hausdächern trotz Netzanschluss. Wie bei der Windanlage besprochen, kann man auch hier tagsüber überschüssige Energie ins Netz einspeisen und nachts, wenn die Solaranlage nichts liefert, Energie aus dem Netz beziehen.

Auch große Solaranlagen hat man gebaut. So hat die auf der Nordseeinsel Pellworm eine Fläche von 30 000 m^2. Sie liefert bei voller Sonneneinstrahlung 600 kW. Das reicht zum Beispiel zur Versorgung des Kurzentrums der Insel.

Wenn man ein Kohlekraftwerk ersetzen will, braucht man eine Solarzellenfläche von ungefähr 3 Millionen Quadratmetern. Die Zellen bedecken dann beispielsweise eine Rechteckfläche mit 3 km Länge und 1 km Breite. Da bei uns die Sonne nicht immer voll scheint, ist zum tatsächlichen Ersatz eines solchen Werkes etwa die dreifache Fläche nötig (3 km · 3 km), also die Fläche einer Großstadt – auch die Solarzellentechnik hat also ihre Probleme!

Man hofft, in Deutschland schon in 10 Jahren etwa 10% der insgesamt benötigten elektrischen Energie mit Solarzellen erzeugen zu können.

Kraftwerke mit Sonnenenergie

Auch Wärme-Kraftwerke kann man direkt mit Sonnenenergie betreiben. Man setzt dazu viele, mehrere Meter große, leicht gekrümmte Spiegel dicht nebeneinander. Sie sind alle schwenkbar und werden der Sonne so nachgeführt, dass Sonnenlicht und Sonnenwärme in eine Öffnung auf einem hohen Turm reflektiert werden. Dort sind schwarze, wassergefüllte Röhren installiert, die die eintreffende Strahlung absorbieren und sich dabei auf 1 000 °C bis 1 500 °C erhitzen. Dadurch wird das Wasser im Innern zu Heißdampf (ca. 500 °C), der einen Turbogeneratorsatz antreiben kann.
Solche Anlagen haben größere Wirkungsgrade als Solarzellen. Die Gesamtfläche aller Spiegel kann daher kleiner sein, ist aber immer noch gewaltig: Unser Bild zeigt eine Anlage in der Nähe von Almeria in Spanien mit einer Leistung von 7 MW; die Gesamtfläche der Spiegel beträgt etwa 14 000 m^2 (3 Fußballfelder!). Solche Anlagen könnten sich vor allem in südlichen Ländern rentieren.

Energie aus Lebewesen (Biomasse)

Kohle, Öl und Gas sind Schätze, die uns längst vergangene Lebewesen hinterlassen haben: Die Kohle entstand aus versunkenen Wäldern, Öl und Gas aus im Schlamm von Flachwasserseen abgestorbenen Kleinlebewesen. Immer hat nachher Erde diese Überreste bedeckt, zerdrückt und im Lauf von Jahrmillionen verändert. Da Lebewesen mit Sonnenenergie wachsen, steckt somit in unseren fossilen Energiereserven Sonnenenergie, die vor Millionen Jahren eingefangen wurde.

Wenn wir Holz verbrennen, erzeugen wir aus ebensolcher Energie Wärme. Die schlummert zwar nicht schon einige Jahrmillionen darin, aber doch einige Jahre. Warum nutzen wir nicht das in den Wäldern nachwachsende Holz zur Erzeugung elektrischer Energie? Die Antwort ist einfach: In Deutschland wächst jedes Jahr so viel Holz nach, dass man damit gerade 2% (ein Fünfzigstel) des „Hausbrands" decken kann. (Mit „Hausbrand" meint man dabei die Heizenergie für unsere Wohnungen.) Und der Hausbrand ist nur *ein* Energieloch, das man stopfen muss. Mit „Holzfarmen" einen wesentlichen Anteil unserer Energieversorgung zu decken ist unmöglich. Auch wenn man schnell wachsende Pflanzen auf freien Flächen anbaut, z.B. bestimmte Schilfgrassorten, wird das keinen bedeutenden Beitrag leisten können. Denn bedenke: Energiegewinnung mithilfe von Pflanzenanbau tritt unmittelbar in Wettbewerb mit dem Anbau von Nahrungsmitteln. Verlangt man dies im großen Maßstab weltweit, muss der Nahrungsmittelanbau zurückgehen – noch mehr Hunger auf der Welt wäre die Folge!

Richtet man sein Augenmerk jedoch auf Pflanzen- und Tierprodukte, die sowieso verrotten (z.B. Stroh nach der Getreideernte), findet man sofort eine neue Energiequelle.

Biogas

Jeder, der eine Rasenfläche zu betreuen hat, macht folgende Beobachtung: Wenn man grünes Gras in einen Plastiksack steckt, verrottet es darin; dabei entsteht Wärme. Man erreicht ohne weiteres Temperaturen von 50 °C in dem Sack. Bei der Zersetzung des Grases durch Bakterien wird Energie frei, ohne dass man das Gras verbrennt!

Dieser Vorgang lässt sich so steuern, dass die im Abfall „Gras" steckende Energie zum Teil nutzbar wird. Man bringt das zu verrottende Gut dazu in einen geschlossenen Behälter, setzt geeignete Bakterien ein und regelt Luftzufuhr und Temperatur so, dass bei der Verrottung der Substanzen möglichst viel brennbares Methan entsteht. Das Gas wird dann abgeführt und in einem Gasbehälter gesammelt. Man kann es zur Wärmeerzeugung direkt verbrennen oder man kann mithilfe eines Gasmotors elektrische Energie erzeugen.

Biogasanlagen arbeiten heute schon in Kläranlagen (Klärgas), auf Mülldeponien (Deponiegas) und auf Bauernhöfen. Da der Betriebstoff fast nichts kostet, ist die erzeugte Energie relativ billig. Man schätzt, dass in Deutschland etwa 2% des Energieaufkommens durch Biogas gedeckt werden können. Das ist immerhin halb so viel, wie Wasserkraftwerke beitragen. Der momentane Anteil ist allerdings noch recht gering.

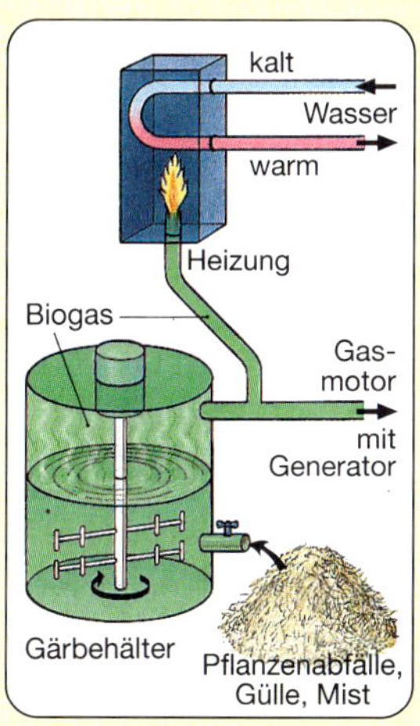

Ein technischer Trick – energiesparend?

Am Ende aller Energieumwandlungsketten entsteht Wärme, die mit geringer Temperatur in die Umgebung entweicht. Luft und Erde sind offensichtlich ein großes Becken, das letztlich alle technisch umgesetzte Energie in Form von Wärme aufnimmt. Könnte man von dieser verlorenen Energie nicht wenigstens wieder einen Teil zurückgewinnen? Das geht und wird in jedem Kühlschrank gemacht.

Im Bild unten ist eine Kühlmaschine dargestellt. Sie besteht im Wesentlichen aus drei Teilen: dem Kühler, der Wärme aufnimmt, einem Heizkörper, der Wärme abgibt, und einem Kompressor, der elektrisch angetrieben wird. In den Rohren der Anlage wird der Stoff, der die Wärme transportiert, rundum gepumpt, teils als Flüssigkeit, teils als Gas. Er nimmt im Kühler Wärme bei tiefer Temperatur auf und gibt sie zusammen mit der zugeführten elektrischen Energie bei hoher Temperatur im Heizkörper wieder ab. Diese **Wärmepumpe** gibt etwa dreimal so viel Energie in Form von Wärme ab, wie elektrisch zugeführt wurde. Setzt man beispielsweise den Kühler in den Garten und den Heizkörper in einen Wasserbehälter, dann kommt die Energie, die man der Maschine elektrisch zugeführt hat, und die Energie, die sie sich als Wärme von der Gartenluft geholt hat, als Wärme ins Wasser.

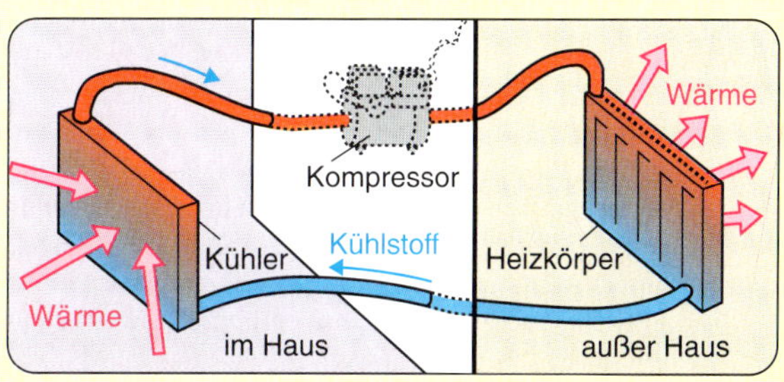

Wo kommt elektrische Energie her?

Die Antworten „Aus der Steckdose!“ und „Vom E-Werk!“, wobei man mit E-Werk häufig ein Freiluft-Umspannwerk meint, erscheinen zwar auf den ersten Blick richtig, treffen aber nicht den Kern der Sache. Sie sprechen Stationen auf dem Weg der elektrischen Energie an, nicht deren Quelle.

1. Elektrische Energie kommt fast immer aus Kraftwerken und damit aus Generatoren, die sie durch Induktion aus mechanischer Energie erzeugen. Insofern müsste man mit dem nächsten E-Werk immer ein Kraftwerk meinen, sei es nun ein Wasserkraftwerk, ein Kraftwerk mit Dieselmotor oder ein Wärmekraftwerk mit Dampfturbinen.

Erzeugung elektrischer Energie in Deutschland			**1993**
Kraftwerke	**Gesamtleistung**	**Energie-Jahres-Produktion**	
Kohle	38 587 MW 17 678 MW	$257 \cdot 10^9$ kWh	55%
Öl	1 231 MW 97 MW	$14 \cdot 10^9$ kWh	3%
Gas	4 930 MW 801 MW	$47 \cdot 10^9$ kWh	10%
Kern	18 569 MW 14 984 MW	$131 \cdot 10^9$ kWh	28%
Wasser	3 430 MW 2 150 MW	$19 \cdot 10^9$ kWh	4%
Wind, Solar	keine Angaben	$0{,}6 \cdot 10^9$ kWh	0,13%
Summe	**66 747 MW** **35 672 MW**	**$467 \cdot 10^9$ kWh**	**100%**

2. Alle Kraftwerke der Bundesrepublik und eines großen Teils von Europa sind zu einem so genannten **Verbundnetz** zusammengeschlossen. In dieses Netz geben alle Kraftwerke die von ihnen erzeugte elektrische Energie ein. Die Verbraucher zapfen dann daraus immer genau so viel Energie, wie sie gerade brauchen. Bei einem so riesigen „Energietopf“ kann natürlich kein Mensch genau sagen, woher im Augenblick die Energie kommt, die sein Fernsehbild macht. Die Energieversorgungsunternehmen (EVU) achten aber natürlich darauf, dass möglichst viel Energie aus der Nähe des Verbrauchers stammt. Denn dann sind die Leitungsverluste klein und die Energielieferung zum Verbraucher kostet weniger Geld.

In der Tabelle links ist für 18 h eines Dezembertages (blau unterlegt) bzw. 0 h eines Julitages (rot unterlegt) aufgelistet, wie viele Megawatt (MW) die einzelnen Kraftwerksgruppen jeweils zur Energieversorgung Deutschlands beitragen. Die blauen Werte ergeben das Jahresmaximum des Verbrauchs, die roten Werte das Jahresminimum. In der dritten Spalte ist die gesamte Energieabgabe eines Jahres für die betreffende Kraftwerksart in Milliarden kWh aufgeführt. Spalte 4 zeigt, wie viel Prozent das vom gesamten elektrischen Energiebedarf des Jahres sind. (Alle Werte vereinfacht und gerundet!)
Bei einem Preis von nur 0,10 € je kWh würden die Verbraucher für diesen Jahresbedarf an elektrischer Energie etwa 47 Milliarden € zahlen.

Verluste bei der Energieumwandlung

Leider kann die Energie, die den Kraftwerken zugeführt wird, nicht vollständig in elektrische Energie überführt werden. In allen Wärmekraftwerken nämlich wird mehr als die Hälfte der aus Kohle, Öl, Gas oder Uran frei werdenden Energie zu kaum nutzbarer Abwärme, die mit dem Kühlwasser in die Flüsse geleitet oder in Kühltürmen an die Luft abgegeben und damit *entwertet* wird. Nur etwa 40% gehen in elektrische Energie über. Dieser Prozentwert heißt **Wirkungsgrad** des Kraftwerkstyps. Er ist aus der Abbildung rechts ersichtlich. Man sieht sofort, dass Wasserkraftwerke gegenüber Wärmekraftwerken außerordentlich gut abschneiden.

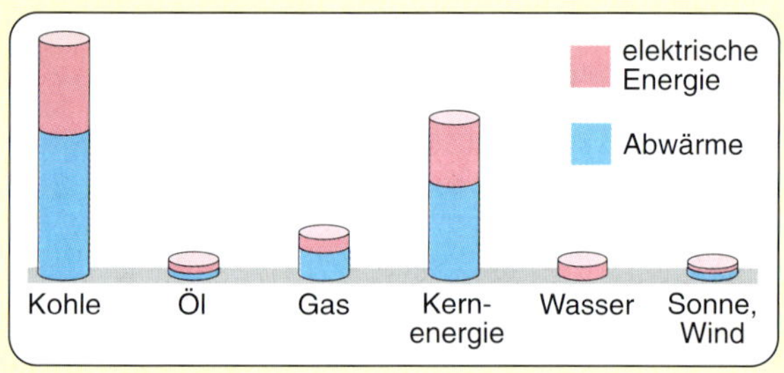

Was lässt sich ˛ gen die Verschwendung von Energie in Wärmekraftwerken tun? Leider hat die Natur einer wesentlichen Verbesserung der Kraftwerke einen Riegel vorgeschoben, denn sie sperrt sich gegen die vollständige Umwandlung von thermischer Energie in mechanische Energie.
Auf das große Ganze gesehen heißt das, dass man Wärmekraftwerke abschaffen und vor allem auf **Wasserkraftwerke** ausweichen sollte. Denn bei diesen ist die Umwandlung fast verlustfrei. Außerdem entfallen Brennstoffkosten wie auch alle Schadstoffprobleme. Leider ist das Energieangebot von Wasser in Deutschland schon weithin genutzt, sodass nur noch wenige neue Werke erstellt werden können.

Solarkraftwerke wandeln einfallende Sonnenenergie nur zu einem geringen Teil in elektrische Energie um. Sie haben den schlechtesten Wirkungsgrad aller Anlagen. Man muss aber bedenken:
Sonnenstrahlung, die auf der Erde ankommt, trifft üblicherweise den Erdboden und wird dort vollständig in Wärme verwandelt. Wird die Strahlung dagegen von Solarzellen verschluckt, wandeln diese $\frac{1}{8}$ davon in elektrische Energie um. Die restlichen $\frac{7}{8}$ werden zu Wärme. Würde man die solar erzeugte elektrische Energie durch aus Kohle erzeugte ersetzen, müsste man den $2\frac{1}{2}$-fachen Energiebetrag aus Kohle in Form von Wärme erzeugen und davon über die Hälfte als Abwärme an die Umwelt abgeben. Hinzu kommt die Freisetzung von Kohlenstoffdioxid und von Schadstoffen wie Schwefeldioxid und Stickstoffoxiden.
Fazit: Solar erzeugte elektrische Energie ist so umweltfreundlich, dass sie unsere Zukunft mitbestimmen wird.

Wo geht elektrische Energie hin?

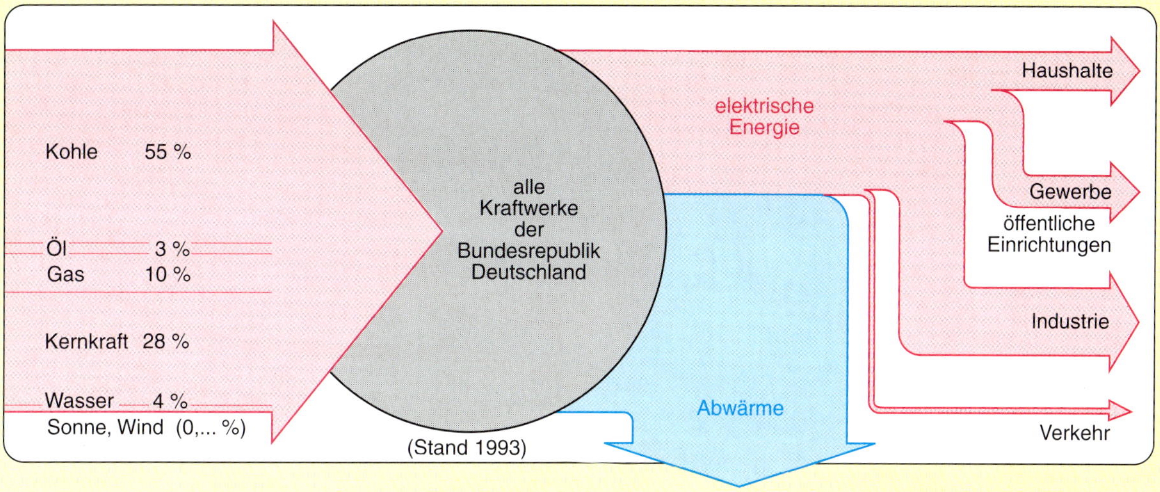

Der Verbrauch in Deutschland

Trotz des europäischen Verbundnetzes wird fast alle elektrische Energie, die in der Bundesrepublik verbraucht wird, auch dort erzeugt. Die Exporte und Importe sind verhältnismäßig klein. Wer wie viel bezieht, ist in folgender Tabelle aufgelistet und im Bild oben grafisch dargestellt.

Verbrauch elektrischer Energie in Deutschland		**1993**
Haushalte	$123 \cdot 10^9$ kWh	26,3%
Gewerbe und öffentliche Einrichtungen	$104 \cdot 10^9$ kWh	22,3%
Industriebetriebe	$225 \cdot 10^9$ kWh	48,2%
Transport und Verkehr	$15 \cdot 10^9$ kWh	3,2%
Summen	$\mathbf{467 \cdot 10^9}$ **kWh**	**100%**

Dies sind recht große Energiebeträge. Klar, dass bei ihrer Erzeugung und Bereitstellung Probleme auftreten:

Man sagt zwar, *elektrische Energie ist sauber*. Ihr Gebrauch in Elektrogeräten und elektrischen Maschinen verursacht ja keine Abgase, keinen Staub und vielfach nicht einmal Lärm. Bei dieser Aussage hat man aber übersehen, dass die Umweltbelästigung zwangsläufig und fast im gleichen Moment am Ort der Kraftwerke auftritt. Denn alle elektrische Energie muss ja in dem Moment erzeugt werden, in dem sie verbraucht wird.

Beim Verbrennen von Kohle, Öl oder Gas und auch bei der Spaltung von Uran und Plutonium entstehen Schadstoffe, die in die Luft gehen, und Abfälle, deren Entsorgung große Probleme bereitet. Nicht zu vergessen ist der immense Anfall an Abwärme. Kein Wunder, dass niemand Kraftwerke in seiner Nähe haben will! Kein Wunder auch, dass der Ruf nach Einsparung elektrischer Energie immer lauter wird. Schlagwort: **Rationelle Energieanwendung.**

Rationelle Energieanwendung

Es gibt prinzipiell zwei Möglichkeiten, den Verbrauch elektrischer Energie zu verringern:

1. Beim Sparen am wirkungsvollsten ist es, auf elektrische Maschinen und Geräte zu verzichten. Ein solcher Verzicht beeinträchtigt aber unsere Lebensqualität, sofern er nicht nur überflüssige Geräte betrifft. Das hat niemand gern. Deshalb ist „Verzicht" auch nur schwer durchsetzbar.

2. Weniger einschneidend ist das Vermeiden von Verschwendung und das Zustopfen aller „Löcher", durch die die Energie ungenutzt entweicht. Fachleute nennen diesen Weg **rationelle Energieanwendung**. Sehen wir uns an, wo man da ansetzen kann.

■ Moderne Technik nutzen heißt, sich beim Gerätekauf zu informieren, welche Geräte die zugeführte elektrische Energie so einsetzen, dass möglichst viel von der ankommenden elektrischen Energie genutzt wird, dass also die Energieverluste gering sind. Mit anderen Worten: Wir brauchen Geräte mit großem Wirkungsgrad. Einen Einfluss auf den Wirkungsgrad haben natürlich nur die Gerätehersteller. Aber *wir* treffen die Entscheidung, welches Gerät wir kaufen.

■ Alle Elektrogeräte müssen mit Sinn und Verstand benutzt werden. Wenn beispielsweise der Fernseher läuft und keiner sieht hin, ist das Energieverschwendung. TV, Radio, Lampen, Luftbefeuchter fordern dazu geradezu auf! Also: Alle Geräte abstellen, wenn sie im Moment nicht gebraucht werden.

■ Wenn Geräte betrieben werden müssen, sollte es jeder immer so einrichten, dass von der ankommenden Energie möglichst viel genutzt und möglichst wenig entwertet wird.

Elektrische Leistung

Der von einer Stromquelle (Batterie) in die Leitung gehende Energiestrom, ihre Leistung, ist abhängig von Spannung und Stromstärke:
***P* = *U* • *I* = 12 V • 5 A = 60 V•A**

Einheiten: **1 V•A = 1 W**
1 kW

Leistungsangaben auf Geräten sagen, wie viel Energie in jeder Sekunde vom Gerät empfangen bzw. von ihm abgegeben wird, wie viel es also in andere Energieformen umsetzt.

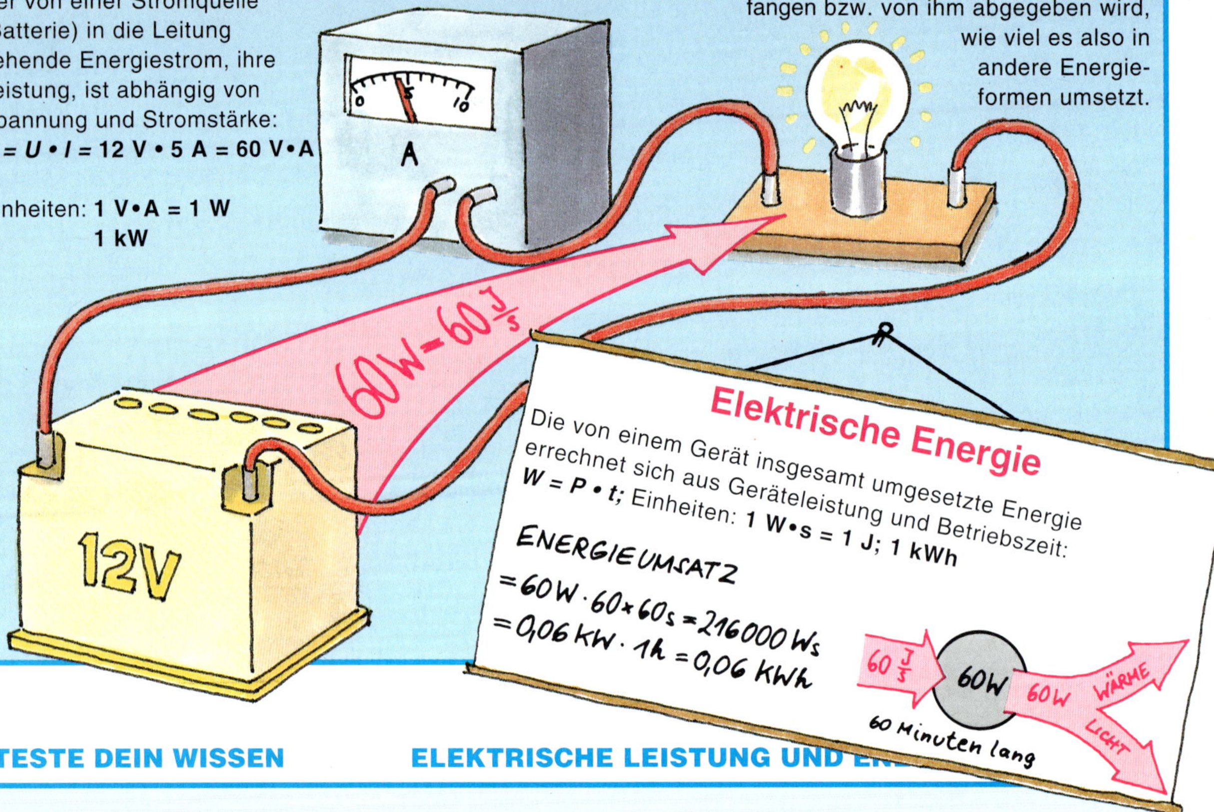

Elektrische Energie

Die von einem Gerät insgesamt umgesetzte Energie errechnet sich aus Geräteleistung und Betriebszeit:
***W* = *P* • *t*;** Einheiten: **1 W•s = 1 J; 1 kWh**

TESTE DEIN WISSEN

ELEKTRISCHE LEISTUNG UND EN…

1. Kopiere das folgende Bild. Zeichne dann den Energie- und den Elektronenstrom ein. In welcher Einheit misst man die Größe der beiden Ströme jeweils? Was sagen dir diese Einheiten?

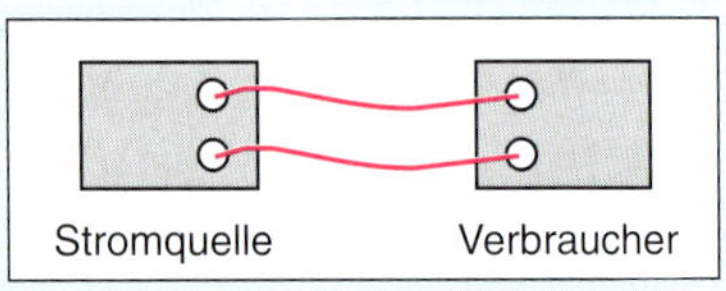

2. Was bedeutet die Angabe 500 W hinsichtlich des Energiestroms zum Gerät und hinsichtlich der Energieumsetzung im Gerät (dessen Leistung)?

3. Spannung und Elektronenstromstärke bestimmen den Energieumsatz in einem Gerät, also dessen Leistung. Wie groß ist diese bei folgenden Geräten jeweils?

Schweißgerät	16 V/220 A
Autoanlasser	12 V/90 A
Fernsehgerät	230 V/0,6 A

4. Wie groß ist der Elektronenstrom in folgenden Fällen:

Energiesparlampe	230 V/7 W
Glühlampe	230 V/150 W
Boiler	230 V/9 kW

5. Welche Energie wird in jeder Sekunde aus dem Netz bezogen, wenn alle Geräte aus Aufgabe 4 zusammen angeschaltet sind? Wie groß ist dann der Elektronenstrom in der Leitung zum Haus?

6. Eine Hochspannungsleitung führt gerade den Energiestrom 15 000 kW bei 20 000 V Spannung. Wie groß ist der Elektronenstrom in der Leitung? Wie groß wäre er, wenn gleich viel Energie über eine Leitung mit 110 000 V übertragen würde?

7. Ein Förderaufzug in einem Bergwerk wird elektrisch betrieben. Der Motor hat die Leistung 500 kW. Was kostet es, einen voll beladenen Korb (10 Tonnen) hochzuheben, wenn die Fahrt 1 Minute dauert und 0,05 € für 1 kWh gezahlt werden müssen?

8. Errechne mit den Werten der Aufgabe 7, um wie viele Meter der Aufzug gehoben wurde. (Du kennst die Energie, die verfügbar ist, und du kannst aus der Massenangabe die Gewichtskraft ermitteln. Rechne ohne Verluste, d. h. mit Wirkungsgrad 100%.)

9. Was kostet es, ein Warmwasserschwimmbad mit 750 m³ Inhalt von 10 °C auf 25 °C elektrisch aufzuheizen, wenn das mit Nachtstrom (0,06 $\frac{€}{kWh}$) geschieht? Um die Temperatur von 1 Liter Wasser um 1 Grad zu erhöhen, braucht man etwa 4 000 J.

10. Bei einem Wasserversorgungsunternehmen muss man in jeder Nacht 1 000 m³ Wasser (1 000 Tonnen) in einen Speicher pumpen, der 100 m hoch liegt. Wie viele kW Leistung muss die Antriebsmaschine mindestens haben? Was kostet es? (Nachtstrom 0,06 $\frac{€}{kWh}$)

Induktion und Energie-versorgung

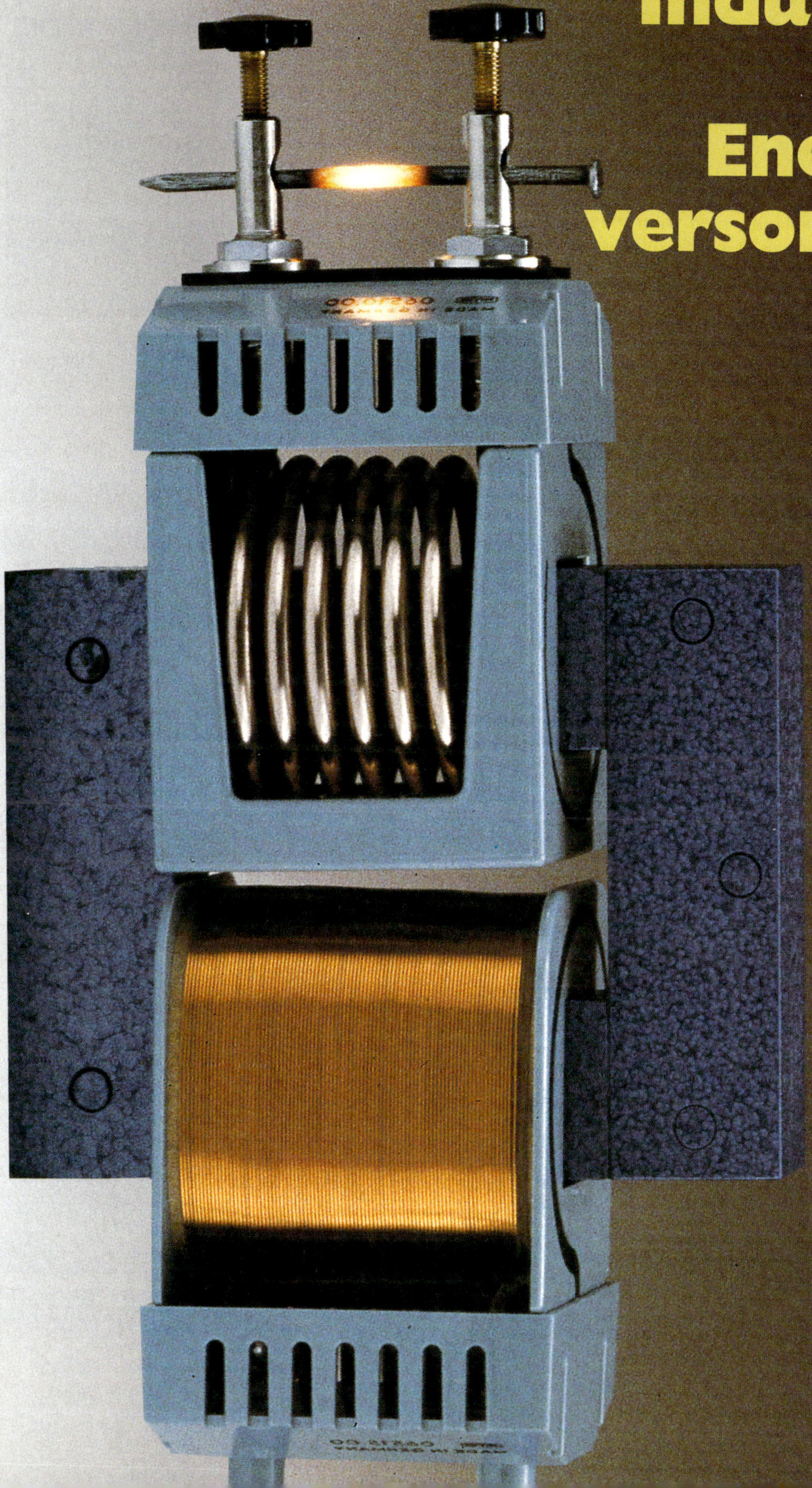

Spielereien mit Magneten

Wenn Nägel auf dem Boden oder Stecknadeln auf einem Teppich verstreut sind, muss man sie mühsam und zeitraubend aufsammeln. Niemand tut das gern. Deshalb nehmen kluge Leute einen Magneten. Der zieht Nägel und Nadeln zu sich heran, wenn er in ihre Nähe kommt. Das ist erstaunlich, denn der Magnet muss ja dabei sozusagen in die Ferne wirken, über die Lücke zwischen Magnet und Boden hinweg. – Leider geht das nicht in allen Fällen. Man kann leicht zeigen, dass die **magnetische Anziehung** nur auf eiserne Gegenstände wirkt (Abb. 2). Messingnägel beispielsweise lassen sich mit einem Magneten nicht einsammeln, ebenso wenig Plastikbüroklammern.

Ein Magnet kann nur eiserne Gegenstände anziehen und festhalten.

Magnetische Anziehung wird technisch vielfältig angewendet. Ein Beispiel: Die Dichtungsgummis von Kühlschränken enthalten einige Magnetplättchen. Beim Schließen der Tür werden diese an den eisernen Schrankrahmen gebracht und durch das Gummi hindurch magnetisch festgehalten. Die Tür bleibt geschlossen. Beim Öffnen lässt sich die magnetische Anziehung nur mit einiger Kraft überwinden.

Magnetpole

Nicht überall an einem länglichen Magneten bleiben Nägel gleich gut haften. Du kannst das nachweisen, indem du etwas schwerere Gegenstände, z. B. Schrauben, anhängst: Sie haften deutlich besser an den Magnetenden als in der Mitte. Wälzt du einen länglichen Magneten in Feilspänen aus Eisen, so erkennst du sofort, dass zwei Stellen stärkster Anziehung vorhanden sind, die sogenannten **Pole.** Diese liegen fast immer an den Magnetenden. In der Mitte des Magneten ist eine fast anziehungsfreie Zone. Bild 3 zeigt die mit Feilspänen überzogenen Pole von Magneten verschiedener Form. Darunter ist auch ein sechspoliger Magnet aus einer Fahrradlichtmaschine.

A1 Hier zieht ein Magnet Nägel aus dem Teppich, obwohl er sie nicht berührt, sondern einige Zentimeter entfernt bleibt. Berichte über Situationen, in denen Kräfte wie hier auf Abstand wirken.

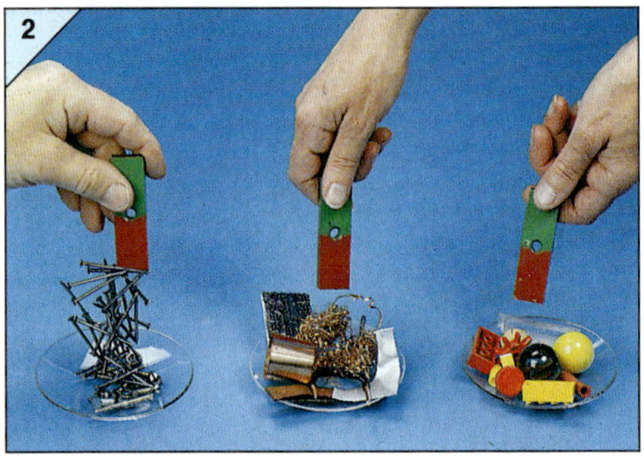

V2 Halte einen Magneten über eine Schachtel mit kleinen Nägeln. Welche Entfernung können die ersten davon beim Hochspringen gerade noch überwinden? Wie viele bleiben haften? Müssen alle haftenden Nägel den Magneten berühren?

V3 Prüfe, ob der Magnet auch nicht eiserne Gegenstände packt: Malstifte, Radiergummi, Murmeln, Papier u. ä.
Liste auf, welche Stoffe also außer Eisen angezogen werden.

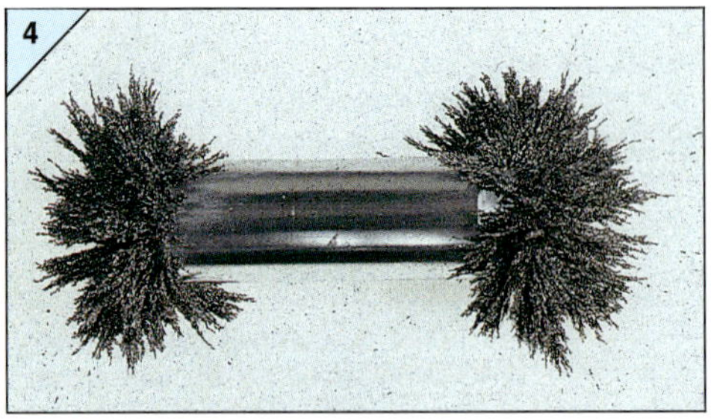

V4 Wälze einen Magneten in Feilspänen aus Eisen. Hebe ihn hoch. Wo überall bleiben die Späne hängen?
Was schließt du aus deiner Beobachtung?

5

V5 Lege einen Kompass auf den Tisch, drehe das Gehäuse. Folgt die Nadel der Drehung? Erschüttere den Kompass so, dass die Nadel aus ihrer Richtung herausschwingt. Was geschieht, wenn das Gehäuse wieder ruhig ist?

6

V6 Hänge einige Magnete nach obigem Bild leicht drehbar auf. Achte auf möglichst große Abstände. Die Magnete drehen sich zunächst und kommen dann zur Ruhe. Überprüfe, in welche Richtung die Pole weisen. Markiere die nach Norden zeigenden Enden rot.
Drehe einen der Magnete nun um eine halbe Umdrehung und lass ihn los. Was geschieht?

7

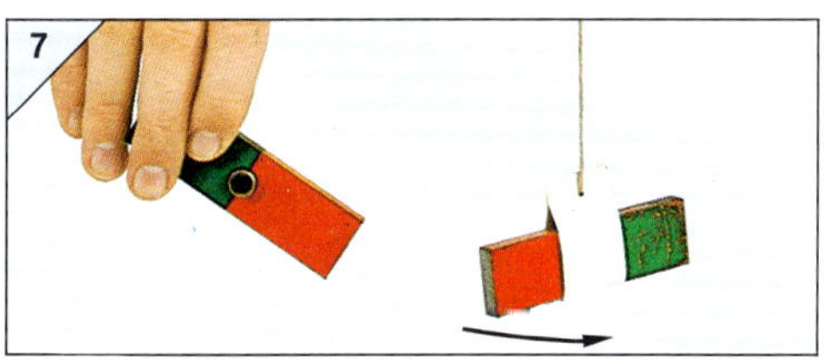

V7 Nähere einem aufgehängten Magneten einen zweiten. Was geschieht jeweils, wenn sich zwei Südpole, zwei Nordpole, Nord- und Südpol nähern? Notiere.

Du hast sicher schon mit einem **Kompass** gespielt. Wie du dessen Gehäuse auch gedreht hast, die Nadel darin zeigte immer nach Norden. Näherst du ihr allerdings ein Stück Eisen, z.B. einen Schlüssel, so bewegt sie sich sanft auf diesen zu. Beim Nähern eines starken Magneten macht sie wilde Bewegungen, um schließlich wie gebannt auf einen seiner Pole zu weisen und allen seinen Bewegungen zu folgen. Es sieht so aus, als ob der Kompass auf magnetischer Grundlage arbeitet. Tatsächlich hat die Nadel zwei Pole, wie die ihr ähnliche in Bild 4. Warum zeigt der eine davon nach Norden und der andere nach Süden?

Ein Versuch nach Bild 6 zeigt, dass die Nord-Süd-Einstellung der Magnetnadel kein besonderer Trick im Kompass ist. Alle Magnete tun das, wenn sie sich frei drehen können. Nach dem Einschwingen zeigt immer der gleiche Pol nach Norden. Man nennt ihn **Nordpol** (Zeichen **N**) und markiert ihn rot oder blau. Entsprechend bekommt der nach Süden zeigende Pol den Namen **Südpol** (Zeichen **S**). Er wird grün markiert oder bleibt blank.

Magnete haben einen Nordpol und einen Südpol. Sind sie frei beweglich, so stellen sie sich in Nord-Süd-Richtung ein.

Das magnetische Kraftgesetz

Damit ist natürlich noch nicht geklärt, warum die Nord-Süd-Ausrichtung eintritt. Was beeinflusst die Nadel so, dass sie das tut? Wir können vermuten, dass der Einfluss von unserer Erde ausgeht. Ein Versuch nach Bild 7 bringt etwas Licht in die Angelegenheit. Es stellt sich nämlich heraus, dass sich Magnete (bzw. Magnetpole) gegenseitig auf seltsame Weise beeinflussen:
- Nähert man zwei Nordpole einander, so stoßen sie sich ab.
- Gleiches gilt für zwei Südpole.
- Nord- und Südpol dagegen ziehen einander an.

Magnetisches Kraftgesetz:	Gleichnamige Pole stoßen einander ab, ungleichnamige Pole ziehen einander an.

Ein einfaches Experiment nach Bild 8 zeigt das deutlich: Ein Stabmagnet wird in seiner Längsrichtung an einem Kompass vorbeigeschoben, Südpol voran. Zuerst zeigt der Nadelnordpol auf den Magnetsüdpol. Er folgt ihm wegen der Anziehung. Liegt der Stabmagnet quer ab, ist die Nadel parallel zum Magneten, ungleiche Pole stehen wegen der Anziehung nahe beieinander. Danach läuft der Nadelsüdpol dem Magnetnordpol hinterher.

8

Der Kompass und die Erde

Nun wissen wir immer noch nicht, warum jede Kompassnadel gezwungen wird, sich in Nord-Süd-Richtung zu drehen. Es sieht fast so aus, als sei die Erde selbst ein Magnet. Diese Vermutung lässt sich natürlich bestätigen, wenn man auf der Erde herumreist und an möglichst vielen Orten überprüft, wie sich eine Kompassnadel verhält. Man unterscheidet dabei nicht nur die Richtung, in der sich die Nadel einstellt, sondern auch, wie groß die Kraft auf sie ist. In den letzten 300 Jahren hat man dabei viele Forschungsdaten zusammengetragen und kam zu folgendem Ergebnis:

Die Erde ist ein riesiger Kugelmagnet. Dieser hat einen Pol in der nordkanadischen Arktis, also in der Nähe des geographischen Nordpols. Der andere Magnetpol befindet sich in der Antarktis, also in der Nähe des geographischen Südpols. Im rechten Kasten ist dies dargestellt.

Der Magnetpol im Süden der Erde zerrt infolge des Kraftgesetzes am Südpol einer Magnetnadel nach Süden, der Magnetpol im Norden der Erde zieht am Nadelnordpol nach Norden. Beide Kräfte bewirken, dass sich die Nadel in Nord-Süd-Richtung einstellt. Sie kehrt auch nach jeder Störung in diese Lage zurück. Ein Kompass mit Magnetnadel ist dementsprechend ein verlässlicher Richtungsweiser.

Missweisung: Weil die Magnetpole der Erde nicht genau mit den geographischen Polen zusammenfallen, zeigt die Kompassnadel fast überall etwas an der Nordrichtung vorbei. In Deutschland beträgt diese *Missweisung* etwa 2° nach Westen. Damit man die Missweisung berücksichtigen kann, haben viele Kompasse eine entsprechende Marke.

9

Das Magnetfeld der Erde

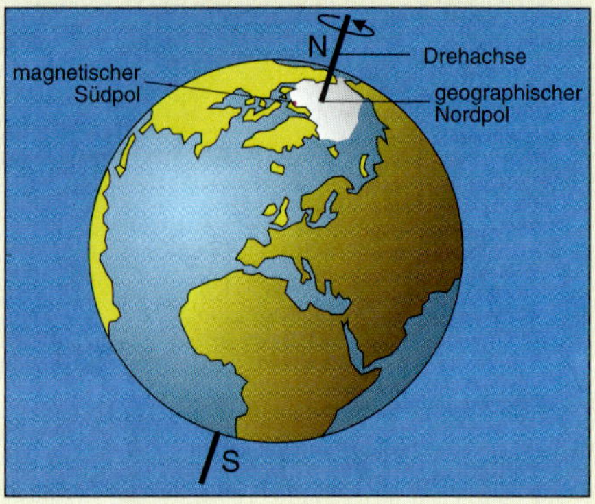

Dort, wo eine (hineingedachte) Achse die Oberfläche der Erde „durchsticht", befinden sich die geographischen Pole der Erde. Der **geographische Nordpol** ist der nördlichste Punkt der Erde, der geographische Südpol ist der südlichste Punkt. Der eine liegt im Nordpolarmeer, der andere in der Antarktis.
Dagegen sind die **magnetischen Pole** die Stellen, an denen der Erdmagnet die stärkste Anziehung entwickelt. Dieser Magnet verhält sich so, als ob in die Erde von Süden nach Norden ein riesiger Stabmagnet gesteckt wäre. Der Südpol des Erdmagneten liegt im Norden, der Nordpol im Süden. Die magnetischen Pole liegen 1500 km von den geographischen Polen entfernt.

A8 Suche im obigen Kasten die beiden geographischen Pole. Vergleiche mit der Lage der Magnetpole. Warum zeigt eine Kompassnadel, die man in Berlin benutzt, am Nordpol vorbei?

AUFGABEN UND ZUSAMMENFASSUNG

1. Welche Stoffe werden von Magneten angezogen, welche nicht?

2. Wie viel Pole hat ein Magnet? Wie unterscheiden sie sich? Wie heißen sie?

3. Wie heißt das magnetische Kraftgesetz? Gib einen Versuch an, der seine Überprüfung gestattet.

4. Du hast einen Magneten, bei dem die Pole rot und grün markiert sind und einen zweiten ohne Polmarkierung. Beschreibe ein Experiment, mit dem man den Nordpol des zweiten Magneten finden kann. Wo ist dann dessen Südpol?

5. Wo liegt der magnetische Süd-, wo der magnetische Nordpol der Erde? Suche die Punkte auf Erdkarten.

6. Wie kommt es zur Missweisung? Warum also zeigt die Magnetnadel nicht genau nach Norden?

7. In welchen Fällen der nachfolgenden Abbildung ziehen sich die Magnete an, in welchen Fällen stoßen sie sich ab?

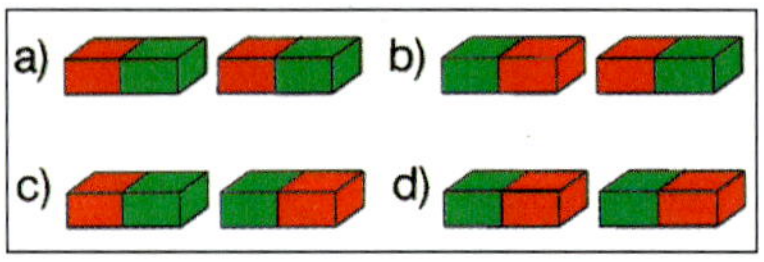

Magnete

Magnete ziehen eiserne Gegenstände an und halten sie fest. Sie haben einen Nord- und einen Südpol. Dort ist die Anziehung am stärksten.

Magnete üben auch Kräfte aufeinander aus: Gleiche Pole (N-N und S-S) stoßen einander ab, ungleiche (N-S und S-N) ziehen einander an.

Die Erde ist ein Magnet. Deshalb stellen sich auf ihr Magnetnadeln in Nord-Süd-Richtung ein.

Der Wirkungsbereich eines Magneten heißt Feld

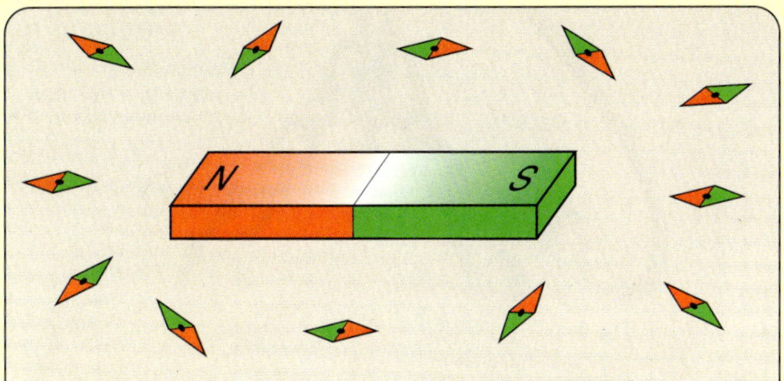

Magnetnadeln im Feld eines Stabmagneten

Stellen wir einen Kompass vor den Nordpol eines Stabmagneten, so zeigt das blanke Nadelende (= Südpol) direkt auf diesen Pol. Lenken wir sie kurz ab und geben sie wieder frei, so erreicht sie nach einigem Hin- und Herschwingen (Zittern) wieder die Ausgangslage. Vor dem Südpol beobachten wir das Gleiche, nur dass jetzt das blaue Nadelende zum Magneten zeigt.

Querab vom Magneten weist die Nadel nicht auf einen der Pole, sondern stellt sich parallel zum Magnetkörper. Nach Anstoß schwingt sie dort langsamer, kommt aber in der Parallellage wieder zur Ruhe. Das stellen wir im ganzen Raum um den Magneten herum fest, nur mit anderen Ruhelagen.

Dieses Verhalten deuten wir so: Um den Stabmagneten herum gibt es einen Einflussraum, in welchem der Magnet bestimmt, wie sich die Nadel ausrichtet. Man nennt diesen Wirkungsraum **Magnetfeld**. Das Feld ist dort stark, wo eine Magnetnadel nach Anstoß heftig schwingt, und schwach, wo sie langsam schwingt.

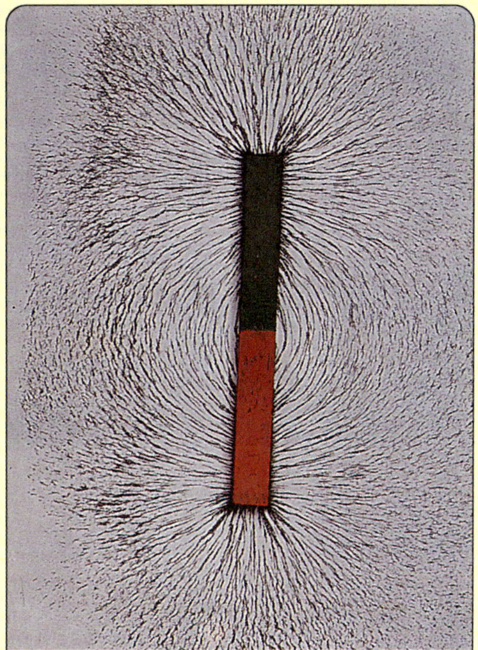

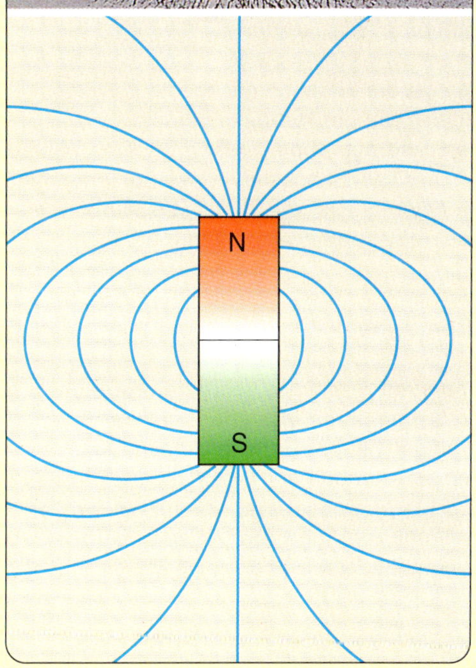

Feldlinien zeichnen die Feldstruktur nach

Wenn wir viele kleine Kompassnadeln in der Umgebung des Magneten aufstellen, wird die Struktur des Magnetfelds schemenhaft sichtbar. Sie tritt ganz deutlich hervor, wenn wir Eisenpulver oder Eisenfeilspäne im Feld verteilen (Bild oben rechts). Wir sehen sofort, dass Ordnung herrscht: Die Eisensplitterchen ordnen sich zu Linien, die in weitem Bogen von einem Pol zum andern laufen. Die Linien haben an jeder Stelle die Richtung, in der sich eine Magnetnadel einstellen würde. Sie zeigen so, wie die magnetischen Kräfte jeweils gerichtet sind.

Setzen wir eine Kompassnadel an eine Stelle, an der die Linien dicht nebeneinander liegen wie z. B. vor einem Pol, so schwingt sie nach Anstoßen schnell. Denn dort ist das Magnetfeld stark. Das Schwingen der Nadel wird langsamer, wenn wir sie an Orte verschieben, an denen die Linien weniger dicht liegen. Dort ist das Feld schwächer.
Die Linien zeigen uns also nicht nur die Richtung der Kraft, sondern auch, wie sich deren Größe im Feld ändert. Deshalb ist es sinnvoll, aus den Feilspanbildern abgeleitete Linien zu zeichnen, wenn wir Magnetfelder darstellen wollen. Diese Linien nennen wir **magnetische Feldlinien** (Bild rechts unten).

Das solltest du tun:
Verfolge in unseren Bildern einige dieser Feldlinien und gib an, wie sich die Richtung der Kompassnadel ändert, die man in Gedanken mit verschiebt.
Auf welchen Streckenabschnitten wird jeweils das Feld stärker, auf welchen schwächer?

Wozu braucht man Elektromagnete?

1

Am Kranseil in Bild 1 hängt ein sogenannter Elektro-Hebemagnet. Er wird von oben dem Schrott genähert. Wenn er diesen berührt, schaltet man den Strom zum Magneten ein. Jetzt hält er einen Teil des Gerümpels fest. Man kann den Schrott hochziehen, weil er an dem Magneten hängen bleibt. Das mühsame Festbinden wird gespart. Beim Ausschalten des Magneten fällt der Schrott von alleine wieder ab.

In Bild 2 ist die Situation nachgestellt. Dort erkennst du auch die wichtigen Teile der Hebeeinrichtung:

- eine Spule aus Kupferdraht mit vielen Windungen;
- ein massives Eisenstück in der Spulenöffnung;
- eine Stromquelle, die durch die Windungen der Spule einen Elektrizitätsstrom treiben kann.

A1 Was ist der Vorteil der elektromagnetisch arbeitenden Schrottverladung in Bild 1? Kann man auf diese Weise auch Müll und Altpapier verladen?

2

V2 Baue diese Anordnung auf. Versuche bei ausgeschaltetem Netzgerät, Nägel anzuhängen. Schalte dann ein (Drehknopf auf 12 V) und versuche erneut.
Was geschieht beim Ausschalten?
Überlege, wodurch der Eisenkern wohl magnetisch wird. Suche mit einer Magnetnadel Nord- bzw. Südpol des Eisenstücks.

A3 Wiederhole V2 mit einer selbst gebauten Spule und 4,5 V-Flachbatterie. (Die Bauanleitung für die Spule steht auf Seite 126.)

Elektromagnete

Die Spule mit Eisenkern heißt **Elektromagnet.** Wenn ihre Drähte keinen Strom führen, kann der Eisenkern nicht einmal einen einzigen Nagel halten. Er wird schlagartig zum Magneten, wenn man einschaltet und der Elektrizitätsstrom den Eisenkern einige hundert Mal umrundet: Jetzt bleibt ein ganzes Paket Nägel hängen. – Wenn man den Stromkreis unterbricht, wird der Spulenkern unmagnetisch. Die Nägel prasseln in die Schachtel.

Eine Spule mit einem Eisenkern ist ein ab- und anschaltbarer Magnet, ein Elektromagnet.

Der Elektromagnet lässt sich verbessern, wenn man die Spule in einen dickwandigen eisernen Topf ohne Deckel einbringt und sie selbst auch noch mit Eisen füllt. Bei einem solchen **Topfmagneten** ist die Mitte der eine Pol, z. B. der Nordpol, der Eisenrand der andere, z. B. Südpol. Alles zusammen wirkt dann wie ein ganzes Bündel Hufeisenmagnete, ist also „superstark". Wie so ein Topf-Hebemagnet innen aussieht, kannst du in Bild 1 rechts sehen; dort ist auch angegeben, was er kann. In Bild 3 ist das Prinzip gezeigt, nach dem Topfmagnete gebaut sind.

3

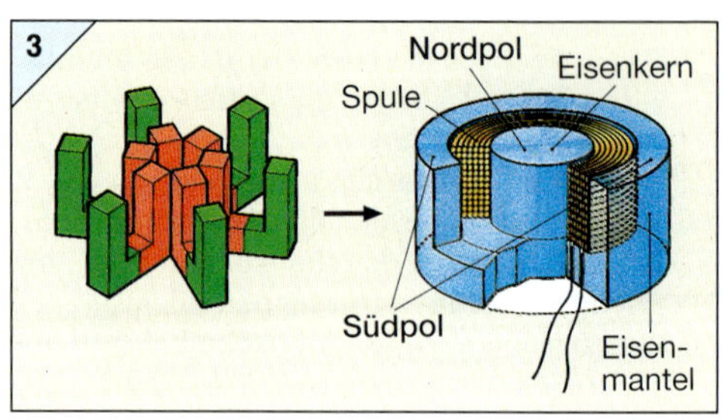

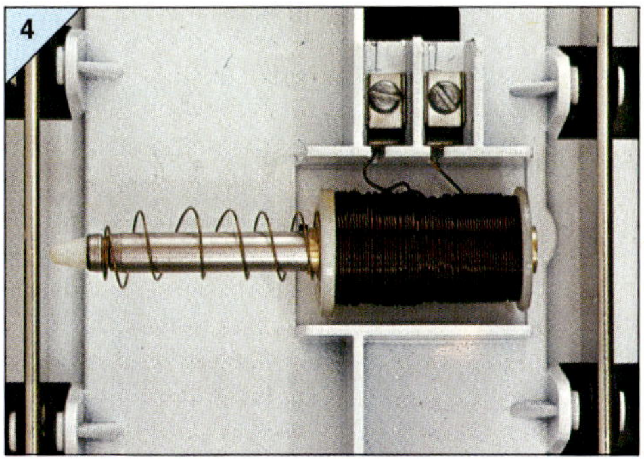

A4 Dies ist das „Innenleben" eines Gongs. Was geschieht mit der Eisenstange, die links aus der Spule herausragt, wenn man den Strom kurz einschaltet? Welche Funktion hat die Feder? Wozu benötigt man die Metallplatte links? Wie kommt es zu den beiden Tönen?

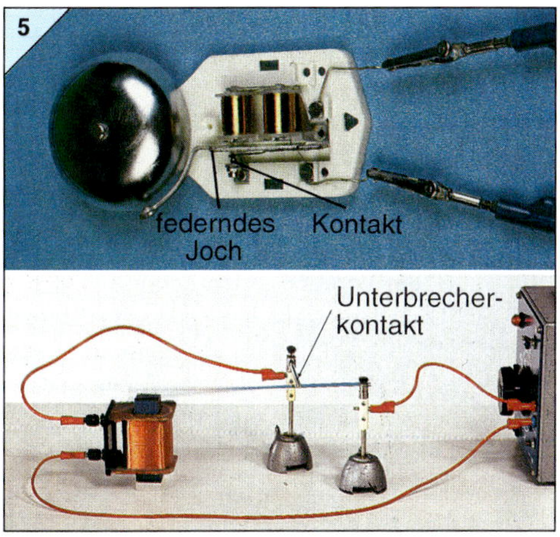

V5 Baue diese Anordnung auf und setze sie in Betrieb. Achte darauf, dass die waagerecht eingespannte Blattfeder im ausgeschalteten Zustand den Kontakt schließt, ihn aber beim Abwärtsfedern unterbricht.
Versuche zu erklären, warum sich die Blattfeder auf und ab bewegt.

A6 Beschreibe, wie der Schwingmotor in einem Elektrorasierer arbeitet.

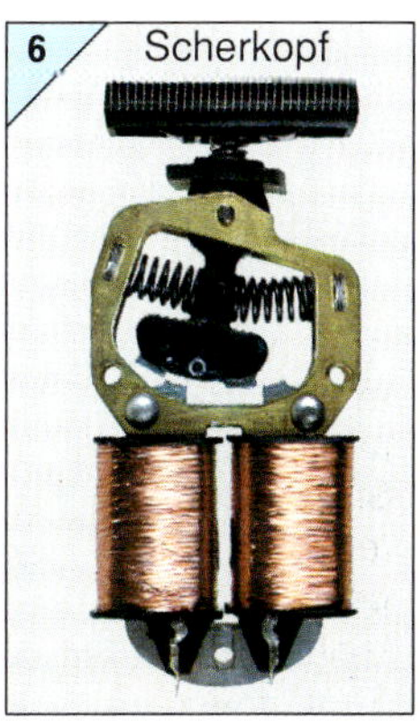

Der Gong

Der elektrische Gong enthält eine Spule und einen Eisenkern. Dieser wird durch eine Feder etwas außerhalb der Spule gehalten. Schaltet man den Strom ein, so wird das Eisen schlagartig in die Spule hineingezogen und schlägt rechts an eine Metallplatte. Diese erklingt „Bim". Beim Abschalten des Stroms holt die Feder den Eisenstab zurück. Er schlägt dabei an die linke Metallplatte: „Bam". Danach sind alle Teile wieder im Ausgangszustand.

Der elektrische Türöffner

Beim elektrischen Türöffner zieht ein Elektromagnet eine eiserne Sperre beiseite, wenn man auf den Knopf „Tür öffnen" drückt. Dadurch kann der Riegel im Türschloss einmalig die Halteplatte umlegen, wenn man gegen die Tür drückt. Die Tür geht auf.

Die elektrische Klingel

Beim Gong löst das Einschalten des Stroms einen einmaligen Vorgang aus. Bei der Klingel dagegen gibt es ein Dauergeläute. Warum? Untersucht man das Klingelinnere, so findet man außer dem Elektromagneten mit federndem Joch noch einen Kontakt, der sich beim Bewegen des Jochs öffnet und schließt.

Entsprechend Bild 5 unten kann man eine Modellklingel aufbauen. Die waagerecht eingespannte Blattfeder wird vom Magneten nach unten gezogen, wenn eingeschaltet ist. Dabei öffnet sich der Kontakt in der Mitte der Stange und der Magnetstrom wird unterbrochen. Die Blattfeder schnellt in ihre Ausgangslage zurück. Nun schließt sich der Stromkreis erneut – das Spiel beginnt von vorn.

Durch das Hin und Her der Feder wird der Strom aus- und eingeschaltet, der das Hin und Her erzeugt. Die Blattfederschwingung steuert sich selbst. Wie schnell das Hin und Her aufeinander folgt, d. h. wie hoch der Ton der Klingel ist, hängt von der „Steifigkeit" der Feder ab.

Der Elektrorasierer

Der Elektrorasierer enthält eine federnd gelagerte Platte, an der das Schermesser festgemacht ist. Dieser Teil des Apparats kann auf Anstoß hin- und herschwingen. Wenn durch die Spulen des U-Magneten Elektrizität fließt, wird die Platte vor die Enden des U gezogen. Wird der Strom ausgeschaltet, so federt sie zurück. Das ist fast wie bei der Klingel. Nur der Unterbrecherkontakt fehlt. Den hat man nicht nötig, weil man den Rasierer aus einer Quelle betreibt, die von sich aus *Stromstöße* liefert: unserem Versorgungsnetz, das Wechselstrom liefert. Die Vermeidung von Unterbrecherkontakten erhöht die Lebensdauer eines solchen **Schwingmotors** erheblich.

Das Relais – Kernstück eines Feuermelders

In Bild 7 ist ein **Feuermelder** aufgebaut. Sobald der Temperaturfühler (Wärmefühler) erhitzt wird, schaltet das Relais mit einem „Klick“ und die Anzeigelampe leuchtet. Wie funktioniert eine solche „Automatik“?

Herzstück ist der Temperaturfühler. Ist er kalt, so leitet er nicht. Im heißen Zustand allerdings wirkt er wie ein geschlossener Schalter. Er hat nur einen Nachteil: Große Ströme kann er nicht schalten. Deshalb braucht man einen „Verstärker“. In unserem Fall arbeitet dieser elektromagnetisch:

Man schickt den kleinen Strom durch den Temperaturfühler in die Spule eines Elektromagneten. Vor dessen Pol befindet sich eine leicht bewegliche Platte. Diese wird angezogen, wenn der Spulenkern magnetisch ist. Sie kippt dabei etwas und betätigt dadurch einen Schalter, indem sie eine federnde Zunge verbiegt. Der Schalter kann dann einen Strom einschalten, der hundertmal größer ist als der durch die Spule. Die Anordnung heißt Fernschalter, **elektromagnetischer Schalter** oder **Relais** (sprich: Relä).

> Relais sind elektromagnetische Schalter: Kleine Ströme durch eine Spule schalten große Ströme in einem unabhängigen zweiten Stromkreis.

Relais zum Umschalten

In Bild 8 gibt es drei Stromkreise:

1. Den *Steuerstromkreis.* In ihm liegt die Magnetspule, die den Umschalter betätigt.
2. Den *Arbeitsstromkreis 1.* Er führt Strom, wenn der Magnet abgeschaltet ist.
3. Den *Arbeitsstromkreis 2.* Er führt Strom, wenn der Magnet angeschaltet ist.

Das Relais schaltet hier zwischen zwei Stromkreisen um. Es ist ein **Umschaltrelais.**

Umschaltrelais benützt man im Auto zur Fahrlicht-Fernlicht-Umschaltung und zum Wechsel von ,,Blinken links'' auf ,,Blinken rechts''. Das Blinkrelais hat allerdings noch eine dritte Stellung: AUS.

8

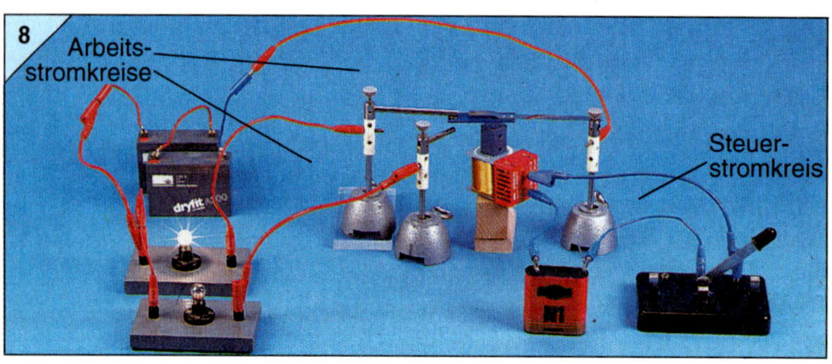

7

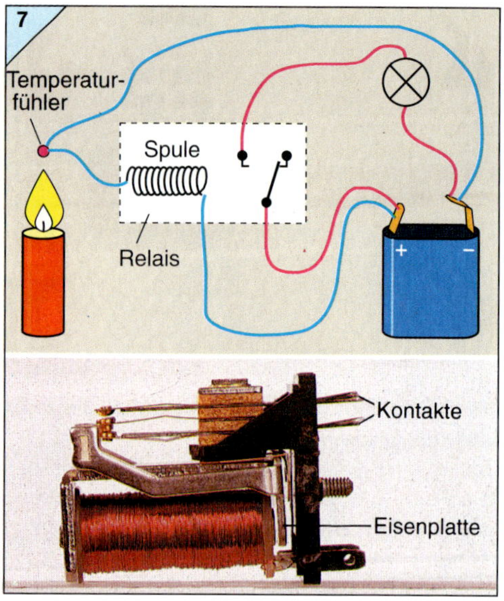

V7 Baue die Feuermelderschaltung oben auf. Teste, ob sie funktioniert, indem du den Temperaturfühler mit einem Streichholz erwärmst. Verfolge die beiden Stromkreise. Erkläre die Arbeitsweise.
Erkläre, warum das fotografierte Relais darunter beim Schalten ,,klickt''.

V8 Baue den Versuch entsprechend Bild 8 auf. Achte darauf, dass die Feder im Ruhezustand links oben Kontakt hat. Wenn sie nach unten gedrückt wird bis auf das Eisenstück in der Spule, soll sie den unteren Kontakt schließen. Was geschieht, wenn man den Elektrizitätsstrom in der Spule einschaltet? Welche Lampe leuchtet dann?
Was geschieht beim Ausschalten? Warum leuchtet jetzt die andere Lampe?

9

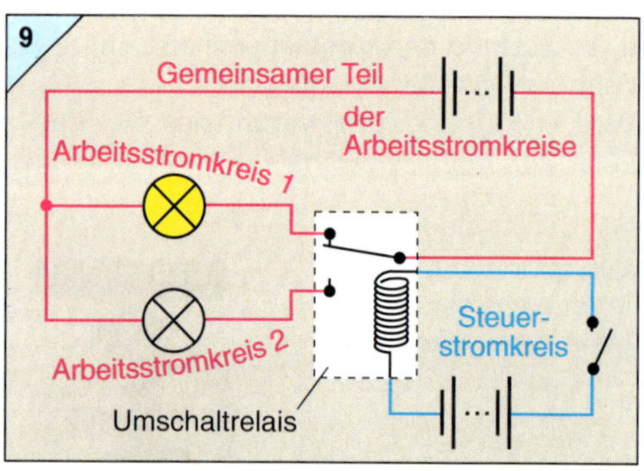

A9 Erläutere dieses vereinfachte Bild der Versuchsanordnung nach Bild 8. Zeichne den Stromkreis, wenn nur die obere Lampe leuchtet, und den, wenn nur die untere Lampe an ist.
Was hat der Strom durch die Spule mit dem Strom durch die Lampen zu tun?

Wie funktionieren Lautsprecher?

Ein Lautsprecher enthält einen Topfmagneten mit beweglicher Spule. Diese sitzt am Hals eines leicht beweglichen Papptrichters, der Membran. Wenn Elektrizität durch die Spule fließt, bewegt sich die Membran z. B. nach außen, weil magnetische Kräfte auf die Spule wirken. Kehrt man die Strömungsrichtung der Elektrizität um, gibt es eine Bewegung nach innen.

Wenn man Musik hören will, braucht man nur die Elektrizität im Spulenstromkreis im Rhythmus der Schallschwingungen hin- und herpendeln zu lassen. Bei Wechselstrom aus dem Netz geschieht das automatisch. Allerdings entsteht dabei nur ein tiefer, gerade noch hörbarer, langweiliger Ton („Netzbrumm"). Nimmt man dagegen einen Tongenerator, so kann man den Lautsprecher nach Herzenslust pfeifen und tuten lassen.

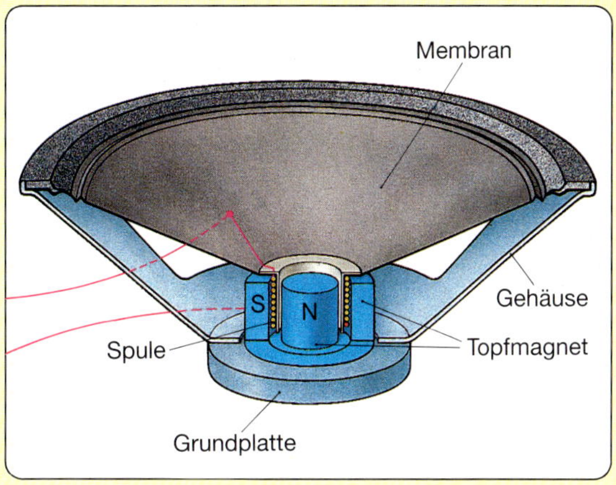

Auch beim Betrieb eines Lautsprechers erfolgen **Energieumwandlungen.** Dem Lautsprecher wird *elektrische Energie* zugeführt; sie wird zu *mechanischer Energie,* die in den Schwingungen der Membran steckt. Wenn die Membran ihrerseits die Luft zum Schwingen bringt, wird Energie in Form von *Schall* rundum in den Raum abgestrahlt. Ein winziges Quäntchen davon gelangt in unser Ohr und löst die Hörempfindung aus. Schall ist also „Energie unterwegs", ähnlich wie Licht.

Der Lautsprecher eines Radiogerätes nimmt in jeder Sekunde eine bestimmte Menge an elektrischer Energie auf. (Diese entspricht der Wattzahl, die auf dem Lautsprecher angegeben ist.) In unser Ohr gelangen davon einige Millionstel. Das genügt für die Informationsübertragung z. B. bei einer Nachrichtensendung. Beim Hören wollen wir ja nicht Energie nutzen, sondern Information bekommen.

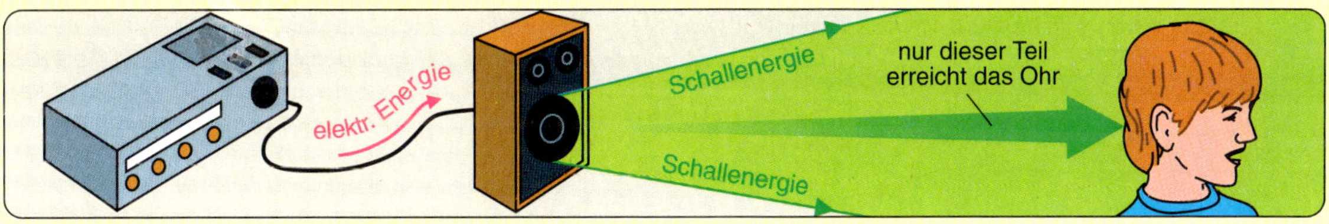

AUFGABEN UND ZUSAMMENFASSUNG

1. Wie ist ein Elektromagnet gebaut? Beschreibe und zeichne. Was geschieht, wenn man den Strom durch die Spule einschaltet?

2. Nenne Situationen, in denen Elektromagnete gebraucht werden.

3. Welche Vorteile bietet ein Elektromagnet im Gegensatz zum Dauermagneten? Welche Nachteile hat er?

4. Warum eignen sich Hebemagnete zum Verladen von Schrott viel besser als Greifergeräte?

5. Warum kann man mit Hebemagneten kein Altpapier und auch keinen Haushaltmüll verladen?

6. Erkläre den Gong in Abb. 4. Was geschieht beim Einschalten, was beim Ausschalten?

7. Wie arbeitet die Klingel genau? Beschreibe in der richtigen Reihenfolge. Warum spricht man hier von „Selbststeuerung"?

8. Untersuche eine ausgediente Autohupe. Inwiefern unterscheidet sie sich von einer Klingel?

9. Lautsprecher und Gong erzeugen Töne auf elektromagnetische Weise. Was bewegt sich im Gong, was im Lautsprecher? Wodurch wird jeweils die Tonhöhe bestimmt?

10. Beschreibe anhand von Abb. 9, wie ein Umschaltrelais arbeitet. Zeichne das Bild ab. Markiere die drei Stromkreise verschiedenfarbig.

Elektromagnet und Relais

In Elektromagneten umkreist ein Elektrizitätsstrom in den Windungen einer Spule viele Male einen Eisenkern. Der Kern wird dadurch zum Magneten mit Nord- und Südpol.

Elektromagnete werden z. B. als Hebemagnete verwendet. Sie sind auch in Gong, Türöffner, Klingel und Schwingmotor eingebaut.

Relais sind elektromagnetische Fernschalter. Der Steuerstrom durchfließt die Spule eines Elektromagneten, dieser bedient mechanisch einen Schalter, mit dem man große Ströme im Arbeitsstromkreis an- und abschalten kann.

Die Strom führende Spule – ein Magnet ohne Pole

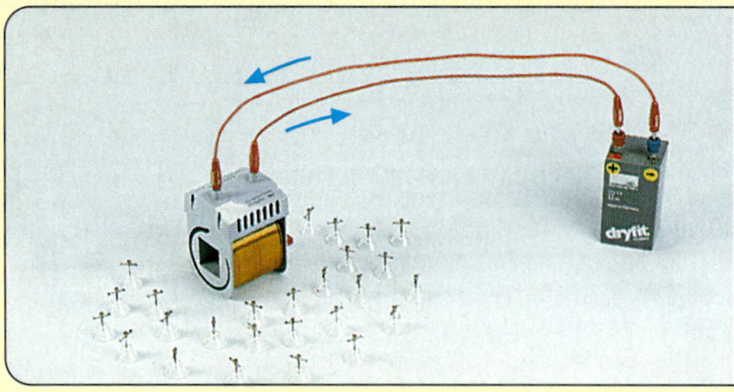

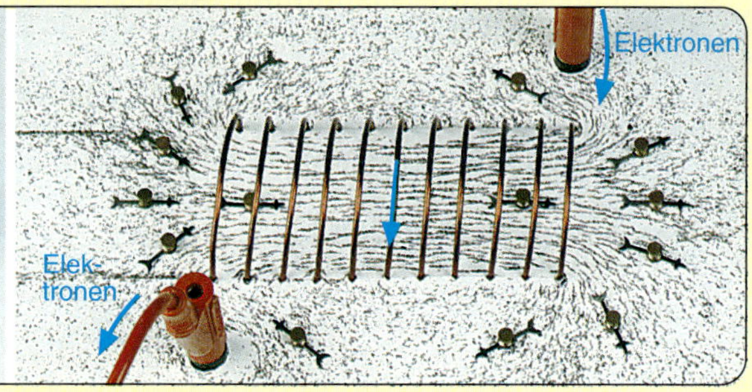

Wenn durch die Windungen einer Spule Elektronen strömen, baut sich um die Spule herum ein Magnetfeld auf. Dieses lässt sich mit Magnetnadeln nachweisen und mit Eisenpulver darstellen.

Es ist wesentlich schwächer als das Feld eines Stabmagneten, hat aber eine ähnliche Struktur: Die Feldlinien laufen in großen Bögen von einem Spulenende zum anderen und sind unmittelbar vor den beiden Spulenöffnungen sehr nahe beieinander. Dort vermuten wir Pole. Allerdings enden die Feldlinien dort nicht, sondern setzen sich im Innenraum der Spule fort. Eine kleine Magnetnadel stellt sich im Spuleninnern in Richtung der Spulenachse ein. Eisenpulver ordnet sich in Linien an, die parallel zur Spulenachse verlaufen. Das Nädelchen zittert auf Anstoß so schnell wie nirgendwo sonst: Im Innern der Spule ist also das Magnetfeld am stärksten.

Das Feld von Strom führenden Spulen

Im folgenden Bild ist dargestellt, wie die Feldlinien im Raum um die Spule herum verlaufen. Wir erkennen, dass sich jede einzelne zu einem Ring schließt, der durch den Spulenhohlraum läuft. Das Gebilde aus allen Linien zusammen nennt man **Wirbelfeld.** Dieses Wirbelfeld wird von Elektronen erzeugt, die durch die Spulendrähte fließen. Schalten wir den Elektronenstrom aus, so verschwindet das Feld sofort.

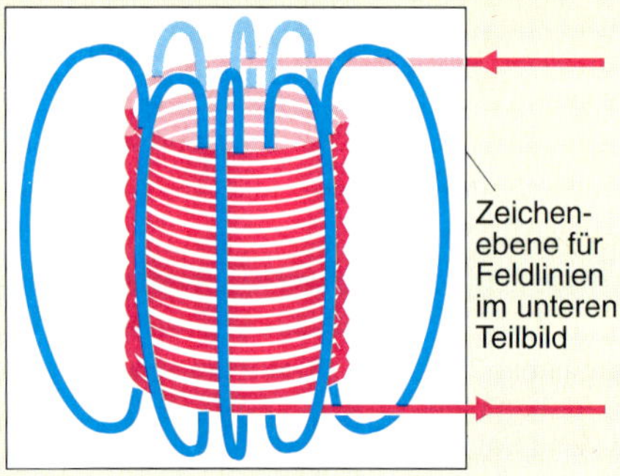

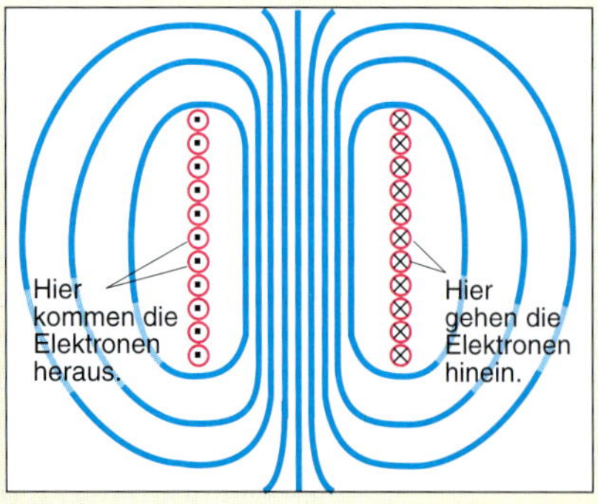

Die nebenstehende, untere Teilabbildung zeigt, wie ein solches „Wirbelfeld" aussieht. Eine halbwegs richtige Vorstellung davon bekommst du, wenn du an die vielen Schalen einer Zwiebel denkst. Aber anders als bei einer Zwiebel tauchen die Schalen in eine Spulenöffnung ab und kommen aus der anderen wieder heraus.

Wir können die Wirbelfeldvorstellung auf Stabmagnete übertragen: Die Feldlinien treten am Südpol in den Magneten ein, laufen im Inneren des Magneten zum Nordpol, kommen dort heraus und laufen in großen Bögen zum Südpol zurück, um die Wirbelringe zu schließen. Leider können wir das Feld im Inneren des Metalls nicht sichtbar machen oder nachweisen. Dass unsere Vermutung aber begründet ist, zeigt sich, wenn wir eine Magnetnadel oder ein Stück eines magnetischen Stahlbandes in der Mitte zerschneiden und das Feld in der Lücke mit Eisenfeilspänen untersuchen (Bild unten). Die Feldlinien kommen tatsächlich in der Lücke wieder zum Vorschein, was nahe legt, dass sie auch im Material vorhanden sind.

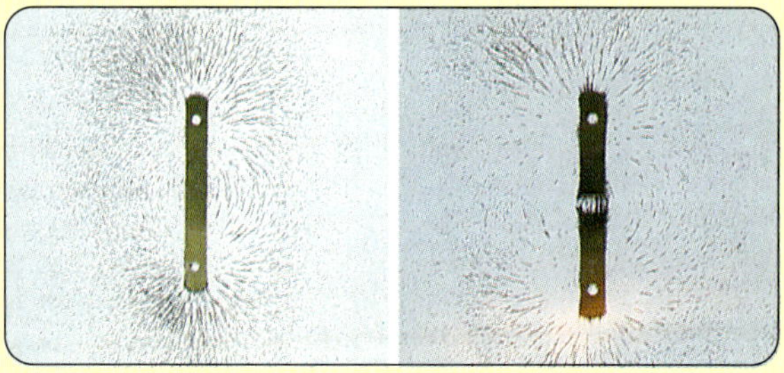

Magnetisieren von Eisen

Eisen im Spulenfeld

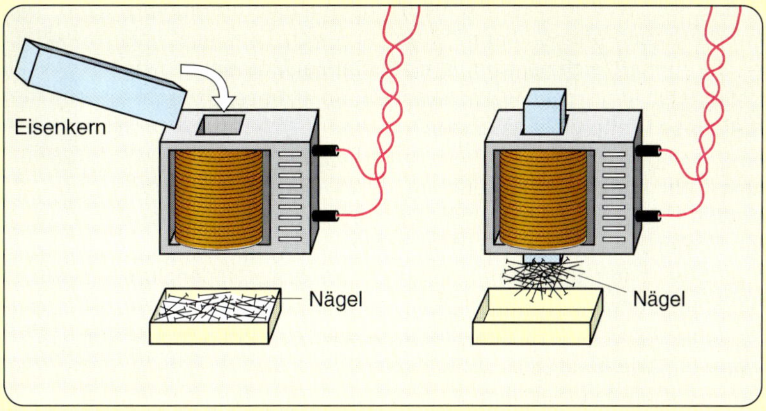

Bringen wir einen Eisenkern in eine Strom führende Spule, so wird der Teil des Wirbelfeldes stärker, der außerhalb der Spule liegt. Das ist leicht nachzuweisen (Bild rechts). Am Verlauf der Feldlinien ändert sich jedoch nichts. Im Eisen müssen somit gleichartige Feldwirbel neu entstanden sein, welche die vom Strom herrührenden verstärken: Das Eisen ist durch den Spulenstrom *magnetisiert* worden.
Die **Magnetisierung** des Eisens ist etwa 100-mal stärker als die, die der Strom durch die Spulenwindungen allein erzeugt. Diese Magnetisierung wird geringer, wenn wir den Strom in der Spulenwicklung kleiner machen; sie verschwindet ganz, wenn wir ihn ausschalten. Dann ist das Eisen wieder weithin unmagnetisch. Allerdings bleibt ein wenig „Rest"magnetismus zurück.

Dauermagnete

Wenn wir statt Weicheisen ein Bündel gehärteter Stahlstricknadeln als Kern in die Spule bringen, lassen sich auch diese magnetisieren. Schalten wir danach den Strom ab, bleibt das vom Eisen stammende Wirbelfeld erhalten. Stahl eignet sich deshalb zur Herstellung von Stab- und Hufeisenmagneten sowie von Magnetnadeln. Für starke Dauermagnete verwendet man besondere Stahllegierungen, bei denen das einmal erzeugte Wirbelfeld für immer erhalten bleibt.
Diese Legierungen enthalten zusätzlich zu einem großen Anteil Eisen meist Kobalt und Nickel, manchmal auch etwas Aluminium und Kupfer oder so exotische Metalle wie Samarium.

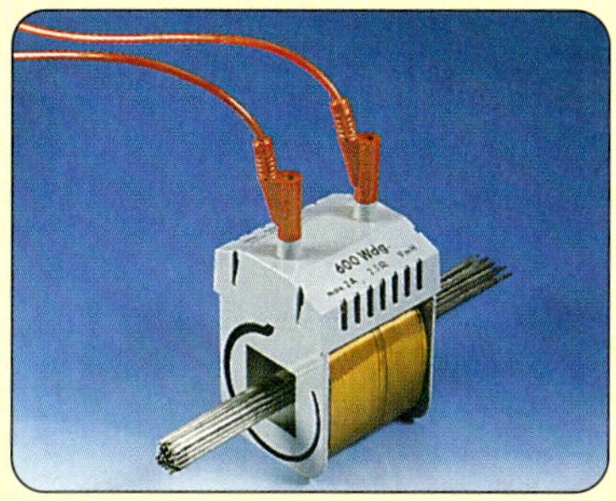

Magnetisieren ohne Strom führende Spule

Nicht nur durch Ströme in Spulen lässt sich Weicheisen magnetisieren. Dies geschieht auch, wenn wir ein unmagnetisches Weicheisenstück unmittelbar vor den Nord- oder Südpol eines Magneten legen. Aufgestreutes Eisenpulver zeigt, dass sich die Feldlinien vom Magneten ins Eisen hinein fortsetzen und an dessen fernem Ende wieder erscheinen und zwar annähernd mit gleicher Dichte. Erst dann kehren sie in größeren Bögen als bisher zum andern Pol des Magneten zurück.
Nehmen wir den Magneten weg, wird das Eisen wieder unmagnetisch. Mit Eisenpulver sind nun keine Feldlinien mehr nachweisbar.

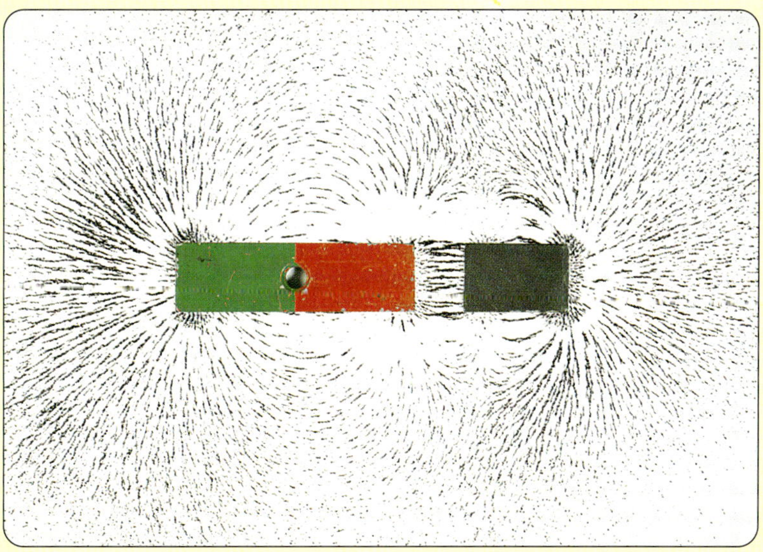

Im Eisenstück ist zunächst ein Feldlinienbündel entstanden, so als ob es in einer Spule magnetisiert worden wäre. Beim Entfernen des Magneten ist es von selbst wieder unmagnetisch geworden. Jedoch bleibt auch hier ein geringer Restmagnetismus erhalten.

Susi behauptet: „Wetten, dass ich Aluminium mit einem Stabmagneten in Bewegung bringen kann?" Das kann sich Tom nicht vorstellen. Er erinnert sich, dass nur eisenhaltige Materialien von einem Magneten angezogen werden können. So wettet er dagegen. Wer wird diese Wette wohl gewinnen?

Susi und Tom führen ein Experiment durch: Sie nähern einen Stabmagneten einem Lamettafaden. Der besteht bekanntlich aus Aluminium. Bei dieser Annäherung ist nichts zu beobachten. Strömen aber Elektronen durch den Draht und wird ihm z. B. der Südpol des Stabmagneten genähert (Abb. 1), so wird der Draht zur Seite ausgelenkt. Er erfährt also eine Kraft quer zu den Feldlinien des Magneten, wie es in Abb. 1 unten gezeichnet ist.
Tom und Susi wiederholen diesen Versuch mit der Annäherung des Nordpols an den Aluminumfaden. Sie beobachten jetzt eine Auslenkung in entgegengesetzter Richtung. Somit hat Susi die Wette gewonnen, denn es gilt grundsätzlich:

> In einem Magnetfeld erfährt ein Strom führender Draht eine Kraft. Sie wirkt quer zu den Feldlinien und quer zum Leiter.

1

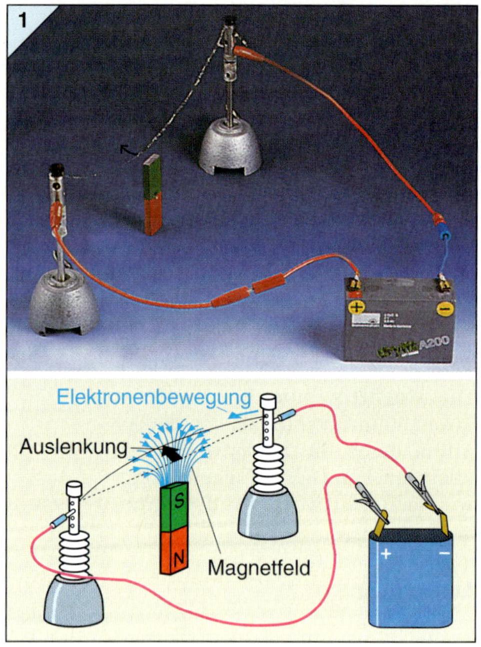

V1 Baue die in Abb. 1 oben dargestellte Anordnung auf. Nähere den Stabmagneten senkrecht von unten dem Aluminiumfaden (Lamettafaden). Schließe nun den Stromkreis. Nähere dann den Magneten waagerecht dem Strom führenden Aluminiumfaden. Beobachte und beschreibe, was jeweils geschieht.

V2 Drehe den Stabmagneten um und nähere ihn erneut dem Aluminiumfaden. Was kannst du nun beobachten?

Wovon hängt die Kraft auf den Leiter ab?

Beim Versuch 3 wurde gegenüber V1 der Stabmagnet durch einen Hufeisenmagneten, der Aluminiumfaden durch eine Leiterschaukel aus Aluminium ersetzt.
Werden nun die Anschlüsse mit der Quelle verbunden, wird die Leiterschaukel aus ihrer Ruhelage ausgelenkt. Von Kinderschaukeln weißt du, dass die Auslenkung einer Schaukel umso größer ist, je größer die „anschiebende" Kraft ist. Ebenso bei unserer Leiterschaukel in V3: Eine Erhöhung der Stromstärke bewirkt – bei unverändertem magnetischem Feld – eine größere Auslenkung.
Übertragen wir diese Beobachtung von der Kinderschaukel bzw. von der Leiterschaukel in Bezug auf die Kräfte auf unseren Strom führenden Lamettafaden aus V1, so können wir schließen: Mit zunehmender Stromstärke nimmt auch die Kraft auf den Leiter zu, die ihn in eine bestimmte Richtung auslenkt. Das magnetische Feld bleibt dabei unverändert.

Verändern wir nun wie in V4 die Stärke des Magnetfeldes und lassen die Stromstärke konstant. Wir erkennen: Ein schwächeres Magnetfeld ruft eine kleinere Auslenkung der Leiterschaukel hervor als ein stärkeres.
Übertragen wir diese Beobachtung wieder auf den Strom führenden Lamettafaden aus V1, so lässt sich Folgendes formulieren: Ein schwaches Magnetfeld bewirkt eine kleine Kraft auf einen Strom führenden Draht, ein starkes eine große.

> Die Größe der Kraft auf einen Strom führenden Draht hängt ab von der Stromstärke und der Stärke des Magnetfeldes, in dem er sich befindet.

2

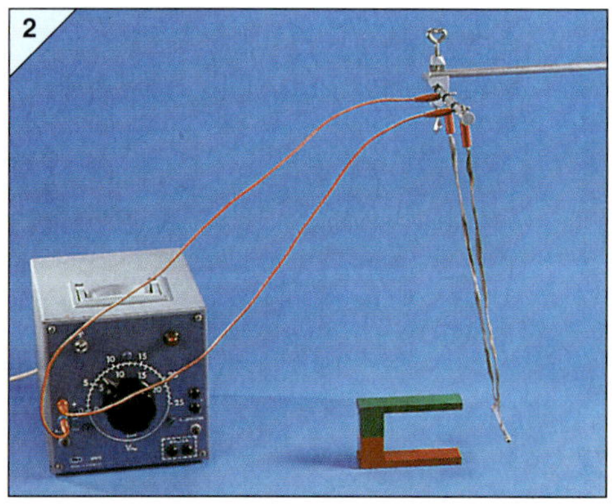

V3 Baue die Anordnung nach Abb. 2 auf. Erhöhe die Stromstärke stufenweise von 0,5 A auf 5 A. Beobachte die Auslenkung.

V4 Stelle nun die Stromstärke auf 5 A ein. Merke dir die Größe der Auslenkung. Ersetze dann den Hufeisenmagneten durch einen schwächeren. Vergleiche die Größe der Auslenkungen.

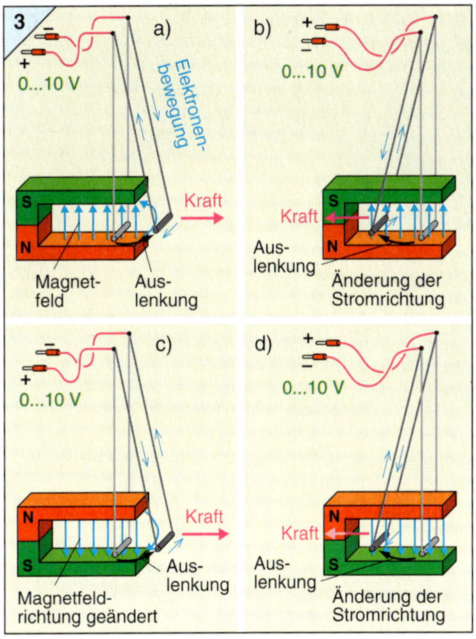

V5 Verwende die gleiche Anordnung wie in V3. Stelle die Stromstärke am Netzgerät so ein, dass eine deutliche Auslenkung der Leiterschaukel zustande kommt.
a) Kehre die Stromrichtung durch Vertauschen der Anschlüsse um. Beobachte.
b) Drehe den Magneten so um, dass der Südpol oben steht. Was ändert sich jetzt?

Richtung magnetischer Feldlinien

Für die Anwendung der Handregel muss bekannt sein, wie das Magnetfeld am Ort des Leiters gerichtet ist. Feldlinien sagen es uns, wenn wir wissen, wo entlang es zum Südpol geht. Dies vermittelt man mit Pfeilspitzen in den Feldlinien.

In welche Richtung wirkt die Kraft?

In unseren bisherigen Versuchen haben wir festgestellt, wovon die Größe der Kraft auf einen Strom führenden Leiter abhängt. Susi und Tom haben aber zusätzlich noch einen Richtungswechsel bei der Auslenkung des Drahtes beobachtet.
Wie können wir voraussagen, in welche Richtung ein Strom führender Draht ausgelenkt wird?

V5 zeigt, dass bei Umkehrung der Stromrichtung sich auch die Richtung der Kraft umdreht. Ebenso bedingt eine Umkehrung der Richtung des Magnetfeldes eine Umkehrung der Kraftrichtung; aber in jedem Fall wirkt die Kraft senkrecht zur Stromrichtung.

Die Richtung der wirkenden Kraft lässt sich mit Hilfe der so genannten **Linke-Hand-Regel** finden. Voraussetzung ist aber, dass du die Richtung des Magnetfeldes und der Elektronenbewegung (Stromrichtung) kennst: Spreize Daumen, Zeigefinger und Mittelfinger der linken Hand so, dass diese Finger jeweils etwa einen rechten Winkel zueinander bilden:

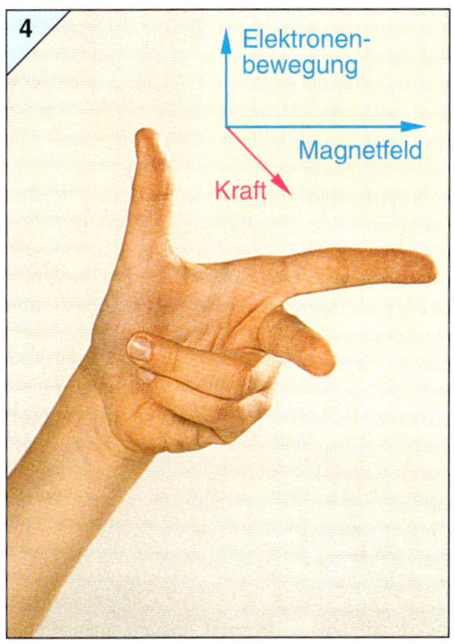

1. Lass den Daumen in Richtung der Elektronenbewegung zeigen.
2. Drehe die Hand so, dass der Zeigefinger in Richtung des Magnetfeldes weist.
3. Der dazu gespreizte Mittelfinger zeigt dann die Richtung der Kraft auf den Strom führenden Leiter an.

Wie die Richtung von Kraft, Magnetfeld und Strom miteinander zusammenhängen, erkennst du am besten mithilfe von Pfeilen, wie es in Abb. 4 oben dargestellt ist.

AUFGABEN UND ZUSAMMENFASSUNG

1. Sowohl Eisen als auch ein Strom führender Leiter werden durch ein Magnetfeld bewegt, sie erfahren im Magnetfeld also Kräfte. In welche Richtung wirken diese Kräfte jeweils?

2. Wovon ist die Größe der Kraft abhängig, die ein Strom führender Leiter in einem Magnetfeld erfährt?

3. Was musst du tun, um die Richtung der Kraft, die auf einen Strom führenden Leiter in einem Magnetfeld wirkt, umzukehren? Gib zwei Möglichkeiten an.

4. Wie musst du einen Hufeisenmagneten aufstellen, wenn ein Strom führender Aluminiumfaden nach oben abgelenkt werden soll? (Benutze die Linke-Hand-Regel.)

5. Ein Stabmagnet wird mit dem Nordpol von vorn, von unten und von hinten an einen Strom führenden Draht gebracht. In welche Richtung erfolgt jeweils die Auslenkung?
Was geschieht, wenn du den Südpol annäherst und gleichzeitig die Stromrichtung umkehrst?

Kraft auf bewegte Elektronen

Jeder Strom führende Leiter erfährt in einem Magnetfeld eine Kraft.
Ihre Größe hängt von der Stromstärke und der Stärke des Magnetfeldes ab.
Die Richtung der Kraft ist abhängig von der Bewegungsrichtung der Elektronen und der Richtung des Magnetfeldes und kann mit der Linke-Hand-Regel bestimmt werden.

Wie arbeiten Elektromotoren?

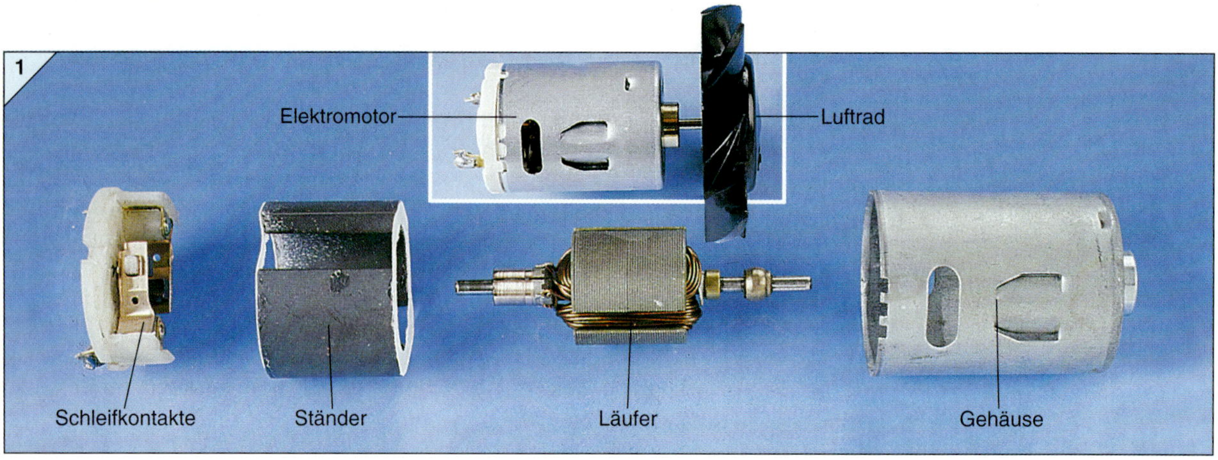

Der in Bild 1 dargestellte Motor wird als Antrieb für das Luftrad in einem Haartrockner verwendet. Ähnliche Elektromotoren sind auch in Modellfahrzeugen, Tischstaubsaugern, Akkubohrmaschinen und anderen Geräten zu finden. Im Bild oben ist dieser Motor in seine Einzelteile zerlegt. Wir finden:

- zwei spezielle Anschlüsse,
- zwei „Halbschalen" *(Ständer),*
- eine Spule mit Eisenkern *(Läufer),*
- ein Gehäuse.

Wie Abb. 2 und V2 zeigen, sind die beiden Halbschalen Dauermagnete besonderer Form. Sie bilden den *fest stehenden Ständermagneten,* der mithilfe einer Stahlklammer an der Innenwand des Gehäuses befestigt ist.
Mittels Magnetnadeln kannst du die Lage seiner magnetischen Pole feststellen: Der Nordpol befindet sich auf der Innenseite der linken Halbschale bzw. auf der Außenseite der rechten Halbschale, der Südpol auf der Außenseite der linken Halbschale bzw. auf der Innenseite der rechten Halbschale (Abb. 2).

Der Läufer – ein Elektromagnet

Der drehbare Teil des Motors, der *Läufer,* besteht aus einer Spule, die über einen Eisenkern gewickelt ist. *Schleifringe* am Läufer ermöglichen mittels Schleifkontakten den Anschluss an eine Gleichstromquelle, z. B. an eine Batterie. Bei unseren weiteren Untersuchungen werden wir einen aus Einzelteilen zusammensetzbaren Motor verwenden, Abb. 3 zeigt seinen Läufer.
Wie du sicher sofort erkennst, ist es ein Elektromagnet aus zwei Spulen und einem an den Enden abgerundeten Eisenkern. Wenn die Spulen Strom führen, bilden sich an den Rundungen Magnetpole aus, auf der einen Seite ein Nordpol, auf der anderen ein Südpol. Eine Umkehrung der Stromrichtung bewirkt, dass die Pole ihre Plätze tauschen.

Der Läufer eines einfachen Elektromotors ist ein zweipoliger Elektromagnet. Die Richtung, in der die Elektronen durch den Spulendraht strömen, bestimmt, wo sich Nord- und Südpol bilden.

A1 Zerlege einen ausgebauten Elektromotor. Klebe die Teile auf einen Karton und beschrifte sie entsprechend Abb. 1.

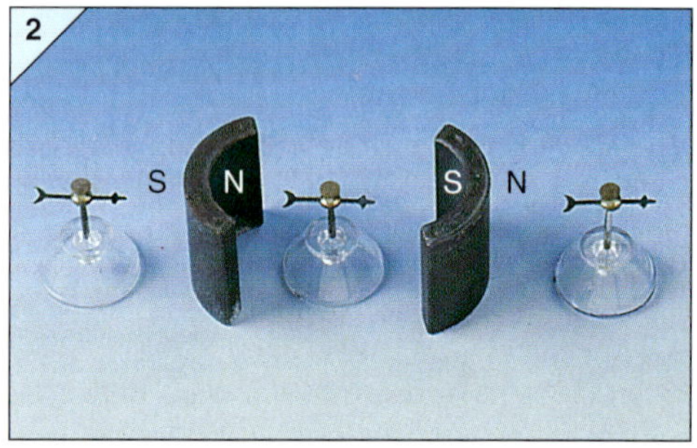

V2 Stelle wie in Abb. 2 Magnetnadeln um die magnetischen Halbschalen. Wo befinden sich die Nord- und Südpole?

A3 Zeichne die Halbschalen. Markiere ihre Pole mit Farbe: Nordpol rot, Südpol grün. Welche Pole stehen sich gegenüber?

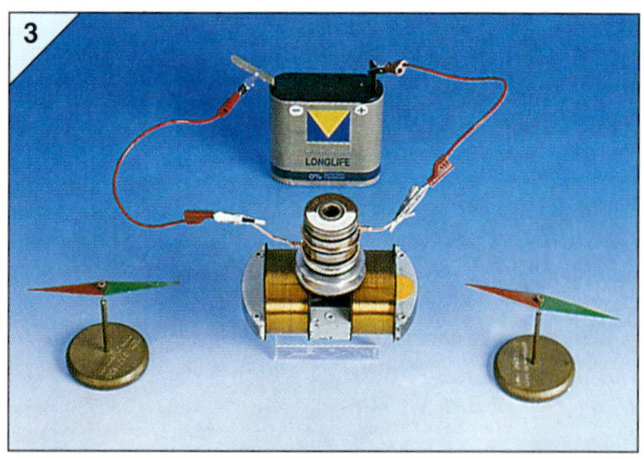

V4 Baue die Anordnung wie in Bild 3 auf. Verbinde die Schleifringe über Drahtschleifen mit der Flachbatterie. Suche die Pole des Elektromagneten mithilfe von Magnetnadeln. Vertausche die Anschlüsse der Batterie und überprüfe die Pole erneut. Wo befinden sich Nord- und Südpol jetzt? Erkläre.

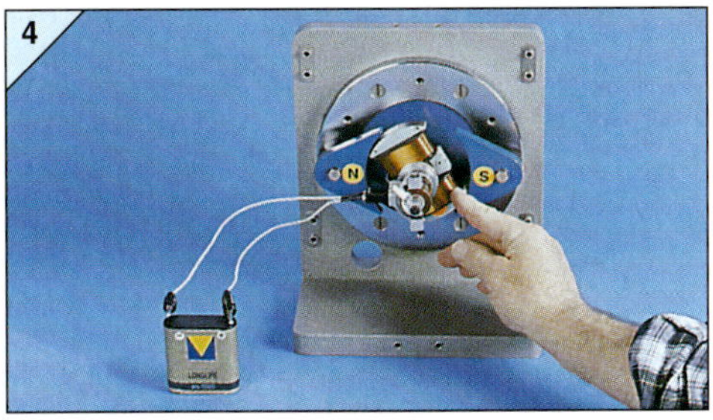

V5 Setze den zweipoligen Läufer zwischen die Pole der beiden Dauermagneten des Ständers. Verbinde die Schleifringe mit einer Flachbatterie. Drehe den Läufer langsam von Hand im Uhrzeigersinn, bis er eine volle Umdrehung vollendet hat. Beschreibe zwischen welchen Polen welche Kräfte wirken?

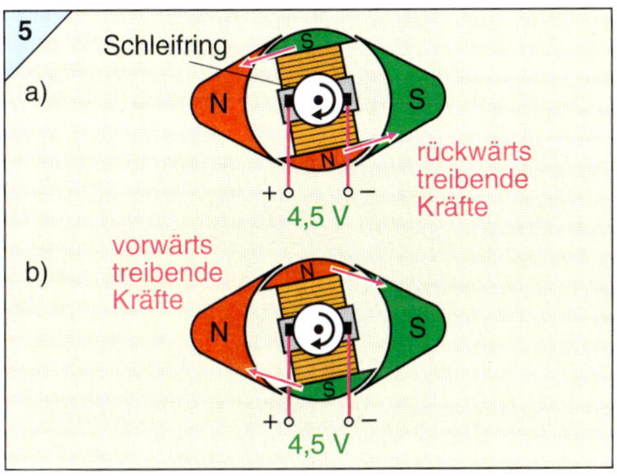

A6 Erläutere mithilfe des magnetischen Kraftgesetzes, warum in Abb. 5a) rücktreibende, in Abb. 5b) vorwärts treibende Kräfte entstehen. Berücksichtige dabei auch die abstoßenden Kräfte.

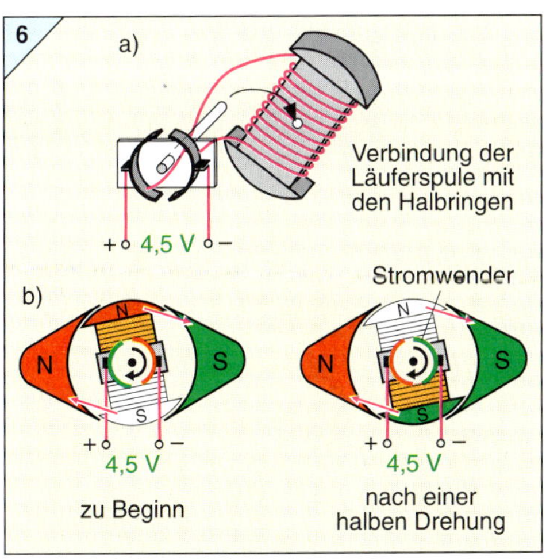

V7 Schließe den Läufer nun über die beiden Halbringe an die Batterie an. Warum dreht er sich nun immer in die gleiche Richtung? Erkläre mit Hilfe der Bilder in 6b).

Wie kommt es zur Drehung des Läufers?

Um das herauszufinden, setzen wir den Läufer wie in Abb. 4 auf eine Achse zwischen die Pole zweier Dauermagnete. Diese beiden Magnete haben die gleiche Funktion wie die beiden Halbschalen in Abb. 2. Deshalb zeigt der eine mit dem Nordpol, der andere mit dem Südpol zur Achse hin.
Wenn die Läuferwicklung Strom führt, bekommt das Eisen darin an einem Ende z. B. einen Südpol und am entgegengesetzten Ende einen Nordpol. Der Läufer dreht sich deshalb nach dem Einschalten so lange, bis seine Pole den jeweils andersartigen Polen des Ständers gegenüberstehen.
Drehst du nun den Strom führenden Läufer langsam im Uhrzeigersinn, so stellst du fest, dass eine halbe Umdrehung lang rücktreibende Kräfte wirken, in der zweiten halben Drehung aber vorwärts treibende. Dem Bild 5 kannst du entnehmen, wie diese Kräfte durch Anziehung zwischen den Polen von Läufer und Ständer zustande kommen.

Was muss man tun, um *nur* vorwärts treibende Kräfte zu erhalten? Klar: Wenn man am Ende der zweiten halben Umdrehung die Läuferpole schlagartig vertauschen könnte, ergäben sich während der nächsten Halbdrehung keine rück-, sondern vorwärts treibende Kräfte. Wir hätten eine ganze Runde lang Antrieb und könnten nun durch weiteres Umpolen eine dritte halbe Antriebsrunde anschließen usw. Wir hätten einen Elektromotor.

Der Stromwender

Um dies zu erreichen, müssen wir die gleichen Bedingungen schaffen, wie sie während der zweiten Halbdrehung geherrscht haben. Da wir die Pole an den Dauermagneten ohne Umbau nicht ändern können, bleibt uns nur eine Änderung der Pole am Läufer. Da er ein drehbarer Elektromagnet ist, können wir das Austauschen seiner Pole dadurch erreichen, dass wir die Anschlusskabel an der Batterie umpolen. Von Hand ist das nur bei sehr langsamen Umdrehungen des Läufers möglich. Deshalb benötigen wir für den Schnelllauf des Läufers eine automatische Umpolung.

Dieses schnelle Umpolen bewirkt ein so genannter **Stromwender.** Bild 6a) zeigt, wie dieser bei einem zweipoligen Läufer aussieht: Der Stromwender besteht aus zwei voneinander isolierten *Halbringen,* an die jeweils ein Anschluss der Spule gelötet ist.
Die Halbringe bewirken, dass nach einer halben Drehung die Stromrichtung in der Spule umgekehrt wird. Dabei werden die Magnetpole des Läufers vertauscht. Dies ist in Bild 6b) beispielhaft für eine Hälfte des Läufers gezeigt. Dieses Umpolen wiederholt sich bei jeder weiteren Halbdrehung. Insgesamt erfährt der Läufer dadurch immer Kräfte in nur einer Richtung. Polen wir an der Batterie um, dreht sich der Läufer in Gegenrichtung.

Ein Stromwender sorgt selbsttätig und zum richtigen Zeitpunkt für die Umpolung des Läufers.

Elektromotoren mit Trommelläufer

Elektromotoren mit zweipoligem Läufer haben einen entscheidenden Nachteil – sie haben zwei *Totpunkte:* Der Motor läuft nicht an, wenn die Schleifkontakte die Isolierstücke zwischen den Halbringen berühren. Er muss angedreht oder „angeworfen" werden; später sorgt dann der Schwung des Läufers dafür, dass diese Stellen überwunden werden. In den meisten Anwendungsfällen muss der Elektromotor beim Einschalten von selbst anspringen. Elektromotoren werden deshalb nicht mit zweipoligen Läufern gebaut.

Die Totpunkte lassen sich vermeiden, wenn man in die Schlitze eines Eisenzylinders, welcher den Läufer bildet, mehrere gegeneinander verdrehte Spulen wickelt. Jede von ihnen schließt man an je zwei einander gegenüberliegende Metallsegmente des mehrfach unterteilten Stromwenders an (Abb. 7). Wegen der Ähnlichkeit mit einer Trommel nennt man den so entstehenden Läufer **Trommelläufer.**

7

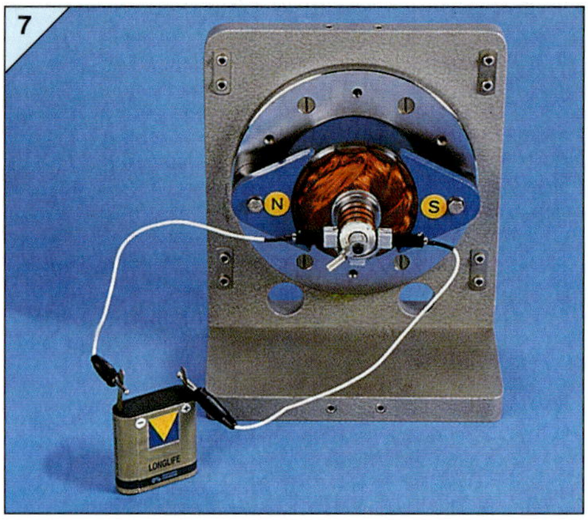

V8 Ersetze den zweipoligen Läufer aus V5 durch einen zwölfpoligen und schalte den Strom ein. Läuft der Motor bei jeder Stellung des Läufers von selbst an? Vergleiche die Laufruhe dieses Motors mit dem in V5. Welcher Motor läuft ruhiger? Begründe.

Mehr Pole am Läufer – mehr Laufruhe

In V8 ersetzen wir den zweipoligen Läufer durch einen zwölfpoligen. Wie erwartet läuft dieser Motor aus jeder beliebigen Stellung leicht an und dreht auch sehr gleichmäßig und „rund".
Mit Hilfe von V9 wollen wir herausfinden, weshalb der Motor mit diesem Läufer besser dreht: Beim langsamen Durchdrehen von Hand stellen wir mithilfe der Magnetnadel fest, dass sich die Magnetpole der einzelnen Segmente so ändern, dass in jeder Stellung beispielsweise die obere Hälfte der Eisensegmente Nordpole und die untere Hälfte Südpole trägt. Die Kräfte zwischen den Magnetpolen des Läufers und des Ständers wirken daher immer in die gleiche Richtung und sorgen so stetig für ein Weitertreiben des Läufers.

8

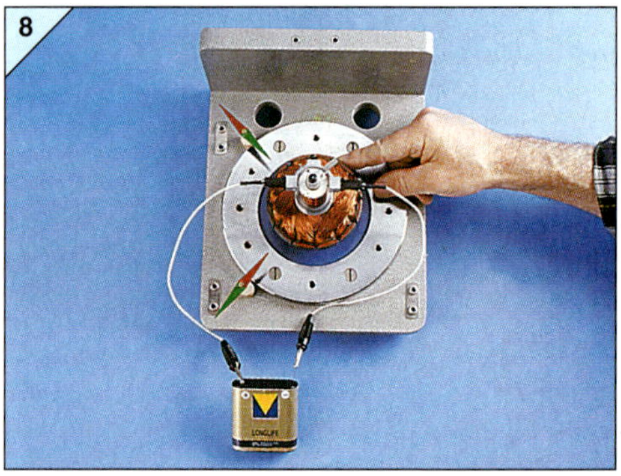

V9 Entferne die Magnete aus dem Ständer. Setze einen Trommelläufer wie in Abb. 8 in die Halterung. Verbinde den Stromwender mit der Quelle. Drehe den Läufer langsam von Hand und prüfe mit Magnetnadeln, ob und wie sich die Lage der Pole dabei ändert.

Betrachten wir an einem vereinfachten Beispiel, einem vierpoligen Läufer, wie dieser stetige Antrieb wirkt (Abb. 9): Der Läufer wird nur dann in der gekennzeichneten Richtung angetrieben, wenn zu dem dargestellten Zeitpunkt das linke untere Segment des Läufers einen Südpol, das rechte obere jedoch einen Nordpol aufweist. Die magnetischen Anziehungskräfte zwischen den andersartigen Polen unten links und die Abstoßungskräfte zwischen den gleichartigen Polen oben links treiben den Läufer in der gleichen Richtung weiter.
Für einen zwölfpoligen Läufer gilt das entsprechend: Mit einem zwölfpoligen Läufer und somit einen zwölffach unterteilten Stromwender können die magnetischen Antriebskräfte so beeinflusst werden, dass ein noch gleichmäßigerer Antrieb des Läufers möglich ist. Die „Pausen" zwischen den „Antriebszeiten" werden wegen der größeren Zahl von Polen immer kleiner.

9

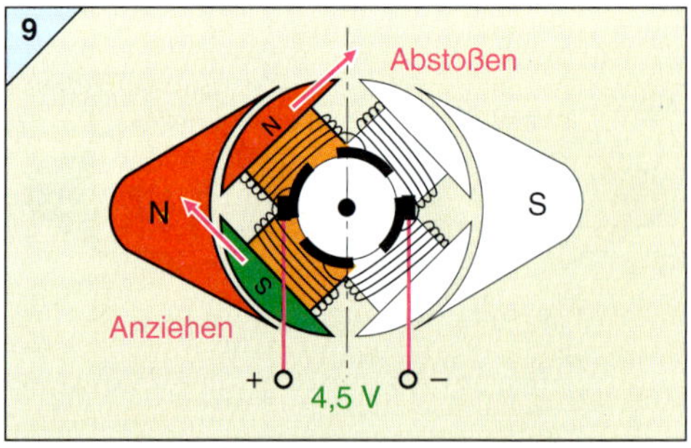

A10 Übertrage Bild 9 auf ein Blatt Papier. Zeichne ein, wie die Enden des Läufers auf der rechten Seite gepolt werden müssen, damit der Läufer vorwärts getrieben wird.

Trommelläufer in Elektromotoren werden ständig angetrieben und laufen dadurch gleichmäßig und rund.

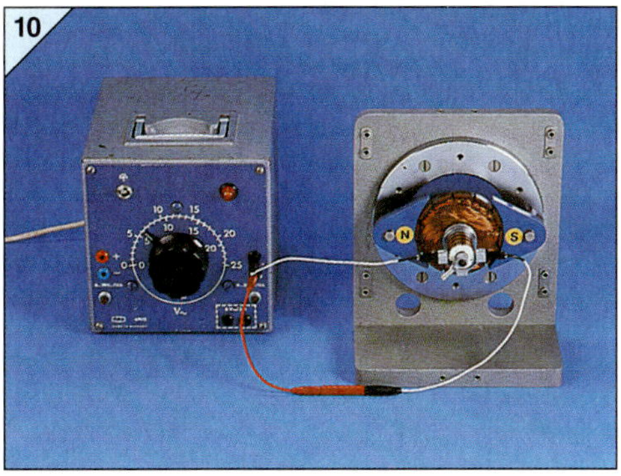

V11 Schließe den Motor mit 12-poligem Läufer an ein Netzgerät an. Betreibe den Motor mit Wechselstrom. Was beobachtest du?

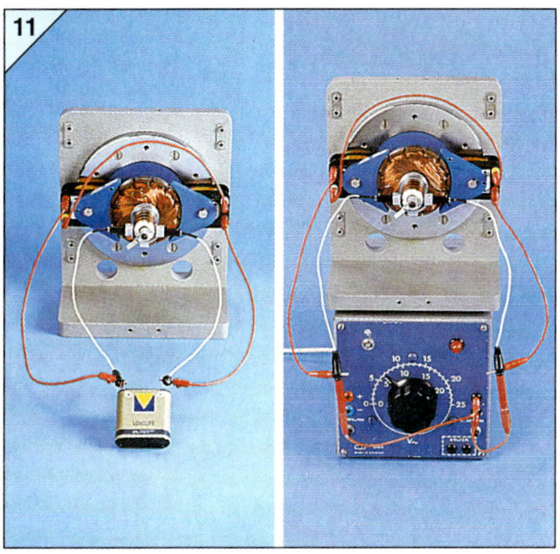

V12 a) Ersetze die Dauermagnete des Ständers durch Spulen. Schließe den Motor wie in Abb. 11 oben an die Batterie. Beobachte.
b) Kehre die Anschlüsse an der Batterie um. Wie dreht sich der Läufer jetzt?
c) Ersetze die Batterie durch eine Wechselstromquelle (Netzgerät).
Was beobachtest du nun? Begründe.

Ein Motor für Wechselstrom

Alle bisher betrachteten Motoren, auch der mit Trommelläufer und den so guten Laufeigenschaften, drehen nur mit Gleichstrom. Wie muss man einen solchen Motor umbauen, damit er auch mit Wechselstrom aus unserem Versorgungsnetz betrieben werden und so z. B. das Gebläse eines Staubsaugers oder eines Haartrockners antreiben kann?

Schließen wir einen Gleichstrommotor wie in Abb. 10 an Wechselstrom an, so dreht der Läufer sich nicht. Versuchen wir aber, den Läufer von Hand zu drehen, spüren wir einen merklichen Widerstand. Wir schließen daraus, dass magnetische Kräfte zwischen den Polen des Läufers und des Ständers wirken, aber sie erreichen keinen Antrieb des Läufers in eine Richtung.

Wir ersetzen daher wie in V12 die Dauermagnete durch Spulen und schließen sie an eine Flachbatterie an: Der Läufer wird in die gleiche Richtung gedreht. Mithilfe von Magnetnadeln stellen wir fest, dass der linke Elektromagnet im Ständer einen Nordpol, der rechte einen Südpol aufweist. Vertauschen wir die Anschlüsse an der Batterie, läuft der Motor zu unserem Erstaunen in der gleichen Richtung weiter. Eine erneute Nachprüfung mithilfe von Magnetnadeln zeigt, dass die Pole der Elektromagneten im Ständer ihre Plätze getauscht haben. Wir können daher die Batterie als Gleichstromquelle durch eine Wechselstromquelle ersetzen und ersparen uns dadurch das Umpolen der Anschlüsse von Hand. Der Motor läuft auch mit Wechselstrom immer in die gleiche Richtung.

Die Abb. 11 zeigt uns den Grund dafür (wegen der besseren Verständlichkeit kannst du dir den Trommelläufer durch einen zweipoligen ersetzt denken): Da Läufer und Spulen an die gleiche Quelle angeschlossen sind, ändern sich bei Umkehrung der Stromrichtung die magnetischen Pole an Läufer und Ständer *gleichzeitig*. Deshalb treiben die magnetischen Kräfte zwischen Läufer und Ständer den Läufer immer in die gleiche Richtung vorwärts.

Elektromotoren mit Elektromagneten im Ständer können mit Gleich- und Wechselstrom betrieben werden.

AUFGABEN UND ZUSAMMENFASSUNG

1. Welche Aufgaben haben beim einfachen Gleichstrommotor die Magnete im Ständer, welche der Läufer?

2. Beschreibe die Funktionsweise eines Stromwenders. Wann muss mit ihm umgepolt werden? Zeichne und begründe.

3. In welchen Stellungen hat ein zweipoliger Läufer Totpunkte?

4. Weshalb treten bei einem Motor mit Trommelläufer keine Totpunkte auf?

5. Weshalb läuft der Elektromotor mit Dauermagneten im Ständer nicht mit Wechselstrom? Begründe.

6. Warum können Elektromotoren mit Elektromagneten im Ständer mit Gleich- und Wechselstrom betrieben werden?

7. Wie müsste man Elektromotoren konstruieren, die beim Drehen besonders große Kräfte entwickeln?

Elektromotoren

Jeder Elektromotor besteht aus einem Ständer und einem zwei- oder mehrpoligen Läufer.
Der Ständer enthält zwei Dauer- oder Elektromagnete mit einander gegenüberliegenden Polen.
Der Läufer ist ein Elektromagnet, der mittels des Stromwenders so gepolt wird, dass stets vorwärts treibende Kräfte entstehen.

Elektromotor – selbst gebaut

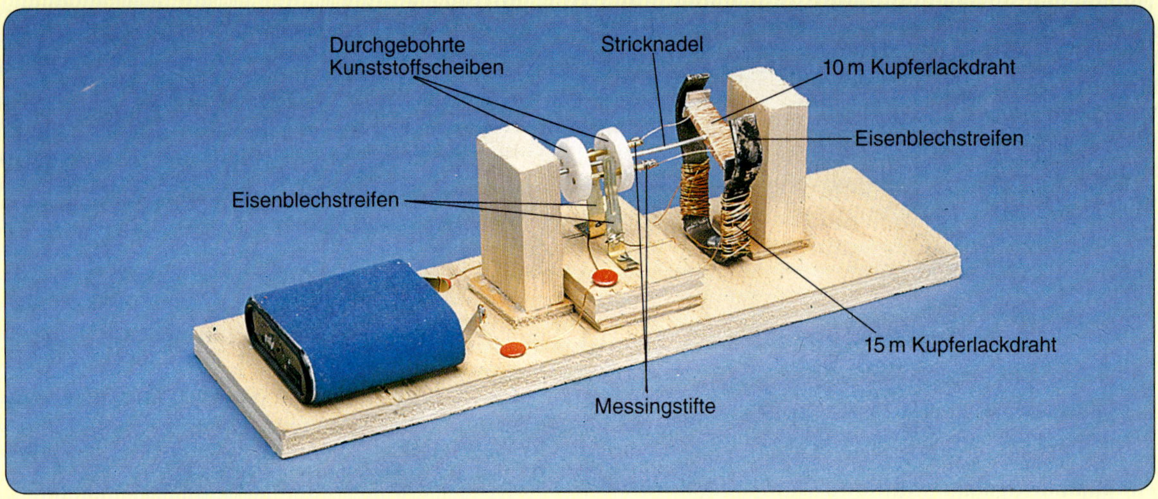

Den Elektromagneten stellst du am besten aus einem 1 cm breiten und 15 cm langen, 1–2 mm dicken Eisenblechstreifen her. Wie die Bleche geformt werden müssen, zeigt die Abbildung rechts. Die beiden Schenkel des Magneten werden mit etwa 15 m Kupferlackdraht (∅ = 0,5 mm) umwickelt. Dabei wickelst du den Draht von oben im Uhrzeigersinn um den linken Schenkel und führst ihn dann zum rechten Schenkel wieder nach oben. Es empfiehlt sich, die Blechstreifen vorher mit Papier oder Klebeband zu umwickeln, damit die isolierende Lackschicht des Drahtes nicht leidet.

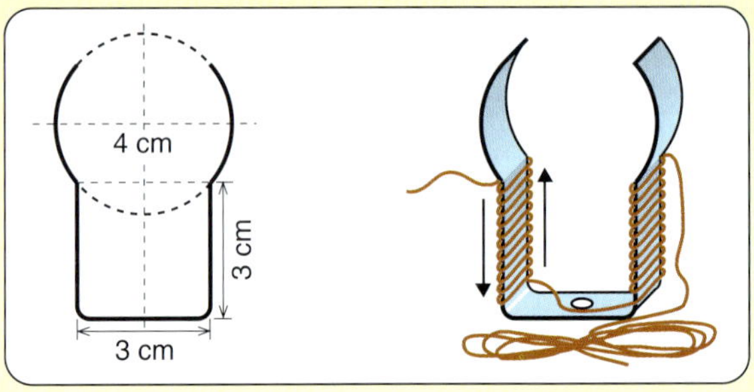

Die Spule des Läufers wird ebenfalls aus zwei 1–2 mm dicken Eisenblechstreifen hergestellt. Biege sie entsprechend der nebenstehenden Zeichnung und schiebe sie auf eine Stricknadel, die als Achse des Elektromotors dient. Die beiden Blechstreifen werden dann mit etwa 10 m Kupferlackdraht (∅ = 0,2 mm) umwickelt.

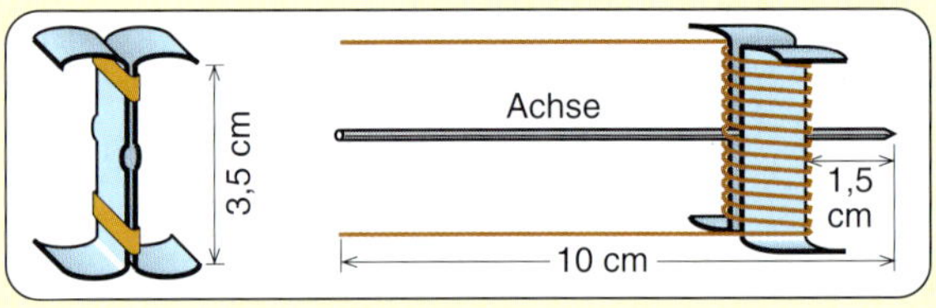

Der Stromwender muss auch auf der Stricknadel angebracht werden. Dafür schiebst du zuerst die beiden Scheiben mit der mittleren Bohrung auf die Achse. In die beiden seitlichen Löcher werden die beiden Kupferstifte gesteckt, sodass die beiden Scheiben etwa 1,5 cm voneinander entfernt sind. Der Stromwender und die Spule werden in einem Abstand von etwa 10 cm verbunden, indem der Kupferlackdraht mit den Kupferstiften verlötet wird.

Den gesamten Läufer mit Spule und Stromwender musst du jetzt in die beiden Holzbrettchen so einhängen, dass sich die Spule in der Rundung des Elektromagneten leicht drehen lässt. Zwei gebogene, 1 cm breite Eisenblechstreifen werden auf dem Holzbrettchen so angebracht, dass sie am Stromwender schleifen.

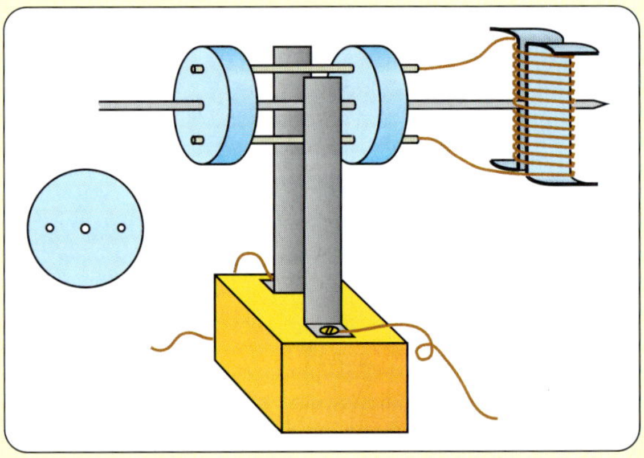

Jetzt müssen nur noch die elektrischen Anschlüsse gelegt werden. Die Verdrahtung erfolgt so wie in der Skizze rechts.

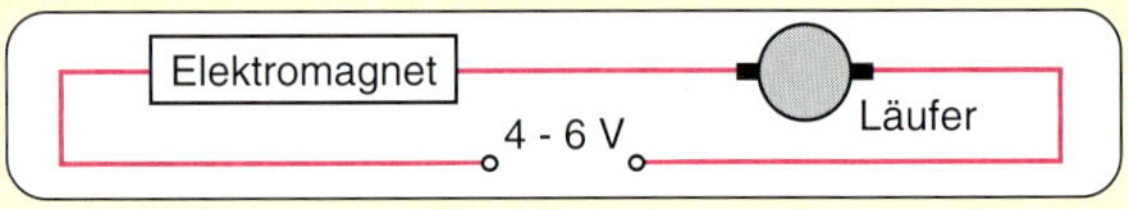

Die Geschichte des Elektromotors

Zwischen der Erfindung des Elektromotors und seiner Anwendung gegen Ende des 19. Jahrhunderts liegen fast 50 Jahre. Für den Elektromotor als Antriebsmaschine gab es zunächst keinen Bedarf. Das lag zum einen daran, dass überhaupt keine leistungsfähigen Generatoren zur Verfügung standen, zum anderen hatten die Betriebe als zentralen Antrieb Dampfmaschinen (Abb. links) oder nutzten die Wasserkraft.

Die Gleichstromgeneratoren konnten aufgrund der verwendeten (schwachen) Dauermagnete nur sehr begrenzte Leistungen erzeugen. Wegen der hohen Leitungsverluste bei Gleichstrom-Fernleitungen konnte nur ein Gebiet mit elektrischer Energie versorgt werden, das nicht weit vom Generator entfernt war. Überwiegend wurde diese so verteilte elektrische Energie nur zum Beleuchten von Wohnungen und Arbeitsstätten eingesetzt.

Als leistungsfähiger Antrieb für die Textil- und Werkzeugmaschinen in den Betrieben waren entweder eine zentrale Dampfmaschine oder Wasserräder verfügbar. Mithilfe von Wellen und Riemen, sogenannten Transmissionen (Abb. rechts), wurden die Maschinen in den verschiedenen Räumen angetrieben. Selbst wenn zu diesem Zeitpunkt leistungsfähige Generatoren und Elektromotoren zur Verfügung gestanden hätten, wäre es nicht sinnvoll gewesen, den Generator mit der Dampfmaschine zu betreiben, eine Leitung zum zentralen Elektromotor zu führen, um von hier aus über Riemen und Wellen weitere Maschinen anzutreiben, da die umständlichen Transmissionen nicht beseitigt worden wären.
Dampfmaschinen trieben auch die Bohrgeräte der Bergleute unter Tage an: Dampfbetriebene Druckluftkompressoren versorgten über lange Druckleitungen die Pressluftbohrer und Presslufthämmer der Kumpel. Dampfmaschinen pumpten auch das Wasser aus den Schächten ab und trieben Förderbänder und Aufzüge an.

Elektromotoren ersetzen den Zentralantrieb

Durch die Erfindung leistungsfähiger Generatoren durch WERNER VON SIEMENS wurde eine wesentliche Voraussetzung geschaffen, die den Einsatz von Elektromotoren anstelle des zentralen Dampf- oder Wasserantriebs überhaupt erst möglich machte.
Bis etwa 1885 wurden fast ausschließlich Gleichstrommotoren gebaut. Sie hatten allerdings den Nachteil, dass sie in ihrem Aufbau recht kompliziert waren. Außerdem mussten sie ganz in der Nähe der Dynamomaschinen aufgestellt werden, da eine Gleichstromübertragung mit hohen Leistungsverlusten verbunden ist. 1885 entdeckten TESLA und FERRARIS das magnetische Drehfeld des Wechselstromes, was zur Entwicklung der Drehstrommotoren führte. Die Vorteile dieser Motoren waren besonders der einfache Aufbau, die geringen Abmessungen und damit auch ein geringes Gewicht bei gleichen Leistungen.

Zunächst wurden die Elektromotoren im Bergbau für den Antrieb von Bohrgeräten eingesetzt. Man erkannte sehr schnell, dass das Verlegen elektrischer Kabel wesentlich einfacher war als das Verlegen von Druckluft- und Druckwasserleitungen.
1897 wurden Elektromotoren zum Antrieb in Walzwerken verwendet und schon im Jahre 1900 wurde der erste von Elektromotoren betriebene Kran einer Mannheimer Maschinenfabrik auf der Weltausstellung in Paris vorgeführt.

Entscheidend für die Verbreitung der Elektromotoren im Werkzeugmaschinenbau war die Entwicklung der Schnellschnittstähle von TAYLOR und WHITE. Diese neuen Stähle konnten mit den bisherigen riemengetriebenen Maschinen nicht mehr bearbeitet werden, da aufgrund der größeren Härte dieser legierten Stähle größere Kräfte und höhere Bearbeitungsgeschwindigkeiten (Schnittgeschwindigkeit) notwendig waren.

Eine Spule ersetzt eine Batterie!

Die Fahrradlichtmaschine ist ein kleines Elektrizitätswerk: Wir können mit ihr eine Glühlampe wie an einer Batterie oder an einer Steckdose betreiben. Damit das klappt, müssen wir allerdings das Reibrad der Maschine drehen und unter Kraftaufwand in Bewegung halten. Was geschieht dabei?

Wenn du die Maschine auseinander nimmst, findest du eine *Spule*, umschlossen von einer zweiteiligen *Eisenblechkapsel*, und eine *Magnettrommel* mit sechs Polen; Polfolge N-S-N-S-N-S (Bild 1). Wird die Magnettrommel in der Eisenblechkapsel gedreht, leuchtet ein Lämpchen, das an die Spulenenden angeklemmt ist. Während der Drehung werden offensichtlich Elektronen im gewundenen Kupferdraht in Bewegung gebracht und durch den Stromkreis aus Spule und Lampe geschoben. In der Spule wird eine Spannung erzeugt, ähnlich wie in einer Batterie, allerdings mit einem Unterschied: Das Flackern des Lämpchens und das Hin- und Herschwingen des Zeigers eines Messgeräts im Stromkreis wie in V2 zeigen, dass die Maschine die Elektronen stoßweise einmal in die eine und danach in die andere Richtung schiebt. Sie erzeugt *Wechselstrom*.

Die Ursache für die Spannung ist ohne Zweifel das Einwirken der rotierenden Magnettrommel auf die Spule. Diese uns noch unbekannte magnetische Wirkung trägt den Namen **(elektromagnetische) Induktion**. Die Spannung, die dabei entsteht, heißt dementsprechend *Induktionsspannung*.

Induktion durch bewegte Magnete

Wir untersuchen nun, welche Bedingungen erfüllt sein müssen, damit es Induktion gibt. Dazu machen wir einfache Experimente mit Magnet und Spule. Die Induktionsspannung weisen wir mithilfe eines Messgeräts nach. Es zeigt uns, wann Elektronen in der Spulenwicklung einen Antrieb erfahren.

Die Versuche nach Abb. 2 ergeben:

- Eine Spannung wird erzeugt, wenn sich der Magnet in der Spulenöffnung bewegt. Dabei ist unerheblich, ob Spule oder Magnet bewegt werden. Ruht der Magnet relativ zur Spule oder bewegt er sich weit weg außerhalb, passiert nichts.
- Die Spannung, also der Elektronenantrieb, hat beim Einführen des Magneten in die Spule eine andere Richtung als beim Herausziehen. Die Richtung ändert sich auch, wenn wir den Magneten umdrehen, also die Pole vertauschen.
- Die erzeugte Spannung ist größer, wenn wir den Magneten schneller bewegen oder wenn sein Magnetfeld stärker ist.

Induktion: An den Buchsen einer Spule tritt eine Spannung auf, wenn darin ein Magnet bewegt wird.

Der Magnet muss bei allen Versuchen weder die Spule noch die Drahtwicklung berühren. Es ist also gar nicht der Magnet, der die Elektronen in Bewegung bringt, sondern das ihn umgebende Feld.

A1 Im Bild oben sind die wichtigsten Teile einer Fahrradlichtmaschine fotografiert. Die Magnettrommel wurde zuvor mit Eisenfeilspänen bestreut. Wie müssen die Teile wohl zusammengesteckt werden?

V2 Verbinde die Drahtenden der Spule über einen Strommesser (Messbereich 0,1 A–; Nullpunkt Mitte) und ein Glühlämpchen (2,5 V/0,1 A) miteinander. Stecke dann den Magneten in die Spule und drehe ihn. Was beobachtest du?

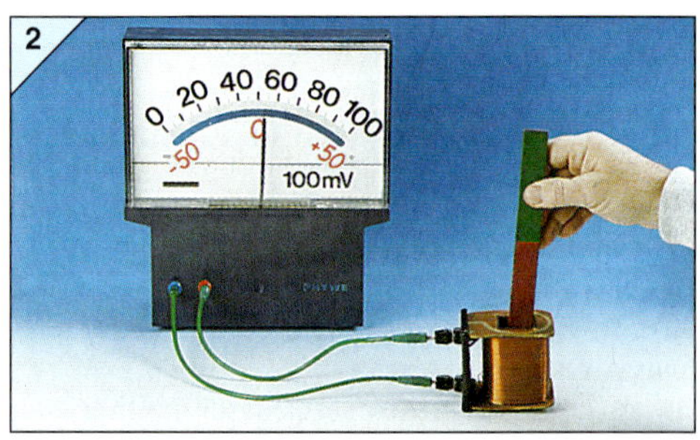

V3 Verbinde eine Spule (1200 Windungen) mit einem Spannungsmesser (0,1 V).
a) Schiebe den Magneten langsam ins Spuleninnere und ziehe ihn ebenso langsam wieder heraus. Was geschieht?
b) Halte nun den Magneten fest und bewege die Spule. Was ist jetzt zu beobachten? Notiere die Ergebnisse.
c) Was ändert sich jeweils, wenn du den Magneten umdrehst und wenn du ihn schneller bewegst?

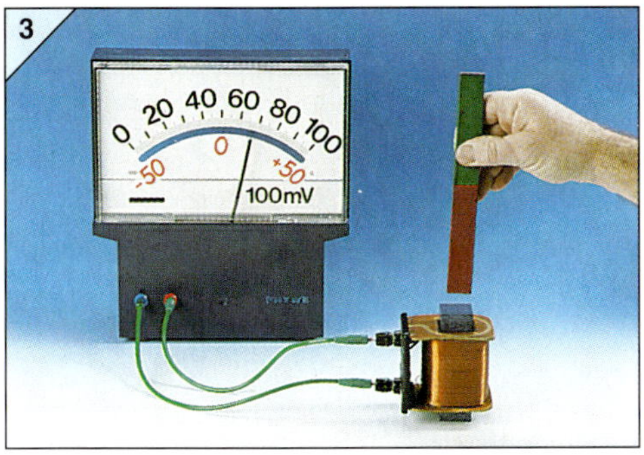

V4 Verbinde einen Spannungsmesser (Messbereich 100 mV; Nullpunkt Mitte) mit den Klemmen einer Spule. Schiebe diese wie im Bild über einen Kern aus Eisen. Nähere einen Stabmagneten von oben. Entferne ihn danach wieder.
Nähere nun den Magneten mit dem anderen Pol voraus dem Kern.
Was zeigt der Spannungsmesser jeweils an? Was schließt du aus der Zeigerbewegung?

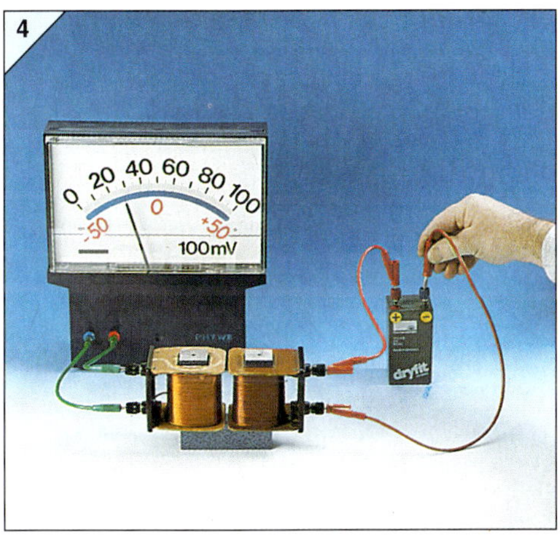

V5 Schiebe über einen U-förmigen Eisenkern zwei Spulen. Schließe an die eine eine Batterie an, an die andere einen Spannungsmesser wie in V4.
a) Ziehe die zweite Spule vom Kern ab und setze sie wieder auf.
b) Drehe die Spule um und wiederhole.
c) Unterbrich den Batteriestromkreis durch Ziehen des Steckers und schließe ihn dann wieder.
d) Vertausche die Anschlüsse an der Batterie und wiederhole c).
e) Was beobachtest du jeweils? Erkläre, wie es zur Induktion kommt.

A6 Vergleiche V4 und V5: Wie kommt es jeweils zur Magnetfeldänderung in der Spule? Worin besteht der Unterschied zwischen den Versuchen?

Induktion beim Magnetisieren und Entmagnetisieren

Versuche entsprechend Bild 3 zeigen, dass die Bewegung des Magneten in der Spule nicht unbedingt nötig ist. Es genügt, einen Eisenkern in die Spule zu stecken und einen Magneten mit einem Pol auf dessen Stirnfläche zu setzen und wieder zu entfernen.

- Während des Näherns entsteht eine Induktionsspannung, weil der Eisenkern magnetisiert wird. Die Elektronen im Spulendraht werden dabei angeschoben und bewegen den Instrumentenzeiger z. B. nach rechts.
- Während des Entfernens wird der Kern entmagnetisiert. Die Induktion treibt die Elektronen jetzt in die umgekehrte Richtung.

Hier ist es offensichtlich das Magnetisieren und das Entmagnetisieren des Eisenkerns der Spule, welches die Induktion hervorruft. Induktion tritt nur *während* der Änderung des Feldes im Eisenkern ein. Wenn das Magnetisieren beendet ist (wenn der Magnet auf dem Kern aufsitzt), bleibt der Zeiger des Messgeräts auf Null. Es ist also nicht das Vorhandensein des Magnetfelds, das Induktion hervorruft, sondern dessen *Entstehen* und *Vergehen*.

Induktion beim Aus- und Einschalten von Strömen

Auch ohne dass ein Magnet bewegt wird, gibt es Induktion. Das zeigt Abb. 4. Dort sind zwei Spulen über die Schenkel eines **U**-förmigen Eisenkerns geschoben. In der rechten Spule, der *Feldspule*, hält eine Batterie einen Elektronenstrom aufrecht, der den U-Kern magnetisiert. Der Kern ist danach ein Hufeisenmagnet. Bewegen wir die andere Spule, die *Induktionsspule*, über dem freien Magnetschenkel, beobachten wir Induktion wie in V3. Die Anordnung zeigt uns aber auch noch etwas Neues:

- Wir schalten den Strom in der Feldspule, die das Magnetfeld im Eisen erzeugt, aus. Dann verschwindet das Feld im ganzen **U**-Kern augenblicklich, also auch im Eisen der Induktionsspule. Während des blitzschnellen Entmagnetisierens entsteht eine verhältnismäßig große Induktionsspannung. Sie schiebt die Elektronen im Spulendraht z. B. zur oberen Buchse. Der Spannungsmesser schlägt in eine Richtung aus.
- Beim Einschalten des Batteriestroms wird der **U**-Kern erneut magnetisiert. Es gibt erwartungsgemäß auch jetzt Induktion. Allerdings treibt die Spannung nun die Elektronen in der Spulenwicklung zur unteren Buchse, also in die Gegenrichtung.
- Die Spannungen sind größer als alle bisher bei Induktionsvorgängen beobachteten. Das liegt daran, dass der Kern sehr schnell entmagnetisiert und magnetisiert wird, wenn der Strom aus- bzw. eingeschaltet wird, denn dann ändert sich das Magnetfeld im Kern sehr schnell.

> Mithilfe eines Stroms durch eine Spule kann man einen Eisenkern magnetisieren. Ändert sich dieser Magnetisierungsstrom und damit das Magnetfeld im Kern, so entsteht in einer zweiten Spule über diesem Kern eine Induktionsspannung.

Windungszahl und Spannung

Im nebenstehenden Versuch sind drei Spulen verschiedener Windungszahl zusammen mit einem Spannungsmessgerät in einen Stromkreis geschaltet. Bewegen wir in einer der Spulen einen Magneten, so entsteht an deren Buchsen eine Induktionsspannung, die das Instrument anzeigt. Nun ändern wir nacheinander in jeder Spule das magnetische Feld in gleicher Weise, nämlich durch gleich schnelles Einführen desselben Magneten. Dadurch erkennen wir, wie die Induktionsspannung von der Windungszahl abhängt: In der Spule mit 300 Windungen wird eine bestimmte Spannung erzeugt, in der mit 600 Windungen die doppelte und in der mit 1200 Windungen die vierfache Spannung (verglichen mit der bei 300 Windungen).

Die Induktionsspannung an den Klemmen einer Spule steigt mit der Windungszahl.

5

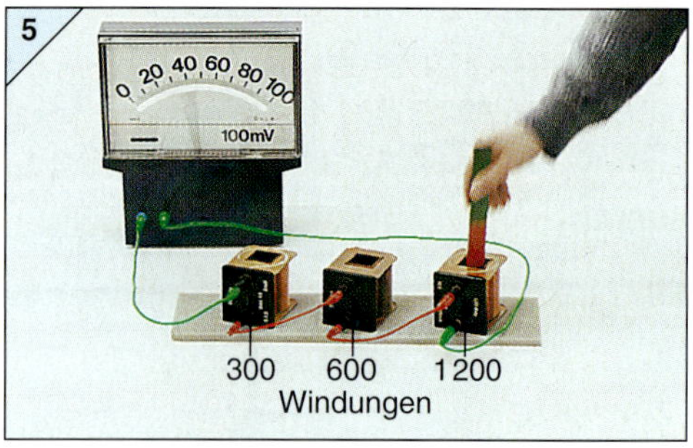

V7 Schalte wie im Bild eine Spule mit 300, eine mit 600 und eine mit 1200 Windungen mit einem Messinstrument (100 mV Vollausschlag; Nullpunkt Mitte) in Reihe. Führe nacheinander in jede Spule einen Magneten ein und ziehe ihn wieder heraus.
Beobachte den Zeiger und beurteile die Spannung, die den Induktionsstrom erzeugt.
Wie hängt diese Spannung mit der Windungszahl zusammen?

A8 Warum musst du den Magneten bei den Teilversuchen von V7 jeweils mit gleicher Geschwindigkeit bewegen, wenn der Vergleich der Spannungen sinnvoll sein soll?

Induktionsströme

Bei Induktionsvorgängen werden die Elektronen im Spulendraht angeschoben. Zwischen den Buchsen der Spule entsteht deshalb zunächst eine Spannung. Zum Strom kommt es erst, wenn der Stromkreis geschlossen ist – was natürlich ein Spannungsmesser nicht macht! Die Vervollständigung des Stromkreises erreichen wir aber, wenn wir den Spannungsmesser in Bild 5 durch ein Strommessgerät ersetzen. Die Wiederholung der Induktionsversuche zeigt dann, dass auch der Strom mit der Induktionsspannung ansteigt.

Nun benutzen wir nur die Spule mit 600 Windungen, die anderen beiden entfernen wir. Selbst wenn wir peinlich darauf achten, dass die gleiche Induktionsspannung entsteht wie zuvor, ist der Strom jetzt größer. Das verstehen wir, denn wir haben den Widerstand im Stromkreis durch das Herausnehmen der beiden Spulen von etwa 13 Ω auf 6 Ω verringert, was entsprechend dem Ohmschen Gesetz zu ungefähr der doppelten Stromstärke führt.

Die Größe des Induktionsstroms hängt von der Induktionsspannung und vom Widerstand im Stromkreis ab.

Für die **Richtung von Induktionsströmen** gelten folgende Umkehrregeln:

Die Richtung des Elektronenantriebs und damit die Richtung des Induktionsstromes kehrt sich um,
- wenn die Richtung des Magnetfelds umgedreht wird, z. B. durch Vertauschen der Pole oder durch Umkehren der Stromrichtung in der Feldspule;
- wenn das Feld schwächer statt stärker wird;
- wenn die Spule statt im Uhrzeigersinn dem Uhrzeigersinn entgegen gewickelt ist.

6

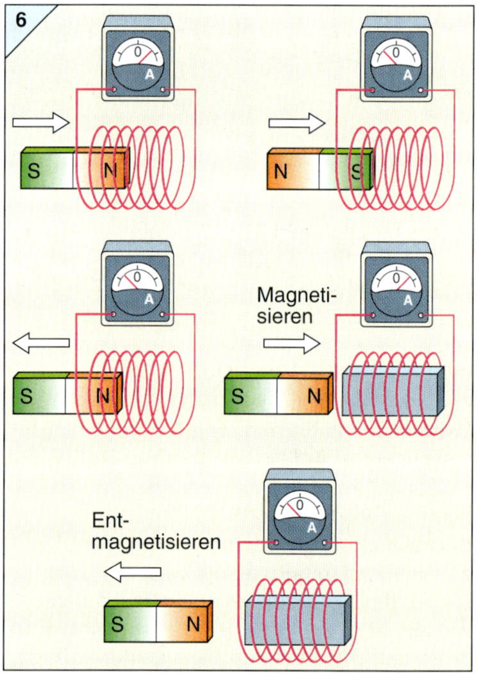

V9 Bestätige durch Versuche folgende Regel: Der Induktionsstrom kehrt seine Richtung um,
a) wenn man die Pole des Magneten vertauscht, der die Induktion hervorruft;
b) wenn man einen Eisenkern nicht magnetisiert, sondern entmagnetisiert;
c) wenn man die Spule um 180° dreht.

Stromrichtung bei Induktion

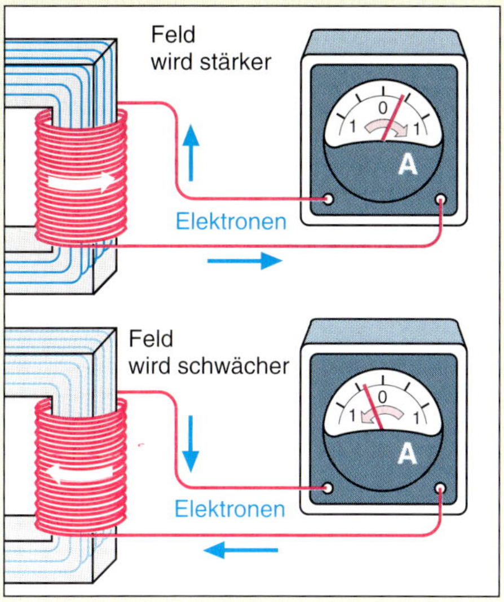

Im Innenraum einer Spule befindet sich Eisen. Magnetisieren wir es, so entsteht darin ein Feldbündel wie gezeichnet. Während des Magnetisierens geraten die Elektronen im Draht, der das Feldlinienbündel umrundet, in Bewegung, im gezeichneten Fall linksherum. Wird das Feld dagegen schwächer, so werden die Elektronen rechtsherum geschoben.
Im ersten Fall ist der Minuspol am unteren Drahtende, im zweiten im oberen.

Die Rolle des Magnetfelds

Betrachten wir nun alle Induktionsversuche auf den vorangehenden Seiten vergleichend und berücksichtigen wir dabei unsere Kenntnisse über Magnetfelder! Es entsteht dann aus der Vielfalt der Einzelergebnisse ein einheitliches Bild:

Induktion findet statt,
- während wir ein Magnetfeld in den Spuleninnenraum bringen, diesen Raum also „magnetisieren";
- während wir ein dort schon vorhandenes Feld herausnehmen, den Raum also entmagnetisieren. (In diesem Fall hat die Spannung die umgekehrte Richtung wie zuvor.)

Offensichtlich ist es nicht das Vorhandensein eines Magnetfeldes im Spuleninnenraum, das Induktion erzeugt, sondern das Stärker- oder Schwächerwerden des Feldes in diesem Raum.

Induktionsspannungen entstehen, wenn sich im Innenraum einer Spule das magnetische Feld ändert – gleichgültig wie.

Es gibt folgende Möglichkeiten, um ein Magnetfeld im Innenraum einer Spule zu erzeugen:
1. Wir bringen einen Magneten in die Spule, der ja in seinem Innern schon ein Feld hat.
2. Wir setzen einen unmagnetischen Eisenkern in die Spule und erzeugen darin ein Feld durch Nähern eines Magneten.
3. Wir ändern das Feld im Eisenkern durch Ein- und Ausschalten eines Stroms in einer Feldspule, die zusätzlich auf dem Kern sitzt.

AUFGABEN UND ZUSAMMENFASSUNG

1. Beschreibe jeweils einen Induktionsversuch, bei dem die Induktionsspannung entsteht durch
a) Bewegen eines Magneten;
b) Magnetisieren eines Eisenkerns „von Hand";
c) Magnetisieren eines Eisenkerns durch Strom;
d) Verändern der Magnetisierung eines Eisenkerns.

2. Wie kommt es bei unseren Versuchen jeweils zur Feldänderung in der Induktionsspule?

3. Bei der Induktion entsteht zunächst immer eine Spannung zwischen den Spulenenden. Unter welchen Umständen gibt es auch einen Strom?

4. Durch welche Umstände wird die Größe eines Induktionsstromes beeinflusst? Ist er bei einer bestimmten Spannung immer gleich groß?

5. Welchen Einfluss hat die Windungszahl der Induktionsspule auf die Induktionsspannung?

6. Warum kann man in keinem unserer Versuche eine Spannung erzeugen, die über längere Zeit denselben Wert hat?

7. Wie könnte man in V2 und in V7 jeweils die Richtung des Elektronenantriebs umkehren?

8. Wenn man einen Magneten in eine Spule stößt, hat der Elektronenstrom im Spulenstromkreis eine bestimmte Richtung. Welche Möglichkeiten gibt es, den Strom umzukehren?

9. Wie ändert sich der Induktionsstrom, wenn man den Widerstand im Spulenstromkreis vergrößert, den Induktionsvorgang aber genau so durchführt wie vor der Widerstandsänderung?

Induktion

An den Klemmen einer Spule entsteht eine Induktionsspannung, wenn sich in deren Innenraum das Magnetfeld ändert. Ist die Spule in einen Stromkreis eingefügt, gibt es auch einen Induktionsstrom.

Die Induktionsspannung ist umso größer, je stärker das Feld ist, je rascher es sich ändert und je mehr Windungen die Spule hat.

Die Größe des Induktionsstroms wird von dieser Spannung und vom Widerstand im Stromkreis bestimmt.

In Bild 1 ist ein *Notstromaggregat* abgebildet. Bei diesem treibt ein Benzinmotor einen **Generator.** Der erzeugt Wechselspannung von 230 V und speist einen Scheinwerfer mit 2 000 W. Wie entsteht im Generator aus mechanischer Energie elektrische?

Bild 2 zeigt, wie man auf einfache Weise Wechselspannung bekommt: Ein Hufeisenmagnet ist drehbar aufgehängt. Seine beiden Pole rotieren über dem „Induktionsapparat", einem U-Kern, über dessen einen Schenkel eine Spule geschoben ist. Bei einer 360°-Umdrehung stehen zweimal die gleichen Pole des Magneten vor den Enden des **U.** In diesen Stellungen magnetisieren sie das Eisen maximal. Bei der halben Drehung zwischen diesen Stellungen wird das **U** zunächst entmagnetisiert und danach in umgekehrter Richtung magnetisiert. Das gibt im Eisen eine fortwährende Feldänderung, weshalb an den Klemmen der Spule Wechselspannung entsteht, die im Stromkreis einen Wechselstrom hervorruft.

Die vier Phasen der Induktion

①→②: Wenn die Magnetpole unmittelbar vor dem **U** stehen (Stellung ① in Bild 3), ist der Kern voll magnetisiert. Während des Übergangs zur Querstellung ② verliert er den Magnetismus. In der Spule wird eine Spannung induziert, die die Elektronen in Pfeilrichtung antreibt. In Stellung ② ist der Kern unmagnetisch.

②→③: Während dieser Vierteldrehung wird das Eisen in Gegenrichtung magnetisiert. Das würde zu Stromumkehr führen. Da jedoch nun magnetisiert statt wie bisher entmagnetisiert wird, erfolgt gleichzeitig nochmals Stromumkehr. Die Elektronen fließen somit in gleicher Richtung wie zuvor. In Stellung ③ ist das Eisen wieder voll magnetisch. Einen Augenblick lang ändert sich das Magnetfeld nicht. Folge: keine Spannung, kein Strom!

③→④: Die vorhandene Magnetisierung wird abgebaut. Der Strom hat wegen des Feldabbaus umgekehrte Richtung. Am Ende ist das Feld vollständig verschwunden.

④→⑤: In Stellung ④ finden gleichzeitig wieder zwei Richtungswechsel statt, weil vom Entmagnetisieren zum Magnetisieren übergegangen wird und gleichzeitig die entgegengesetzten Pole vor die Stirnflächen des U-Kerns laufen. Die Elektronen fließen somit in gleicher Richtung weiter, bis Stellung ⑤ erreicht ist.

⑤: Jetzt fließt kein Strom mehr; aber dafür ist Höchstmagnetisierung erreicht wie in ③. Da ⑤ identisch ist mit ①, wiederholt sich der beschriebene Ablauf bei jeder folgenden Drehung.

3

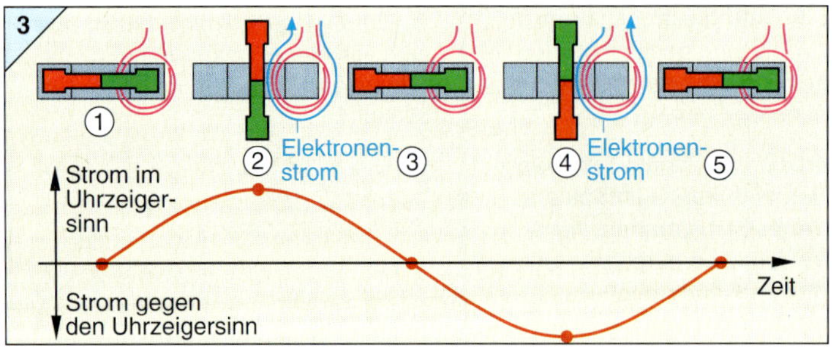

1

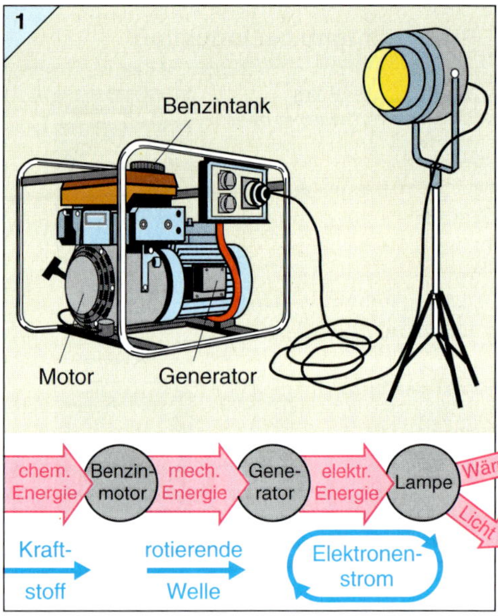

A1 Wo kommt bei diesem Notstromaggregat die Energie her? Wie wird sie verwendet? In welcher Form wird sie abgegeben?

2

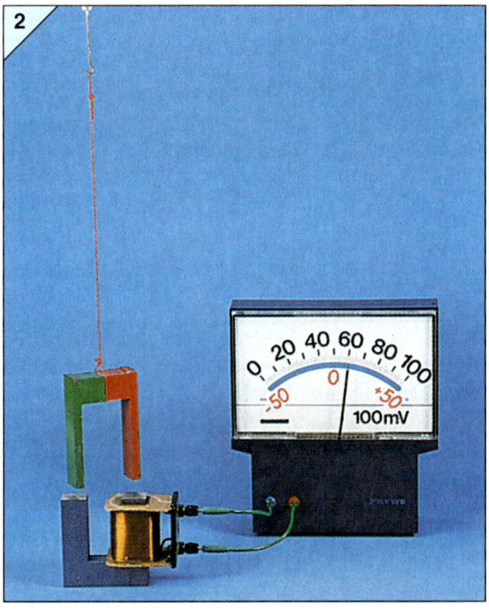

V2 Baue diese Maschine auf und bringe den Magneten in Rotation. Beobachte den Instrumentenzeiger. Erkläre, warum er stetig hin und her pendelt.
Wie kommt es zur Induktionsspannung in der Spule? Warum gibt es einen Strom durch das Messgerät?

A3 Verfolge die Abläufe bei der Rotation des Magneten in V2 anhand von Bild 3. Erkläre, wie es zu den Stromrichtungswechseln kommt.

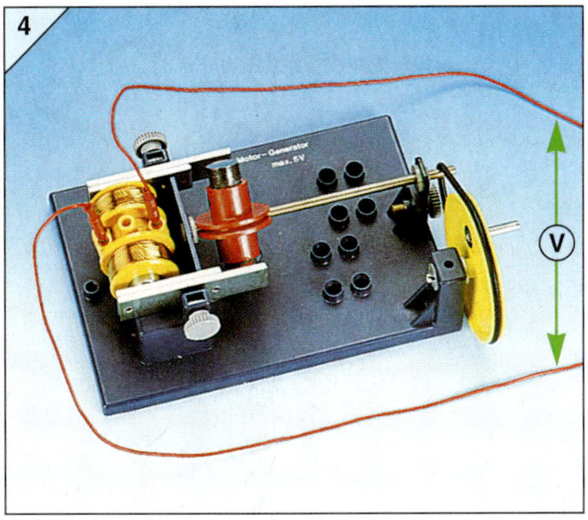

V4 Baue diesen Innenpolgenerator auf. Erkläre, warum er Wechselstrom liefert. Beschreibe die Vorgänge bei einer 360°-Umdrehung des Magneten.

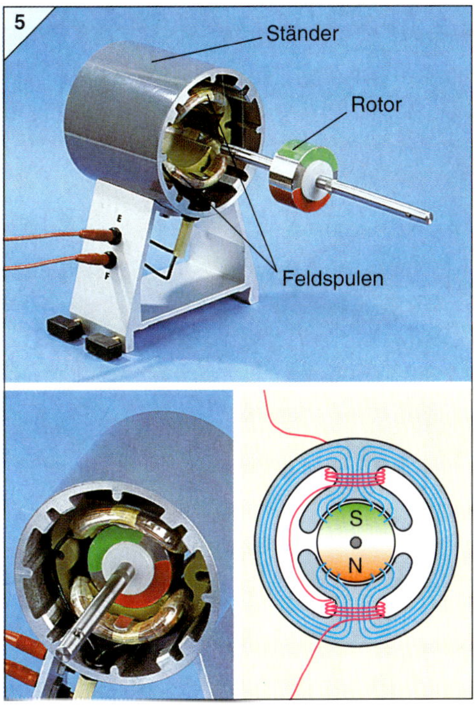

A5 Vergleiche diese Maschine mit unserem Versuchsmodell in Bild 4. Worin liegen die Unterschiede?
Was ist wohl der Grund für die Änderungen?

Anmerkung: **Generator** ist ein lateinisches Wort und heißt übersetzt *Erzeuger*. Weil bei Induktionsvorgängen elektrische Energie aus mechanischer erzeugt wird, nennt man in der Technik alle derartigen Maschinen „Generator".

Der Innenpolgenerator

Mit der Versuchsanordnung in Bild 2 ist nicht einmal ein Lämpchen zu betreiben: Wir können den Magneten nur anstoßen, aber nicht mit immer gleicher Kraft in Drehung halten. Außerdem erreichen wir nur geringe Drehzahlen. Wegen des großen Abstands von Magnet und **U**-Kern und deren verschieden großen Flächen ist auch der Magnetisierungsvorgang nicht zufrieden stellend.

Weitaus besser arbeitet der Generator in Bild 4: Er besteht aus einem zweipoligen, walzenförmigen Magneten, der ein U-förmiges Eisen zum Kreis schließt. Das **U** wird gebildet aus dem Kern der Induktionsspulen und je einer Eisenplatte links und rechts davon. Drehen wir an der Kurbel, so wird das **U**-Eisen von den Polen des Magneten in steter Folge ummagnetisiert. Dabei wird in der Spule Wechselspannung induziert. Wenn wir den Stromkreis schließen, also zum Beispiel eine Lampe mit den Spulenklemmen verbinden, kommt es zum Strom darin. Jetzt erzeugt die Maschine elektrische Energie, die im Stromkreis zur Lampe übertragen wird. Weil sich der Magnet mit den beiden Polen *innerhalb* des **U**-Kerns um seine Achse dreht, heißt diese Maschine **Innenpol-Generator.**

Die technisch perfekte Maschine

Von der Industrie gefertigte Innenpolgeneratoren bestehen aus einer zweipoligen Magnettrommel, dem *Läufer*, der mit ganz wenig Luftzwischenraum in einen Eisenring mit Polschuhen eingebaut ist (Bild 5). Dieser Eisenring heißt *Ständer* der Maschine. Im Ständer kann sich der Läufer drehen. Wenn dessen Pole den „Schuhen" gegenüberstehen, verlaufen die Feldlinien wie im unteren Bild gezeichnet: Sie verzweigen sich auf der unteren Maschinenseite und vereinigen sich nach jeweils einer halben Umrundung des Gehäuses auf der oberen Seite wieder. Rotiert der Läufer, so ändert sich das Magnetfeld im Eisenkreis. In den Spulen entsteht durch Induktion Wechselspannung, die an den Maschinenklemmen abgenommen wird.

Innenpolgeneratoren können für sehr unterschiedliche Leistungen gebaut werden. Mobile Maschinen wie in Bild 1 mit Benzinmotor als Antrieb haben Leistungen von einigen Kilowatt. Ortsfeste Dieselaggregate dienen z. B. zur Versorgung von Schiffen oder von Krankenhäusern und bringen einige 1000 kW. Derartige Notstromaggregate springen z. B. in Krankenhäusern, Rechenzentren o. Ä. beim Ausfall des öffentlichen Netzes sofort an. Am oberen Ende der Leistungsskala stehen die riesengroßen Dampfturbinenanlagen in den Wärmekraftwerken, deren Generatoren 500 MW bis 1000 MW leisten.

In größeren Generatoren rotiert kein Dauermagnet, sondern eine Weicheisentrommel mit einer Spulenwicklung. Gleichstrom durch diese Wicklung magnetisiert diesen Kern. Der Gleichstrom wird entweder aus einem Akku bezogen, den der Generator über einen Gleichrichter selbst lädt, oder er wird von kleinen Gleichstrommaschinen erzeugt, die auf der Generatorachse sitzen.

Die Fahrradlichtmaschine, ein Innenpolgenerator?

Fährst du mit deinem Fahrrad bei Nacht mit 36 $\frac{km}{h}$, so legst du in jeder Sekunde 10 m zurück. Ist das Reibrad an der Lichtmaschine in Kontakt mit einem Reifen, so dreht es sich in jeder Sekunde ebenfalls um 10 m weiter. Da der Umfang des Reibrads etwa 6 cm beträgt, muss es sich dabei wenigstens 160-mal drehen (1000 cm : 6 cm = 167). Es macht dementsprechend 160 $\frac{\text{Umdrehungen}}{\text{s}}$ oder 9 600 $\frac{\text{Umdrehungen}}{\text{min}}$! Bei langsamer Fahrt (9 $\frac{km}{h}$) sind es immerhin noch 40 $\frac{\text{Umdrehungen}}{\text{s}}$ (= 2 400 $\frac{\text{Umdrehungen}}{\text{min}}$).

Auf der Achse der Lichtmaschine, an dessen oberem Ende sich das Reibrad befindet, sitzt unten ein sechspoliger Magnet. Seine N- und S-Pole befinden sich am Außenrand der Magnettrommel abwechselnd nebeneinander. Beim Betrieb rotiert die Trommel im Spuleninnern. Damit es zur Induktion kommt, werden die von einem Nordpol ausgehenden magnetischen Feldlinien durch Blechstreifen um die Spule herum zu dem daneben liegenden Südpol geführt. Das findet nicht einmal, sondern dreimal statt. Wenn sich der Rotor dreht, ändern sich laufend Richtung und Stärke des Magnetfelds in den Streifen. Folglich ändert sich auch dauernd das Feld, das die Blechlappen in der Spule durchsetzt. Durch Induktion entsteht in der Spulenwicklung deshalb Wechselspannung mit 3 Hin- und Hergängen (6 Richtungswechseln) je Umdrehung.

In einem Wechselstromkreis pendeln die Elektronen hin und her. Die Zahl der Hin- und Hergänge je Sekunde ist die **Frequenz** des Wechselstromes. (Angegeben wird die Frequenz in Hertz, 1 Hz = 1 Hin- und Hergang je Sekunde). Bei Schnellfahrt mit 36 $\frac{km}{h}$ ist demnach die Frequenz $3 \cdot 160\,\text{Hz} = 480\,\text{Hz}$. Bei Langsamfahrt (9 $\frac{km}{h}$) ist sie $\frac{1}{4}$ davon: 120 Hz; immer noch mehr als doppelt so groß wie die Netzfrequenz von 50 Hz. Die Spannung an der Maschinenklemme steigt, wenn der Lichtmaschinenrotor mit mehr Touren läuft, denn dann ändert sich das Magnetfeld in der Eisenkapsel schneller und das gibt bessere Induktion. Infolgedessen müsste die Maschinenspannung ansteigen, bis schließlich die Lampen durchbrennen. Um dies zu verhindern, wird die Spannung durch geeignete Konstruktion der Maschine begrenzt.

6

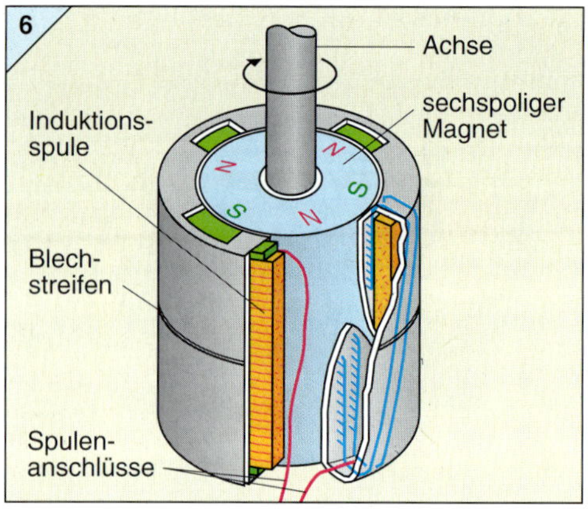

A6 Verfolge den Weg der magnetischen Feldlinien von einem Nordpol zu einem benachbarten Südpol im Bild oben. Zeichne, wie sie im Blech von einem Nordpol zum Südpol daneben geführt werden.

7

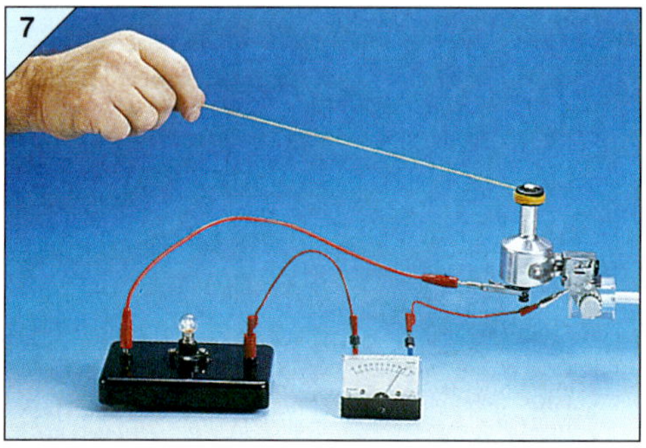

A7 In Bild 7 wird eine Fahrradlichtmaschine als Wechselstromgenerator benutzt. Wie verhalten sich Lämpchen und Messgerät, wenn du einmal langsam und dann schnell an der Schnur ziehst?
Wann ist die Frequenz des erzeugten Wechselstroms groß, wann klein?

AUFGABEN UND ZUSAMMENFASSUNG

1. Beschreibe einen Versuch, mit dem man durch Drehung eines Magneten Wechselspannung erzeugen kann.

2. Wodurch wird bei V2 und V4 die Zahl der Richtungswechsel je Sekunde festgelegt? Wie kann man sie jeweils ändern?

3. Wie ist eine Innenpolmaschine mit Dauermagnet aufgebaut? Zeichne sie. Erkläre dann Schritt für Schritt, wie es durch die Feldänderungen bei einer Drehung zur induzierten Wechselspannung kommt.

4. Auch die Fahrradlichtmaschine ist ein Wechselstromgenerator. Wodurch unterscheidet sie sich von der Innenpolmaschine? Wie wird in ihr das Magnetfeld durch die Spule geführt? Wie kommt es zur Induktion?

5. Die beiden gleichartigen Spulen in der Innenpolmaschine von Bild 5 müssen richtig in Reihe geschaltet sein. Was heißt das?
Welche Spannung würde man an den Maschinenklemmen messen, wenn eine davon verkehrt herum gepolt wäre?

Generatoren

In Innenpolgeneratoren wird ein außen angebrachter Eisenring durch eine in seinem Inneren rotierende Magnettrommel magnetisiert, die abwechselnd Nord- und Südpole am Außenrand hat. Über den äußeren Eisenring sind Spulen gewickelt, in denen Induktion stattfindet.

Induktion und Information

Eine einfache Sprechanlage

Oft geht es bei der Induktion nicht in erster Linie um Erzeugung elektrischer Energie. Sehr häufig benutzt man Induktionsvorgänge auch zur **Aufnahme und Wiedergabe von Schall**. Im Bild unten beispielsweise haben Jörg und Tina zwei Lautsprecher unter der Tür hindurch mit einer Doppelleitung verbunden. Tina spricht in den einen Lautsprecher, Jörg kann sie klar und deutlich hören. Auch umgekehrt funktioniert es: Jörg spricht und Tina hört. Warum arbeitet diese Sprechanlage ohne Batterie, also ohne Energiequelle?

Der Schallaufnehmer, also der als **Mikrofon** verwendete Lautsprecher, enthält Spule und Magnet wie ein Generator. Seine Membran wird durch Schall in Schwingungen versetzt. Die an der Membran festgemachte Spule schwingt mit. Da sie sich im Feld des Magneten hin und her bewegt, findet in der Spule Induktion statt. An den Anschlüssen entsteht Wechselspannung im Rhythmus der Sprache. Weil der Stromkreis geschlossen ist, kommt es zu einem Elektronenstrom in den Verbindungsleitungen und in der Spule des Schallgebers, also des als Hörer verwendeten Lautsprechers. Die Spule wird dabei zum Magneten mit wechselnden Polen. Wegen dieser Polwechsel wird sie vom Dauermagneten im Gerät abwechselnd angezogen und abgestoßen. Sie schwingt genau im Rhythmus des vom Mikrofon kommenden Wechselstroms. Die mit ihr verbundene Lautsprechermembran stößt die Luft an: Schall entsteht. Jörg hört die von Tina gesprochenen Sätze.

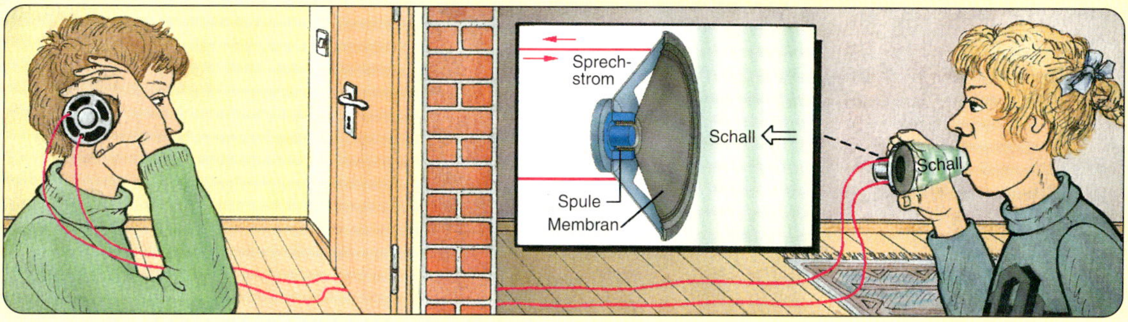

Datenspeicherung auf Magnetbändern

Ein Kassettenrekorder ist eine feine Sache. Wie jeder weiß, kann man damit Musik und Sprache aufnehmen, speichern und jederzeit fast in der Ursprungsqualität wieder abspielen. Was geht dabei vor?

Tonband-Aufnahme: Zunächst muss der Schall in elektrische Signale verwandelt werden. Das macht ein Mikrofon so, wie es oben beschrieben ist. Das Mikrofonsignal steuert im Bandgerät den Strom durch eine kleine Spule mit ringförmigem Eisenkern, die man **Tonkopf** nennt. Der Eisenkern ist an einer Stelle durchgeschnitten, hat also einen Spalt. In diesem erzeugt die Strom führende Spule ein Magnetfeld, dessen Richtung und Stärke vom Strom abhängen.
Dicht vor dem Spalt des Tonkopfs läuft ein mit Eisenteilchen beschichtetes Band vorbei. Seine Eisenschicht wird vom Spulenfeld magnetisiert. In der Eisenschicht des Bandes entstehen dabei nebeneinander liegende Magnetwirbel wechselnder Richtung. Sie bilden die *magnetische Tonspur*, die die Schallinformation enthält.

Tonband-Wiedergabe: Die Schallinformation gewinnt man zurück, wenn das Band am Spalt eines weiteren Tonkopfs vorbeiläuft. Die Magnetwirbel auf dem Band magnetisieren und entmagnetisieren nun den Tonkopf. Das führt zu Induktion in der Spule des Kopfes und zu Wechselspannung am Spulenanschluss. Die Wechselspannung steuert nun den Strom durch einen Lautsprecher. Der ursprüngliche Schall ist wieder zu hören.

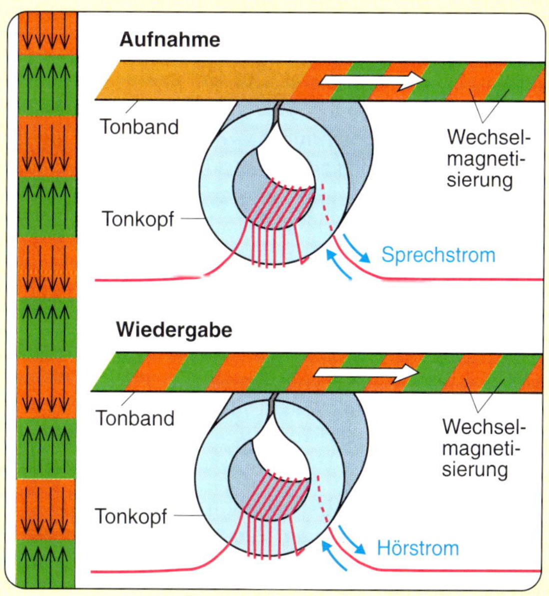

Vom Wechselstromgenerator zum Gleichstromgenerator

Ein Radiogerät mit einer Batterie zu betreiben, daran sind wir gewöhnt – aber mit einem „Kurbelgenerator“, das ist ungewöhnlich. Die Abb. 1 zeigt ein solches Gerät, das in Südafrika entwickelt wurde. Ein Generator erzeugt den Strom und ersetzt somit die Batterie. Dies hat den Vorteil, dass es keine Stromversorgungsprobleme, nie leere Batterien und somit auch keine Umweltbelastungen gibt. Wie funktioniert dieser Generator? Nach dem Aufziehen einer Feder mit der Kurbel wird Spannenergie mithilfe des Generators durch Induktion in elektrische Energie umgewandelt. Der Generator muss jedoch Gleichstrom erzeugen, denn das Radiogerät ist ein ganz normales Transistor-Radio, das sonst mit Batterie betrieben wird.

Wie ein Generator mechanische Energie mithilfe eines Magneten bei der Drehung in elektrische Energie umwandelt, wissen wir von der Fahrradlichtmaschine. Wir haben das Gerät als Innenpol-Generator kennen gelernt. Bei ihm befinden sich die Induktionsspulen auf dem Ständer und ein Dauermagnet rotiert im Inneren des Ständers.
Dieser Innenpol-Generator erzeugt, wie du weißt, Wechselstrom. Um diesen in Gleichstrom umzuwandeln, benötigt man eine zusätzliche elektronische Schaltung. Erst ein sogenannter **Außenpol-Generator** löst dieses Problem; Abb. 2 zeigt einen solchen. Sehen wir uns an, wie er grundsätzlich funktioniert:

Der Außenpol-Generator

Wie bei einem Elektromotor ist ein zweipoliger Läufer zwischen die Pole eines Hufeisenmagneten gesetzt. Je ein Anschluss der beiden hintereinander geschalteten Spulen des Läufers ist vom anderen isoliert an je einem Schleifring angelötet. An diesen Ringen schleifen die Bürsten (Graphitstifte).
Drehen wir nun den Läufer langsam in einer Richtung, so beobachten wir, dass der Zeiger eines angeschlossenen Messgerätes während einer Halbdrehung nach rechts und während der anderen nach links ausschlägt. Der Generator könnte also Wechselstrom abgeben, wenn der Stromkreis außen geschlossen wird. Drehen wir den Läufer schneller, so „zittert“ der Zeiger nur noch um seine Nullstellung, denn er kann dem schnellen Wechsel der Strompulse nicht mehr folgen. Wie kommt es zur Induktion in der Spule?

Im Inneren der Läuferspulen ändert sich dauernd ein Magnetfeld, denn bei jeder vollen Umdrehung der Spule wird der Eisenkern des Läufers durch die außen angebrachten Magnete einmal in der einen und dann in der anderen Richtung magnetisiert (Abb. 3).
Weil bei diesem Generator-Typ eine Spule zwischen den Polen außen liegender, fest stehender Dauermagnete rotiert, nennt man ihn Außenpol-Generator.

Wenn eine Spule mit einem Eisenkern in einen Magnetfeld rotiert, entsteht durch Induktion an den Enden der Spule eine Wechselspannung.

1

2
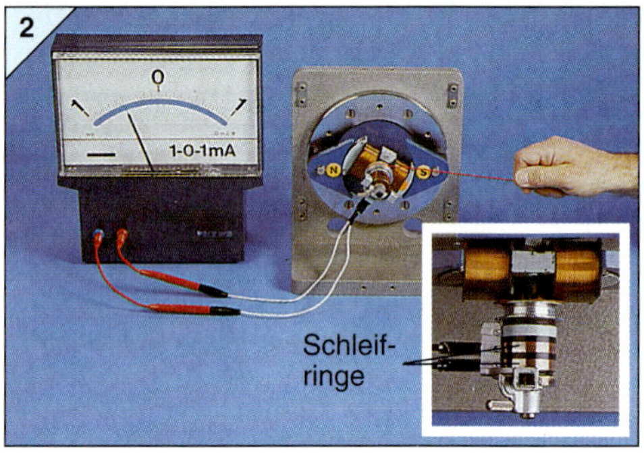

V1 Baue die Versuchsanordnung wie in Bild 2 auf. Bringe den zweipoligen Läufer zunächst in langsame, danach in schnelle Rotation. Was beobachtest du am Strommesser?

3
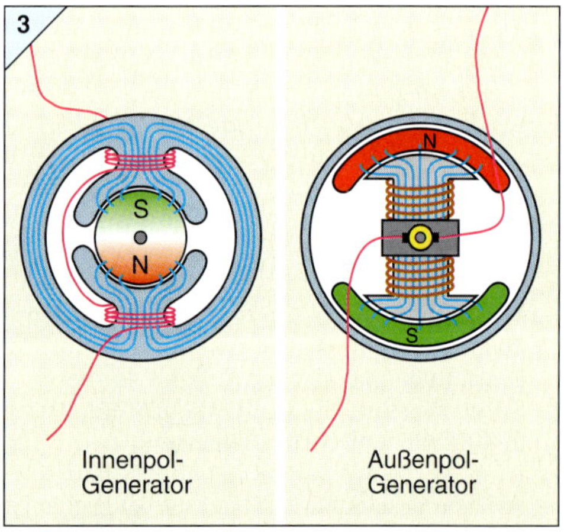

A2 a) Vergleiche anhand der obigen Grafiken einen Innenpol- mit einem Außenpol-Generator. Welche Gemeinsamkeiten und Unterschiede gibt es?
b) Warum entsteht bei beiden an den Anschlüssen des Läufers eine Induktionsspannung? Denke daran, dass es immer dann Induktion gibt, wenn sich in einer Spule das Magnetfeld ändert.

4
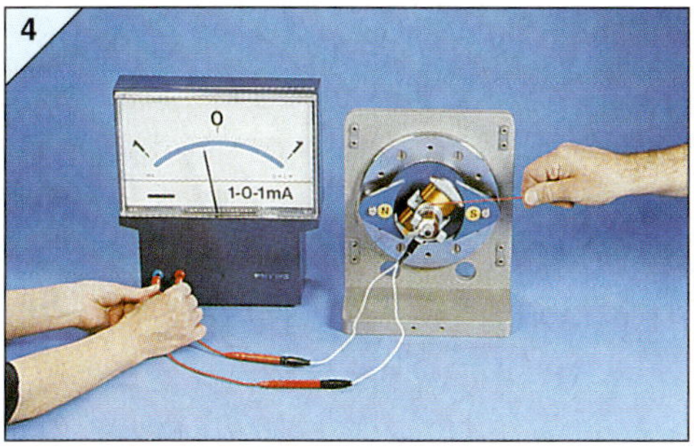

V3 Verwende die gleiche Versuchsanordnung wie bei V1. Lass einen Mitschüler den Läufer langsam drehen. Vertausche von Hand die Anschlusskabel am Messgerät so, dass der Zeiger nur noch in einer Richtung ausschlägt.

5
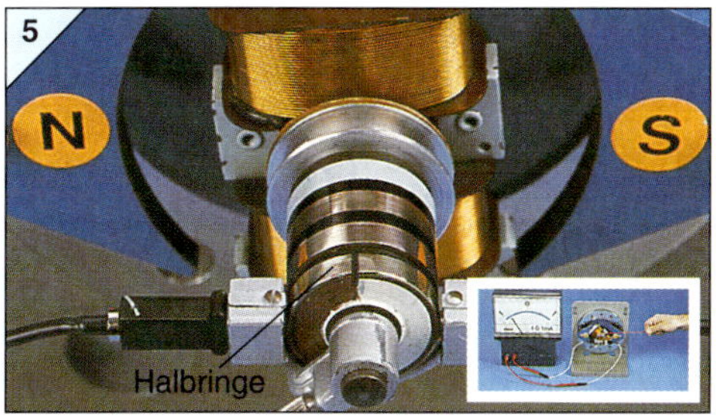

V4 Verbinde wie in Bild 5 die Halbringe am Läufer mit dem Messgerät. Drehe den Läufer erst langsam, dann schneller. Was beobachtest du jetzt?

6
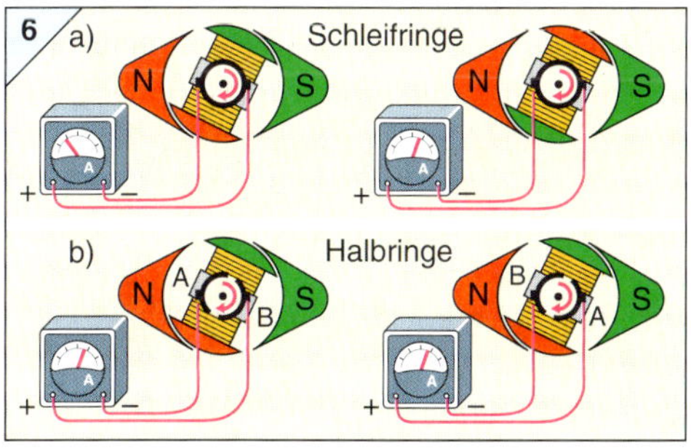

Aus Wechselstrom wird Gleichstrom!

Wenn unser Außenpol-Generator Gleichstrom liefert, müssten nach jeder Halbdrehung die Elektronen in der gleichen Richtung aus der Induktionsspule angetrieben werden. Insgesamt ergäbe das in den äußeren Leitungen einen Elektronenstrom in einer einzigen Richtung.
Wir können dies erreichen, indem wir nach jeder Läuferhalbdrehung die Anschlüsse an den Schleifringen von Hand umpolen. Wie V3 zeigt, schaffen wir das bei langsamer Drehung des Läufers gerade noch, aber bei schnelleren Drehungen nicht mehr. Für einen dauerhaften Gleichstrom benötigen wir also ein Gerät am Generator, das ohne unser Zutun automatisch zum jeweils richtigen Zeitpunkt umpolt. Hier kann uns der **Stromwender** helfen, den wir bereits beim Elektromotor kennen gelernt haben.

In V4 verwenden wir den zweipoligen Läufer aus V1, aber jetzt mit den unterbrochenen Schleifringen. Ein Anschluss des Läufers ist an den vorderen *Halbring,* der andere an den hinteren Halbring geführt. Drehen wir den Läufer langsam in eine Richtung, so schlägt der Zeiger des Messgerätes bei jeder Halbdrehung jeweils in die gleiche Richtung aus. Die Strompulse laufen nun durch die äußeren Leitungen in der gleichen Richtung. Wir haben pulsierenden Gleichstrom erzeugt. Wie ist das möglich?

Abb. 6 zeigt den Zusammenhang zwischen der jeweiligen Stellung des Läufers und dem Zeigerausschlag an verschiedenen Stellen einer Umdrehung. In Bild 6a) ist das Messgerät über die geschlossenen Schleifringe angeschlossen, also immer mit den gleichen Spulenanschlüssen verbunden. Während der einen Halbdrehung schlägt der Zeiger nach links, während der anderen nach rechts aus.
Bei Anschluss der Halbringe schlägt der Zeiger des Messinstruments jeweils nach rechts aus, da die Spulenanschlüsse A und B nach einer Halbdrehung ihre Plätze getauscht haben. Somit wird aus Wechselstrom mithilfe des Stromwenders Gleichstrom, mit dem wir nun unser Radio betreiben können.

Ein Stromwender vertauscht die Spulenanschlüsse automatisch zum richtigen Zeitpunkt: Wechselstrom wird zu Gleichstrom.

7
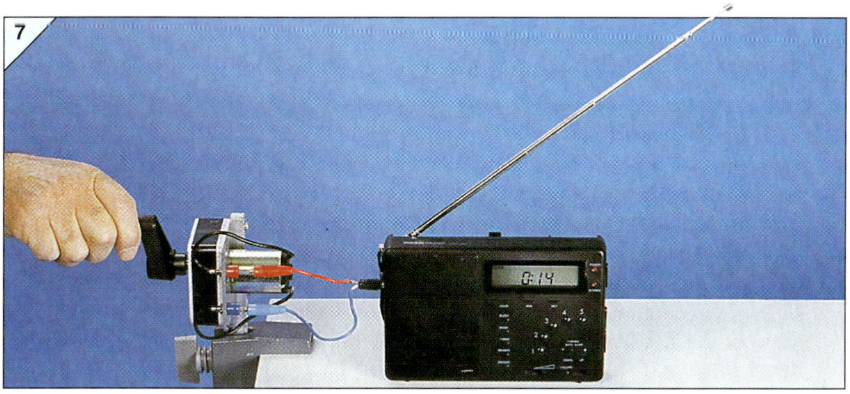

In Bild 7 ist ein „Kurbelradio“ nachgebaut. Als Kurbelgenerator benutzen wir einen Gleichstromgenerator, der über ein Getriebe von Hand angetrieben wird. Damit können wir ein kleines Transistorradio betreiben, das normalerweise von vier 1,5 V Mignonzellen versorgt wird.

Generator und Motor zugleich?

Unser Außenpol-Gleichstromgenerator ist wie ein Elektromotor aufgebaut. Wir können ihn daher auch als solchen betreiben: Verbinden wir die Anschlusskabel mit einer Flachbatterie, so beobachten wir, dass einerseits die aufgesteckte Scheibe immer schneller gedreht wird, andererseits der Zeigerausschlag des angeschlossenen Strommessers zurückgeht. Wenn der Motor seine Höchstdrehzahl erreicht hat, ist der Strom nahezu null.
Trennen wir den Motor von der Stromquelle, läuft die Scheibe noch einige Zeit weiter. Klar: Um die Scheibe in Bewegung zu setzen, war Energie notwendig. Elektrische Energie aus der Batterie wurde durch den Elektromotor in Bewegungsenergie der Scheibe umgewandelt. Die in der rotierenden Scheibe gespeicherte Energie wird nur langsam durch Reibung in den Lagern sowie zwischen Scheibe und Luft als Wärme an die Umgebung abgegeben.

Ersetzen wir nun die Batterie durch ein Lämpchen, nachdem der Motor auf Touren gebracht worden ist, dann blitzt es kurz auf und die Schwungscheibe kommt abrupt zum Stehen.
Die Lampe gibt Licht und Wärme ab. Dies zeigt, dass elektrische Energie, die wir der Lampe zuführen, als Bewegungsenergie in der Scheibe steckte. Daraus können wir folgern: Mechanische Energie ging im Generator in elektrische Energie über.

Generatoren wandeln durch Induktionsvorgänge in den Spulen mechanische Energie in elektrische und Motoren elektrische Energie in mechanische um.

Beobachten wir die Zeigerbewegung des Strommessers in Abb. 8 genau, dann fällt noch etwas auf: Wird der Motor von der Batterie getrennt und als Generator betrieben, dann bewegt sich der Zeiger in die andere Richtung. D. h., der in der Spule induzierte Strom fließt entgegengesetzt zum Batteriestrom, wirkt also seiner Ursache, dem „Antriebsstrom“ entgegen. Diese Tatsache wurde bereits 1834 von dem Physiker Heinrich Lenz (1804–1865) entdeckt und folgendermaßen formuliert:

Lenzsche Regel: Induktionsströme sind immer so gerichtet, dass sie dem Vorgang entgegenwirken, der sie erzeugt.

8

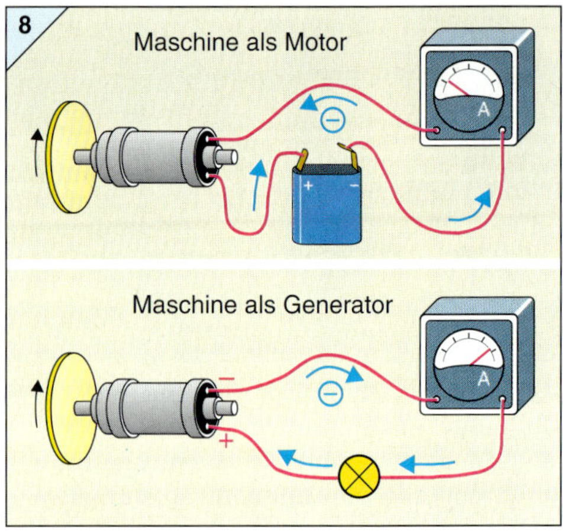

V5 Verbinde den Kleinmotor mit Schwungscheibe wie in Bild 8 über den Strommesser mit der Flachbatterie. Trenne dann die Verbindungskabel von der Batterie. Was beobachtest du?

V6 Wiederhole V5. Verbinde, während die Scheibe rotiert, die Klemmen des Motors mit dem Lämpchen. Was beobachtest du?

Induktionsbremsen

Diese Art von Bremsen werden z. B. in den E-Loks der ICE-Züge eingesetzt. Zum Bremsen wird die Stromzufuhr zum Motor abgeschaltet und dieser wird nun als Generator verwendet. Dabei hemmt der jetzt hervorgerufene Induktionsstrom die Drehbewegung, die ihn verursacht.

Diese Bremsen arbeiten nahezu verschleißfrei. Beim Abbremsen wird also die Bewegungsenergie in elektrische Energie umgewandelt, die in das Oberleitungsnetz zurückgegeben wird. Induktionsbremsen arbeiten aber nur wirkungsvoll bei höheren Geschwindigkeiten; bei kleineren Geschwindigkeiten ist die Bremswirkung gering.

AUFGABEN UND ZUSAMMENFASSUNG

1. Was bewegt sich beim Innenpol-, was beim Außenpol-Generator? Vergleiche.

2. Warum steht an den Anschlüssen beider Generatoren eine Wechselspannung zur Verfügung?

3. Welche Auswirkungen hat die Umkehrung der Drehrichtung beim Gleichstromgenerator?

4. Eine Außenpolmaschine kann als Generator oder als Elektromotor benutzt werden. In welcher Form wird Energie zugeführt bzw. abgegeben?

5. Warum bleibt eine Schwungscheibe schlagartig stehen, wenn man die Anschlusskabel des Motors kurzschließt? Beschreibe die Energieumwandlungen.

Generatoren – Elektromotoren

Generatoren wandeln mechanische Energie in elektrische, Motoren elektrische Energie in mechanische um. Die Ströme, die von Verbrauchern entnommen werden, bremsen infolge der Lenzschen Regel die Maschinen.

Das dynamoelektrische Prinzip

Bereits im Jahre 1832, kurz nach der Entdeckung der elektromagnetischen Induktion durch **MICHAEL FARADAY** (1791–1867), konstruierte der französische Mechaniker **HYPPOLITE PIXII** den ersten elektrischen Generator (Abb. rechts).
Mit Hilfe einer Kurbel wurde ein Hufeisenmagnet vor zwei Spulen in Drehung versetzt. Die beiden Spulen waren hintereinander geschaltet und befanden sich auf einem gemeinsamen Eisenkern.

Ein Problem konnte aber auch PIXII nicht lösen: Man war zur damaligen Zeit nicht in der Lage, Dauermagnete herzustellen, die genügend „stark" waren und ihren Magnetismus über längere Zeit bewahren konnten. Die mit diesen Dauermagneten gebauten Generatoren hatten somit nur eine geringe Leistungsfähigkeit. Eine Energieversorgung im größeren Umfang war nicht möglich.

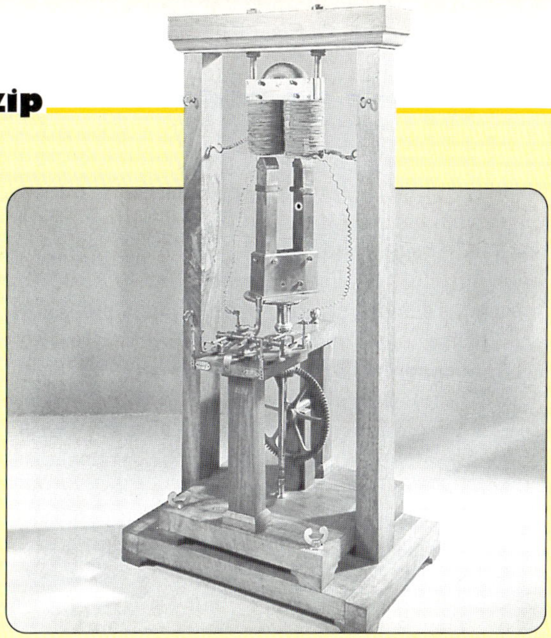

Dynamomaschinen

WERNER VON SIEMENS (1816–1892) fand im Jahre 1866 eine geniale Möglichkeit: Er nutzte zum Betrieb der Elektromagneten des Generators den Induktionsstrom des Generators selbst. In vielen Untersuchungen hatte er nämlich herausgefunden, daß der Eisenkern eines Elektromagneten seine magnetische Wirkung auch nach dem Abschalten des Spulenstromes nicht völlig verliert; infolge dieses Restmagnetismus regt sich die Maschine selbst an.
Dies erreichte er dadurch, dass er die Ständerspulen, die Läuferspule und den Verbraucher in Reihe schaltete. Dreht man nun die Läuferspule in dem schwachen Magnetfeld der Ständerspulen, so wird in ihr zunächst eine geringe Spannung induziert, die im geschlossenen Stromkreis einen geringen Strom bewirkt. Durch diesen Strom wird die magnetische Wirkung in den Spulen des Ständers aber verstärkt. Die Induktionsspannung in der Läuferspule und der Strom im Kreislauf verstärken sich auf diese Weise gegenseitig.

Maschinen, die nach diesem *dynamoelektrischen Prinzip* den zum Erzeugen des Magnetfeldes nötigen Strom selbst induzieren, heißen **Dynamomaschinen.**

Das untere Bild zeigt links die von VON SIEMENS 1866 entwickelte Dynamomaschine. Rechts sind die einzelnen Teile und ihre Anordnung sowie ihre Schaltung dargestellt.

Die Erfindung der Dynamomaschine ermöglichte den Bau von leistungsfähigen Generatoren und leitete dadurch eine stürmische Entwicklung der Elektrotechnik ein. Ab dem Jahre 1872 wurde die Dynamomaschine von den SIEMENS-Mitarbeitern von HEFNER-ALTENECK und GRAMME so weiterentwickelt, dass sie zur Stromerzeugung in der Industrie eingesetzt werden konnte. Kurze Zeit danach entstanden in den größeren Städten die ersten Kraftwerke und lokal begrenzte Stromversorgungsnetze. 1892 wurde erstmals Energie über eine große Strecke großtechnisch von Lauffen/Neckar nach Frankfurt/Main übertragen.

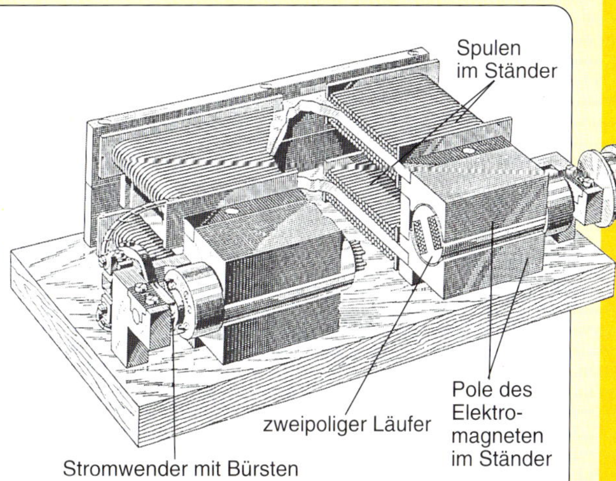

In Bild 1 leuchtet die Lampe, obwohl der Spannungsmesser 0 V und der Strommesser 0 A anzeigen. Könnten wir die Messgeräte in Wirklichkeit genau betrachten, dann würden wir sehen, dass die Zeiger um ihre Nulllage zittern: Spannung und Stromstärke ändern sich offensichtlich so schnell, dass die Zeiger diesem raschen Wechsel nicht folgen können. Wollen wir herausfinden, wie sich Spannung und Stromstärke in einem Wechselstromkreis zeitlich verändern, benötigen wir ein Messgerät, welches auch raschen Spannungsänderungen folgen kann: ein *Oszilloskop.*
Bei richtig gewählten Einstellungen am Oszilloskop zeigt das Schirmbild eine wellenförmige Kurve wie in Bild 2. In Abb. 3 ist ein Ausschnitt dieser Kurve dargestellt, ergänzt durch eine Achse für die Spannung *U* und eine für die Zeit *t*. Betrachten wir die Kurve, so können wir Folgendes feststellen:

Zum Zeitpunkt ① beträgt die Spannung 0 V, sie steigt stetig an bis zum Höchstwert 5,6 V, der Spitzenspannung ②, wird dann wieder geringer und nimmt zum Zeitpunkt ③ den Wert 0 V an. Nun ändert sich die Polung an der Quelle. Die Spannung erreicht zum Zeitpunkt ④ erneut einen Spitzenwert, jetzt –5,6 V und geht wieder auf 0 V zurück ⑤. Ab hier wiederholt sich dieser zeitliche Spannungsverlauf. Man bezeichnet einen solchen wiederkehrenden Spannungsverlauf als eine **Periode** der Wechselspannung. Wiederholt sich diese Periode 50mal in einer Sekunde, so hat die Wechselspannung eine Frequenz von 50 Hz (Hertz: $1\,Hz = \frac{1}{s}$).

Frequenz der Wechselspannung = Anzahl Perioden / Sekunde

Wie hängen Stromstärke und Spannung zusammen?

Um dies herauszufinden, müssen wir den Aufbau von V2 etwas ändern und einen Widerstand einbauen wie in Abb. 4 oben. Dies ist notwendig, da man mit einem Oszilloskop nur Spannungen, jedoch keine Stromstärken messen kann. Am Widerstand tritt ein Spannungsabfall auf, der sich einerseits kaum auf die Strom- und Spannungsverhältnisse auswirkt, aus dem wir aber andererseits mithilfe des ohmschen Gesetzes $I = U/R$ die Stromstärke berechnen können:
Die Darstellung in Abb. 4 zeigt den zeitlichen Spannungsverlauf an dem Widerstand mit $R = 1\,\Omega$. Die Spannung schwankt zwischen –0,42 V und +0,42 V. Die maximale Stromstärke *I* berechnen wir aus $U = 0{,}42\,V$ und $R = 1\,\Omega$ zu $I = 0{,}42\,V : 1\,\Omega = 0{,}42\,A$.

Vergleichen wir das Oszilloskopbild für Spannung und die Grafik für Stromstärke, so stellen wir fest, dass sie sich genau im gleichen Rhythmus ändern. Klar: Bei einer Spannung von 0 V ist auch die Stromstärke 0 A, bei der größten Spannung ist auch die Stromstärke am größten. Bei einer Vertauschung der Pole kehrt sich auch die Stromrichtung um.

Spannung und Stromstärke ändern sich in einem Wechselstromkreis im gleichen Rhythmus.

1
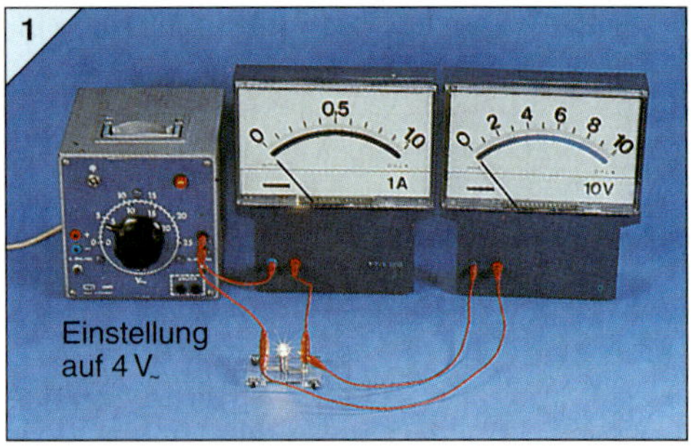

V1 Baue den Versuchsaufbau von Bild 1 nach. Miss Spannung und Stromstärke mit Gleichstrommessinstrumenten. Was beobachtest du? Erkläre.

2
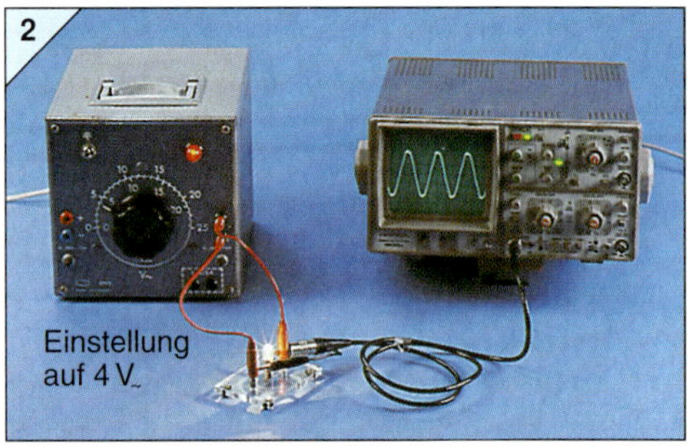

V2 Ersetze wie in Abb. 2 den Spannungsmesser durch das Oszilloskop und entferne den Strommesser. Was beobachtest du?

3
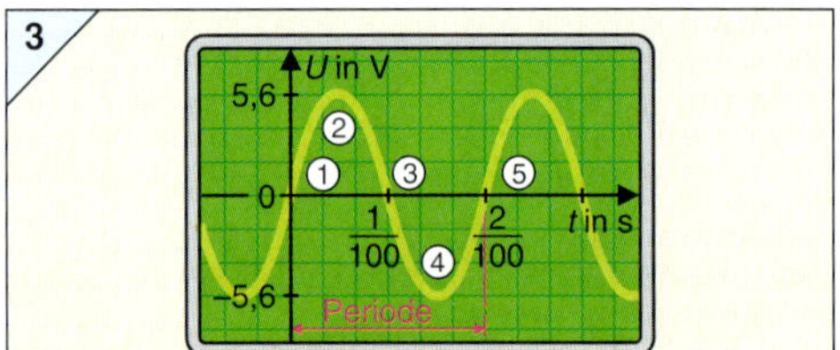

A3 Erkläre das in Abb. 3 abgebildete Schirmbild des Oszilloskops. Was passiert zu den Zeitpunkten ③ und ⑤?

4
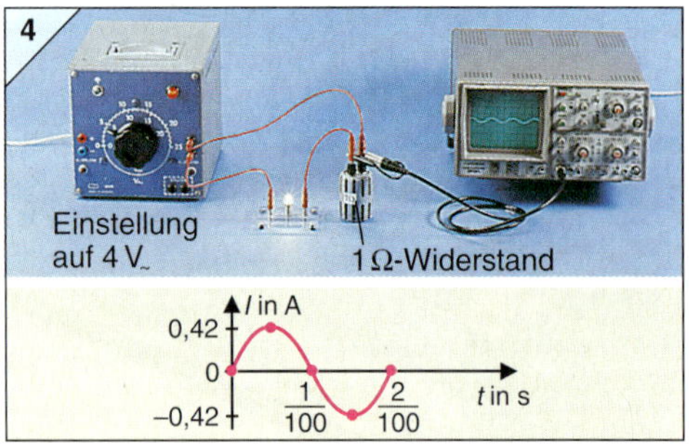

V4 Füge wie in Abb. 4 einen Widerstand $R = 1\,\Omega$ ein und schalte das Oszilloskop parallel dazu. Wie groß sind die maximale Spannung und die maximale Stromstärke?

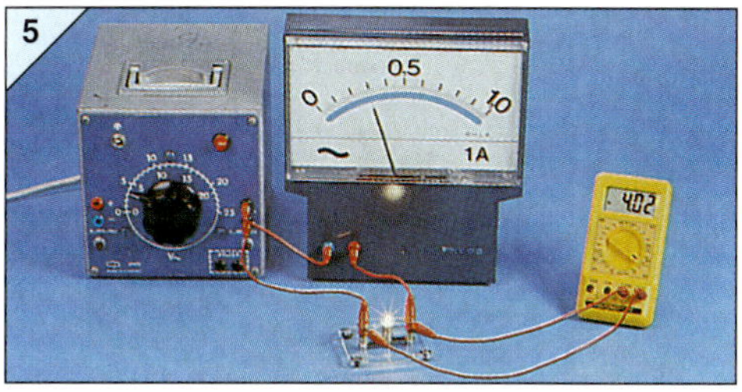

V5 Schließe eine Lampe (4 V I 0,3 A) wie im Bild an ein Netzgerät an und stelle 4 V ein. Miss mit je einem Messgerät Stromstärke und Spannung an der Lampe. Schalte dabei die Geräte auf die Gleich- und Wechselbereiche. Notiere deine Messergebnisse. Was fällt dir auf?

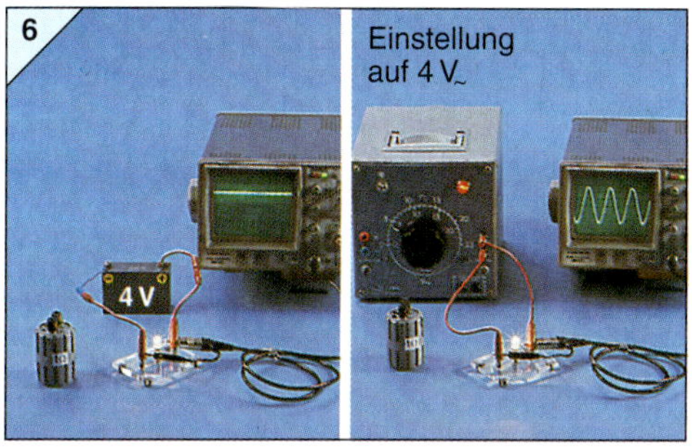

V6 Betreibe eine Lampe (4 V I 0,3 A) wie in Abb. 6 an einem 4 V-Akku. Betreibe ein zweites, gleichartiges Lämpchen mit einem regelbaren Netzgerät. Erhöhe die Wechselspannung so lange, bis beide Lampen gleich hell leuchten. Miss wie in V4 Stromstärke und Spannung an beiden Lampen. Notiere deine Messergebnisse und vergleiche.

Das elektrische Versorgungsnetz

Unser Netz wird bekanntlich mit Wechselspannung betrieben. Die Frequenz beträgt 50 Hz; die Spannung 230 V ist der Effektivwert. Dieser Wert wird angegeben, weil er für die Energieabgabe maßgeblich ist. Der Spitzenwert beträgt 230 V · 1,4 = 322 V.

4 V Wechselspannung – was heißt das?

Schließen wir wie in Abb. 5 eine Lampe an ein regelbares Netzgerät an, so leuchtet sie. Bei der Messung von Spannung und Stromstärke ergeben sich folgende Ergebnisse:
Messbereiche: Gleichspannung; Gleichstrom (–V; –A): 0 V; 0 A
Wechselspannung; Wechselstrom (~V; ~A): 4 V; 0,3 A
Mithilfe des Oszilloskops stellten wir aber in V4 fest, dass die Spannung zwischen +5,6 V und –5,6 V, die Stromstärke zwischen +0,42 A und –0,42 A schwankte. Das Messgerät zeigt jedoch eine Wechselspannung von 4 V und einen Wechselstrom von 0,3 A. Was steckt dahinter?

In V6 messen wir mit dem Oszilloskop an der ersten Lampe eine Gleichspannung von 4 V und eine Stromstärke von 0,3 A. An der zweiten Lampe schwankt die Spannung zwischen den Spitzenwerten –5,6 V und +5,6 V, der Strom zwischen –0,42 A und +0,42 A. Da beide Lampen gleiche Helligkeit haben, können wir schließen, dass eine Wechselspannung mit dem Spitzenwert 5,6 V die gleiche Wirkung oder den gleichen Effekt hat wie eine Gleichspannung von 4 V; dieser Wechselspannung ordnet man daher die Effektivspannung oder den **Effektivwert** $\boldsymbol{U_{eff}}$ = 4 V zu. Gleiches gilt für Ströme: Ein Wechselstrom mit dem Spitzenwert 0,42 A hat die gleiche Wirkung wie ein Gleichstrom der Stärke 0,3 A. Die Effektivstromstärke dieses Wechselstromes beträgt daher $\boldsymbol{I_{eff}}$ = 0,3 A.
Bilden wir das Verhältnis zwischen Spitzen- und Effektivwert der Spannung, so erhalten wir: $U_s/U_{eff} = 5{,}6\,V : 4\,V = 1{,}4$.
Das gleiche Verhältnis ergibt sich auch für die Stromstärken: $I_s/I_{eff} = 0{,}42\,A : 0{,}3\,A = 1{,}4$. Im Wechselstromkreis sind U_{eff} und I_{eff} die wirksamen Größen. Die Spitzenwerte von Strom und Spannung betragen immer das 1,4fache der Effektivwerte. Gebräuchliche Messgeräte für Wechselspannung und Wechselstrom zeigen grundsätzlich die Effektivwerte an.

Wie sieht es mit der Leistungsabgabe im Wechselstromkreis aus? In Abb. 4 haben wir gesehen, dass Strom- und Spannungsverlauf gleichartig sind: Sie haben zur gleichen Zeit einen Spitzenwert; bei $U = 0$ V ist auch $I = 0$ A; ist die Spannung negativ, dann ist auch der Strom negativ. Bilden wir das Produkt $P_s = U_s \cdot I_s$, so ergeben sich nur positive Werte, weil z. B. $(-5{,}6\,V) \cdot (-0{,}42\,A) = +2{,}4\,W$ ergibt. Es gibt auch den Wert $P = 0$ W zwischen je 2 Spitzenwerten. Die Leistung wird also pulsweise übertragen. Im Mittel ist sie halb so groß wie der Spitzenwert P_s. Es gilt daher: $P_{eff} = U_{eff} \cdot I_{eff} = \frac{1}{2} \cdot P_s = \frac{1}{2} \cdot U_s \cdot I_s$.

AUFGABEN UND ZUSAMMENFASSUNG

1. Wie unterscheiden sich Gleichspannung und Wechselspannung, Gleichstrom und Wechselstrom?

2. Was versteht man unter dem Spitzenwert der Wechselspannung?

3. Warum ist eine Wechselspannung mit $U_s = 12$ V nicht mit einer Gleichspannung von 12 V gleichwertig? Wie hoch muß U_s sein, damit diese Gleichwertigkeit erreicht ist?

4. In einem Wechselstromkreis wurden folgende Effektivwerte gemessen: 5,6 A; 70 V. Wie groß sind die jeweiligen Spitzenwerte?

Wechselspannung und -strom

Zur Kennzeichnung von Wechselspannungen und Wechselströmen gibt man die Effektivwerte und die Frequenz an:
$U_s = 1{,}4 \cdot U_{eff}$; $I_s = 1{,}4 \cdot I_{eff}$.

Ein Transformator macht den Betrieb von Modelleisenbahnen an der Steckdose ungefährlich. Irgendwie verwandelt er dabei die 230 V Netzspannung in z. B. 6 V. Um hinter das Geheimnis der Trafos (Trafo = Abkürzung für Transformator) zu kommen, öffnen wir das Gehäuse eines Klingeltrafos, **ziehen aber vorher den Netzstecker!** Im Inneren finden wir folgende Teile:

Einen aus Blechen aufgeschichteten Eisenkörper von □ oder ◫ Form. Auf einen Schenkel des □ oder auf die Mittelstrebe des ◫ sind zwei Spulen aufgeschoben, die keine leitende Verbindung miteinander haben. (Gelegentlich sind die Spulen auch übereinander gewickelt. Dann sieht man von der zweiten nur die Anschlüsse.) Von der einen Spule führt eine Doppelleitung zum Netzstecker. Über die kommt elektrische Energie herein. Wir nennen sie daher **Eingangsspule**. Aus der anderen Spule kommt Energie heraus und geht z. B. zu den Lokomotiven und Lampen der Eisenbahn. Sie heißt daher **Ausgangsspule**.

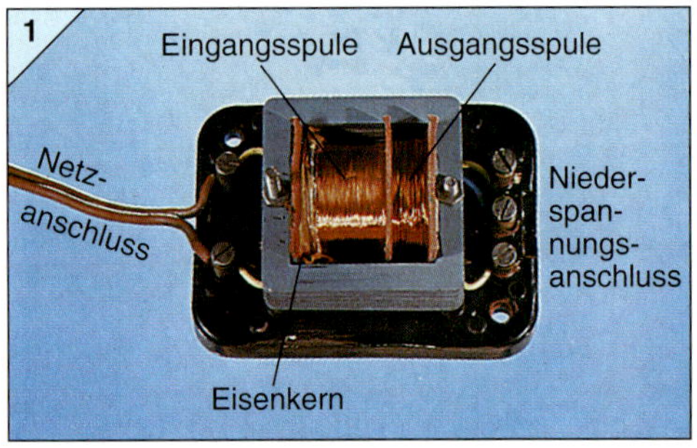

A1 Nimm einen Klingeltrafo auseinander. Welche Bauteile enthält er? Zeichne einen Schaltplan.
Warum heißt der eine Drahtwickel Eingangsspule, der andere aber Ausgangsspule?

Trafos arbeiten mit Induktion und Wechselstrom

Wir haben festgestellt, dass die Ausgangsspule keine Verbindung zum Wechselstromnetz hat. Wie kommt es dann, dass sie elektrische Energie liefern kann? Spulen mit Eisenkern lassen vermuten, dass Induktion im Spiel ist. Der Versuch nach Bild 2 bestätigt diese Vermutung. Die Eingangsspule des Trafos liegt im Batteriestromkreis, an der Ausgangsspule ist ein Spannungsmesser angeschlossen. Beim Einschalten des Batteriestroms gibt es einen „Spannungsstoß" im Ausgangskreis. Solange der Strom stetig fließt, bleibt der Zeiger auf 0. Erst wenn wir ihn unterbrechen, schlägt der Zeiger aus, diesmal entgegengesetzt.
Der Grund ist klar: Die Ausgangsspule umfasst im □ Kern das Magnetfeld, das von der Eingangsspule erzeugt wird. Dieses Feld ändert sich beim Einschalten und beim Ausschalten. Die Feldänderung bewirkt Induktion in der Ausgangsspule. Die kurzen Spannungsstöße während der Änderung zeigt das Instrument an.

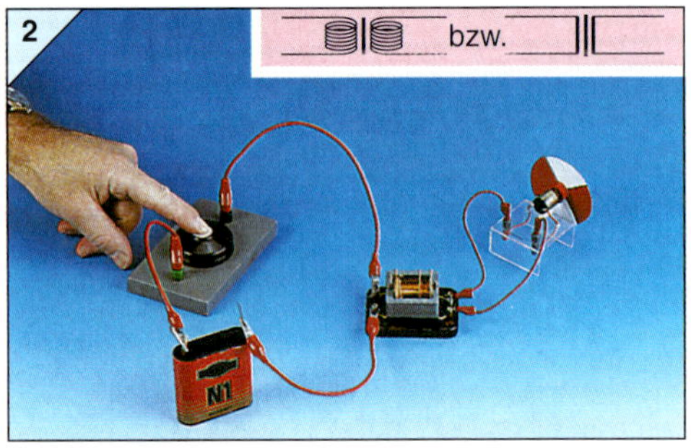

V2 Verbinde die Steckerstifte eines Klingeltrafos über einen Taster mit den Polen einer Batterie. An die andere Spule (Ausgangsspule) kommt ein Kleinstmotor als Stromrichtungsanzeiger. Schalte ein und aus. Was geschieht? Erkläre.

In **Wechselstromkreisen** ändern sich, wie wir wissen, Spannung und Strom in steter Folge. Wenn man wie in V3 die Eingangsspule eines Trafos mit dem Wechselstromnetz verbindet, wird deshalb der Strom darin den ringförmig geschlossenen Kern dauernd ummagnetisieren. Dieses Ummagnetisieren bewirkt in der Ausgangsspule, die ja den gleichen Eisenring umfasst, Induktion im gleichen Rhythmus. Deshalb erhält man an deren Buchsen Wechselspannung, mit der sich ein Lämpchen betreiben lässt, wenn es zu der entstehenden Spannung passt.

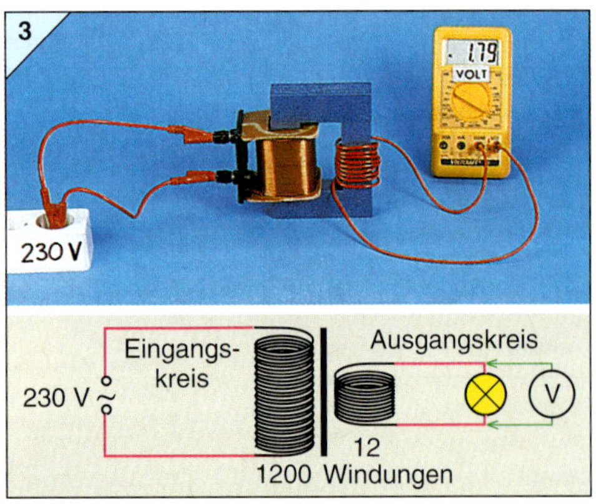

V3 Lehrerversuch: Ein Trafo wird wie in Bild 3 aufgebaut. Die Eingangsspule hat 1200 Windungen; die mit dem Messgerät verbundene wickelt man selbst.
a) Wie groß ist die Spannung bei 1, 2, .., 11, 12 Windungen jeweils?
b) Warum benötigt man keine leitende Verbindung zwischen den beiden Spulen?

Ein Modellbahn-Trafo muss natürlich so eingerichtet sein, dass an dessen Ausgang nur Spannungen abgenommen werden können, die kleiner sind als 24 V. Nur dann ist das Hantieren an der Modellbahn ungefährlich. Wir setzen dabei voraus, dass der Trafohersteller peinlich darauf geachtet hat, dass keine leitende Verbindung zwischen Eingangs- und Ausgangsspule besteht. Die Kopplung zwischen beiden darf nur durch das Magnetfeld im Trafokern erfolgen.

4
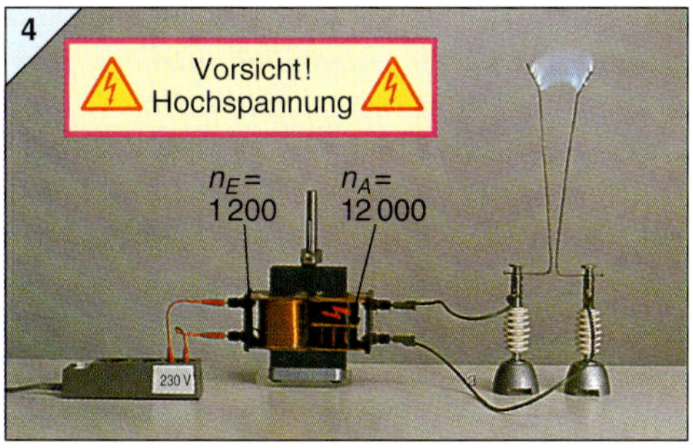

V4 Lehrerversuch: Zwischen den senkrechten Metallstäben (Hörnern) entsteht eine geräuschvolle Leuchterscheinung, ein **Hochspannungslichtbogen**.
Man wiederhole den Versuch mit einer Eingangsspule, die 600 Windungen hat.
Was ändert sich?

5
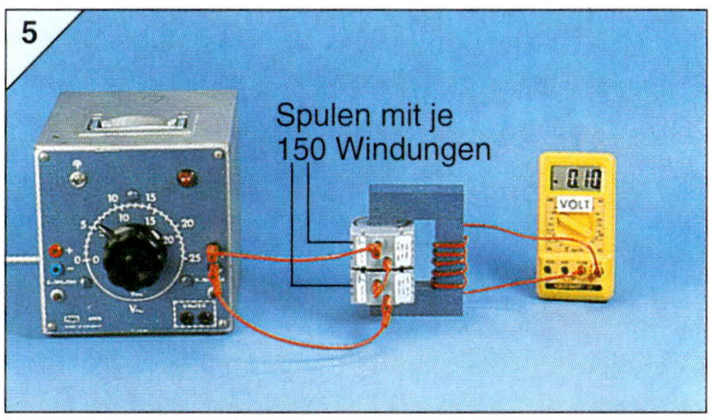

6 U_E	n_E	n_E/n_A	n_A	U_A
24 V	300	300:1 20:1	1 15	0,08 V 1,20 V
24 V	150	150:1 10:1	1 15	0,16 V 2,40 V
12 V	150	150:1 10:1	1 15	0,08 V 1,20 V

V5 Baue den Versuch nach Bild 5 auf und miss bei den angegebenen Windungszahlen die Eingangs- und Ausgangsspannung. Notiere deine Ergebnisse entsprechend Tabelle 6. Errechne das Verhältnis U_E/U_A und vergleiche mit n_E/n_A.

7
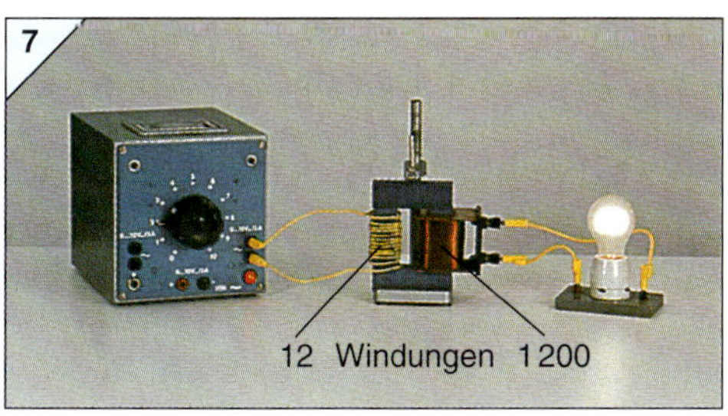

V6 Lehrerversuch: Hier sind gegenüber Bild 3 Eingangs- und Ausgangsspule vertauscht. Am Eingang liegen einige Volt Spannung. Warum leuchtet die 230 V-Lampe trotzdem?

Wieso ändert ein Trafo die Spannung?

V3 zeigt, dass die Spannung an der Ausgangsspule umso größer wird, je mehr Windungen diese hat. Pro Windung gibt es in Bild 3 immer 0,2 Volt, bei 12 Windungen also $12 \cdot 0{,}2\,V = 2{,}4\,V$, gerade recht für ein 2,5 V-Lämpchen.

Im nebenstehenden Bild 4 haben wir auf der Eingangsseite dieselbe Situation wie in V3: Die Spule mit 1200 Windungen liegt an 230 V. Wir können daher auf der Ausgangsseite pro Windung auch dieselbe Spannung wie dort erwarten, nämlich 0,2 V. Da nun aber ausgangsseitig 12000 Windungen vorhanden sind, müssten an den Ausgangsbuchsen $12000 \cdot 0{,}2\,V = 2400\,V$ anliegen. Der Lichtbogen zeigt, dass diese Vermutung richtig ist. Er wird intensiver, wenn man die Eingangsspule durch eine mit 600 Windungen ersetzt. Nun wird die Spannung noch höher.

Offensichtlich steigt die Trafo-Ausgangsspannung,
– wenn wir die Windungszahl n_A der Ausgangsspule vergrößern,
– wenn wir die Windungszahl n_E der Eingangsspule vermindern.

Spannungsänderungen genauer betrachtet

Durch den Versuch in Bild 5 können wir herausfinden, wie Spannungen und Windungszahlen zusammenhängen. Es zeigt sich, dass das Verhältnis der Spannungen (U) gerade so groß ist wie das Verhältnis der Windungszahlen (n). Man nennt das Verhältnis n_E/n_A auch das **Übertragungsverhältnis $\ddot{U}$** des Transformators:

$$\frac{U_E}{U_A} = \frac{n_E}{n_A} = \ddot{U}$$

Wenn wir die Gleichung auf V3 anwenden, stellen wir fest, dass

$$\ddot{U} = \frac{n_E}{n_A} = \frac{1200}{12} = 100:1 = 100 \text{ ist.}$$

Bei 230 V Eingangsspannung ist dann die Ausgangsspannung $230\,V \cdot \frac{1}{100} = 2{,}3\,V$, was wir ziemlich genau messen.

Im Versuch nach Bild 7 ist die Trafoanordnung umgekehrt; jetzt hat die Eingangsspule 12 Windungen und liegt an 2 V. Das Übertragungsverhältnis ist nun

$$\ddot{U} = \frac{n_E}{n_A} = \frac{12}{1200} = 1:100 = \frac{1}{100}.$$

Die Ausgangsspannung errechnet sich zu $2\,V \cdot 100 = 200\,V$.

> Die Spannungen am Trafo verhalten sich wie die Windungszahlen: $U_E/U_A = n_E/n_A = \ddot{U}$.

Anmerkung: Wenn die Eingangsspule große Ströme führt, wird ein Teil der Eingangsspannung zur Überwindung des Wicklungs-Widerstands verbraucht. Dieser Spannungsanteil steht dann nicht mehr für Induktion zur Verfügung. U_A ist kleiner als errechnet.

Niederspannungstransformatoren

Niederspannungstransformatoren werden zum Betreiben von elektronischen Geräten, Klingeln, Türsprechanlagen, Spielzeug und zum Laden von Batterien gebraucht. Sie trennen die angeschlossenen Stromkreise von den gefährlichen Netzspannungen ab und bringen auf ihrer Ausgangsseite maximal 24 V. In der Schule werden diese Niederspannungstrafos zur gefahrlosen Energieversorgung von Experimenten benötigt.

Stufentransformatoren: Oft haben Transformatoren mehrere Ausgangswicklungen, die entsprechend Bild 8 oben hintereinander geschaltet sind. Die Abnahmebuchsen befinden sich zwischen den einzelnen Wicklungen, die z. B. jeweils 2 V liefern. Will man 4 V haben, benutzt man Buchsen, zwischen denen zwei Einzelwicklungen liegen. Für 8 V schaltet man vier davon in den Stromkreis usw. Je mehr Stufen der Trafo hat, desto mehr Spannungskombinationen sind möglich. Man kann an einen solchen Trafo sogar gleichzeitig mehrere Geräte anschließen, die verschiedene Spannungen brauchen.

Bei **Stelltransformatoren** (Bild 8 unten) lässt sich die Spannung fast stufenlos einstellen. Der Trafokern ist als Ring ausgebildet. Auf einen Teil davon ist die Ausgangsspule einlagig aufgewickelt. Diese Drähte sind angeschliffen. Eine Kohlerolle gleitet über die Schleifstellen. Bewegt man die Rolle, so kann man die Zahl der Windungen zwischen ihr und dem Wicklungsanfang wählen und damit die abgegriffene Spannung sehr fein einstellen.

Bei Kurzschluss am Ausgang erhitzt sich die Wicklung eines Trafos stark. Dies könnte die Isolation zwischen Netz- und Niederspannungswicklung zerstören. Das wäre höchst gefährlich! Ein Thermoschalter im Drahtwickel der Eingangsspule verhindert das.

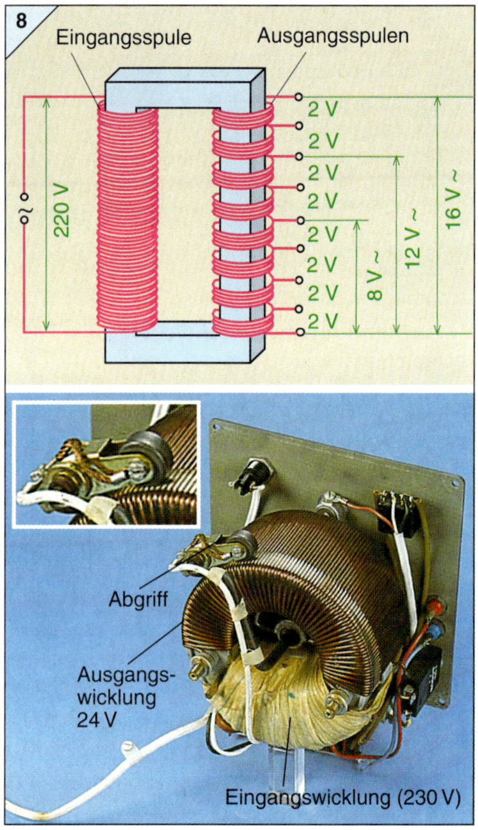

8

A7 Zwischen welchen Buchsen des Stufentrafos in Bild 8 oben lassen sich 2 V, 4 V, 6 V, 8 V, 10 V und 14 V abnehmen? Nummeriere die Buchsen von oben nach unten durch und gib jeweils die beiden Nummern an.

AUFGABEN UND ZUSAMMENFASSUNG

1. Zeichne einen Transformator mit □ Kern und zwei Spulen. Erkläre, wie er arbeitet.

2. Warum braucht man bei einem Trafo keine leitende Verbindung zwischen seinen Spulen?

3. Warum kann man die Ausgangsspule eines Trafos als selbständige „Strom"-Quelle auffassen?
Vergleiche mit den Verhältnissen am Innenpolgenerator.

4. a) Wovon hängt die Spannungsübertragung eines Trafos ab? Wähle einen Trafo mit bestimmten Windungszahlen aus und gib an, wie groß $\ddot{U}$ ist.
b) Liegt die höhere Spannung an der Spule mit der kleineren oder mit der größeren Windungszahl?

5. Errechne für einen Trafo mit $n_E = 1500$ und $n_A = 60$ Windungen das Übersetzungsverhältnis.
Wie groß ist U_A, wenn $U_E = 230$ V ist?

6. a) Zeichne einen Stufentrafo mit vier 2 V-Stufen. Wie viele Buchsen braucht man, um 2, 4 und 6 Volt abnehmen zu können?
b) Zwischen welchen beiden Buchsenpaaren liegen jeweils 4 Volt?

7. Beschreibe, wie der Stelltrafo in Bild 8 unten arbeitet.
Wo steht der Abgriff bei sehr kleinen, wo bei den größten Spannungen?

8. Warum wäre eine Verbindung zwischen der Eingangs- und Ausgangsspule des Trafos in einem Niederspannungsnetzgerät gefährlich?

Transformatoren

Ein Transformator hat eine Eingangs- und eine Ausgangsspule. Diese sind durch einen Eisenkern gekoppelt.

Wechselstrom in der Eingangsspule magnetisiert den Kern fortwährend um, dadurch wird in der Ausgangsspule Wechselspannung induziert. Diese ist entsprechend dem Windungszahlenverhältnis größer oder kleiner als die Eingangsspannung:

$$\frac{U_E}{U_A} = \frac{n_E}{n_A}$$

Was geschieht bei der Induktion im Trafo?

Das Bild rechts zeigt oben das Foto einer Versuchseinrichtung, mit der sich der Eingangsstrom und die Ausgangsspannung am Trafo messen lassen. Die Eingangsspule hat 1200 Windungen und ist mit einer Steckdose verbunden (230 V; 50 Hz). Die Windungszahl der Ausgangsspule kann man durch Auf- und Abwickeln verändern. Die Grafik darunter zeigt vor allem die Kopplung der beiden Spulen durch einen rechteckigen Kern und das Magnetfeld darin, ein Wirbelfeld, das vollständig in Eisen verläuft.

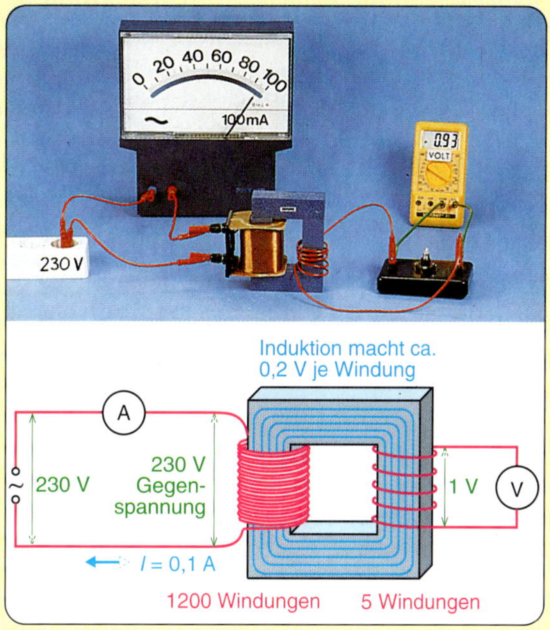

Was geschieht eingangsseitig?

In der Eingangsspule fließt Wechselstrom mit 50 Hz. Dieser magnetisiert und entmagnetisiert das Eisen in jeder Sekunde 100-mal. Das Feldlinienbündel im □ Kern ändert dabei fortwährend Umlaufsinn und Stärke, wobei die Feldlinienzahl zu- oder abnimmt. Das führt zu Induktionsspannungen in jeder Drahtwindung, die an einer beliebigen Stelle um den Kern und deshalb auch um das Feldlinienbündel darin herumführt.

Was geschieht ausgangsseitig?

Immer wenn sich im Innenraum der Ausgangsspule das Feld ändert, gibt es Induktion: Die Elektronen im Draht dieser Spule werden angeschoben. Da jede Windung den gleichen Feldwirbel umfasst, ist dieser Schub für jede Windung gleich. Weil alle Windungen hintereinander geschaltet sind, trägt auch jede davon gleich viel zu der Induktionsspannung bei, die wir an den Spulenbuchsen messen. Diese steigt deshalb an, wenn wir immer mehr Windungen um den Kern legen.

Wie kommt es zur Strombegrenzung im Trafoeingang?

Die Spannung je Windung hängt davon ab, wie schnell das Magnetfeld sich ändert und wie stark es höchstens dabei wird. Die Pulsfrequenz wird vom Wechselstromnetz vorgegeben, die Feldstärke vom Strom in der Eingangsspule. Auf welche Größe stellt der sich ein?

Wenn wir die Stromstärke im Versuch nach obigem Bild messen, stellen wir fest, dass es ca. 0,1 A sind. Wäre nur der ohmsche Widerstand der Spule (10 Ω) wirksam, ergäbe sich eine Stromstärke von 230 V/10 Ω = 23 A. Die Begrenzung auf 0,1 A muss einen anderen Grund haben. Überlegen wir:

Immer dann, wenn sich das Magnetfeld in einer Spule ändert, treten Induktionsspannungen an den Spulenbuchsen auf. Dies gilt auch für die Eingangsspule. Die Induktionsspannung, die darin entsteht, trifft im Eingangsstromkreis aber mit der Steckdosenspannung zusammen. Beide können sich entweder verstärken, wie zwei Batterien, bei denen ⊕- und ⊖-Pol verbunden werden, oder schwächen wie Batterien, bei denen ⊕- und ⊕-Pol Kontakt haben. Beim Verstärken gäbe es keine Strombegrenzung. Also muss Schwächung eintreten, was heißt, dass Netzspannung und Induktionsspannung einander entgegenstehen. Das führt zu folgendem Verhalten:

Beim Einschalten eines Trafos durch Anlegen der Netzspannung entsteht in der Wicklung der Eingangsspule ein Wechselstrom. Er erzeugt ein sich ständig änderndes Magnetfeld im Eisen. Dieses pulsierende Feld ruft nun nicht nur in der Ausgangsspule eine Induktionsspannung hervor, sondern auch in der Eingangsspule. Der Eingangsstrom steigt deshalb nur so lange an, bis die Induktionsspannung, die ja der Netzspannung entgegensteht, dieser die Waage hält, also 230 V groß ist. Das ist im Bild der Fall, wenn der Eingangsstrom 0,1 A beträgt. Da er den Kern pausenlos ummagnetisiert, nennt man ihn auch den *Magnetisierungsstrom*.

Wie groß ist die Spannung je Windung?

Wenn die Spule 1200 Windungen hat, kommt auf jede Windung im Eingangskreis wegen des „Sich-die-Waage-Haltens“ ein „Induktionsanteil“ von

230 V : 1200 ≈ 0,2 V,

also ziemlich genau der Wert, den wir früher pro Windung auf der Ausgangsseite gemessen haben. Diesen 0,2 V pro Windung zugehörig ist der Magnetisierungsstrom, der gerade ein so großes pulsierendes Feld im Eisen macht, wie man braucht, um in jeder Windung 0,2 Volt zu bekommen.

Elektrisch schweißen

In Bild 1 werden zwei Stahlplatten miteinander verschweißt. Dazu erhitzt man sie an der Nahtstelle auf elektrischem Weg, bis sie schmelzen. Beide Platten werden durch dasselbe dicke Kupferkabel mit einer Klemme eines Elektro-Schweißgeräts verbunden. Das zweite Kabel führt von der anderen Klemme zu einer Zange, die der Schweißer in der Hand hält. In die Zange ist ein Metallstab eingeklemmt, der Schweißdraht. Bringt man diesen so zum Spalt, dass er beide Platten berührt, glüht dort das Metall auf und schmilzt schließlich. Die Metalle von beiden Seiten und vom Schweißdraht fließen ineinander. Nun wird die Schmelzzone langsam der Naht entlang geführt. Hinter der Schweißstelle erkaltet das Material und verbindet dabei die Platten fest miteinander.

Damit ausreichend Wärme für das Schmelzen entsteht, müssen im Stromkreis Ströme von einigen hundert Ampere fließen. Sie kommen schon bei Spannungen um 20 Volt zustande. Das Versorgungsnetz stellt so große Ströme nicht zur Verfügung; ein Trafo im Schweißgerät aber liefert sie. Wenn man das Gerät öffnet, fällt sofort eine Wicklung aus dicken Metallbändern mit wenigen Windungen auf, die Ausgangsspule. Die Eingangsspule ist ein dickes Drahtpaket. Sie ist mit dem 230 V-Netz verbunden.

In Bild 2 ist ein Schweißtrafo nachgebaut. Wir können damit mühelos zwei Nägel verschmelzen. Der Versuch zeigt aber noch weitere Einzelheiten:

- Wenn die Ausgangsspule keinen Strom führt (Leerlauf), ist der Strom in der Eingangsspule sehr klein.
- Während des Schweißens haben wir einen Ausgangsstrom von ca. 200 A. Der Eingangsstrom steigt dabei auf über 1 A.

Im Nagel wird durch den Ausgangsstrom Wärme erzeugt. Die Energie dafür kommt aus dem Trafo. Der holt sie sich aus dem Netz durch automatisches Erhöhen des Eingangsstroms.

Die Stromverhältnisse beim Trafo

Im Stromkreis mit der kleineren Windungszahl bekommt man in Bild 2 den größeren Strom. Gilt das immer und wie verhalten sich die Stromstärken? Wir können das mit der Anordnung in Bild 3 herausfinden. Dort ist die Spannung auf der Ausgangsseite halb so groß wie am Eingang. Den Ausgangsstrom können wir mit einem Stellwiderstand wählen. In der Tabelle sind beispielhaft einige Messwerte festgehalten. Wir erkennen:

- Der Strom in der Eingangsspule ($n_E = 600$) ist jeweils etwa halb so groß wie der Strom in der Ausgangsspule ($n_A = 300$). Wir erhalten fast genau 2 : 1, wenn wir den Leerlaufstrom zuvor vom Eingangsstrom abziehen.
- Nehmen wir ausgangsseitig eine Spule mit halber Windungszahl ($n_A = 150$), so ändert sich das Stromverhältnis auf 4 : 1.

Ein Trafo ändert also nicht nur die Spannungen, sondern auch die Ströme. Dabei gilt:

> Die Spule mit der kleineren Windungszahl führt immer den größeren Strom.

A1 Hier werden zwei Einzelbleche elektrisch zusammengeschweißt. Die Schmelzzone ist etwa 1 cm^2 groß. Was muss der Schweißer tun, damit die ganze Naht verschweißt wird? Warum wird der Schweißdraht immer kürzer?

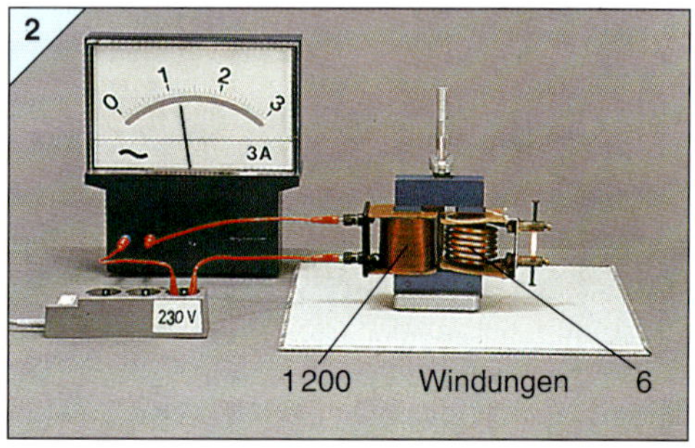

V2 Lehrerversuch: Ein Trafo wird wie im Bild zusammengesetzt.
a) Wie groß ist die Spannung an der Ausgangsspule? Wie groß ist der Strom in der Eingangsspule, wenn die Klemmen der Ausgangsspule nicht miteinander verbunden sind (Leerlaufstrom)?
b) Was geschieht, wenn man in die Spulenklemmen Nägel spannt, die sich berühren? Begründe. Wie groß ist der Strom in der Eingangsspule jetzt? Schätze ab, wie groß die Stromstärke im Nagel sein mag.

V3 Baue einen Trafo entsprechend Bild 3 auf. Sowohl in den Eingangs- wie auch in den Ausgangskreis kommt ein Messinstrument. Eingangsspannung 24 V.
a) Stelle am Schiebewiderstand verschiedene Ausgangsströme ein und miss die zugehörigen Eingangsströme. Halte die Werte in einer Tabelle fest.
b) Wiederhole mit der halben Windungszahl auf der Ausgangsseite (evtl. vorhandene Mittelanzapfung der Spule benutzen).

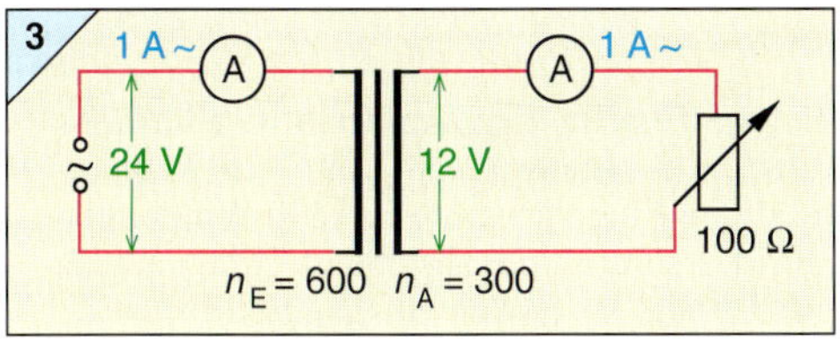

I_A	0	0,2 A	0,4 A	0,6 A	0,8 A	1,0 A
I_E	0,03 A	0,13 A	0,23 A	0,33 A	0,43 A	0,53 A

A4 Ziehe von den Werten für den Eingangsstrom in der Tabelle jeweils den Strom bei offenen Ausgangsklemmen ab, der nichts zur Energieübertragung beiträgt (Leerlaufstrom). Bilde dann den Quotienten $I_A : I_E$ für alle Tabellenspalten. Stimmt er mit dem Verhältnis der Windungszahlen überein?

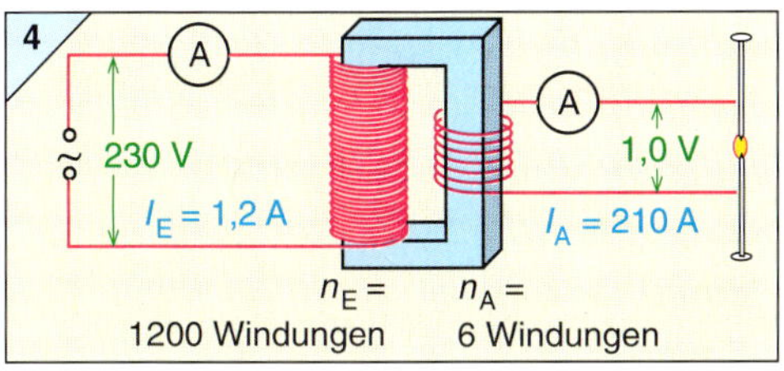

A5 Diesem Bild kannst du die genauen Messwerte für einen Schweißtrafo ähnlich dem in Abb. 2 entnehmen. Wie groß sind Eingangs- und Ausgangsleistung?
Wo bleibt die Differenz?

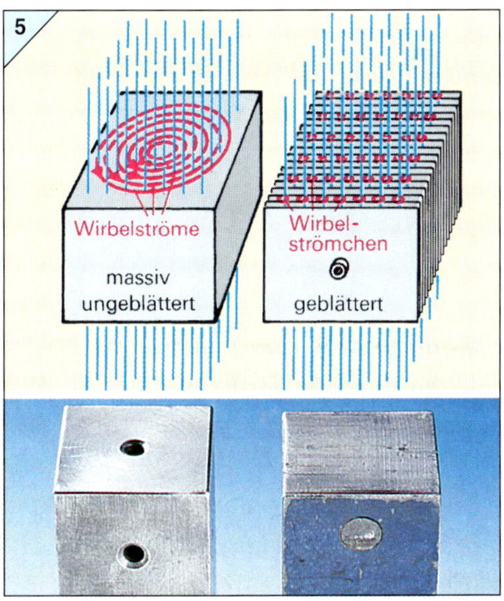

A6 Erkläre, warum es in dem massiven Kern eines Trafos Wirbelströme gibt.
Warum kann man sie durch Zusammensetzen des Kerns aus dünnen Blechen vermeiden?

Das Stromübertragungsverhältnis

Wie für die Spannungen können wir auch für die Ströme in der Eingangs- und Ausgangsspule eines Trafos ein Gesetz formulieren: Die Messwerte in Tabelle 3 zeigen, dass sich die Ströme umgekehrt wie die Windungszahlen verhalten (1 : 2 bei 600 : 300; 1 : 4 bei 600 : 150 und 1 : 8 bei 1200 : 150). Es gilt also:

$$\frac{\text{Ausgangsstrom } I_A}{\text{Eingangsstrom } I_E} = \frac{n_E}{n_A} = \ddot{U} \qquad (\ddot{U} = \text{Übertragungsverhältnis})$$

Dabei stellt sich der Eingangsstrom I_E automatisch nach dem Ausgangsstrom I_A ein. Diesen Ausgangsstrom „wählen" wir mit dem Widerstand des Geräts, das wir anschließen. Unser Nagel in Bild 2 hatte z. B. nur etwa $\frac{1}{200}\ \Omega$, daher war I_A so groß.

Ein- und Ausgangsleistung am Trafo

Wir betrachten nun die Energieverhältnisse am Trafo in Bild 2, während der Nagel schmilzt: Die vom Netz je Sekunde bezogene Energie heißt *Eingangsleistung* (P_E). Sie errechnet sich, wie wir wissen, folgendermaßen:

$$P_E = U_E \cdot I_E = 230\ \text{V} \cdot 1,2\ \text{A} = 276\ \text{W}.$$

Die *Ausgangsleistung* (P_A), also die an den Nagel je Sekunde abgegebene Energie, ist

$$P_A = U_A \cdot I_A = 1,0\ \text{V} \cdot 210\ \text{A} = 210\ \text{W}.$$

Wir stellen fest, dass beim Trafo die Ausgangsleistung nahezu gleich der Eingangsleistung ist. Der fehlende Leistungsanteil (hier 66 W) wird im Gerät in Wärme umgewandelt und heißt *Verlustleistung*. Die Wärme entsteht wegen des elektrischen Widerstands der Drähte in den Spulen und beim Ummagnetisieren im Kern. In unserem Rechenbeispiel ist die je Sekunde erzeugte Wärme etwa so groß wie die einer 60 W-Glühlampe.

Beim Trafo sind Eingangs- und Ausgangsleistung fast gleich:
$P_E = P_A$ oder $U_E \cdot I_E = U_A \cdot I_A$

Geblätterte Trafokerne

Der Trafokern in Abb. 5 bildet um Teile des Magnetfeldbündels viele kurzgeschlossene „Spulen" mit je einer Windung. Diese Spulen werden vom Magnetfeld im Kern durchsetzt, weshalb darin durch Induktion eine Spannung entsteht. Die Spannung führt zu Kreisströmen im Eisen, so genannten *Wirbelströmen*. Wirbelströme erzeugen Wärme, vergeuden also Energie. Um dies zu verhindern, wird der Kern aus dünnen, voneinander isolierten Blechen zusammengesetzt, wie es in Bild 5 unten gezeigt ist. Die Isolation wird durch eine Oxidschicht auf den einzelnen Blechen oder durch Zwischenlegen von dünnem Papier bewirkt. Dadurch wird den Wirbelströmen der Weg versperrt. Nur Miniwirbel können sich noch ausbilden. Die Energieverluste werden kleiner.

Trafos regeln sich selbst!

Wir wollen nun überlegen, warum sich der Eingangsstrom eines Trafos nach dem Ausgangsstrom richtet.

Trafo im Leerlauf: An der Ausgangsspule ist nichts angeschlossen, sie gibt keine Energie ab. Weil der Ausgangsstromkreis unterbrochen ist, gibt es keinen Ausgangsstrom. Ein kleiner Strom im Eingangskreis jedoch magnetisiert und entmagnetisiert den Eisenkern im Rhythmus der Wechselspannung. Diese Wechselmagnetisierung ist so stark, dass die Induktionsspannung, die in der Primärspule (mit z. B. 1200 Windungen) entsteht, gerade der angelegten Wechselspannung (z. B. 230 V) das Gleichgewicht halten kann. Sie ist auch verantwortlich für die Spannung an den Klemmen der Ausgangsspule.

Trafo unter Last: Wenn nun an der Ausgangsspule (mit z. B. 6 Windungen) Energie abgezapft wird, führt die Spule einen Elektronenstrom. Dieser erzeugt ein zusätzliches Magnetfeld im Trafokern. Es ist dem vom Eingangsstrom erzeugten Feld entgegengerichtet und schwächt dieses. Die Induktionswirkung des Magnetfelds nimmt deshalb ab. Folglich kann die Induktionsspannung, die in der Eingangsspule entsteht, nun der Netzspannung nicht mehr das Gleichgewicht halten. Infolgedessen steigt der Strom in der Eingangsspule an. Dieser Anstieg bewirkt, dass auch das Wechselmagnetfeld im Kern und als Folge die Induktionsspannungen in beiden Spulen wieder größer werden. Schließlich ist das ursprüngliche Gleichgewicht wiederhergestellt und alle Spannungen haben die früheren Werte.

Der zusätzliche Strom im Eingangskreis ist allerdings kleiner als der im Ausgangskreis. Denn das Magnetfeld, das der kleine Eingangsstrom in 1200 Windungen erzeugt, kann das ihm entgegenstehende Magnetfeld, das von dem 200-mal so großen Ausgangsstrom durch 6 Windungen erzeugt wird, gerade aufheben.

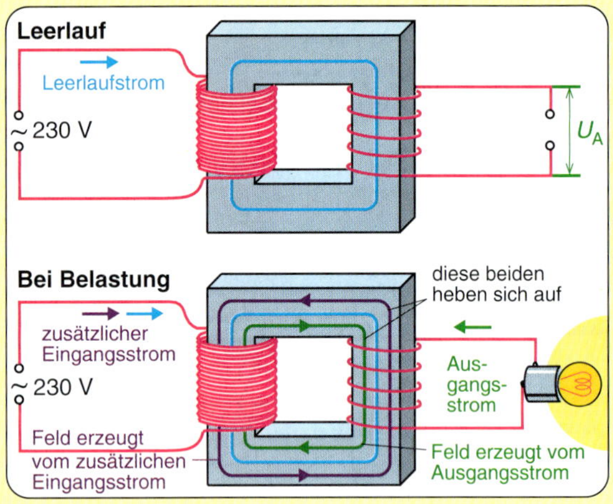

Um die Wärmeentwicklung in den Spulen gering zu halten, muss die Drahtdicke den zu erwartenden Strömen angepasst werden. In der Niederspannungsspule mit weniger Windungen sind die Drähte daher immer dicker als auf der Hochspannungsseite mit den vielen Windungen.

AUFGABEN UND ZUSAMMENFASSUNG

1. Warum fließt im Eingangskreis eines Trafos auch im Leerlauf ein Strom? Was bewirkt er und warum ist er klein?

2. Wieso nennt man den Leerlaufstrom auch Magnetisierungsstrom?

3. Der Strom im Eingangskreis eines Trafos wird größer, wenn man am Ausgang ein Gerät anschließt. Begründe über die Energieumsetzung.

4. Warum verdoppelt sich der zusätzliche Eingangsstrom in Aufgabe 3, wenn man auch den Ausgangsstrom doppelt so groß macht?

5. Wie lautet die Gleichung, die Eingangsleistung und Ausgangsleistung eines Transformators koppelt?

6. Forme die Gleichung, die du in Aufgabe 5 gefunden hast, in eine Gleichung um, die die Ein- und Ausgangsströme mit den Ein- und Ausgangsspannungen in Beziehung setzt.

7. Ein Schweißtransformator setzt die Netzspannung von 230 V auf 10 V herunter. Es fließen 440 A durch die Schweißstelle. Wie groß ist die als Wärme in jeder Sekunde abfließende Energie („Wärmeleistung") an der Schweißstelle?

8. Wie groß ist das Spannungs- und wie groß das Stromübertragungsverhältnis im Trafo von Aufgabe 7? Wie stark ist der zusätzliche Strom im Eingangskreis während des Schweißens?

9. Errechne, wie groß der Eingangsstrom im Trafo von Aufgabe 7 mindestens sein muss.

10. Was versteht man unter „Wirbelströmen"? Warum sind sie unerwünscht? Wie lassen sie sich verhindern?

Ströme am Trafo

Im Leerlauf fließt auf der Eingangsseite eines Trafos ein sehr kleiner Strom. Er sorgt für die Wechselmagnetisierung des Kerns und damit für die richtigen Induktionsspannungen. Der Eingangsstrom steigt über diesen Magnetisierungsstrom hinaus im gleichen Maße wie der Ausgangsstrom an.

Leistungsbilanz

Bei einem Transformator kommt am Ausgang je Sekunde immer etwas weniger Energie heraus, als auf der Eingangsseite hineingeht.
Ohne Verluste wäre

$U_E \cdot I_E = U_A \cdot I_A.$

Transformatoren in jeder Größe!

Transformatoren gibt es in jeder Größe. Der Minitrafo links hat eine Leistung von 100 mW, gerade ausreichend für einen Lautsprecher in einem Walkman.

Im Bild rechts werden gerade die Spulen für einen Großtrafo hergestellt. Der Großtrafo im unteren Bild enthält sechs davon.

Dieser Großtrafo kann bei 220 000 V etwa 780 000 kW aufnehmen (rund 8 Milliarden Mal so viel wie der Zwerg) und bei 27 000 V wieder abgeben. Dabei treten Verluste von 0,1 % auf. Immerhin sind das aber etwa 800 kW! Damit könnten beispielsweise 400 Heizlüfter betrieben oder 80 Wohnungen bei –10 °C Außentemperatur elektrisch warm gehalten werden.

Bei dem Großtrafo aber werden die 800 kW als Wärme in den Spulen und im Trafoeisen frei. Ohne Kühlung würde sich die Maschine bei dieser enormen Wärmeproduktion überhitzen und selbst zerstören. Deshalb sitzt sie in einem ölgefüllten Trog. Das Öl kann die Wärme aufnehmen und wegtransportieren. Eine Pumpe sorgt für den Ölumlauf durch einen Kühler; ein Ventilator bläst so viel Luft durch die Kühlerlamellen, dass alle Wärme abgeführt wird. Sie verteilt sich in der Umwelt. Die ursprünglich in elektrischer Form vorhandene Energie ist nun *entwertet*. Niemand kann weiterhin etwas mit ihr anfangen.

Wie funktioniert die Autozündung?

1
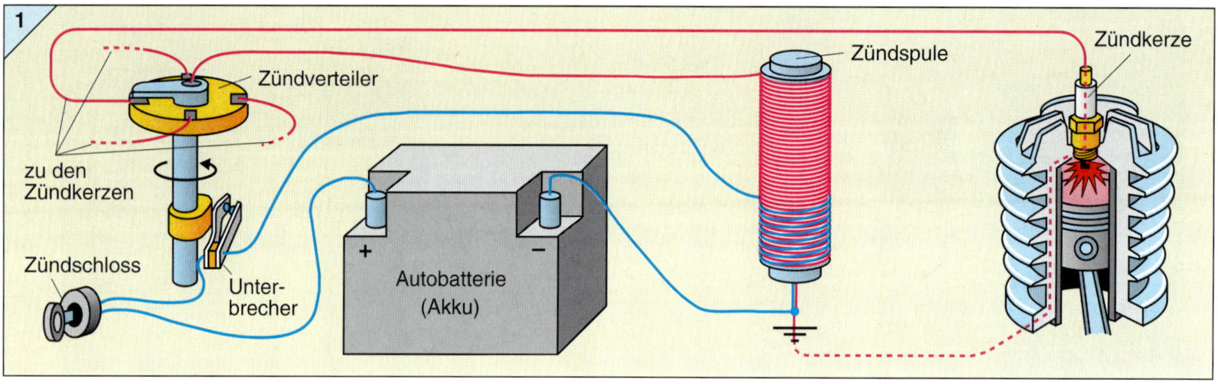

Die Abb. 1 zeigt den Aufbau einer Autozündanlage. Zur Auslösung des Funkens, der das Benzin-Luft-Gemisch im Verbrennungsraum des Motors entzündet, ist an der Zündkerze eine Spannung von etwa 15 000 V erforderlich. Wie kann diese Spannung aus einer „Autobatterie" mit einer Spannung von 12 V erzeugt werden?

In Bild 2 wird eine Spule mit Eisenkern über einen Schalter mit einer Flachbatterie (4,5 V) verbunden. Parallel zur Spule ist eine Glimmlampe geschaltet. Wird der Schalter geschlossen, ist nichts zu beobachten. Beim Öffnen des Schalters aber blitzt die Glimmlampe hell auf.
An der Flachbatterie leuchtet die Glimmlampe nicht, denn zum Zünden einer Glimmlampe ist eine Spannung von etwa 100 V nötig. Diese Spannung stand aber an der Spule nach der Trennung von der Batterie zur Verfügung. Folglich muss Energie aus der Spule zur Glimmlampe transportiert worden sein. Diese kann aber nur aus der Flachbatterie stammen. Beim Schließen des Schalters entsteht ein Strom, der den Eisenkern in der Spule magnetisiert. In diesem Magnetfeld ist also Energie aus der Flachbatterie gespeichert. Beim Öffnen des Schalters wird der Stromkreis unterbrochen, das Magnetfeld im Eisenkern der Spule bricht zusammen. Dadurch wird an den Klemmen der Spule eine hohe Spannung induziert und die in dem magnetischen Eisenkern gespeicherte magnetische Energie wird schlagartig in elektrische Energie umgewandelt. Die Glimmlampe blitzt auf.

Genau dieses schlagartige Freisetzen von Energie nutzt man in der Zündspule aus: Die Zündspule hat zwei Wicklungen über einem Eisenkern. Eine davon wird vom Batteriestrom durchflossen. Diese Spule magnetisiert den Eisenkern. Öffnet ein vom Motor gesteuerter Unterbrecher den Stromkreis, dann bricht das Magnetfeld im Spulenkern zusammen und induziert in der zweiten Spulenwicklung die Zündspannung. Weil diese zweite Spule sehr viele Windungen hat, entsteht eine Spannung von mehr als 15 000 V. Ein Verteiler legt diese an die Zündkerze, wo dann der Zündfunke überspringt (Abb. 3).

Eine stromdurchflossene Spule speichert Energie. Die in ihrem Magnetfeld gespeicherte Energie kann wieder in elektrische Energie umgewandelt werden.

2
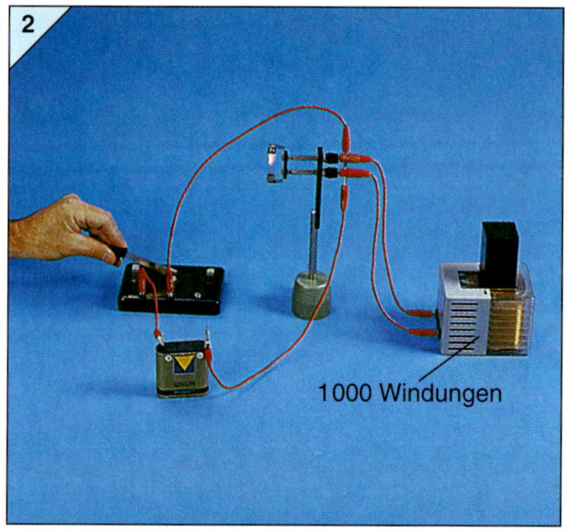

V1 Baue die Versuchsanordnung entsprechend Abb. 2 auf. Was geschieht jeweils, wenn der Schalter geschlossen oder geöffnet wird? Beobachte und beschreibe.

A2 In welcher Form wird die Energie in einer stromdurchflossenen Spule gespeichert und wieder abgegeben?

3
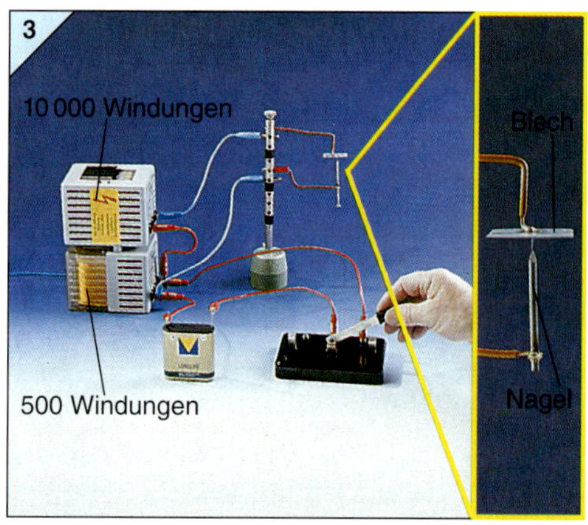

V3 Baue die Autozündanlage mit Teilen aus der Physiksammlung nach. Öffne den Schalter. Beobachte, was geschieht.

4

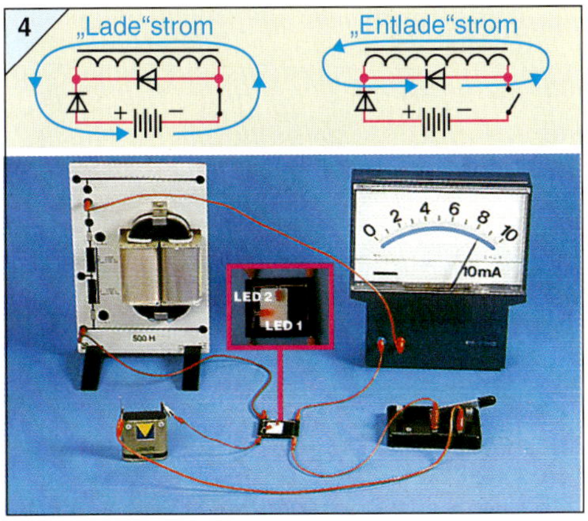

V4 a) Beobachte die beiden Leuchtdioden und den Zeiger des Strommessers, nachdem der Schalter im Versuchsaufbau oben geschlossen wurde und nachdem er 10 Sekunden später wieder geöffnet worden ist.
b) Ersetze dann die Spule durch einen 220 Ω-Widerstand und wiederhole. Warum verhalten sich die LEDs verschieden?

5

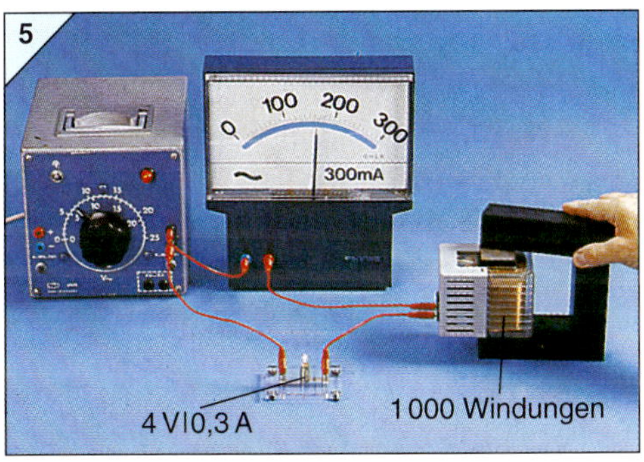

V5 a) Baue die Versuchsanordnung wie in Bild 5 zunächst ohne Eisenkern auf. Schließe zunächst eine Quelle an mit 6 V Gleichspannung, dann eine mit 6 V Wechselspannung. Was beobachtest du jeweils?
b) Bringe nun einen U-Kern in die Spule und schließe ihn mit einem Joch. Schließe wieder die Gleich- bzw. Wechselspannungsquelle an. Was geschieht jetzt?
c) Erhöhe die Spannung auf 24V und verdrehe das Joch auf dem U-Kern. Wie verhält sich die Lampe?

Selbstinduktion

Nach dem Schließen des Schalters in V4 fließen Elektronen vom Minuspol durch die Spule und durch die erste Leuchtdiode zum Pluspol. Die zweite LED sperrt. Vom langsam steigenden Strom wird der Eisenkern etwa 3 Sekunden lang magnetisch „aufgeladen“. Danach ist LED1 maximal hell und die Stromstärke hat den höchsten Wert (10 mA). Wenn man den Stromkreis unterbricht, geht LED1 aus. Jedoch übernimmt LED2 den Strom der Spule sofort und leuchtet schlagartig auf. Danach sinken Helligkeit und Strom langsam auf null. Das kommt so:
Wenn sich Spulenströme verändern, ändert sich auch das Magnetfeld im Eisenkern. Die Feldänderung erzeugt durch Induktion eine zusätzliche Spannung in der Spule, die immer so gerichtet ist, dass sie der Ursache „Feldänderung“ entgegenwirkt. Man nennt das **Selbstinduktion.** In V4 baut beim *Einschalten* die Batterie das Magnetfeld auf. Durch Selbstinduktion entsteht jetzt eine Spannung, die der Batteriespannung entgegensteht, also den Stromanstieg hemmt. Nach dem *Ausschalten* müsste das Magnetfeld zusammenbrechen. Die Selbstinduktion bewirkt jedoch eine Spannung, die den Spulenstrom über LED2 aufrechterhält.

Diese Selbstinduktion hat Konsequenzen: Benutzen wir wie in Bild 5 eine 6 V-Gleichspannungsquelle, so leuchtet die Lampe. Verwenden wir 6 V Wechselspannung, so ändert sich die Helligkeit der Lampe kaum. Sie leuchtet bei Wechselspannung aber nicht mehr, wenn die Spule auf einem geschlossenen Eisenkern sitzt. Erst wenn wir die Spannung auf 24 V erhöhen und das Joch verdrehen, leuchtet sie wieder. Offensichtlich hat die Spule einen Widerstand, der davon abhängt, wie gut der U-Kern geschlossen ist: Der Wechselstrom erzeugt ein sich ständig änderndes Magnetfeld in der Spule. Durch die Selbstinduktion kommt im Stromkreis nur die Differenz zwischen der angelegten Spannung und der Selbstinduktionsspannung zur Wirkung. Die Spule stellt für Wechselstrom einen größeren Widerstand dar als für Gleichstrom. Sie drosseln mehr als ohmsche Widerstände, daher nennt man sie auch **Drosselspulen.** Sie werden z. B. als Vorwiderstände bei Leuchtstoffröhren verwendet. Ihr Vorteil ist, dass sie nahezu verlustfrei arbeiten. Sie nehmen zwar Energie während der Magnetisierung des Eisenkerns auf, geben diese aber beim Entmagnetisieren wieder an das Netz zurück.

Spulen wirken bei Wechselstrom als Widerstände. Mit Drosselspulen lassen sich Wechselströme fast verlustfrei auf die gewünschte Stärke einstellen.

AUFGABEN UND ZUSAMMENFASSUNG

1. Wie entsteht bei der Autozündanlage der Funke? Welche Aufgaben haben Zündspule und Unterbrecher?

2. Wie können Spulen Energie speichern? Wie lässt sich das zeigen?

3. Welche Vorteile haben Drosselspulen gegenüber ohmschen Widerständen? Wo werden diese Spulen verwendet?

Spulen im Stromkreis

Im Wechselstromkreis wirken Spulen wie Widerstände, weil durch Selbstinduktion darin eine Gegenspannung entsteht.

Warum Hochspannungsleitungen?

Unser Land ist durchzogen von Hochspannungsleitungen. Es werden immer mehr und sie beeinträchtigen das Landschaftsbild. Kann man nicht auf sie verzichten?

Elektrische Energie in der Menge, wie sie beispielsweise eine Großstadt oder ein Ballungsraum benötigen, wird überwiegend in Großkraftwerken erzeugt. Diese sind an bestimmte Standorte gebunden: Wärmekraftwerke an Abbaugebiete von Braunkohle oder an größere Flüsse wegen des Steinkohletransports und wegen des riesigen Kühlwasserbedarfs, Wasserkraftwerke an Mittel- und Hochgebirgslagen. Oft liegen günstige Kraftwerksstandorte fernab von Ballungsräumen und Industriezentren. Dann muss die Energie über weite Strecken transportiert werden. Dabei treten in den Leitungen Verluste in Form von Wärme auf.

Nehmen wir an, ein Großkraftwerk hat eine Leistung von 920 MW. Bei 230 V Spannung ist zur Energieübertragung ein (Elektronen-)Strom von 4 Mio A erforderlich, denn aus $P = U \cdot I$ folgt

$$I = P/U = 920\,000\,000\ \text{W} : 230\ \text{V} = 4\,000\,000\ \text{A}.$$

Bei so hohen Stromstärken entsteht in den Übertragungsleitungen sehr viel Wärme, die sich nur vermeiden lässt, wenn die Drähte sehr dick gemacht werden. Nähme man in obigem Fall „Drähte" mit etwa 1,5 m Durchmesser, so würden bei 4 000 000 A darin 10% ($\approx$ 100 MW) der eingegebenen Energie zu Wärme. Für das Aluminium einer 200 km langen Leitung bräuchte man über 1 Mio. t! Das ist natürlich nicht bezahlbar. Die Verluste müssen also auf andere Weise verkleinert werden. Dazu wird schon im E-Werk die Spannung mithilfe von Transformatoren auf 380 000 V erhöht. Die Stromstärke sinkt dann auf rund 2 300 A. Auf der Hochspannungsseite ist ja

$$I = P/U = 920\,000\,000\ \text{W} : 380\,000\ \text{V} = 2\,316\ \text{A}.$$

Für den relativ kleinen Strom von ca. 2 300 A auf der Hochspannungsseite genügen etwa 1 cm dicke Drähte aus insgesamt 150 t Aluminium. Diese müssen aber wegen der Hochspannung an hohen Masten mit langen Isolatorketten aufgehängt werden.

Dort, wo die Energie gebraucht wird, erniedrigt man die Spannung stufenweise, zunächst auf 110 000 V und dann auf 20 000 V. Am Ende der 20 000 V-Leitungen befinden sich die Trafos, die das Ortsnetz mit 230 V speisen (Bild 4).

> Nur mit Hochspannung werden die Leitungsverluste beim Ferntransport elektrischer Energie so klein, dass sich die Fern-Übertragung lohnt.

1

A1 Diese Hochspannungsleitungen passen nicht in die Landschaft. Warum kann man nicht auf sie verzichten, indem man die Kraftwerke dort baut, wo man den „Strom" braucht?

V2 Baue die Versuchsanordnung in Bild 2 auf und schalte ein. (Die beiden 1 kΩ-Widerstände ersetzen eine lange Leitung.)
Warum leuchtet die 6 V-Lampe rechts nicht, obwohl am Netzgerät 7 V eingestellt sind? Miss die Spannung an der Lampe. Wo bleibt der Fehlbetrag?

V3 Lehrerversuch: Ein Hochspannungstrafo (1 : 20) wird an den Anfang und ein Niederspannungstrafo (20 : 1) ans Ende der Leitung gesetzt (Bild 3). Leuchtet die Lampe jetzt? Miss die Spannung an ihr. Erkläre, warum sie wesentlich höher ist als in V2.

V4 In Bild 4 ist die Energieversorgung in einem großen Gebiet dargestellt. Verfolge den Weg der Energie von den beiden Kraftwerken in die Stadt und in das Dorf.
In der ersten Umspannstation wird die Energie beider Werke zusammengeführt und dann wieder verteilt. Warum wohl?

2

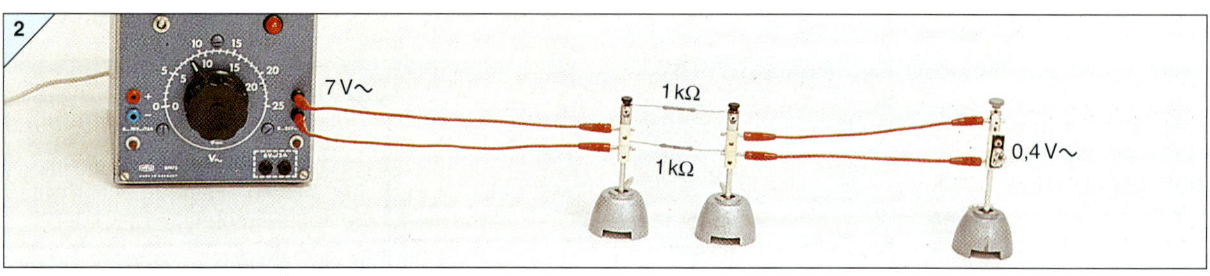

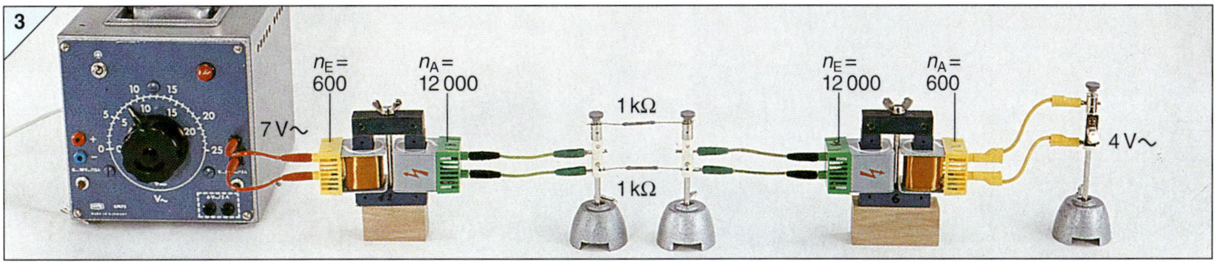

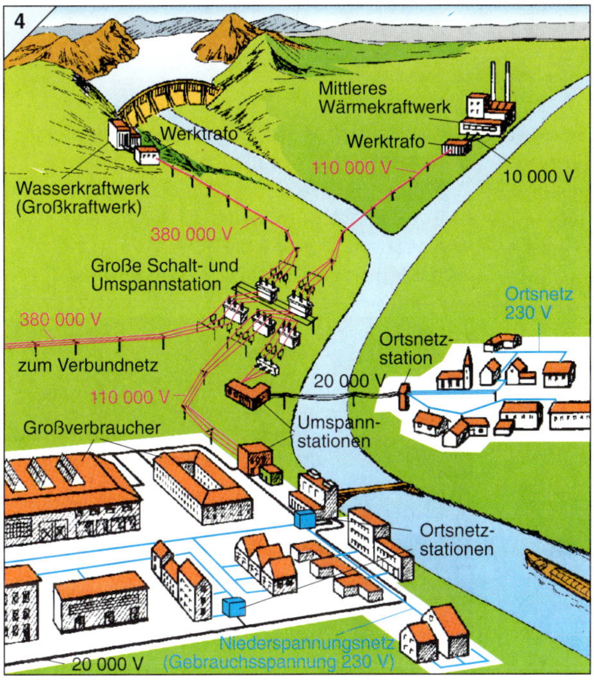

Verzicht auf Hochspannungsleitungen?

Die beiden Versuche in den Bildern 2 und 3 zeigen, dass die Hochspannungsübertragung mit 2 Transformatoren tatsächlich funktioniert, auch wenn die Leitung einen hohen Widerstand hat.

Der Verzicht auf Hochspannungsleitungen wäre weitgehend möglich, wenn es gelänge,

1. Material mit etwa 1000fach höherer Leitfähigkeit zu finden als der von Kupfer. Dann würde die Übertragung mit Erdkabeln möglich. Versuche mit *supraleitenden* Kabeln, die weit unter −150 °C gekühlt werden müssen, laufen. Jedoch ist der Kühlaufwand noch unwirtschaftlich hoch.
2. Anlagen zur Erzeugung elektrischer Energie im 1000 kW-Bereich einzusetzen, die in Bezug auf Wirtschaftlichkeit und Umweltfreundlichkeit mit Großanlagen konkurrieren können. Jeder Stadtteil bzw. größere Wohnblock könnte dann sein eigenes Elektrizitätswerk bekommen. Überregionale Hochspannungsleitungen wären überflüssig.

AUFGABEN UND ZUSAMMENFASSUNG

1. Welche Bedeutung haben Transformatoren und Hochspannungsanlagen für die Übertragung von elektrischer Energie über große Entfernungen?

2. Welche Probleme müsste man lösen, wenn man elektrische Energie in Großkraftwerken in Form von Gleichstrom erzeugen würde und dann über große Strecken fernleiten müsste?

3. a) Errechne die Stromstärke in den 110 000 V-Leitungen einer 50 000 kW-Übertragungsanlage.
b) Wie groß ist der Strom auf der Niederspannungsseite (230 V)?

4. Wo wird in Bild 4 die Spannung durch Transformatoren erhöht, wo wird sie erniedrigt?
Begründe, warum das sinnvoll ist.

5. Erkläre anhand der Schaltbilder,
a) warum bei V2 die Spannung nicht für den Betrieb des Lämpchens ausreicht;
b) warum es dagegen bei V3 leuchtet?

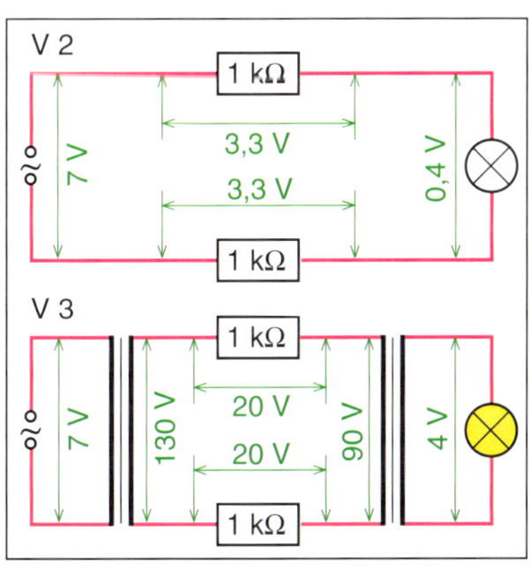

Energietransport mit Hochspannung

Elektrische Energie wird meist in Großanlagen erzeugt, weit weg von Verbrauchern. Die Versorgungsleitungen sind daher lang und die Leitungsverluste wegen der Wärmeentwicklung sehr hoch, wenn man Niederspannung benutzt.

Um die Wärmeentwicklung in Fernleitungen klein zu halten, erhöht man im Kraftwerk die Spannung mit Transformatoren und vermindert dadurch die Ströme in den Leitungen. Am Ort des Verbrauchs elektrischer Energie wird die Spannung wieder herabgesetzt und der Strom vergrößert.

Was geschieht in Kraftwerken?

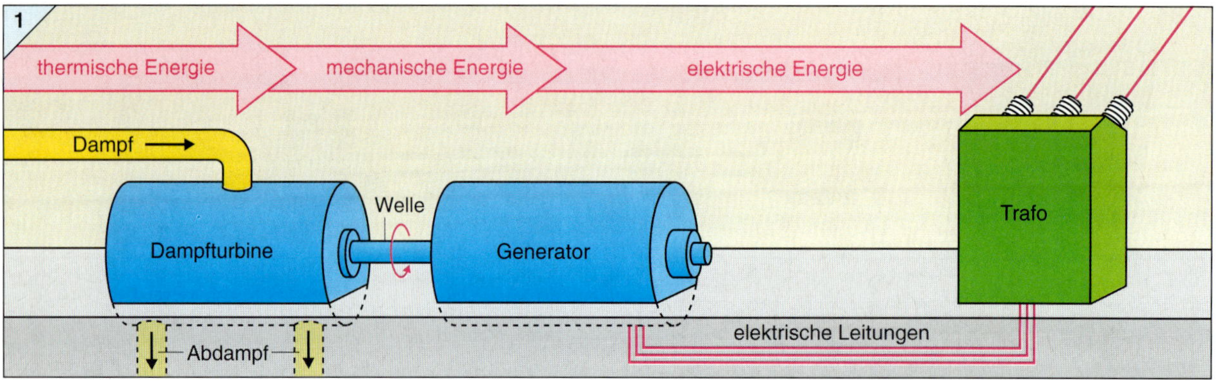

Kraftwerke (Elektrizitätswerke, E-Werke) sind Anlagen zur Erzeugung von elektrischer Energie in großen Mengen. Sie versorgen über weit verzweigte Überlandleitungen Dörfer, Städte und Industrieanlagen „rund um die Uhr". Die elektrische Energie wird wie im Versuch nach Bild 2 in einem Generator durch Induktion erzeugt. Wie dort muss in den Kraftwerken der Generator angetrieben werden, und wie dort führen von ihm elektrische Leitungen zu den Verbrauchern. In Bild 2 liefert der kurbelnde Schüler die Energie; im Kraftwerk macht das eine riesige Dampfturbine. Infrage kommen hierfür aber auch große Dieselmotoren sowie Wasser- und Windturbinen (Windräder).

In den Antriebsmaschinen wird Energie (chemische Energie im Brennstoff, Höhenenergie von Wasser, Bewegungsenergie von Wind) in mechanische Energie umgesetzt. Eine rotierende Welle überträgt sie zum Innenpolgenerator. Die Welle treibt dessen Magnettrommel an, wobei in fest stehenden Spulen mit Eisenkern durch Induktion elektrische Energie entsteht. Der Generator arbeitet im Prinzip also wie eine Fahrradlichtmaschine. Die entstehende elektrische Energie geht über einen Transformator ins Hochspannungsnetz.

In unserem Versuch brauchen wir eine größere Kraft, um den Rotor zu drehen, wenn mehr Energie abgenommen wird. Dann nämlich sind auch die Elektronenströme in den Induktionsspulen groß. Das Magnetfeld, das sie erzeugen, hemmt den Rotor. Stoppen wir die Elektronenströmung, so hört auch die elektrische Energieabgabe auf. Nun müssen wir beim Drehen kaum noch Kraft aufwenden. In E-Werken muss, wenn das eintritt, sofort die Antriebsmaschine abgeschaltet werden, damit der Maschinensatz nicht „durchgeht" und sich selbst zerstört.

Leider gibt es keine Möglichkeit, elektrische Energie in nennenswerten Mengen zu speichern und auf Abruf bereitzuhalten. Insofern ist elektrische Energie immer „Energie unterwegs". Bei jeder Energieentnahme aus der Steckdose muss deshalb irgendwo im Netz ein Generator etwas „härter" arbeiten. Umgekehrt gilt:

> Ein Generator kann elektrische Energie nur erzeugen, wenn diese im gleichen Augenblick auch abgenommen wird.

A1 a) Betrachte Bild 1. Welche wichtigen Bestandteile hat der Maschinensatz des Wärmekraftwerks?
b) In welcher Form kommt die Energie an? Wie setzt die Turbine die Energie um und wie wird letztlich elektrische Energie daraus?

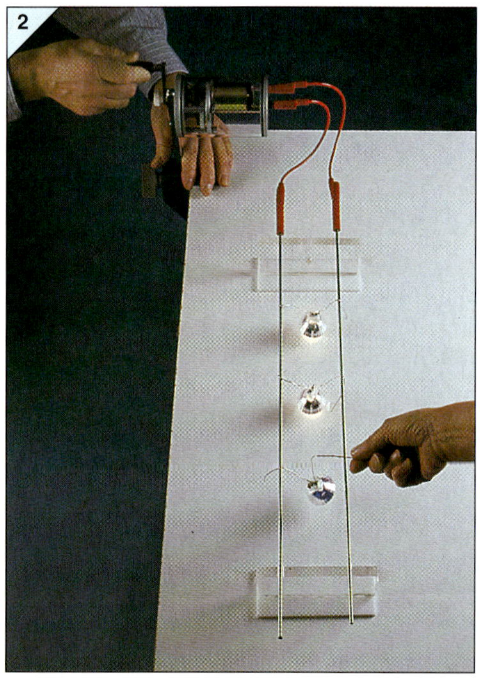

V2 Verbinde den Generator wie in Bild 2 mit den beiden voneinander isolierten Metallschienen, in die drei Halogenlampen eingehängt sind. Drehe an der Kurbel. Ein Mitschüler soll nun zuerst eine Lampe, dann die zweite, schließlich die dritte abhängen und somit den Stromkreis völlig unterbrechen.
a) Berichte, wie sich die Kraft ändert, mit der du drehen musst.
b) Erkläre mithilfe von Energieüberlegungen, warum sich der Kraftaufwand beim Kurbeln ändern muss, wenn mehrere Lampen leuchten.

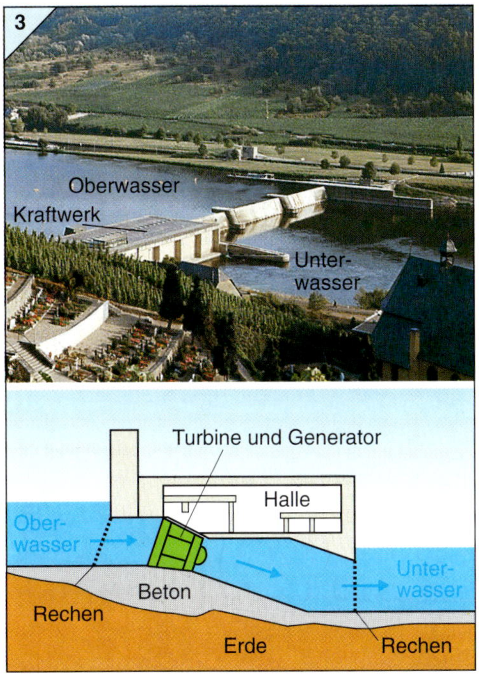

A3 Warum wird in Laufwasserkraftwerken bei gleicher Wasserströmung mehr Energie umgewandelt, wenn der Höhenunterschied zwischen Ober- und Unterwasser größer ist?

A4 Erläutere den Unterschied zwischen diesem Speicherkraftwerk im Gebirge und dem Laufwasserkraftwerk in Bild 3.

Bergab strömendes Wasser kann Energie liefern!

Wasser, das bergab fließt, kann Steine vor sich herrollen und rund schleifen, Büsche und Bäume entwurzeln und kilometerweit mitreißen. Bei Hochwasser bringen Flüsse sogar Brücken und Häuser zum Einsturz. Für die Menschen wird fließendes Wasser nützlich, wenn es Mühlen und Sägewerke antreibt. Dazu muss man dem Wasser Räder in den Weg stellen, an denen es seine Kraft auslassen kann, indem es sie dreht. Diese *Wasserräder* wurden erstmals vor einigen hundert Jahren eingesetzt und waren neben Windmühlen die einzigen Antriebsmaschinen bis zur Erfindung der Dampfmaschine. Ihr Vorteil: Wenn die Wasserkraftanlage einmal gebaut ist, kostet der Betriebsstoff für die Maschine jahrelang nichts mehr.
Kein Wunder, dass man auch heute noch sehr an der Energie interessiert ist, die Wasser abgenommen werden kann. Man möchte sie in elektrische Energie umwandeln und ins Versorgungsnetz eingeben. Wie werden heute solche Anlagen gebaut?

Das Grundprinzip ist einfach: Man versperrt dem Wasserlauf seinen natürlichen Weg durch ein Wehr oder einen Staudamm. Dadurch entsteht zwischen dem Wasser vor dem Stauwerk, dem *Oberwasser*, und dem Wasserablauf dahinter, dem *Unterwasser*, ein Höhenunterschied. Oben hat das Wasser Höhenenergie, unten nicht mehr. Lässt man es über ein Rohr in eine Turbine nahe dem Unterwasser strömen und dort die Turbinenschaufeln antreiben, so wird die Höhenenergie in mechanische Energie umgewandelt. Die Turbinenachse ist direkt mit dem Läufer des Generators gekoppelt: Dieser nimmt die mechanische Energie ab und wandelt sie in elektrische um, die sofort ins Versorgungsnetz geht.

Bei **Laufwasserkraftwerken** wird ein Fluss oder ein Bach durch ein Wehr einige Meter hoch aufgestaut. Das Flusswasser muss danach in der Menge und der Zeit durch die Turbine strömen, in der es der Fluss liefert. Wasser im Überangebot läuft ungenutzt über das Wehr. Speichern kann man allenfalls für Stunden.
Bei **Speicherkraftwerken** wird alles Wasser, das als Regen und Schnee in einem ausgedehnten, hoch gelegenen Gebiet niedergeht, in einem Stausee gesammelt. Mehrere Bäche werden dabei oft über Stollen durch trennende Berge in den See zusammengeführt. Über Druckrohre wird das gespeicherte Wasser bei Bedarf in eine Turbinenanlage geleitet, die im Tal liegt, unter Umständen mehrere hundert Meter tiefer. Je mehr Regen und Schnee in einem Jahr fallen, desto mehr elektrische Energie kann in den Turbinen aus dem strömenden Wasser gewonnen werden.

AUFGABEN UND ZUSAMMENFASSUNG

1. Beschreibe, warum in einem E-Werk immer eine Antriebsmaschine mit einem Generator gekoppelt ist.

2. Welche Form von Energie wird beim Antrieb von Generatoren mit Verbrennungsmotoren und Dampfturbinen in elektrische Energie umgesetzt, welche bei Wasserturbinen?

3. Welche der beiden Energieformen aus Aufgabe 2 führt zu weniger Umweltproblemen? Warum?

Kraftwerke

Kraftwerke wandeln chemische Energie von Kohle, Gas und Öl oder Höhenenergie von Wasser in elektrische Energie um.

Wie werden Lastschwankungen ausgeglichen?

In Bild 1 ist dargestellt, wie eine „Modell-Familie" im Laufe von 24 Stunden das elektrische Versorgungsnetz durch Energiebezug belastet. Diese Belastung ändert sich überraschend oft und macht dabei relativ große „Hüpfer" zwischen 0 und 5 kW.

Die Unterschiede zwischen Höchst- und Mindestlast sind weniger drastisch, wenn wir die Energienachfrage in einem großen Gebiet betrachten, vor allem wenn dort Industrie ansässig ist, die „rund um die Uhr" arbeitet. In Bild 2 ist dies für eine Großstadt mit 500 000 Einwohnern dargestellt. Zu bestimmten Zeiten am Tag (mittags und gegen 20h) ist aber auch hier die Energieabgabe noch wenigstens doppelt so groß wie in der Nacht. In Bild 2 ist außerdem noch durch farbige Unterlegung dargestellt, wie sich der Energiebedarf unserer Großstadt von Sommer (rot getönt) zu Winter (grau getönt) verändert: Der tägliche Verlauf ist im Sommer sehr ähnlich zu dem im Winter, aber im Winter wird zu allen Tages- und Nachtzeiten knapp doppelt so viel Energie benötigt wie im Sommer.

Bild 3 zeigt die **Lastkurve** für ganz Deutschland vom 3. Dezember 1992. Du siehst, dass die Schwankungen des momentanen Energiebedarfs viel kleiner sind als bei der Großstadt oder gar beim Haushalt. Nach wie vor aber sind deutlich erkennbar ein „Nachttal", ein „Mittagsberg" und dessen abfallende „Abendflanke". Weil elektrische Energie nicht gespeichert werden kann, legt der höchste Gipfel am Mittagsberg eines Jahres (meist an einem Dezembertag) fest, wie viele Gigawatt Leistung alle verfügbaren Kraftwerke zusammen erbringen müssen. Mit einer Sicherheitsreserve von gut 10%, die wegen plötzlicher Kraftwerksausfälle oder Leitungsstörungen immer eingeplant werden muss, ergibt sich eine Gesamtleistung aller Kraftwerke von knapp 70 GW.

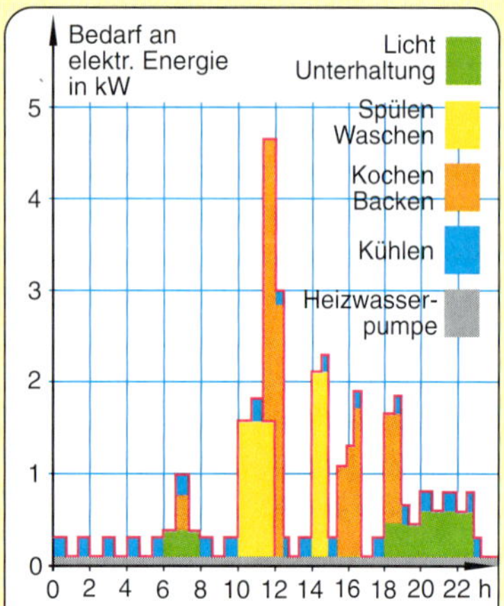

Schwankungen im Energiebedarf eines Haushalts

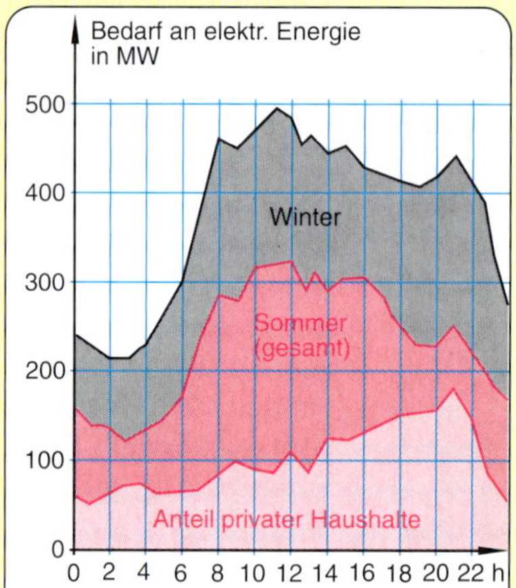

Schwankungen im Energiebedarf einer Großstadt

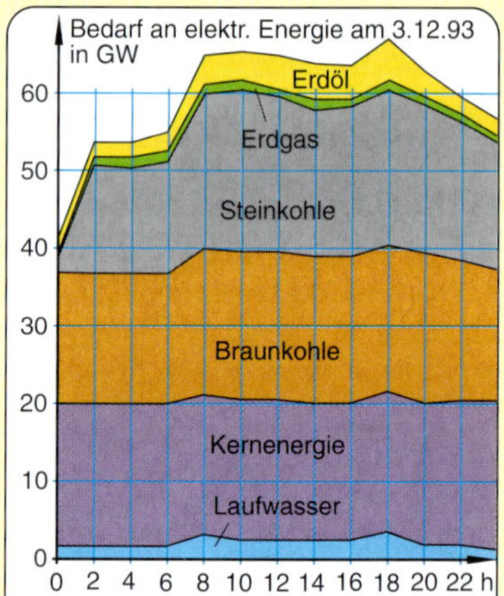

Schwankungen im Energiebedarf des öffentlichen Netzes der BRD

Welche Kraftwerke lässt man zu welchen Zeiten laufen?

1. Die Laufwasserkraftwerke in den Staustufen unserer Flüsse liefern ständig elektrische Energie ins Netz. Würden sie abgeschaltet, liefe das Flusswasser ungenutzt übers Wehr.

2. Wärmekraftwerke erzeugen in Deutschland den größten Teil der elektrischen Energie aus Kohle, Öl, Gas und, wenn es Kernkraftwerke sind, aus Uran. Kernkraftwerke sind nach dem Abschalten tagelang nicht mehr betriebsbereit. Deshalb sind sie nach Möglichkeit dauernd am Netz. Die mit fossilen Brennstoffen betriebenen Kraftwerke dagegen werden nachts gedrosselt, wenn der Energieverbrauch klein geworden ist. Ihre „Anfahrzeiten" liegen im Stundenbereich.

3. Speicherkraftwerke am Fuß von Stauseen im Hoch- und Mittelgebirge decken die Verbrauchsspitzen während der „Mittagsberge". Ihre Turbinen lassen sich nämlich innerhalb von Minuten vom Leerlauf auf Höchstlast bringen. Schnelle Laständerungen können deshalb besonders gut abgefangen werden. Speicherkraftwerke sind nicht dauernd in Betrieb. Wenn sie stillstehen, wird kein Wasser vergeudet, es bleibt für später im Stausee.

4. Pumpspeicherwerke können überschüssige elektrische Energie „speichern". Dabei wird z. B. nachts von Wärmekraftwerken erzeugte elektrische Energie, so genannter „Nachtstrom", dazu verwendet, Wasser in hoch gelegene Staubecken zu pumpen. Dieses Wasser steht dann tagsüber zusätzlich zur Verfügung: Aus billigem „Nachtstrom" wird teurer „Tagstrom". Pumpspeicherwerke sind oft mit Speicherkraftwerken kombiniert.

Das Verbundnetz Deutschlands

Es ist leicht einzusehen, dass eine reibungslose Versorgung der Verbraucher nur durch Zusammenschaltung vieler Kraftwerke zu einem so genannten **Verbundnetz** möglich ist. Nur dann können der Spitzenverbrauch in jedem Fall gedeckt und die Kraftwerke kostengünstig betrieben werden. Im Verbundnetz sind Ausfälle von Kraftwerken ohne Folgen für den „Strom"-Verbraucher, weil jederzeit auf andere Werke zurückgegriffen werden kann: auf Speicherkraftwerke, die binnen Sekunden Ersatz liefern können, und auf Wärmekraftwerke, bei denen es etwas länger dauert.

Das Bild oben zeigt das Verbundnetz der Bundesrepublik Deutschland mit seinen Anschlüssen an die Nachbarländer, wobei nur die 380 kV- und 220 kV-Drehstromleitungen eingezeichnet sind. Es fällt auf, dass die standortunabhängigen Kraftwerke (Öl, Gas, Kernenergie) sich in der Nähe von industriellen Ballungsgebieten häufen. Diese „Verbrauchernähe" ist bei Wasserkraftwerken meist nicht gegeben. Die leistungsfähigsten Wasserkraftwerke liegen am Alpenrand und in den Mittelgebirgen. Bei den Braunkohlekraftwerken wäre der Kohletransport teurer als die Übertragung der erzeugten elektrischen Energie. Deshalb befinden sich diese Kraftwerke in unmittelbarer Nähe der Braunkohlevorkommen: im linksrheinischen Braunkohlerevier, in der bayerischen Oberpfalz und in West- und Ostsachsen.

Wenn ein Magnet in eine Spule hineingesteckt oder aus ihr herausgezogen wird, tritt an den Buchsen der Spule eine Spannung auf.

Wenn der Eisenkern in einer Spule durch einen Strom in einer zweiten Spule magnetisiert oder entmagnetisiert wird, gibt es eine Induktionsspannung an den Buchsen der Spule.

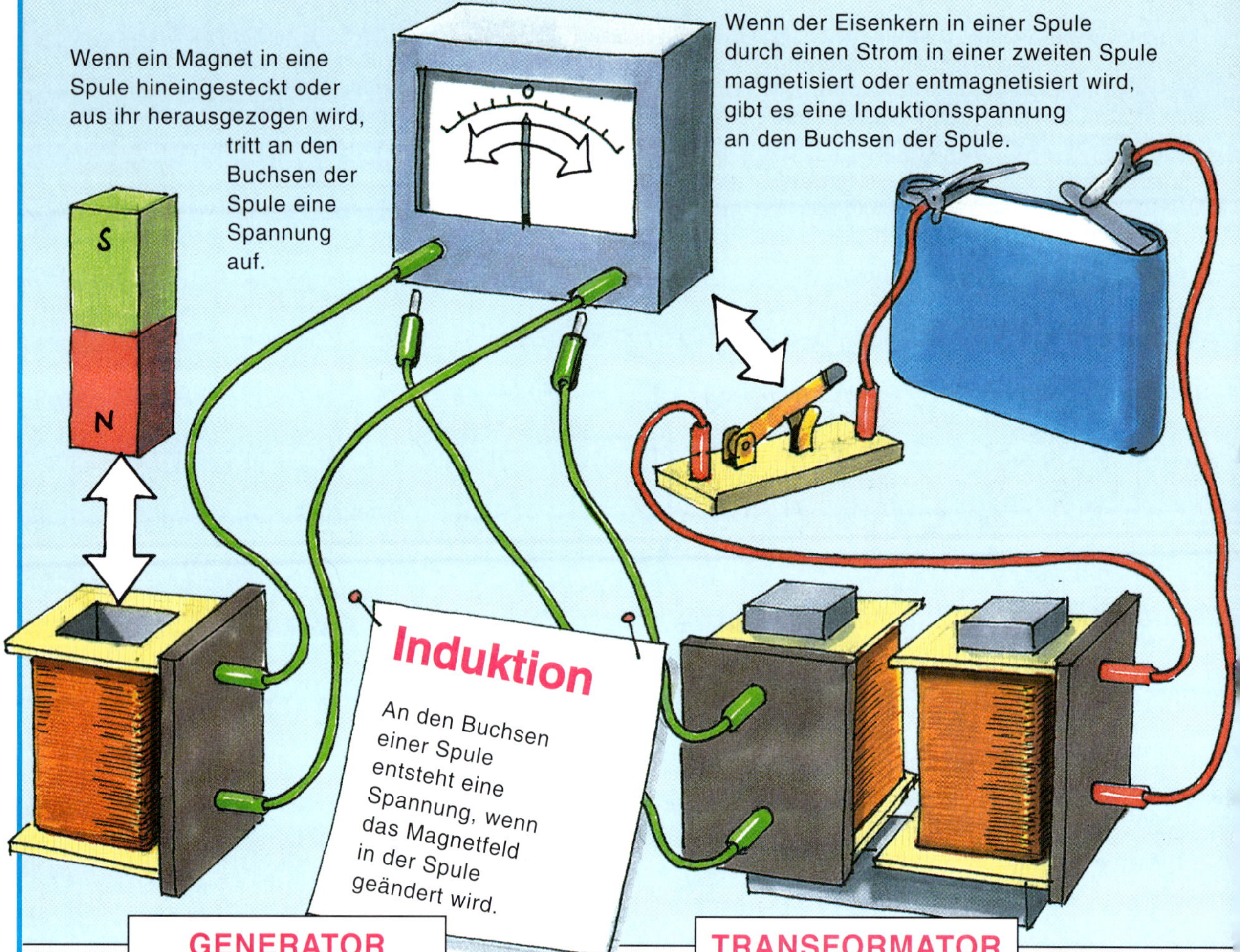

Induktion

An den Buchsen einer Spule entsteht eine Spannung, wenn das Magnetfeld in der Spule geändert wird.

GENERATOR

In einem Generator magnetisiert ein rotierender Magnet den Eisenkern einer Spule laufend um. Durch Induktion entsteht dabei Wechselspannung in der Wicklung.

Bei diesem Vorgang wird mechanische Energie umgewandelt in elektrische Energie.

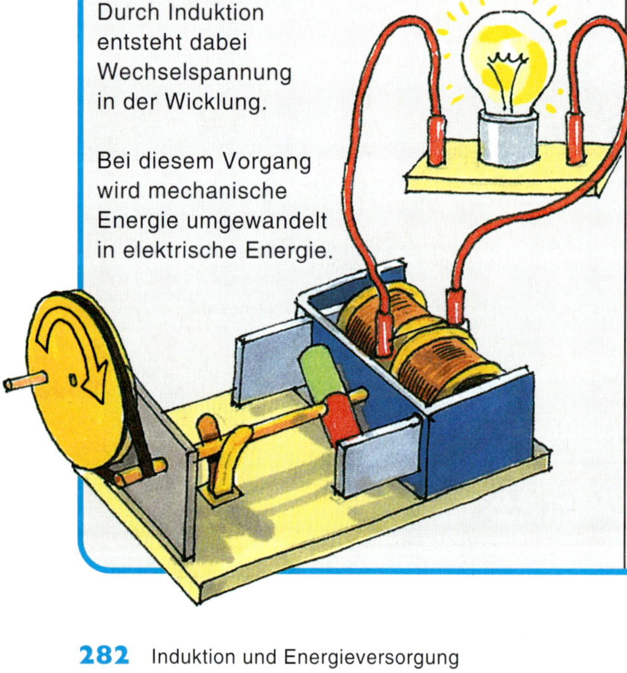

TRANSFORMATOR

In einem Transformator erzeugt der Wechselstrom in der Eingangsspule ein Magnetfeld im Eisenkern.

Da sich das Magnetfeld auch in der Ausgangsspule dauernd ändert, wird in ihr eine Wechselspannung induziert.

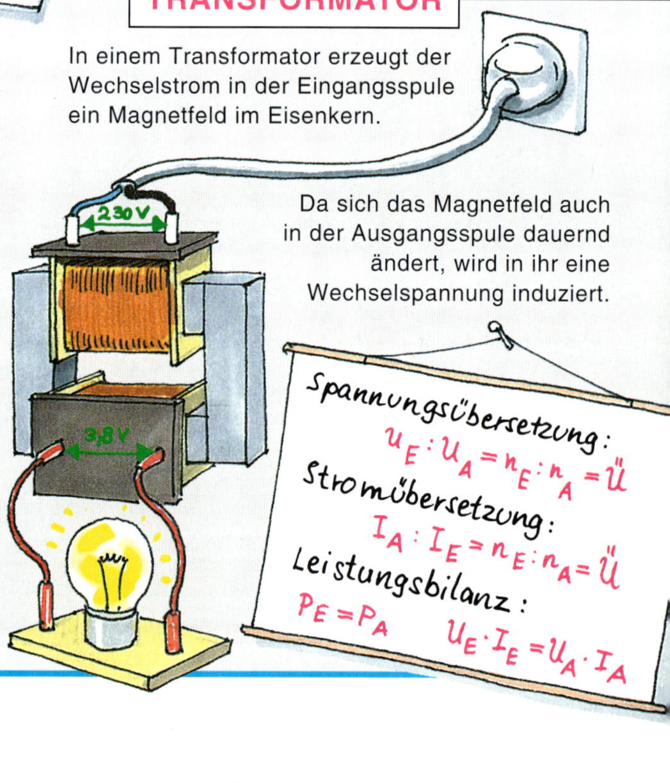

Wechselstrom und Wechselspannung

Wird der Eisenkern in einer Spule magnetisiert und entmagnetisiert, entsteht durch Induktion an den Enden der Spule eine Wechselspannung. Ist an die Spule ein Stromkreis angeschlossen, fließt in ihm Wechselstrom.

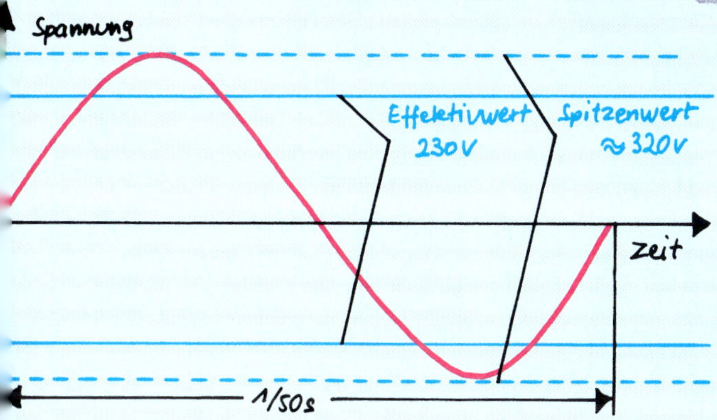

Kräfte auf Strom führende Drähte

In einem Magnetfeld erfährt ein Strom führender Draht eine Kraft senkrecht zu der Richtung des Magnetfeldes und senkrecht zur Strömungsrichtung der Elektronen.

Linke-Hand-Regel:

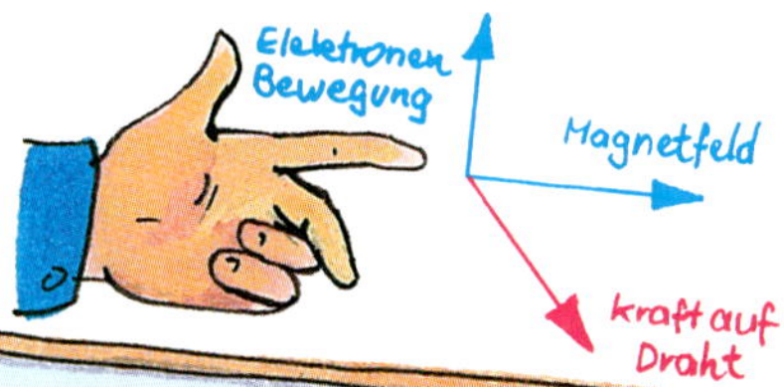

Soll ein Lämpchen an einem Trafo gleich hell leuchten wie an einer 4 V-Batterie, so muss der Spitzenwert der Trafo-Wechselspannung 5,6 V betragen. Sie hat dann den Effektivwert $U_{eff} = 4$ V.

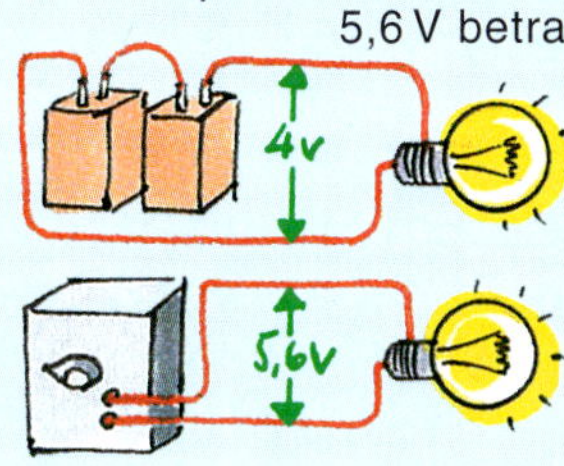

Wechselstromleistung:

$$P_{eff} = U_{eff} \cdot I_{eff} = \frac{1}{2} U_S \cdot I_S$$

Energieübertragung

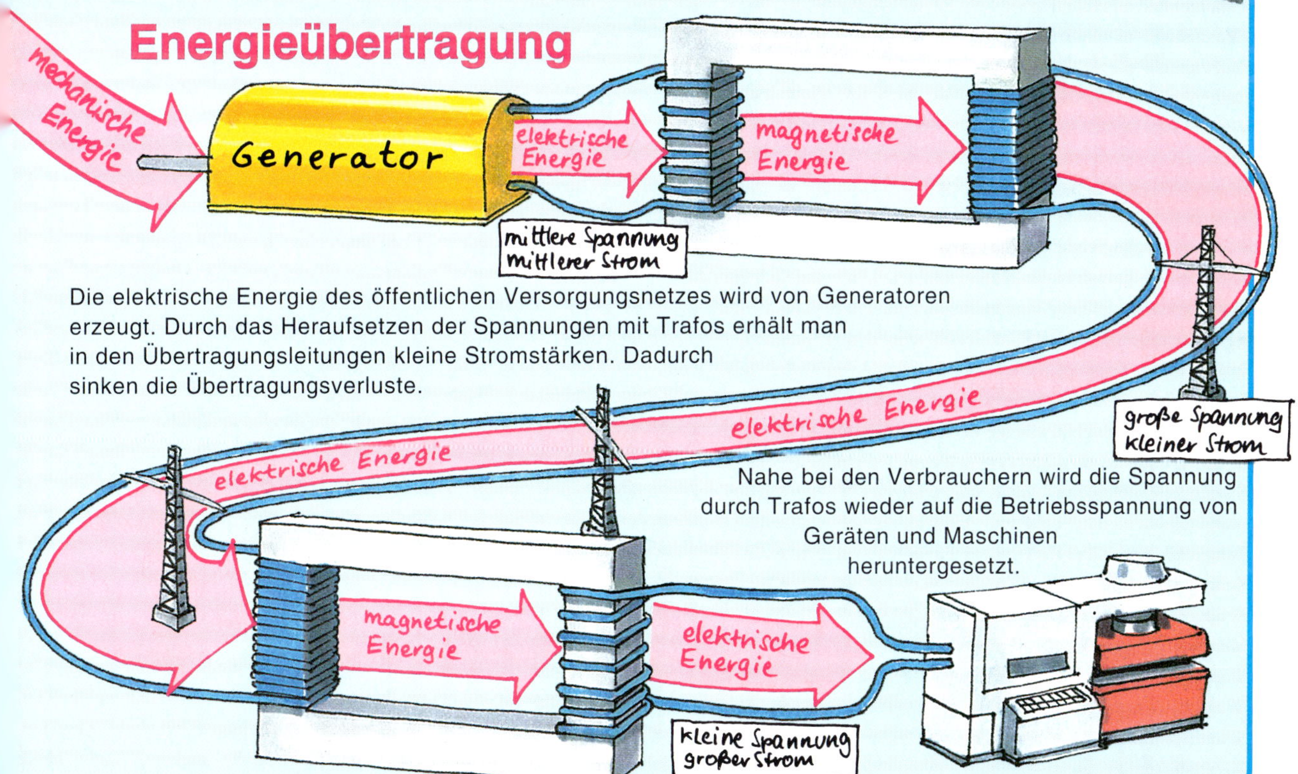

Die elektrische Energie des öffentlichen Versorgungsnetzes wird von Generatoren erzeugt. Durch das Heraufsetzen der Spannungen mit Trafos erhält man in den Übertragungsleitungen kleine Stromstärken. Dadurch sinken die Übertragungsverluste.

Nahe bei den Verbrauchern wird die Spannung durch Trafos wieder auf die Betriebsspannung von Geräten und Maschinen heruntergesetzt.

1. Zeichne die Linien des Magnetfeldes, das eine Strom führende Spule
a) ohne Eisenkern,
b) mit Innen-Kern,
c) mit U-Kern
erzeugt.

2. Wie weist man nach, dass sich die Feldlinien im Eisen fortsetzen?

3. Vergleiche einen Stabmagneten mit einem Elektromagneten. Nenne Gemeinsamkeiten und Unterschiede der Magneten und ihrer Felder.

4. In einem Magnetfeld erfährt jeder Strom führende Draht eine Kraft. In welche Richtung wirkt sie? Zeichne. Wovon hängt die Größe der Kraft ab, die auf den Draht wirkt?

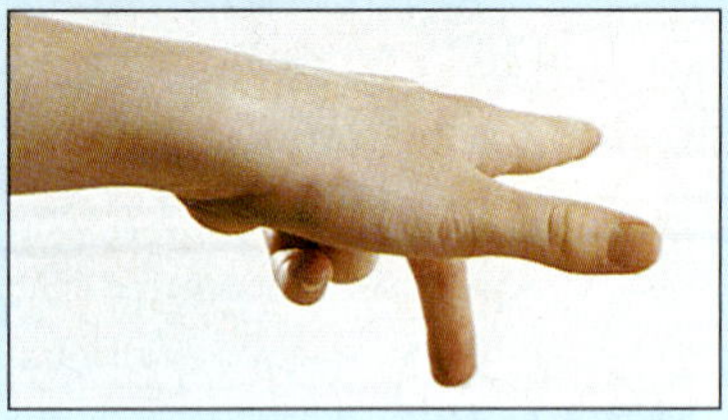

5. Welche Teile enthält ein einfacher Elektromotor?
Wie kommt es zur Drehbewegung beim Elektromotor?

6. Wie muss ein Elektromotor gebaut sein, der mit Wechselstrom betrieben werden kann?
Welche Vorteile hat ein Elektromotor mit einem Trommelläufer gegenüber einem mit zweipoligem Läufer?

7. Beschreibe je einen Versuch, bei dem Induktionsspannung erzeugt wird,
a) wenn nur ein Magnet und eine Spule verwendet werden;
b) wenn man eine Spule mit Eisenkern und einen Magneten hat;
c) wenn die Induktionsspannung durch Öffnen und Unterbrechen des Stromkreises entstehen soll.

8. Zeichne das Magnetfeld, das eine Spule erzeugt, die auf dem Mittelschenkel eines M-förmigen Eisenkerns sitzt. Wie laufen die Feldlinien in den Außenschenkeln jeweils? Warum muss eine Induktionsspule, die das ganze Feld umfassen soll, ebenfalls auf dem Mittelschenkel sitzen?

9. Zeichen auf, wie ein Innenpol-Generator gestaltet ist. Welches Bauteil dreht sich?
Wie verlaufen die Feldlinien? Wo beginnen sie, wo enden sie? Wie werden sie um die Spulenwickel herumgeführt?

10. Wie kommt es im Innenpol-Generator zur Induktion und wo nimmt man die Induktionsspannung ab?

11. Wie kommt Energie von der rotierenden Welle eines Innenpol-Generators in die Spulenwicklung?

12. Welche Aufgabe hat der Stromwender beim Elektromotor und beim Gleichstromgenerator?

13. a) Beschreibe den zeitlichen Verlauf von Gleich- und von Wechselstrom.
Zeichen für jeden ein *t-I*-Diagramm.
b) Zeichne jeweils Effektiv- und Spitzenwerte ein.

14. a) Das untere Bild zeigt das *t-U*- und das *t-I*-Diagramm eines Wechselstromkreises. Übertrage die Kurven in dein Heft. Entnimm ihnen zusammengehörige Werte für *U* und *I* in 0,25 s-Schritte. Errechne damit die abgegebene Leistung $P = U \cdot I$ und zeichne ein *t-P*-Diagramm (10 W ≙ 2 cm).
b) Beschreibe das *t-P*-Diagramm.
Wie wird Energie in einem Wechselstromkreis übertragen?
c) Ist die abgegebene Leistung bei Wechselstrom kleiner als oder so groß wie bei Gleichstrom? Begründe.

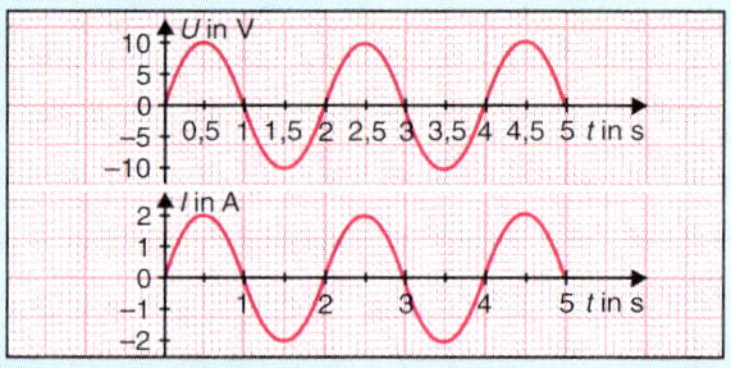

15. Zeichne einen einfachen Trafo mit zwei Spulen und einen zum „Ring" geschlossenen Eisenkern. Wie wird der Energieübergang zwischen Eingangs- und Ausgangsspule bewirkt? Warum ist eine elektrisch leitende Verbindung zwischen den Spulen nicht nötig?

16. Welche Rolle spielt Induktion im Trafo von Aufgabe 15? Warum arbeitet er nur mit Wechselstrom?

17. Wie groß ist die Ausgangsspannung bei einem Trafo, wenn die Eingangsspule 1 200 Windungen und die Ausgangsspule 60 Windungen hat und am Eingang 230 V anliegen?

18. Ein Trafo verändert auch Ströme. Wie groß ist der Eingangsstrom im Trafo der Aufgabe 17, wenn man im Ausgangskreis einen Elektronenstrom von 25 A hat?

19. Bei der Energieübertragung durch Trafos entsteht immer auch etwas Wärme. Wo und warum?

20. Welche Rolle spielen Trafos in unserem Versorgungsnetz? Skizziere den Weg der Energieübertragung von einem Kraftwerk bis zum Nutzer, trage auch die Spannungen an den verschiedenen Leitungssträngen ein.

21. Manche Hochspannungsleitungen haben eine Spannung von 380 000 V. Zum Betrieb einer Lampe benötigst du jedoch nur 230 V. Wie ist die Lampe mit der Hochspannungsleitung verbunden? Zeichne und erkläre.

22. Erkläre, wie eine Autozündanlage arbeitet. Wovon ist die Höhe der Induktionsspannung abhängig?

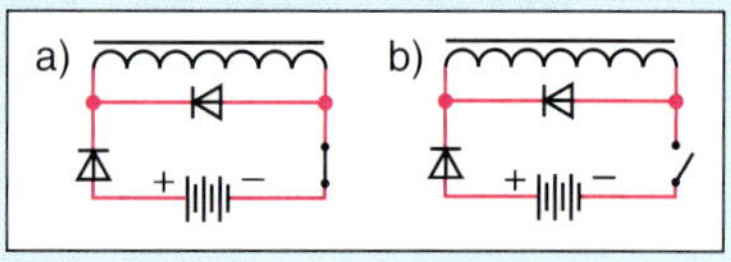

23. a) Über welche Stationen und in welcher Richtung fließen im linken Stromkreis des obigen Bildes die Elektronen, wenn der Schalter geschlossen ist. Zeichne!
b) Warum erreicht der Strom erst nach einiger Zeit seinen Höchstwert. Was geschieht während dieser Zeit in der Spule und im Eisen?
c) Die Schaltung enthält einen Energiespeicher. Welches Bauteil ist es? Wann wird dieser Speicher geladen?

24. Die Batterie in Aufgabe 23 gibt an den Stromkreis Energie ab. Wohin geht diese a) nach dem Einschalten, b) wenn der Strom seinen Höchstwert erreicht hat?

25. Nachdem in Aufgabe 23 die Stromstärke den Höchstwert erreicht hat, wird der Schalter geöffnet (Bild rechts).
a) Welche Bauteile führen jetzt Strom? In welcher Richtung strömen die Elektronen und welches Bauteil ist jetzt Stromquelle? Zeichne!
b) In welcher Form ist die Energie in der Quelle gespeichert? Wo kam die Energie her und wo geht sie letztlich hin?

26. Woher kommt der Name „Drosselspule"? Wo werden die Drosselspulen verwendet. Was ist ihr Vorteil im Vergleich zu einem normalen (ohmschen) Widerstand?

27. a) Warum wirken eisengefüllte Spulen nur in Wechselstromkreisen als Drosseln? b) Am ohmschen Widerstand der Spule scheint eine kleinere Spannung zu wirken als tatsächlich anliegt. Wie kommt das? Erkläre mit Hilfe von Induktion und Selbstinduktion.

Röhren- und Halbleiter-elektronik

Physikalische Grundlage für Fernseh-, Oszilloskop- und Röntgenröhren ist der so genannte *glühelektrische Effekt*. Dieser wurde 1885 von dem Amerikaner T.A. Edison bei seinen unzähligen Versuchen zur Vervollkommnung der Glühlampe entdeckt. Sein Versuchsgerät zeigt uns Bild 1. Es ist eine luftleer gepumpte Glühlampe, **Röhre** genannt, die neben der üblichen Glühwendel ein Metallblech enthält, dessen Haltedraht durch den Glaskolben nach außen geführt ist. Um den glühelektrischen Effekt zu zeigen, schaltet man entsprechend Bild 2. Dort siehst du zwei Stromkreise. Der grün gezeichnete dient wie üblich zur Heizung der Wendel. Der rot gezeichnete enthält zwar einen Strommesser, eine Stromquelle darin suchen wir aber vergeblich. Außerdem ist der Kreis in der Röhre unterbrochen. Was ist sein Sinn?

Wenn wir den Heizstrom einschalten glüht die Wendel. Im gleichen Augenblick bewegt sich auch der Zeiger des Messgerätes. Offensichtlich fließen jetzt Elektronen vom glühenden Draht über die Lücke zum Blech und von dort über das Messgerät wieder zurück. Dieser Elektronenstrom wird schwächer, wenn wir die Temperatur des Glühdrahtes absenken, indem wir weniger stark heizen. Er kommt total zum Erliegen, wenn die Wendel nur noch schwach dunkelrot oder gar nicht mehr glüht. – Wie wird der Strom im roten Kreis angetrieben und wie überwinden die Elektronen die Lücke in der Röhre? Beachte, dass die Heizstromquelle *nicht* in diesem Stromkreis liegt.

Wie Elektronen Lücken im Stromkreis überbrücken

Bei Zimmertemperatur sind die Elektronen in Metallen eingesperrt. Das ändert sich, wenn z. B. ein Draht auf Weißglut gebracht wird. Denn bei über 2000 °C ist die Wärmebewegung der Atome und Elektronen im Metallkörper erheblich stärker als im kalten Zustand. Elektronen werden dabei so schnell, dass sie aus dem Metall herausgeschleudert *(emittiert)* werden. Um den glühenden Draht, die **Kathode** der Röhre, bildet sich eine negativ geladene Wolke. In der schwirren die emittierten Elektronen umher, wie die Atome in einem Gas. Die Wolke wird vom Glühdraht mittels elektrischer Kräfte zusammengehalten, weil der Draht durch den Elektronenverlust positiv geworden ist. Ein Teil der Elektronen erreicht aber infolge der Schwirrbewegung trotzdem das Blech jenseits der Lücke, die **Anode** der Röhre, und wandert über das Messinstrument zum Glühfaden zurück.
In einem weiteren Versuch bringen wir in den Anodenstromkreis eine Spannungsquelle, deren Minuspol mit der Glühkathode und deren Pluspol mit dem Anodenblech verbunden ist. Der Strom im Anodenkreis ist dann erheblich größer als in V1. Denn die Elektronenwolke wird ja jetzt von der Kathode abgestoßen und von der Anode angezogen. Bei umgekehrter Polung werden die Elektronen dagegen zum nun positiven Glühdraht zurückgedrängt. Es gibt in diesem Fall keinen Strom.

Glühende Metalle emittieren Elektronen. In Vakuumröhren bilden diese den Strom zwischen Glühkathode und Anode.

A1 Mit dieser Röhre kann man nachweisen, dass glühende Metalle Elektronen aussenden. Wie könnte man dabei vorgehen?

1
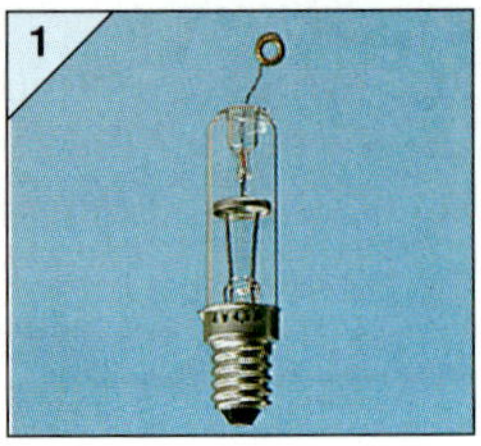

2
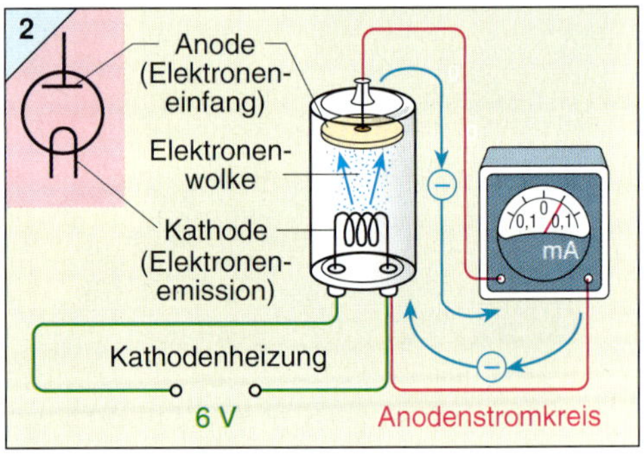

V2 Verbinde das Anodenblech über einen Strommesser (Messbereich 0,3 mA) mit der Wendel. Bringe diese zum Glühen! Vermindere den Heizstrom und erhöhe ihn wieder. Wie bewegt sich der Instrumentenzeiger jeweils? Wie kommt es zum Strom in den rot gezeichneten Leitungen?

3
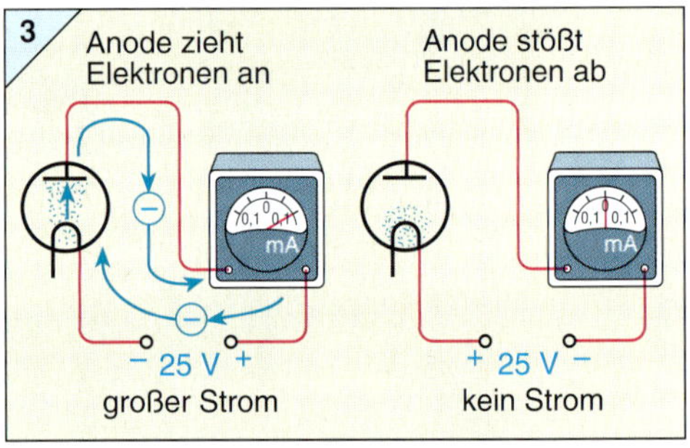

V3 Verbinde die Kathode der Röhre mit dem Minuspol, die Anode mit dem Pluspol einer Stromquelle.
Wie verändert sich der Strom? Was geschieht, wenn du umpolst?

Kathode und Anode

In Physik und Technik wird eine Elektrode, die Elektronen abgibt, Kathode genannt. Eine Elektrode, die Elektronen aufnimmt heißt dagegen Anode.
Die glühende Wendel nennt man deshalb *Glühkathode* und das ihr gegenüberstehende Blech als Anode der Röhre. Der Strom, der von der Anode kommt, heißt Anodenstrom.

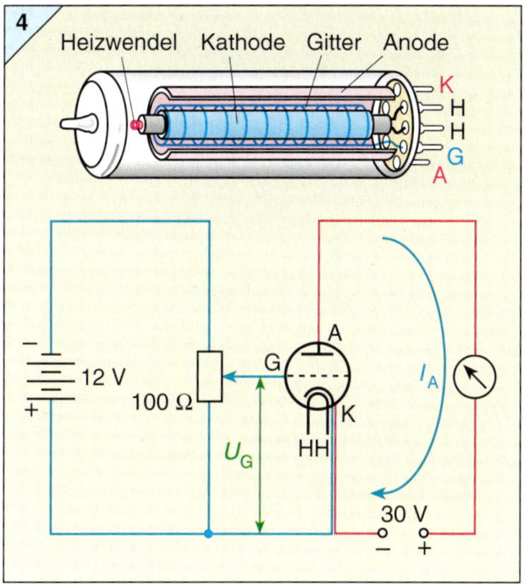

V4 Baue diesen Versuch entsprechend dem Schaltbild auf. Verfolge dabei den Anodenstromkreis und den Gitterstromkreis. Beachte, dass die Heizwendel in der Röhre mit der Kathode keine Verbindung hat.
Vermindere die Gitterspannung von 12 V an stufenweise und notiere zusammengehörige Werte von Gitterspannung und Anodenstrom.

A5 Stelle den Zusammenhang zwischen Anodenstrom und Gitterspannung grafisch dar. Was sagt die Kurve aus?

Anmerkung: Reine Metalle emittieren Elektronen nennenswert erst oberhalb von 2000 °C. Überzieht man sie in dünner Schicht mit bestimmten Metalloxiden, z. B. mit Bariumoxid (BaO), so sinkt die „Emissionstemperatur“ drastisch. Man erreicht schon bei 800 °C starke Ströme.

Steuerung von Strömen durch Kräfte auf Elektronen

EDISON konnte mit seiner Entdeckung nichts anfangen. Deren Stunde schlug erst nach der Jahrhundertwende, als man lernte, den Elektronenstrom im Vakuum zu steuern, die Temperatur der Glühkathode zu senken und trotzdem ihre Elektronenemission zu vergrößern. Den prinzipiellen Aufbau einer „perfekten“ Röhre zur Steuerung des Elektronenstroms zeigt Bild 4. Sie enthält ein mit Bariumoxid (BaO) belegtes Röhrchen, das von einer isolierten Wendel im Innern geheizt wird (indirekte Heizung). Die Anode ist als zylinderförmiges Blech außen herumgelegt. Zwischen Anode und Kathode befindet sich als dritte Elektrode ein aus feinen Drähten bestehendes Gitter, das den Elektronenstrom im Vakuum beeinflussen kann. Sein Name: Steuergitter. V4 zeigt, wie man bei der Steuerung vorgeht.

Anode und Kathode liegen zusammen mit einem Strommesser und einer Gleichspannungsquelle mit ca. 30 V im Anodenstromkreis. Zwischen Steuergitter und Kathode, im so genannten Gitterkreis, ist eine weitere, regelbare Spannungsquelle geschaltet und zwar so, dass das Gitter negativ geladen wird. Liegen etwa 12 V an, so gibt es keinen Anodenstrom. Denn die negative Aufladung des Gitters hindert die von der Kathode kommenden Elektronen daran, die Anode zu erreichen. Verringern wir die Gitterladung durch Absenken der Spannung, so können immer mehr Elektronen durch die Gittermaschen hindurchfliegen. Der Anodenstrom wird stärker. Dabei ist im Gitterkreis selbst kein Strom nachweisbar. Das bedeutet, dass der Energieaufwand beim Steuern des Anodenstroms außerordentlich gering ist. Elektronenröhren sind daher von unschätzbarem Vorteil, wenn es um die Verstärkung sehr schwacher elektrischer Signale geht, wie z. B. beim Funkempfang. Sie läuteten zu Beginn dieses Jahrhunderts das Röhren„zeitalter“ ein, das ab etwa 1960 vom Transistorzeitalter abgelöst worden ist.

Mithilfe von Metallelektroden (Gittern) lassen sich Elektronenströme in Vakuumröhren steuern.

AUFGABEN UND ZUSAMMENFASSUNG

1. Was geschieht an der glühenden Wendel in Abb. 2 und was am Röhrchen in Abb. 4, das mit BaO überzogen ist? Erkläre, unter welchen Bedingungen im Vakuum der Röhre ein Strom entsteht. In welcher Richtung bewegen sich dann die Elektronen?

2. Warum gibt es einen größeren Strom, wenn man in V2 eine Stromquelle mit ca. 25 V Spannung zwischen Anode und Kathode legt? Welcher Pol muss dabei an der Anode liegen?

3. Beschreibe die Schaltung in V4 und erkläre, warum die Spannung zwischen Gitter und Kathode den Anodenstrom beeinflusst.

4. Begründe, warum die Leitungen zum Gitter keinen Strom führen, solange das Gitter negativ ist.

5. Was geschieht im Gitterkreis, wenn man das Gitter positiv gegenüber der Kathode macht? Warum vermeidet man das?

Vakuum-Elektronenröhren

In einer Elektronenröhre werden von einer Glühkathode Elektronen ins Vakuum emittiert und von der Anode aufgefangen.
Der Strom lässt sich durch ein Gitter zwischen Kathode und Anode steuern. Diese Steuerung erfolgt fast ohne Aufwand an Energie.

Elektronenstrahlen schreiben Kurven

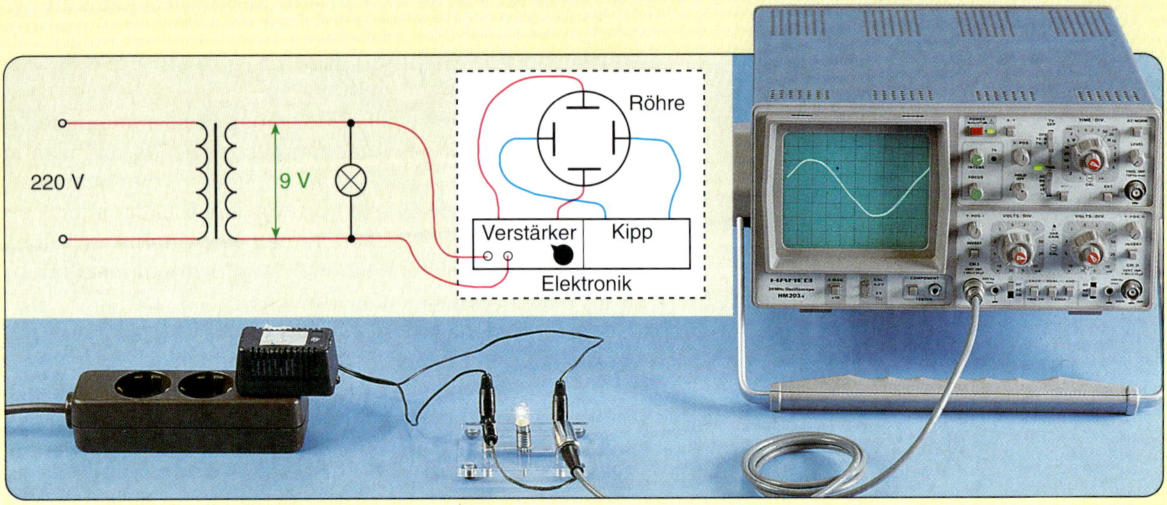

Im Bild oben wird eine Glühlampe mit Wechselstrom betrieben. Ein **Oszilloskop** macht dabei sichtbar, wie sich die Spannung an der Lampe mit der Zeit ändert. Es verfährt so, als ob du zwei hundertstel Sekunden lang alle zehntausendstel Sekunden diese Spannung messen und danach in Abhängigkeit von der Zeit in ein Diagramm eintragen würdest: Für dich ein unmögliches Unterfangen. Das Gerät aber schafft es, weil Elektronen sich im Vakuum sehr schnell bewegen können. Man bündelt sie zu einem Elektronenstrahl, der das Bild von hinten auf den Leuchtschirm schreibt. So wird's gemacht:

Der Elektronenstrahl wird erzeugt

Im Bild unten siehst du eine **Elektronenstrahlröhre** aus Glas. Sie ist leer gepumpt, an einem Ende aufgeweitet und mit einem ebenen Fenster verschlossen. Das Fenster ist innen mit Leuchtstoff beschichtet und dient als Bildschirm.

Im Hals der Röhre findet man eine nahezu punktförmige **Glühkathode** aus Bariumoxid (BaO) auf der Vorderfläche eines kleinen Metallzylinders. Vor ihr steht eine Blechscheibe mit Mittelloch, eine Anode. Beide Elektroden bilden zusammen mit einem weiteren Blechzylinder den Elektronenstrahlerzeuger.

Vor dem glühenden BaO-Fleck bildet sich infolge des glühelektrischen Effekts eine Elektronenwolke. Die positive Spannung zwischen Anode und Kathode bewirkt, dass die Elektronen in der Wolke von der Anode angezogen und auf sie zu beschleunigt werden. Ein kleiner Teil davon trifft nicht das Blech, sondern fliegt durch das Loch. Aus der Anodenöffnung tritt deshalb ein Bündel schnellfliegender Elektronen aus. Dort, wo es den Schirm trifft, entsteht ein leuchtender Fleck. Lädt man den Zylinder, der die Kathode umgibt, im richtigen Maß negativ gegen die Kathode auf, so zieht sich der Fleck zu einem Punkt zusammen: Die abstoßenden Kräfte zwischen Blech und Wolke bündeln die Elektronen zu einem feinen Strahl.

Die Elektronenstrahlröhre wird nach ihrem Erfinder FERDINAND BRAUN (1850–1918) auch **Braunsche Röhre** genannt.

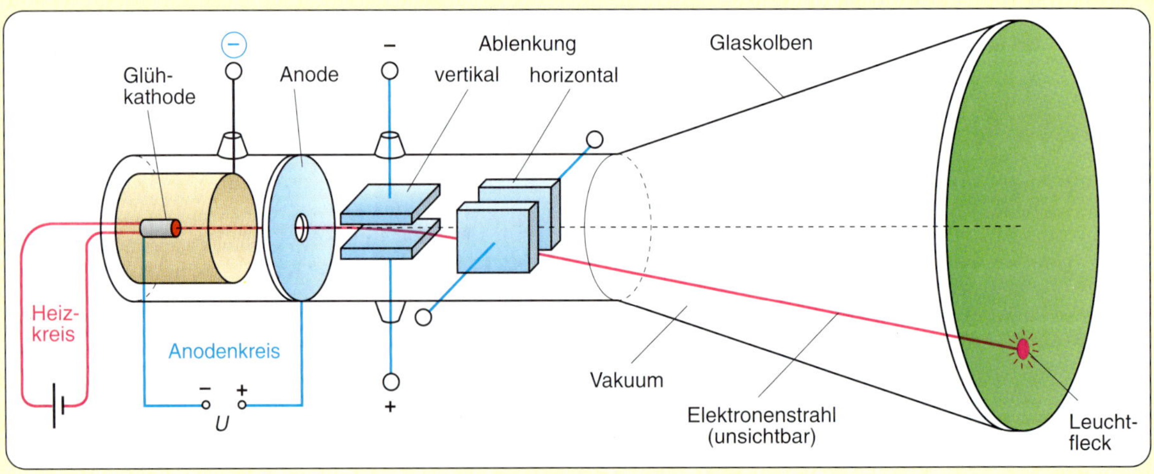

Der Elektronenstrahl wird zum Kurvenschreiben gezwungen

Legen wir an das horizontale Plattenpaar im Röhrenhals Gleichspannung so an, dass die obere Platte plus ist, so weicht infolge elektrischer Kräfte der Elektronenstrahl nach oben aus, umso mehr, je höher die Spannung ist. Bei entgegengesetzter Polung erfolgt die Ablenkung nach unten.

Liegt Wechselspannung mit einer Frequenz von 50 Hz an den horizontalen Platten, bewegt sich der Lichtpunkt auf und ab, und zwar so schnell, dass ihn das Auge nur als senkrechten Strich wahrnimmt. Beobachtet man den Strich über einen rotierenden Spiegel, so wird die senkrechte Linie infolge der Spiegeldrehung für unser Auge waagerecht auseinander gezogen: Man sieht die Wechselspannungskurve.

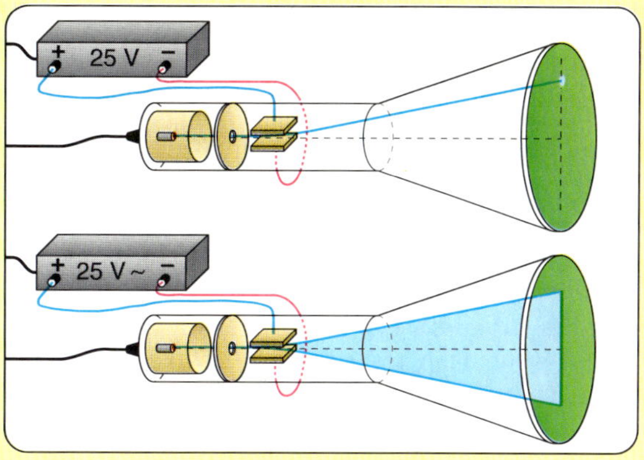

Die Zeitablenkung

Beim Oszilloskop muss das Auseinanderziehen senkrecht übereinander liegender Punkte in waagerechter Richtung elektronisch erzwungen werden. Dazu legt man an das Plattenpaar mit senkrecht stehenden Platten eine gleichmäßig ansteigende Spannung (+ rechts). Nach Ablauf einer Wechselstromperiode fällt diese dann plötzlich auf Minuswerte ab. Dies bewirkt, dass der Elektronenstrahl zunächst auf dem Schirm gleichmäßig von links nach rechts wandert. Ist er am rechten Schirmrand angelangt, so springt er wegen des Polwechsels unmittelbar zum linken Rand zurück.

Jeder Bildpunkt, den der Strahl ursprünglich auf der senkrechten Linie geschrieben hat, wird daher nach rechts versetzt, umso mehr, je später er aufleuchtet. Das gibt auf dem Schirm eine leuchtende Kurve, wie man sie in einem Schaubild in Abhängigkeit von der Zeit auftragen würde. In unserem Fall erkennen wir den zeitlichen Verlauf der Wechselspannung.

Anmerkung: Stehende Kurven erhalten wir aber nur, wenn das Rückkippen genau dann erfolgt, wenn eine Periode (ein Hin- und Hergang) der Wechselstromkurve geschrieben ist, denn nur dann wird die nächste Periode genau auf die erste geschrieben. In modernen Geräten sind Schaltungen eingebaut, die dies erzwingen.

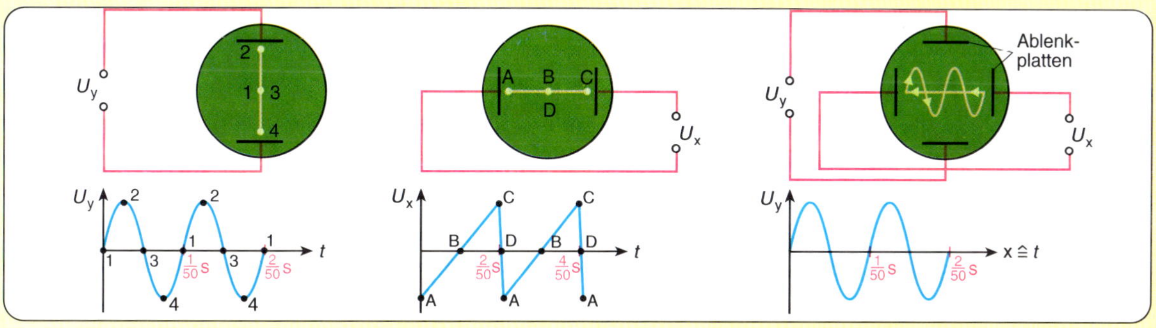

Die Fernsehröhre

Die Bildröhre eines Fernsehers beruht auf dem gleichen Prinzip. Allerdings wird dort die Ablenkung des Elektronenstrahls magnetisch bewirkt und zwar so, dass er im Lauf einer fünfundzwanzigstel Sekunde den Schirm vollschreibt. Wie die Ablenkung zustande kommt, sieht man im Bild nebenan: Dort wurde ein Hufeisenmagnet über den Hals der Elektronenstrahlröhre geschoben. Der Strahl weicht senkrecht zum Magnetfeld aus. Ähnliches würden Strom führende Spulen neben dem Röhrenhals bewirken.

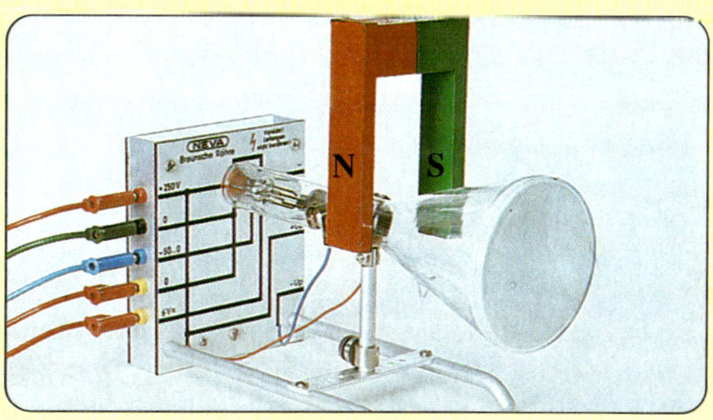

Elektronen sind normalerweise in Metallen eingeschlossen. Beim glühelektrischen Effekt jedoch kommen sie bei hohen Temperaturen frei. Neuere Bildaufnahmeverfahren benutzen eine zweite Möglichkeit zur Elektronenbefreiung aus festen Stoffen, den **Fotoeffekt.** Dieser tritt ein, wenn das Licht einer Kohlebogenlampe wie in Bild 1 auf Metallflächen trifft. Dort wird eine negativ geladene Zinkplatte mit Licht bestrahlt. Während der Bestrahlung entlädt sie sich, allerdings nur, weil das Licht der Lampe einen UV-Anteil enthält. Folgendes geschieht dabei:
Licht besteht wie wir wissen aus Photonen, die Energie mit sich führen. Prallen sie wie bei unserem Versuch auf eine Metalloberfläche, so übertragen sie ihre Energie an Elektronen. Sind es energiereiche Photonen wie die in UV-Licht, so werden die Elektronen sehr schnell. Ein Teil von ihnen kann deshalb das Metall verlassen. War dieses zuvor negativ, so vermindert sich seine Ladung. War es neutral, so wird es danach infolge Elektronenmangels positiv.

Beim Fotoeffekt werden Elektronen durch Licht aus Metallen herausgeschlagen.

Die Fotozelle in Abb. 2 arbeitet schon bei Glühlampenlicht. Auf eine Metallplatte ist Caesium aufgedampft, denn dieses Metall zeigt den Fotoeffekt auch schon bei sichtbarem Licht. Der Platte gegenüber steht ein Metallstift. Weil Caesium an der Luft oxidiert, ist die Anordnung in einem luftleeren Glaskolben untergebracht.

In V2 liegt die Zelle zusammen mit einem Strommesser in einem Stromkreis. Bei Dunkelheit zeigt das Messgerät keinen Strom an. Aber schon im schwachen Licht einer Kleinglühlampe beweist der Zeigerausschlag, dass Elektronen die Schicht verlassen und im leeren Raum zum Stift gelangen können. Der Strom im Kreis wird größer, wenn das Caesium stärker belichtet wird: Je Sekunde werden mehr Elektronen frei.

Elektronische Bildspeicherung

Der Fotoeffekt wird zur elektronischen Bildspeicherung benutzt. Man erzeugt zunächst mithilfe einer Linsen- oder Spiegeloptik ein Bild des Gegenstandes, allerdings nicht auf einem Film, sondern auf einer so genannten **Bildplatte**. Auf deren Oberfläche ist Material, dass den Fotoeffekt zeigt, in Form von kleinen, voneinander isolierten „Wäffelchen" aufgebracht. Aus jedem Wäffelchen werden entsprechend der Bildhelligkeit Elektronen freigesetzt. Dadurch entsteht ein Ladungsbild.

Beim **Kopierer** wird auf das Waffelbild ein Farbstoffpulver aufgesprüht. Es haftet nur an den geladenen Stellen. Danach wird der Farbstoff wie beim Drucken auf Papier übertragen und eingebrannt. In **Fernsehkamers** und manchen **Fotoapparaten** wird die Ladung der Wäffelchen blitzschnell abgefragt und als Bilddatei elektronisch gespeichert. Den Inhalt der Datei kann man auf Bildschirmen wiedergeben oder auch ausdrucken lassen.

1

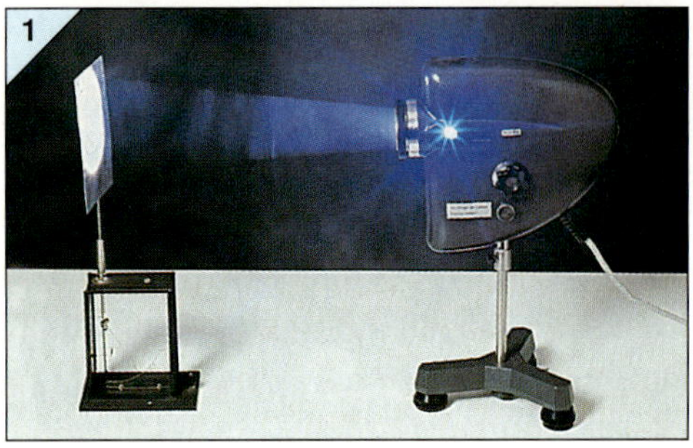

V1 Setze eine zuvor blank gescheuerte Zinkplatte auf ein Elektroskop und lade sie negativ auf, z. B. mit einem geriebenen Kunststoffkörper. Bestrahle dann die Platte mit dem Licht einer Kohlebogen- oder einer Quecksilberdampflampe und beobachte währenddessen den Elektroskop-Zeiger.
Wiederhole den Versuch mit positiv geladener Platte. Was schließt du aus den Zeigerbewegungen?

2

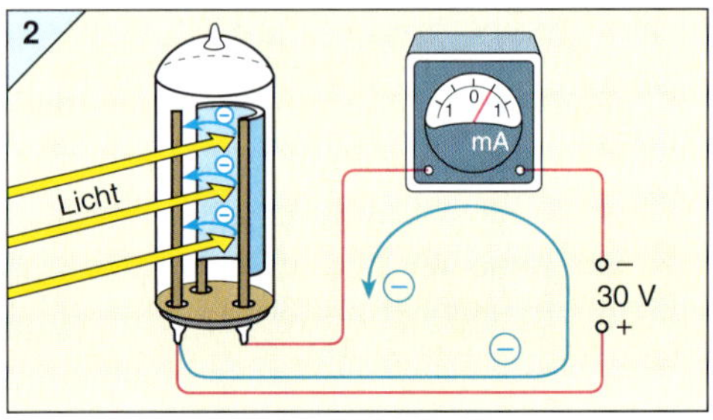

V2 Lege zwischen Anode und Kathode einer Fotozelle etwa 30 V Spannung (Kathode negativ, Anode positiv) und füge in den Stromkreis einen Strommesser ein. Was zeigt dieser im Dunkeln an?
Belichte die Zelle zunächst stark mit einer 60 W-Lampe, dann schwach mit einer Kleinglühlampe mit ca. 2 W Leistung.
Wie groß ist der Strom jeweils? Vergleiche!
Wie ändert er sich, wenn man ein Stück Karton vor die Zelle hält?

3

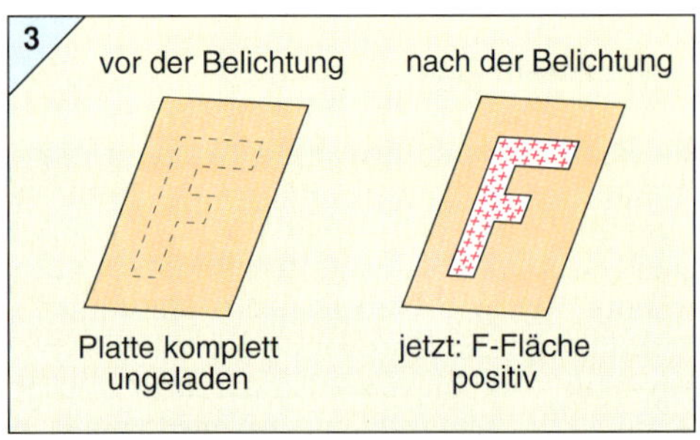

A3 Ein helles F auf dunklem Grund hat ein Ladungsmuster auf einer Bildplatte erzeugt. Erkläre wie dieses zustande kommt.

Röntgenstrahlen – Beschuss von Metall mit Elektronen

Wenn man Elektronen auf Metall schießt, passiert genau das Umgekehrte wie beim Fotoeffekt: Die Elektronen werden im Metall gestoppt und geben ihre kinetische Energie an das Metall ab. Dort wird ein Teil davon zur Erzeugung von Photonen verbraucht, die als eine Art Lichtstrahlung die Metalloberfläche verlassen. Allerdings gehört dieses Licht nicht dem sichtbaren Bereich des Spektrums an, sondern ist weit jenseits des violetten Randes einzuordnen. Es ist unsichtbare Strahlung mit sehr energiereichen Photonen. Diese Strahlung wurde im Jahre 1898 von dem Physiker WILHELM CONRAD RÖNTGEN (1848–1901) entdeckt und heißt deshalb **Röntgenstrahlung**. Wie erzeugt man sie?

Eine **Röntgenröhre** ist luftleer. Sie enthält eine Glühkathode und eine schräg dazu gestellte Metallanode. Zwischen beiden liegt eine Spannung von einigen 10 000 V, welche die aus der Kathode kommenden Elektronen auf hohe Geschwindigkeit beschleunigt. Diese prallen daher mit großer Wucht auf das Anodenblech. Dabei entsteht Röntgenstrahlung. Sie hat senkrecht zum Elektronenstrahl ihre größte Intensität. Ein Zinksulfidschirm leuchtet im Strahlenkegel auf.

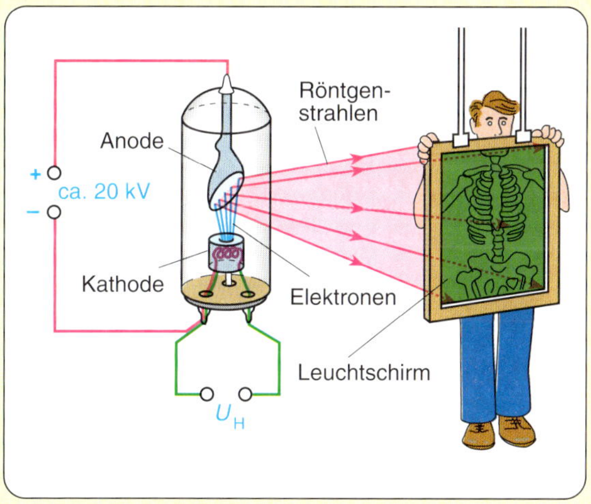

Röntgenbilder: Liegt zwischen Schirm und der Anode ein undurchsichtiger Körper, z. B. eine Hand, so wird dieser durch Schattenwurf abgebildet. Denn von den Knochen wird die Strahlung stärker absorbiert als das Muskelfleisch. Sie erscheinen daher dunkler. Du kannst deshalb innerhalb des Muskelfleisches die Knochen erkennen. Fotografische Schichten werden von Röntgenstrahlung ebenso geschwärzt wie vom sichtbaren Licht. Anstelle des Leuchtschirms angebracht, ermöglichen sie Röntgenaufnahmen. Die darauf beruhende Röntgendiagnostik (Diagnose = Erkennen von Krankheiten) ist ein wichtiges Hilfsmittel der Medizin.

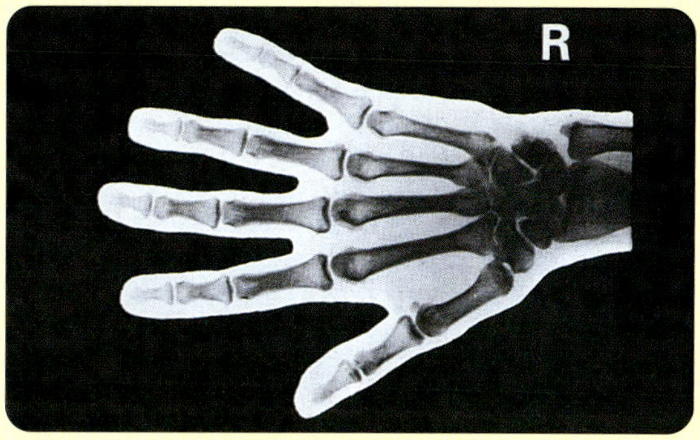

Gefahr durch Röntgenstrahlung

Röntgenstrahlung durchdringt nicht nur den menschlichen Körper, teilweise wird sie auch absorbiert. Der absorbierte Anteil schädigt Körperzellen. Ist die Strahlung schwach und wirkt sie nur kurzzeitig, so sind Beeinträchtigungen der Gesundheit sehr unwahrscheinlich. Ist sie aber stark und hält lang an, kommt es zu Strahlenkrankheiten oder Dauerschäden. Um Strahlenschäden zu verhindern, gibt es für die Anwendung von Röntgenstrahlen und für die Häufigkeit der Untersuchungen strenge Bestimmungen.

AUFGABEN UND ZUSAMMENFASSUNG

1. Erkläre, was beim Fotoeffekt geschieht. Die bestrahlte Platte sei zunächst negativ, dann positiv.

2. Durch Licht können auch Elektronen aus einer ungeladenen Platte befreit werden. Was ist das Ergebnis?

3. Beschreibe den Aufbau der Fotozelle in Abb. 2. Unter welchen Bedingungen kommt es zum Strom durch den leeren Raum in der Röhre?

4. Beschreibe, wie es zum Ladungsbild auf der Bildplatte in Abb. 3 kommt, wenn diese zunächst nicht geladen, also neutral war. Welche Ladung hat helle, welche dunkle Stellen nach der Belichtung?
Erkläre, wie das Ladungsbild für eine zunächst gleichmäßig negativ geladene Platte nach der Belichtung aussieht.

Fotoeffekt

Wenn Licht auf Metall trifft, werden aus diesem Elektronen befreit. Fügt man eine Fotozelle in einen Stromkreis ein, entsteht dann infolge des Fotoeffekts ein mit Licht steuerbarer Strom.

Der Fotoeffekt wird zur elektronischen Bildspeicherung benutzt.

Wie man Gase elektrisch zum Leuchten bringt!

In der Speziallampe in Bild 1 scheint eine züngelnde Flamme zu brennen. Berührt man den Kolben, so stellt man fest, dass er kalt ist und es auch bei längerem Betrieb bleibt. Eine auf elektrischem Weg raffiniert erzeugte Flamme im chemischen Sinn ist also nicht drin. – Betrachtest du die Lampe genauer, so stellst du sogar fest, dass keine leitende Verbindung zwischen den beiden in den Glaskolben ragenden Blechen besteht, den so genannten **Elektroden,** und dass die Leuchterscheinung im Raum zwischen diesen stattfindet. Die Beteiligung des glühelektrischen Effekts und des Fotoeffekts am Zustandekommen des Stroms scheiden aus, denn nichts glüht und das Leuchten startet auch bei vollkommener Dunkelheit.

A1 Betrachte das Innere dieser Lampe genau. Wie fließt wohl der Strom? Wo findet das Leuchten statt? Wer erzeugt es?

1
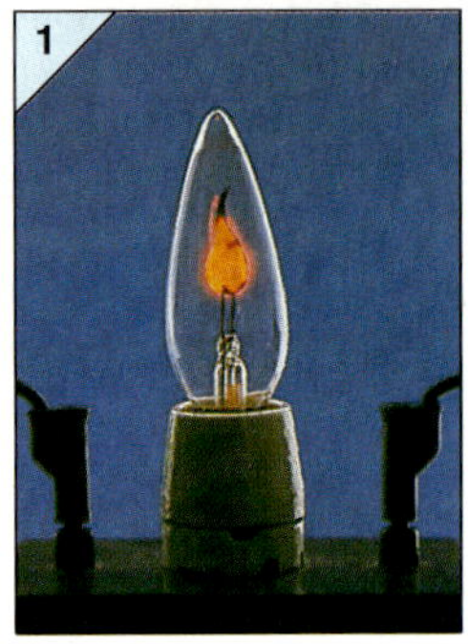

Das Rätsel löst sich einfach: Der Glaskolben ist nicht leer, er enthält Neongas. Stünde dieses Gas unter demselben Druck wie die Umgebungsluft, so würde es isolieren. Deshalb hat man es 100fach verdünnt, auf einen Druck von etwa 10 mbar. Unter welchen Bedingungen es darin zu einem Strom und zur Leuchterscheinung **Glimmen** kommt, dem wollen wir nachspüren:
Wir benutzen für einen Versuch die einfachste Glimmlampe, die es gibt. Diese enthält zwei Drahtelektroden, die ein Stück weit parallel zueinander geführt sind. Schließt man sie über einen Widerstand von 150 kΩ an 230 V an, so leuchtet im Fall von Gleichspannung das Gas um die mit dem Minuspol verbundene Elektrode. Bei Wechselstrombetrieb leuchten beide, und zwar abwechselnd, was man in einem Drehspiegel zweifelsfrei erkennen kann.

2
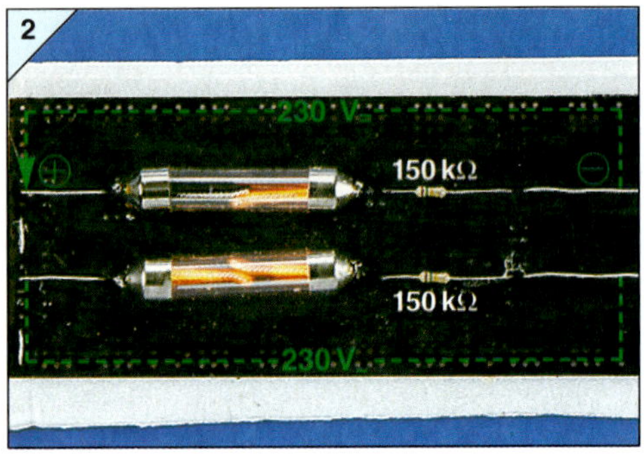

V2 Lehrerversuch: Man legt an die obere Glimmröhre über einen 150 kΩ-Widerstand 250 V Gleichspannung und vertauscht später deren Pole. Die untere Röhre betreibt man mit Wechselspannung von 230 V.
Beobachte das Leuchten. Mit welchem Pol der Quelle ist die leuchtende Elektrode jeweils verbunden? Warum leuchten bei Wechselspannung beide Elektroden?

Wegen des Gleichstromverhaltens kann man Glimmlampen bei elektrostatischen Versuchen als **Polsucher** verwenden.
Wegen ihres Wechselstromverhaltens eignet sie sich als **Testgerät für Netzspannung**, wenn man die Ströme dabei auf 0,2 mA begrenzt und dafür sorgt, dass mit der Hand keine Berührung der Leitungen erfolgen kann.

Strom und Spannung an der Glimmröhre

Wird die Betriebsspannung in V3 langsam erhöht, so gibt es zunächst keinen Strom und kein Leuchten. Erst wenn an den Elektroden die **Zündspannung** von 90 V erreicht wird, setzt der Strom ein. Gleichzeitig leuchtet das Gas auf. Der Spannungsmesser zeigt jetzt nur noch 70 V an, die **Brennspannung**. Die Differenz zwischen Betriebsspannung und Brennspannung fällt am Vorwiderstand ab. Bei weiterem Erhöhen der Betriebsspannung steigt zwar die Stromstärke in der Glimmröhre an und das Leuchten wird intensiver. Die Brennspannung bleibt aber nahezu gleich.

Nimmt man die Versorgungsspannung jetzt zurück, so vermindert sich zwar die Stromstärke aber nicht die Brennspannung. Bei etwa 0,05 mA erlischt die Lampe plötzlich. Der Stromkreis ist in der Röhre wie vor dem Zünden wieder unterbrochen. – Die Glimmlampe verhält sich in einem Stromkreis also total anders als eine Glühlampe oder ein ohmscher Widerstand. Wie das kommt, muss mit den Vorgängen im Gas zusammenhängen.

3
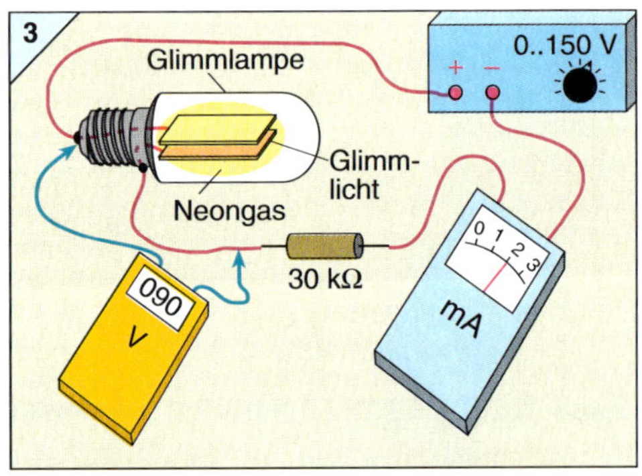

V3 Lehrerversuch: Man setzt eine Glimmlampe entsprechend dem Bild zusammen mit einem Strommesser und einem Widerstand in einen Gleichstromkreis ein und erhöht die Betriebsspannung langsam.
Beobachte die Instrumentenzeiger und das Gas in der Lampe.
Bei welcher Spannung zündet die Lampe, bei welcher brennt und erlischt sie? Wie groß ist jeweils die Stromstärke?

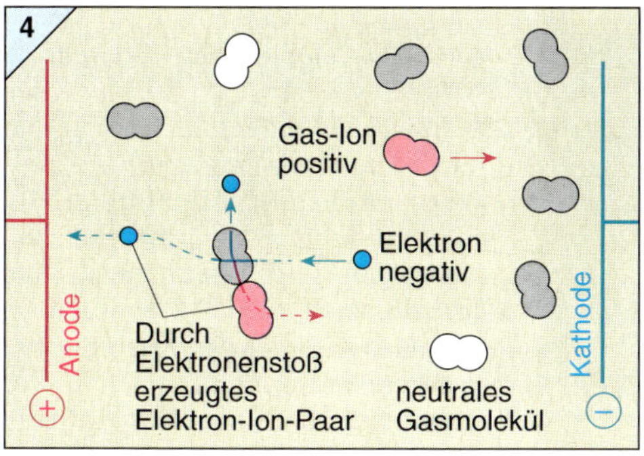

A4 Hier ist die Stoßionisation schematisch dargestellt. Welche geladene Teilchen entstehen dabei neu?

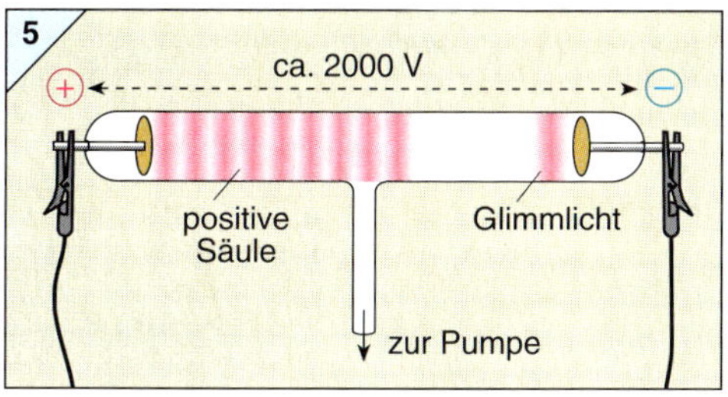

V5 Lehrerversuch: Durch Anlegen von einigen 1 000 V bringt man das Gas in dieser Röhre zum Leuchten. Beobachte und beschreibe die Leuchterscheinungen.

Warum leiten Gase bei geringem Druck?

Bei jedem Gas, z. B. in Luft, schwirren Atome bzw. Moleküle in regelloser Bewegung durcheinander. Die Strahlung radioaktiver Stoffe in der Umgebungsluft ionisiert einige davon, indem sie Elektronen abspaltet. Im Gas befinden sich deshalb neben vielen neutralen Molekülen auch positiv geladene Atomrümpfe, so genannte **Ionen** und negative Elektronen. Auf diese geladenen Teilchen wirken von den Drahtstiften her elektrische Kräfte ein. Die Elektronen setzen sich auf die Pluselektrode zu in Bewegung, die positiven Ionen wandern zur negativen Elektrode. Unterwegs stoßen die geladenen Teilchen mit neutralen Molekülen zusammen und werden gebremst. Das Gas führt somit zwar einen Strom, der aber unmerkbar klein ist und nichts bewirkt.

Verdünnt man das Gas, so bekommen die Moleküle größere Abstände. Nun finden weniger Zusammenstöße statt, sodass die Elektronen und Ionen auf höhere Geschwindigkeiten kommen. Wenn die Spannung zwischen den Elektroden die Zündspannung erreicht hat, sind die Elektronen so schnell, dass sie beim Zusammenstoß mit neutralen Molekülen aus diesen Elektronen herausschlagen. Bei dieser **Stoßionisation** werden zusätzlich Elektronen und positive Ionen neu gebildet, die sofort an der Bewegung teilnehmen. Auch sie rufen Stoßionisation hervor. Deshalb wächst die Zahl der geladenen Teilchen lawinenartig an und mit ihm die Stromstärke: Das Gas ist leitend geworden und zwar so gut, dass man den Strom durch einen Vorwiderstand begrenzen muss.

Die Leuchterscheinungen

Bild 5 zeigt, welche Leuchterscheinungen ein elektrischer Strom in Gasen hervorrufen kann. Die Röhre dort enthält zwei scheibenförmige Metallelektroden mit etwa 30 cm Abstand und verdünntes Neon- oder Heliumgas. Wird Hochspannung von etwa 5 kV an die beiden Elektroden gelegt, so findet im Gas Stoßionisation statt und wir haben einen Elektronenstrom von links nach rechts zur Pluselektrode und einen Strom positiver Ionen von rechts nach links zur Minuselektrode.

In der Röhre treten zwei Leuchtbereiche auf: Das **Glimmlicht** in der Nähe der negativen Elektrode und die **positive Säule.** Beide entstehen, weil bei Stoßionisation die Gasatome immer auch zum Aussenden von Licht angeregt werden.
Durch Einstellen von Druck und Stromstärke kann man die positive Säule unterdrücken wie in der Glimmlampe oder sie wie bei Leuchtröhren so dehnen, dass sie fast die ganze Röhre füllt.

AUFGABEN UND ZUSAMMENFASSUNG

1. Welche Teilchen (Ladungsträger) bilden den Strom in Metallen?

2. Erläutere, welche Ladungsträger die elektrische Leitung in Gasen bewirken und wie sie sich bewegen.

3. Wie entstehen diese Ladungsträger und warum gibt es Stoßionisation nur bei Verdünnung der Gase?

4. Warum braucht man zur „Zündung" des Stroms in einem Gas eine Mindestspannung? Warum eine Strombegrenzung?

5. Wodurch unterscheiden sich Glimmlampe und Neonröhre? Beschreibe die beiden Leuchterscheinungen!

Ströme in Gasen

Gase unter hohem Druck leiten nicht. Bei geringem Druck jedoch entstehen durch Stoßionisation Elektronen und Ionen. Das Gas leitet und wird zum Leuchten angeregt.

Leuchtstoffröhren sparen Energie

Glühlampen wandeln nur 5% der zugeführten elektrischen Energie in sichtbares Licht um, 95% werden Wärme. Im Zeitalter des Energiesparens ist das nicht tragbar!
Wenn man Fabrikhallen, Bürogebäude und Schulen langdauernd hell beleuchten will, sollte man sich deshalb nach effektiveren Lampen umsehen. Als Ersatz kommen Leuchtstofflampen in Frage, die du vor allem in der Form von Leuchtröhren kennst.

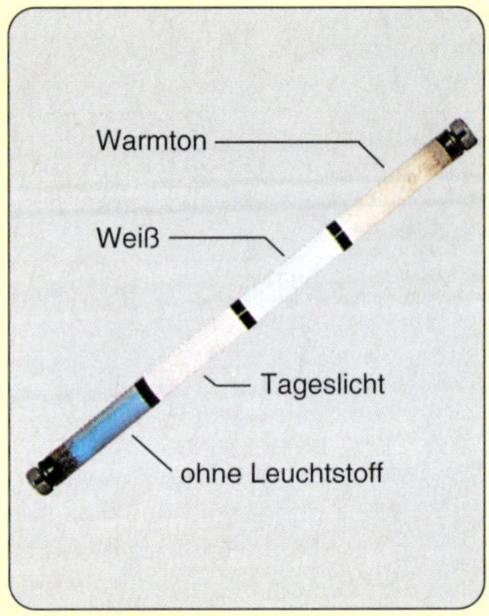

In den Röhren dieser Leuchtreklame-Lampen wird Quecksilberdampf – ähnlich wie in der Glimmlampe Neon – elektrisch zu fahlblauem, schwachem Leuchten angeregt. Das abgegebene Licht wäre wenig nützlich, wenn der Quecksilberdampf nicht zusätzlich außerordentlich stark unsichtbar im Ultraviolett-Bereich strahlen würde. Die UV-Strahlung fällt auf den Leuchtstoff an der Innenwand der Röhre. Dort wird sie in sichtbares Licht verwandelt: Der Leuchtstoff wirkt sozusagen als **Lichttransformator.** Er erhöht die Lichtausbeute in der Röhre erheblich, sodass man für eine gleich wirksame Beleuchtung mit Leuchtstoffröhren nur $\frac{1}{4}$ der elektrischen Energie braucht wie mit Glühlampen. Durch Mischen von Leuchtstoffen kann man dem Röhrenlicht jede beliebige Farbe geben: Bunte Farben verwendet man bei Reklamelichtern, Weißtöne bei der Beleuchtung von Wohn- und Arbeitsräumen.

Leuchtstoffröhren brauchen Hilfe

Neben dem Vorteil der Energieersparnis haben Leuchtstofflampen auch Nachteile: Die Lampenbrennspannung ist etwa so groß wie die von Glimmlampen, ca. 70 V. Die Zündspannung dagegen liegt wesentlich höher, etwa bei 1000 V. Wenn man mit Netzspannung arbeiten will, muss man daher zwei Probleme bewältigen: Die verlustlose Verminderung der Netzspannung auf 70 V und die kurz dauernde Erzeugung der hohen Zündspannung. Man macht das mit einer *Vorschaltdrossel* und einem *Glimmzünder.* Das nebenstehende Schaltbild zeigt, wie diese zusammen mit der eigentlichen Röhre an das Versorgungsnetz angeschaltet werden.

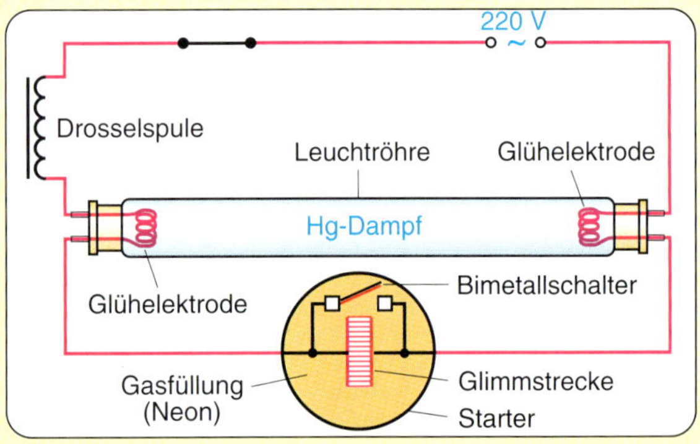

Zündung der Röhre: Wenn man den Schalter umlegt, leuchtet zunächst das Gas im Glimmzünder auf, einer nussgroßen Glimmlampe. Dabei werden die beiden Elektroden etwas erwärmt. Da es Bimetalle sind, werden sie krumm und berühren sich schließlich. Der Strom durch die Drosselspule und die beiden Heizfäden wird größer. Die Fäden glühen und senden Elektronen ins Gas. Da die Glimmlampe erloschen ist (Kurzschluss), kühlt sich nun das Bimetall ab und unterbricht nach etwa zwei Sekunden den Stromkreis. In der Drosselspule entsteht dabei ein Induktionsspannungsstoß von einigen 1000 V, mit dem die Röhre gezündet wird.

Die *verlustlose Verminderung* der Röhrenspannung geschieht von da an in der Vorschaltdrossel. An ihr fallen 160 V ab, für die Röhre verbleiben 70 V. – Dass die Drossel kaum Energie verbraucht, liegt daran, dass sie mit Wechselstrom betrieben wird, der wie du weißt aus rasch aufeinander folgenden Stromstößen besteht. Während des Anstiegs eines *jeden* Stromstoßes, wird der Spulenkern magnetisiert und nimmt etwa doppelt so viel Energie auf wie die Leuchtröhre. Beim Abfall des Stromstoßes verschwindet die Magnetisierung. Die im Eisenkern gespeicherte Energie wird wieder frei, aber nicht in Wärme umgewandelt, sondern ans Netz zurückgegeben.

Lampen für Sonderzwecke

Die „Höhensonne“

Der Brenner einer so genannten Höhensonne ist aus Quarzglas, luftleer gepumpt und enthält ein wenig Quecksilber, genauso wie der Brenner der Hg-Hochdrucklampe im Bild daneben. Das Quecksilber verdampft nach dem Einschalten des Stroms, bis der Dampf 1 bar Druck hat. Im Dampf entsteht dann neben etwas sichtbarem vor allem unsichtbares ultraviolettes Licht. Da der Kolben aus UV-durchlässigem Quarzglas gefertigt ist, kommt die UV-Strahlung ins Freie. Diese bräunt die Haut, kann sie bei lang dauernder Einwirkung aber auch schädigen. Deshalb muss man unbedingt die vorgeschriebenen Bestrahlungszeiten einhalten!

Kompakte Quecksilberdampflampen für die Straßenbeleuchtung haben um den Quarzbrenner einen Glaskolben, der eine Leuchtstoffschicht trägt. Diese wandelt als Lichttransformator wie bei den Leuchtröhren das unsichtbare ultraviolette Licht in sichtbares Licht um.

Natriumdampflampen

Eine Natriumdampflampe ist ähnlich wie die Quecksilberdampflampe aufgebaut. Ein Leuchtstoff ist überflüssig, denn Natriumdampf sendet nur sichtbares gelbes Licht aus. Na-Lampen dienen vor allem der Beleuchtung von Durchgangsstraßen. Ihr gelbes Licht zeigt den Straßenverlauf. – Da Natrium im kalten Zustand fest ist, hat man in den Brenner der Lampe etwas Neon eingebracht. Dieses zündet beim Einschalten und wird warm. Daraufhin verdampft das Metall und nach einigen Minuten überstrahlt das gelbe Natriumlicht das rote Neonleuchten.

Der Kohlelichtbogen

In einer Bogenlampe liegen zwei Kohlestifte in einem Stromkreis. Bringt man sie zur Berührung, so erhitzt der elektrische Strom die Berührstelle zur Weißglut. Jetzt zieht man die Kohlen etwas auseinander. Die glühende Spitze der negativen Kohle sendet Elektronen aus, die einen Lichtbogen im Gas erzeugen, dann auf die Anode prallen und dort unter starker Hitzewirkung (4000 °C) einen kleinen Krater herausschlagen, der als Lichtquelle dient. Die Brennspannung beträgt etwa 60 V. Ein Vorwiderstand muss dabei die Stromstärke begrenzen. Da der Krater fast so heiß ist wie die Sonne, leuchtet er sehr hell und weiß wie diese.

Kohlebogenlampen hat man lange Zeit wegen ihrer hellen, kleinen Leuchtfläche und wegen des weißen Lichts in Kinoprojektoren verwendet. Inzwischen wurden sie dort durch **Xenonlampen** ersetzt, an denen man nicht herumhantieren muss: In einem daumennagelgroßen Quarzgefäß wird Xenongas unter 10fachem Luftdruck zwischen Metallstiften elektrisch erhitzt und zum Leuchten gebracht. Das abgegebene Licht ist grell weiß und ebenso hell wie Kohlebogenlicht.

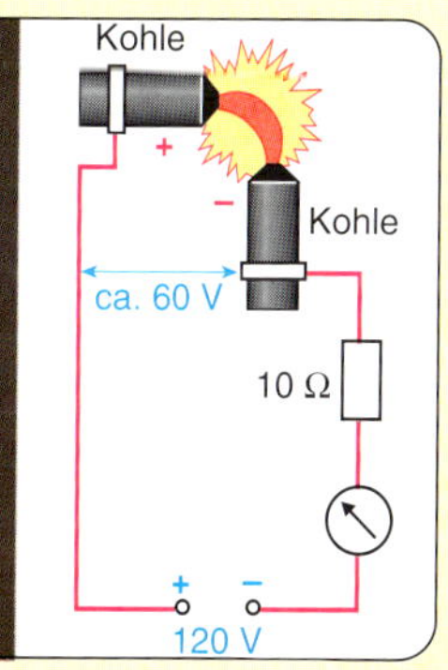

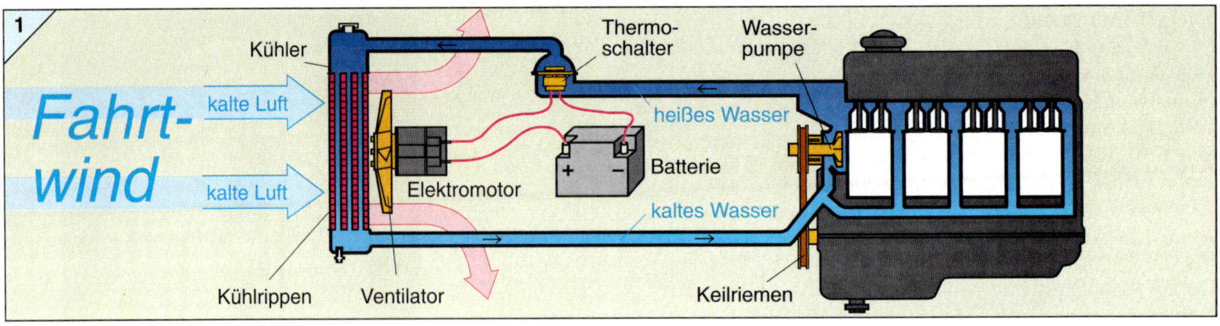

Durchsage im Verkehrsfunk: „Zähflüssiger Verkehr auf der A8 zwischen München und Salzburg“. An diesem ersten Ferientag bewegt sich die Autoschlange nur meterweise vorwärts. Für jeden Autofahrer heißt das: Kurz Gas geben, dann wieder abbremsen. Da sich dabei das Auto kaum bewegt, fehlt der Fahrtwind. Der Kühler bekommt zu wenig Luft, weshalb die Temperatur des Kühlwassers steigt. Ehe jedoch das Wasser und der Motor zu heiß werden, schaltet sich automatisch ein elektrischer Ventilator ein, der den Fahrtwind ersetzt.

Dieser Ventilator muss laufen, wenn die Temperatur des Kühlwassers zu hoch ist, und kann stehen bleiben, wenn es sich wieder ausreichend abgekühlt hat. Zum Ein- und Ausschalten des Ventilators benötigt man also einen Schalter, der auf Temperaturänderungen reagiert. In V1 kannst du feststellen, bei welcher Temperatur ein solcher Schalter ein- bzw. ausschaltet.

Wie arbeiten Temperaturschalter?

Wie V2 zeigt, kann ein Temperaturschalter mit einem **Bimetallstreifen** aufgebaut werden. Bei Bimetallstreifen sind zwei verschiedene Metalle (z. B. Kupfer und Nickel) fest miteinander verschweißt. Ändert sich die Temperatur, dann verbiegt sich der Metallstreifen, weil sich Kupfer stärker ausdehnt bzw. zusammenzieht als Nickel.

Wenn der Bimetallstreifen wie in Bild 3 einen Kontaktstift berührt, dann kann bei der Verformung des Streifens ein Stromkreis geschlossen oder geöffnet werden.

Temperaturschalter findet man in allen elektrischen Anlagen, die auf Über- oder Unterschreitung einer bestimmten Temperatur reagieren müssen. Zum Beispiel wird das Kühlaggregat in einem Kühlschrank bei Überschreiten der eingestellten Temperatur ein- und bei Unterschreiten dieser Temperatur wieder ausgeschaltet. Bei einem Heizlüfter ist es genau umgekehrt: Hier stellt der Schalter bei zu niedriger Temperatur die Heizung an. In Feuermeldern lösen Temperaturschalter den Feueralarm aus.

Bei Temperaturschaltern wird der Schaltvorgang durch Über- oder Unterschreiten bestimmter Temperaturen ausgelöst.

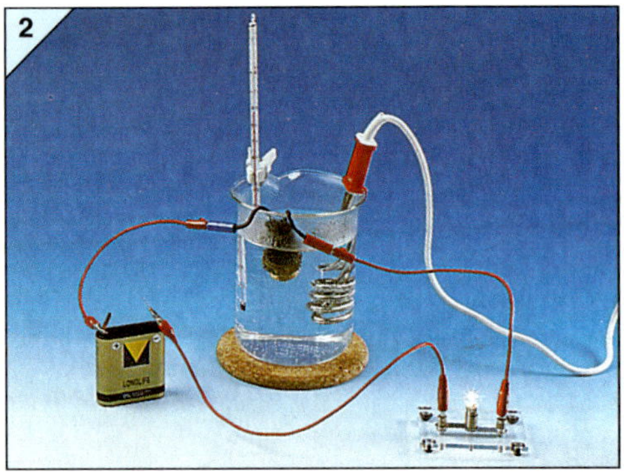

V1 Besorge dir bei einer Autoverwertung einen Thermoschalter für den Ventilator eines Autokühlers. Baue damit die im Bild dargestellte Versuchsanordnung auf.
Erwärme dann das Wasser mit einem Tauchsieder (rühren!) und miss die Temperatur, bei der der Schalter den Stromkreis schließt.
Lass das Wasser anschließend abkühlen. Bei welcher Temperatur erlischt die Lampe?

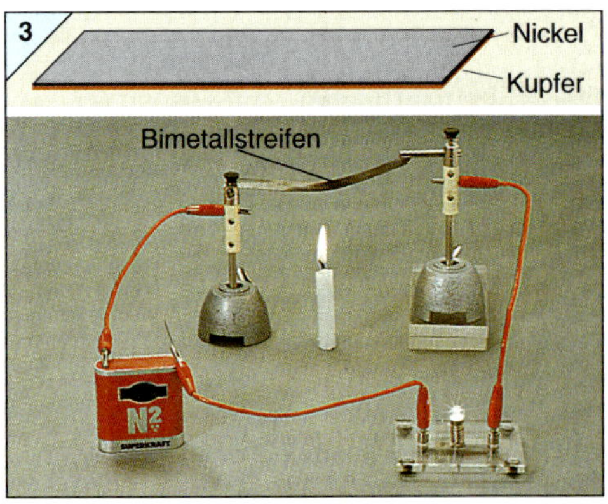

V2 Spanne wie im Bild einen Bimetallstreifen einseitig ein, sodass sich sein freies Ende einige Millimeter unterhalb des Kontakts rechts befindet. Ergänze zum Stromkreis mit Lampe und Batterie.
Stelle eine brennende Kerze unter den Streifen. Was geschieht? Erkläre.

4
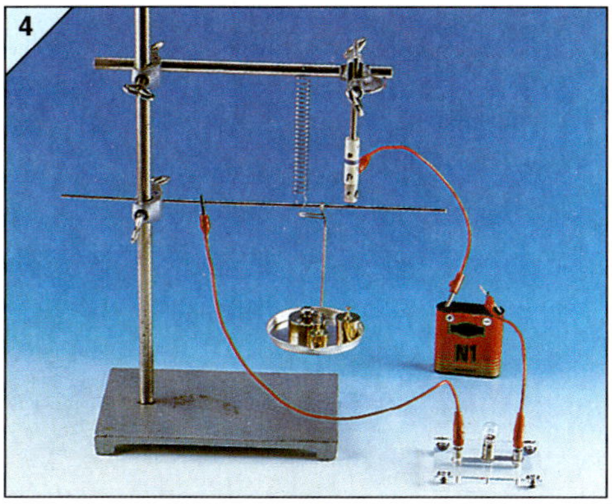

V3 Baue diese Anordnung nach. Lege nacheinander Wägestücke auf die Schale, bis der Schalter öffnet. Wie muss der Aufbau abgeändert werden, damit der Schalter erst bei größerer Beladung öffnet?

5
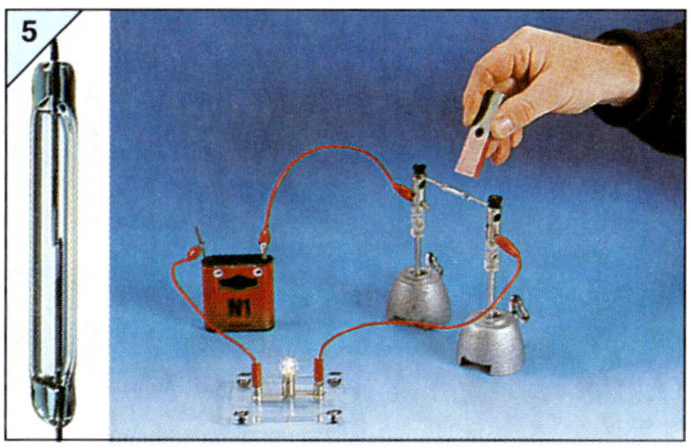

V4 Baue einen Stromkreis wie in Bild 5 mit Flachbatterie, Lämpchen und Reedschalter auf. Nähere der einen Hälfte des Schalters einen Pol eines Magneten. Was beobachtest du? Wird der Vorgang auch ausgelöst, wenn du den anderen Pol verwendest oder wenn du die Mitte des Magneten parallel zum Reedkontakt hältst? Probiere.

6
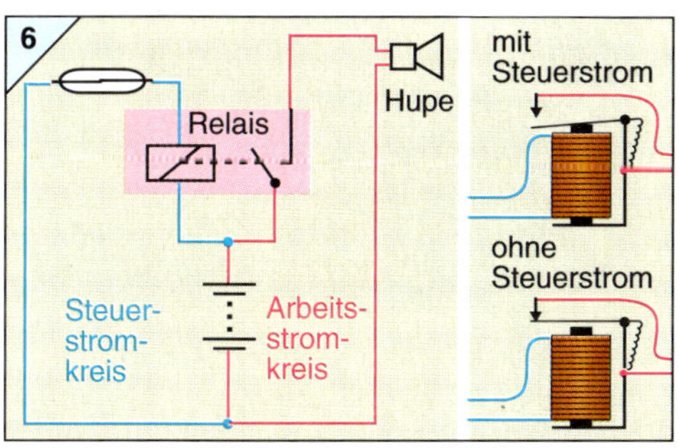

V5 Baue eine Alarmanlage entsprechend dem Schaltbild in Abb. 6 auf. Verfolge den Steuerstromkreis mit Reedkontakt und Elektromagnet und den Arbeitsstromkreis mit Relaiskontakt und Hupe (Summer). Was geschieht, wenn du den Magneten vom Reedkontakt entfernst?

Überlastschalter

Für jeden Aufzug gibt es eine höchstzulässige Belastung. Wird sie überschritten, ist eine gefahrlose Benutzung nicht mehr gewährleistet. Um Überladungen auszuschließen, wird die Belastung automatisch überprüft. Wenn sie über dem zulässigen Wert liegt, lassen sich die Türen nicht schließen und der Aufzugmotor nicht starten. Dies bewirkt ein **Überlastschalter** am Ende des Seils, an dem die Kabine hängt. Wie dieser funktioniert, zeigt Bild 4:

Das entscheidende Bauteil ist eine Feder, an der eine Waagschale (die „Aufzugskabine") hängt. Weil sie die Querstange zum oberen Kontaktstift zieht, ist der Stromkreis geschlossen, das Lämpchen leuchtet. Überschreitet die von der Beladung herrührende Zugkraft nach unten die von der Feder auf die Querstange nach oben ausgeübte Kraft, wird die Feder etwas gedehnt. Die Stange fällt vom Kontaktstift ab, der Stromkreis wird unterbrochen, das Lämpchen erlischt.

Bei Überlastschaltern wird der Schaltvorgang durch Überschreiten einer vorgegebenen Kraft ausgelöst.

Magnetisch betätigte Schalter

Wenn ein Schaltvorgang berührungslos ausgelöst werden soll, verwendet man einen **Reedschalter.** Dieser besteht aus zwei dünnen Eisendrähten in einem Glasröhrchen. In Abb. 5 wird dem Reedschalter ein Magnet genähert. Dieser magnetisiert die beiden Eisendrähte; sie ziehen sich an, berühren sich und schließen den Stromkreis. Wird der Magnet wieder entfernt, dann lässt die Magnetisierung nach und der Schalter öffnet.

Reedschalter können in Alarmanlagen eingesetzt werden: Der Schalter ist dabei z. B. am Fensterrahmen befestigt, der Magnet am Fensterflügel. Beim Öffnen des Fensters wird der Magnet vom Reedschalter entfernt. Der Stromkreis, in dem er liegt, wird unterbrochen. Leider kann man durch Unterbrechen eines Stromkreises aber eine Hupe nicht zum Tuten bringen. Wir brauchen zusätzlich ein Bauteil, das AUS zu EIN macht.
Dafür nehmen wir ein **Relais.** Wie du weißt, enthält es eine Spule, die ein Metallplättchen zu sich heranzieht, wenn sie Strom führt. Durch die Bewegung des Plättchens wird ein Kontakt geöffnet oder geschlossen. Bild 6 zeigt, wie eine Alarmanlage mit Reedschalter und Relais aufgebaut werden kann:
Fenster zu: Reedkontakt EIN, Relaisspule führt Strom, Relaiskontakt offen, Hupe AUS.
Fenster offen: Reedkontakt AUS, kein Strom durch die Relaisspule, Relaiskontakt geschlossen, Hupe EIN.

Bei Magnetschaltern wird der Schaltvorgang durch Bewegung eines Quermagneten oder durch Ein- und Ausschalten eines Elektromagneten ausgelöst.

Ein Fühler für die Wassertemperatur

In einem Auto gibt es eine Anzeige für die Kühlwassertemperatur. Dies ist ein Strommesser mit Temperaturskala. Er zeigt die Wassertemperatur an, weil die Stromstärke der Temperatur „auf Schritt und Tritt" (exakt) folgt. Das Bauteil, das dies bewirkt, der so genannte **Temperaturfühler,** befindet sich im Wasserzulauf zum Kühler. Er liegt in einem Stromkreis mit der Autobatterie.

Das Bauteil muss folgende Anforderungen erfüllen: Weil die Betriebsspannung fest vorgegeben ist, kann die Stromstärke nur über den Widerstand im Stromkreis verändert werden. Sie nimmt zu, wenn der Widerstandswert kleiner wird, und nimmt ab, wenn er sich vergrößert. Wir brauchen also ein Bauteil, dessen Material einen temperaturabhängigen Widerstand hat. Untersuchen wir, wie sich Drähte aus verschiedenem Material bei Temperaturänderungen verhalten:
Wir stellen fest: Wenn wie in Bild 7 eine Strom führende Eisendrahtwendel auf Rotglut erhitzt wird, nimmt die Stromstärke ab. Ihr Widerstand wird also mit steigender Temperatur größer. Bei der Drahtwendel aus Konstantandraht ändert sich der Widerstand kaum. Also bleibt nur Eisen als Material für einen Temperaturfühler. Leider aber ist die Widerstandsänderung von Eisendraht bei den geringen Temperaturunterschieden im Autokühler (70 K) sehr gering, sodass sich ein Kühlwasserthermometer damit nur mit hohem Aufwand realisieren läßt. Geht es nicht einfacher?

Fühler aus Halbleitermaterial

Es gibt Stoffe, bei denen schon Temperaturunterschiede von einigen Kelvin verhältnismäßig große Widerstandsänderungen bewirken. Sie reagieren schon auf „Handwärme", wie das Bauteil in V7. Da sie alle wesentlich schlechter leiten als Metalle (einige tausend bis viele Millionen Mal schlechter), nennt man sie **Halbleiter.** Solche Stoffe sind Silicium, Germanium, viele Metalloxide und andere chemische Verbindungen wie z. B. Galliumarsenid.

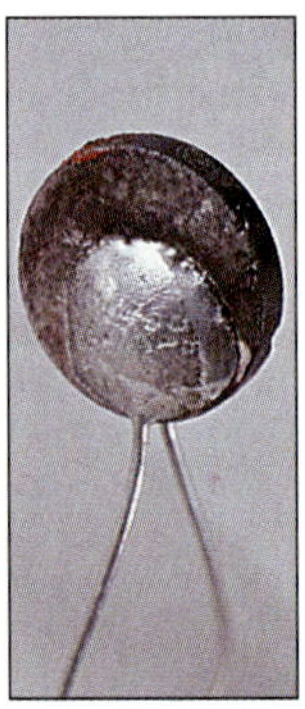

Bei Zimmertemperatur hat das Halbleiterbauteil aus Eisenoxid (Fe_3O_4) in V7 einen Widerstand von etwa 1000 Ω. Bereits bei geringer Abkühlung wird dieser Widerstand erheblich größer (z. B. 1200 Ω), bei geringer Erwärmung aber kleiner (z. B. 500 Ω). Es gibt auch Fühler, deren Widerstand bis auf ein Zehntel oder sogar ein Hundertstel des Ausgangswertes abnimmt, wenn man sie auf einige 100 °C erwärmt.
Weil diese Fühler im heißen Zustand viel besser leiten als im kalten, nennt man sie deshalb **Heißleiter.**

> Der Widerstand eines Heißleiters wird bei Erwärmung kleiner. Er ändert sich mit zunehmender Temperatur wesentlich schneller als der von Metallen.

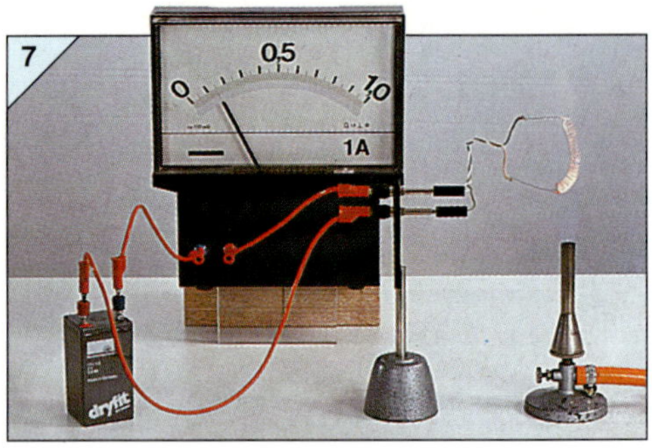

V6 Wickle eine Wendel aus Eisendraht (1 m lang, ∅ 0,2 – 0,3 mm). Baue einen Stromkreis aus Batterie, Drahtwendel und Strommessgerät auf. Erwärme die Drahtwendel mit einem Bunsenbrenner bis zur Rotglut. Wie verändert sich die Stromstärke?
Wiederhole mit einer Drahtwendel aus Konstantan (1 m, ∅ 0,2 mm). Was stellst du fest?

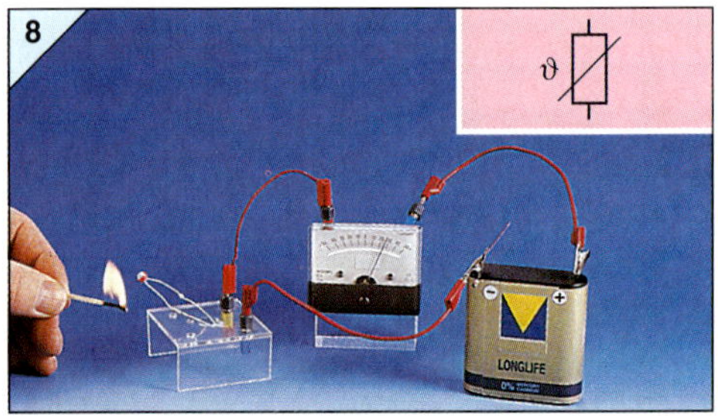

V7 Baue diese Schaltung auf. Wie ändert sich die Stromstärke, wenn du den Heißleiter (Kaltwiderstand ca. 1 kΩ) mit dem Finger erwärmst, in eiskaltes Wasser bringst oder ein brennendes Streichholz näherst? Was schließt du daraus für den Widerstand des Heißleiters?

Elektrisches Thermometer

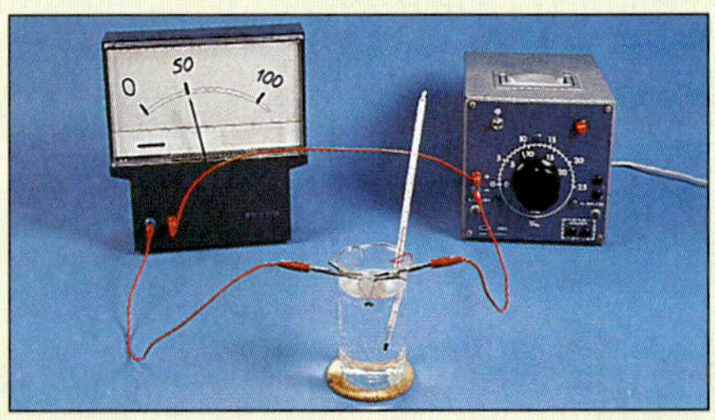

Überklebe die Skala eines Strommessgerätes mit einer Folie. Markiere die Zeigerstellung bei den Fixpunkten 0 °C und 100 °C auf der Folie durch Eintauchen des Heißleiters in Eiswasser bzw. in siedendes Wasser. Tauche den Heißleiter dann in Wasser mit einer Temperatur von 50 °C (Thermometer) und markiere diese Zeigerstellung ebenfalls auf der Skala. Ergänze die Skala sinnvoll.

9

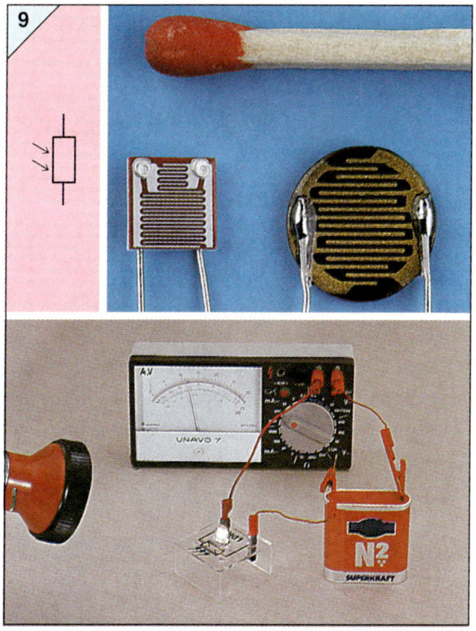

V8 Baue aus Fotowiderstand, Strommessgerät und Batterie einen Stromkreis auf.
Decke den Fotowiderstand zunächst lichtdicht ab (Fingerhut) und miss die Stromstärke.
Nimm dann die Abdeckung weg und beleuchte ihn aus unterschiedlichen Abständen mit einer Taschenlampe. Miss jeweils die Stromstärke und notiere die Werte.
Was sagen sie aus?

Steuern mit Licht

In V8 wird ein Halbleiter-Fühler benutzt, der auf Licht anspricht. In ihm ist das Halbleitermaterial Cadmiumsulfid in dünner Schicht zwischen den Zinken zweier Metallkämme aufgebracht. Beleuchtet man diesen **Fotowiderstand** (abgekürzt LDR vom Englischen **L**ight **D**epending **R**esistor), so steigt der Strom umso mehr an, je mehr Licht auffällt.
Wir haben im Prinzip einen Belichtungsmesser aufgebaut. Er eignet sich allerdings nur zum Vergleich von Beleuchtungsstärken. Will man messen, müsste man ihn noch eichen.

Mit dem Strom aus Fotowiderständen werden viele elektrische Anlagen in Abhängigkeit von den Lichtverhältnissen gesteuert:

- Wenn das Tageslicht nicht mehr ausreicht, schalten Fotowiderstände automatisch die Beleuchtung ein *(Dämmerungsschalter)*.
- Ein Fotowiderstand in der rechten Fahrstuhlwand, der von einer Lampe in der linken Wand ständig beleuchtet wird, bildet mit einer Lampe eine *Lichtschranke*. Wenn ein Gegenstand oder eine Person den Lichtweg unterbricht, bleibt die Fahrstuhltür offen. In anderen Fällen wird durch eine Lichtschranke Alarm ausgelöst oder ein Zählwerk weitergesetzt. Rolltreppen und Transportbänder startet man bei Bedarf durch Unterbrechen von Lichtschranken.
- Viele Elektrogeräte können heute mit einer *Infrarot-Fernbedienung* gesteuert werden. Ein Fotowiderstand im Gerät wandelt dabei die unsichtbaren Lichtsignale von der Fernbedienung in elektrische Signale um.

AUFGABEN UND ZUSAMMENFASSUNG

1. Bei der folgenden Schaltung hält eine Wachskugel die Wäscheklammer auseinander und unterbricht so den Stromkreis zwischen Batterie und Summer. Was geschieht, wenn man das Wachs zum Schmelzen bringt? Für welchen Zweck könnte man einen solchen Einmal-Temperaturfühler verwenden?

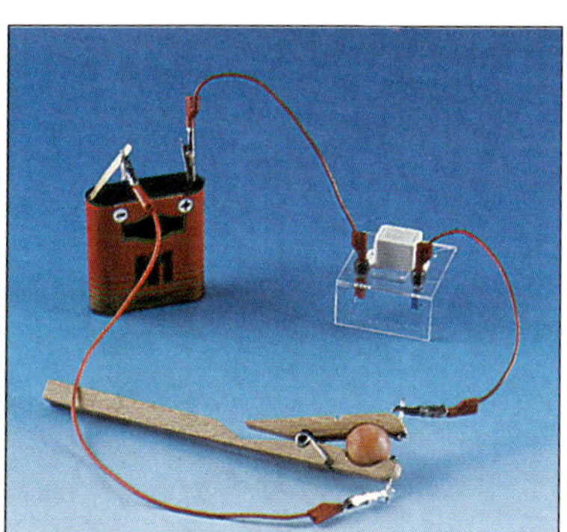

2. Betätige den Taster, mit dem die Autotür die Innenraum-Beleuchtung schaltet, von Hand. Berichte.

3. Beschreibe einen Temperaturschalter, einen Reedschalter und ein Relais.
Wie funktionieren sie jeweils?

4. Beschreibe genau, wie der Überlastschalter in Abb. 4 funktioniert.

5. Worin unterscheiden sich Schalter von Fühlern?

6. Beschreibe, wie sich die Stromstärke in einem Stromkreis mit Heißleiter ändert, wenn die Temperatur des Heißleiters steigt bzw. sinkt.

7. Zeichne den Schaltplan für einen Stromkreis, in dem ein Fotowiderstand bei Beleuchtung eine Klingel einschaltet.
Erkläre, wie die Anlage funktioniert.

Automatische Schalter

Elektrische Anlagen lassen sich durch Bauteile schalten, die auf mechanische Belastung, Erwärmung, Beleuchtung oder Magnete reagieren.

Schalter haben nur zwei Betriebszustände: Sie stehen entweder auf EIN oder auf AUS.

Licht- und Temperaturfühler

Sie bestehen aus Halbleitermaterial. Ihr Widerstandswert ist von Beleuchtung bzw. Temperatur abhängig.

Im Gegensatz zu Schaltern verändern sie Ströme kontinuierlich.

Was sind Halbleiter?

Wir wissen längst, dass Metalle Leiter sind, weil sich in ihrem Innern Elektronen massenhaft tummeln und bequem verschoben werden können. Vermutlich deutet der Wortteil „Halb" darauf hin, dass in Halbleitermaterial das Angebot an Elektronen dürftiger ist als in Metall, vielleicht aufgrund des atomaren Aufbaus. Werfen wir zur Klärung deshalb einen Blick ins Innere des bevorzugt verwendeten Halbleitermaterials Silicium. Betrachten wir also Si im **Mikrobild:**

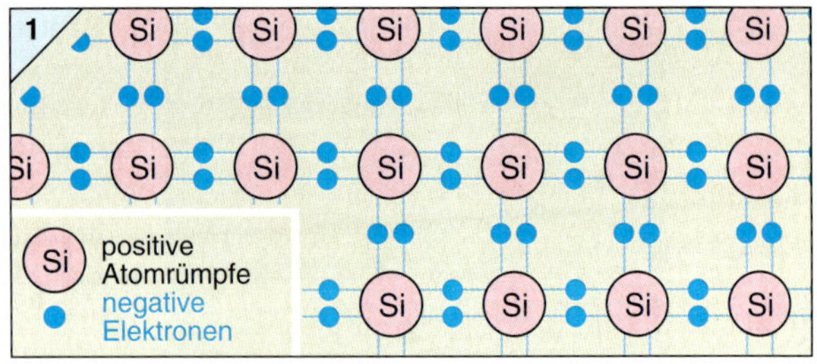

Schon bei der Kristallbildung ordnen sich, wie unser Bild rechts zeigt, die Si-Atome regelmäßig an und halten sich gegenseitig mit erheblichen Kräften fest. Am absoluten Temperaturnullpunkt (–273 °C) gibt es keine frei beweglichen Elektronen, somit haben wir in diesem Zustand einen Nichtleiter.

Aus Experimenten wissen wir, dass mit zunehmender Temperatur die Leitfähigkeit von Halbleitern steigt. Irgendwie müssen die Elektronen darin beweglich werden. Dies wird durch die mit der Temperatur zunehmende Zitterbewegung der Kristallatome bewirkt. Wie aber haben wir uns die Elektronenbefreiung vorzustellen?

Elektronen werden freigeschüttelt

Ein Siliciumatom hat in der äußersten Elektronenschale seiner Hülle 4 Elektronen. Beim Zusammentritt zum Kristallgitter bildet jedes dieser 4 Elektronen mit einem Elektron eines Nachbaratoms ein Pärchen. Es entstehen im zwischenatomaren Raum Elektronenpaare, die die vier Nachbaratome infolge elektrischer Kräfte an die Atome binden. Bei sehr tiefen Temperaturen sitzen alle Außenelektronen der Si-Atome in diesen bindenden Elektronenpaaren fest. Kristallines Silicium leitet in diesem Zustand nicht.

Bei höheren Temperaturen zerren die Atome infolge ihrer Zitterbewegung um die Ruhelage dauernd an den Elektronenpaaren, die sie aneinander ketten. Dabei kann hin und wieder ein Elektron so viel Energie aufnehmen, dass es ausreißt und als **freies Elektron** im Kristall auf Wanderschaft geht. Bei Zimmertemperatur hat sich auf diese Art aus den Hüllen von einer Milliarde Atomen gerade 1 Elektron losgerissen und steht für Leitungsvorgänge zur Verfügung – wenig im Vergleich zu Metallen. Aber Si leitet jetzt ein bisschen.

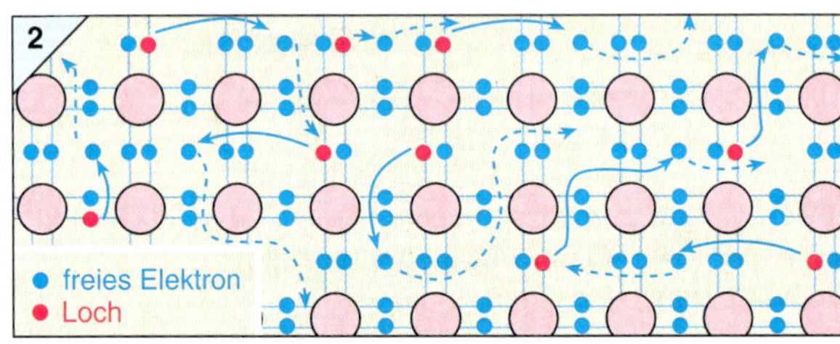

Das ist aber noch nicht alles! Die freigekommenen Elektronen hinterlassen **Löcher** am Ort der Elektronenpaarbrücken. Da dort die negative Ladung fehlt, die das Elektron mitgenommen hat, ist ein solches Loch positiv. Es zieht herumstreunende Elektronen an und versucht, sie einzufangen. Dieser Einfang sorgt dafür, dass die Zahl der beweglichen Elektronen niedrig bleibt.

> Halbleitermaterial leitet nur dann, wenn durch die thermische Bewegung seiner Atome Elektronen darin freigeschüttelt worden sind.

Auch Löcher wandern

Die positiven Löcher können nicht nur herumstreunende Elektronen einfangen, sondern auch unmittelbar benachbarte, die noch in Elektronenpaarbrücken sitzen. Durch diesen Platzwechsel wird das Loch gefüllt, dafür entsteht daneben ein neues (siehe Bild). Das ursprüngliche Loch hat sich einen Schritt weit bewegt und wartet darauf, dass es nun den nächsten Schritt machen kann. Das heißt aber, dass im Si-Kristall nicht nur Elektronen herumvagabundieren, sondern auch Löcher in gleicher Zahl.

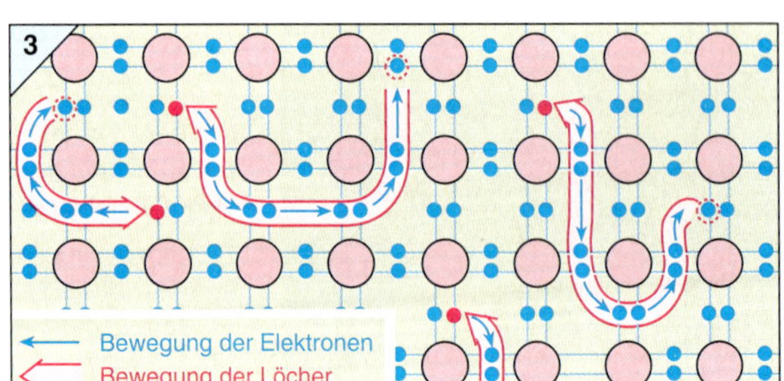

Wie macht man Silicium leitfähiger?

Wenn man an einen Si-Kristall Spannung anlegt, überlagert sich dem Umhervagabundieren von Elektronen und Löchern eine Vorzugsrichtung. Denn wegen der nun wirkenden elektrischen Kräfte bevorzugen die Elektronen beim Umherwandern die Richtung zum Pluspol, die Löcher dagegen die Richtung zum Minuspol. Wenn letztere den Rand des Halbleiters erreichen, werden sie von Elektronen aus dem Metall aufgefüllt. Es gibt im Kristall also zwei Arten von Strömen: den Strom der freien Elektronen und den Löcherstrom.
Beachte aber: Ein Loch macht einen Schritt vorwärts, wenn ein Elektron aus benachbarten Bindungen dort hineinhüpft. Der Löcherstrom ist also genau genommen ein Elektronenstrom mit entgegengesetzter Richtung. Von außen gesehen gibt es durch den Kristall nur einen Elektronenstrom von ⊖ nach ⊕ wie in Metallen.

Allerdings leitet reines Silicium sehr schlecht, 200 000-mal schlechter als das Material unserer Widerstandsdrähte. Si ist nur deshalb so bedeutsam geworden, weil sich seine Leitfähigkeit gezielt verändern lässt. Dazu müssen mehr Elektronen oder Löcher ins Material. Dies erreicht man durch gezielten Einbau, so genanntes **Dotieren,** von Atomen mit einem Elektron mehr oder weniger in der äußersten Schale als Si. Aluminium mit $3=4-1$ Elektronen und Phosphor mit $5=4+1$ eignen sich dazu. Eingebaut werden die Fremdatome auf den Plätzen der Si-Atome.

Beim Dotieren mit Phosphor entstehen n-Leiter
Phosphoratome besitzen fünf Außenelektronen. Beim Einbau solcher Atome in ein Si-Kristallgitter findet das fünfte Elektron keinen Bindungspartner. Es ist frei und kann im Kristall herumwandern. Wenn nur ein Phosphoratom auf eine Million Si-Atome kommt, gibt es tausendmal mehr freie Elektronen als im reinen Kristall. Denn dort kam 1 Elektron auf 1 Milliarde Si-Atome. Die Leitfähigkeit steigt auf das Tausendfache. Die wenigen Löcher, die es gibt, werden bei dem riesigen Elektronenangebot fast alle besetzt.

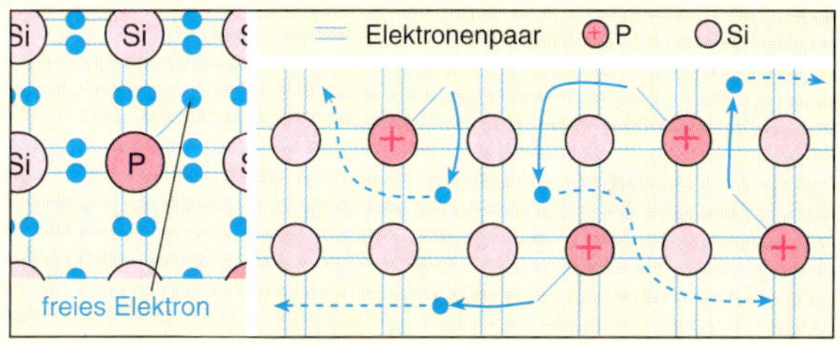

Ströme in einem so dotierten Halbleiter sind deshalb reine Elektronenströme. Wir haben einen n-Leiter vor uns (n von negativer Elektronenladung).

Beim Dotieren mit Aluminium entstehen p-Leiter
Aluminiumatome besitzen nur drei Außenelektronen. Beim Einbau in einen Si-Kristall fehlt in einer der vier Paarbindungen zu den Nachbaratomen jeweils ein Elektron. Diese Fehlstelle kann von einem benachbarten Bindungselektron aufgefüllt werden. Auf dessen altem Platz entsteht ein positiv geladenes Loch. Dieses kann Schritt für Schritt wandern. Da hier die Löcher gegenüber den freien Elektronen in der Überzahl sind, werden letztere fast alle eingefangen.

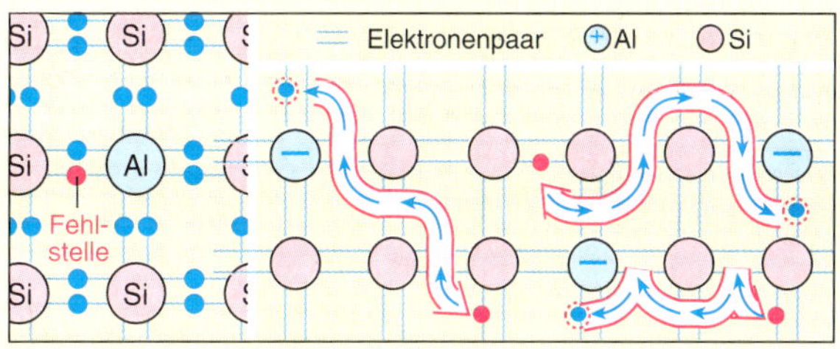

Ströme in einem so dotierten Halbleiter sind deshalb nur Löcherströme. Wir haben einen p-Leiter vor uns (p von positiver Löcherladung).

AUFGABEN UND ZUSAMMENFASSUNG

1. Warum leitet reines Halbleitermaterial (Silicium) beim absoluten Temperaturnullpunkt nicht?

2. Warum wird die Leitfähigkeit mit steigender Temperatur besser? Welche Rolle spielen dabei die Elektronenpaare, die den Kristall zusammenhalten?

3. Weshalb wird im Si-Kristall im Lauf der Zeit nicht aus jedem Elektronenpaar ein Elektron freigeschüttelt?

4. Was versteht man unter Dotieren? Was will man damit erreichen?

5. Erkläre, wie durch den Einbau von Phosphoratomen ein n-Leiter entsteht. Wie entsteht ein p-Leiter?

6. Was bewegt sich nach Anlegen einer Spannung an die Kristallenden
a) im n-Leiter, b) im p-Leiter?

Leitung in Halbleitern

Reines Silicium leitet schlecht, weil es in ihm nur wenige frei bewegliche Elektronen und Löcher gibt. Durch Dotieren mit Phosphor kann man die Zahl der Elektronen erhöhen, durch Dotieren mit Aluminium die Zahl der Löcher. Die entstehenden n- bzw. p-Leiter leiten viel besser als reines Si.

Leuchtdioden – Einbahnstraßen für Elektronen!

In vielen elektronischen Geräten werden Leuchtdioden (LED – **L**ight **E**mitting **D**iode) als Anzeigeelemente verwendet. LEDs sind Bauteile, die in einer durchsichtigen Hülle einen Halbleiterkristall aus Galliumarsenid enthalten. Wird die Diode von Elektronen durchflossen, so leuchtet sie auf. V1 zeigt, dass dabei das lange Bein den Pluspol und das kurze Bein den Minuspol der Stromquelle berühren muss. Im umgekehrten Fall gibt es kein Licht. Ein Messgerät zeigt in diesem Fall auch keinen Strom an.

Eine Leuchtdiode lässt also nur Elektronen in einer Richtung passieren. Sie ist ein Einwegventil für Elektronenströme. Das Schaltzeichen deutet dies an: Der Querbalken nach dem Pfeil sagt aus, dass diese Richtung für Elektronen gesperrt ist **(Sperrrichtung).** Die Gegenrichtung nennt man **Durchlassrichtung** der Diode.

Elektronen können Leuchtdioden nur in einer Richtung durchqueren. Man unterscheidet Sperr- und Durchlassrichtung.

Die Schwellenspannung

Wenn wir die Spannung an einer LED schrittweise erhöhen, stellen wir eine weitere Besonderheit dieses Bauteils fest:

- Bei Spannungen unterhalb von 1 V kommt auch in Durchlassrichtung kein Strom zustande.
- Erst wenn eine bestimmte **Schwellenspannung** überschritten wird, gibt es einen Strom.
- Oberhalb der Schwelle nimmt die Stromstärke bei gleichmäßiger Erhöhung der Spannung erst wenig, dann rasant zu. Spannung und Stromstärke sind also nicht proportional.

Die Schwellenspannung einer Diode hängt vom verwendeten Halbleitermaterial ab: Bei roten und gelben Leuchtdioden beträgt die Schwellenspannung etwa 1,2 V, bei grünen etwa 2 V.

1

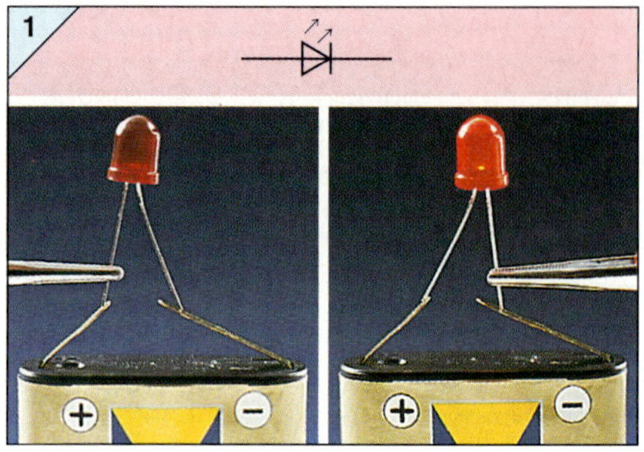

V1 Verbinde die beiden Anschlussdrähte einer LED kurzzeitig mit den beiden Polen einer Flachbatterie. Welchen Pol berührt das „lange Bein", wenn sie leuchtet?

2

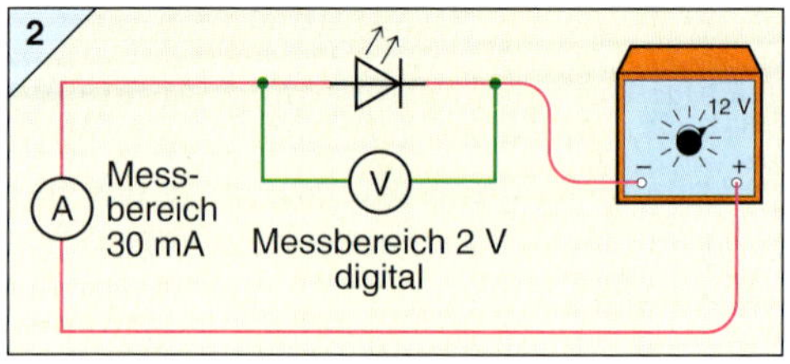

V2 Lege eine rote LED in den Messkreis, der oben abgebildet ist. Erhöhe die Spannung schrittweise um 0,05 V und miss jeweils die Stromstärke. (Keinesfalls mehr als 50 mA!) Trage die Messwerte in eine Tabelle ein.

V3 Wiederhole V2 mit einer grünen Leuchtdiode. Ergänze deine Tabelle. Was fällt auf?

A4 Zeichne für jede der beiden Dioden ein *U-I*–Diagramm. Wie groß ist jeweils die Spannung, bei der erstmals ein Strom festzustellen ist (die Schwellenspannung)?

3

	U	0	…	1,3 V	1,4 V	1,5 V	1,6 V	1,7 V	1,8 V	1,9 V	2,0 V	2,1 V	2,2 V	2,3 V	2,4 V
grün	*I*	0	…	0 mA	0 mA	0 mA	0 mA	0 mA	0,5 mA	4 mA	10 mA	20 mA	30 mA	50 mA	überlastet
rot	*I*	0	…	0 mA	0,1 mA	0,7 mA	10 mA	80 mA	überlastet						

Leuchtdioden brauchen Schutz!

Standard-LEDs sind für eine Stromstärke von 30 mA ausgelegt. Die wird bei rot leuchtenden Dioden knapp oberhalb von 1,5 V erreicht. Bei höheren Spannungen muss ein Widerstand geeigneter Größe in den Diodenkreis gelegt werden, der die Stromstärke auf diesen Wert begrenzt. Die Größe dieses Widerstandes lässt sich folgendermaßen berechnen:

Bei einer Reihenschaltung von Diode und Widerstand verteilt sich die Betriebsspannung U_B auf beide Bauteile. Die Diode bekommt etwas mehr als die Schwellenspannung U_S ab (siehe Tab. 3), der Widerstand den Rest: $U_R = U_B - U_S$. Da der Widerstand den gleichen Strom wie die Diode führt, kann man den Widerstandswert mit dem ohmschen Gesetz ($R = U/I$) berechnen:

Spannung am Widerstand:
$U_R = U_B - U_S = 4{,}5\ V - 1{,}5\ V = 3\ V$
Größe des Widerstandes:
$R = U_R/I = 3\ V : 0{,}03\ A = 100\ \Omega$

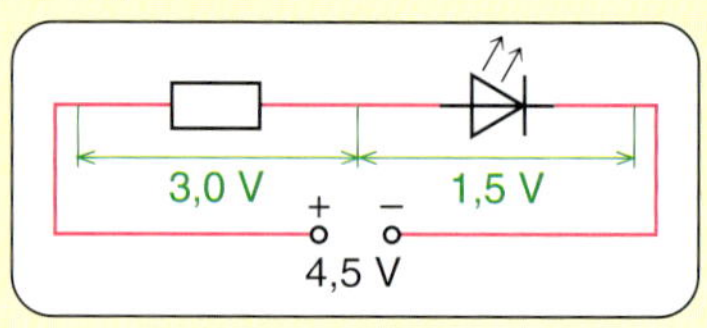

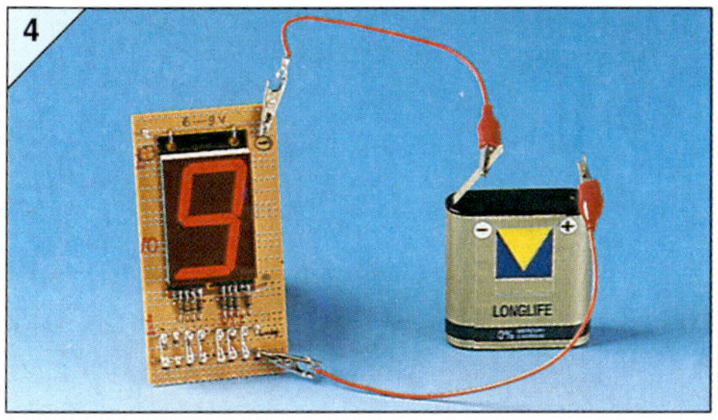

V5 In dieser Sieben-Segment-Anzeige ist jeder Leuchtbalken einerseits mit dem Minuspol, andererseits mit einem Stift verbunden. Legst du den Stift an Plus, so leuchtet der entsprechende Balken. Stelle Verbindungen so her, dass die Ziffern 0 bis 9 aufleuchten.

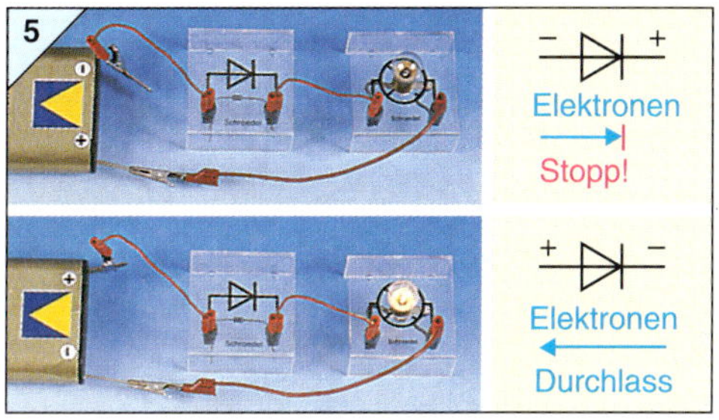

V6 Schalte eine Si-Diode und ein Lämpchen in Reihe mit einer Batterie. Pole dann um. Beschreibe, was du siehst.
Ersetze das Lämpchen durch einen Kleinst-Motor. Was geschieht beim Umpolen jetzt?

A7 Beschreibe, wie dieser Überspannungsschutz für einen Motor (Höchstspannung 2 V) funktioniert.

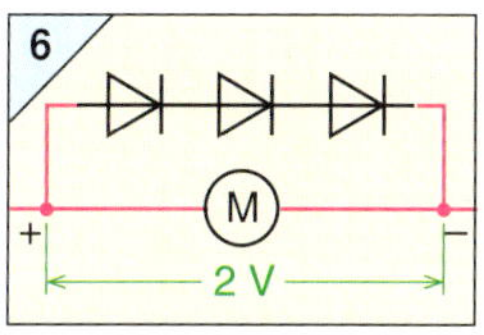

Leuchtdioden sind eine feine Sache. Man benützt sie immer dann, wenn man mit wenig Aufwand Lichtsignale geben will. Ein besonders raffinierter Signalgeber ist die **Sieben-Segment-Anzeige** in Bild 4. Sie besteht aus sieben balkenförmigen Leuchtdioden (im Bild mit a bis g bezeichnet) und einem Leuchtpunkt (Dezimalpunkt). Durch Einschalten einer geeigneten Zahl von Balken lassen sich alle Ziffern von 0 bis 9 darstellen und durch Aneinanderreihen von mehreren Einzelanzeigen auch Dezimalzahlen.

Dioden schützen Bauteile

Dass Dioden Elektronen(ströme) nur in einer Richtung durchlassen und in der anderen sperren, ist in der elektronischen Schaltungstechnik außerordentlich wichtig. Wenn es darauf ankommt, verwendet man **Si-Dioden,** die nicht leuchten, dafür aber eine niedrige Schwellenspannung haben (ca. 0,7 V).

Verpolungsschutz: Viele elektronische Schaltungen werden zerstört, wenn man die Stromquelle verkehrt herum anschließt, also + mit – vertauscht, z. B. wenn man eine Batterie falsch einlegt. V6 zeigt, dass eine in Reihe geschaltete Si-Diode einen solchen Schaden verhindert. Bei richtig angeschlossener Batterie befindet sich diese Schutzdiode in Durchlassrichtung im Stromkreis – die Schaltung funktioniert. Bei falsch angeschlossener Batterie sperrt die Diode – nichts geht, aber es passiert auch nichts!

Überspannungsschutz: Viele Bauteile werden beschädigt, wenn an ihnen eine zu hohe Spannung anliegt (Überspannung). Auch in diesem Fall helfen Dioden weiter. Dürfen an einem Bauteil, z. B. einem Mini-Motor, keinesfalls mehr als 2 V liegen, schaltet man drei in Reihe liegende Si-Dioden parallel. Sie haben zusammen eine Schwellenspannung von $3 \cdot 0{,}7\,V = 2{,}1\,V$. Liegen weniger als 2 V an der Schaltung, sperren die Dioden und der gesamte Strom geht durch den Motor. Oberhalb von 2 V wird der Strom durch ihn aber nicht größer, weil jedes Mehr an Strom durch die jetzt leitenden Dioden vorbeigeleitet wird.

Polfinder – selbst gebaut

Mit zwei Leuchtdioden und einem Widerstand können wir eine Schaltung aufbauen, mit der wir überprüfen können, ob zwischen zwei Buchsen, Klemmen, Drähten oder Schaltpunkten Spannung liegt und wie sie gepolt ist.
! Achtung: 24 V nicht überschreiten !

Wir verwenden dazu zwei entgegengesetzt geschaltete Leuchtdioden und einen Widerstand. Von den Dioden kann immer nur die leuchten, die in Durchlassrichtung liegt. Das ist im abgebildeten Gerät immer die auf der Plusseite. Bei Wechselspannung leuchten beide Dioden, abwechselnd je $\frac{1}{100}$ Sekunde lang. Das sehen wir, wenn wir das Gerät bewegen.

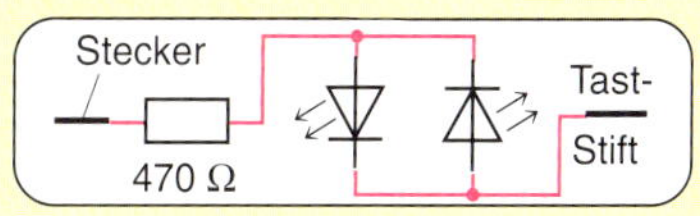

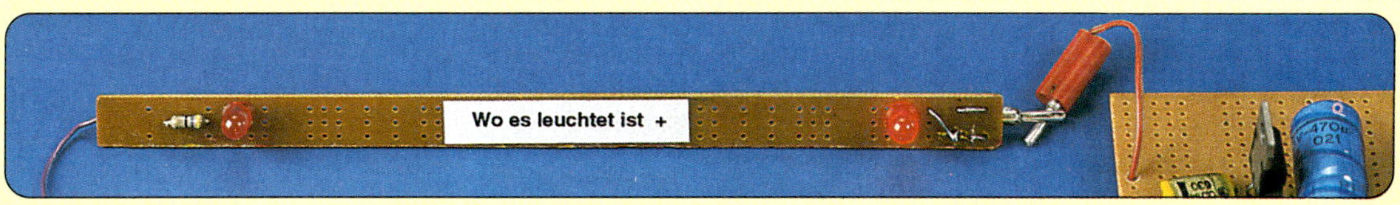

Aus Wechselstrom wird Gleichstrom

Taschenradios und Walkmen arbeiten mit Gleichspannung von einigen Volt, die sie aus Batterien beziehen. Der Betrieb ist billiger, wenn man die benötigte Energie über ein Steckernetzteil aus der Steckdose zapft. Das Netzteil hat dabei zwei Aufgaben:

1. Es muss die Netzspannung (230 V) in eine 50-mal kleinere Spannung wandeln. Dazu enthält es einen Transformator.
2. Es muss aus Wechselstrom Gleichstrom machen. Diese Aufgabe löst man mit Silicium-Dioden.

Wie wir wissen, wechseln die Ströme in unserem Versorgungsnetz in jeder Sekunde 100-mal die Richtung. Wenn ein Kleinmotor im Wechselstromkreis liegt wie in Bild 7, führt dessen Achse nur leichte Zitterbewegungen aus.

Einweg-Gleichrichtung: Wenn man zusätzlich eine Diode in den Stromkreis legt, läuft der Motor wie gewohnt, denn die Diode wirkt als Ventil: Die Wechselstrompulse in Durchlassrichtung kommen durch, die in Sperrrichtung werden unterdrückt. Es entsteht Gleichstrom mit Pausen. Die Motorachse wird in der Hälfte der verfügbaren Zeit angetrieben, er läuft daher nur mit halber Leistung.

Zweiweg-Gleichrichtung: Auf volle Leistung kommt der Motor, wenn man die Strompulse in der falschen Richtung nicht unterdrückt, sondern so umlenkt, dass sie gleichsinnig wie die anderen durch den Motor gehen. Die Schaltung dazu kann mit insgesamt vier Dioden aufgebaut werden (Bild 8): Für die eine Richtung der Wechselstrompulse sind die Dioden D1 und D3 in Durchlassrichtung geschaltet, die beiden anderen Dioden sperren. Für die Pulse mit anderer Richtung befinden sich die Dioden D2 und D4 in Durchlassrichtung. D1 und D3 sperren. Im Motor laufen die Pulse nacheinander in der gleichen Richtung.
Diese Diodenanordnung nennen Techniker *Brückengleichrichtung,* weil der Motor gleichsam als Brücke zwischen den beiden Diodenpaaren dient.

7

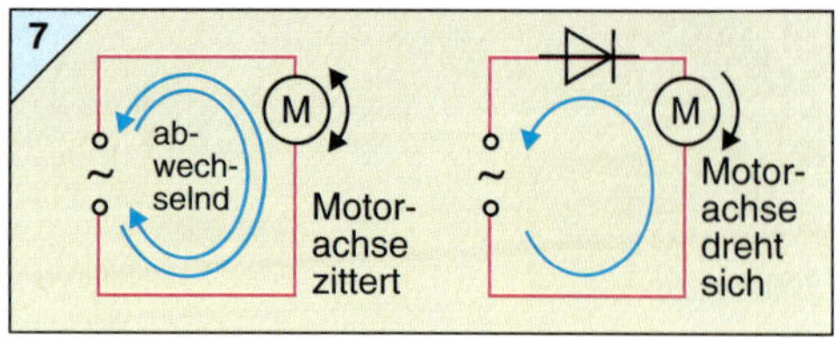

V8 Schließe einen Kleinmotor an eine Batterie an. Pole dann mehrmals um. Wie bewegt sich die Motorachse bei diesem selbst hergestellten „Wechselstrom“? Lege nun eine Diode in den Stromkreis und wiederhole.

V9 Betreibe den Motor jetzt mit 4 V Wechselstrom aus einem Netzgerät, einmal ohne und einmal mit Diode. Wie dreht sich die Motorachse jeweils? Erkläre.

8

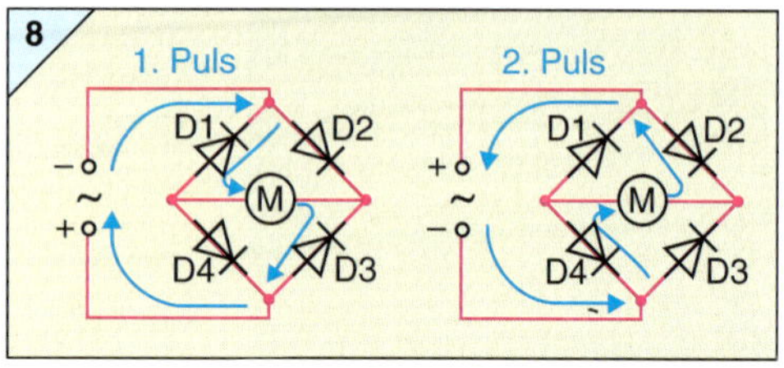

V10 Baue die Diodenschaltung von Bild 8 nach. Verwende dazu Leuchtdioden.
Schließe die Schaltung zunächst an eine 6 V-Batterie an. Verfolge an ihrem Leuchten, wie der (Elektronen-)Strom aus der Batterie über die Dioden zum Motor geführt wird. Pole dann um. Welchen Weg nehmen die Elektronen jetzt?
Benutze nun Wechselstrom. Warum läuft der Motor jetzt schneller?
Warum nennt man diese Schaltung „Brückengleichrichtung“?

Dem Wechselstrom auf der Spur

Eine Gleichspannung an den Eingangsbuchsen eines Oszilloskops lenkt den Leuchtpunkt auf dem Schirm nach oben oder nach unten, je nach Polung. Bei Wechselstrom zeichnet der Punkt einen senkrechten Strich.
Lässt man bei Wechselstrom den Leuchtpunkt in kurzen Abständen gleichmäßig von links nach rechts laufen und schlagartig zurückspringen, so zeichnet er den zeitlichen Verlauf der Strompulse auf; einen nach oben (den +Puls), danach einen nach unten (den –Puls) usw.

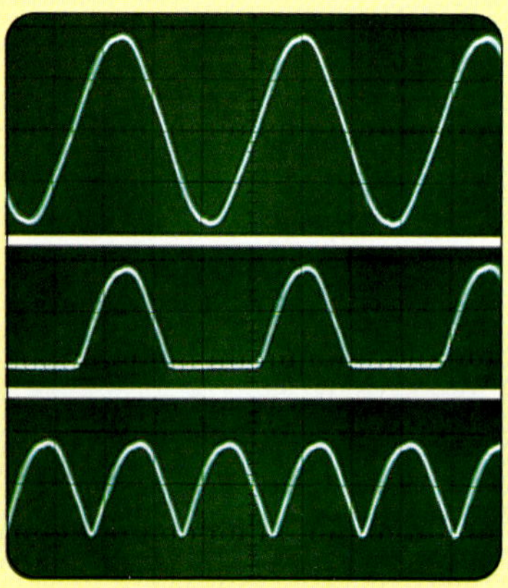

Eine einzelne Diode im Stromkreis sperrt in einer Richtung. Jeder zweite Strompuls fällt aus. Der Leuchtpunkt zeichnet in der Pulslücke die Null-Linie nach.

Bei Zweiweg-Gleichrichtung werden die Pulse lückenlos immer in der gleichen Richtung durch ein Bauteil, z. B. einen Widerstand, geführt. Ihre Bilder liegen alle oberhalb der Null-Linie dicht an dicht.

Steckernetzgerät für 9 V

Im Bild unten ist ein selbst gebautes Steckernetzgerät fotografiert. Schauen wir uns genau an, welche Bauteile es enthält und wie diese zusammenwirken.

Auf der einen Seite liegt die Netzspannung mit 230 V an. Diese muss herabgesetzt werden. Bekanntlich sind für solche Spannungsübersetzungen **Trafos** da. Das ist der dicke schwarze Block links. An seinem Ausgang liegen in unserem Fall 14 V Wechselspannung.

Diese Wechselspannung wird von einem **Zweiweg-Gleichrichter** in Gleichspannung umgewandelt. Dabei liegt die Wechselspannung zwischen den beiden Eingangspunkten oben und unten; die Gleichspannung wird zwischen den beiden Ausgangspunkten links und rechts abgenommen.

Im Prinzip wären wir jetzt fertig, aber leider ist die entstehende Gleichspannung nicht glatt. Wie holprig sie ist, zeigt das obere Oszilloskop-Foto im Bild unten!

Das runde blaue Bauteil, ein **Kondensator,** schafft Abhilfe. Er nimmt während der Pulsanstiege Energie auf und gibt sie während der Pulsabfälle wieder ab. Er wirkt also wie eine zusätzliche Gleichstromquelle, die immer dann Energie liefert, wenn die Gleichspannung am Ausgang der Brücke absinkt. Deshalb ergibt sich hinter dem Kondensator ein fast gleichmäßiger Spannungsverlauf (unteres Foto).

Das flache schwarze Bauteil rechts von dem Kondensator ist ein **Spannungsregler.** Er „verschluckt" den Teil der Spannung über 9 V. Damit fallen auch alle noch verbliebenen „Wellen" weg. Wir haben exakt 9 V Gleichspannung wie bei einer Batterie. Allerdings kann dieser Regler extrem kurze Spannungsspitzen, die ab und zu im Netz auftreten, nicht kappen. Deshalb ist ein weiterer Kondensator nachgeschaltet, der sie auffängt.

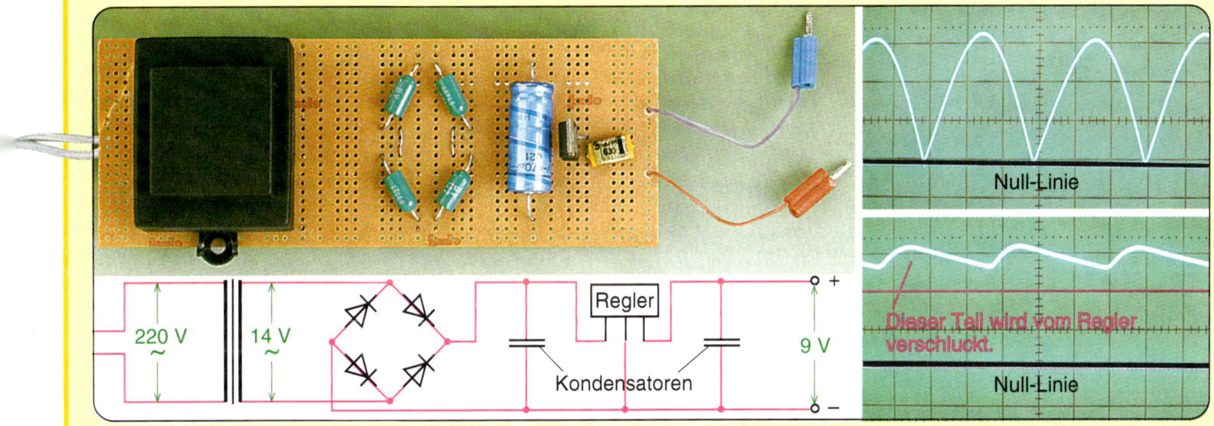

AUFGABEN UND ZUSAMMENFASSUNG

1. Du hast ein Bauteil mit zwei Anschlüssen. Wie kannst du herausfinden, ob es sich um eine Diode handelt?

2. Was versteht man unter der Schwellenspannung einer Diode? Wie groß etwa ist sie?

3. Mithilfe von Dioden kann man Geräte davor schützen, dass sie mit falscher Polung an Batterien angeschlossen werden. Erkläre, wie man das erreicht.

4. Wieso ist zum Dauerbetrieb einer LED ein Widerstand im Lampenstromkreis erforderlich? Zeichne das Schaltbild.

5. Zeichne den Schaltplan für eine Gleichrichtung mit einer Diode. Gib die Richtung der Strompulse durch Pfeile an.

6. Zeichne den Schaltplan für eine Gleichrichtung, in der beide Strompulsarten genutzt werden. Zeichne die Stromführung für die beiden Pulsarten mit verschiedenen Farben ein.

7. Warum können die Bauteile eines elektronischen Taschenrechners, der mit einer 1,5 V-Knopfzelle betrieben wird, nicht mit einer Diode gegen verkehrtes Einsetzen der Zelle geschützt werden?

Dioden

Dioden lassen Elektronen nur in einer Richtung durch. Aber selbst dann kommt Strom erst nach Überschreiten der Schwellenspannung (0,6 V bis 1 V) zustande.

Bei der Einweg-Gleichrichtung stoppt eine Diode alle Pulse des Wechselstroms, die in Sperr-Richtung ankommen. Folge: pulsierender Gleichstrom mit Pausen.
Bei der Zweiweg-Gleichrichtung werden die Wechselstrom-Pulse von zwei Diodenpaaren so geführt, dass alle Pulse gleichsinnig durch ein angeschlossenes Gerät gehen.

Dioden bestehen aus einer Kombination von n-Leiter und p-Leiter. Wenn wir erfahren wollen, weshalb sie von Elektronen nur in einer Richtung durchströmt werden können, müssen wir die Vorgänge an der Grenze zwischen n-Leiter und p-Leiter im Mikrobild betrachten.

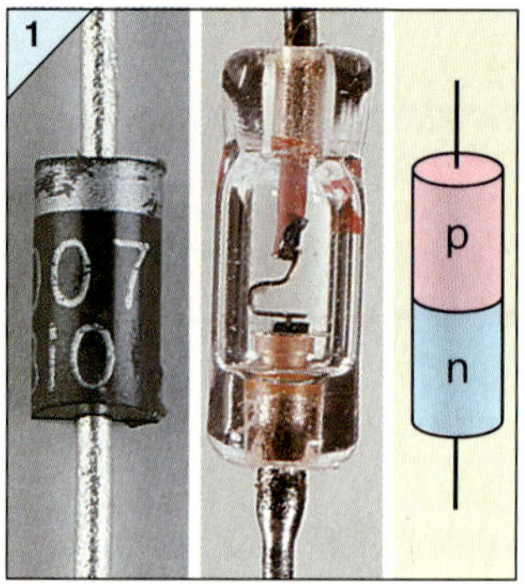

Dort, wo n-Leiter und p-Leiter aneinander stoßen, kommen durch thermische Bewegung freie Elektronen aus dem n-Leiter in den p-Leiter und besetzen die dort vorhandenen Löcher. Im n-Leiter entsteht durch die Abwanderung von Elektronen eine positiv geladene Zone, im p-Leiter durch die Zuwanderung von Elektronen eine negativ geladene Zone. Diese Aufladung wirkt der Elektronenbewegung entgegen und beendet sie schließlich. Nun gibt es in einer sehr dünnen **Grenzschicht** zwischen n-Leiter und p-Leiter weder freie Elektronen noch Löcher, also keine beweglichen Ladungsträger. Die Grenzschicht verhält sich wie ein Nichtleiter.

In der Grenzschicht zwischen n-Leiter und p-Leiter einer Diode gibt es keine beweglichen Ladungsträger.

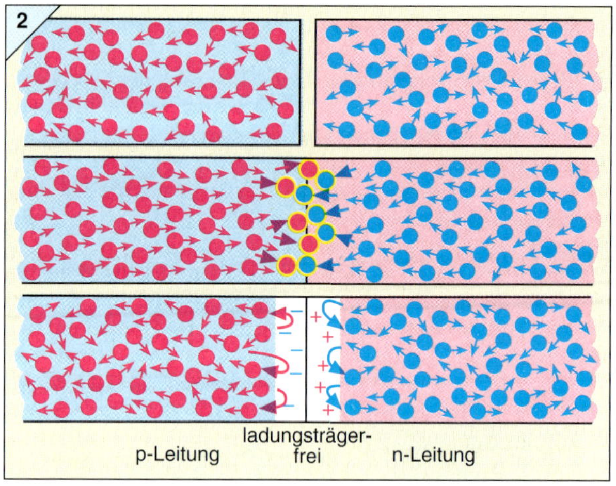

Diode im Stromkreis

Diode in Durchlassrichtung: Wenn eine Diode in Durchlassrichtung geschaltet wird, werden Elektronen vom Minuspol der Spannungsquelle in den n-Leiter geschoben und vom Pluspol aus dem p-Leiter abgezogen. Dadurch verändert sich auch die Situation in der Grenzschicht: Auf der Seite des n-Leiters wandern Elektronen, auf der Seite des p-Leiters Löcher in die Grenzschicht. Diese wird dadurch immer dünner. Sie verschwindet schließlich ganz, wenn die Schwellenspannung erreicht ist. Von da an können ständig Elektronen aus dem n-Leiter in Löcher des p-Leiters gelangen und damit die Grenze zwischen n- und p-Leiter überwinden – es kommt zu einem ständigen Elektronenstrom.

Diode in Sperrrichtung: Bei Polung in Sperrrichtung werden vom Minuspol der Spannungsquelle Elektronen in den p-Leiter geschoben. Die Löcher bewegen sich auf diese Elektronen zu und werden von ihnen besetzt. Der Pluspol zieht dagegen Elektronen aus dem n-Leiter ab. Beide Vorgänge bewirken, dass sowohl die Zahl der Löcher als auch die der Elektronen an den Rändern der Grenzschicht verringert wird. Die isolierende Grenzschicht wird dicker und verhindert, dass ein Strom zustande kommt.
Mit sehr hohen Spannungen lässt sich die Grenzschicht natürlich auch in dieser Richtung überwinden. Ein solcher „Durchbruch" ist mit einem Blitz in Luft vergleichbar und zerstört die Diode.

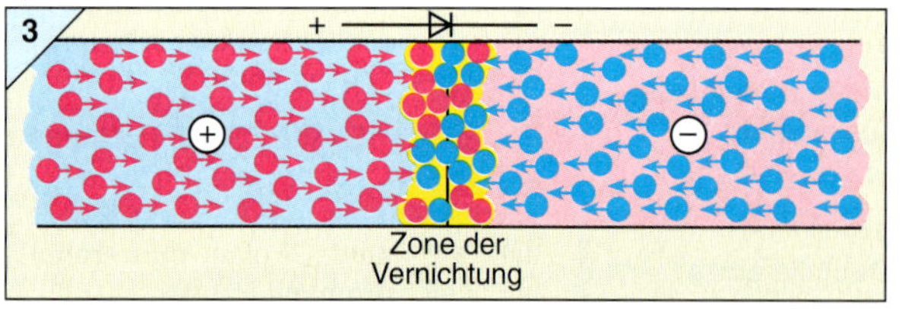

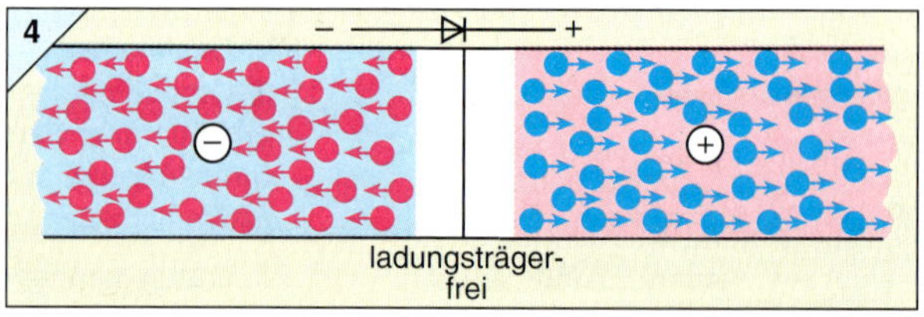

Liegt eine Diode in Durchlassrichtung an einer steigenden Spannung, so wird die Grenzschicht immer dünner und verschwindet beim Erreichen der Schwellenspannung.
Liegt die Diode in Sperrrichtung, so wird die Grenzschicht bei steigender Spannung immer dicker.

Kennlinien

Für den Aufbau von Schaltungen ist es wichtig zu wissen, wie sich die einzelnen Bauteile elektrisch verhalten. Von Bedeutung ist zum Beispiel, welche Stromstärke sich einstellt, wenn eine bestimmte Spannung an das Bauteil angelegt wird. Den Zusammenhang zwischen Spannung und Stromstärke kann man in einem Schaubild darstellen. Dabei trägt man die Spannung nach rechts und die Stromstärke nach oben ab. So erhält man für jedes Messwertpaar einen Punkt im Schaubild. Alle Punkte gemeinsam ergeben die **Kennlinie** des Bauteils, an deren Verlauf man erkennt, wie sich das Bauteil im Stromkreis verhält.

Wie wir wissen, ergibt sich für einen **Festwiderstand** eine ganz einfache Kennlinie: Spannung und Stromstärke sind bei diesem Bauteil proportional, es gilt das ohmsche Gesetz. Deshalb liegen alle Punkte auf einer Geraden durch den Nullpunkt.

Die Kennlinie einer **Halbleiterdiode** sieht ganz anders aus: Unterhalb der Schwellenspannung gibt es keinen Strom, die Kennlinie verläuft auf der waagerechten Achse. Bei Überschreiten der Schwellenspannung nimmt die Stromstärke erst langsam, dann immer schneller zu. Schwellenspannung und Steigung der Kennlinie hängen davon ab, ob es sich um eine Leuchtdiode oder eine Si-Diode handelt.

Auch für die **Reihenschaltung Diode-Festwiderstand** kann man eine Kennlinie aufnehmen. Für Spannungen unterhalb der Schwellenspannung erhält man die gleiche Kennlinie wie für eine Diode: Solange die Diode keinen Strom zulässt, ist der Widerstand wirkungslos. Sobald die Schwellenspannung aber überschritten ist, sorgt der Festwiderstand dafür, dass die Stromstärke gleichmäßig mit der Spannung wächst (abgesehen von der anfänglichen Krümmung).
Dieser Teil der Kennlinie ist gegenüber der Widerstandskennlinie etwa um den Wert der Schwellenspannung der Diode nach rechts verschoben. Der Kurve kann man entnehmen, dass an der Diode immer etwa die Schwellenspannung und am Widerstand die restliche Spannung anliegen.

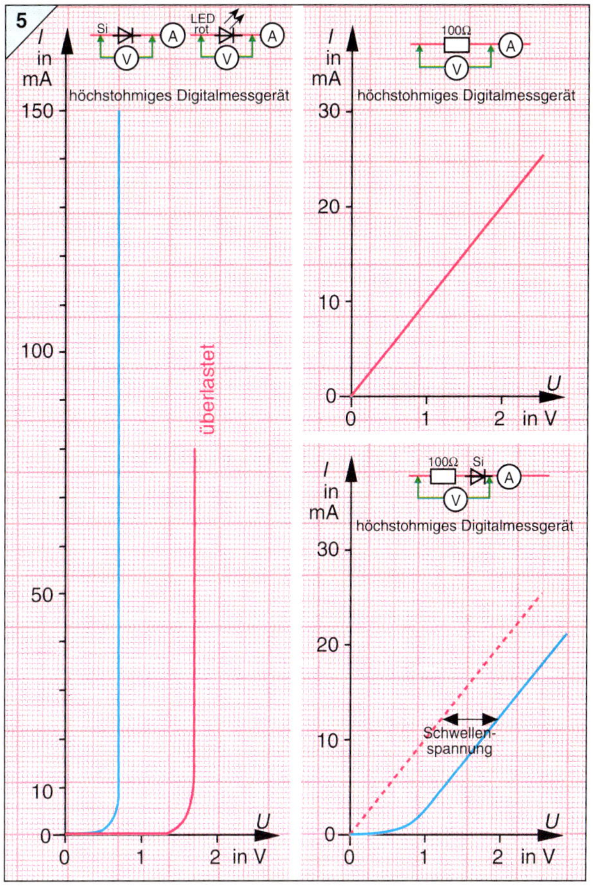

AUFGABEN UND ZUSAMMENFASSUNG

1. Beschreibe den Aufbau einer Diode.

2. Was passiert an der Grenze zwischen n-Leiter und p-Leiter im Si-Kristall?
Warum leitet die Grenzschicht zwischen n- und p-Zone nicht?

3. Wieso kommt in Durchlassrichtung erst dann ein nennenswerter Strom zustande, wenn die Schwellenspannung erreicht ist?
Was ist jetzt an der Grenzschicht passiert?

4. Wie kann man erreichen, dass die Diode auch in Sperrrichtung leitet? Was geschieht dabei?

5. Beschreibe den Verlauf der Kennlinie einer Leuchtdiode.

6. Wodurch unterscheidet sich die Kennlinie einer LED von der einer Si-Diode?

Dioden im Mikrobild

Halbleiterdioden bestehen aus einer Kombination von n-Leiter und p-Leiter. Die Grenzschicht dazwischen isoliert die beiden Gebiete.

Durch Anlegen einer Spannung in Durchlassrichtung wird die Grenzschicht dünner. Sie verschwindet oberhalb der Schwellenspannung.
Durch Anlegen einer Spannung in Sperrrichtung wird die Grenzschicht dicker und isoliert besser.

Elektrische Energie von der Sonne

1

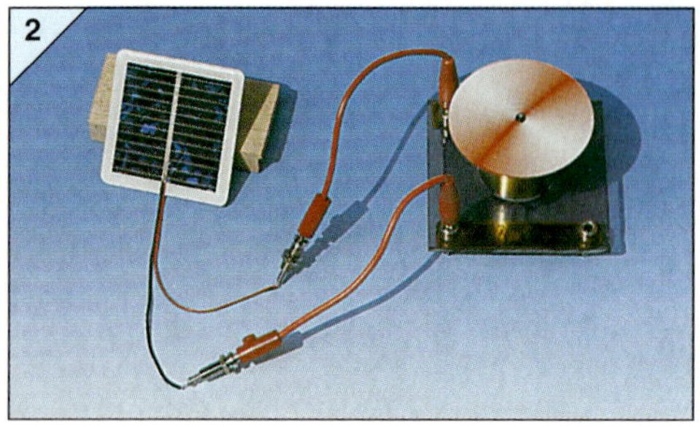
2

Bild 1 zeigt einen Fernsehsatelliten. Er „steht" in 37 500 km Höhe über Zaire (Afrika), weil er genauso schnell um die Erde kreist, wie sich diese unter ihm hindurchdreht. Er bekommt Fernsehprogramme über Funk zugestrahlt. Leistungsstarke Sender strahlen diese dann über die schüsselförmige Antenne in Richtung Mitteleuropa ab. Die Energie dafür kommt von der Sonne: Solarzellen, die auf großen Paddeln montiert sind, fangen das Sonnenlicht ein und machen daraus elektrische Energie, die in die Empfangs- und Sendegeräte fließt. Wie Solarzellen arbeiten und worauf man achten muss, wenn man mit möglichst wenig Aufwand möglichst viel Energie zapfen will, wollen wir nun herausfinden.

Unsere Solarzelle ist eine kinderhandgroße, dünne, zerbrechliche Siliciumscheibe mit blauer Oberfläche, über die ein Metallgitter gelegt ist. Mit diesem und mit der Metallbeschichtung auf der Rückseite ist je ein Anschlussdraht verbunden. Die Zelle ist auf eine Kunststoffscheibe geklebt, die auch zwei Anschlussbuchsen trägt. Das Einfangen von Sonnenenergie ist damit im Prinzip sehr einfach. Bild 2 zeigt, dass man die Solarzelle nur ins Sonnenlicht halten muss – und schon läuft der mit ihren Buchsen verbundene Gleichstrommotor los! Dunkeln wir die Zelle ab, bleibt der Motor sofort stehen. Nach dem Vertauschen der Motorzuleitungen (Umpolen) an der Zelle läuft er in Gegenrichtung. Die eingefangene Sonnenenergie wird also mit Hilfe von Gleichstrom zum Motor transportiert.

Solarzellen wandeln Licht in elektrische Energie um.

In V3 ersetzen wir die Sonne durch eine 100 W-Reflektorlampe und ändern die Beleuchtung der Solarzelle durch Vorhalten von Licht absorbierenden Scheiben sowie durch Neigen der Zelle. Wir finden dabei Folgendes heraus:

- Alles Licht, was auf dem Weg zwischen Quelle und Solarzelle absorbiert oder weggestreut wird, trägt selbstverständlich nichts zur Produktion von elektrischer Energie bei. Man sollte Solarzellen also bevorzugt dort aufstellen, wo der Himmel möglichst oft klar und die Sonne ohne Dunstschleier sichtbar ist.
- Wenn wir die Zelle aus der Lichtbahn heraus neigen, geht Licht, das zuvor auftraf, an der Zelle vorbei. Ihre Effektivität sinkt. Deshalb werden Solarzellen so montiert, dass sie tagsüber möglichst lange ihr Gesicht der Sonne zuwenden: Ausrichtung nach Süden und um 45° geneigt.

V1 Lege eine Solarzelle ins Sonnenlicht und schließe einen Gleichstrom-Kleinstmotor an. Dunkle die Zelle kurzzeitig mit der Hand ab.

V2 Vertausche die Motoranschlüsse an der Zelle. In welcher Richtung und mit welcher Geschwindigkeit dreht sich die Achse jeweils? Was schließt du daraus?

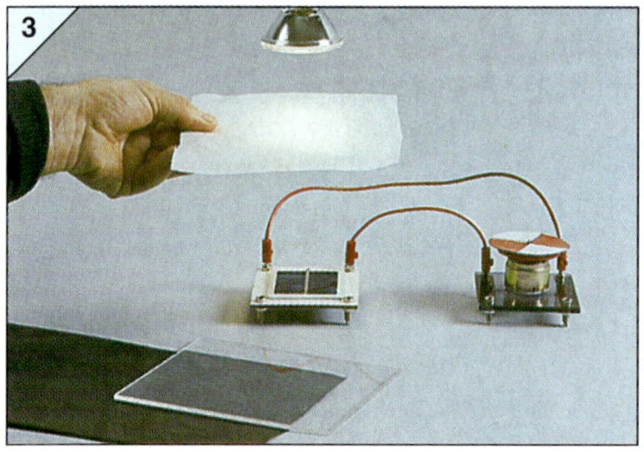
3

V3 Beleuchte die Zelle nun mit einer 100 W-Reflektorlampe. Schiebe dann eine Klarglasscheibe, eine Mattscheibe, ein Stück dünnes weißes Papier und schließlich eine Pappscheibe vor die Solarzelle. Beobachte jeweils, wie schnell sich die Motorachse dreht. Was folgt aus deinen Beobachtungen?
Kippe nun die voll beleuchtete Solarzelle aus der Waagerechten langsam in die Senkrechte. Erkläre, was jetzt geschieht.

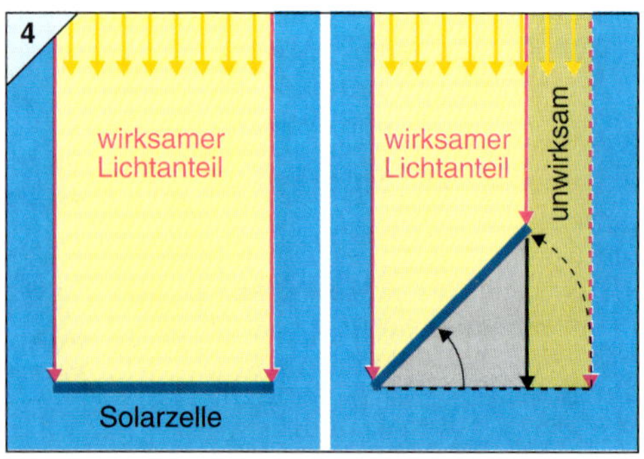

4

A4 Erkläre, warum hier beim langsamen Senkrechtstellen der Solarzelle immer weniger Energie eingefangen werden kann.

5

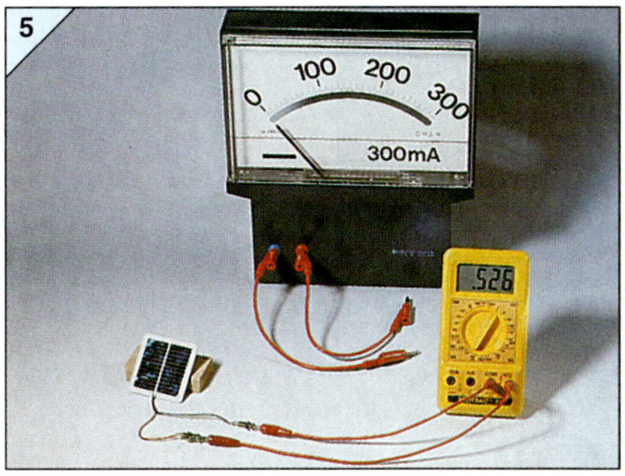

V5 Stelle die Solarzelle ins Sonnenlicht senkrecht zu den Sonnenstrahlen oder hänge eine 100 W-Reflektorlampe 15 cm darüber. Verbinde ihre Klemmen mit einem Spannungsmesser (Messbereich 1 V oder 2 V). Bedecke die Zelle vollständig und lichtdicht mit schwarzer Pappe. Gib zunächst $\frac{1}{4}$, dann $\frac{1}{2}$, $\frac{3}{4}$ und dann die ganze Zellenfläche frei. Notiere die Leerlaufspannungen in einer Tabelle.

6 Fläche	$\frac{1}{4}$	$\frac{1}{2}$	$\frac{3}{4}$	$\frac{1}{1}$
U_0	0,50 V	0,53 V	0,54 V	0,55 V

A6 Welchen Einfluss hat die Größe der beleuchteten Fläche auf die Leerlaufspannung?

V7 Schließe die Buchsen der Solarzelle mit einem Strommesser kurz (Bild 5; Instrumentenwiderstand < 0,1 Ω). Miss den Kurzschlussstrom I_K bei $S_{max}B$, wenn die Fläche der Zelle ganz, zu $\frac{3}{4}$, $\frac{1}{2}$ und $\frac{1}{4}$ lichtdicht bedeckt wird.

7 Fläche	$\frac{1}{4}$	$\frac{1}{2}$	$\frac{3}{4}$	$\frac{1}{1}$
I_K	36 mA	70 mA	109 mA	149 mA

A8 Wie ändert sich die Kurzschlussstromstärke I_K mit der beleuchteten Zellenfläche? Wieviel I_K kommt jeweils auf 1 cm²?

Unsere Solarzelle

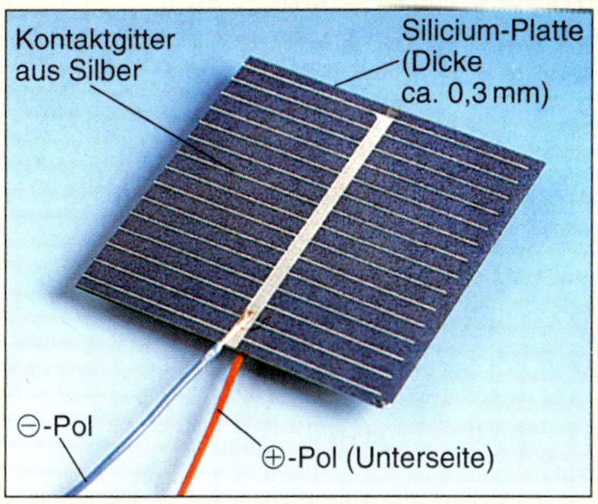

Quellen leben zwischen Leerlauf und Kurzschluss

Mit einer Solarzelle ist ein Kleinstmotor ebenso zu betreiben wie mit einer 1,5 V-Mignon-Zelle. Bei dieser beträgt die so genannte *Leerlaufspannung* (nichts ist angeschlossen) 1,5 V. Diese Spannung geht zurück, wenn die Zelle größere Ströme treiben muss. Sie fällt auf 0, wenn wir den größtmöglichen Strom ziehen (Kurzschluss). Auch die Solarzelle „lebt" wie die Batterie zwischen Leerlauf und Kurzschluss. Um dieses „Leben" beurteilen zu können, sollten wir die Leerlaufspannung U_L und den Kurzschlussstrom I_K messen, und zwar beim höchstmöglichen (maximalen) Lichteinfall: also „volle Sonne bei klarblauem Himmel senkrecht auf die Fläche". Bei uns bringt das Licht in diesem Fall pro Sekunde und pro cm² etwa 0,1 J in die Zelle, also 100 $\frac{mW}{cm^2}$. Diesen Wert wollen wir **maximale Solar-Beleuchtung** nennen und mit $\mathbf{S_{max}B}$ abkürzen. (Ersatzweise erreicht man $S_{max}B$, wenn man eine Halogen-Reflektorlampe mit 100 W Leistung in 15 cm Abstand vor die Zelle bringt.)

Die Betriebszustände der Solarzelle

Im **Betriebszustand Leerlauf** ist an die beleuchtete Solarzelle kein Verbraucher angeschlossen. Einen Elektronenstrom durch die Zelle gibt es deshalb nicht. Jedoch messen wir an ihren Anschlussbuchsen die so genannte *Leerlaufspannung*. Sie beträgt bei S_{max}-Beleuchtung ca. 550 mV und ist weithin unabhängig von der Zellenfläche, wie uns V5 beweist. Es ist die höchste Spannung, die wir an einer Solarzelle erwarten können.

> Volle Sonne bei klarem Himmel: $S_{max}B = 100\,\frac{mW}{cm^2}$; Leerlaufspannung einer Si-Solarzelle bei $S_{max}B$: ca. 550 mV.

Betriebszustand Kurzschluss: Den größten Strom durch die Solarzelle bekommen wir durch Kurzschließen der Ausgangsbuchsen. V7 zeigt, dass der Kurzschlussstrom bei S_{max}Beleuchtung unserer 25 cm²-Zelle etwa 625 mA stark ist. Leider trägt er keine Energie aus der Zelle heraus. – Aus der Versuchstabelle lesen wir außerdem ab, dass I_K im gleichen Maße wächst wie die beleuchtete Zellenfläche. Daraus schließen wir, dass jeder cm² gleich viel zum Kurzschlussstrom beiträgt, nämlich 625 mA : 25 = 25 mA.

> Der Kurzschlussstrom je cm² Solarzelle beträgt bei S_{max}Beleuchtung 25 mA. Er wächst mit der beleuchteten Fläche.

Betriebszustand Energieabgabe: Ihn haben wir, wenn z. B. ein Kleinstmotor mit den Anschlüssen der Solarzelle verbunden ist. Die Zelle treibt jetzt einen Elektronenstrom durch den Motor, wobei ihre Spannung etwas absinkt. Sie arbeitet weder im Leerlauf noch im Kurzschluss, sondern irgendwo dazwischen. Die Spannung ist kleiner als U_L, der Strom kleiner als I_K. Mithilfe des Elektronenstroms wird jetzt die in elektrische Energie umgesetzte Sonnenenergie von der Zelle in den Motor gebracht. Auf diese Energie ist man aus, wenn man Solaranlagen baut.

Wie bekommt man größere Spannung und Ströme?

Mit einer einzelnen Solarzelle können wir selbst bei S_{max}Beleuchtung ein Transistorradio nicht betreiben, denn dieses benötigt 4,5 V. Beim Radio mit Batteriebetrieb schaltet man drei 1,5 V-Mignon-Zellen in Reihe, um die benötigte Spannung von 4,5 V zu erhalten. Geht das auch mit Solarzellen?

Wir überprüfen das in V9. Die Messungen zeigen, dass die Leerlaufspannung von zwei (drei) in Reihe geschalteten Solarzellen etwa doppelt (dreifach) so groß ist wie die Leerlaufspannung einer einzigen Zelle. Wenn man 4,5 V haben will, muss man 4,5 V : 0,5 V = 9 Solarzellen hintereinander schalten.

Auch die Parallelschaltung von baugleichen Solarzellen funktioniert wie gewohnt: V11 zeigt, dass die Anschlussleitungen von zwei parallel geschalteten Solarzellen im Kurzschlussfall einen doppelt so großen Strom führen wie eine Zelle. Bei drei parallel geschalteten Zellen ergibt sich die dreifache Kurzschlussstromstärke.

Reihenschaltung von Solarzellen erhöht die Leerlaufspannung, Parallelschaltung den Kurzschlussstrom.

12

Solargeneratoren

Bild 12 zeigt ein industriell gefertigtes **Solarmodul** aus 33 Solarzellen. Jede Zelle hat eine Fläche von etwa 140 cm². Die Leerlaufspannung bei S_{max}Beleuchtung beträgt bei diesen Zellen ca. 0,6 V. Der Strom im Kurzschlussfall ist 140 · 25 mA = 3,5 A.

Alle 33 Zellen sind zu einem *Strang* hintereinander geschaltet. Das ergibt eine Leerlaufspannung an den Strangklemmen von 33 · 0,6 V ≈ 20 V bei S_{max}Beleuchtung. Da die Zellen der Reihe nach von den Elektronen durchflossen werden, beträgt die Kurzschlussstromstärke an den Strangklemmen 3,5 A.

Mehrere Module kann man nun zu **Solar-Generatoren** zusammenschalten. Die im folgenden Text angegebenen Werte gelten für S_{max}Beleuchtung.

- Ein Generator mit knapp 40 V Leerlaufspannung entsteht, wenn wir zwei Module in Reihe schalten: ⊕-Klemme des vorangehenden an ⊖-Klemme des nachfolgenden Moduls.
- Ein Generator, dessen Zuleitungen im Kurzschlussfall 7 A führen, ergibt sich, wenn man zwei Stränge parallel schaltet: Jeweils ⊖-Klemmen und ⊕-Klemmen miteinander verbinden.

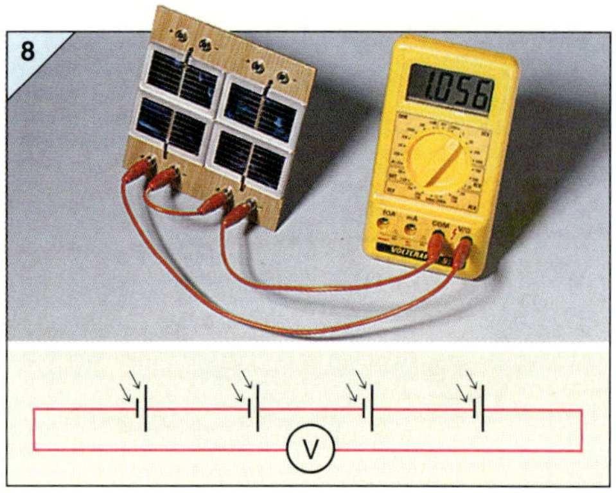

8

V9 Miss jeweils die Leerlaufspannung U_L der vier Solarzellen einzeln bei S_{max}Beleuchtung. Verbinde den Minuspol der Zelle 1 (Z1) mit dem Pluspol der Zelle 2 (Z2). Miss die Spannung der nun in Reihe liegenden Solarzellen an den freien Klemmen. Schalte die dritte Zelle und danach die vierte in Reihe dazu und miss jeweils wieder U_L. Erstelle eine Tabelle.

9 Z1	Z2	Z3	Z1 + Z2	Z1 + Z2 + Z3
0,55 V	0,53 V	0,55 V	1,08 V	1,63 V

A10 Fasse in einem Satz zusammen, was die Tabelle aussagt. Begründe das Ergebnis.

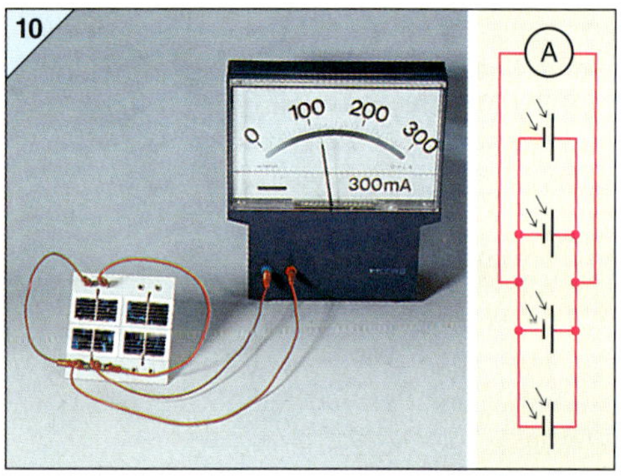

10

V11 Miss den Kurzschlussstrom I_K an jeder Solarzelle bei S_{max}Beleuchtung. Trage die Messwerte in eine Tabelle ein.
Verbinde dann jeweils die Minuspole und die Pluspole von Zelle 1 und Zelle 2. Miss den Kurzschlussstrom der parallel geschalteten Solarzellen. Schalte nun die dritte und dann die vierte Zelle zusätzlich parallel und miss erneut. Ergänze deine Tabelle.

11 Z1	Z2	Z3	Z1 + Z2	Z1 + Z2 + Z3
265 mA	266 mA	270 mA	530 mA	800 mA

A12 Wie hängen Zellenzahl und Kurzschlussstromstärke bei parallel geschalteten Solarzellen zusammen? Begründe!

Solarzellen – Dioden mit sehr großer Fläche

An einer Solarzelle in einer lichtdichten Schachtel lässt sich weder ein Kurzschlussstrom noch eine Leerlaufspannung messen. Schalten wir die verpackte Zelle zusammen mit einer Batterie und einem Kleinstmotor in einen Stromkreis, rührt sich dessen Achse nicht, wenn der Pluspol der Batterie am Minuspol der Solarzelle liegt. Vertauschen wir aber die Anschlüsse, so läuft er los. Die dunkle Solarzelle ist also eine Diode mit Durchlassrichtung für Elektronen von ⊖-Pol zum ⊕-Pol. Auffallend im Vergleich mit LEDs oder Si-Dioden ist die riesengroße Fläche der Solarzelle.

Die Solarzelle besteht aus einer 0,3 mm dünnen, kristallinen Siliciumscheibe. Diese ist auf der vom Licht abgewandten Seite durch Dotieren p-leitend gemacht (Löcherleitung überwiegt) und mit einem Aluminiumüberzug versehen. Die Vorderseite des Kristalls sehen wir blau schimmern. Hier ist eine $\frac{1}{1000}$ mm dünne Schicht des Kristalls n-leitend (Elektronenleitung überwiegt). Licht kann die dünne n-Schicht durchdringen und bis zur p-Schicht darunter gelangen. In die blau schimmernde Oberfläche eingebettet sind miteinander verbundene Metallstege. Sie dienen mit der Aluminiumlage auf der Kristallrückseite der Stromführung.

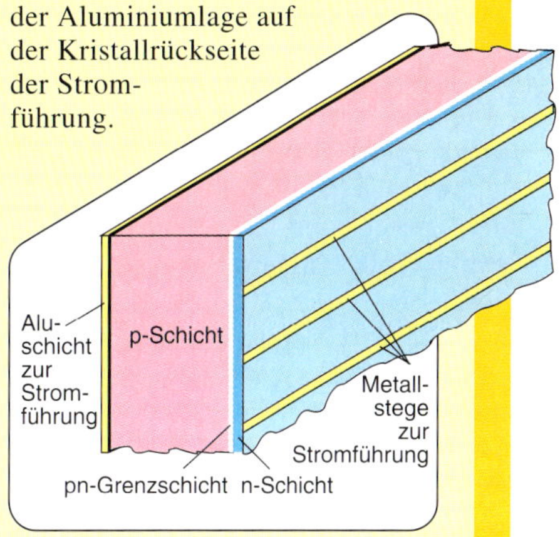

Wie wird aus Licht elektrische Energie?

Die Energieumwandlung findet in der Grenzschicht zwischen p- und n-dotiertem Silicium statt. Die Ränder dieser Grenzschichten sind geladen: auf der p-Seite negativ und auf der n-Seite positiv.

Licht besteht bekanntlich aus Photonen. Trifft ein Photon ein Elektronenpaar, das zwei Si-Atome zusammenbindet, kann es unter Selbstaufopferung ein Elektron herausschlagen, wobei ein Loch zurückbleibt. Wir haben danach zwei im Kristall herumirrende Ladungsträger: ein negatives Elektron und ein positives Loch.

Entsteht dieses Pärchen in der np-Grenzschicht, so wird das Elektron von der positiven Randladung in die n-Schicht, das Loch von der negativen Randladung in die p-Schicht gezogen. Dabei wird die Energie, die das Photon mitgebracht hat, „elektrisch" gespeichert. Der n-Kristall wird durch den Elektronenzuzug negativ, der p-Kristall durch den Lochzuzug (= Elektronenabgang) positiv. Die Ladungsträger-Verschiebung hört auf, wenn die beiden Kristallhälften so hoch geladen sind, dass sie sich weiterem Zuzug aus der Grenzschicht widersetzen. Damit ist die Leerlauf-Spannung erreicht.

Verbinden wir nun „außenherum" über ein Gerät die negative n- und die positive p-Schicht, so laufen Elektronen von der n-Schicht (⊖-Pol) über das Gerät zur p-Schicht (⊕-Pol). Da dabei die Spannung an der Zelle etwas absinkt, können jetzt von Photonen erzeugte Elektron-Loch-Paare wieder die Grenzschichtränder erreichen. Sie halten den äußeren Strom aufrecht – die Solarzelle liefert Energie.

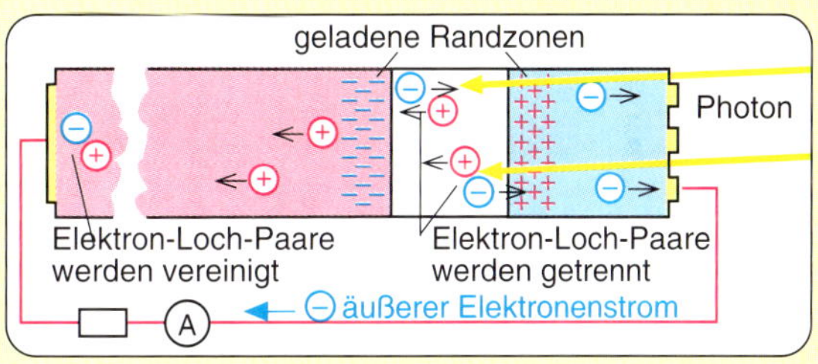

AUFGABEN UND ZUSAMMENFASSUNG

1. Erkläre, welche Energieumsetzungen in einer Solarzelle stattfinden. In welcher Form kommt die Energie an, in welcher geht sie weg? Stelle die Umwandlung grafisch dar.

2. Wie misst man die Leerlaufspannung, wie den Kurzschlussstrom einer Solarzelle?

3. Wie groß sind die beiden Werte bei S_{max}B, wenn du Zellen mit 1 cm², 25 cm² und 100 cm² Fläche hast?

4. Du hast 10 Solarzellen mit je 5 cm x 5 cm Fläche. Wie groß ist bei S_{max}Beleuchtung jeweils die Leerlaufspannung bzw. der Kurzschlussstrom eines Moduls, in dem
a) die 10 Zellen parallel,
b) alle 10 Zellen in Reihe
geschaltet werden?

5. Zeichne das Schaltbild eines Solargenerators, der 4 Stränge mit je 12 Zellen enthält. Wie groß ist die Ausgangsspannung im Leerlauf?

Solarzellen

wandeln Licht in elektrische Energie um. Wenn je cm² 100 mW eingestrahlt werden, steht an jeder Zelle eine Leerlaufspannung von ca. 0,5 V bereit. Jeder Quadratzentimeter Zellenfläche trägt zum Kurzschlussstrom etwa 250 mA bei.

Solargeneratoren bestehen aus parallel liegenden Strängen mit in Reihe geschalteten Zellen.

Die Solarzelle bei Energieabgabe

Bei unseren Messungen haben wir bisher die Solarzelle entweder im Kurzschluss oder im Leerlauf betrieben. Allerdings sind das zwei Betriebszustände, bei denen die Zelle keine Energie abgibt, also für keine Anwendung brauchbar ist. Nun wollen wir Energie zapfen und sehen, wann ein Verbraucher am meisten bekommt.

Als Verbraucher nehmen wir Festwiderstände mit verschiedenen Ohmwerten. Klemmen wir sie einzeln an die beleuchtete Solarzelle an, gibt es durch sie einen Elektronenstrom, der Energie von der Zelle zum Widerstand transportiert. Dort wird sie in Wärme umgewandelt. Der umgesetzte Energiebetrag ist so klein, dass wir keine Temperaturerhöhung wahrnehmen können. Wenn wir jedoch gleichzeitig wie in Bild 1 Spannung und Stromstärke messen, können wir ihn errechnen. Einige Mess- und Rechenwerte sind in Tab. 3 zusammengestellt und in Bild 2 grafisch dargestellt.

Die rote Kurve ist die ***U-I*-Kennlinie** der Zelle. Ihre Endpunkte sind der *Kurzschlussstrom* links oben und die *Leerlaufspannung* rechts unten. Bei Werten zwischen 0 V und 400 mV ändert sich der Strom wenig. Erst wenn wir in die Nähe der Leerlaufspannung kommen, nimmt er rasch ab.

Die blaue Kurve ist die ***U-P*-Kennlinie** der Zelle, also ihre **Leistungskurve.** Diese steigt mit wachsender Spannung zunächst gleichmäßig an; sie hat dort, wo der steile Abfall der Stromstärke beginnt, den höchsten Wert (P_{max}) und fällt dann rasch auf 0. Die Beleuchtung wurde beim Messen der Kurven gleich gehalten auf $S_{max}B = 100\ \frac{mW}{cm^2}$, was für die ganze Zelle $25 \cdot 100\ mW = 2{,}5\ W$ ergibt. Unser P_{max} liegt bei 200 mW. Das heißt, unsere Zelle kann höchstens $\frac{1}{10}$ der Sonnenenergie in elektrische Energie umsetzen, und das nur dann, wenn man sie am richtigen Punkt arbeiten lässt, eben bei P_{max}. Ihr maximaler Solarwirkungsgrad ist also ca. 10%.

2

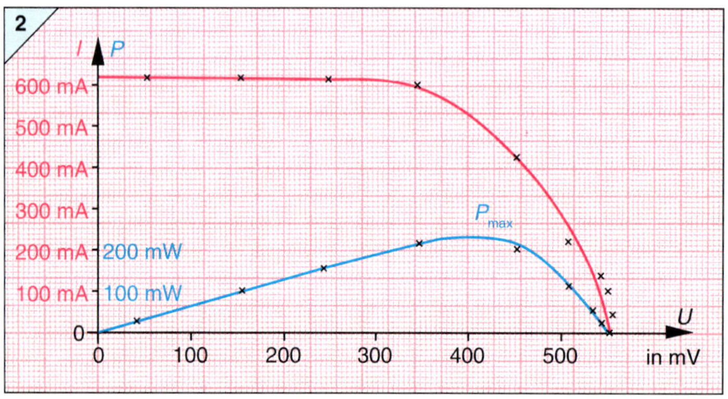

Wie verläuft nun die Kennlinie der Solarzelle, wenn Wolken vor die Sonne ziehen? In V3 erzeugen wir künstlich $\frac{2}{3}$ und $\frac{1}{3}$ unserer S_{max}Beleuchtung. Der prinzipielle Verlauf der Kurven bei diesen Beleuchtungen ist gleich der bei S_{max}Beleuchtung. Es fällt aber sofort auf, dass bei Kurzschluss die Zelle jetzt nur $\frac{2}{3}$ bzw. $\frac{1}{3}$ des Stroms bei $S_{max}B$ führt. Das heißt, die Kurzschlussstromstärke und die Beleuchtungsstärke sind gekoppelt: 1 Lampe bringt 200 mA, 2 Lampen $2 \cdot 200 = 400$ mA, 3 Lampen $3 \cdot 200 = 600$ mA. Ähnliches gilt für P_{max}.

1

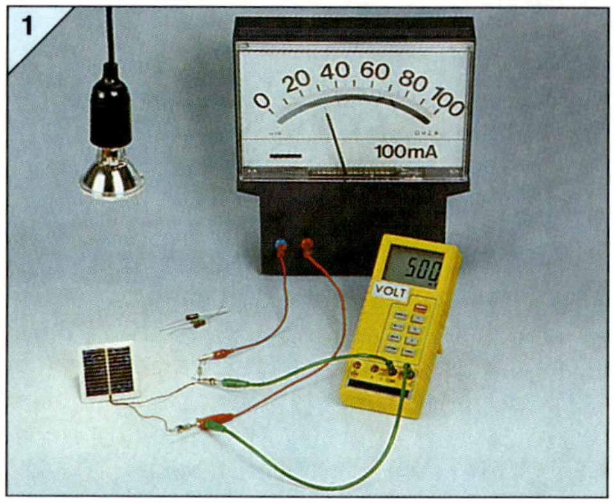

V1 Baue den Versuch auf; stelle die 100 W-Reflektorlampe auf S_{max}Beleuchtung ein. Lege nacheinander Widerstände mit 0,2 Ω; 0,33 Ω; 0,5 Ω; 1 Ω; 2,2 Ω; 4,7 Ω und 10 Ω in den Stromkreis. Miss jeweils den *U*- und den *I*-Wert und trage sie in eine Tabelle ein. Ergänze durch die Leerlauf- und die Kurzschlusswerte. Das Strommessgerät sollte einen Widerstand < 0,1 Ω haben, da es, wenn wir kurzschließen, im Stromkreis verbleibt. Nur dann kommen wir nah genug an den Spannungswert 0 heran.

3 $S_{max}B = 100\ \frac{mW}{cm^2}$ — Zelle mit 25 cm²

R	*U*	*I*	$P = U \cdot I$
Kurzschluss	40 mV	620 mA	25 mW
0,20 Ω	160 mV	620 mA	100 mW
0,33 Ω	240 mV	620 mA	150 mW
0,50 Ω	345 mV	600 mA	210 mW
1,0 Ω	450 mV	440 mA	200 mW
2,2 Ω	510 mV	220 mA	110 mW
4,7 Ω	540 mV	100 mA	54 mW
10 Ω	545 mV	50 mA	27 mW
Leerlauf	550 mV	0 mA	0 mW

A2 a) Errechne die abgegebene Leistung aus deinen Tabellenwerten für Spannung und Stromstärke. Ergänze deine Tabelle durch die Leistungsspalte.
b) Zeichne mit den Tabellenwerten den *U-I*- und den *U-P*-Graphen entsprechend Bild 2.
c) Wo liegt P_{max}?

V3 Setze drei 100 W-Reflektorlampen dicht nebeneinander vor die 25 cm²-Solarzelle. Stelle ihren Abstand zur Solarzelle so ein, dass derselbe Kurzschlussstrom entsteht wie früher bei S_{max}Beleuchtung. Diese hast du jetzt erreicht.
Nimm nun die *U-I*-Kennlinie bei nur einer eingeschalteten Lampe auf ($\frac{1}{3}\ S_{max}B$), dann bei 2 Lampen ($\frac{2}{3}\ S_{max}B$). Zeichne den *U-P*-Graphen für $\frac{1}{3}\ S_{max}B$ zusammen mit dem für $S_{max}B$ aus Bild 2 in ein Diagramm ein (Abb. 4). Ermittle jeweils P_{max} und vergleiche.

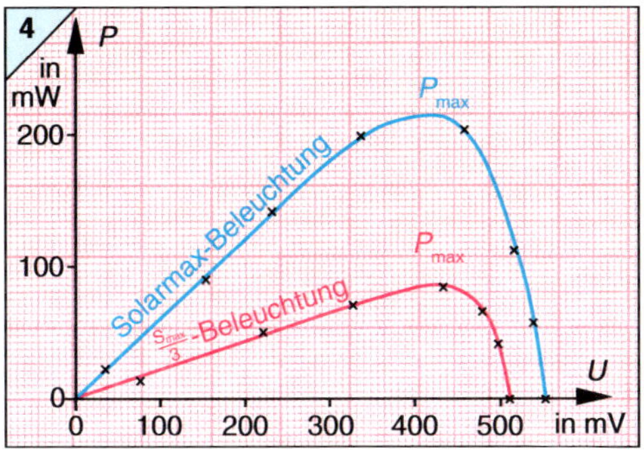

A4 Hier sind die Kennlinien unserer Solarzelle bei $S_{max}B$ und bei $\frac{1}{3}$ $S_{max}B$ gezeichnet. Suche jeweils P_{max} und das zugehörige U.

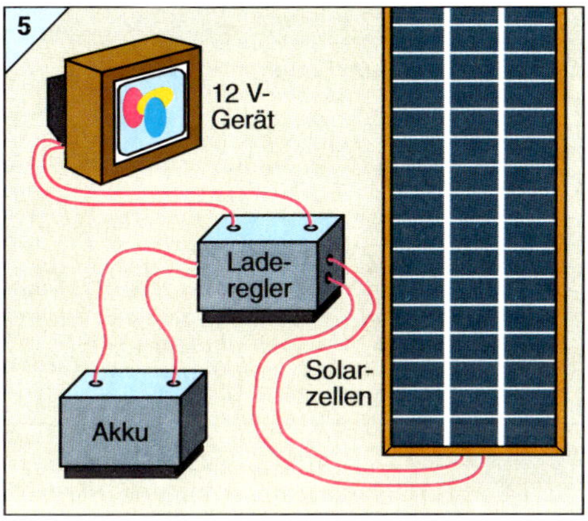

A5 Der Laderegler in diesem Bild trennt bei Erreichen der Ladeschlussspannung den Solargenerator und beim Absinken der Spannung unter 10,5 V die Verbraucher vom Akku. Warum macht das Sinn?

> *Anmerkung:* Die *Kapazität Q* eines Akkus wird angegeben in Ah. Sie sagt, wie lange die Batterie welchen Strom treiben kann, z. B. $5\,A \cdot 4\,h = 20\,Ah$.

Eine Solaranlage für den Fernseher im Gartenhaus

In einem Gartenhaus möchte man an den Wochenenden abends fernsehen. Da es kein Versorgungsnetz gibt, muss man ein Fernsehgerät mit 12 V-Anschluss benutzen und z. B. eine 6-zellige Autobatterie (Akku) mitbringen. Man kann aber auch einen Solargenerator aufs Dach setzen und, wenn die Sonne scheint, einen Akku im Haus laden, der das Fernsehgerät versorgen kann. Wie viele Solarzellen müssen aufs Dach? Überlegen wir!

1. **Energiebedarf und Energiespeicher Akku:** Der Energiebedarf je Woche ergibt sich aus der Leistung des Gerätes und seiner Nutzungsdauer. Läuft beispielsweise Freitag- und Samstagabend der 60 W-Fernseher drei Stunden lang, müssen $W = 2 \cdot 3\,h \cdot 60\,W = 360\,Wh$ an elektrischer Energie aus dem Akku verfügbar sein. Bei 12 V muss der Akku deshalb eine Mindestkapazität von 30 Ah haben. Nun muss man durch einen Akku beim Laden stets etwa 20% mehr Ah treiben, als später abgerufen werden. Der Solargenerator muss für 36 Ah aufkommen.
2. **Die Ladespannung bestimmt die Zahl der Zellen je Strang:** Die Spannung, die zur Voll-Ladung eines 12 V-Akkus führt, beträgt etwa 14 V. Diese Spannung muss der Solargenerator zur Verfügung stellen, und zwar möglichst bei P_{max}. Zum Ermitteln dieses Wertes dürfen wir nicht die Kennlinie bei S_{max} Beleuchtung wählen, denn wir wollen ja auch bei Bewölkung laden. Der P_{max}-Wert bei $\frac{1}{3}$ $S_{max}B$ liegt bei der Zellenspannung 0,4 V. Folglich müssen $14\,V : 0{,}4\,V = 35$ Zellen zu einem Strang in Reihe geschaltet werden.
3. **Ladeströme und -zeiten bestimmen die Zahl der Stränge:** Angenommen, in einer Sommerwoche ist an zwei Tagen der Himmel „zu", an zwei Tagen schwach bedeckt und an 3 Tagen wolkenlos. Dann liefert unser Strang nur an 5 Tagen etwa 7 Stunden lang Energie an die Batterie. Es ergeben sich dabei folgende Stromstärke- und Ah-Werte:
   $S_{max}B$ (Himmel klar): 0,53 A — $\frac{1}{3}$ $S_{max}B$ (bedeckt): 0,18 A
   Q_{Lade}: $21\,h \cdot 0{,}53\,A \approx 11\,Ah$ — Q_{Lade}: $14\,h \cdot 0{,}18\,A \approx 2{,}5\,Ah$
   Der Strang liefert also $(11 + 2{,}5)\,Ah \approx 13{,}5\,Ah$. Für 36 Ah benötigen wir folglich drei Stränge.

Wir brauchen für die Versorgung des Fernsehgerätes einen Solargenerator mit drei Strängen zu je 35 Zellen, also insgesamt 105 Zellen.

AUFGABEN UND ZUSAMMENFASSUNG

1. Erkläre, wie die Kennlinien in Bild 2 zustande kommen. Was sagen sie aus?

2. Warum liegt P_{max} weder bei der größten Spannung noch beim größten Strom?

3. Solaranlagen haben fast immer einen Energiespeicher. Warum? Wovon hängt es ab, wie groß der Energiespeicher sein muss?

4. Vergleiche die P_{max}-Werte bei $S_{max}B$ und $\frac{1}{3}$ $S_{max}B$ in Abb. 4. Bei welchen Zellenspannungen liegen sie?

5. An einem mäßig bewölkten Tag entsteht in einer Solarzelle mit 25 cm^2 Fläche im Mittel ein Strom von 0,2 A bei 0,4 V. Welche elektrische Energie gibt ein Solargenerator in 8 Tagesstunden ab, der aus 4 Strängen mit je 20 Zellen aufgebaut ist?

> **Energie aus Solarzellen**
>
> Wenn Sonnenenergie maximal ausgenutzt werden soll, müssen Solarzellen nahe am Kennlinienpunkt P_{max} betrieben werden. Die Generatorspannung wird deshalb durch Reihenschaltung von Zellen zu Strängen und die Stromstärke durch Parallelschalten von Strängen an den Energiebedarf des Verbrauchers angepasst.

1
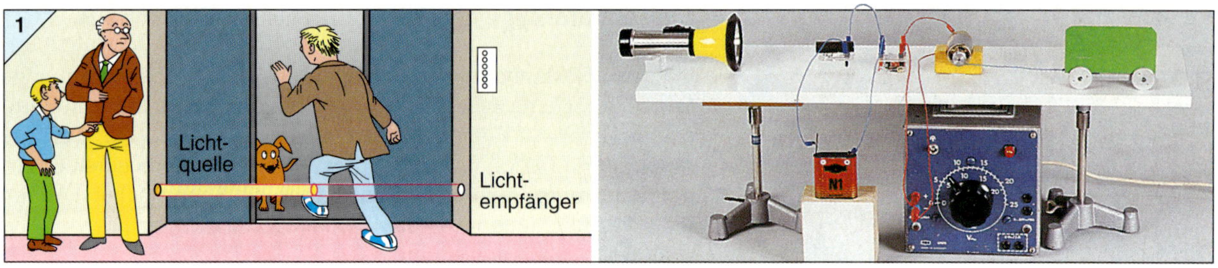

Eine Fahrstuhltür schließt sich gerade. Ein ganz Eiliger will schnell noch einsteigen. Wir erwarten, dass er eingeklemmt wird. Als er jedoch den Fuß in den Türspalt setzt, stoppt die Tür. Der Schließ-Motor hat einen Haltebefehl bekommen, und zwar von einer **Lichtschranke** in der Tür. Bei dieser fällt gebündeltes Licht aus einer Lampe im Türrahmen links auf einen Fotowiderstand im Rahmen rechts. Was beim Unterbrechen geschieht, zeigt V1.

Dort sind eine Batterie, ein Motor und ein LDR in Reihe geschaltet. Beim Beleuchten entsteht im Kreis ein Strom von ca. 50 mA. Unterbricht man das Lichtbündel zwischen Lampe und LDR, also in der Schranke, geht der Strom fast auf null, denn der Widerstandswert im LDR steigt gewaltig. Leider kann man mit 50 mA „Hellstrom" den robusten Türschließ-Motor nicht betreiben.

Wir müssen deshalb im Nachbau der Türschließanlage im Bild 1 rechts zwischen Lichtschranke und Motor ein Bauteil einfügen, das mithilfe dieses kleinen Stroms den Motor einschaltet. Ein **Relais** ist hierfür geeignet. Durch dieses führen 2 Stromkreise:

1. Der **Steuerstromkreis** mit Batterie, LDR und Relaisspule.

2. Der **Arbeitsstromkreis** mit Netzgerät, Motor und Relaiskontakt.

Schon ein Strom um 20 mA in der Spule reicht aus, um das Relaisplättchen anzuziehen und damit die beiden Kontaktzungen in Verbindung zu bringen, womit der Motorstromkreis unterbrochen wird. Der Steuerstromkreis führt den relativ schwachen Strom durch den LDR in der Lichtschranke, der Arbeitsstromkreis den starken Strom durch den Motor, der beim Unterbrechen des Lichts in der Schranke sofort stoppt.

Der Transistor, ein Halbleiter-Relais

Relais sind relativ teuer und wegen der Mechanik störanfällig. Deshalb ersetzt man sie heute zunehmend durch **Transistoren,** die nur einige Pfennige kosten. Das sind Halbleiterbauelemente mit drei Anschlussdrähten. Der erste führt im Innern des Gehäuses zum **Emitter (E),** der zweite zur **Basis (B)** und der dritte zum **Kollektor (C).**

Um den Motor zu steuern, setzen wir anstelle der Relaisspule die Basis-Emitter-„Strecke" in den Steuerstromkreis und die Kollektor-Emitter-„Strecke" in den Arbeitsstromkreis. Der Emitter wird dabei direkt mit den Minuspolen der Quellen verbunden. Der Versuch nach Abb. 3 zeigt, dass der Transistor wie ein Relais eingesetzt werden kann.

V1 Setze einen 6 V-Motor mit ca. 5 W Leistung zusammen mit einer Flachbatterie und einem Fotowiderstand in einen Stromkreis. Versuche, den Motor durch Belichtung des LDR zum Laufen zu bringen. Erkläre den Misserfolg.
Überbrücke dann den LDR. Erkläre, warum die Schaltung jetzt funktioniert.

2
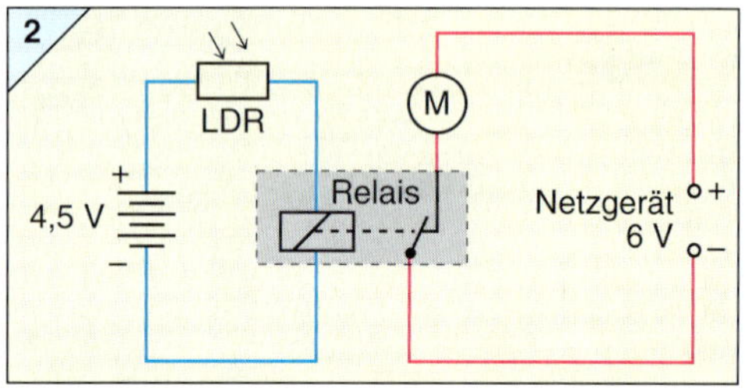

V2 Motor und LDR kommen jetzt in zwei getrennte Stromkreise. Lege dazu die Relaisspule und den LDR in Reihe mit der Flachbatterie und den Motor und die Schaltkontakte in Reihe mit einem Netzgerät, das auf 6 V Gleichstrom eingestellt ist. Beleuchte den LDR und dunkle ihn wieder ab. Erkläre, was geschieht.

3
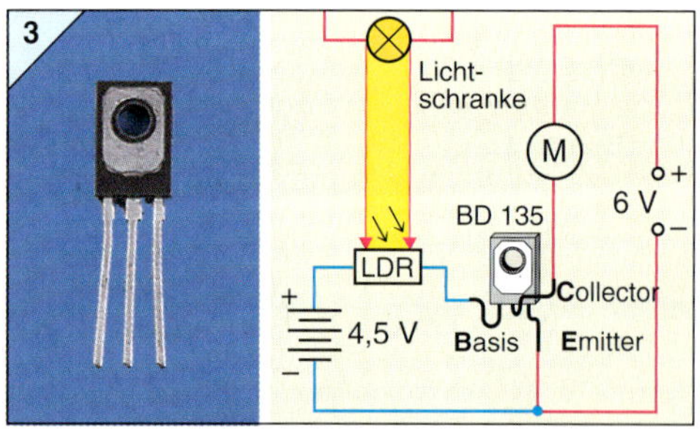

V3 Ersetze das Relais durch einen Transistor. Unterbrich das Licht zwischen Lampe und LDR und gib es wieder frei. Vergleiche mit V2. Was ist gleich, was anders?

V4 Schiebe in V3 langsam ein Stück Karton von der Seite her in die Lichtschranke, entferne es wieder. Wiederhole mit der Relaisanordnung von V2. Vergleiche, wie sich der Motor jeweils verhält.

4

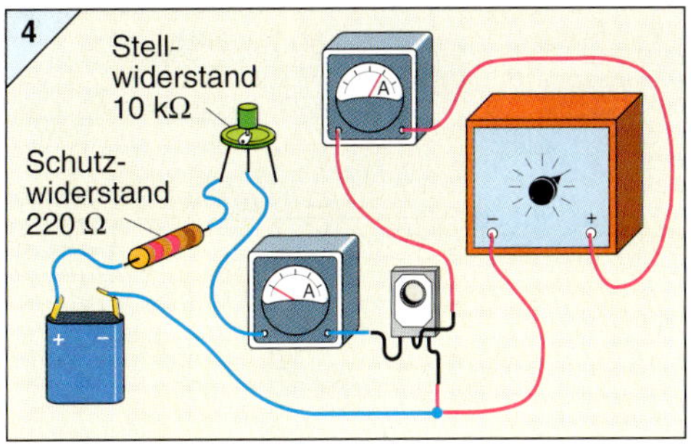

V5 Baue diese Schaltung auf. Der Stellwiderstand ist mit vollen 10 kΩ eingeschaltet; dementsprechend ist $I_B \approx 0$. Erhöhe die Basisstromstärke in Schritten von 0,5 mA. Stelle die Werte für Basis- und Kollektorstromstärke in einer Tabelle einander gegenüber.

5 I_B in mA	0	0,1	0,5	1,0	1,5	2,0	2,5	3,0
I_C in mA	0	9,5	50	100	155	210	265	320

A6 Bilde jeweils die Quotienten I_C/I_B aus den Tabellenwerten und ergänze die Tabelle. Zeichne auf einem besonderen Blatt das I_B-I_C-Diagramm. Was sagt dir die Kurve?

6

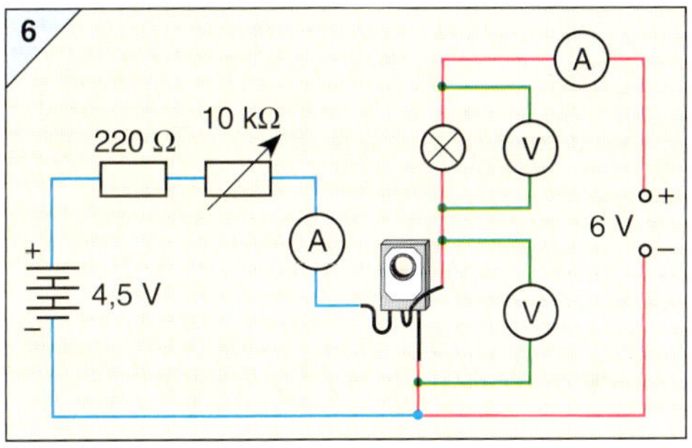

V7 Füge eine Lampe (4 V | 0,6 A) in den Arbeitsstromkreis ein. Erhöhe den Basisstrom durch Verkleinern des Basisvorwiderstands. Miss dabei die Spannungen an der Lampe und an der Kollektor-Emitter-Strecke. Vergleiche mit der Betriebsspannung.

Was „verstärkt" ein Transistor?

Der Arbeitsstrom in einer Transistor-Schaltung ist kein „verstärkter" Steuerstrom, sondern ein von einer eigenständigen Quelle „getriebener" neuer Strom, dessen Größe der Basisstrom nur steuert. B müsste deshalb eigentlich **Steuerfaktor** heißen, nicht Stromverstärkungsfaktor.
Betrachtet man jedoch den Steuerstrom als **Eingangssignal** und den Arbeitsstrom als **Ausgangssignal,** darf man mit Recht von (Signal-)Verstärkung reden.

Transistoren können mehr als nur schalten!

Beim Steuern mit dem Relais ist der Motor in V2 eingeschaltet, wenn das Eisenplättchen angezogen wurde, und ausgeschaltet, wenn es „abgefallen" ist. Andere Schaltzustände gibt es beim Relais nicht. Das gleiche Verhalten zeigte der Transistor in V3.
V4 zeigt aber, dass ein Transistor mehr kann: Durch Vermindern oder Vergrößern des Lichtstroms zum LDR können wir jetzt die Drehzahl des Motors, also die Stromstärke durch den Motor verändern. Wir wissen, dass jede Lichtänderung am LDR den Steuerstrom verändert, der als Basisstrom in den Transistor geht. Der Basisstrom seinerseits muss nun im Transistor den Strom im Arbeitsstromkreis beeinflussen – also den Kollektorstrom steuern. Wie diese Steuerung erfolgt, untersuchen wir in V5 einfachheitshalber ohne Motor; anstelle des LDR verwenden wir einen Stellwiderstand zum Verändern des Basisstroms.

Unsere Messungen zeigen, dass der Kollektorstrom I_C zunimmt, wenn der Basisstrom I_B größer wird und umgekehrt. Am konstanten Quotienten I_C/I_B erkennen wir, dass die Stromstärke I_B im Basiskreis und die Stromstärke I_C im Kollektorkreis proportional sind. Dementsprechend ist der I_B-I_C-Graph eine Gerade. Den Quotienten $B = I_C/I_B$ nennt man **Stromverstärkung.** Beim Entwerfen von Schaltungen muss man diesen Wert kennen, denn Transistoren unterscheiden sich im B-Wert erheblich. Die Werte liegen je nach Typ zwischen 50 und 1 000.

Bei Transistoren steuert der Basisstrom den Kollektorstrom. Letzterer ist um den Stromverstärkungsfaktor B größer.

Die Betriebszustände eines Transistors

In V7 ist eine Glühlampe hinter den Kollektor gelegt. Die beiden Spannungsmesser zeigen, dass sich die Batteriespannung auf Lampe und Transistor verteilt. Die Verteilung hängt von der Stärke des Basisstroms ab. Dabei gibt es drei Betriebszustände:

1. **Der Transistor sperrt zwischen E und C:** Der Basisstrom ist null (oder sehr klein), es gibt keinen Kollektorstrom. Die Spannung über dem Transistor ist fast gleich der Batteriespannung. Für die Lampe bleibt nichts übrig, weshalb sie dunkel ist. Der Transistor wirkt also wie ein Schalter in AUS-Stellung.
2. **Der Transistor steuert:** Bei mittleren Basisströmen stellen sich Kollektorströme ein, die immer um den Faktor B größer sind als der jeweilige Basisstrom. Dabei kommt umso mehr Spannung an die Lampe und umso weniger an den Transistor, je größer der Basisstrom ist.
3. **Der Transistor schließt E und C kurz:** Wenn der Basisstrom einen bestimmten Wert überschreitet, fällt zwischen Kollektor und Emitter des Transistors fast keine Spannung mehr ab. Die gesamte Batteriespannung liegt nun an der Lampe. Der Transistor wirkt jetzt wie ein Schalter in EIN-Stellung. Eine weitere Erhöhung des Basisstroms bleibt ohne Wirkung.

Pfade für Elektronen durch den Transistor

Mit V8 können wir ermitteln, welche Anschlüsse im Transistor bei welcher Polung der Quelle miteinander Verbindung haben. Die Ergebnisse lassen vermuten, dass ein Transistor aus zwei gegeneinander geschalteten Dioden besteht (C–◁|–B–|▷–E) mit dem Basisanschluss dort, wo die Dioden aneinander grenzen. Wenn man zwei Dioden zusammenlötet und untersucht, ob damit Stromsteuerung wie im Transistor möglich ist, bekommt man ein negatives Ergebnis. Was ist im Transistor anders?

Bild 8 zeigt, dass ein Transistor ein „Sandwich" aus drei Halbleiterschichten ist. Die beiden äußeren Schichten mit Namen Emitter und Kollektor sind n-dotiert, die mittlere hat p-Dotierung. Das ist die *Basis*. Diese Schichtenfolge ergibt einen **npn-Transistor.** (Es gibt auch Transistoren mit der Schichtenfolge pnp.)
Wegen der abwechselnden Dotierung befinden sich im Transistor zwei pn-Übergänge, also zwei Dioden. Diese haben entgegengesetzte Durchlassrichtung (Bild 7), wobei Elektronen nur vom Emitter aus zur Basis oder vom Kollektor zur Basis strömen können.

Ein npn-Transistor besteht aus drei dotierten, aufeinander gestapelten Halbleiterschichten: Emitter (n), Basis (p) und Kollektor (n).

Was geschieht im Transistor?

Bei unserer Motorsteuerung strömen die Elektronen im Arbeitsstromkreis vom Emitter zum Kollektor des Transistors. Eigentlich dürfte wegen der np-Grenzschicht zwischen Basis und Kollektor, die diese Richtung sperrt, kein Strom zustande kommen. Und tatsächlich sperrt ja auch der Transistor, wenn die Basis nicht angeschlossen ist. Jedoch ändert ein Elektronenstrom vom Emitter über die Basisschicht zum Basisanschluss, für den sich die Grenzschicht zwischen Emitter und Basis in Durchlassrichtung befindet, die Sachlage drastisch:

Die Elektronen dieses Stromes müssten eigentlich mittels Löcherbesetzungen durch die Basis wandern, also nicht als freie Elektronen, sondern als Löcherstrom. Da die p-Kristallzone jedoch schwach dotiert und zudem sehr dünn ist, finden viele Elektronen kein Loch, das sie besetzen können. Sie geraten auf ihrem Zickzackkurs, veranlasst durch die Schwingbewegung der Atome, in die Grenzschicht zwischen Basis und Kollektor und werden dort vom positiv geladenen Kollektor abgesaugt (Bild 9).
Wenn hundertmal so viele Elektronen über den Kollektor wie über die Basis abfließen, dann ist der Kollektorstrom I_C hundertmal größer als der Basisstrom I_B, die Stromverstärkung ist dann 100.

Fließen Elektronen vom Emitter zur Basis, so erreichen nur wenige davon den Basisanschluss. Die meisten werden vom Kollektor eingefangen.

7

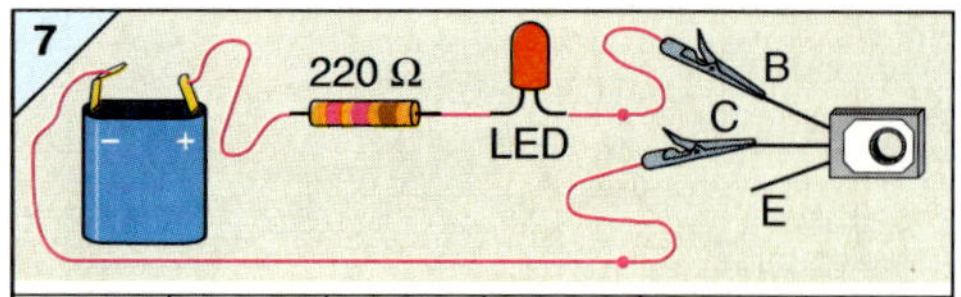

EB	EB	CB	CB	EC	EC
+ –	– +	+ –	– +	+ –	– +
⊗	⊗ (leuchtet)	⊗	⊗ (leuchtet)	⊗	⊗

Ersatzschaltbild E –|◁–B–▷|– C

V8 Löte ein **Transistortestgerät,** wie im Bild gezeigt, aus 4,5 V-Batterie, Leuchtdiode, Widerstand und zwei Krokodilklemmen als Prüfspitzen zusammen. (Die Leuchtdiode muss bei Kurzschluss der Prüfspitzen leuchten.) Teste dann, zwischen welchen Anschlüssen eines Transistors und bei welcher Polung ein Strom zustande kommt, und fertige eine Tabelle.

8

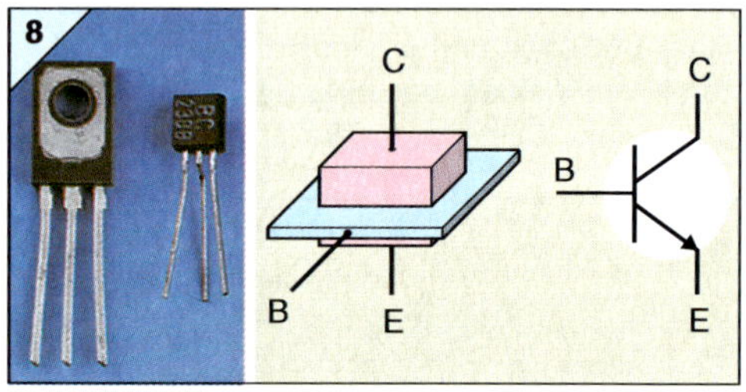

A9 Bild 8 zeigt das Foto eines Transistors, die Sandwich-Struktur der Siliciumschichten darin und rechts das Schaltbild.
Zeichne das Sandwich im Querschnitt (E unten und C oben). Wo sind die Grenzschichten? In welcher Richtung lassen sie Elektronen passieren?
Warum gibt es bei freiem Basisanschluss keinen Strom vom Emitter zum Kollektor?

9

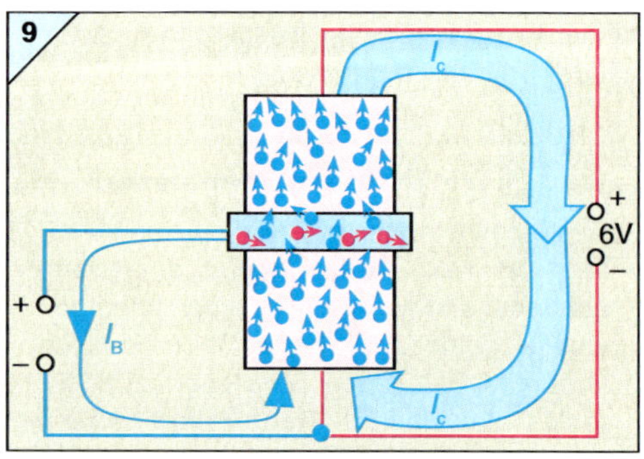

A10 Verfolge im Bild den Basisstrom und den Kollektorstrom. Welches Stück haben sie gemeinsam? Warum ist an der Kollektor-Basis-Grenze ein „Leck", durch das viele Elektronen den Steuerkreis verlassen?

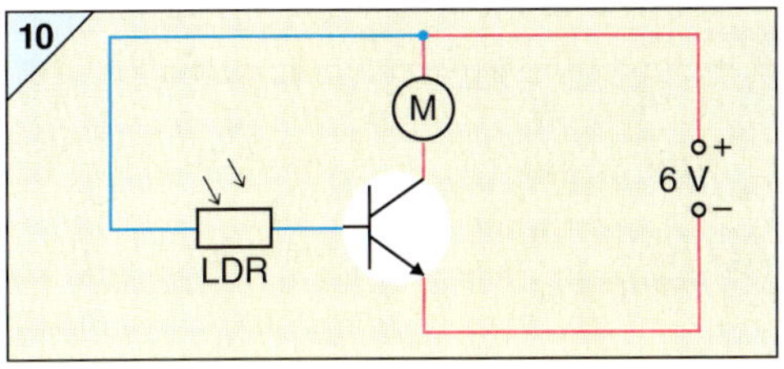

A11 Verfolge hier den Steuerstromkreis und den Arbeitsstromkreis. Was ist der Unterschied zu Bild 3?

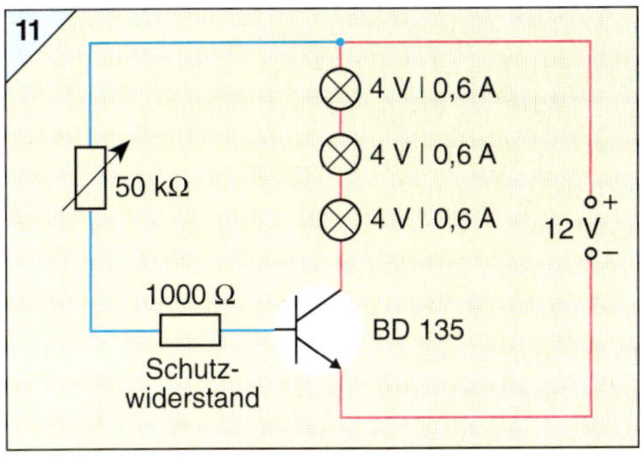

V12 Baue diese Schaltung auf. Drehe den Stellwiderstand langsam von einem Anschlag bis zum anderen. Erkläre, warum die Helligkeit der Lampen auf jeden beliebigen Zwischenwert eingestellt werden kann. Warum zerstört das Zurückstellen auf 0 Ω den Transistor nicht?

Wie stellt man den richtigen Basisstrom ein?

In unseren bisherigen Transistorschaltungen beziehen Steuerstromkreis und Arbeitsstromkreis ihre Energie aus eigenständigen Stromquellen. Dabei ist die Energie, die im Steuerstromkreis umgesetzt wird, 100-mal kleiner als die im Arbeitsstromkreis. Zwei Stromquellen ist viel Aufwand. Wäre es nicht klüger, das bisschen Steuerstrom zusätzlich der Arbeitsstromkreis-Batterie zu entnehmen, wie es in Bild 10 gezeigt ist?

V12 zeigt, dass dies funktioniert. Der Steuerstrom lässt sich von Hand mit einem Regelwiderstand verändern und damit auch die Helligkeit der 3 Kleinlampen (mit 4 V I 0,6 A). Hat der Transistor ein B von 150, so ist ein maximaler Steuerstrom von 0,6 A : 150 = 4 mA nötig. Den bekommt man durch Herunterdrehen des Stellwiderstands auf 12 V : 4 mA = 3 000 Ω. Um die Lampen dunkler zu stellen, muss der Basisstrom verkleinert werden. Wenn er schließlich auf 0,4 mA ($=\frac{1}{10}$) gesunken ist, sind die Lampen aus. Der Widerstandswert im Stellglied ist dann etwa 10-mal so groß wie zu Beginn: 30 000 Ω. Deshalb braucht man einen Dreh- oder Schiebewiderstand mit wenigstens 30 kΩ (käuflich sind 50 kΩ).

Wenn der Schleifer des Stellglieds beim Steuern zu vollem Strom allerdings versehentlich statt auf 3 000 Ω auf 0 Ω gestellt wird, steigt die Basisstromstärke auf hohe Werte und zerstört den Transistor. Deshalb muss zusätzlich in die Basisleitung ein *Schutzwiderstand* von etwa 1 000 Ω gelegt werden. Er begrenzt den Basisstrom sicher auf 12 mA. Einen derartigen Schutz sollte man bei allen Versuchen vorsehen.

AUFGABEN UND ZUSAMMENFASSUNG

1. Eine Glühlampe wird von einem LDR über ein Relais eingeschaltet. Zeichne das Schaltbild. Was bewirkt der Strom im Steuerstromkreis, was der im Arbeitsstromkreis? Welcher von beiden ist größer? Warum?

2. Erkläre, warum die Begriffe Steuer- und Arbeitsstromkreis sinnvoll sind. In welchem der beiden Kreise wird mehr Energie umgesetzt?

3. Das Relais in Aufgabe 1 wird durch einen Transistor ersetzt. Zeichne den Schaltplan (Steuerstromkreis rot, Arbeitsstromkreis blau). Gibt es Unterschiede zur Relaisschaltung?

4. Der Arbeitsstrom in Aufgabe 1 fließt über die Schaltkontakte des Relais. Wie ist er an den Steuerstrom (Spulenstrom) gekoppelt?

5. Auch im Transistor hängt die Stromstärke im Arbeitsstromkreis von der im Steuerstromkreis ab. Was ist prinzipiell anders als beim Relais? Erkläre in diesem Zusammenhang den Begriff „Stromverstärkung“.

6. Ein Lämpchen (4 V I 0,1 A) liegt zusammen mit einem Transistor und einer Batterie (4,5 V) in einem Stromkreis. Der Basisanschluss ist zunächst frei. Leuchtet das Lämpchen?
Wie groß muss der Basisstrom sein, der es voll zum Leuchten bringt, wenn der Stromverstärkungsfaktor $B = 100$ ist? Was geschieht, wenn man die Basisstromstärke auf 5 mA erhöht?

7. Ein Lämpchen (4 V I 0,6 A) liegt im Arbeitsstromkreis einer Transistorschaltung. Der Transistor hat eine Stromverstärkung von 150, der Strom im Steuerstromkreis ist 2 mA groß. Wieso leuchtet das Lämpchen nur schwach?

8. Im Steuerstromkreis der Anordnung von Bild 11 liegen zwei Widerstände. Welchen Zweck haben sie jeweils?

Transistoren

npn-Transistoren bestehen aus aufeinander liegenden Schichten aus dotiertem Silicium in der Folge n(Emitter)-p(Basis)-n(Kollektor).

Wenn die Basis Strom führt, fließen Elektronen vom Emitter in die Basisschicht und wimmeln darin herum, wobei sie zusätzlich langsam zum Basisanschluss wandern. Deshalb kommen die meisten davon auch an die Grenze zum positiven Kollektor, der sie absaugt. Sie bilden dann gemeinsam den Kollektorstrom, der B-mal größer ist als der Basisstrom.

Die Betriebszustände des Transistors sind: Sperren, Steuern und Kurzschließen.

Alarmanlage – selbst gebaut

Das Schaltbild rechts und die Teileliste sind einem Bastelbuch entnommen. Es stellt eine Alarmanlage dar. Der Trick bei dieser Anlage ist, dass man an ein- und dieselbe Schaltung Sensoren anschließen kann, die auf Temperaturänderungen, Beleuchtungsänderungen, Bewegungsänderungen o. Ä. ansprechen. Wir wollen mit Hilfe des Schaltbildes eine solche Alarmanlage aufbauen.

Teileliste
Widerstände ($\frac{1}{4}$ W):
2 x 33 kΩ, 1 x 470 Ω
2 Transistoren BC 517
1 LED
1 Piezo-Summer 4–8 V
1 Blockbatterie 9 V
Sensoren: 1 LDR, 1 Heißleiter (Kaltwiderstand 60 kΩ)

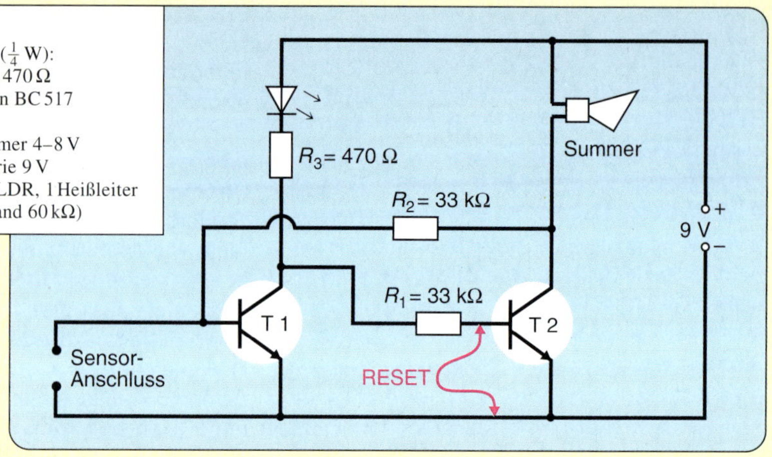

Von der Testschaltung ...

Am leichtesten lässt sich die Anlage aufbauen, wenn wir die Bauteile so anordnen, wie sie im Schaltplan zueinander liegen. Dazu brauchen wir aber noch:
1 Brettchen aus weichem Holz 16 cm x 12 cm, etwa 1 cm dick;
1 A4-Seite Karopapier
14 Reißnägel ohne Kunststoffüberzug
1 Lüsterklemme (zum Anschließen der Sensoren)
50 cm Schaltdraht ∅ 0,8 mm
1 Anschlussclip für Blockbatterien mit 10 cm Leitung

Klebe das Karopapier mit Alleskleber an den Ecken auf die Holzplatte. Mithilfe des Fotos unten findest du sicher die Stellen, an denen die Reißnägel einzudrücken sind. An diesen wollen wir die Bauteile anlöten. Dazu müssen wir die blanken Köpfe der Reißnägel zunächst auf der gesamten Fläche mit einer dünnen Schicht Lötzinn überziehen.
Löte als Erstes die Transistoren T1 und T2 an den vorgesehenen Stellen ein. Sie sind richtig eingesetzt, wenn die abgeflachte Seite des Gehäuses nach links zeigt.

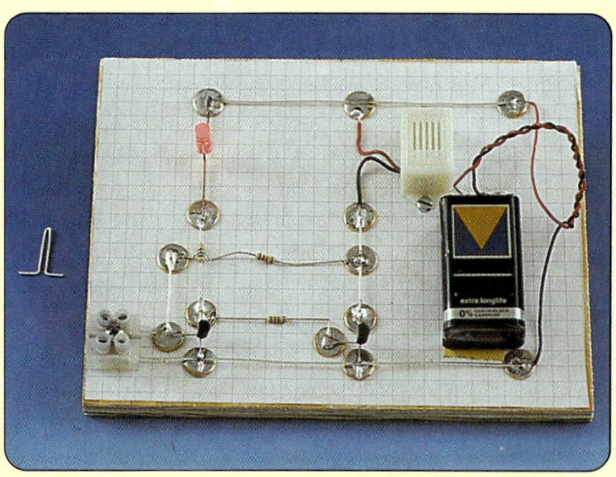

Nun werden die Widerstände R1, R2 und R3 eingelötet. Beim Einsetzen der LED ist darauf zu achten, dass das „lange Bein" nach oben geht.
Klebe oder schraube den Summer auf das Holzbrett und löte den roten Anschlussdraht am oberen Reißnagel fest, den anderen am unteren.
Schraube die Lüsterklemme auf das Brett und stelle die übrigen Verbindungen mithilfe von Schaltdraht her.
Löte den roten Anschlussdraht des Batterieclips (⊕-Pol der Batterie) oben und den schwarzen (⊖-Pol) unten an. Befestige die Batterie (z. B. mit Doppelklebeband).

Erste Inbetriebnahme

Wenn alle Teile richtig eingebaut sind, leuchtet nach dem Anschließen der Batterie die LED auf. Überbrücke kurzzeitig die beiden Anschlüsse der Lüsterklemme mit einem Draht: Die LED erlischt, der Summer ertönt – **ALARM.**

Wir stellen den Alarm ab, indem wir Basis- und Emitteranschluss von T2 kurzzeitig mit einem Draht überbrücken. Die Anlage ist wieder für den nächsten Alarm bereit. Da sie in ihren ursprünglichen Zustand zurückversetzt worden ist (englisch: to reset), nennt man dies **RESET.**

Nach dieser ersten Funktionsprüfung können wir nun verschiedene Sensoren an der Lüsterklemme anschließen. Fertig ist die Alarmanlage: Denn Erwärmen des Heißleiters oder Beleuchten des LDR lässt den Summer ertönen. Allerdings summt er auch dann weiter, wenn der Heißleiter wieder kalt oder der LDR abgedunkelt ist. Der Alarm muss in jedem Fall durch ein RESET beendet werden.

Hinweis: Wenn beim Anschließen des kalten Heißleiters schon Alarm ausgelöst wird, lässt sich dieser durch RESET beenden.

... zum handlichen Gerät

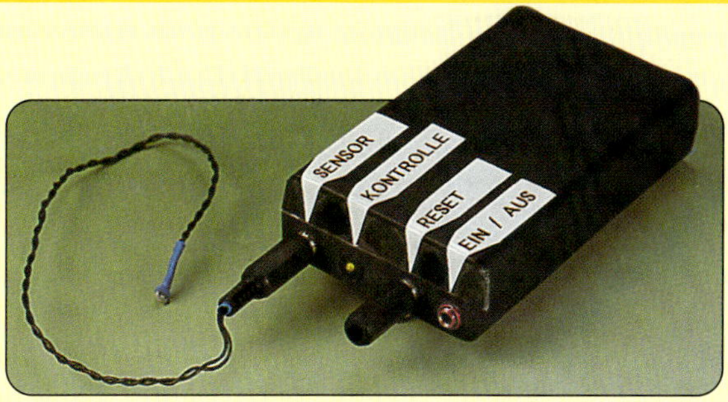

Für eine praktische Verwendung als Alarmanlage sollten noch folgende Anforderungen erfüllt werden:
Das Gerät soll
① möglichst klein sein;
② ein Gehäuse haben;
③ von außen anzeigen, dass es „scharf" ist;
④ den schnellen Wechsel von Sensoren erlauben;
⑤ das Aufheben eines ausgelösten Alarms (RESET) nur mit einem speziellen „Schlüssel" ermöglichen;
⑥ sich bei Nichtbenutzung ausschalten lassen, um Batterie-Energie zu sparen.

Wenig Platz braucht die Schaltung, wenn wir die Bauteile auf einer Lochrasterplatte wie in den beiden Bildern unten anordnen. Dann passt sie auf eine Platine von 6 cm x 6 cm, die in einem käuflichen Gehäuse von 7,5 cm x 12,5 cm Platz hat. Damit sind die Forderungen ① und ② erfüllt.
Forderung ③ ist leicht erfüllbar: In das Gehäuse wird ein Loch gebohrt, durch das die LED von innen gesteckt und mit Klebstoff fixiert wird.
Den schnellen Anschluss von verschiedenen Sensoren (Forderung ④) ermöglicht eine Klinkenbuchse (∅ 3,5 mm), die in einer Bohrung von 6 mm ∅ steckt. Eine weitere Buchse ermöglicht die RESET-Funktion, eine dritte das Abschalten des Geräts bei Nichtgebrauch.

Das folgende Bild zeigt, an welchen Stellen die Bauteile auf der Platine festgelötet werden (gelötet wird auf der Rückseite!). Der Grafik lässt sich entnehmen, zwischen welchen Kupferbahnen die Bauteile liegen, zwischen welchen Bahnen Drahtbrücken einzulöten sind und wo die Leitungen zu Sensor, LED, Batterie, Summer und RESET-Schalter abgehen.
Batterie und Summer werden mit Doppelklebeband auf dem freien Teil der Platine festgeklebt, die Platine selbst an den Ecken mit dem Gehäuse mittels Blechschrauben fest verbunden. Die Sensoren werden über Doppelleitungen mit Klinkensteckern versehen.
Zum Ausschalten bzw. Betätigen des RESET dient ein Klinkenstecker, dessen Anschlüsse miteinander verbunden, also kurzgeschlossen sind. RESET: Stecker einen Moment in die RESET-Buchse stecken. AUS: Stecker dauernd in der EIN-/AUS-Buchse belassen.

Mit einem LDR als Sensor wird so z. B. eine verschlossene Tasche vor einem unbefugten Öffnen gesichert: Trifft beim Öffnen der Tasche Licht auf den LDR, wird Alarm ausgelöst.

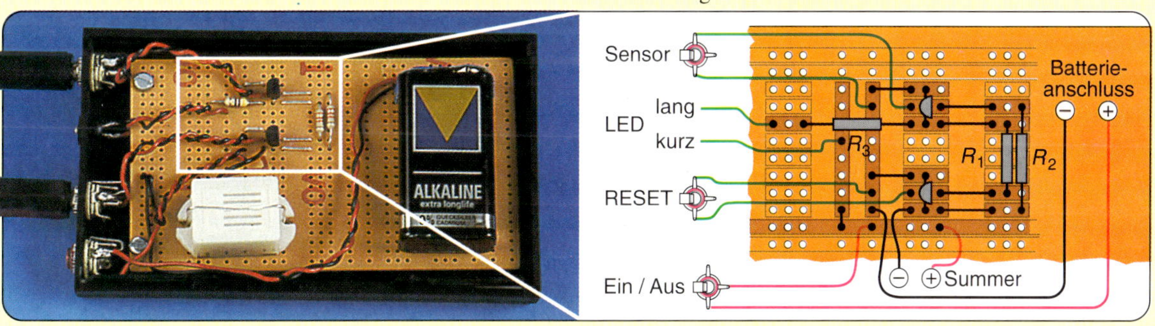

Ein Rüttelsensor als Diebstahlsicherung

Für den Bau eines Rüttelsensors sind nur wenige Teile nötig:
1 Filmdose aus Kunststoff mit Deckel
1 Stahlkugel, ∅ ca. 20 mm
1 Streifen Kupferblech, 4 cm x 16 cm, 0,1 mm dick
50 cm isolierter Schaltdraht

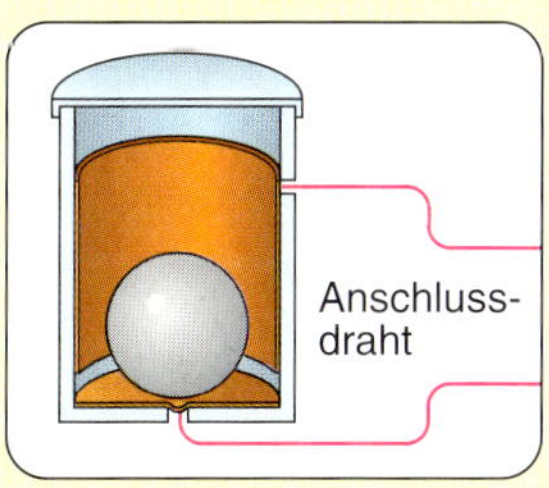

Bohre in die Mitte des Dosenbodens ein Loch mit 10 mm ∅ und in die Seitenwand 2 cm unterhalb der Oberkante ein weiteres mit 6 mm ∅. Schneide aus einem Kupferblech einen Kreis aus, der innen auf den Boden der Dose passt. Klebe ihn dort mit einigen Tropfen Sekunden- oder Zwei-Komponenten-Kleber fest. Schneide einen Kupferblechstreifen zurecht, der etwa 3 cm breit und 12 cm lang ist. Rolle ihn zu einem Ring, der in die Dose passt. Klebe ihn so fest, dass er etwa 5 mm oberhalb des Bodens endet. Löte von außen je eine Anschlussleitung an Kupferring und Boden an; an das andere Ende der Leitungen kommt ein Klinkenstecker.
Drücke nun mit dem Griff eines Schraubendrehers eine kleine Vertiefung in das kupferne Bodenblech. Die Kugel liegt in dieser Vertiefung des Bodens. Rollt sie durch eine Erschütterung aus ihrem „Bett", schließt sie den Kontakt zwischen Boden- und Seitenblech, was den Alarm auslöst.

Diode und Transistor

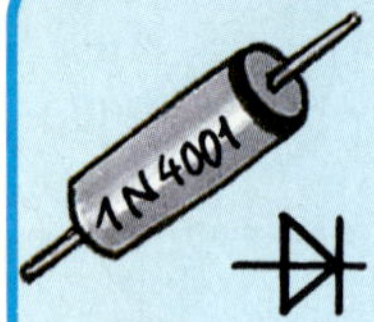

In einer Diode stoßen ein p-Leiter und ein n-Leiter zusammen.
Die Grenzschicht zwischen p- und n-Zone lässt Elektronen nur in einer Richtung durch.

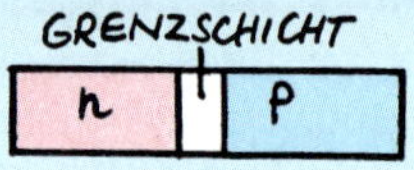

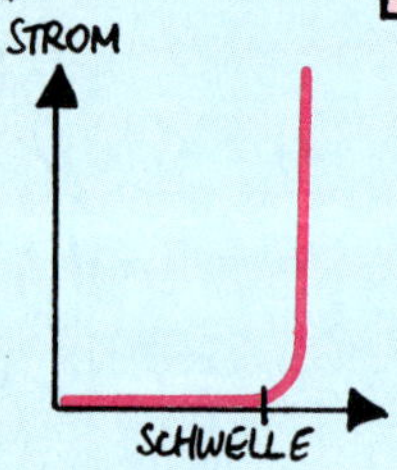

In Durchlassrichtung kommt ein Strom erst oberhalb einer Schwellenspannung zustande.

Leitungsvorgänge

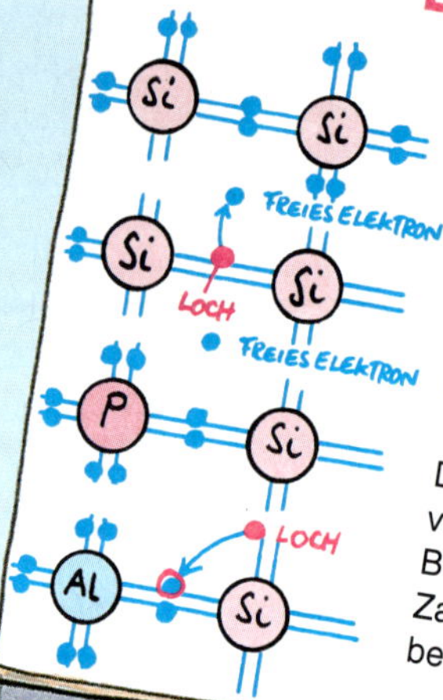

Bei 0 K leitet reines Silicium nicht, weil es keine freien Elektronen gibt.

Bei Zimmertemperatur setzt die Zappelbewegung der Atome Elektronen frei, wobei Löcher entstehen. Der Kristall leitet, weil es jetzt bewegliche Ladungsträger gibt.

Die Leitfähigkeit von Si wird durch Dotieren vergrößert:
Beim Einbau von Phosphor-Atomen wird die Zahl der freien Elektronen vielfach erhöht, beim Einbau von Alu-Atomen die der Löcher.

Mit Dioden kann aus Wechselstrom Gleichstrom gemacht werden:

Einweg-Gleichrichtung:
Die Hälfte der Wechselstrom-Pulse wird unterdrückt.

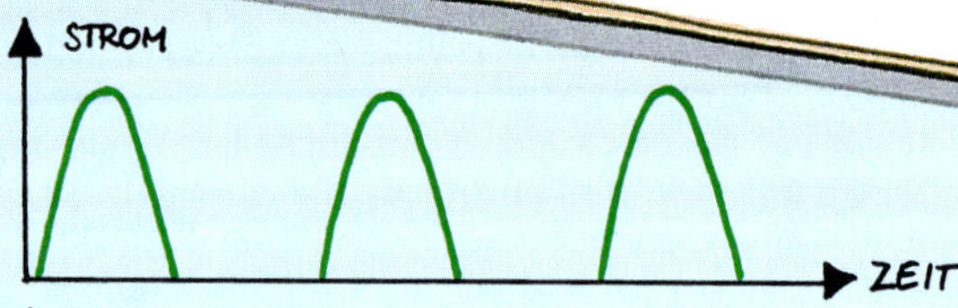

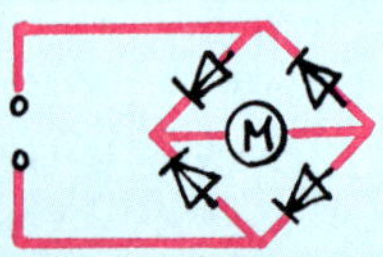

Zweiweg-Gleichrichtung:
Alle Pulse des Wechselstroms laufen in gleicher Richtung durch das Gerät.

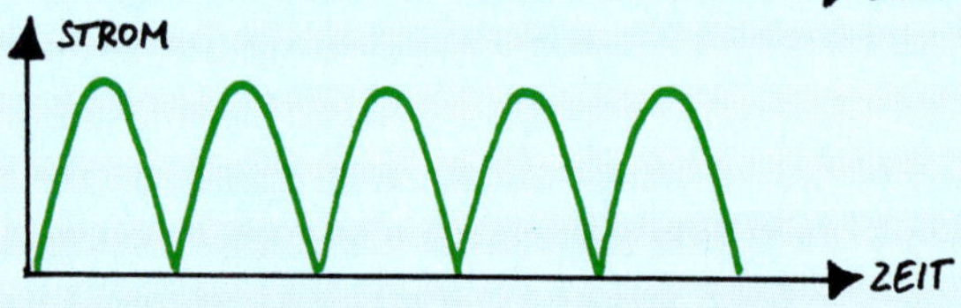

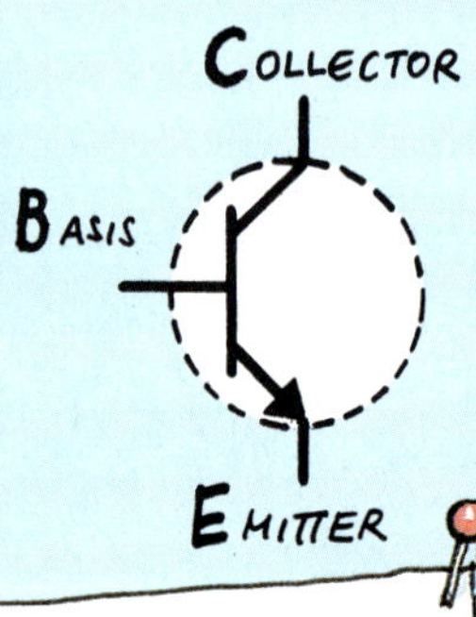

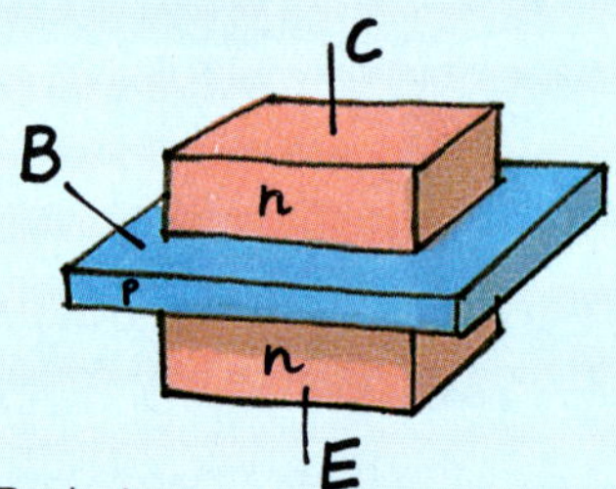

Ein npn-Transistor besteht aus drei abwechselnd dotierten Halbleiterschichten.

In einem Transistor steuert der kleine Basisstrom den etwa 100-mal größeren Kollektorstrom.
Die Stromverstärkung ist in diesem Fall 100.
Der Kollektorstrom folgt exakt jeder Änderung des Basisstroms.

Transistoren können als Schalter dienen:
Basisstrom AUS – Kollektorstrom AUS
Basisstrom EIN – Kollektorstrom EIN

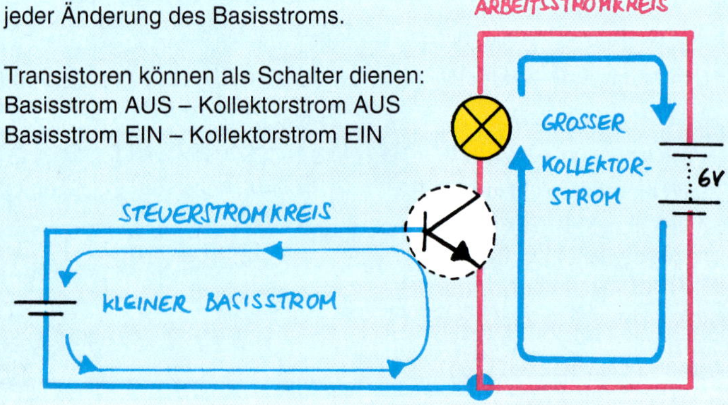

Halbleiterfühler

Der Widerstandswert eines LDR wird beim Beleuchten kleiner.

Der Widerstandswert eines Heißleiters nimmt bei Erwärmung ab.

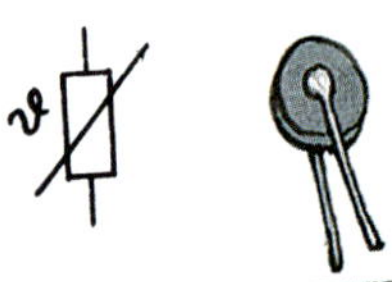

Eine Solarzelle wandelt Licht in elektrische Energie um, allerdings nur mit einem Wirkungsgrad von etwa 10 %. Der Rest des Lichts wird reflektiert oder geht als Wärme verloren.

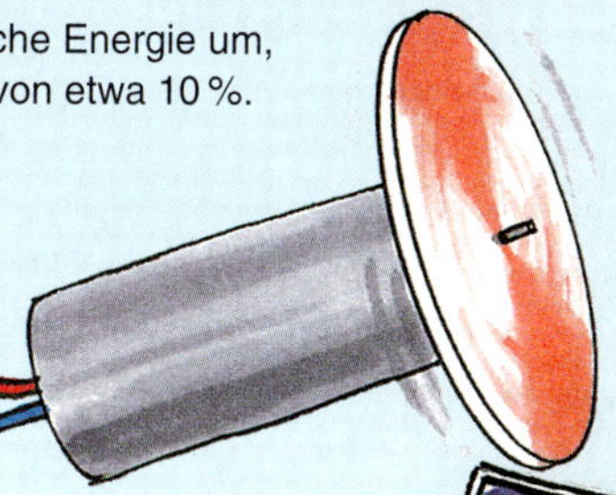

Solarzelle

Spannung und Stromstärke

Die Spannung an den Klemmen einer vom Sonnenlicht beleuchteten Solarzelle beträgt etwa 0,5V. Die Stromstärke in einem angeschlossenen Stromkreis ist umso größer, je mehr Licht auffällt und je größer die Fläche der Solarzelle ist.

Elektrogeräte können mit Solargeneratoren betrieben werden. Durch *Reihenschaltung* mehrerer Zellen zu Strängen lässt sich die Spannung erhöhen, durch *Parallelschalten* mehrerer Stränge steigt die maximal mögliche Stromstärke.

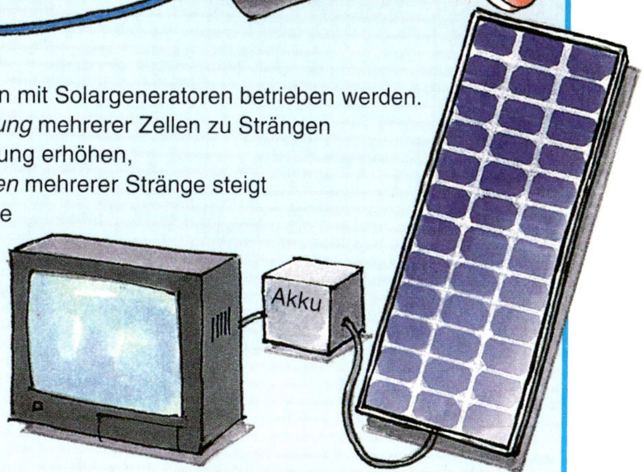

Röhren mit und ohne Gas

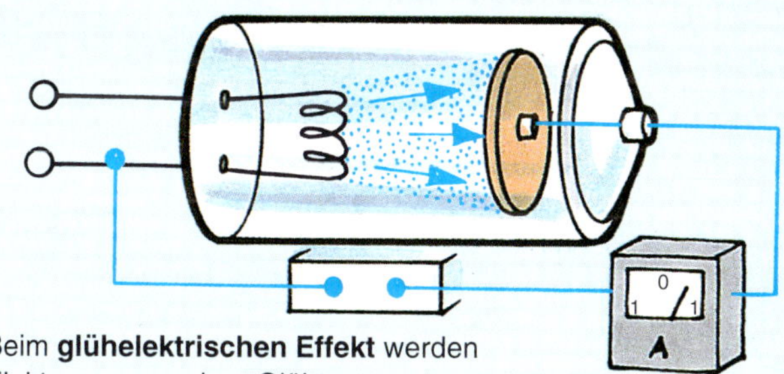

Beim **glühelektrischen Effekt** werden Elektronen von einer Glühkathode ins Vakuum emittiert und von einer Anode aufgefangen. Eine Spannungsquelle im Anodenkreis erhöht den Strom (Anode an Plus).

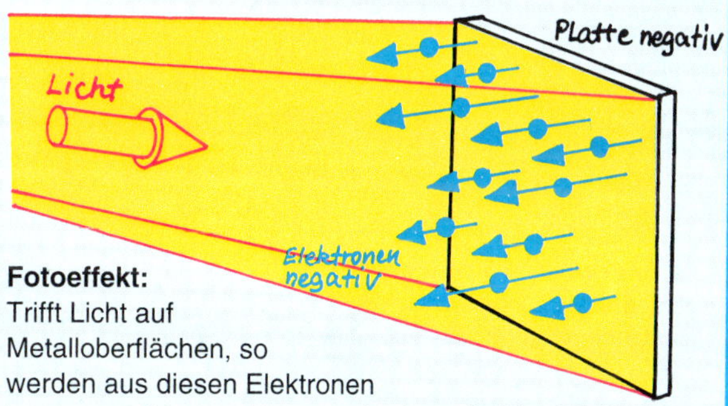

Fotoeffekt:
Trifft Licht auf Metalloberflächen, so werden aus diesen Elektronen herausgeschlagen. Umso mehr, je mehr Licht auffällt.

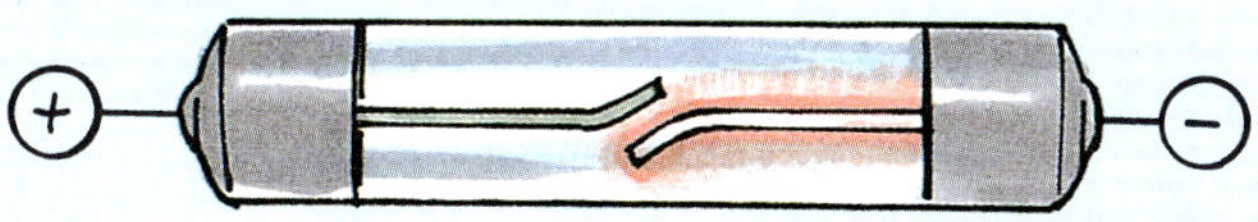

In der Röhre eines **Oszilloskops** wird der Elektronenstrahl durch elektrische Felder horizontal und vertikal abgelenkt.

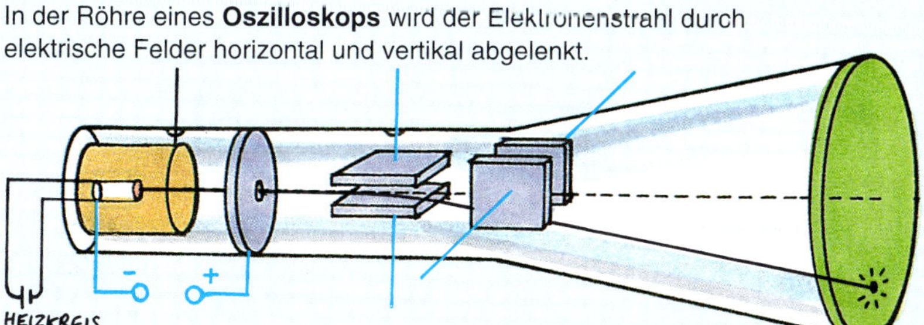

Dort wo er den Schirm trifft, entsteht ein Leuchtpunkt. Bei schnell wechselnden Spannungen entsteht eine Kurve.

Befindet sich **Gas in einer Röhre** zwischen + und – geladenen Metallelektroden, so entstehen durch Stoßionisation Elektronen und Ionen. Das Gas leitet und leuchtet dabei. In Leuchtstoffröhren wird das entstehende UV-Licht im Leuchtstoff in sichtbares Licht umgewandelt.

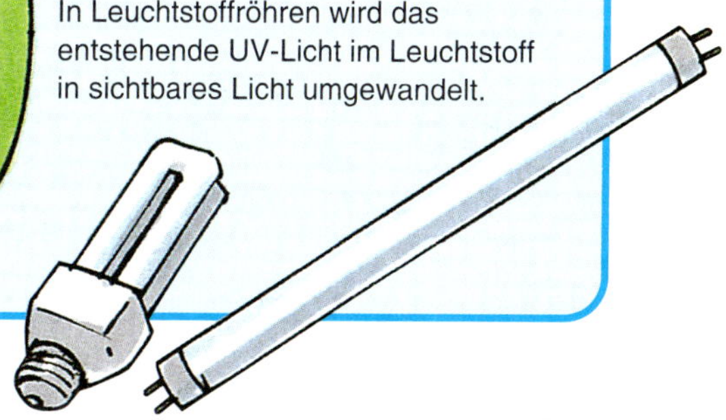

1. Was versteht man unter dem „glühelektrischen Effekt"? Beschreibe ihn.

2. Wie muss man das Strommessgerät mit der Röhre im folgenden Bild verbinden, damit es den Elektronenstrom nachweisen kann, der aus der Kathode kommt. Zeichne und füge in die Zeichnung auch den Heizstromkreis ein.

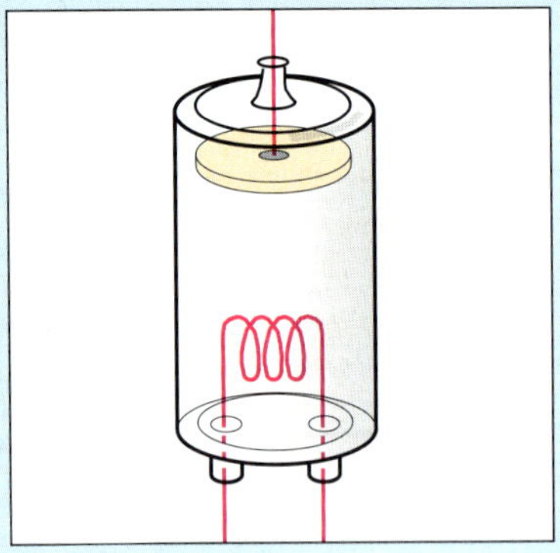

3. Welche Polung muss eine Spannungsquelle im Anodenstromkreis haben, damit der Strom beim glühelektrischen Effekt größer wird. Erkläre, warum es keinen Strom gibt, wenn man falsch polt?

4. Erkläre, was ein Elekronenstrahl ist und wie man ihn erzeugt. Zeichne die Elektronen„kanone" in einer Elektronenstrahlröhre.

5. Welche Einrichtungen in der Röhre gestatten es, den Elektronenstrahl abzulenken? Was muss man dazu tun und in welcher Richtung erfolgt die Ablenkung?

6. An das vertikale ablenkende Plattenpaar eines Oszilloskops wird Wechselspannung gelegt. Darauf erscheint auf dem Schirm die Wechselstromkurve. Wie kommt sie zustande? Welche besonderen Einrichtungen braucht das Oszilloskop dazu?

7. Vergleiche den glühelektrischen Effekt mit dem Fotoeffekt. Was kommt jeweils aus dem Metall heraus. Wer setzt es frei?

8. In einer Glimmlampe leuchtet immer nur eine Elektrode. Mit welchem Pol der Stromquelle ist sie verbunden?
Inwiefern werden wir beim Anschluss der Lampe an eine Wechselstromquelle getäuscht?

9. Beschreibe, wie die Teilchen erzeugt werden, die sich als Strom in einer mit verdünntem Gas gefüllten Röhre bewegen.
Was ist anders als beim glühelektrischen und beim Fotoeffekt?

10. a) Wo wird in Leuchtröhren UV-Licht erzeugt?
b) Wo wird dieses in sichtbares Licht verwandelt?
c) Welche Substanz ist dafür verantwortlich?

11. Warum leitet Halbleitermaterial umso besser, je höher seine Temperatur ist? Erkläre im Mikrobild.

12. Beschreibe, warum die Leitfähigkeit von Si-Kristallen beim Dotieren
a) mit Phosphor,
b) mit Aluminium
zunimmt.

13. a) Welche Ladungsträger gibt es in n-leitendem Material, welche in p-leitendem?
b) Wie bewegen sich die Ladungsträger, wenn keine Spannung am Kristall liegt?
c) Was geschieht jeweils, wenn Spannung am Kristall liegt?

14. Leuchtdioden können anzeigen, ob ein Gerät aus- oder eingeschaltet ist, z. B. die Nebelschlussleuchte beim Auto. Die Abbildung unten zeigt die entsprechende Schaltung.
a) Warum leuchtet die LED auf, wenn die Leuchte eingeschaltet wird?
b) Welche Aufgabe hat der Widerstand im Diodenzweig?
Was geschieht, wenn man ihn weglässt?

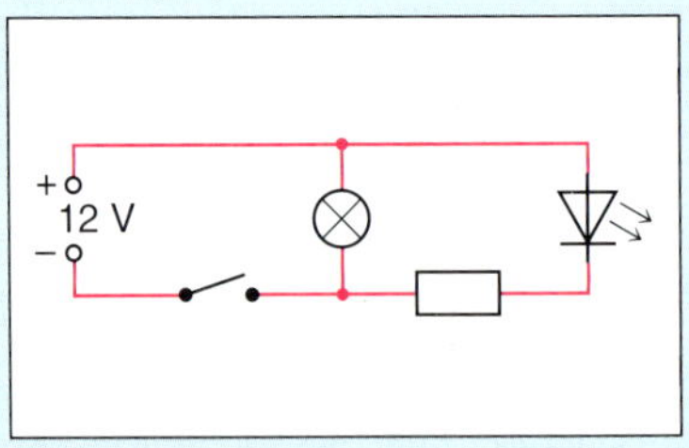

15. Ein Gleichstrommotor soll mit Wechselstrom betrieben werden.
a) Was geschieht, wenn der Motor direkt angeschlossen wird?
Erkläre, was die einzelnen Wechselstrom-Pulse im Motor bewirken.
b) Warum läuft der Motor, wenn im Stromkreis eine Diode liegt?
Erkläre mithilfe der Strompulse.
c) Mit 4 Dioden kann man eine Zweiweg-Gleichrichtung für den Motor bauen. Zeichne das Schaltbild.
Wie laufen die Wechselstrom-Pulse jetzt durch die Schaltung?

16. Das Bild unten rechts zeigt die *U*-*I*-Kennlinie eines Solargenerators.
a) Wie groß sind jeweils Leerlaufspannung und Kurzschlussstrom?
b) Entnimm der Kennlinie zusammengehörige Wertepaare für *U* und *I* in 2,5 mV-Schritten. Errechne dann die abnehmbare Leistung $P = U \cdot I$ und zeichne ein *U*-*P*-Diagramm (5 W ≙ 1 cm).
Welche Höchstleistung kann man der Solarzelle bei klarem Himmel und welche bei Bewölkung entnehmen?

17. Du sollst mit einem Heißleiter, einem Summer und einer Taschenlampenbatterie einen „Feuermelder" bauen. Zeichne das Schaltbild.
a) Warum brummt der Summer, wenn du ein brennendes Streichholz unter den Heißleiter hältst?
b) Was ist zu tun, wenn trotz Erwärmung der Summer stumm bleibt?
c) Wie helfen im Fall b) ein Relais, wie ein Transistor? Zeichne jeweils das Schaltbild.

18. Zeichne die Schichtfolge eines npn-Transistors mit den Bezeichnungen für Basis, Emitter und Kollektor.
a) Wo gibt es Grenzschichten? In welcher Richtung lassen sie Elektronen durch?
b) Welche der Grenzschichten sperrt, wenn der Pluspol einer Batterie an den Kollektor und der Minuspol an den Emitter gelegt wird? (Basis frei)
c) Warum gelangen Elektronen in den Kollektor, wenn die Basis gegenüber dem Emitter leicht positiv gemacht wird?

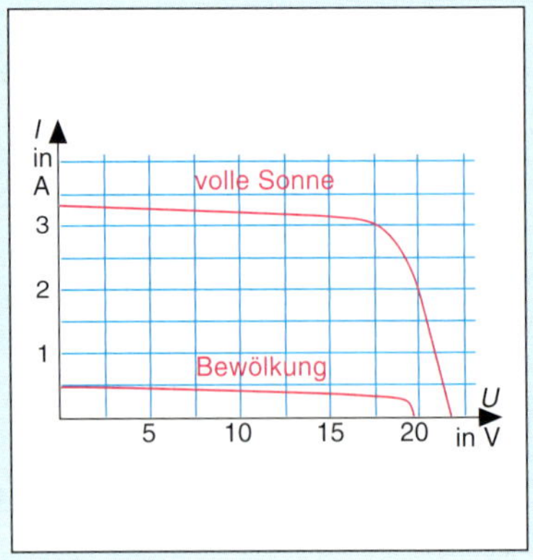

Kräfte und ihre Wirkungen

Kräfte wirken zwischen Körpern

1

In Bild 1 wird ein Fahrzeug von einem Mann geschoben, ein anderes von einem Pferd gezogen. Fritz biegt eine elastische Latte, Helga reißt eine Hantel hoch und hält sie dann oben. Ganz rechts üben sich Anne und Ingmar im „Drücken". In allen Fällen spielen dabei die Muskeln der aktiven Partner. Sie üben mithilfe der Muskeln **Kräfte** auf die genannten Dinge oder auf den zweiten Partner aus. Weil wir ähnliche Situationen schon oft erlebt haben, können wir beim Betrachten dieser und ähnlicher Bilder fast immer sagen, in welchen Situationen diese Kräfte groß und in welchen sie klein sind. Wir spüren ja, wenn wir die Muskeln stärker spannen, also die Kraft vergrößern. Die Muskeln sind sozusagen „Kraftmesser".

Aus den Bildern ist noch ein weiterer Sachverhalt herauszulesen: Zum Ausüben einer Kraft gehören zwei. Wenn beim Armdrücken dein Partner plötzlich seine Muskeln entspannt, kannst du ohne Mühe dessen Arm umlegen. Du brauchst dazu fast keine Kraft mehr. Eine ähnliche Erfahrung machst du beim Boxen mit einem nicht vorhandenen Partner, beim „Schattenboxen". Kraft „hat" man also nicht, man *übt* sie gezielt auf ein Gegenüber *aus*, auf einen Partner oder ein Ding. Wie groß die Kraft dabei jeweils ist, hängt auch davon ab, wie sehr sich das Gegenüber „wehrt".

Kräfte, ausgeübt von „toten" Dingen

Nicht nur Personen können Kräfte auf Gegenstände oder andere Personen ausüben, auch „tote" Gegenstände sind dazu fähig:

- Wenn du beispielsweise einen schweren Rucksack auf eine Bank stellst, so biegen sich die Latten; ein Versuch entsprechend Bild 2 zeigt das. Die Verbiegung ist ein Zeichen dafür, dass Rucksack und Wägestück auf die Latten drücken, ganz ohne Zutun von Muskeln – einfach deshalb, weil sie schwer sind.
- Nägel kannst du entsprechend Bild 3 rechts an einen Magneten hängen. Sie fallen dann nicht nach unten, denn der Magnet hält sie. Er übt Kräfte auf die Nägel aus und wird dabei nicht einmal „müde".

> Körper (Personen, Gegenstände, Dinge) üben in vielfältiger Weise Kräfte aufeinander aus.

A1 In Bild 1und 4 werden in verschiedenen Situationen Kräfte auf Gegenstände (oder Partner) ausgeübt. Schreibe auf, wer jeweils an wem oder was drückt, zieht oder schiebt und was dabei bewirkt wird.

2

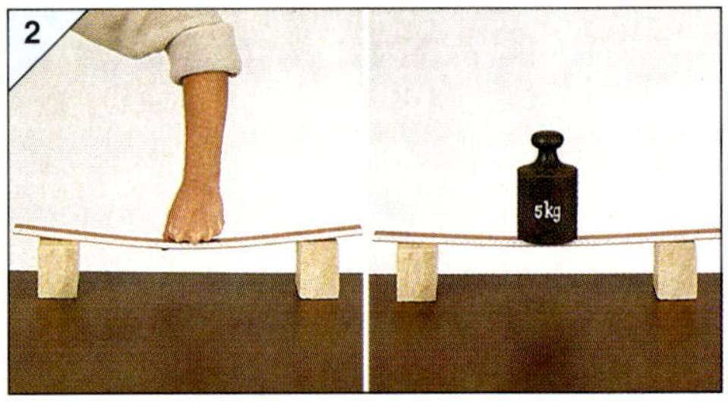

V2 Lege ein Lineal über zwei Klötze. Drücke das Lineal mit der Hand nach unten. Setze dann ein Wägestück auf.
Warum biegt sich das Lineal? Wer übt jeweils die Kraft aus, die die Biegung hervorruft? Wie reagiert das Lineal auf die Biegung? Vergleiche mit dem, was Fritz in Bild 1 tut.

3

V3 Hebe ein Säckchen mit Nägeln hoch.
Warum brauchst du dazu Kraft und warum wirst du auf die Dauer müde?
Hänge das Nägelsäckchen danach an einen Haken und später an einen Magneten. Wer übt jetzt jeweils die „Halte"kraft aus?

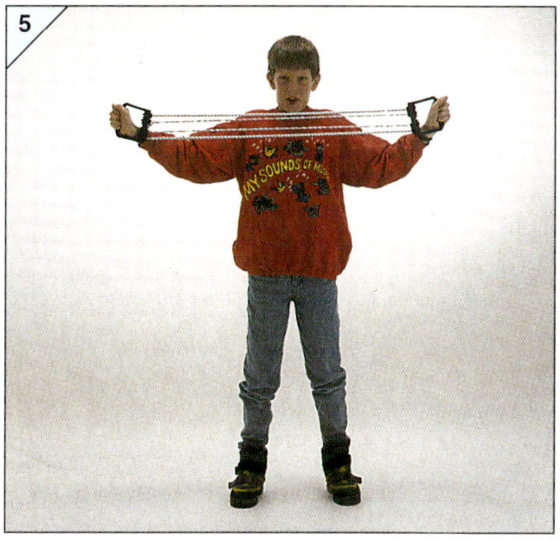

V4 a) Biege ein Lineal und dehne einen Expander wie im Bild.
Warum muss die Kraft so lange wirken, wie der Körper verformt bleiben soll?
b) Forme aus einer Teigkugel eine Platte. Brauchst du auch hier eine Dauerkraft, um die Verformung zu erhalten?
c) Beschreibe, wodurch sich ein plastischer und ein elastischer Körper unterscheiden.

V5 Du und ein Partner stoßen einen Medizinball mehrmals hin und her. Wann musst du auf den Ball eine Kraft ausüben? Was bewirkt diese am Ball beim Stoßen, was beim Fangen?

Was bewirken Kräfte?

Wenn wir einen Bogen oder eine Feder spannen, eine dünne Eisenstange verbiegen oder Teig kneten, müssen wir Kräfte auf die betreffenden Gegenstände ausüben, z. B. mit unseren Muskeln. Die ausgeübte Kraft ist Ursache für die **Verformung.** Dabei sind zwei Fälle zu unterscheiden:

1. Wenn die Kraft aufhört zu wirken, bleibt der Körper dauernd verformt zurück. Man sagt dann, er sei **unelastisch (plastisch)** wie Teig und Schmiedeeisen.
2. Wenn die Kraft aufhört zu wirken, geht die Verformung zurück. Dies ist bei einer **elastischen** Latte (Flitzebogen) und bei federnden Gegenständen der Fall. Wenn ein elastischer Gegenstand eine Verformung beibehalten soll, muss die verformende Kraft dauernd wirken. Sobald sie nachlässt oder wegfällt, beginnt der Körper, sich zu entspannen, also in seine alte Form bzw. Gestalt zurückzugehen.

Kraftwirkung 1: Wenn Kräfte auf Körper wirken, können sie diese verformen.

Beim Spielen mit Medizinbällen ändern wir die Form des Balles nur unwesentlich. Der Ball wird aber durch Muskelkraft beim Stoßen in Bewegung gesetzt und beim Fangen gestoppt. Wir ändern hier jeweils den *Bewegungszustand* des Balls, indem wir ihn beim Stoßen beschleunigen und beim Stoppen verzögern, bis er zur Ruhe kommt. Noch eine dritte Art der **Bewegungsänderung** ist möglich: Wir können den Ball „um die Ecke“ lenken. Dabei ändern wir die *Bewegungsrichtung*. Auch das geht nur mit Kraftausübung, wie wir alle wissen.

Kraftwirkung 2: Wenn Kräfte auf Körper wirken, können sie deren Bewegungszustand ändern.

Beobachten wir irgendwo Körper, die verformt werden, oder Körper, die ihren Bewegungszustand ändern, so können wir daraus umgekehrt schließen, dass auf diese Körper Kräfte wirken. Die Partner, die sie ausüben, können wir meist sofort finden.

Warum sind Gegenstände schwer?

Die Ursachen, die einen Körper zur Kraftausübung befähigen, sind vielfältig: Wir kennen die Muskelanspannung und das elastische Verformtsein als Kraftursache, ebenso das Magnetischsein von Eisen. Deshalb haben wir keine Mühe, die Worte *Muskelkraft* („Ich schiebe oder ziehe an etwas."), *elastische Kraft* („Ein gespannter Bogen schleudert den Pfeil weg.") und *magnetische* Kraft („Ein Magnet bringt eine Kugel zum Rollen.") mit unserer Erfahrung in Einklang zu bringen. Was aber befähigt einen Rucksack und jeden anderen Gegenstand, ohne Unterlass auf seine Unterlage zu drücken, und welche Kraft setzt einen Stein in Bewegung, wenn er losgelassen wird und fällt?

Es ist uns selbstverständlich, dass jedes Ding, das wir in die Hand nehmen, nach unten zieht, also schwer ist. Wir müssen unsere Muskeln spannen, um z.B. einen Stein hochzuhalten, umso mehr, je „massiger" er ist. Lassen wir den Stein los, so fällt er: Er kommt in Bewegung und wird zunehmend schneller. Die fortwährende Bewegungsänderung beim Fall (das Schnellerwerden des Steins) ist ein Hinweis, dass während des Falls eine Kraft auf den Stein wirkt. Wer übt sie aus?

Erdanziehung und Gewichtskraft

Einen Hinweis auf die Kraftursache geben die Erfahrungen von Weltraumfahrern: Astronauten auf dem Mond fühlen sich nur $\frac{1}{6}$ so schwer wie zu Hause. Gegenstände dort fallen viel gemächlicher; einen Stein konnten die Astronauten viel höher werfen und einen Golfball viel weiter schlagen als auf der Erde. Es könnten also die Erde bzw. der Mond sein, die die Schwere der Körper erzeugen.

Die Wissenschaft hat bewiesen, dass dies in der Tat so ist. Nach der gültigen Theorie ziehen sich alle Körper (Gegenstände, Dinge) gegenseitig an: Du ziehst genauso ein Buch oder einen Schrank an wie diese dich anziehen! Die Anziehung zwischen den Gegenständen unserer Umgebung (zwischen Steinen, Personen oder Fahrzeugen) ist allerdings außerordentlich klein. Nur die riesige Erdkugel zeigt beobachtbare Wirkungen: Jeder Gegenstand und jedes Geschöpf an der Erdoberfläche werden von ihr mit erheblicher Kraft nach unten gezogen, zum Erdmittelpunkt hin. Dadurch bekommt alles, was auf der Erde ist, Schwere (Gewicht).

Weil er durch die Erdanziehung schwer geworden ist, drückt nun jeder Gegenstand auf seine Unterlage oder zieht am Band bzw. am Haken, an dem er aufgehängt ist. Er übt auf diese „Halter" somit selbst eine Kraft aus. Diese Kraft „aus zweiter Hand" nennen wir **Gewichtskraft**. Sie wird von dem schweren Körper ausgeübt, nicht von der Erde.

Die Erdanziehung macht die Körper schwer. Die Kraft, mit der sie wegen dieser Schwere auf ihre Unterlagen drücken oder an ihrer Aufhängung ziehen, nennt man **Gewichtskraft.**

V6 Hebe einen Ball hoch und lass ihn dann fallen.
Welche Kraft setzt ihn wohl in Bewegung? Wer übt diese aus? In welcher Richtung wirkt sie?

7

A7 Alle Körper auf der Erde erfahren eine Kraft zum Erdmittelpunkt hin. Was heißt also „unten" für einen Europäer, was für einen Australier? Wo ist „unten" für einen Astronauten auf dem Mond?

8

V8 Führe die Versuche wie im Bild durch:
a) Links oben wird ein Säckchen Sand losgelassen und setzt sich abwärts in Bewegung.
b) Unten drückt das Säckchen auf ein dünnes Brett.
c) Rechts oben zieht es an einem elastischen Stab nach unten.
Woran erkennt man, dass jeweils eine Kraft wirkt?

9

V9 Baue diese Armbrust aus drei zusammengenagelten Holzleisten als Schaft, einer biegsamen, flachen Latte als Bogen und einem Winkelholz als Schnäpper nach. Spanne sie und schieße ein Kreidestück als „Pfeil" ab. Beschreibe, welche Kräfte während des Spannens, dann im gespannten Zustand und später beim Schießen wirken.

A10 Beschreibe am Beispiel „Armbrust", wie Kraft vom Bogen auf den Pfeil übertragen wird.

Vom Armbrustschießen

Spannen: In Bild 9 wird gerade eine Armbrust gespannt. Der Schütze zieht dazu die Sehne mit beträchtlicher Kraft nach hinten. Der Bogen verformt sich dadurch und zieht infolge seiner Elastizität an der Sehne nach vorn. Eine elastische Kraft wirkt gegen eine Muskelkraft, bis schließlich die Sehne in die Haltevorrichtung, den Schnäpper, einrastet. Jetzt übernimmt der Schnäpper das Halten der Sehne. Der Bogen zieht immer noch an der Sehne nach vorn, der Schnepper nach hinten. Nichts geschieht.

Schießen: Nachdem der Pfeil eingelegt ist, kannst du schießen: Du richtest das Gerät auf das Ziel und ziehst am Abzug den Schnäpper nach unten weg. Die Sehne wird frei und schnellt, vom Bogen gezogen, nach vorn und nimmt den Pfeil mit. Dabei wirkt auf den Pfeil eine Kraft. Wir erkennen das daran, dass er in Bewegung kommt und bis zum Verlassen der Armbrust immer schneller wird. Die Kraft wird vom gespannten Bogen über die Sehne auf den Pfeil ausgeübt. Es ist dieselbe, die dir beim Spannen des Bogens entgegenwirkte.

Kraftübertragung: Wer schiebt hier den Pfeil nach vorn – der Bogen oder die Sehne? Die Ursache der Kraft ist natürlich die elastische Verformung des Bogens; auf den Pfeil ausgeübt wird die Kraft von der Sehne. Aber die Sehne ist nur Kraftvermittler: Sie überträgt Kraft vom Bogen auf den Pfeil. Ähnliche Kraftübertragungen finden wir häufig: Fast alle Seile, Ketten, Riemen, Drahtzüge (Bowdenzüge) in technischem Gerät dienen der Kraftübertragung von einem Körper zu einem anderen.

AUFGABEN UND ZUSAMMENFASSUNG

1. Schiebe oder ziehe mit Muskelkraft an verschiedenen Körpern. Beschreibe, wie die Körper auf die einwirkende Kraft reagieren.

2. Eine Blattfeder aus Stahl kann durch einen darüber gehaltenen Magneten verbogen werden, aber auch durch ein angehängtes Wägestück. Wer übt jeweils auf wen eine Kraft aus? Was bewirkt die Kraft?

3. Welche Art Kraft bewirkt das Fallen von Körpern? Wer übt sie auf wen aus?

4. Kannst du auf jemanden oder etwas eine Kraft ausüben, wenn er oder es ausweicht?

5. Wodurch unterscheidet sich eine elastische von einer plastischen Verformung?
Beschreibe an Beispielen, was geschieht, wenn die verformende Kraft verschwindet.

6. Wen zieht die Erde stärker nach unten, einen Floh oder einen Elefanten? Wovon hängt also vermutlich die Größe der Erdanziehungskraft ab?

7. In welcher Richtung wirkt die Erdanziehung auf Körper an der Erdoberfläche? Fertige eine Zeichnung an. Gibt es ein Anziehungszentrum? Wo wäre es zu suchen?

8. Ein Mensch sitzt auf einer Bank. In welcher Richtung zieht die Erdanziehungskraft an ihm, in welcher drückt die Bank auf sein Gesäß?

9. Ein richtig in den Wind gestellter Drachen würde davongewirbelt, wenn du ihn nicht halten würdest. Wer überträgt die Muskelkraft von der Hand zum Drachen?

Kräfte und ihre Wirkungen

Körper können Kräfte aufeinander ausüben. Der eine schiebt (zieht) dabei jeweils am anderen. Die Kräfte können Folgendes bewirken:

1. Sie verformen die betreffenden Körper dauerhaft, wenn diese plastisch sind, oder vorübergehend, wenn diese elastisch sind.
2. Sie ändern den Bewegungszustand der Körper (beschleunigen oder verzögern sie oder ändern deren Bewegungsrichtung).

Kräfte entstehen infolge von Muskelanspannungen, elastischen Verformungen, magnetischer Anziehung und infolge der Schwere der Körper.

In Bild 1 sind einige Situationen dargestellt, die zeigen, worauf es bei der Kraftausübung ankommt.

1. Angriffspunkt:
Du ziehst an einem Hocker immer in der gleichen Richtung, z. B. nach vorn. Allerdings lässt du deine Muskelkraft an verschiedenen Punkten wirken:

① Ziehst du in der Mitte des Stegs zwischen den beiden Beinen, so rutscht der Hocker nach vorn.
② Ziehst du am Rand des Sitzbretts auch in der Mitte, so kippt er.
③ Ziehst du dagegen am linken Stuhlbein knapp über dem Boden, so dreht sich der Hocker im Uhrzeigersinn.

Der Stuhl wird in allen Fällen in Bewegung gesetzt. Die Art seiner Bewegung ist abhängig vom Angriffspunkt der Kraft.

2. Richtung der Kraft:
Schieben wir an einem bereits rollenden Medizinball in Vorwärtsrichtung, so wird er schneller. Wenn wir eine Kraft entgegen der Rollrichtung wirken lassen, wird er langsamer. Drücken wir quer zum Rollweg auf den Ball, macht er ein Kurve.

3. Größe der Kraft:
Dehnst du das Gummiband einer Schleuder mit geringer Kraft, so wird es nur wenig länger. Wendest du dagegen mehr Kraft an, so wird es lang ausgezogen, unter Umständen reißt es sogar.

Wenn eine Kraft ausgeübt wird, sind Richtung, Größe und Angriffspunkt von Bedeutung für das, was die Kraft bewirkt.

Die Pfeildarstellung von Kräften

Die drei Merkmale **Richtung, Größe** und **Angriffpunkt** sollen immer ablesbar sein, wenn wir Kräfte in Bilder einzeichnen. Das schaffen wir nur, wenn wir diese durch Pfeile darstellen:

- Ein Kraftpfeil zeigt immer, in welche Richtung der betrachtete Körper von der Kraft gedrückt oder gezogen wird.
- Eine große Kraft wird durch einen langen Pfeil dargestellt, eine kleine durch einen kurzen Pfeil. Eine doppelt so große Kraft bekommt dabei einen Pfeil doppelter Länge.
- Der Pfeil beginnt dort, wo die Kraft an einem Körper angreift.

V1 Ziehe in der durch die Pfeile in Bild 1 angezeigten Richtung nacheinander an verschiedenen Punkten eines Hockers. Was passiert jeweils?
Begründe die unterschiedlichen Auswirkungen.

V2 Bringe einen Medizinball ins Rollen. Drücke danach mit der Hand in den verschiedensten Richtungen auf ihn. Was geschieht? Wie ändert sich sein Bewegungszustand jeweils?

V3 Dehne die Gummibänder einer Schleuder zunächst mit kleiner Kraft, dann mit großer. Wie hängen Verformung und Größe der Kraft zusammen?

A4 Hier sind einige Situationen dargestellt, in denen Kräfte ausgeübt werden. Auf welchen Körper wirkt die Kraft jeweils? Wo ist der Angriffspunkt an diesem Körper. Welche Richtung hat die Kraft?
Ordne die Kräfte nach ihrer Größe.

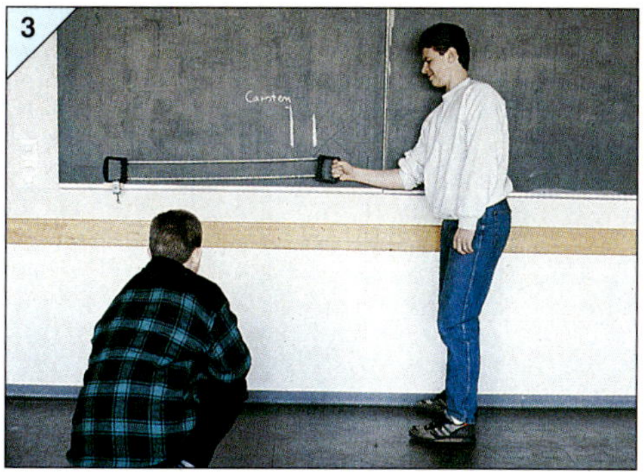
3

V5 Ein Expander wird am Rand der Wandtafel befestigt (Ende des Expanders rechts als Null-Lage markieren). Einige Schüler ziehen ihn einzeln nach Kräften aus. Ein Kamerad markiert dabei den maximalen Auszug. Wer ist der Stärkste?

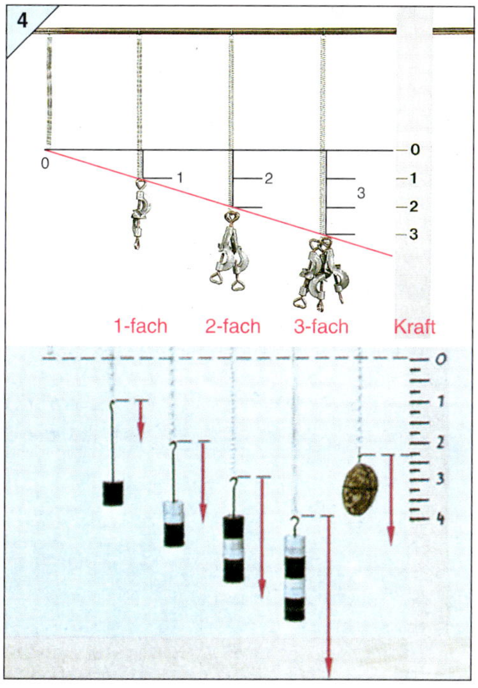

V6 Befestige eine Schraubenfeder an einem Stativ. Markiere ihr unteres Ende auf einem hinter der Feder befestigten Pappstreifen. Hänge nun der Reihe nach 1, 2, 3 usw. gleich schwere Schlitzgewichte gemeinsam an die Feder. Markiere jeweils das Federende. Was stellst du fest?

V7 Verfeinere die Skala am selbst gebauten Kraftmesser in Abb. 4 durch Viertelstriche. Hänge dann verschiedene Gegenstände an. Mit welcher Kraft ziehen sie jeweils nach unten? (Angaben in Vielfachen der Gewichtskraft eines Schlitzgewichts)

Wie misst man Kräfte?

Einige Jungen wollen wissen, wer von ihnen der Stärkste ist, wer also die größte Kraft ausüben kann. Sie benötigen dazu ein Messgerät, mit dem sie die Größe von Kräften beurteilen können. Einer schlägt vor, einen Expander zu benutzen, und behauptet: Wer den am weitesten lang zieht, der bringt auch die größte Kraft auf. Er erinnert daran, dass man Kräfte an Verformungen erkennt und dass die größere Verformung zur größeren Kraft gehört.

Ein Versuch entsprechend Abb. 3 zeigt, dass das Verfahren einwandfrei funktioniert. Wir können mit ihm problemlos Kräfte nach der Größe ordnen. Gehört aber zum doppelten Expanderauszug auch die doppelte Kraft und zum dreifachen Auszug die dreifache? Das muss überprüft werden.

Wie aber bekommen wir Kräfte, die zwei-, drei- oder viermal so groß sind wie eine Vergleichskraft? Hierfür gibt es einen einfachen Weg: Wir besorgen uns einige gleiche Körper, z. B. Schraubenmuttern oder Wägestücke wie in Bild 4. Wenn du die Muttern einzeln in die Hand legst, drückt jede mit der gleichen Kraft, ihrer Gewichtskraft, nach unten. Nimmst du zwei oder drei gleichzeitig, so erfährt deine Hand die zweifache bzw. dreifache Kraft.

Der Versuch in Abb. 4 entspricht dem Expanderversuch, allerdings wirkt hier die dehnende Kraft nach unten. Er zeigt, dass zwei gleich schwere Schlitzgewichte eine Feder um die zweifache, drei um die dreifache Strecke verlängern. Die Teilstriche auf dem Pappstreifen haben deshalb immer gleichen Abstand. Wir können sie durch Anbringen von $\frac{1}{2}$- und $\frac{1}{4}$-Strichen verfeinern und erhalten so einen idealen Apparat für den Kräftevergleich.

Die Krafteinheit

Die Versuchsanordnung in Bild 4 ist bereits ein **Kraftmesser.** Wird beispielsweise die Feder bis zum Teilstrich 2,25 durch einen angehängten Stein gedehnt, so wissen wir, dass dieser mit der 2,25-fachen Kraft eines Wägestücks nach unten zieht. Die Gewichtskraft dieser Stücke dient uns dabei als **Krafteinheit.** Natürlich ist die Größe dieser Einheit von uns selbst gewählt, also willkürlich, denn wir hätten ja im Versuch auch Schraubenmuttern, Stahlkugeln oder Fünfmarkstücke nehmen können. Dann hätten wir andere Skalen bekommen.

Damit man überall auf der Welt Kraftmessungen miteinander vergleichen kann, braucht man eine allgemein anerkannte Krafteinheit. Man hat eine solche Einheit international festgelegt und **1 Newton** genannt. **1 Newton** entspricht ziemlich genau der Kraft, mit der die Erde an ihrer Oberfläche einen 102 g-Körper anzieht. Die Kraft 1 Newton ist also etwa so groß wie die Gewichtskraft einer 100 g-Tafel Schokolade.

Die Einheit der Kraft ist 1 Newton (1 N).

Federkraftmesser

Ein Messgerät für Kräfte muss handlich, leicht an Körpern zu befestigen und einfach ablesbar sein. Unsere Versuchsanordnung in Bild 4 erfüllt diese Bedingungen nicht. Der in Bild 5 dargestellte Kraftmesser ist weit brauchbarer; er arbeitet ebenfalls mit dem Prinzip *Federdehnung*. Er besteht aus zwei Papp- oder Metallhülsen, die im Innern durch eine Schraubenfeder verbunden sind. Die innere Hülse ist am unteren Ende, die äußere ist am oberen Ende der Schraubenfeder befestigt. Die äußere Hülse hat oben einen Ring, die innere hat unten einen Haken oder eine Öse.

Machen wir den Ring irgendwo fest und ziehen am Haken, lassen also dort eine Kraft wirken, wird die Feder länger. Die Hülsen gleiten auseinander. Auf der inneren Hülse ist die Skala angebracht; sie wird nun mehr und mehr sichtbar. Abgelesen wird dort, wo sie in der äußeren Hülse verschwindet.

Die Größe von Kräften (also Messwerte oder Ergebnisse von Berechnungen) bezeichnen wir mit dem Buchstaben F (abgeleitet vom englischen Ausdruck force = Kraft). Hat, wie in Bild 5, die Gewichtskraft eines Körper den Wert 5 N, so kann man abgekürzt schreiben

$$F_G = 5\text{ N}.$$

Das tiefgestellte $_G$ nach dem Zeichen F sagt, um welche Kraft es sich handelt. Es steht für Gewichtskraft.

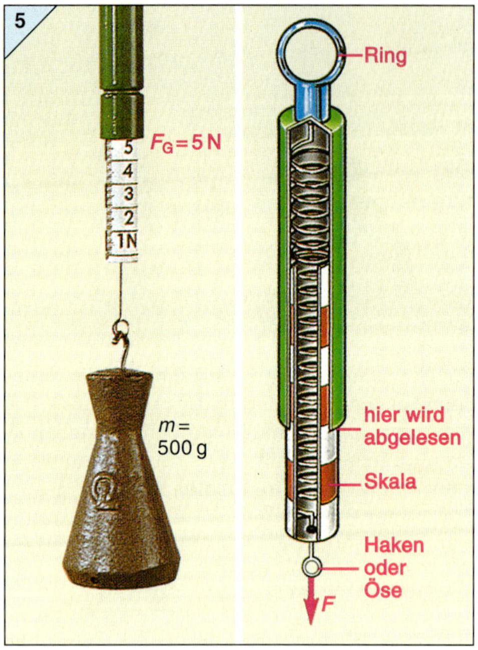

A8 Kraftmesser in Aktion (links) und im Schnitt (rechts). Mit welcher Kraft zieht das Wägestück nach unten? An welcher Stelle der Skala muss man ablesen?

Wir messen mit dem Federkraftmesser

Zeichne jedes Situationsbild ab. Füge den oder die Kraftpfeile ein und schreibe den oder die Messwerte dazu.

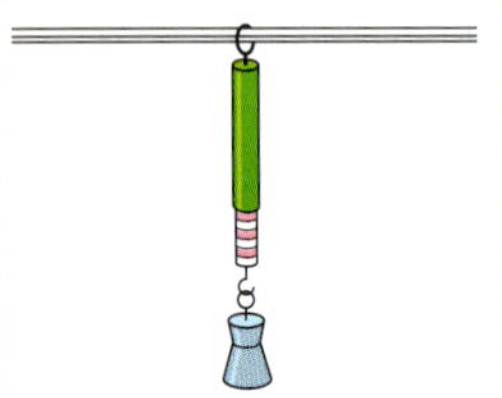

M 1

Schiebe den oberen Ring eines Kraftmessers mit dem Messbereich 10 N über eine waagerechte Stativstange. Hänge dann nacheinander alle Wägestücke zwischen 50 g und 1 kg aus einem Wägesatz an den Haken des Messgeräts.

M 2

Miss mit der gezeichneten Anordnung die Kraft, mit der 500 g- und 1000 g-Wägestücke über eine umgelenkte Schnur nach unten ziehen. Vergleiche mit der Gewichtskraft der Wägestücke.

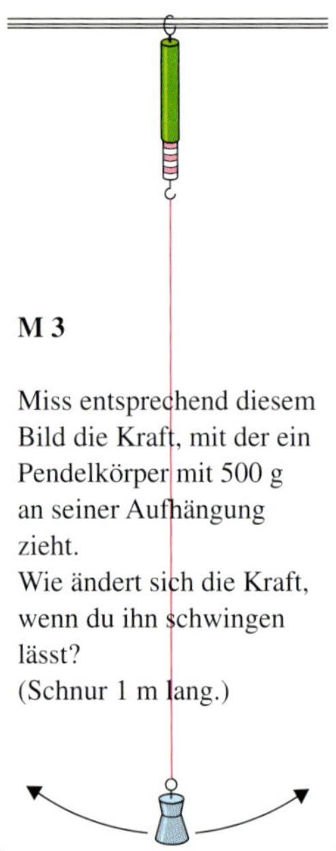

M 3

Miss entsprechend diesem Bild die Kraft, mit der ein Pendelkörper mit 500 g an seiner Aufhängung zieht.
Wie ändert sich die Kraft, wenn du ihn schwingen lässt?
(Schnur 1 m lang.)

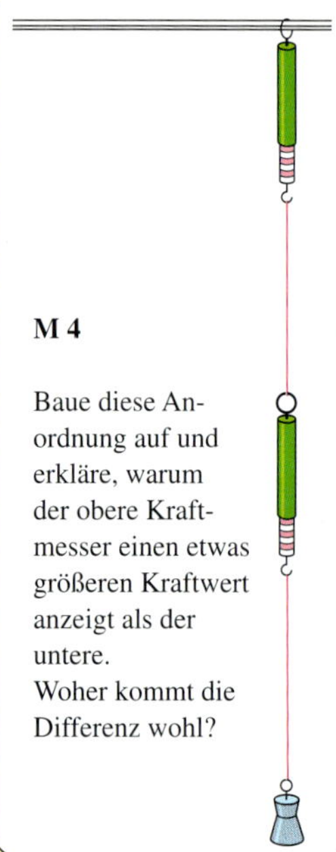

M 4

Baue diese Anordnung auf und erkläre, warum der obere Kraftmesser einen etwas größeren Kraftwert anzeigt als der untere.
Woher kommt die Differenz wohl?

6

V9 Miss entsprechend Abb. 7 die Kraft an verschiedenen Stellen eines Zugseils. Begründe deine Messergebnisse.

Kraftübertragung durch Stangen und Seile

Ein Cowboy möchte ein wildes Pferd einfangen. Dazu muss er es zu fassen bekommen und – weil es sich wehrt – auch mit großer Kraft festhalten. Dies ist eine gefährliche Sache, die man besser aus der Ferne erledigt, z. B. mit einem Lasso (Seil). Der Cowboy zieht an einem Ende des Seils mit viel Kraft, die wird dann vom Seil am anderen Ende auf das Pferd ausgeübt. Man sagt, das Seil *überträgt* die Kraft.

Seile können allerdings nur **Zugkräfte** übertragen und nur in gerader Linie. Wenn man um die Ecke ziehen will, braucht man eine Umlenkeinrichtung, z. B. eine Rolle wie in M2 oder eine Öse wie in M3 auf der linken Seite. Ein Versuch nach Bild 7 zeigt, dass die Kraft an jeder Stelle im Seil ankommt und dass sie von dort in gleicher Größe weitergegeben wird.

Früher stießen Ritter bei einem Turnier die Gegner vom Pferd (Bild 6). Sie benutzten dazu eine Stange (Lanze). Diese ist für die Übertragung von **Druckkräften,** die bei dem Stoß auftreten, hervorragend geeignet. Ein Seil würde sich ja aufrollen oder falten, wenn man daran schiebt. Stangen dagegen übertragen Druck- und Zugkräfte. Ein modernes Beispiel dafür sind die Koppelstangen zwischen Zugwagen und Hänger bei Lastzügen.

7

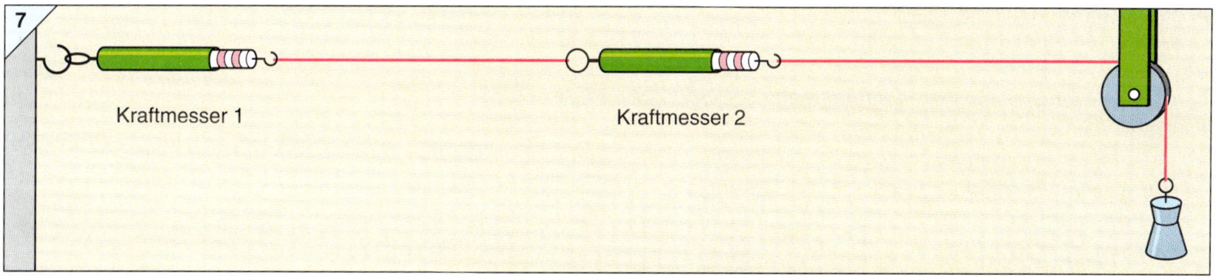

AUFGABEN UND ZUSAMMENFASSUNG

1. Welches sind die drei Merkmale von Kräften? Was an einem Kraftpfeil entspricht den Merkmalen?

2. Zeichne auf, wie du mit einer Feder Gewichtskräfte vergleichen kannst. Wann wirkt die größere Kraft?

3. Beschreibe einen Federkraftmesser. Wie funktioniert er?

4. Beschreibe, wie du dir eine „Privatskala" für einen Federkraftmesser selbst herstellen kannst.

5. Wie heißt die Krafteinheit? Welcher Körper, den du in die Hand nehmen kannst, zieht mit der Einheitskraft nach unten?

6. Beschreibe anhand der Beispiele auf Seite 62 oben, warum Angriffspunkt, Größe und Richtung einer Kraft von Bedeutung sind, wenn du wissen willst, was sie bewirkt.

7. Ein großer Apfel liegt auf einem Tisch. Was bedeutet die Aussage „Hier wirkt die Kraft $F = 5$ N nach unten."? Wo greift die Kraft an? Zeichne den Kraftpfeil so lang, dass 4 mm von ihm genau 1 Newton entsprechen.

8. In welche Richtung wirkt deine Muskelkraft
– wenn du ein Auto schiebst?
– wenn du eine Kiste mit Colaflaschen hochhebst?
Fertige jeweils eine Skizze an und zeichne die Kraftpfeile ein. Achte dabei auf Angriffspunkt, Pfeillänge und Pfeilrichtung.

Kraftdarstellung

Kräfte haben 3 Merkmale:
- Angriffspunkt
- Richtung
- Größe

Man stellt sie durch Pfeile dar

Kraftmessung

Zum Messen von Kräften benutzt man Federkraftmesser.

Die Einheit der Kraft ist 1 Newton (1 N). Die Kraft 1 Newton entspricht etwa der Kraft, mit der eine 100 g-Schokoladentafel von der Erde angezogen wird.

Körper im Gleichgewicht

1

Im Bild oben ziehen zwei Mannschaften in entgegengesetzter Richtung an einem Seil. Die eine Mannschaft übt eine Kraft nach links, die andere eine Kraft nach rechts auf die Seilmitte aus, wo das Tuch ist. Wenn sich das Tuch nicht bewegt, wissen wir, dass beide Teams mit gleich großer Kraft ziehen: Es herrscht **Kräfte-Gleichgewicht.**

Ein solches Gleichgewicht liegt immer dann vor, wenn auf einen Körper mehrere Kräfte einwirken, er jedoch in Ruhe bleibt. (Er darf sich dabei aber vorher verformen.) Weitere Beispiele sind leicht zu finden:

1. Am Wagen in Bild 2 wird nach rechts mit der Kraft 4 N und nach links ebenfalls mit 4 N gezogen. Die Kräfte am Wagen heben sich auf. Deshalb ist er im Gleichgewicht und bleibt in Ruhe.
2. In Bild 3 hängt ein Säckchen Sand an einem Stativ. Zwei Kräfte wirken an ihm: Die Erde zieht nach unten, das Stativ nach oben. Das Stativ hat sich beim Anhängen des Säckchens etwas verbogen und dabei eine elastische Kraft entwickelt.
3. Wenn wir wie im Bild daneben die Gewichtskraft des Säckchens messen wollen, erkennen wir sogar zwei Körper im Gleichgewicht: a) das angehängte Säckchen, b) den Federkraftmesser. Auf beide wirkt jeweils eine Kraft nach unten und nach oben.
4. Wenn du auf einem Stuhl sitzt, ist auch dein Körper im Kräftegleichgewicht. Die Erde zieht an ihm nach unten, der Stuhl drückt an deinem Gesäß mit gleicher Kraft nach oben. Diese Kraft entsteht, weil sich Sitzfläche und Beine des Stuhls elastisch verformen.

Du wirst keine große Mühe haben, weitere Gleichgewichtsbeispiele zu finden, denn alle Gegenstände werden auf der Erde nach unten gezogen und müssten fallen. Die meisten fallen nicht, weil irgendetwas an ihnen nach oben zieht oder drückt.

> Körper (Gegenstände, Dinge) sind im Gleichgewicht, wenn sich die von außen auf sie einwirkenden Kräfte aufheben.

Anmerkung: Kräftegleichgewicht herrscht nicht nur, wenn ein Körper in Ruhe ist. Es besteht auch, wenn er sich gleichförmig bewegt, also weder schneller noch langsamer wird. So herrscht z. B. beim Radfahren mit konstanter Geschwindigkeit Gleichgewicht: Deiner Muskelkraft wirkt dabei eine gleich große Kraft entgegen, die durch Reibung im Fahrrad und an der Luft entsteht.

A1 Wie bewegt sich das rote Tuch in Bild 1, wenn die linke Mannschaft stärker zieht als die rechte?
Wann bleibt das Tuch in Ruhe?

2

V2 Baue diese Anordnung auf. Ziehe zuerst mit der Kraft 4 N nach links, dann nach rechts. Was geschieht jeweils?
Was passiert, wenn du beide Kräfte gleichzeitig wirken lässt?

3

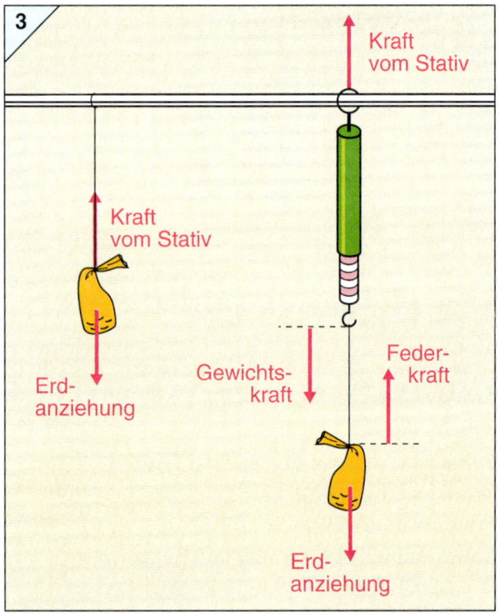

A3 Die Kraftpfeile links im Bild zeigen, welche Kräfte auf das Sandsäckchen wirken. Von wem werden diese Kräfte ausgeübt? Warum ist das Säckchen im Gleichgewicht?

A4 Im Bild 3 rechts sind sowohl das Säckchen als auch der Kraftmesser im Gleichgewicht. Die Kraftpfeile sind eingezeichnet. Welche Kräfte sorgen wo für Gleichgewicht?

A5 Hier tragen zwei Kinder einen schweren Korb. Überlege, wie sich die Gewichtskraft des Korbes wohl auf die beiden Arme verteilt.

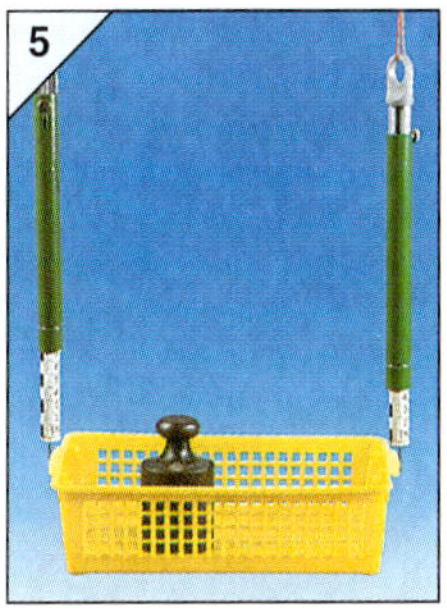

V6 Miss durch Einfügen von Kraftmessern an den Henkeln die Kräfte, die auf die Arme wirken. Lege den Korbinhalt, z. B. ein 1 kg-Wägestück, einmal in die Mitte, dann an den linken Rand und schließlich an den rechten Rand des Korbes.
Vergleiche die beiden Messwerte jeweils mit der Gewichtskraft des beladenen Korbs. Ermittle diese, indem du eine Seilschlaufe durch die beiden Henkel schlingst und den Korb an einen Kraftmesser hängst.

Das Miteinander von Kräften

In Bild 4 tragen Alex und Franzi einen Korb. Sie ziehen jeweils mit einem Arm daran senkrecht nach oben. Die beiden Kräfte, die sie ausüben, müssen zusammen der Erdanziehung auf Korb und Inhalt die Waage halten. Muss dazu jeder der beiden gerade die halbe Gewichtskraft auf sich nehmen oder kann sich die Last auch anders verteilen?

Wir können das überprüfen, wenn wir zwischen Arme und Griffe Kraftmesser einfügen, entsprechend Bild 5. Sie zeigen, dass bei einer Belastung mit 1 kg $\triangleq$ 10 N auf jeden Arm etwa 5 N entfallen. Allerdings gilt das nur, wenn der Inhalt im Korb gleichmäßig verteilt ist. Verschiebt man ihn mehr nach links, muss der linke Arm mit größerer Kraft ziehen (im Bild mit 6 N); der rechte wird dafür entlastet (nur 4 N). Liegt der Inhalt mehr rechts, ist es umgekehrt.

Wir finden schnell heraus, dass die Summe beider Kräfte dabei aber gleich bleibt. Sie wirken zusammen offensichtlich immer wie die eine Kraft, die nötig ist, wenn nur eine Person allein den Korb trägt; diese Kraft ist so groß wie die Gewichtskraft des vollen Korbs. Die Kraft, die entsteht, wenn mehrere Kräfte zusammenwirken, heißt **Resultierende** (der Kräfte). Für sie gilt:

> Die Resultierende zweier Kräfte, die an demselben Körper angreifen und in derselben Richtung ziehen, ist so groß wie die Summe beider Einzelkräfte.

Anmerkung: Wenn zwei Kräfte nicht in gleicher Richtung an einem Körper ziehen, also schräg zueinander stehen, ist ihre Resultierende kleiner als ihre Summe. Extremfall: Sie sind entgegengesetzt gerichtet wie in Bild 2; dann ist die Resultierende null!

AUFGABEN UND ZUSAMMENFASSUNG

1. Beim Seilziehen üben zwei Schülergruppen auf ein Seil Kräfte in entgegengesetzter Richtung aus. In der Mitte des Seils ist ein Knoten. Zeichne die Situation.
Erkläre dann, wann der Knoten im Gleichgewicht ist. Zeichne für diesen Fall die Kräfte ein, die am Knoten angreifen.

2. Zeichne ein Wägestück, das an einem Kraftmesser hängt, den du in der Hand hältst. Warum ist sowohl das Wägestück als auch der Kraftmesser im Gleichgewicht?

3. Erkläre, wie es bei einem Auto, das auf ebener Straße steht, zum Gleichgewicht kommt. Welche Kraft hält der Erdanziehung das Gleichgewicht? Wo ist deren Angriffspunkt? Warum werden die Reifen etwas platt gedrückt?

4. Ein Schiff schwimmt auf dem Wasser. Wer übt wohl die Kraft aus, die das Schiff am Untergehen hindert? Wo greift sie an? Vergleiche mit dem Fall „Auto" aus Aufgabe 3.

5. Drei Personen schieben ein Auto. Die erste bringt die Kraft 220 N auf, die zweite 170 N, die dritte 95 N. Welche Kraft erfährt das Auto insgesamt? Wie groß ist also die Resultierende?

6. Wie groß ist die Resultierende in Aufgabe 5 wohl, wenn die dritte Person genau in Gegenrichtung schiebt?

Körper im Gleichgewicht

Wenn zwei gleich große Kräfte in entgegengesetzter Richtung von außen auf einen Körper einwirken, ist er im Gleichgewicht. Er bleibt dann in Ruhe oder in gleichförmiger Bewegung.

Resultierende Kraft

Ziehen mehrere Kräfte in gleicher Richtung an einem Körper, so ist ihre Resultierende gleich der Summe der Einzelkräfte.

Ist geteilte Last auch halbe Last?

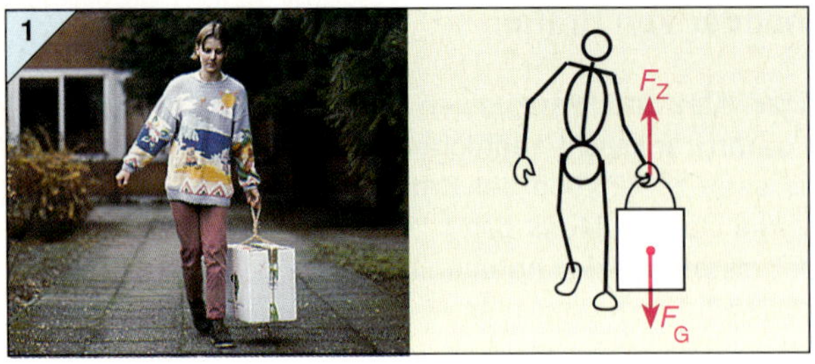

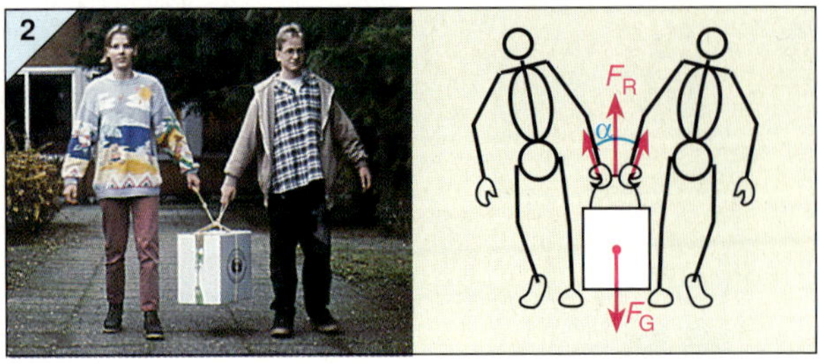

Claudia will ein Paket zur Post bringen. Das ist mühsam, denn das Paket ist schwer und stößt bei jedem Schritt gegen ihr Bein. (Die Schemazeichnung in Abb. 1 rechts zeigt, wie krumm Claudia gehen muss.) Da kommt ihr Alex zu Hilfe. „Zu zweit ist's halb so schwer", sagt er und fasst mit an. Gemeinsam tragen sie das Paket zur Post.

Aber ist Alexanders Aussage richtig – muss jeder von den beiden wirklich nur die halbe Kraft aufwenden, die einer allein zum Tragen bzw. Hochheben bräuchte? Bislang wissen wir nur, dass sich Einzelkräfte zu einer *Resultierenden* addieren, die so groß ist wie die Summe der Einzelkräfte, wenn die Kräfte *parallel* sind. Das ist der Fall, wenn Claudia und Alex am Griff senkrecht nach oben ziehen. Dann wäre die Resultierende F_R, die der Gewichtskraft F_G des Pakets das Gleichgewicht hält, so groß wie die Summe der Einzelkräfte.
Einen anderen Extremfall kennen wir auch schon vom Seilziehen: Sind die Einzelkräfte entgegengesetzt gerichtet und gleich groß, dann ist ihre Resultierende null – gleichgültig, wie groß die Einzelkräfte tatsächlich sein mögen!

Aber keiner der beiden Sonderfälle trifft in unserem Beispiel zu. Bild 2 zeigt, dass die Einzelkräfte weder parallel noch entgegengesetzt gerichtet sind, sondern einen bestimmten Winkel α einschließen. Wie groß ist in einem solchen Fall die Resultierende F_R?

Wir vermuten, dass die Resultierende zweier Kräfte immer einen Wert zwischen null und der Summe der Einzelkräfte hat. Mit der Anordnung von Abb. 4 können wir diese Vermutung überprüfen: Um die Größe der Resultierenden zu bestimmen, messen wir die Gegenkraft F_R', die der Resultierenden F_R von F_1 und F_2 das Gleichgewicht hält; den Winkel α geben wir jeweils vor. Der Versuch zeigt, dass unsere Vermutung richtig war.

Die Resultierende zweier nicht paralleler Kräfte ist immer kleiner als ihre Summe.

Aber so ganz zufrieden können wir mit diesem Ergebnis noch nicht sein. Denn wir wollten ja genau wissen, wie groß F_R ist (in Newton) und eigentlich auch welche Richtung F_R hat. Wir können die Antworten jetzt zwar experimentell nach V2 ermitteln. Aber das ist unpraktisch für alltägliche Probleme. Geht es nicht auch einfacher, ohne aufwendige Experimente?

V1 Fülle einen Plastikeimer mit Wasser, bis er insgesamt die Gewichtskraft $F_G = 10\,N$ hat. Hänge den Eimer dann an einem Kraftmesser entsprechend Abb. 3 an ein Stativ.

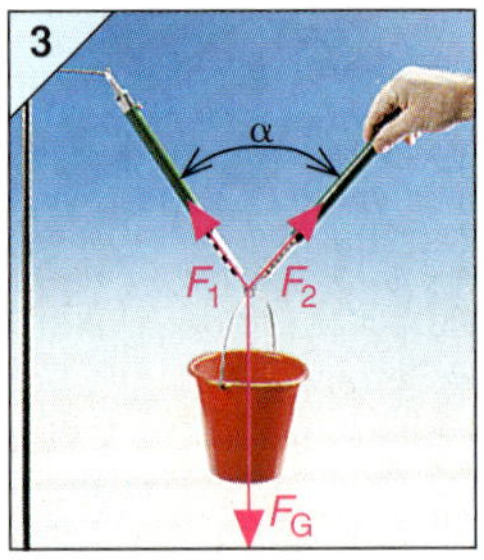

Ziehe an einem zweiten Kraftmesser schräg nach oben und lies die beiden Zugkräfte ab. Wie groß sind sie im Vergleich zur Gewichtskraft des Eimers?
Ziehe mit dem zweiten Kraftmesser unter verschiedenen Winkeln. Was fällt dir auf?

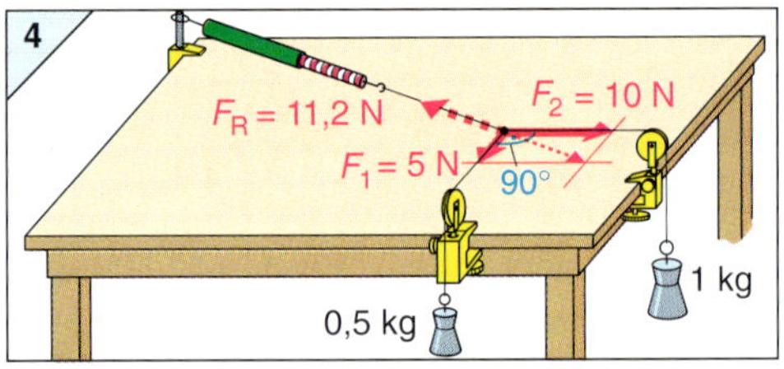

V2 Miss wie im Bild die Resultierende der beiden Kräfte F_1 und F_2, wenn
a) der Winkel zwischen F_1 und F_2 zunächst auf 90°, dann auf 20° und 120° eingestellt wird. (F_1 und F_2 werden durch Wägestücke mit 0,5 kg bzw. 1 kg Masse hervor gerufen.)
b) der Winkel α zu 60° gewählt wird, F_1 konstant auf 10 N und F_2 zunächst auf 5 N und dann auf 10 N und 20 N eingestellt wird.
c) Fertige eine Tabelle der Messwerte an.

5 F_1	5 N	5 N	5 N	10 N	10 N	10 N
F_2	10 N	10 N	10 N	5 N	10 N	20 N
α	20°	90°	120°	60°	60°	60°
F_R	14,8 N	11,2 N	8,7 N	13,2 N	17,3 N	26,5 N

A3 Studiere die Werte der Tabelle. Wie verändert sich die Größe der Resultierenden F_R,
a) wenn F_1 und F_2 konstant bleiben, aber der Winkel α zwischen ihnen wächst;
b) wenn F_2 vergrößert wird, aber F_1 und der Winkel α konstant bleiben?

A4 Wie groß ist die Resultierende in Abb. 6 jeweils und welche Richtung hat sie? Beantworte die Aufgabe zunächst durch Überlegen. Löse sie dann auch zeichnerisch.

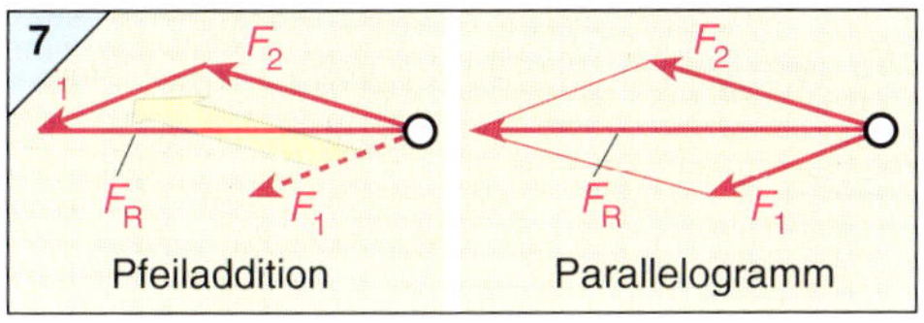

A5 Übertrage den dargestellten Kräfteplan ($F_1 = 5\,N$, $F_2 = 10\,N$; $\alpha = 20°$) auf ein Blatt Papier (2 N ≙ 1 cm). Verschiebe dann F_2 parallel an die Spitze von F_1. Zeichne die Resultierende F_R ein als Pfeil vom gemeinsamen Angriffspunkt bis zur Spitze von F_2. Vergleiche mit dem Wert in Tab. 5.
Wiederhole die Pfeiladdition mit den Werten aus der zweiten und dritten Spalte von Tab. 5.

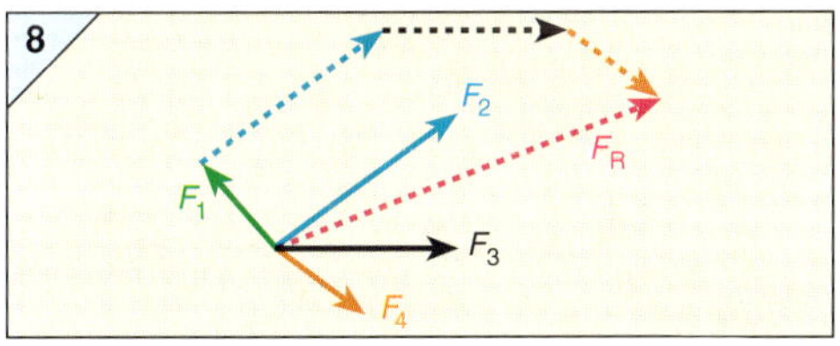

A6 Übertrage den dargestellten Kräfteplan auf ein Blatt Papier. Addiere F_1 bis F_4, indem du nacheinander die Pfeile für F_2 bis F_4 unter Beibehaltung ihrer Richtung an die Spitze des vorhergehenden Pfeils setzt. Vergleiche dein Ergebnis mit Abb. 8.

A7 Versuche, aus Bild 9 den Kräfteplan herauszulesen: Jeder Hund soll mit 100 N ziehen; der Winkel zwischen dem Hund links außen und dem rechts außen soll etwa 45° sein. Zeichne den Kräfteplan.
Schätze Größe und Richtung der Resultierenden F_R. Konstruiere sie dann.

Wie findet man die Resultierende?

Kräfte haben wir bisher immer durch Pfeile dargestellt. Diese Darstellung können wir auch verwenden, wenn wir die Resultierende von zwei oder mehr Kräften finden wollen. Das Verfahren nennt man **Pfeiladdition.** Es geht ganz einfach!

In Bild 6 links ist der Fall gezeigt, dass zwei verschieden große Kräfte F_1 und F_2 auf einen Körper in der gleichen Richtung einwirken, rechts in entgegengesetzter Richtung. Die Resultierende erhalten wir nach folgender Vorschrift:

1. Setze das Ende des Pfeils für F_2 (unter Beibehaltung seiner Richtung) an die Spitze des Pfeils für F_1.
2. Verbinde das Ende des ersten Pfeils für F_1 (Angriffspunkt der Kräfte) mit der Spitze des zweiten Pfeils für F_2. Das ergibt den Pfeil für die Resultierende F_R.

Zur zeichnerischen Lösung von konkreten Beispielen benötigen wir noch einen Maßstab, der angibt, wie lang die Kraftpfeile zu zeichnen sind. Geeignete Kraftmaßstäbe sind beispielsweise 1 cm ≙ 2 N oder 1 cm ≙ 10 N. (Dieser Maßstab muss für alle Kräfte eines Problems stets derselbe sein!)

Dieses zeichnerische Verfahren können wir auch anwenden, wenn die Kräfte nicht parallel oder antiparallel sind. Wir gehen folgendermaßen vor: Zunächst legen wir den Angriffspunkt der Kräfte (Schlaufe des Pakets, Henkel des Eimers oder Ring in V2) fest. Dann zeichnen wir durch ihn dünne Linien, welche die Richtungen der angreifenden Kräfte angeben; dazu müssen wir den Winkel zwischen ihnen kennen. Auf diesen Linien tragen wir dann – vom Angriffspunkt ausgehend – die jeweiligen Kräfte farbig in einem geeigneten Maßstab als Pfeile ab. Damit haben wir den so genannten *Kräfteplan* aufgestellt. Für V2 ist er beispielhaft in Bild 7 links dargestellt. Dann bestimmen wir die Resultierende durch Pfeiladdition nach obiger Vorschrift.

Abb. 7 rechts zeigt, dass die *Pfeiladdition* nichts anderes ist als die Konstruktion eines Parallelogramms mit den Seiten F_1 und F_2. Die Diagonale durch den Angriffspunkt ist die Resultierende F_R. Daher sprechen viele Leute auch vom **Kräfteparallelogramm.**

Die Resultierende von zwei in einem Punkt angreifenden Kräften findet man durch Pfeiladdition.

Dieses Verfahren der Pfeiladdition hilft auch, wenn mehrere Kräfte an einem Körper angreifen. In Abb. 9 sind beispielsweise 8 Hunde vor einen Schlitten gespannt. Weil die äußeren nicht nur nach vorn, sondern auch zur Seite ziehen, können wir Größe und Richtung der Resultierenden nicht vorhersagen. Aber wir können sie grafisch ermitteln. Wir müssen nur so vorgehen, wie es in Abb. 8 der Einfachheit halber für 4 Kräfte dargestellt ist: Die Pfeile werden der Reihe nach unter Beibehaltung ihrer Richtung aneinander gesetzt; die Resultierende F_R geht vom Ende des ersten Pfeils (= gemeinsamer Angriffspunkt aller Kräfte) zur Spitze des letzten Pfeils.

Warum wird ein Fahrrad bergab immer schneller?

Wenn du mit dem Fahrrad bergab fährst, wirst du immer schneller – auch wenn du nicht in die Pedale trittst. Es wirkt also eine Kraft auf dich und dein Fahrrad, die beide beschleunigt; sie muss parallel zur geneigten Straße schräg nach unten ziehen. Wo kommt diese Kraft her? Die einzige Kraft, welche die Beschleunigung verursachen könnte, ist die Anziehungskraft der Erde. Aber die ist niemals nach schräg unten gerichtet, sondern immer lotrecht!
Dass eine hangabwärts gerichtete Kraft parallel zur Fahrbahn tatsächlich wirkt, zeigt der Versuch nach Abb. 10: Der Kraftmesser hält einer nach schräg unten ziehenden Kraft, die wir **Hangabtriebskraft F_H** nennen wollen, das Gleichgewicht.

Betrachten wir Abb. 10 noch etwas genauer: Die Darstellung der Kräfte hat Ähnlichkeit mit einem Kräfteplan – es fehlt allerdings noch die dritte Kraft F_3, die mit der Hangabtriebskraft F_H zusammen die Resultierende F_E ergeben müsste. Welche Kraft könnte noch eine Rolle spielen, also eine beobachtbare Wirkung haben? Wir finden diese Kraft F_3 durch folgende Überlegung:
Wenn das Brett waagerecht steht, gibt es keine Hangabtriebskraft; wegen der Erdanziehung drückt das Auto mit seiner Gewichtskraft ($=F_E$) senkrecht auf das Brett. Neigen wir die Anordnung immer stärker, dann wird diese Kraft F_3 auf das Brett immer kleiner, bis sie bei senkrechter Stellung ganz verschwunden ist. Jetzt ist die Hangabtriebskraft gleich der Erdanziehungskraft F_E.
Auch diese Kraft F_3 können wir bestimmen, indem wir mit einem zweiten Kraftmesser nach oben ziehen. Irgendwann hebt beim Ziehen das Auto vom Brett ab. Wie vermutet ist die Kraft F_3 dafür verantwortlich, dass das Auto auf die Unterlage drückt. Weil in der Physik oft N (= „Normal") steht für „senkrecht zu", schreiben wir statt F_3 ab jetzt F_N. In Abb. 10 ist F_N blau eingezeichnet.

Überlegen wir noch einmal, was wir soeben gemacht haben: Wir haben die Kraft F_E so durch 2 *Teilkräfte* F_H und F_N ersetzt, dass ihre Resultierende F_E ist. Man könnte auch sagen, wir haben die Kraft F_E in 2 Teilkräfte F_H und F_N, *Komponenten* genannt, **zerlegt**.

> Man kann eine Kraft in Komponenten zerlegen. Die Resultierende der Komponenten muss die ursprüngliche Kraft sein.

10
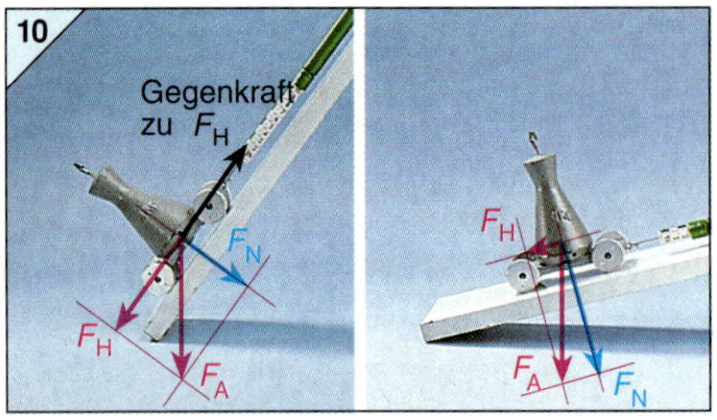

V8 Befestige einen Kraftmesser am Ende eines Brettes. Hänge an seinen Haken wie im Bild oben einen Wagen, auf dem ein Wägestück fest angebracht ist. Bestimme zunächst die Erdanziehungskraft auf Wagen und Wägestück, indem du die Anordnung senkrecht stellst.
Neige dann das Brett unterschiedlich steil. Wie groß ist jeweils die Hangabtriebskraft? Welche Wirkung hat sie?

V9 Ziehe für verschiedene Stellungen der Anordnung mit einem zweiten Kraftmesser am Wägestück nach oben, senkrecht zur Richtung des ersten Kraftmessers. Wie groß ist diese Kraft jeweils? Welche Wirkung hat sie wohl?

11
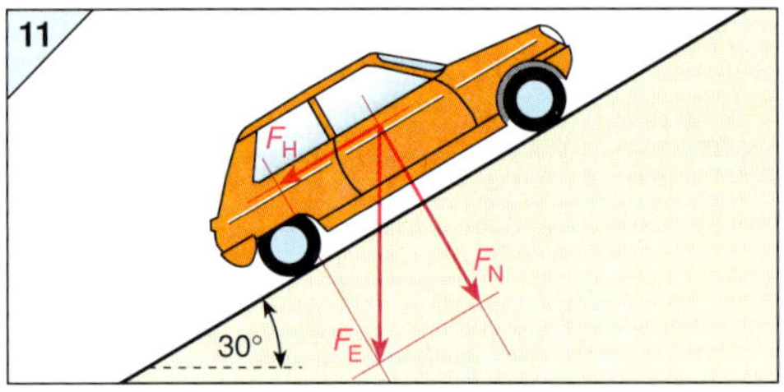

A10 Übertrage diesen Kräfteplan mit $F_E = 8000$ N auf ein Blatt Papier (Maßstab geeignet wählen!). Ergänze den Kräfteplan zu einem Parallelogramm.
Wie groß sind die Hangabtriebskraft F_H und die Normalkraft F_N zu wählen, wenn sie zusammen die resultierende Kraft F_E ergeben sollen? Was bewirken die beiden Kräfte?

Kraftzerlegung mit dem Kräfteparallelogramm

Die Komponenten, in die sich eine Kraft zerlegen lässt, können wir wieder mithilfe eines Kräfteplans finden. Bild 11 zeigt, wie das geht: Wir zeichnen die wirkende Kraft F_E in einem sinnvollen Maßstab ein. Durch ihren Angriffspunkt werden Linien in den Richtungen gezeichnet, in denen eine Wirkung dieser Kraft zu beobachten ist, in unserem Fall also parallel zum Brett (Hangabtriebskraft) und senkrecht dazu (Druckkraft auf die Unterlage). (Bei statischen Problemen (Seite 337 oben) sind die Komponentenrichtungen durch die „Kraftüberträger" Seile, Stangen, drückende Flächen usw. festgelegt.) Dann ziehen wir Parallelen zu den Richtungslinien durch die Spitze des Kraftpfeils. Deren Schnittpunkte mit den Linien sind die Spitzen der Komponenten.

Beachte: Wenn wir eine Kraft in Komponenten zerlegt haben, dann dürfen wir nur noch mit diesen Komponenten weiterarbeiten. Die ursprünglich wirkende Kraft gibt es dann nicht mehr!

Keil und Kran zerlegen Kräfte

Zum Spalten eines Baumstammes wird ein **Keil** benutzt. Auf seine schmale Seite schlägt man mit einem Hammer. Er treibt den Keil mit großer Kraft in den Stamm. Diese Kraft wird entsprechend der Abbildung links in zwei Komponenten senkrecht zu den Keilflächen zerlegt, die das Holzstück auseinander drücken. Die beiden Komponenten sind doppelt so groß wie die ursprünglich wirkende Kraft!

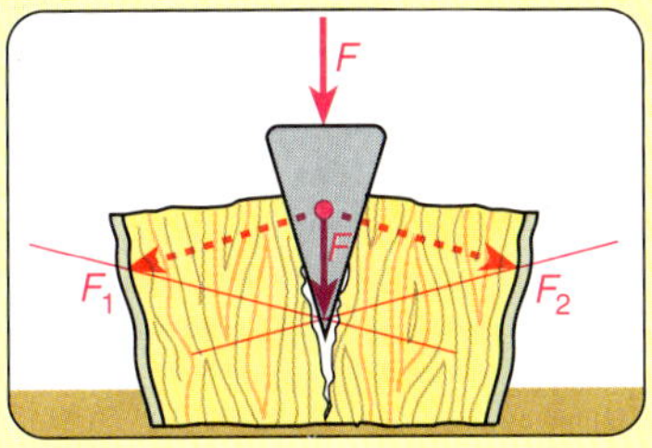

Zum Heben schwerer Lasten benutzt man einen **Kran.** Die Last hängt am Kranausleger und zieht mit F_G nach unten. F_G wird in zwei Komponenten zerlegt: F_1 zieht am Halteseil des Auslegers und spannt dieses; F_2 drückt in Längsrichtung auf den Ausleger und presst ihn zusammen.

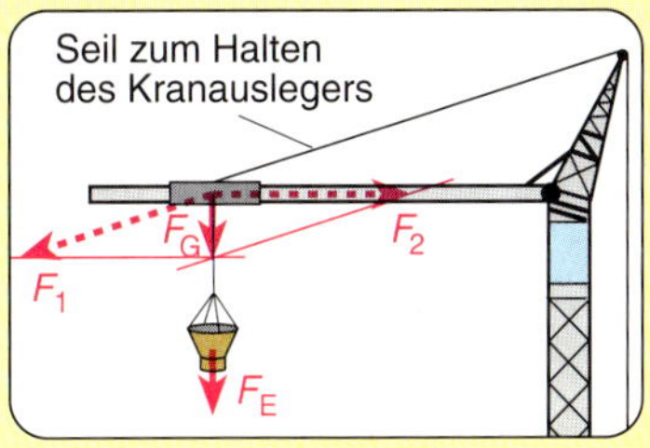

Auch Segeln ist Physik

1. Segeln vorm Wind ist leicht zu verstehen: Der Wind kommt von hinten und treibt das Schiff vor sich her. Das Schiff kann höchstens so schnell sein wie der Wind selbst.

2. Segeln schräg vorm Wind: Das Boot steht schräg zur Windrichtung. Der Wind drückt gegen das Segel, das die Kraft auf den Mast und schließlich auf das Boot überträgt. Diese „Windkraft" F_W können wir zerlegen in eine Kraft in Kielrichtung, den Vortrieb F_V und in eine quer dazu, den Quertrieb F_Q. Dass das Boot diesen Vortrieb bekommt, liegt am Kiel. Das Wasser drückt gegen den Kiel und verhindert so, dass das Boot querab geschoben wird („abdriftet"). Nur wenn das Boot einen Kiel hat, wird die Windkraft in Vortrieb und Quertrieb zerlegt.

3. Segeln quer zum Wind: Dabei wird das Segel so gestellt, dass der Wind nach hinten, also um 90° umgelenkt wird. Das ergibt eine Kraft auf das Segel nach schräg vorne, die über den Mast auf das Boot übertragen wird. Diese Kraft lässt sich wieder zerlegen in einen Vortrieb und einen Quertrieb.

In Fall 2 und 3 ist die Vortriebskraft größer als die Windkraft. Deshalb ist in diesen Fällen die Schiffsgeschwindigkeit größer als beim „Segeln vorm Wind".

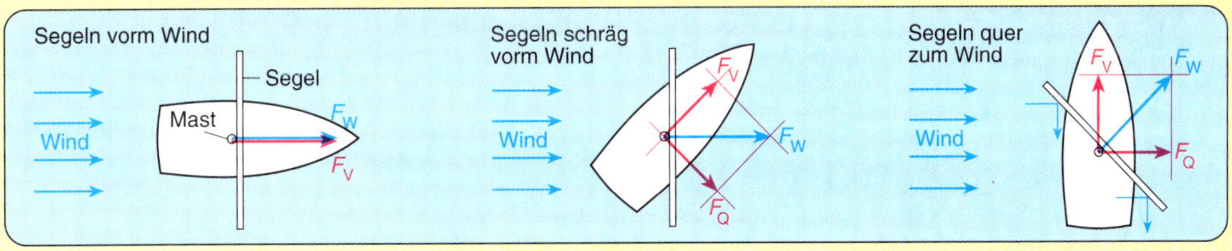

AUFGABEN UND ZUSAMMENFASSUNG

1. Zwei Schlepper ziehen einen Frachter mit den Kräften 8500 N und 11000 N, die in einem Winkel von 30° angreifen. Zeichne zunächst den Kräfteplan. Bestimme dann die Resultierende.

2. Die Kräfte $F_1 = 250$ N und $F_2 = 430$ N greifen an einem Körper in einem Winkel von 45° an. Zeichen den Kräfteplan und konstruiere die Resultierende.

3. Eine Seiltänzerin ($F_G = 500$ N) steht mitten auf ihrem Seil. Das Seil hängt etwas durch, sodass die beiden Seilhälften an der Stelle, an der die Frau steht, einen Winkel von 160° bilden. Zeichne den Kräfteplan. Welche Kräfte übt das Seil auf die seitlichen Befestigungen aus?

4. Die Oberfläche eines Hanges bildet mit der Waagerechten einen Winkel von 20°. Ein Kind, das hinunterrodeln will, hat mit dem Schlitten zusammen die Masse $m = 40$ kg. Mit welcher Kraft wird es hangabwärts beschleunigt?
Löse durch Zeichnen.

Zusammensetzung und Zerlegung von Kräften

Mehrere Kräfte mit gleichem Angriffspunkt kann man zu einer einzigen Kraft, der Resultierenden F_R, zusammensetzen.
Größe und Richtung von F_R findet man mithilfe der Pfeiladdition.

Kräfte können in Teilkräfte (Komponenten) zerlegt werden. Die Komponenten ersetzen dann die ursprüngliche Kraft vollständig.

Ein Alptraum: Du stehst an einer Wand, ein Fass rollt auf dich zu. Wenn nicht Hilfe kommt, die das Fass anhält, wird es dich erdrücken. Das weißt du sicher. – Was befähigt ein rollendes Fass dazu, auf dich so zerstörerische Kräfte auszuüben? Ein Fass ist doch an sich nichts Gefährliches. Vielleicht aber doch! Zum Beispiel, wenn es rollt und dazu noch sehr schwer ist!

In Bild 2 wird die Sache physikalisch untersucht: Denn dort wird die Kraft gemessen, die ein fahrendes Wägelchen (statt des Fasses) auf einen Prellbock (statt deiner Person) ausübt. Von welchen Umständen wird diese Kraft wohl abhängen? Wir testen zwei:

1. **Geschwindigkeit:** Je größer die Geschwindigkeit des Wagens ist, desto größer ist auch die Kraft, die er auf den Prellbock ausübt.
2. **Beladung:** Wir belasten den Wagen mit Wägestücken. Er ist danach *massiger* und übt auf den Prellbock eine wesentlich größere Kraft aus als ohne Beladung. Wenn der Test aussagekräftig sein soll, muss der Wagen natürlich jeweils gleich schnell rollen.

Trägheitskräfte

Warum aber entstehen hier Kräfte? Doch offensichtlich deshalb, weil der Wagen sich weiterbewegen, also *träge* in seiner Bewegung verharren will. Wird er zu Bewegungsänderungen gezwungen, so wehrt er sich. Die Kräfte, die er dabei ausübt, nennen wir **Trägheitskräfte.** Solche Trägheitskräfte übst du oft auch selbst aus, z. B. dann, wenn du angeschnallt in einem Auto sitzt:

1. Beim Beschleunigen drückt dein Körper gegen die Rücklehne des Sitzes, beim Bremsen gegen die Sicherheitsgurte. Hier wehrt sich der Körper wegen seiner Trägheit gegen die Erhöhung der Geschwindigkeit beim Anfahren bzw. gegen die Verringerung beim Bremsen.
2. Beim Kurvenfahren möchte dein Körper geradeaus. Die Gurte zwingen ihn aber in die Kurve. Er wehrt sich gegen die Richtungsänderung, indem er kräftig von der Kurve weg in die Gurte bzw. gegen eine Außentür drückt.

Wie unser Körper verhalten sich auch alle anderen Gegenstände.

Alle Körper sind träge. Sie wehren sich mit Trägheitskräften gegen Änderungen ihres Bewegungszustandes.

A1 Beschreibe die Situation im obigen Bild. Was wird in Kürze passieren? Wer übt dann auf wen Kräfte aus? Was müsste geschehen, damit das Unglück nicht eintritt?

V2 Lass diesen Wagen einmal mit großer und danach mit kleiner Geschwindigkeit auf den Prellbock auffahren. Er verschiebt dabei den Bock gegen die Federkraft. (Die Skala hast du durch Vorversuche in Newton geeicht.)
Lies an der Skala jeweils ab, welche Kraft der Wagen auf den Bock ausgeübt hat. Notiere die Werte.
Wiederhole mit beladenem Wagen und vergleiche.

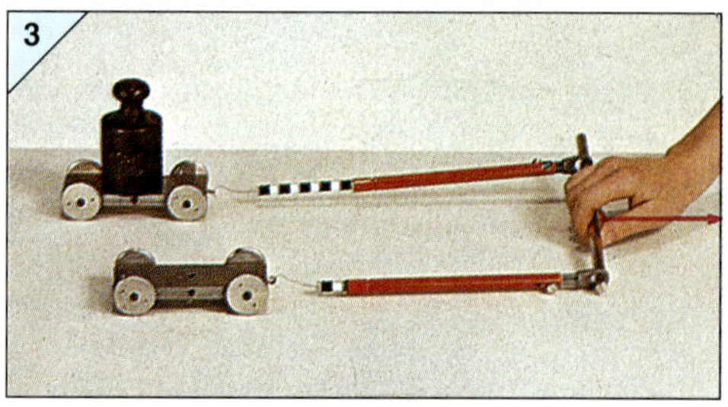

V3 Bestimme entsprechend Bild 3 die Kraft, mit der sich Fahrzeuge sanftem und heftigem Beschleunigen widersetzen.
Woher kommt der Unterschied zwischen den beiden Fällen?

5

V4 Besorge dir zwei Wagen und einen dünnen Nähfaden. Ein Wagen wird Schlepp-, der andere Pannenfahrzeug wie in Bild 4.
a) Fahre den Schlepper bei gespannter Schnur langsam an.
b) Bringe den Schlepper bei sehr locker ausgelegtem Faden mit der Hand zunehmend in Fahrt.
c) Schreibe auf, was jeweils geschieht. Woher kommt der Ruck im zweiten Fall?

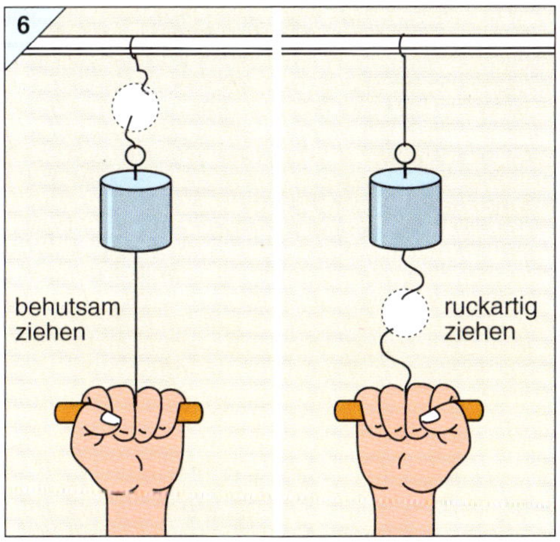

6

V5 Hänge ein Wägestück an einem Faden auf. Befestige darunter einen zweiten gleichen Faden mit einem Handgriff.
Warum reißt bei dieser Anordnung die Aufhängung
a) oberhalb des Wägestücks, wenn man behutsam mit immer größer werdender Kraft nach unten zieht?
b) unterhalb des Wägestücks, wenn man mit einem Ruck zieht?
Überprüfe und erkläre.

Wann reißt das Abschleppseil?

Betrachten wir die Situation in Bild 4. Dort soll ein Fahrzeug abgeschleppt werden, bei dem der Motor versagt hat. Ein Freund des unglücklichen Fahrers spannt seinen Wagen an einem Seil davor. Dieses liegt zunächst locker. Was geschieht, wenn der Abschlepper rasant losfährt? Klar: Das Seil spannt sich, während das vordere Auto schneller wird. Dann gibt es einen Ruck, das Seil reißt. Warum?

4

Beide Autos sind träge. Wegen dieser Trägheit möchte das vordere Fahrzeug seine Bewegung beibehalten, das hintere aber in Ruhe bleiben. Beides zusammen geht nicht, wenn das Seil einmal gespannt ist. Jetzt versucht der vordere Wagen, den hinteren schlagartig zu beschleunigen; der hintere Wagen versucht, den vorderen ebenso schlagartig zu bremsen. Beide wehren sich wegen ihrer Trägheit dagegen. Der liegen gebliebene Wagen möchte in Ruhe bleiben und übt deshalb auf das Seil eine Trägheitskraft nach hinten aus; der Abschlepper möchte seine Bewegung beibehalten und übt deshalb auf das Vorderende des Seils eine Trägheitskraft nach vorn aus. Die beiden gegeneinander stehenden Kräfte zerfetzen das Seil in dem Moment, in dem es straff gespannt wird.
Beim langsamen Anfahren mit gestrafftem Seil ist die Beschleunigung gering. Vorn am Seil wirkt jetzt ein Teil der Motorkraft des Schleppers. (Der andere Teil wird für seine eigene Beschleunigung gebraucht.) Dieser Kraft steht am Hinterende die nun geringere Trägheitskraft vom Pannenwagen entgegen. Sie ist so klein, dass das Seil nicht reißt und das Abschleppen gelingt.

Wir haben ein weiteres Mal gesehen, dass Trägheitskräfte auftreten, wenn ein Körper gezwungen wird, seinen Bewegungszustand zu ändern. Diese Kräfte versuchen, die Änderung zu verhindern. Die Bewegungsänderung kann nur eintreten, wenn von außen auf den trägen Körper eine Kraft einwirkt, z. B. durch ein Zugseil wie beim Abschleppen eines Fahrzeugs. Die Kraft muss
- beim *Beschleunigen* in Bewegungsrichtung,
- beim *Verzögern* entgegen der Bewegungsrichtung,
- beim *Ändern der Richtung* senkrecht zur augenblicklichen Bewegung stehen.

Wegen seiner Trägheit kann man den Bewegungszustand eines Körpers nur durch eine Kraft von außen ändern.

Trägheit und Schwere?

Auf der Erde ist, wie jedermann aus Erfahrung weiß, jeder träge Körper auch schwer. Es ist sogar so, dass die beiden Eigenschaften miteinander gekoppelt sind: Ist ein Körper doppelt so träge wie ein anderer, so ist er auch doppelt so schwer; ist er sechsmal so träge, so ist er sechsmal so schwer. Wenn wir daher Gegenstände hinsichtlich ihrer Schwere vergleichen, haben wir sie auch hinsichtlich ihrer Trägheit verglichen.

Wie du weißt, sind auf dem Mond alle Gegenstände und Dinge leichter als auf der Erde: Ein Mondauto drückt dort nur mit einem Sechstel seiner Erd-Gewichtskraft auf den Boden. Hat sich auf dem Flug zum Mond auch die Trägheit des Gefährts geändert?

Keineswegs! Wie Astronauten dort feststellen können, laufen alle Trägheitsexperimente genau so ab wie auf der Erde. Selbst für schwerelose Körper in der Raumkapsel während des Flugs oder im Raumlaboratorium „Spacelab" gilt dies: Ein Astronaut, der mit dem Kopf voran auf eine Wand stößt, tut sich genauso weh wie auf der Erde – gleiche Aufprall-Geschwindigkeit vorausgesetzt.

Es ist also nicht die Schwere, die die Trägheit eines Körpers macht. Was ist es dann? Es bleibt nichts anderes übrig: Die Physiker müssen eine neue Größe einführen, die das Trägheitsverhalten beschreibt. Sie nennen diese Größe **Masse** und messen sie in den dir bereits bekannten Einheiten Gramm (g), Kilogramm (kg) und Tonne (t).

Die mit dem Buchstaben m bezeichnete Größe „Masse" ist eine Eigenschaft des betrachteten Körpers. Die Masse hängt nicht wie die Gewichtskraft vom Ort ab. Daher eignet sie sich auch zum Abmessen von „Stoffmengen". Auf die kommt es uns ja an, wenn wir Lebensmittel oder Brennstoffe einkaufen, also z.B. Wurst oder Mehl bzw. Kohle oder Öl.

Massenbestimmung (Wägung)

Eigentlich müssten wir zur Massenbestimmung Trägheitsversuche anstellen. Das ist umständlich und Zeit raubend. Wir wenden daher folgendes Verfahren an:

Der im Bild 8 unten abgebildete *Wägesatz* enthält Wägestücke mit bekannter Masse. Die Wägestücke kommen auf die eine Schale der darüber abgebildeten Waage. Den Körper mit der unbekannten Masse legen wir auf die andere. Spielt die Waage, so sind die Körper auf den beiden Schalen gleich schwer und – weil der Vergleich am selben Ort erfolgt – auch gleich träge. Sie haben gleiche Masse.

Überlege, warum eine Wägung auf dem Mond dasselbe Ergebnis ergibt wie auf der Erde. Warum versagt das Verfahren an Orten, an denen Körper schwerelos sind, z.B. in einem Raumfahrzeug, das ohne Antrieb um die Erde kreist (z.B. im Spacelab)?

7

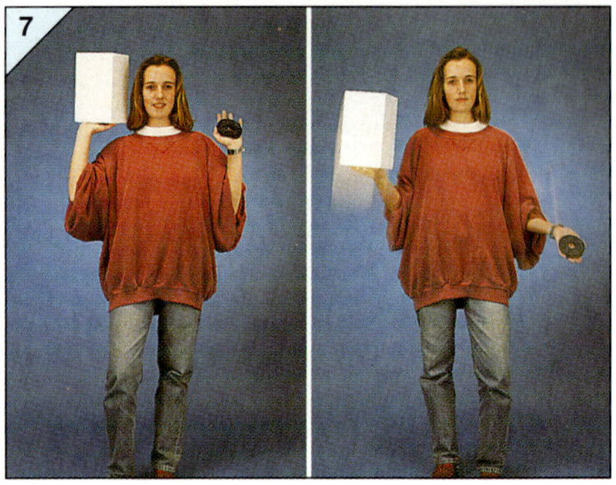

A6 Hier werden ein Styroporklotz und ein Eisenstück miteinander verglichen
a) hinsichtlich ihrer Schwere durch Festhalten;
b) hinsichtlich ihrer Trägheit durch kleine Auf- und Abbewegungen.
Was versucht Daniela, dabei festzustellen?

8

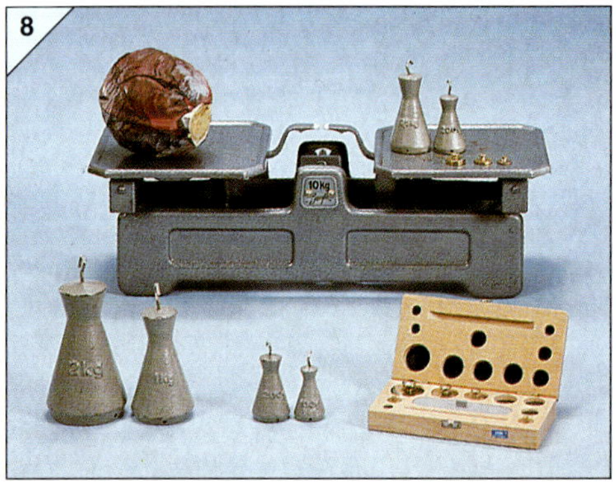

V7 Lege auf die Schale einer Waage einen Kohlkopf oder einen Holzklotz, auf die andere Seite so viele Stücke aus dem Wägesatz, bis die Waage spielt.
Errechne die Masse des Kohlkopfes bzw. des Holzklotzes aus der Masse der einzelnen Wägestücke. Überlege vorher genau, wie du vorgehen musst.

Masseneinheit

Dieses „Standard"-Wägestück verkörpert die Masseneinheit 1 kg. 1 kg entspricht fast genau der Masse von 1 Liter Wasser. Dieses „Ur-Kilogramm" wird im internationalen Maßbüro in Paris unter Glas aufbewahrt. Von ihm wurden exakte Kopien hergestellt mit genau gleicher Masse und an die Eichämter fast aller Länder der Erde übergeben.

V8 Miss die Gewichtskraft eines 1 kg-Wägestückes und ermittle aus der Messung, wie viele Newton auf 1 kg kommen, also den Schwerefaktor $g = F/m$.

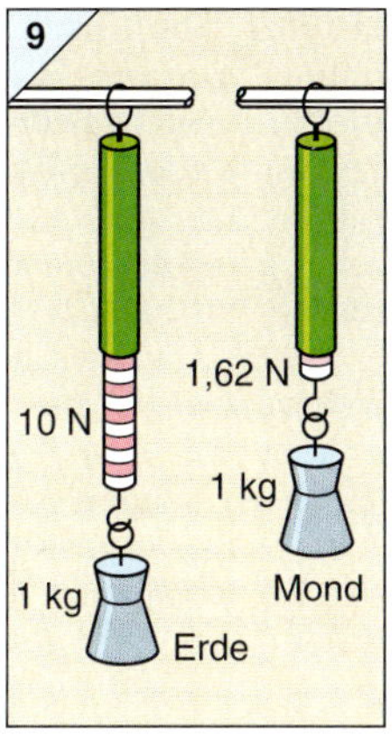

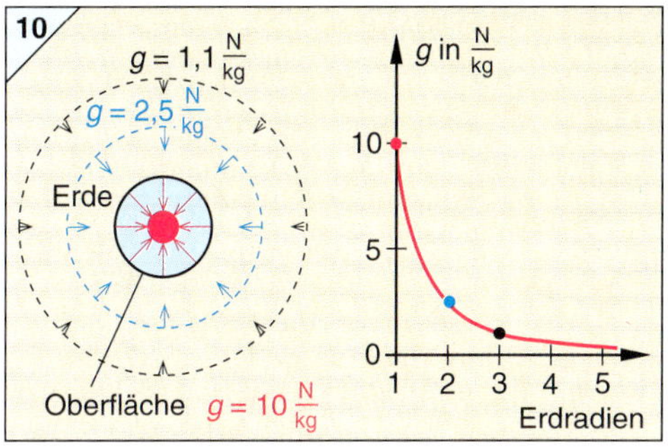

A9 Hier ist abgebildet, wie der Schwerefaktor mit der Höhe über der Erde abnimmt. In welcher Höhe ist er etwa so groß wie auf dem Mond?

Zusammenhang von Masse und Gewichtskraft

Wir wissen längst, dass ein Körper überall auf der Erde mit der gleichen Gewichtskraft auf seine Unterlage drückt. Wie groß aber ist diese, wenn er z.B. 1 kg Masse hat? Im Versuch nach Bild 9 wird dies festgestellt: Ein 1 kg-Wägestück wurde an einen Federkraftmesser gehängt; die Kraft lässt sich dann an der Skala ablesen. Es ergibt sich:

> Ein Körper der Masse 1 kg drückt an der Erdoberfläche auf seine Unterlage mit der Gewichtskraft
> $F_G = 10\,N$ (genau: 9,81 N).

Die Gewichtskraft ist doppelt bei doppelter Masse und dreifach bei dreifacher Masse usw. Es gilt:

$$\boldsymbol{F_G = m \cdot g}.$$

F_G ist in dieser Gleichung das Zeichen für die Gewichtskraft (gemessen in N), m das Zeichen für Masse (gemessen in kg) und g das Zeichen für den „Schwerefaktor" am betreffenden Ort. Auf der Erde ist

$$g = 9{,}81\,\frac{N}{kg}.$$

Auf dem Mond ist der **Orts-Schwerefaktor** nicht $9{,}81\,\frac{N}{kg}$ wie auf der Erde, sondern $\frac{1}{6}$ davon, also $1{,}63\,\frac{N}{kg}$. Auch auf der Erde ist der Faktor g nicht konstant. Er wird kleiner, wenn man sich von der Erde entfernt. In 6370 km Höhe (2 Erdradien vom Erdmittelpunkt entfernt) ist er noch $2{,}5\,\frac{N}{kg}$ ($\frac{1}{4}\,g_0$), in 12740 km Höhe (3 Erdradien) noch $1{,}1\,\frac{N}{kg}$ ($\frac{1}{9}\,g_0$), also schon kleiner als auf dem Mond.

AUFGABEN UND ZUSAMMENFASSUNG

1. Gib Beispiele für die Behauptung „Jeder Körper ist träge".

2. Hinter dem Begriff Masse stecken zwei Körpereigenschaften. Welche? Wie zeigen sie sich?

3. Ein Kinderwagen steht in Mittelgang eines Omnibusses. Was geschieht beim Anfahren, was beim Bremsen? Begründe jeweils.

4. Warum sollten sich Autofahrer vor jeder Fahrt angurten? Begründe physikalisch.

5. Ein Medizinball soll hochgehoben und danach weggestoßen werden. Was ist auf dem Mond mit weniger Kraft zu bewältigen als auf der Erde? Begründe.

6. Kräfte auf bewegliche Körper ändern deren Bewegungszustand. Welche Möglichkeiten für diese Änderung gibt es?

7. Welche Gewichtskraft haben Körper mit der Masse $m = 65$ kg, $m = 0{,}22$ kg, $m = 3$ t und $m = 1$ g auf der Erde? Wie groß sind ihre Massen und Gewichtskräfte auf dem Mond?

8. Wie groß ist deine eigene Masse? Welche Gewichtskraft übst du auf den Erdboden aus, welche würdest du auf den Mondboden ausüben? ($g_{Mond} = \frac{1}{6}\,g_{Erde}$)

9. Du sollst feststellen, ob ein Styroporklotz oder eine Metallkugel die größere Masse hat. Wie gehst du vor? Beschreibe ein Verfahren, das auf Schwerevergleich, und eines, das auf Trägheitsvergleich beruht.

10. Warum ist der Schwerevergleich in Aufgabe 9 auch ein Trägheitsvergleich?

Trägheit

Jeder Körper ist träge. Er möchte seinen Bewegungszustand beibehalten, also in Ruhe bleiben, wenn er ruht, und geradeaus weitergehen, wenn er sich schon bewegt.

Um die Geschwindigkeit zu verkleinern (zum Verzögern) oder zu erhöhen (zum Beschleunigen) oder die Richtung zu ändern, ist eine Kraft nötig, die von außen auf den Körper einwirkt.

Masse

Jeder Körper hat eine bestimmte Masse. Diese ist nicht vom Ort abhängig und äußert sich im Trägsein *und* im Schwersein des Körpers. Man misst sie in g, kg oder t.

Trägheit ist gefährlich!

Fester Halt ist wichtig

In Bussen oder Straßenbahnen wird nicht nur vor „Schwarzfahren“ gewarnt. Oft findet man auch Schilder mit der Aufschrift **„Suche beim Gehen und Stehen festen Halt!“** Diese Aufforderung ist höchst berechtigt, wie die folgende Überlegung zeigt:
Stehende oder gehende Personen, die sich in einem mit 50 $\frac{km}{h}$ fahrenden Bus nicht festhalten, bewegen sich aufgrund ihrer Trägheit mit dieser Geschwindigkeit in Fahrtrichtung weiter, wenn der Bus überraschend bremst. Wer glaubt, sich „im Falle eines Falles“ noch festhalten oder stehen bleiben zu können, sollte die folgende Tabelle studieren: Sie zeigt, welche Geschwindigkeit man am Boden erreicht, wenn man aus verschiedenen Höhen fällt.

Geschwindigkeit	10 $\frac{km}{h}$	20 $\frac{km}{h}$	30 $\frac{km}{h}$	40 $\frac{km}{h}$	50 $\frac{km}{h}$	60 $\frac{km}{h}$	80 $\frac{km}{h}$	100 $\frac{km}{h}$
Fall aus Höhe von	0,4 m	1,5 m	3,5 m	6 m	10 m	14 m	25 m	40 m

Wenn der Bus steht und du prallst mit unveränderten 50 $\frac{km}{h}$ z. B. gegen einen Sitz, dann entspricht das einem Sprung vom 10 m-Turm in ein leeres (!) Wasserbecken, über das zwei Seile zum Auffangen gespannt sind. Würdest du dir das zutrauen? Aber wenn du dich im Bus nicht festhältst, setzt du dich genau der gleichen Gefahr aus!

Aus demselben Grund („Trägheitskraft auffangen“) musst du dich als Mitfahrer auf einem Motorrad am Fahrer oder am Sattel festhalten. Denn beim Beschleunigen des Gefährts (beim Gasgeben) bleibt dein Körper wegen seiner Trägheit hinter dem Fahrzeug zurück; beim schnellen Kurvenfahren geht er geradeaus weiter, d.h. nach außen aus der Kurve.

Eine sehr einprägsame Vorstellung von deiner Trägheit bekommst du auf dem Rummelplatz beim Autoskooter. Manchen macht es besonders Spaß, frontal aufeinander zu knallen. Obwohl sie auf den Zusammenstoß gefasst sind und die Geschwindigkeit der Skooter nicht höher ist als 10 $\frac{km}{h}$, fliegen die Personen in beiden Gefährten blitzschnell nach vorn, weil sich ihre Körper geradeaus weiterbewegen. Nur wenn man auf den Zusammenstoß gefasst ist, kann man sich am Wagen abstützen und Verletzungen vermeiden. Bei seitlichen Zusammenstößen erkennt man die Gefahr oft nicht oder kann nicht mehr reagieren; dann wird der Körper mit dem Wagen seitlich weggestoßen, der Kopf aber bleibt wegen seiner Trägheit zurück, wird also zur Seite oder nach hinten gerissen, was schmerzliche Folgen haben kann. Weil Kleinkinder solche Zusammenstöße nur schlecht vorhersehen und richtig reagieren können, müssen sie Sicherheitsgurte anlegen.

Passive Sicherheitsmaßnahmen

Darunter versteht man Vorrichtungen, die bei Unfällen immer und ohne persönliches Zutun wirksam vor Verletzungen schützen. Die Tabelle oben zeigt, dass der Aufprall auf ein unverrückbares Hindernis auch mit Fahrrad, Skateboard oder Rollschuhen nicht so ganz einfach mit „Abrollen, Abspringen, Abfedern“ zu bewältigen ist. Eine ganz „normale“ Geschwindigkeit von 20 $\frac{km}{h}$ entspricht dem Sprung aus 1,5 m Höhe, die von 30 $\frac{km}{h}$ dem Sprung aus 3,5 m – und zwar mit dem Kopf voran und dem Lenker in der Hand!

Deshalb werden als „passive Sicherheitsmaßnahmen“ Sturzhelme, Handschuhe und Knie- bzw. Ellenbogenschoner empfohlen. Fachleute haben ermittelt, dass durch die neuen Fahrrad-Helme knapp die Hälfte aller Gesichts- und Gehirnverletzungen und 80% der Schädelbrüche bei Radunfällen hätten vermieden werden können! Deshalb besteht in einigen Gebieten der USA bereits eine Helmpflicht für Radler; für Deutschland wird sie diskutiert. Bei Skateboard-Meisterschaften sind Helm, Knie- und Ellenbogenschoner Pflicht.

Sicherheitsregeln im Auto

Grundsätzlich Sicherheitsgurt anlegen!

In Pkws und Lkws muss man auf allen Plätzen (auch auf der Rückbank!) Sicherheitsgurte anlegen, wenn man älter als 12 Jahre ist. Sie halten den Körper fest im Sitz und verhindern so, dass die Autoinsassen gegen die Windschutzscheibe, gegen die Vordersitze oder gegen das Lenkrad prallen, wenn das Auto auf ein stehendes Hindernis fährt.

Jedes Jahr verunglücken etwa 14 000 Kinder im Auto, davon etwa 150 tödlich! Viele Verletzungen und Todesfälle hätten vermieden werden können, wären die Kinder richtig angeschnallt gewesen. Aber von 10 Kindern waren 4 überhaupt nicht gesichert; nur 3 saßen in speziellen Kindersitzen; 3 waren zwar angeschnallt, aber mit den normalen Sicherheitsgurten für Erwachsene. Weil diese Gurte nicht richtig über Becken, Oberkörper und Schulter geführt werden können, besteht die Gefahr, dass der kleine Passagier unter dem Gurt durchrutscht oder vom Gurt selbst verletzt wird.

Kopfstützen auch auf den Rücksitzen!

Sicherheitsgurte allein genügen nicht. Gerade der Kopf wird durch die Gurte nicht zurückgehalten. Er wird also beim Aufprall zunächst weit nach vorn gerissen: Das Kinn prellt auf die Brust. Kurz darauf schnellt der Kopf wieder zurück – er fällt weit ins Genick (Peitscheneffekt). Dieses Zurückschnellen sollte durch eine gut gepolsterte und richtig angebrachte Kopfstütze aufgefangen werden. (Faustregel: Oberkante der Stütze in Augenhöhe!) Fehlt die Kopfstütze, so kann durch die starke Rückwärtsbewegung des Kopfes die Halswirbelsäule verletzt werden: Schleuder-Trauma.

Leider sind viele Personenautos serienmäßig nicht mit Kopfstützen für die Rücksitze ausgestattet. Wenn es sie als Zusatzangebot gibt, sollten sie unbedingt mitbestellt werden. Wichtig ist dann natürlich die vorschriftsmäßige Einstellung „Oberkante in Augenhöhe“.

Vorsicht mit Gepäckstücken im Innenraum!

Alle Körper sind träge. Das gilt natürlich auch für Gegenstände, die unbefestigt im Innenraum des Autos herumliegen. Bei einem plötzlichen Halt geraten sie genauso wie die Körper der Insassen (vom Autoinnern aus gesehen) in rasante Bewegung nach vorn. Schirme, Autoatlanten, Thermoskannen, Warnlampen oder Kassettenrekorder werden zu gefährlichen Geschossen, die schwere Verletzungen hervorrufen können.

Es gilt deshalb die Regel: Schwere Gegenstände nicht in Kopfhöhe hinten im Fahrzeug ablegen! Die so genannte „Hutablage“ ist wirklich nur für weiche Hüte oder Teddys gedacht.

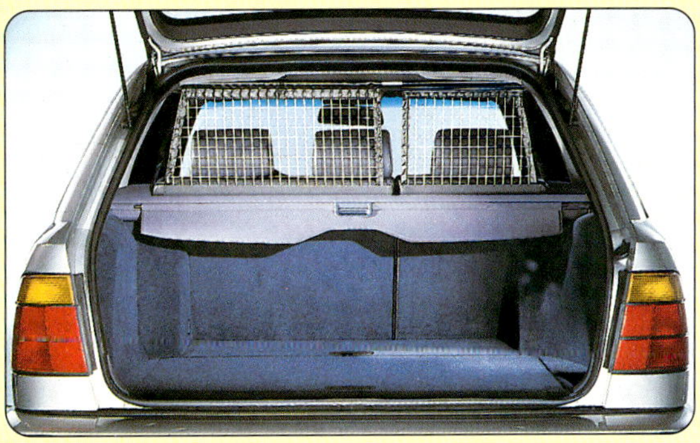

In Combi-PKWs ist der Laderaum meist nicht durch eine stabile Blechwand vom Passagierraum getrennt. Hier muss man besonders sorgfältig auf die richtige Sicherung der Ladung achten. Bewegliche Teile sollten keinesfalls über die Oberkante der Rückenlehne hinausragen. Schon beim scharfen Bremsen könnten sie sonst nach vorn rutschen, den Fahrer verletzen oder die Windschutzscheibe durchstoßen. Deshalb gibt es inzwischen für alle Kombis Netze oder Gitter, die zwischen Rückbank und Autodach aufgespannt werden können. Sie schützen die Insassen vor den Geschossen aus dem Laderaum. Da die Gitter oder Netze durchsichtig sind, wird der Blick nach hinten nicht beeinträchtigt. Aber benutzen muss man sie – nicht nur kaufen!

Ein Flug um den halben Erdball

Fast jedes Kind weiß, dass die Erde eine Kugel ist. Neuseeland befindet sich auf der anderen Seite dieser Kugel, etwa uns gegenüber. Damit ist es das Land der Erde, das am weitesten von uns weg ist. (Daten: 2 langgestreckte Inseln, zusammen etwas kleiner als die Bundesrepublik, etwa so viele Einwohner wie Berlin) Wenn wir einen Globus zeichnen und Leute aufmalen, die herumstehen, sehen wir, dass deren Füße genau gegen die unseren zeigen. Man sagt deshalb, die Neuseeländer seien unsere „Gegenfüßler“, unsere *Antipoden.* Auf der Hälfte der Strecke, also in Hongkong und in Rio, stehen die Füße der Leute senkrecht zu den unseren. (Begründe anhand der Zeichnung, warum die Neuseeländer nicht von der Erdkugel herunterfallen und warum Leute in Rio und Honkong nicht am Erdboden entlang wegschlittern).

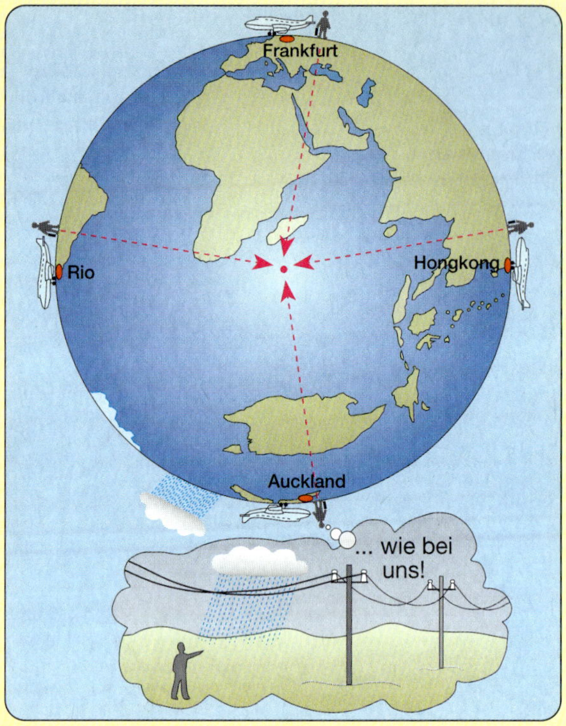

Machen wir eine Reise zu den Neuseeländern und zurück rund um die Erde, auf einem so genannten Großkreis. (Das ist ein Kreis, der den Erdmittelpunkt auch zum eigenen Mittelpunkt hat.) Es gibt viele solcher Routen. Mit einem Jumbojet muss man auf dem Hinweg einmal zwischenlanden und auf dem Rückweg auch, denn die gesamten 20 000 km schafft das Flugzeug nicht ohne Auftanken. Suchen wir also eine Route, bei der jeweils ein Großflughafen auf halbem Weg liegt. Wir haben keine große Auswahl und entscheiden uns für die Route Frankfurt–Hongkong–Auckland–Rio–Frankfurt. Eine Flugetappe dauert etwa 12 Stunden.

Wenn wir das Flugzeug ein paarmal entlang unserer Flugroute einzeichnen, stellen wir fest, dass es einen Looping fliegt. „Höchster“ Punkt der Schleife ist Start- und Zielort Frankfurt, „tiefster“ Auckland. In Hongkong geht es steil „abwärts“, in Rio steil „aufwärts“. Ein Looping eines Sportflugzeuges direkt über unseren Köpfen ist für Piloten und Zuschauer ein Erlebnis. Die Insassen eines Jumbos, die den Looping um die Erde mitmachen, merken überhaupt nichts davon. Nicht das geringste Anzeichen von Abstürzen nach unten in Hongkong oder vom Himmelsstürmen in Rio. In der heißesten Phase des Loopings, im Rückenflug in Auckland, kann das Flugzeug sogar landen!

Du weißt natürlich, dass das Ausbleiben der Looping-Effekte davon herrührt, dass die Erdanziehung an jeder Stelle der Flugroute senkrecht zur Erdoberfläche wirkt. Vom Umkippen des Schwerkraftpfeils während des Flugs merken die Passagiere deshalb nichts, weil es langsam erfolgt und weil Flugzeug und Erdoberfläche das Kippen mitmachen. Flugzeug und Erdboden sind immer senkrecht unter ihnen.

Isaak Newtons Meisterleistung – Gravitation oder „Alles zieht alles an!“

Schon im Mittelalter hat man über die Probleme nachgedacht, die wir im Zusammenhang mit unseren Antipoden angerührt haben. Weil man aber annahm, dass das Gewicht der Dinge in diesen selbst liegt, kam man nicht weiter.

Erst als der Engländer Isaak Newton (1642–1727) hinter dem Fall eines Apfels und der Bewegung des Mondes um die Erde die gleiche Ursache vermutete, war der Bann gebrochen. Newton konnte daraus die „erfolgreichste physikalische Theorie aller Zeiten“ im Alleingang entwickeln und ist deshalb zu Recht berühmt. Wir kennen seinen Namen von der Krafteinheit her.

Die Grundlage seiner Theorie ist eine einfache Annahme, die dem gesunden Menschenverstand zu widersprechen scheint. Sie lautet:
Alle Dinge, die es gibt, üben anziehende Kräfte aufeinander aus: ein Sandkörnchen auf ein Sandkörnchen, eine Ameise auf eine Ameise, du auf deinen Nebensitzer, die Erde auf einen Apfel, die Erde auf den Mond usw. Der Name der Anziehung: **Gravitation** (von lateinisch gravis = schwer abgeleitet). Gravitationskräfte, so behauptete Newton, sind um so größer, je größer die Massen der sich anziehenden Körper sind. Allerdings werden die Kräfte mit dem Abstand der Körper rasch kleiner. Im Prinzip reichen sie aber unendlich weit.

Mit diesen Annahmen konnte Newton die Bewegung der Planeten bis in Einzelheiten hinein erklären und berechnen.

Schwerelosigkeit

Wie kommt es zur Schwerelosigkeit?

Erdnahe Satelliten laufen von selbst ohne Antrieb in 500 km Höhe um die Erde. Auch das Spaceshuttle ist zwischen der Start- und der Landephase ein solcher Satellit. Für eine Runde werden anderthalb Stunden benötigt, obwohl die Rundum-Route nur 3 000 km länger ist als die Jumboroute mit ihren 40 000 km. (Man könnte es durchaus so einrichten, dass der Satellit seine Runden oberhalb der gleichen Route dreht wie ein Jumbo.)

Was empfinden nun die Shuttle-Insassen bei ihrem im Vergleich zum Jumbo rasenden Looping? Das wissen wir natürlich: Sie sind im schwerelosen Zustand und schweben ohne Mühe durch ihre Kabine. Jedoch ist es in dieser Schwerelosigkeit gar nicht leicht, ein alltägliches Leben zu führen, d. h. zu essen, zu trinken und zu schlafen. Wieder ist alles anders als beim Looping mit unserem Jumbojet. Wieso?

Die einfache Antwort: „Da oben gibt es keine Schwerkraft!“ ist falsch. In 500 km Höhe zieht die Erde mit fast der gleichen Kraft wie am Boden an jedem Gegenstand: Am Shuttle-Körper, an jedem der Insassen, an jedem Trinkglas, Schraubenzieher und an der mitgenommenen Kamera. Warum merkt keiner etwas davon?

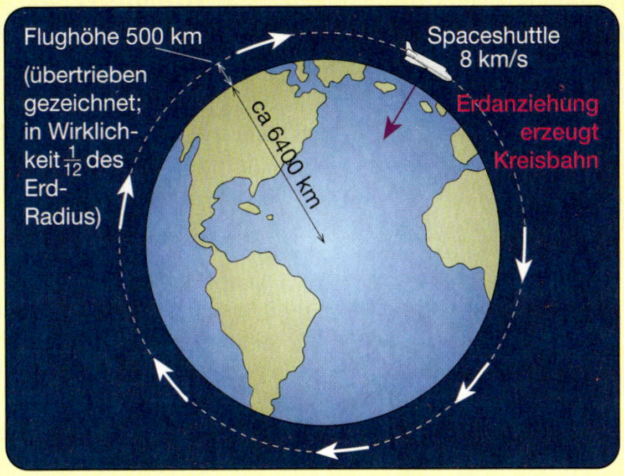

Die Antwort ist schnell gegeben: Um eine Kurvenbahn zu erzeugen (der Looping ist eine) muss eine Kraft auf das Shuttle wirken. Hier ist es die Schwerkraft. Sie reicht, weil das Shuttle so schnell herumrast (8 km legt es in jeder Sekunde zurück, der Jumbo nur 250 m), gerade aus, um das Shuttle, die Insassen, den Schraubenzieher und die Kamera auf die Kurvenbahn zu zwingen. Nichts bleibt übrig, was die Astronauten auf den Shuttle-Boden drücken könnte. Sie fühlen sich befreit von aller Schwere, sind es aber nicht.

Gravitationskräfte – einmal winzig, einmal riesig

Es dauerte etwa 100 Jahre, bis man im Laboratorium auch die Gravitationskräfte zwischen Körpern auf der Erde nachweisen und messen konnte (Cavendisch 1798). Das Ergebnis: Zwei 1 kg-Kugeln, die im Abstand von 1 Meter nebeneinander liegen, bringen es auf eine Anziehungskraft von sage und schreibe $6{,}67 \cdot 10^{-11}$ N. (Das ist etwa der zehnte Teil von einem Milliardstel Newton.) Kein Wunder, dass wir von der Anziehung handlicher Gegenstände in unserer Umgebung nichts merken.

Die Gravitation kommt erst ins Spiel, wenn Körper mit riesengroßer Masse beteiligt sind. Der einzige Körper mit respektabler Masse, den wir da zur Verfügung haben, ist die Erde mit ihren $6 \cdot 10^{24}$ kg (eine Quadrillion kg!). Das gibt Wirkung, trotz des winzigen Effekts: Die Gravitation der Erde macht, dass alle Körper auf sie fallen und dass wir uns mit den Füßen gegen sie stemmen müssen, um nicht auf den Boden zu fallen. Auf ein 1 kg-Stück übt sie die Kraft 10 Newton aus – das wissen wir schon. Der Mond hat weniger Masse als die Erde. Damit ist klar, dass dort die Schwerkraft kleiner ist als hier. Die Mondfahrer haben das erfahren.

Auch die Kugelform der Erde und die immer senkrecht zur Oberfläche stehende Schwerkraft können wir erklären: Das Innere der Erde ist ein massiger Körper. Er zieht alles zu sich heran, was weiter außen ist, und bringt es möglichst nahe heran. Jeder Wasserberg wird deshalb so lange seitlich zerfließen, bis das Wasser waagerecht ist. Waagerecht heißt also, dass die Schwerkraft senkrecht zur Oberfläche nach unten zieht. Tut sie das nicht, wird sie das Wasser seitlich verschieben. Was für Wasser gilt, gilt auch für Sand und für Berge. Eine Voraussetzung: Die Kraft auf den Körper muss so groß sein, dass sie dessen Zusammenhalt zerstören kann. Bei Sand trifft das zu für Berge von ewa 10 m Höhe, bei hartem Stein ab etwa 10 km Höhe. Alles, was größer ist, wird eingeebnet.

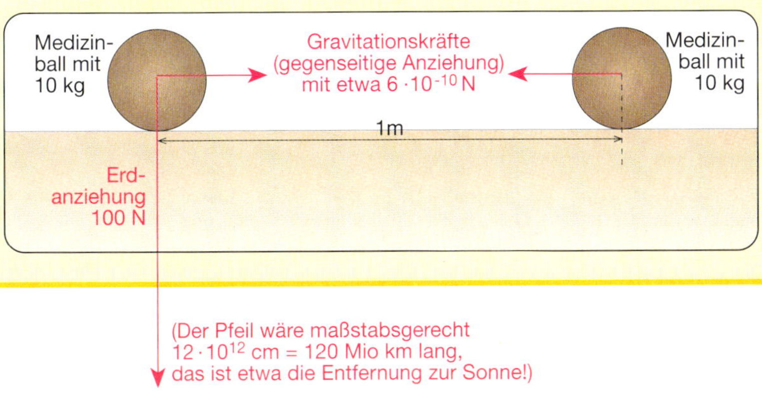

Du wirst leicht einsehen,
- dass die Erde zur Kugel werden muss mit von fern gesehen schrumpeliger Oberfläche. Die Schrumpeln sind die Täler und Berge;
- dass überall die Schwerkraft „senkrecht nach unten“ zum Erdmittelpunkt wirken muss.

Kraft und Gegenkraft

Franz steht im Boot kurz vor dem Steg. Er will zeigen, welch große Sprünge er machen kann. Deshalb hebt er zu einem gewaltigen Satz an und springt. Als guter Weitspringer hätte er den Steg mühelos erreichen müssen. Doch er fällt auf halbem Weg zwischen Boot und Steg ins Wasser, begleitet vom schadenfrohen Gelächter aller Zuschauer. Auch das Boot hat gleichzeitig einen Satz gemacht, vom Steg weg in Richtung Seemitte. Es dümpelt nun in einiger Entfernung vom Ufer. Wie das?

Was hat Sportler Franz übersehen?

Etwas, was bei allen unseren Überlegungen im Zusammenhang mit Kräften immer wieder aufgefallen ist: Damit Kräfte etwas bewirken können, sind zwei Partner nötig: einer, der wie Franz aktiv ist, und ein zweiter, der sich gegen die Aktion wehrt, in unserem Fall das Boot. Aber mit dem Boot hat irgendetwas nicht so geklappt, wie Franz es sich vorgestellt hatte. Die Ursache des Misserfolgs finden wir, wenn wir genau überlegen, was zwischen Franzens Sprungbein und dem Bootssteven im Augenblick des Sprungs ablief.

Franzens Sprungbein hat infolge der Muskelanstrengung eine Kraft auf das Boot ausgeübt (blauer Pfeil im Bild unten links). Diese Aktion hat das Boot nach rückwärts in Bewegung gesetzt. Wir nennen die von Franz auf das Boot ausgeübte Kraft daher zu Recht **Aktionskraft.**

Aber auch das Boot war nicht „untätig". Infolge seiner Trägheit reagierte es auf Franzens Aktion dadurch, dass es mit gleich großer Kraft gegen das Sprungbein drückte (roter Kraftpfeil im Bild). Diese Trägheitskraft setzte Franz in Richtung Steg in Bewegung, (was er beabsichtigt und weshalb er sich vom Boot abgestoßen hatte). Wir nennen sie deshalb **Reaktionskraft.**

Franzens Fehleinschätzung: Er hat seinen Sprung berechnet, als ob er festen Boden unter den Füßen gehabt hätte. „Fester Boden unter den Füßen" heißt, man steht auf der Erde; wenn man die wegschieben will, wehrt sie sich wegen ihrer Riesenträgheit gewaltig. Dementsprechend gibt es einen Sprung, der die Entfernung Boot–Steg mühelos überbrücken kann.
Es war aber nicht die Erde, von der Franz sprang, sondern das leichte, bewegliche Boot. Wegen seiner geringeren Trägheit hat es weniger kräftig reagiert: Die Reaktionskraft vom Boot auf Franz und deshalb auch die Aktionskraft von Franz auf das Boot blieben zu klein – der Sprung misslang zum Wasserbad.

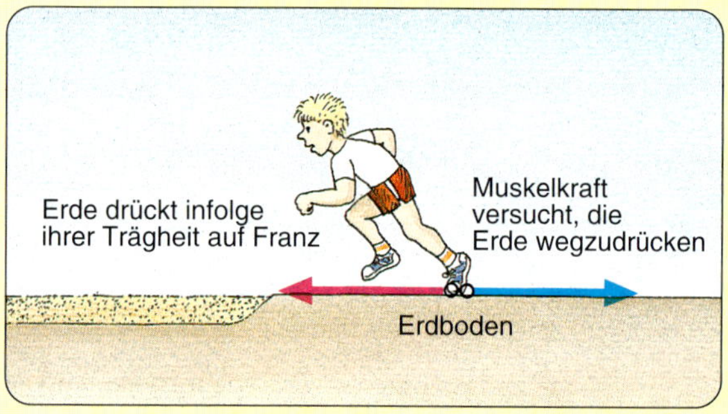

Fassen wir zusammen

Das, was wir an diesem Beispiel erkannt haben, gilt allgemein. Es ist sozusagen ein weiteres Merkmal für Kräfte:

1. Wenn eine Person oder ein Ding eine Kraft auf eine andere Person oder ein anderes Ding ausüben will, muss sich dieser Partner wehren.

2. Dabei setzt der zweite Partner der Aktionskraft F_{Akt} des ersten eine Reaktionskraft F_{Reakt} entgegen.

3. Die Aktionskraft wirkt auf den passiven Partner ein, die Reaktionskraft entgegengesetzt auf den aktiven Partner; es gilt $F_{\text{Akt}} = F_{\text{Reakt}}$

Double-Skateboard

Bernhard und Kati stellen sich auf je einem Skateboard einander gegenüber auf. Zwischen ihnen wird ein Seil gespannt. Ziehen sie am Seil, so bewegen sie sich aufeinander zu. Beide geraten in Bewegung – unabhängig davon, ob Bernhard oder Kati jeweils allein oder beide gleichzeitig aktiv sind.

Mit der Wechselwirkungs-Vorstellung wird das klar: Das Seil überträgt Kräfte zwischen beiden. Bewirkt das Seil an Bernhard eine Kraft, so muss gleichzeitig an Kati eine entgegengesetzt gerichtete Kraft auftreten. Da beide auf den Skateboards leicht beweglich sind, bewirken beide Kräfte Beschleunigungen. Welche der beiden Kräfte man Aktions- und welche Reaktionskraft nennt, ist Sache des Standpunkts. Beide Kräfte sind „gleichberechtigt".

Steht statt Bernhard auf dem Skateboard eine Wanne mit Sand, so wird auch diese beschleunigt. Sie beschleunigt umgekehrt Kati, die zieht; die Wanne ist dabei so gut wie Bernhard vorher!

Apfel und Erde – ein Verwirrspiel?

Im Bild rechts wird der Apfel von der Erde mit der Kraft F_E nach unten gezogen. Gleichzeitig zerrt aber der Ast mit der Kraft F_1 am Apfel nach oben. Der Apfel bleibt in Ruhe, weil diese beiden Kräfte gleich sind (Gleichgewicht).

Das ist aber noch nicht alles: Der Apfel zieht ja auch am Ast und biegt ihn mit der Kraft F_G. Diese Kraft hat die gleiche Größe wie F_1, unterscheidet sich aber trotzdem wesentlich von ihr: Sie greift nicht am Apfel an, sondern am Ast; sie ist nicht nach oben, sondern nach unten gerichtet. Es ist die uns schon bekannte Gewichtskraft des Apfels.

F_G ist Aktionskraft des Apfels auf den Ast, F_1 Reaktionskraft des Astes auf den Apfel. Die beiden Kräfte bilden ein **Wechselwirkungspaar.**

Noch ist die Situation unvollständig diskutiert. Denn auch die Kraft F_E braucht einen Wechselwirkungspartner. Da F_E von der Erde hervorgerufen wird, muss der Apfel an der Erde nach oben ziehen (F_A) wie diese an ihm nach unten. So ohne weiteres möchte man das nicht glauben. Denn dann müsste beim Brechen des Apfelstiels die Erde den Apfel nicht nur zu sich herunterziehen, sondern der Apfel die Erde auch zu sich hinauf. Nach allem, was Physiker wissen, tritt genau das ein. Allerdings gewinnt die Erde, denn sie ist so träge, dass sie vom Apfel nicht merklich beschleunigt werden kann.

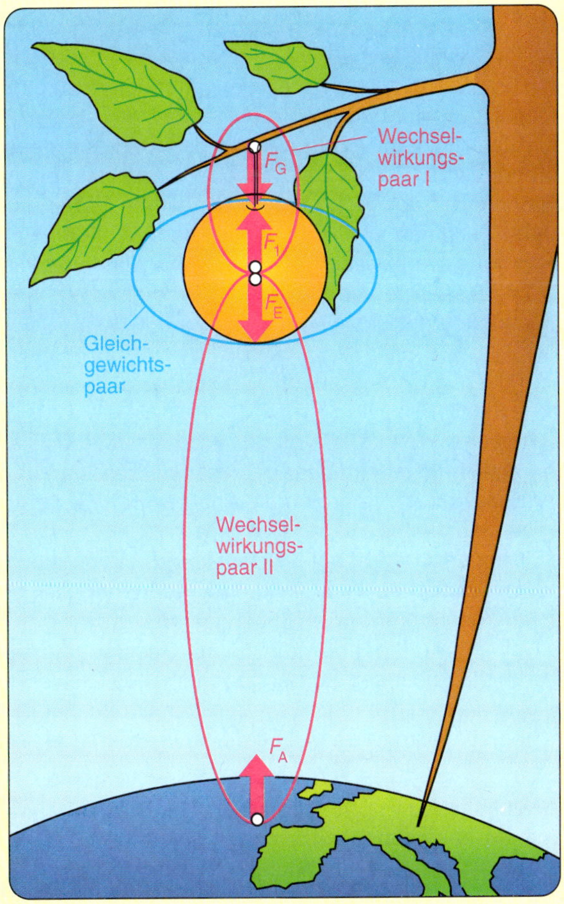

Warum haben die Bremsen versagt?

Auf der Rückfahrt von der Schule geraten Tanja und Alex mit ihren Rädern in einen Wolkenbruch. Um nicht gänzlich durchnässt zu werden, wollen sie sich in einem Wartehäuschen unterstellen. Tanja kommt genau davor zum Stehen; Alex rauscht auf seinem Rennrad mit kreischenden Bremsen meterweit vorbei. Wie das?

Alexanders Fahrrad hat 2 Felgenbremsen, Tanjas nur eine, vorne. Ihre Rücktrittbremse im Hinterrad hat prima funktioniert. „Das muss an deinen zwei Felgenbremsen und dem Regen liegen", sagt Tanja, als Alex schimpfend und triefend in das Wartehäuschen kommt. Zusammen suchen sie den Grund für das Versagen der Bremsen. Alex: „Wenn man am Bremshebel zieht, werden die Bremsbacken durch den Bowdenzug gegen die Felgen gepresst. Das bremst den Reifen und damit das Rad. Aber ich zog wie wild – und nix ging!" – „Tja", meint Tanja, „ist doch klar: Die Felgen sind durch Regenwasser nass geworden. Deshalb rutschen die Bremsgummis viel leichter über die Stahlfelge, als wenn diese trocken ist. Meine Rücktrittbremse ist immer trocken, die bremst immer gleich gut." – „Nur nicht auf Eis!", motzt Alex, der das letzte Wort haben will. „Dort rutscht auch bei dir das ganze Hinterrad." Tanja fährt lachend los, denn es hat aufgehört zu regnen.

Kein Bremsen ohne Reibung

Die Funktionsweise der Bremse ist von Alex richtig geschildert worden: Die Bremsgummis werden gegen die Felge gepresst; dabei *reiben* Gummi und Stahl aneinander. Bei dieser **Reibung** Gummi–Stahl entsteht eine Kraft auf das Rad, die dessen Drehung abbremst; wir wollen sie *Reibungskraft* nennen. Untersuchen wir genauer, von welchen Umständen die Größe dieser Reibungskraft F_R abhängt. Weil das mit einem richtigen Fahrrad zu schwierig wäre, vereinfachen wir alles: Die Radfelge wird durch die Platte des Experimentiertisches ersetzt, die Bremsklötze durch einen Holzklotz.

Wenn wir die rechts fotografierten Versuche gemacht haben, können wir feststellen:

1. Die Reibungskraft hängt von der Kraft ab, mit der die reibenden Flächen gegeneinander gepresst werden, der so genannten **Anpresskraft:** Je größer die Anpresskraft F_A, desto größer die Reibungskraft F_R.
2. Die Reibungskraft hängt entscheidend davon ab, wie die Flächen beschaffen sind, die aneinander reiben: Je „rauer" die Flächen, desto größer die Reibungskraft.
3. Die Reibungskraft hängt *nicht* von der Geschwindigkeit ab, mit der sich die reibenden Körper gegeneinander bewegen.
4. Die Reibungskraft hängt *nicht* von der Größe der reibenden Flächen ab, solange die Größe der Anpresskraft gleich bleibt.

Die Reibungskraft ist abhängig von der Beschaffenheit der aneinander reibenden Flächen und von der Anpresskraft.
Die Reibungskraft ist unabhängig von der Geschwindigkeit und von der Größe der Berührungsflächen.

1
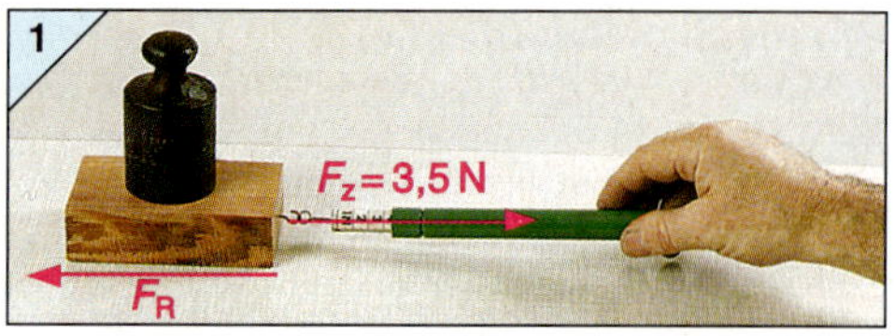

V1 Ziehe einen Klotz mit einem Kraftmesser gleichmäßig über den Tisch. Bestimme die Zugkraft, die du zum Überwinden der Reibungskraft brauchst.
Stelle dann verschiedene Wägestücke auf den Klotz. (Dadurch vergrößerst du die Kraft, mit der die aufeinander gleitenden Flächen zusammengepresst werden, die Anpresskraft F_A.) Mache mehrere Messungen und trage die Messwerte in eine Tabelle ein (Muster in A2). Was stellst du fest?

2 F_A	5 N	7 N	9 N	11 N	13 N
F_R	1,0 N	1,5 N	1,8 N	2,1 N	2,6 N

A2 Dies sind Beispiele für Messergebnisse aus V1. Bilde jeweils den Quotienten F_R/F_A. Was kannst du aus den errechneten Werten schließen über den Zusammenhang von F_R und F_A?

3
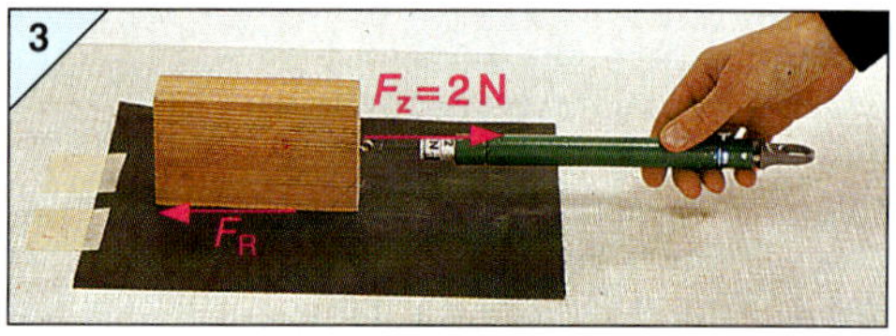

V3 Ziehe den Klotz über Schmirgelpapier. Bestimme die Zugkraft (sie ist gleich der Reibungskraft). Merke dir auch die Anzeige des Kraftmessers, unmittelbar bevor der Klotz zu gleiten beginnt.
Umwickle nun auch den Klotz mit Schmirgelpapier(mit Reißzwecken befestigen!).Wie groß sind jetzt Zug- bzw. Reibungskräfte?

V4 Ziehe den Klotz mit verschiedenen Geschwindigkeiten über den Tisch. Bestimme erneut die Zug- bzw. Reibungskräfte vor und während des Gleitens.

4
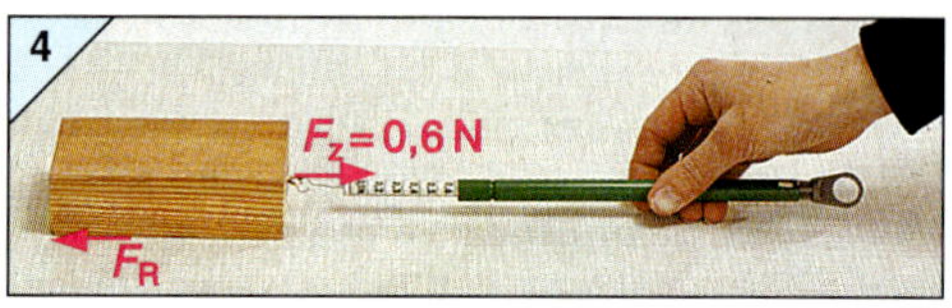

V5 Lege den Klotz zunächst mit der breiten, dann mit der schmalen Seite auf den Tisch. Wie groß sind jetzt Zug- bzw. Reibungskräfte vor und während des Gleitens?

Die Richtung der Anpresskraft ist entscheidend!

In den Versuchen nach Abb. 1 bis 4 war die Kraft, mit der die Klötze gegen die Unterlage gedrückt wurden (also die Anpresskraft), immer die Gewichtskraft (des Klotzes oder von Klotz und Wägestück). Da die Unterlage eben und waagerecht war, drückte die Anpresskraft F_A also immer senkrecht auf die Unterlage.

Natürlich hätten wir die Versuche auch mit einer senkrecht stehenden Unterlage machen können. Aber dann hätte die Gewichtskraft des Klotzes als Anpresskraft versagt, denn sie wäre ja parallel zu den reibenden Flächen nach unten gerichtet gewesen und hätte nicht gegen die (senkrechte!) Unterlage gedrückt. Reibung gibt es in diesem (senkrechten) Fall nur, wenn wir den Klotz z. B. mit der Hand gegen die Unterlage drücken, wenn wir also die Kraft senkrecht zu den aneinander reibenden Flächen ausüben.

Dieses „senkrechte Ausrichten" der Anpresskraft auf die reibenden Flächen wird bei den Felgenbremsen eines Fahrrades durch eine geschickte Form und Anordnung der Bremsarme erreicht: Die Felge wird von den Bremsbacken praktisch „in die Zange" genommen, wenn die Bremse über den Bowdenzug betätigt wird.

Haftung ist keine Reibung!

Bei den Versuchen fällt etwas auf: Wir erhöhen mit dem Kraftmesser langsam die Zugkraft, ohne dass sich der Klotz bewegt. Erst bei einer bestimmten Zugkraft gibt es plötzlich einen Ruck und der Klotz gleitet. Während der ganzen folgenden „Fahrt" zeigt der Kraftmesser eine deutlich kleinere Kraft an; diese bremst die Bewegung. Wir nannten sie Reibungskraft F_R.

Die Kraft, mit der sich zwei Körper gegenseitig festhalten, obwohl von außen wirkende Kräfte sie gegeneinander verschieben möchten, nennen wir **Haftkraft F_H.** Diese Haftkraft ist immer größer als die Reibungskraft. (F_H wird von manchen Leuten als *Haftreibung* bezeichnet. Aber eigentlich reibt in diesem Zustand gar nichts; die Körper haften aneinander. Der Ausdruck „Haftkraft" beschreibt die Situation also besser.)

Wir dürfen die Haftkraft auch nicht mit der Trägheitskraft verwechseln, mit der sich jeder Körper gegen das „In-Bewegung-versetzt-werden" sträubt. Denn die von uns beobachtete Haftkraft hat nichts mit der Beschleunigung des Körpers zu tun; sie tritt ja schon auf, bevor er sich überhaupt bewegt.

Wodurch entsteht Reibung?

Die Oberfläche eines Körpers kann noch so glatt aussehen. Betrachten wir sie unter einem Mikroskop, so werden wir eine gewisse Rauigkeit entdecken. Die nebenstehende Abbildung zeigt, wie eine „glatte" Metalloberfläche aussieht, wenn sie 10 000-fach vergrößert wird. Wenn zwei Körper aufeinander liegen, dann sind die winzigen Vorsprünge und Einbuchtungen der beiden Oberflächen so ineinander verzahnt, dass die Körper aneinander festgehalten werden („Haften").

Sollen sie übereinander gleiten, so muss die Kraft, die das bewirken kann, zunächst alle kleinen Vorsprünge „umbiegen". Der oben liegende Körper gleitet dann auf den schräg stehenden Vorsprüngen aufwärts und entfernt sich dadurch etwas von dem anderen. Dadurch wird die Verzahnung teilweise aufgehoben. Zum gegeneinander Verschieben bzw. aneinander Gleiten genügt dann eine kleinere Kraft, eben die Reibungskraft.

Ein gutes Bild von diesen Vorgängen erhältst du, wenn du zwei Bürsten mit der Borstenseite aufeinanderlegst und gegeneinander bewegst:
Wenn die Bürsten zunächst fest ineinander gedrückt sind, kannst du mit einer großen Kraft ziehen, ohne dass die Bürsten sich gegeneinander bewegen. Wird aber die Zugkraft größer als die Haftkraft, dann gleiten sie gegeneinander. Weil jetzt die feste Verzahnung aufgehoben ist, genügt eine kleinere Zugkraft.

Genau das erklärt auch, warum der Kraftmesser zu Beginn unserer Versuche, also solange der Klotz noch auf der Unterlage haftet, mehr anzeigt als dann, wenn der Klotz über die Unterlage gleitet.

Kann man Reibung vermeiden?

Jeder weiß, dass sich ein mit zwei Freunden beladener Bollerwagen auf der Straße leichter ziehen lässt als ein Schlitten mit denselben Freunden. Der Grund ist klar: Schließlich *gleiten* die Räder ja nicht über die Straße, sondern sie *rollen*. Gibt es beim Abrollen keine bewegungshemmenden Kräfte?

Vergleichen wir in dem Versuch nach Abb. 5 die Zugkraft beim Gleiten mit der beim Abrollen, so stellen wir fest: Auch hier gibt es eine Kraft, die die Bewegung hemmt. Aber sie ist deutlich kleiner als die Reibungskraft; sie beträgt nur etwa $\frac{1}{3}$ davon! Die Kraft, die hier auftritt, wollen wir **Rollkraft** nennen. Wenn ein Körper gleichförmig über eine Unterlage rollen soll, muss die Rollkraft dauernd durch eine Zugkraft überwunden werden.

Die Rollkraft ist viel kleiner als die (Gleit-)Reibungskraft.

5

V6 Lass einen Holzklotz zunächst über den Tisch gleiten und miss die Reibungskraft wie früher. Lege dann runde Bleistifte unter und miss erneut.
Wie groß sind die Zugkräfte jeweils?
Was ist hier grundsätzlich anders als in V1, V3 und V5?

A7 Wie kann man die Gleitreibungskraft verringern? Zähle Möglichkeiten auf und gib jeweils technische Beispiele.

Wie entsteht die Rollkraft?

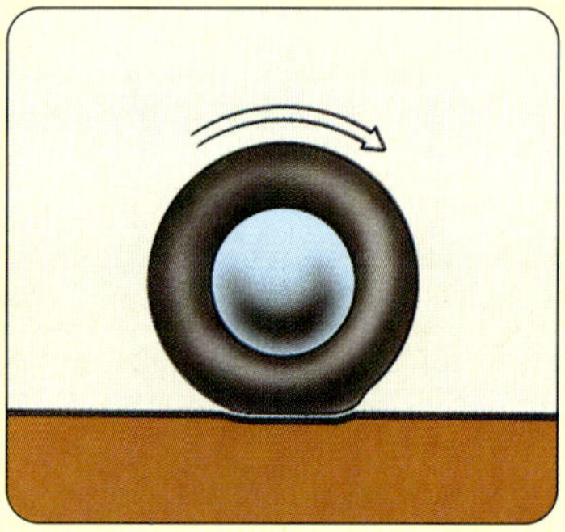

Mithilfe der Abbildung links können wir das verstehen: Wenn ein Auto- oder Fahrrad-Reifen abrollt, verformt sich nicht nur das Rad, sondern immer auch der Untergrund – zumindest ein wenig. Diese Verformung führt zur Rollkraft. (Die beiden Verformungen treten beim Abrollen immer auf, nicht nur bei luftgefüllten Reifen. Sie lassen sich durch hartes Aufpumpen des Reifens oder „Härten" der aufeinander abrollenden Flächen zwar verringern, aber nie ganz vermeiden. Deshalb läuft ein hart aufgepumpter Reifen leichter als ein schlapper.)

Da sich beim Abrollen *immer wieder* neue Teile des Reifens bzw. des Untergrundes verformen, muss die Rollkraft – wie die Gleitreibungskraft, aber anders als die Haftkraft – dauernd überwunden werden.

AUFGABEN UND ZUSAMMENFASSUNG

1. Beschreibe anhand des Fotos, wie eine Felgenbremse arbeitet. Wovon hängt die Größe der Bremskraft ab? Von welchen äußeren Umständen hängt es ab, wie schnell das Fahrrad beim Bremsen zum Stehen kommt?

2. Von welchen Einflüssen ist die Reibungskraft abhängig?

3. Wenn im Winter die Gehwege oder Straßen mit Eis oder Schnee bedeckt sind, wird Splitt, Asche oder Sand darauf gestreut. Warum?

4. Warum ist auf Asphalt ein Kinderwagen leichter zu schieben als ein Schlitten?

5. Manche Leute sprechen von „großer Haftreibung", wenn 2 Körper nicht gegeneinander verschoben werden können. Andere sagen „Rollreibung", wenn Räder oder Walzen aneinander abrollen. Warum ist das nicht ganz richtig? Wie sollten sie besser sagen?

Bewegungshemmende Kräfte

Um einen Körper in Bewegung zu halten – egal ob er nun über einen anderen Körper gleitet oder rollt – muss dauernd eine Kraft von außen auf ihn einwirken. Sie dient dazu, die (Gleit-)Reibungskraft oder die Rollkraft zwischen bewegtem Körper und Unterlage zu überwinden.

Damit ein ruhender Körper überhaupt in Bewegung kommt, muss zunächst die Haftkraft überwunden werden, die den Körper an der Unterlage festhält.

Es gilt:
Haftkraft > Reibungskraft > Rollkraft

Reibung im Verkehr

Die Reibungszahl μ

Die bewegungshemmende Reibungskraft F_R ist von der Kraft F_A, mit der die aneinander gleitenden Flächen gegeneinander gepresst werden, abhängig: Je größer die Anpresskraft F_A ist, desto größer ist auch die Reibungskraft F_R. Außerdem ist die Größe der Reibungskraft F_R auch von der Beschaffenheit der aneinander gleitenden Flächen abhängig: Sandpapier zwischen den Flächen z. B. vergrößert die Reibung beträchtlich.

Diese beiden Ergebnisse lassen sich leicht zusammenfassen: Für bestimmte Paare aneinander reibender Flächen aus verschiedenen Materialien erhalten wir immer nahezu den gleichen Wert, wenn wir F_R durch F_A teilen. Der Quotient F_R/F_A ist für jedes Paar nahezu konstant:

$$\frac{F_R}{F_A} = \text{konstant} = \mu$$

Die Konstante μ (sprich mü) nennen wir **Reibungszahl**. Sie beträgt für das Paar Holz-Kunststoff (also für den Fall, dass z. B. ein Holzklotz über eine Kunststoff-Fläche gleitet) etwa $\mu = 0{,}2$. Entsprechend kann man die Reibungszahlen für andere aneinander reibende Flächen bestimmen. Hier sind einige Reibungszahlen:

Stahl–Stahl	0,2
Stahl–Eis	0,02
Stahl–Asphalt	0,4
Holz–Holz	0,25
Holz–Stein	0,3
Gummi–Asphalt	0,5
Bremsbelag–Stahl	0,6

Kennen wir μ, so können wir die Reibungskraft F_R aus der Anpresskraft F_A berechnen. Dazu formen wir die Beziehung $F_R/F_A = \mu$ um:

$$F_R = \mu \cdot F_A$$

Beispiel: Ein Schlitten hat die Masse 10 kg. Auf ihm sitzt ein Kind mit der Masse 35 kg. Die Anpresskraft (wirkt senkrecht nach unten!) beträgt also etwa 450 N. Die Reibungszahl entnehmen wir der Tabelle: $\mu = 0{,}02$. Daraus folgt $F_R = 0{,}02 \cdot 450\,\text{N} = 9\,\text{N}$. Diese Reibungskraft F_R muss durch eine Zugkraft F_Z von mindestens 9 N überwunden werden, wenn der Schlitten über Eis gleiten soll.

Gelangt der Schlitten auf normalen Straßenbelag (Asphalt), so ist ein anderes μ in die Gleichung einzusetzen, nämlich $\mu = 0{,}4$. Die Reibungskraft F_R ergibt sich jetzt zu $F_R = 180$ N, die durch eine entsprechend größere Zugkraft überwunden werden muss – ganz in Übereinstimmung mit unseren Erfahrungen aus dem letzten Winter.

Bremsweg und Straßenzustand

Die Reibung spielt eine ganz wichtige Rolle im Straßenverkehr. Denn von ihrer Größe hängt es ab, wie gut die Reifen eines Fahrzeugs auf der Straße haften, oder – anders ausgedrückt – wie gut Fahrzeuge bremsen können. Denn die Kräfte, die die Bremsen auf die Räder ausüben, müssen ja auf die Straße übertragen werden.
Je nach Straßenbeschaffenheit geschieht dies unterschiedlich gut: Bei trockener Straße können die Räder viel stärker abgebremst werden, ohne ins Rutschen zu kommen, als bei Nässe oder gar Eis. Das Bild rechts zeigt die Bremswege für unterschiedliche Beschaffenheit des immer gleichen Belages Asphalt, bei dem die Reifen gerade noch nicht rutschen; rutschen sie, dann werden die Bremswege deutlich länger!

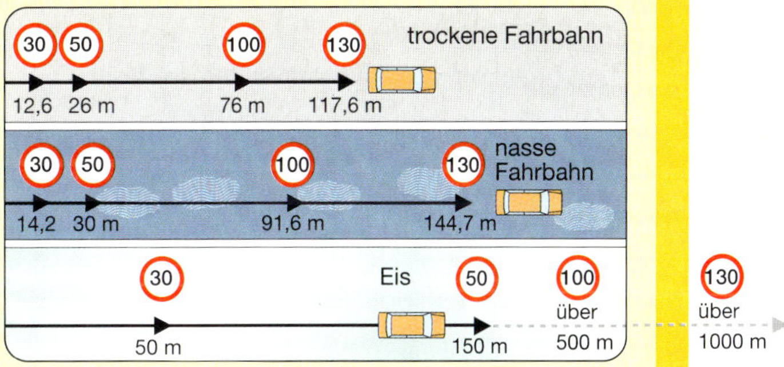

Aquaplaning

Alle vier Räder eines Autos müssen ständig guten Kontakt mit der Straße haben. Nur dann können die Hinterräder für einen guten Antrieb sorgen. Noch wichtiger aber ist eine große Haftkraft an den Vorderrädern: Nur gute Haftung auf der Fahrbahn sorgt dafür, dass das Auto gelenkt werden kann. Bei trockener, sauberer Straße ist das immer der Fall. Bei Regen aber treten Probleme auf: Das Wasser auf der Straße verringert die Haftung zwischen Reifen und Fahrbahn; es muss möglichst schnell zur Seite gedrückt werden. Bei einem glatten, profillosen Reifen ginge das nicht. Deshalb sind bei allen Reifen Rillen in die Lauffläche gearbeitet („Reifenprofil"). In ihnen sammelt sich das Wasser zunächst und wird dann fortgeschleudert.

Regnet es aber sehr stark und fährt der Fahrer trotzdem schnell, so schaffen es die Rillen nicht, das Wasser zwischen Reifen und Straße aufzunehmen und wegzudrücken: Das Auto fährt dann auf einer Wasserschicht, die Räder verlieren die Haftung an der Straße, das Auto wird unlenkbar. Diesen extrem gefährlichen Zustand nennt man *Aquaplaning*. Deshalb: Immer auf genügend Profil achten und bei Regen langsam fahren! Das gesetzliche Minimum für PKW, Mofas und Motorräder ist 1,6 mm.

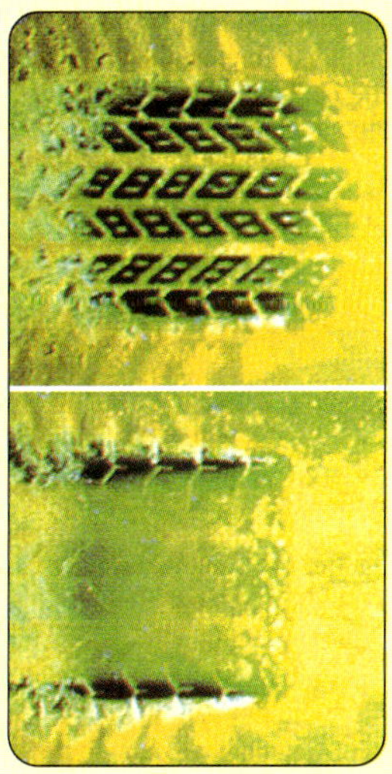

Reibung in Technik und Umwelt

Ohne Haftung geht nichts!

Es ist gut, dass Körper aneinander haften oder reiben. Denn sonst könnten wir z.B. nicht gehen: Der eine Fuß muss am Boden haften, während wir den anderen nach vorne bringen. Wie wichtig dieses Haften ist, merken wir im Winter bei Schnee- oder Eisglätte: Dann ist die Haftkraft viel geringer; schon ein schwaches Abdrücken des Fußes lässt ihn gleiten. Gleiches gilt für alle Straßenfahrzeuge: Ihre Antriebsräder drehen bei Glatteis durch; die „Lenkräder" zwingen den Wagen nicht mehr in die Kurve. Deshalb werden im Winter glatte Straßen oder Wege durch Streuen von Sand, Splitt oder von Salz „stumpf" gemacht, sodass die Haftkräfte wieder größer werden.

Haftkräfte halten auch den Nagel in der Wand, die Muttern auf den Schrauben und den Knoten im Seil. Bei gut geknüpften Knoten, z.B. beim Setzen von Segeln, sind die Seilstücke so geschickt miteinander verschlungen, dass sie sich umso fester gegeneinander pressen, je stärker an den Enden gezogen wird. Die Haftkraft nimmt in diesem Fall umso mehr zu, je stärker die Zugkräfte sind; der Knoten hält „bombenfest".

Auch das *Weben von Stoffen* ist eigentlich nichts anderes als eine besondere Art, Fäden so miteinander zu verknüpfen oder umeinander zu schlingen, dass Quer- und Längsfäden fest zusammenhalten und so ein Tuch oder eine Stoffbahn ergeben. Das rechte Bild zeigt zwei verschiedene Stücke Stoff unter der Lupe. Du erkennst außerdem, dass auch die einzelnen Fäden aus vielen dünnen Fasern zusammengesetzt sind. Diese werden durch die Verarbeitung (Weben oder Wirken) aneinandergepresst. Dadurch löst sich die Verdrillung der Fasern nicht; die Fäden spleißen nicht auf.

Das besondere beim Weben ist, dass es sich nicht um feste Knoten handelt, die man ja nur mit der Hand knüpfen kann (wie bei Teppichen). Die Schlingen beim Weben werden seit der Erfindung des Webstuhls Ende des 18. Jahrhunderts maschinell gemacht, seit Mitte des 19. Jahrhunderts vollautomatisch.

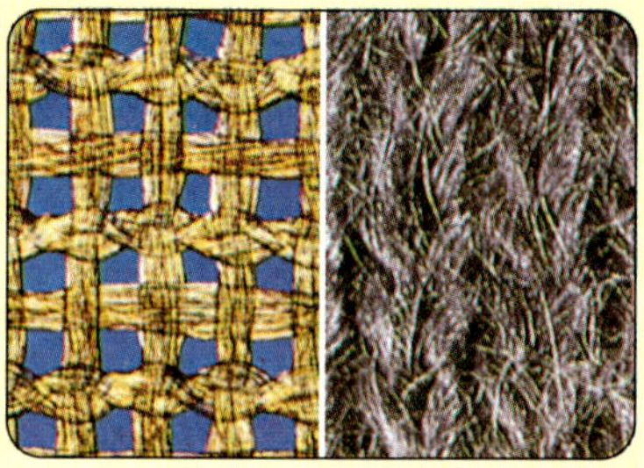

Verringerung der Reibung in der Technik

Bei Fahrzeugen müssen die Kräfte, die die Fahrt hemmen, möglichst klein gehalten werden. Deshalb rollen sie auf Rädern. (Früher hat man auch im Sommer Schlitten oder Rutschen verwendet!) Zwischen Rad und Achse treten aber zwangsläufig immer noch Reibungskräfte auf. Diese kann man durch Schmieren verringern: Man bringt zwischen Rad und Nabe Schmierstoffe, z.B. Öl oder Fett. Statt des Paares Metall–Metall, das aufeinander gleitet, hat man dann das Doppelpaar Metall-Fett–Fett-Metall. In diesem Fall ist die Reibungszahl erheblich niedriger.

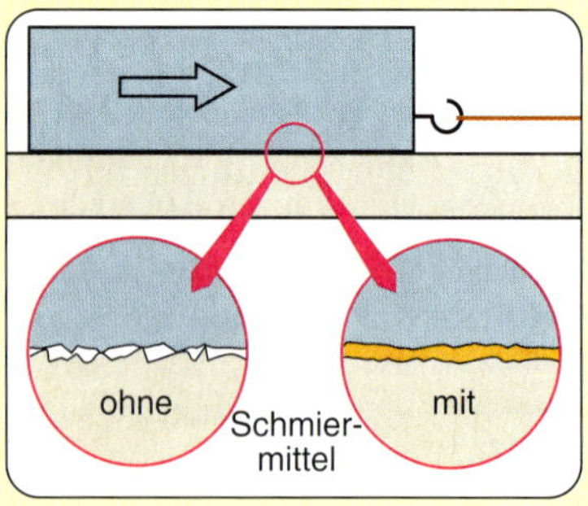

Auch Wasser, das sich zwischen festen, aneinander gleitenden Körpern befindet, verringert die Reibungskräfte erheblich. Beispiel Schlittschuh laufen: Die Kufen der Schlittschuhe haben einen so genannten Hohlschliff, d.h. die Kufe kommt nur auf den äußeren beiden scharfen Kanten mit dem Eis in Berührung. Beim Laufen bildet sich dort eine dünne Wasserschicht, welche die Reibung zwischen dem Stahl der Kufe und dem Eis sehr stark verringert. Deshalb gleitet man auf Schlittschuhen so leicht über Eis. Die Wasserschicht bildet sich nicht, wenn man mit der ganzen Schuhsohle auf Eis tritt; deshalb kann man – einmal in Schwung gebracht – längst nicht so weit über Eis schlittern wie mit Schlittschuhen gleiten.

Die Erfindung von **Kugel-** und **Wälzlagern** war ein wesentlicher Schritt zur Verringerung der Reibung zwischen Rad und Achse. Denn in diesen Lagern gleiten keine Flächen mehr aufeinander, sondern sie rollen ab. Die hemmende Kraft beim Abrollen ist aber deutlich kleiner als die beim Gleiten. Diese Lager sind so gebaut: Der innere Ring ist fest mit der Achse, der äußere mit dem Rad verbunden. Zwischen ihnen liegen Kugeln oder Walzen, auf denen die Ringe abrollen. Schmieren mit Öl oder Fett verringert die Reibung weiter.

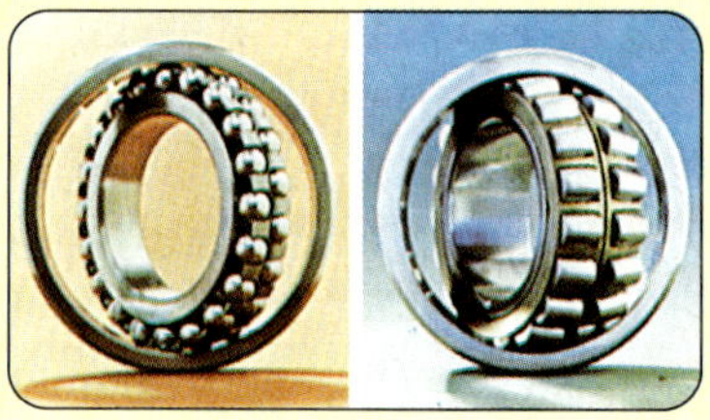

Keine Bewegung ohne Reibung!

Wir wissen, dass auf Fahrzeuge eine Antriebskraft wirken muss, wenn sie sich in Bewegung setzen sollen. Bei Autos oder Schiffen wird dieser Antrieb von Motoren erzeugt, beim Fahrrad von unseren Muskeln. Aber nur ein Teil der Antriebskraft kann zum Beschleunigen verwendet werden; ein nicht unbeträchtlicher Anteil muss die unvermeidlichen Reibungskräfte in Lagern, Reifen und Motoren überwinden.

Wenn das Fahrzeug durch die „Motorkraft" beschleunigt wird, wächst seine Geschwindigkeit. Aber sie nimmt immer langsamer zu, je schneller das Fahrzeug wird, denn jetzt muss ein immer größerer Teil der Motorkraft statt für das Beschleunigen zum Überwinden des Luft- oder Wasserwiderstandes verwendet werden. Schließlich ist ein Punkt erreicht, wo die bewegungshemmenden Kräfte genau so groß sind wie die Motorkraft; zum Beschleunigen ist nichts mehr verfügbar – das Fahrzeug hat seine Höchstgeschwindigkeit erreicht.
Fällt die Motorkraft jetzt aus, wirken nur noch die hemmenden Kräfte; das Fahrzeug wird langsamer und kommt schließlich zum Stillstand.

Nur im *Weltraum* ist das anders: Schon etwa 100 km oberhalb der Erdoberfläche gibt es praktisch nichts mehr, was die Bewegung hemmen kann. Deshalb umkreisen Satelliten jahrelang ohne Antrieb die Erde oder fliegen antriebslos zu anderen Planeten oder zur Sonne.

Woher kommen die hemmenden Kräfte bei Bewegungen in Luft oder Wasser?

Wenn sich ein Fahrzeug durch Wasser oder Luft bewegt, tritt Reibung an allen Außenflächen (Stirn-, Seiten- und Ober- bzw. Unterflächen) auf. Aber dazu kommt noch etwas anderes: Dort, wo das Fahrzeug hin soll, ist ja nicht Nichts, sondern Luft oder Wasser – und das muss erst weg, bevor das Fahrzeug dorthin kann. Wie leicht das Fahrzeug diese Luft- oder Wassermengen beiseiteschieben kann, wie leicht also das Fahrzeug „hindurchschlüpfen" kann, hängt von seiner Form ab. Beide Einflüsse (Reibung an den Außenflächen und die „Schlüpfigkeit") werden zum **Wasser-** oder **Luftwiderstand** des Fahrzeugs zusammengefasst. Bei einem Auto, das mit 100 $\frac{km}{h}$ gleichmäßig dahinfährt, wird mehr als $\frac{1}{3}$ der Motorkraft für die Überwindung des Luftwiderstandes benötigt; die Hälfte der Motorkraft wird für die Überwindung der Rollkraft gebraucht; ein kleiner Teil geht dann noch ab für Reibung in Kugellagern und Motor; zum Beschleunigen bleibt gerade noch $\frac{1}{5}$ der gesamten Motorkraft übrig! (Bei Wasserfahrzeugen (und Schwimmern) ist mehr als die Hälfte der Antriebskraft für die Überwindung des Wasserwiderstandes nötig.)

Der Anteil der Motorkraft, der für die Überwindung aller hemmenden Kräfte gebraucht wird, kostet auch Kraftstoff oder „Muskelkraft", ohne eigentlich zu nützen; er dient ja nur zum „In-Bewegung-Halten", nicht aber zum eigentlichen Zweck „In-Bewegung-Setzen" oder „Schneller-Machen". Deshalb versuchen Ingenieure und Techniker, diesen Anteil durch geschickte Gestaltung der Form/Karosserie zu verringern. Maßnahmen sind z.B. eiförmige Grundform, möglichst keine senkrechten Flächen (in Fahrtrichtung), keine scharfen Kanten oder vorstehenden Teile. Durch solche Maßnahmen kann der Benzinverbrauch eines normalen Pkw um etwa 15% gesenkt werden. Im Windkanal wird getestet, wie „windschlüpfig" die Form geworden ist. Man erkennt das daran, dass es keine „Wirbel" mehr hinter dem Körper gibt; aber man kann den Luftwiderstand natürlich auch genau messen.

Windschlüpfige Form und Ausrüstung mit wenig Luftwiderstand sind bei manchen Sportarten sogar ausschlaggebend: Z.B. beim Ski- oder Radfahren oder beim Eisschnell-Laufen ist es wichtig, dass möglichst wenig Kraft für die Überwindung von Reibungskräften und Luftwiderstand vergeudet wird. Deshalb tragen die Sportler Kleidung aus besonders glatten Stoffen, früher Seide, heute besondere Kunstfasern; ihre Helme sind nicht rund, sondern tropfenförmig nach hinten verlängert. Sogar die Körperhaltung kann man im Windkanal optimieren: „Eiform" beim Ski- und Radfahren.

Kräfte

Wenn Kräfte auf Körper wirken, werden diese

verformt oder beschleunigt

oder verzögert oder aus ihrer Richtung abgelenkt.

Kennzeicher

Eine Kraft ist durch Angriffs punkt, Größe und Rich tung gekennzeichne Deshalb werde Kräfte in Zeich nungen al Kraftpfeil darge stell

Jeder Körper hat Masse. Sie wird in Gramm (g) oder Kilogramm (kg) gemessen.

1 kg = 1000 g

Gewichtskraft

Jeder Körper wird von der Erde angezogen. Deshalb drückt er auf seine Unterlage:
⇨ Gewichtskraft.

Die Gewichtskraft F_G lässt sich aus der Masse m des Körpers berechnen:
$F_G = 10\,\frac{N}{kg} \cdot m$

Kräftegleichgewicht

Wirken zwei gleich große Kräfte auf einen Körper in entgegengesetzter Richtung, dann ist der Körper im Gleichgewicht: Er bleibt in Ruhe.

Werden auf einen Körper wirkende Kräfte nicht ausgeglichen, so wird der Körper beschleunigt, abgebremst oder aus seiner Bewegungsrichtung abgelenkt.

on Kräften

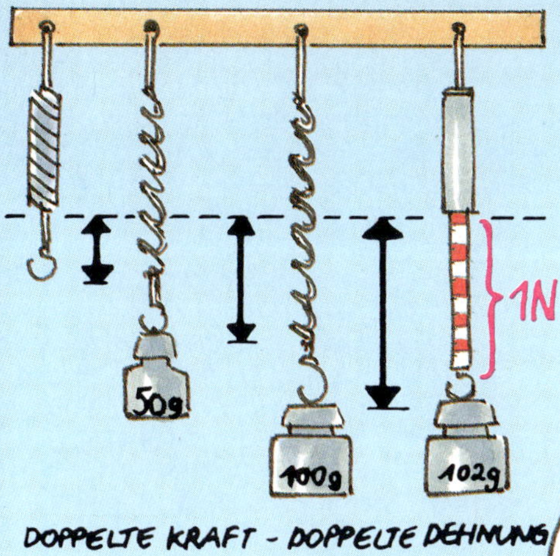

Die Dehnung einer Feder ist ein Maß für die Größe einer Kraft. Nach diesem Prinzip sind Kraftmesser gebaut.

Krafteinheit: 1 N ist die Gewichtskraft, mit der auf der Erde ein Körper der Masse 102 g an einer Feder zieht.

Bewegung

Ein Fahrzeug (oder ein anderer Körper) bewegt sich gleichförmig, wenn er gleiche Strecken in gleichen Zeitspannen zurücklegt.

Zur Berechnung der Geschwindigkeit dividiert man die zurückgelegte Strecke durch die dafür benötigte Zeit:

$$v = \frac{s}{t} = \frac{50\,m}{2\,s} = 25\,\frac{m}{s} = 25 \cdot 3{,}6\,\frac{km}{h} = 90\,\frac{km}{h}$$

Trägheitskräfte

Weil jeder Körper träge ist, widersetzt er sich allen Änderungen seiner Bewegung. Er übt Trägheitskräfte auf den Körper aus, der ihn beschleunigen, verzögern oder aus seiner Richtung lenken will.

Die Trägheitskräfte sind umso größer, je größer die Körpermasse ist.

1. Warum kann man die Geschwindigkeit eines Läufers weder allein durch die Angabe des zurückgelegten Weges noch allein durch die Angabe der benötigten Zeit ausdrücken?
Wie kann aus den beiden Angaben „Weg" und „Zeit" die Geschwindigkeit ermittelt werden?

2. Erkläre am Beispiel einer 20 km-Radtour durch hügeliges Gelände, die 1 Stunde und 30 Minuten dauert, den Unterschied zwischen Durchschnittsgeschwindigkeit und Momentangeschwindigkeit.

3. Im Bild rechts macht eine Turnerin einen Handstand. Eingezeichnet ist schon der Pfeil für die Erdanziehungskraft. Zeichne das Bild ab. Ergänze es durch einen Pfeil für die Gewichtskraft.
An welchen Körpern greifen diese Kräfte an?
Welche Kräfte am Körper stellen Gleichgewicht her?

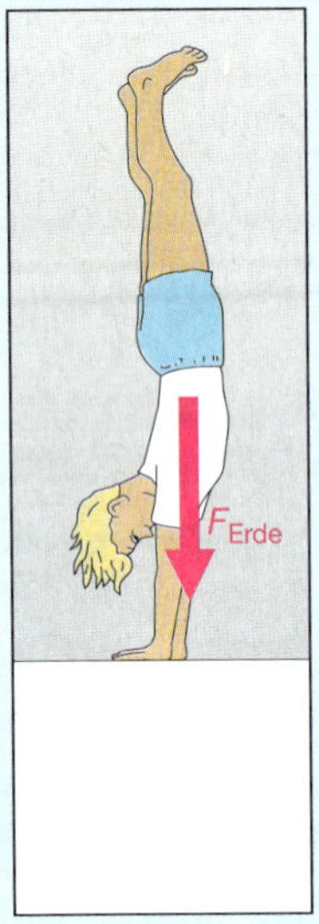

4. Im folgenden Bild ist ein Handwagen zu sehen. Die Deichsel kann an einem Gelenk auf und ab bewegt werden.

Was geschieht jeweils, wenn man
a) direkt nach oben;
b) direkt nach vorn;
c) schräg nach vorn oben zieht?
Diskutiere für große und kleine Kräfte.
Welche Zugrichtung ist am vorteilhaftesten, wenn man den Wagen vorwärts bewegen will?

5. Wie groß ist die Kraft, mit der 3 Säcke Kartoffeln mit 45 kg, 61 kg und 57 kg zusammen auf die Bühne einer Waage drücken?

6. Die Gesamtmasse eines Lastkraftwagens ist 6 t.
a) Mit welcher Kraft drückt er auf den Boden, wenn er voll beladen ist?
b) Woran erkennt man, dass zwischen Straße und LKW Kräfte wirken?
c) Erkläre, wie es zum Gleichgewicht kommt und welche beiden Kräfte im Gleichgewicht sind.

7. Nenne Körper aus deiner Umgebung, die ungefähr die Gewichtskraft 1 N haben, solche mit etwa 10 N, solche um 100 N und solche mit 1 000 N Gewichtskraft.

8. Welche Messgeräte gibt es, um Gewichtskräfte zu messen? Wie arbeiten sie?
Wie stellt man das für die Messung notwendige Gleichgewicht her?
Zeichne die Kräfte in einen Lageplan ein, die bei der Messung den zu „wägenden" Körper ins Gleichgewicht bringen, und auch die, die das Gleichgewicht am Kraftmesser bewirken.

9. Die Feder in einem Eisenbahnpuffer hat die Federkonstante $D = 20\,000\,\frac{\text{N}}{\text{cm}}$.
Welche Kraft benötigt man, um sie 3 cm einzudrücken? Wie groß ist die größte Kraft, die man ihr zumuten kann, wenn der „Anschlag" des Pufferrohrs am Wagen 15 cm Weg erfolgt?

10. Kerstin behauptet, mit der Balkenwaage könne man Gewichtskräfte ermitteln. Wir haben aber gelernt, dass man mit ihr Massen vergleicht und dadurch misst. Warum hat sie trotzdem Recht?
Wie kommt man vom Wägeergebnis für die Masse zur Gewichtskraft?

11. Du stehst in einem scharf bremsenden Omnibus. Damit du nicht wegrutschst, musst du dich kräftig an der Halteschlaufe festhalten.
Erkläre die Situation; erkläre auch, wie es zur Kraft kommt.
Warum brauchst du hier eigentlich deine Muskeln nicht? Ein Seil um den Leib täte es doch auch!

12. Beim Hammerwerfen wird eine etwa 7 kg schwere Eisenkugel im Kreis geschleudert und dann losgelassen.
Welche Ursache hat die Kraft, mit der sie am Arm des Sportlers zieht?
Welche Richtung hat sie und wie heißt sie?
Warum fliegt die Kugel nach dem Loslassen geradeaus in der Richtung weiter, die sie gerade hat?

13. Im Bild unten startet ein Spaceshuttle. Es wird behauptet, das Triebwerk entwickle einen „Schub" von 20 MN (das M steht für Mega = 1 Million). Welche Masse hat das Spaceshuttle, wenn es von dieser Schubkraft gerade eben in der Schwebe gehalten werden kann?
Wer schiebt hier wen und warum?

14. Erkläre genau, wie die Kraft zwischen zwei aufeinander gleitenden Körpern entsteht. Von welchen Einflussgrößen hängt die Größe dieser Reibungskraft ab?

15. Welche Art von Wechselwirkung tritt beim Radfahren zwischen Reifen und trockener Straße auf? Überlege genau.
Was würde geschehen, wenn es Gleitreibung wäre?

Arbeit Energie Leistung

Die Männer auf Bild 1 wollen den schweren Tresor anheben, Rollen darunterlegen und ihn dann wegschaffen. Ohne Hilfsmittel geht das nicht. Mit einer Brechstange und einem Holzklotz dagegen schaffen sie es fast mühelos. Was ist der Trick dabei?

Die Stange wird unter den Tresor geschoben und nahe dessen Rand mit dem Klotz unterstützt. Um dieses Widerlager dreht sie sich, wenn der Mann am langen Ende nach unten drückt. Seine Kraft wird durch die Stange dabei so verstärkt, dass die schwere Last angehoben werden kann.

Eine Stange, die sich um eine feststehende Achse drehen kann und dabei eine Kraft verstärkt überträgt, nennt man **Hebel**. Die Stelle, an der die Last auf den Hebel drückt, heißt *Angriffspunkt der Last*. Die Stelle, an der die (Muskel-)Kraft angreift, heißt *Angriffspunkt der Kraft*. Die Entfernung von der Drehachse bis zum Angriffspunkt der Last (genauer gesagt: der Kraft, mit der die Last auf den Hebel drückt) nennen wir *Lastarm* (a_L); die Entfernung von der Achse bis zum Angriffspunkt der Kraft heißt *Kraftarm* (a_K). Da Lastarm und Kraftarm hier auf zwei verschiedenen Seiten der Achse liegen, spricht man vom **zweiseitigen Hebel**.

Hebel können Kräfte übertragen und dabei auch verstärken.

A1 Um welche Stelle dreht sich die Brechstange? Wie weit von dieser entfernt drückt der Tresor auf die Stange, wie weit entfernt der kleine Mann?

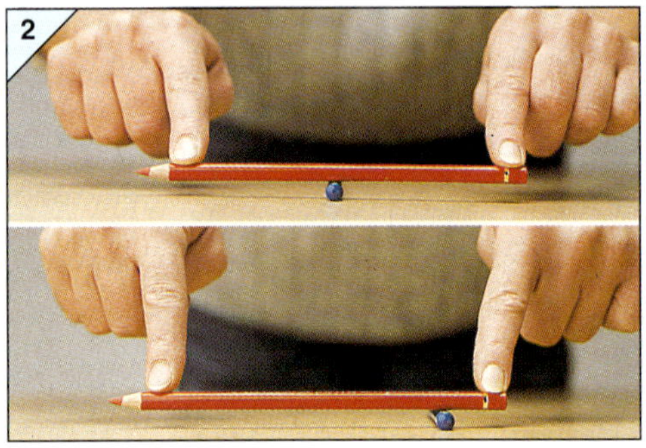

V2 Lege einen langen Bleistift quer über einen zweiten wie im Bild oben. Drücke von oben auf die Enden des oberen Stifts. Beurteile die Kräfte, die du mit den Fingern ausüben musst, damit der Bleistift vom Tisch abhebt. Wie ändern sich die Kräfte, wenn du die Drehachse nach links verlegst (Bild unten)? Wie ändern sie sich, wenn sie rechts ist?

A3 Erkläre mit den Ergebnissen aus V2, warum der Mann in Abb. 1 den schweren Tresor heben kann.

Anmerkung: Das Wort „Last“ verwenden wir in zweierlei Bedeutungen: Einerseits ist damit der Körper oder Gegenstand gemeint, der auf den Hebel drückt oder an ihm zieht. Andererseits wird das Wort „Last“ auch für die Kraft verwendet, die er auf den Hebel ausübt. Welche der beiden Bedeutungen gemeint ist, ergibt sich aus dem Zusammenhang, in dem das Wort „Last“ gebraucht wird.

Auch die Wippe ist ein Hebel!

In Bild 3 sitzt Moni auf einer Wippe und möchte schaukeln. Aber ohne Partner geht das nicht, denn sie drückt die linke Seite der Wippe bis zum Boden nach unten. Dort unten bleibt sie. Erst wenn Dieter sich auf die andere Seite der Wippe setzt, klappt es mit dem Schaukeln: Seine Gewichtskraft wird vom Balken nach links übertragen und dabei nach oben umgelenkt. Die umgelenkte Kraft kann jetzt Moni hochheben. Wenn die Gewichtskraft von Moni und die umgelenkte Gewichtskraft von Dieter gleich groß sind, lässt sich trefflich schaukeln. Denn jetzt genügt es, wenn sich beide jeweils leicht vom Boden abstoßen.

4

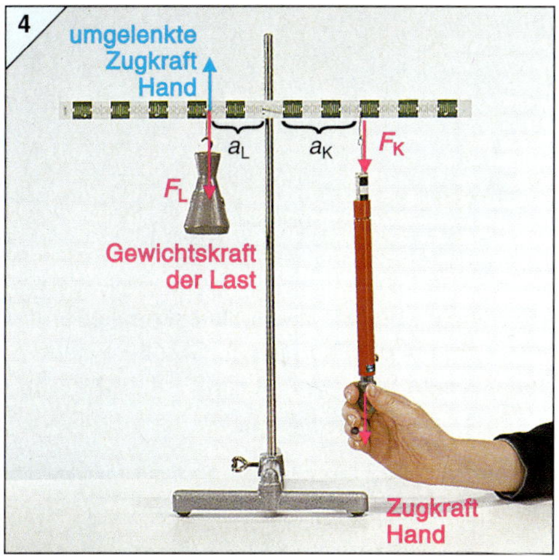

V4 Baue obigen Versuch auf. Wähle einen Lastarm und einen ungefähr dreimal so langen Kraftarm. Hänge verschiedene Wägestücke als Last an und miss bei gleich bleibenden Hebelarmen jeweils die zum Heben notwendige Kraft.
Halte die Messergebnisse in einer Tabelle fest (Muster: Tab. 5, Messungen 1–3).

V5 Wähle bei obigem Aufbau einen festen Lastarm und eine bestimmte Last.
Verändere die Länge des Kraftarms und miss jeweils die notwendige Kraft.
Ergänze deine Tabelle.

V6 Wiederhole den Versuch mit einem festen Kraftarm und immer gleicher Last.
Verändere die Länge des Lastarms und miss wieder die zum Heben nötige Kraft.
Ergänze deine Tabelle.

5 Messung Nr.	Lastarm a_L	Kraftarm a_K	Kraft F_K	Last F_L
1	15 cm	25 cm	0,6 N	1 N
2	15 cm	25 cm	3 N	5 N
3	15 cm	25 cm	6 N	10 N
4	15 cm	5 cm	15 N	5 N
5	15 cm	15 cm	5 N	5 N
6	15 cm	30 cm	2,5 N	5 N
7	5 cm	25 cm	1 N	5 N
8	10 cm	25 cm	2 N	5 N
9	20 cm	25 cm	4 N	5 N

A7 Errechne für jede Zeile der Tabelle die Kraftverstärkung F_L/F_K und das Verhältnis der Hebelarme a_K/a_L.
Was schließt du aus deinen Ergebnissen?

Wovon hängt die Kraftverstärkung ab?

Sicher weißt du aus Erfahrung, dass Moni und Dieter nicht nur dann bequem wippen können, wenn sie etwa gleich schwer sind. Auch wenn Dieter deutlich leichter ist als Moni, gelingt das – nur muss jetzt Dieter nach außen rücken. Offensichtlich wird dabei die zu kleine Kraft von Dieter verstärkt auf die näher sitzende Moni übertragen.

Wovon die Kraftverstärkung abhängt, wollen wir jetzt untersuchen. Dazu benutzen wir die Anordnung von Bild 4. Dort können wir das angehängte Wägestück (die Last) mit unserer Hand hochheben oder in der Schwebe halten. Das Wägestück zieht mit seiner Gewichtskraft F_L rechts am Hebel nach unten; wir halten auf der linken Hebelseite (unter Zwischenschaltung eines Kraftmessers) mit der Kraft F_K dagegen. Wie groß F_K unter verschiedenen Umständen sein muss, finden wir, wenn wir die Versuche V4 bis V6 durchführen und die Ergebnisse wie in Tab. 5 auflisten.

Aus der Tabelle können wir Folgendes herauslesen:
1. Messung 1–3: *Bei unveränderten Hebelarmen wächst die Kraft zum Gegenhalten im gleichen Maße wie die Last.*
2. Messung 4–6: *Bei gleicher Last und gleichem Lastarm wird die zum Gegenhalten nötige Kraft umso kleiner, je länger der Kraftarm wird.*
3. Messung 7–9: *Bei gleichem Kraftarm und gleicher Last wird die zum Gegenhalten nötige Kraft umso größer, je länger der Lastarm wird.*

Aussage 1 ist nicht überraschend. Die Aussagen 2 und 3 sind neu; sie lassen sich zu einer einzigen zusammenfassen:

> Am längeren Hebelarm wirkt immer die kleinere Kraft.

Wie groß ist die Kraftverstärkung?

Nun verstehen wir, wie Kräfte durch einen Hebel verstärkt werden können: Man macht den zugehörigen Kraftarm möglichst lang. Aus den Tabellenwerten lässt sich sogar ermitteln, wievielmal größer die Kraft ist, die vom Hebel verstärkt auf die andere Seite übertragen wird. Dieser Faktor heißt **Kraftverstärkung *V*.** Wenn die verstärkte Kraft der Last gerade gegenhalten kann, ist

$F_{\text{verstärkt}} = F_L$ und $V = F_L/F_K$.

Aus der Tabelle lässt sich zudem ablesen, dass die Kraftverstärkung immer dem umgekehrten Verhältnis der Hebelarme entspricht:

$V = a_K/a_L$.

Daraus lassen sich drei Formeln für das Hebelgesetz herleiten:

$F_L = V \cdot F_K = a_K/a_L \cdot F_K$ oder
$F_L/F_K = V = a_K/a_L$ oder
$F_K \cdot a_K = F_L \cdot a_L$ (Kraft · Kraftarm = Last · Lastarm)

Der einseitige Hebel

Betrachte den Nussknacker in Abb. 6. Du erkennst, dass die Achse des Gerätes am Ende liegt. Liegt der untere Hebel auf dem Tisch und drückt deine Hand am oberen Hebel nach unten, so erfährt die Nuss die verstärkte Kraft und bricht auf.
Ein Hebel, bei dem wie hier Last- und Kraftarm auf derselben Seite der Drehachse liegen, heißt **einseitiger Hebel**.

Ein Hebel dieser Art ist in Abb. 7 nachgebaut. Um die Kraftverstärkung bei einseitigen Hebeln zu ermitteln, führen wir ähnliche Versuche wie beim zweiseitigen Hebel durch. Da Hebelarme immer von der Drehachse aus gemessen werden müssen, haben Lastarm und Kraftarm jetzt ein Stück Hebelstange gemeinsam. Damit das Gewicht der Hebelstange die Kraftmessungen in V9 nicht verfälscht, hängen wir diese wie beim zweiseitigen Hebel in der Mitte auf, benutzen aber für die Versuche nur eine Seite.

Die Versuche zeigen, dass auch für den einseitigen Hebel das Hebelgesetz gilt. Die Kraftverstärkung kann aus dem Verhältnis von Kraftarm und Lastarm errechnet werden:

$$V = a_K / a_L.$$

Nun können wir auch den Nussknacker erklären: Die Achse liegt am vorderen Ende von zwei Hebeln. Diese drücken wir am hinteren Ende zusammen, also am längeren (Kraft-)Arm a_K. Die Nuss (Last) liegt der Achse näher; der Lastarm a_L ist kleiner als a_K. Deshalb entstehen an der Nuss um den Quotienten a_K/a_L vergrößerte Kräfte.

In Abb. 6 brauchen wir zur Kraftausübung nur eine Hand. Die Gegenkraft, die wir mit der zweiten Hand ausgeübt haben, erzeugt hier der Tisch „automatisch".

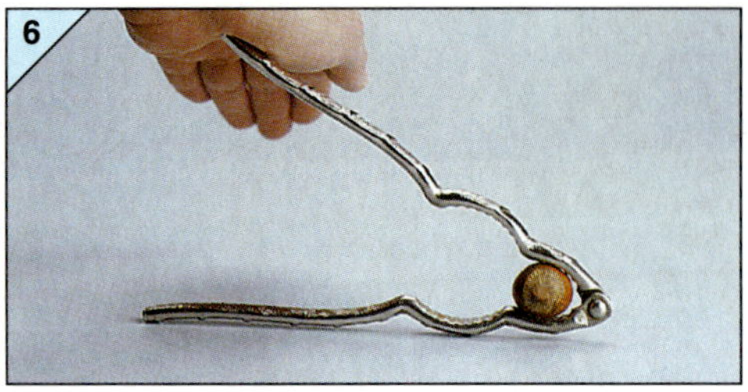

A8 Beschreibe, wie dieser Nussknacker arbeitet. Suche die Drehachse. Skizziere den Nussknacker und zeichne Kraft- und Lastarm in deine eigene Zeichnung ein.

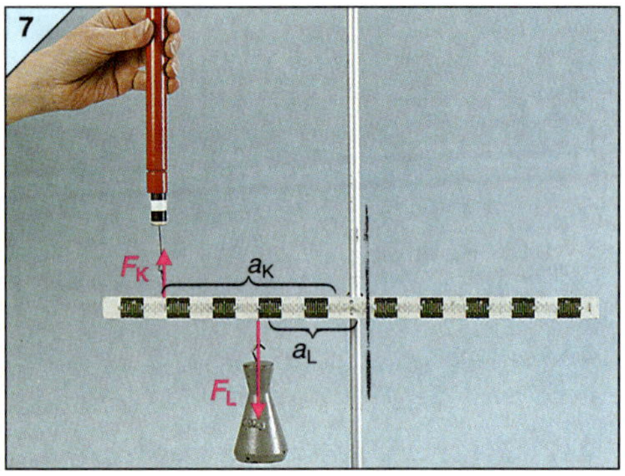

V9 Baue diese Versuchsanordnung auf. Wiederhole V4 bis V6 an diesem Hebel. Halte die Messergebnisse in einer Tabelle fest.

A10 Formuliere die Ergebnisse aus V9 entsprechend A7.
Vergleiche die Skizze für beide Hebelarten. Was stellst du fest?

AUFGABEN UND ZUSAMMENFASSUNG

1. Erkläre den Ausdruck: „Es ist immer gut, am längeren Hebelarm zu sitzen."

2. Was musst du tun, damit du beim Gebrauch einer Brechstange möglichst wenig Kraft aufwenden musst?

3. Wie unterscheiden sich zweiseitiger und einseitiger Hebel?

4. Bei Zangen wirken zwei Hebel gegeneinander. Welche Art Hebel sind das und wie arbeiten sie?

5. Du benutzt täglich vielerlei Hebel. Nenne einige. Sind sie einseitig oder zweiseitig? Zeichne sie mit Drehachse, Kraftarm und Lastarm.

6. Eine Nuss hat eine besonders harte Schale. Wie musst du den Nussknacker anfassen, damit auf die Nuss eine möglichst große Kraft ausgeübt wird?

7. Überlege, warum eine Schneiderschere lange Schneiden und kurze Griffe, eine Blechschere aber kurze Schneiden und lange Griffe hat. Welche Schere verstärkt die Kraft der Hand? Begründe.

8. Ein Schrank wiegt 2 000 kg, übt also auf den Boden eine Gewichtskraft von $F_G = 20$ kN aus. Die Stange, die als Hebel zum Anheben benutzt wird, ist insgesamt 1,3 m lang. Sie wird unter den Schrank geschoben. 5 cm von der Schrankkante entfernt wird das Widerlager angebracht. Wie stark muss man am Stangenende mindestens drücken?

Hebel

Hebel werden sehr häufig an Maschinen und als Werkzeuge verwendet.

Zweiseitiger Hebel: Bei ihm liegen Kraftarm und Lastarm auf zwei verschiedenen Seiten der Drehachse. Mit ihm lassen sich Kräfte verstärken, wenn der Kraftarm lang ist und der Lastarm kurz.

Einseitiger Hebel: Bei ihm liegt die Drehachse am Ende der Hebelstange. Die Regeln für die Kraftverstärkung sind die gleichen wie beim zweiseitigen Hebel.

Hebel in Technik und Natur

Aus technischen Gründen sind Hebel oft nicht gerade, sondern abgewinkelt oder gekrümmt, bei der Kneifzange fast zu einem Halbkreis. Die Kräfte werden dabei gewissermaßen „um die Ecke" übertragen.

Wenn wir die Kraftverstärkung feststellen wollen, müssen wir als Last- und Kraftarm allerdings jetzt die gerade Verbindung Drehachse–Angriffspunkt nehmen.

Zweiseitige Hebel

Die Schneiden einer Kneifzange sind 3 cm von der Drehachse entfernt, der Angriffspunkt der mit der Hand ausgeübten Kraft etwa 15 cm. Damit ergibt sich eine Kraftverstärkung von 15 : 3 = 5.

Der Pumpenschwengel ist – wie die Kneifzange – ein zweiseitiger Hebel, bei dem der Kraftarm länger ist als der Lastarm. Mit diesem Hebel wird der Kolben auf- und abbewegt.

Die Bremsklötze einer Felgenbremse müssen mit großer Kraft an die Felge gepresst werden. Darum ist das Bremsseil (der Bowdenzug) am kürzeren Hebelarm befestigt: Kraftverstärkung.

Einseitige Hebel

Hebel bei Lebewesen

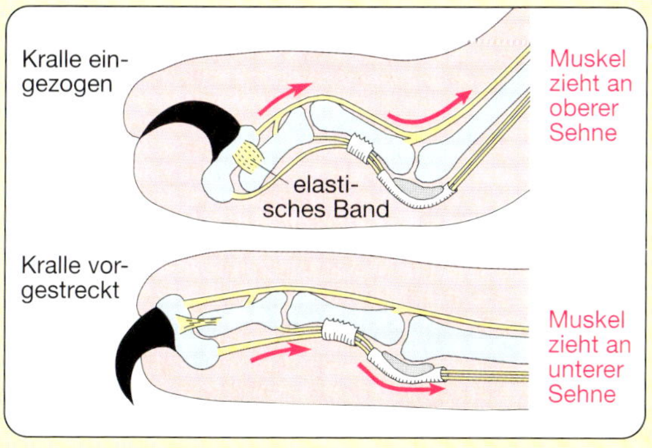

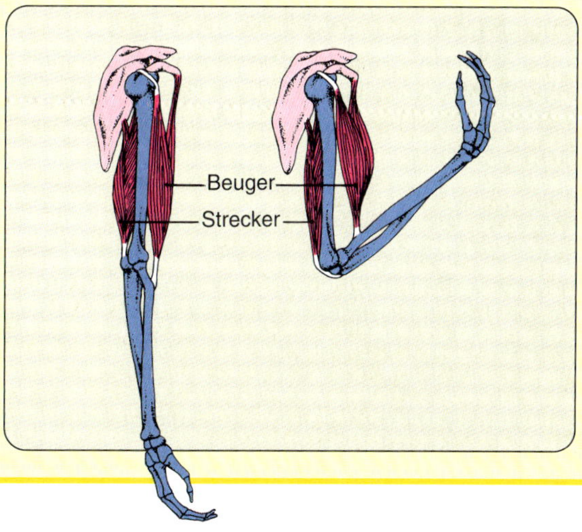

In Bild 1 kann der recht gewichtige Franz mit Leichtigkeit von der zarten Katrin hochgehievt werden. An seinem Sitz sind einige leicht laufende Rollen befestigt, ebenso an der Decke. Das tragende Seil ist mehrfach um die Rollen geschlungen.

Wie es zur Kraftverstärkung kommt, untersuchen wir mit der Anordnung nach Abb. 2. Hier sind allerdings die zwei Rollen nebeneinander auf eine Achse gesetzt, nicht übereinander wie in Abb. 1. Die obere Achse ist mit einem Bügel am Gestell befestigt. An der unteren Achse trägt der Bügel einen Haken, an den wir die Last hängen. Das Seil ist an der oberen Achse festgebunden und dann abwechselnd um eine untere und eine obere Rolle geschlungen. Am freien Ende des Seils ziehen wir nach unten. Diese Anordnung von oben festen Rollen und unten im Seil hängenden (losen) Rollen heißt **Flaschenzug.**

Die Last am Haken können wir durch Ziehen am freien Seilende nach oben befördern. Um die Kraftverstärkung der Anordnung zu ermitteln, messen wir die Zugkraft mit einem Kraftmesser: Sie ist kleiner als die Kraft, die wir zum Hochheben der Last ohne Flaschenzug brauchen; sie beträgt nur ein Viertel der Gewichtskraft der Last. Vergrößern wir die Last, wird natürlich auch die Zugkraft im Seil größer.
Aber die Kraftersparnis bekommen wir nicht umsonst: Wir müssen viermal so viel Seil herunterziehen, wie die Last an Höhe gewinnt.

> Beim Flaschenzug ist die Zugkraft kleiner als die Last, das eingeholte Stück Seil aber immer länger als der Hubweg.

Lose Rollen halbieren die Kraft

Beim Flaschenzug hängen die unteren Rollen jeweils an zwei Seilstücken. Bei zwei Rollen führen also insgesamt vier „Seile" nach oben. An ihnen hängt die Last. Ist die Anzahl der Seilstücke für die Kraftverstärkung beim Flaschenzug entscheidend? Untersuchen wir zunächst an einem „Zweierzug" nach Abb. 3.

Dort ist eine Rolle in eine Seilschlaufe eingehängt. Eine so aufgehängte Rolle wird **lose Rolle** genannt. In die beiden Seilstücke ist jeweils ein Kraftmesser eingesetzt. Beide zeigen gleich große Kräfte an, die jeweils halb so groß sind wie die Gewichtskraft der Last.

Wir erkennen: Die lose Rolle verteilt die Kraft, mit der die Last nach unten zieht, auf zwei Seile. Zum Heben der Last können wir ein Seilende festmachen und am anderen nach oben ziehen. Dabei wird das Seilstück, an dem wir ziehen, doppelt so weit bewegt wie die Last.

> Zum Heben einer Last mit der losen Rolle braucht man nur die halbe Kraft; man muss aber doppelt so viel Seil einholen.

1

A1 Katrin kann wider Erwarten den gewichtigen Franz hochheben. Beschreibe das benutzte Gerät.

2

V2 Baue obige Anordnung nach. Befestige das Seil wie in Abb. 2 und führe es genauso um die Rollen. Hänge verschiedene Lasten an und ziehe sie mit einem Kraftmesser am losen Ende des Seils nach oben.
Vergleiche jeweils
– die benötigte Kraft mit der Gewichtskraft der Last;
– die Länge des eingeholten Seilstücks mit der Hubhöhe der Last.
Fasse in einem Satz zusammen.

V3 Baue diese Versuchsanordnung auf; beide Kraftmesser hängen an einer Stativstange. Ermittle zunächst die Gewichtskraft der losen Rolle, denn diese muss immer zur Gewichtskraft der angehängten Last addiert werden. Hänge verschiedene Wägestücke an die Rolle und lies beide Kraftmesser ab. Notiere alle Werte und vergleiche sie.

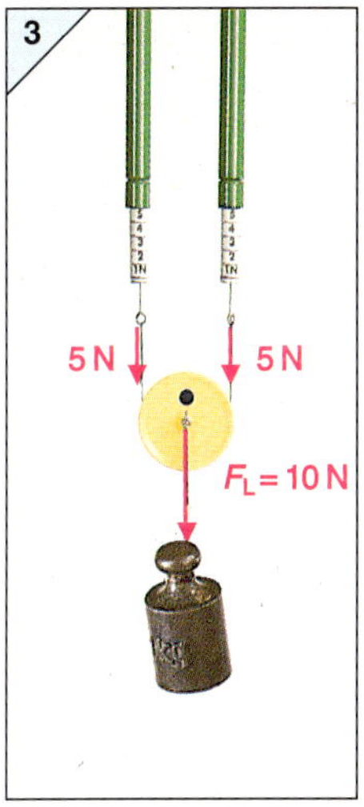

V4 Lass einen Kraftmesser an der Stativstange befestigt. Ziehe am anderen die Last nach oben. Miss den Weg, den du mit dem Kraftmesser zurücklegst, und den, um den die Last gehoben wird.
Notiere die Werte und vergleiche sie.

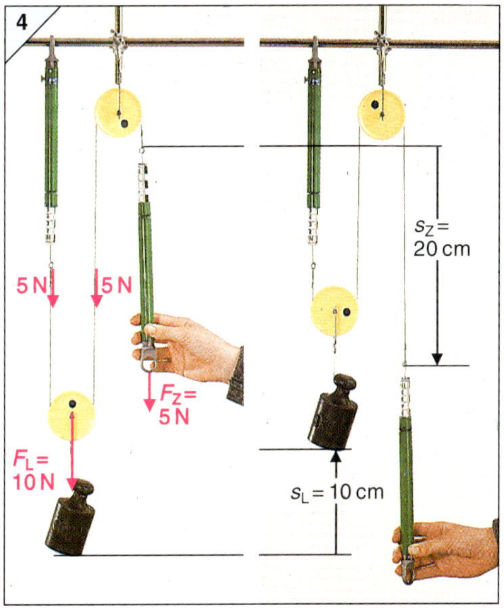

V5 Füge in deine Versuchsanordnung eine feste Rolle ein. (Du musst jetzt am Kraftmesser nach unten ziehen!) Hänge verschiedene Lasten an und hebe sie auf verschiedene Höhen. Miss jeweils die notwendige Kraft und die entsprechenden Wege. Lege eine Tabelle an und vergleiche die Werte.
Welche Aussagen kannst du formulieren?

V6 Wiederhole V5 mit zwei losen und zwei festen Rollen entsprechend Bild 5. Vergleiche deine Ergebnisse mit denen aus V5.

Der Flaschenzug – ein Vielfach-Kraftteiler

Das Heben der Last lässt sich weiter erleichtern, wenn wir zusätzlich eine **feste Rolle** benutzen, wie in Abb. 4. Wir können dann nach unten ziehen. Die in die Seile eingefügten Kraftmesser zeigen, dass sich die Kraftverhältnisse nicht geändert haben. Die feste Rolle lenkt offensichtlich die Kraft nur um.

Schalten wir aber wie in Abb. 5 zwei lose Rollen nebeneinander, benutzen aber nur ein Seil, so wird die Kraft zum Heben geviertelt! Offensichtlich muss man für größere Kraftverstärkungen mehr tragende Seilstücke und somit auch mehr lose Rollen einsetzen. Damit das Seil richtig geführt werden kann, sind entsprechend viele feste Rollen nötig. Drei lose und drei feste Rollen erbringen sechs tragende Seilstücke, sodass die Zugkraft nur noch ein Sechstel der Last beträgt; aber dafür versechsfacht sich der Weg, längs dessen wir ziehen müssen.

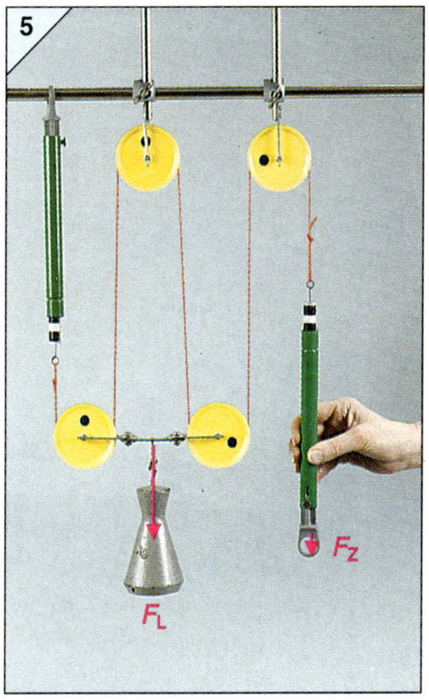

> Am Flaschenzug braucht man zum Heben einer Last umso weniger Kraft, je mehr tragende Seilstücke vorhanden sind. Dafür muss man aber mehr Seil einholen.

Kräfte und Wege beim Hebel

Bei der losen Rolle und beim Flaschenzug muss jede Verkleinerung der Zugkraft mit einer Verlängerung des Kraftweges erkauft werden. Erspart uns ein Hebel diesen Nachteil?

Im Bild unten wird eine Last mithilfe eines Hebels gehoben. Dabei wird, um die Kraft zu verkleinern, am langen Ende der Stange nach unten gezogen. Ein Vergleich der Hebelstellungen vor und nach dem Heben zeigt, dass dabei der „Kraftweg" länger ist als der „Lastweg". Wie beim Flaschenzug gilt auch hier: „Was an Kraft gespart wird, geht an Weg verloren."

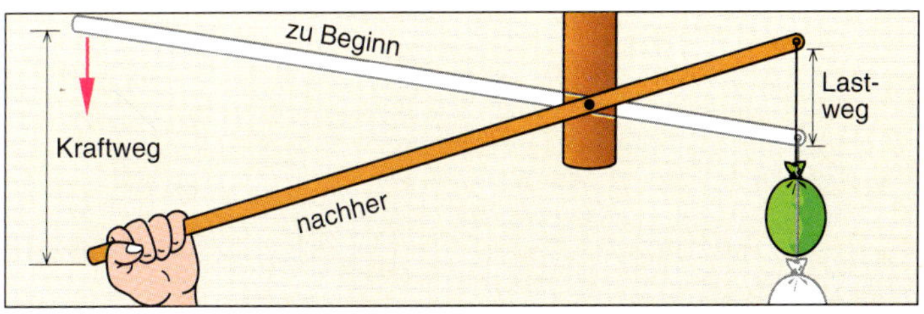

Flaschenzüge in der Technik

Früher gab es die Flaschenzüge noch ohne Rollen. Die Seile liefen durch Löcher in flaschenförmigen Holzstücken, daher der Name Flaschenzug.

Die Erdölförderplattform „Schwedeneck-See“ in der Ostsee wiegt etwa 600 t (so viel wie 500 – 600 Pkw!). Nur mithilfe von Flaschenzügen kann sie zentimetergenau auf den Betonsockel gehievt werden.

An diesem Kran liegen oben zwei feste Rollen, unten zwei lose Rollen nebeneinander. Kraftaufwand beim Heben geviertelt, Wegverlängerung vierfach.

Die beiden Laschen des Schuhverschlusses kann man als Flaschenzug auffassen: An Stelle von Rollen liegen auf jeder Seite Ösen nebeneinander. Die rechte Lasche kann als feste Flasche, die linke als lose Flasche und umgekehrt aufgefasst werden. Durch Ziehen am „Seil“ werden die Flaschen aufeinander zubewegt. Sind es 6 Ösen wie im Bild rechts, dann haben wir 6 Schnürsenkelstücke, mit denen die beiden Oberteile zusammengezogen werden, also 6-fache Zugkraft im Vergleich zu den Händen allein.

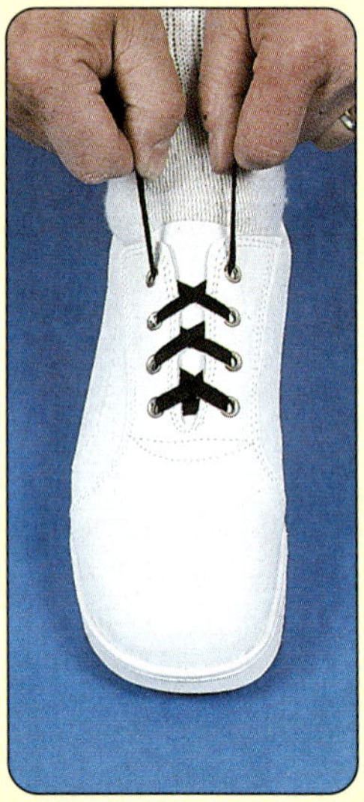

Die Oberleitung von elektrischen Bahnen muss immer straff gespannt sein. Da dieser „Fahrdraht“ an heißen Sommertagen länger und in kalten Winternächten kürzer wird, kann er nicht fest zwischen den Masten gespannt werden. Deshalb sitzen am Drahtende eine lose und eine feste Rolle. Dadurch ist der Draht immer gleich gespannt, weil jede Verlängerung oder Verkürzung des Drahts durch Absenken oder Anheben des Gegengewichtes von selbst ausgeglichen wird.

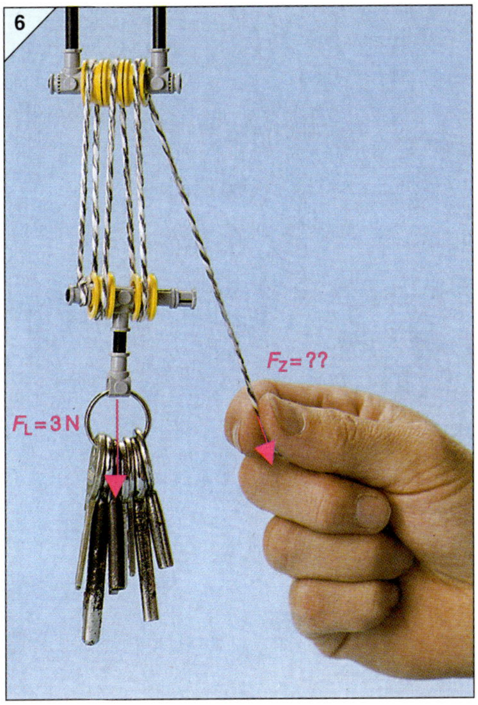

A7 Bei einem Flaschenzug kann – je nach Seilführung – auch eine ungeradzahlige Anzahl von Seilstücken tragen. Zähle sie bei obigem Flaschenzug.
Wie groß ist die Kraft, die hier aufgebracht werden muss?
Wie viel Seil muss aufgewickelt werden, wenn die Last 5 cm hoch gehoben werden soll?

A8 Überdenke noch einmal die Ergebnisse von V2 und A7 und formuliere deine Erkenntnisse über den Flaschenzug.

Die goldene Regel

Flaschenzüge werden immer dann benutzt, wenn schwere Lasten zu heben oder große Kräfte anzuwenden sind. Dabei werden oft sehr viele Rollen eingesetzt, um die Kräfte entsprechend zu verstärken. Diese Rollen haben meist gleichen Durchmesser und sitzen nebeneinander auf einer Achse. Als „Seile" werden Stahlseile oder Ketten benutzt. Sie werden oft durch einen Elektromotor auf eine Kabeltrommel („Winde") gewickelt, weil ja bei vielen Rollen immer sehr lange Seile oder Ketten nötig sind. Denn grundsätzlich gilt:

> Jede Kraftersparnis wird durch einen entsprechend längeren Weg beim Einholen des Seils erkauft.

Diesen Satz nennt man die **goldene Regel der Mechanik**. Sie gilt nicht nur bei losen Rollen oder Flaschenzügen, sondern bei allen Maschinen.

Flaschenzug mathematisch

Es gibt einen einfachen mathematischen Zusammenhang zwischen der Zahl der tragenden Seilstücke (= Gesamtzahl der Rollen) und der Kraftersparnis bzw. der Wegverlängerung beim Flaschenzug:

Hängt die Last an	Zugkraft	einzuholendes Seil
zwei tragenden Seilen, gilt:	$F_Z = \frac{1}{2} F_L$;	$s_Z = 2 s_L$;
drei tragenden Seilen, gilt:	$F_Z = \frac{1}{3} F_L$;	$s_Z = 3 s_L$;
vier tragenden Seilen, gilt:	$F_Z = \frac{1}{4} F_L$;	$s_Z = 4 s_L$;
sechs tragenden Seilen, gilt:	$F_Z = \frac{1}{6} F_L$;	$s_Z = 6 s_L$;

Bei n tragenden Seilen gilt allgemein: $\boldsymbol{F_Z = \frac{1}{n} F_L}$; $\boldsymbol{s_Z = n \cdot s_L}$.

AUFGABEN UND ZUSAMMENFASSUNG

1. In welchem Verhältnis stehen Last und Kraft bei der losen Rolle? In welchem Lastweg und Kraftweg?

2. Mit welcher Kraft muss man bei dem in Abb. 4 dargestellten Versuch am Seil ziehen, wenn an der losen Rolle ein Körper mit der Gewichtskraft $F_G = 24$ N hängt?

3. Zeichne die Seilführung bei einem Flaschenzug mit 2 festen und 2 losen Rollen. Zeichne die Kräfte F_K und F_L ein. Wie groß sind die Zugkräfte in den tragenden Seilen?

4. Zeichne einen Flaschenzug mit zwei festen und einer losen Rolle. Was ändert sich gegenüber Aufgabe 3?

5. Löse Aufgabe 3, aber mit 3 losen Rollen. Wie ändern sich die Kräfte?

6. Ein Stein mit der Masse 420 kg ($F_G = 4{,}2$ kN) soll gehoben werden. Es wird ein Flaschenzug mit 4 losen Rollen verwendet, das Seil ist an der oberen Flasche befestigt. Welche Kraft ist erforderlich? Um wie viel Meter muss das Seil eingeholt werden, wenn der Stein 1,2 m hoch gehoben wird?

7. Zeichne die Seilführung jeweils an einer festen Rolle, einer losen Rolle und einem Flaschenzug mit 6 Rollen und kennzeichne die tragenden Seile. An den Anordnungen hängen jedes Mal „echte" Lasten von 4,2 N; gib an, wie groß die Kraft im Seil jeweils ist.

Flaschenzug

Eine lose Rolle verteilt die Last auf zwei Seilstücke. Dadurch wird die Kraft halbiert, der Kraftweg aber verdoppelt.

Flaschenzüge sind Kombinationen aus losen und festen Rollen. Man kann mit ihnen schwere Lasten heben, da die anzuwendende Kraft stark vermindert wird. Dafür wird aber der Seilweg länger.

Das Verhältnis zwischen Kraft und Last und zwischen Kraftweg und Lastweg wird durch die Anzahl der tragenden Seile bestimmt.

Wer arbeitet mehr?

1

2

Heinz und Helmut sind dabei, Kisten zu stapeln. In Bild 1 stellt Heinz eine volle Kiste und Helmut eine leere Kiste auf je einen gleich hohen Stapel. Wer von beiden arbeitet mehr? Doch sicher Heinz, denn er hebt die schwerere Last und muss deshalb mehr Kraft aufbringen als Helmut.
Auf dem zweiten Bild sieht man, wie die beiden jeweils volle Kisten hochheben. Deshalb müssen beide die gleiche Kraft anwenden. Allerdings hat Helmut seine Kiste eine Etage höher zu heben. Wer von beiden arbeitet jetzt mehr? Natürlich Helmut, denn er muss bei gleicher Kraft den größeren Höhenunterschied überwinden.

In Bild 1 und 2 wurde **Hubarbeit** verrichtet, und zwar von Muskeln gegen die Gewichtskraft der zu hebenden Kisten. Die Größe der Arbeit wächst dabei im gleichen Maß wie die Gewichtskraft und auch im gleichen Maß wie die Hubhöhe. Bild 3 erläutert dies. Es ist daher sinnvoll, die **Hubarbeit** W_{Hub} (*W* von engl. work) folgendermaßen zu berechnen:

Hubarbeit = Gewichtskraft mal Hubhöhe; $W_{Hub} = F_G \cdot h$

Beispiel: Ein Junge bringt zwei volle Cola-Kisten mit zusammen 30 kg ($F_G = 300$ N) in den ersten Stock (Höhenunterschied 3 m). Er verrichtet dabei an den Kisten die Arbeit

$W = 300\text{ N} \cdot 3\text{ m} = 900\text{ Nm}$.

Seine Schwester trägt eine Kiste (15 kg) in den zweiten Stock. Ihre Arbeit:

$W = 150\text{ N} \cdot 6\text{ m} = 900\text{ Nm}$.

Als Maßeinheit der Arbeit erhalten wir bei diesen Rechnungen 1 N · 1 m = 1 Nm (Newtonmeter). Die Einheit **Newtonmeter** hat einen eigenen Namen bekommen: **Joule** (mit der Abkürzung **J**); **1 Nm = 1 J**. Dieser Name wurde gewählt, um den englischen Physiker James Prescott Joule (1818–1889) zu ehren.

Weitere Arbeitseinheiten

Kilojoule	1 kJ	= 1 000 J	$= 10^3$ J
Megajoule	1 MJ	= 1 000 kJ	$= 10^6$ J
Gigajoule	1 GJ	= 1 000 MJ	$= 10^9$ J

A1 Überlege, welcher Schüler auf den beiden obigen Bildern mehr arbeitet. Begründe deine Meinung für beide Bilder einzeln.

3
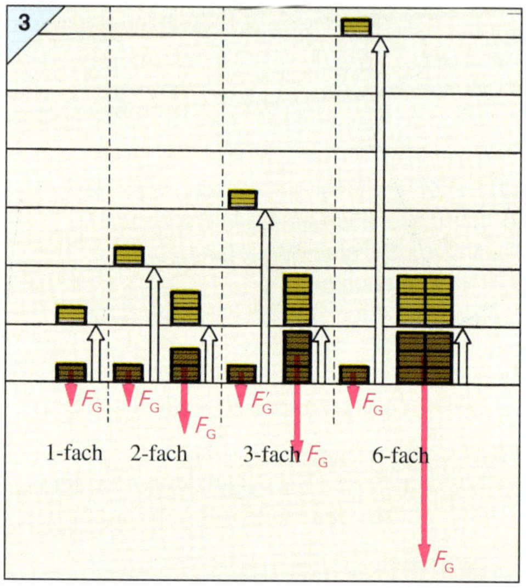

A2 Zum Heben der Kisten sind unterschiedlich große Arbeiten nötig. Miss die Kraftpfeile (kleinster Pfeil steht für 100 N) und berechne die jeweils dargestellte Arbeit (kleinste Hubhöhe 1 m).

A3 Begründe, warum Christina beim Halten der Tasche keine Arbeit verrichtet. Warum muss sie Kraft aufbringen?

4

V4 Belaste einen Holzklotz mit einem Wägestück und ziehe ihn an einem Kraftmesser ein Stück über den Tisch. Berechne die dabei verrichtete Arbeit.

A5 Zeichne Kraft und Kraftrichtung für den Kugelstoßversuch (1 cm für 100 N).
Hier wird eine $7\frac{1}{4}$kg-Kugel mit der Kraft 400 N auf voller Armlänge (60 cm) beschleunigt.
Wie groß ist die Beschleunigungsarbeit?

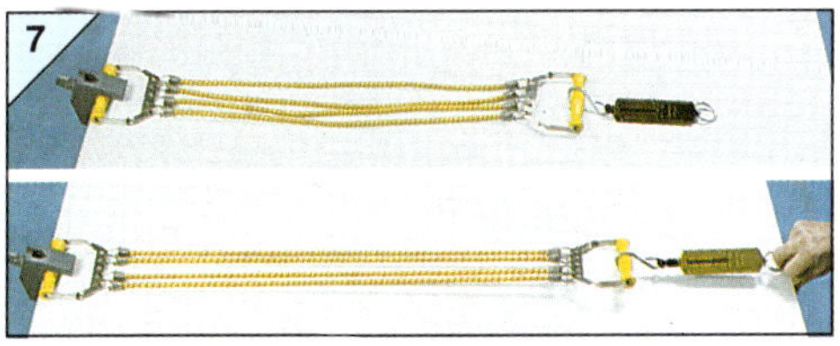

V6 Spanne eine Schraubenfeder (einen Expander) mit einem Kraftmesser und berechne die dazu aufgewendete Spannarbeit.
(Hinweis: Zur Berechnung der Spannarbeit ist die halbe maximale Zugkraft einzusetzen, weil zu Beginn des Ziehens die notwendige Kraft fast null ist und diese dann immer mehr zunimmt.)

Arbeitsformen in der Mechanik

Hubarbeit wird an einem Körper verrichtet, wenn dieser entgegen seiner Gewichtskraft hochgehoben wird. Wir wissen auch, wie die Größe dieser Arbeit berechnet wird. Hubarbeit = Gewichtskraft · Hubhöhe. Nun ist Heben aber nicht die einzige Art mechanischer Arbeit.
Es gibt noch andere Arbeitsformen:

Reibungsarbeit wird verrichtet, wenn du einen Schlitten entsprechend Abb. 5 über den Schnee ziehst. Die Zugkraft wirkt dabei parallel zur Schneefläche; sie muss die Gleitreibungskraft zwischen Schlitten und Schnee überwinden. Aber Vorsicht bei der Berechnung der Arbeit! Es leuchtet ein, dass jetzt nicht die Gewichtskraft von Schlitten und Person die entscheidende Rolle spielen, sondern die Reibungskraft und der Weg, den der Schlitten gezogen wird. Reibungsarbeit = Reibungskraft · Zugweg.

Beschleunigungsarbeit wird verrichtet, wenn ein Körper aus der Ruhe auf eine bestimmte Geschwindigkeit gebracht wird, zum Beispiel die Kugel in Bild 6. Die Kugel wehrt sich infolge ihrer Trägheit gegen die Beschleunigung. Der Sportler muss die Trägheitskraft überwinden und dabei an der Kugel arbeiten.

Spannarbeit wird verrichtet beim Biegen eines Lineals oder beim Dehnen von Federn oder Gummibändern (Abb. 7). Dabei muss man Arbeit verrichten, um die elastische Kraft des Körpers, der verbogen oder gedehnt wird, zu überwinden.

Für jede Art physikalischer Arbeit gibt es zwei Einflussgrößen:

- Arbeit wird nur verrichtet, wenn eine Kraft überwunden *und* ein Körper dabei bewegt wird.
- Die Größe der Arbeit hängt von der aufgebrachten Kraft und dem in Kraftrichtung zurückgelegten Weg ab.

Wir können deshalb die Gleichung für die Hubarbeit verallgemeinern und schreiben:

Arbeit = Kraft · Weg; $W = F \cdot s$

Das Wort „Arbeit“ kommt in unterschiedlichen Bedeutungen vor: *Umgangssprachlich* verwenden wir „Arbeit“ für die Anstrengung, die irgendjemand eine bestimmte Zeit lang aufbringt, um irgendetwas zu bewirken. Dabei kann das Ziel sehr vielfältig sein: Lösen eines Kreuzworträtsels, Halten einer Tasche (Bild 4), Schreiben einer Klassenarbeit, Kochen von Kaffee usw.
Im *physikalischen Sinne* aber wird Arbeit nur verrichtet, wenn ein Körper gegen eine Kraft längs eines Weges bewegt wird, wobei Kraft und Weg dieselbe Richtung haben müssen.

Wir sehen, dass der physikalische Arbeitsbegriff enger oder begrenzter ist als der umgangssprachliche. Nicht jede Arbeit im üblichen Sinne ist auch Arbeit im Sinne der Physik.

Kann man Arbeit sparen?

In Bild 8 wird Hubarbeit verrichtet. Ihre Größe hängt ab von der Gewichtskraft des Fasses ($F_G = 600$ N), gegen die wir arbeiten, und von der Hubhöhe, also dem Weg, auf dem wir das tun:

$$W_H = F_G \cdot h = 600\,\text{N} \cdot 2\,\text{m} = 1\,200\,\text{Nm} = 1\,200\,\text{J}.$$

Lässt sich diese Arbeit durch Einsatz von Hilfsmitteln verringern, z. B. durch Benutzen eines Flaschenzuges wie in Bild 9 oder einer schräg gestellten Leiter wie in Bild 10?

Beim **Flaschenzug** heben wir das Fass direkt hoch, arbeiten an ihm also längs desselben Wegs. Jedoch brauchen wir weniger Kraft beim Ziehen am Seil: Nur $\frac{1}{4}$ von F_G, also 150 N. Leider wird die Kraftersparnis dadurch „entwertet“, dass wir viermal so viel Seil einholen müssen wie beim direkten Heben mit der festen Rolle. Unsere Arbeit am Seil bzw. am Fass:

$$W_{Flaschenzug} = F_{Seil} \cdot s_{Seil} = 150\,\text{N} \cdot 8\,\text{m} = 1\,200\,\text{Nm} = 1\,200\,\text{J}.$$

Auch für einen Flaschenzug mit 2 oder 6 Rollen findest du immer den gleichen Arbeitsbetrag. Flaschenzüge taugen also zum Kraftsparen, nicht aber zum Einsparen von Arbeit.

Als **schiefe Ebene** bezeichnet man alle Hilfsmittel für das Heben, die so angewendet werden wie schräg gestellte Leitern oder Bretter in Bild 10. Über die schiefe Ebene wissen wir bislang gar nichts. Einleuchtend aber ist, dass die Kraft, gegen die jetzt gearbeitet werden muss, das Fass hangabwärts zieht. Diese **Hangabtriebskraft F_{Hang}** wird in Bild 12 gerade gemessen. Das Bild zeigt, dass die Kraft, die wir zum Überwinden der Hangabtriebskraft brauchen, kleiner ist als die zum direkten Hochheben. (Kein Mensch würde sonst Bergstraßen in Serpentinen anlegen.) Ob die Kraftersparnis auch hier die Wegverlängerung gerade wettmacht oder ob vielleicht doch Arbeit gespart wird, müssen wir im Versuch ermitteln. Das Ergebnis ist eindeutig:

$$W_{Rampe} = F_{Hang} \cdot s_{Rampe} \text{ ist immer gleich } W_{Hub} = F_G \cdot h.$$

> Mit Flaschenzug und Rampe kann man Kräfte und Wege verändern, aber keine Arbeit sparen.

A7 Überlege, welche Methode du anwenden würdest, um das Fass auf die Mauer zu bekommen. Begründe deine Antwort.

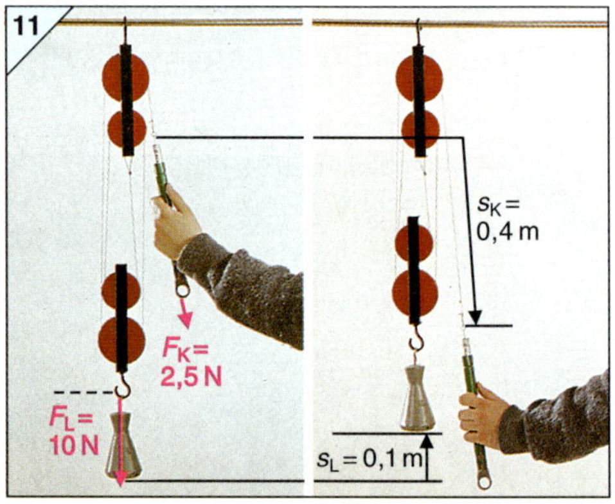

A8 Berechne die Hubarbeit, die am Wägestück verrichtet wird.
Vergleiche sie mit der Arbeit, welche die ziehende Hand an der Schnur verrichtet.

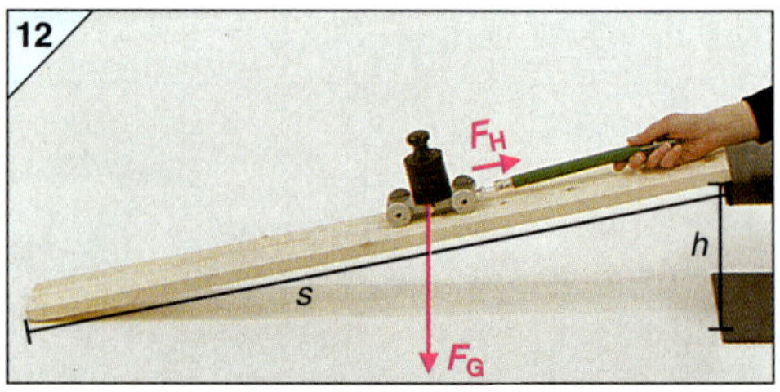

V9 Ziehe den belasteten Wagen mit einem Kraftmesser längs der schiefen Ebene vom Tisch auf 20 cm Höhe. Miss Kraft und Weg und berechne die Arbeit ($W_R = F_H \cdot s$).
Wiederhole den Versuch mit dem gleichen Wagen, bringe ihn aber auf 40 cm Höhe. Berechne wieder die Arbeit. Vergleiche mit der Arbeit für das senkrechte Hochheben.

Das Rad

Das Fliegen konnte der Mensch an den Vögeln studieren, Schwimmen an den Fischen. Die Erfindung des Flugzeugflügels oder des Ruders war also eigentlich nur ein Nachbau. Das Rad aber ist eine „echte" Erfindung des Menschen, denn es hat in der Natur kein Vorbild. Eine Bewegung, die mit einem Rad abläuft, sucht man in der Natur vergebens. Aber es war ein langer Weg zum Rad:

Sicherlich haben sich unsere Vorfahren beim Bewegen schwerer Körper sehr gequält, wenn sie diese tragen oder über den Boden schleifen mussten. Diese Arbeit konnten sie sich nur erleichtern, indem sie die schweren Brocken auf Zweige legten. So ergab sich eine Art „Schlitten". Mit festen Kufen aus hartem Holz ging der Transport etwas bequemer.

Deutlich leichter wurde der Transport schwerer Gegenstände mithilfe von Baumstämmen, die unter die dicken Brocken gelegt wurden. Drückte man jetzt gegen den Brocken, dann konnte dieser auf den Baumstämmen ziemlich leicht vorwärts rollen, denn die Baumstämme selbst rollten unter dem Körper weiter. Sie konnten, wenn sie hinter dem Brocken wieder hervorkamen, aufgenommen und vorne erneut darunter gelegt werden. Dazu brauchte man natürlich viele Helfer, einen festen Weg und viel Zeit. Auf diese Weise haben die Ägypter vor mehr als 4000 Jahren schon tonnenschwere Steinquader oder Statuen transportiert.

Vor 3000 Jahren kam dann die entscheidende Idee: Statt die schweren Gegenstände über mehrere Baumstämme zu rollen, machte man eine oder zwei drehbare Walzen an einer Pritsche fest und legte die schweren Gegenstände darauf. Man konnte die Walzen sogar erstaunlich schmal machen, sodass sie seitlich angebracht werden konnten – der Radwagen war erfunden! Die Räder waren zunächst nur Vollscheiben mit Loch, durch das eine Achse gesteckt wurde. Später ersetzte man die Vollscheiben durch Speichenräder.

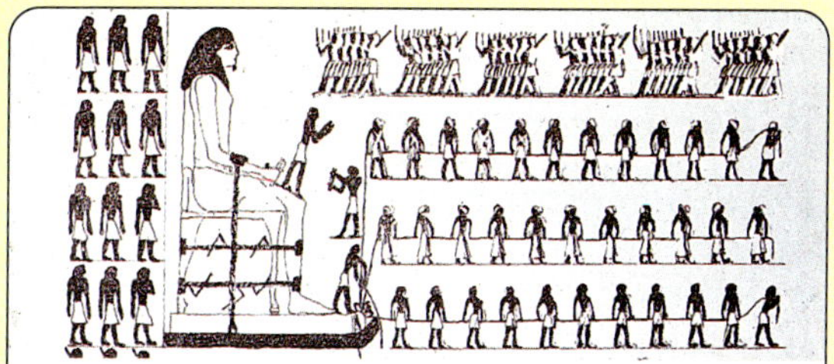

AUFGABEN UND ZUSAMMENFASSUNG

1. Gib Beispiele für Hub-, Reibungs- und Spannarbeit. Gegen welche Kraft wird dabei jeweils gearbeitet?

2. Welche beiden Größen beeinflussen die Größe der mechanischen Arbeit?

3. Wie wird mechanische Arbeit berechnet? Welche Einheit ergibt sich bei der Berechnung?

4. Wie groß ist die Arbeit, wenn ein Schüler ($m = 45$ kg) auf einen Kirchturm (Höhe 80 m) oder auf einen Berg (Höhendifferenz 1,2 km) steigt?

5. Ein Gewichtheber „reißt" 175 kg hoch (2,1 m) und hält sie 3 s lang oben. Diskutiere, in welcher Phase er Arbeit im Sinne der Physik verrichtet. Berechne die Arbeit.

6. In einer Schleuse wird ein Lastkahn ($m = 1200$ t) um 8 m gehoben. Wie groß ist die Arbeit? Wer verrichtet sie an wem?

7. Hans kann mit der Kraft $F = 250$ N einen Expander um 30 cm in die Länge ziehen. Wie groß ist die Arbeit?

8. Ein Wägestück ($m = 5$ kg) liegt auf dem Tisch. Es wird an einen 100 N-Kraftmesser (Gesamtauszug 10 cm bei 100 N) angehängt. Dann wird es mit dem Kraftmesser 1,5 m nach oben gezogen. Wie groß ist die Gesamtarbeit?

9. Du sollst allein ein schweres Fass auf einen Wagen bringen. Wie würdest du vorgehen?
Angenommen, du fändest einen Stapel unterschiedlich lange Bretter. Hilft dir das? Welches Brett würdest du nehmen? Begründe.

10. Berechne in Bild 12 die Arbeit,
a) die längs der schiefen Ebene verrichtet wird ($s = 1$ m; $F_H = 2$ N);
b) die beim senkrechten Hochheben verrichtet wird ($h = 20$ cm; $F_G = 10$ N).
Vergleiche. Wird Arbeit gespart?

Arbeit

Arbeit im Sinn der Physik wird nur dann verrichtet, wenn ein Körper gegen eine Kraft längs eines Weges verschoben wird. Sie wird berechnet mit der Gleichung
$W = F \cdot s$.

Arbeitseinheit ist das Joule
(1 J = 1 Nm).

Arbeitsformen

Arbeit muss oft gegen die verschiedenartigsten Kräfte verrichtet werden. Deshalb unterscheidet man Hubarbeit, Reibungsarbeit, Beschleunigungsarbeit und Spannarbeit.

Goldene Regel der Mechanik:
Arbeit kann nicht gespart werden.

Maschinen erleichtern das Leben

Die ersten Menschen auf unserer Welt waren Jäger und Sammler. Sie brauchten als Werkzeuge etwas, das ihnen half, die Kraft ihrer Arme erfolgreich zu benutzen. Mit diesen Werkzeugen mussten sie Wild erlegen und sich Unterkünfte bauen können. Der im Bild links gezeigte Faustkeil war ein Universalgerät; er ist rund 200 000 Jahre alt. Dieser scharfe Stein diente zugleich als Werkzeug und Waffe. Die Menschen konnten damit essbare Wurzeln ausgraben, Äste und Zweige zum Hüttenbau schneiden, Fanggruben für Wild ausheben, das gefangene Wild töten, aufschneiden, das Fell abziehen und abschaben.

Die erste technische Begabung zeigten unsere Vorfahren, als sie anfingen, Steine zu behauen und daraus Äxte, Messer und Speerspitzen zu machen. Je mehr und je bessere Werkzeuge sie hatten, desto komfortabler konnten sie leben. Sie erfanden und benutzten Hämmer, Messer und Schaufeln, später Pflüge und Flöße. Das half ihnen, ein besseres und leichteres Leben zu führen. Es führte aber auch dazu, Vorgänge in der Natur zu verstehen und die Werkzeuge zu verbessern.

Die Erfindung von Pfeil und Bogen ersparte es den Menschen, Tiere zu fangen und mit der Hand zu töten. Sie konnten den Pfeil von ferne auf ihr Opfer schießen und es gefahrlos erlegen. Sie schufen Angelgeräte, Tischlerwerkzeuge und Nadeln. Mithilfe des Feuersteins konnten sie Feuer entzünden und Fleisch braten, sodass sie es nicht mehr roh essen mussten. Außerdem spendete das Feuer Wärme und Licht und vertrieb wilde Tiere.

Vor etwa 15 000 Jahren, am Ende der letzten Eiszeit, beendete der Mensch das Wirtschaften „von der Hand in den Mund". Er merkte, dass es neben dem Herumstreifen als Jäger noch eine andere Möglichkeit zu leben gab, nämlich die als sesshafter Bauer. Als Bauern waren die Menschen nicht mehr so sehr den Launen der Natur ausgeliefert wie Sammler und Jäger. Sie konnten eigenverantwortlich planen und leben, indem sie mit dem systematischen Anbau von Nahrungsmitteln und der Züchtung von Haustieren begannen. Allerdings war dieses Leben nicht leicht, denn die Bearbeitung der Böden mit einer Hacke war körperliche Schwerstarbeit. Die Bearbeitung der Böden und folglich auch die Erträge kamen erst dann richtig in Gang, als der Pflug erfunden worden war und die Menschen es gelernt hatten, wilde Pferde oder Rinder zu zähmen und diese für sich arbeiten zu lassen.

Mit der Erfindung des Rades, zu dessen Herstellung natürlich Werkzeuge nötig waren, wurde das Leben der Menschen leichter: Wenn man ein Rad mit Schaufeln versieht, es in das fließende Wasser eines Flusses taucht und die Drehbewegung auf eine Achse überträgt, kann man das Wasser des Flusses für sich arbeiten lassen. Über ineinander greifende Zahnräder wurde die Wasserkraft dann in die Werkstatt geholt. Es entstanden nicht nur Getreidemühlen, sondern auch z. B. Hammerwerke zum Bearbeiten von Eisen.
Mit den Wasserrädern ließ sich aber auch Wasser aus den Flüssen schöpfen und zur Bewässerung von Feldern nutzen. Man wurde unabhängig vom Regen und konnte außerdem die Ernteerträge steigern.

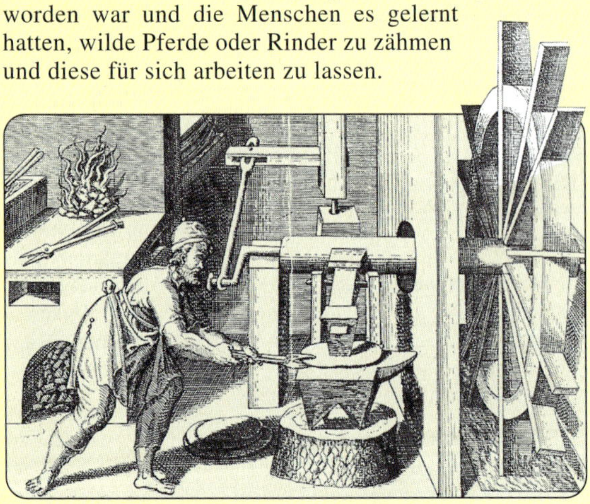

In Ägypten haben die Baumeister darüber nachdenken müssen, wie man riesige Steine transportieren und hochheben kann. Sie verwendeten schließlich Seile, Rollen und die schiefe Ebene, um mit möglichst kleinem Aufwand die Arbeit beim Bau der Pyramiden zu bewältigen.

In wasserarmen Gegenden mussten die Mühlen von Menschen angetrieben werden, hauptsächlich machten das Sklaven. Das waren die heute vom Namen her noch bekannten „Tretmühlen". Schließlich kam jemand auf die Idee, den Wind, der ja die Ruderer in Schiffen ersetzen kann, statt der Menschen in einer umgebauten Tretmühle arbeiten zu lassen. Das war die Geburtsstunde der Windmühle.

ARCHIMEDES (287–212 v. Chr.) lebte in Syrakus (Sizilien). Von ihm ist überliefert, dass er planmäßig geforscht, seine Vermutungen im Experiment überprüft und die Ergebnisse angewandt hat. Er kannte mit Sicherheit das Hebelgesetz, verbesserte Seilmaschinen und Flaschenzug und erfand mit der archimedischen Spirale ein Wasserhebewerk.

Die Dampfmaschine

Den ganz großen Durchbruch zur Erleichterung der Arbeit erlebten die Menschen, als JAMES WATT (1736–1819) die erste brauchbare Dampfmaschine konstruierte: Bis zu diesem Zeitpunkt nutzte der Mensch die Muskelkraft von sich selbst und von Tieren zur Arbeit; oder er ließ Wind und Wasser für sich arbeiten. Durch die Dampfmaschine war man nun unabhängig vom unbeständigen Wind oder vom fließenden Wasser, also frei in der Wahl des Standortes – vorausgesetzt, es war genügend Brennstoff für die Maschine da.
Ein idealer Brennstoff für die Dampfmaschine war Kohle. Denn sie konnte über Kanäle oder Pferdebahnen verhältnismäßig leicht dorthin transportiert werden, wo sie gebraucht wurde. Die große Zeit des Kohlebergbaus brach an und damit das Industrie-Zeitalter.

Auch vor WATT gab es schon Dampfmaschinen. Diese waren jedoch sehr schwer und konnten nur zum Hochpumpen von Wasser in Bergwerken genutzt werden. WATTS Dampfmaschinen arbeiteten zuverlässiger und brauchten wesentlich weniger Kohle. Sie fanden sehr schnell Verbreitung als Antriebsaggregate in Fabriken. Weil sie verhältnismäßig leicht waren, konnten sie auch als Antriebsmaschinen zur Fortbewegung genutzt werden: In ihrem Gefolge wurden Dampflokomotive und Dampfschiff entwickelt. Überall wurden Eisenbahnen gebaut, die die herkömmlichen Kutschen oder Pferdebahnen ablösten; die Transportzeiten zu Wasser und zu Lande wurden deutlich kürzer, die Wirtschaft blühte auf.

Ein erster Schritt in Richtung auf das Automobil (= das sich selbst Bewegende) war die Erfindung des Gasmotors. Eine brauchbare Maschine stellte 1867 der Franzose JEAN J. E. LENOIR (1822–1900) vor. Sie war aber noch sehr groß und schwer. Kleinere Maschinen konstruierte dann der Deutsche NIKOLAUS AUGUST OTTO (1832–1891); aber auch sie konnten noch nicht in Fahrzeuge eingesetzt werden. Die ersten Motorfahrzeuge bauten um 1890 GOTTLIEB DAIMLER (1834–1900) und KARL BENZ (1844–1929).

In einer Sportstunde klettern Hans und Uwe an zwei Seilen 6 m empor. Sie sind beide gleich schwer ($m = 50$ kg). Beide verrichten also die gleiche Arbeit

$$W = 500\,\text{N} \cdot 6\,\text{m} = 3\,000\,\text{Nm} = 3\,000\,\text{J}.$$

Hans braucht dafür aber nur 30 s, Uwe dagegen 60 s. Obwohl beide gleich viel gearbeitet haben, wird Hans als der bessere Sportler gelobt. Dabei war er aber doch nur der Schnellere.

Nun tritt Beate an. Sie wiegt 40 kg, verrichtet somit die Arbeit

$$W = 400\,\text{N} \cdot 6\,\text{m} = 2\,400\,\text{Nm} = 2\,400\,\text{J}.$$

Aber sie schlägt schon nach 25 s oben an. Sie hat zwar weniger gearbeitet als die beiden Jungen, war dafür aber viel schneller. Ist sie die bessere Sportlerin? Leistet sie mehr als die Jungen? Was sollte nun beurteilt werden: die Zeit, die Arbeit oder beides?

Natürlich ist Beate für die Beurteilung nach Zeit, Uwe dagegen für die Beurteilung nach Arbeit. Hans möchte beides berücksichtigt haben, denn seiner Meinung nach kommt es darauf an, wie schnell wie viel Arbeit verrichtet wird. Folgen wir seinem Vorschlag und errechnen die je Sekunde verrichtete Arbeit:

Hans: $3\,000\,\text{J} : 30\,\text{s} = 100\,\frac{\text{J}}{\text{s}}$
Uwe: $3\,000\,\text{J} : 60\,\text{s} = 50\,\frac{\text{J}}{\text{s}}$
Beate: $2\,400\,\text{J} : 25\,\text{s} = 96\,\frac{\text{J}}{\text{s}}$

Hans arbeitet in jeder Sekunde also mehr als die anderen beiden. Wäre nicht diese Art des Vergleiches die fairste?

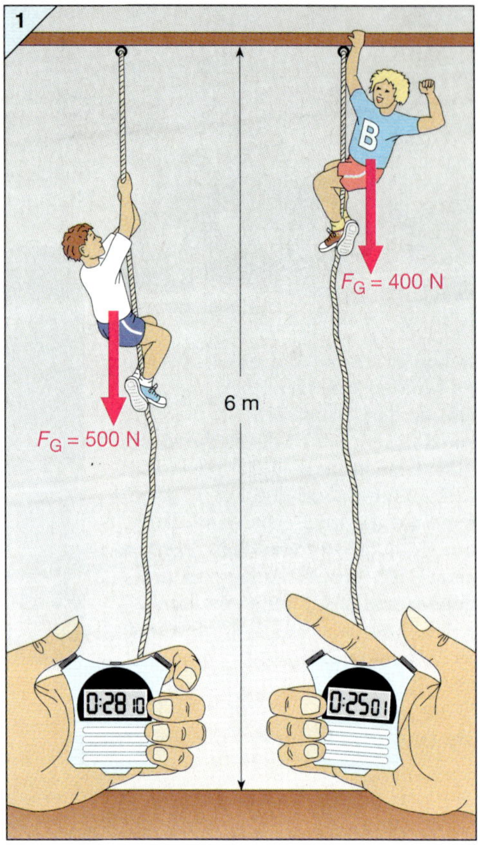

A1 Wie würdest du beurteilen, wer der beste Kletterer ist?
Gesichtspunkte: Kletterstrecke – Gewichtskraft des Kletterers – Zeit – Junge/Mädchen.
Finde weitere mögliche Gesichtspunkte.

Leistung in der Physik

Nach dem gleichen Verfahren wird in Physik und Technik die Leistungsfähigkeit von Motoren verglichen. Man rechnet auch hier aus, wie viel Arbeit ein Motor je Sekunde verrichten kann. Das Ergebnis wird **Leistung** des Motors genannt. Für Physiker hat demnach Uwe die Leistung $50\,\frac{\text{J}}{\text{s}}$ erbracht, Beate $96\,\frac{\text{J}}{\text{s}}$ und Hans $100\,\frac{\text{J}}{\text{s}}$.

> Leistung ist der Quotient aus der Arbeit und der für ihre Verrichtung benötigten Zeit:
>
> $$\text{Leistung} = \frac{\text{Arbeit}}{\text{Zeit}}\,;\; P = \frac{W}{t}$$

2

	Leistung		Leistung
Mensch		Waschmaschine	2 kW
Dauerleistung	75 W		
Höchstleistung	2 kW	Mofa	1 kW
Pferd		Moped	2,5 kW
Dauerleistung	0,7 kW	Motorrad	14 kW
Rasenmäher		PKW	50 kW
elektrisch	1 kW	Rennwagen	250 kW
Benzin	2,2 kW	E-Lok	10000 kW

A2 In obiger Tabelle sind einige Leistungsangaben zusammengestellt. Wieso sind für „Mensch" zwei Angaben angeführt?

A3 Warum ist es physikalisch falsch, zu sagen „Arbeit wird geleistet"?

Die Einheit der Leistung

Die Leistungseinheit ergibt sich bei den obigen Rechnungen von selbst:

$$\frac{\textbf{Nm}}{\textbf{s}} = \frac{\textbf{J}}{\textbf{s}}$$

Den Quotienten $\frac{\text{J}}{\text{s}}$ nennt man auch **Watt (W)**, nach dem Erfinder der Dampfmaschine JAMES WATT (1736–1819)

> Die Einheit der Leistung ist $1\,\frac{\text{J}}{\text{s}} = 1\,\text{W}$

Weitere Leistungseinheiten

Milliwatt	1 mW =	$\frac{1}{1000}$ W	$= 10^{-3}$ W
Kilowatt	1 kW =	1 000 W	$= 10^{3}$ W
Megawatt	1 MW =	1 000 kW	$= 10^{6}$ W
Gigawatt	1 GW =	1 000 MW	$= 10^{9}$ W

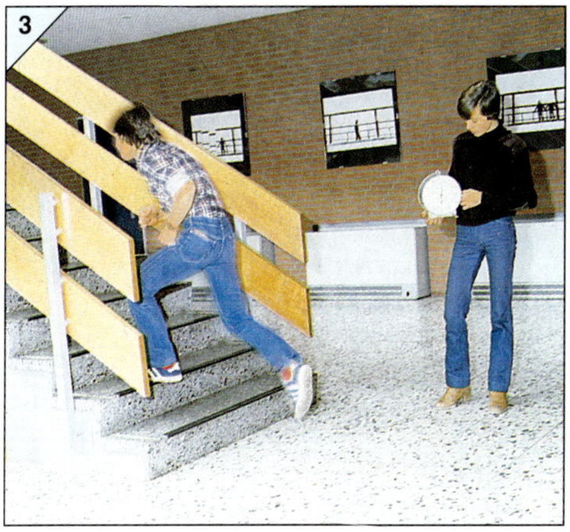
3

V4 Bestimmt eure Höchstleistung: Messt zunächst die Stockwerkhöhe aus und bestimmt euer Körpergewicht.
Einer stoppt dann die Zeit, die ein anderer zum Hinaufrennen der Treppe braucht.
Wiederholt den Versuch mit mehreren Mitschülern.
Berechnet und vergleicht eure Bestleistung.

Die Pferdestärke

Als die Dampfmaschine erfunden worden war, wollte ein englischer Unternehmer die Leistung eines arbeitenden Pferdes wissen. Er wollte vergleichen, wie viele Pferde, die sonst die Förderkörbe mit Kohle hochgezogen haben, durch den Einsatz dieser Maschine eingespart werden konnten.

Diese Leistung wurde ermittelt und eine Pferdestärke (1 PS) genannt; sie diente bis 1972 als Leistungseinheit. Man kann die Leistungseinheiten W und PS folgendermaßen ineinander umrechnen:
1 PS = 736 W; 1 kW = 1,36 PS

Leistung von Mensch und Tier

1. Ein Bauarbeiter hebt mithilfe eines Flaschenzuges in 5 min = 300 s einen Eisenträger mit $F_G = 1\,500$ N um 16 m in die Höhe.
Er verrichtet die Arbeit
$W = F \cdot s = 1\,500 \text{ N} \cdot 16 \text{ m} = 24\,000 \text{ Nm} = 24\,000 \text{ J}$.
Er leistet
$P = W/t = 24\,000 \text{ J} : 300 \text{ s} = 80 \text{ W}$.

2. Ein Schüler ($m = 40$ kg) läuft in 2 s eine Treppe ins nächste Stockwerk hoch ($s = 3$ m).
Arbeit: $W = F \cdot s = 400 \text{ N} \cdot 3 \text{ m} = 1\,200 \text{ Nm} = 1\,200 \text{ J}$
Leistung: $P = W/t = 1\,200 \text{ Nm} : 2 \text{ s} = 600 \frac{\text{Nm}}{\text{s}} = 600 \text{ W}$

Solche Höchstleistungen kann ein junger Mensch nur kurze Zeit erbringen. Die *Dauerleistung* eines Menschen liegt wesentlich niedriger, nämlich bei etwa 75 W. Trainierte Sportler kommen allerdings mühelos auf 150 W Dauerleistung.

3. Ein Pferd kann (über eine Rolle) in 1 s einen Körper von 75 kg 1 m hochheben. Es leistet
$P = W/t = F \cdot s/t = (750 \text{ N} \cdot 1 \text{ m}) : 1 \text{ s} = 750 \text{ W}$.
Dies ist die Dauerleistung von Pferden z. B. beim Pflügen oder beim Ziehen von Wagen und Kutschen.

Leistung von Maschinen

1. Ein Kran hebt eine Palette Ziegel ($F_G = 6\,000$ N) ins 5. Stockwerk eines Neubaus ($s = 15$ m). Er braucht dazu 20 s.
Arbeit: $W = F \cdot s = 6\,000 \text{ N} \cdot 15 \text{ m} = 90\,000 \text{ Nm} = 90 \text{ kJ}$.
Leistung: $P = W/t = 90 \text{ kJ} : 20 \text{ s} = 4{,}5 \frac{\text{kJ}}{\text{s}} = 4{,}5 \text{ kW}$

2. Die Kabine einer Seilbahn hat zusammen mit den Passagieren die Gewichtskraft 16 kN. Sie fährt in 4 min von der Talstation auf einen 1 200 m höher gelegenen Gipfel. Welche Leistung muss der Antriebsmotor aufbringen?
$P = W/t = F \cdot s/t = (16\,000 \text{ N} \cdot 1\,200 \text{ m}) : 240 \text{ s} =$
$= 19\,200\,000 \text{ Nm} : 240 \text{ s} = 80 \text{ kW}$

AUFGABEN UND ZUSAMMENFASSUNG

1. Von welchen Größen hängt die Leistung ab? In welcher Einheit wird sie gemessen? Wie kann man sie berechnen?

2. Ein Arbeiter zieht Backsteine in einem Korb über eine feste Rolle 15 m hoch. Je Ladung befördert er 30 kg Steine und braucht eine halbe Minute. Berechne Arbeit und Leistung.

3. Wie lange braucht ein Junge, der auf Dauer 50 W leistet, um zwei Eimer mit je 15 kg Kohlen 10 m hochzuziehen?

4. Welche Leistung vollbringt ein Matrose, der in 20 s auf den 30 m hohen Mast seines Schiffes klettert, wenn er selbst 75 kg wiegt?

5. Ein Wanderer (75 kg) steigt je Stunde durchschnittlich 300 m höher.
Wie groß ist seine Steigleistung?

6. Ein Auto wiegt 9,3 kN. Es hat einen Motor, der 45 kW leistet. In welcher Zeit müsste das Auto auf einen 1 500 m hohen Berg hinauffahren können?

Leistung

Die Leistung gibt an, wie groß die in einer bestimmten Zeit verrichtete Arbeit ist. Wir berechnen sie, indem wir die Arbeit durch die Zeit, in der sie verrichtet wurde, teilen:
$P = W/t$

Die Einheit der Leistung ist das Watt: $1 \text{ W} = 1 \frac{\text{J}}{\text{s}} = 1 \frac{\text{N} \cdot \text{m}}{\text{s}}$.

Alle Welt spricht zur Zeit von **Energie.** In Zeitungsberichten oder Nachrichtensendungen fallen immer wieder die gleichen Schlagworte: „Energiequellen", „Energieträger", „Energieversorgung", „Energieentwertung", „Energieverbrauch" usw. Aber keiner dieser Meldungen können wir entnehmen, was „Energie" eigentlich ist. Wenn wir ernsthaft mitreden wollen, sollten wir wissen, was unter dem Begriff „Energie" zu verstehen ist.

Eine zunächst abwegig erscheinende Überlegung hilft uns weiter: Dass Menschen und Maschinen Arbeit verrichten können, ist bekannt. Dass aber auch ein Felsbrocken arbeiten kann, erscheint zunächst unsinnig – aber der in Bild 1 oben liegende Felsbrocken könnte über die Felswand abstürzen, das Haus unten zertrümmern und dabei (allerdings unerwünschte) Arbeit verrichten.
Wir können die Situation nachstellen: Entfernen wir in Bild 2 links den Schuhkarton, so fällt der Stein nach unten. Er zieht gleichzeitig das Wägestück hoch, verrichtet also an diesem Hubarbeit. Sobald er jedoch auf dem Tisch aufliegt, kann er das nicht mehr. Offensichtlich gab ihm seine erhöhte Lage die *Fähigkeit, Arbeit zu verrichten.* Eine derartige Fähigkeit bezeichnet man in der Physik mit dem Wort **„Energie".**

In Bild 1 und 2 haben die oben liegenden Steine Energie, der unten liegende bzw. das Wägestück keine. Da die Energie hier auf die Höhenlage von Körpern zurückzuführen ist, sprechen wir von **Höhenenergie.** In Bild 2 rechts hat der Stein nach dem Herabsinken keine Höhenenergie mehr. Er bekommt sie zurück, wenn er wieder hochgehoben wird. Dabei verrichtet derjenige, der hebt, an ihm Hubarbeit. Diese Arbeit ist danach im hochgehobenen Stein gespeichert – er ist jetzt wieder „arbeitsfähig", hat also wieder Energie.

> Wird an einem Körper Arbeit verrichtet, so wird ihm Energie zugeführt. Diese Energie ist dann in ihm gespeichert.
> Hat ein Körper Energie, dann kann er seinerseits Arbeit verrichten.

Wie viel Energie steckt in Körpern?

Der Tonnenfuß in Bild 3 hat Höhenenergie. Diese Energie wird beim Herabfallen frei und zum Verrichten von Arbeit verwendet, indem der Tonnenfuß den Nagel in den Styroporklotz treibt. Wird er höher gehoben, erhält er mehr Energie. Er kann den Nagel tiefer eintreiben, also mehr Arbeit verrichten.
Ob ein Körper viel oder wenig Energie hat, lässt sich somit daraus ableiten, ob er viel oder wenig arbeiten kann. Die Größe des Energie-„Besitzes" eines Körpers wird also an der Größe der Arbeit gemessen, die er verrichten kann. Es ist deshalb sinnvoll, für die Energie dieselben Einheiten zu benutzen wie für Arbeit, nämlich Joule (J), Kilojoule (kJ) oder Megajoule (MJ).

> Die Energie, die ein Körper hat, wird in Joule gemessen.

A1 Welcher der beiden großen Felsbrocken ist für das Haus gefährlich? Warum? Worauf ist es zurückzuführen, dass einer eine Bedrohung ist, der andere nicht?

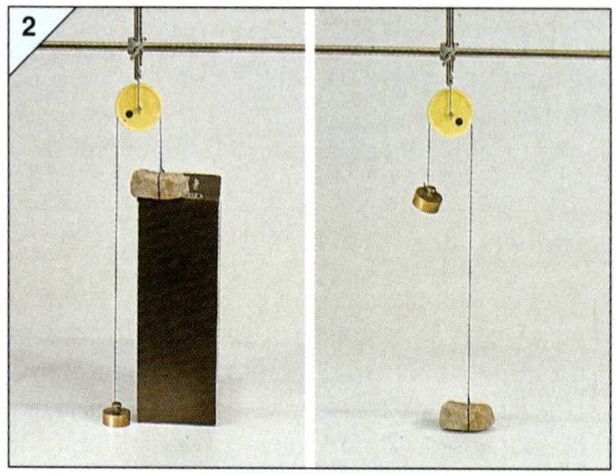

V2 Hänge ein Wägestück an eine Schnur, die über eine feste Rolle läuft. Befestige am anderen Schnurende einen Stein, der etwas schwerer ist als das Wägestück und zunächst noch auf einem Schuhkarton liegt. Was geschieht, wenn du die Schachtel entfernst? Beschreibe genau.

A3 Beschreibe, wer in Bild 2 an wem Arbeit verrichtet. Wie lange kann das der Körper? Was muss getan werden, damit er wieder Arbeit verrichten kann?

A4 Welche Arbeit kann der Tonnenfuß beim Auftreffen auf den Nagel an diesem verrichten, wenn er eine Masse von 1 kg hat und aus einer Höhe von 60 cm herabfällt? Welche Arbeit kann er verrichten, wenn er doppelte Masse oder dreifache Anfangshöhe hat?

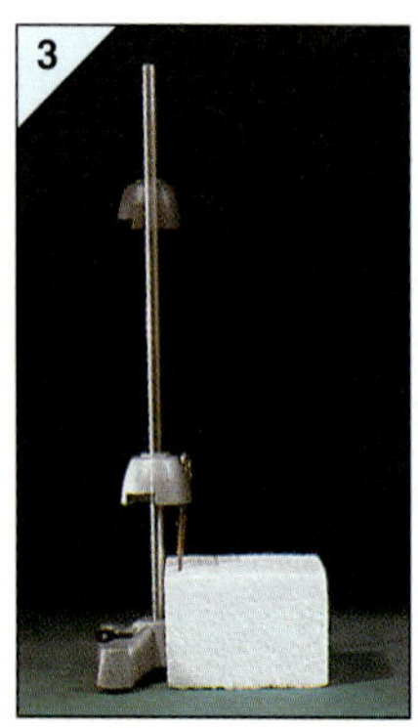

A5 Das strömende Flusswasser treibt das Schöpfrad an. Dabei wird Wasser hochgehoben. Wer hebt es hoch? Warum kann er das?

V6 Ziehe den Motor eines Spielzeugautos auf und stelle das Auto dann auf dem Tisch vor einen Klotz. Lass das Auto los. Beschreibe, was dann geschieht. Welche Energieformen treten auf?

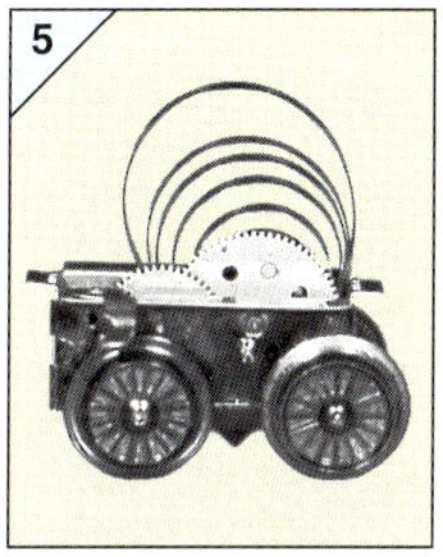

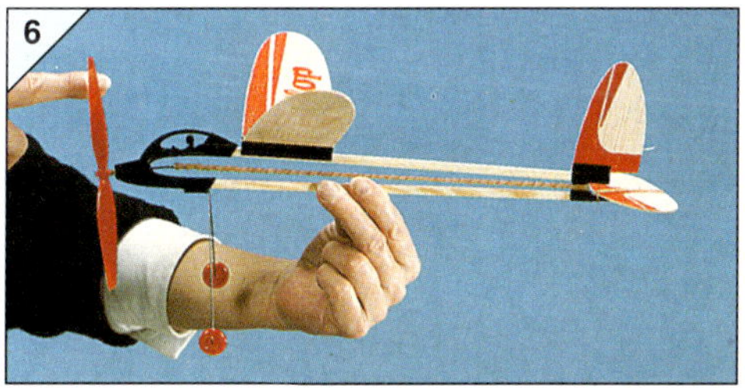

A7 Hier wird ein Gummiband verdrillt. Es bewegt dann das Flugzeug. Nenne die Energieformen.
Wo bleibt letztlich die hineingesteckte Energie?

V8 Berechne die elektrische Energie, die dieser Motor beim Hochheben an das Wägestück abgibt, wenn dessen Masse 500 g und die Hubhöhe 80 cm beträgt.

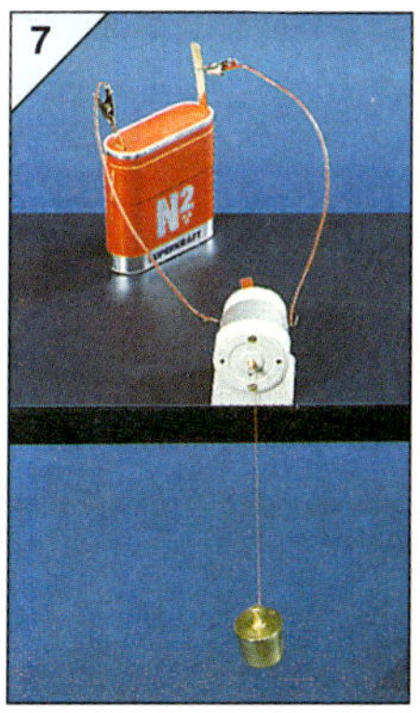

Mechanische Formen der Energie

Auch fließendes Wasser kann arbeiten und z. B. ein Schöpfwerk betreiben: Dort wird in Kästen am Radumfang Wasser hochgehoben und zur Bewässerung von höher gelegenen Feldern weitergeleitet. Das fließende Wasser im Fluss verrichtet dabei Hubarbeit beim Heben des Wassers in den Kästen. Das Flusswasser kann das nur, wenn es Energie besitzt. Diese ist hier auf seine Bewegung zurückzuführen. Man nennt sie daher **Bewegungsenergie**. Bewegungsenergie steckt auch in der Kugel, die über die Kegelbahn rollt und die Kegel nach allen Seiten wegschleudert. Die Kugel verrichtet dabei Beschleunigungsarbeit an den Kegeln; sie hat demzufolge Energie, Bewegungsenergie wie Flusswasser.
Auch im Wind, der ein Windrad antreibt, steckt Bewegungsenergie. Er bringt das Windrad erst zum Drehen und hält es dann gegen die Kräfte in einer Getreidemühle in Bewegung. Wird ein Generator angeschlossen, so erzeugt dieser elektrische Energie aus der Bewegungsenergie des Windes.

In anderer Form ist Energie in einem gespannten Bogen gespeichert. Wir sehen das daran, dass er in der Lage ist, einen Pfeil je nach Kraft des Schützen unterschiedlich hoch in die Luft zu schießen. Erreicht der Pfeil ($m = 50$ g) beispielsweise eine Höhe von 50 m, so verrichtet der Bogen an ihm die Arbeit

$$W_{\text{Hub}} = F_G \cdot h = 0{,}5\,\text{N} \cdot 50\,\text{m} = 25\,\text{Nm} = 25\,\text{J}.$$

Voraussetzung für den Höhenflug des Pfeils ist, dass der Schütze vorher Spannarbeit am Bogen verrichtet hat. Dabei hat der Bogen wegen seiner Elastizität **Spannenergie** bekommen, die er an den Pfeil weitergeben kann.
Spannenergie spielt auch die entscheidende Rolle bei Spielzeug mit Feder- oder Gummimotor (Bild 5 und 6). Beim „Aufziehen“ werden Feder oder Gummiband elastisch verformt; dabei wird Spannarbeit verrichtet. Die danach in Feder oder Gummiband enthaltene Energie ermöglicht es den „Motoren“, Spielzeug oder Flugzeug in Bewegung zu setzen, also Beschleunigungsarbeit zu verrichten.

(Mechanische) Energie kann enthalten sein
- in Körpern, die hochgehoben wurden **(Höhenenergie);**
- in Körpern, die beschleunigt wurden **(Bewegungsenergie);**
- in Körpern, die elastisch verformt wurden **(Spannenergie).**

Andere Formen von Energie

Neben diesen drei mechanischen Formen der Energie kennst du noch zwei weitere Formen oder hast zumindest von ihnen gehört:
- **Elektrische Energie** fließt aus Batterien, Fahrrad-Lichtmaschinen oder Steckdosen (also aus dem elektrischen Versorgungsnetz). Über Motoren in Aufzügen, Bahnen und Sägen kann sie Hub-, Beschleunigungs- und Reibungsarbeit verrichten.
- **Chemische Energie** steckt in Heizöl, Kohle oder Erdgas. Meist wird sie zwar zu Heizzwecken verwendet, aber in den Motoren unserer Autos oder Mofas wird sie auch zum Verrichten von Beschleunigungs-, Hub- und Reibungsarbeit eingesetzt.

Energie – ein Meister der Verwandlung!

Was hat eine Fahrt auf der Achterbahn mit Physik zu tun? Mehr als man auf den ersten Blick vermutet, denn sie zeigt verschiedene Formen von Energie und dass sie sich ineinander umwandeln können.

Zunächst wird der Wagen mit einem Motor an einer Kette nach oben gezogen; der Motor arbeitet dabei am Wagen (Hubarbeit). Die dazu nötige Energie bezieht er in elektrischer Form „aus der Steckdose". Ist der Wagen am höchsten Punkt angekommen, hat er Höhenenergie. Der Motor hat also beim Aufstieg elektrische Energie in Höhenenergie umgewandelt.
Schießt der Wagen jetzt nach unten, wird er immer schneller, an ihm wird Beschleunigungsarbeit verrichtet. Seine Höhenenergie wandelt sich um in Bewegungsenergie. Kommt er unten an, hat er keine Höhenenergie mehr, aber die höchste Geschwindigkeit und folglich die größte Bewegungsenergie.
Nun kann er von selbst wieder bergauf fahren. Dabei wird seine Bewegungsenergie wieder in Höhenenergie verwandelt und ab geht die Schussfahrt ins nächste Tal.

Bild 8 zeigt, dass sich diese Abläufe leicht in einem Versuch nachvollziehen lassen. Beim Trampolinspringen (Bild 9) sind sogar drei Energieformen beteiligt, die sich ineinander umwandeln: Höhenenergie, Bewegungsenergie und Spannenergie. Wir sehen also: Bei allen mechanischen Vorgängen finden **Energieumwandlungen** statt.

8

V9 Die Vorgänge an der Achterbahn kannst du mit einer Kugel, die in einer gebogenen Rinne (Stück eines Fahrradreifens) rollt, nachvollziehen. Lass die Kugel links oben los und beobachte ihren Lauf. Beschreibe ihre Bewegung. Nenne die Energieformen, die hier auftreten.

9

A10 Beschreibe die Bewegung des Springers. Gib dabei die Energieformen an, die hier auftreten.
Nenne die Vorgänge, bei denen sie ineinander umgewandelt werden.

V11 Hänge ein Wägestück an eine Schraubenfeder und dehne die Feder. Lass das Wägestück los und beobachte die Bewegung. Beschreibe die Energieumwandlungen.
Was ist aus der ursprünglichen Spannenergie der Feder geworden, wenn das Wägestück zur Ruhe gekommen ist?

Energieerhaltung

Geht dieser Wechsel zwischen den mechanischen Formen von Energie ewig so weiter? – Natürlich nicht! Jeder weiß, dass die Berge bei einer Achterbahn immer niedriger werden und Trampolinspringer ohne eigenes Zutun ziemlich schnell zur Ruhe kommen. Dafür sorgt in beiden Beispielen die *Reibung* an der Luft, bei der Achterbahn zusätzlich die Reibung zwischen Schienen und Rädern und in den Radlagern. Bei Reibungsvorgängen muss also Energie verzehrt werden. Was mit ihr geschieht, wissen wir: Bei allen Reibungsvorgängen entsteht Wärme. Also verschwindet bei der Achterbahn oder beim Trampolin Energie nicht, sondern wandelt sich aus mechanischen Formen (Höhenenergie, Bewegungsenergie, Spannenergie) in Wärme um.

Wenn man die Zusammenhänge genau untersucht und nachmisst, stellt man fest, dass genau so viel Joule in Form von Wärme entstehen, wie mechanisch verloren gehen. Da Wärme eine weitere Form von Energie ist, bleibt der Gesamtbetrag an Energie (also mechanische + Wärme) bei Umwandlungen konstant. Es gilt also:

Satz von der Erhaltung der Energie: Energie kann nie verloren gehen. Sie geht nur von einer Form in eine andere über. Auch Wärme ist eine Form von Energie.

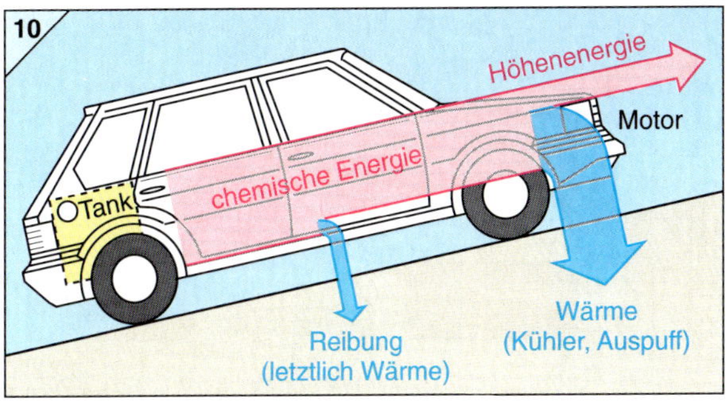

Alles ist umsonst

„Jede Art Energie kann in eine andere Form umgewandelt werden; dabei geht keine Energie verloren." Dieser **Satz von der Erhaltung der Energie** hat Folgen, wie wir am Beispiel einer Autofahrt leicht einsehen können:

Der Motor setzt bei 25 kW Dauerleistung (Fahrt auf der Autobahn) in jeder Sekunde 25 000 J um; in einer Stunde also 90 MJ. Das Auto fährt dabei mit 8,5 l Benzin 100 km weit. – In 8,5 l Benzin stecken aber 250 MJ an chemischer Energie! Nur knapp die Hälfte wurde zum Fahren benutzt; mehr als die Hälfte wurden im Motor in Wärme verwandelt und über Kühlwasser und heiße Auspuffgase an die umgebende Luft abgegeben!

Was wurde mit dem Energieeinsatz bewirkt? Der Einsatz des Drittels, der für das Vorwärtskommen nötig war, diente dem eigentlichen Zweck, z. B. der Reise zur Oma. Aber die zwei Drittel, die als Wärme weggegangen sind, sind unwiederbringlich verloren. Denn anders als beim Trampolinspringen, wo sich ja Höhenenergie in Bewegungsenergie umwandelt und danach Bewegungsenergie wieder in Höhenenergie zurückverwandelt, lässt sich die Wärme, die in die Luft abgeflossen ist, nicht mehr einsammeln und wieder verwerten. Sie ist wertlos geworden. Man spricht deshalb immer dann, wenn Energie in Wärme (die man gar nicht will!) verwandelt wird und danach in der Umgebung „verschwindet", von **Energieentwertung.** Denn die Wärme verteilt sich so, dass sie nicht mehr gesammelt und weiterhin genutzt werden kann.
Auch die für die Fahrt aufgewendete Energie wird entwertet: Wenn das Fahrtziel erreicht ist, muss das Auto abgebremst werden. Auch dabei wird Bewegungsenergie in Wärme verwandelt. Letztlich wird also alle für die Reise eingesetzte Energie zu Wärme entwertet.

Energie und Arbeit

Ein Körper erhält Energie, wenn an ihm Arbeit verrichtet wird. Zwei Beispiele: An einem Stein muss Arbeit verrichtet werden, wenn man ihm durch Hochheben Höhenenergie geben will. Ein Fahrrad bekommt Bewegungsenergie, wenn man kräftig in die Pedale tritt, also die Muskeln arbeiten lässt.

Verrichtet man an einem Körper Arbeit in einer ganz bestimmten Weise, so bekommt er Energie einer ganz bestimmten Form.

Arbeit beim	Energieform
Beschleunigen	Bewegungsenergie (kinetische Energie)
Hochheben	Höhenenergie (potentielle Energie)
Spannen bzw. elastisch Verformen	Spannenergie (elastische Energie)
Reiben	Wärme (thermische Energie)

AUFGABEN UND ZUSAMMENFASSUNG

1. Was versteht man unter Höhenenergie, Spannenergie, Bewegungsenergie? Gib jeweils ein Beispiel.

2. Gib Beispiele für Körper, die Energie haben. Wie haben sie diese bekommen?

3. Energie welcher Form enthält eine Person auf einer Leiter, ein schneller Radfahrer, eine gespannte Feder?

4. Energie welcher Form hat ein Fußball, wenn er gerade gegen die Querlatte des Tores klatscht?
Welche Energieumwandlungen finden anschließend statt?

5. Energie welcher Form hat ein startendes Flugzeug am Boden bzw. das fliegende in 5 000 m Höhe?

6. Gib Beispiele für Umformungen von Energie.

7. Welche Energieformen spielen im Straßenverkehr eine Rolle?

8. Berußе eine Stahlkugel und lass sie auf eine dicke Glasplatte fallen. Betrachte die Glasplatte genau und beschreibe die Energieumwandlungen.

9. Was bedeutet „Energieentwertung"? Was hat Energieentwertung mit Reibungsvorgängen zu tun?

10. Ist Energieerhaltung mit Energieentwertung vereinbar? Erkläre an einem Beispiel genau.

Energie

Energie ist die Fähigkeit eines Körpers, Arbeit zu verrichten. Sie wird in Joule gemessen und kann in verschiedenen Formen auftreten, z. B. als Höhenenergie, Spannenergie oder Bewegungsenergie.

Energieumwandlungen

Bei allen mechanischen Vorgängen finden Energieumwandlungen statt. Dabei bleibt die Größe der Energie erhalten, wenn man Wärme als Energieform einbezieht.

Von *Energieentwertung* spricht man, wenn bei Umwandlungen nicht weiter verwertbare Wärme entsteht.

Energieströme

Wir wollen noch einmal Vorgänge bzw. Geräte betrachten, bei denen Energie eine Rolle spielt. Dabei soll herausgearbeitet werden, was das Gemeinsame ist.

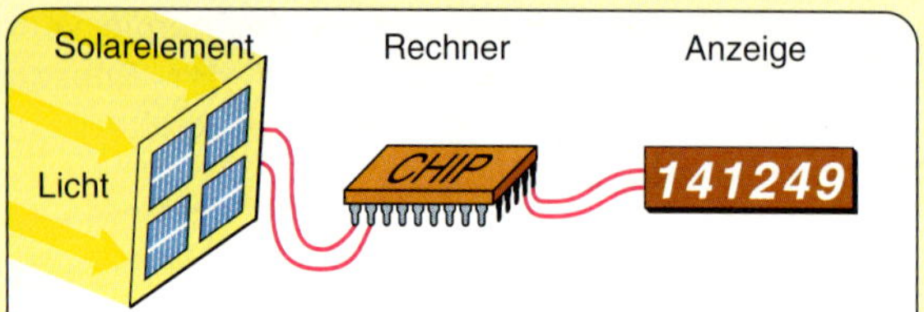

Wenn Licht auf ein Solarelement fällt, setzt es Elektronen in Bewegung. Diese durcheilen den Stromkreis und transportieren dabei die Energie, die der Chip zum Rechnen und zum Steuern der Anzeige braucht.

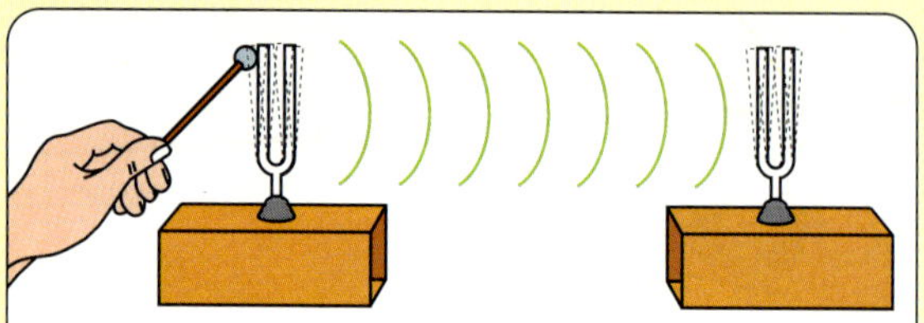

Eine Stimmgabel wird angeschlagen, die Luft überträgt die dazu aufgewandte Energie zur zweiten Stimmgabel. Infolge der Energieaufnahme beginnt auch diese zu schwingen.

Hier wird Gas verbrannt und Wasser zum Sieden gebracht. Die dazu notwendige Energie wird in Form von Wärme von den Verbrennungsgasen zum Wasser gebracht.

Das Wasserrad wird vom fließenden Wasser gedreht. Die von ihm abgegebene Energie wird über die Achsen und Zahnräder auf den Mahlstein übertragen.

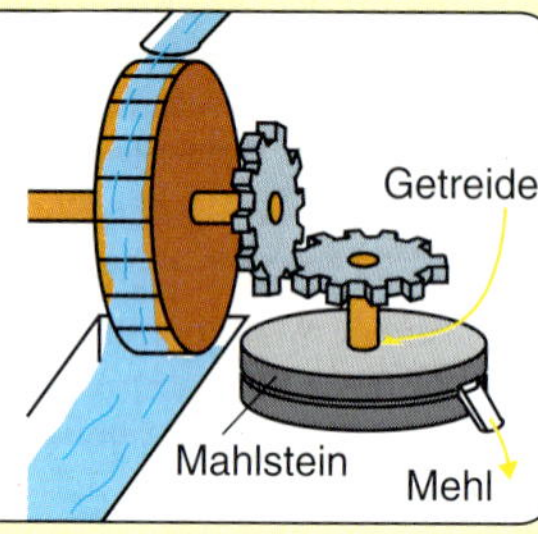

Es gibt noch mehr Beispiele:

Mechanischer Generator setzt Elektronen in Bewegung	⇒	elektrischer Motor wird angetrieben
Batteriezelle setzt Elektronen in Bewegung	⇒	Glühlampe leuchtet
Solarelement setzt Elektronen in Bewegung	⇒	Taschenrechner kann arbeiten
Gasbrenner erzeugt Wärme	⇒	Wasser wird erwärmt
Gasbrenner erzeugt Wärme	⇒	Eis schmilzt
Gasbrenner erzeugt Wärme	⇒	Wasser siedet
Gitarrensaite wird angezupft	⇒	Trommelfell schwingt, Ohr empfängt Schall
Stimmgabel schwingt	⇒	gleichartige Stimmgabel schwingt mit
Wasserrad wird gedreht	⇒	Mühlstein wird gedreht
Bogen wird gespannt	⇒	Pfeil fliegt davon
Spiralfeder wird aufgezogen	⇒	Auto fährt

Bei allen diesen Vorgängen – gleichgültig welchem Teilgebiet der Physik sie entstammen – ist erkennbar:
links wird Energie eingegeben ⇒ rechts wird Energie genutzt.
Mithilfe eines Trägers strömt Energie von links nach rechts; der rechts stehende Vorgang kann nur ablaufen infolge des **Energiestroms**.

Fassen wir zusammen

Alle Vorgänge lassen sich in einem Bild darstellen:

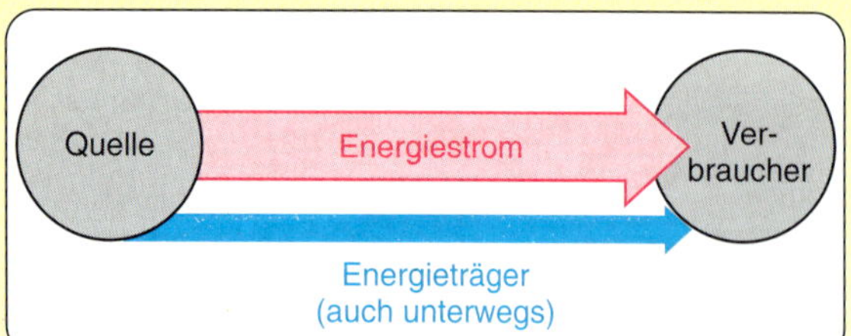

Energie gibt es nicht „pur"!
Eines ist bei allen Überlegungen zum Thema „Energie" ganz wichtig: Energie kommt selten alleine vor – als „Energie an sich". Sie ist vielmehr meist an irgendwelche Körper gebunden, sozusagen in ihnen gespeichert (Ausnahme Licht). Das können hochgehobene Körper sein, aber auch in Bewegung versetzte oder elastisch verformte. Ein Brocken Kohle oder ein Kanister Benzin enthalten ebenfalls Energie, chemische Energie.
Natürlich hat auch elektrische Energie einen Träger. Es ist der Stoff „Elektrizität", der sie von der Stromquelle zu den Elektrogeräten oder Motoren bringt, wo sie Arbeit verrichten kann.

Energie strömt

Alle Beispiele zum Energiestrom werden dir unvollständig vorgekommen sein. Du hast Recht: Wenn man von „Energiequelle“ und „Energienutzer“ spricht, unterschlägt man die Überlegung, woher Energie kommt und wohin sie geht. Bei zwei Beispielen erkennen wir sehr schnell die Gegebenheiten:

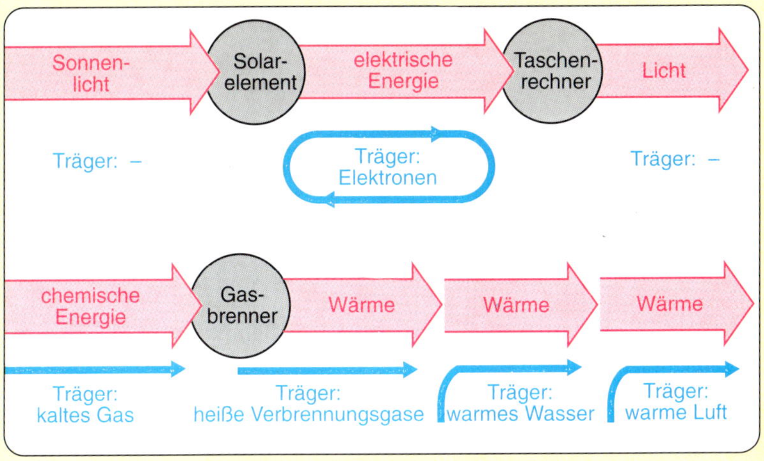

Das Solarelement eines Taschenrechners empfängt Energie von der Sonne und wandelt sie um in elektrische Energie. Diese wird von den Elektronen zum Rechner-Chip übertragen. Der nutzt sie zum Rechnen und zum Steuern der Anzeige.

Die im Gas (und in Luft) enthaltene chemische Energie wandelt der Brenner um in Wärme. Diese steckt danach in den Verbrennungsgasen und wird von diesen ans Wasser weitergegeben. Sie bringt dieses zum Sieden. Wenn das Wasser später erkaltet ist, steckt die ursprünglich zugeführte Energie in der Umgebungsluft.

Teilung von Energieströmen – Energieentwertung

Wenn du den Energiestrom am Auto verfolgst, erkennst du, dass er aufgeteilt wird. Die Energie Wärme geht in die Umgebung und kann nicht mehr genutzt werden: Dieser Teil der Energie ist entwertet.

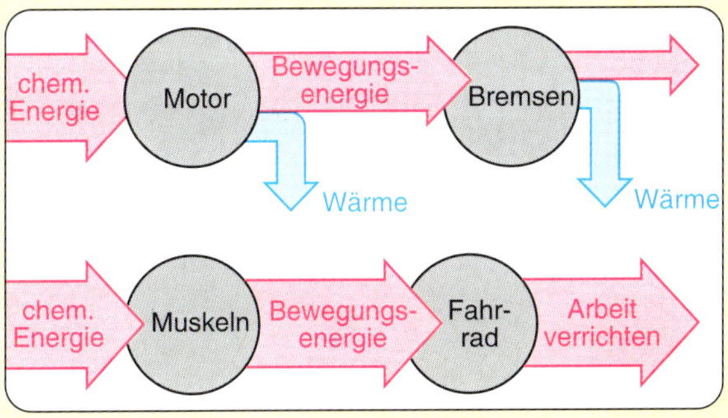

Auch beim Radfahren finden dauernd Energieumwandlungen statt. Manche sind sehr willkommen, andere hat man nicht so gern: Du kannst nur Rad fahren, wenn du mithilfe deiner Muskelkraft über das Tretlager dem Fahrrad Energie vermittelst. Das kann dann ein Stück rollen und, wenn du nicht aufpasst, sogar einen Fußgänger anfahren und ihm eventuell einige Rippen brechen. Ein Rad kann offensichtlich Energie aufnehmen („In die Pedale treten“), als Bewegungsenergie speichern und im ungeeigneten Moment wieder abgeben („Rippen brechen“).

Ein bewegtes Auto hat mehr Bewegungsenergie als dein Fahrrad. Darum kann auch bei einem Zusammenstoß mehr Energie umgewandelt, also mehr Arbeit verrichtet werden. Deshalb solltest du im Straßenverkehr sehr aufpassen, damit du nicht von einem Energiebündel Auto angefahren wirst, das dann an deinem Körper viel Verformungsarbeit vollbringt.

Leistung als Energiestromgröße

Der Energieübergang von einem Körper zu einem anderen, der Energiestrom also, kann zahlenmäßig angegeben werden. Eine 100 W-Glühlampe z. B. nimmt in einer Sekunde elektrische Energie der Größe 100 J auf. Der Energiestrom vom Generator zur Lampe beträgt also $100\,\frac{J}{s}$, eben 100 W. Bei Elektrogeräten ist die *Größe des Energiestromes* auf dem Typenschild als *Geräteleistung* in Watt angegeben. Mit dieser Wattzahl lässt sich leicht die Energie berechnen, die im Gerät umgewandelt wird.

Betrachten wir beispielsweise einen Elektroherd mit 2 kW:
Die Kochplatte gibt in jeder Sekunde 2 000 J Wärme ab. Ist die Platte 20 min (= 1 200 s) angeschaltet, werden $2\,000\,J \cdot 1\,200 = 2\,400\,000\,J = 2{,}4\,MJ$ an elektrischer Energie in Wärme umgewandelt.

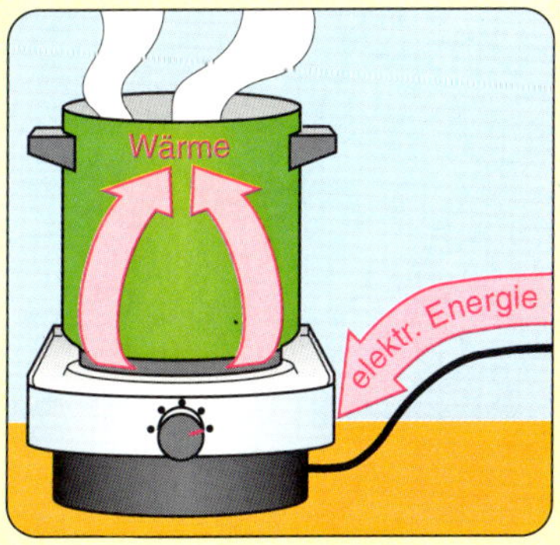

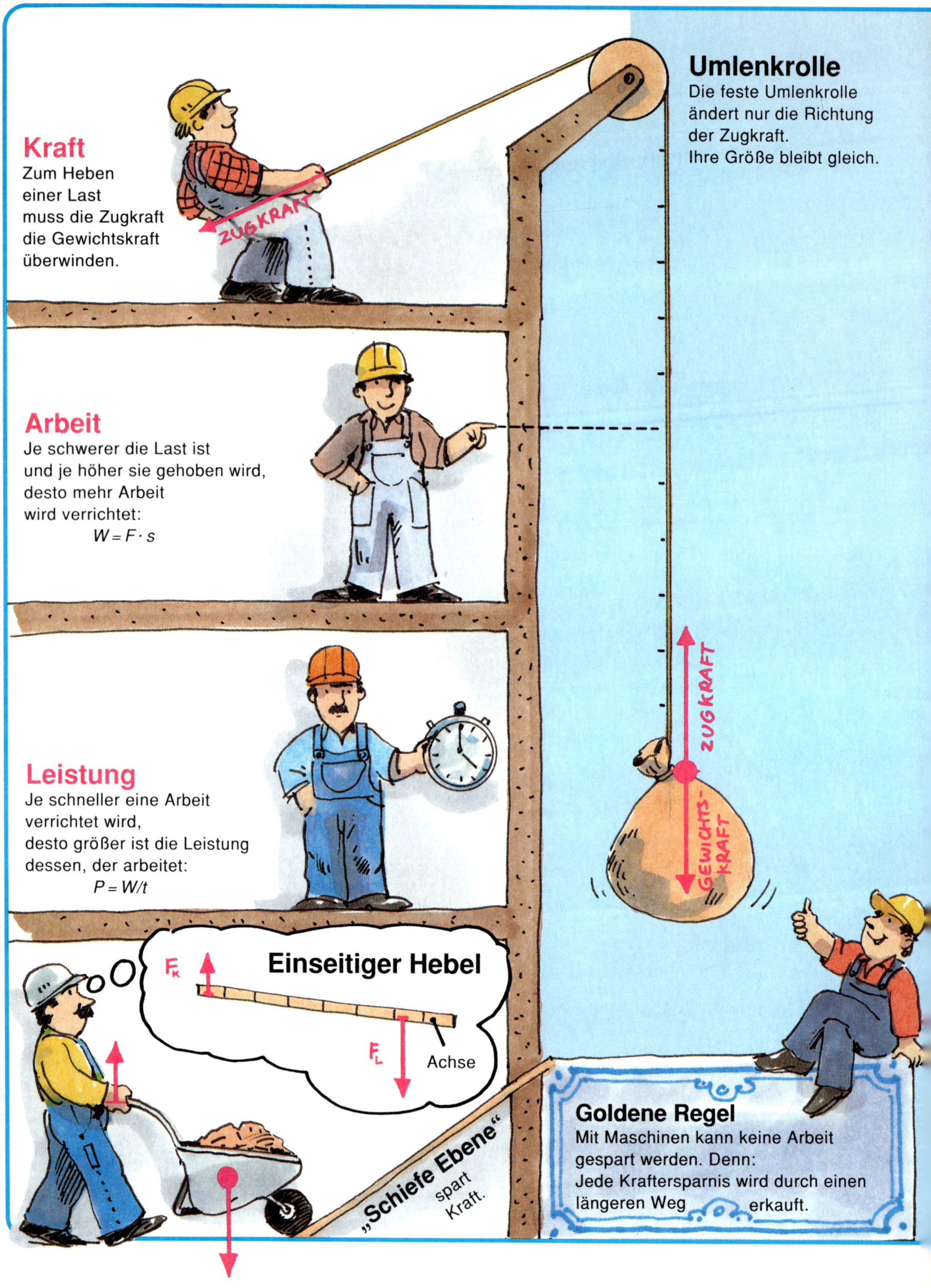

Kraft

Zum Heben einer Last muss die Zugkraft die Gewichtskraft überwinden.

Umlenkrolle

Die feste Umlenkrolle ändert nur die Richtung der Zugkraft. Ihre Größe bleibt gleich.

Arbeit

Je schwerer die Last ist und je höher sie gehoben wird, desto mehr Arbeit wird verrichtet:

$$W = F \cdot s$$

Leistung

Je schneller eine Arbeit verrichtet wird, desto größer ist die Leistung dessen, der arbeitet:

$$P = W/t$$

Einseitiger Hebel

„Schiefe Ebene" spart Kraft.

Goldene Regel

Mit Maschinen kann keine Arbeit gespart werden. Denn: Jede Kraftersparnis wird durch einen längeren Weg erkauft.

Energie

Der Ziegelstein besitzt Energie, weil ihn jemand hochgehoben und dabei Arbeit an ihm verrichtet hat („Höhenenergie“). Beim Fallen verwandelt sich diese Höhenenergie in Bewegungsenergie; der Stein wird immer schneller. Infolge seiner Bewegungsenergie kann der Stein dann seinerseits Arbeit verrichten (z. B. Sand aufwirbeln oder den großen Zeh brechen).

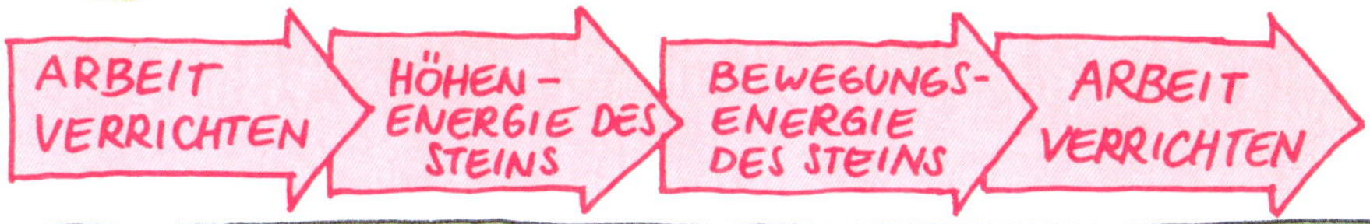

Flaschenzug

Bei einem Flaschenzug verteilt sich die Gewichtskraft der Last auf mehrere tragende Seilstücke. Deshalb muss bei einem Flaschenzug nur mit einem Bruchteil der Kraft gezogen werden, die man ohne Hilfsmittel gebraucht hätte. Dafür muss aber ein Vielfaches an Seil eingeholt werden.

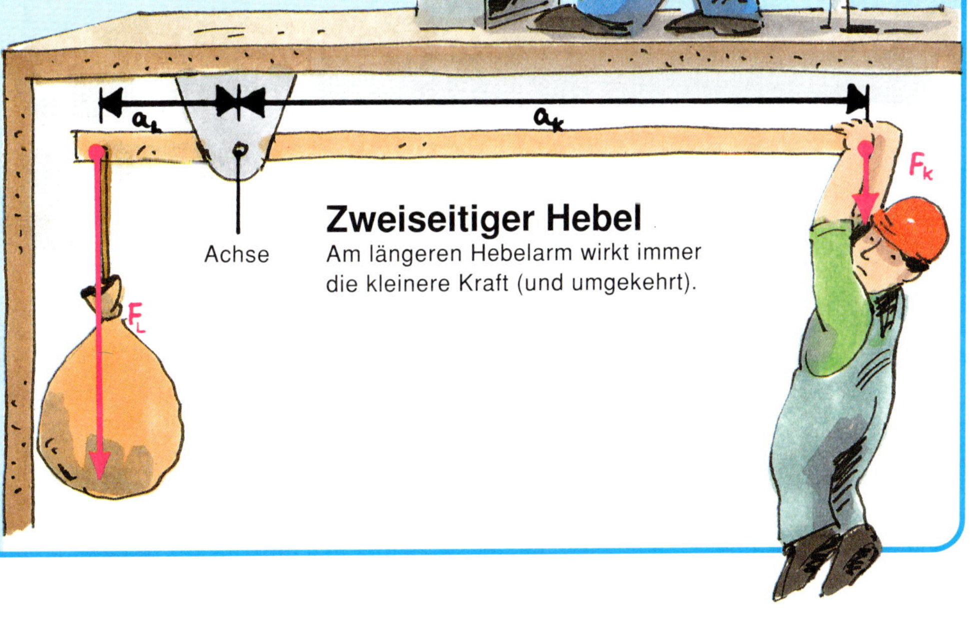

Zweiseitiger Hebel

Am längeren Hebelarm wirkt immer die kleinere Kraft (und umgekehrt).

1. Im menschlichen Körper sind viele Hebel versteckt. Zähle möglichst viele auf und überlege, ob sie ein- oder zweiseitig sind.

2. Fast alle Hebel am menschlichen Körper sind so gebaut, dass der Muskel am kürzeren Hebel zieht. Warum?

3. Warum kann man bei Berechnungen an der Wippe das Gewicht des Balkens vernachlässigen?

4. Auf einer Wippe sitzen zwei Kinder. Zeichne. Wo wirken Kräfte auf den Hebel?
Wie lässt sich eine im Gleichgewicht befindliche Wippe in Bewegung setzen?

5. Ein 1800 N schwerer Schrank soll mit einer 1,5 m langen Eisenstange angehoben werden. Der Lastarm wird 30 cm lang gemacht. Wie groß ist die notwendige Kraft, wenn der Hebel
a) einseitig,
b) zweiseitig verwendet wird?
Zeichne erst und rechne dann.

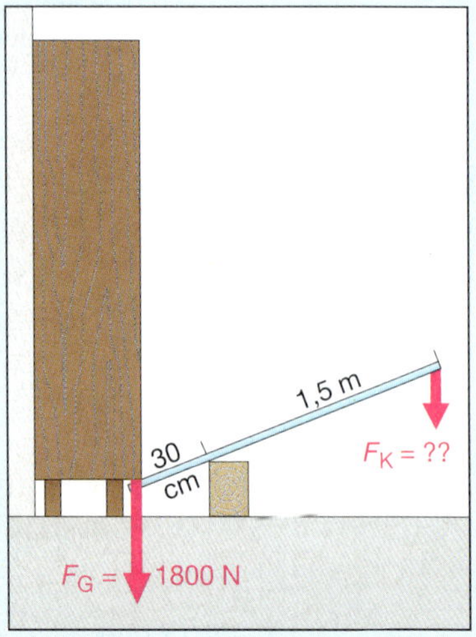

6. Wenn zwei Personen eine Last gemeinsam an einer Stange tragen, ist für die vordere die Schulter der hinteren die Achse eines einseitigen Hebels und umgekehrt.
Berechne folgenden Fall:
Zwei Männer tragen ein 1200 N schweres Maschinenteil, indem sie es an eine 3,5 m lange Stange binden. Zeichne! Der Aufhängepunkt der Last ist 1,2 m vom vorderen Mann entfernt. Welche Kraft muss jeder der beiden aufwenden?
Warum könnte einer der beiden gegen die Anordnung protestieren?

7. Ein zweiachsiger Eisenbahnwagen ist 12 m lang. Die beiden Achsen sind 8 m voneinander entfernt. Er wird von der Erde mit 120 kN angezogen. (Man kann so tun, als ob die Kraft in der Mitte des Wagens angreift.) Wie groß muss die Kraft sein, um den Wagen wieder auf die Gleise zu stellen, wenn er mit einem Radpaar entgleist ist?

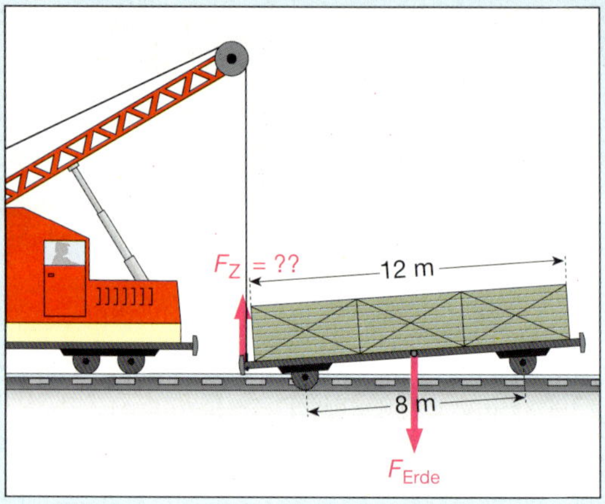

8. Ein Getreidesack (100 kg; also 1000 N) soll auf den 6 m hohen Scheunenboden gebracht werden. Vergleiche die aufzuwendenden Kräfte und die einzuholenden Seillängen, wenn
a) der Sack mittels eines Seils vom Scheunenboden direkt,
b) von unten aus über eine feste Rolle,
c) mit einem Flaschenzug aus insgesamt vier Rollen hochgezogen wird.

9. Wie groß ist die Arbeit, die der Motor einer Hebebühne beim Hochheben eines Personenwagens verrichten muss? (Gewichtskraft des Wagens: 9000 N; Höhe der Hebebühne: 1,5 m)

10. Eine Schülerin behauptet, um ein Auto zu schieben sei weniger Kraft erforderlich, als wenn es gehoben werden müsste. Stimmt das? Begründe.

11. Ein Lastwagen hat eine Masse von 3 t. Er hat 5 t Sand geladen und bringt ihn auf einen 250 m hohen Berg hinauf. Wie groß ist die vom Motor verrichtete Arbeit? (Die dabei zusätzlich verrichtete Reibungsarbeit soll nicht berücksichtigt werden.)

12. 6 Kisten (Höhe 30 cm) sollen aufeinander gestapelt werden. Jede ist 300 N schwer. Wie groß ist die Arbeit?

13. Welche Arbeit verrichtet ein Arbeiter, wenn er eine Mauer aus Ziegelsteinen hochzieht, die 8 m lang und 1,2 m hoch ist?
(Ziegelstein: 22 cm lang, 10 cm breit, 7 cm dick; Gewichtskraft 30 N)

14. Welche Leistung hat eine Wasserpumpe, die in 4,5 min 15 m^3 Wasser aus einem 13 m tiefen Brunnen fördert?

15. Ein Hubschrauber wiegt 60 kN. Er hat einen Motor mit 400 kW. Welche Höhe könnte er in 10 min erreichen?

16. Ein Solarauto wird von einem Elektromotor angetrieben, der seinerseits von einem Akku gespeist wird. Dieser Akku wurde vor der Fahrt mittels Solarzellen durch Sonnenlicht geladen.
Zeichne die Reihe der Energiewandler und verbinde sie durch die entsprechenden Energiepfeile.

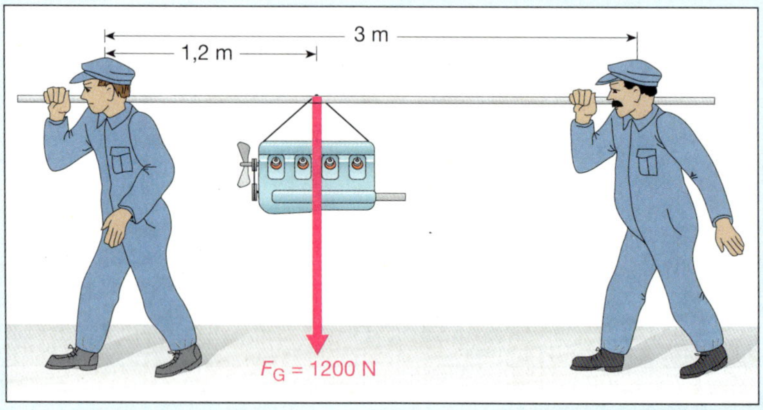

Bewegte Körper und ihre Energie

1

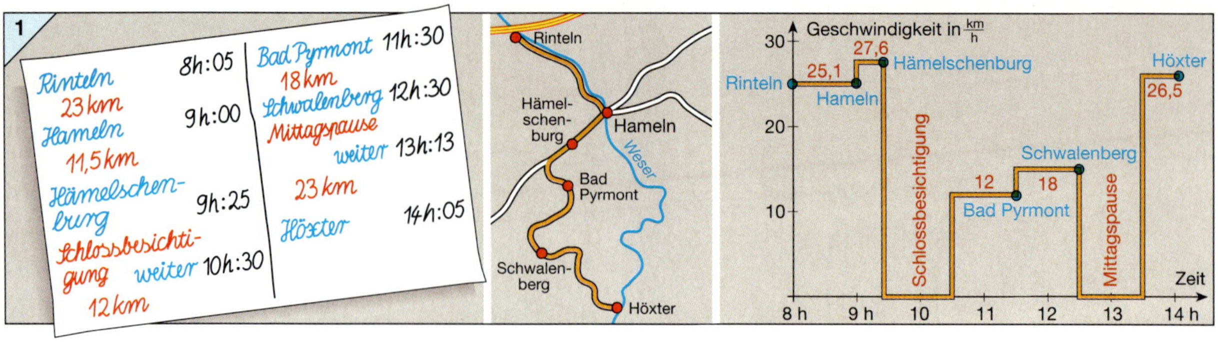

Bernd und Markus sind mit ihren Rädern unterwegs. Ihre heutige Etappe führt sie durch das Weserbergland. Damit sie abends ihre Tour auf der Straßenkarte „nachfahren" können, stellen sie während der Fahrt von Zeit zu Zeit mithilfe ihrer Kilometerzähler im Fahrradtacho fest, wie weit sie vom Start entfernt sind. Nach der Durchsicht ihrer Aufzeichnungen vom Tage bemerken sie, dass sie zwar sagen können, wo sie zu welchem Zeitpunkt waren, aber nicht, wie groß ihre Geschwindigkeit zu diesem Zeitpunkt war. Ihnen wird sofort klar, dass sie mit den Messwerten für Wege und Zeiten nicht mit der Gleichung $v = s/t$ nachrechnen können, wie schnell sie an einer bestimmten Stelle der Strecke waren. Mit der Rechnung können sie die **Durchschnittsgeschwindigkeit** bestimmen. Das ist die Geschwindigkeit, mit der sie vom Start an ständig hätten fahren müssen, um an den Zielort zu kommen.

Während der Tour ändert sich dauernd die Geschwindigkeit, die **Momentangeschwindigkeit,** des Rades. Bergauf geht's manchmal im Schneckentempo, bergab zeigt der Tacho bis zu 65 $\frac{km}{h}$; auf flacher Strecke wechselt die Anzeige zwischen 18 $\frac{km}{h}$ und 25 $\frac{km}{h}$.

Auf der nächsten Etappe werden deshalb Bernd und Markus die Bewegung der Fahrräder genauer erfassen. Sie wollen in regelmäßigen Abständen notieren – am besten wäre im Sekundentakt –, wo sie sind und wie groß dann die Momentangeschwindigkeit ist.

Es gibt Geräte, welche die Bewegung eines Fahrzeuges lückenlos erfassen. Sie heißen *Fahrtenschreiber* (siehe unten). Im Lkw sind solche Geräte Pflicht.

A1 Du fährst mit dem Rad zur Schule. Was musst du notieren, wenn du die Bewegung des Fahrrades möglichst genau beschreiben sollst?

A2 Miss die Strecke Schule–zu Hause und die Zeit für eine Heimfahrt.

a) Berechne mit der Gleichung $v = s/t$ die Geschwindigkeit.

b) Warum bezeichnet man den berechneten Wert als Durchschnittsgeschwindigkeit? Was sagt er aus?

A3 Beobachte die Anzeige eines Tachometers an deinem Fahrrad auf der nächsten Heimfahrt. Berichte dann deinen Mitschülern.

A4 Nenne Geräte, mit denen man die Momentangeschwindigkeit messen kann.

Anmerkung: Die Strecke vom Start bis zum Ziel oder Messpunkt wird mit s abgekürzt, ein kleines Stück der Fahrstrecke mit Δs. Ebenso kürzen wir die Fahrzeit mit t und eine kurze Zeitspanne mit Δt ab.

Δs: sprich delta s

Δt: sprich delta t

Fahrtenschreiber

So heißt eine Messeinrichtung in Fahrzeugen, die während der Fahrt die Geschwindigkeit, Lenk- und Ruhezeiten sowie Wegstrecken eines Fahrzeugs aufzeichnet. Das Gerät ist in den Tacho eingebaut und ist eine Kombination aus einem steuerbaren Schreibstift und einem Motor mit Teller, der in 24 Stunden genau eine Umdrehung macht, im Aufbau einem Plattenspieler vergleichbar. Der Schreibstift an der Spitze eines Hebels (Tonarm) verändert entsprechend der Bewegung des Fahrzeuges seine Position. Je größer die Geschwindigkeit ist, desto weiter ist der Schreibstift vom Mittelpunkt entfernt. Dabei berührt er eine runde Diagrammscheibe, eine Art „Schallplatte", die jeden Tag erneuert werden muss. Durch die gleichzeitige Auf- und Abbewegung des Stiftes und die Drehung der Scheibe entstehen Kurven, die den Bewegungsablauf des Fahrzeuges lückenlos dokumentieren.

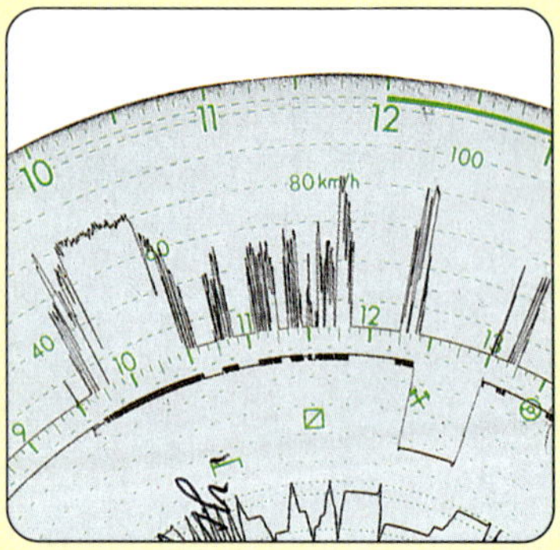

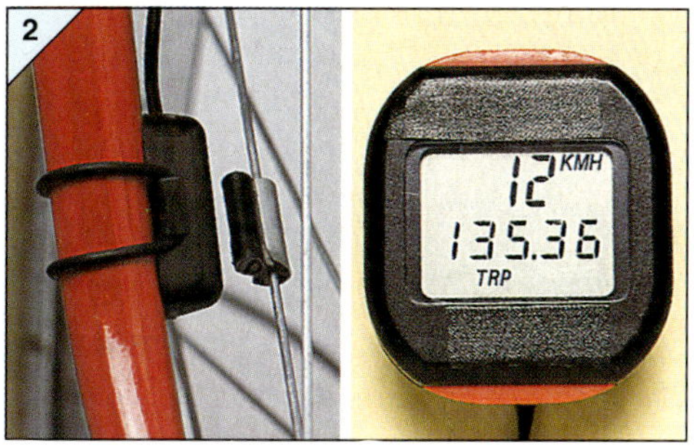

A5 Sieh dir an, welche Teile zu einem Fahrradtacho gehören. Informiere dich, wie so ein Tacho arbeitet und welche Aufgabe die Teile an Gabel und Speiche haben.

V6 Miss mit einem Bindfaden den Radumfang eines 26 Zoll-Rades. Bei einer Fahrt macht es in 0,2 s eine Drehung. Berechne die Momentangeschwindigkeit des Radfahrers.

A7 Bevor ein Fahrradtacho die Momentangeschwindigkeit anzeigen kann, muss man den Radumfang eingeben. Warum?

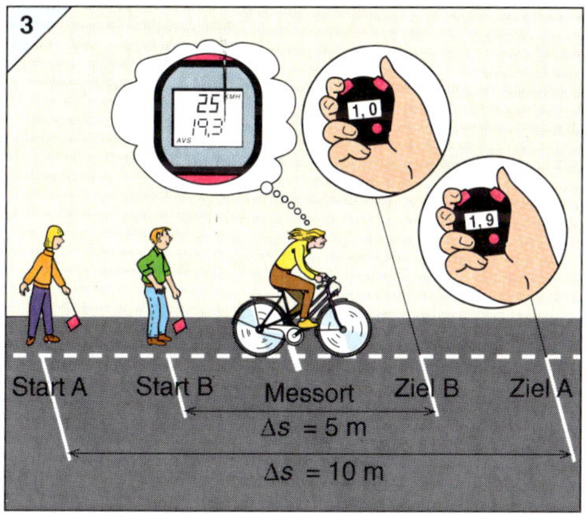

V8 Ermittle die Geschwindigkeit eines Radfahrers näherungsweise über **Zeit-** und **Weg-Messungen:** Lege durch eine Kreidemarkierung fest, wo auf dem Schulhof die Geschwindigkeit des Rades gemessen werden soll. Stelle um den Messort Fähnchen auf, die eine kurze (5 m) und eine lange (10 m) Messstrecke markieren. Lass nun einen Mitschüler 20 m vor der Messstelle kraftvoll starten. Zwei weitere Mitschüler stoppen die Zeit für das Durchfahren der Messstrecken, der Fahrer liest am Messort die Tachoanzeige ab. Berechne je Messstrecke die Geschwindigkeit und vergleiche sie mit dem Tachowert.
In welchem Fall ist die berechnete Geschwindigkeit näher an der tatsächlichen?
Wiederhole den Versuch mehrfach, um eventuelle Messfehler auszuschließen!

Momentangeschwindigkeit mit Tacho

Untersuchen wir, wie bei einem Fahrradtacho die Momentangeschwindigkeit ermittelt wird. Der Tacho besteht aus einem Rechner mit Anzeige am Lenker und dem zweiteiligen Sensor: einem Magnet an einer Speiche und einem Magnetschalter an der Gabel. Kommt der Magnet am Magnetschalter vorbei, wird bei jeder Umdrehung des Rades ein Stromstoß an den Rechner gegeben. Die im Rechner mitlaufende Uhr misst die Zeitspanne zwischen zwei Stromstößen. Da bei der Inbetriebnahme des Tachos der Radumfang in den Rechner eingegeben wurde, kann nun vom Rechner nach jeder Raddrehung das zurückgelegte Wegstück Δs (= Radumfang) durch die Zeitspanne Δt zwischen zwei Stromstößen dividiert und das Ergebnis in $\frac{\text{km}}{\text{h}}$ angezeigt werden.

Momentangeschwindigkeit ohne Tacho

Nach der gleichen Methode können wir die Geschwindigkeit des Rades auch ohne Tacho ermitteln. Wir legen z. B. auf dem Schulhof den Ort fest, an dem wir die Momentangeschwindigkeit eines Rades bestimmen wollen, und machen dort eine Kreidemarkierung. Dann stecken wir eine Messstrecke Δs ab. Die Markierung muss in der Mitte der Messstrecke liegen. Fährt das Rad durch die Messstrecke, wird die Zeit Δt gemessen, die es dafür braucht. Schließlich teilen wir das Wegstück Δs durch die Zeitspanne Δt.

Wie kurz muss die Messstrecke sein, damit die tatsächliche Geschwindigkeit (Tachoanzeige) mit der berechneten Geschwindigkeit übereinstimmt? Das überprüfen wir in V8, bei dem wir eine kürzere und eine längere Messstrecke wählen. Das Rad fährt am Messort laut Tacho 25 $\frac{\text{km}}{\text{h}}$. Für die kurze Messstrecke berechnen wir 25,1 $\frac{\text{km}}{\text{h}}$ und für die lange 24,7 $\frac{\text{km}}{\text{h}}$. Wir stellen fest, dass die berechnete Geschwindigkeit bei der kleineren Messstrecke näher an der mit dem Tachometer gemessenen Momentangeschwindigkeit liegt. Wenn wir die Messstrecke noch kürzer als 5 m wählen, wird die berechnete Geschwindigkeit noch näher an der tatsächlichen liegen. Wie klein wir die Messstrecke machen können, hängt allerdings von der Zeitmessmethode ab. Je genauer sie ist, desto kleiner kann die Messstrecke sein. Wir müssen aber immer versuchen, die Messstrecke bzw. Messzeit so klein zu wählen, dass das Fahrzeug während der Messung die Geschwindigkeit (fast) nicht ändern kann. Bei der Tachometermessung wird eine Messstrecke von ca. 2 m benutzt, denn es wird je Radumfang einmal die Zeit gemessen.

> Die Momentangeschwindigkeit eines Körpers kann man annähernd berechnen, indem man die Geschwindigkeit v für möglichst kleine Strecken Δs bzw. kurze Zeiten Δt bestimmt: $v = \Delta s / \Delta t$

Beachte, dass man die Momentangeschwindigkeit stets einem Zeitpunkt oder einem Ort zuordnen kann. Beispiel: Um 10.23 Uhr betrug die Geschwindigkeit des Fahrrades 27 $\frac{\text{km}}{\text{h}}$.

Weg und Zeit bei gleichförmigen Bewegungen

Hast du auf einem Bahnsteig schon einmal einen fahrenden Elektrokarren beobachtet? Solch ein Karren scheint weder schneller noch langsamer zu werden. Wie bewegt er sich eigentlich? Leider hat das Gefährt keinen Tacho, der anzeigt, ob sich seine Geschwindigkeit ändert oder ob sie gleichbleibt. Dann könnte man darauf sehen und sich überzeugen, ob die Geschwindigkeit gleich bleibt.

Da sich die Geschwindigkeit nicht ablesen lässt, können wir für einige Wegstücke Δs auf der Fahrstrecke des Wagens die jeweils benötigten Zeiten Δt messen. Dann können wir die Geschwindigkeit für jedes Wegstück berechnen und untereinander vergleichen. Verfährt man wie in V8, liegen die gleich langen Wegstücke hintereinander. Für eine langsamere und eine schnellere Bewegung eines Spielzeugautos misst man folgende Werte:

t	0	3 s	6 s	9 s
$s_{schnell}$	0	36 cm	72 cm	108 cm
$s_{langsam}$	0	27 cm	54 cm	81 cm
$v_{schnell} = 12\,\frac{cm}{s}$ $\quad v_{langsam} = 9\,\frac{cm}{s}$				

Ob nun das Auto schneller oder langsamer fährt, in gleichen Zeiten von $\Delta t = 3$ s werden jeweils gleich lange Wege durchfahren ($\Delta s_{schnell} = 36$ cm, $\Delta s_{langsam} = 27$ cm). Bezogen auf dieselbe Bewegung sind folglich alle Quotienten $\Delta s/\Delta t$ gleich groß. Man sagt deshalb: Das Auto bewegt sich gleichförmig.

Betrachten wir auch noch die Zeiten, die nach 36 cm, 72 cm und 108 cm gemessen werden: Das schnelle Auto ($v = 12\,\frac{cm}{s}$) benötigt für das erste Wegstück (36 cm) eine bestimmte Zeit (3 s). Für den doppelten Weg (72 cm) braucht es die doppelte Zeit (6 s), für den dreifachen Weg (108 cm) die dreifache Zeit (9 s). Für den n-fachen Weg wird die n-fache Zeit benötigt. Auch wenn das Auto langsamer fährt ($v = 9\,\frac{cm}{s}$), wird wieder für einen n-fachen Weg die n-fache Zeit gebraucht. Wir können also feststellen:
Ist die Bewegung eines Körpers gleichförmig, besteht eine besondere Beziehung zwischen Weg und Zeit: Der zurückgelegte Weg wächst im gleichen Maße wie die dafür benötigte Zeit (doppelter Weg – doppelte Zeit, usw.). Man sagt:

> Bei der gleichförmigen Bewegung sind Weg und Zeit proportional: $s \sim t$

Kann man die Proportionalität zwischen Weg und Zeit aus einer Messtabelle wie aus der oberen nicht ablesen, haben wir zwei Prüfmöglichkeiten:

1. **Quotientenbildung:** Wir bilden alle möglichen Quotienten s/t: dabei ist s der ab dem Start zurückgelegte Weg, t die dafür notwendige Zeit. Sind alle Quotienten konstant, ist der Weg zur Zeit proportional. Der konstante Quotient ist ein Maß für die Geschwindigkeit.

4

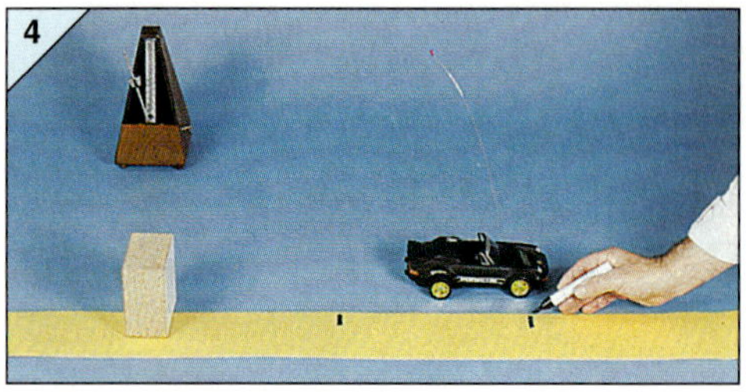

V9 Überprüfe, ob ein Elektroauto gleichförmig fährt. (Das Metronom schlägt im Sekundentakt.) Setze das Fahrzeug mit laufendem Motor auf. Bei jedem Metronomschlag markierst du den Ort des Vorderrades. Miss jeweils die Länge der Strecke von der Startmarke bis zur ersten, zweiten, ... Marke. Fertige ein Messprotokoll. Stelle am Fahrzeug eine andere Geschwindigkeit ein und wiederhole den Versuch. Beschreibe in Worten den Zusammenhang zwischen Weg und Zeit.

5				
s	75 m	120 m	210 m	255 m
t	5 s	8 s	14 s	17 s

A10 In Tab. 5 sind Messwerte gegeben.
a) Bilde alle Wegdifferenzen Δs und die zugehörigen Zeitdifferenzen Δt aus benachbarten Werten, teile dann Δs durch Δt.
Ist die Bewegung gleichförmig? Begründe.
b) Bilde alle Quotienten s/t. Was stellst du fest?
c) Zeichne für die Bewegung ein t-s-Diagramm. Was fällt dir auf?

6

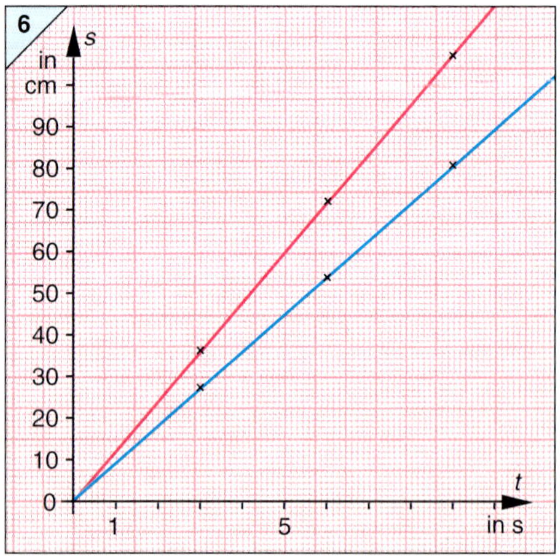

A11 Hier siehst du ein t-s-Diagramm für die Bewegung des Elektroautos in Bild 4. Überzeuge dich, dass die steilere Gerade die Bewegung mit der größeren Geschwindigkeit anzeigt: Zeichne (irgendwo) eine Parallele zur Wegachse. Lies jeweils den gefahrenen Weg ab.

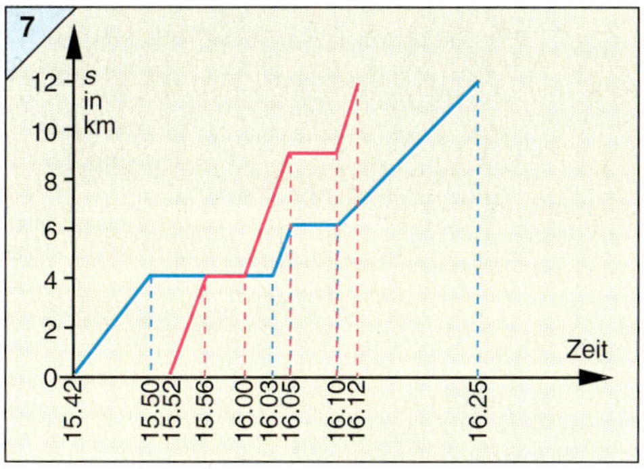

A12 Zur Verbesserung von Fahrplänen stellt die Deutsche Bahn Zugbewegungen grafisch dar. Darin hat jeder Zug seine Zeit-Weg-Linie. Übertrage den **„Grafischen Fahrplan"** in dein Heft.

a) Wann fahren die beiden Züge los, wann erreichen sie ihr Ziel?

b) Was geschieht um 16 Uhr?

c) In welchem Abschnitt der Bewegung des „blauen" Zuges ist seine Geschwindigkeit am größten? Woran erkennst du das?

d) Von wann bis wann halten die Züge? Woran erkennt man das im Diagramm?

e) Berechne für jeden Bewegungsabschnitt die Geschwindigkeit der Züge.

f) Bestimme die Durchschnittsgeschwindigkeit je Zug für die gesamte Bewegung.

g) In der Zeitspanne 15.56 bis 16.00 laufen die Linien waagerecht und aufeinander. Was bedeutet dies?

h) Was sagt ein Knick in der Zeit-Weg-Linie über die Bewegung des Zuges aus?

2. **Diagramm zeichnen:** Alle Messwertpaare (Zeit : Weg) werden in ein Zeit-Weg-Diagramm eingetragen. Sind Weg und Zeit einander proportional, liegen (fast) alle Punkte auf einer Ursprungsgeraden. Je steiler sie ist, desto schneller bewegt sich das dargestellte Fahrzeug (Bild 6).

Das Zeit-Weg-Gesetz

Wird ein Körper gleichförmig bewegt, gibt die Geschwindigkeit an, wie weit er sich in einer Sekunde bewegt. $v = 30\,\frac{m}{s}$ bedeutet, der Körper legt in jeder Sekunde einen Weg von 30 m zurück. Für längere Zeiten als 1 s ergeben sich dann folgende Weglängen:

t	1 s	2 s	3 s	4 s	…	t
$\boldsymbol{s}$	30 m · 1	30 m · 2	30 m · 3	30 m · 4	…	$\boldsymbol{v \cdot t}$

Zur Berechnung des zurückgelegten Weges müssen wir die Geschwindigkeit mit der verstrichenen Zeit multiplizieren. Das **Zeit-Weg-Gesetz** lautet:

> Weg = Geschwindigkeit · Zeit; $s = v \cdot t$

Beispiel: Ein Auto fährt 5 Minuten lang mit $v = 72\,\frac{km}{h}$. Wie weit fährt es in dieser Zeit?

$s = v \cdot t = 72\,\frac{km}{h} \cdot 5\,min = 72\,\frac{km}{h} \cdot \frac{1}{12}\,h = 6\,km$

Die für eine Strecke benötigte Zeit kann man berechnen, wenn man die Gleichung $s = v \cdot t$ umformt: $t = s/v$. Wie lange braucht das Auto ($72\,\frac{km}{h}$) für 18 km?

$t = s/v = 18\,km : 72\,\frac{km}{h} = 0{,}25\,h = 15\,min$

AUFGABEN UND ZUSAMMENFASSUNG

1. Rechne die Geschwindigkeiten um
a) in $\frac{km}{h}$: $6\,\frac{m}{s}$, $35\,\frac{m}{s}$, $50\,\frac{m}{s}$
b) in $\frac{m}{s}$: $6\,\frac{km}{h}$, $108\,\frac{km}{h}$, $130\,\frac{km}{h}$.

2. Der Fahrer eines Pkws hat
a) beim Wechsel einer Kassette 0,3 Sekunden lang,
b) beim Lesen der Straßenkarte 2 Sekunden lang
keinen Blickkontakt zur Straße.
Wie lang ist die Strecke, die der Wagen ($v = 90\,\frac{km}{h}$) in der jeweiligen Zeit durchfährt?

3. Ein ICE fährt mit einer Durchschnittsgeschwindigkeit von $140\,\frac{km}{h}$.
Wie lange braucht er für die Strecke Stuttgart–Hannover (545 km)?
Warum kann man nicht berechnen, wie weit der Zug nach 40 Minuten von Stuttgart entfernt ist?

4. Zeichne das t-s-Diagramm und das t-v-Diagramm eines mit konstanter Geschwindigkeit fahrenden Zuges ($v = 65\,\frac{km}{h}$).

5. Die Geschwindigkeit des Schalls beträgt in Luft $340\,\frac{m}{s}$.
a) Wie weit ist ein Gewitter entfernt, wenn der Donner 8 Sekunden nach dem Blitzen zu hören ist?
b) Ein Gewitter ist 15 km entfernt. Wie viele Sekunden vergehen zwischen der Wahrnehmung von Blitz und Donner?

6. Wie kann man die Geschwindigkeit eines vorbeifahrenden Pkws (Fahrrads) mit Messband und Stoppuhr ziemlich genau bestimmen?

7. Wie kann ein Fahrer auf der Autobahn seinen Tacho überprüfen? (Die blauen Entfernungstafeln am Fahrbahnrand haben einen Abstand von 500 Metern).

Geschwindigkeit und Bewegung

Die Momentangeschwindigkeit eines sich bewegenden Körpers ermittelt man ohne Tacho, indem man am Messort für eine kleine Messstrecke Δs die Zeit Δt misst und den Quotienten $\Delta s/\Delta t$ bildet.

Gleichförmige Bewegung

Der zurückgelegte Weg ist der benötigten Zeit proportional (doppelter Weg – doppelte Zeit).
Beliebige Quotienten $\Delta s/\Delta t$ bzw. s/t sind für eine gleichförmige Bewegung stets gleich groß:
$v = \Delta s/\Delta t =$ konstant

Im t-s-Diagramm erhält man eine Ursprungsgerade.

Wie werden Geschwindigkeitsänderungen erfasst?

„LH 432 – Cleared for take-off!". Nach diesem Funkspruch vom Tower löst der Flugkapitän die Radbremsen und drückt die Schubhebel ganz nach vorn. Die Triebwerke heulen auf, entfalten ihre Kräfte. Gleichzeitig beginnt die Maschine zu rollen. Der Jet jagt schneller und schneller über die graue Piste. Nach 26 Sekunden hat das Flugzeug eine Geschwindigkeit von etwa 230 $\frac{\text{km}}{\text{h}}$. Der Flugkapitän zieht nun die Steuersäule zu sich heran. Sogleich hebt sich die Nase und damit das Bugrad vom Boden. Nach weiteren 2 Sekunden löst sich das Hauptfahrwerk von der Piste. Die Maschine fliegt mit einer Geschwindigkeit von 250 $\frac{\text{km}}{\text{h}}$, die Startrollstrecke betrug 950 m bei der Startdauer von ca. 30 Sekunden.

Der Start des Airbus ist eine **beschleunigte Bewegung.** Um ein Maß für das Schnellerwerden eines Flugzeugs zu erhalten und um vergleichen zu können, bezieht man die Geschwindigkeitsänderung entweder auf die Startzeit oder auf den Startweg:

Von 0 $\frac{\text{km}}{\text{h}}$ auf 250 $\frac{\text{km}}{\text{h}}$ in 30 Sekunden bedeutet:
Die Geschwindigkeit wächst um 8,3 $\frac{\text{km}}{\text{h}}$ in jeder Sekunde.

Von 0 $\frac{\text{km}}{\text{h}}$ auf 250 $\frac{\text{km}}{\text{h}}$ nach 950 Metern bedeutet:
Die Geschwindigkeit wächst um 0,26 $\frac{\text{km}}{\text{h}}$ auf jedem Meter, den das Flugzeug zurücklegt.

Die Beschleunigung

Will man Änderungen von Geschwindigkeiten z. B. bei Starts von Flugzeugen vergleichen, ist es sinnvoll, einheitlich zu verfahren. Es hat sich durchgesetzt, die Geschwindigkeitszunahme Δv durch die benötigte Zeit Δt zu teilen. Diesen Quotienten nennt man **Beschleunigung:**

$$\text{Beschleunigung} = \frac{\text{Geschwindigkeitszunahme}}{\text{benötigte Zeit}}; \quad a = \frac{\Delta v}{\Delta t}$$

Wird die Geschwindigkeit in $\frac{\text{m}}{\text{s}}$ und die Zeit in s gemessen, ergibt sich die Einheit der Beschleunigung zu

$1 \frac{\frac{\text{m}}{\text{s}}}{\text{s}} = 1 \frac{\text{m}}{\text{s}^2}$ (sprich: Ein Meter je Sekunde im Quadrat).

Die Beschleunigung des Flugzeugs beträgt dann

$$a = \frac{\Delta v}{\Delta t} = \frac{250 \frac{\text{km}}{\text{h}}}{30\,\text{s}} = \frac{69 \frac{\text{m}}{\text{s}}}{30\,\text{s}} = 2{,}3 \frac{\text{m}}{\text{s}^2}.$$

Die Verzögerung

Geschwindigkeiten können nicht nur größer, sondern auch kleiner werden, z. B. beim Landen eines Flugzeugs. Dann sprechen wir von einer **verzögerten Bewegung.** Die Geschwindigkeitsabnahme in einer bestimmten Zeit Δt, also der Quotient $\Delta v/\Delta t$, wird **Verzögerung** genannt. Sie wird ebenfalls in der Einheit $\frac{\text{m}}{\text{s}^2}$ angegeben.

t	0 s	10 s	20 s	25 s	26 s	28,3 s
v	0 $\frac{\text{m}}{\text{s}}$	22 $\frac{\text{m}}{\text{s}}$	49,5 $\frac{\text{m}}{\text{s}}$	62 $\frac{\text{m}}{\text{s}}$	64 $\frac{\text{m}}{\text{s}}$	69 $\frac{\text{m}}{\text{s}}$

s	0 m	89 m	450 m	741 m	792 m	947 m
v	0 $\frac{\text{m}}{\text{s}}$	22 $\frac{\text{m}}{\text{s}}$	49,5 $\frac{\text{m}}{\text{s}}$	62 $\frac{\text{m}}{\text{s}}$	64 $\frac{\text{m}}{\text{s}}$	69 $\frac{\text{m}}{\text{s}}$

A1 Beide Tabellen sind Protokolle des Starts eines Airbus. Die letzte Tabellenspalte gibt jeweils die Werte für den Moment des Abhebens von der Startbahn an.
a) Worin unterscheiden sie sich?
b) Wie könnte man den Begriff „Beschleunigung" definieren? Welche Festlegung bietet sich durch Tab. 1 bzw. Tab. 2 an?

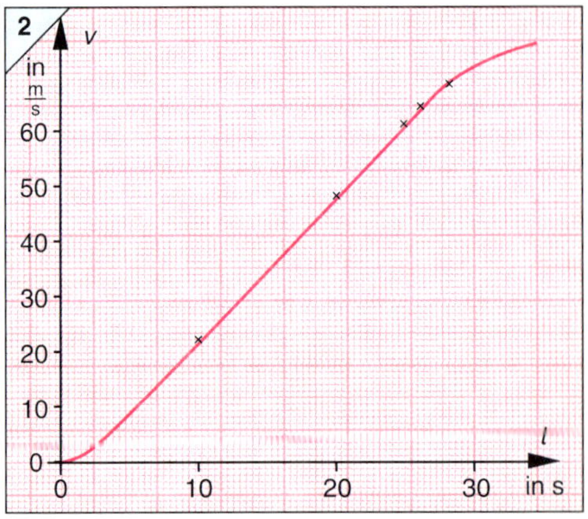

A2 a) Lies aus dem Diagramm die Geschwindigkeit nach 5, 10, …, 30 Sekunden ab. Trage die Werte in eine Tabelle ein.
b) Wie groß ist die Geschwindigkeitszunahme im ersten, zweiten, … Zeitintervall von je 5 Sekunden?

A3 Für Autos wird die Beschleunigung so angegeben: „In 12 Sekunden von 0 auf 100 $\frac{\text{km}}{\text{h}}$." Berechne die mittlere Beschleunigung in der Einheit $\frac{\text{m}}{\text{s}^2}$.

A4 Ein Pkw wird vor einer Ampel in 5 Sekunden von 50 $\frac{\text{km}}{\text{h}}$ zum Stillstand verzögert. Wie groß ist die Verzögerung in $\frac{\text{m}}{\text{s}^2}$?

3

V5 Stelle das Metronom auf Sekundentakt ein. Halte den Wagen fest und markiere mit einem Stift den Ort des Vorderrades. Ein Mitschüler zählt die Metronomschläge folgendermaßen mit: 3, 2, 1, 0, 1, 2, 3 usw. Gib bei null den Wagen frei, setze bei 1, 2, 3 usw. jeweils ein Klötzchen am Vorderrad. Wiederhole den Ablauf und korrigiere die Lage der Striche. Woran erkennt man, dass eine beschleunigte Bewegung vorliegt?

4 t	0	1 s	2 s	3 s	4 s
s	0	6 cm	24 cm	54 cm	96 cm

A6 Tab. 4 zeigt das Ergebnis der Zeit-Weg-Messung der Bewegung in V5. Zeichne das zugehörige t-s-Diagramm.

5 t	0	1s	2s	3s	4s	5s
v	0	$12\ \frac{cm}{s}$	$24\ \frac{cm}{s}$	$36\ \frac{cm}{s}$	$48\ \frac{cm}{s}$	$60\ \frac{cm}{s}$

A7 Zeichne mit den Tabellenwerten ein Zeit-Geschwindigkeit-Diagramm.

A8 Bilde mit den Werten von Tab. 5 alle Quotienten v/t und einige beliebige Quotienten $\Delta v/\Delta t$. Was fällt dir auf?

6

A9 Beschreibe den Zusammenhang zwischen Geschwindigkeit und Zeit, der durch das Schaubild dargestellt wird.
Ermittle aus dem Diagramm die Beschleunigung.

Wir untersuchen eine beschleunigte Bewegung

Wir lassen einen Experimentierwagen eine beschleunigte Bewegung ausführen. Dazu wird er wie in Abb. 3 von einem Wägestück angetrieben. Ein Blick auf die Lage der Klötzchen, die bei jedem Takt gelegt wurden, bestätigt, dass die Bewegung beschleunigt ist: Zwischen zwei Taktschlägen, also in gleichen Zeiten, werden mit Fortschreiten der Zeit immer größere Wege zurückgelegt. Die Geschwindigkeit wächst also. Da das Fahrzeug keinen Tacho hat, können wir die Geschwindigkeit nicht direkt ablesen. Wir können aber Wege und Zeiten messen (Tab. 4) und mit diesen Werten Geschwindigkeiten berechnen.

Um die Momentangeschwindigkeit zu einem bestimmten Zeitpunkt ermitteln zu können, brauchen wir ein kleines Wegstück, das zu der betrachteten Zeit durchfahren wird, und die dazugehörige Zeitspanne. Wir benutzen für unsere Beispielrechnung die Werte aus Tab. 4:
Das durchfahrene Wegstück und die Zeitspanne erhalten wir, wenn wir die Differenz der benachbarten Tabellenwerte bilden. Das so erhaltene Wegstück Δs teilen wir durch die zum Durchlaufen dieses Wegstückes notwendige Zeit Δt.

Beispiel: (Die tief gestellte Zahl gibt den Tabellenplatz an!)
Geschwindigkeit zur Zeit $t_3 = 2$ s
$\Delta s = s_4 - s_2 = 54\ \text{cm} - 6\ \text{cm} = 48\ \text{cm}$; $\Delta t = 2$ s;
$v = \frac{48\ \text{cm}}{2\ \text{s}} = 24\ \frac{\text{cm}}{\text{s}}$
Die Momentangeschwindigkeit zum Zeitpunkt 2 s beträgt $24\ \frac{\text{cm}}{\text{s}}$.
Damit ergibt sich als Wertepaar: $t_3 = 2$ s, $v_3 = 24\ \frac{\text{cm}}{\text{s}}$.

Nun berechnen wir auch für die Zeitpunkte 1 s, 3 s und 4 s die Momentangeschwindigkeiten und tragen alle Werte in eine Tabelle ein (Tab. 5). Wir erkennen: Zur n-fachen Zeit hat der Wagen die n-fache Geschwindigkeit. Somit folgt, dass die Geschwindigkeit gleichmäßig mit der Zeit wächst. Die Proportionalität finden wir bestätigt, wenn wir ein t-v-Diagramm zeichnen. Im Schaubild entsteht eine Ursprungsgerade (Abb. 6). Wir legen fest:

> Die Bewegung eines Körpers heißt gleichmäßig beschleunigt, wenn die Geschwindigkeit der Zeit proportional ist: $v \sim t$.

Sind Geschwindigkeit und Zeit zueinander proportional, müssen auch alle möglichen Quotienten $\frac{\Delta v}{\Delta t}$ gleich groß sein.

Beispiel:
$$\frac{v_4 - v_2}{t_4 - t_2} = \frac{(36-12)\ \frac{\text{cm}}{\text{s}}}{(3-1)\ \text{s}} = \frac{24\ \frac{\text{cm}}{\text{s}}}{2\ \text{s}} = 12\ \frac{\text{cm}}{\text{s}^2}$$

Alle Quotienten ergeben $a = 12\ \frac{\text{cm}}{\text{s}^2}$. Da der Quotient $\Delta v/\Delta t$ Beschleunigung a heißt, folgt:

> Bei einer gleichmäßig beschleunigten Bewegung ist die Beschleunigung a = konstant.

Zeit-Geschwindigkeit-Gesetz

Ein Fahrzeug, das gleichmäßig beschleunigt wird, erhöht seine Geschwindigkeit in jeder Sekunde um den gleichen Betrag. Um wie viel $\frac{m}{s}$ die Geschwindigkeit zunimmt, können wir an der Beschleunigung ablesen: $a = 12\,\frac{m}{s^2}$ bedeutet, nach jeder Sekunde ist sie um $12\,\frac{m}{s}$ größer. Für längere Zeiten als 1 Sekunde ergeben sich dann folgende Geschwindigkeiten:

t	1 s	2 s	3 s	4 s	…	t
v	$12\,\frac{m}{s}\cdot 1$	$12\,\frac{m}{s}\cdot 2$	$12\,\frac{m}{s}\cdot 3$	$12\,\frac{m}{s}\cdot 4$	…	$\boldsymbol{a\cdot t}$

Will man die erreichte Geschwindigkeit berechnen, muss man die verstrichene Zeit mit der Beschleunigung multiplizieren.

Zeit-Geschwindigkeit-Gesetz: $v = a \cdot t$

Beispiel: Ein Motorrad beschleunigt 8 Sekunden lang mit $a = 2{,}5\,\frac{m}{s^2}$. Wie groß ist dann seine Geschwindigkeit?
$v = a \cdot t = 2{,}5\,\frac{m}{s^2} \cdot 8\,s = 20\,\frac{m}{s} = 72\,\frac{km}{h}$

Zeit-Weg-Gesetz

Zur Berechnung des Weges kennen wir bis jetzt die Formel $s = v \cdot t$. Sie darf man anwenden, wenn die Geschwindigkeit des bewegten Körpers gleich groß bleibt oder wenn v die Durchschnittsgeschwindigkeit $\bar{v}$ ist. Bei jeder beschleunigten Bewegung ändert sich aber die Geschwindigkeit. Wüssten wir nun, wie groß die Durchschnittsgeschwindigkeit $\bar{v}$ für die Zeit vom Start bis zum betrachteten Zeitpunkt ist, könnten wir die Formel $s = v \cdot t$ doch anwenden. Für die gleichmäßig beschleunigte Bewegung gibt es einen einfachen Zusammenhang zwischen der Momentangeschwindigkeit v zu einer bestimmten Zeit und der Durchschnittsgeschwindigkeit $\bar{v}$ bis zu dieser Zeit, immer auf den Start bezogen. Sehen wir uns folgende Tabelle an. (Die Durchschnittsgeschwindigkeit wird mit $\bar{v} = s/t$ berechnet.)

Weg s	6 cm	24 cm	54 cm	96 cm
Zeit t	1 s	2 s	3 s	4 s
$v_{momentan}$	$12\,\frac{cm}{s}$	$24\,\frac{cm}{s}$	$36\,\frac{cm}{s}$	$48\,\frac{cm}{s}$
$\bar{v}$	$6\,\frac{cm}{s}$	$12\,\frac{cm}{s}$	$18\,\frac{cm}{s}$	$24\,\frac{cm}{s}$

Die Durchschnittsgeschwindigkeit $\bar{v}$ ist stets halb so groß wie die Momentangeschwindigkeit v: $\bar{v} = \frac{1}{2} \cdot v$. Ersetzen wir $\bar{v}$ in $s = \bar{v} \cdot t$ durch $\frac{1}{2} \cdot v$, so erhalten wir $s = \frac{1}{2} \cdot v \cdot t$.
Außerdem gilt $v = a \cdot t$. Setzen wir die Beziehung in die neue Gleichung ein, erhalten wir: $s = \frac{1}{2} \cdot v \cdot t = \frac{1}{2} \cdot (a \cdot t) \cdot t = \frac{1}{2} \cdot a \cdot t^2$.
Mit dieser Formel können wir den zurückgelegten Weg berechnen, wenn wir die Momentangeschwindigkeit oder die Beschleunigung und die verstrichene Zeit kennen.

Zeit-Weg-Gesetz: ① $s = \frac{1}{2} \cdot v \cdot t$ oder ② $s = \frac{1}{2} \cdot a \cdot t^2$

Anmerkung: Beim Anfahren (Bewegung aus der Ruhe) ist zur Zeit Null die Geschwindigkeit Null. Wegen $v - v_0 = v$ und $t - t_0 = t$ schreiben wir statt $a = \Delta v / \Delta t$ kurz $a = v/t$.

A10 Ein Auto fährt an einer Ampel gleichmäßig beschleunigt an. Die Beschleunigung beträgt $3\,\frac{m}{s^2}$.
a) Um wie viel wächst die Geschwindigkeit in einer Sekunde?
b) Wie schnell ist der Pkw nach 2 s, nach 3 s und nach 4 s?

A11 Ein ICE beschleunigt beim Anfahren gleichmäßig mit $a = 0{,}4\,\frac{m}{s^2}$. Wie schnell ist er nach 3 Minuten?

A12 Du kannst in A11 nicht errechnen, wie weit der ICE nach 3 Minuten gefahren ist. Warum nicht?

7

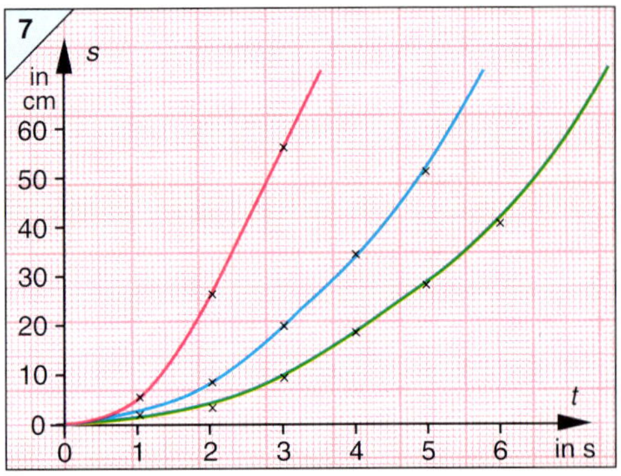

A13 Welche Kurve stellt die Bewegung mit der größten Beschleunigung dar? Begründe.

A14 Du liest aus dem Diagramm in Abb. 7 für einen Körper Zeit und zurückgelegten Weg ab und bildest mit den Werten den Quotienten s/t. Was für eine Art von Geschwindigkeit hast du berechnet?

A15 Übertrage die Tabelle 4 aus A6 in dein Heft und ergänze sie durch die v-Zeile aus Tabelle 5.
a) Berechne die Durchschnittsgeschwindigkeit $\bar{v}$, die der Experimentierwagen vom Start nach 1 s, 2 s, 3 s, und 4 s jeweils hat. Ergänze die Tabelle durch eine $\bar{v}$-Zeile.
b) Vergleiche die Größe von Momentan- und Durchschnittsgeschwindigkeit. Formuliere den Zusammenhang mathematisch.

A16 Ein Pkw wird an einer Ampel aus dem Stand gleichmäßig beschleunigt. Nach 6 Sekunden hat er eine Geschwindigkeit von $54\,\frac{km}{h}$. Berechne die Beschleunigung.

V17 Ein Schüler soll aus dem Stand eine festgelegte Strecke mit dem Fahrrad im höchsten Gang in einer möglichst kurzen Zeit durchfahren.
Kennzeichne auf dem Schulhof eine Strecke von 20 m durch Kreidemarken. Stelle dich hinter dem Ziel auf, gib das Startzeichen und stoppe die Fahrzeit.
Wiederhole die Messung für andere Schüler. Berechne mit den notierten Werten für Weg und Zeit jeweils die Beschleunigung, welche die Schüler erreichen.

Mittlere Beschleunigung

Die Geschwindigkeit eines anfahrenden Autos nimmt nicht in jeder Sekunde gleich stark zu. Deshalb gibt man die Beschleunigung eines Wagens an, indem man die Zeit nennt, in der das Fahrzeug die Geschwindigkeit um einen bestimmten Betrag erhöht, z. B. in 8 s von 0 auf 100 $\frac{km}{h}$.

Bilden wir für derartige Bewegungen den Quotienten $a = \Delta v / \Delta t$, erhalten wir die *mittlere Beschleunigung.* Sie sagt aus, wie sich die Geschwindigkeit je Sekunde ändern würde, wenn die Beschleunigung konstant wäre.

Wenden wir unsere Kenntnisse an!

1. Ein Eisenbahnzug fährt mit einer gleich bleibenden Beschleunigung von $a = 0{,}5\,\frac{m}{s^2}$ an. Welche Geschwindigkeit hat er nach 1,5 Minuten, wie weit ist er dann gefahren?

$$v = a \cdot t = 0{,}5\,\frac{m}{s^2} \cdot 90\,s = 45\,\frac{m}{s} = 45 \cdot 3{,}6\,\frac{km}{h} = 162\,\frac{km}{h}$$
$$s = \frac{1}{2} \cdot a \cdot t^2 = \frac{1}{2} \cdot 0{,}5\,\frac{m}{s^2} \cdot (90\,s)^2 = 0{,}25\,\frac{m}{s^2} \cdot 8\,100\,s^2 = 2\,025\,m$$

2. Wie lang ist die Strecke, die beim Beschleunigen von 0 auf 108 $\frac{km}{h}$ durchfahren wird? (Beschleunigung $a = 1{,}5\,\frac{m}{s^2}$)
(*Hinweis:* Berechne erst mittels $a = v/t$ die Zeit, dann den Weg.)

$$t = \frac{v}{a} = \frac{108\,\frac{km}{h}}{1{,}5\,\frac{m}{s^2}} = \frac{30\,\frac{m}{s}}{1{,}5\,\frac{m}{s^2}} = 20\,s$$
$$s = \frac{1}{2} \cdot a \cdot t^2 = \frac{1}{2} \cdot 1{,}5\,\frac{m}{s^2} \cdot (20\,s)^2 = 0{,}75\,\frac{m}{s^2} \cdot 400\,s^2 = 300\,m$$

3. Ein Motorrad beschleunigt in 4 s von 80 $\frac{km}{h}$ auf 152 $\frac{km}{h}$.
Wie groß ist die Beschleunigung?

$$a = \frac{\Delta v}{\Delta t} = \frac{(152-80)\,\frac{km}{h}}{4\,s} = \frac{20\,\frac{m}{s}}{4\,s} = 5\,\frac{m}{s^2}$$

4. Ein Wagen fährt mit konstanter Beschleunigung an. Er durchfährt so eine Strecke von 288 m in 12 Sekunden.
Wie groß ist die Beschleunigung?

Die Gleichung $s = \frac{1}{2} \cdot a \cdot t^2$ muss nach a umgeformt werden:

$$a = \frac{2 \cdot s}{t^2} = \frac{2 \cdot 288\,m}{(12\,s)^2} = \frac{576\,m}{144\,s^2} = 4\,\frac{m}{s^2}$$

AUFGABEN UND ZUSAMMENFASSUNG

1. Was beschreiben die Begriffe „Beschleunigung" und „Verzögerung"? Was unterscheidet sie?

2. Ein Körper erfährt eine konstante Beschleunigung von 1,5 $\frac{m}{s^2}$. Stelle die ersten 10 Sekunden der Bewegung in einem *t-v*-Diagramm und in einem *t-s*-Diagramm dar.

3. Wie hängen bei einer gleichmäßig beschleunigten Bewegung
a) Geschwindigkeit und Zeit;
b) Weg und Zeit zusammen?

4. Ein Pkw erreicht aus dem Stand nach 12 Sekunden eine Geschwindigkeit von 80 $\frac{km}{h}$. Wie groß ist die Beschleunigung?

5. Ein Motorrad wird mit einer Verzögerung von $a = 5\,\frac{m}{s^2}$ abgebremst. In welcher Zeit kommt es aus einer Geschwindigkeit von 120 $\frac{km}{h}$ zum Stillstand? Wie lang ist der Bremsweg?

6. Ein Auto hat nach 12 Sekunden aus der Ruhe eine Geschwindigkeit von 6 $\frac{m}{s}$ erreicht. Wie groß ist die Beschleunigung? Welchen Weg hat es in dieser Zeit zurückgelegt?

7. Ein Mofa durchfährt bei gleichmäßiger Beschleunigung aus der Ruhe die ersten 45 m in einer Zeit von 6 Sekunden. Wie groß ist die Beschleunigung? Welche Geschwindigkeit erreicht es?

8. Eine Lok wird auf einer Versuchsstrecke aus dem Stand 8 Sekunden lang mit $a = 1{,}5\,\frac{m}{s^2}$ gleichmäßig beschleunigt und weitere 14 Sekunden mit der erreichten Geschwindigkeit gefahren.
a) Zeichne ein *t-v*–Diagramm.
b) Welche Geschwindigkeit erreicht die Lok?
c) Welche Strecke legt sie in der gesamten Zeit zurück?

Beschleunigte Bewegung

Die Geschwindigkeitszunahme je Zeiteinheit heißt Beschleunigung; die Geschwindigkeitsabnahme je Zeiteinheit wird Verzögerung genannt. Deren Größe wird berechnet mit der Formel:
$a = \Delta v / \Delta t$.

Gleichmäßig beschleunigte Bewegung

Die Geschwindigkeitsänderung ist der Zeit proportional, d. h., in gleichen Zeiten ist die Zu- bzw. Abnahme der Geschwindigkeit gleich groß: a = konstant.

Erfolgt eine beschleunigte Bewegung aus der Ruhe, gelten folgende Gleichungen:
$v = a \cdot t$ und $s = \frac{1}{2} \cdot a \cdot t^2$

Wie fallen Körper?

Ein Pärchen tastet sich Hand in Hand vorsichtig auf der Plattform eines 5 m-Turmes an den Rand vor. Er ist groß und kräftig, sie klein und zart. Schließlich machen sie noch einen Schritt vor und fallen. Werden beide gleichzeitig ins Wasser eintauchen?

Stellen wir das Fallen von Körpern in einem Experiment nach. Dazu lässt du zwei Gegenstände, die verschieden schwer sind, z. B. einen Stein und einen Kronenkorken, gleichzeitig aus gleicher Höhe fallen. Du stellst fest, dass beide Körper zur selben Zeit auftreffen! Wie ist das möglich? Du lässt Stein und Kronenkorken wieder und wieder fallen. Stets treffen beide im gleichen Moment auf. Das widerspricht unseren Erwartungen.
Zu unseren Erwartungen passt aber die Beobachtung, dass ein Stein schneller fällt als ein Blatt Papier. Knüllen wir aber das Blatt Papier zu einer Kugel zusammen und lassen es erneut mit dem Stein aus gleicher Höhe fallen, erreicht die Papierkugel nun fast gleichzeitig mit dem Stein den Boden.
Wir erkennen an diesen Fallversuchen, dass nicht die Größe der Masse bestimmt, wie schnell ein Körper fällt, sondern der Luftwiderstand, der von der Körperform abhängt.

Durch einen Versuch mit einer Fallröhre wie in Abb. 2 lässt sich das beweisen. In ihr befinden sich ein Bleiplättchen und eine Daunenfeder, beide liegen auf dem Glasboden. Dreht man die Röhre schnell herum, fällt die Feder viel langsamer als das Bleiplättchen, wenn die Röhre mit Luft gefüllt ist. In der luftleeren Röhre dagegen fallen beide gleich schnell. Wird der Fall eines Körpers nicht von der Luft behindert, spricht man vom **freien Fall.**
Jede Fallbewegung im lufterfüllten Raum wird von der Luft behindert. Die Hemmung der Bewegung durch die Luft wirkt sich bei einem Blatt Papier viel stärker aus als bei einem Stein. Aus den Überlegungen können wir schließen:

> Alle Körper fallen aus gleicher Höhe gleich schnell, wenn die Luft den Fall nicht behindert.

Was heißt „Alle Körper fallen gleich schnell“?

Wie fällt ein Körper? Wird er zu Beginn des Falls beschleunigt und fällt dann mit gleich bleibender Geschwindigkeit weiter? Oder wird er auf der gesamten Fallstrecke beschleunigt?

Da die Beobachtung von Fallbewegungen nicht ausreicht, diese Fragen zu beantworten, müssen wir Wege und Zeiten messen. Als Fallkörper wählen wir einen Gegenstand, der möglichst schwer und klein ist, z. B. ein Eisenstück. Das lassen wir aus geringer Höhe fallen. Dann ist der Einfluss der Luft vernachlässigbar. Da die Fallbewegung sehr schnell abläuft, gelingt es uns nicht, die Fallzeit „per Hand“ mit einer Stoppuhr zu messen. Deshalb benutzen wir die Messvorrichtung nach Abb. 4. Das Eisenstück zieht einen Streifen hinter sich her, auf den ein Hämmerchen in Zeitabständen von 0,02 s schlägt. Bei jedem Schlag entsteht auf dem Streifen ein Punkt.

1

A1 Beide Springer lassen sich gleichzeitig fallen. Wer wird zuerst eintauchen? Begründe.

V2 Klemme zwei unterschiedlich schwere Gegenstände (Stein, Kreide) zwischen Daumen und Zeigefinger. Hebe sie möglichst hoch; lass sie dann gleichzeitig fallen. Was beobachtest du? Was schließt du daraus?

V3 Knülle ein Blatt Papier so zusammen, dass es noch ca. die Hälfte der ursprünglichen Fläche hat. Halte es und einen Stein in Kopfhöhe. Lass beide gleichzeitig fallen.
Knülle das Papier zu einer möglichst kleinen Kugel. Lass beide erneut aus gleicher Höhe fallen.
Erkläre die unterschiedlichen Beobachtungen.

A4 Berichte über Erfahrungen mit dem Luftwiderstand z. B. im Sturm oder beim Autofahren mit offenem Fenster. Wovon ist er abhängig und wie kann man ihn vermindern?

2
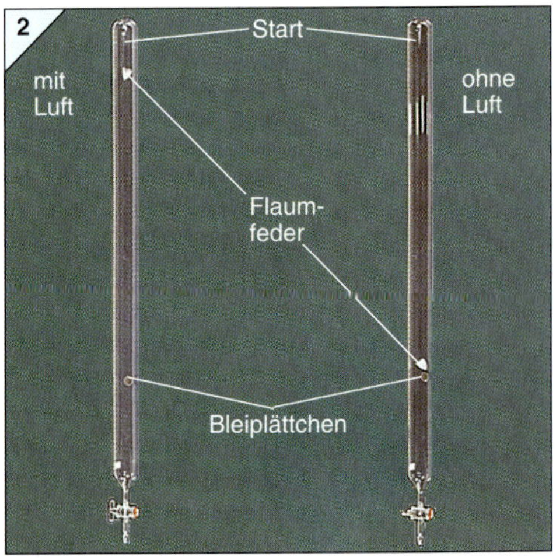

V5 Drehe das luftgefüllte Glasrohr schnell um und beobachte.
Pumpe dann die Luft aus dem Rohr, verschließe es und drehe es wieder um.
Beschreibe und erkläre.

3

V6 Baue den Versuch nach Abb. 4 auf: Halte den Streifen am freien Ende fest und schalte ein. Warte etwas, lass den Streifen los. Sieh dir den Messstreifen an. Woran erkennt man, dass die Bewegung beschleunigt ist?
Fertige eine Tabelle wie in Abb. 5 an.

4
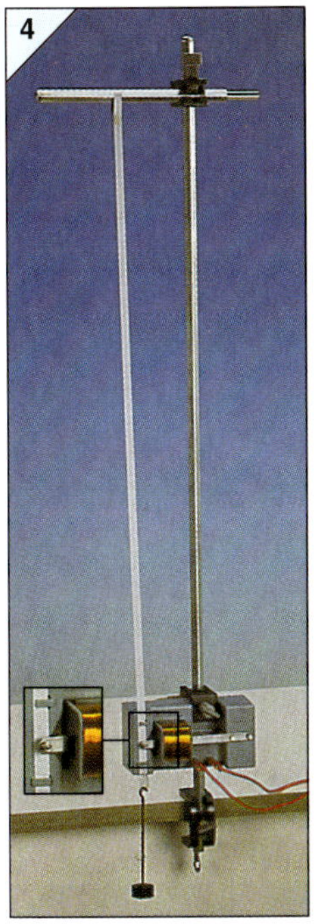

5

t in s	*s* in mm
.00	0
.02	2
.04	7
.06	16
.08	29
.10	46
.12	66
.14	94
.16	122
.18	158
.20	192
.22	223
.24	279
.26	332
.28	382
.30	440
.32	497
.34	560
.36	625
.38	699
.40	771
.42	852
.44	999

A7 Berechne für die Zeitpunkte 0,1 s; 0,2 s; 0,3 s; 0,4 s die Geschwindigkeiten.
Trage die Werte für Zeiten und Geschwindigkeiten in eine Tabelle ein.

6

t	0,1 s	0,2 s	0,3 s	0,4 s
v	$925\,\frac{mm}{s}$	$1625\,\frac{mm}{s}$	$2875\,\frac{mm}{s}$	$3825\,\frac{mm}{s}$

A8 Fertige mit diesen Tabellenwerten ein *t*-*v*-Diagramm an.

7
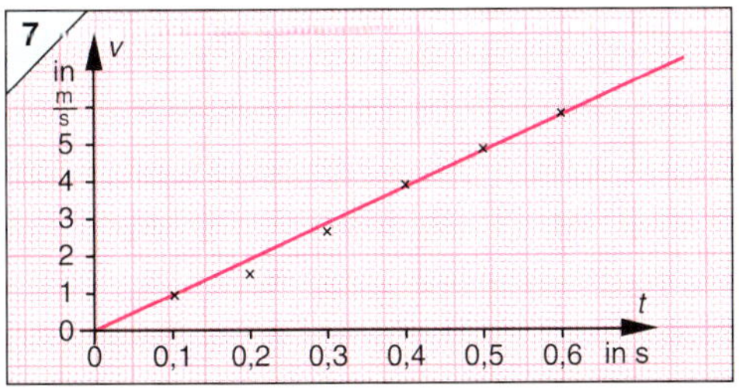

A9 Lies für zwei Zeitpunkte *v* und *t* ab und berechne $g = \Delta v / \Delta t$.

Der Abstand benachbarter Punkte auf dem Streifen wird stetig größer. In gleichen Zeitspannen von 0,02 s werden größere Wege zurückgelegt, d. h., die Geschwindigkeit des Fallkörpers nimmt beständig zu. Die Bewegung ist also beschleunigt.
Wie groß die Geschwindigkeit zu einem bestimmten Zeitpunkt ist, finden wir mit der Formel $v = \Delta s / \Delta t$. Dazu vermessen wir den Streifen und fertigen eine Zeit-Weg-Tabelle an (Abb. 5). Aus den Tabellenwerten, die vor und nach dem betrachteten Zeitpunkt liegen, ermitteln wir das Wegstück $\Delta s = s_{nach} - s_{vor}$ und die Zeit $\Delta t = t_{nach} - t_{vor}$. Für den Zeitpunkt $t = 0{,}2$ s ergibt sich Folgendes:
$t_{vor} = 0{,}18$ s; $t_{nach} = 0{,}22$ s; $\Delta t = 0{,}04$ s;
$s_{vor} = 158$ mm; $s_{nach} = 223$ mm; $\Delta s = 65$ mm;
$v = \Delta s / \Delta t = 65\text{ mm} : 0{,}04\text{ s} = 1625\,\frac{mm}{s} \approx 1{,}6\,\frac{m}{s}$
Momentangeschwindigkeit zur Zeit $t = 0{,}2$ s: $1{,}6\,\frac{m}{s}$ (Tab. 6).

Trägt man alle so berechneten Geschwindigkeiten im Diagramm über den zugehörigen Zeiten auf (Abb. 7), erkennt man, dass alle Punkte fast auf einer Geraden liegen. Die geringen Abweichungen sind durch die Messmethode bedingt. Die Geschwindigkeit ist folglich der Zeit proportional. Die Fallbewegung ist also gleichmäßig beschleunigt.

Die Fallbeschleunigung, abgekürzt mit dem Formelzeichen *g*, bestimmen wir nach der Gleichung $g = \Delta v / \Delta t$. Dazu lesen wir aus Abb. 7 für zwei Zeitpunkte die zugehörige Geschwindigkeit ab:

$t = 0{,}1$ s; $v = 0{,}9\,\frac{m}{s}$ und $t = 0{,}2$ s; $v = 1{,}9\,\frac{m}{s}$. Damit ist

$$g = \frac{\Delta v}{\Delta t} = \frac{1{,}9\,\frac{m}{s} - 0{,}9\,\frac{m}{s}}{0{,}2\text{ s} - 0{,}1\text{ s}} = \frac{1{,}0\,\frac{m}{s}}{0{,}1\text{ s}} = 10\,\frac{m}{s^2}.$$

Für $t = 0{,}1$ s; $v = 0{,}9\,\frac{m}{s}$ und $t = 0{,}4$ s; $v = 3{,}8\,\frac{m}{s}$ ergibt sich $g = 9\,\frac{m}{s^2}$.

> Jeder Körper fällt gleichmäßig beschleunigt, wenn die Luft keinen Einfluss hat. Die Fallbeschleunigung *g* beträgt ca. $10\,\frac{m}{s^2}$. (Genauer Wert $g = 9{,}81\,\frac{m}{s^2}$)

Für den freien Fall gelten dieselben Gesetze wie für jede gleichmäßig beschleunigte Bewegung. Deshalb dürfen wir in Formeln das Formelzeichen *a* durch *g* für die Fallbeschleunigung ersetzen.

Lässt man einen Körper fallen, hat er nach der Fallzeit *t*
die Geschwindigkeit $v = g \cdot t$ erreicht und
den Weg $s = \frac{1}{2} \cdot g \cdot t^2$ zurückgelegt.

Beispiel: Eine fallende Kugel schlägt nach 3 Sekunden auf. Aus welcher Höhe fiel sie? Wie groß ist die Geschwindigkeit beim Aufprall?
Da der Fallweg *s* der Höhe *h* entspricht, ist

$$h = \tfrac{1}{2} \cdot g \cdot t^2 = \tfrac{1}{2} \cdot 10\,\tfrac{m}{s^2} \cdot (3\text{ s})^2 = 45\text{ m}$$

$$v = g \cdot t = 10\,\tfrac{m}{s^2} \cdot 3\text{ s} = 30\,\tfrac{m}{s} = 108\,\tfrac{km}{h}.$$

Fallwege und Fallzeiten – mit dem Computer gemessen

Bei der Untersuchung der Fallbewegung hat uns ein trickreicher Apparat Fallzeiten und Fallwege auf einem Papierstreifen in Form von Punkten registriert. Das Vermessen des Streifens und die Umsetzung der Messwerte in eine Tabelle war ziemlich aufwendig. Kann uns nicht ein Computer diese mühselige Arbeit abnehmen? Das geht – und zwar folgendermaßen: Die Fallapparatur gibt bei jeder Wegmarke ein elektrisches Signal an den Computer. Da dieser eine schnelltickende Uhr enthält, kann er die seit Fallbeginn vergangene Zeit selbst ermitteln. Zur Ausgabe des Startsignals und zur Eingabe der Wegmarkensignale wird der Druckeranschluss benutzt, für die Zeitmessung der eingebaute *Mikrosekunden-Timer* (1 Mikrosekunde = 1 millionstel Sekunde). Ein Programm steuert die Messung.

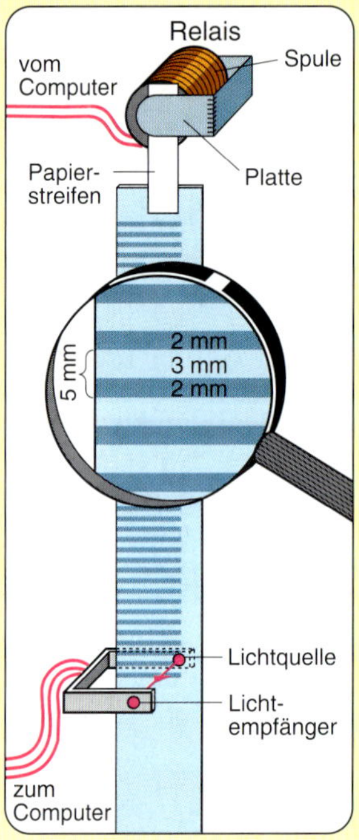

Die Fallapparatur mit Computeranschluss: Wir lassen einen durchsichtigen Kunststoffstreifen, z. B. ein Lineal, durch eine Lichtschranke fallen. Auf dem Lineal sind im Abstand von 3 mm undurchsichtige Streifen von je 2 mm Breite aufgeklebt. Der Abstand zwischen den unteren Rändern zweier aufeinander folgender schwarzer Streifen beträgt somit jeweils 5 mm. Diese Ränder sind unsere *Wegmarken.* Das Lineal wird zunächst von einem Papierstreifen gehalten, der zwischen Platte und Spulenlenkern eines Relais eingeklemmt ist. Wenn die Spule Strom führt, hängt das Lineal fest. Wird der Strom ausgeschaltet, fällt es durch eine Gabel-Lichtschranke. Diese legt bei durchgehendem Lichtstrahl 5 V an eine Leitung zum Druckeranschluss, bei Unterbrechung aber 0 V.

Der Ablauf einer Messung: Vor Fallbeginn wird die Lichtschranke so lange nach oben verschoben, bis sie vom unteren Rand des untersten schwarzen Streifens eben unterbrochen wird (*Nullmarke*). Das Lineal beginnt zu fallen, wenn das Computerprogramm über eine zweite Leitung einen Transistor veranlasst, den Strom im Halterelais auszuschalten. Gleichzeitig wird die schnell tickende Stoppuhr gestartet. Danach wartet das Programm, bis der Lichtstrahl in der Schranke einmal freigegeben und wieder verdunkelt wird. Im Moment der Unterbrechung wird die Uhr gestoppt, ihr Stand gespeichert und sofort neu gestartet. Danach wird zunächst der Wegstrecken-Zähler im Programm von 0 auf 1 gestellt; nun wird gewartet, bis der nächste Hell-Dunkel-Wechsel stattfindet. Dann wiederholt sich der Ablauf, bis schließlich der 20. Hell-Dunkel-Sprung erreicht ist. Das Programm stoppt, gibt Fallwege und zugehörige Fallzeiten auf dem Bildschirm aus und speichert sie danach auf Diskette.

Auswertung: Anhand der Tabelle auf dem Bildschirm könnten wir ein Zeit-Weg- und ein Zeit-Geschwindigkeits-Diagramm der Fallbewegung zeichnen, die Geschwindigkeiten unterwegs ermitteln und die Fallbeschleunigung berechnen. Diese Arbeit können wir aber ebenfalls dem Computer überlassen. Dazu muss ein *Auswertungs-Programm* in den Rechner geladen werden, das die Fallstrecken und Fallzeiten aus der Tabelle verarbeiten kann. Startet dieses Programm automatisch nach Beendigung des Falls, liegen uns wenige Augenblicke später die Berechnungen und die Diagramme vor.

AUFGABEN UND ZUSAMMENFASSUNG

1. Nimm zwei gleich große Blätter Alu-Folie. Knülle eines locker zusammen und forme das andere zu einer Kugel. Lass beide gleichzeitig fallen. Erkläre die unterschiedlichen Fallzeiten.

2. Liste auf, welche Gesetze für den freien Fall gelten. Was sagen sie aus?

3. Begründe, warum die Formel $s = v \cdot t$ bei Berechnungen zum freien Fall nicht verwendet werden darf.

4. Ein Stein fällt 1,6 s lang. Wie groß ist die Fallhöhe, wie groß die Geschwindigkeit beim Aufschlag?

5. Nach welcher Zeit hat ein aus der Ruhe frei fallender Körper die Geschwindigkeit 25 $\frac{m}{s}$?

6. Ein Koffer fällt aus einem Gepäcknetz in 2,1 m Höhe. Berechne für 0,1 s; 0,2 s; …; 0,6 s die Fallstrecke. Gib an, in welcher Höhe sich der Koffer jeweils befindet. Zeichne die Fallbewegung.

7. Ein Pkw fährt mit 54 $\frac{km}{h}$ auf eine Betonmauer. Aus welcher Höhe müsste er fallen, um dieselbe Aufprallgeschwindigkeit zu bekommen?
(*Hinweis:* Berechne erst die Fallzeit.)

Freier Fall

Wenn Körper frei fallen, also nicht wesentlich durch die Luft gebremst werden, erfahren sie unabhängig von ihrer Größe und Masse alle die gleiche Beschleunigung von ca. 10 $\frac{m}{s^2}$. Ihre Geschwindigkeit nimmt dementsprechend in jeder Sekunde um 10 $\frac{m}{s}$ zu.
Die Fallwege wachsen mit dem Quadrat der Zeit: In 1 Sekunde sind es 5 m, in 2 Sekunden 5 · (2 · 2) m = 20 m usw.

Galileo Galilei – Der Begründer der modernen Physik

Es ist nicht sicher, ob der italienische Naturforscher **Galileo Galilei** (1564–1642) wirklich um 1600 unterschiedlich schwere „*Körper*“ vom „Schiefen Turm“ seiner Heimatstadt Pisa fallen ließ, um herauszufinden, ob der berühmte griechische Gelehrte **Aristoteles** (384–322 v. Chr.) recht damit hatte, daß „*Körper von größerem Gewicht schneller fallen als solche von kleinerem Gewicht*“.
Fest steht aber, dass Galilei sich mit dieser zu seiner Zeit nie angezweifelten „Lehrmeinung“ nicht zufrieden gab. Er hielt solche „Lehrmeinungen“ für das, was sie waren: unbewiesene Behauptungen! Denn schließlich hatte Aristoteles sie lediglich durch Nachdenken und Überlegen gefunden.
Galilei aber stellte die Forderung auf, Behauptungen oder Theorien durch **Experimente** zu überprüfen.

Experimente planen und durchführen

Galileis **Ausgangsfrage** war: Wie bewegen sich fallende Körper? Wer diese Frage beantworten will, muss Fallwege und Fallzeiten möglichst genau messen.
Die Messung des *Fallwegs* war um 1600, als Galilei seine Experimente plante, in der damals gebräuchlichen Einheit „Elle“ möglich.
Schwieriger war dagegen die Messung der sehr kurzen *Fallzeiten*. Es gab zwar schon Uhren, die aber nur zur Messung großer Zeiträume, also z. B. von Stunden oder Minuten, geeignet waren. Sie taugten folglich nicht für die Messung der kurzen Zeit, die ein fallender Körper vom Loslassen bis zum Auftreffen auf dem Boden braucht.

Um seine Experimente beliebig oft und ohne viel Mühe wiederholen zu können, benutzte Galilei zwei Hilfsmittel, die er selbst herstellte:

1. Zur Zeitmessung baute er aus einem mit Wasser gefüllten Eimer, der unten einen absperrbaren Ausfluss hatte, und einem kleinen Auffangbecher eine **Messanlage**, eine Art Wasseruhr. Galilei schrieb dazu:

> „*Das (während der Fallzeit) angesammelte Wasser wurde auf einer sehr genauen Waage gewogen; aus den Differenzen der Wägungen erhielten wir die Verhältnisse der Gewichte und die Verhältnisse der Zeiten, und zwar mit solcher Genauigkeit, dass die zahlreichen Beobachtungen niemals merklich voneinander abwichen.*“

Galilei ermittelte die Fallzeiten also nicht direkt mit einer Uhr. Er ordnete vielmehr dem „Gewicht“ des aufgefangenen Wassers die entsprechende Zeitdauer zu und errechnete aus den Differenzen, um welche Zeit eine Fallbewegung länger oder kürzer gedauert hatte als die vorhergehende.

2. Galilei benutzte ein schräg gestelltes Holzbrett, in das eine mit Pergamentpapier ausgekleidete Rinne eingearbeitet war. In dieser **„Fallrinne“** ließ er eine sehr harte, völlig runde und glatt polierte Messingkugel hinunterrollen. Die dafür benötigten Zeitdauern bestimmte er mit Hilfe seiner „Wasseruhr“.
Die Fallrinne hatte den Vorteil, dass die zu messenden Zeiten nicht so klein waren wie beim freien Fall. Mithilfe der Rinne verlangsamte er den Fall der Kugel. Er beobachtete ihn sozusagen in Zeitlupe.

Experimente auswerten

Galilei hat seine Experimente immer sorgfältig geplant und oft wiederholt, um aus den **Messwerten der einzelnen Versuche** eine Erkenntnis zu gewinnen, die **allgemein** gilt: Er drückte die von ihm gefundene Gesetzmäßigkeit der Fallbewegung in Worten aus, ohne mathematische Formeln. Du kennst die 1604 von ihm gefundene Gesetzmäßigkeit als das **Zeit-Weg-Gesetz** der gleichmäßig beschleunigten Bewegung.

> „*Häufig wiederholten wir den einzelnen Versuch, zur genaueren Ermittlung der Zeit, und fanden gar keine Unterschiede. Darauf ließen wir die Kugel nur durch ein Viertel der Strecke laufen und fanden stets die halbe Fallzeit gegen früher. Dann wählten wir andere Strecken und verglichen die gemessene Fallzeit mit der zuletzt erhaltenen und mit den von $\frac{2}{3}$ oder $\frac{3}{4}$ oder irgend anderen Bruchteilen; bei wohl hundertfacher Wiederholung fanden wir stets, dass die Strecken sich verhielten wie die Quadrate der Zeiten: und dieses für jede Neigung des Kanales, in dem die Kugel lief.*“

Galilei war der Erste, der experimentierte, um zu gesicherten Erkenntnissen zu gelangen. Mit ihm beginnt das Zeitalter der experimentellen Naturforschung. Er gilt deshalb als der Begründer der modernen Physik.

Wie lang ist der Bremsweg?

Täglich werden Kinder von Autos angefahren, oft schwer verletzt, manchmal sogar tödlich. Häufige Ursache: überhöhte Geschwindigkeit. Eltern fordern deshalb seit langem für Wohngebiete „Tempo 30“. Sie argumentieren, dass in einem Fall wie in Abb. 1 ein Unfall vermeidbar ist, wenn der herannahende Wagen statt, wie üblich, mit 50 $\frac{km}{h}$ mit 30 $\frac{km}{h}$ gefahren wird. Obwohl das Kind nur drei Autolängen (ca. 15 m) vom Wagen entfernt ist, bliebe es unverletzt. Wegen der geringeren Geschwindigkeit wäre der **Anhalteweg** des Autos entscheidend verkürzt. Prüfen wir, ob die Aussage richtig ist.

1

Der Anhalteweg

Taucht wie in Abb. 1 unerwartet ein Kind auf, ist ein Fahrer überrascht und erschrickt. Einen Moment lang ist er unfähig zu reagieren. Diese *Schreckzeit* – sie kann bis zu zwei Sekunden lang sein – kann der Fahrer vermeiden, wenn er auf Kinder gefasst ist, die beim Spielen die Autos auf der Straße „vergessen“.
Hat der Fahrer die Situation als gefährlich erkannt, reagiert er, indem er seinen Fuß vom Gas- auf das Bremspedal umsetzt. Weitere ca. 0,5 Sekunden verstreichen. Diese *Reaktionszeit* hängt sehr vom Alter und Befinden des Fahrers ab. Ist er müde oder steht er gar unter Einfluss von Medikamenten oder Alkohol, ist sie wesentlich länger.
Bis beim Treten des Bremspedals die volle Bremskraft erreicht ist, vergehen weitere 0,1–0,4 Sekunden. Diese *Ansprechzeit* ist durch die Mechanik der Bremsanlage bestimmt.
Während der Schreck-, Reaktions- und Ansprechzeit fährt das Auto mit unveränderter Geschwindigkeit v weiter. Der Weg, der in dieser gesamten Zeit t_R zurückgelegt wird, heißt **Reaktionsweg** $\boldsymbol{s_R}$. Es gilt: $s_R = v \cdot t_R$.

Greifen die Bremsen endlich, wird die Geschwindigkeit des Fahrzeugs bis zum Stillstand verringert; es wird verzögert. Die dabei verstreichende Zeit nennt man **Bremszeit.** Sie ist um so kleiner, je größer die Verzögerung ist. Die maximale Verzögerung wird erreicht, wenn man so bremst, dass die Räder gerade eben noch drehen. Die Verzögerungswerte in Tab. 4 wurden durch Fahrversuche von Reifenherstellern ermittelt. Kennt man den Straßenzustand während der Bremsung, könnte man die Bremszeit t_B und damit den **Bremsweg** $\boldsymbol{s_B}$ berechnen:

$$t_B = \frac{v}{a} \quad \text{und} \quad s_B = \frac{1}{2} \cdot a \cdot t_B^2$$

Der Weg eines Fahrzeugs, den es vom Moment des Erkennens der Gefahr durch den Fahrer bis zum Stand zurücklegt (siehe auch Abb. 3), setzt sich aus einer gleichförmig durchfahrenen Strecke (Reaktionsweg) und einer verzögert durchfahrenen Strecke (Bremsweg) zusammen:

> Anhalteweg = Reaktionsweg + Bremsweg; $s_A = s_R + s_B$

2
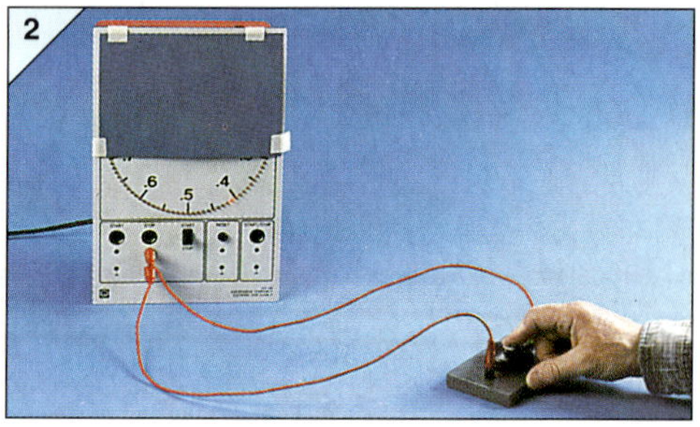

V1 So kannst du deine Reaktionszeit bestimmen: Klebe oder decke die obere Hälfte einer elektrischen Stoppuhr ab. Lass sie von einem Mitschüler starten. Taucht der Leuchtpunkt auf, stoppe die Uhr. Zähle nun aus, wie viel Zeit zwischen Auftauchen und Halten des Leuchtpunktes vergangen ist.

3
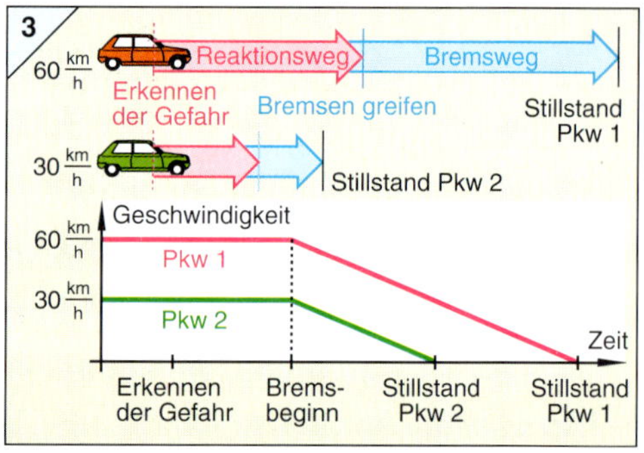

A2 Hier sind Anhaltewege von Fahrzeugen dargestellt. Aus welchen Teilwegen setzt sich der Anhalteweg zusammen, wovon sind diese abhängig?

> *Anmerkung:* Eine verzögerte Bewegung wird mathematisch wie eine beschleunigte Bewegung behandelt. Dazu nimmt man an, dass sie rückwärts abläuft. Statt einer Verzögerung von 30 $\frac{km}{h}$ auf 0 haben wir eine Beschleunigung von 0 auf 30 $\frac{km}{h}$ in gleicher Zeit auf gleichem Weg.

4 Erreichbare Verzögerung			
Fahrbahn	trocken	nass	vereist
Beton	ca. 9 $\frac{m}{s^2}$	ca. 5 $\frac{m}{s^2}$	0,5 bis 1 $\frac{m}{s^2}$
Asphalt	ca. 7 $\frac{m}{s^2}$	ca. 3 $\frac{m}{s^2}$	0,5 bis 1 $\frac{m}{s^2}$
Kopfsteinpflaster	ca. 6 $\frac{m}{s^2}$	ca. 3 $\frac{m}{s^2}$	0,5 bis 1 $\frac{m}{s^2}$
befestigter Feldweg	ca. 5 $\frac{m}{s^2}$	ca. 2 $\frac{m}{s^2}$	–

A3 Die Richtgeschwindigkeit auf Autobahnen beträgt 130 $\frac{km}{h}$. Berechne den Anhalteweg bei maximaler Verzögerung für trockenen und nassen Beton. (Die Zeit für den Reaktionsweg soll 1 Sekunde betragen.)

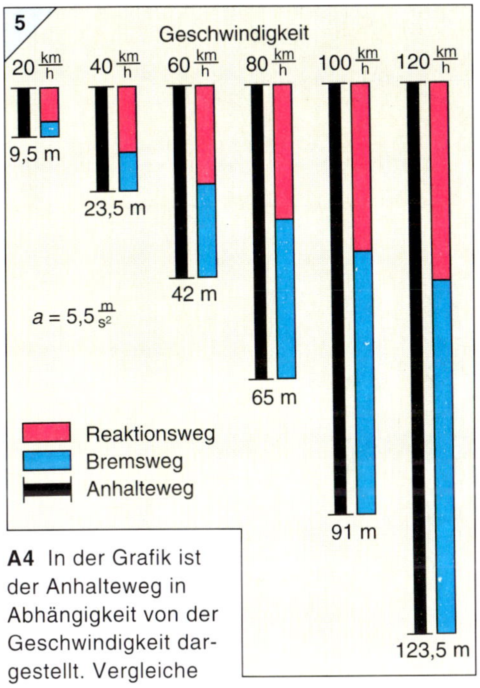

A4 In der Grafik ist der Anhalteweg in Abhängigkeit von der Geschwindigkeit dargestellt. Vergleiche a) die Reaktionswege und b) die Bremswege jeweils untereinander. Wie hängen sie von der Geschwindigkeit ab?

Rechnen wir nach, wie lang der Anhalteweg ist, wenn mit Geschwindigkeiten von 60 $\frac{km}{h}$ und 30 $\frac{km}{h}$ auf trockenem bzw. auf nassem Asphalt gefahren wird. Wir nehmen an, dass mit maximaler Verzögerung (Tab. 4) gebremst wird und die Summe aus Schreck-, Reaktions- und Ansprechzeit stets 1 Sekunde beträgt.

1. Anhalten auf trockenem Asphalt		**$a = 7\,\frac{m}{s^2}$**
Geschwindigkeit	$v = 30\,\frac{km}{h} = 8{,}3\,\frac{m}{s}$	$v = 60\,\frac{km}{h} = 16{,}7\,\frac{m}{s}$
Reaktionsweg: gleichförmige Bewegung		
($s_R = v \cdot t_R$)	$s_R = 8{,}3\,\frac{m}{s} \cdot 1\,s = 8{,}3\,m$	$s_R = 16{,}7\,\frac{m}{s} \cdot 1\,s = 16{,}7\,m$
Bremsweg: verzögerte Bewegung		
Bremszeit	$t_B = 8{,}3\,\frac{m}{s} : 7\,\frac{m}{s^2}$	$t_B = 16{,}7\,\frac{m}{s} : 7\,\frac{m}{s^2}$
($t_B = v/a$)	$= 1{,}2\,s$	$= 2{,}4\,s$
Bremsweg	$s_B = \frac{1}{2} \cdot 7\,\frac{m}{s^2} \cdot 1{,}2^2\,s^2$	$s_B = \frac{1}{2} \cdot 7\,\frac{m}{s^2} \cdot 2{,}4^2\,s^2$
($s_B = \frac{1}{2} \cdot a \cdot t^2$)	$= 5\,m$	$= 20\,m$
Anhalteweg	$s_A = 8{,}3\,m + 5\,m$	$s_A = 16{,}7\,m + 20\,m$
($s_A = s_R + s_B$)	**$= 13{,}3\,m$**	**$= 36{,}7\,m$**

2. Anhalten auf nassem Asphalt		**$a = 3\,\frac{m}{s^2}$**
Geschwindigkeit	$v = 30\,\frac{km}{h} = 8{,}3\,\frac{m}{s}$	$v = 60\,\frac{km}{h} = 16{,}7\,\frac{m}{s}$
Reaktionsweg	$s_R = 8{,}3\,m$	$s_R = 16{,}7\,m$
Bremsweg	$s_B = 11{,}8\,m$	$s_B = 46{,}5\,m$
Anhalteweg	**$s_A = 20{,}1\,m$**	**$s_A = 63{,}2\,m$**

Aus den Rechnungen können wir zweierlei erkennen:

1. Bei gleicher Geschwindigkeit ist der Anhalteweg auf nassem Asphalt fast doppelt so lang wie auf trockenem.
2. Unabhängig von den Straßenverhältnissen wird bei doppelt so großer Fahrtgeschwindigkeit der Anhalteweg etwa dreimal größer.

Abb. 5 zeigt, wie sich der Anhalteweg für verschiedene Geschwindigkeiten zusammensetzt: Der Reaktionsweg ist der Geschwindigkeit proportional (doppelte Geschwindigkeit – doppelter Reaktionsweg). Der Bremsweg dagegen verlängert sich unter sonst gleichen Bedingungen mit steigender Geschwindigkeit viel stärker. Wird die Geschwindigkeit verdoppelt, vervierfacht sich der Bremsweg; ist die Geschwindigkeit dreimal so groß, steigt der Bremsweg aufs Neunfache. Zwischen Geschwindigkeit und Bremsweg besteht also ein quadratischer Zusammenhang!

AUFGABEN UND ZUSAMMENFASSUNG

1. Wovon ist die Länge der Reaktionszeit abhängig?

2. Wie setzt sich der Anhalteweg zusammen? Wovon hängen die einzelnen Teilwege ab?

3. Wie lang ist der Bremsweg eines Autos bei einer Bremsung von 100 $\frac{km}{h}$ bis zum Stillstand
a) auf trockenem,
b) auf nassem Asphalt?

4. Wie lang ist der Anhalteweg eines Pkw ($v = 50\,\frac{km}{h}$, Reaktionszeit = 1 s)? Rechne jeweils für eine trockene und für eine vereiste Beton-Fahrbahn.

5. Eine Autofahrerin muss bei 50 $\frac{km}{h}$ eine Notbremsung vornehmen. Wie viel mal länger wäre der Reaktionsweg bzw. der Bremsweg, wenn sie doppelt so schnell gefahren wäre?

Anhalteweg = Reaktionsweg + Bremsweg

Der Reaktionsweg wächst im gleichen Maß (proportional) wie die Geschwindigkeit.

Der Bremsweg jedoch nimmt mit der Geschwindigkeit sehr viel stärker zu (quadratisch). Auf nasser oder vereister Straße ist er erheblich länger.

Die Bremsanlage von Fahrzeugen

Jedes Auto muss mit einer **Zweikreisbremsanlage** ausgerüstet sein. Sie heißt Zweikreisanlage, weil jeweils zwei Räder unabhängig voneinander gebremst werden können. Auch am Motorrad und sogar am Fahrrad haben wir zwei unabhängige Bremssysteme: die Vorderrad- und die Hinterrad-Bremse. Sollte ein „Kreis“ ausfallen, muss das Fahrzeug auch nur mit einem „Kreis“ sicher angehalten werden können.

Bei den meisten Autos sind die Vorderräder mit Scheibenbremsen, die Hinterräder mit Trommelbremsen ausgestattet. Tritt der Fahrer auf das Bremspedal, übt er eine Kraft auf einen Kolben im Hauptbremszylinder aus. Der entstehende Druck wird mittels der Flüssigkeit in den Bremsleitungen auf die Radbremszylinder übertragen, sodass die Bremsbacken gegen eine Scheibe oder Trommel aus Stahl gedrückt werden. Je kräftiger das Bremspedal niedergedrückt wird, desto stärker werden die Bremsbacken gegen den Stahl gepresst; Durch die Reibung zwischen ihnen und dem Stahl wird entsprechend der Stärke des Andrucks die Drehung der Räder gehemmt.

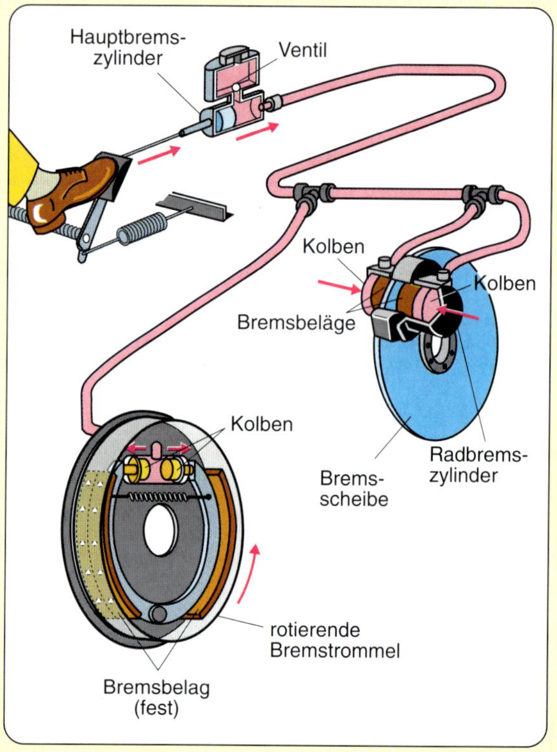

Was das Fahrzeug anhält

Am gebremsten Rad entsteht am Reifen eine Kraft, die gegen die Drehrichtung gerichtet ist. Diese Kraft wird an der Berührungsstelle Reifen-Straße auf die Straße übertragen. Sie versucht, die Straße nach vorn zu schieben. Die Straße lässt sich aber nicht schieben, schließlich „hängt“ die ganze Erde dran. Deshalb entsteht eine Reaktionskraft der Straße bzw. der Erde auf den Reifen. Diese Kraft ist gegen die Bewegung des Fahrzeuges gerichtet und macht es langsamer. Die Kraftübertragung und damit die Verzögerung des Fahrzeuges ist am größten, wenn so gebremst wird, dass sich die Räder gerade noch drehen. Bei Eis und Schnee „greifen“ die Reifen aber viel schlechter als auf trockener Straße. Deshalb können nur geringe Kräfte übertragen werden. Dosiert der Fahrer dann die Bremskraft nicht richtig, blockieren die Räder. Die Reifen rutschen, das Fahrzeug schlittert nicht mehr kontrollierbar über die Fahrbahn. Das Fahrzeug ist nicht mehr lenkbar und der Bremsweg wird wesentlich länger.

Antiblockiersystem

Um ein Blockieren der Räder zu verhindern, werden Fahrzeuge mit einem **Antiblockiersystem (ABS)** ausgerüstet. Unbemerkt vom Fahrer wird jeder Bremsvorgang durch eine Elektronikschaltung überwacht. Sensoren an der Vorder- und Hinterachse kontrollieren ständig die Drehzahl der Räder und melden diese an eine Steuereinheit. Unterschreitet die Drehzahl an einem Rad einen bestimmten Wert, löst das System an diesem für einen winzigen Moment die Bremse. Dieser Vorgang wiederholt sich viele Male in einer Sekunde, so lange der Fahrer zu stark auf das Bremspedal drückt. Ein Blockieren der Räder wird so verhindert, jedes Rad kann weiterhin drehen und der Reifen rutscht nicht.

Sicherheit durch Abstand

„Grauenhaft, einfach nur grauenhaft“, murmelt einer der Männer, die seit Stunden Tote und Verletzte aus den ineinander verkeilten Wagen bergen. Ca. 200 Autos waren auf der Autobahn aufeinander geprallt. Zu der Massenkarambolage war es gekommen, weil die Autofahrer in eine Nebelwand mit unverminderter Geschwindigkeit rasten. „Höchstens 60 $\frac{km}{h}$ wären bei dieser Sichtweite zulässig gewesen“, wettert ein Polizist.

Viele Fahrer haben offenbar nicht den notwendigen **Sicherheitsabstand** eingehalten. Gemeint ist der Abstand zum Vorausfahrenden, der es dem Fahrer ermöglicht, sein Fahrzeug jederzeit sicher, also ohne aufzufahren, anhalten zu können.

Um schnell abschätzen zu können, welcher Sicherheitsabstand einer bestimmten Geschwindigkeit angemessen ist, gibt es **Faustformeln.** Sie gelten jedoch nur für „Normalfahrer“ (Reaktionszeit ca. 1 s) und Bremsen auf trockener Straße (Verzögerung ca. 5 $\frac{m}{s^2}$). Die Länge des Sicherheitsabstands ist außerdem entscheidend von der Verkehrssituation abhängig (Bild rechts): Fährt der Fahrer im Nebel allein vor sich hin oder befindet er sich in einer fahrenden Kolonne?

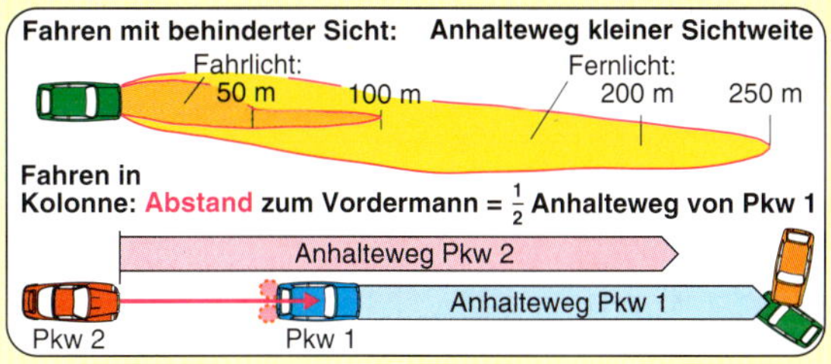

Fahren mit behinderter Sicht

Durch den Nebel wird für den Fahrer im Pkw 1 die freie Sicht auf die Fahrbahn erheblich eingeschränkt. Sie verkürzt sich übrigens auch drastisch, wenn man in eine enge, unübersichtliche Rechtskurve fährt oder nachts das Fernlicht abblenden muss. Da der Fahrer nicht weiß, was außerhalb seiner Sicht geschieht, muss er damit rechnen, dass plötzlich ein Hindernis auf der Fahrbahn auftaucht. Ein Unfall wäre nur zu verhindern, wenn er so langsam fährt, dass der notwendige Anhalteweg kleiner ist als seine Sichtweite. Diese Überlegungen führen zur

Faustformel für Fahren bei behinderter Sicht:

„Abstand = $\frac{\text{Tacho}}{10}$ im Quadrat“

Teile die Tachoanzeige durch 10, multipliziere das Ergebnis mit sich selbst. Du erhältst die Mindestsichtweite in Metern für die gefahrene Geschwindigkeit.

Beispiele:
Tacho 50 $\frac{km}{h}$: Abstand = 5^2 = 25 m
Tacho 80 $\frac{km}{h}$: Abstand = 8^2 = 64 m
Tacho 100 $\frac{km}{h}$: Abstand = 10^2 = 100 m

Fahren in Kolonne

Sieht im Bild oben der Fahrer von Pkw 2 die Bremslichter am Pkw 1 aufleuchten, weiß er, dass er bremsen muss. Zum Halten hat er eine Strecke, die sich aus dem eigenen Abstand zum vorderen Fahrzeug und dessen Abstand bis zum Unfallort zusammensetzt. Pkw 1 bewegt sich beim Bremsen weiterhin auf den Unfallort zu! Hält der Vordermann auch den notwendigen Abstand zu dessen Vordermann, braucht der Sicherheitsabstand nur ca. die Hälfte des Anhalteweges zu betragen. Es gilt die

Faustformel für Kolonnen-Fahrt:
„Abstand = Halbe Tachoanzeige“

Halbiere die Tachoanzeige. Das Ergebnis ist der Sicherheitsabstand in Metern.

Beispiele:
Tacho 50 $\frac{km}{h}$: Abstand = 25 m
Tacho 80 $\frac{km}{h}$: Abstand = 40 m
Tacho 100 $\frac{km}{h}$: Abstand = 50 m

Die Leitpfosten am Straßenrand helfen, den Sicherheitsabstand einzuhalten. Sie stehen an Autobahnen 50 m und an Landstraßen 25 m voneinander entfernt.

Fürs Kolonnenfahren gibt es noch eine weitere Faustformel:

Zwei-Sekunden Abstand:
„Abstand = Fahrstrecke in 2 Sekunden“

Der Abstand zum Vordermann muss so groß sein wie die in 2 Sekunden durchfahrene Strecke. Dazu muss man sich einen Ort am Straßenrand merken, an dem der Vordermann gerade vorbeifährt. Erst nachdem man 2 Sekunden (21, 22) gezählt hat, darf man diesen Ort passieren.

1
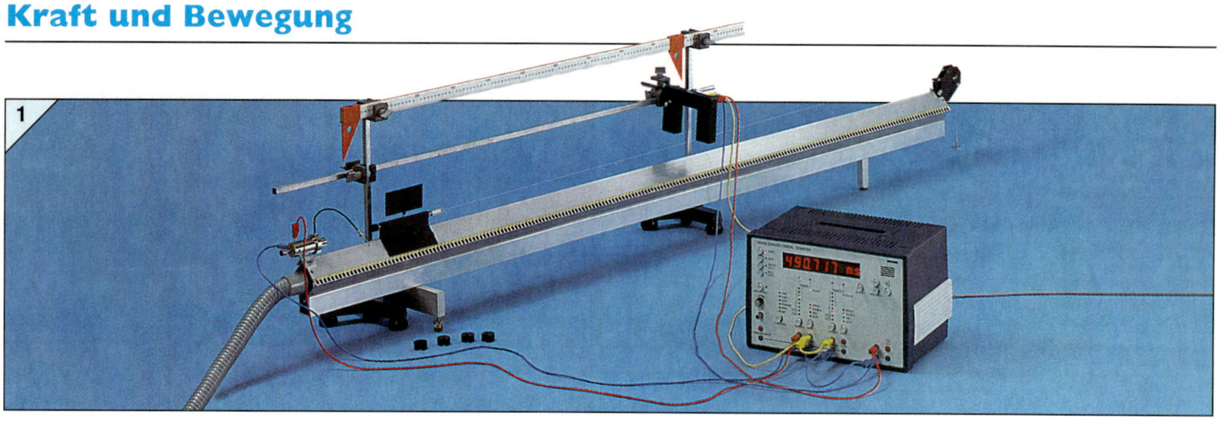

Einige von uns haben schon einmal geholfen, einen liegen gebliebenen Pkw anzuschieben. Wir wissen, dass er schneller auf Schrittgeschwindigkeit kommt, wenn mehrere Personen schieben. Je größer der Wagen ist, genauer gesagt, je mehr Masse er hat, desto länger dauert es, bis die Schrittgeschwindigkeit erreicht ist.

Die Beschleunigung des angeschobenen Wagens – also die Geschwindigkeitsänderung in einer bestimmten Zeit – hängt davon ab, wie groß die Kraft ist, die dauernd den Wagen antreibt, und wie groß dessen Masse ist. Um die Zusammenhänge zwischen Beschleunigung, Kraft und Masse exakt beschreiben zu können, untersuchen wir, wie ein Körper beschleunigt wird, wenn
- die antreibende Kraft konstant ist,
- die antreibende Kraft größer oder kleiner wird,
- die Masse des angetriebenen Körpers größer oder kleiner wird.

Die Fragen klären wir mithilfe von Messungen an einer Luftkissenbahn (Abb. 1). Bei ihr wird Luft durch feine Löcher in der Fahrschiene gedrückt. Der Schlitten wird dadurch etwas angehoben und schwebt auf einem Luftpolster. Wird er durch ein Wägestück angetrieben, das über einen Faden und eine Umlenkrolle mit dem Schlitten verbunden ist, gleitet er (fast) reibungslos.

Bewegungsänderung mithilfe einer konstanten Kraft

Die Kraft, die das Wägestück auf den Schlitten ausübt, ist während der gesamten Fahrt gleich groß. Ist die Bewegung, die eine konstante Kraft erzeugt, gleichmäßig beschleunigt, muss in der doppelten (3fachen) Zeit eine vierfach (9fach) so lange Strecke zurückgelegt werden. Da wir bei der Fahrbahn nur Strecken vorgeben können, messen wir für 10 cm, 40 cm und 90 cm die Fahrzeiten des Schlittens und berechnen dann für jedes Wertepaar (Strecke | Zeit) die Beschleunigung.

Beispiel: $s = 40\,\text{cm}$, $t = 3{,}8\,\text{s}$; $s = \frac{1}{2} \cdot a \cdot t^2$

$a = 2s/t^2 = 2 \cdot 40\,\text{cm} : (3{,}8\,\text{s})^2 = 0{,}055\,\frac{\text{m}}{\text{s}^2}$

Für die anderen Strecken ergeben sich Beschleunigungen von $0{,}053\,\frac{\text{m}}{\text{s}^2}$ und $0{,}054\,\frac{\text{m}}{\text{s}^2}$. Aus den Ergebnissen schließen wir:

> Eine konstante Antriebskraft bewirkt eine gleichmäßig beschleunigte Bewegung.

A1 Ein Pkw und ein Kleinbus werden angeschoben. Wovon ist die Größe der Beschleunigung abhängig?

2

V2 Baue das obige Experiment auf. Lass den Wagen fahren. Welche Art der Bewegung führt er aus?
a) Erhöhe die Antriebskraft durch Anhängen schwererer Wägestücke. Wie ändert sich die Bewegung des Wagens?
b) Lege unterschiedlich massige Körper auf die Ladefläche. Wie wirkt sich die veränderte Beladung aus, wenn der Wagen stets durch dasselbe Wägestück angetrieben wird?

V3 Der 400 g-Schlitten der Luftkissenbahn in Bild 1 wird mit Wägestücken (20 g) aus dem Stand beschleunigt. Miss die Zeit, die der Schlitten für eine Strecke von 10 cm, 40 cm und 90 cm braucht. Erstelle eine Zeit-Weg-Tabelle.

3

s	10 cm	40 cm	90 cm
t	1,94 s	3,80 s	5,75 s

A4 Schreibe Tab. 3 ab und ergänze sie durch eine Zeile für die Beschleunigung a (in $\frac{\text{m}}{\text{s}^2}$). Forme die Gleichung $s = \frac{1}{2} \cdot a \cdot t^2$ nach a um und berechne aus den Werten die Beschleunigung. Was schließt du aus den Ergebnissen?

4

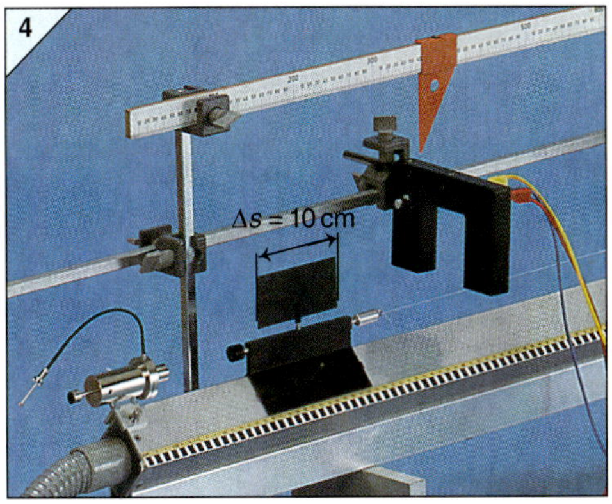

V5 Stoße den ruhenden Schlitten an und bestimme seine Momentangeschwindigkeit an verschiedenen Stellen. Miss dazu an den Fahrbahnorten $s = 0{,}5$ m und $s = 1{,}5$ m die Zeit Δt, in der die Lichtschranke durch die Blende ($\Delta s = 10$ cm) abgedunkelt wird.

V6 Miss die Zeit, die der 400 g-Schlitten auf der Luftkissenbahn für eine Strecke von 1 m braucht, wenn an dem Faden Wägestücke von 20 g, 30 g bzw. 40 g hängen. Trage die Messwerte in eine Tabelle ein.

5	$m_{Schlitten} = 400$ g, $s = 1$ m		
angehängtes Wägestück	20 g	30 g	40 g
t	6,03 s	5,18 s	4,52 g

A7 Berechne je Spalte in Tab. 5 die Beschleunigung a (in $\frac{m}{s^2}$). Wie wirkt sich eine größere Antriebskraft aus?

V8 Wiederhole die Messungen in V6 für eine Schlittenmasse von 0,2 kg und 0,3 kg. Halte alle Messwerte in einer Tabelle fest.
Trage auch die Werte bei angehängtem Wägestück von 40 g ein.

6	Wägestück = 20 g $s = 1$ m		
$m_{Schlitten}$	0,2 kg	0,3 kg	0,4 kg
t	4,51 s	5,51 s	6,03 s
	Wägestück = 30 g $s = 1$ m		
t	3,62 s	4,43 s	5,18 s
	Wägestück = 40 g $s = 1$ m		
t	3,19 s	3,86 s	4,52 s

A9 Berechne jeweils die Beschleunigung a (in $\frac{m}{s^2}$) für jede Spalte in Tab. 6.
Formuliere, wie sich die Beschleunigung ändert, wenn die Masse des angetriebenen Körpers vergrößert wird.

Ohne Kraft keine Bewegungsänderung

Wie bewegt sich der gleitende Schlitten weiter, wenn die antreibende Kraft wegfällt? Um das festzustellen, stoßen wir den ruhenden Schlitten einmalig an und ermitteln seine Momentangeschwindigkeit an unterschiedlichen Orten seiner Bahn. Da die Momentangeschwindigkeit der Quotient $\Delta s/\Delta t$ für kleine Strecken bzw. Zeiten ist, messen wir die Zeit Δt, in der die auf den Schlitten aufgesetzte Blende ($\Delta s = 10$ cm) eine Lichtschranke abdunkelt. Da die Abdunklungszeiten gleich groß sind ($\Delta t = 0{,}62$ s), ist die Geschwindigkeit konstant. Der Schlitten bewegt sich also gleichförmig über die Fahrbahn, wenn keine Kraft auf ihn wirkt. Er behält den Bewegungszustand „gleichförmige Bewegung" bei, bis er an das Bahnende stößt. Dann wirkt erneut eine Kraft auf ihn und sein Bewegungszustand ändert sich; der Schlitten wird verzögert. Diese Erkenntnis hatte bereits um 1600 GALILEO GALILEI als so genannten **Trägheitssatz** formuliert:

Jeder Körper bleibt im Zustand der gleichförmigen Bewegung oder der Ruhe, bis eine auf ihn wirkende Kraft seinen Bewegungszustand ändert.

Kraft und Beschleunigung

Die Kraft, die den Schlitten antreibt, wird durch Anhängen weiterer Wägestücke vergrößert. Da wir nun sicher sind, dass der Schlitten gleichmäßig beschleunigt wird, messen wir die Fahrzeit nur für die Strecke $s = 1$ m (Tab. 5):
Wird die treibende Kraft größer, verkürzt sich für das gleiche Wegstück die benötigte Zeit; die Beschleunigung ist also auch größer. Berechnen wir mit den Messwerten für Weg und Zeit die Beschleunigung für jede Antriebskraft und vergleichen wir sie. Wir stellen fest, dass eine doppelt so große Antriebskraft eine doppelt so große Beschleunigung hervorruft. Das aber bedeutet:

Die Beschleunigung ist der am Körper angreifenden Kraft proportional: $a \sim F$.

Masse und Beschleunigung

Nun erhöhen wir die Schlittenmasse, treiben ihn aber stets mit demselben Wägestück (40 g) an:
Bei einer Masse von 0,2 kg beträgt die Beschleunigung 0,2 $\frac{m}{s^2}$. Bei der doppelten Masse (0,4 kg) ist die Beschleunigung (0,1 $\frac{m}{s^2}$) nur halb so groß (Tab. 6).
Für andere Antriebskräfte ergeben sich andere Beschleunigungen. Jedoch trifft immer zu:

Die Beschleunigung ist der angetriebenen Masse umgekehrt proportional: $a \sim 1/m$.

Kraft, Masse und Beschleunigung

Wie hängen treibende Kraft, Beschleunigung und getriebene Masse voneinander ab? Überlegen wir:

- Greift an einem Körper eine doppelt so große Kraft wie zuvor an, wird die Beschleunigung doppelt so groß (Abb. 7a: $a \sim F$)
- Wirkt eine Kraft auf einen Körper mit doppelter Masse, so ist die Beschleunigung nur halb so groß (Abb. 7b: $a \sim 1/m$)
- Soll ein Körper mit einer größeren Masse genau so stark beschleunigt werden wie ein Körper kleinerer Masse, muss die antreibende Kraft um denselben Faktor größer sein als die Masse (Abb. 7c: $a \sim F/m$). Die Zahlenwerte in der Diagonalen von Tab. 8 bestätigen: Ist die Schlittenmasse 2-mal so groß, dann muss die beschleunigende Kraft auch 2-mal so groß sein, um beide Fahrzeuge gleich stark zu beschleunigen.

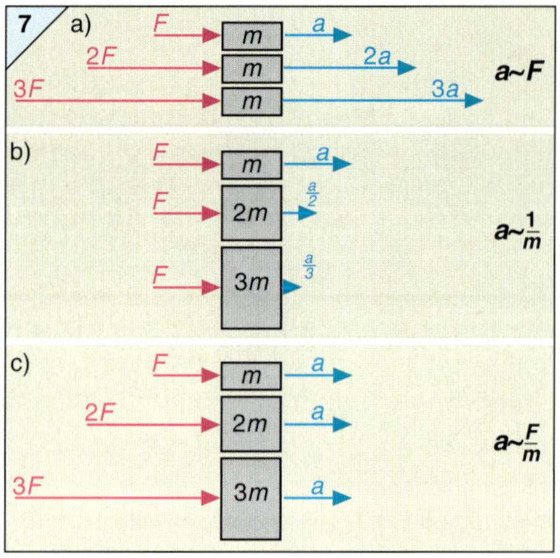

A10 Berichte, was die Grafik über den Zusammenhang von Kraft, Masse und Beschleunigung aussagt.

Das Newtonsche Kraftgesetz

Die doppelte Kraft beschleunigt eine doppelt so große Masse ebenso wie die dreifache Kraft die dreifache Masse, usw. Das heißt aber, dass der Quotient Kraft/Masse eine Konstante und damit ein Maß für die Größe der Beschleunigung ist. Deshalb setzen wir $\frac{F}{m} = a$. Formen wir die Gleichung nach F um, erhalten wir das **newtonsche Kraftgesetz:**

Kraft = Masse · Beschleunigung $F = m \cdot a$

Das Gesetz beschreibt, wie Kraft, Masse und Beschleunigung miteinander verknüpft sind. Außerdem gibt es uns auch die Möglichkeit, die Einheit für die beschleunigende Kraft festzulegen:

Beispiel Wägestück:

$m_{\text{Antr}} = 20\,\text{g}$
$m_{\text{Schlitten}} = 0{,}3\,\text{kg},\; a = 0{,}66\,\frac{\text{m}}{\text{s}^2}$
$F_{\text{Antr}} = m \cdot a = 0{,}3\,\text{kg} \cdot 0{,}66\,\frac{\text{m}}{\text{s}^2}$
$F_{\text{Antr}} = 0{,}2\,\frac{\text{kg} \cdot \text{m}}{\text{s}^2}$

Hängt man das Wägestück an eine Federwaage, misst man $F_{\text{Antr}} = 0{,}2\,\text{N}$

Die Einheit $\frac{\text{kg} \cdot \text{m}}{\text{s}^2}$ ist also eine Krafteinheit! Zu Ehren des großen Physikers NEWTON (1643–1727) hat man dieser Einheit den Namen Newton gegeben. Es gilt: **1 N (Newton) = 1** $\mathbf{\frac{kg \cdot m}{s^2}}$**.**

8 Masse	Kraft F_{Antrieb} $1 \cdot F_{\text{Antrieb}}$	$1{,}5 \cdot F_{\text{Antrieb}}$	$2 \cdot F_{\text{Antrieb}}$
0,2 kg	0,10 $\frac{\text{m}}{\text{s}^2}$	0,15 $\frac{\text{m}}{\text{s}^2}$	0,20 $\frac{\text{m}}{\text{s}^2}$
0,3 kg	0,07 $\frac{\text{m}}{\text{s}^2}$	0,10 $\frac{\text{m}}{\text{s}^2}$	0,13 $\frac{\text{m}}{\text{s}^2}$
0,4 kg	0,05 $\frac{\text{m}}{\text{s}^2}$	0,07 $\frac{\text{m}}{\text{s}^2}$	0,10 $\frac{\text{m}}{\text{s}^2}$

A11 In obiger Tabelle sind Werte für Kraft, Masse und Beschleunigung einander zugeordnet.
a) Erkläre, warum die Werte in der farbigen Diagonalen gleich groß sind.
b) Bilde für jede Spalte der Antriebskraft das Produkt m · a. Was fällt dir auf?

Die **Krafteinheit Newton** wurde mithilfe der Gleichung $F = m \cdot a$ festgelegt. Danach wirkt an einem Körper eine Kraft von 1 Newton, wenn seine Masse von 1 kg eine Beschleunigung von $1\,\frac{\text{m}}{\text{s}^2}$ erfährt. Wegen $F = m \cdot a$ ist also:
$\mathbf{1\,N = 1\,kg \cdot 1\,\frac{m}{s^2} = 1\,\frac{kg \cdot m}{s^2}}$.

Anwendung des newtonschen Kraftgesetzes

1. Ein Lkw mit einer Masse von 18 000 kg wird beim Anfahren mit $a = 0{,}8\,\frac{\text{m}}{\text{s}^2}$ beschleunigt. Welche Kraft ist dazu nötig?

$F = m \cdot a = 18\,000\,\text{kg} \cdot 0{,}8\,\frac{\text{m}}{\text{s}^2}$
$= 14\,400\,\frac{\text{kg} \cdot \text{m}}{\text{s}^2}$
$= 14\,400\,\text{N}$

2. Wie groß darf die Masse eines Pkw höchstens sein, wenn mit der Kraft 3 600 N gebremst wird und eine Verzögerung von $3\,\frac{\text{m}}{\text{s}^2}$ erreicht werden soll?

$m = \frac{F}{a} = \frac{3600\,\text{N}}{3\,\frac{\text{m}}{\text{s}^2}} = 1\,200\,\frac{\frac{\text{kg} \cdot \text{m}}{\text{s}^2}}{\frac{\text{m}}{\text{s}^2}}$
$= 1\,200\,\text{kg}$

3. Das Triebwerk einer Rakete mit 400 000 kg Masse entwickelt beim Start eine Schubkraft von 6 000 000 N. Wie groß ist die Beschleunigung?

$a = \frac{F}{m} = \frac{6\,000\,000\,\text{N}}{400\,000\,\text{kg}} = 15\,\frac{\frac{\text{kg} \cdot \text{m}}{\text{s}^2}}{\text{kg}}$
$= 15\,\frac{\text{m}}{\text{s}^2}$

A12 Hast du einmal beim Autofahren deine Hand nach draußen gehalten? Berichte, wovon der Luftwiderstand abhängt.

V13 Steige auf einen Stuhl und lass eine Papiertüte (Öffnung nach oben) aus erhobener Hand fallen. Beschreibe die Bewegung.
Lass nun zwei Tüten mit unterschiedlicher Öffnung gleichzeitig fallen. Vergleiche ihre Fallgeschwindigkeiten.

A14 Welche Kraft wirkt zu Beginn des Falls auf eine Tüte, welche Kräfte greifen während des Falls an, welche Richtung haben sie?

9

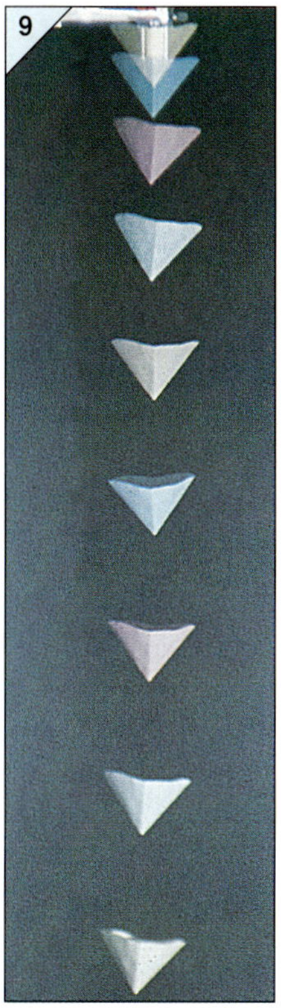

Hinweis zur Aufnahmetechnik von Abb. 9:
Die Kamera ist im abgedunkelten Raum auf eine lange Belichtungszeit eingestellt, das Tütchen wird mit einem Stroboskop beleuchtet. (Das ist ein Gerät, das in gleichen Zeitabständen Lichtblitze aussendet, z. B. alle $\frac{1}{10}$ s.)

Wenn zwei Kräfte wirken

Lass eine Papiertüte wie in Bild 9 fallen. Du siehst, dass die Tüte nach kurzer Zeit mit gleich bleibender Geschwindigkeit fällt. Das Foto bestätigt, dass zu Beginn der Bewegung der Fallweg in gleichen Zeiten zunächst zunimmt, dann aber gleich lang bleibt. Die Tüte fällt zuerst beschleunigt, dann aber gleichförmig.
Die beobachtete Fallbewegung lässt sich so erklären: In der Nähe der Erdoberfläche greifen gleichzeitig zwei Kräfte am fallenden Körper an: Die Erdanziehungskraft F_E beschleunigt den Körper in Richtung auf den Erdmittelpunkt hin, die Luftwiderstandskraft F_L hemmt diese beschleunigte Bewegung. Wie wirkt sich dieses Zusammenspiel beider Kräfte auf die Fallbewegung aus?

Lässt du die Tüte fallen, wirkt auf sie zunächst nur die Erdanziehungskraft. Fällt sie, strömt mit zunehmender Fallgeschwindigkeit die Luft schneller gegen die Tüte. Die Luft setzt der Tüte einen Widerstand entgegen, der immer größer wird. Da die Luftwiderstandskraft F_L der Anziehungskraft F_E der Erde entgegengesetzt gerichtet ist, beschleunigt während des Falls die resultierende Kraft $F = F_E - F_L$ die Papiertüte in Richtung Erde. Während mit weiter zunehmender Geschwindigkeit die Luftwiderstandskraft F_L wächst, bleibt die Anziehungskraft F_E gleich groß. Ist die Luftwiderstandskraft F_L so groß geworden wie die Anziehungskraft F_E, gibt es keine beschleunigende Kraft mehr. Die Beschleunigung ist null, die Tüte fällt gleichförmig, also mit konstanter Geschwindigkeit dem Boden entgegen, wie es der Trägheitssatz verlangt.

10

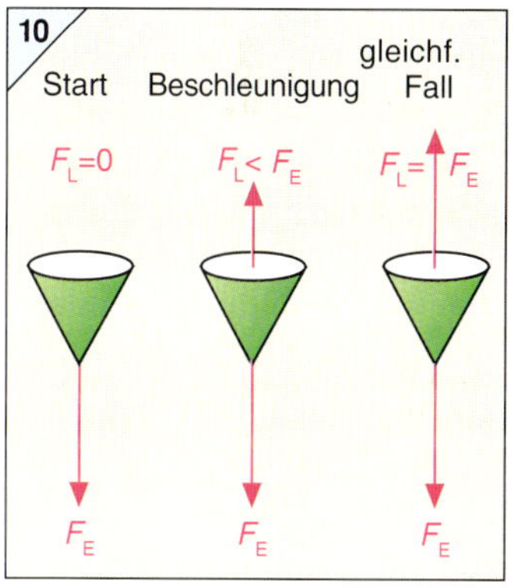

AUFGABEN UND ZUSAMMENFASSUNG

1. Stelle in einer Tabelle die dir bekannten Arten von Bewegungen dar.
In welcher Richtung wirken jeweils die Kräfte am Körper? Fertige eine Skizze.

2. Ein Körper wird gleichmäßig beschleunigt. Was schließt du daraus?

3. Auf der Ladefläche eines Lkw liegt ein Ball. Wohin rollt er, wenn a) der Lkw anfährt, b) der Lkw gleichförmig fährt und c) bremst? Begründe!

4. Wie ändert sich die Beschleunigung, wenn ein Körper a) von einer halb so großen Kraft angetrieben wird, b) bei gleicher Antriebskraft die Körpermasse halbiert wird?

5. Ein Pkw mit $m = 800$ kg wird beim Anschieben in 10 s auf eine Geschwindigkeit von 18 $\frac{km}{h}$ gebracht.
a) Wie groß ist die Beschleunigung?
b) Wie groß ist die antreibende Kraft?

6. Beim Anfahren eines Fahrrades wird am Reifen eine Kraft von 175 N erzeugt. Wie groß ist die Beschleunigung, wenn Rad und Fahrer eine Masse von 70 kg haben?

7. Auf einer Luftkissenbahn wird der (beladene) Schlitten mit einer Kraft von 0,025 N aus der Ruhe beschleunigt. Die Fahrstrecke von 1,5 m wird in 8,5 s durchfahren. Wie groß ist a) die Beschleunigung, b) die Schlittenmasse?

Newtonsches Kraftgesetz

Die Gleichung $F = m \cdot a$ beschreibt den Zusammenhang zwischen den Größen Kraft, Masse und Beschleunigung bei Bewegungen.

Sie kann in zweifacher Weise gedeutet werden:
– Ein Körper, auf den eine Kraft einwirkt, erfährt eine Beschleunigung. Umgekehrt können wir auf das Vorhandensein einer Kraft schließen, wenn wir eine Geschwindigkeitsänderung beobachten.
– Wirkt auf einen Körper keine Kraft, so behält er seine Bewegung bei (Trägheitssatz).

Warum hat das Auto die Kurve nicht geschafft?

In Bild 1 versucht der Fahrer, sein Fahrzeug auf nasser Fahrbahn mit hoher Geschwindigkeit in die Linkskurve zu lenken. Es gelingt ihm nicht, der Wagen fährt geradeaus. Wie ist das möglich? Um darauf eine Antwort zu finden, müssen wir uns überlegen, wie es zu einer Kurvenfahrt kommt. Offenbar genügt es nicht, die Vorderräder einzuschlagen. Du siehst, wenn die Reifen wegen des Wassers nicht genügend Kontakt mit der Fahrbahn haben, rollt der Wagen infolge seiner *Trägheit* geradeaus.

Du weißt aus früheren Überlegungen, dass eine *Kraft* notwendig ist, um den Bewegungszustand eines Körpers zu ändern. Eine solche Änderung haben wir auch, wenn ein fahrendes Auto in eine Kurve fahren soll. Welche Kraft wirkt dabei? Untersuchen wir dies mit einem Gummiring:

Bewegen wir den Ring wie in Bild 2 „von Hand" auf einer gekrümmten Bahn (am einfachsten auf einer Kreisbahn), merken wir sofort, worauf es ankommt. Wir müssen den Ring mit einer gewissen Kraft an der Schnur um uns herum bewegen. Lassen wir die Schnur los, fliegt der Ring sofort tangential weg. Um den Ring auf einer Kreisbahn zu halten, ist also eine Kraft notwendig. Ohne sie würde er sich nach dem Trägheitssatz ja geradlinig-gleichförmig bewegen. Welche Richtung hat aber nun diese Kraft? Unsere Erfahrung mit dem geschleuderten Ring zeigt, dass sie immer nach „innen", also zum Mittelpunkt (Zentrum) des Kreises gerichtet ist. Sie heißt daher **Zentralkraft.**

Um einen bewegten Körper auf eine Kreisbahn zu zwingen, ist eine Zentralkraft erforderlich. Ohne sie würde er sich wegen seiner Trägheit geradlinig bewegen.

Da jedes Kurvenstück als Teil eines Kreises aufgefasst werden kann, gilt dies auch für die Kurvenfahrt von Autos. Hier entsteht die Zentralkraft infolge der Haftreibung zwischen Reifen und Straße, wenn das Auto in die Kurve gelenkt wird.
So ist auch klar, weshalb der Fahrer in Bild 1 die Kurve nicht schafft. Wegen der mangelnden Haftung der Reifen am Boden kann die Straße keine Kraft auf die eingeschlagenen Vorderräder ausüben, die Zentralkraft kann nicht wirken.

Ist die Zentralkraft immer gleich groß?

Wenn du statt eines Ringes drei Ringe an der Schnur um dich schleuderst, musst du eine größere Kraft ausüben, wenn du den Körper auf der Bahn halten willst und du dich dabei gleich schnell drehst. Drehst du die drei Ringe schneller als vorher, wirkt ebenfalls eine größere Kraft auf deinen Arm. Du benötigst eine kleinere Kraft, wenn du die doppelte Schnurlänge nimmst.

Es liegt die Vermutung nahe, dass die Zentralkraft von folgenden Größen abhängig ist: von der Masse, der Geschwindigkeit, mit der die Ringe sich bewegen und vom Kreisradius. Diese Abhängigkeiten wollen wir auf der folgenden Seite genauer untersuchen.

1

A1 Überlege, warum dieses Fahrzeug die Kurve nicht geschafft hat.

2

V2 a) Befestige einen Wurfring an einer Schnur und lass ihn kreisen. Was spürst du?
b) Wiederhole a) auf dem Schulhof und lass den Bindfaden beim Kreisen los. Beobachte die Bewegung des Ringes. **Vorsicht!**

A3 Welche Kraft hält den kreisenden Ring auf der Bahn? Wie ist sie gerichtet? Warum fliegt der Ring davon, wenn du ihn loslässt?

V4 Wiederhole V2 mit drei Ringen. Spürst du einen Unterschied zu V2?
Lass die drei Ringe jetzt schneller als vorher kreisen. Beobachte und berichte.

V5 Verkürze den Bindfaden um die Hälfte. Lass die drei Ringe genauso schnell kreisen wie in V4. Berichte.

Bei Straßen- und Eisenbahnen wird die Zentralkraft zum Kurvenfahren von den Schienen ausgeübt. Der Zug möchte sich infolge seiner Trägheit geradeaus bewegen. Die Schiene drückt aber in der Kurve am Spurkranz der Räder nach innen. So entsteht die Kraft auf die Räder, die zum Kurvenmittelpunkt gerichtet ist und das Fahrzeug in die Kurve zwingt.

V6 Fülle in einen Plastikbeutel etwas Sand, bestimme die Masse *m*, binde den Beutel an eine Bindfaden und ziehe dessen freies Ende durch ein Kunststoffrohr. Befestige unterhalb des Rohres einen Kraftmesser. Übe zunächst das Kreisenlassen des Sandsäckchens. Benutze ein Metronom als Takt- und Zeitgeber. Miss dann bei gleich bleibender Bahngeschwindigkeit *v* die Zentralkraft F_Z.

Anmerkung: Die Bahngeschwindigkeit errechnest du aus den gemessenen Werten, z. B. für den Radius $r = 0{,}5$ m und die Umlaufzeit $t = 0{,}8$ s: $v = 2\pi \cdot r/t = 3{,}9\,\frac{m}{s}$.

V7 Wiederhole V6, wobei du die Masse *m* durch Einfüllen der doppelten bzw. dreifachen Menge Sandes veränderst. (Bahnradius *r* und Bahngeschwindigkeit *v* bleiben immer gleich).

V8 Verdoppele bei gleicher Masse *m* und gleichem Radius *r* die Bahngeschwindigkeit *v*, dann bei gleicher Masse *m* und gleicher Bahngeschwindigkeit *v* den Radius *r*. Miss jeweils die Zentralkraft F_Z. Nenne die Abhängigkeit der Zentralkraft F_Z von *m*, *v* und *r*.

4 *m*	*r*	*v*	F_Z	F_Z (berechnet)
200 g	50 cm	3,9 $\frac{m}{s}$	6,5 N	6,1 N
400 g	50 cm	3,9 $\frac{m}{s}$	12,5 N	12,2 N
200 g	50 cm	7,8 $\frac{m}{s}$	25,0 N	24,3 N
200 g	25 cm	3,9 $\frac{m}{s}$	12,5 N	12,2 N

Wie groß muss die Zentralkraft sein?

Mit den Versuchen der vorigen Seite haben wir festgestellt, dass die Zentralkraft offensichtlich von der bewegten Masse und von der Geschwindigkeit, mit der sich der Körper bewegt, abhängt. Auch der Radius des Kreises, auf dem sich der Körper bewegt, spielt eine Rolle. Untersuchen wir jetzt die genaue Abhängigkeit der Zentralkraft F_Z von diesen drei Größen:

Dazu lassen wir ein Säckchen mit Sand an einer Schnur kreisen. Abb. 3 zeigt die Anordnung. Wir können bei diesem Versuch die drei eben genannten Größen verändern: die kreisende **Masse *m***, den **Radius *r*** des Kreises, den das Säckchen umläuft, und die Geschwindigkeit des Säckchens auf diesem Kreis, die sogenannte **Bahngeschwindigkeit *v***.

Wir halten bei den Versuchen jeweils 2 Größen konstant und verändern die dritte. Zunächst lassen wir bei festem Radius und gleicher Bahngeschwindigkeit Körper verschiedener Massen kreisen. Wir lesen am Kraftmesser ab: Ein Körper doppelter Masse erfordert eine doppelte Zentralkraft (vergleiche Tab. 4), die dreifache Masse auch die dreifache Kraft. Daraus folgt: $F_Z \sim m$.

Wiederholen wir den Versuch mit gleicher Masse bei gleichem Radius und doppelter Bahngeschwindigkeit, zeigt sich: Die Zentralkraft wächst auf den vierfachen Wert bei doppelter, auf den neunfachen Wert bei dreifacher Bahngeschwindigkeit: $F_Z \sim v^2$.

In einem weiteren Schleuderversuch geben wir der Zugschnur die halbe Länge bei gleicher Masse und gleicher Bahngeschwindigkeit; anschließend $\frac{1}{3}$ der ursprünglichen Länge. Die Zentralkraft wird dann doppelt bzw. dreifach so groß: $F_Z \sim 1/r$.

Aus den Überlegungen zur Zentralkraft ergibt sich zusammengefasst folgender Zusammenhang: $F_Z \sim m \cdot v^2/r$. Errechnen wir das Produkt $m \cdot v^2/r$ aus den Messwerten der Tab. 4, erhalten wir Werte für die Zentralkraft F_Z (berechnet), die annähernd gleich den gemessenen Werten für F_Z sind. Deshalb gilt die Gleichung

$$F_Z = m \cdot v^2/r$$

AUFGABEN UND ZUSAMMENFASSUNG

1. Wie kommt die Zentralkraft am Auto zustande, wenn zum Kurvenfahren die Vorderräder eingeschlagen werden?

2. Warum ist es falsch zu sagen: „Ein Auto ist bei Glatteis aus der Kurve getragen worden.“? Wie heißt es richtig?

3. Ein Auto ($m = 1\,000$ kg) fährt mit $v = 72\,\frac{km}{h}$ ($20\,\frac{m}{s}$) in eine Kurve mit dem Radius $r = 300$ m. Welche Reibungskraft müssen die Räder aufbringen, um das Auto in die Kurve zu zwingen? Wie groß ist diese Kraft bei $108\,\frac{km}{h}$ ($30\,\frac{m}{s}$)?

4. Berechne die Kraft, mit der ein Hammerwerfer am Wurfhammer ($m = 7{,}5$ kg) ziehen muss, wenn er sich in 1 s einmal um sich dreht und Hammerseil und Arme zusammen eine Länge von 1,8 m haben.

Zentralkraft

Um einen Körper gegen die Trägheitskraft auf eine Kreisbahn zu zwingen, braucht man eine weitere Kraft, die Zentralkraft. Sie ist stets zum Mittelpunkt der Kreisbahn gerichtet. Es gilt:
$F_Z = m \cdot v^2/r$

Eine Trampolin-Springerin (Abb. 1) muss zunächst mit ihrer *Muskelkraft* an ihrem Körper *arbeiten* und sich beim Ersteigen des Sprungbretts **Höhenenergie** verschaffen. Beim Herabspringen wird diese in **Bewegungsenergie** umgewandelt. Nach dem Erreichen des Netzes verrichtet sie *Spannarbeit* und gibt damit den Federn **Spannenergie.** Diese Energieumwandlungen können wir an einem Versuch wie in Bild 2 nachstellen und so die einzelnen Arbeits- und Energieformen messen. Beginnen wir mit der **Höhenenergie.** Der Tonnenfuß muss längs der Stativstange hochgehoben werden, folglich wird an ihm gegen die Gewichtskraft gearbeitet. Erinnere dich an die Formeln für Gewichtskraft und Hubarbeit: $F_G = m \cdot g$; $W_{Hub} = F_G \cdot h$ $g = 9{,}81\,\frac{N}{kg}$ (Orts-Schwerefaktor) Fassen wir beide Formeln zusammen, erhalten wir: $W_{Hub} = m \cdot g \cdot h$. Das ist die Höhenenergie, die der Tonnenfuß jetzt hat.
Beispiel: Masse des Tonnenfußes $m = 2$ kg; Hubhöhe $h = 0{,}4$ m
Höhenenergie $W_H = 2\,\text{kg} \cdot 9{,}81\,\frac{N}{kg} \cdot 0{,}4\,\text{m} = 7{,}848\,\text{Nm} = 7{,}848\,\text{J}$.

Anmerkung: Die Höhenenergie wird auch *potentielle Energie* (potent, lat. vermögend) genannt. Das Formelzeichen dafür ist W_{pot}.

Die potentielle Energie eines Körpers ist $W_{pot} = m \cdot g \cdot h$.

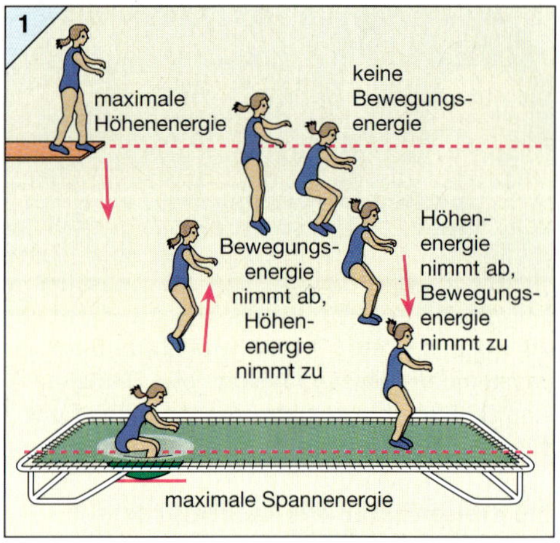

A1 Verfolge, wie sich in Bild 1 die Formen der Energie ineinander umwandeln. Wo haben sie jeweils den größten Wert?

V2 Baue den nebenstehenden Versuch auf. Hebe den Tonnenfuß an und lass ihn fallen. Beschreibe den Vorgang. Nenne die vorkommenden Energiearten. Welche Energieumwandlungen finden statt?

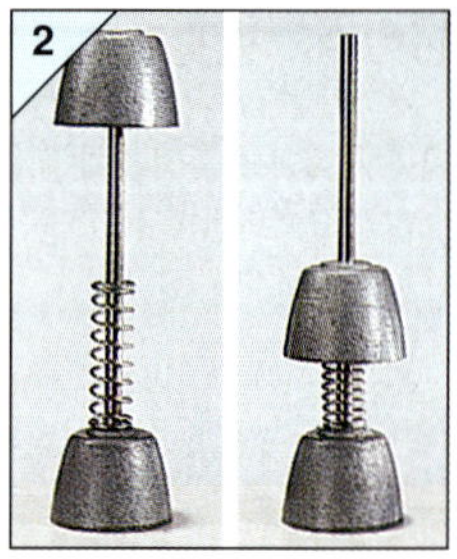

A3 Berechne die potentielle Energie (Höhenenergie), die du dem Tonnenfuß zu Beginn des Versuchs erteilt hast.

Spannenergie

Fällt der Tonnenfuß (Abb. 2) auf die Schraubenfeder, drückt er diese zusammen, sie erhält **Spannenergie.** Wie die Größe der Spannenergie zu messen und zu berechnen ist, wollen wir an einer Schraubenfeder zeigen, die durch Kräfte verlängert wird.
An der Feder in Bild 3 wird durch das angehängte Wägestück gearbeitet. Die Feder wird gedehnt, bis ihre elastische Kraft so groß ist wie die Gewichtskraft des Wägestücks. Weitere Belastung verlängert die Feder um ein weiteres Stück. Wie groß ist die Arbeit, die zum Auslenken der Feder bis zur maximalen Länge s_{max} an dieser verrichtet werden muss?
Wir errechneten bisher die Arbeit durch Multiplizieren der Kraft mit dem zurückgelegten Weg. Dabei war die Kraft konstant. Das ist sie hier nicht, wie Tab. 4 zeigt: Sie steigt während des Ausziehens gleichmäßig von 0 zum Maximalwert 1,96 N an. Benutzen wir für die Berechnung F_{max} und s_{max} oder darüber stehende Werte, erhalten wir eine zu große Arbeit. Rechnen wir dagegen mit Werten der ersten Tabellenzellen, ist die Arbeit zu klein. Wegen des gleichmäßigen Anstieges wird das Einsetzen des halben Wertes richtig sein. Experimente, bei denen man die Arbeit selbst misst, die wir hier nicht durchführen können, bestätigen dies.
Beim Entspannen kann die Feder auf einen anderen Körper jeweils so große Kräfte ausüben, wie sie seinerzeit zum Spannen der Feder bis zur betrachteten Länge gebraucht wurde. Das bedeutet, die in der Feder gespeicherte Spannenergie ist so groß wie die bei der Verlängerung hineingesteckte Arbeit. Folglich gilt für die Spannenergie W_{sp} einer elastischen Schraubenfeder:

Die Spannenergie einer Feder ist $W_{sp} = \frac{1}{2} \cdot F_{max} \cdot s_{max}$.

V4 Miss bei verschiedenen angehängten Körpern der Masse m die Ausdehnung s der Feder von Null aus. Berechne jeweils F_G und trage die Werte in eine Tabelle (Abb. 4) ein.

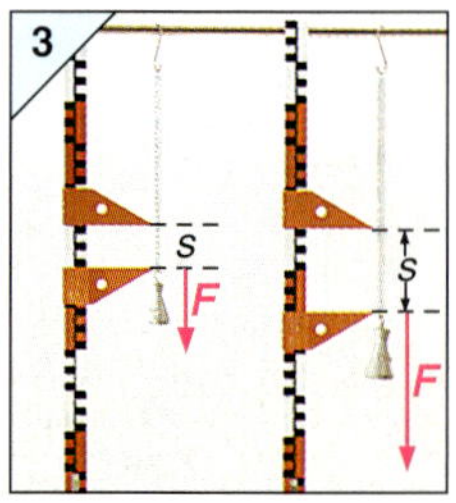

4

m	F_G	s
0 g	0 N	0 cm
10 g	0,10 N	0,3 cm
50 g	0,49 N	1,4 cm
100 g	0,96 N	2,8 cm
150 g	1,47 N	4,4 cm
200 g	1,96 N	5,8 cm

A5 Wie groß ist die Arbeit, um die Feder um $s_{max} = 6$ cm zu verlängern, wenn die Kraft $F_G = 0{,}1$ N bzw. $F_{max} = 2$ N wirkt? Die Arbeit beträgt tatsächlich $W = 0{,}06$ Nm. Warum hast du diesen Wert nicht erhalten? Wie groß ist dieser im Verhältnis zu dem Produkt $F_{max} \cdot s_{max}$?

V6 Bestimme in einem Vorversuch die Masse des Wagens mit einer Waage und die Lokgeschwindigkeit bei verschiedenen Trafoeinstellungen, indem du den Weg und die dazu benötigte Zeit der fahrenden Lok misst.

5

V7 Beschleunige den Wagen mit der Lok bei einer Trafoeinstellung, z. B. „1“. Lass den Wagen kurz nach dem Stopp der Lok auf einen Holzklotz prallen und miss die Strecke, um die der Klotz verschoben wurde. Wiederhole den Versuch bei doppelter und dreifacher Wagenmasse, aber gleicher Aufprallgeschwindigkeit. Behalte dann die Masse bei und verdoppele, verdreifache die Aufprallgeschwindigkeit. Fertige eine Tabelle wie in Abb. 6 an.

V8 Bestimme die Reibungsarbeit am Klotz, indem du die Kraft zum Verschieben mit einem angehängten Kraftmesser misst, und berechne die Arbeit für die gleichen Strecken, die du in V7 gemessen hast.

6 $F_R = 0{,}13\,N$

m	v	s	$m \cdot v^2$	$F_R \cdot s$
50 g	0,30 $\frac{m}{s}$	0,019 m	0,005 J	0,003 J
50 g	0,63 $\frac{m}{s}$	0,079 m	0,020 J	0,010 J
50 g	0,91 $\frac{m}{s}$	0,180 m	0,041 J	0,023 J
100 g	0,30 $\frac{m}{s}$	0,038 m	0,009 J	0,005 J
100 g	0,63 $\frac{m}{s}$	0,154 m	0,040 J	0,020 J
100 g	0,91 $\frac{m}{s}$	0,343 m	0,083 J	0,045 J
150 g	0,30 $\frac{m}{s}$	0,058 m	0,014 J	0,008 J
150 g	0,63 $\frac{m}{s}$	0,236 m	0,060 J	0,031 J
150 g	0,91 $\frac{m}{s}$	0,521 m	0,124 J	0,068 J

A9 Vergleiche in deiner Tabelle zeilenweise die Arbeit $F_R \cdot s$ am Klotz, die du beim Ziehen mit dem Kraftmesser verrichtet hast, mit dem Wert $m \cdot v^2$, den du in der vorletzten Spalte stehen hast.
Welchen Zusammenhang erkennst du? Bestätige mit einigen Messwerten die Gleichung $W_{kin} = \frac{1}{2} \cdot m \cdot v^2$.

Wie groß ist die kinetische Energie?

Wir wollen uns jetzt mit **kinetischer Energie** (kinein, griech. in Bewegung setzen) beschäftigen. Mit dieser ist der Tonnenfuß aus V2 von seiner Höhe herab auf die Feder geprallt. Die Messung kinetischer Energie gelingt leicht, wenn wir ein bewegtes Fahrzeug, z. B. einen Eisenbahnwagen benutzen. Früher sagten wir für diese Energieart *Bewegungsenergie.* Aus den Überlegungen von damals wissen wir schon, dass die kinetische Energie abhängt von der Masse und der Geschwindigkeit eines Fahrzeugs. Wir untersuchen die Zusammenhänge mithilfe der elektrischen Bahn in Abb. 5, indem wir die Arbeit messen, die der Wagen an einem Holzklotz verrichten kann, da die Größe der kinetischen Energie W_{kin} an der Größe der Arbeit gemessen wird. Wir verändern nun die Masse m des Wagens und seine Aufprallgeschwindigkeit v:

Zunächst messen wir die Masse des belasteten Wagens und lassen ihn mit der Geschwindigkeit bei Trafoeinstellung „1“ auf den Holzklotz prallen. Der wird um eine bestimmte Strecke verschoben. Die Länge der Strecke ist ein Maß für die verrichtete Arbeit. Bei doppelter Wagenmasse und gleicher Aufprallgeschwindigkeit wird der Klotz ungefähr doppelt so weit geschoben. Dreifache Wagenmasse ergibt bei gleicher Geschwindigkeit in etwa dreifache Verschiebung. Die für die jeweilige Verschiebung des Klotzes notwendige Arbeit errechnen wir folgendermaßen: Wir messen die Kraft F_R, die zur Verschiebung des Klotzes nötig ist und multiplizieren mit der Länge s der Verschiebungsstrecke (Tab. 6). Wir sehen: *Die Arbeit und damit die kinetische Energie ist der Masse des bewegten Körpers proportional:* $W_{kin} \sim m$.
Jetzt lassen wir die Masse konstant und verdoppeln die Aufprallgeschwindigkeit durch Trafoeinstellung „200“. Der Holzklotz wird durch den Wagen ungefähr um die vierfache Strecke wie zuvor verschoben. Bei dreifacher Geschwindigkeit rutscht der Klotz ungefähr neunmal so weit. Daraus kannst du schließen: *Die Arbeit und damit die kinetische Energie ist dem Quadrat der Geschwindigkeit des bewegten Körpers proportional:* $W_{kin} \sim v^2$.

Wollen wir die beiden Abhängigkeiten für W_{kin} als Gleichung schreiben, müssen wir den Proportionalitätsfaktor finden. Dazu benutzen wir die Messwerte in Tab. 6. Wir betrachten die Werte für $F_R \cdot s$ in der rechten Spalte und die entsprechenden Zahlen für $m \cdot v^2$ in der vorletzten Spalte. Der Vergleich zeigt: $2 \cdot F_R \cdot s = m \cdot v^2$.
Der Wert $F_R \cdot s$ ist die am Klotz verrichtete Arbeit. Diese ist so groß wie die kinetische Energie, die im rollenden Wagen steckt, wenn dieser den Klotz beim Aufprall verschiebt. Wir erkennen:

> Die kinetische Energie eines Körpers ist $W_{kin} = \frac{1}{2} \cdot m \cdot v^2$.

Beispiel: Das „Nördlinger Ries“ in Bayern ist vor langer Zeit durch den Einschlag eines **Meteoriten** entstanden, der mit 30 000 $\frac{m}{s}$ auf die Erde aufgeschlagen ist. Er hatte vermutlich ein Volumen von 1 km^3 und eine Masse von $7{,}8 \cdot 10^9$ t. Demnach hatte er die Energie $W_{kin} = 3\,510 \cdot 10^{18}$ J. Das entspricht in etwa der Jahresenergie, die heute technisch auf der Erde eingesetzt wird.

Der schwingende Ring

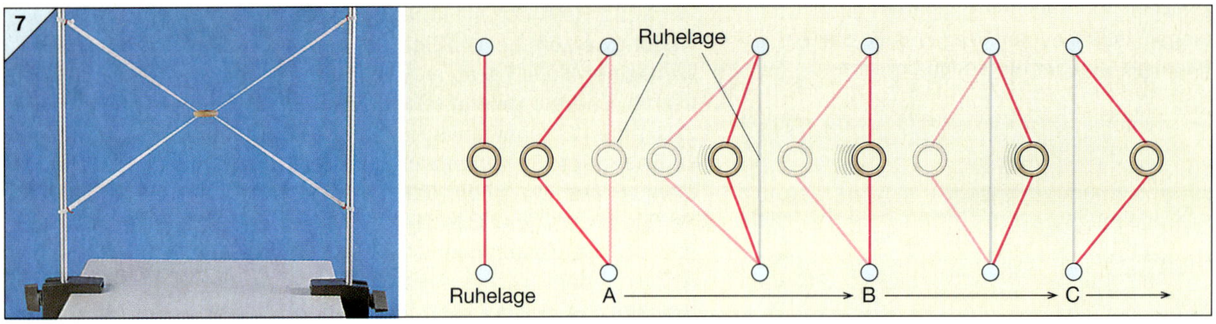

Der im Bild oben dargestellte Versuch eignet sich gut, um die Umwandlung von kinetischer Energie in Spannenergie und umgekehrt zu betrachten. Wir benutzen einen zwischen gespannter Gummilitze waagerecht aufgehängten Ring. Den Aufbau ersiehst du aus dem Bild oben links.

Im rechten Teil des Bildes findest du die einzelnen Phasen der Schwingung dargestellt, wobei man von oben auf den Versuchsaufbau sieht. Zunächst müssen wir den Ring aus seiner Ruhelage auslenken. Dazu brauchen wir eine Kraft, deren Größe wir mit einem Kraftmesser bestimmen.

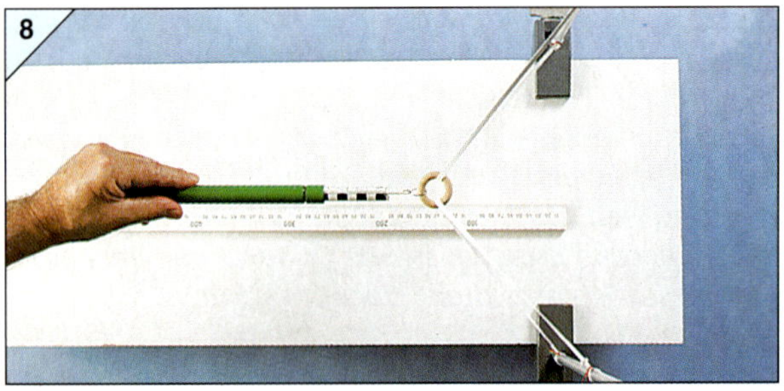

Messen wir gleichzeitig die Weite s der Auslenkung, können wir die Spannenergie berechnen nach der Formel $W_{sp} = \frac{1}{2} \cdot F_{sp} \cdot s$.

Dabei ist F_{sp} die Maximalkraft, mit der der Ring aus seiner Ruhelage gezogen, und s die maximale Länge, die der Ring mit dem Federkraftmesser ausgelenkt wurde. Die Spannenergie W_{sp} in der Gummilitze bringt den Ring also zum Schwingen.

Beispiel: $F_{sp} = 5\,\text{N}$; $s = 50\,\text{cm} = 0{,}5\,\text{m}$
$W_{sp} = \frac{1}{2} \cdot 5\,\text{N} \cdot 0{,}5\,\text{m} = 1{,}25\,\text{Nm} = 1{,}25\,\text{J}$

Betrachten wir nun den Schwingvorgang genau:
Von A nach B: Geben wir den Ring frei, ziehen ihn die Gummibänder zur Ruhelage zurück. Dabei verrichten sie Beschleunigungsarbeit am Ring. Ihre Spannenergie wird kleiner, der Ring wird schneller, seine kinetische Energie W_{kin} nimmt zu.

In B: Schwingt der Ring durch die Ruhelage, ist $W_{sp} = 0$, W_{kin} ein Maximum. Der Ring hat jetzt seine größte Geschwindigkeit. Diese lässt sich leicht berechnen: Wir nehmen an, die ganze Spannenergie ist in kinetische Energie umgewandelt worden: Dann gilt $W_{sp} = W_{kin}$.

Setzen wir für $W_{kin} = \frac{1}{2} \cdot m \cdot v^2$ ein, erhalten wir:
$$W_{sp} = \frac{1}{2} \cdot m \cdot v^2.$$

Formen wir diese Gleichung nach der Geschwindigkeit v um, ergibt sich $v = \sqrt{2 \cdot W_{sp}/m}$.

Mit unseren Messwerten ($W_{sp} = 1{,}25\,\text{J}$; $m_{Ring} = 16\,\text{g}$) erhalten wir dann folgende Geschwindigkeit
$v = \sqrt{2 \cdot 1{,}25\,\text{Nm} : 0{,}016\,\text{kg}} = 12{,}5\,\frac{\text{m}}{\text{s}} = 45\,\frac{\text{km}}{\text{h}}$.

Von B nach C: Aufgrund seiner Trägheit schwingt der Ring zur anderen Seite durch. Von nun an arbeitet er an den Gummibändern, denn er dehnt sie. Der Ring wird langsamer, seine Bewegungsenergie nimmt ab. Sie wird in Spannenergie umgewandelt. Deren Größe nimmt in dem Maße zu, wie sich die Bewegungsenergie verringert.

In C: Der Ring schwingt fast so weit zur anderen Seite aus, wie er anfangs aus der Ruhelage gezogen wurde. Am Umkehrort haben die Gummibänder die gesamte Spannenergie zurückgewonnen, die zu Beginn des Versuchs von Hand hineingesteckt wurde. Die kinetische Energie des Ringes ist null.

Wenn wir den Ring nicht festhalten, beginnt der aus den vier Teilen bestehende Schwingvorgang von neuem. Ständig finden die aufgezeigten Energieumwandlungen statt:
Spannenergie W_{sp} wird in kinetische Energie W_{kin} umgewandelt, diese in Spannenergie W_{sp} usw.

Warum kommt der schwingende Ring zur Ruhe?

9

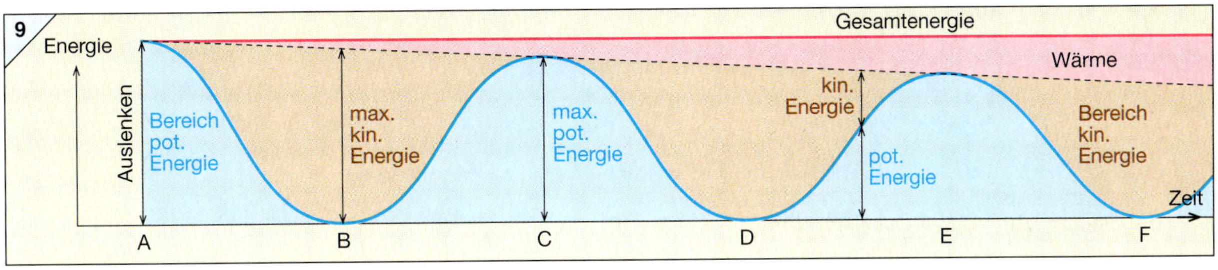

Wenn du den schwingenden Ring längere Zeit beobachtest, stellst du fest, dass die Schwingungsweite immer mehr abnimmt und sich der Ring nach einiger Zeit nicht mehr bewegt. In jeder Phase verliert er einen kleinen Energiebetrag. Nun kennen wir aber den Energieerhaltungssatz und wissen, dass auch bei Energieumwandlungen keine Energie verloren geht. Also muss die Energie von einem anderen Körper aufgenommen worden sein. Überlegen wir, welcher Körper das sein könnte und in welcher Form die Energie jetzt vorliegt.

Die Energieverluste entstehen vermutlich dadurch, dass der Schwinger an der Luft seiner Umgebung und seiner Aufhängung reibt. Du weißt, dass durch Reibung Wärme auftritt. Folglich muss durch Reibung an der Luft und der Aufhängung Energie in Wärme umgewandelt werden.
Die *grafische Darstellung* der **Energieumwandlungen** beim Schwingen des Ringes gibt darüber einen Überblick: Die blaue Kurve zeigt, wie sich die Spannenergie in kinetische Energie umwandelt. Mit zunehmender Zahl der Schwingungen werden die Maxima von Spann- und kinetischer Energie immer kleiner, der Anteil an Wärme nimmt zu. Die zu Beginn der Schwingung von Hand hineingesteckte Energie bleibt jedoch über die ganze Schwingungszeit erhalten, dargestellt als Parallele zur Zeitachse. Wenn der Schwinger zur Ruhe gekommen ist, ist also die ursprünglich vorhandene Energie ganz in Wärme übergegangen.

Der Schwinger als Heizer?

Die entstandene Wärme muss in die Luft übergehen, wie sich aus unseren Überlegungen ergibt. Deren Temperatur müsste also während des Versuchs steigen. Warum bemerken wir diese Temperaturerhöhung nicht? Wenn wir ausrechnen, wie groß die Temperaturzunahme von 1 m^3 Luft in der Umgebung des schwingenden Ringes ist, bekommen wir eine Antwort. Die in den Schwinger hineingesteckte Anfangsenergie W_{sp} ist gleich der Wärme Q, die die Luft erwärmt. Als Formel dafür kennst du: $Q = c_{Luft} \cdot m \cdot \Delta T$. Daraus ergibt sich die Temperaturzunahme: $\Delta T = Q/(c_{Luft} \cdot m)$.

Mess- und Rechengrößen:
1 m^3 Luft hat die Masse $m = 1{,}2\,kg$; $c_{Luft} = 1\,\frac{kJ}{kg \cdot K}$
$Q = W_{sp} = 1{,}25\,J = 0{,}00125\,kJ$.

Rechnung: $\Delta T = 0{,}00125/(1 \cdot 1{,}2\,\frac{kJ}{\frac{kJ}{kg \cdot K}} \cdot kg)$
$= 0{,}001\,\frac{kJ \cdot kg \cdot K}{kJ \cdot kg} = 0{,}001\,K$

Die Temperatursteigerung um $\frac{1}{1000}$ K kannst du beim besten Willen nicht feststellen.

AUFGABEN UND ZUSAMMENFASSUNG

1. Wie erhält ein Körper potentielle Energie, kinetische Energie oder Spannenergie? Nenne je ein Beispiel.

2. Berechne die potentielle Energie, die du erhältst, wenn du einen 3 m hohen Ast auf einem Baum erklimmst.

3. Ein Heißluftballon ($m = 450\,kg$) steht 600 m über dem Boden. Wie groß ist seine potentielle Energie?

4. Berechne die kinetische Energie, die ein Radfahrer samt Rad bei der Geschwindigkeit von $20\,\frac{km}{h} = 5{,}6\,\frac{m}{s}$ hat ($m = 85\,kg$).

5. Um eine Kugelschreibermine herauszudrücken, musst du Kraft aufwenden. Du drückst mit $F = 3{,}3\,N$ die Feder um 5 mm zusammen. Wie groß ist die Spannenergie in der Feder?

6. Berechne W_{sp} und v des Ringes mit den Werten, die du durch einen Versuch, wie auf der vorigen Seite beschrieben, gewonnen hast.

7. Eine Glaskugel fällt aus 1 m Höhe auf eine Stahlplatte. Sie springt 90 cm hoch. Beschreibe die Energieumformungen. Warum springt die Kugel nicht 1 m hoch?

Potentielle, kinetische und Spannenergie

Wird an einem Körper so gearbeitet, dass er von einer Ebene um die Höhe h hochgehoben wird, erhält er potentielle Energie:
$W_{pot} = m \cdot g \cdot h$.
Wird ein Körper durch Arbeit beschleunigt, erhält er kinetische Energie: $W_{kin} = \frac{1}{2} \cdot m \cdot v^2$.
Wird eine Schraubenfeder mit einer Kraft F gedehnt, erhält sie Spannenergie: $W_{sp} = \frac{1}{2} \cdot F_{max} \cdot s$.

Sicherheit am Fahrzeug

Wer sich ein Auto anschafft, sollte gleich daran denken, dass er damit einen Unfall haben könnte. Denn der Kauf eines sicheren Autos könnte einmal lebensrettend sein. Aber was heißt das, ein „sicheres" Auto anschaffen? Den blitzenden Karossen kann man den Aufwand, der für die Sicherheit der Insassen getrieben wurde, auch *passive Sicherheit* genannt, leider nicht ansehen.

Was geschieht, wenn die passive Sicherheit vernachlässigt wird, ist auf dem folgenden Bild zu sehen: Beim Frontalaufprall behalten zunächst die nicht angeschnallten Insassen wegen ihrer Trägheit ihren Bewegungszustand bei. Sie schlagen kurz darauf mit der Geschwindigkeit auf Lenkrad oder Windschutzscheibe auf, die der Wagen vor dem Aufprall hatte. Die Bewegungsenergie des Oberkörpers wird dann durch Verformungsarbeit an dem Fahrzeugteil abgebaut, auf den der Körper aufschlägt. Der Verformungsweg ist dann der „Bremsweg". Wie groß sind nun die Kräfte, die bei dieser *Zwangsbremsung* auf das Körperteil wirken?

Nehmen wir einmal an, bei einem Fahrzeugaufprall von $54\,\frac{\text{km}}{\text{h}}$ $(15\,\frac{\text{m}}{\text{s}})$ schlägt die Fahrerbrust auf das Lenkrad und verformt es um 10 cm nach vorn. Der Oberkörper habe eine Masse von 36 kg.

Die Bewegungsenergie des Rumpfes ist dann:
$W = \frac{1}{2} \cdot m_{\text{Rumpf}} \cdot v^2 = \frac{1}{2} \cdot 36\,\text{kg} \cdot (15\,\frac{\text{m}}{\text{s}})^2 = 4\,050\,\text{Nm}$
Sie wird auf einem Weg von $s_{\text{Lenkrad}} = 10\,\text{cm}$ vernichtet.
Dabei wirkt auf die Brust eine Kraft von
$F_{\text{Brust}} = W/s_{\text{Lenkrad}} = \frac{4\,050\,\text{Nm}}{10\,\text{cm}} = \frac{4\,050\,\text{Nm}}{0{,}1\,\text{m}} = 40\,500\,\text{N}$!

Um sich eine Vorstellung von der Größe dieser Kraft zu machen, denke man sich eine Pyramide von drei Elefanten, auf der Brust einer liegenden Person aufgetürmt. Das überlebt sie sicher nicht!

Will man die schrecklichen Folgen eines Aufpralls verhindern, muss man dafür sorgen, dass:

1. die Insassen des Fahrzeuges nicht oder nur wenig in der Fahrgastzelle nach vorne schnellen. Dafür sorgen die sogenannten **Rückhaltesysteme.** Diese werden auf der nächsten Seite besprochen.

2. die Kräfte, die die Rückhaltesysteme zu bewältigen haben, umso kleiner werden, je größer der Weg ist, auf dem das Fahrzeug beim Aufprall zum Stehen kommt. Dies zu erreichen ist eine Aufgabe für Fahrzeugbauer.

Der Fahrzeugaufbau

Damit beim frontalen Aufprall im Vorderwagen die freigesetzte Bewegungsenergie durch Verformungsarbeit vernichtet werden kann, sind an bestimmten Stellen weiche Deformationszonen (Knautschzonen) angebracht. So sind z. B. im unteren Teil des Wagens und im oberen Teil der Kotflügel spezielle Längsträger eingebaut, die beim Aufprall gestaucht und gefaltet werden und dabei die Bewegungsenergie aufnehmen. Auch die Radkästen sind so gestaltet und verstärkt, dass sie einen Teil der Aufprallenergie aufnehmen können.

Der Innenraum des Fahrzeugs darf jedoch nicht oder nur wenig deformiert werden. Schließlich ist er im Ernstfall der Überlebensraum für die Insassen (stabile Fahrgastzelle). Auch die Lenksäule und die Pedale dürfen nur wenig nach innen vorrücken. Beim Aufprall sollen die Türen geschlossen bleiben, sich aber nicht verkeilen. Sie müssen sich nach dem Unfall wieder mit wenig Kraft öffnen lassen.

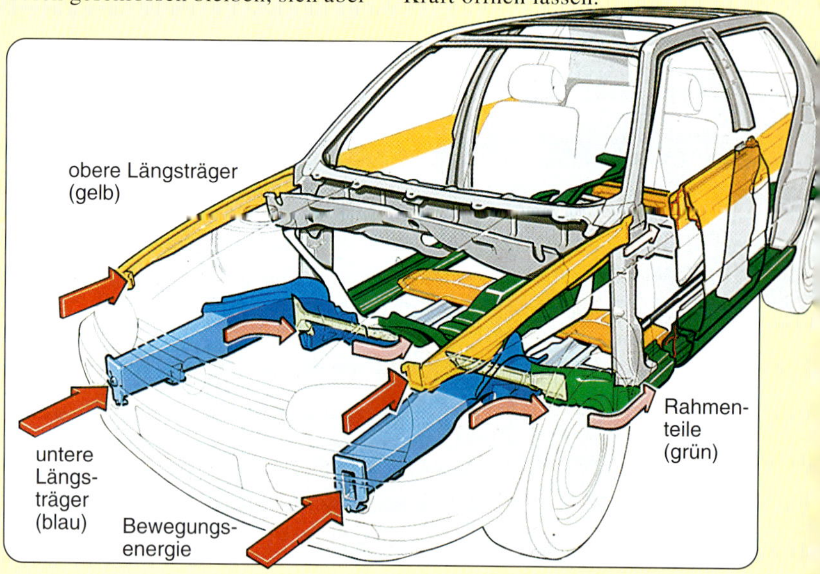

Rückhaltesysteme

■ **Sicherheitsgurte:** Das Anlegen der Sicherheitsgurte vor einer Fahrt ist für die Insassen tatsächlich die billigste Lebensversicherung. Die Gurte „verbinden“ sie so mit dem Fahrzeug, dass sie mit diesem beim Unfall verzögert werden. Die Insassen werden nun mit dem Wagen, je nach Länge der Knautschstrecke, „abgebremst“. Zusätzlich wird der Bremsweg des Oberkörpers durch die Dehnung der Gurte verlängert. Diese nehmen dabei einen Teil von dessen kinetischer Energie auf und wandeln diese in Wärme um.
Nehmen wir an, der „Bremsweg“ bei unserem Beispiel beträgt 75 cm + 25 cm = 1 m (Länge von Knautschstrecke + Gurtdehnung). Dann errechnet sich eine Kraft von $F_{\text{Brust}} = W/s = 4\,050\,\text{Nm}/1\,\text{m} = 4\,050\,\text{N}$.

Diese Kräfte sind erheblich geringer (hier 1/10) als ohne Gurt bzw. Knautschstrecke. Sie werden außerdem durch die breiten Gurtbänder auf eine größere Körperfläche verteilt. Je nach Fahrzeuggeschwindigkeit und der Masse des Hindernisses beim Unfall wirken immerhin noch Kräfte auf die Brust, die 5- bis 10-mal so groß sind wie die eigene Gewichtskraft, wenn alle Sicherheitsmaßnahmen greifen.

■ **Airbags:** Bei sehr hohen Aufprallgeschwindigkeiten kann sich der Oberkörper wegen der Gurtdehnung so weit nach vorn bewegen, dass der Kopf auf Lenkrad oder Armaturen schlägt. Um dabei lebensgefährliche Kopfverletzungen zu verhindern, werden Pkw mit Airbags (Luftsack) ausgerüstet. Bei einem Aufprall wird er blitzartig mit einem Treibgas gefüllt. Taucht nun der Oberkörper in das Gaskissen ein, werden durch die großflächige Verteilung der Aufprallkräfte Kopf, Hals und Brustkorb vor schweren Verletzungen bewahrt.

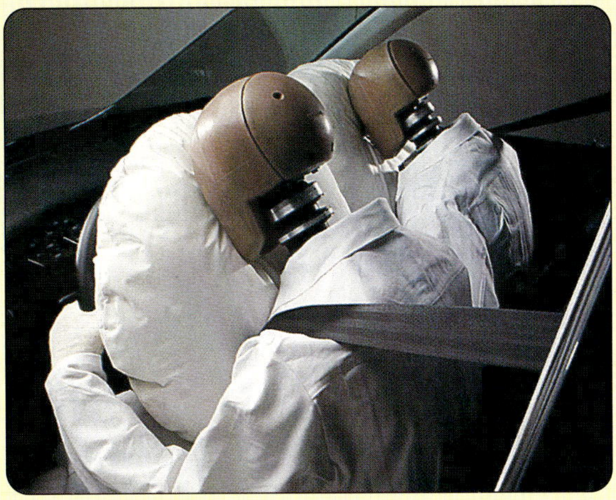

■ **Nackenstützen:** Fährt ein Fahrzeug auf ein anderes stehendes Fahrzeug auf, wird das vordere Fahrzeug und mit ihm seine Insassen nach vorn beschleunigt. Die Köpfe der Insassen bleiben jedoch wegen ihrer Trägheit (und Beweglichkeit) in Ruhe; sie „peitschen“ entgegen der Bewegungsrichtung des Fahrzeugs nach hinten. Verletzungen der Nackenwirbel werden verhindert, wenn an den Sitzen Kopfstützen angebracht sind. Dann werden die Köpfe an die Stützen gedrückt und müssen die Bewegung des Fahrzeuges mitmachen.

Alle konstruktiven Maßnahmen, die unter dem Begriff **passive Sicherheit** zusammengefasst werden, haben dazu beigetragen, dass trotz steigender Verkehrsdichte und Unfallzahlen das Risiko, verletzt oder getötet zu werden, abgenommen hat.

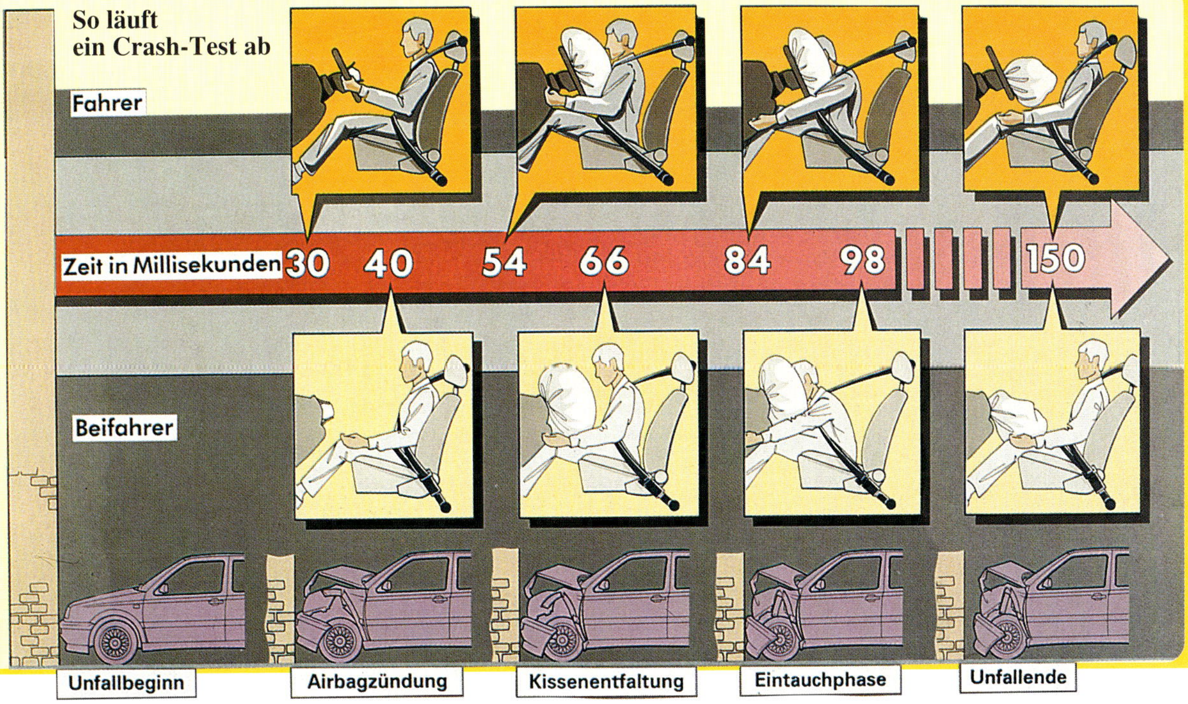

Bewegungen

Gleichförmige Bewegung

Bei einer gleichförmigen Bewegung ist die Geschwindigkeit konstant. Weg und Zeit sind proportional: $s \sim t$

Geschwindigkeit = $\frac{\text{zurückgelegter Weg}}{\text{benötigte Zeit}}$ $\quad v = \frac{\Delta s}{\Delta t}$

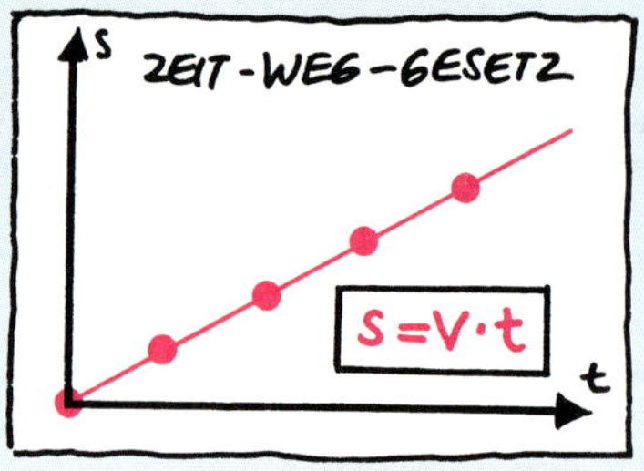

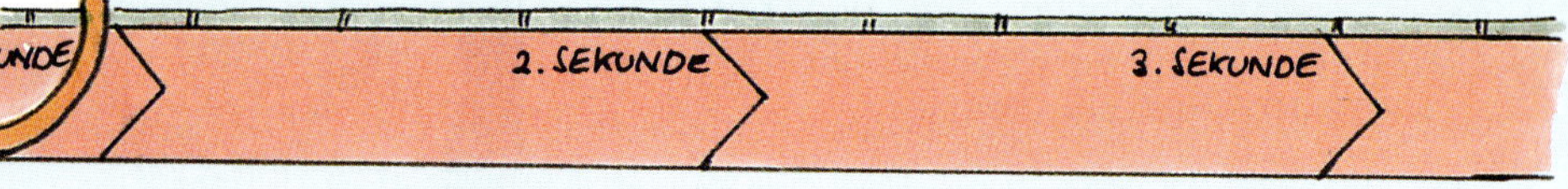

Beschleunigte Bewegung

Die Beschleunigung ist die Geschwindigkeitszunahme je Sekunde.
$a = \frac{\Delta v}{\Delta t}$

Bei der gleichmäßig beschleunigten Bewegung ist die Beschleunigung konstant.

Die Geschwindigkeit wächst gleichmäßig mit der Zeit. Der zurückgelegte Weg in aufeinander folgenden Sekunden wird immer größer.

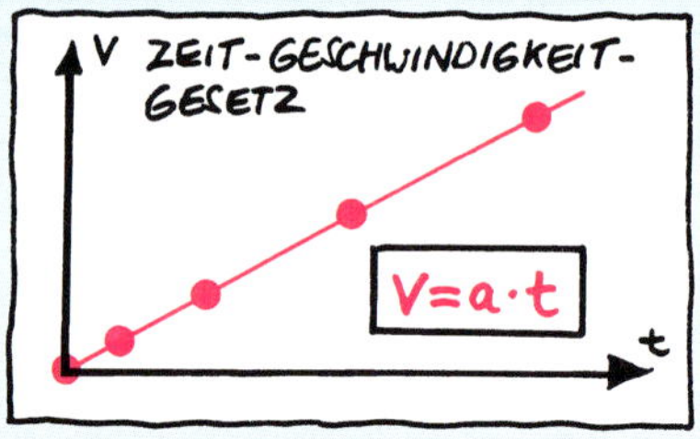

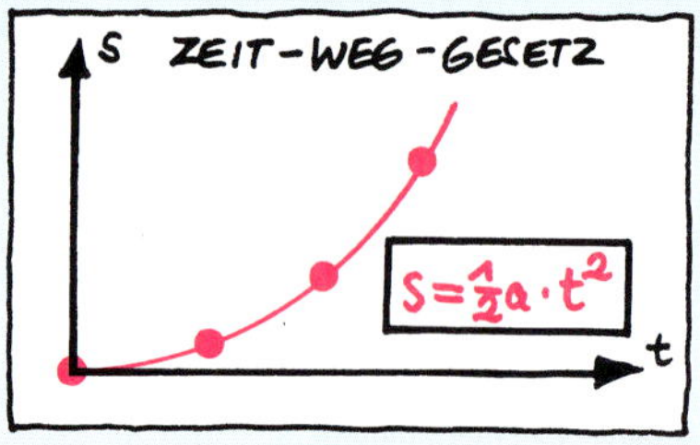

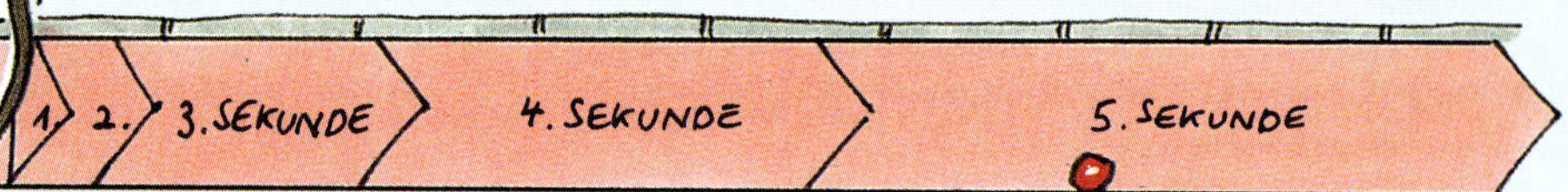

Fallbewegungen

Fallende Körper werden von der Erdanziehungskraft beschleunigt.

Während der ersten Sekunden hat die Luft keinen nennenswerten Einfluss, die Körper fallen frei mit $a = 10\ \frac{\text{m}}{\text{s}^2}$.
Ihre Geschwindigkeit wächst linear mit der Fallzeit:
$v \approx 10\ \frac{\text{m}}{\text{s}^2} \cdot t$.
Der zurückgelegte Weg wächst quadratisch:
$s = \frac{1}{2} \cdot 10\ \frac{\text{m}}{\text{s}^2} \cdot t^2$.

Bei größeren Geschwindigkeiten macht sich der Einfluss der Luft bemerkbar:
Die Beschleunigung wird immer kleiner, bis die Bewegung schließlich nicht mehr beschleunigt, sondern gleichförmig ist.

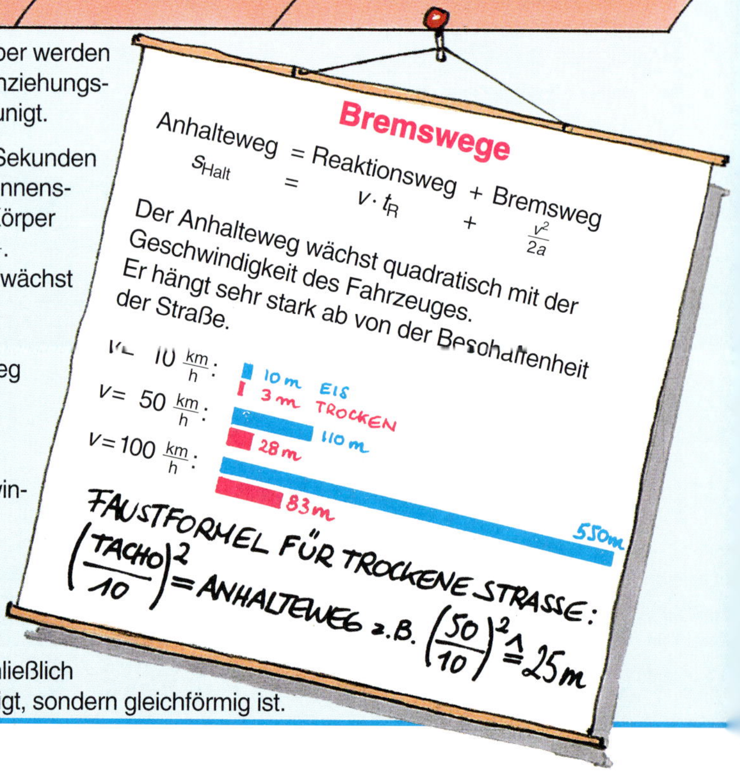

Kräfte

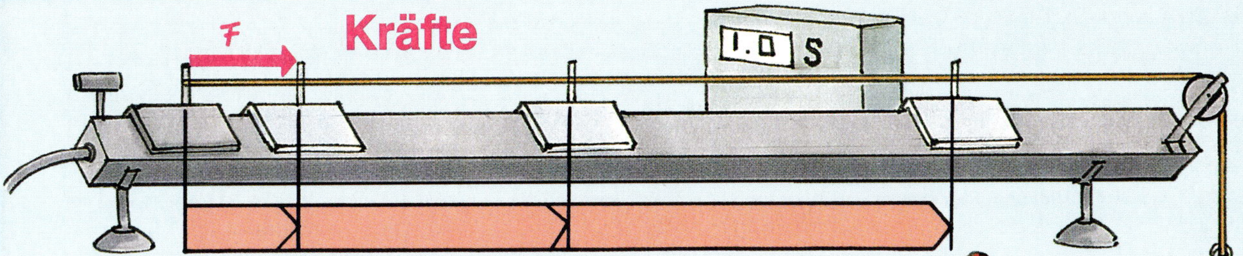

Eine konstante Antriebskraft bewirkt eine gleichmäßig beschleunigte Bewegung.

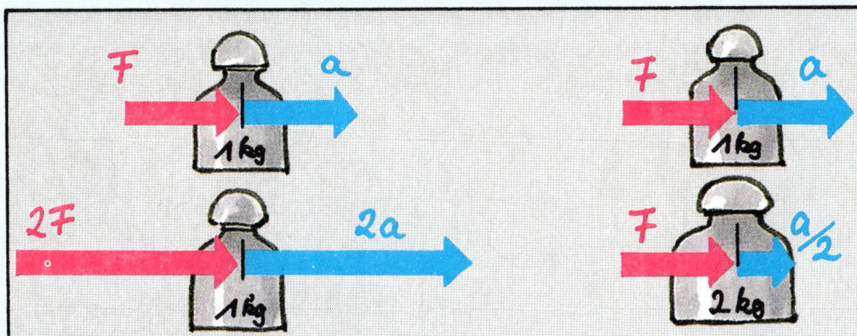

Je größer die Kraft ist, die auf einen Körper wirkt, desto größer ist seine Beschleunigung: $a \sim F$.

$a \sim \frac{F}{m}$

Je größer die Masse eines Körpers ist, desto kleiner ist seine Beschleunigung: $a \sim \frac{1}{m}$.

NEWTONSCHES KRAFTGESETZ

$F = m \cdot a$

$1\,N = 1\,kg \cdot 1\,\frac{m}{s^2}$

Wird ein Körper beschleunigt, gewinnt er Bewegungsenergie (kinetische Energie): $W_{kin} = \frac{1}{2}\,m \cdot v^2$.

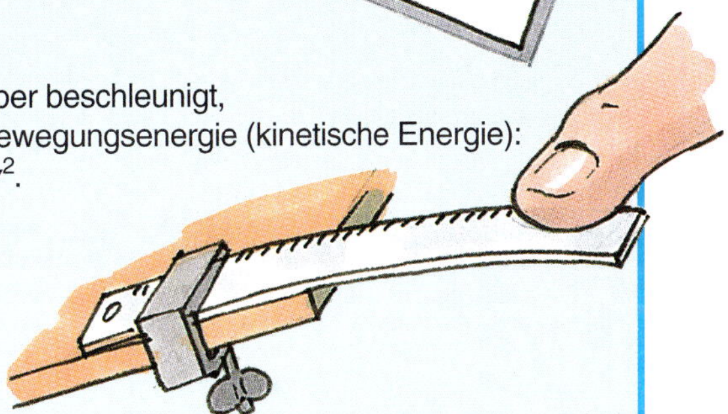

Wird ein elastischer Körper verformt, gewinnt er Spannenergie W_{sp}.

Energie

Energie kann nicht verloren gehen. Aber bei vielen Vorgängen wechselt sie ihre Form!

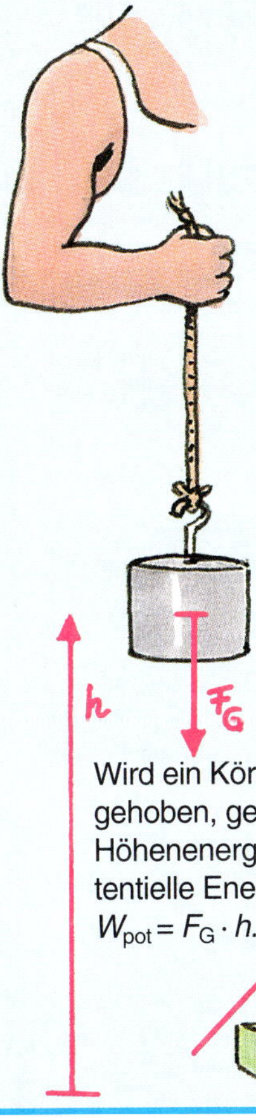

Wird ein Körper gehoben, gewinnt er Höhenenergie (potentielle Energie): $W_{pot} = F_G \cdot h$.

1. Wie lässt sich feststellen, ob ein Fahrzeug gleichförmig oder beschleunigt fährt?

2. Du fährst mit dem Zug von Bonn nach Stuttgart und willst die Durchschnittsgeschwindigkeit des Zugs berechnen. Welche Angaben brauchst du dazu?

3. Wie ermittelt man ohne Tacho die Momentangeschwindigkeit eines fahrenden Autos?

4. Werte die folgende Tabelle aus:

t	s
0	0
0,5 s	0,05 m
1,0 s	0,20 m
1,5 s	0,45 m
2,0 s	0,80 m
2,5 s	1,25 m

a) Zeichne ein *t-s*-Diagramm.
b) Bestimme die Momentangeschwindigkeit zur Zeit $t = 1{,}5$ s.
c) Wie groß war die Durchschnittsgeschwindigkeit in den ersten 1,5 s?
d) Wie groß ist die Beschleunigung?

5. Ein Sprinter beschleunigt beim Start gleichmäßig mit $a = 5\,\frac{\text{m}}{\text{s}^2}$.
a) Wie weit ist er nach 1 s, 2 s und 3 s gelaufen?
b) Wie groß ist seine Geschwindigkeit zu diesen Zeitpunkten jeweils?

6. Ein Pkw hat eine Beschleunigung von $5\,\frac{\text{m}}{\text{s}^2}$. Was heißt das?

7. Ein ICE beschleunigt beim Anfahren 60 s lang gleichmäßig mit $a = 0{,}5\,\frac{\text{m}}{\text{s}^2}$.
a) Wie schnell ist er nach dieser Zeit? Wie groß ist die zurückgelegte Strecke?
b) Zeichne für die ersten 10 s ein Zeit-Weg- und ein Zeit-Geschwindigkeit-Diagramm.

8. Dir rutscht ein Fernglas auf einem 15 m hohen Aussichtsturm aus der Hand.
a) Wie lange fällt es?
b) Welche Geschwindigkeit hat es beim Auftreffen auf dem Boden?

9. Auf nassem Asphalt (maximale Verzögerung $a = 3\,\frac{\text{m}}{\text{s}^2}$) ist eine Notbremsung aus $v = 54\,\frac{\text{km}}{\text{h}}$ erforderlich. Wie lang ist der Anhalteweg, wenn die Reaktionszeit 1 s beträgt?

10. Aus welchen Teilstrecken besteht der Anhalteweg? Wie ändern sich diese Teilstrecken, wenn unter sonst gleichen Bedingungen aus einer doppelt so hohen Geschwindigkeit angehalten wird?

11. Wenn du dich im Bus nicht festhältst, fällst du beim Anfahren nach „hinten" und beim Anhalten nach „vorn". Warum ist das so?

12. In welche Richtung wird der Einkaufswagen in Bild a) und in Bild b) beschleunigt? Begründe.

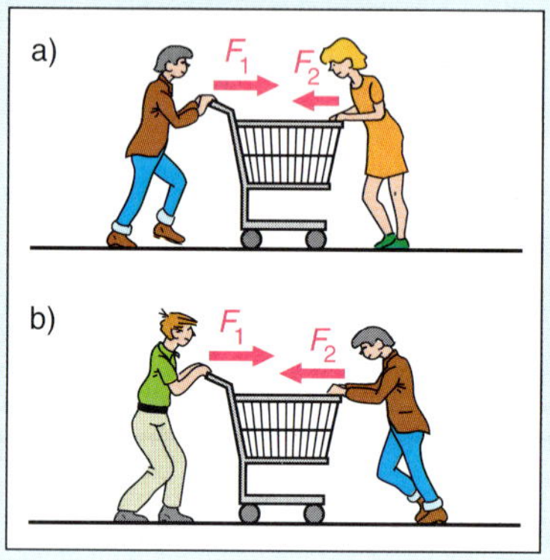

13. Ein Handwagen wird von einem Jungen in 3 s auf $4{,}5\,\frac{\text{m}}{\text{s}}$ beschleunigt. Nun wird die Wagenmasse durch Zuladung verdoppelt.
a) Wie lange benötigt er nun, um die gleiche Geschwindigkeit zu erreichen, wenn er mit der gleichen Kraft zieht?
b) Wie groß muss die Kraft sein, die er für das Erreichen der gleichen Geschwindigkeit benötigt, damit die Zeit für die Beschleunigung 3 s beträgt?

14. Der ICE in Aufgabe 7 hat mit Fahrgästen eine Masse von 900 t. Er beschleunigt mit $a = 0{,}5\,\frac{\text{m}}{\text{s}^2}$. Wie groß ist die beschleunigende Kraft?

15. Ein Bus ($v = 36\,\frac{\text{km}}{\text{h}}$) kommt beim Bremsen in 4 s zum Stillstand. Wie groß ist die Kraft, mit der sich ein stehender Schüler (60 kg) festhalten muss, wenn er nicht stürzen will?

16. Was versteht man unter potentieller Energie, Spannenergie, kinetischer Energie? Gib jeweils ein Beispiel an.

17. Um wie viel nimmt die potentielle Energie eines Lastkahns ($m = 1\,200$ t) zu, wenn er in einer Schleuse um 8 m gehoben wird?

18. Vergleiche die kinetische Energie:
a) Zwei gleiche Autos, eines fährt doppelt so schnell;
b) beide Autos fahren gleich schnell, eines hat die doppelte Masse.

19. Beim Bungee-Springen stürzt sich der Springer von einem Kran oder einer Brücke frei in die Tiefe. Ein etwa 40 m langes Gummiseil ist an seinen Füßen befestigt. Welche Energieumformungen finden dabei statt? Denke daran, dass sich Gummi ausdehnt.

20. Wie kann man a) die potentielle und b) die kinetische Energie eines Körpers erhöhen bzw. verringern?

21. Wie lautet der Energieerhaltungssatz? Was meinen Leute, wenn sie von „Energieverbrauch" sprechen?

22. Was versteht man unter „Energieentwertung"? Erkläre sie am Beispiel eines Moped-Motors, wenn du auf einer Gebirgsstraße bzw. auf einer ebenen Straße fährst.

23. Ein Körper schwingt an einer Feder auf und ab und kommt nach einiger Zeit von selbst zur Ruhe. Beschreibe die Energieumwandlungen und erkläre, wo die beim Anstoßen hineingesteckte Energie bleibt.

24. Beschreibe den Bewegungsablauf beim Trampolinspringen und beim Weitspringen mit den Begriffen „Arbeit" und „Energie".

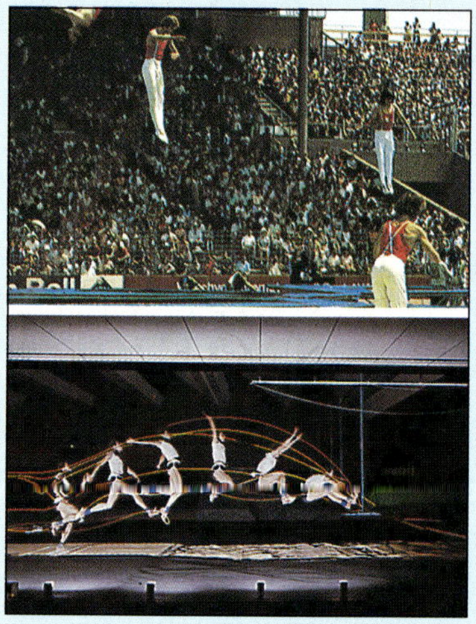

25. An der Außenkante eines ruhenden Karussells liegt in einer Delle eine Kugel. Was passiert jeweils mit der Kugel, wenn sich das Karussell langsam bzw. schnell dreht?

26. Berechne mit den Werten aus den Aufgaben 7 und 14 die kinetische Energie eines ICEs nach 60 s.

Radioaktivität
und
Kernenergie

Der Aufbau von Atomen

1

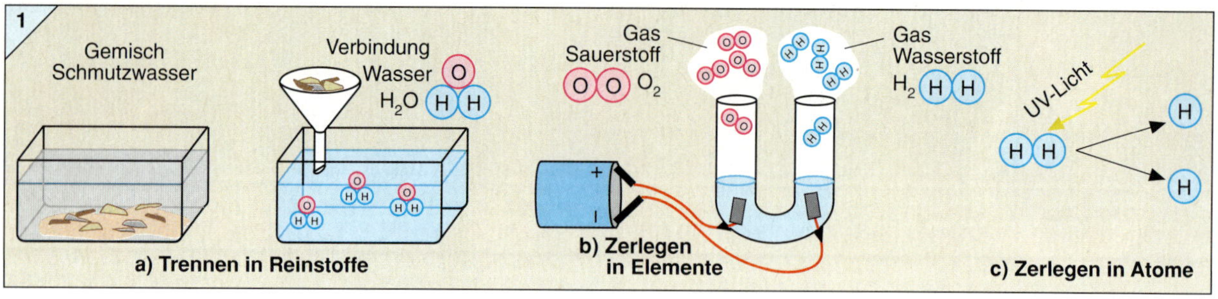

Die Abb. 1 a) zeigt links Schmutzwasser. Das ist ein *Gemisch* aus vielen unterschiedlichen Stoffen. Mithilfe von Trennverfahren kann man die Verunreinigungen beseitigen und erhält schließlich den *Reinstoff* Wasser. Lässt man Elektronen wie in der Abb. 1 b) durch Wasser fließen, so wird es in die Gase Sauerstoff und Wasserstoff zerlegt. Wasser ist also eine **Verbindung** aus diesen beiden Gasen. Da die Gase chemisch nicht weiter zerlegt werden können, bezeichnet man sie als chemische Grundbausteine oder **Elemente.**

Alle auf der Erde vorkommenden Stoffe sind Verbindungen aus nur 92 Elemente. Sie lassen sich im Periodensystem ordnen und übersichtlich darstellen (Abb. 2). Zur Kennzeichnung der unterschiedlichen Elemente verwendet man eine Art Kurzschrift. So steht z. B. die Buchstabenfolge **„Si"** für das Element Silicium, der Buchstabe **„H"** für Wasserstoff oder **„O"** für Sauerstoff.

Die kleinsten Teilchen, aus denen Elemente bestehen, sind die **Atome** (von griech. atomos = unteilbar). In den Gasen Wasserstoff bzw. Sauerstoff verbinden sich jeweils zwei Atome zu einem Molekül. Die Abb. 1 c) zeigt, dass diese Gasmoleküle durch energiereiches UV-Licht wieder in einzelne Atome zerlegt werden können. Aus den Atomen lassen sich negativ geladene Elektronen herauslösen. Der zurückbleibende Atomrest ist positiv geladen. Daraus folgt, dass Atome neben den negativen Elektronen auch etwas Positives enthalten müssen. Zum Erstaunen der Physiker stellte sich heraus, dass dieser positive Teil außerordentlich klein ist.

2

	Gruppe I	II	III	IV	V	VI
1	1,008 1 H					
2	6,94 3 Li	9,01 4 Be	10,81 5 B	12,01 6 C	14,00 7 N	16,00 8 O
3	22,99 11 Na	24,31 12 Mg	26,98 13 Al	28,09 14 Si	30,97 15 P	32,07 16 S
4	39,10 19 K	40,08 20 Ca	69,72 31 Ga	77,61 32 Ge	74,92 33 As	78,96 34 Se
5	85,47 37 Rb	87,62 38 Sr	114,82 49 In	118,71 50 Sn	121,75 51 Sb	127,60 52 Te

Kern-Hülle-Modell für Atome

In der Abb. 3 ist ein Atom so dargestellt, wie man es sich vorstellen kann:

3

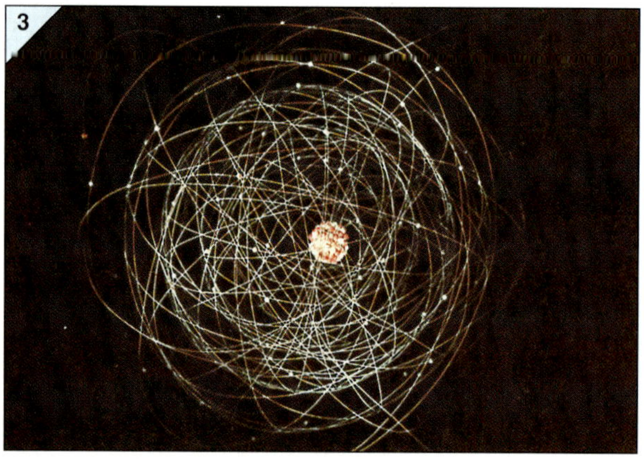

1. Jedes Atom besteht aus einem sehr kleinen, massiven **Kern,** in dem nahezu die gesamte Masse des Atoms konzentriert ist. Dieser Kern ist das Zentrum des Atoms; er ist positiv geladen.

2. In der im Vergleich zum Kern etwa 100 000-mal so großen **Atomhülle** befinden sich negativ geladene *Elektronen.* Sie sind noch viel winziger als der Atomkern und schwirren pausenlos um ihn herum. Dennoch sind Atome nicht zerbrechlich, sondern überaus stabil, denn die *elektrische Anziehung* zwischen positivem Kern und negativer Hülle hält sie fest zusammen. Der Kern eines Uran-Atoms, des größten und schwersten Atoms, das in der Natur vorkommt, wird z. B. von 92 Elektronen umschwirrt.

3. Positive Kernladung und negative Gesamtladung der Hülle gleichen sich genau aus. Deshalb erscheint jedes Atom von außen *elektrisch neutral.*

Die Mikrowelt der Atomkerne

4
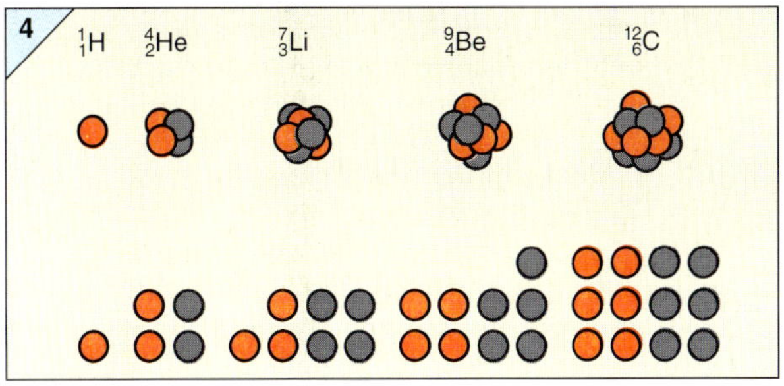

Heute weiß man, dass Atomkerne aus **Protonen** und **Neutronen** bestehen. Diese beiden Bestandteile nennt man *Kernteilchen* oder **Nukleonen** (von lat. nucleus = Kern). Die Summe aus der Anzahl der Protonen und Neutronen eines Atomkerns ist seine **Nukleonenzahl.** Die Atome der verschiedenen Elemente unterscheiden sich durch die Anzahl der Protonen in ihrem Kern voneinander. Deshalb bestimmt die so genannte **Protonenzahl** eindeutig, zu welchem chemischen Element ein bestimmtes Atom gehört. So ist z. B. ein Atom mit 1 Proton im Kern ein Wasserstoffatom, eines mit 6 Protonen aber immer ein Kohlenstoffatom.
Protonen sind positiv geladen, Elektronen negativ – und zwar gleich stark. Weil Atome elektrisch neutral sind, enthält ihre Hülle immer genauso viele Elektronen wie der Kern Protonen.
Neutronen haben die gleiche Masse und sind so groß wie Protonen. Sie tragen keine Ladung, sind also elektrisch neutral, daher der Name Neutron.

Isotope

Physiker haben herausgefunden, dass Atomkerne ein und desselben chemischen Elements, z. B. des Wasserstoffs, trotz *gleicher Protonenzahl* unterschiedlich zusammengesetzt sein können.
Jeder der in Abb. 5 links abgebildeten Wasserstoffkerne enthält ein Proton. Alle drei verhalten sich bei chemischen Experimenten gleich, weil sie die gleiche Elektronenhülle haben. Die drei Wasserstoffkerne unterscheiden sich aber durch die Anzahl der Neutronen. Deshalb hat jeder Kern eine andere *Nukleonenzahl*: Ein $^{1}_{1}H$-Kern enthält ein Proton, der $^{2}_{1}H$-Kern ein Proton und ein Neutron, also 2 Nukleonen, und der $^{3}_{1}H$-Kern ein Proton und zwei Neutronen, also 3 Nukleonen. Weil $^{2}_{1}H$ doppelt so viele Nukleonen enthält wie $^{1}_{1}H$ und folglich doppelt so schwer ist wie dieser, nennt man $^{2}_{1}H$ *schweren Wasserstoff* (Deuterium) und $^{3}_{1}H$ *überschweren Wasserstoff* (Tritium).

Atome mit Kernen, die gleich viele Protonen, aber unterschiedlich viele Neutronen enthalten, gehören zum gleichen chemischen Element. Sie müssen im Periodensystem am gleichen Platz eingeordnet werden und heißen deshalb **Isotope** (isotop = am gleichen Ort stehend). Wie bei Wasserstoff sind von fast allen anderen Atomkernen, z. B. Bor (B), Isotope bekannt (Abb. 5).

5
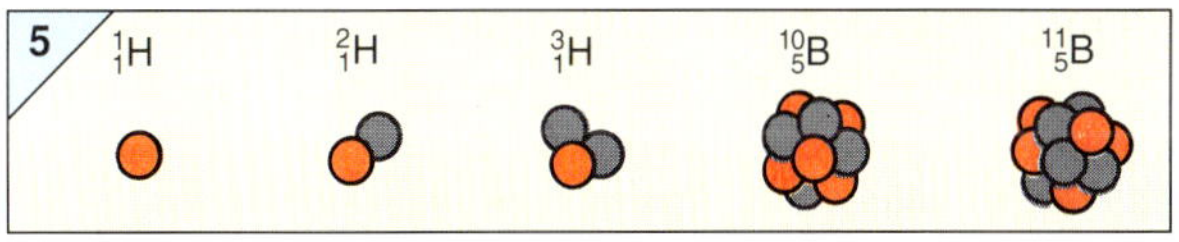

Bezeichnungen

6
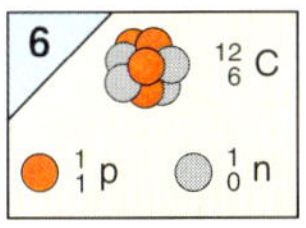

Um die Zusammensetzung von Kernen auf einen Blick erfassen zu können, schreibt man oben links an das Elementsymbol z. B. eines Kohlenstoffkerns die Nukleonenzahl 12 und unten links die Protonenzahl 6 (Abb. 6): $^{12}_{6}C$. Oft schreibt man auch nur die Nukleonenzahl hinter den Elementnamen oder das Elementsymbol, also z. B. Bor10 (B10) oder Kohlenstoff12 (C12).

AUFGABEN UND ZUSAMMENFASSUNG

1. Was ist der Unterschied zwischen Element und Verbindung?

2. Beschreibe, wie du dir ein Atom vorstellst. Wie ist die Hülle, wie der Kern geladen?

3. Aus welchen und aus wie vielen Teilchen besteht der C12-Kern in Abb. 4?

4. Was bedeuten die Zahlen an den Symbolen $^{4}_{2}He$ und $^{9}_{4}Be$?

5. Begründe, warum die Kerne B10 und B12 Isotope des Elements Bor sind.

Atom- und Kernbau

Atome haben immer einen Kern aus Protonen und Neutronen und eine Hülle aus Elektronen.
Isotope sind Kerne des gleichen Elements mit unterschiedlich vielen Neutronen.

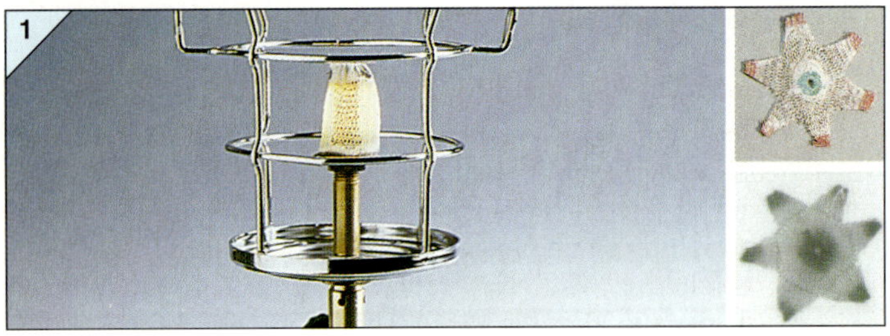

Familie Meier macht Campingurlaub. Der Wohnwagen und das Zelt werden innen mit Gaslampen beleuchtet. Ein Glühstrumpf aus Kunstseide, der über den Brenner gezogen ist, gibt sehr helles Licht ab (Abb. 1). Ahnt Herr Meier, dass er beim Glühstrumpfwechsel mit einem Stoff in Berührung kommt, der Strahlung aussendet?
Mit unseren Augen nehmen wir Menschen Licht wahr, mit den Ohren Schall und mit unserer Haut Wärme. Es gibt aber Stoffe, welche eine Strahlung aussenden, die wir nicht wahrnehmen können. Wollen wir sie nachweisen, müssen wir nach Spuren suchen, aus denen wir schließen können, dass es diese Strahlung gibt.

Strahlung radioaktiver Stoffe schwärzt Filme

In Abb. 1 siehst du die mit einer Kamera aufgenommene Fotografie eines aufgeschnittenen Glühstrumpfes. Daneben ist seine **Radiographie** abgebildet. Sie entsteht bei V2. Nach dem Entwickeln sieht man: Der Film wurde überall dort, wo der Glühstrumpf gelegen hat, geschwärzt, am stärksten aber an den Spitzen und in der Mitte. Die Ursache dafür ist eine unsichtbare Strahlung, die vom Glühstrumpf ausgeht. Sie ist in den Spitzen und in der Mitte besonders intensiv und bewirkt, ähnlich wie Licht, chemische Veränderungen in der lichtempfindlichen Beschichtung des Films. Stoffe, die solch eine unsichtbare Strahlung aussenden, nennt man **radioaktiv** (von lat. radiare = strahlen und actio = Tätigkeit).

Damit die Kunstseide, aus der der Glühstrumpf hergestellt ist, heller leuchtet, wurde sie mit einer hauchdünnen Schicht überzogen. Diese enthält geringe Spuren des Elementes *Thorium*, das radioaktiv ist. Seine Strahlung ist allerdings nicht sehr wirkungsvoll, denn es dauert ca. 60 Stunden, bis der Film vom Glühstrumpf so stark geschwärzt ist wie in Abb. 1.
Im Physikunterricht verwendet man oft eine geringe Menge, z. B. 1 millionstel Gramm (= 1 µg) reines *Radium* als Strahler. V3 zeigt, dass die von einem solchen Radiumstrahler ausgehende Strahlung die lichtundurchlässige Blechumhüllung der Patrone und die Filmschichten durchdringen kann. Sie verändert die bestrahlten Stellen des Films so, dass sie nach dem Entwickeln schwarz sind.

Radioaktive Stoffe senden eine unsichtbare Strahlung aus. Sie schwärzt lichtempfindliche Filmschichten so wie das Licht, kann aber lichtundurchlässige Materialien durchdringen.

A1 Vergleiche Fotografie und Radiographie in Abb. 1.

V2 Lehrerversuch: Man legt einen unbenutzten Glühstrumpf bei völliger Dunkelheit ca. 60 Stunden lang auf ein Stück Röntgenfilm und sorgt dafür, dass er während dieser Zeit nicht verrutscht. Der Film wird danach entwickelt.
Beschreibe, was du auf dem entwickelten Film siehst.
Versuche zu erklären, wie es dazu kommt.

V3 Lehrerversuch: Man befestigt eine Filmpatrone mit einem hochempfindlichen Film (27 DIN | 400 ASA) wie in Abb. 2 dicht vor einem Radiumstrahlerstift. Nach ca. 6 Stunden wird der Film entwickelt.
Was siehst du nach dem Entwickeln?
Wie kommt die Schwärzung zustande?

Radioaktive Stoffe überall

Viele Gegenstände und Materialien enthalten radioaktive Stoffe: Die Zifferblattfarbe im Bild unten enthält z. B. Radium. Man mischte es früher der Leuchtfarbe bei, um ein längeres Nachleuchten der Ziffern im Dunkeln zu bewirken. Auch Uran ist radioaktiv. Es kommt in vielen Gesteinen, Mineralien und in Steinkohle, aber auch in bestimmten Glasarten und in Farbglasuren von Fliesen oder Kacheln vor.

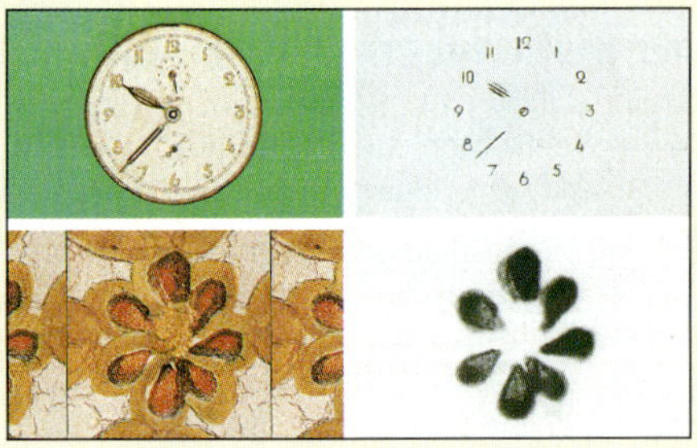

3

V4 Baue das Spinthariskop auf, verdunkele vollständig und warte, bis sich deine Augen an die Dunkelheit gewöhnt haben. Betrachte das Tischchen des Spinthariskops durch die Lupe. Was beobachtest du?

A5 Beschreibe die Leuchterscheinungen genau. Welche Ursache haben sie?

4

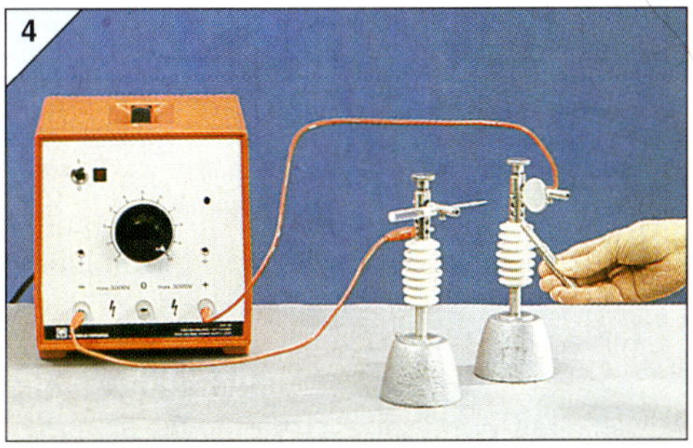

V6 Lehrerversuch: Man legt an die Metallplatte und den Metallstift eine Hochspannung von ca. 6 kV und nähert beide langsam einander. Was beobachtest du?
Nun vergrößert man den Abstand wieder so weit, dass gerade keine Funken mehr entstehen, und nähert der Luft zwischen Platte und Stift einen Strahler. Beschreibe, was geschieht.
Was schließt du aus deinen Beobachtungen?

V7 Lehrerversuch: Man nähert einem geladenen Elektroskop einen Strahlerstift bis auf ca. 2–3 cm. Beobachte den Zeiger einige Minuten lang. Beschreibe, was du siehst.

5

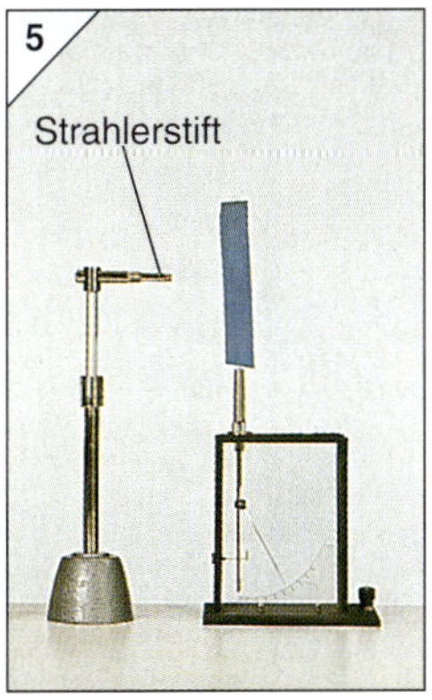

Strahlung bringt Stoffe zum Leuchten

In V4 benutzen wir ein *Spinthariskop* (griechisch: Funkenseher), um **Leuchterscheinungen** zu beobachten. Das Gerät besteht aus einer Lupe, einem eingeschraubten Radiumstrahlerstift und einem Tischchen, das mit Zinksulfid beschichtet ist (Abb. 3). Die vom Radium ausgehende Strahlung trifft auf das Zinksulfid. Wenn man durch die Lupe schaut, kann man bei völliger Dunkelheit ein flackerndes Aufblitzen an unterschiedlichen Stellen des Tischchens beobachten. Über 50 Lichtblitze können es in jeder Sekunde sein.

Sie werden von der Strahlung des Radiums hervorgerufen. Am unvorhersehbaren Aufblitzen an immer anderen Stellen erkennt man, dass die Strahlung nicht gleichmäßig ist, sie trifft vielmehr mal hierhin und mal dorthin. Nur da, wo sie auftrifft, bewirkt sie einen Lichtblitz.

Strahlung radioaktiver Stoffe erzeugt unregelmäßig aufflackernde Lichtblitze auf einer Zinksulfidschicht.

Strahlung erzeugt Ionen

In Bild 4 ist an einen Metallstift und an eine Platte aus Metall, die man beide *Elektroden* nennt, eine Hochspannung von ca. 6 kV angelegt. Der Abstand ist gerade so groß, dass keine Funken mehr zu beobachten sind. Nähert man jetzt der Luft zwischen den Elektroden einen radioaktiven Strahler, so springen **Funken** zwischen den Elektroden über. Das ist so zu erklären:
Die Strahlung dringt vom Strahler in die Luft ein. Sie trifft auf Luftmoleküle und schlägt Elektronen aus ihren Hüllen heraus. Dadurch entstehen zwischen den Elektroden negativ geladene frei bewegliche Elektronen und positiv geladene Ionen. Man sagt, die Luft wird ionisiert. Die Strahlung, welche dies bewirkt, nennt man **ionisierende Strahlung.**
Die frei gewordenen Elektronen werden in Richtung zur positiv geladenen Elektrode durch elektrische Kräfte stark beschleunigt. Auf ihrem Weg dorthin treffen sie auf andere Atome, aus denen sie weitere Elektronen herausschlagen. Diesen Vorgang nennt man **Stoßionisation.** Durch diese Stoßionisation wird die Luft zwischen den Elektroden elektrisch leitfähig: Ein Funke springt über.

Auch V7 zeigt, dass Strahlung Luft ionisieren kann. Das Elektroskop entlädt sich langsam, wenn ihm der radioaktive Strahler genähert wird (Abb. 5). Wie ist diese Entladung zu erklären?
Auch hier trifft Strahlung auf dem Weg zum Elektroskop auf Luftmoleküle, die ionisiert und dadurch elektrisch geladen werden. Das aber bedeutet: Die Luft wird leitfähig, weshalb Ladungen vom Elektroskop in Luft übergehen. Das Elektroskop entlädt sich.

Strahlung radioaktiver Stoffe ionisiert Luft.

Versuche mit dem Geigerzähler

Das gebräuchlichste Gerät zum Nachweis von Radioaktivität ist der so genannte **Geigerzähler.** Sein wichtigster Teil ist ein gasgefülltes Metallrohr, das so genannte **Zählrohr.** Es hat an seiner Stirnseite ein dünnes Fenster aus Glimmer. Das Zählrohr ist über ein Spezialkabel mit dem eigentlichen *Zähler* verbunden.

6

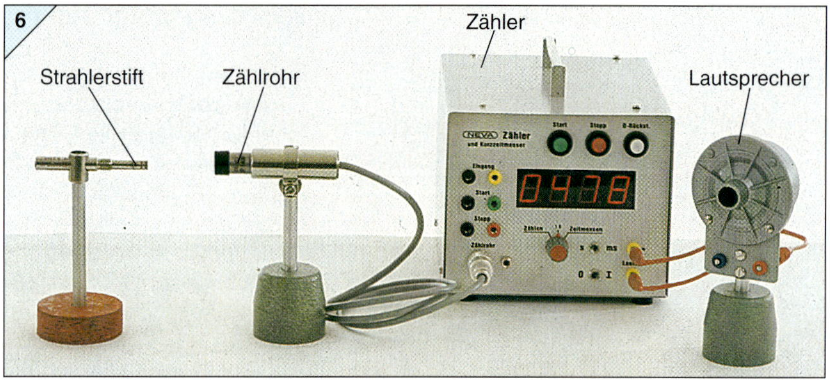

Steht ein Strahler vor dem Glimmerfenster, dringt Strahlung in das Rohr ein und bewirkt dort Entladungen durch Stoßionisation wie bei V6. Die „Funken" im Innern des Rohres werden im Zähler elektronisch registriert. Sie stellen ein nachgeschaltetes Zählwerk weiter. Ist zusätzlich ein Lautsprecher angeschlossen, dann hört man die „Funken" als Knacken.

Jeden einzelnen Knack nennt man einen **Impuls.** Die Häufigkeit der Impulse in einer bestimmten Zeit, z. B. in einer Minute oder einer Sekunde, gibt dann an, wie viel Strahlung durch das Fenster in das Zählrohr gelangt, wie stark also ein Körper am Ort des Zählrohrs bestrahlt würde.

V8 und V9 zeigen, dass von den untersuchten radioaktiven Gegenständen unterschiedlich starke Strahlung im Zählrohr ankommt. Die Strahlung des Radiumstrahlerstiftes bewirkt z. B. ein prasselndes Knattern, das Zählwerk läuft rasend schnell. Vom Glühstrumpf, von Gesteinsbrocken (Uranerz), von der Leuchtfarbe auf dem Zifferblatt oder den Feuersteinen dagegen gelangt viel weniger Strahlung ins Zählrohr als von dem Strahlerstift.

V8 Baue einen Geigerzähler wie in Abb. 6 auf und stelle den Radiumstrahlerstift dicht vor das Zählrohrfenster.
Beschreibe, was du hörst bzw. siehst.

V9 Halte den Glühstrumpf, die Ziffern der Uhr, das Uranerz und die Feuersteine dicht vor das Zählrohrfenster. Was hörst du jetzt jeweils? Vergleiche mit V8. Was schließt du daraus?

Anmerkung: Der Geigerzähler ist nach dem deutschen Physiker H. W. GEIGER (1882–1945) benannt. Er baute zusammen mit seinem Kollegen W. MÜLLER ein Gerät, mit dem sie leicht nachweisen konnten, dass radioaktive Stoffe Strahlung aussenden. Das Besondere an ihrem Gerät war, dass sie auch angeben konnten, *wie viel* Strahlung am Messort war.

AUFGABEN UND ZUSAMMENFASSUNG

1. Wie kommt es, dass wir Menschen manchmal mit radioaktiven Stoffen umgehen, ohne es zu bemerken?

2. Nenne einige Gegenstände aus deiner Umwelt, die radioaktiv sind.

3. Beschreibe, wie man eine Radiographie anfertigen kann.

4. Worauf kann man aus der Schwärzung einer Radiographie schließen?

5. Zeichne ein Spinthariskop und beschreibe V4.

6. Beschreibe einen Versuch, mit dem die Ionisation von Luft durch Strahlung nachgewiesen werden kann.

7. Erkläre, wie ein Geigerzähler auf Strahlung reagiert.

8. Was ist ein Zählimpuls bei einem Geigerzähler? Wie kommt er zustande? Was sagt die Impulshäufigkeit über die Strahlung aus?

9. Beschreibe, wie man mit dem Geigerzähler feststellen kann, ob Gegenstände stark oder schwach strahlen.

10. Erstelle eine Tabelle mit folgenden Spalten:
a) Nachweismöglichkeiten von Strahlung
b) Wirkungen der Strahlung.
Trage alles ein, was du bis jetzt über Strahlung weißt.

Radioaktivität

Viele Gegenstände enthalten radioaktive Stoffe. Wir Menschen können die von ihnen ausgehende Strahlung nicht wahrnehmen. Sie schwärzt aber lichtempfindliche Fotofilme, durchdringt lichtundurchlässige Materialien, erzeugt Lichtblitze auf Leuchtschirmen und ionisiert Luft.

Mit dem Geigerzähler kann man feststellen, wie viel Strahlung am Ort des Zählrohres vorhanden ist, weil die Strahlung im Zählrohr Ionisation bewirkt.

Wie erzeugt Strahlung Ionen?

Luft ist ein Gasgemisch. Sie enthält neben anderen Gasen auch Stickstoff (N). Jedes Stickstoffmolekül (N_2) besteht aus zwei Atomen, deren Kerne positiv und deren Hüllen negativ geladen sind. Der Kern hat so viele positive Ladungen wie die Hülle negative. Deshalb sind die Moleküle *elektrisch neutral.* Trifft nun Strahlung auf ein solches Stickstoffmolekül, schlägt sie aus der Hülle Elektronen heraus (Abbildung rechts). Dadurch entstehen **frei bewegliche Elektronen** mit negativer Ladung und positiv geladene **Stickstoffionen,** die mit unversehrten N-Atomen weiterhin ein Stickstoffmolekül bilden. Die Elektronen können sich auch an neutrale Stickstoffatome anlagern. Dadurch entstehen negativ geladene Ionen. Auch andere, in der Luft vorkommende Gasmoleküle können auf diese Weise durch Strahlung ionisiert werden.

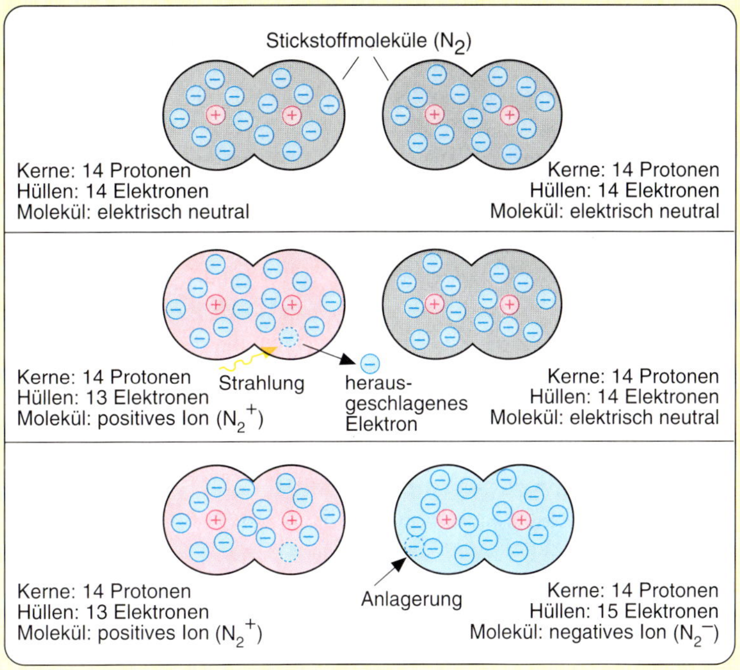

Der Geigerzähler

Ein Geigerzähler besteht aus einem **Zählrohr** mit Fenster und einer Messeinrichtung. Das Zählrohr hat einen Metallmantel, in dem sich eine Gasfüllung unter geringem Druck befindet (Abbildung unten). Das Rohr ist vorne durch ein hauchdünnes Glimmerfenster und hinten mit einer Isolierschicht luftdicht verschlossen. Durch die Isolierschicht ist ein Draht in die Mitte des Rohres geführt. Zwischen Draht und Gehäuse liegen etwa 500 V Spannung.

Gelangt nun Strahlung durch das Glimmerfenster in das Rohr, macht sie Elektronen frei, indem sie diese aus den Gasmolekülen herausschlägt. Die Elektronen werden vom positiv geladenen Draht angezogen und deshalb auf ihn zu beschleunigt. Auf ihrem Weg durch das Gas erzeugen sie durch *Stoßionisation* weitere Elektronen. Diese ionisieren weitere Moleküle, sodass eine **Elektronenlawine** entsteht. Sie erzeugt einen Stromstoß im äußeren Teil des Stromkreises. Während im stromlosen Zustand die gesamte Spannung von 500 V zwischen Draht und Zählrohrwand liegt, tritt jetzt am Widerstand ein Spannungsabfall auf. Die Spannung zwischen Draht und Wand sinkt, die Entladung erlischt.

Die Stromstöße werden elektronisch verstärkt und stellen ein Zählwerk weiter oder bewirken Knackgeräusche im Lautsprecher. Dadurch wird die Strahlung nachgewiesen. Wenn viel Strahlung einfällt, folgen die Stromstöße rasch aufeinander. Aus der Anzahl der Knacke in einer bestimmten Zeit, z. B. in einer Minute oder Sekunde, kann man schließen, wie viel Strahlung am Ort des Zählrohres vorhanden ist.

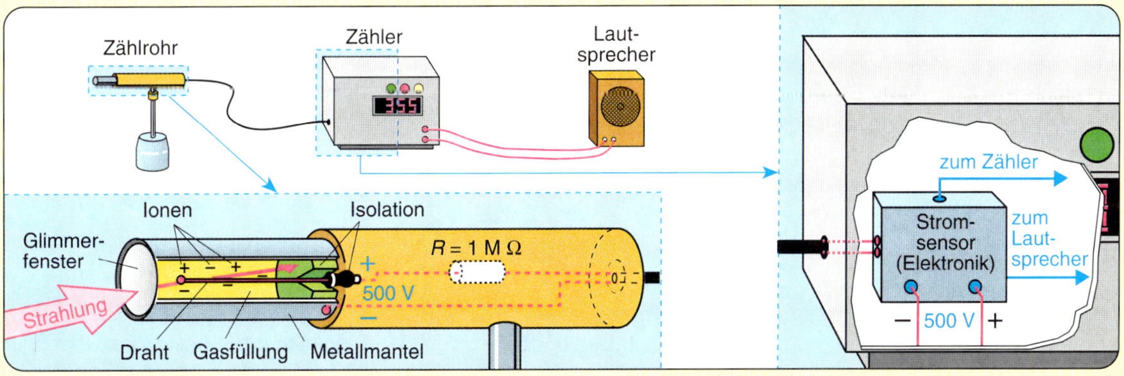

Die Messung der Zählrate

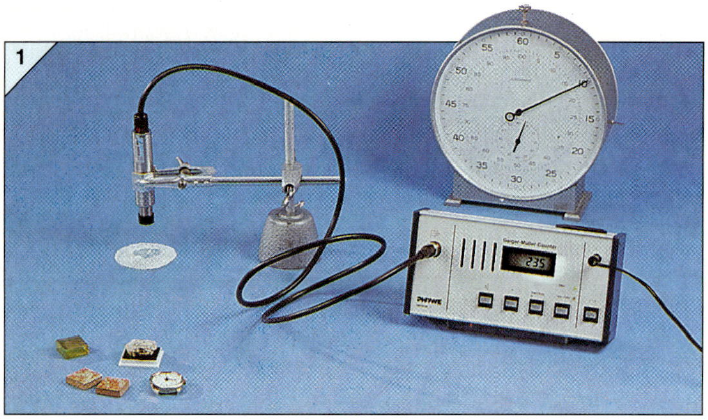

Wenn man die von verschiedenen Strahlern ins Zählrohr gelangende Strahlung miteinander vergleichen will, ist es sinnvoll, nicht nur auf das *Zähltempo* zu achten, sondern das Zählwerk eine bestimmte **Zeit** lang, z. B. eine Minute, zählen zu lassen und es dann zu stoppen. Jetzt zeigt das Zählwerk an, wie viele Impulse in 1 Minute (min) ausgelöst wurden. Die folgende Tabelle zeigt entsprechende Werte einer Messung.

Strahler	Strahlerstift	Glühstrumpf	Fliese	Uranglas	Uranerz	Leuchtziffer
Zeit	1 min	1 min	1 min	1 min	1 min	1 min
Impulse	125 210	494	355	194	101	37

Man sieht sofort, dass vom Radiumstrahlerstift mit 125 210 Impulsen in jeder Minute viel mehr Strahlung ins Zählrohr gelangt als vom Glühstrumpf mit 494 Impulsen je Minute.
Die Anzahl der Impulse, die von einem Strahler in einem Zählrohr pro Minute erzeugt wird, nennt man **Zählrate.** Sie beträgt z. B. für die Fliese mit Uranglasur 101 Impulse pro Minute oder 101 $\frac{\text{Imp}}{\text{min}}$.

In V3 wird bei allen Messungen derselbe Strahler benutzt, nur der Abstand des Zählrohres vom Strahler wird schrittweise vergrößert. Für eine Fliese mit Uranglasur ergeben sich folgende Zählraten:

Abstand	2 cm	4 cm	6 cm	8 cm	10 cm
Zählrate	355 $\frac{\text{Imp}}{\text{min}}$	154 $\frac{\text{Imp}}{\text{min}}$	83 $\frac{\text{Imp}}{\text{min}}$	59 $\frac{\text{Imp}}{\text{min}}$	42 $\frac{\text{Imp}}{\text{min}}$

Die Messergebnisse zeigen, dass die Zählraten mit zunehmendem Abstand immer kleiner werden, obwohl der Strahler sicher ständig gleich viel Strahlung aussendet. Das beweist: Die Zählrate ist vom Ort der Messung abhängig. Sie ist dann besonders groß, wenn der Strahler nahe am Zählrohr steht. Sie wird kleiner, wenn er weiter entfernt steht, weil dann ein Teil der Strahlung am Zählrohrfenster vorbeigeht (Abb. 2). Nur der Anteil, der vom Zählrohr aufgefangen wird, löst dort auch Impulse aus.

Die mit dem Geigerzähler gemessene Anzahl der Impulse pro Zeit nennt man Zählrate. Sie gibt an, wie viel Strahlung in das Zählrohr trifft.

V1 Stelle die einzelnen Strahler aus Abb. 1 nacheinander so dicht wie möglich vor das Zählrohrfenster. Stoppe das Zählgerät nach jeweils 1 Minute. Trage die Anzahl der in 1 Minute gemessenen Impulse in eine Tabelle ein. Vergleiche.

A2 Wie groß würde wohl die Anzahl der Impulse in 2, 3, 4 und 5 Minuten werden? Überprüfe deine Meinung durch Messungen.

V3 Ändere den Abstand eines der Strahler aus Abb. 1 vom Zählrohrfenster in 2 cm-Schritten bis auf 10 cm. Stoppe das Zählgerät nach jeweils 1 Minute. Trage deine Messwerte in eine Tabelle ein.
Wie verändern sich die Messwerte durch den größeren Abstand?

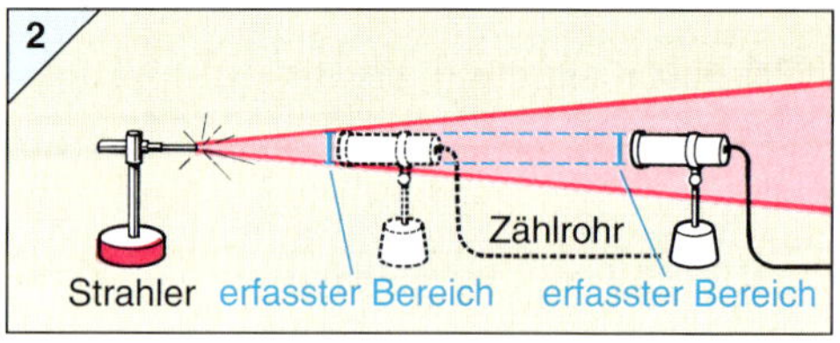

A4 Erkläre mithilfe von Abb. 2 die unterschiedlichen Messwerte von V3.

Umgang mit Messwerten

Führen wir mit einem Zählrohr mehrere Messungen durch, zeigt das Zählwerk bei jeder Messung eine andere Anzahl von Impulsen an, obwohl Strahler, Abstand und Zeit gleich geblieben sind. Die Tabelle unten zeigt eine solche Messreihe:

Zeit	1 min	1 min	1 min	1 min	5 min
Zählrate	12 $\frac{\text{Imp}}{\text{min}}$	15 $\frac{\text{Imp}}{\text{min}}$	16 $\frac{\text{Imp}}{\text{min}}$	13 $\frac{\text{Imp}}{\text{min}}$	78 $\frac{\text{Imp}}{5\,\text{min}}$

Offensichtlich schwankt die Zählrate erheblich, nämlich zwischen 12 $\frac{\text{Imp}}{\text{min}}$ und 16 $\frac{\text{Imp}}{\text{min}}$. Diese Schwankungen wirken sich sehr nachteilig aus, wenn wenig Strahlung ins Zählrohr fällt.

Die Schwankungen werden ausgeglichen, indem wir die Anzahl der Impulse über einen möglichst langen Zeitraum ohne Unterbrechung registrieren (letzte Spalte) und dann durch die Gesamtzeit dividieren.

Beispiel: Anzahl der Impulse: 78
Zeitdauer der Messung: 5 Minuten
Mittelwert der Zählrate: $\frac{78\,\text{Imp}}{5\,\text{min}} = 15{,}6\ \frac{\text{Imp}}{\text{min}}$

Der Ausgleich der Abweichungen ist umso besser, je länger wir messen.

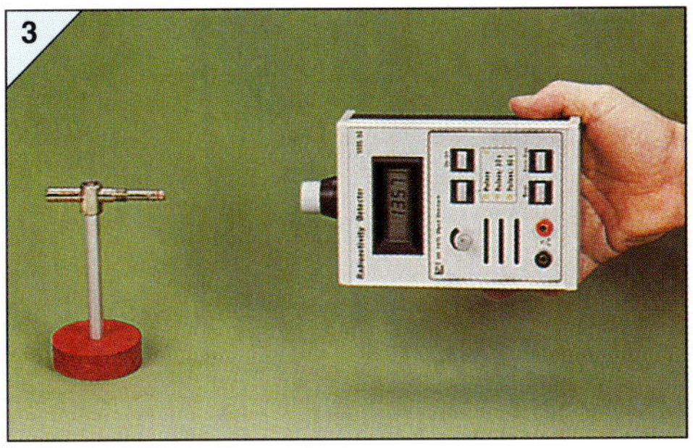
3

V5 Stelle den Radiumstrahler in 10 cm Entfernung vor dem Fenster des Zählrohres auf. Starte das elektronische Zählwerk. Beobachte!

V6 Entferne den Strahler. Stelle das Zählwerk auf null und starte es erneut. Warte 1 min und stoppe es. Was kannst du jetzt beobachten?

V7 Bestimme die Zählrate (ohne Strahler in der Nähe!) an verschiedenen Stellen im Freien und im Schulgebäude. Miss dazu jeweils die Zahl der Impulse innerhalb von 5 min.
Trage die Werte in eine Tabelle ein und berechne die Zählrate pro Minute.

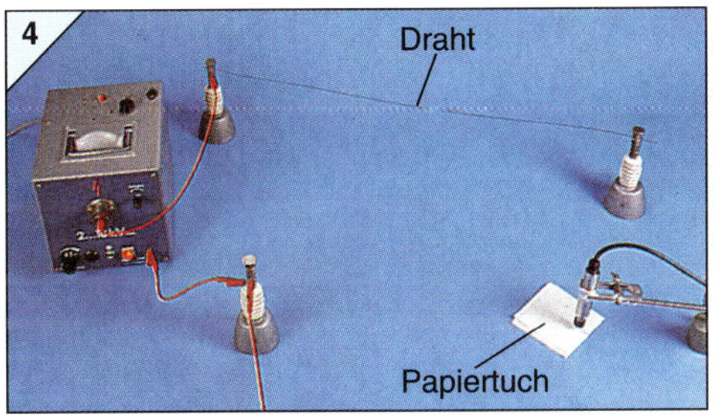

4

V8 Lehrerversuch: Man spannt einen ca. 5 m langen, blanken Draht an Isolierstielen auf und legt eine Hochspannung von einigen 1 000 V zwischen Draht und Erde (Draht negativ).
Nach 30 min schaltet man die Hochspannung ab und streift den Staub mit einem sauberen Papiertuch vom Draht ab.
Miss zunächst die Nullrate. Bringe dann das Tuch mit dem Staub dicht vor das Zählrohrfenster und miss die Zählrate.
Vergleiche Zählrate und Nullrate.

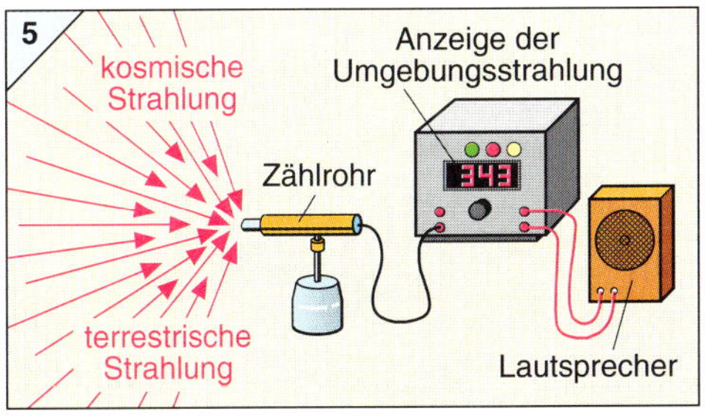

5

Die Nullrate

Bisher haben wir den Geigerzähler benutzt, um Strahlung nachzuweisen und Zählraten zu messen. Erstaunlich ist, dass der Zähler auch Impulse registriert, ohne dass ein Strahler in der Nähe ist. V6 und V7 zeigen, dass im Freien oder im Schulgebäude um die 15 $\frac{\text{Imp}}{\text{min}}$ gezählt werden. Diesen Messwert bezeichnet man als **Nullrate** des Zählers. Was könnte die Ursache für sie sein?

Einen Hinweis bringt V8. Der Staub, der sich auf dem Draht angesammelt hat, ist radioaktiv. In der Luft müssen sich also radioaktive Stoffe befinden. Genaue Untersuchungen haben ergeben, dass auch der Erdboden, Gesteine, Baustoffe und sogar der menschliche Körper winzige Spuren radioaktiver Stoffe enthalten. Die von diesen ausgehende Strahlung nennt man **terrestrische Strahlung** (von lat. terra = Erde). Obwohl sie sehr schwach ist, gelangt ein Teil davon ins Zählrohr und löst dort Impulse aus. Außerdem hat man festgestellt, dass die Erde ständig von Strahlung aus dem Weltraum, der so genannten **kosmischen Strahlung,** getroffen wird. Sie gelangt bis zu uns auf den Erdboden und auch in das Zählrohr.
Terrestrische und kosmische Strahlung zusammen ergeben die **Umgebungsstrahlung** (Bild 5). Sie ist die Ursache für die **Nullrate.**

Die Zählrate, die ein Geigerzähler misst, ohne dass ein radioaktiver Strahler in der Nähe ist, nennt man Nullrate.

Der Wert für die Nullrate ist abhängig vom Ort der Messung. Je mehr radioaktive Stoffe sich in der Umgebung des Zählrohres befinden, desto größer ist sie natürlich.
Ob die Nullrate groß oder klein ist, hängt aber vor allem von der Empfindlichkeit und der Größe des Zählrohres ab, das bei der Messung benutzt wird. Unterschiedliche Geräte zeigen am gleichen Messort auch unterschiedliche Werte an!

Messen der Zählrate – aber richtig!

Beim Messen mit dem Geigerzähler muss man einige Regeln beachten:

- Vor der Messung der Zählrate alle radioaktiv strahlenden Dinge aus der Umgebung des Geigerzählers entfernen.
- Den Gegenstand, dessen Zählrate man bestimmen will, möglichst nah an das Fenster des Zählrohres bringen.
- Die Anzahl der Impulse über einen möglichst langen Zeitraum messen und dann durch die Gesamtzeit dividieren.
- Die Zählrate enthält immer auch die Nullrate. Will man ermitteln, wie viele Impulse die Strahlung eines Gegenstandes allein in einer Minute auslöst, muss man vor der Messung die Nullrate bestimmen und danach von der Zählrate abziehen.
- Strahler in gleichem Abstand vor das Zählrohrfenster stellen, wenn man vergleichen will, wie viel Strahlung unterschiedliche Stoffe aussenden.

Drei Arten von Strahlung

Wir wollen nun genau prüfen, wie sich die Zählrate ändert, wenn man den Abstand zwischen Strahler und Zählrohrfenster vergrößert und wenn man Hindernisse dazwischenbringt. Als Hindernisse benutzen wir Postkarten und Bleiplättchen.

Die Alphastrahlung

In Tab. 7 findest du Messergebnisse aus einem *Abstandsversuch:* Du erkennst, dass die Zählrate am Anfang der Messreihe mit zunehmender Entfernung sehr rasch kleiner wird. Ab einer Entfernung von ca. 4 cm ändern sich die Werte langsamer.
Das legt die Vermutung nahe, dass die vom Strahler ausgehende Strahlung nicht einheitlich ist, sondern dass es unterschiedliche **Strahlungsarten** gibt, die verschieden große Reichweiten haben. Den Anteil an der Gesamtstrahlung, der in Luft etwa 4 cm weit reicht, nennt man **α-Strahlung** (α: griech. Buchstabe Alpha).

Ein *Durchdringungsversuch* (Tab. 8) zeigt, dass die Zählrate erheblich kleiner wird, wenn man eine Postkarte zwischen Strahler und Zählrohr stellt. Die Kurve auf der Abb. 9 fällt steil ab. Danach wird die Zählrate nur noch langsam kleiner, obwohl immer mehr Postkarten zwischen Strahler und Zählrohr gestellt werden.
Der um $\frac{1}{3}$ kleinere Wert der Zählrate, wenn eine Postkarte im Weg steht, im Vergleich zum unbehinderten Einfall der Strahlung ist nur so zu erklären, dass bereits eine dünne Pappschicht einen ganz erheblichen Teil der Gesamtstrahlung nicht mehr durchlässt, also absorbiert. Dieser Anteil ist die α-Strahlung.

Beta- und Gammastrahlung

Das Diagramm in Abb. 9 zeigt weiter, dass mit jeder zusätzlichen Postkarte die Zählrate geringer wird. Wenn etwa 25 Postkarten der Strahlung im Wege stehen, ändert sie sich kaum noch. Ein Bleiplättchen von nur 1 mm Dicke aber verringert sie noch einmal deutlich. Daraus kann man schließen, dass Postkarten bzw. Blei einen zweiten Anteil aus der Gesamtstrahlung absorbieren, den man **β-Strahlung** nennt (β: griech. Buchstabe Beta). Ihre Durchdringungsfähigkeit und Reichweite ist größer als die der α-Strahlung.

Der Strahlungsanteil, der sogar eine Bleischicht durchdringen kann, heißt **γ-Strahlung** (γ: griech. Buchstabe Gamma).

α-Strahlung wird schon von einer dünnen Schicht Papier absorbiert; β-Strahlung erst von dicken Papierschichten oder von Blei; γ-Strahlung durchdringt sogar dicke Bleischichten.

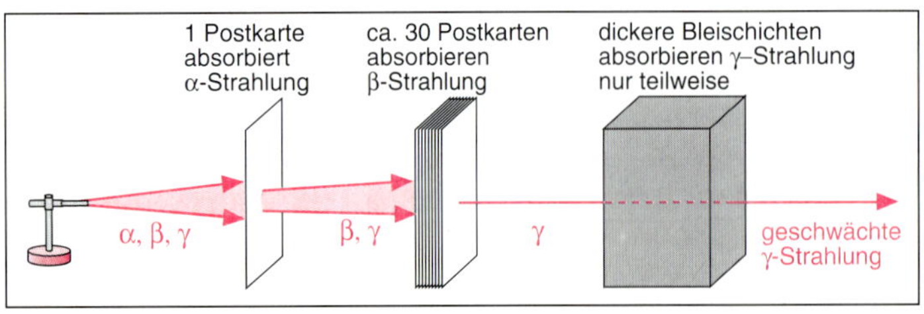

6

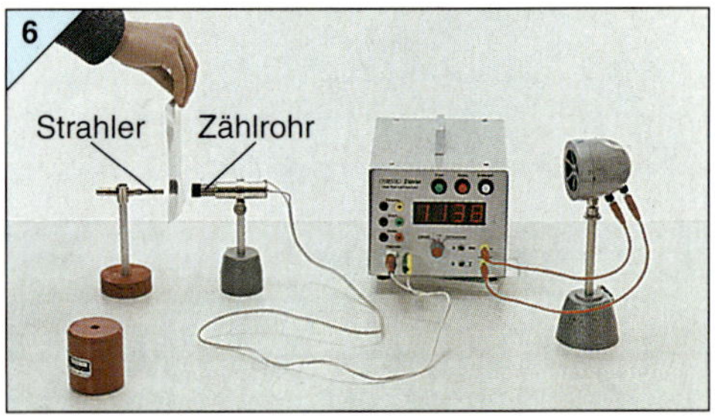

V9 Lehrerversuch: Man stellt den Radiumstrahler 2 cm vor dem Zählrohr auf und vergrößert den Abstand des Strahlers in 0,5 cm-Schritten bis auf 10 cm, wobei man jeweils die Zählrate in $\frac{\text{Imp}}{10\text{s}}$ misst. Fertige eine Tabelle an. Was fällt dir auf?

7

Abstand	$\frac{\text{Imp}}{10\text{s}}$
2 cm	19 677
3 cm	10 762
4 cm	5 737
4,5 cm	4 666
5 cm	3 847
6 cm	2 663
7 cm	1 949
8 cm	1 484
9 cm	1 154
10 cm	923

V10 Lehrerversuch: Man stellt zwischen Zählrohr und Strahler einen Abstand von 3 cm ein und bringt nacheinander 28 Postkarten und dann Bleiplatten zwischen Strahler und Zählrohr. Man misst jeweils die Zählraten in $\frac{\text{Imp}}{10\text{s}}$.
Fertige eine Tabelle an und trage die Messwerte ein.

8

Hindernis	$\frac{\text{Imp}}{10\text{s}}$
0 PK	12 300
1 PK	8 078
2 PK	6 481
5 PK	3 555
10 PK	1 795
15 PK	1 155
20 PK	778
25 PK	551
28 PK	472
Blei 1 mm	114
2 mm	99
3 mm	85
7 mm	77
17 mm	36

A11 Erstelle aus den Tabellenwerten ein Abstand-Zählraten- bzw. ein Hindernis-Zählraten-Diagramm. Werte es aus.

9

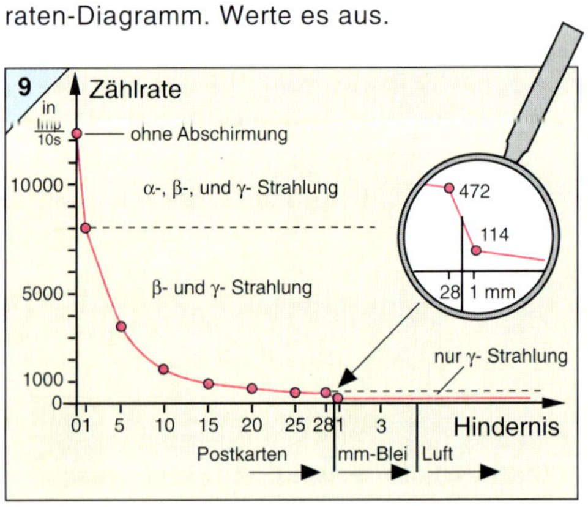

A12 An welchen Stellen macht die Kurve Sprünge? Was schließt du daraus?

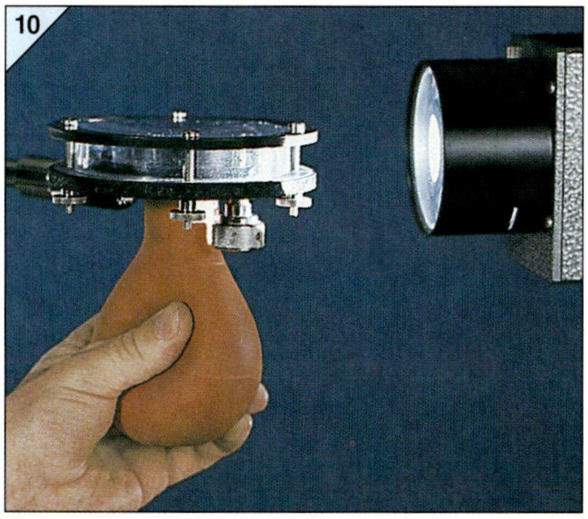

V13 Baue die Nebelkammer auf und beleuchte sie von der Seite. Setze den Radiumstrahlerstift ein, reibe die Glasplatte mit einem Wolllappen, presse den Gummiball fest zusammen und warte einige Sekunden. Lass den Gummiball schlagartig los und beobachte die Kammer von oben. Beschreibe.

V14 Schirme die Strahlung teilweise mit einem Stück Papier ab. Was beobachtest du?

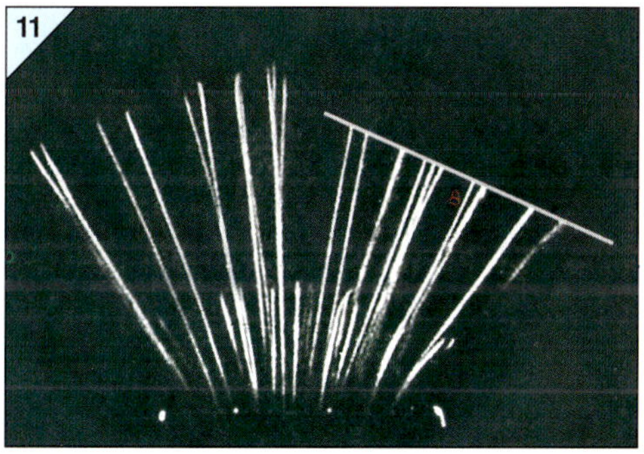

A15 Beschreibe den Verlauf der Nebelspuren mit und ohne Hindernis. Zeichne und erkläre.

Die Nebelkammer

α-Strahlung kann man auf einfache Weise mit einer so genannten **Nebelkammer** nachweisen. In Abb. 10 ist sie fertig aufgebaut. Sie besteht aus einem luftdicht abgeschlossenen, durchsichtigen Gehäuse aus Plexiglas, an dessen Boden sich eine mit Wasser angefeuchtete Schaumgummischicht befindet. Dadurch ist die Luft in der Kammer mit Wasserdampf gesättigt. In das Gehäuse ist ein Radiumstrahlerstift eingeschraubt, vor den man ein Papierstückchen klappen kann. Die Kammer wird mithilfe einer Lampe von der Seite beleuchtet. Unter der Kammer befindet sich ein Gummiball. Wird der Gummiball langsam zusammengepresst und dann ruckartig losgelassen, dehnt sich die Luft rasch aus. Dabei bilden sich für kurze Zeit **Nebelspuren,** die vom Radiumstrahler ausgehen und auseinander strebend ca. 4 cm in die Kammer hineinreichen. Sie bestehen aus feinsten Wassertröpfchen und bilden sich, weil Strahlung auf ihrem Weg vom Strahler in die Kammer Luftmoleküle ionisiert hat. Überall dort, wo Ionen entstanden sind, kondensiert der überschüssige Wasserdampf, sodass winzig kleine Wassertröpfchen entstehen, aus denen sich die Nebelspuren bilden. Bringt man ein Stückchen Papier vor den Strahler, gibt es keine Nebelspuren mehr (Bild 11 rechts).

Aus den Nebelspuren lassen sich weitere Einzelheiten über die vom Strahlerstift ausgehende Strahlung erschließen:

1. Kondensstreifen am Himmel verraten die Bahnen hoch fliegender Flugzeuge. Die Nebelspuren in der Kammer legen die Vermutung nahe, dass es sich jeweils um die Bahn eines einzelnen atomaren Teilchens handelt, das vom Strahler wegfliegt. Es sind alles **α-Teilchen**. Alle vom Strahler wegfliegenden α-Teilchen bilden zusammen dessen **α-Strahlung.**
2. Die Bahn der α-Teilchen ist nicht unendlich lang, sondern endet nach etwa 4 cm. Offensichtlich bleibt die α-Strahlung in Luft stecken.
3. Die Tatsache, dass die Nebelspuren beim Loslassen des Gummiballes in ihrer ganzen Länge sofort und vollständig da sind, weist darauf hin, dass α-Teilchen sehr schnell fliegen (ca. 10 000 $\frac{km}{s}$).

AUFGABEN UND ZUSAMMENFASSUNG

1. Beschreibe, wie man die Zählrate bestimmen kann. Was kann man aus ihr schließen?

2. Was muss man bei Messungen der Zählrate alles beachten?

3. Welche Ursachen für die Nullrate kennst du?

4. Nenne die drei Strahlungsarten, die ein radioaktiver Stoff aussenden kann. Wie kann man sie nachweisen? Vergleiche Durchdringungsfähigkeit und Reichweite.

5. Worauf muss man achten, damit die Messungen der Zählrate mit einem Geigerzähler genau werden?

6. Beschreibe an einem Beispiel, wie man eine Zählrate bestimmt. Warum sollte man bei dieser Bestimmung immer mit großen Impulszahlen arbeiten?

7. Welche Einzelheiten über α-Strahlung kann man aus Nebelkammerspuren entnehmen?

α-, β- und γ-Strahlung

Die Zählrate ist ein Maß dafür, wie viel Strahlung ins Zählrohr gelangt. Man misst sie in $\frac{Imp}{min}$ oder in $\frac{Imp}{10s}$.

Man unterscheidet α-, β- und γ-Strahlung. Reichweite und Durchdringungsfähigkeit von α-Strahlung ist im Vergleich zu β- und γ-Strahlung sehr gering.

Woraus besteht Strahlung?

Du weißt, dass radioaktive Stoffe α-, β- und γ-Strahlung aussenden können. Wir wollen jetzt herausfinden, was eigentlich aus einem Strahler herauskommt und was sich von ihm aus in die Luft um den Strahler herum ausbreitet.

Ablenkung der β-Strahlung

Das Zählrohr steht in Bild 1 ca. 12 cm vor dem Radiumstrahler. Die α-Strahlung reicht in Luft nur 4 cm weit. Deshalb gelangen nur noch β- und γ-Strahlung durch die Bohrung in der Bleiplatte bis ins Zählrohr. Sie bewirken eine Zählrate von 135 $\frac{\text{Imp}}{10\text{s}}$.
Stellt man einen kräftigen Hufeisenmagneten zwischen Strahler und Zählrohr, wird die Zählrate erheblich kleiner. Sie beträgt nur noch ca. 37 $\frac{\text{Imp}}{10\text{s}}$. Verschiebt man das Zählrohr nun seitlich in beide Richtungen, wird die Zählrate auf der rechten Seite größer. Bei etwa 1,5 cm seitlich erreicht sie einen Höchstwert von 100 $\frac{\text{Imp}}{10\text{s}}$. Wie kommen diese erstaunlichen Messwerte zustande?

Aufschluss gibt uns ein Versuch entsprechend Bild 2. Der Querstab der Schaukel befindet sich im Feld eines Magneten. Startet man darin einen Elektronenstrom von vorn nach hinten, so bewegt sich der Stab nach links. Offensichtlich erfahren Elektronen im Magnetfeld eine Kraft, die sie senkrecht zu ihrer Bewegung und zum Magnetfeld schiebt, wobei sie den Stab mitnehmen.

Da ein Teil der Strahlung in V1 und V2 von einem Magneten entsprechend Bild 3 in gleicher Richtung weggeschoben wird wie die Elektronen in der Schaukel, könnte dieser Teil der Strahlung aus Elektronen bestehen. Physiker haben herausgefunden, dass dies zutrifft, und dass die Elektronen im Strahl fast mit Lichtgeschwindigkeit aus der strahlenden Substanz herausschießen. Wenn sie durch das Blendenloch ins Feld des Magneten gelangen, werden sie aus der Richtung gebracht, also abgelenkt. Diesen abgelenkten Strahlungsanteil nennt man **β-Strahlung,** die Elektronen darin sinngemäß **β-Teilchen.**

β-Strahlung besteht aus schnell fliegenden Elektronen.

Was weiß man über α- und γ-Strahlung?

Nachzuweisen, woraus α-Strahlung besteht, ist sehr schwierig. Versuche mit starken Magneten, die man in der Schule nicht zur Verfügung hat, zeigen aber, dass α-Strahlung in die entgegengesetzte Richtung abgelenkt wird wie β-Strahlung. Deshalb muss **α-Strahlung** aus positiv geladenen Teilchen bestehen. Es sind Heliumkerne ($^4_2$He), welche aus 2 Protonen und 2 Neutronen bestehen. Man nennt sie **α-Teilchen.**
Ein Teil der Strahlung wird in Bild 1 nicht vom Magneten abgelenkt. Daraus kann man schließen, dass dieser Anteil keine Ladung trägt. Es ist die **γ-Strahlung.**

Abb. 3 zeigt die Aufspaltung der vom Radium ausgehenden Strahlung in die drei Strahlungsarten.

1
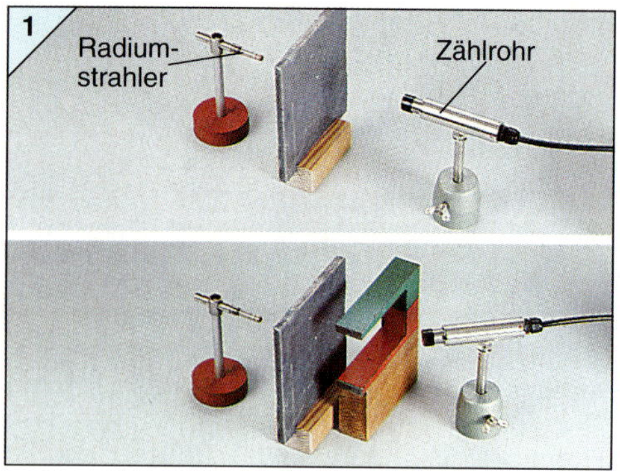

V1 Stelle den Radiumstrahlerstift vor eine ca. 1 cm dicke Bleiplatte mit einer 3 mm-Bohrung und davor das Zählrohr. Miss jeweils die Zählrate in $\frac{\text{Imp}}{\text{min}}$ mit und ohne Magnet. Vergleiche.

V2 Stelle den Hufeisenmagneten zwischen Strahler und Zählrohr und verschiebe das Zählrohr 5 cm weit seitlich in 0,5 cm-Schritten nach rechts und links. Suche die Stelle, wo die Zählrate am größten ist.

A3 Was schließt du daraus, dass das Zählrohr in V2 unterschiedliche Zählraten anzeigt?

V4 Drehe den Magneten in V2 um. Was beobachtest du?

V5 Baue den Versuch mit der Leiterschaukel nach Abb. 2 auf. Schließe und öffne den Stromkreis. Was geschieht, wenn du den Magneten umdrehst? Was folgerst du aus deinen Beobachtungen?

2
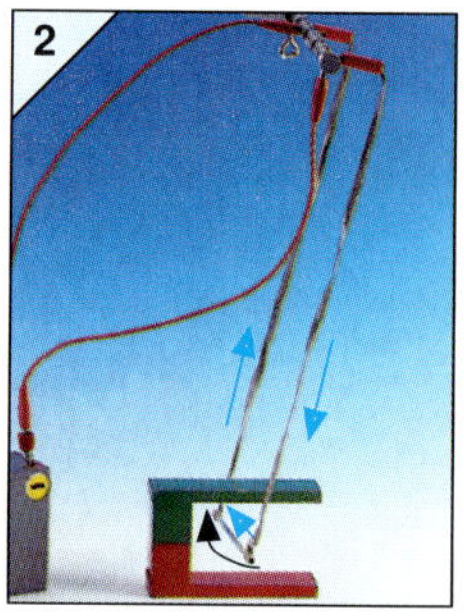

3
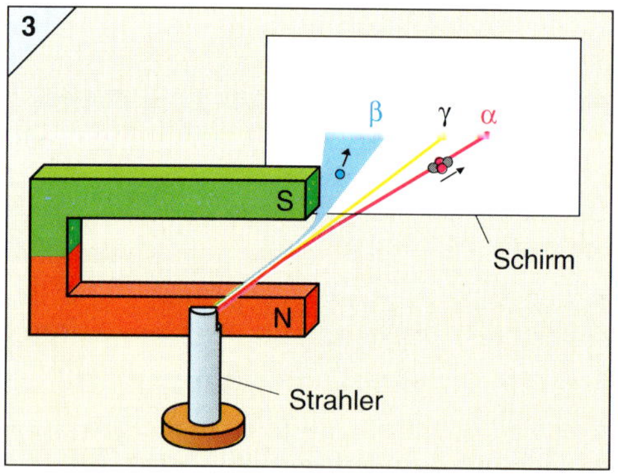

A6 Was kannst du daraus schließen, dass β-Strahlung stärker und entgegengesetzt zur α-Strahlung abgelenkt wird? Warum wird γ-Strahlung nicht abgelenkt?

Strahlung kommt aus dem Atomkern

Die Frage ist nun, woher die aus den radioaktiven Stoffen herausschießenden Elektronen, die Heliumkerne und die γ-Strahlung kommen und was im Strahler selbst geschieht, wenn er Strahlung aussendet.

α-Strahlung
Ein Stück Radium226 besteht aus vielen Radiumatomen. Die Kerne dieser Atome schleudern ein „Paket" aus 2 Protonen und 2 Neutronen mit einer Geschwindigkeit von ca. 10 000 $\frac{km}{s}$ aus sich heraus, ein **α-Teilchen.** Dabei verliert der Radiumkern 2 positive Ladungen; folglich verringert sich seine Nukleonenzahl um 4. Man schreibt kurz:

$^{226}_{88}Ra \rightarrow ^{222}_{86}Rn + ^{4}_{2}He$

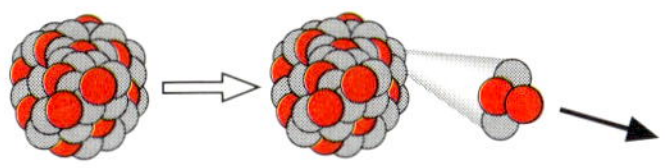

Durch das Aussenden eines α-Teilchens wandelt sich ein Radium226-Kern in einen Radon222-Kern um. α-Strahlung ist also immer das Ergebnis einer **Kernumwandlung.** Der Radon222-Kern (Rn222) hat 222 Nukleonen: 86 Protonen und 136 Neutronen. Rn222 bezeichnet man als *Folgeprodukt* des Radiums.

β-Strahlung
Ein $^{137}_{55}$Caesiumkern sendet ein Elektron aus und wandelt sich dabei in einen $^{137}_{56}$Bariumkern um.

$^{137}_{55}Cs \rightarrow ^{137}_{56}Ba + ^{0}_{-1}e$

Bei dieser Kernumwandlung bleibt die Gesamtzahl der Nukleonen gleich. Sie beträgt für beide Kerne 137. Der Bariumkern hat aber 1 Proton mehr. Das lässt sich so erklären: Ein Neutron im Cs-Kern wandelt sich in ein Proton und ein Elektron um. Das Proton bleibt anstelle des Neutrons im Kern. Das Elektron aber wird mit großer Geschwindigkeit aus dem Kern hinausgeschleudert.
Damit die Nukleonen- und Protonenzahlen-Bilanzen weiterhin stimmen, ordnet man dem Elektron die Nukleonenzahl 0 (es ist ja kein Kernteilchen) und die Protonenzahl –1 (wegen seiner negativen Ladung) zu.

γ-Strahlung
α- und β-Strahlung sind **Teilchenstrahlungen.** Weil die neu entstandenen Kerne oft noch überschüssige Energie haben, geben sie diese als γ-Strahlung ab, ohne dass sich dabei weitere Kernumwandlungen ereignen. γ-Strahlung ist eine *Photonenstrahlung* wie Licht, trägt aber viel mehr Energie und ist – wie Licht – unsichtbar.

α-Teilchen sind Heliumkerne

Schon bald nach der Entdeckung radioaktiver Stoffe am Ende des vergangenen Jahrhunderts wollte man herausfinden, was bei Kernumwandlungen tatsächlich geschieht und welche Teilchen dabei aus den Kernen herausfliegen. Relativ einfach ging das mit der β-Strahlung, denn die Elektronen ließen sich mit damaligen Mitteln schon leicht identifizieren. Aber auch die α-Teilchen wurden dingfest gemacht:

ERNEST RUTHERFORD (1871–1937) und T. D. ROYDS setzten 1908 einen starken α-Strahler (Radium) in eine luftleer gepumpte Glasröhre. Die vom Strahler ausgesandten α-Teilchen sammelten sich darin. Nach einiger Zeit konnten sie nachweisen, dass sich Spuren von Helium im Rohr befanden. Daraus folgerten sie, dass α-Teilchen nichts anderes sind als zweifach positiv geladene Heliumkerne ($^{4}_{2}$He).

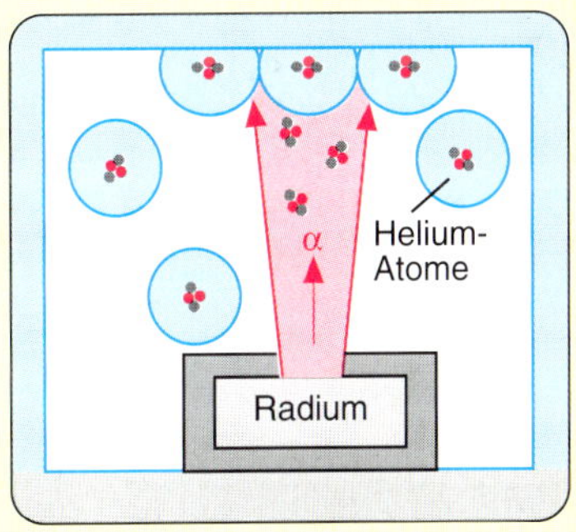

AUFGABEN UND ZUSAMMENFASSUNG

1. Beschreibe, wie man nachweisen kann, dass β-Strahlung aus Elektronen besteht.

2. Könnte man V1 auch ohne die Bleiplatte durchführen? Begründe.

3. Welche Arten von Strahlung können aus radioaktiven Stoffen herauskommen? Woraus bestehen sie jeweils? Beschreibe, wie sie entstehen.

4. Weise am Beispiel der α-Strahlung eines Ra-Kerns nach, dass sich die Anzahl der an der Kernumwandlung beteiligten Nukleonen nicht ändert.

5. Warum kann ein Cs137-Kern Elektronen aussenden, obwohl Kerne doch gar keine Elektronen enthalten?

6. Warum verändert sich ein Kern beim Aussenden von γ-Strahlung nicht?

Strahlung aus dem Atomkern

Kerne, die Strahlung aussenden, wandeln sich in andere Kerne um. Dabei senden sie Elektronen (β-Strahlung) oder Heliumkerne (α-Strahlung) aus.

Kernumwandlungen werden oft von energiereicher γ-Strahlung begleitet.

1

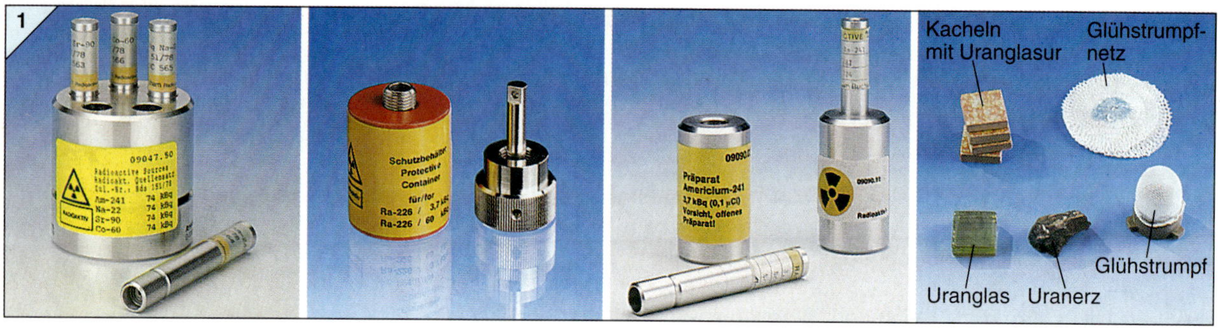

Abb. 1 zeigt einige Strahler. Sie enthalten radioaktive Nuklide des Americiums (Am241), des Natriums (Na22), des Strontiums (Sr90), des Cobalts (Co60), des Radiums (Ra226) und des Urans (U238). Jedes Strahlergehäuse ist mit einem Aufdruck gekennzeichnet, z. B. 555 Bq (Becquerel, sprich: Beckerel) oder 74 kBq (Kilobecquerel). Was bedeuten die Angaben auf dem Etikett der Strahler?

Der Radiumstrahlerstift in Abb. 1 enthält etwa 1 millionstel Gramm Radium226. Das sind Trillionen (Zahl mit 18 Nullen) von $^{226}_{86}$Ra-Kernen. Davon wandeln sich in jeder Sekunde etwa 40 000 um und senden α-Teilchen aus.

Abb. 2 zeigt, dass ein Zählrohr immer nur einen Teil der vom Strahler insgesamt weggehenden Strahlung nachweist: Nahe am Strahler ist die Zählrate groß; aber bei größerem Abstand bewirkt der gleiche Strahler eine kleinere Zählrate. Daraus folgt, dass Zählratenangaben wenig über den Strahler aussagen. Man weiß nur, dass er strahlt, aber nichts darüber, was im Strahler selbst geschieht und wie viel Strahlung er tatsächlich aussendet.

Um den Strahler selbst genau zu charakterisieren, gibt man an, wie viele Kerne sich in ihm in jeder Sekunde umwandeln. Diese Zahl nennt man **Aktivität.** Ihre Einheit ist das **Becquerel (Bq).** Dabei gilt: Ein Strahler hat die Aktivität 1 Bq, wenn sich in ihm pro Sekunde ein Kern umwandelt. Größere Einheiten sind **1 kBq** = 1 000 Bq und **1 MBq** = 1 000 000 Bq. Bei z. B. 74 kBq wandeln sich 74 000 Kerne in jeder Sekunde um.

Der Wert der Aktivität gibt an, wie viele Kernumwandlungen sich in einem radioaktiven Stoff in 1 Sekunde ereignen. Die Aktivität wird in Becquerel (Bq) gemessen: $1\,\text{Bq} = 1\,\frac{\text{Zerfall}}{\text{Sekunde}}$.

Zählrate und Aktivität

V3 zeigt den Unterschied zwischen Zählrate und Aktivität. Obwohl die Aktivität der verwendeten Strahler nicht gleich ist, bewirken sie wegen ihres unterschiedlichen Abstandes vom Zählrohr die gleiche Zählrate. Die Aktivität kennzeichnet den Strahler. Das Zählrohr kann nicht messen, wie viele Kernumwandlungen insgesamt im Strahler stattfinden. Es zeigt lediglich die von einem Teil der Strahlung bewirkte Anzahl der Impulse am Messort an.

A1 Schau dir die Strahler in Abb. 1 genau an, lies die aufgedruckten Bq-Werte ab und vergleiche. Was bedeuten die Werte?

2

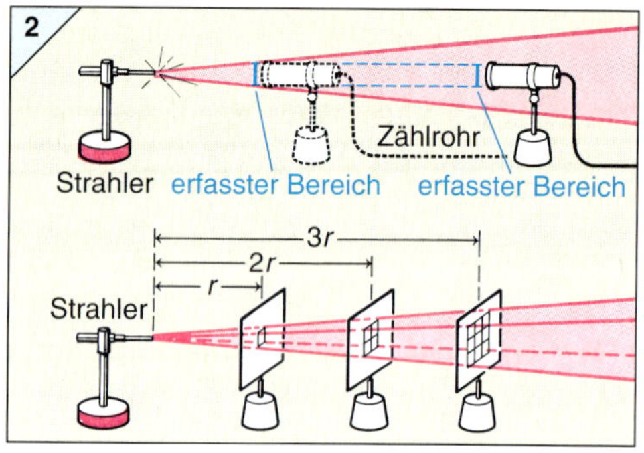

A2 In welchem Abstand registriert das Zählrohr noch $\frac{1}{4}$ bzw. $\frac{1}{9}$ der ausgesandten Gesamtstrahlung? Beantworte mit Hilfe von Abb. 2 und der Strahlensätze aus der Mathematik.

3

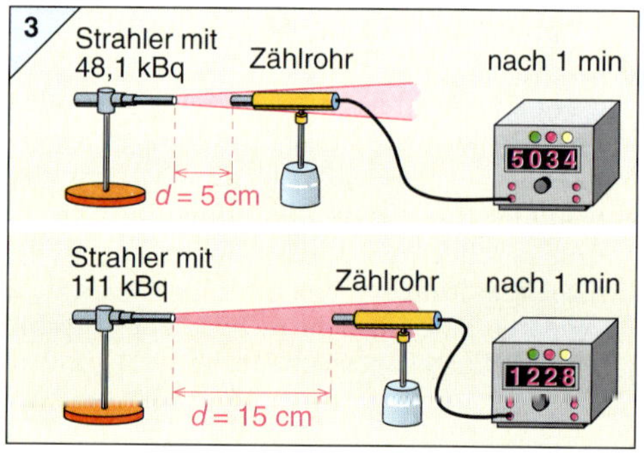

V3 a) Stelle zwei Strahler unterschiedlicher Aktivität (Aufdruck auf dem Gehäuse beachten!) so vor einem Zählrohr auf, dass die Zählrate gleich ist. Was schließt du aus deiner Beobachtung?
b) Verwende nun nur einen der beiden Strahler. Bestimme die Zählrate, wenn das Zählrohr unmittelbar vor dem Strahler steht. Miss die Zählraten in 5 cm, 10 cm, 15 cm und 20 cm Entfernung. Lege eine Tabelle an. Was fällt dir auf?
c) Was folgerst du aus den Ergebnissen von a) und b)?

4 Radionuklid	spezifische Aktivität
Radium226	$3{,}7 \cdot 10^{10}\ \frac{Bq}{g}$
Kohlenstoff14	$1{,}7 \cdot 10^{11}\ \frac{Bq}{g}$
Kalium40	$27{,}4 \cdot 10^{4}\ \frac{Bq}{g}$
Caesium137	$3{,}2 \cdot 10^{12}\ \frac{Bq}{g}$
Strontium90	$5{,}3 \cdot 10^{12}\ \frac{Bq}{g}$
Krypton85	$1{,}4 \cdot 10^{13}\ \frac{Bq}{g}$
Kobalt60	$4{,}1 \cdot 10^{13}\ \frac{Bq}{g}$
Natururan	$13{,}5 \cdot 10^{3}\ \frac{Bq}{g}$
Iod131	$4{,}6 \cdot 10^{15}\ \frac{Bq}{g}$
Radon222	$5{,}9 \cdot 10^{15}\ \frac{Bq}{g}$

A4 Was bedeuten die Zahlenangaben in der rechten Spalte?

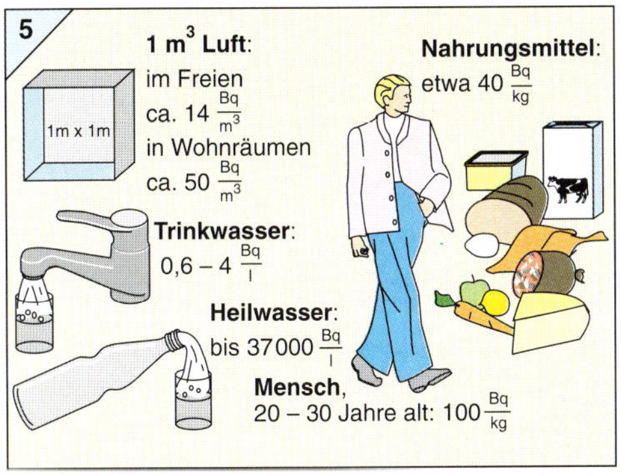

A5 Wie groß sind die spezifischen Aktivitäten jeweils? Vergleiche sie mit den Werten in Tab. 4.

Aktivität und Masse

Den Radiumstrahlerstift gibt es in zwei Versionen: einmal mit der Aktivität 3,7 kBq und einmal mit 60 kBq. Die Aktivität des zweiten ist etwa 16-mal so groß. Wie ist es zu erklären, dass in ein und demselben Stoff (Radium) so unterschiedlich viele Umwandlungen stattfinden?

Der Strahlerstift mit der kleineren Aktivität enthält ca. 0,1 millionstel Gramm radioaktives Radium, der andere aber etwas mehr als das Sechzehnfache, also ca. 1,6 millionstel Gramm. In ihm stehen viel mehr Kerne zur Verfügung, die sich umwandeln können. Deshalb ist auch seine Aktivität größer.

> Wenn die Masse desselben radioaktiven Stoffes in einem Strahler größer ist, ist auch die Aktivität des Strahlers größer.

Gibt man die Aktivität eines Strahlers pro Masse an, erhält man seine **spezifische Aktivität** in $\frac{Bq}{g}$. Sie ist von der Art des Strahlers abhängig. Tab. 4 zeigt die spezifische Aktivität für verschiedene Strahler.
Abb. 5 zeigt, dass man die spezifische Aktivität auch für Luft, Lebensmittel und den menschlichen Körper angeben kann. Diesen Wert braucht man, wenn man entscheiden will, ob ein Stoff gefährlich stark mit radioaktiven Nukliden belastet ist.

> Die Aktivität pro Masse (oder pro Volumen) nennt man spezifische Aktivität.

Wildpilze auf dem Prüfstand

Lebensmittel enthalten immer winzige Spuren radioaktiver Stoffe, z. B. Iod131 oder Caesium137. Ist der Gehalt wesentlich erhöht, bezeichnet man sie als *radioaktiv belastet* oder *verseucht.*

Wenn man genau wissen will, wie sehr z. B. Wildpilze oder Nüsse mit radioaktiven Stoffen belastet sind, muss man messen, wie viele Kernumwandlungen sich in einem kg pro Sekunde ereignen, d. h., man muss ihre spezifische Aktivität bestimmen. Ein Gerät, das dazu geeignet ist, heißt **Gamma-Spektrometer.** Es hat einen so genannten Detektor für γ Strahlung und kostet einige zehntausend Mark. Deshalb kann es sich natürlich nicht jeder in sein Wohnzimmer stellen.

Wenn man z. B. eine Probe Wildpilze mit dem Gerät prüfen will, muss man sie wiegen, zerkleinern und in einem ringförmigen Kunststoffbecher dicht an den Strahlungsdetektor legen. Nun wird ca. 2 bis 5 Stunden gemessen. Die Messwerte werden zu einem Computer geschickt und nach Eingabe der Masse der Probe mit Hilfe eines Programms ausgewertet.

Der Rechner gibt danach unter anderem die Gesamtaktivität und die spezifische Aktivität der Pilze aus. Diese kann bei frischen Wildpilzen bis zu einigen hundert $\frac{Bq}{kg}$ betragen.

Folgen des Tschernobyl-Reaktorunglücks

Wildpilze hoch belastet

Bonn: Einige Wildpilzarten wie Maronen und Sammelstoppelpilze weisen in Südbayern und dem Bayerischen Wald noch immer vergleichsweise hohe radioaktive Belastungswerte als Folge des Tschernobyl-Reaktorunglücks von 1986 auf. Darauf verwies jetzt das Bundesamt für Strahlenschutz. Dagegen sind in den landwirtschaftlichen Erzeugnissen wie Gemüse, Kartoffeln und Getreide nur noch geringe Mengen des in Tschernobyl in die Atmosphäre geschleuderten radioaktiven Caesiums nachweisbar. Ihre Aktivität beträgt nach Auskunft des Amtes in der Regel nur noch weniger als ein Becquerel pro Kilogramm. Kommerziell gezüchtete Pilze sind praktisch frei von technisch verursachter Radioaktivität. Hingegen wurden bei Maronen und Sammelstoppelpilzen in den bayerischen Gebieten einige tausend Becquerel pro kg gemessen. Bei Steinpilzen und Pfifferlingen liegen die Belastungswerte bei einigen hundert Becquerel pro kg.

Ist die Aktivität eines Stoffes immer gleich?

V6 zeigt, dass die Zählrate, die unser Radium-Strahler (unter immer gleichen Bedingungen) im Zählrohr bewirkt, sich im Laufe einer Woche nicht ändert. Wir schließen daraus, dass die Aktivität des Strahlers, also die Zahl der Kernumwandlungen je Sekunde, gleich bleibt – obwohl doch immer weniger Ra-Kerne da sind. Strahlen also radioaktive Stoffe bis in alle Ewigkeit gleichmäßig oder hört die Strahlung irgendwann auf?

Das können wir mithilfe von V7 herausfinden. Wir untersuchen dazu das radioaktive Isotop Protaktinium234 (Pa234). Es entsteht in einem so genannten *Isotopengenerator* dauernd aus Uran238.
Zu Beginn des Versuchs zeigt der Zähler 26 Impulse innerhalb von 10 s an, die *Nullrate* unserer Messungen. Sie entsteht, weil der Generator selbst und die Umgebung des Zählrohres Strahlung aussenden. Nach dem Schütteln messen wir die *Gesamtrate.* Sie beträgt bei der ersten Messung 258 $\frac{\text{Imp}}{10\text{s}}$. Ziehen wir davon die vorher gemessene Nullrate von 26 $\frac{\text{Imp}}{10\text{s}}$ ab, erhalten wir für das Pa234 eine *Zählrate* von 232 $\frac{\text{Imp}}{10\text{s}}$. Die folgende Tabelle zeigt, dass die Zählrate im Laufe der Zeit immer kleiner wird. Schließlich misst das Zählrohr nur noch annähernd den Betrag der Nullrate. Das Pa234 hat aufgehört zu strahlen.

Messung	vorher	1.	2.	3.	4.	5.
Gesamtrate	0 $\frac{\text{Imp}}{10\text{s}}$	258 $\frac{\text{Imp}}{10\text{s}}$	250 $\frac{\text{Imp}}{10\text{s}}$	215 $\frac{\text{Imp}}{10\text{s}}$	185 $\frac{\text{Imp}}{10\text{s}}$	173 $\frac{\text{Imp}}{10\text{s}}$
Nullrate	26 $\frac{\text{Imp}}{10\text{s}}$	26 $\frac{\text{Imp}}{10\text{s}}$	26 $\frac{\text{Imp}}{10\text{s}}$	26 $\frac{\text{Imp}}{10\text{s}}$	26 $\frac{\text{Imp}}{10\text{s}}$	26 $\frac{\text{Imp}}{10\text{s}}$
Pa234-Zählrate	0 $\frac{\text{Imp}}{10\text{s}}$	232 $\frac{\text{Imp}}{10\text{s}}$	224 $\frac{\text{Imp}}{10\text{s}}$	189 $\frac{\text{Imp}}{10\text{s}}$	169 $\frac{\text{Imp}}{10\text{s}}$	147 $\frac{\text{Imp}}{10\text{s}}$

Stellt man die Tabellenwerte grafisch dar (Abb. 7), sieht man, dass die Zählrate *regelmäßig kleiner* wird: Ca. 80 s nach der ersten Messung beträgt sie nur noch gut 100 $\frac{\text{Imp}}{10\text{s}}$. Das ist etwa die Hälfte des Anfangswertes. Nach 160 s haben wir nur noch etwa 50 $\frac{\text{Imp}}{10\text{s}}$, also etwa $\frac{1}{4}$, und nach 240 s weniger als 25 $\frac{\text{Imp}}{10\text{s}}$, also etwa $\frac{1}{8}$ des Anfangswertes. Das bedeutet, dass die Zählrate jeweils nach ca. 80 s auf die Hälfte des vorhergehenden Wertes abnimmt.

Der Isotopengenerator

In einer kleinen, dickwandigen Kunststoffflasche befinden sich eine Uranylnitratlösung, welche das Uranisotop U238 enthält, und eine etwas leichtere Flüssigkeit. Die Flasche ist mit einem dünnen Deckel verschlossen. U238 wandelt sich unter Abgabe von α-Strahlung in radioaktives $^{234}_{90}$Thorium um, einen β-Strahler. Aus ihm entsteht das Protactiniumisotop $^{234}_{91}$Pa.

Schüttelt man die Flasche und stellt sie dann hin, damit der Inhalt zur Ruhe kommt, wäscht die leichtere Flüssigkeit radioaktive Pa-Kerne aus und transportiert sie nach oben unter den Deckel der Flasche. Die Strahlung des Pa234 durchdringt den Verschluss und kann mit dem Geigerzähler untersucht werden.

V6 Stelle einen Ra-Strahler 5 cm vor ein Zählrohr und miss die Zählrate eine Woche lang einmal täglich. Vergleiche.

6
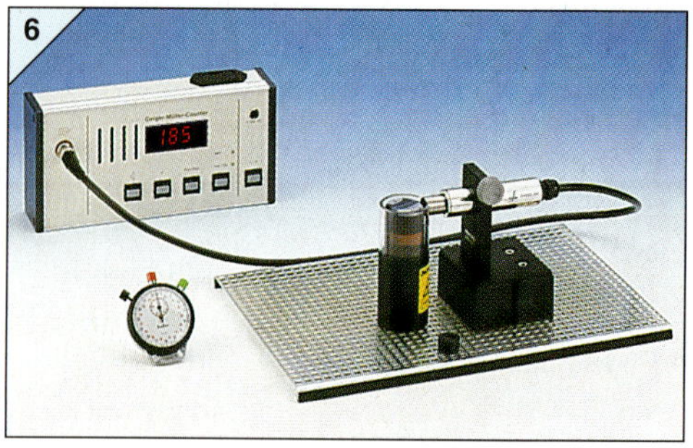

V7 Baue den Versuch nach Abb. 6 auf.
a) Lass das Pa234-Präparat ca. 5 Minuten ruhig stehen. Miss dann die Anzahl der Impulse innerhalb von 100 s und dividiere durch 10. Du erhältst so die *Nullrate* für die folgenden Untersuchungen.
b) Schüttle die Kunststoffflasche ca. 5 s lang, stelle sie wieder unter das Zählrohr und warte dann 40 s. Miss jetzt die Impulse innerhalb von 10 s, die *Gesamtrate.* Mache nach jeder Messung eine Pause von 20 s und wiederhole etwa 20-mal. Notiere die Werte jeweils in Abhängigkeit von der verstrichenen Zeit seit dem Start der ersten Messung.
c) Berechne die *Zählrate,* indem du die Nullrate von der Gesamtrate abziehst.
d) Zeichne ein Zeit-Zählrate-Balkendiagramm entsprechend Bild 7.
e) Wie ändert sich die Zählrate mit der Zeit?

7
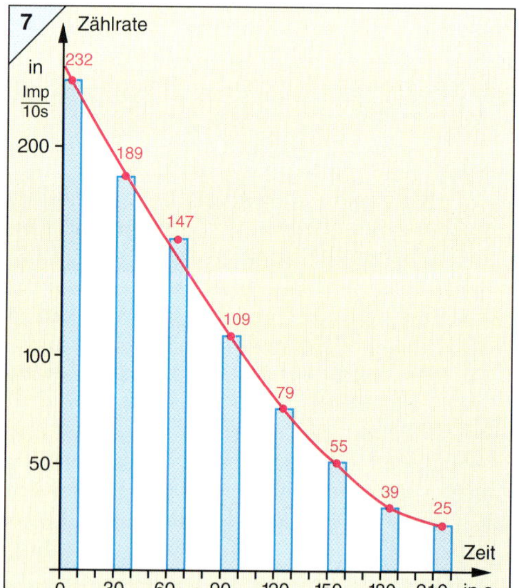

A8 Nach welcher Zeit beträgt die Zählrate $\frac{1}{2}$, $\frac{1}{4}$ der Anfangsrate?

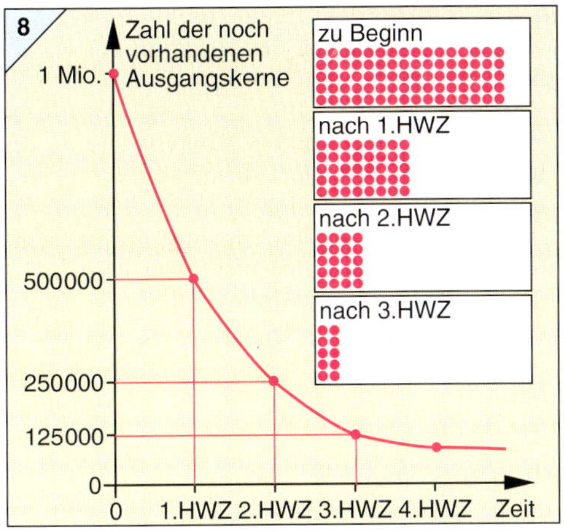

A9 Beschreibe, wie sich die Anzahl der Radionuklide im Verlaufe der Zeit ändert.

9 Element	Symbol	HWZ	Strahlung
Cobalt60	$^{60}_{27}$Co	5,272 a	β
Strontium90	$^{90}_{37}$Sr	28,5 a	β
Iod131	$^{131}_{53}$I	8,02 d	β
Caesium137	$^{137}_{55}$Cs	30,17 a	β
Radon222	$^{222}_{86}$Rn	3,824 d	α
Radium226	$^{226}_{88}$Ra	1600 a	α
Protactinium234	$^{234}_{92}$Pa	1,17 min	β
Uran235	$^{235}_{92}$U	$7 \cdot 10^8$ a	α
Uran238	$^{238}_{92}$U	$4{,}5 \cdot 10^9$ a	α
Plutonium239	$^{239}_{94}$Pu	24 000 a	α

Es strahlt und strahlt

Die Strahlung des Pa234 entsteht bei der Umwandlung der Pa-Kerne. Deshalb wird deren Anzahl ständig kleiner. Es stehen immer weniger Kerne zur Verfügung, die sich umwandeln können. Die Aktivität nimmt ab. Man kann davon ausgehen, dass die Zählrate immer dann halbiert wird, wenn nur noch die Hälfte der ursprünglich im Strahler vorhandenen Kerne (Ausgangskerne) da ist. Dann hat sich die Hälfte der Kerne umgewandelt.

Die Zeit, in der sich die Hälfte der Kerne umgewandelt hat, heißt **Halbwertszeit.** Bei Pa234 haben wir sie mit ca. 80 s gemessen; genauer Wert: 1,17 Minuten = 71 s. Nach ca. 140 s, also nach der 2. Halbwertszeit, ist nur noch $\frac{1}{4}$, nach der 3. nur noch $\frac{1}{8}$, dann $\frac{1}{16}$ usw. der ursprünglichen Anzahl an Kernen vorhanden (Abb. 8). Vergleichsmessungen zeigen, dass sich der Wert für die Halbwertszeit nicht verändert. Er ist charakteristisch für Pa234.

Die Zeit, in der sich die Hälfte der in einem Strahler vorhandenen radioaktiven Kerne umwandelt, ist seine Halbwertszeit.

Wie Protaktinium234 hat auch jedes andere Radionuklid seine Halbwertszeit. Sie reicht von Bruchteilen von Sekunden bis zu Milliarden von Jahren (Tab. 9). Sie ist eine Kenngröße für jeden radioaktiven Stoff. Für Radium226 beträgt sie etwa 1600 Jahre. Dieser Wert ist zwar nicht riesig, aber doch so groß, dass sich die Zählrate bei unseren Aktivitätsmessungen in V6 während einer Woche nicht messbar verändert.

Strahlung – Eine Folge von Zufallsereignissen

Dass jeder radioaktive Stoff seine eigene Halbwertszeit hat, ist schon eine erstaunliche Tatsache, denn Strahlung ist ja die Folge der Umwandlung einzelner Kerne im Strahler. Diese Umwandlungen erfolgen nach dem **Zufallsprinzip.** Man kann nie voraussagen, welche und wie viele Kerne sich in einem bestimmten Zeitraum umwandeln. Folglich ist Strahlung auch nie gleichmäßig, sondern immer unregelmäßig und unvorhersehbar. Deshalb folgen die Knacke beim Geigerzähler, die Lichtblitze im Spinthariskop und die Funken zwischen den unter Hochspannung stehenden Metallelektroden nicht gleichmäßig aufeinander, sondern unregelmäßig.

Eine weitere Folge dieser Zufälligkeiten ist, dass die Messwerte aus V7 nicht genau auf der Kurve in Abb. 7 liegen. Wir wissen nicht einmal, ob die Kurve exakt so läuft wie gezeichnet! Deshalb können wir aus dem Diagramm die Halbwertszeit des Pa234 nicht auf die Sekunde genau ablesen. Nur wenn die Anzahl der ursprünglich vorhandenen Kerne sehr groß ist, spielen diese Zufallsereignisse bei der Bestimmung der Halbwertszeit keine Rolle mehr.

AUFGABEN UND ZUSAMMENFASSUNG

1. Was sagt die auf einem Strahler aufgedruckte Aktivitätsangabe aus?

2. Was versteht man unter der Aktivität eines Strahlers? Warum ist sie nicht identisch mit der Zählrate?

3. Ein Labor misst 300 Bq an 500 g Waldpilzen. Wie groß ist die Aktivität, wie groß die spezifische Aktivität?

4. Beschreibe, wie sich die Zählrate in Abb. 7 im Laufe der Zeit ändert. In welcher Zeit nimmt sie jeweils auf die Hälfte ab?

5. Erläutere an einem Beispiel, was man unter der Halbwertszeit eines radioaktiven Stoffes versteht.

Aktivität und Halbwertszeit

Die Aktivität eines Strahlers gibt an, wie viele Kerne sich in ihm in jeder Sekunde umwandeln.

Die Zeit, in der sich die Hälfte der vorhandenen Kerne jeweils umwandelt, ist seine Halbwertszeit.

Teile des Unteilbaren

Atome – Bausteine der Materie

Heute ist klar: Alle Stoffe bestehen aus Atomen, jenen unvorstellbar kleinen Teilchen, aus welchen die festen, flüssigen und gasförmigen Körper zusammengesetzt sind. Das ist nicht neu, denn schon um 450 v. Chr. hatten die beiden Griechen **Leukipp** und **Demokrit** die Vorstellung, dass Materie aus so winzig kleinen Teilchen bestehen muss, dass man sie nicht weiter teilen kann. Ihr Baustein: das Unteilbare, das Atom (von griech. atomos = unteilbar). Ihr Pech: Die Geschichte verschüttete ihre Vorstellung von den Atomen.

Aber der französische Chemiker **Lavoisier** (1743–1794) weist schon am Ende des 18. Jahrhunderts experimentell nach, dass es reine Stoffe gibt, die nicht weiter zerlegbar sind. Er nennt sie Elemente: Metalle wie Blei, Nichtmetalle wie Schwefel. Er zerlegt Wasser in die Elemente Wasserstoff und Sauerstoff und überwindet so die Auffassung von Aristoteles, dass es nur 4 Elemente (Feuer, Wasser, Erde und Luft) gibt. Dadurch erhält die Atomvorstellung neuen Auftrieb.

John Dalton (1766–1844) greift Lavoisiers Gedanken auf. Er untersucht das Verhalten der Elemente bei chemischen Reaktionen. Er findet, dass die Masse des durch eine chemische Reaktion entstandenen Stoffes genauso groß ist wie die Masse der an der Reaktion beteiligten Elemente.

Bei seiner Erklärung greift er die Atomvorstellung der Griechen wieder auf. Die Elemente bestehen aus Atomen, die sich im Verlaufe der Reaktion zu neuen Stoffen vereinigen. Die chemische Reaktion zweier Stoffe ist nichts anderes als eine Umordnung der beteiligten Atome. Sie selbst werden nicht verändert. Ihre Anzahl und Masse sind vor und nach der Reaktion gleich.
Er nimmt an, dass diese Atome wahrscheinlich so klein sind, dass sie selbst durch mikroskopische Untersuchungen niemals sichtbar gemacht werden können. Er geht davon aus, dass sie unteilbar und unzerstörbar sind, dass es so viele Atomsorten gibt wie chemische Elemente und dass alle Atome eines Elementes gleich groß und gleich schwer sind.
Er stellt sich Atome als harte, massive, aber winzig kleine Kügelchen vor. Je nach Element sind diese unterschiedlich groß und schwer. Er malt sie kreisförmig, um sich ein Bild von ihnen machen zu können und begründet so die moderne Formelschreibweise (Abb. unten links).
Daltons Leistung: Er bringt Ordnung in die Vielfalt der Welt der Stoffe. Atome sind nach seiner Auffassung die Bausteine aller Stoffe, die es auf der Erde gibt.

Ein frühes Atommodell

Joseph John Thomson (1856–1940) hat keinen Zweifel daran, dass alle Körper aus Atomen und ihren Verbindungen bestehen. Als er im Jahre 1897 die Vermutung äußerte, dass er sich einzelne Atome nicht fest und massiv, sondern in noch kleinere Teilchen unterteilt vorstellen könnte, halten das die meisten Experten der damaligen Zeit für Unsinn.
Aber er weist im Jahre 1897 nach, dass aus einer mit dem Minuspol einer Stromquelle verbundenen Metallplatte in einer luftleer gepumpten Glasröhre kleinste Teilchen in Richtung eines mit dem Pluspol verbundenen Metallrings austreten. Sie tragen eine elektrisch negative Ladung und sind viel leichter als jedes bis dahin bekannte Atom. Da sie aus der Metallplatte kommen, liegt es nahe, anzunehmen, dass sie Bestandteile der Metallatome sind.
Man nennt diese Teilchen später **Elektronen.** Wenn aber nach Thomsons Vorstellung Atome aus Elektronen bestehen sollen, müssen sie zusätzlich noch etwas enthalten, was positiv geladen ist und die negative Ladung der Elektronen ausgleichen kann. Das stellt sich Thomson als eine mit positivem Stoff gefüllte Kugel vor. In diesem Stoff stecken Elektronen wie Rosinen in einem Pudding. Sie tragen kaum zur Masse des Atoms bei (Abbildung unten rechts).
Bahnbrechend an dieser Idee ist, dass nach Thomson Elemente nicht nur aus Atomen bestehen, sondern dass das Atom selbst noch kleinere Bausteine enthält.
Mit dem Thomsonschen Atommodell lassen sich heute noch die Ionen zutreffend beschreiben.

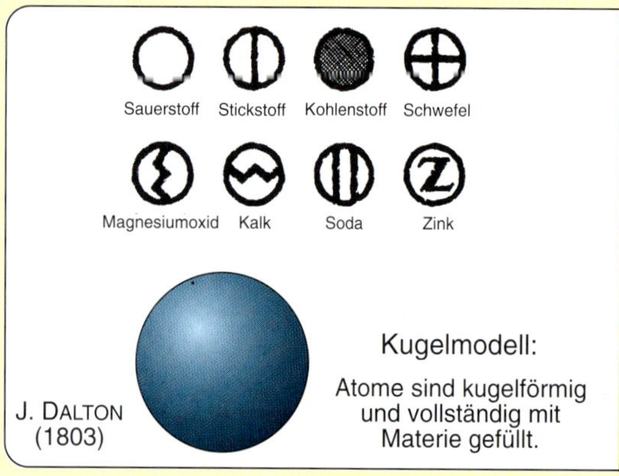

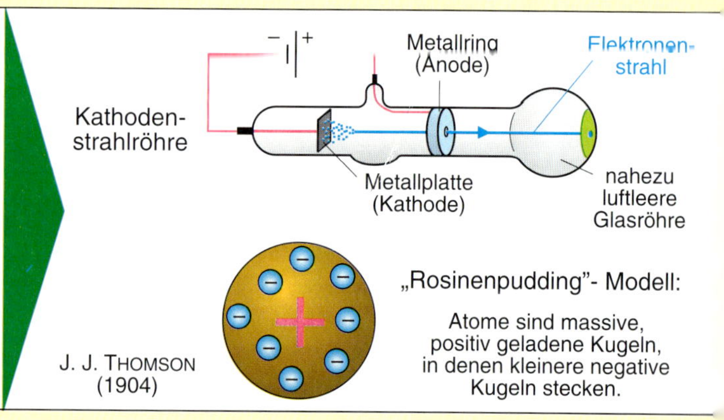

Radioaktivität

Zu Beginn des Jahres 1896 experimentiert **ANTOINE HENRI BECQUEREL** (1852–1908) in Paris mit Uransalzen. Wenn er sie dem Sonnenlicht ausgesetzt hat, senden sie eine Zeit lang grünliches Licht aus und schwärzen Fotoplatten, wenn man sie längere Zeit darauf liegen lässt. BECQUEREL legt nun zufällig Uransalz, das er vorher nicht dem Sonnenlicht ausgesetzt hatte, in einer dunklen Schublade auf eine mit schwarzem Papier umwickelte Fotoplatte. Als er diese entwickelt, erwartete er keine Schwärzung. Aber zu seinem Erstaunen stellt er deutliche Schwärzungsstellen fest.
Für Becquerel ist klar, dass er etwas vollkommen Neues entdeckt hat: Die Schwärzung entsteht, weil in den Salzen Uran enthalten ist. Es sendet dauernd eine bis dahin unbekannte Art von Strahlung aus, die Becquerel-Strahlung oder **Uranstrahlung** (frz. radiation uranique), wie man sie zunächst nennt.

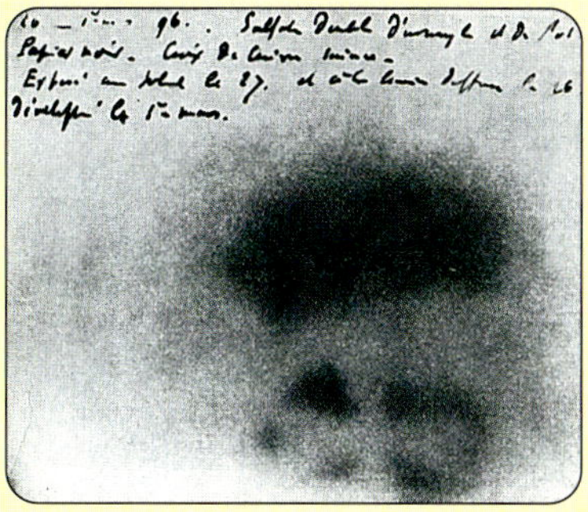

Nach der Entdeckung BECQUERELS sucht das französische Forscherehepaar **MARIE** und **PIERRE CURIE** nach weiteren Stoffen, welche Strahlung aussenden. Sie untersuchen auch Uranerze, also uranhaltiges Gestein. Zu ihrem Erstaunen stellen sie fest, dass die Strahlung des Erzes drei- bis viermal größer ist als nach dem Urangehalt zu vermuten gewesen wäre. Sie ziehen den richtigen Schluss: Die Erzproben müssen einen weit stärker strahlenden Stoff enthalten als Uran.
Sie besorgen sich aus einem Uranerzbergwerg im Erzgebirge sogenannte Pechblende, ein Material, aus dem das Uran bereits herausgelöst ist. Aus ca. 1000 kg holen sie in mühevoller Kleinarbeit $\frac{1}{10}$ g eines bis dahin unbekannten Elementes heraus, das eine sehr intensive Strahlung aussendet. MARIE CURIE nennt den Stoff **Radium** (von lat. radium = das Strahlende), den Vorgang nennt sie **Radioaktivität.** Die Stoffe, die so strahlen wie Radium, bezeichnet sie als **radioaktiv.**
Radium gibt dauernd ohne Zutun Wärme ab. Äußere Einflüsse wie Druck, Temperatur oder chemische Umwandlungen haben keinen Einfluss auf das radioaktive Verhalten. Verbindungen mit Radium sind wieder radioaktiv. Wie die Uranstrahlung durchdringt auch die Strahlung des Radiums Stoffe. Aber sie ist mehrere millionenmal stärker als die von Uransalzen.

Das Ehepaar CURIE und BECQUEREL erhalten 1903 für diese Forschungen den Nobelpreis für Physik.

Die Entdeckung des Atomkerns

ERNEST RUTHERFORD (1871–1937), einem in Manchester forschenden Neuseeländer, kommt zu Beginn des 20. Jahrhunderts die Idee, mit der bei Kernumwandlungen entstehenden α-Strahlung weitere Experimente zu machen. Er beschießt Goldfolien mit α-Teilchen. Er will bestätigen, dass die Vorstellung Thomsons von den Atomen zutrifft. Das Prinzip dieser Versuche zeigt die Abbildung unten.

Die elektrisch positiv geladenen α-Teilchen treffen auf die hauchdünne Goldfolie. Fast alle durchdringen die Folie, ohne ihre Richtung zu ändern. Nur wenige werden aus ihrer Bahn abgelenkt und gestreut. Sie lösen Lichtblitze auf einem Zinksulfidschirm aus. Entsprechend dem Thomsonschen Modell müsste man erwarten, dass die α-Teilchen im positiven Stoff der Goldatome stecken bleiben würden. Unglaublich aber ist für RUTHERFORD, dass einige α-Teilchen in Richtung des Strahlers zurückkommen. Von ca. 20 000 α-Teilchen wird nur ein einziges von der Goldfolie nach rückwärts gestreut. Die Schlüsse daraus: Der positive Stoff der Goldatome kann nicht das gesamte Atom ausfüllen, da ja die meisten α-Teilchen hindurchfliegen. Er muss vielmehr in einem sehr kleinen, punktförmigen, aber sehr massigen Bereich konzentriert sein. Von ihm prallen einige α-Teilchen zurück, wenn sie ihn ziemlich genau von vorne treffen.

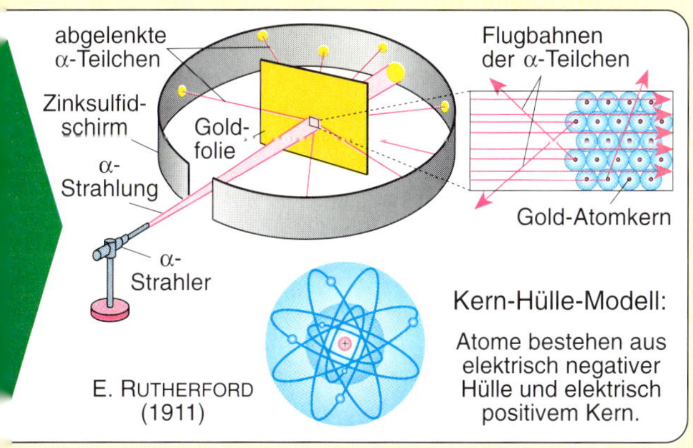

Nach den Streuversuchen zu Beginn des Jahres 1911 sind sich RUTHERFORD und seine Mitarbeiter ziemlich klar darüber, dass Atome keine massiven Kugeln sein können. Sie entwickeln ein neues Atommodell:

1. Ein Atom hat in seiner Mitte einen im Vergleich zum ganzen Atom sehr kleinen, festen und massiven Kern. Er enthält fast die gesamte Masse des Atoms und ist positiv geladen.
2. Um ihn herum bewegen sich in der im Vergleich zum Kern sehr viel größeren Hülle elektrisch negativ geladene Elektronen.
3. Atome bestehen weitestgehend aus leerem Raum.

Kernbau und Kernenergie

Die Entdeckung von Proton und Neutron

Nach der Entdeckung des Atomkerns gehen einige Physiker daran, den Kern aufzubrechen, um festzustellen, ob er kompakt, fest und einheitlich ist oder nicht. Aber wie können sie das untersuchen?

Es ist wieder RUTHERFORD, der in den Jahren 1917–1919 leichtere Atomkerne, z. B. des Stickstoffs, mit schnellen α-Teilchen beschießt. Dabei stellt er fest, dass sich im Vergleich zu den Elektronen sehr viel schwerere und im Vergleich mit α-Teilchen leichtere Teilchen mit positiver Ladung aus den Kernen lösen. Diese Teilchen nennt er **Protonen.** Ihre Anzahl im Kern eines Atoms legt fest, um welches Element es sich handelt. Durch sie erhält die Atomsorte ihren Platz im Periodensystem der Elemente. Die Experimente gelingen nur mit leichteren Atomkernen, weil diese weniger stark positiv geladen sind als z. B. die Goldatome bei den Streuversuchen. Die α-Teilchen treffen den äußeren Bereich eines Kerns und schlagen Protonen aus ihm heraus.

Kurz nach der Entdeckung der Radioaktivität durch BECQUEREL bemerken verschiedene Physiker, dass es Atomkerne gibt, die zum gleichen Element gehören, also eine gleiche Anzahl von Protonen haben, sich aber durch ihre Masse voneinander unterscheiden: Man hat die **Isotope** entdeckt. Um ihre Existenz plausibel zu machen, vermutet RUTHERFORD schon 1920, dass es im Kern neutrale Teilchen gibt, die etwa dieselbe Masse haben wie das Proton. Aber erst 1932 kann **JAMES CHADWICK** (1891–1974), dieses neutrale Teilchen nachweisen. Es bekommt den Namen **Neutron.** Das Neutron ermöglicht die Beschreibung der Isotope: Sie sind Atome des gleichen chemischen Elements; ihre Kerne unterscheiden sich durch die Anzahl der Neutronen voneinander.

Kernkräfte und Kernbau

Wir haben bisher die Vorstellung benutzt, dass in den Atomkernen die Protonen und Neutronen dicht aneinander liegen und dabei den Aufbau einiger Kerne kennen gelernt, die in der Natur vorkommen. Dieses Kernmodell wurde nach der Entdeckung des Neutrons an Hand zahlreicher Versuche entwickelt. Überdenken wir, was es uns lehrt und wo seine Schwächen liegen.

Zunächst registrieren wir einen Widerspruch: Die **Protonen** im Kern sind elektrisch positiv geladen. Da sie einander sehr nahe sind, üben sie abstoßende Kräfte aufeinander aus. Ein Kern mit mehreren Protonen müsste deshalb eigentlich explodieren. Halten kann er nur dann, wenn zwischen den Kernteilchen (Nukleonen) auch *anziehende* Kräfte wirken. Diese Kräfte existieren und tragen den Namen **Kernkräfte.** Ihre spezielle Eigenschaft: Sie wirken nicht in die Ferne wie elektrische Kräfte, sondern nur dann, wenn die Nukleonen einander fast berühren. Da es dabei eng zugeht, kann ein Nukleon nur selten mehr als zwei andere festhalten. – Ein Kern ist also nur dann stabil und kommt in der Natur vor, wenn anziehende Kernkräfte die Abstoßung zwischen den Protonen überwiegen.

Allerdings gibt es noch eine Komplikation: **Neutronen allein** sind nur bedingt *lebensfähig.* Sie verwandeln sich von selbst (spontan) nach ihrer Isolierung binnen Minuten in ein Proton, wobei ein Elektron herausschießt. Tut sich ein Neutron jedoch mit einem Proton zusammen, ist das entstehende Gebilde – der Deuteriumkern ${}^{2}_{1}H$ (schwerer Wasserstoff) – stabil. Im Tritiumkern ${}^{3}_{1}H$ (überschwerer Wasserstoff) hält das Proton zwei Neutronen fest, eines davon nur schwach. Wie wir bereits wissen, verwandelt sich dieses unter Abgabe eines Elektrons in ein Proton: β-Umwandlung, 10 Jahre Halbwertszeit. Gleiches geschieht in den blau markierten Kernen der Nuklidkarte: Zu große Neutronenzahl macht sie instabil.

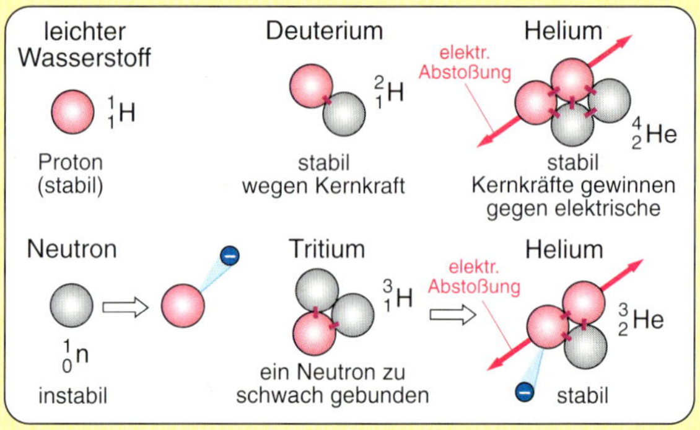

Proton-Neutron-Paare haben, wie uns ${}^{3}_{1}H$ lehrt, „Kernkraft übrig". Mehrere solche Paare sollten sich deshalb trotz der Abstoßung gegenseitig festhalten können und stabile Kerne bilden. In der Nuklidkarte findet man Paarkerne zuhauf: ${}^{4}_{2}He$, ${}^{6}_{3}Li$, ${}^{10}_{5}B$, ${}^{12}_{6}C$, ${}^{14}_{7}N$, ${}^{16}_{8}O$, ${}^{20}_{10}Ne$, …, ${}^{36}_{18}Ar$. – Die Karte zeigt zudem, dass Kerne auch dann noch stabil sind, wenn sie über die Paarordnung hinaus ein Neutron mehr enthalten, wie z. B. ${}^{11}_{5}B$, ${}^{13}_{6}C$, ${}^{15}_{7}N$, ${}^{17}_{8}O$, oder sogar zwei wie ${}^{18}_{8}O$.

Mit zunehmender Zahl von Protonen nimmt die elektrische Abstoßungskraft auf jedes einzelne Proton zu, denn die elektrischen Kräfte haben im Gegensatz zu Kernkräften eine große Reichweite. Dieser Abstoßung kann durch Einbau weiterer Neutronen entgegengewirkt werden, weil sie bindende Kernkräfte „mitbringen". Oberhalb des „Paarkerns" ${}^{36}_{18}Ar$ gibt es nur **Kerne mit Neutronenüberschuss,** z. B. ${}^{45}_{20}Ca$ (5 überschüssig), ${}^{107}_{47}Ag$ (13), ${}^{130}_{56}Ba$ (18), ${}^{206}_{82}Pb$ (42).

Kerne mit mehr als 83 Protonen sind überhaupt nicht mehr stabil. Sie entledigen sich der überschüssigen Protonen durch Herausschleudern von α-Teilchen. Deshalb gibt es am Ende des Periodensystems nur radioaktive Elemente, wie ${}^{238}_{92}U$ und ${}^{232}_{90}Th$.

Die Neugier kennt keine Grenzen

Wie findet man die Bausteine unserer Welt?

RUTHERFORD und seine Mitarbeiter hatten aus dem Streuverhalten der α-Teilchen abgeleitet, dass es Atomkerne gibt. Die Struktur des Kerns konnten sie nicht ermitteln, denn die Teilchen hatten zu wenig Energie, um gegen die elektrische Abstoßung anzukommen. Deshalb entwickelte man Apparate, mit denen man Atomkerne (z. B. ^1_1H und ^2_1H) beschleunigen und auf vielfach höhere Energie bringen konnte. Beschießt man Atomkerne mit diesen, so bleiben sie darin stecken. Dabei entstehen neue meist instabile Nuklide.
Mit den heutigen **Teilchenbeschleunigern** erzeugt man lichtschnelle Protonen oder Elektronen, also Geschosse mit riesiger Wucht. Diese bringen, wenn sie auf Protonen oder Neutronen in den Atomkernen der Zielsubstanz (Target) treffen, explosionsartig einen ganzen Schwarm von Teilchen hervor, die mit nahezu Lichtgeschwindigkeit auseinander stieben. Diese Teilchen muss man blitzschnell mit Detektoren erfassen, die um das Ziel herum aufgebaut sind. Die Detektorensignale werden an Computer weitergeleitet, die sie ebenso schnell ordnen und in geeigneter Form speichern.

Die Exoten: In den Teilchenschwärmen findet man neben Protonen und Elektronen „zig" bisher unbekannte neue Teilchen. Einige davon sind mehrere 100-mal schwerer als das Elektron, die meisten sogar schwerer als das Proton. Keines lebt länger als eine millionstel Sekunde. Es ist ein ganzer „Zoo" voller Exoten, wie man scherzhaft sagt. Die Analyse ergibt, dass es sich um neue Verwandte der Bausteine der Nukleonen handelt.

Die stabilen Elementaren: Die Streuung von extrem energiereichen Elektronen an Protonen zeigt, dass im Proton drei punktförmige Teilchen enthalten sind, die man **Quarks** nennt. Davon gibt es zwei stabile Arten: Das *up-Quark (u)* und das *down-Quark (d)* sowie eine neue Kraft, die Quarks zusammenhält und die man „starke Wechselwirkung" nennt. Im Proton sind zwei u-Quarks mit einem d-Quark durch die starken Kräfte verbunden, im Neutron zwei d-Quarks mit einem u-Quark. Was von den „Quark"kräften nach der Bindung der drei Quarks zum Nukleon noch übrig bleibt, wirkt als Kernkraft auf die Quark„dreier" benachbarter Nukleonen und verbindet diese zu Atomkernen. Vier instabile Quarks und zwei instabile „Elektronen" sind verantwortlich für den zuvor entdeckten sehr vergänglichen Teilchenzoo.
Als stabile Elementarteilchen werden nur das Elektron, sowie die Quarks u und d angesehen. Diese drei machen unsere Welt.

Teilchenbeschleuniger

Linearbeschleuniger enthalten eine lange, gerade evakuierte Röhre, in die entsprechend dem Bild röhrenförmige Elektroden eingebaut sind. Zwischen diesen werden die Teilchen im Strahl beschleunigt.

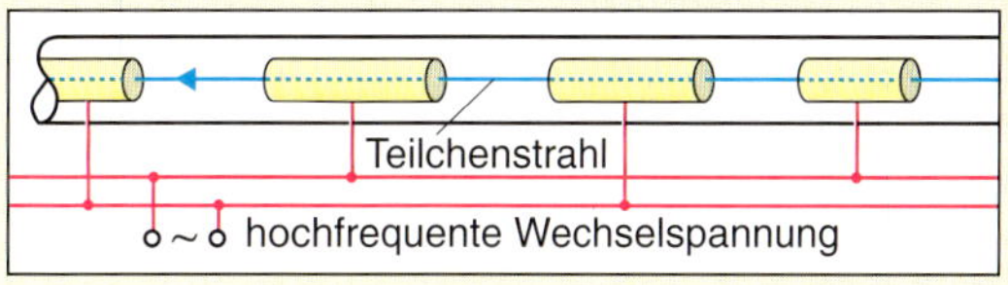

Beim **Ringbeschleuniger** sind die Beschleunigungsstationen in eine Röhre eingebaut, die zu einem Ring gebogen ist. Magnete, die außerhalb der Röhre angebracht sind, zwingen die Teilchen z. B. Protonen, auf die nun gekrümmte Bahn.
Sie werden von einem Linearbeschleuniger in den Ringbeschleuniger geschossen. Dort nehmen sie bei jedem Umlauf Energie auf und werden dann von einem Auslenkmagneten auf ein Ziel (Target) gelenkt. Dort entstehen neue Teilchen, die auseinander stieben und deren Spuren untersucht werden.

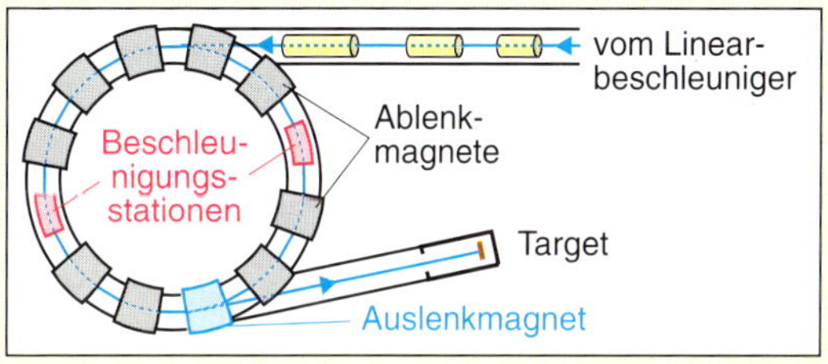

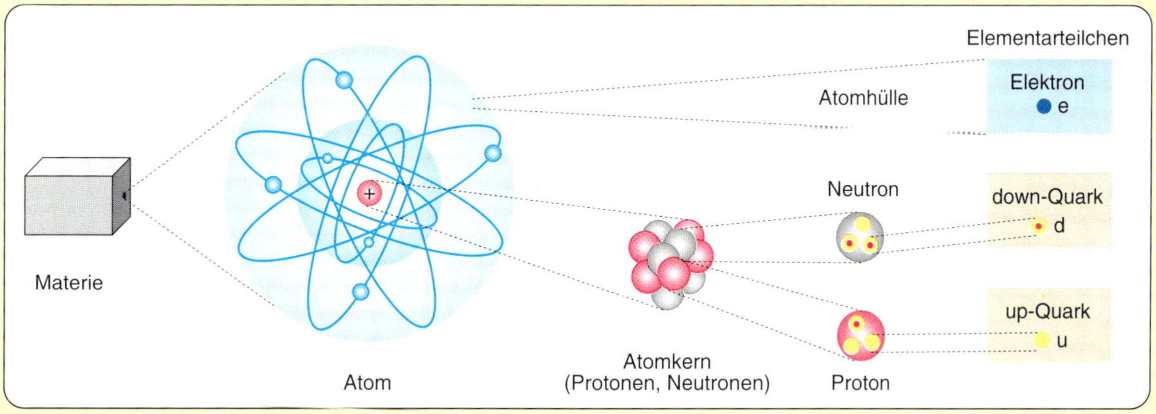

Du weißt, dass ein Radiumstrahler α-, β- oder γ-Strahlung aussendet. Durch ca. 30 Postkarten z. B. geht nur noch die γ-Strahlung hindurch, α- und β-Strahlung bleiben in den Postkarten stecken. Man sagt: Die Strahlung wird **absorbiert.** Auch der menschliche Körper kann Strahlung absorbieren. Da sie aus Teilchen besteht, die sich mit großer Geschwindigkeit bewegen, wird ihre kinetische Energie auf kleinstem Raum frei, wenn sie im Körper stecken bleiben. Folgende Wirkungen können dadurch ausgelöst werden:

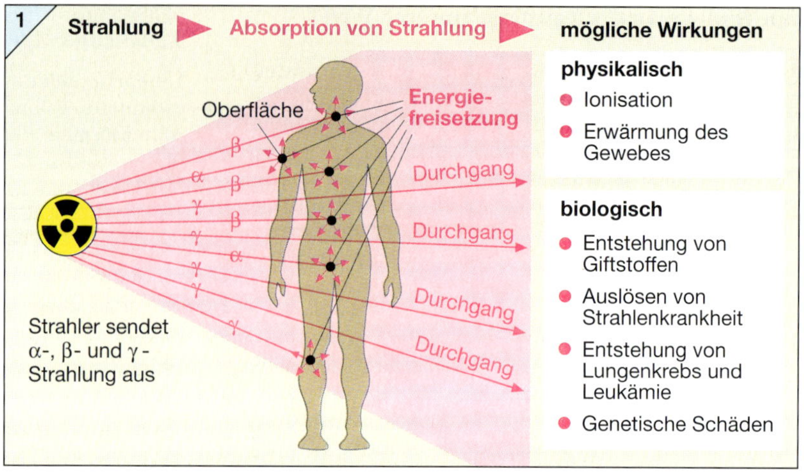

1. Atome und Moleküle im Zellgewebe des Körpers werden ionisiert. Die Strahlung schlägt dabei Elektronen aus den Hüllen der Atome und Moleküle, aus denen Zellen aufgebaut sind, heraus. Die negativ oder positiv geladenen Ionen stören die komplizierten biochemischen Abläufe in den Zellen. Durch die **ionisierende Wirkung** der Strahlung entstehen neben geladenen Teilchen auch Molekülbruchstücke. Dadurch werden Molekülverbände und größere Zellbereiche in ihrem Aufbau verändert. Strahler mit großer Aktivität können z. B. die Haut so zerstören wie die UV-Strahlung der Sonne bei einem starken Sonnenbrand.
Außerdem entstehen **Giftstoffe.** Sie bewirken, dass natürliche Abläufe in den Zellen gestört werden oder aber die Funktionsfähigkeit der Zellen völlig verloren geht.

2. Die bei der Ionisation freigesetzte Energie wird letztlich zu Wärme. Das zeigt sich als **Temperaturerhöhung.** Sie ist allerdings normalerweise so gering, dass ein der Strahlung ausgesetzter Mensch sie nicht empfinden kann, wenn sie von Strahlern mit einer Aktivität ausgeht, wie wir sie bisher im Physikunterricht kennen gelernt haben.

Biologische Wirkungen

Somatische Frühschäden

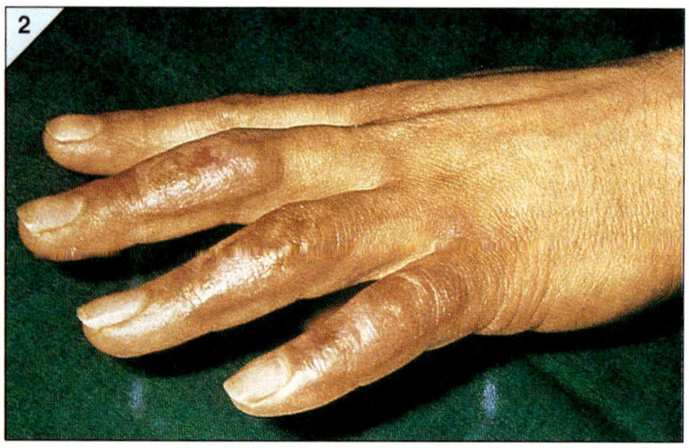
2

So genannte somatische (körperliche) Frühschäden sind an den bestrahlten Personen selbst erkennbar (Abb. 2). Die Menschen leiden nach starker Bestrahlung an der **vorübergehenden Strahlenkrankheit:** Die Schutz- und Abwehrfunktionen des Körpers sind geschwächt, die Anzahl der Zellverluste ist höher als die Zellneubildungen. Die Zahl der weißen Blutkörperchen nimmt rapide ab. Weitere schlimme Folgen zeigen sich zwei bis drei Wochen nach der Bestrahlung: Appetitlosigkeit, Entzündungen im Bereich der Luft- und Speisewege, Haarausfall, stecknadelkopfgroße, purpurfarbene Hautflecken und allgemeines Unwohlsein. Verletzungen heilen nur noch schwer. Die Abwehrkräfte erlahmen. Die vorübergehende Strahlenkrankheit kann im Normalfall rasch überwunden werden, wenn der Körper des Menschen gesund und widerstandsfähig genug ist.

Schlimmer ist die **schwere Strahlenkrankheit:** Immer mehr Zellen verlieren die Fähigkeit, sich zu teilen oder sterben sogar ab. Das führt schnell zu dramatischen Blutbildveränderungen und nach 10 bis 14 Tagen zu schweren Entzündungen und inneren Blutungen. Bei Männern kann sie eine vorübergehende oder lebenslange Sterilität bewirken, falls der Betroffene überlebt. Bevor Menschen an der schweren Strahlenkrankheit sterben, leiden sie unter schweren Entzündungen der Speisewege, unter starken inneren Blutungen und hohem Fieber.

Somatische Spätschäden

Darunter ist das Auslösen von **Krebs,** z. B. **Leukämie,** nach einer Bestrahlung zu verstehen. Diese Erkrankungen zeigen sich oft erst nach Jahren oder Jahrzehnten. Wichtig zu wissen ist, dass nicht jede Bestrahlung zwangsläufig auch Spätschäden verursacht. Denn ob jemand an Lungenkrebs oder Leukämie erkrankt, hängt auch von Schadstoffen in der Umwelt, seinen Erbanlagen, seinem Alter und seiner Lebensweise ab:

Ein Raucher nimmt mit dem Zigarettenrauch auch Schadstoffe in die Lunge auf. Werden Lunge und Bronchien zusätzlich beim Röntgen bestrahlt, ist die Wahrscheinlichkeit, dass Lungen- oder Bronchialkrebs auftritt, deutlich höher als bei einem Nichtraucher. Die Risiken aus den Lebensumständen addieren sich also.

Außerdem muss man bedenken, dass auch einzelne, kurzzeitige oder länger dauernde medizinische Bestrahlungen zu Spätschäden führen können. Beim Umgang mit radioaktiven Stoffen oder Geräten, die Strahlung aussenden, müssen deshalb die geltenden Vorschriften ganz genau eingehalten werden.

Genetische Schäden

Das wichtigste Molekül einer lebenden Zelle ist die Doppelhelix der DNS (**D**esoxyribo**N**uklein**S**äure), welche die Erbinformationen enthält. Durch Strahlung bewirkte Ionisation von DNS-Molekülen kann diese schädigen. Die in ihnen gespeicherten Erbinformationen werden verändert, was zu so genannten **Mutationen** führt. Körperzellen können z. B. zu unkontrolliertem Wachstum und damit zur Krebsbildung angeregt werden.

Wenn weibliche oder männliche Keimzellen (Ei- oder Samenzellen) von Mutationen betroffen sind, wirkt sich das auf die Entwicklung des ungeborenen Kindes aus, zum Beispiel können Missbildungen bei Neugeborenen oder Mongolismus auftreten. Es kann aber auch die gestörte Erbinformation an die Nachkommen weitergegeben werden, was dann zu Erbkrankheiten führen kann.

Während somatische Schäden an den betroffenen Menschen selbst beobachtet werden können, wirken sich genetische Schäden an den Keimzellen erst an den direkten Nachkommen oder in den Folgegenerationen aus.

Abwehrmechanismen im Körper

Wird der Körper von Strahlung getroffen, stehen zwei sehr wirksame Abwehrsysteme bereit, welche auf Schädigungen sofort mit erhöhter Aktivität reagieren:

1. Ein **Reparatursystem** repariert Molekül- und Zellschäden. Dadurch werden somatische Schäden verhindert oder begrenzt. Mutationen können dabei aber bestehen bleiben oder sogar durch fehlerhafte Reparaturen an DNS-Molekülen neu entstehen.

2. Das **Immunsystem** entfernt durch Strahlung veränderte, also mutierte Zellen, aus dem Gewebe und sorgt für neue Zellen durch Beschleunigung der Zellteilung. Deshalb ist das Auslösen einer Mutation nicht immer gleichbedeutend mit einem somatischen oder genetischen Schaden.

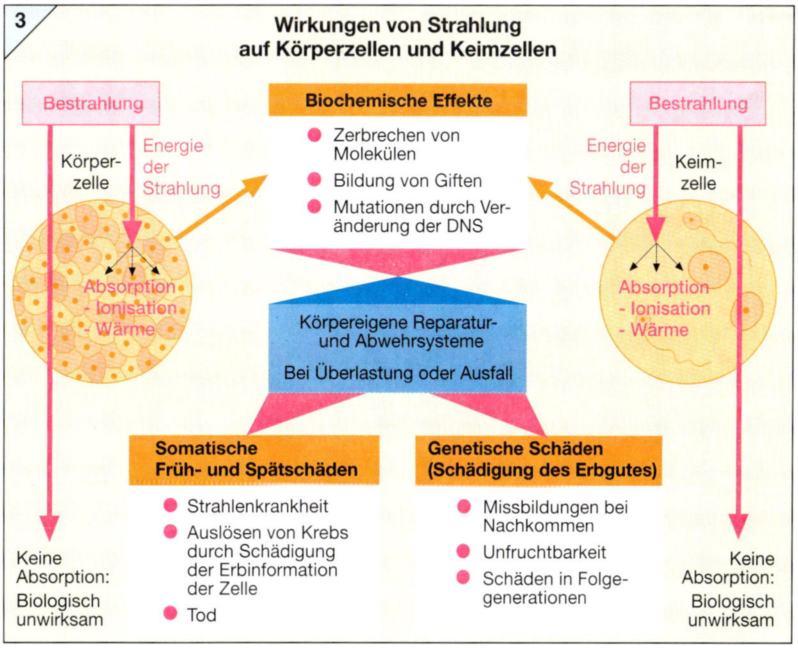

Schädigungen durch Strahlung können nur teilweise oder gar nicht abgewehrt werden, wenn die körpereigenen Abwehrsysteme überlastet sind, weil das Immunsystem z. B. gleichzeitig gegen eine Virusinfektion ankämpfen muss. Zu starke Strahlung kann die Abwehrmechanismen so schwächen, dass sie ganz versagen.

Die Strahlendosis

Du weißt, dass Strahlung Energie vom Strahler in den Körper transportieren und dort freisetzen kann. Wir wollen nun klären, welcher Zusammenhang zwischen der vom Körper eines Menschen aufgenommenen Energie und der Schädigung seiner Zellen besteht. Sinnvollerweise gehen wir davon aus, dass die zu erwartenden Schäden umso größer sein werden, je mehr Energie die Strahlung in den Zellen freisetzt.

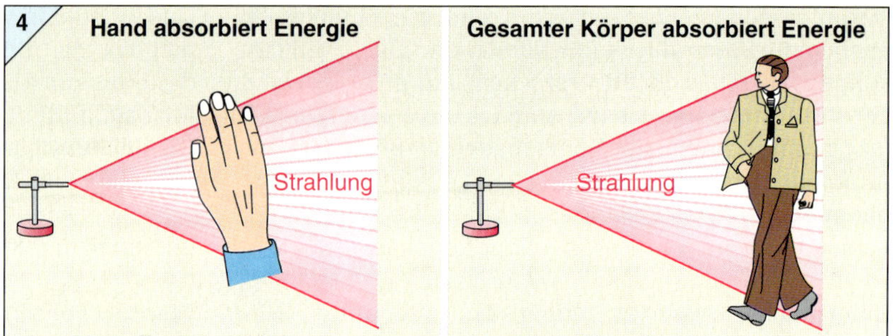

Um zu verstehen, was mit **Strahlendosis** gemeint ist, wollen wir uns vorstellen, dass ein Mensch gleich viel Energie aus γ-Strahlung einmal mit seiner Hand und einmal mit seinem ganzen Körper aufnimmt. Bei der Hand verteilt sich die Energie dann auf eine Masse von ca. 0,2 kg und beim ganzen Körper auf ca. 80 kg. Um ein Maß für die schädigende Wirkung von Strahlung zu bekommen, dividiert man die insgesamt aufgenommene Energie durch die bestrahlte Masse. Das sind für die Hand 100 J : 0,2 kg = 500 $\frac{J}{kg}$ und für den ganzen Körper 100 J : 80 kg = 1,25 $\frac{J}{kg}$. Die so errechnete, pro Kilogramm aufgenommene Energie ist die so genannte **Energiedosis** der Bestrahlung. Die Hand erhält in unserem Beispiel die Energiedosis 500 $\frac{J}{kg}$, der ganze Körper 1,25 $\frac{J}{kg}$. Das bedeutet, dass die schädigenden Wirkungen der Strahlung in der Hand viel größer sein werden als im ganzen Körper.

Genaue Untersuchungen und medizinische Erfahrungen haben gezeigt, dass α-Strahlung gefährlicher ist als β- und γ-Strahlung. Die Schäden, welche z. B. die Strahlendosis 1 $\frac{J}{kg}$ im Körpergewebe eines Menschen anrichtet, ist nämlich bei α-Strahlung 20-mal so groß wie bei β- und γ-Strahlung. Das aber bedeutet, dass eine Energiedosis von z. B. 1 $\frac{J}{kg}$ aus α-Bestrahlung eine gleich große biologische Wirkung auf den Körper hat wie 20 $\frac{J}{kg}$ aus β- oder γ-Strahlung.

Um die schädigenden Wirkungen der verschiedenen Strahlungsarten miteinander vergleichen zu können, multipliziert man bei α-Strahlung die Energiedosis mit 20, bei β- oder γ-Strahlung mit 1. Damit man sofort erkennt, dass es sich jetzt um eine *bewertete Energiedosis* handelt, setzt man hinter den Zahlenwert nicht $\frac{J}{kg}$, sondern das Zeichen Sv (Sievert). Angaben in Sv bezeichnet man als **Äquivalentdosis.** Diese Äquivalentdosis bezeichnen wir in Zukunft der Einfachheit halber mit **Strahlendosis.** Für kleinere Äquivalentdosen gibt es die Einheiten Millisievert (mSv) und Mikrosievert (μSv).
Für Umrechnungen gilt:
1 Sv = 1 000 mSv = 1 000 000 μSv.

Die nach der Wirksamkeit der Strahlungsart bewertete Strahlendosis misst man in Sievert (Sv).

Was bewirkt eine Strahlendosis von 1 Sv?

Erfahrungen mit der Wirkung *kurzzeitiger Strahlung auf den ganzen Körper* von Menschen zeigen, dass es eine so genannte **Schwellendosis** gibt, unterhalb derer es ziemlich wahrscheinlich keine unmittelbaren gesundheitlichen Schäden gibt. Sie liegt bei 0,25 Sv.

Beträgt die Strahlendosis während einer kurzzeitigen Bestrahlung 1 Sv, wird er einige Zeit lang strahlenkrank. Er erholt sich aber wieder. Man spricht von **vorübergehender Strahlenkrankheit.** Bei etwa 4 Sv erkrankt ein bestrahlter Mensch an **schwerer** und bei etwa 7 Sv an **tödlicher Strahlenkrankheit.**

5 Dosis	Folgen
0 – 0,25 Sv	kaum akute Beschwerden
0,25 Sv	erste Veränderungen im Blutbild: weniger weiße Blutkörperchen
1 Sv	**vorübergehende Strahlenkrankheit** meist baldige Erholung, kaum Todesfälle zu erwarten
4 Sv	**schwere Strahlenkrankheit** große Infektionsanfälligkeit, 50% Todesfälle sind zu erwarten
7 Sv	**tödliche Strahlenkrankheit** Übelkeit, Erbrechen; hohes Fieber; Entzündungen, schneller Kräfteverfall; ohne Therapie tritt zu 100% der Tod ein.

Bestrahlungszeit und Organempfindlichkeit

Entscheidend für die Wirkung einer aufgenommenen Strahlendosis auf Körperzellen ist nicht allein ihre Größe, sondern auch die **Zeitdauer** der Bestrahlung. Nimmt ein Mensch z. B. eine Woche lang täglich eine Dosis von 0,1 Sv auf, können Zellverluste durch Beschleunigen der Zellneubildung mit hoher Wahrscheinlichkeit ausgeglichen werden. Wird die gesamte Dosis von 0,7 Sv aber bei einmaliger, kurzzeitiger Bestrahlung aufgenommen, kann der Mensch erkranken. Ein gesunder Mensch mit intaktem Immunsystem würde davon vielleicht kaum etwas bemerken, während ein anderer darunter schon zu leiden hätte.

Außerdem sind nicht alle Organe des Körpers gleich **strahlungsempfindlich.** So ist die Bedeutung z. B. der Haare oder der Fingernägel für das Funktionieren des Körpers sehr gering im Vergleich zum Knochenmark, in dem die roten Blutkörperchen gebildet werden, oder der Lunge, in der der Gasaustausch stattfindet.
Eine kleine Strahlendosis in Knochen, Schilddrüse, Lunge, Knochenmark, Brustgewebe oder Keimdrüsen kann deshalb eine relativ große Störung im ganzen Körper auslösen.

Dosismessgeräte

In Deutschland sind ca. 300 000 Menschen an Arbeitsplätzen beschäftigt, an denen sie Strahlung ausgesetzt sind. Damit eine Kontrolle möglich ist und die festgelegten Obergrenzen für die aufgenommene Strahlendosis auf keinen Fall überschritten werden, wird die Dosis mit **Personendosimetern** gemessen. Man unterscheidet Stab- oder Taschendosimeter und Filmdosimeter.

Taschendosimeter sehen aus wie ein Füllhalter. Die Messeinrichtungen befinden sich im Gehäuse. Ihr Träger kann auf einer Skala jederzeit kontrollieren, wie hoch die von ihm aufgenommene, persönliche Dosis seit der letzten Nullstellung ist.
Am häufigsten eingesetzt werden **Filmdosimeter.** Sie werden an die Arbeitskleidung geheftet und enthalten in einem flachen Gehäuse ein Stück Film, das an manchen Stellen durch spezielle Filter abgeschirmt ist. Wenn so ein Filmdosimeter z. B. einen Monat lang getragen wird, „sammelt" der Film die Energie und wird je nach Stärke und Art der auftreffenden Strahlung mehr oder weniger geschwärzt. Jeden Monat wird das Dosimeter zu einer zentralen Auswertestelle geschickt. Die Schwärzung gibt Aufschluss über die aufgenommene Dosis. Die Summe aus 12 Monaten ergibt die Dosis pro Jahr, die so genannte **Jahresdosis.** Sie wird ebenfalls in mSv angegeben.

Überschreitet ein Arbeiter, z. B. in einem Kernkraftwerk, den für ihn geltenden Grenzwert für die pro Jahr erlaubte Dosis, darf er nicht mehr an einem Arbeitsplatz tätig sein, an dem er Strahlung ausgesetzt ist.

AUFGABEN UND ZUSAMMENFASSUNG

1. Schreibe auf, welche Wirkungen Strahlung haben kann, wenn sie vom Körper absorbiert wird.

2. Beschreibe den Unterschied zwischen somatischen und genetischen Schäden.

3. Welche Symptome treten bei vorübergehender und schwerer Strahlenkrankheit auf?

4. Beschreibe an einem Beispiel, was du unter dem Begriff „Strahlendosis" verstehst.

5. Wie groß ist die Äquivalentdosis bei α-, β- und γ-Strahlung, wenn die Energiedosis $0{,}1\,\frac{J}{kg}$ beträgt? Welche Wirkungen ergäben sich möglicherweise?

6. Was ist gesundheitsschädlicher:
a) innerhalb einer Stunde
b) innerhalb eines Jahres
eine Strahlendosis von 0,5 Sv zu bekommen? Begründe!

7. Ab welcher Strahlendosis muss man bei kurzzeitiger Ganzkörperbestrahlung mit Erkrankungen rechnen?

Strahlenwirkungen

Strahlung kann den menschlichen Körper schädigen und Erbkrankheiten auslösen.

Dosiswerte sind ein Maß für die Wirksamkeit von Strahlung auf den menschlichen Körper. Die Strahlendosis misst man mit Dosimetern in den Einheiten Sievert (Sv) und Millisievert (mSv).

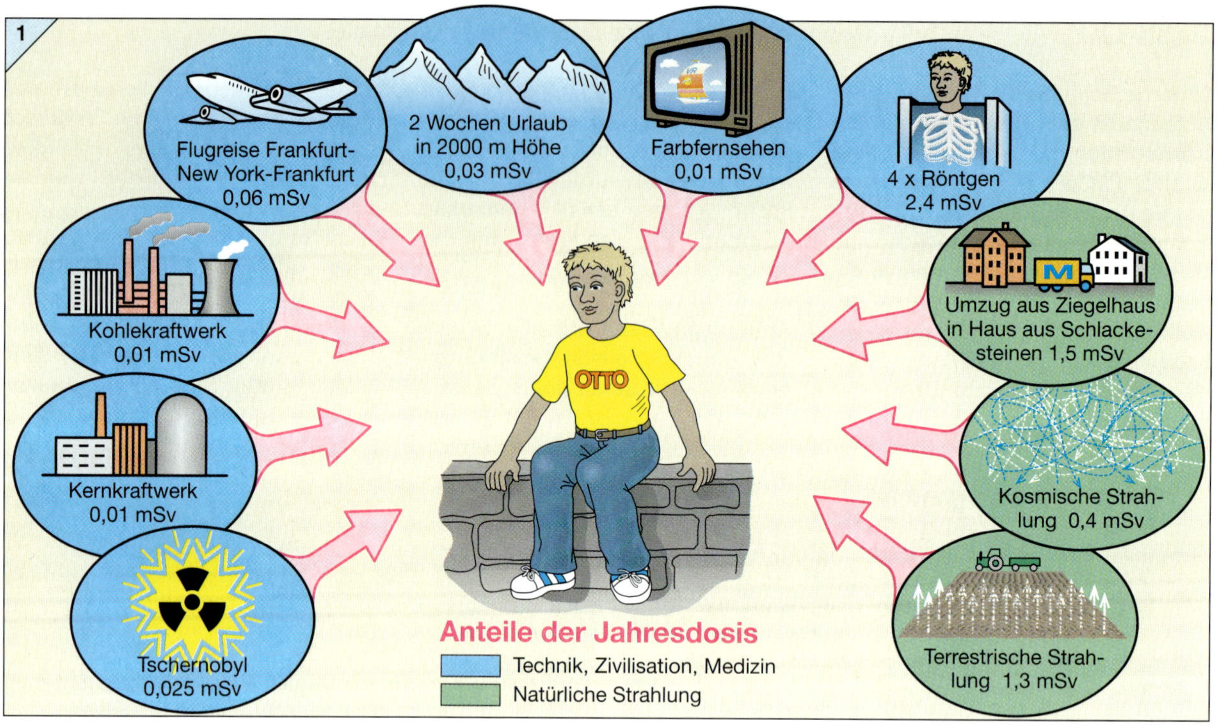

Du weißt, dass ein eingeschalteter Geigerzähler die so genannte Nullrate registriert, weil aus der Umgebung ständig Strahlung ins Zählrohr eindringt. Was sind die genauen Ursachen für die **Umgebungsstrahlung** und wie groß ist eigentlich die Dosis, welche ein Mensch durch sie aufnimmt?

Die Jahresdosis

Ließe man ein Dosimeter, das die Strahlendosis in Sv anzeigt, ein Jahr lang eingeschaltet, so ist klar, dass es Stunde für Stunde oder Monat für Monat die sehr kleinen Dosiswerte sammelt. Die Gesamtdosis wird immer größer. Es würde nach einem Jahr zwischen 2 und 4 mSv anzeigen. So groß ist nämlich durchschnittlich die Dosis, welche ein Mensch aufgrund der Umgebungsstrahlung pro Jahr in Deutschland aufnimmt. Man nennt sie die **mittlere Jahresdosis.** Menschen nehmen sie seit jeher Jahr für Jahr auf und in einer Lebenszeit von 75 Jahren kommen etwa 170 mSv zusammen.

Die Jahresdosis kann für einzelne Personen niedriger, aber auch sehr viel höher sein und stammt zum größten Teil aus der natürlichen kosmischen und terrestrischen Strahlung, der Strahlung eingeatmeten radioaktiven Radons und anderer mit der Nahrung aufgenommener radioaktiver Stoffe. Einen großen Anteil bewirkt außerdem die medizinische Anwendung von radioaktiven Stoffen beim Röntgen. Die Belastungen aus allen anderen technischen Strahlungsquellen sind außerordentlich gering. Genauere Angaben dazu findest du auf der Seite rechts.

Bewertung der Jahresdosis

Vergleichen wir die Dosis von 1 000 mSv = 1 Sv, welche, kurzfristig aufgenommen, die Strahlenkrankheit auslöst, mit den 4 mSv der Jahresdosis: Diese 4 mSv der Jahresdosis sind um den Faktor 250 geringer als die 1 000 mSv; außerdem werden die 4 mSv im Laufe eines Jahres aufgenommen, die 1 000 mSv dagegen in kürzester Zeit. Man kann deshalb sicher davon ausgehen, dass 4 mSv, aufgenommen in einem Jahr, völlig unbedenklich sind. Mit dieser Jahresdosis lebt die Menschheit praktisch seit ihrer Entstehung.

Man muss aber berücksichtigen, dass sich mehrere kleine Dosen bei einem Menschen aufaddieren. Einige Röntgenaufnahmen in kurzer Zeit könnten z. B. die persönliche Dosis so stark erhöhen, dass dies nicht mehr unbedenklich ist. Jede auch noch so geringe Bestrahlung bedeutet also eine Erhöhung der insgesamt aufgenommenen Dosis und damit ein erhöhtes Erkrankungsrisiko. Deshalb gilt: Im Interesse seiner Gesundheit sollte jeder jede auch noch so minimale zusätzliche Belastung nach Möglichkeit vermeiden.

Woher kommt die Umgebungsstrahlung?

Strahlung aus dem Kosmos

Ein Anteil der Jahresdosis ist die **kosmische Strahlung.** Sie entsteht, weil die Sonne nicht nur Licht, sondern auch Protonen in die Lufthülle der Erde sendet. Bei Zusammenstößen mit Luftmolekülen entsteht vor allem γ-Strahlung. Auf dem Weg durch die Lufthülle wird zwar ein Teil der Strahlung absorbiert. Dennoch wird jeder Mensch von ihr getroffen.

Die *Jahresdosis,* die ein Mensch im Freien aufnimmt, ist abhängig von der Höhe, in der er sich aufhält. Sie beträgt in Meereshöhe ca. 0,3 mSv, in 1 500 m Höhe 0,5–0,6 mSv und erreicht auf der Zugspitze (ca. 3 000 m) etwa 1,1 mSv. Auch auf Langstreckenflügen nehmen Passagiere und Besatzung eine Dosis von 0,004 mSv pro Flugstunde auf.

Strahlung aus der Erde und im eigenen Körper

Ein zweiter Anteil der Umgebungsstrahlung kommt aus der Erde; das ist die **terrestrische Strahlung.** Sie geht von Radionukliden aus, die in der Erdkruste und der Atmosphäre vorhanden sind. Einige stammen aus der Entstehungszeit der Erde, z. B. Kalium40, Uran238, Uran235 oder Plutonium239. Andere sind die ebenfalls radioaktiven Folgekerne natürlicher Strahler. Zu diesen Folgekernen gehören z. B. Radium226, das in Uranerzen vorkommt und in unseren Strahlerstiften enthalten ist, oder das aus ihm bei der α-Umwandlung entstehende Edelgas Radon222. Der aus der terrestrischen Strahlung resultierende Beitrag zur Jahresdosis ist stark von der Beschaffenheit des Erdbodens abhängig und beträgt in Bremen unter 0,4 mSv, im Thüringer und im Bayerischen Wald dagegen 1,2 mSv. Im Schnitt liegt er in Deutschland bei 0,5 mSv pro Jahr. Terrestrische Strahlung wirkt im Freien, aber auch in Gebäuden, weil die meisten Baumaterialien Radionuklide enthalten.

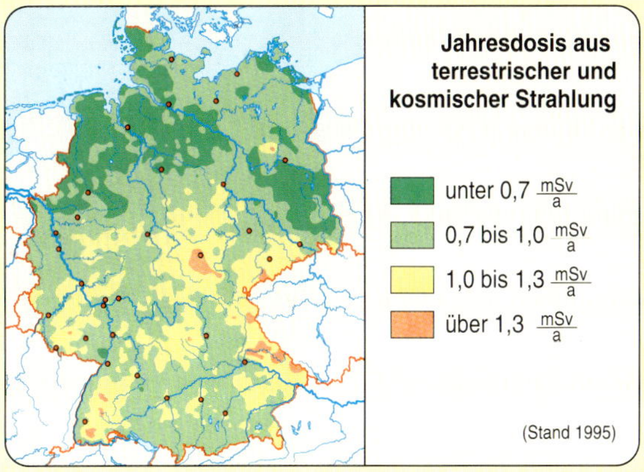

Jeder Mensch nimmt ständig mit der Nahrung Radionuklide, vor allem Kalium40, Kohlenstoff14 und Radium226 in seinen Körper auf. Sie werden durch das Blut überall im Körper verteilt. Die gasförmigen Radioisotope Rn220 und Rn222 dringen aus dem Erdboden in die Luft und werden beim Atmen ständig in die Lunge aufgenommen, wo auch die Folgeprodukte die Lungenbläschen bestrahlen. Das führt dazu, dass jeder Mensch in Deutschland heute im Mittel durch *innere Bestrahlung* mit einer Jahresdosis von 1,6 mSv belastet ist. Man spricht von der **Eigenstrahlung des Körpers.**

Technisch oder medizinisch verursachte Strahlendosis

In **Kohlekraftwerken** werden große Mengen Kohle verbrannt. Sie enthält Spuren radioaktiver Stoffe, die nach dem Verbrennen in der Asche bleiben oder mit den Abgasen in die Atmosphäre und schließlich in den Erdboden gelangen. Sie bewirken an den ungünstigsten Einwirkungsstellen, z. B. in der Abluftfahne eines Kamins, eine Jahresdosis von 0,005–0,010 mSv. Auch radioaktive Stoffe wie Xenon, Krypton oder Caesium, welche von **kerntechnischen Anlagen** abgegeben werden, verursachen eine Dosis von etwa 0,01 mSv pro Jahr.

Die stärkste Belastung ergibt sich durch die zunehmende Anwendung von **radioaktiven Stoffen in der Medizin.** Sie dienen zur Untersuchung von inneren Organen und des Skeletts sowie der gezielten Zerstörung von Krebserkrankungen. Allein durch Röntgen ergibt sich eine durchschnittliche Jahresdosis pro Kopf von rund 1,5 mSv.

Die Belastung durch Fernsehgeräte, radioaktive Leuchtfarben, Fliesen usw. ist sehr gering; sie beträgt nur etwa 0,02 $\frac{mSv}{a}$.

AUFGABEN UND ZUSAMMENFASSUNG

1. Was verstehst du unter der Jahresdosis? Wie groß ist sie?

2. Was versteht man unter Umgebungsstrahlung? Aus welchen Anteilen besteht sie?

3. Wie groß ist die Jahresdosis jeweils, welche durch natürliche und welche durch künstlich erzeugte Strahlung verursacht wird?

Jahresdosis

Jeder Mensch nimmt Tag für Tag Strahlung in seinen Körper auf. Sie verursacht eine mittlere Jahresdosis von ca. 4 mSv.

Belastungspfade

Nach Unfällen in kerntechnischen Anlagen, wie z. B. in Tschernobyl, wird die Angst der Menschen vor den negativen Auswirkungen von Strahlung größer. In Tschernobyl z. B. gelangten 1986 vor allem radioaktives Iod131, Caesium134, Caesium137 und Strontium90 gasförmig, als Staub oder an Wassertröpfchen angelagert in die Lufthülle der Erde. Warum ist das eigentlich auch für weiter entfernt lebende Menschen gefährlich?

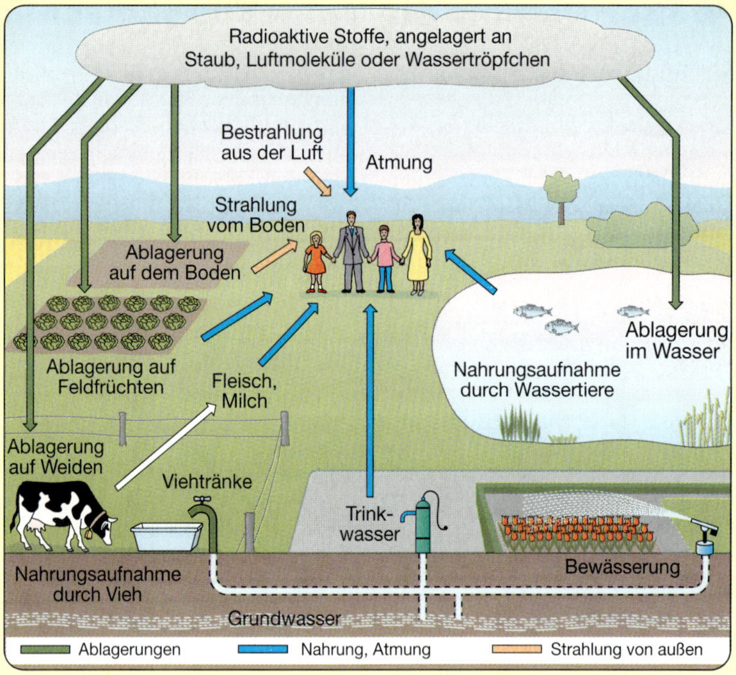

Zwischenstation Pflanze und Tier

Werden radioaktive Stoffe an irgendeiner Stelle in die Luft freigesetzt, lagern sie sich an Staubteilchen und Wassertröpfchen an. Sie wandeln sich ihrer Halbwertszeit entsprechend in andere Stoffe um, die ihrerseits wieder radioaktiv sein können. Nun geschieht folgendes:

1. Sie werden vom Wind mitgenommen und weltweit in der Lufthülle der Erde verteilt.
2. Sie fallen als trockener radioaktiver Staub zu Boden und bleiben an den Oberflächen von Pflanzen, an Tieren und Menschen hängen. Wenn es regnet, werden sie abgewaschen und sickern in tiefere Bodenschichten. Sie gelangen daher unter Umständen ins Grundwasser und von dort ins Trinkwasser.
3. Sie fallen zusammen mit dem Regen auf den Boden, in Bäche, Flüsse, Seen und Meere und verteilen sich großflächig mit dem strömenden Wasser.

Iod wird von den Pflanzen in die Blätter aufgenommen und reichert sich dort an.
Das in die oberen Bodenschichten gesickerte Cäsium, aber auch das Strontium werden in Wasser gelöst, von den Wurzeln aufgenommen und in die Pflanzen eingebaut. Dabei passiert etwas sehr Wichtiges: Die Pflanze behandelt radioaktives Caesium und Strontium wie das unschädliche Kalium und Calcium. Caesium und Strontium nennt man, weil sie dem Kalium und dem Calcium chemisch sehr ähnlich sind, auch „Doppelgängerstoffe". Sie reichern sich in Pflanzen und Früchten an.

Du kannst dir vorstellen, wie es weitergeht: Die Landtiere fressen die Futterpflanzen, z. B. die Kühe auf der Weide das Gras. Im Wasser fressen die Wassertiere Pflanzen, aber auch kleinere Beutetiere und bauen dabei radioaktive zusammen mit nichtradioaktiven Stoffen in ihren Körper ein. Die großen Tiere am Ende einer Nahrungskette, z. B. Hechte in einem See, Rehe im Forst oder die Kühe auf der Weide, können so besonders viel Cäsium und Strontium enthalten.

Endstation Mensch

Das letzte Glied in der **Nahrungskette** ist der Mensch. Er nimmt mit der Nahrung immer auch Spuren radioaktiver Stoffe in seinen Körper auf. Manche davon werden sofort wieder ausgeschieden. Radioaktives Iod aber wird bevorzugt von der Schilddrüse aufgenommen und darin gesammelt. Fein verteiltes Iod wird eingeatmet und bestrahlt dann die Lunge von innen. Die radioaktiven Caesiumkerne werden im ganzen Körper verteilt, aber besonders begierig als „Doppelgänger" des Kaliums von den Muskeln und der Leber aufgenommen. Das Strontium wird als „Doppelgänger" des Knochenbaustoffs Calcium vor allem in das Skelett eingebaut.

Im Körper wird die Aktivität der radioaktiven Stoffe entsprechend ihrer Halbwertszeit immer kleiner. Außerdem scheidet der Körper sie in einer bestimmten Zeit durch Stoffwechselvorgänge von selbst aus:

Caesium wird sehr schnell abgebaut. Nach 65–70 Tagen ist nur noch die Hälfte der aufgenommenen Menge da.
Iod bleibt viel länger im Körper. Erst nach etwa 140 Tagen ist die Hälfte des aufgenommenen Iods durch Stoffwechselvorgänge wieder verschwunden. Aber seine Halbwertszeit von 8 Tagen ist so kurz, dass sich fast das gesamte Iod innerhalb von 80 Tagen in das stabile Edelgas Xenon umgewandelt hat.

Strontium dagegen bleibt lebenslang in den Knochen eingelagert. Das ist deshalb besonders gefährlich, weil seine Strahlung das Knochenmark, in dem die Blutkörperchen gebildet werden, schädigt.

Schutz vor Strahlung

Das ALARA-Prinzip

Jeder Mensch erhält aufgrund der natürlichen Strahlung eine bestimmte Jahresdosis, die sich nicht verhindern lässt. Man kann aber die zusätzliche Dosis aufgrund künstlich erzeugter Strahlung „so niedrig wie vernünftigerweise erreichbar" (**A**s **L**ow **A**s **R**easonably **A**chievable) halten. Deshalb hat der Gesetzgeber **Grenzwerte** für die durchschnittliche Strahlenbelastung, insbesondere für den medizinischen Bereich und das Betreiben kerntechnischer Anlagen, festgelegt. Sie sollen sicherstellen, dass das Risiko, durch Strahlung vorübergehend oder auf Dauer krank zu werden, möglichst gering bleibt. Werden Grenzwerte überschritten, können die dafür Verantwortlichen bestraft werden. Betroffene können Schadenersatz einklagen.

Grenzwerte werden von Politikern festgelegt. Wie niedrig sie angesetzt werden, hängt immer auch davon ab, welches **Schädigungsrisiko** der Gesetzgeber und die Gesellschaft für das Betreiben einer kerntechnischen Anlage bereit sind hinzunehmen. Kernkraftwerke z. B. nutzen der Allgemeinheit, indem sie elektrische Energie erzeugen. Sie werden trotz einer von ihnen bewirkten Strahlendosis für die Beschäftigten und die Bevölkerung genehmigt, weil ihr Nutzen für die Allgemeinheit das Risiko, dass einzelne Menschen krank werden könnten, bei weitem übersteigt.

Grenzwerte am Arbeitsplatz

Wo dieses **Strahlenwarnzeichen** hängt, z. B. in kerntechnischen Anlagen oder in Krankenhäusern, muss man mit Strahlung rechnen.

Erwachsene, die am **Arbeitsplatz** mit radioaktiven Stoffen umgehen, dürfen in einem Jahr nicht mehr als 50 mSv für den ganzen Körper oder für die strahlungsempfindlichsten Organe, also z. B. das Knochenmark, die Keimdrüsen oder die Gebärmutter, erhalten. Besonders geschützt werden Frauen im gebärfähigen Alter durch Festlegen eines Grenzwertes von höchstens 5 mSv pro Monat. Jugendliche dürfen grundsätzlich nur $\frac{1}{10}$ der Jahresdosis eines Erwachsenen aufnehmen.
Werden die vorgeschriebenen Grenzwerte überschritten, darf der Betroffene nur noch eingeschränkt oder gar nicht mehr in Bereichen mit Strahlung arbeiten. Deshalb werden die Dosiswerte für jeden Beschäftigten pro Monat oder Jahr gemessen, in einen **Strahlenpass** eingetragen und von den Behörden überprüft.
Beim **Röntgen** ist der Arzt für den ordnungsgemäßen Zustand des Röntgengerätes verantwortlich, damit die Strahlendosis pro Untersuchung nicht größer ist als etwa 2 mSv. Außerdem ist er verpflichtet, sich zu vergewissern, dass die Anzahl der Röntgenaufnahmen in einem Jahr für eine Person nicht zu groß wird.

Grenzwerte für die Bevölkerung

Der Grenzwert der Ganzkörperdosis, welche Menschen, die z. B. in der Nähe eines Kernkraftwerkes wohnen, bekommen dürfen, beträgt 1,5 mSv pro Jahr und höchstens 5 mSv in 5 Jahren. Nur in Ausnahmefällen darf die Dosis in einem Jahr 5 mSv betragen. Für die Teilkörperdosis pro Kalenderjahr gelten die viel niedrigeren Grenzwerte der folgenden Tabelle.

Die Konsequenz daraus ist: *Kerntechnische Anlagen* müssen so geplant und gebaut werden, dass die angegebenen Grenzwerte während des Betriebs eingehalten werden. Auch in der Umgebung dürfen die Werte an der ungünstigsten Einwirkungsstelle in keinem Jahr mehr als 0,3 mSv betragen.

	Erwachsene	Jugendliche	Bevölkerung
ganzer Körper	50 mSv	5 mSv	1,5 mSv
Alle Organe, falls nicht im Folgenden genannt	150 mSv	15 mSv	0,9 mSv
Keimdrüsen, Gebärmutter, Knochenmark	50 mSv	5 mSv	0,3 mSv
Schilddrüse, Knochenoberfläche, Haut	300 mSv	30 mSv	1,8 mSv
Hände, Unterarme, Füße, Knöchel, Unterschenkel samt Haut	500 mSv	50 mSv	0,9 mSv

Strahlenschutz

Generelle Maßnahmen, zum Teil gesetzlich vorgeschrieben
- Technisch bedingte Strahlendosis so gering wie möglich halten!
- Einhalten und Kontrolle der Grenzwerte!
- Sorgfältige und genaue Überwachung der Umwelt mit einem Netz von Messstellen!
- Strahler abschirmen: Schutzschichten aus Blei so dick wählen, dass Grenzwerte eingehalten werden!

Was kann man selbst tun?
- Abstand halten: Je weiter weg, desto besser!
- Sich möglichst kurze Zeit in der Nähe einer Strahlungsquelle aufhalten!
- Beim Umgang mit radioaktiven Stoffen nicht essen, trinken oder rauchen!
- Nach dem Umgang mit radioaktiven Stoffen Hände waschen!
- Lüften: Regelmäßiger Austausch der Raumluft!
- Baumaterialien mit geringem Anteil radioaktiver Stoffe wählen!

Radionuklide in der Medizin ...

Röntgen und Durchleuchten

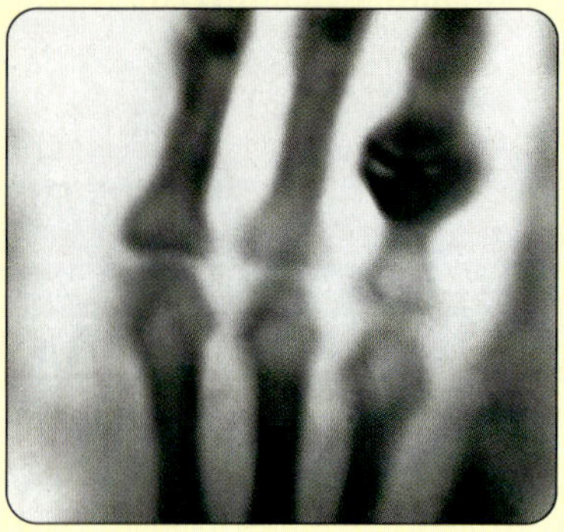

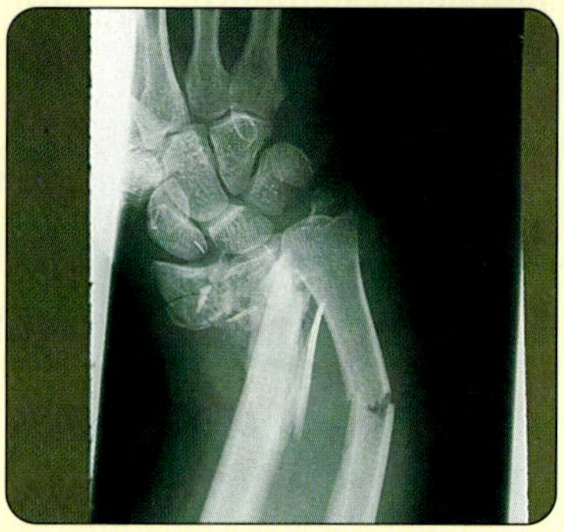

Hat man sich verletzt und der Arzt vermutet, dass z. B. ein Knochen gebrochen ist, wird man zum **Röntgen** geschickt. Der Vorteil des Röntgens ist, dass man sehen kann, ob eine Operation an einem erkrankten oder verletzten Körperteil erforderlich ist oder nicht.

Im Röntgenraum befindet sich eine Quelle für **Röntgenstrahlung** und eine große Kamera, in die ein für diese Strahlung empfindlicher Film eingelegt ist. Die Röntgenstrahlung ist eine künstlich erzeugte γ-Strahlung. Sie entsteht nicht bei Kernumwandlungen.
Die Abbildung rechts zeigt zwei Röntgenaufnahmen. Sie entstehen, weil die Strahlung den Fingerring und die Knochen schlechter als das übrige Gewebe der Hand oder des Arms durchdringt. Der entwickelte Film zeigt Ring und Knochen dunkel hervorgehoben. In der Abbildung daneben erkennt man deutlich den gebrochenen Unterarm.

Auch gesundes und krankes Gewebe von Organen wie Lunge oder Niere lässt die Röntgenstrahlung unterschiedlich gut durch. Mithilfe so genannter **Kontrastmittel,** welche der Patient einnehmen muss, werden diese natürlichen Unterschiede künstlich noch vergrößert. Deshalb kann man auch Röntgenaufnahmen von inneren Organen machen.

Eine Untersuchungsmethode, bei der die Röntgenkamera mit einem Monitor verbunden ist, sodass der Arzt das zu untersuchende Organ direkt am Bildschirm betrachten kann, nennt man **Durchleuchten.** Während das Gewebe bei einer Röntgenaufnahme nur einmal kurz durchstrahlt wird, dauert es beim Durchleuchten länger.

Der Arzt muss deshalb sorgfältig abwägen, ob er röntgt oder durchleuchtet, denn Röntgenstrahlung ist eine ionisierende Strahlung. Sie kann Zellen, die von ihr getroffen werden, schädigen. Die Dosis ist bei modernen Röntgengeräten allerdings sehr klein.

Radionuklide als Helfer in der Medizin

Die von Radionukliden ausgesandte Strahlung und ihre Eigenart, sich in bestimmten Organen anzureichern, nutzt man beim **Szintigrafieren** aus:

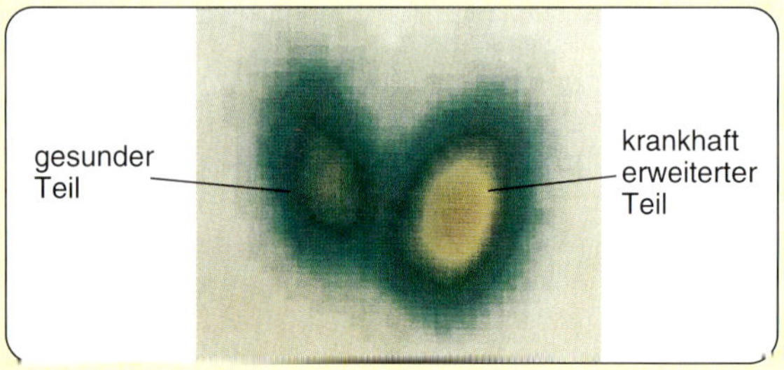

Man mischt zu einer geeigneten Flüssigkeit z. B. radioaktives Technetium, Iod123 oder Iod131. Solche Mischungen nennt man **Radiopharmaka.** Sie werden dem Patienten in die Blutbahn gespritzt: Das Iod reichert sich unterschiedlich in der geschädigten Schilddrüse an. Es sendet von den erkrankten und gesunden Stellen Strahlung aus, die von einem Detektor aufgefangen wird. Aus der Verteilung der Strahlung erstellt der Computer ein so genanntes **Szintigramm** (Abbildung links). Man erkennt auf dem Szintigramm links den gesunden und rechts den erweiterten, krankhaften Teil einer Schilddrüse.
Eingeatmetes, radioaktives Krypton81 ermöglicht es auf diese Weise, auch ein Szintigramm der Lunge anzufertigen. Dadurch kann man z. B. erkennen, ob ein Lungenflügel gut oder schlecht mit Sauerstoff versorgt wird oder krankhaftes Gewebe enthält.

Strahlentherapie

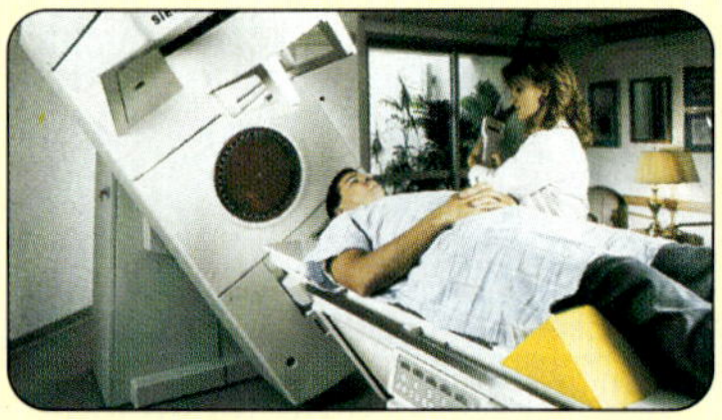

Bei dem Versuch, bösartige **Krebszellen** zu zerstören, bringt man mithilfe von künstlichen Strahlungsquellen hoher Aktivität viel Energie direkt in den Krebstumor hinein. Man versucht so, die sich schnell teilenden Krebszellen zu zerstören. Liegt der Tumor im Innern des Körpers, wird immer auch das davor und dahinter liegende Gewebe bestrahlt und geschädigt. Um die Schäden so gering wie möglich zu halten, verwendet man heute bei Bestrahlungen bewegliche Strahlungsquellen, die so angeordnet werden können, dass der gewünschte Bestrahlungsort (der Krebstumor) die höchste Strahlendosis erhält. Solche Geräte enthalten meist Strahler aus Cobalt60, die γ-Strahlung aussenden.

... und in der Technik

Dickenmessung und Fehlersuche

β- und γ-Strahlung können feste Stoffe durchdringen. Bringt man einen Gegenstand, z. B. eine Folie, zwischen eine Strahlungsquelle und ein Zählrohr mit angeschlossenem Zähler, kann dieses anzeigen, ob das Material der Folie viel oder wenig Strahlung durchlässt (Abb. rechts). Aus den Messwerten kann man dann Rückschlüsse auf die Dicke der Folie ziehen, denn je dicker das Material, desto weniger Strahlung lässt es durch.

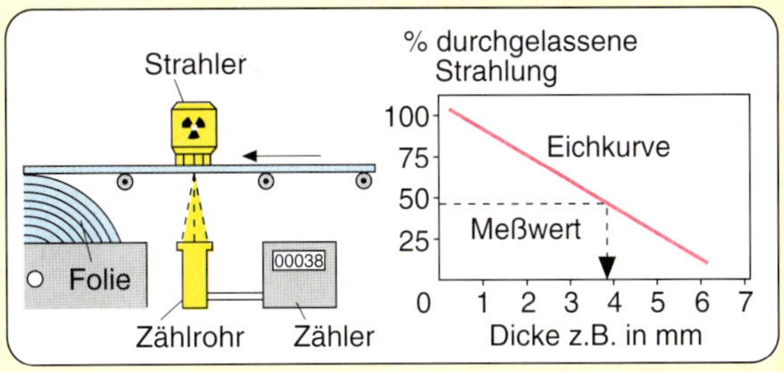

Schweißnähte lassen an fehlerhaften Stellen die Strahlung besser durch. Die Abbildung der Naht auf einem Film zeigt die Fehler als dunkle Stellen (Abb. rechts). Der Vorteil solcher Untersuchungsmethoden: Sie ermöglichen eine **zerstörungsfreie Untersuchung** und Prüfung von Werkstoffen und Anlagenteilen.

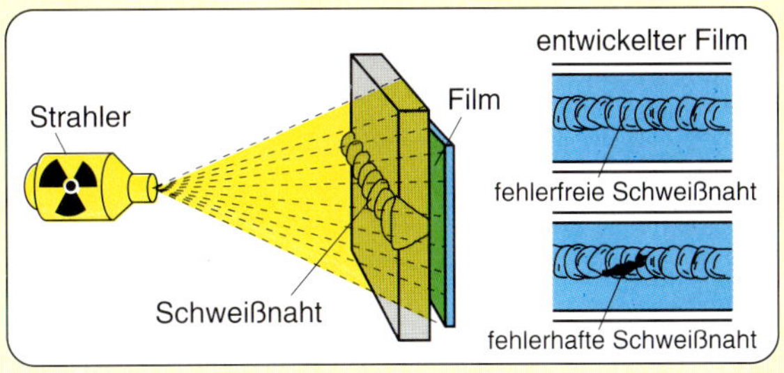

Ablagerungs- und Leckstellensuche

Ablagerungen in Rohren können mithilfe radioaktiver Stoffe auf Filmen abgebildet und beurteilt werden, ohne dass das Rohr zerstört werden muss. Dazu mischt man Radionuklide in die im Rohr strömende Flüssigkeit. Wo Ablagerungen vorhanden sind, wird Strahlung absorbiert und der Film deshalb weniger stark geschwärzt.

Lecks in Gasleitungen lassen sich feststellen, indem man dem durchströmenden Gas z. B. radioaktives Xenon138 oder Krypton85 beimischt. Die Leckstelle wird eingegrenzt oder gefunden, indem man mithilfe eines Zählrohrs feststellt, wo das Gas zusammen mit den Radionukliden oberhalb der Gasleitung aus dem Erdboden strömt.

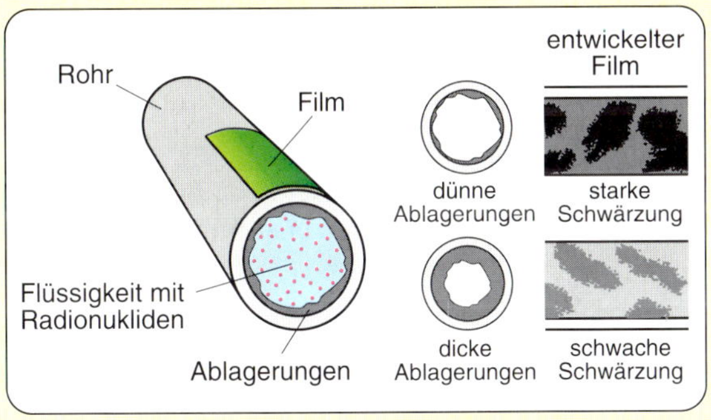

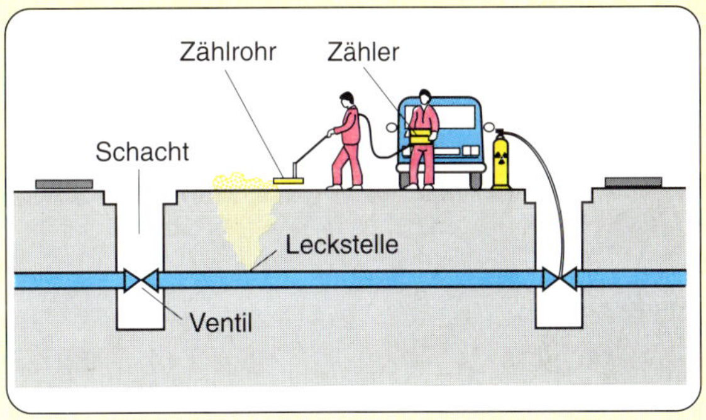

Konservieren von Lebensmitteln

Die meisten Lebensmittel sind nur begrenzt haltbar, sie verderben und sind dann ungenießbar. Verantwortlich dafür sind Mikroorganismen wie Bakterien, Hefen und Schimmelpilze. Sie zersetzen die in den Lebensmitteln enthaltenen Nährstoffe.
Mikroorganismen sind viel empfindlicher gegenüber ionisierender Strahlung als Tiere oder Pflanzen. Bestrahlt man z. B. Rosinen mit γ-Strahlung, werden die Zellen der auf ihnen lebenden und sich vermehrenden Mikroorganismen geschädigt oder abgetötet. Die Rosinen sind somit länger haltbar. Die Tabelle rechts zeigt, in welchen Ländern bestimmte Lebensmittel bestrahlt werden dürfen.
Gegen diese Methode der Lebensmittelkonservierung gibt es **Vorbehalte.** Sie ist in Deutschland verboten, weil man befürchtet, dass in den bestrahlten Lebensmitteln durch eine zu große Strahlendosis chemische Veränderungen stattfinden. Diese könnten die Qualität verschlechtern oder Gesundheitsschäden verursachen.

Land / Produkt	Belgien	Finnland	Frankreich	Italien	Niederlande	Spanien	Ungarn	USA
Erdbeeren	X							
Zwiebeln	X		X	X	X	X	X	
Kartoffeln	X		X	X	X	X		X
Reis					X			
Weizen								X
Geflügel			X		X			
Fisch					X			
Pilze					X			
Kräuter		X						X

Atomkerne lassen sich spalten

Uran kommt in der Natur als **Isotopengemisch** vor. Es besteht hauptsächlich aus $^{238}_{92}U$ und enthält in geringen Spuren $^{235}_{92}U$. Das U235 aber ist ein ganz besonderer Stoff, denn es hat als „Sprengstoff" der Atomwaffen und als „Brennstoff" der Kernkraftwerke das 20. Jahrhundert zum Atomzeitalter werden lassen. Sicher kannst du dir vorstellen, dass man Holz spalten kann oder Haare. Aber Atomkerne?

Atomkerne unter Beschuss

In den ersten 40 Jahren unseres Jahrhunderts setzten Kernphysiker alle möglichen Atomkerne der Strahlung radioaktiver Stoffe aus, d. h., sie beschossen Kerne mit α-Teilchen, Protonen und Elektronen. Trifft z. B. ein α-Teilchen auf einen Stickstoffkern, dringt es in ihn ein und schlägt Protonen aus ihm heraus. Der neu entstandene Kern ist ein Sauerstoffkern ($^{17}_{8}O$), denn zum Stickstoffkern ($^{14}_{7}N$) kam ein α-Teilchen ($^{4}_{2}He$) hinzu, ein Proton ($^{1}_{1}p$) ging weg. Wir erhalten folgende *Reaktionsgleichung:*

$$^{4}_{2}He\,(\alpha) + ^{14}_{7}N \rightarrow ^{17}_{8}O + ^{1}_{1}p$$

Derartige Vorgänge nennt man **Kernreaktionen.** Man darf sie nicht mit den von selbst ablaufenden Kernumwandlungen verwechseln!

Eine andere Kernreaktion wird ausgelöst, wenn man Radium226 mit Berylliumpulver vermischt und beides in eine Metallkapsel einschließt. Die vom Radium ausgesandten α-Teilchen bleiben in den Berylliumkernen stecken. Diese werden dadurch zu Kohlenstoffkernen. Ein Neutron wird frei und mit großer Geschwindigkeit aus dem Kern herausgeschleudert. Man hat eine *Neutronenquelle,* weil aus der Metallkapsel Neutronen herausschießen.

$$^{4}_{2}He\,(\alpha) + ^{9}_{4}Be \rightarrow ^{12}_{6}C + ^{1}_{0}n$$

Solche freien Neutronen dringen besonders leicht in andere Atomkerne ein, weil sie keine elektrische Ladung haben und deshalb nicht abgestoßen werden. Mit ihnen lassen sich Kernreaktionen auslösen.

Energie durch Spaltung von Urankernen

1938 beschossen die Chemiker OTTO HAHN und FRITZ STRASSMANN Urankerne mit Neutronen, um die Urankerne schwerer zu machen. Bei genauen chemischen Untersuchungen aber fanden sie statt der erwarteten schweren Urankerne leichte Kerne von Barium und Krypton. Die Physikerin LISE MEITNER nannte den Vorgang **Kernspaltung** und erklärte ihn so:

1. Kommen freie Neutronen in die Nähe von U235-Kernen, können sie von diesen eingefangen werden. Das gelingt umso sicherer, je langsamer die Neutronen sind. Die Kerne werden instabil und zerplatzen in zwei ungefähr gleich schwere Kernbruchstücke, z. B. Barium139 und Krypton94. Die Kernbruchstücke nennt man **Spaltprodukte.** Bild 1 zeigt, dass auch andere Spaltprodukte entstehen können. Sie alle sind radioaktiv und fliegen wegen der Abstoßung zwischen ihren Protonen mit hoher Geschwindigkeit auseinander.
2. Bei Kernspaltungen werden immer auch Neutronen frei, denn der $^{139}_{56}$Barium- und der $^{94}_{36}$Kryptonkern haben zusammen weniger Neutronen als der $^{235}_{92}$ Urankern. Die Geschwindigkeit der Neutronen ist unterschiedlich; sie reicht von 10 $\frac{km}{s}$ bei *langsamen Neutronen* bis zu 10 000 $\frac{km}{s}$ bei *schnellen Neutronen.* Im Schnitt werden pro Spaltung 2 – 3 Neutronen frei.
3. Die auseinander fliegenden Spaltprodukte haben sehr große Bewegungsenergie. Da diese Energie offensichtlich vorher in den Urankernen gespeichert war, nennt man sie **Kernenergie.**

1

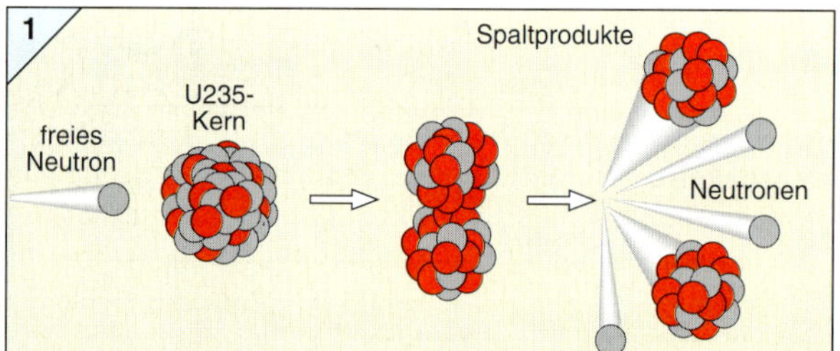

$$^{1}_{0}n + ^{235}_{92}U \Rightarrow ^{139}_{56}Ba + ^{94}_{36}Kr + 3\,^{1}_{0}n$$
$$^{1}_{0}n + ^{235}_{92}U \Rightarrow ^{137}_{55}Cs + ^{96}_{37}Rb + 3\,^{1}_{0}n$$
$$^{1}_{0}n + ^{235}_{92}U \Rightarrow ^{90}_{38}Sr + ^{144}_{54}Xe + 2\,^{1}_{0}n$$

U235-Kerne können Neutronen einfangen und sich dann spalten, wodurch Spaltprodukte und freie Neutronen entstehen. Energie wird frei.

Die Kettenreaktion

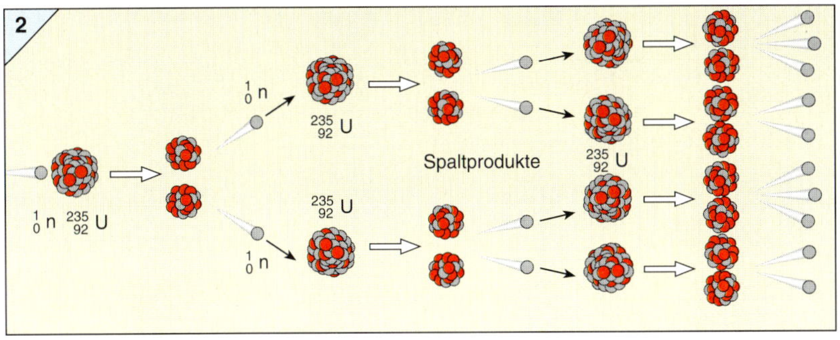

Das Prinzip der Kernspaltung ist in Bild 1 am Beispiel eines einzigen Urankerns dargestellt. In einem Stück U235 sind aber immer ungeheuer viele spaltbare Kerne enthalten. Was geschieht, wenn einer davon von einem Neutron getroffen wird?

Fängt ein U235-Kern ein Neutron ein, zerplatzt er in Kernbruchstücke. Wenn nun zwei der dabei frei werdenden Neutronen von zwei weiteren Urankernen eingefangen werden, entstehen wieder Kernbruchstücke, aber auch weitere Neutronen, die ihrerseits wieder Kerne spalten können usw. (Abb. 2). Eine einmal in Gang gesetzte Kernreaktion wird also nicht nur aufrechterhalten, sondern die Zahl der Kernspaltungen wächst lawinenartig an – vorausgesetzt, es ist genügend spaltbares Material vorhanden. Dann läuft eine **Kettenreaktion** ab.

Das lawinenartige Anwachsen der Spaltvorgänge kann der Versuch mit dem Streichholzbrett nach Bild 3 veranschaulichen: Ein gezündetes Streichholz in der untersten Reihe bewirkt automatisch die Zündung von immer mehr Streichhölzern in den darüber liegenden Reihen.

> Eine Kettenreaktion läuft ab, wenn die bei einer Kernspaltung entstehenden Neutronen weitere Kerne spalten.

Durch derartige Kettenreaktionen werden riesige Energiemengen in Form von Wärme frei. Die Bewegungsenergie der Spaltprodukte geht nämlich beim Abbremsen der Bewegung durch Zusammenstoßen mit Uranatomen in Wärme über. Dadurch wird die Energie, die zuvor in den Urankernen steckte, verfügbar. Ihr Betrag ist riesig: Bei der vollständigen Spaltung von 1 kg Uran235 entsteht etwa 2 000 000-mal so viel Wärme wie bei der vollständigen Verbrennung von 1 kg Kohle oder Heizöl.

Wird diese Energie in Bruchteilen von Sekunden frei, dann explodiert der Uranblock. Denn durch die entstehende Wärme wird das Material so stark erhitzt, dass Temperaturen von hundert Millionen Grad entstehen. Das Material verdampft im Feuerball einer „Superexplosion“. Das geschieht bei der Zündung der **Atombombe.**

Kontrollierte Kettenreaktion: Glücklicherweise lässt sich die Kettenreaktion in einem Uranblock aber *steuern,* indem die Anzahl der Kernspaltungen so begrenzt wird, dass immer nur höchstens eines der bei den Kernspaltungen frei werdenden Neutronen einen weiteren Kern spaltet. Eine *kontrollierte Kettenreaktion* läuft ab. Die in den Urankernen steckende Energie wird dann langsam in Form von Wärme frei und kann z. B. dazu genutzt werden, Wasserdampf zu erzeugen. Das geschieht in **Kernkraftwerken.**

AUFGABEN UND ZUSAMMENFASSUNG

1. Was geschieht, wenn α-Teilchen auf Stickstoffkerne treffen? Beschreibe.
2. Beschreibe den Ablauf einer Kernspaltung am Beispiel von Uran235.
3. Was unterscheidet die Kernumwandlung von Ra226 von der Kernspaltung des U235?
4. Beschreibe anhand der Abb. 2, was bei einer Kettenreaktion geschieht. Wie kann erreicht werden, dass sie kontrolliert abläuft?
5. Welche Energieumwandlungen finden bei einer Kernspaltung statt? Beschreibe, wie aus Kernenergie Wärme wird.

Kernspaltung; Kettenreaktion

U235-Kerne können Neutronen einfangen und sich in zwei leichtere Bruchstücke spalten. Dabei werden einige Neutronen und Kernenergie in Form von Wärme frei.

Bei einer Kettenreaktion lösen die bei einer Spaltung frei werdenden Neutronen weitere Spaltungen aus.

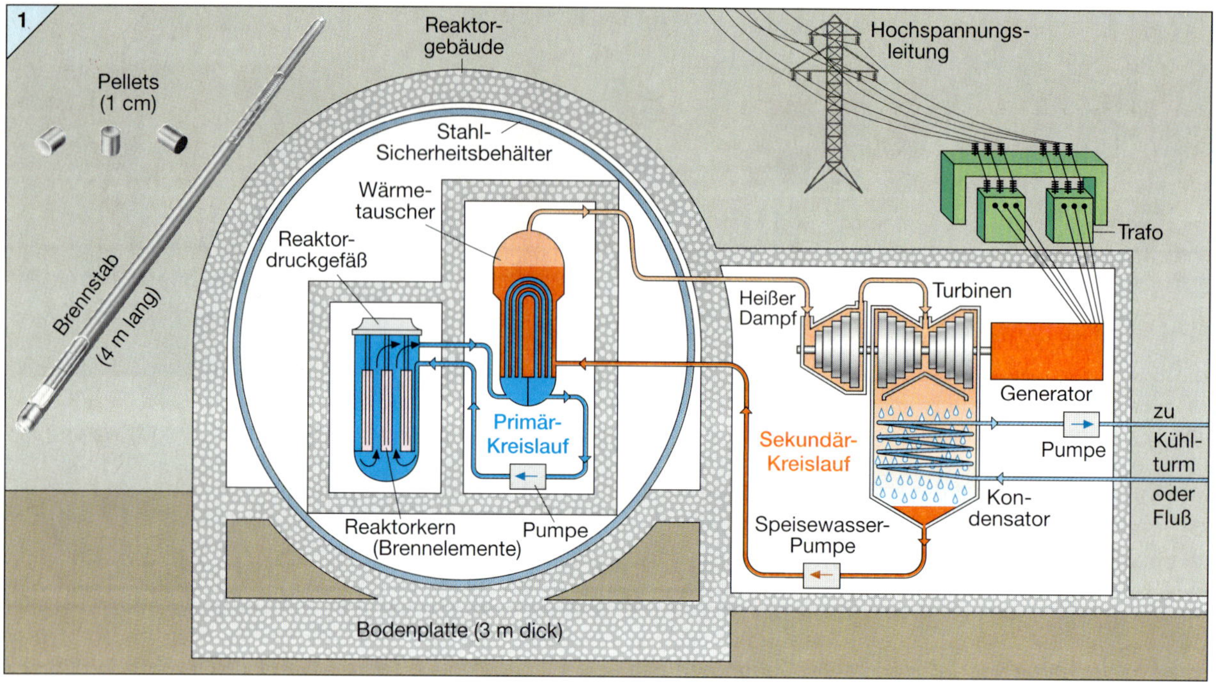

Kernkraftwerke sind **Wärmekraftwerke** wie Kohle-, Öl- oder Gaskraftwerke, weil wie in diesen *Wärme* erzeugt wird, mit der Wasser verdampft wird. Der Wasserdampf treibt die Turbinen an. Diese drehen Generatoren, welche elektrische Energie erzeugen.
Kernkraftwerke unterscheiden sich von herkömmlichen Kraftwerken zunächst in der Art der Wärmeerzeugung. Bei Kohle-, Öl- und Gaskraftwerken werden fossile Brennstoffe verbrannt. In Kernkraftwerken dagegen läuft eine Kettenreaktion ab. Um diese zu kontrollieren, braucht man eine komplizierte Technologie. Schauen wir uns die Baugruppen und die in ihnen ablaufenden Prozesse im Einzelnen an!

Aufbau eines Druckwasserreaktors

Innerhalb der kuppelförmigen Betonhülle des *Reaktorgebäudes*, das auf einer erdbebensicheren Bodenplatte steht, erkennt man in der Abb. 1 den kugelförmigen *Sicherheitsbehälter* aus Stahl. In voneinander getrennten Umhüllungen aus meterdickem Stahlbeton ruhen der *Wärmetauscher* und das *Reaktordruckgefäß* aus 25 cm dickem Spezialstahl mit dem **Reaktorkern.**

Der Reaktorkern besteht aus ca. 200 bis zu 4 m langen *Brennelementen.* In jedem sind bis zu 300 **Brennstäbe** mit ca. 1 cm Durchmesser zu einem quadratischen Bündel angeordnet. Die insgesamt ca. 60 000 Brennstäbe füllen einen Raum, der etwa so groß ist wie ein 4 m breites, 4 m langes und 4 m tiefes Sprungbecken in einem Schwimmbad. Jeder einzelne Brennstab besteht aus einem dünnwandigen Metallrohr, das eine Säule aus 1 cm dicken *Brennstofftabletten,* den so genannten *Pellets*, umgibt. Die Brennstäbe enthalten insgesamt etwa 100 t Uran. In ihnen wird **Wärme durch Kernspaltung** erzeugt.

Das gesamte Reaktordruckgefäß ist mit gewöhnlichem, gereinigtem *Wasser* gefüllt. Es wird von unten durch den Reaktorkern gepumpt und umspült die bis zu 800 °C heißen Brennstäbe. Sie geben Wärme an das Wasser ab, wodurch sie gekühlt werden. Das Wasser selbst wird etwa 350 °C heiß. Es steht unter hohem Druck, damit es bei dieser hohen Temperatur nicht siedet. Deshalb heißen solche Reaktoren **Druckwasserreaktoren.**

Weil das Wasser dieses *Primärkreislaufs* (in Bild 1 blau gezeichnet) radioaktive Stoffe enthält, lässt man es nicht aus dem Reaktorgebäude hinaus. Die von ihm im Reaktorkern aufgenommene Wärme wird im **Wärmetauscher** durch die Rohrwandungen hindurch an Wasser im so genannten *Sekundärkreislauf* (in Bild 1 rot) übertragen. Dieses wird so heiß, dass es verdampft. Dieser Dampf wird dann zur Turbine geleitet, welche den Generator antreibt. Danach gelangt der Dampf in den Kondensator, wird verflüssigt und als *Speisewasser* wieder in den Wärmetauscher zurückgepumpt.

Wie arbeitet der Kernreaktor?

In der Natur vorkommendes Uranerz besteht zu 99,3 % aus U238 und zu 0,7 % aus U235. Diese beiden Isotope verhalten sich sehr unterschiedlich, wenn sie Neutronen einfangen:

Werden sehr schnelle Neutronen von U238-Kernen eingefangen, dann lösen sie eine Spaltung aus. Mittelschnelle Neutronen werden von U238-Kernen eingefangen und eingebaut; es entsteht U239, ein β-Strahler. Langsame Neutronen reagieren nicht mit U238. Ganz anders verhält sich U235: Fast jeder Neutroneneinfang bewirkt die Spaltung des Kerns. Bevorzugt werden langsame Neutronen eingefangen.

Bei den Kernspaltungen entstehen so wenige sehr schnelle Neutronen, dass sie eine Kettenreaktion nicht aufrechterhalten können. Weiterhin ist die Konzentration von U235 in Natururan so gering, dass eine sich selbst erhaltende Kettenreaktion nicht zustande kommt. Deshalb muss Natururan, wenn es als Brennstoff für Kernreaktoren verwendet werden soll, mit U235 **angereichert** werden.

Aber auch in auf 3 % angereichertem Uran gibt es immer noch keine Kettenreaktion, da ein Großteil der bei den Spaltungen entstehenden Neutronen von U238 weggefangen wird. Um das zu verhindern, müssen die schnellen und mittelschnellen Neutronen abgebremst werden. Diese Aufgabe übernimmt das Wasser, das die Brennstäbe umströmt: Weil diese dünn sind, können die Neutronen die Brennstäbe nach der Spaltung verlassen. Bei Zusammenstößen mit den Protonen der Wassermoleküle geben die schnellen Neutronen fast ihre gesamte kinetische Energie an diese ab. Dadurch werden sie langsam. Diese langsamen Neutronen wandern wieder in die Brennstäbe zurück, werden begierig von U235-Kernen eingefangen und bewirken deren Spaltung. Das Wasser im Reaktor ist also sowohl Bremssubstanz für die Neutronen als auch Transportmittel für die frei werdende Energie.

Damit eine Kettenreaktion abläuft, bei der nicht mehr Wärme entsteht, als durch das Kühlwasser abgeführt werden kann, darf jeweils nur eines der frei werdenden Neutronen wieder eine weitere Spaltung auslösen. Alle übrigen Neutronen müssen weggefangen werden. Dazu gibt es 2 Möglichkeiten:

1. Im Normalbetrieb des Reaktors übernimmt Bor diese Aufgabe. Denn Bor ist ein Stoff, der Neutronen sehr begierig einfängt, ohne dass irgendwelche weiteren Reaktionen ablaufen. Das Bor ist dem Kühlwasser als Borsäure zugesetzt. Deren Konzentration wird laufend überprüft und so verändert, dass im Schnitt nur eines der 2–3 Spaltneutronen wieder eine weitere Spaltung auslöst.

2. In jedem Brennelement befinden sich Leerrohre. In diese können so genannte **Regelstäbe** aus Cadmium oder Bor mehr oder weniger tief eingeschoben werden. Cadmium verhält sich Neutronen gegenüber wie Bor, es fängt sie begierig ein. Im Normalbetrieb des Reaktors sind die Regelstäbe fast völlig aus den Brennelementen herausgezogen. Das Wegfangen der überzähligen Neutronen übernimmt das Bor im Kühlwasser. Für sehr kurzfristige Veränderungen der Neutronenzahl werden die Regelstäbe teilweise eingeschoben. Werden sie ganz eingefahren, dann werden fast alle entstehenden Neutronen weggefangen. Die Kettenreaktion stirbt ab, der Reaktor wird abgeschaltet.

2

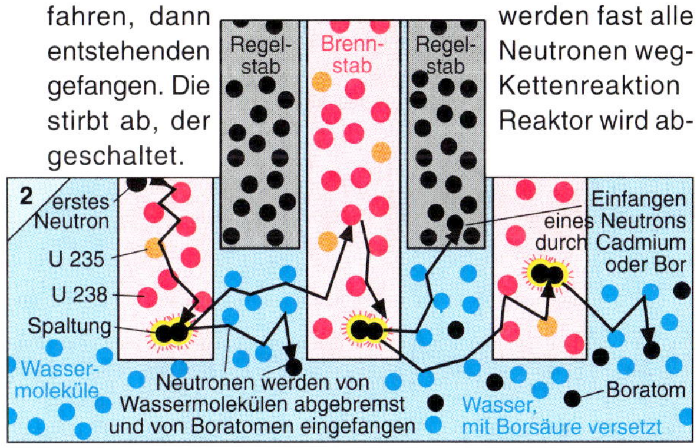

AUFGABEN UND ZUSAMMENFASSUNG

1. Nenne die wichtigsten Bauteile eines Druckwasserreaktors.

2. Beschreibe den Aufbau des Reaktorkerns.

3. Beschreibe, wie ein Brennstab aufgebaut ist. Was enthält er?

4. Wie wird im Reaktorkern Wärme erzeugt?

5. Welche zwei Aufgaben hat das Wasser im Kernreaktor?

6. Beschreibe den Primär- und den Sekundärkreislauf des Wassers. Welche Aufgaben hat der Wärmetauscher?

7. Warum muss die Kernspaltung im Reaktorkern geregelt werden? Wie wird die Regelung durchgeführt?

Kernkraftwerke

Im Reaktor eines Kernkraftwerks läuft eine kontrollierte Kettenreaktion ab. Dabei wird durch die Spaltung von U235-Kernen Wärme frei.

Die Energieabgabe des Reaktors wird durch Wegfangen von Neutronen geregelt.

Radioaktive Stoffe aus Kernkraftwerken

Die 200 Brennelemente eines großen Kernreaktors mit einer Leistung von 1300 MW enthalten, wenn sie frisch in den Reaktorkern eingesetzt werden, ca. 100 t Uran. Um einen gleichmäßigen Betrieb des Reaktors sicherzustellen, müssen jedes Jahr etwa $\frac{1}{3}$ der Brennelemente aus dem Reaktor herausgenommen werden. Denn sie sind durch die abgelaufenen Kernspaltungen „verbraucht" worden. Man sagt: Sie sind *abgebrannt.* Sehen wir uns an, was aus den rund 30 t Uran in den abgebrannten Brennstäben geworden ist und was man damit macht.

Bild 1 zeigt die Zusammensetzung der 30 t Kernbrennstoff vor und nach dem Betrieb:

1
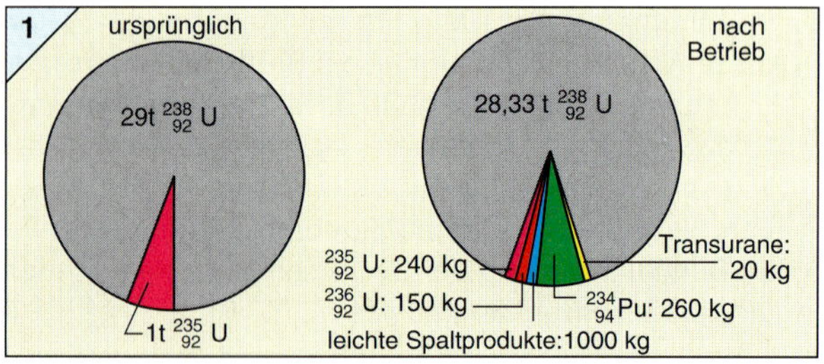

Vor dem Betrieb enthalten die Brennstäbe etwa 29 t U238 und 1 t U235.
Durch die Kernspaltungen im Laufe eines Jahres hat sich das Material darin verändert. Sie enthalten jetzt noch rund 28 t U238 und 240 kg ungespaltenes U235. Bei den Kernspaltungen sind 1000 kg *Spaltprodukte,* z. B. Barium, Caesium, Strontium, Iod oder die Edelgase Krypton und Xenon, entstanden. Außerdem enthalten die Brennstäbe 150 kg U236 (α-Strahler), 260 kg Plutonium und 20 kg sogenannte *Transurane.* Das sind Kerne, die in der Natur nicht vorkommen; sie haben mehr Nukleonen als Uran, sind also schwerer. Auch Plutonium ist so ein Transuran. Bild 2 zeigt seine Bildung.

Viele bei den Kernspaltungen entstehenden Stoffe sind radioaktiv. Manche sind α-Strahler, manche β-Strahler.

Weil diese Strahlung größtenteils in den Brennelementen selbst absorbiert wird, geben diese nach der Entnahme der Brennstäbe aus dem Reaktor noch viel Wärme ab. Deshalb werden die Brennstäbe im Kraftwerk zunächst in einem mit Wasser gefüllten **Abklingbecken** aufbewahrt. Da unter den Spaltprodukten radioaktive Stoffe mit kurzen Halbwertszeiten von Tagen oder Wochen sind, nehmen Wärmeentwicklung und Aktivität rasch ab. Neben kurzlebigen Strahlern gibt es in den Brennstäben auch noch Spaltprodukte mit Halbwertszeiten von ca. 30 Jahren wie z. B. die β-Strahler Sr90 oder Cs137 und die α-Strahler U236 oder Pu239 mit Halbwertszeiten von 20 Millionen bzw. 24 000 Jahren. Deren Aktivität wird im Abklingbecken nur geringfügig kleiner. Wegen der Radioaktivität kann man das Material ausgebrannter Brennstäbe nicht auf Mülldeponien ablagern. Man muss es auf besondere Weise entsorgen. Noch etwas kommt hinzu: Pu239 ist wie U235 durch langsame Neutronen spaltbar. Es kann also als Brennstoff für Kernkraftwerke oder zum Bau von Atombomben verwendet werden. Plutonium darf daher keinesfalls in falsche Hände gelangen.

2
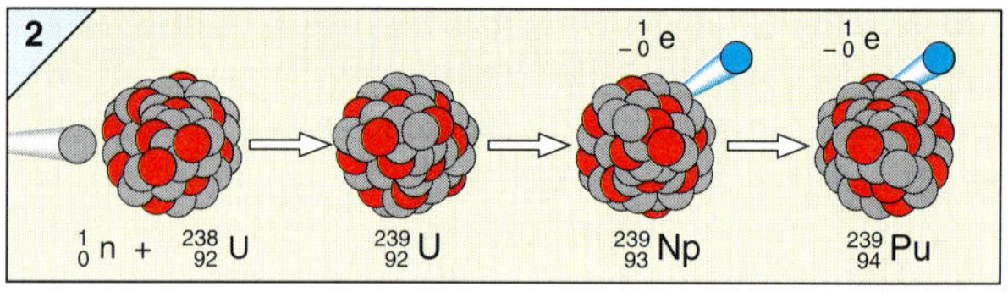

Abfallmengen

Die rund 1,5 t Spaltprodukte, Transurane und das U236 bilden die jährlich anfallenden radioaktiven *Abfallstoffe* eines Kernreaktors. Sie müssen sicher aufbewahrt und gelagert oder unschädlich gemacht werden. Man nennt das dann **Entsorgung.**

Zusätzlich fallen in einem Kernkraftwerk aber das ganze Jahr über noch so genannte *Betriebsabfälle* an. Sie entstehen, weil z. B. radioaktive Stoffe im Wasser des Primärkreislaufes enthalten sind. Sie bleiben beim Reinigen des Wassers zurück. Auch die Luft aus dem Kernkraftwerk wird, bevor sie in die Umwelt entlassen wird, mit Hilfe von Filtern gereinigt, in denen sich radioaktive Stoffe sammeln. Schließlich arbeiten im Kernkraftwerk auch Menschen. Sie benutzen z. B. Putzwolle und tragen Kleidung, worin sich radioaktive Stoffe sammeln.

Radioaktiv verseuchte Anlagenteile müssen ausgetauscht werden. Alles zusammen ergibt ca. 180 t pro Jahr. Auch diese Betriebsabfälle müssen fachgerecht und sicher entsorgt werden.
Flüssigkeiten dampft man ein, brennbare Stoffe verbrennt man zu Asche. Die verbleibenden Rückstände verfestigt man dann mit Zement. Feste Materialien werden zerkleinert, mithilfe spezieller Verfahren zusammengepresst und dann in Fässer verpackt. So bleiben schließlich noch 150 m^3 fester Abfall übrig.

Alle in Deutschland betriebenen Kernkraftwerke zusammen produzieren einen Abfallberg von ca. 360 m^3 abgebrannter Brennelemente und 2700 m^3 Betriebsabfälle, die jedes Jahr zu entsorgen sind. Damit könnte man 10–15 Turnhallen bis unter das Dach füllen.

Wohin mit den radioaktiven Abfällen?

Bild 3 zeigt die Abfallmengen, die beim Betrieb eines 1300 MW-Reaktors im Laufe eines Jahres entstehen.

Die schwach- und mittelradioaktiven *Betriebsabfälle* der Kernkraftwerke werden zur Zeit in Behälter verpackt und in **Zwischenlagern** gesammelt. Sie sollen in Zukunft in Gorleben, in Morsleben und in der ausgedienten Eisenerzgrube Konrad bei Salzgitter endgültig in ca. 1000 m Tiefe gelagert werden.

Die *Brennelemente* müssen wegen der langen Halbwertszeit der radioaktiven Stoffe so gelagert werden, dass sie bis zum fast völligen Abklingen der Strahlung auch in Tausenden von Jahren für Menschheit und Umwelt ungefährlich bleiben. Welche Möglichkeiten der Entsorgung gibt es?

3

Jährlicher radioaktiver Abfall eines 1300 MW-Druckwasserreaktors

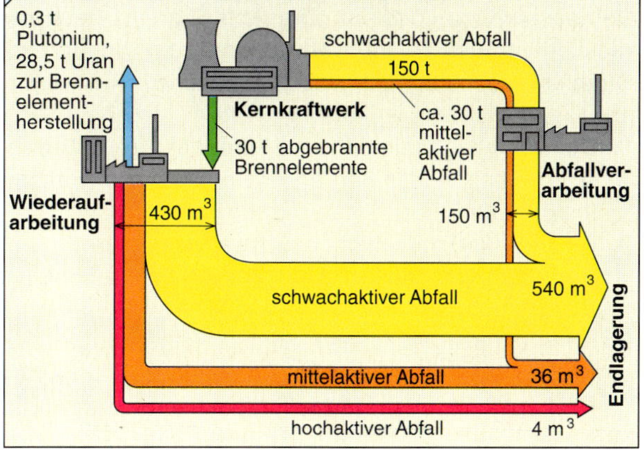

Sofortige Endlagerung

Man könnte die Brennstäbe in speziell dafür entwickelten Behältern in ein ober- oder unterirdisches Lager bringen und sie dort sicher aufbewahren. Die radioaktiven Stoffe bleiben während der Lagerung in den Hüllrohren der Brennstäbe eingeschlossen, und die Gefahr, dass sie in die Umwelt gelangen, wäre sehr gering.

Es sprechen aber einige Gründe gegen eine *direkte Endlagerung:*

1. Die Behälter und die Brennstäbe könnten bei einem schweren Unfall oder einem Terroranschlag doch beschädigt werden. Dann würden radioaktive Stoffe freigesetzt.
2. Das langlebige U236 und die ebenfalls langlebigen Transurane kämen in das Endlager. Die Behälter würden vielleicht doch irgendwann undicht oder zerstört. Radioaktive Stoffe könnten dann ins Grundwasser gelangen.
3. Die abgebrannten Brennelemente enthalten natürlich radioaktive Spaltprodukte, aber auch ungespaltenes U235 und Plutonium. Beides ließe sich in Kernreaktoren als Brennstoff wiederverwenden.

Wiederaufarbeiten und dann endlagern

In einer riesigen chemischen Fabrik, der **Wiederaufarbeitungsanlage,** werden die Brennelemente zerlegt und die Brennstäbe in kleine Stücke geschnitten. Die gibt man dann in kochende Salpetersäure, welche alle Stoffe zersetzt. Aus der Flüssigkeit werden Uran und Plutonium von den nicht wieder verwertbaren Stoffen abgetrennt und zu neuen Brennelementen weiterverarbeitet.

Sinnvoll ist die Wiederaufarbeitung deshalb, weil auf diese Weise die weltweiten Uranvorräte geschont werden. Leider löst sie aber nicht alle Probleme. Denn durch die Wiederaufarbeitung ist zwar die Menge an radioaktiven Stoffen, die entsorgt werden muss, kleiner geworden, weil ja Uran und Plutonium wieder verwendet werden. Aber die radioaktiven Spaltprodukte und die Transurane sind nach wie vor da und müssen gelagert werden.

Sie sind in Flüssigkeiten enthalten. Da diese so nicht sicher aufbewahrt werden können, werden sie eingedampft. Die entstehenden festen radioaktiven Rückstände werden in Glas eingeschmolzen und dann in Stahlbehälter gegossen. Durch die Strahlung entsteht so viel Wärme, dass die Glasblöcke sehr heiß werden. Sie müssen einige Jahre in einem Zwischenlager bleiben, bis die Wärmeproduktion nachlässt. Dann sollen sie in einen Salzstock gebracht werden, wo sie die Wärme an das umgebende Salz abgeben. Dieses **Endlager** aber muss noch genehmigt und gebaut werden.

Die technischen Schwierigkeiten der Endlagerung scheinen gelöst. Es gibt aber zur Zeit noch keine Übereinstimmung in unserer Gesellschaft darüber, ob die Wiederaufarbeitung wirklich der bessere Weg für die Entsorgung ist im Vergleich zur direkten Endlagerung. Im Moment haben wir in Deutschland wohl die schlechteste aller denkbaren Lösungen: Wir haben zwar über 20 Kernkraftwerke am Netz, aber kein Endlager für den radioaktiven Abfall. Betriebsabfälle und Brennelemente werden oberirdisch provisorisch aufbewahrt.

Sicherheit hat Vorrang

Kernreaktoren werden aus besten Materialien gebaut, sorgfältig gewartet und von sehr gut ausgebildetem Betriebspersonal bedient. Die Abb. 4 zeigt, dass die radioaktiven Stoffe im Kernreaktor zum Schutz vor Strahlung sechsfach eingeschlossen sind:

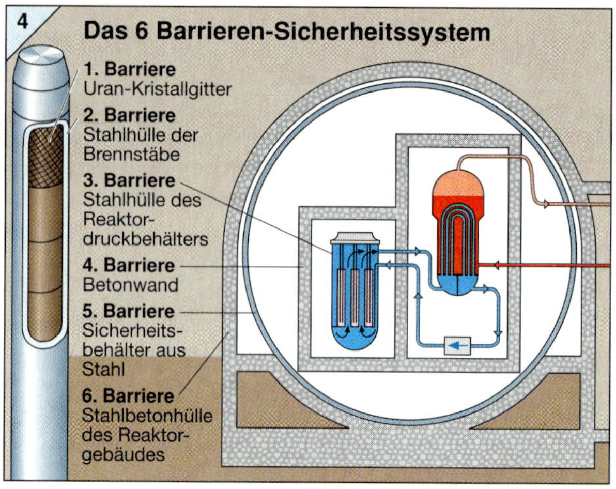

1. Ca. 95 % der radioaktiven Stoffe werden im Brennstoff selbst, also in den Brennstofftabletten (Pellets) festgehalten.
2. Die gas- und druckdicht geschweißten Hüllrohre der Brennstäbe halten vor allem gasförmige radioaktive Stoffe zurück.
3. Im Reaktordruckbehälter mit den Rohrleitungen des Kühlkreislaufes würden, falls z. B. ein Hüllrohr einen Riss bekäme, austretende radioaktive Stoffe festgehalten.
4. Vor der im Druckbehälter entstehenden γ-Strahlung und den aus den Brennstäben entweichenden Neutronen schützt die 2–3 m dicke Betonabschirmung.
5. Die nächste Sicherheitsbarriere ist der gasdichte und druckfeste Sicherheitsbehälter aus Stahl.
6. Das den Sicherheitsbehälter umgebende, kuppelförmige Reaktorgebäude aus 2 m dickem Stahlbeton schützt die Anlagen in seinem Innern vor allem gegen Einwirkungen von außen, also z. B. vor der Zerstörung durch einen Flugzeugabsturz.

Beim Abschalten und bei Störfällen kommt es in den ersten Stunden danach vor allem darauf an, die so genannte *Nachwärme* aus dem Reaktorkern abzuführen. Sie entsteht, weil die Strahlung der Spaltprodukte noch sehr stark ist, obwohl keine Kernspaltungen mehr stattfinden. Damit der Reaktorkern nicht überhitzt wird, gibt es ein **Reaktorschutzsystem**. Es arbeitet weitgehend automatisch, also ohne dass das Bedienungspersonal eingreifen muss. Es steuert unter anderem folgende sicherheitstechnische Einrichtungen:

1. Die **Reaktorschnellabschaltung**: Die Neutronen einfangenden Regelstäbe lässt man durch ihr eigenes Gewicht in den Reaktorkern fallen, wodurch die Kettenreaktion zum Erliegen kommt. Die immer noch entstehende Nachwärme wird durch ein besonderes Nachkühlsystem abgeführt, damit Brennstoff und Hüllrohre nicht schmelzen.
2. Alle Rohrleitungen, die durch die Wände des Sicherheitsbehälters führen, können automatisch verschlossen werden.
3. Durch ein **Notkühlsystem** im Sicherheitsbehälter kann Kühlwasser in den Dampferhitzer gepumpt werden, um die nach wie vor entstehende Wärme aus dem Reaktorkern abzuführen.

AUFGABEN UND ZUSAMMENFASSUNG

1. Welche radioaktiven Stoffe enthalten die Brennstäbe nach der Entnahme aus dem Reaktorkern?

2. Was geschieht im Abklingbecken eines Kernkraftwerks?

3. Beschreibe, wie im Kernreaktor Plutonium entsteht.

4. Was geschieht mit den Betriebsabfällen eines Kernkraftwerkes?

5. Beschreibe die beiden Möglichkeiten der Entsorgung von Brennelementen. Vergleiche.

6. Beschreibe, was in einer Wiederaufarbeitungsanlage mit den Brennelementen geschieht.

7. Welche Gründe sprechen für, welche gegen die Wiederaufarbeitung von Brennelementen?

8. Wodurch ist sichergestellt, dass keine radioaktiven Stoffe aus einem Reaktor in die Umwelt gelangen?

9. Was versteht man unter Nachwärme? Warum ist sie gefährlich und was wird im KKW gegen sie getan?

KKW: Entsorgung und Sicherheit

Abgebrannte Brennelemente enthalten Spaltprodukte, ungespaltenes Uran und Plutonium. Diese Stoffe sind radioaktiv. Sie müssen auf sichere Weise entsorgt werden.

Zur Entsorgung kann man die Brennelemente direkt endlagern oder wiederaufarbeiten, um Uran und Plutonium als Brennstoffe wieder verwenden zu können.

Größter Anzunehmender Unfall (GAU)

Wenn die Kühlung versagt

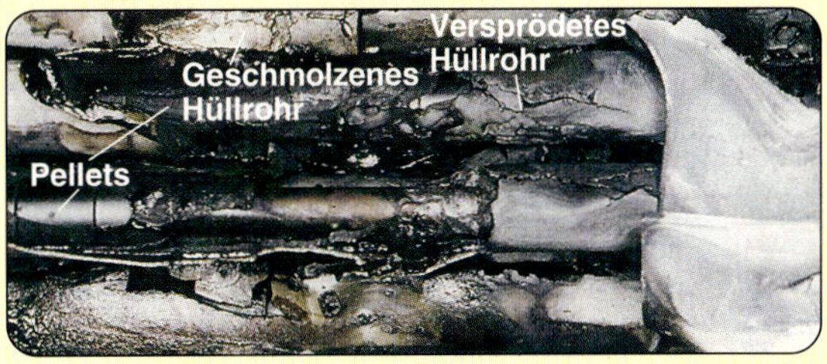

Der „Größte Anzunehmende Unfall", kurz **GAU** genannt, ist der größte Störfall, der nach menschlichem Ermessen in einem Kernkraftwerk möglich ist. Er tritt ein, wenn die Wärmeabfuhr aus dem Druckbehälter eines Reaktors für längere Zeit unterbrochen ist.
Drei Ursachen sind denkbar: ein *Leck im Reaktorkühlkreislauf* oder der *Ausfall der Kühlmittelpumpen*. In beiden Fällen müssen aber, damit der GAU eintritt, zusätzlich alle Sicherheitssysteme ausfallen oder durch Fehler der Bedienungsmannschaft unwirksam gemacht worden sein. Die dritte Ursache könnte der *Absturz eines großen Flugzeugs* direkt auf das Reaktorgebäude sein, wodurch es so zerstört wird, dass alle Sicherheitssysteme ausfallen.

Und das wären die Folgen:

1. Der ungekühlte Brennstoff in den Brennstäben heizt sich mehr und mehr auf.
2. Die Umhüllungen der Brennstäbe schmelzen, sodass der Reaktorkern teilweise oder ganz zerstört wird.
3. Auch der Druckbehälter und die ihn umschließende Betonabschirmung werden zerstört. Die Trümmer stürzen in die Reaktorgrube und werden von Wasser überflutet. Radioaktive Stoffe werden nur noch vom Sicherheitsbehälter zurückgehalten.
4. Im Druckbehälter bildet sich Wasserstoff, der unter Umständen zu brennen beginnt. Der Druck nimmt zu.
5. Auch der Sicherheitsbehälter und das Reaktorgebäude halten dem Druck nicht stand und werden zerstört, sodass die zum größten Teil gasförmigen radioaktiven Stoffe nicht mehr zurückgehalten werden und in die Umwelt gelangen.

Die Folgen für die Umwelt

Bei allen bisher bekannten Reaktorunfällen konnten die Schäden mithilfe der Not- und Sicherheitssysteme so weit beherrscht werden, dass sie auf die jeweiligen Anlagen begrenzt blieben. Nur der Unfall in **Tschernobyl,** bei dem auch das Reaktorgebäude zerstört wurde, hatte katastrophale Folgen für die Umwelt:

Ungefähr 4 % des Kernbrennstoffs wurden aus dem Reaktor in die Luft geschleudert und im Verlauf der nächsten Stunden und Tage im Umkreis von ca. 30 km um den Reaktor herum verteilt. Die Gegend wurde dadurch so sehr radioaktiv verseucht, dass 135 000 Menschen evakuiert werden mussten. Sie erhielten dennoch eine Strahlendosis von 0,3–0,4 Sv und müssen mit Spätschäden rechnen. Tausende von ihnen sind gestorben.

Innerhalb von 10 Tagen wurden große Mengen radioaktiver Stoffe, insbesondere Iod131, Caesium137, Strontium90 und radioaktive Edelgase freigesetzt. Mit östlichen Winden breiteten sich diese Stoffe über Teile Westeuropas aus. Daraus ergab sich für die Bevölkerung Deutschlands eine Erhöhung der durchschnittlichen Jahresdosis von ca. 0,1 Sv.

Von den Männern, die in den ersten Tagen nach dem Unfall z. B. am Feuerlöschen oder an Aufräumarbeiten beteiligt waren, mussten etwa 300 mit akuter Strahlenkrankheit und zum Teil sehr schweren Brandverletzungen in Krankenhäuser eingeliefert werden. Mehr als 30 von ihnen sind innerhalb der nächsten 10 Jahre gestorben.

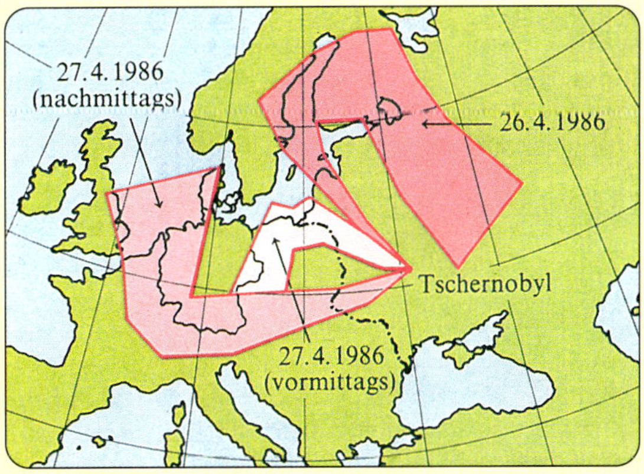

Vergleich Kernkraftwerk – Kohlekraftwerk

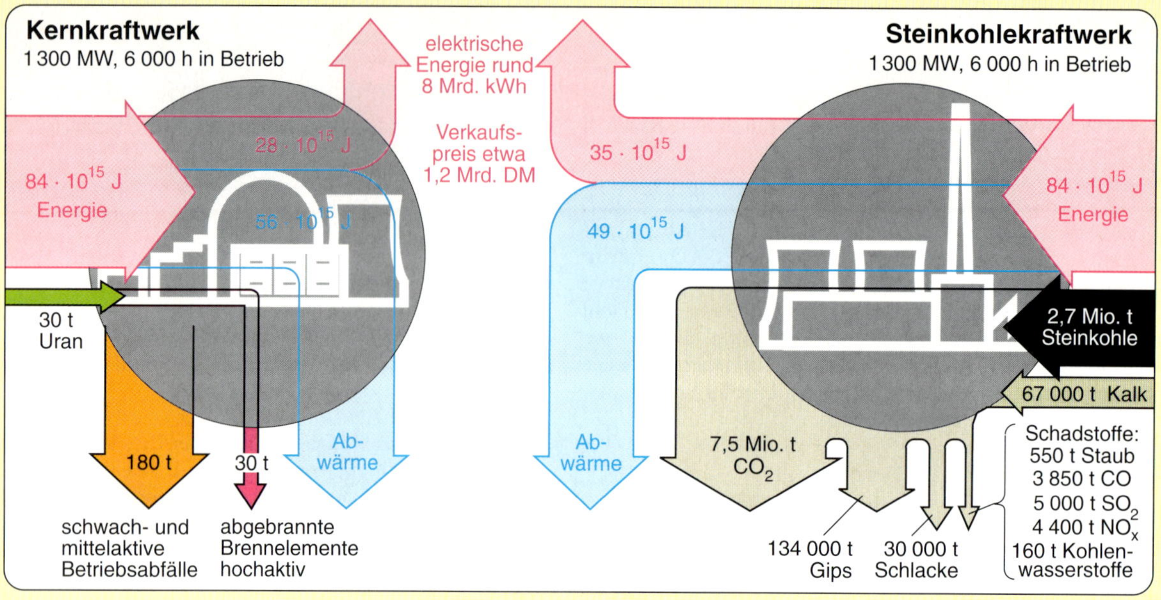

Elektrische Leistung: Alle neueren, in den 80er Jahren gebauten Kernkraftwerke wie Philippsburg oder Grohnde haben eine elektrische Leistung von mehr als 1 300 MW. Oft stehen auch an einem Standort 2 Kernreaktoren. Die Leistung ist dann größer, in Neckarwestheim z. B. knapp 2 200 MW.

Betriebszeit: Kernkraftwerke laufen in der Praxis ca. 7 000 Stunden im Jahr. Sie sind in Deutschland mit ca. 33 % an der Erzeugung elektrischer Energie beteiligt.

Brennstoff: Die Menge des im Kernkraftwerk eingesetzten Urans ist gering: Rund 30 t Uran werden jährlich in frischen Brennstäben nachgeladen. Das ist etwa $\frac{1}{3}$ des insgesamt im Reaktor vorhandenen Brennstoffs.

Abwärme: Gut 65 % der im Uran steckenden Energie werden – wie in jedem Wärmekraftwerk – nicht genutzt, sondern als Wärme über Kühltürme an die Luft oder mit dem Kühlwasser an Flüsse abgegeben.

Schadstoffe: Für die Kernspaltung wird keine Luft benötigt. Daher pusten Kernkraftwerke kein CO_2 in die Atmosphäre. Sie leisten deshalb einen erheblichen Beitrag zur Verminderung des CO_2-Ausstoßes bei der Erzeugung elektrischer Energie. Kernkraftwerke geben aber – im Rahmen der vorgeschriebenen Grenzwerte – gasförmige radioaktive Stoffe wie z. B. I131, Kr85, Sr90, H3 mit der Abluft an die Umwelt ab.

Abfälle: Das Hauptproblem sind die jährlich aus dem Reaktor kommenden Brennelemente mit den 30 t Uran, Transuranen und Spaltprodukten. Sie enthalten radioaktive Stoffe, die noch Tausende von Jahren strahlen. Diese müssen entsorgt werden. Zur Zeit steht noch nicht fest, wo sie endgültig gelagert werden.

Elektrische Leistung: Sie beträgt je Kraftwerksblock in der Regel 500–800 MW. Zwei oder mehr Blöcke an einem Standort, z. B. in Gelsenkirchen-Scholven, können zusammen einige Tausend MW erreichen.

Betriebszeit: Kohlekraftwerke liefern ca. 60 % der in Deutschland erzeugten elektrischen Energie. Sie werden im Schnitt knapp 5 000 Stunden im Jahr betrieben.

Brennstoff: Ca. 450 Güterwagen mit je 25 t Steinkohle täglich decken den Brennstoffbedarf. Wegen des großen Transportaufwands werden Kohlekraftwerke deshalb möglichst „auf die Kohle" gebaut, also dorthin, wo Kohle gefördert wird.

Abwärme: Knapp 60 % der in der Kohle steckenden Energie werden nicht in elektrische Energie umgewandelt. Sie werden als Abwärme in die Luft oder mit dem Kühlwasser in Flüsse abgegeben.

Schadstoffe: Die Abgase von Kohlekraftwerken enthalten Feinstaub, vor allem aber Schwefeldioxid (SO_2) und Stickoxide (NO_x), die zu Smog und saurem Regen führen, giftiges Kohlenstoffmonoxid (CO) und krebserregende Kohlenwasserstoffe. Außerdem etwa so viele radioaktive Nuklide (z. B. Ra226 oder Rn222), die mit der Abluft aus Kohlekraftwerken freigesetzt werden. *Entstaubungs-*, *Entschwefelungs-* und *Entstickungsanlagen* haben in den letzten Jahren eine erhebliche Verminderung des Schadstoffausstoßes bewirkt.

Abfälle: Neben Gips (aus der Entschwefelung) und Schlacke entsteht vor allem Kohlenstoffdioxid (CO_2). Die riesigen Mengen, welche über den Schornstein in die Luft geblasen werden, belasten die Umwelt extrem mit dem „Treibhausgas" CO_2.

Was ist noch zu bedenken?

1. Will man Umweltbelastungen vergleichen, darf man nicht nur die Kraftwerke selbst betrachten. Vielmehr muss man auf der Eingangsseite noch den Abbau von Uran oder Kohle, die Aufbereitung der Brennstoffe zu fertigen Brennelementen oder von geförderter zu einsatzfähiger Kesselkohle, den Transport zu den Kraftwerken und die Einkaufspreise berücksichtigen. Auf der Ausgangsseite muss beachtet werden, was mit den Abfällen aus KKWs oder Kohlekraftwerken geschieht.
2. Die Abbildung rechts zeigt, dass die Brennstoffvorräte auf der Erde nicht beliebig lange reichen, wenn so weitergewirtschaftet wird wie bisher oder wenn der Energiehunger der Menschheit sogar noch zunimmt.

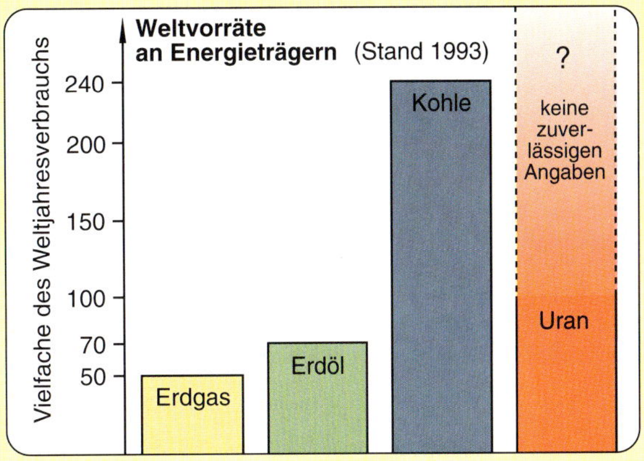

Die Erzeugung elektrischer Energie birgt bei beiden Kraftwerkstypen Risiken

1. Beim **Abbau** von Uranerzen in Bergwerken oder im Tagebau werden große Bodenflächen zerstört, weil Gestein nur ca. 0,2–0,5 % Uran enthält. Die industriellen Techniken des Auslaugens aus dem Gestein, der Urananreicherung und der Brennelementherstellung belasten Boden, Wasser und Luft. – Auch bei der Kohlegewinnung werden in den Braunkohle-Tagebau-Revieren Landschaften zerstört und große Flächen auf Jahrzehnte unbewohnbar gemacht.

2. In Uranminen atmen die **Arbeiter** radioaktive Stäube und Gase, insbesondere das aus dem Uranerz austretende Radon222 ein. Eingeatmeter Kohlenstaub und z. B. Schlagwetterexplosionen gefährden die Kumpel in den Kohlegruben.
Arbeiter in Kernkraftwerken sind auch bei Normalbetrieb einer geringen zusätzlichen Strahlendosis ausgesetzt. Sie kann bei Störfällen gefährlich groß werden.

3. Ein **Kernreaktor** kann selbst bei Versagen aller Sicherheitseinrichtungen nicht wie eine Atombombe explodieren. Der größte Teil des Kernbrennstoffs besteht nämlich aus nicht spaltbarem U238.

4. Trotz aller Sicherheitsmaßnahmen lässt sich nicht hundertprozentig ausschließen, dass radioaktive Stoffe nach *Störfällen* oder **Katastrophen** aus Kernkraftwerken frei werden und die Gesundheit der Bevölkerung gefährden.

5. Die **Entsorgung** der Schlacke, der Flugasche und des Gipses aus Kohlekraftwerken ist zur Zeit gesichert. Als ungelöstes Hauptproblem bleibt das Treibhausgas CO_2.
Die radioaktiven Abfälle aus den Kernkraftwerken und den Wiederaufarbeitungsanlagen stellen ein Risiko dar. Die radioaktiven Stoffe müssen transportiert, bearbeitet und schließlich absolut sicher gelagert werden. Dafür gibt es bisher nur Pläne, aber keine endgültige Lösung. Das gilt auch für Verfahren zur Stilllegung von Kernkraftwerken. Sie sind zur Zeit noch wenig erprobt.

Kein Nutzen ohne Risiko

Wir wissen heute, dass Schadstoffe aus Kernkraftwerken erheblich zu einer Belastung oder gar Veränderung der natürlichen Umwelt des Menschen beitragen. Es ist trotz modernster Erkenntnisse und Untersuchungen aber nicht sicher, wie Menschen, Tiere und Pflanzen auf diese zusätzlichen Belastungen langfristig reagieren werden. Insbesondere ist umstritten, ob und in welchem Umfang sehr niedrige Strahlendosen schädlich sind. Man kann aber nicht ausschließen, dass bei einzelnen Menschen zusätzlich zur natürlichen Strahlung aufgenommene Dosen Langzeitschädigungen zur Folge haben. Eventuell werden diese Schäden durch andere Umweltschadstoffe verstärkt.

Man erkennt deutlich: Jede Art der Erzeugung elektrischer Energie in Wärmekraftwerken beeinträchtigt die Umwelt. Wärmekraftwerke stellen ein Risiko für die Gesundheit der Menschen dar. Elektrische Energie hat eben ihren Preis. Wie hoch er genau ist, ist derzeit nur sehr schwer oder gar nicht abzuschätzen. Letztlich ist zu entscheiden, ob die Gesellschaft das verbleibende Risiko akzeptieren will.
Denn eine absolut sichere Energieerzeugung in der Größenordnung, in der sie in Deutschland tagtäglich nötig ist, kann es nicht geben. Das zeigen Störfälle und Unfälle in kerntechnischen Anlagen, in Kohlekraftwerken und Bergwerken. Dennoch liegt die Gefährdung der Bevölkerung durch Kraftwerke im Normalbetrieb, also ohne außergewöhnliche Unfälle, die bislang bei uns glücklicherweise noch nicht aufgetreten sind, sicher im unteren Bereich auf einer Skala von Risiken, welche Menschen durch Naturkatastrophen, Feuer, Dammbrüche, Chemieunfälle, im Verkehr und im Beruf heute ausgesetzt sind.

Atomwaffen

Es gibt heute so viele und so gewaltige Atomwaffen, dass ihre Wirkung mehrmals ausreicht, um unsere Erde unbewohnbar zu machen. Wie sind derartige Bomben gebaut und was geht in ihnen vor?

Atombomben enthalten entweder ziemlich reines, auf 93 % angereichertes U235 oder U238 und Pu239. Eine solche Uran-Plutonium-Bombe wurde am 9. August 1945 über der japanischen Hafenstadt Nagasaki gezündet. Durch die Explosion wurde die Stadt völlig zerstört. Zehntausende starben sofort, die Spätfolgen erhöhte die Zahl der Opfer auf über hunderttausend.

Die Abbildung rechts zeigt, wie diese Bombe aufgebaut war: Den Kern bildet eine Kugel aus Plutonium, Ø nur 6–7 cm, Masse etwa 6 kg. Diese faustgroße Kugel ist umgeben von 400 kg U238 (Kugeldurchmesser etwa 50 cm). Diese Kugel war von 2300 kg herkömmlichen Sprengstoffs eingeschlossen, was den Durchmesser der gesamten Bombe auf etwa 1,5 m brachte. Ein Stahlmantel hielt alles zusammen.

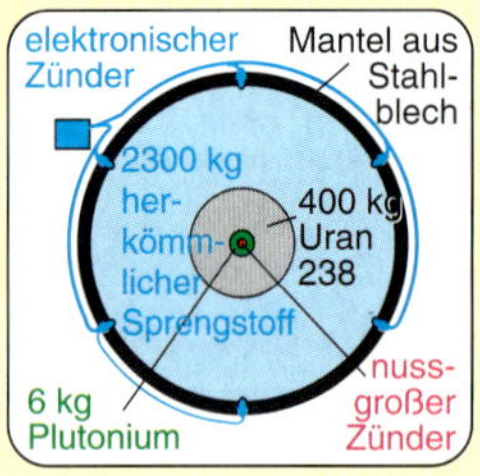

Die Explosion lief folgendermaßen ab: Zunächst wurde der Sprengstoff am Außenmantel an mehreren Stellen gleichzeitig gezündet. Die entstehenden heißen Explosionsgase drückten das Uran und den Plutoniumkern auf etwa das halbe Volumen zusammen. Im Mittelpunkt des Pu-Kerns saß der „Zünder“ für die Kettenreaktion, ein etwa nussgroßes Gefäß, das Beryllium und Polonium, einen α-Strahler, getrennt enthielt. Durch das Zusammenpressen wurden beide miteinander vermischt, so daß α-Teilchen auf Berylliumkerne stießen und dabei Neutronen freisetzten. Diese Neutronen erzeugten eine lawinenartig anwachsende Kettenreaktion im Plutonium. Der Uranmantel hielt das nukleare Material so lange zusammen, bis ein großer Teil des Plutoniums gespalten war. Innerhalb von Sekunden erreichte die Temperatur im Bombenkern etwa 100 Mio. Grad. Alles Bombenmaterial verdampfte im Feuerball einer „Superexplosion“.

Eine Atombombe explodiert

Die Weiterentwicklung atomarer Bomben hat zum Bau so genannter *Wasserstoffbomben* geführt. Sie werden hier nicht näher beschrieben. Wenn eine Wasserstoffbombe mit einer Sprengkraft von 20 Millionen Tonnen herkömmlichen Sprengstoffs 2,5 km über Köln gezündet wird, passiert Folgendes:

1. Ein *gleißender Feuerball* von mehr als 6 km Durchmesser entsteht, in dem alles vernichtet und zu Wasserdampf und Staub zertrümmert wird. Die Kölner City wäre in Sekundenbruchteilen „ausradiert“.

2. Bis zu mehr als 30 km vom Zentrum der Explosion entfernt (Euskirchen, Bad Godesberg, Wuppertal, Düsseldorf) entstehen durch die gewaltige Hitzeentwicklung Brände; viele Menschen tragen schwere Brandwunden davon.

3. Eine kugelförmige Luftverdichtung („Druckwelle“), die man als gewaltigen Knall hört, rast zunächst mit mehrfacher Schallgeschwindigkeit los; sie zerstört im Umkreis von etwa 10 km alle Gebäude. Nur Ruinen bleiben übrig.

4. Dinge wie zum Beispiel Glasscherben, Mauertrümmer, Ziegelstücke oder Wassertropfen, die von der Luftverdichtung in Bewegung versetzt werden, bekommen die Durchschlagskraft von Geschossen und zerstören Lebewesen und Gebäude.

5. Noch in ca. 150 km Entfernung werden Gebäude leicht beschädigt (Mainz, Kassel, Brüssel, Bielefeld).

6. In einem Heißluftschlauch wird heiße Luft zusammen mit radioaktivem Staub und radioaktiven Bombenresten nach oben gerissen. Dadurch entstehen starke Winde mit Geschwindigkeiten von 300 bis 400 $\frac{km}{h}$ in Richtung auf das Zentrum der Explosion. Sie reißen alles nieder, was ihnen im Weg steht.

7. Hochgewirbelter radioaktiver Staub wird selbst bei Windstille bis zu 350 km weit getragen. Er fällt als **Fall-out** auf den Erdboden. Mehr als ein Drittel Deutschlands, Ostfrankreich bis Paris, ganz Belgien und die Niederlande werden radioaktiv verseucht. In diesen Gebieten können auf Jahrzehnte keine Nahrungsmittel mehr angebaut werden.

8. Etwa 70 % der Kölner Bevölkerung sind sofort tot, sehr viele sterben nach Tagen, Wochen oder Monaten an Strahlenkrankheit. Die Überlebenden müssen mit Spätschäden wie Krebs oder Unfruchtbarkeit rechnen.

Radioaktivität

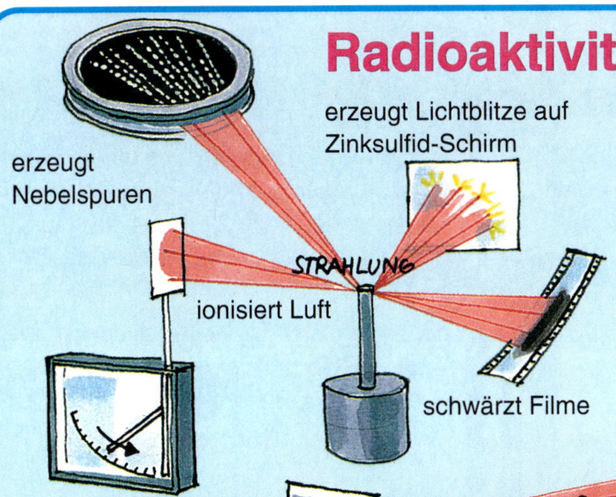

erzeugt Nebelspuren

erzeugt Lichtblitze auf Zinksulfid-Schirm

ionisiert Luft

schwärzt Filme

Mit einem Geigerzähler kann man feststellen, wie viel Strahlung ins Zählrohr gelangt.

Die Zählrate (= Zahl der Impulse je Sekunde) ist umso größer, je mehr Teilchen je Sekunde einfallen.

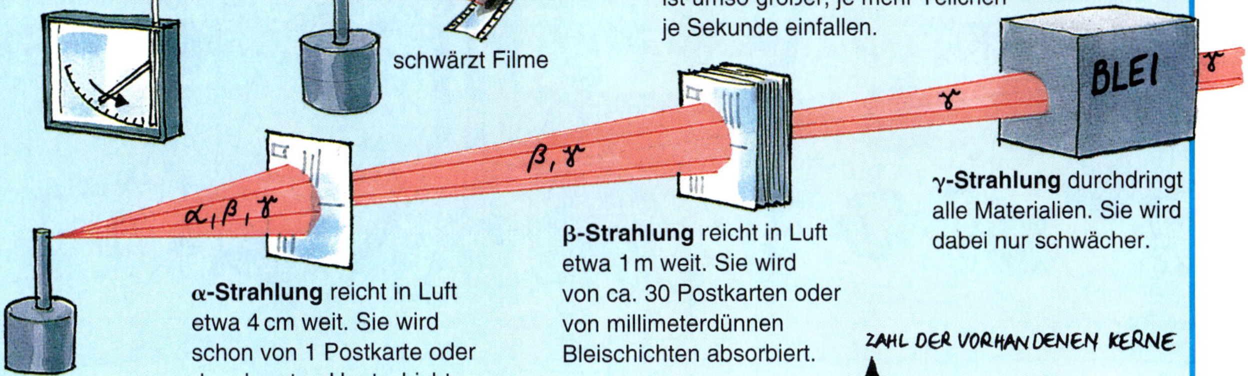

α-Strahlung reicht in Luft etwa 4 cm weit. Sie wird schon von 1 Postkarte oder der obersten Hautschicht absorbiert.

β-Strahlung reicht in Luft etwa 1 m weit. Sie wird von ca. 30 Postkarten oder von millimeterdünnen Bleischichten absorbiert.

γ-Strahlung durchdringt alle Materialien. Sie wird dabei nur schwächer.

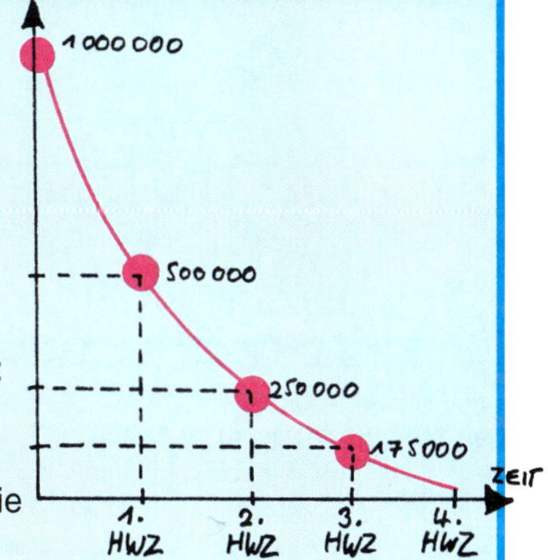

Die **Aktivität** eines Strahlers gibt an, wie viele Kerne sich im Strahler in jeder Sekunde umwandeln: $1\,\text{Bq} = 1\,\frac{\text{Zerfall}}{\text{Sekunde}}$.

Die Zeit, in der sich die Hälfte der im Strahler vorhandenen Kerne umwandelt, ist die **Halbwertszeit.**

Wirkungen von Strahlung

Die Strahlendosis gibt an, wie wirksam die absorbierte Strahlung im Körper wahrscheinlich ist. Sie wird in Sv (Sievert) oder in mSv gemessen.

Strahlung kann Körper- und Keimzellen schädigen. Mögliche Folgen:

- starke Erwärmung, Ionisation
- Veränderung der Zellen
- Strahlenkrankheit, Tod
- Krebs, z. B. Leukämie
- Schädigung des Erbguts
- Mutationen

Strahlung entsteht durch Kernumwandlung

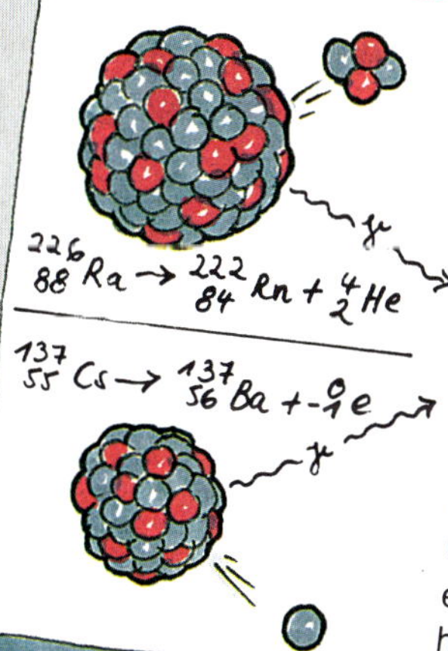

α-Strahlung besteht aus Heliumkernen, die aus dem Atomkern herausgeschleudert werden.

γ-Strahlung ist energiereiche Photonenstrahlung. Sie begleitet die meisten Kernumwandlungen.

β-Strahlung besteht aus Elektronen, die im Kern bei der Umwandlung eines Neutrons in ein Proton entstehen und mit hoher Geschwindigkeit wegfliegen.

Kernenergie

Kernspaltung

Uran235-Kerne können Neutronen einfangen und sich dann spalten. Dabei entstehen Spaltprodukte und mehrere Neutronen werden freigesetzt. Durch diese können weitere Urankerne gespalten werden: **Kettenreaktion.**

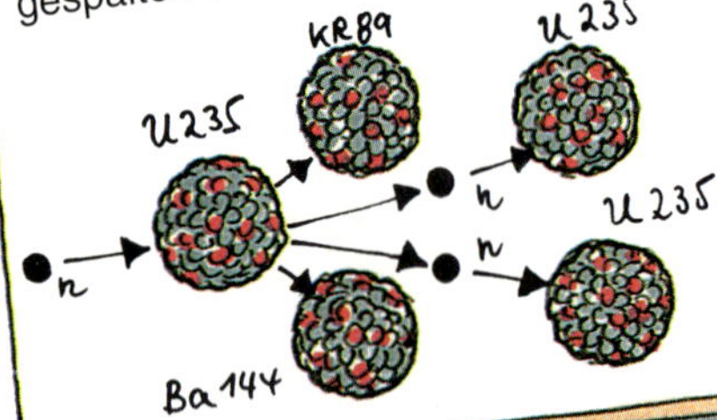

Im Reaktor eines Kernkraftwerkes läuft eine kontrollierte Kettenreaktion ab.

Die Bewegungsenergie von Neutronen und Spaltprodukten wird in Wärme umgewandelt und zur Erzeugung von heißem Wasserdampf verwendet, der Turbinen und Generatoren antreibt.

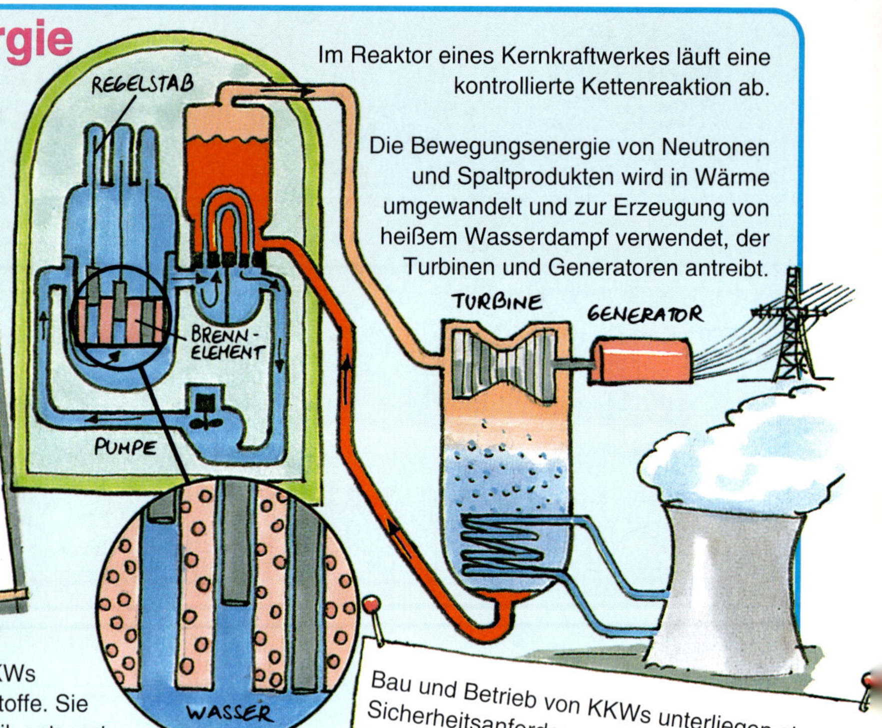

Als Abfall der Kernspaltungen in KKWs entstehen gefährliche radioaktive Stoffe. Sie müssen mithilfe aufwendiger Technik entsorgt werden: Wiederaufarbeitung, Endlagerung.

Bau und Betrieb von KKWs unterliegen strengen Sicherheitsanforderungen. Dennoch bleibt ein Restrisiko – wie bei jeder modernen Technik!

1. Beschreibe, wie man sich Atome vorstellt. Zeichne ein C-Atom.

2. Beschreibe den Aufbau folgender Kerne: $^{12}_{6}C$, $^{226}_{88}Ra$, $^{235}_{92}U$, $^{238}_{92}U$, $^{210}_{82}Pb$.

3. Was sind Isotope eines Elements und wie unterscheiden sie sich voneinander?

4. Erstelle eine Tabelle und trage stichpunktartig ein, was du über α-, β- und γ-Strahlung weißt. (Entstehung, ausgesandte Teilchen, Reichweite, Durchdringungsfähigkeit, Nachweismöglichkeiten)

5. Folgende Kerne sind α-Strahler: $^{222}_{86}$Radon (Rn222) $^{232}_{90}$Thorium (Th232) und $^{238}_{92}$Uran (U238). β-Strahler sind: $^{210}_{82}$Blei (Pb210), $^{14}_{6}$Kohlenstoff (C14) und $^{234}_{91}$Protactinium (Pa234). Welche Folgekerne entstehen jeweils? Schreibe alle Umwandlungen in Kurzschreibweise auf.

6. Beschreibe an einem Beispiel, wie sich die Zählrate ändert, wenn der Abstand zwischen Strahler und Zählrohr kleiner oder größer gemacht wird. Warum ist das so?

7. Um einen Strahler zu kennzeichnen, druckt man seine Aktivität (z. B. 74 kBq) auf. Warum gibt man keine Zählraten an?

8. Ein radioaktiver Stoff enthält zu Beginn eines Versuchs 120 000 000 Kerne.
a) Berechne, wie viele Kerne sich nach Ablauf von vier Halbwertszeiten umgewandelt haben.
b) Wie viele Kerne sind unverändert geblieben?

9. Was weißt du über physikalische und biologische Wirkungen von Strahlung? Erstelle eine Tabelle und trage alles stichpunktartig ein.

10. Wie wehrt sich der Körper gegen Schädigungen durch Strahlung?

11. Wenn Körpergewebe Strahlung absorbiert, wird Energie übertragen. Was ist dabei entscheidend? Warum muss man unterscheiden, welche Art von Strahlung absorbiert wird?

12. Beschreibe die Unterschiede zwischen kontrollierten und unkontrollierten Kettenreaktionen.

13. Im Bild unten ist der Energiegehalt von Uran, das auf 3,5 % mit U235 angereichert ist, und der von Kohle und Heizöl dargestellt. Wievielmal so viel Energie enthält 1 kg angereichertes Uran im Vergleich zu 1 kg Kohle bzw. 1 kg Heizöl?

14. Stelle in einer Übersicht stichpunktartig Nutzen und Risiken der Erzeugung elektrischer Energie in Kern- und Kohlekraftwerken gegenüber.

Schwimmen und Tauchen

Fliegen

Schwimmen und Tauchen

Es ist immer wieder schön, im Schwimmbad herumzutollen. Denn Plantschen, Schwimmen und Tauchen machen ungeheuer viel Spaß. Allerdings ist Tauchen nicht ganz einfach; es kann sogar gefährlich sein. Nur im Schwimmbecken kannst du es ohne großes Risiko lernen. Denn falls du nicht mehr hochkommst, gibt es hier immer jemanden, der dich heraufholt. Ungemein gefährlich ist es, allein in einem See zu tauchen, wo niemand zusieht und dir zu Hilfe kommen kann, wenn es nötig ist.
Auch im Schwimmbad ertrinkt gelegentlich jemand. Die Leiche wird dann auf dem Boden des Schwimmbeckens gefunden. Solche Unfälle können nur vermieden werden, wenn alle Mädchen und Jungen lernen, wie man schwimmt und taucht und was dabei zu beachten ist.

Gute Taucher müssen unbedingt wissen, wie sich ihre Körper im Wasser verhalten, welche Einflüsse dabei das Wasser in verschiedenen Tiefen hat, wie man atmen muss und wie man sich bewegt.

Ein Tauchkurs beginnt üblicherweise im Schwimmbad. Du erfährst zunächst, dass du dich auf das Wasser legen kannst und dann wie ein Korken schwimmst. Dazu musst du tief einatmen und dann die Luft anhalten, ohne dich zu bewegen. Erst wenn du ausatmest, geht dein Körper unter. Machst du dann ein paar Ruderbewegungen, bist du sofort wieder oben. Wir sollten also untersuchen, welcher Unterschied zwischen **Schwimmen** und **Untergehen** besteht. Dazu untersuchen wir, warum ein Stein im Wasser versinkt (natürlich auch ein Mensch, wenn er nicht aufpasst), und warum ein Stück Holz auf der Wasseroberfläche treibt (wie ein Mensch mit viel Luft in der Lunge).

Soll Tauchen Spaß machen, musst du unbedingt auch wissen, wie du unter Wasser vorwärts kommst. Geübte Taucher **bewegen sich unter Wasser** mit normalen Schwimmbewegungen; oft aber schlängeln sie sich einfach durch Auf- und Abbewegungen des Körpers oder der Beine durchs Wasser. Sie schnallen sich Flossen an, wenn es schnell vorwärts gehen soll. Was hat es mit den Schlängelbewegungen auf sich?

Wenn du ins Wasser springst und dabei tief untertauchst, spürst du, dass das Wasser auf die Ohren drückt. Unmittelbar an der Oberfläche ist dieser **Druck** kaum wahrzunehmen. Wieso wächst er mit zunehmender Tiefe?

Wenn du die Unterwasserwelt im flachen Wasser studieren willst, genügt es, Kopf und Gesicht einzutauchen. Du atmest dann durch einen **Schnorchel**. Diese gibt es aber nur bis zu 40 cm Länge. Woran liegt das?

Mit den physikalischen Problemen, die in den vorstehenden Abschnitten angerissen sind, wollen wir uns jetzt beschäftigen. Später soll dann noch geklärt werden, wieso viele Sporttaucher einen **Taucheranzug** anziehen, eine **Brille** aufsetzen und die Atemluft in **Stahlflaschen** auf dem Rücken mitnehmen.

Wir arbeiten in Projekten

Wir wollen hier versuchen, das physikalisch zu beleuchten, was für das Tauchen am wichtigsten ist und Gesetze und Regeln zu erarbeiten.

Wegen der vielen Fragen und Probleme ist es sinnvoll, wenn sich die Klasse in Gruppen aufteilt und sich jede Gruppe mit nur einem Problem beschäftigt. Vier Gruppen sollten dazu an Einzelproblemen aktiv werden. Damit die Schüler der anderen Gruppen am Ende des Lehrgangs dann auch das gleiche Wissen haben, ist es notwendig, Versuchsergebnisse zusammenzustellen und für alle zugänglich zu machen. Selbstverständlich müssen die Fragen, die geklärt werden sollen, und die Überlegungen, die zu Ergebnissen geführt haben, dabei mitgenannt werden.

Um euch diese Arbeit zu erleichtern, sind auf den folgenden Seiten Arbeitsaufträge zusammengestellt und Versuche vorgeschlagen, die auf die richtige Bahn lenken. Weiterführende Fragen zeigen, wie die Versuchsauswertungen zu deuten sind. „Physikalische Hintergründe“ stellen die Physik dar, die hinter den untersuchten Problemen steckt.

Schwimmen

Das Wort „Schwimmen" wird in unserer Sprache in zwei Bedeutungen gebraucht: Ein Korken schwimmt auf dem Wasser, ohne etwas zu tun. Ein Mensch geht ins Wasser, um zu schwimmen; er will sich dabei im Wasser fortbewegen. Das Schwimmen als Fortbewegungsart soll hier nicht untersucht werden.
Ein Stein geht unter, wenn er ins Wasser geworfen wird. Ein Stück Holz taucht kurz unter, kommt dann aber wieder hoch und schwimmt. Wie kommt es, dass manche Körper, die ins Wasser geworfen werden, wieder auftauchen und dann schwimmen, andere dagegen untergehen?

Fragen

Zähle Gegenstände auf, die schwimmen und solche, die untergehen.
Ein Körper fällt nach unten, weil die Erde an ihm zieht. Welche Kraft hindert ein Stück Holz am Untergehen im Wasser? Wann ist diese Kraft groß, wann klein?
Warum taucht ein Holzklotz wieder auf? Warum ist aber immer ein Teil von ihm unter Wasser?

Versuche

1. Tauche einen Ball vollständig unter Wasser. Halte ihn zunächst fest, lasse ihn dann los.

2. Forme aus Plastilin eine Kugel und tauche sie an einem Kraftmesser vollständig in Wasser. Was zeigt der Kraftmesser, wenn die Kugel in Luft und wenn sie im Wasser ist? Woher kommt der Unterschied?

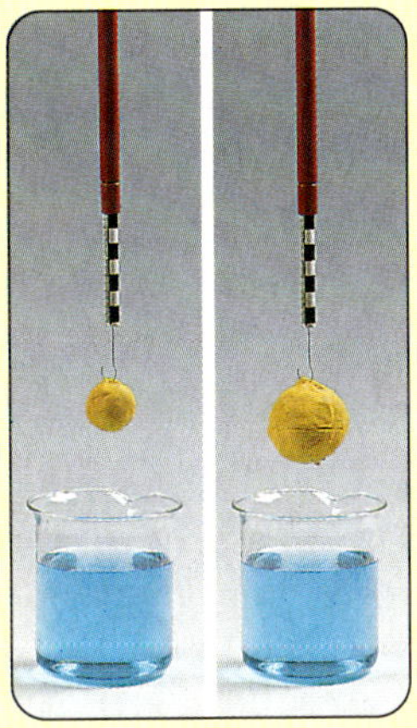

3. Forme aus der massiven Kugel eine Hohlkugel. (Aus zwei Halbkugeln wasserdicht zusammenfügen.) Tauche sie ins Wasser. Um wie viel geht die Anzeige des Kraftmessers zurück? Was ist wohl die Ursache für die unterschiedliche Anzeige?

4. Gib einen ca. 500 g schweren Stein in eine Plastiktüte, in die von außen ein dünner Schlauch eingeführt ist. Hänge die Tüte an einem Kraftmesser ins Wasser. Blase dann langsam die Plastiktüte unter Wasser auf und beobachte den Kraftmesser.

5. Schwimmbadversuch: Gehe ins Wasser, bis es dir bis zum Mund reicht. Stelle dich auf Zehenspitzen, atme kräftig ein und zieh die Beine langsam an. Versuch dich dann auf die flachen Füße zu stellen. Atme aus.

Weiterführende Fragen

- Welche Kräfte wirken in Versuch 1, 2 und 3 auf den Körper? In welcher Richtung wirken sie? Wie groß sind sie?
- Physiker nennen eine der Kräfte „Auftriebskraft"; welche ist das?
- Warum ändert sich der Auftrieb des eingetauchten Körpers (Stein mit Plastiksack) in Versuch 4, wenn du die Tüte mit Luft füllst?
- Was hat Versuch 5 mit Versuch 4 zu tun?
- Kräfte werden immer von einem Körper auf einen anderen ausgeübt. Wer übt die Kraft auf den eingetauchten Körper aus?

Physikalische Hintergründe

Die Erde zieht jeden Körper an. Deshalb drückt er mit einer (gleich großen) Gewichtskraft F_G auf seine Unterlage. Im Wasser erfährt der Körper eine weitere Kraft, die **Auftriebskraft F_A**. Sie wird vom Wasser auf ihn ausgeübt und drückt ihn nach oben. Je mehr Platz der Körper im Wasser braucht (je mehr Wasser er verdrängt), desto größer ist diese Kraft.

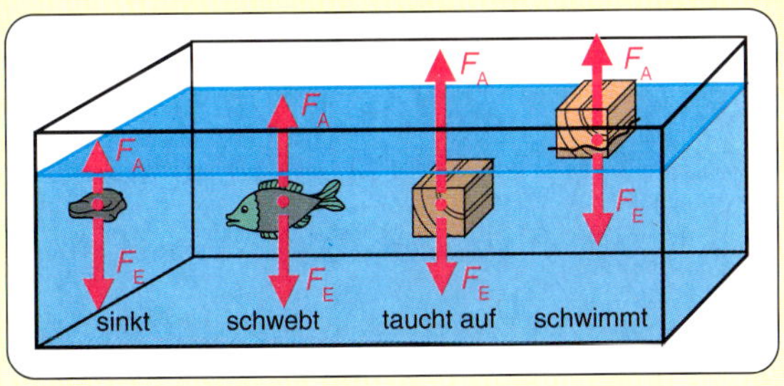

Gewichtskraft und Auftrieb

Schwimmen: An der Wasseroberfläche schwimmt ein Holzstück. Sobald ein Teil des Körpers ins Wasser eintaucht, entsteht die Auftriebskraft. Sie wächst wegen der zunehmenden Wasserverdrängung an, wenn der Körper tiefer eintaucht. Wenn Erdanziehungs- und Auftriebskraft gleich groß sind, schwimmt der Körper.
Auftauchen: Bei einem schwimmenden Holzklotz sind Erdanziehung F_E ($=F_G$) und Auftriebskraft F_A gleich groß. Drückst du den Klotz unter Wasser, so wird die verdrängte Wassermenge und damit die Auftriebskraft größer. Es gilt jetzt: $F_A > F_E$. Lässt du den Klotz los, taucht er sofort wieder auf.
Schweben: Ein Körper, bei dem im eingetauchten Zustand Erdanziehungskraft und Auftriebskraft gleich sind, schwebt in der Flüssigkeit. Bei ihm ist $F_A = F_E$. Er ist in jeder Wassertiefe im Gleichgewicht.
Sinken: Bei einem Stein dagegen ist die Erdanziehungskraft immer größer als die Auftriebskraft: $F_A < F_E$. Der Körper sinkt bis auf den Grund.

Die Dichte

Massive Körper, also solche ohne Hohlräume, unterscheiden sich in ihrem Verhalten in Wasser. Ein Holzstamm z. B. schwimmt, ein Stein aber geht unweigerlich unter.

Fragen

Einige Körper gehen unter, andere schwimmen. Ist ihre Größe entscheidend oder ihre Masse?
Von zwei gleich großen Körpern kann einer untergehen, der andere nicht. Wieso? Warum kann von zwei Körpern gleicher Masse der eine schwimmen, der andere nicht?

Versuche

1. Teste einige massive Körper darauf, ob sie schwimmen oder nicht.

2. Besorge dir Paare von Körpern aus verschiedenem Material, aber gleicher Masse; z. B. einen Stein und eine Kerze, eine Schraube und einen Korken, ein Stück Styropor und eine Schraubenmutter. Gleiche Masse stellst du mithilfe einer Waage her, indem du die Partner auf je eine Schale legst. Schneide Kerze, Korken und Styroporstück zurecht, bis die Waage spielt. Wirf jeweils ein Paar in ein Gefäß mit Wasser. Welcher Partner schwimmt, welcher nicht? Betrachte jeweils das Volumen der einzelnen Partner. Was fällt dir auf?

3. Besorge dir Körper aus verschiedenem Material mit gleicher Masse, z. B. eine Kerze (zurechtschneiden), eine Stahlkugel, einen Korkklotz (zurechtschneiden), einen Kieselstein (Baustelle). Welcher Körper schwimmt, welcher sinkt? Betrachte ihre Volumen.

4. Ermittle das Volumen der Körper in Versuch 3. Bei regelmäßig geformten Körpern (Quader) kannst du es berechnen; bei unregelmäßig geformten bestimmst du es mit Überlaufgefäß und Messzylinder. (Die Größe des Messgefäßes muss zur Größe des Körpers passen!)

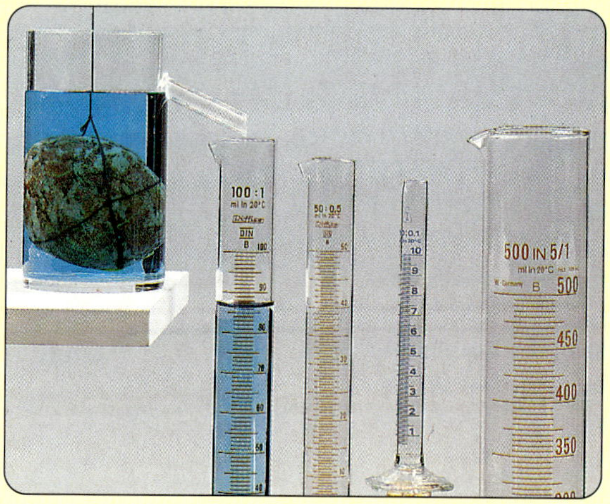

Bilde den Quotienten aus Masse und Volumen für jeden Körper.

5. Bestimme Masse und Volumen verschiedener Wassermengen. Dividiere auch hier jeweils den Wert der Masse durch den Wert für das Volumen.
Vergleiche die Quotientenwerte aus Versuch 4 mit dem für Wasser. Fällt dir etwas bezüglich des Schwimmens auf?

Weiterführende Fragen

- In welchen der in den Versuchen benutzten Körpern ist der Stoff dichter gepackt, in welchen weniger dicht?
- Was hat das „Dichter-Gepackt-Sein" mit dem Wert des Quotienten aus Masse und Volumen zu tun?
- Warum bezeichnet der Physiker diesen Quotienten als „Dichte des Körpers?"
- Aus den festen Stoffen in der Tabelle unten wurden kleine Kugeln hergestellt. Sie werden ins Wasser geworfen. Welche schwimmen, welche gehen unter?
- Vergleiche die Dichte der schwimmenden Kugeln einerseits und der versinkenden Kugeln andererseits mit der Dichte von Wasser. Was stellst du jeweils fest?
- Ein Holzstück, das sich unter Wasser befindet, steigt auf. Wer drückt es nach oben?

Physikalische Hintergründe

Stoff	Dichte in $\frac{g}{cm^3}$	Stoff	Dichte in $\frac{g}{cm^3}$	Stoff	Dichte in $\frac{g}{cm^3}$
Glas	2,5	Kiesel	2–2,2	Kork	0,2
Holz	0,5–0,9	Styropor	0,03–0,04	Wasser	1
Spiritus	0,8	Aluminium	2,7	Kupfer	8,9
Blei	11,3	Eisen	7,2–7,9	Gold	19,3
Meerwasser	1,03	Kochsalzlösung	1,2	Quecksilber	13,6

Wird das Volumen eines Körpers durch Hinzufügen von (gleichem) Material vergrößert, so wird auch seine Masse größer. Der Quotient aus Masse und Volumen bleibt dabei aber gleich (m/V = konstant). Dieser Quotient kennzeichnet den Stoff, er wird **Dichte** genannt.

$$\textbf{Dichte} = \frac{\textbf{Masse}}{\textbf{Volumen}} \qquad \rho(\textbf{rho}) = \frac{m}{V} \qquad \textbf{Einheit: } \frac{\textbf{g}}{\textbf{cm}^3}$$

Körper (nicht hohl!) mit der Dichte $\rho < 1 \frac{g}{cm^3}$ schwimmen in Wasser, solche mit $\rho > 1 \frac{g}{cm^3}$ gehen unter.

Fortbewegung im Wasser

Das Gehen in brusthohem Wasser ist sehr schwierig, unter Wasser sogar unmöglich. Deshalb hat der Mensch zur Fortbewegung in Wasser bestimmte Techniken entwickelt, so genannte *Schwimmstile*. Du kennst Brustschwimmen, Rückenschwimmen, Schwimmen im Delphinstil oder Kraulen.
Richtige Bewegungen von Armen und Beinen oder des ganzen Körpers verschaffen dem Körper einen Vortrieb. Dieser kommt nur zustande, wenn durch die Bewegung Wasser nach hinten weggestoßen wird.

Fragen

Beim Gehen auf trockenem Boden stößt du dich am Fußboden ab, dadurch gewinnst du den Vortrieb. Im Wasser kannst du dich an nichts Festem abstoßen. Wie kommt es hier zur Vortriebskraft? Beim Bewegen in Wasser versucht dieses, dich zu bremsen. Was kannst du dagegen tun? Wie lässt sich die „Bremskraft" des Wassers verkleinern?

Versuche

1. Schwimmbadversuch: Stelle dich in brusthohes Wasser mit ausgebreiteten Armen. Bewege die Arme im Wasser nach vorn, dann nach hinten. Welche Kräfte spürst du, was geschieht mit deinem Oberkörper?
Halte die Hände einmal parallel zur Wasseroberfläche, einmal senkrecht dazu. Was spürst du jedesmal beim Bewegen der Arme? Wie verhält sich dein Oberkörper?

2. Schwimmbadversuch: Lege dich mit dem Rücken aufs Wasser. Bewege deine Beine auf und ab; spreize sie dann und schlage sie gestreckt zusammen. Beobachte, in welche Richtung das Wasser strömt und in welche du dich bewegst.

3. Schwimmbadversuch: Beobachte Arm- und besonders Beinarbeit beim Rücken- und Brustschwimmen, Kraulen und Schwimmen im Delphinstil. Beschreibe, wie der Vortrieb jeweils zustande kommt. Wann erfolgt er durch die Arm-, wann durch die Beinbewegung?

4. Schwimmbadversuch: Beobachte das Schwimmen mit Schwimmflossen. Wie bewegen sich die Füße, wenn du mit Flossen schwimmst? Beobachte auch die Flossen genau. Wie verbiegen sie sich bei Aufwärts- bzw. Abwärtsbewegung der Beine?

5. Forme dasselbe Stück Plastilin nacheinander zu Kugel, Halbkugel, Zylinder, Rübe, Würfel und Quader. Lege das Objekt jeweils auf das Wasser in einem voll gefüllten, hohen Standzylinder. Beobachte sein Verhalten beim Sinken.
Errechne die Sinkgeschwindigkeit aus der Sinkzeit und dem Sinkweg zwischen der Wasseroberfläche und dem Gefäßboden.

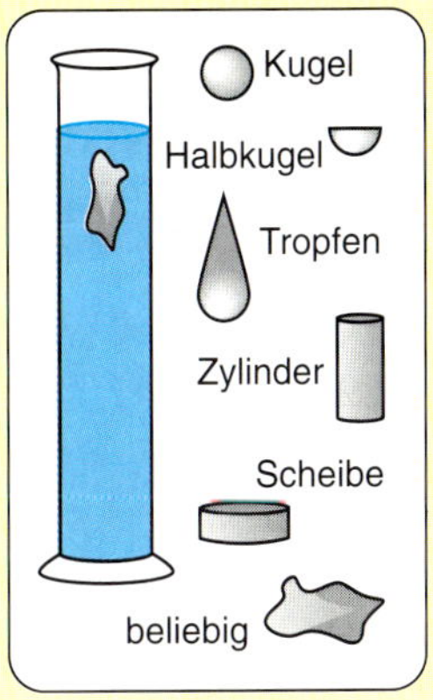

Weiterführende Fragen

● Beschreibe, wie du Kräfte auf das Wasser ausüben kannst und wie das Wasser infolge seiner Trägheit auf dich zurückwirkt.

● Alle Schwimmbewegungen laufen auf ein einziges Prinzip hinaus. Welches ist das? Beschreibe es.
● Wie könnte man das Prinzip mit Worten formulieren? Warum spricht man in der Physik von Rückstoß?

● Aus Versuch 5 ergibt sich, welcher Körper am langsamsten, welcher am schnellsten sinkt. Dabei erfährt jeder Körper einen Bewegungswiderstand im Wasser. Bei welchem Körper ist dieser am kleinsten bzw. am größten? Wie hängt der Widerstand im Wasser von der Form des Körpers ab?

Physikalische Hintergründe

Ein Schwimmer kann sich nur dadurch fortbewegen, dass er Wasser nach hinten beschleunigt. Aufgrund seiner Trägheit übt das Wasser dabei eine Kraft auf den Schwimmer aus, die ihn nach vorn treibt: **Rückstoßprinzip**. Schwimmer erzeugen den Rückstoß durch Arm- und Beinbewegungen, Fische durch Bewegungen der Schwanzflossen.

Wird ein Körper durch stehendes Wasser gezogen, auf dem Korkteilchen schwimmen, erkennt man **Stromlinien**. Diese zeigen, wie das Wasser den Körper umströmt: Vor ihm wird das Wasser nach außen gestoßen, hinter ihm wieder einwärts gesogen. Ein Körper wird vom Wasser umso weniger gebremst, je weniger Wirbel hinter ihm entstehen. Die Kugelform ist, wie das Stromlinienbild rechts zeigt, deshalb schlechter als die Tropfenform.

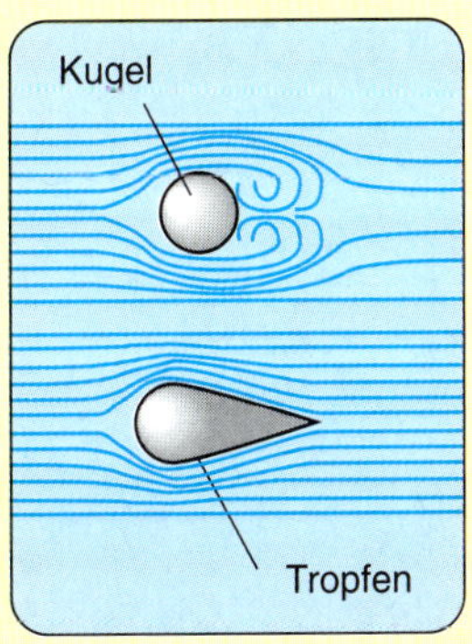

Druck in Wasser

Beim Untertauchen im Schwimmbad drückt das Wasser auf beide Ohren und zwar umso mehr, je tiefer du tauchst. U-Boote dürfen nur bis in eine bestimmte Tiefe tauchen. Tiefseetauchgeräte sind kugelförmig und haben dicke Stahlwände; sie widerstehen deshalb auch dem sehr hohen Druck in großer Tiefe.

Fragen

Warum drückt Wasser von links und von rechts auf einen untergetauchten Kopf? Die Erde zieht es doch nur nach unten!
Wie kommen diese Kräfte zustande?

Versuche

1. Bohre unten in die Seitenwand eines Plastikgefäßes (großer Trinkbecher o. ä.) ein Loch. Fülle das Gefäß bei zugehaltenem Loch bis oben mit Wasser. Gib das Loch frei. Sorge durch Nachfüllen für stets gleichen Wasserstand im Gefäß. Fülle dann kein Wasser mehr nach. Beobachte, wie weit jeweils das Wasser herausspritzt.

2. Wiederhole Versuch 1, bohre jetzt aber unten in die Seitenwand eines zweiten, gleichen Plastikgefäßes statt 1 Loch vier gleich große Löcher in gleicher Höhe an gegenüber liegenden Seiten. Was stellst du fest?

3. Stelle das Gefäß aus Versuch 1 neben ein Gefäß mit größerem Durchmesser, aber mit gleich großem Loch. Fülle beide Gefäße gleich hoch mit Wasser. Beobachte die Wasserstrahlen und den Wasserstand.

4. Baue ein U-Rohr aus zwei gleich langen Glasröhrchen, die mit einem Schlauchstück verbunden werden. Fülle es halbvoll mit Wasser. Schließe dann wie im Bild eine Blechdose luftdicht an. Drücke auf die Gummimembran, die die Blechdose abschließt. In welcher Richtung wird das Wasser verschoben? Warum?

5. Das U-Rohr ist ein Druckanzeiger. Der Druck ist umso größer, je weiter sich das Wasser darin verschiebt. Versenke die Dose langsam im Wasser eines möglichst hohen Standzylinders. Beobachte die Membran. Was geschieht gleichzeitig mit der Flüssigkeit im Manometer? Wie hängt die Verschiebung des Wassers im U-Rohr mit der Eintauchtiefe der Dose zusammen?

6. Drehe die Dose im Wasser in gleicher Tiefe langsam um ihre Achse. Beobachte die Membran und den Druckmesser. Wie ändert sich die Anzeige beim Drehen? Wer übt hier Kräfte aus?

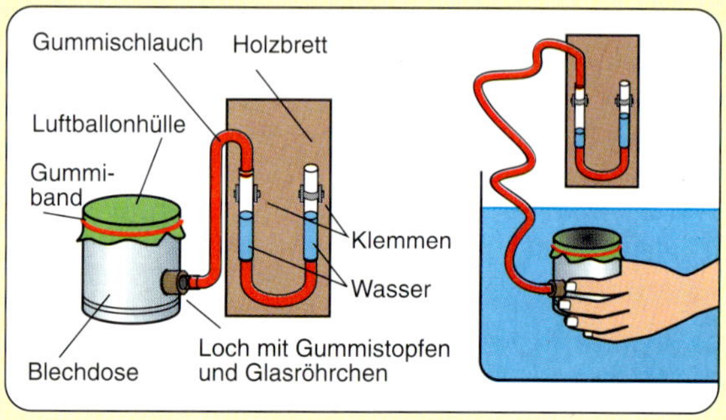

Weiterführende Fragen

- Wie hängt die Spritzweite in 1, 2 und 3 vom Wasserstand im Gefäß ab? Wie ändert sich die Spritzweite bei einem weiten Loch?
- Warum spritzt das Wasser waagrecht aus dem Loch? Wovon hängt die Spritzweite, also die Kraft auf das Wasser im Loch ab?
- Warum steigt im U-Rohr die Wassersäule, wenn du mit dem Finger auf die Membran drückst?
- Erkläre das Ergebnis aus dem fünften Versuch mit den Erkenntnissen aus den Versuchen 1 und 2.
- Wie ändert sich die Kraft, die vom Wasser auf die Membran ausgeübt wird, wenn die Membran in gleicher Wassertiefe verschiedene Stellungen hat? Was schließt du daraus?
- Im sechsten Versuch wird die Membran auch nach unten gedreht. In welcher Richtung übt jetzt das Wasser eine Kraft auf die Membran aus? Was schließt du daraus?

Physikalische Hintergründe

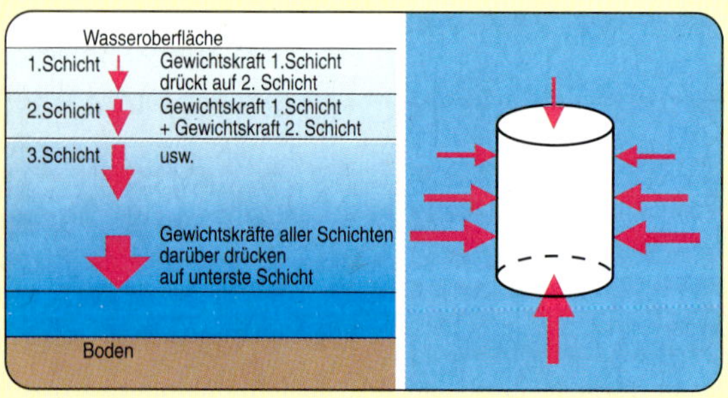

Im Wasser drücken die oben liegenden Wasserschichten mit ihrer Gewichtskraft auf die darunter liegenden. Je tiefer man sich im Wasser befindet, desto größer sind deshalb die Druckkräfte von oben. Diese Druckkräfte bringen das Wasser in einen Zustand, in dem es auf alles senkrecht drückt, was ihm im Wege ist, also auch auf die seitlichen Körperflächen, ja sogar auf die Unterseite! Deshalb spritzt das Wasser aus den Löchern, die in gleicher Höhe in einem Gefäß sind, nach allen Seiten gleich weit heraus. Aus demselben Grund drückt auch das Wasser in jeder Stellung gleich stark auf eine Membran, die gedreht wird. Man sagt, im Wasser herrsche **Druck**.

Atmen mit Pressluft

Auch unter Wasser braucht man Luft zum Atmen. Die nimmt der Taucher in Stahlflaschen mit, meist in 10 *l*-Flaschen. Eine Flasche enthält also 10 *l* Luft. Das reicht gerade für vier Atemzüge – also viel zu wenig für einen Tauchgang. Deshalb werden in die Flasche 2 000 *l* Luft zusätzlich hineingepumpt. Die Luft wird dabei zusammengepresst und kommt unter hohen Druck, wird *Pressluft*. Der Druck in der Flasche ist jetzt 200-mal so groß wie der Druck der Luft am Erdboden, also 200 bar.

Fragen

Wie tief kann man ohne Pressluft tauchen? In welcher Wassertiefe kann man noch ausatmen?
Warum braucht man zum Atmen unter Wasser Pressluft?

Versuche

1. Bohre in eine Blechdose ohne Deckel ein Loch und klebe einen Gummischlauch luftdicht ein. Verschließe die Dose mit einer Membran (Luftballonhülle, Plastiktüte o. ä.) luftdicht.
– Blase durch den Schlauch Luft in die Dose und sauge sie wieder heraus. Beobachte jeweils die Membran.
– Wiederhole den Versuch. Klemme nach dem Einblasen und dann nach dem Aussaugen den Schlauch ab. Beobachte die Membran. Wer drückt jetzt die Membran nach außen bzw. innen?

2. Verschließe einen mindestens 1 m langen durchsichtigen Schlauch am unteren Ende dicht ab (z. B. mit zwei Brettchen und einer Schraubzwinge). Hänge ihn mit einer Klemme senkrecht auf und fülle ihn mit Wasser. Führe dann einen dünnen Schlauch von oben ein und atme durch diesen in verschiedenen Wassertiefen aus. In welcher Tiefe bringst du keine Luft mehr heraus?

3. Baue in eine luftdicht verschließbare Blechdose (Marmeladendose mit Schraubverschluss und Dichtungsring) ein Fahrradventil ein. Pumpe ein bisschen Luft hinein und tauche die an einen Stock angebundene Dose in eine mit Wasser gefüllte Mülltonne. Öffne in geringer Tiefe das Ventil ein wenig, sodass beim Eintauchen je Sekunde etwa eine Luftblase herauskommt. Versenke die Dose dann langsam. Bis zu welcher Tiefe strömt Luft aus? Kommt wieder Luft heraus, wenn du die Dose dann etwas höher ziehst? Pumpe nun mehr Luft in die Dose (erhöhe also den Luftdruck darin) und notiere die Wassertiefe, in der jetzt noch Luft austritt.

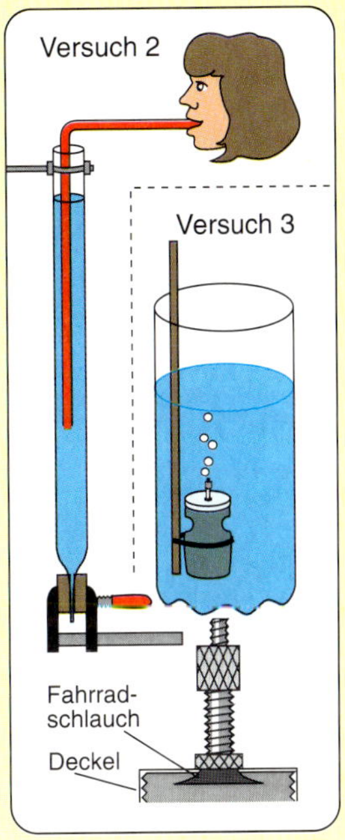

Weiterführende Fragen

● In Versuch 1 bleibt die Membran auch bei abgeklemmtem Schlauch nach innen gewölbt. Daraus kannst du schließen, dass eine Kraft von außen wirkt. Wer übt sie aus?
● Dass Luft auf alle Körper und Gegenstände eine Kraft ausübt, zeigt, dass sie unter Druck steht. Erkläre, wie er zustande kommen könnte. (*Hinweis:* Wir leben am Grunde eines Luftmeeres und 1 m^3 Luft wiegt etwa 1 kg).
● In Versuch 2 musst du den Druck erhöhen, damit in größerer Wassertiefe noch Luft herauskommt. Wie hängt dieser Druck von der Wassertiefe ab? Warum ist in größerer Tiefe größerer Druck nötig?
● Im dritten Versuch arbeitest du mit Pressluft in einem Behälter. Warum hört das Ausströmen der Luft in größerer Wassertiefe auf?
● Warum musst du den Luftdruck in der Dose erhöhen, wenn in größerer Wassertiefe noch Luft aus dem offenen Gefäß herauskommen soll?

Physikalische Hintergründe

In einem geschlossenen Gefäß wird der Luftdruck erhöht, wenn zusätzlich Luft hineingepumpt wird. Eine Membran, die das Gefäß verschließt, wird nach außen gedrückt. Wird zehnmal so viel Luft in das Gefäß hineingepumpt, wie es bei Normaldruck enthält, so wird der Druck zehnmal so groß.
Wird aus einem geschlossenen Gefäß mit „Normal“-Luft ein Teil der Luft entfernt, wird der Druck darin kleiner. Die äußere Luft drückt jetzt die Membran nach innen, weil die Kraft der Außenluft überwiegt.
Aus einer Öffnung unter Wasser kann aus einer Pressluftflasche Luft nur austreten, wenn der Druck in ihr größer ist als der Wasserdruck außen.

Als Druckeinheit wird die Größe des Luftdruckes in Meereshöhe benutzt; sie heißt **1 bar**. Der Wasserdruck beträgt in 10 m Wassertiefe 2 bar, in 50 m Tiefe 6 bar und in 10 000 m (Tiefsee) Tiefe 1 000 bar.

Das Tauchen ohne Tauchgerät …

Im Schwimmbad wird der Tauchlehrling zunächst flach unter der Wasseroberfläche durchs Wasser schwimmen. Das ist – sieht man vom Atmen ab – nicht besonders schwierig, denn die durchschnittliche Dichte des menschlichen Körpers ist nahezu gleich der von Wasser. Wenn du vor dem Tauchen durch Einatmen deinen Brustkorb etwas aufblähst, also sein Volumen vergrößerst, schwebst du im Wasser. Die Auftriebskraft ist gleich der Gewichtskraft.
Das lässt sich am besten nachprüfen, wenn du „toter Mann" spielst, also auf dem Rücken liegend die Luft anhältst. Atmest du aus, geht dein Körper unter.

Beim Tauchen ohne Gerät muss man die Luft anhalten. Das hat den Nachteil, dass Ungeübte nur wenige Sekunden unter Wasser bleiben können. Geübte Taucher dagegen bringen es auf 90 bis 120 Sekunden Aufenthalt unter Wasser. Das bedeutet, dass sie unter Wasser etwa 50 m weit schwimmen können.

Längere Zeit tauchen kann man mit einem **Schnorchel**. Das ist ein Schlauch, der vom Mund zur Wasseroberfläche führt. Durch ihn kann man Luft zum Atmen nach unten saugen. Allerdings darf der Schnorchel nicht länger als 40 cm sein. Reicht er nämlich weiter unter die Wasseroberfläche, wird Atmen unmöglich. Denn schon in 10 m Wassertiefe ist der Druck doppelt so groß wie der über dem Wasser herrschende Luftdruck, also 2 bar. Das Wasser drückt deshalb den Brustkorb zusammen. Beim Atmen muss man ihn aber (mihilfe des Zwerchfells) erweitern. Nur dann strömt Luft durch den Schnorchel ein. Das Erweitern des Brustkorbes ist wegen des Wasserdrucks schwierig. Es gelingt nur mit großer Anstrengung, wenn man tiefer als 40 cm unter Wasser ist; ab ca. 100 cm Wassertiefe kann man überhaupt nicht mehr atmen.

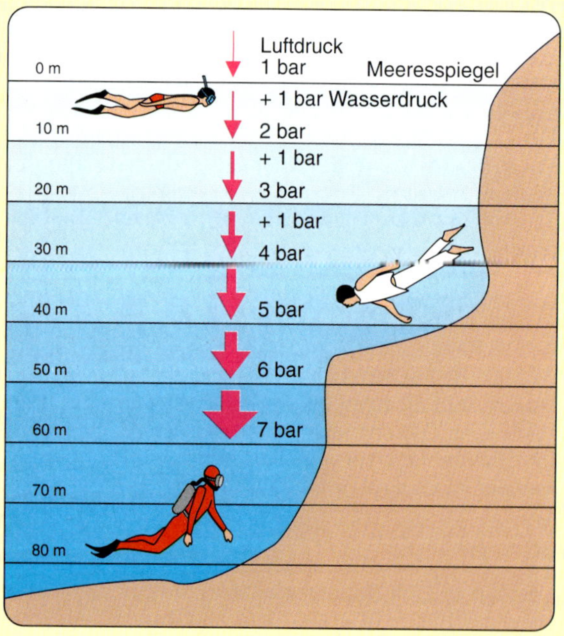

Perlentaucher in der Südsee können ohne jedes Hilfsmittel bis über 50 m tief tauchen. Dazu ist natürlich viel Übung nötig. Der Wasserdruck ist ungeheuer groß, er presst den Brustkorb und die Luft darin zusammen. Wenn sich dabei das Volumen der eingeatmeten Luft verkleinert, erhöht sich in ihr im gleichen Maß der Druck. Es entsteht automatisch in der Lunge ein **Gegendruck**, der verhindert, dass die Lunge zusammengequetscht wird.

Ob ein Körper schwimmt oder untergeht, hängt nicht nur von der Dichte des Körpers, sondern auch von der Dichte der Flüssigkeit ab: Ein rohes Ei in einem hohen, wassergefüllten Glasgefäß geht unter. Rührst du Salz ein, kannst du erreichen, dass das Ei in jeder Höhe „stehen" bleibt; es schwebt dann im Wasser, weil seine Dichte gleich der des Salzwassers ist. Deshalb kann ein Mensch wie im Bild ganz oben in Salzwasser besser schwimmen als in Süßwasser. Er hat allerdings größere Schwierigkeiten zu tauchen.

... und mit Ausrüstung

Die meisten Sporttaucher benutzen zur Ausübung ihres Hobbys eine Taucherausrüstung. Diese besteht aus einer Gesichtsmaske, dem Taucheranzug, dem Gürtel mit Bleigewichten, dem Atemgerät und (meistens) Flossen. Die Notwendigkeit einiger Teile leuchtet sicher sofort ein; wofür aber brauchen sie z. B. Bleigewichte, wenn der Körper doch von allein absinkt? Überlegen wir der Reihe nach!

Eine **Tauchermaske** tragen auch Taucher, die ohne sonstige Ausrüstung absteigen, um gut sehen zu können. Die gekrümmte Hornhaut mit dem Augenwasser dahinter bildet eine Licht brechende Linse, die zu etwa $\frac{4}{5}$ für das Funktionieren des Auges verantwortlich ist. Kommt Wasser vor das Auge, wird dieser Anteil der Brechung beseitigt. Licht geht ja dort jetzt von Wasser in Wasser über, wobei keine Brechung mehr auftritt. Folge: Wir sehen mit bloßem Auge unter Wasser alles verschwommen. Eine Tauchermaske bringt wieder Luft vor die Augen. Die Glasscheibe der Maske ist eben. Es tritt an der Scheibe zwar noch Brechung auf, aber die verschlechtert nicht das scharfe Sehen. Sie bewirkt nur, dass wir alle Entfernungen verkürzt wahrnehmen, wie beim Blick senkrecht durch eine Wasseroberfläche. Die Maske sollte aber nicht sehr tief sein; denn der Abstand zwischen Auge und Glasscheibe muss klein sein, damit ein ausreichendes Gesichtsfeld bleibt. Der Taucher muss ja auch Gefahren erkennen können, die seitlich auf ihn lauern.

Um längere Zeit tauchen zu können, ziehen viele Sporttaucher einen Kälteschutzanzug an, den **Taucheranzug**. Im Wasser gibt der menschliche Körper nämlich mindestens dreimal so viel Wärme ab wie in Luft, weil Wasser eine viel bessere Wärmeleitfähigkeit hat als diese. Da die abgeführte Wärme vom Körper durch Verbrennen von Nahrung ersetzt werden muss, steigt der Sauerstoffverbrauch; der Taucher braucht mehr Atemluft. Will man das vermeiden, muss man durch einen Taucheranzug die Wärmeabgabe einschränken. Dieser besteht aus Material, in das viele kleine Luftblasen eingearbeitet sind; das isoliert ausreichend gegen Wärmeabgabe. Bei einem „Nasstauchanzug" gelangt zusätzlich Wasser von außen an die Haut des Tauchers. Diese Wasserschicht wird vom Körper erwärmt; sie ist dann eine zusätzliche Wärme-Dämmschicht.

Je tiefer ein Taucher im Wasser ist, desto größer ist der Druck im Wasser um ihn herum. Um wie gewohnt atmen zu können, muss der Druck in der Lunge genauso groß sein wie der Wasserdruck. Die zur Druckerhöhung notwendige Luft nimmt der Taucher in der Pressluftflasche mit. Das daran angeschlossene **Atemgerät** gibt dem Taucher bei einem Atemzug so viel Luft, dass der Luftdruck in der Lunge immer so groß ist wie der Wasserdruck außen. Es ist leicht einzusehen, dass der Luftvorrat umso schneller zur Neige geht, je tiefer man taucht. Denn in größerer Tiefe ist auch der Wasserdruck größer, der Flasche muss also mehr Luft zum Aufblähen der Lunge entnommen werden.

Jeder Taucher muss deshalb vor dem Tauchgang berechnen, wie tief er mit der verfügbaren Luft tauchen und wie lange er unter Wasser bleiben kann.

Vorsicht beim Auftauchen!

Unsere Atemluft setzt sich aus verschiedenen Gasen zusammen, unter anderem aus Sauerstoff und Stickstoff. Beim Tauchen steigt der Druck dieser „Atemgase" in der Lunge mit zunehmender Tiefe an. Wegen des hohen Drucks löst sich dann mehr Gas im Blut als an Land. Der Sauerstoff wird im Blut chemisch gebunden. Der Stickstoff aber perlt beim schnellen Auftauchen in Form von Gasblasen aus, ähnlich wie die „Kohlensäure" beim Öffnen einer Sprudelflasche. Die Stickstoff-Gasbläschen versperren dem Blut in den kleinen Adern den Weg. Es treten Durchblutungsstörungen auf, von denen Taucher oft erst etwas merken, wenn es für Hilfe längst zu spät ist.

Dieses Phänomen ist unter Tauchern bekannt als lebensgefährliche **Taucherkrankheit**. Sie kann nur durch langsames Auftauchen vermieden werden. Dazu machen die Taucher in bestimmten Höhen entsprechende Pausen. Denn dann entstehen diese gefährlichen Stickstoff-Bläschen zwar auch, aber es sind weit weniger und viel kleinere. Sie können über den Blutkreislauf zur Lunge transportiert werden und beim Ausatmen den Körper verlassen.

Heißluftballons

Das Ballonteam hat die 25 m lange Hülle aus Fallschirmseide ausgerollt und über Stahlseile mit der Gondel aus Korbgeflecht verbunden. Zwei Leute halten die Öffnung des Ballons auf. Ein großer Ventilator bläst in den nächsten 10 Minuten 2000 m^3 kalte Luft in die Hülle. Der Ballon gerät in flatternde Bewegung und bläht sich mehr und mehr auf. Dann werden zum erstenmal die beiden Gasbrenner gezündet. Fauchend schießen heiße Gase in die Hülle. Schließlich beginnt sie sich zu heben. Noch fünf, sechs Flammenstöße! Der Ballon wird prall. Die Stahlseile straffen sich. Der Ballon steht über der Gondel. Er enthält jetzt ca. 3 000 m^3 heiße, mit Verbrennungsgasen vermischte Luft. Die Passagiere steigen zu. Noch zwei-, dreimal blasen die Brenner heißes Gas in die Hülle, dann hebt der Heißluftballon zu seiner Fahrt ab. In der Luft werden die Brenner von Zeit zu Zeit gezündet, um die Höhe zu halten oder noch höher zu steigen.

Fragen

Warum steigen Heißluftballons?
Warum füllt man sie mit heißen Gasen?
Woher kommt die Kraft, die sie nach oben treibt?
Warum ist die Ballonhülle so riesig groß?
Warum hat ein Heißluftballon unten eine Öffnung?

Versuche

1. Befestige wie im Bild unten eine große Papiertüte („Bäckertüte" mit $V \approx 7\,l$) mit Klebeband und der Öffnung nach unten am rechten Ende des Hebelarms. Bringe die Waage mithilfe eines Jogurtbechers am linken Ende des Hebelarms ins Gleichgewicht, in dem du Sand in den Becher einfüllst.
a) Stelle in die Öffnung der Tüte eine 100 W-Lampe. Schalte diese 2 Minuten ein. Was geschieht?
b) Schalte dann die Lampe aus und nimm sie weg. Wie bewegt sich der Hebelarm jetzt? Was bedeutet das jeweils für das „Gewicht" der Tüte, also ihre Masse?

2. Bringe die Waage wieder ins Gleichgewicht. Halte die Tüte am unteren Rand fest und blase heiße Fönluft hinein. Nimm dann den Fön weg und lass die Tüte los. Wie bewegt sich der Hebel in den nächsten 5 Minuten?

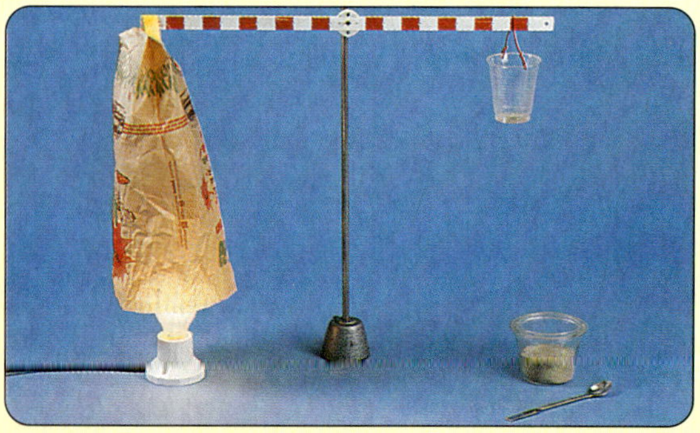

3. Wiederhole V2. Blase aber nun, nachdem sich der Hebelarm in der höchsten Lage beruhigt hat, sofort kalte Fönluft in die Tüte. Nimm den Fön weg. In welcher Lage befindet sich der Hebelarm jetzt?

4. Wiederhole nochmals V2. Merke dir, wie hoch der Hebelarm steigt. Ersetze die Tüte durch eine kleinere ($V \approx 3{,}5\,l$). Stelle ein Gleichgewicht ein und fülle dann auch diese mit heißer Fönluft. Wie hoch steigt der Hebelarm jetzt? Vergleiche die Hebelarmstellungen der unterschiedlich großen Tüten miteinander.

5. Bringe die rechts abgebildete Waage mit Glaskugel und Gegengewicht ins Gleichgewicht. Stelle die Waage unter eine luftdicht schließende Glocke. Sauge nun die Luft mit einer Pumpe aus ihr ab und beobachte die Waage. Lass die Luft wiederum einströmen. Wie bewegt sich der Balken jeweils?

Weiterführende Fragen

- Vergleiche die Versuche 1 bis 3. Was ist letztlich der Grund dafür, dass die Tüte manchmal leichter (kleinere Masse) und manchmal schwerer (größere Masse) ist?
- Warum steigt die Tüte in V1 recht langsam nach oben, hat also erst nach relativ langer Zeit eine kleinere Masse? Warum erreicht sie ihre ursprüngliche Masse erst nach etwa ebenso langer Zeit nach Ausschalten und Wegnehmen der Lampe?
- Welche Rolle spielt die Temperatur der Luft in der Tüte für das Auf und Ab in den Versuchen 1–3.
- Begründe, wie sich das kleinere Volumen der Tüte in V4 auswirkt.
- Warum sinkt die Glaskugel nach unten, wenn Luft aus der Glocke herausgepumpt wird? Warum steigt sie nach oben, wenn die Luft wieder hineinströmt?
- Worauf muss man beim Bau von Heißluftballonen achten? Warum müssen die Brenner sehr leistungsstark sein?

Bau eines Heißluftballons

1. Material und Werkzeuge

Besorge dir folgende Materialien: Dünnes Seidenpapier, Pappe, Aluminiumdraht (ca. 0,5 mm ∅), Klebstoff, Campinggasbrenner als Wärmequelle, Stab aus Holz, einen dünnen Bindfaden (Drachenschnur) und eine Schere.

2. Der Bauplan

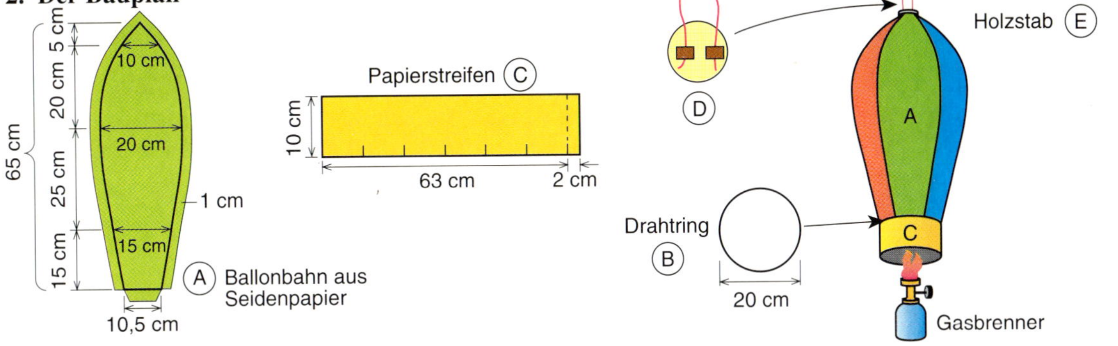

3. Die Baubeschreibung

Schneide eine Schablone aus Pappe, mit deren Hilfe du aus dem Seidenpapier sechs Bahnen **(A)** ausschneidest. Die Maße kannst du der Skizze entnehmen. Falze die Ränder und klebe die Bahnen zusammen. Achte darauf, dass die Ränder gut übereinander greifen. In die untere Öffnung des „Ballons" klebst du einen Ring aus Draht **(B).** Schneide aus etwas stärkerem Papier einen Streifen **(C)** zu und klebe ihn zu einem Ring zusammen. Diesen klebst du um den Drahtring und gleichzeitig am Ballon fest. Die obere Öffnung verschließt du mit einem kreisrunden Stück Papier **(D),** durch das du eine kleine Schlaufe aus Bindfaden ziehst.

4. Der Start

Jetzt kannst du mit den Startvorbereitungen beginnen: Stecke den Holzstab **(E)** durch die Schlaufe und halte den Ballon hoch. Ein Mitschuler entzundet nun den Campinggasbrenner unter der Öffnung. **Vorsicht: Brandgefahr!** Warte, bis der Ballon prall mit Verbrennungsgasen und heißer Luft gefüllt ist. Stelle den Brenner ab und ziehe dann die Stange aus der Schlaufe. Lass den Ballon steigen.

Physikalische Hintergründe

Wie eine Papiertüte ist ein Heißluftballon ein unten offener Behälter, der eine bestimmte Portion, z. B. 3 000 m^3, kalter Luft enthält. Erwärmt man nun die Luft, dehnt sie sich aus. Ihr Volumen wird also größer und sie benötigt mehr Raum. Deshalb entweicht ca. $\frac{1}{4}$ der Luft durch die Öffnung des Ballons nach unten. Er enthält jetzt weniger Luft als vorher, ist aber immer noch genauso prall gefüllt. Das aber bedeutet: Die gleiche Füllung heißer Gase hat weniger Masse als die aus kalter Luft. Die Gesamtmasse aus Behälter und Füllung wird kleiner. Daraus folgt, dass auch die auf die Luft im Ballon wirkende **Erdanziehungskraft** kleiner wird.

Andererseits erfährt ein Ballon, wie die Glaskugel in V5, aber auch eine Kraft, die nach oben wirkt. Sie wird von der Umgebungsluft ausgeübt und ist nur vom Volumen des Ballons abhängig. Je größer das Volumen, desto größer wird auch diese Kraft, die man **Auftriebskraft** nennt. Sie allein reicht nicht aus, den Ballon zu heben, solange er mit kalter Luft gefüllt ist. Er steigt erst, wenn so viel Luft bei der Erwärmung aus dem Ballon entwichen ist, dass die Erdanziehungskraft auf ihn kleiner ist als die Auftriebskraft, die die äußere Luft auf ihn ausübt. Ist die Erdanziehungskraft gleich der Auftriebskraft, befindet sich der Ballon im Schwebezustand (Abb. unten).

Während der Fahrt beeinflusst der Ballonfahrer durch Zünden oder Abschalten der Brenner die Größe der Erdanziehungskraft, um zu steigen, die Höhe zu halten oder zu sinken.

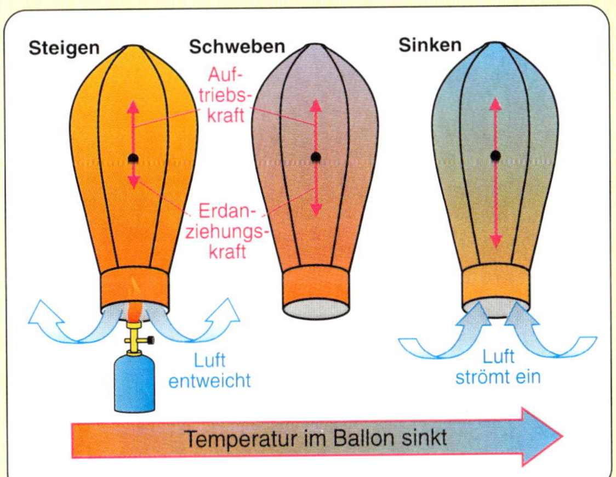

Eine Postkarte lernt gleiten

Einen Papierflieger kann jeder falten. Allerdings gibt es besonders gute „Konstruktionen“, die lange in der Luft bleiben oder sehr weit gleiten, aber auch sehr schlechte. Sieger in einem Papierfliegerwettbewerb wird man nur, wenn man weiß, welche Voraussetzungen ein Siegermodell erfüllen muss. Einige davon wollen wir herausfinden, indem wir zunächst eine Postkarte gleitfähig machen und dann einen Papierflieger falten.

Fragen

Wann gleitet ein Papierflieger möglichst langsam auf einer gleichmäßig geneigten Bahn nach unten? Wie kann man die Gleiteigenschaften beeinflussen? Welche Kräfte wirken während der Gleitbewegung auf den Flieger?

Versuche

1. Lass Postkarten aus 2 m Höhe entsprechend den folgenden Zeichnungen nach unten fallen. Miss jeweils die Zeit, beschreibe die Flugbahnen und vergleiche sie miteinander.
Die Postkarte soll sein: a) senkrecht gehalten, b) in waagerechter Lage, c) an den Ecken nach oben gefaltet, d) an der kurzen Seite beschwert, z. B. mit einer Wäscheklammer, e) an den Ecken beschwert, f) an den gefalteten Ecken beschwert. Bei welcher Form benötigt die Postkarte die längste Zeit bis sie den Boden berührt?

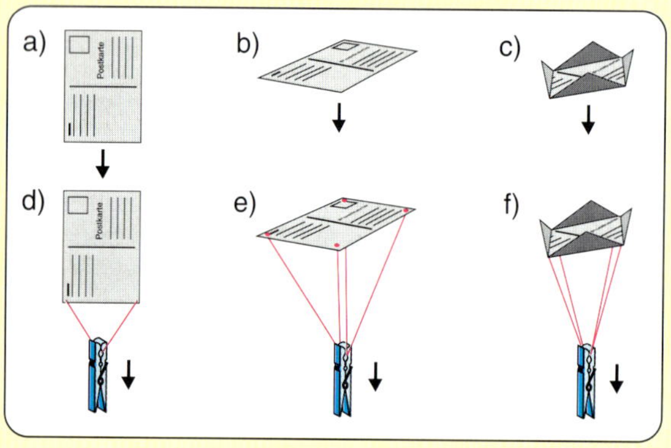

2. Lass eine ungeknickte Postkarte aus der flachen Hand nach vorn unten gleiten. Beschwere sie nach jedem Gleitversuch vorn solange mit Büroklammern, bis sie auf einer gleichmäßig geneigten Bahn möglichst ruhig und weit gleitet (Abb. unten). Welche Bewegungen macht sie und wann gleitet sie am besten? Wie lange ist sie jeweils unterwegs? Vergleiche mit V1.

3. Knicke Postkarten entsprechend den folgenden Zeichnungen. Beschwere sie wie in V2 vorn mit Büroklammern und starte sie. Welche Postkarte gleitet am besten? Beschreibe die Flugbahnen.

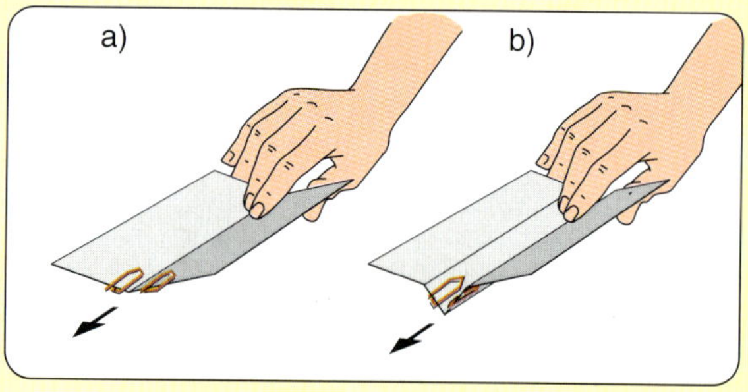

Weiterführende Fragen

● Warum fällt eine zunächst waagerecht gehaltene Postkarte wesentlich langsamer zu Boden als eine senkrecht gehaltene?
Warum sind die hemmenden Kräfte bei der einen Postkarte größer als bei der anderen?

● Warum sind die unbeschwerten Postkarten länger unterwegs als die beschwerten? Erklärte mit den wirkenden Kräften.

● Eine unbeschwerte Postkarte, die man schräg nach vorn gleiten lässt, gerät ins Taumeln. Was ist die Ursache dafür?

● Bei welchen Kartenformen ist die Fallzeit besonders groß? Warum ist das so?

● Wie wirkt sich das Beschweren mit Büroklammern an der Vorderkante auf die Flugbahn der Postkarte aus?

● Wann gleitet eine Postkarte schräg und geradlinig nach unten? Warum ist das so?

● Wann kann man die Postkarte in V3 als kopflastig, wann als schwanzlastig bezeichnen? Wie bewegt sie sich jeweils in der Luft?

● Beim Gleiten macht die Postkarte zwei Bewegungen, sie fällt und kommt dabei gleichzeitig vorwärts. Welche der Bewegungen ist beim Fallen schneller? (Vergleiche mit der Abb. unten auf der folgenden Seite)

● Wie kann man erreichen, dass eine gut gleitende Postkarte eine Kurve fliegt?

● Warum bringt man an einem selbstgefalteten Papierflieger keine Büroklammern zum Beschweren an? Was tritt an ihre Stelle?

Papierflieger selbst gefaltet

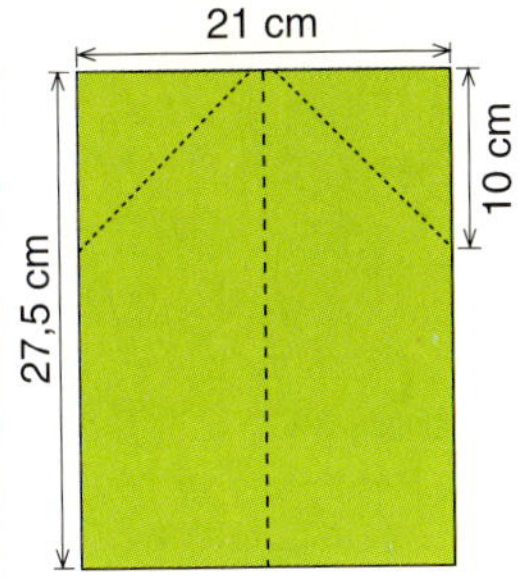

1. Mittellinie falzen.
Ecken nach oben falten.

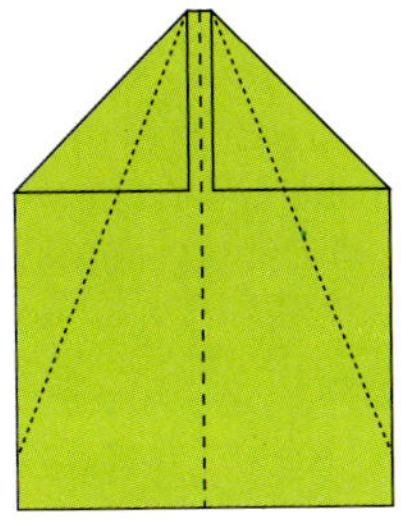

2. An den gestrichelten Linien nach oben falten.

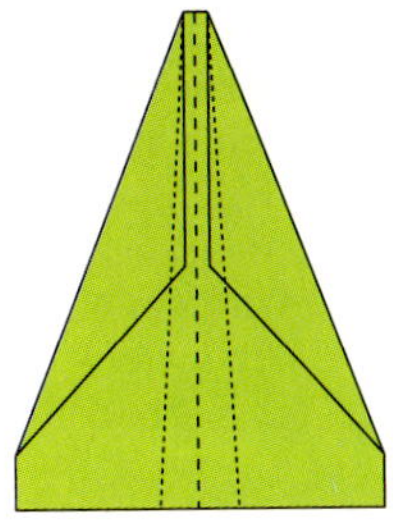

3. An der Mittellinie nach unten falten, an den gestrichelten Linien nach oben...

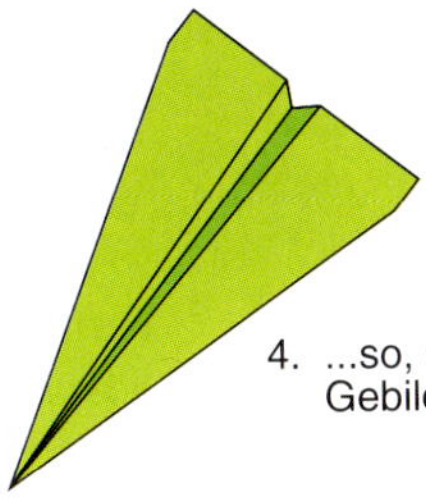

4. ...so, dass dieses Gebilde entsteht.

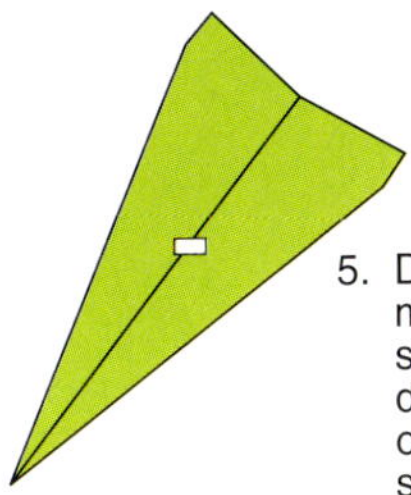

5. Die Flügel werden mit Klebeband so zusammengehalten, dass sie etwas nach oben angewinkelt sind.

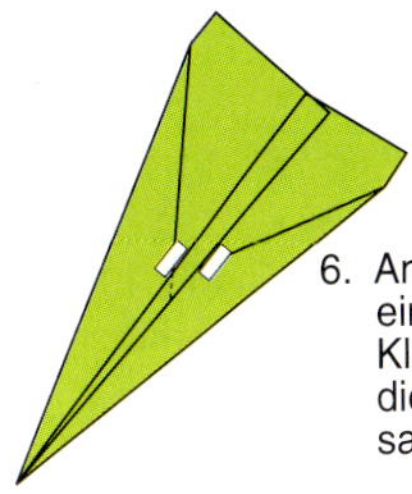

6. Ansicht von unten: ein Stückchen Klebeband hilft, die Flügel zusammenzuhalten.

Physikalische Hintergründe

Alle Körper sind schwer. Auf sie wirkt die **Erdanziehungskraft,** die sie nach unten in Richtung Erdoberfläche zieht. Beim Fallen müssen Gegenstände Luft wegdrücken, weil Luft ein gasförmiger Körper ist. Gegenstände mit kleiner Fläche, z. B. die senkrecht gehaltene Postkarte, müssen nur wenig Luft verschieben. Ihre **Fallzeit** ist deshalb klein.
Gegenstände mit großen Flächen müssen beim Fallen viel Luft wegdrücken. Sie fallen deshalb langsamer zu Boden. Dabei schieben sie ruhende Luft nach unten weg. Die Luft gerät in Bewegung und strömt um die Kanten der Gegenstände herum. Dadurch bilden sich Luftwirbel, durch die eine Kraft nach oben, also entgegen der Erdanziehungskraft, entsteht. Diese Kraft nennen wir **Luftwiderstand.** Sie bewirkt, dass Gegenstände mit großen Flächen langsamer fallen als solche mit kleinen Flächen.
Postkarten und Papierflieger haben ebene Flächen. Sie können in Luft schräg nach unten gleiten. Gleiten ist eigentlich ein verlangsamtes Fallen, bei dem eine bestimmte Strecke zurückgelegt wird:
1. Ist die Postkarte vorn unbeschwert und lässt man sie nach schräg unten aus der Hand gleiten, staut sich die vorbeiströmende Luft vorn unter und hinten über der Kante der Karte. Dadurch entstehen zusätzliche Kräfte, welche sie vorn nach oben und hinten nach unten drücken. Die Karte hebt sich vorn und taumelt, sich unter Umständen überschlagend, zu Boden.
2. Beschwert man die Postkarte vorn mit Büroklammern, wird sie vorn nach unten gedrückt, sodass sie sich nach vorn unten bewegen kann, ohne zu taumeln.

Die Anzahl der Klammern wirkt sich auf die Bewegung der Postkarte aus:
Zu viele bewirken, dass der Gleiter **kopflastig** wird. Seine Flugbahn wird sehr steil, er stürzt ab.
Zu wenige Klammern machen den Gleiter **schwanzlastig.** Der Schwanz bewegt sich nach unten und die Nase nach oben. Der Gleiter taumelt rückwärts zu Boden.
Damit die Papierflächen dünn und damit leicht, aber dennoch stabil sind, faltet man Papierflieger in V-Form. Außerdem werden bei dieser Form Drehungen um die Längsachse verhindert.
Richtig beschwerte Postkarten oder Papierflieger haben lange und flache Gleitwege. Weil sie beim Start leicht schräg gestellt sind, fallen sie nämlich nicht nur nach unten, sondern behalten die beim Start erhaltene Vorwärtsbewegung bei. Deshalb gleiten sie während der Fallzeit eine relativ große Strecke nach vorn.

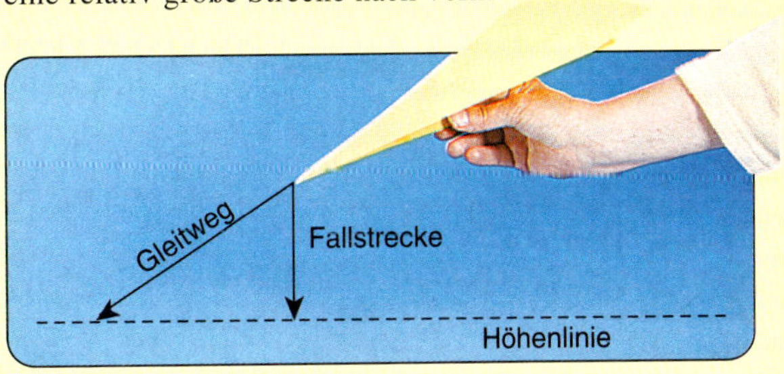

Beim Bau von Papierfliegern kann man das Beschweren der Spitze mit z. B. Büroklammern vermeiden, indem man Papier nach vorn und zur Seite faltet. Dadurch wird der Gleiter nicht so schwer, fällt deshalb langsamer und die Gleitstrecke wird größer.

Warum „steht“ ein Drachen im Wind?

Ein Drachen steigt oder steht in der Luft, wenn ein genügend starker Wind weht und die Schnur festgehalten wird. Lässt man die Schnur los, taumelt der Drachen zu Boden. Es kommt also darauf an, dass gegen den Drachen Luft anströmt. Bei zu schwachem Wind kann man auch gegen den Wind laufen und den Drachen an der Schnur hinter sich herziehen. In diesem Fall bewegt sich der Drachen, die Luft aber kaum.
Im Gegensatz zu einem mit Gas oder heißer Luft gefüllten Ballon kommt es also beim Drachen darauf an, dass Luft gegen den Drachen *strömt* oder dass er gegen die ihn umgebende Luft *bewegt* wird.

Fragen

Warum „stehen“ Drachen im Wind und welche Kräfte wirken dabei auf sie?
Wovon ist die Größe der auf Drachen wirkenden Kräfte abhängig?

Versuche

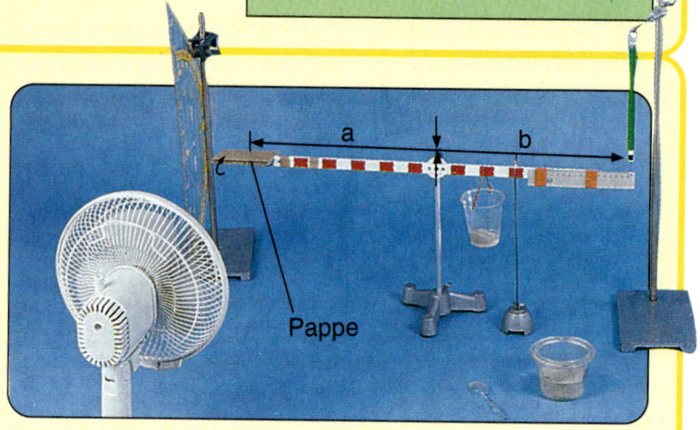

1. Untersuche die Einwirkung des Windes auf einen Drachen mit der Versuchsanordnung auf der Abb. rechts. Befestige an einem Ende einer Hebelstange eine stabile Pappe (10 cm x 10 cm) mit Draht (1 mm ∅) und Klebeband und am anderen ein Lineal mit Bohrung, sodass die beiden Hebelarme a und b gleich lang sind. Bringe den Hebel mithilfe eines Bechers und Sand ins Gleichgewicht. Stelle einen Kraftmesser an einem Stativ auf Null und hänge ihn in die Bohrung des Lineals ein.
Miss nun die Kräfte, die bei verschiedenen Stellungen der Pappe senkrecht zum Luftstrom des Ventilators nach oben wirken. Du kannst sie jeweils am Kraftmesser ablesen. Beginne dabei mit der waagerechten Stellung (0°) und vergrößere dann den Winkel auf 15°, 30° usw. bis 90°, indem du die Pappe nach vorn oben drehst. Fertige eine Tabelle an.

2. Stelle jetzt die Pappscheibe mit einem Winkel von 45° in den waagerechten Luftstrom und ändere
a) die Strömungsgeschwindigkeit der Luft, indem du von Stufe 1 auf Stufe 2 des Ventilators schaltest.
b) die Größe der Fläche, indem du Pappstücke von 15 cm x 15 cm und 20 cm x 15 cm verwendest.
Miss jeweils die nach oben wirkenden Kräfte. Was sagen die Messwerte im Fall a) und b) aus?

3. Wiederhole V1. Stelle aber jetzt den Ventilator unter die Pappscheibe, sodass der Kraftmesser die Kraft anzeigt, die in Richtung des Luftstroms auf die Scheibe wirkt. Ergänze die Tabelle durch eine weitere Zeile.

Weiterführende Fragen

- Warum bewegt sich eine schräg gestelltes Pappstück nach oben, wenn sie von Luft angeströmt wird?
- Wie wirkt sich die Geschwindigkeit des Luftstromes auf die nach oben wirkende Kraft aus?
- Wie ändert sich die Kraft, die auf die Pappe wirkt, wenn die angeströmte Fläche größer wird?
- Die in V3 gemessenen Kräfte in Strömungsrichtung treten auch in V1 und V2 auf. Welche Richtung haben sie dort? Warum zeigt sie der Kraftmesser dort nicht an?
- Warum nennt man die längs der Luftströmung wirkenden Kräfte Luftwiderstand und die quer wirkenden Auftriebskräfte?

Physikalische Hintergründe

Die Messungen an schräg im Luftstrom stehenden Pappstücken zeigen, dass sie eine Kraft nach oben erfahren, die sogenannte **Auftriebskraft.** Ihre Größe ist abhängig vom Winkel zwischen der Strömung und der Scheibe, der Strömungsgeschwindigkeit der Luft und der Größe der angeströmten Fläche. Auftriebskräfte entstehen, weil Luft gegen die schräg gestellte Scheibe trifft und schräg nach unten umgelenkt wird. Beim Drachen im Bild rechts sind Auftriebskraft und Erdanziehungskraft entgegengerichtet. Wenn beide Kräfte gleich groß sind, „steht“ der Drachen im Wind, allerdings nur, wenn der Luftwiderstand durch die Zugkraft der waagerechten Schnur ausgeglichen wird. Wirkt die Zugkraft schräg nach unten, wird das Kräftespiel komplizierter. Es wird aber trotzdem ein Gleichgewicht erreicht, das den Drachen in der Luft „stehen“ lässt. Diese komplizierten Fälle wollen wir hier nicht untersuchen.

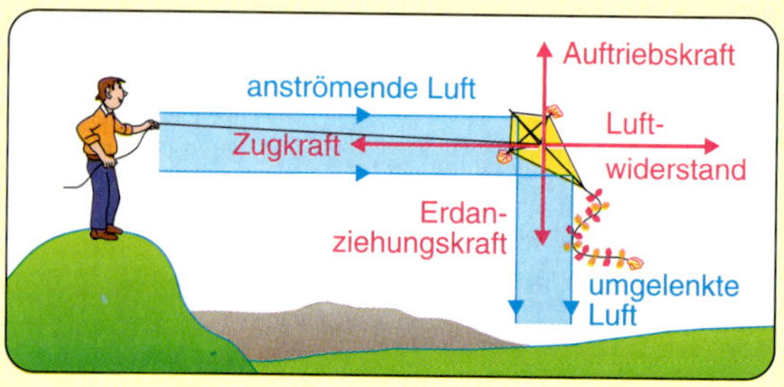

Drachen – selbst gebaut

Es wird dir sicherlich Spaß machen, einen halbflexiblen Schlittendrachen, dem erst der Wind seine endgültige Form gibt, steigen zu lassen. Er wird aus Materialien gebaut, die man zu Hause oder im nächsten Baumarkt finden kann. Zudem hat er hervorragende Flugeigenschaften.

1. Materialien und Werkzeuge

- Schere, Zollstock oder Maßband, Handbohrer oder Bohrmaschine mit Bohrer 2 mm ∅
- Müllsack oder leichte, stabile Folie (78 cm x 86 cm)
- 2 Rundhölzer 6 mm ∅, je 78 cm lang
- 2 Rundhölzer 6 mm ∅, je 3 cm lang
- Starkes Gewebeband oder Klebeband, 5 cm breit
- Dünne Drachenschnur, ca. 5 m lang
- Absperrband oder Kunststofffolie für den Schwanz
- Flugleine bis 100 m Länge

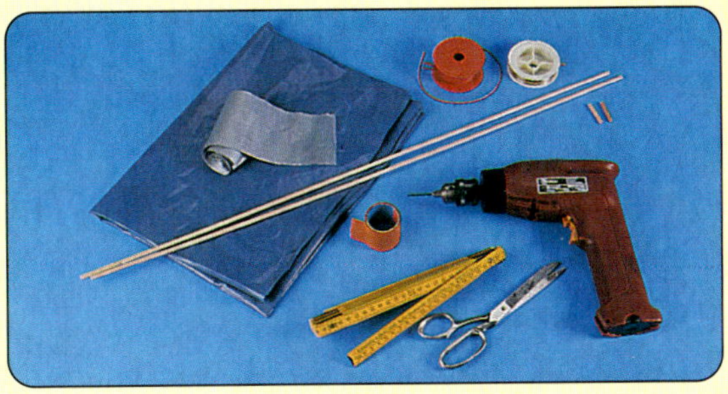

2. Bauanleitung

1. Die Kunststofffolie entsprechend der Skizze rechts zuschneiden und die weißen Trapeze ausschneiden.
2. Die beiden langen Rundhölzer mit Gewebeband an den grauen Stellen nach Plan auf die Folie kleben.
3. Die rote Stelle zwischen den beiden Trapezen mit Gewebeband verstärken.
4. Die beiden kurzen Rundstäbe an einem Ende in der Mitte mit einer Bohrung 2 mm ∅ versehen und mit Gewebeband an den Spitzen der „Ohren" des Drachens sorgfältig befestigen.
5. Je ein 2 bis 2,5 m langes Stück Drachenschnur durch die Bohrung der kurzen Hölzer führen und dort verknoten.
6. Die freien Enden der beiden gleichlangen Schnüre zu einer Schlaufe verknoten, an der die Flugleine angebracht wird.

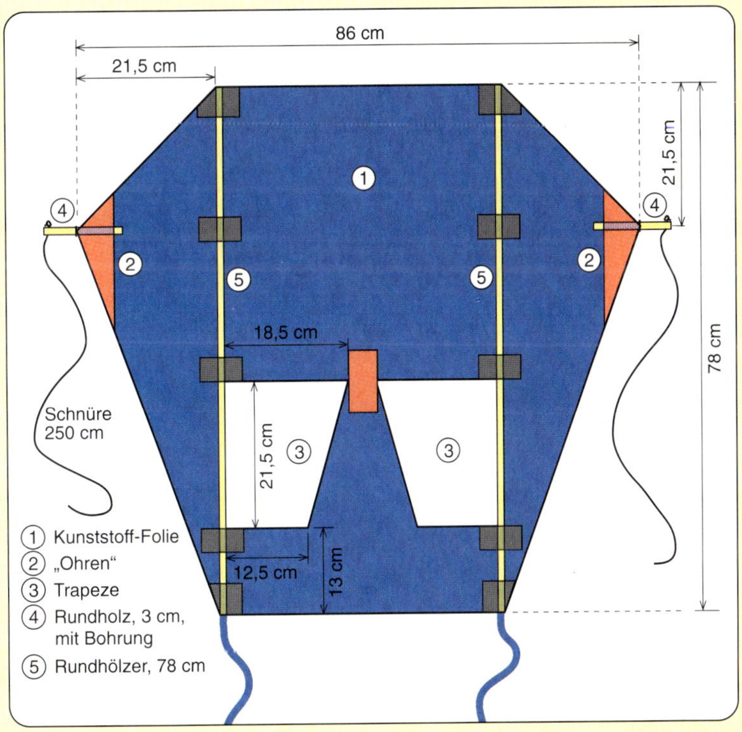

3. Das Einfliegen

- Bei exakt übereinander liegenden „Ohren" an den beiden Schnüren ziehen: Beide Schnüre müssen straff sein, keine darf durchhängen.
- Flugleine verknoten und bei gleichmäßigem Wind ohne Schwanz an der Flugleine starten.
- Bei böigem Wind zwei 1,5 – 3 m lange Schwänze aus Absperrband oder 2 – 5 cm breiten Folienstreifen in den Ecken, also in der Verlängerung der beiden Rundhölzer, mit Klebeband aufkleben. Länge verändern, bis der SLED hervorragend im Wind steht.

Achtung: Nie in der Nähe von Hochspannungsleitungen steigen lassen!

Auftrieb an Tragflächen

Drachen haben über die Drachenschnur eine Verbindung zur Erde. Ohne diese Schnur könnten sie nicht im Wind „stehen“. Flugzeuge brauchen dagegen keinen Wind und keine Schnur, also keine Verbindung zur Erde. Sie müssen sich aber mit relativ hoher Geschwindigkeit durch die Luft bewegen, wenn sie oben bleiben wollen. Ursache dafür ist die Luft, die wegen der Flugzeugbewegung an den Tragflächen vorbeiströmt. Auf diese wirken offensichtlich Kräfte, welche die Flugzeuge entgegen der Erdanziehungskraft in der Luft halten.

Fragen

Wie werden Flugzeuge in der Luft gehalten?
Wie entsteht die nach oben gerichtete Kraft an Tragflächen?
Warum sind Tragflächen von Flugzeugen gewölbt?

Versuche

1. Besorge eine Styropor- oder Sperrholzplatte von ca. 1 m Länge und 0,5 m Breite.
a) Halte sie mit gestreckten Armen waagerecht vor dem Körper und schwenke sie unterschiedlich schnell auf und ab. Halte sie dabei auch verschieden schräg.
Halte die Platte hoch über den Kopf und
b) laufe damit über den Schulflur.
c) Stelle dich damit bei Wind draußen auf den Schulhof.
Beschreibe, was du jeweils spürst.

2. Stelle einen Tragflügel aus leichter Pappe (20 cm x 14 cm) her, indem du diese nach nebenstehender Abb. so mit Draht (1 mm∅) beklebst und zurechtbiegst, dass eine Wölbung entsteht. Baue dann die Messanordnung wie in V1 des Projektteils „Warum steht ein Drachen im Wind?“ beschrieben auf. Setze aber anstelle der Pappe den Tragflügel an den rechten Hebelarm und führe V1 und V3 aus dem linken Projektteil durch. Trage die Größe der nach oben wirkenden Kräfte (V1) und die Kräfte, die in Richtung der Luftströmung wirken (V3), in eine Tabelle ein. Bei welchen Winkeln sind diese Kräfte am größten?

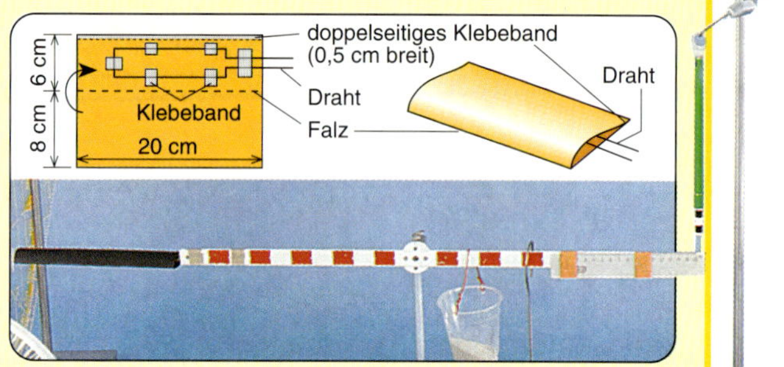

Weiterführende Fragen

● Woher kommt der Widerstand, den man beim Schwenken der Platte in V1 a) spürt?
● In V1 b) und c) spürst du jeweils Kräfte, wenn du die Platte bewegst? Wer übt sie aus? Wie kommt es in V1 c) zu den Kräften, obwohl die Platte nicht bewegt wird?
● Warum erfährt die Tragfläche eine Kraft nach oben, wenn sie schräg gestellt ist und wovon ist die Größe dieser Kraft abhängig?
● Warum wirkt auf die Tragfläche auch dann eine Kraft nach oben, wenn sie waagerecht im Luftstrom steht?
● Warum benutzt man bei Flugzeugen einen Tragflügel, bei dem das Verhältnis von Auftriebskraft und Luftwiderstand möglichst groß ist? Wie groß ist es für die einzelnen Einstellungen in V2?

Physikalische Hintergründe

Luft ist ein Gas. Bewegt man einen Gegenstand, z. B. den Tragflügel, durch Luft hindurch, muss sie zur Seite gedruckt und umgeleitet werden. Man spürt eine Kraft, die der Bewegung des Gegenstandes entgegenwirkt. Diese Kraft nennt man **Luftwiderstand.** Weil sie die Fortbewegung von Flugzeugen hemmt, sollte sie möglichst klein sein. Dies trifft zu, wenn die Luft von vorn kommt und die Tragfläche waagerecht oder nur wenig schräg steht.
Wenn eine Tragfläche dagegen schräg im Luftstrom steht, ist der Luftwiderstand groß. Gleichzeitig strömt aber auch Luft von unten dagegen und wird umgelenkt. Der Flügel erfährt deshalb auch eine nach oben gerichtete Kraft, die **Auftriebskraft.** Sowohl die Auftriebskraft als auch der Luftwiderstand nehmen mit zunehmender Geschwindigkeit der vorbeiströmenden Luft an den Tragflächen zu. Ein guter Tragflügel ist durch eine große Auftriebskraft und einen im Verhältnis dazu kleinen Luftwiderstand gekennzeichnet, denn das Flugzeug muss gegen den Luftwiderstand durch die Luft gezogen werden, z. B. durch Propeller oder Düsentriebwerke. Und dieses Ziehen „kostet“ Treibstoff und Geschwindigkeit.

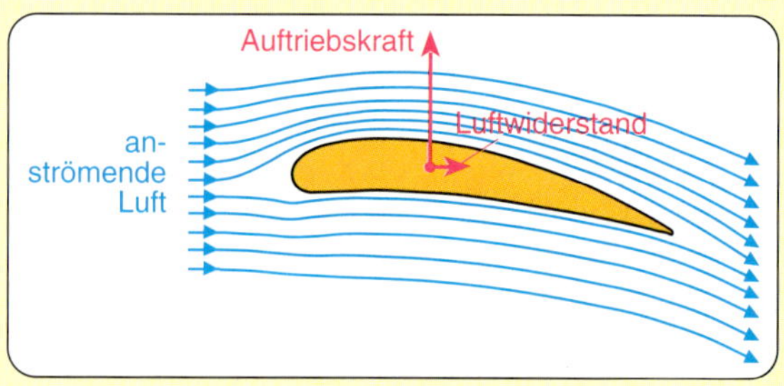

Balsagleiter – selbst gebaut

1. Materialien und Werkzeuge

- Schere, Teppichmesser (Cutter-Messer), feines Schleifpapier
- Hartkleber (schnell härtend) zum Verkleben von Balsaholz
- Stecknadeln, Büroklammern oder dünnes Bleiblech zum Ausballancieren
- Balsaholzbrettchen 1, 2 und 3 mm stark. Holzunterlage zum Zuschneiden, dünnes Klebeband (z. B. Paketband) zur Verstärkung des Leitwerks
- Papierschablonen im Maßstab 1:1 (dazu die untere Abb. am Fotokopierer auf 250 % vergrößern)

2. Bauanleitung

1. Die Papierschablonen (im Maßstab 1:1) mit der Schere ausschneiden, auf die entsprechenden Balsaholzbrettchen legen und mit einem weichen Bleistift nachzeichnen.
2. Zwei Tragflügel, das Tragflügelmittelteil, den Rumpf und die beiden Leitwerke auf der Holzunterlage mit dem Teppichmesser sauber aus den Balsaholzbrettchen ausschneiden.
3. Alle Kanten mit feinem Schleifpapier glätten, die Vorderkanten der Tragflügel vorsichtig rundschleifen; Leitwerk verstärken.
4. Die beiden Tragflügel und das Tragflügelmittelteil miteinander verkleben und gut trocknen lassen.
5. Tragflügel in den Schlitz des Rumpfes, Leitwerk auf die Tragflügel stecken. **Nicht verkleben!**
6. Den Gleiter an der Markierung (Pfeil) mit einer geöffneten Schere im Schwerpunkt unterstützen und durch Verschieben der Tragflügel und Leitwerke, Einstechen von Stecknadeln oder Aufsetzen von Büroklammern ausbalancieren.

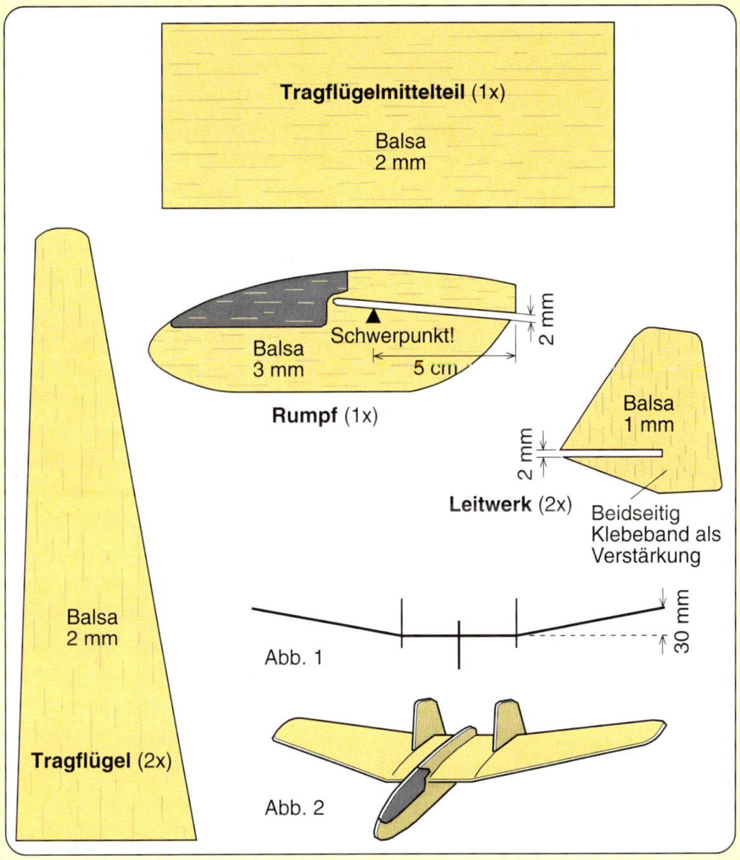

3. Das Einfliegen

- Balsagleiter im Zimmer oder auf dem Flur einfliegen. Sitz der Tragflügel und Leitwerke prüfen.
- Dabei den Balsagleiter mit Daumen und Zeigefinger am Rumpf fassen und über dem Kopf halten.
- Auf keinen Fall schnell in die Luft werfen, sondern behutsam leicht nach vorn unten geneigt aus der Hand in die Luft gleiten lassen und die Flugbahn beobachten. Der Gleiter soll auf einer leicht geneigten Flugbahn geradlinig und ruhig zu Boden schweben.
- Flugbahn korrigieren durch
  - vorsichtiges Verschieben der Tragflächen und Leitwerke
  - Einstecken oder Herausziehen von Stecknadeln
  - Aufstecken oder Abnehmen von Büroklammern oder Aufkleben von Blei vorn am Rumpf

Achtung: Erst bei optimalem Gleitflug alle Teile verkleben und gut trocknen lassen.

- Bei ruhigem Wetter aus einem Fenster starten.

Gut Flug oder Rumpf- und Tragflächenbruch!

Luftfahrt – gestern ...

Zu den Themen Luftfahrt, Luftverkehr und Luftsport kannst du dir mit Hilfe von Filmen, Videos, Büchern, Nachschlagewerken, Zeitschriften, Museen und Ausstellungen Informationen beschaffen. Aber auch Mitarbeiter auf Flugplätzen und in den Firmen der Luft- und Raumfahrt geben gerne Auskunft.

Auf dieser Pinnwand findest du zur Anregung Informations- und Zahlenmaterial in Kurzform. Es soll dir helfen, z. B. ein Referat anzufertigen oder eine Ausstellung für deine Klasse oder an deiner Schule vorzubereiten. Wichtige Stichwörter sind hervorgehoben.

Mögliche Themen

- Die Entwicklung der Luftfahrt von den Anfängen bis zur Gegenwart
- Moderner Luftverkehr und Umwelt
- Luftsport – eine sinnvolle Freizeitbeschäftigung

1. Geschichte der Luftfahrt

a) Ballone und Luftschiffe

– Erste Fahrt eines **Heißluftballons** im Jahre 1783
– Dez. 1783: Start des ersten, unbemannten **Gasballons** von **J. A. Charles** in Paris
– 2. Juli 1900: Start des ersten von **Graf Zeppelin** gebauten **Luftschiffes „LZ 1"**
– Das Luftschiff LZ 129 **„Hindenburg"** (Länge: 245 m, Durchmesser: 40 m) verbrennt 1937 in **Lakehurst** (USA); vorerst Ende der Luftschiffahrt

b) Gleitflug, Motorflug, Düsenflug

– Ab 1891 **Gleitflüge** durch **Otto Lilienthal**
– 1903: erster **Motorflug** der Welt durch **O. Wright**
– 20./21. Mai 1927: Erste Atlantiküberquerung durch **Charles Lindbergh** mit seiner **„Spirit of St. Louis"** in 33 Stunden und 29 Minuten
– 1935: bereits 50 dreimotorige **Junkers „Ju-52"** im **Liniendienst** der **Deutschen Lufthansa**
– 27. Aug. 1939: erster Flug der von **Ohain, Hahn** und **Heinkel** gebauten „He 138", des ersten Flugzeugs mit **Düsen-Strahltriebwerk,** Geschwindigkeit: 700 $\frac{km}{h}$
– Nach dem 2. Weltkrieg: regelmäßiger Flugbetrieb zwischen den Kontinenten mit viermotorigen **McDonnell-Douglas „DC-6"** oder **Lockheed-Super-Constellation** mit mehr als 100 Fluggästen an Bord

Luftschiff LZ 129 „Hindenburg"

Flughafen Paderborn/Lippstadt

2. Luftverkehr

a) Bau von Großflugzeugen

– amerikanische Flugzeugindustrie beherrscht Mitte der 60er Jahre 90 % des Weltmarktes
– ab Ende 1967 Entwicklung des **„Airbus",** eines europäischen Flugzeuges mit 300 Sitzplätzen, 2 **Turbo-Strahltriebwerken** und 1 500 km Reichweite

b) Anzahl der Fluggäste und Flugzeuge

– Auf deutschen **Flughäfen:** 95 Mill. im Jahre 1993 und im Jahr 2000 ca. 120 Mill. Fluggäste
– 10 660 motorgetriebene **Luftfahrzeuge** in Deutschland (1992), davon 620 **Hubschrauber**
– 43 deutsche Luftfahrtunternehmen mit 590 Flugzeugen; weltweit 12 000 Flugzeuge

c) Flughäfen und Fluglinien

– Deutschland: 17 internationale Verkehrsflughäfen, 341 Verkehrs- und Sonderflughäfen, 262 Segelflugplätze
– Über 500 große **Passagier- und Frachtflugzeuge** überqueren heute täglich den Nordatlantik
– Seit 1993: Schaffung eines einheitlichen europäischen **Flugsicherungssystems**
– Für einen **Regionalflughafen,** z. B. Paderborn/Lippstadt, wird ein Fläche von über 2 km^2 benötigt, **Kosten:** 11 Mill. DM, **Baukosten:** ca. 60 Mill. DM

… und heute

3. Luftverkehr und Umwelt

a) Lärm

– **Lärmzeugnis** für jedes Flugzeug erforderlich
– **Start- und Landegebühren** von lauten Flugzeugen auf deutschen Verkehrsflughäfen höher als bei leisen
– Trotz Zunahme der Flugbewegungen hat die **Beeinträchtigung durch Fluglärm** insgesamt abgenommen
– Weitere **Reduzierung von Fluglärm** durch moderne Manteltriebwerke, Verbesserung der Treibstoffverbrennung und Strömungsverhältnisse sowie durch den Einsatz von Schalldämmstoffen
– **Einschränkungen des Flugbetriebs** in der Nacht
– Außerhalb des Flugplatzgeländes gibt es **Lärmschutzbereiche,** in denen bestimmte Grenzwerte nicht überschritten werden dürfen

b) Abgase

– **Kerosinverbrauch** einer „Boeing 747" für die 6 200 km von Frankfurt am Main nach New York: 65 000 kg
– Bei der Verbrennung von 1 kg Kerosin entstehen folgende **Verbrennungsprodukte:** 1,24 kg Wasserdampf **(Eiswolkenbildung** in der **Stratosphäre),** 3,15 kg CO_2, 6–20 g NO_x (negativer Einfluss auf den **Ozonhaushalt** und die **Wärmebilanz der Erdatmosphäre),** 1 g SO_2, 0,7–2,5 g CO, 0,1–0,7 g unverbrannte Kohlenwasserstoffe und 0,01–0,03 g Ruß
– **Stratosphäre** über dem Nordatlantik stark belastet
– **Treibstoffeinsparung** durch verbesserte Triebwerke, leichtere Baumaterialien und strömungsgünstigere Tragflächen, Fahrgastzellen und Leitwerke

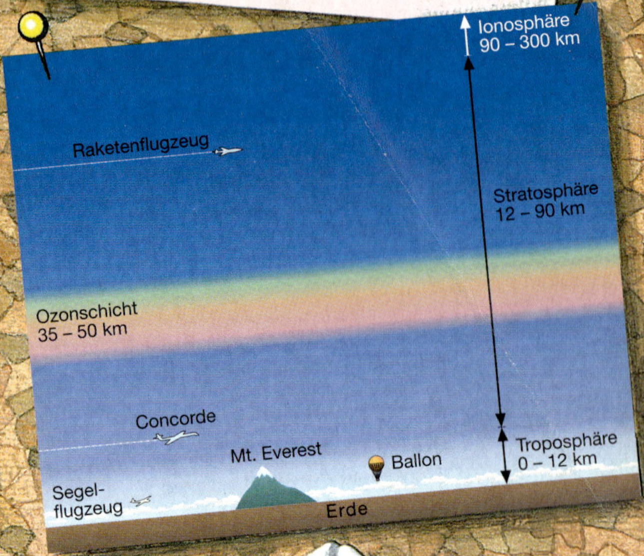

4. Luftfahrt und Freizeit

– von Büchern und Zeitschriften in **Büchereien Literaturliste** erstellen und illustrieren
– **Sammlung** anlegen und **Ausstellung** organisieren
– **Videos** oder **Filme** vorführen
– Informationen über **Lebensläufe** wichtiger **Erfinder, Konstrukteure** und **Flieger** besorgen
– **Firmen der Luft- und Raumfahrt** anschreiben und um **Informationsmaterial** bitten
– **Museen** in Deutschland mit **Ausstellungen** zum Thema Luft- und Raumfahrt ausfindig machen, anschreiben und besuchen
– Besuch auf einem **Flugplatz**
– **Flugmodelle** bauen, Informationsmaterial anfordern: **Deutscher Aero Club,** Rudolf-Braasch-Straße 10, 63150 Heusenstamm
– **Drachen** bauen, Informationsmaterial und Termine für Drachen-Meisterschaften und Drachenfeste anfordern: **Drachen-Club Deutschland e.V.,** Postfach 350127, 40443 Düsseldorf
– **Broschüren** besorgen: „100 000 Drachen" und „Wir basteln uns einen Drachen"
– **Drachen-Wettbewerb** organisieren
– **Papierflieger** bauen und Wettbewerb organisieren

GROSSER PAPIERFLIEGER-WETTBEWERB

Teilnahmebedingungen:
1. Teilnahmeberechtigt sind alle Papierflieger-Konstrukteure zwischen 1 und 99 Jahren.
2. Für den Bau dürfen höchstens eine DIN A4-Seite Papier und 15 cm Klebeband verwendet werden.
3. Der Start erfolgt aus der Hand, mit oder ohne Anlauf.

Wettbewerb 1:
Längste Zeit in der Luft – gemessen wird die Zeit vom Start bis zur Landung!

Wettbewerb 2:
Größte Entfernung – gemessen wird die Länge der Flugstrecke!

Alle Sieger gewinnen den **Goldenen Lilienthal!**

Millionen bauen Papierflieger, heimlich und hinter verschlossenen Türen. Niemand kennt die Erfahrungen des anderen. Endlich kann nun jeder beweisen, was er vielleicht bisher nur heimlich und trotzig zu denken wagte: „Und mein Flieger ist doch besser als dein Flieger!".

A

B

C

D

E

F

Bildquellenverzeichnis

3 A: IFA-Bilderteam, München; 4 A: Mauritius, Mittenwald; 4 B: ZEFA, Düsseldorf; 5 A: RWE AG, Essen; 6 A: D.I.B. Ges. für Standortbetreiberdienste mbH, München; 6 B: Photoanalyse Dr. Bernhard Brill GmbH, Hofgeismar; 6 C: ZEFA, Düsseldorf; 7 A: Harold Edgerton „Fliegen", Time-Life International; 7 B: Siemens AG Energieerzeugung (KWU), Erlangen; 8 A: O. Gremblewski-Strate, Laatzen; 8 B: dpa, Berlin; 9: IFA-Bilderteam, München; 22.1 B: Transglobe, Hamburg; 22.1 C: ZEFA, Düsseldorf; 22.1 D: dpa, Frankfurt; 25 A: Fraunhofer Institut f. Solare Energiesysteme, Freiburg; 25 C: ZEFA, Düsseldorf; 32 A: Keystone, Hamburg; 37 B: Salamon, Neustadt; 39 A: ZEFA, Düsseldorf; 41 B: Bildagentur Schuster, Oberursel; 41 D: Hoechst AG, Frankfurt am Main; 45 B ob.: Dr. Reinbacher, Kempten, 45 B unt.: Olympus GmbH, Hamburg; 49: Raasch; 65 C: Zeiss, Oberkochen; 70 C: dpa, Frankfurt; 74 A: Hama GmbH; 74 B: IZE, Stromthemen 2/94, Frankfurt am Main; 75 A: Zefa, Düsseldorf; 76 A: AKG, Berlin, © VG Bild-Kunst, Bonn 1996; 83: Mauritius, Mittenwald; 97 A: F. Maurer Söhne, München; 97 C: STEAG, Essen; 97 D: Deutsche Bundesbahn, Rüstwerk Opladen; 100.3: Mauritius, Mittenwald; 103 A: Greiner + Meyer, Braunschweig; 103 B: Silvestris, Kastl; 112.1: R. Friedrich, Mönchengladbach; 125 A: IFA-Bilderteam, München; 128 A: ZEFA, Düsseldorf; 128 B: Fraunhofer Institut f. Solare Energiesysteme, Freiburg; 130 A: ZEFA, Düsseldorf, 137 B: Verkehrsmuseum Nürnberg; 137.3: Volkswagen AG, Wolfsburg; 138 A: Ludwig Winstoßer, Stuttgart/Schlierf; 145: ZEFA, Düsseldorf; 164.7: Deutsche Bundesbahn, Mainz; 179 A: Agfa Gevaert, Leverkusen; 191 A, 192 A D: Deutsches Museum, München; 198.1 D: AEG, Mönchengladbach; 200.4: Schott GmbH, Mainz; 201 A: Siemens AG, Karlstein; 213: RWE AG, Essen; 224 A: Willi Loges; 227 B: Mauritius, Mittenwald; 228 A: RWE AG, Essen; 228 B: Foto Pickenpack, Stade; 228 C: Stromthemen 10/93, IZE, Frankfurt am Main; 238.1: Mannesmann Demag Fördertechnik, Wetter; 239.6: Braun AG, Kronberg; 251 A: Deutsches Museum, München; 260.1: Henner Frankenfeld, Johannesburg; 263 A: Deutsches Museum, München; 263 B: Siemens AG, München; 270.1: ZEFA, Düsseldorf; 273 B/C: Siemens AG, Energieübertragung und Verteilung, Erlangen; 276.1: Mauritius, Mittenwald; 279.3 A: RWE AG, Essen; 279.4: Luftbildverlag Hans Bertram, Haar; 285: D.I.B. Ges. für Standortbetreiberdienste mbH, München; 294 A: IFA-Bilderteam, München; 295 A: ZEFA, Düsseldorf; 308.1: D.I.B. Ges. für Standortbetreiberdienste mbH, München; 310.12: Siemens Solar GmbH, München; 323: Photoanalyse Dr. Bernhard Brill GmbH, Hofgeismar; 331.6: Manessische Liederhandschrift, Uni Heidelberg; 335.9: Keystone, Hamburg; 340 A: Physik.-Techn.Bundesanst., Braunschweig; 343 A: BMW, München; 343 B: Volkswagen AG, Wolfsburg; 343 C: BMW, München; 349 A: C. Zeiss, Oberkochen; 351 B: Quick, München; 352 B li.: Jung/Nature+Science; 352 E: SKF, Schweinfurt; 353 A+B li.: Volkswagen AG, Wolfsburg; 353 B re.: Stiftung AutoMuseum Volkswagen, Wolfsburg; 356 C: dpa, Frankfurt; 356 D: US Botschaft, Bonn; 357: Zefa, Düsseldorf; 361 H: L. Lüddecke, Hannover; 364 B: Demag, Düsseldorf; 364 C: Howaldtswerke, Deutsche Werft AG, Kiel; 367.6: Presse-Foto Baumann, Ludwigsburg; 369 A ob.: Nds. Landesmuseum, Hannover; 369 A unt.: British Museum, London; 370 A: Nds. Landesmuseum, Hannover; 370 B: Bildagentur Schuster, Oberursel; 370 C: Greiner + Meyer, Braunschweig; 370 D: Deutsches Museum, München; 371 A-C: dpa, Frankfurt; 371 D: Deutsches Museum, München; 375.4: Fremdenverkehrsverein Erlangen; 376.8 A: dpa, Frankfurt; 376.9: Presse-Foto Baumann, Ludwigsburg; 383: Harold Edgerton „Fliegen", Time-Life International; 388.1: Daimler-Benz Aerospace-Dornier, Wessling; 393.3: Burkhard Schmitt; 393.4: Phywe Systeme GmbH, Göttingen; 395 A: Deutsches Museum, München; 398 A: Schlierf/Volkswagen AG, Wolfsburg; 399 A: dpa, Frankfurt; 399 B: Schlierf, mit frdl. Unterstützung der Robert Bosch GmbH; 400.1, 401.4: Phywe Systeme GmbH, Göttingen; 403.9: Dr. E. Kretschmann, Dr. P. Zacharias, Hamburg; 404 A: Deutsche Bahn AG, Frankfurt am Main; 404.1: W. Göbel, Spielberg; 410 A: ADAC, München; 410 B, 411 A-B: Volkswagen AG, Wolfsburg; 414 C: Presse-Foto Baumann, Ludwigsburg / Inst. f. Biomechanik, Deutsche Sporthochschule Köln; 415: Siemens AG Energieerzeugung (KWU), Erlangen; 416.3: Deutsches Museum, München; 418 A: Siemens AG Energieerzeugung (KWU), Erlangen; 418.1: Siemens AG Energieerzeugung (KWU), Erlangen/Tegen; 419.3: ELWE, Cremlingen; 422.1: Tegen, mit frdl. Unterstützung der Phywe Systeme GmbH, Göttingen; 425.11: Gentner, Maier-Leibnitz, Bothe: „Atlas typischer Nebelkammerbilder" Springer-Verlag, Berlin; 428.1: Tegen, mit frdl. Unterstützung der Phywe Systeme GmbH, Göttingen; 430.6: Phywe Systeme GmbH, Göttingen; 433 A: Deutsches Museum, München; 436.2: GSF, München; 439 A: Bundesamt für Strahlenschutz, Salzgitter; 441 A: FRD Freier Redaktionsdienst Berlin mit frdl. Unterstützung des Bundesministeriums für Umwelt, Naturschutz und Reaktorsicherheit; 444 A: Dr. Reinbacher, Kempten; 444 B: Forschungszentrum für Technik und Umwelt, Karlsruhe; 444 C: Siemens AG, München; 445 D: Schlierf, mit frdl. Unterstützung des Forschungszentrums Karlsruhe; 448.1: Rinke/Forschungszentrum Karlsruhe; 453 A: Kernforschungszentrum Karlsruhe; 453 B, 456 B: dpa, Frankfurt; 459 A: O. Gremblewski-Strate, Laatzen; 459 B: dpa, Berlin; 460 A: O. Gremblewski-Strate, Laatzen; 466 B: I. Stephan-Schröder, Augsburg; 466 C: dpa, Frankfurt; 467 A: O. Gremblewski-Strate, Laatzen; 473 A: Christopher, The Sky Crew, Meerbusch; 476 A: Flughafen Paderborn/Lippstadt GmbH, Bühren-Ahden; 476 B: Zeppelin-Museum Friedrichshafen

Elemente — **B** 10,81 — Elementsymbol, Atommasse in u

Stabile Nuklide — **Pb 208** 52,4 % — Elementsymbol und Nukleonenzahl, Häufigkeit des Vorkommens im natürlichen Element

α-Zerfall — **Ra 226** 1600 a — α γ — ← $T_{1/2}$

β⁻-Zerfall — **Pb 214** 26,8 min — β⁻ γ — ← $T_{1/2}$ →

β⁺-Zerfall — **Na 22** 2,60 a — β⁺ γ

Häufigkeit der Zerfallsarten — **Ac 226** 29 h — Die farbigen Flächen sind ein Maß für die Häufigkeit der jeweiligen Zerfälle

β⁻-Zerfall (heißt im Buch β-Zerfall)

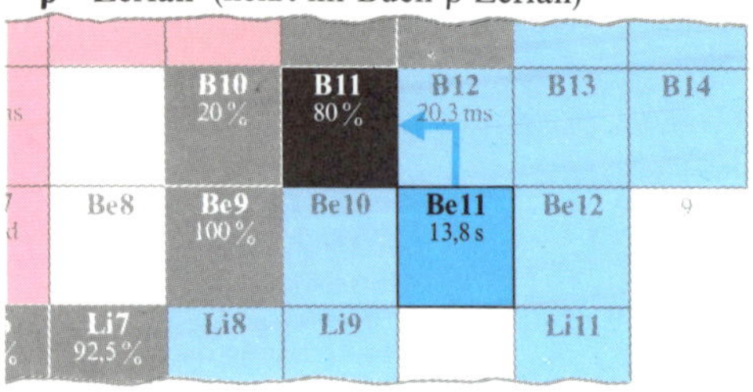

α-Zerfall

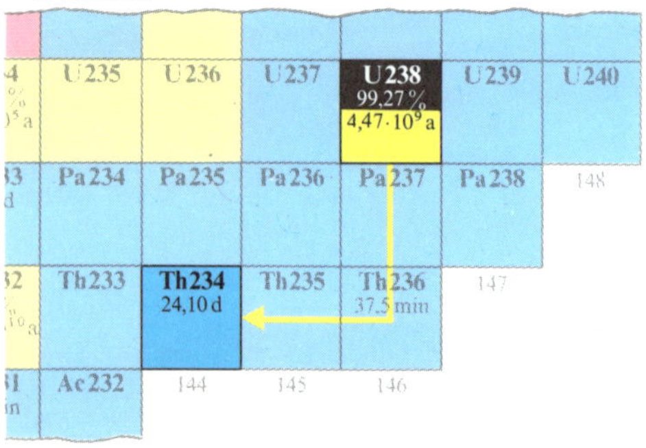

β⁺-Zerfall (wird im Buch nicht erklärt)

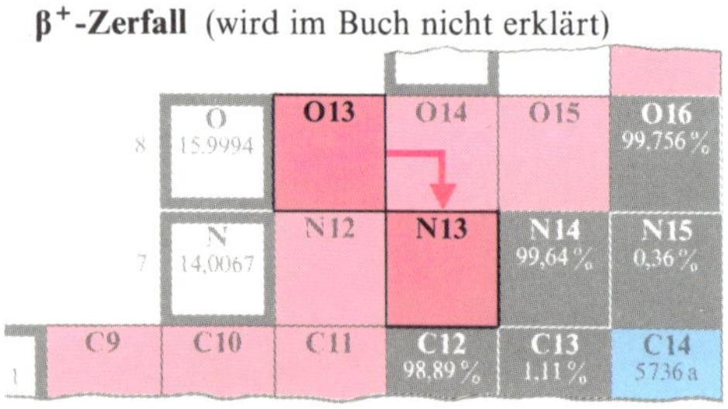

91					**Pa** 231,0359	**Pa 216** 0,20 s	**Pa 217** 4,9 ms	**Pa 218** 0,12 ms			
90				**Th** 232,0381	**Th 213** 0,14 s	**Th 214** 0,10 s	**Th 215** 1,2 s	**Th 216** 28 ms	**Th 217** 252 µs	**Th 218** 0,1 µs	**Th 219** 1,0 µs	**Th 220** 9,7 µs
89	**Ac 209** 0,10 s	**Ac 210** 0,35 s	**Ac 211** 0,25 s	**Ac 212** 0,93 s	**Ac 213** 0,80 s	**Ac 214** 8,2 s	**Ac 215** 0,17 s	**Ac 216** ~0,3 ms	**Ac 217** 0,07 µs	**Ac 218** 0,27 µs	**Ac 219** 7 µs
88	**Ra 208** 1,4 s	**Ra 209** 4,6 s	**Ra 210** 3,7 s	**Ra 211** 13 s	**Ra 212** 13 s	**Ra 213** 2,74 min	**Ra 214** 2,5 s	**Ra 215** 1,6 ms	**Ra 216** 0,18 µs	**Ra 217** 1,6 µs	**Ra 218** 14 µs
87	**Fr 207** 14,8 s	**Fr 208** 59 s	**Fr 209** 50,0 s	**Fr 210** 3,18 min	**Fr 211** 3,10 min	**Fr 212** 20,0 min	**Fr 213** 34,6 s	**Fr 214** 5,0 ms	**Fr 215** 0,09 µs	**Fr 216** 0,70 µs	**Fr 217** 22 µs
86	**Rn 206** 5,67 min	**Rn 207** 9,3 min	**Rn 208** 24,4 min	**Rn 209** 28,5 min	**Rn 210** 2,4 h	**Rn 211** 14,6 h	**Rn 212** 24 min	**Rn 213** 25 ms	**Rn 214** 0,27 µs	**Rn 215** 2,3 µs	**Rn 216** 45 s
85	**At 205** 26,2 min	**At 206** 29,4 min	**At 207** 1,8 h	**At 208** 1,63 h	**At 209** 5,4 h	**At 210** 8,3 h	**At 211** 7,2 h	**At 212** 314 ms	**At 213** 0,11 µs	**At 214** 790 ns	**At 215** ~0,1 ms
84	**Po 204** 3,52 h	**Po 205** 1,8 h	**Po 206** 8,8 d	**Po 207** 5,84 h	**Po 208** 2,898 a	**Po 209** 102 a	**Po 210** 138,38 d	**Po 211** 0,516 s	**Po 212** 0,3 µs	**Po 213** 4,2 µs	**Po 214** 164 µs
83	**Bi 203** 11,76 h	**Bi 204** 11,3 h	**Bi 205** 15,31 d	**Bi 206** 6,24 d	**Bi 207** 33,4 a	**Bi 208** $3{,}68\cdot10^5$ a	**Bi 209** 100 %	**Bi 210** 5,01 d	**Bi 211** 2,13 min	**Bi 212** 60,55 min	**Bi 213** 45,55 min
82	**Pb 202** $3\cdot10^5$ a	**Pb 203** 51,9 h	**Pb 204** 1,4 % $1{,}4\cdot10^{17}$ a	**Pb 205** $1{,}5\cdot10^7$ a	**Pb 206** 24,1 %	**Pb 207** 22,1 %	**Pb 208** 52,4 %	**Pb 209** 3,25 h	**Pb 210** 22,3 a	**Pb 211** 36,1 min	**Pb 212** 10,64 h
81	**Tl 201** 73,5 h	**Tl 202** 12,2 d	**Tl 203** 29,5 %	**Tl 204** 3,78 a	**Tl 205** 70,5 %	**Tl 206** 4,20 min	**Tl 207** 4,8 min	**Tl 208** 3,054 min	**Tl 209** 2,2 min	**Tl 210** 1,3 min	130
80	**Hg 200** 23,1 %	**Hg 201** 13,2 %	**Hg 202** 29,7 %	**Hg 203** 46,6 d	**Hg 204** 6,8 %	**Hg 205** 5,2 min	**Hg 206** 8,2 min	127	128	129	
79	**Au 199** 3,13 d	**Au 200** 48,4 min	**Au 201** 26,4 min	**Au 202** 28 s		**Au 204** 40 s	126				
78	**Pt 198** 7,2 %	**Pt 199** 30,8 min	**Pt 200** 12,5 h	**Pt 201** 2,5 min	124	125					
77	**Ir 197** 8,9 min	**Ir 198** 8 s	122	123							
	120	121									